MECÂNICA QUÂNTICA MODERNA

S158m Sakurai, J. J.
    Mecânica quântica moderna / Sakurai J. J., Jim Napolitano ; tradução técnica: Sílvio Renato Dahmen. – 2. ed. – Porto Alegre : Bookman, 2013.
    xx, 548 p. : il. ; 25 cm.

    ISBN 978-85-65837-09-5

    1. Mecânica. 2. Mecânica quântica. I. Napolitano, Jim. II. Título.

                                            CDU 531

Catalogação na publicação: Ana Paula M. Magnus – CRB 10/2052

J.J. Sakurai
Late, University of California, Los Angeles

Jim Napolitano
Rensselaer Polytechnic Institute, Troy

MECÂNICA QUÂNTICA MODERNA

SEGUNDA EDIÇÃO

Tradução técnica:
Sílvio Renato Dahmen
Doutor em Física Teórica e Matemática Aplicada pela Universidade de Bonn
Professor do Instituto de Física da Universidade Federal do Rio Grande do Sul

2013

Obra originalmente publicada sob o título *Modern Quantum Mechanics, 2nd Edition*
ISBN 9780805382914

Authorized translation from the English language edition, entitled MODERN QUANTUM MECHANICS, 2nd Edition, by J.SAKURAI; JIM NAPOLITANO, published by Pearson Education,Inc., publishing as Addison-Wesley, Copyright © 2011. All rights reserved. No part of this book may be reproduced or transmitted in any form or by any means, electronic or mechanical, including photocopying, recording or by any information storage retrieval system, without permission from Pearson Education,Inc.

Portuguese language edition published by Bookman Companhia Editora Ltda, Grupo A Educação S.A. Company, Copyright © 2013.

Tradução autorizada a partir do original em língua inglesa da obra intitulada MODERN QUANTUM MECHANICS, 2ª Edição, autoria de J.SAKURAI; JIM NAPOLITANO, publicado por Pearson Education, Inc., sob o selo Addison-Wesley, Copyright © 2011. Todos os direitos reservados. Este livro não poderá ser reproduzido nem em parte nem na íntegra, nem ter partes ou sua íntegra armazenado em qualquer meio, seja mecânico ou eletrônico, inclusive fotoreprografação, sem permissão da Pearson Education,Inc.

A edição em língua portuguesa desta obra é publicada por Bookman Companhia Editora Ltda, uma empresa do Grupo A Educação, Copyright © 2013.

Gerente Editorial – CESA: *Arysinha Jacques Affonso*

Colaboraram nesta edição:

Coordenadora editorial: *Denise Weber Nowaczyk*

Capa: *VS Digital (arte sobre capa original)*

Leitura final: *Amanda Jansson Breitsameter*

Projeto gráfico e editoração: *Techbooks*

Reservados todos os direitos de publicação, em língua portuguesa, à
BOOKMAN EDITORA LTDA., uma empresa do GRUPO A EDUCAÇÃO S.A.
Av. Jerônimo de Ornelas, 670 – Santana
90040-340 – Porto Alegre – RS
Fone: (51) 3027-7000   Fax: (51) 3027-7070

É proibida a duplicação ou reprodução deste volume, no todo ou em parte, sob quaisquer formas ou por quaisquer meios (eletrônico, mecânico, gravação, fotocópia, distribuição na Web e outros), sem permissão expressa da Editora.

Unidade São Paulo
Av. Embaixador Macedo Soares, 10.735 – Pavilhão 5 – Cond. Espace Center
Vila Anastácio – 05095-035 – São Paulo – SP
Fone: (11) 3665-1100   Fax: (11) 3667-1333

SAC 0800 703-3444 – www.grupoa.com.br

IMPRESSO NO BRASIL
PRINTED IN BRAZIL

In Memoriam

Jun John Sakurai nasceu em Tóquio, em 1933, e chegou aos Estados Unidos em 1949 como estudante do ensino médio (*high school*). Ele estudou em Harvard e Cornell, onde obteve, em 1958, seu doutorado. Tornou-se, então, professor assistente de física da Universidade de Chicago, obtendo a titularidade (*full professorship*) em 1964. Ali permaneceu até 1970, quando mudou-se para a Universidade da Califórnia, em Los Angeles, onde permaneceu até sua morte. Durante a vida, escreveu 119 artigos de física teórica de partículas elementares, bem como vários livros e monografias em teoria quântica e de partículas.

A disciplina de física teórica tem como objetivo principal a formulação de descrições teóricas do mundo físico que sejam, ao mesmo tempo, concisas e abrangentes. Sendo a natureza sutil e complexa, fazer física teórica requer excursões cheias de entusiasmo e coragem às fronteiras de fenômenos recém-descobertos. Esta era a área na qual Sakurai reinava supremo, com seu *insight* e intuição física sobrenaturais, bem como sua habilidade em explicar estes fenômenos aos leigos de uma forma esclarecedora. Para apreciar isso basta simplesmente ler seus claríssimos livros-texto *Invariance Principles and Elementary Particles* e *Advanced Quantum Mechanics*, ou seus artigos de revisão ou notas de aula. Posso afirmar, sem exagero, que muito do que pude compreender sobre física de partículas veio destes livros, de seus artigos e do tutoramento pessoal.

Quando Sakurai ainda era um estudante de pós-graduação, ele propôs o que hoje é conhecido como a teoria V-A das interações fracas, de maneira independente e simultânea a Richard Feynman, Murray Gell-mann, Robert Marshak e George Sudarshan. Em 1960, ele publicou um artigo profético nos *Annals of Physics*, quiçá sua mais importante contribuição: tratava-se da primeira tentativa séria de se construir uma teoria das interações fortes baseada na invariância de calibre abeliana e não abeliana (Yang-Mills). Este trabalho seminal induziu os teóricos a buscar uma compreensão dos mecanismos de geração de massa para campos (vetoriais) de calibre, hoje reconhecidos como o mecanismo de Higgs. Mais do que tudo, este trabalho estimulou a busca por uma unificação realista das forças fundamentais sob a égide do princípio de (invariância de) calibre, posteriormente coroada pelo sucesso da aclamada unificação das forças eletromagnética e fraca de Glashow-Weinberg-Salam. Pelo lado fenomenológico, Sakurai seguiu e advocou vigorosamente a favor do modelo de dominância de mésons vetoriais da dinâmica de hádrons. Ele foi o primeiro a discutir a mistura dos estados ω e ϕ de mésons. Na realidade, ele fez numerosas e importantes contribuições de uma maneira muito mais ampla à fenomenologia da física de partículas, uma vez que seu coração sempre esteve próximo às atividades experimentais.

Convivi com Jun John por mais de 25 anos e admirava não apenas o seu imenso poder de físico teórico mas também a generosidade e o entusiasmo de sua alma. Embora ainda também um estudante de pós-graduação em Cornell durante os anos de 1957 e 1958, ele tomou parte do tempo dedicado a suas pesquisas pioneiras em relações de dispersão de núcleons K para auxiliar-me, por meio de longa correspondência, na minha tese de doutorado sobre o mesmo assunto em Berkeley. Tanto eu quanto Sandip Pakvasa tivemos o privilégio de termos nossos nomes associados ao dele em um de seus últimos artigos sobre acoplamento fraco de quarks pesados, que nos mostrou, mais uma vez, seu estilo contagioso e intuitivo de fazer física. Retrospectivamente, nos é gratificante que Jun John gostasse particularmente deste artigo entre a miríade de artigos por ele publicados.

A comunidade de físicos sofreu uma grande perda com a morte de Jun John Sakurai. O sentimento pessoal de perda é particularmente forte para mim. Deste modo, sinto-me profundamente grato pela oportunidade de editar e completar seu manuscrito *Mecânica Quântica Moderna* para publicação. Na minha crença, não haveria dádiva maior que me pudesse ser concedida que não a oportunidade de demonstrar meu respeito e amor por Jun John através desta significativa empreitada.

San Fu Tuan

Apresentação à Edição Brasileira

Toda nova geração aprende com as gerações precedentes que há um grande número de bons livros com os quais poderá adentrar seguramente pela área de conhecimento que escolheu trilhar. Alguns destes livros se destacam ora pela clareza, ora pela profundidade, abrangência ou pela maneira concisa de expor o conteúdo. Mas, de maneira geral, livros são como receituários: pode-se mudar a proporção dos ingredientes e a ordem em que eles vão sendo adicionados sem, no entanto, alterar de modo profundo o resultado final. Poucos, porém, são aqueles que deixam marcas indeléveis por apresentarem as receitas de um modo inovador, onde a originalidade do autor transparece a cada linha. A estes livros outorgamos o título de *clássicos* e há, em Física, um considerável número deles. *Curso de Física Teórica* de L. D. Landau e E.M. Lifshitz ou das *Lições de Física* de R. Feynman são apenas dois exemplos. *Mecânica Quântica Moderna*, de J.J. Sakurai, faz parte deste seleto rol e tem sido, por gerações sucessivas, leitura obrigatória dos cursos de mecânica quântica em nível avançado de graduação e pós-graduação. Sua relativa juventude – a primeira edição foi lançada em 1985, três anos após a morte de seu autor – torna seu status de clássico ainda mais impressionante.

A intenção de Sakurai ao escrever esta obra é introduzir o leitor, desde o início, no modo "quântico" de pensar e, para tal, organizou o texto em torno de quatro grandes eixos, que se integram organica e harmoniosamente: fundamentos, simetrias, métodos aproximativos e teoria quântica relativística. Partindo de uma visão não histórica da mecânica quântica, J.J. Sakurai inicia a discussão de fundamentos por aquele que talvez seja o mais "quântico" dos conceitos de física: o spin e a "quantização de espaço" no famoso experimento de Stern-Gerlach. A partir daí, o autor constrói o aparato matemático de kets, bras e operadores, para então desenvolver a dinâmica de sistemas quânticos Introduz a física do momento angular, preparando também o terreno para uma discussão mais detalhada do conceito de simetria e que terá um papel de destaque ao longo de toda sua obra. O terceiro eixo, dos métodos aproximativos, é apresentado no capítulo 5 e empregado extensamente no Capítulo 6, quando é discutida a teoria de espalhamento. Finalmente, as propriedades de sistemas de muitos corpos (partículas idênticas) servem de pano de fundo para a quantização do campo eletromagnético, seguida pela formulação relativística da mecânica quântica. O texto tem, como objetivo ulterior, preparar o leitor para um curso futuro de teoria quântica de campos, o que, em minha opinião, ele é muito bem sucedido.

Nesta edição, sob os cuidados de Jim Napolitano, foram incorporados vários experimentos atuais bem como resultados que à época de J.J. Sakurai ainda não haviam migrado dos periódicos científicos para os livros-texto ou foram descobertos após sua morte. Destacam-se a fase de Berry (ou fase geométrica), as oscilações de neutrinos no experimento KamLAND, a verificação experimental do efeito Casimir, dos efeitos da mudança de fase induzida pela gravidade e a luz comprimida. A discussão sobre as desigualdades de Bell também são bastante proveitosas, no momento em que vemos na literatura especializada – em função de experimentos recentes realizados especialmente pelo grupo de A. Zeilinger em Viena – um crescente interesse na questão da *interpretação* da mecânica quântica.

Comparado à edição original, J. Napolitano soube manter o espírito de J.J. Sakurai: de nada adianta conhecer a teoria se não soubermos transformar este conhecimento em algo que nos ajude a explicar alguns dos fenômenos experimentalmente observáveis. Isto fica claro na frase Sakurai, citada por John Bell: "O leitor que leu o livro mas não consegue resolver os exercícios não aprendeu nada". Deste modo, o livro traz um grande número de exercícios que além de testar o conhecimento adquirido visam ir muitas vezes um pouco além do que o texto oferece.

Desejo que os leitores possam recolher os mesmos frutos que encontrei neste livro quando ainda estudante de pós-graduação e sintam o prazer que senti ao retornar a ele, anos depois, como tradutor.

Silvio R. Dahmen

Prefácio à Segunda Edição

A mecânica quântica me fascina. Ela descreve uma grande variedade de fenômenos a partir de pouquíssimas premissas. Ela parte de um arcabouço bastante diferente das equações diferenciais da física clássica e, no entanto, a contém dentro de si. Ela nos fornece previsões quantitativas para muitas situações físicas, previsões estas experimentalmente corroboradas. Resumindo: nos dias de hoje, a mecânica quântica é o alicerce sobre o qual nos apoiamos para compreender o mundo físico.

Assim, foi para mim um prazer ser convidado a escrever a edição revisada do *Mecânica Quântica Moderna* de J.J. Sakurai. Eu havia lecionado este assunto diretamente de seu livro durante alguns anos e sentia-me sintonizado com sua apresentação. Como muitos outros instrutores, porém, eu achava que alguns aspectos do livro deixavam a desejar e introduzi materiais de outros livros e da minha própria formação e pesquisa. Minhas notas de aula híbridas formam a base das mudanças desta nova edição.

Obviamente, minha proposta original era mais ambiciosa que aquela que pôde ser feita e levou mais tempo do que eu gostaria. Algumas excelentes sugestões chegaram até mim por alguns revisores, e eu gostaria de tê-las incorporado todas. Porém, estou feliz com o resultado e não poupei esforços em manter o espírito do manuscrito original de Sakurai.

O **Capítulo 1** manteve-se praticamente inalterado. Algumas figuras foram revistas e fez-se uma referência ao Capítulo 8, no qual a origem relativística do momento magnético de Dirac é apresentada.

Ao **Capítulo 2** foi adicionado material novo, que inclui uma nova seção sobre soluções elementares, incluindo a partícula livre em três dimensões; o oscilador harmônico simples na equação de Schrödinger usando funções geratrizes; e o potencial linear como meio de introduzir as funções de Airy. A solução do potencial linear é usada para ser introduzida na discussão da aproximação WKB, e os autovalores são comparados a um experimento onde se mede nêutrons ricocheteantes[‡]. Também foi incluída uma breve discussão sobre as oscilações de neutrinos como demonstração da interferência quântica.

O **Capítulo 3** inclui, agora, soluções da equação de Schrödinger para potenciais centrais. A equação radial geral é apresentada e aplicada à partícula livre em três dimensões com aplicação ao poço esférico infinito. Resolvemos o oscilador harmônico isotrópico e discutimos sua aplicação ao "poço de potencial nuclear". Também achamos a solução usando o potencial coulombiano junto à uma discussão da degenerescência. Técnicas matemáticas avançadas são enfatizadas.

Uma subseção que foi acrescentada ao **Capítulo 4** trata da simetria inerente ao problema de Coulomb, conhecida classicamente em termos do vetor de Lenz. Esta

---

[‡] N. de T.: No original, *bouncing neutrons*.

discussão permite introduzir o SO(4) como uma extensão de simetrias contínuas previamente discutida no Capítulo 3.

Há duas adições ao **Capítulo 5**. Primeiro, há uma nova introdução à Seção 5.3, na qual se aplica teoria de perturbação ao átomo de hidrogênio no contexto de correções relativísticas à energia cinética. Este novo material, bem como algumas modificações no material sobre interações spin-órbita, será útil quando as compararmos à equação de Dirac aplicada ao átomo de hidrogênio, no final do livro.

Segundo, há uma nova seção sobre Hamiltonianos com dependências temporais "extremas". Ela inclui uma breve discussão sobre a aproximação súbita[‡] e uma discussão mais extensa sobre a aproximação adiabática. Esta última é feita levando-nos à fase de Berry, incluindo, para tanto, um exemplo (verificado experimentalmente) para um sistema de spin $\frac{1}{2}$. Parte do material do primeiro suplemento da edição anterior aparece nesta seção.

A parte final do livro contém as revisões mais significativas, incluindo a troca da ordem dos capítulos sobre *Espalhamento* e *Partículas Idênticas*. Isto se deve, em parte, à forte sensação que tenho (como também vários revisores) de que o material sobre espalhamento requeria uma atenção especial. Também, por sugestão dos revisores, trazemos o leitor para mais próximo do assunto de teoria quântica de campos, tanto na forma de uma extensão do material sobre partículas idênticas, introduzindo a segunda quantização, como em um novo capítulo sobre mecânica quântica relativística.

Deste modo, o **Capítulo 6**, que agora cobre espalhamento em mecânica quântica, vem com uma introdução quase que completamente reescrita. O assunto é desenvolvido usando-se um tratamento dependente do tempo. Além disso, as seções sobre a amplitude de espalhamento e a aproximação de Born foram reescritas para acompanhar esta nova abordagem. Isto inclui a incorporação do que antes era uma breve seção sobre o teorema óptico no tratamento da amplitude de espalhamento, antes de irmos para a aproximação de Born. As seções remanescentes foram editadas, combinadas e retrabalhadas, tendo algum material sido removido num esforço para manter aquilo que eu, bem como alguns revisores, julgamos ser as partes de física mais importantes da última edição.

O **Capítulo 7** tem duas novas seções que contêm uma expansão significativa do material existente sobre partículas idênticas (a seção sobre os *tableaux* de Young foi removida). Estados de multipartículas são desenvolvidos via segunda quantização, e duas aplicações são discutidas detalhadamente: o problema do gás de elétrons na presença de um fundo positivo carregado uniformemente e a quantização do campo eletromagnético.

O tratamento de estados quânticos de multipartículas é apenas um dos caminhos para se desenvolver a teoria quântica de campos. O outro caminho é incorporar a relatividade especial na mecânica quântica, o assunto do **Capítulo 8**. O tópico é introduzido e a equação de Klein-Gordon é utilizada até onde eu julgo sê-la conveniente. A equação de Dirac é estudada com um certo detalhe, de uma maneira mais ou menos padrão. Finalmente, resolvemos o problema de Coulomb para a equação de Dirac e oferecemos alguns comentários sobre a transição para uma teoria quântica relativística de campos.

[‡] N. de T.: No original, *sudden approximation*.

Os **Apêndices** foram reorganizados. Um novo, sobre unidades eletromagnéticas, tem em mente o estudante típico que usou unidades SI na graduação e agora, na pós-graduação, vê-se face a face com o sistema de unidades *gaussianas*.

Sou físico experimental e busco incorporar, em minhas aulas, resultados experimentais relevantes. Alguns deles acabaram entrando nesta edição, mais frequentemente na forma de figuras extraídas, primordialmente, de publicações modernas.

- A Figura 1.6 demostra o uso do aparato de Stern-Gerlach para analisar estados de polarização de um feixe de átomos de Césio.
- A rotação de spin para muons, em termos de medidas de alta precisão de $g - 2$, é apresentada na Figura 2.1.
- As oscilações de neutrinos, observadas pela colaboração KamLAND, são apresentadas na Figura 2.2.
- Um lindo experimento que demonstra os níveis de energia quantizados dos "elétrons ricocheteantes", na Figura 2.4, foi incluído para enfatizar a concordância entre os autovalores exatos de um potencial linear e aqueles obtidos pela aproximação WKB.
- A Figura 2.10, que mostra um deslocamento de fase gravitacional, já estava presente na edição anterior.
- Incluí a Figura 3.6, um antigo padrão, para enfatizar o quanto problemas de potenciais centrais são aplicáveis ao mundo real.
- Embora muitos experimentos sobre quebra de paridade tenham sido feitos nas cinco décadas desde que foi descoberta, as medidas originais de Wu, na Figura 4.6, continuam sendo uma das demonstrações mais claras.
- A fase de Berry para spin $\frac{1}{2}$ medida com nêutrons super frios é demonstrada na Figura 5.6.
- A Figura 6.6 é um claro exemplo de como se pode utilizar dados experimentais de espalhamento para interpretar as propriedades do alvo.
- Muitas vezes, experimentos feitos cuidadosamente podem apontar para algum problema nas previsões, como demonstra a Figura 7.2 no caso em que a simetria de troca não é levada em conta.
- A quantização do campo eletromagnético é demonstrada por dados experimentais do efeito Casimir (Figura 7.9) e na observação de luz *squeezed*[‡] (Figura 7.10).
- Por fim, algumas demonstrações clássicas da necessidade da mecânica quântica relativística são apresentadas. A descoberta original dos pósitrons por Carl Anderson é mostrada na Figura 8.1. Informações modernas acerca de detalhes dos níveis de energia do átomo de hidrogênio são incluídas na Figura 8.2.

Além disso, em alguns pontos incluí referências a trabalhos experimentais relevantes aos tópicos ali discutidos.

Devo meus agradecimentos ao grande número de pessoas que me ajudaram com o presente projeto. Colegas da física incluem John Cummings, Stuart Freedman, Joel

---

[‡] N. de T.: Embora muitas vezes o termo *squeezed light* seja traduzido por "luz comprimida", o termo *squeezed* ainda é bastante usual no dia a dia dos físicos, motivo pelo qual o mantivemos em inglês.

Giedt, David Hertzog, Barry Holstein, Bob Jaffe, Joe Levinger, Alan Litke, Kam-Biu Luk, Bob McKeown, Harry Nelson, Joe Paki, Murray Peshkin, Olivier Pfister, Mike Snow, John Townsend, San Fu Tuan, David van Baak, Dirk Walecka, Tony Zee e também os revisores que analisaram os vários rascunhos do manuscrito. Fui orientado durante este processo na Addison-Wesley por Adam Black, Katie Conley, Ashley Aklund, Deb Greco, Dyan Menezes e Jim Smith. Meus agradecimentos também a John Rogosich e a Carol Sawyer da Techsetters Inc. pelos conselhos e conhecimento técnico. Minhas desculpas àqueles de cujos nomes não me recordo ao escrever este agradecimento

No final, meu desejo mais sincero é que esta edição seja fiel à visão original de Sakurai e que ela não tenha sido enfraquecida sobremaneira pela minha intervenção.

Jim Napolitano
Troy, New York

Prefácio à Edição Revisada

Desde 1989, o editor tem buscado, com entusiasmo, produzir uma edição revisada do *Mecânica Quântica Moderna*, de autoria de seu já falecido grande amigo J.J. Sakurai, com o objetivo de tornar o texto original útil também no século XXI. Várias consultas foram feitas com um painel de amigos de Sakurai, que prestaram ajuda na edição original, mais particularmente os professores Yasuo Hara, da Universidade de Tsukuba, e Akio Sakurai, da Universidade de Kyoto Sangyo, ambas no Japão.

Este livro foi escrito para estudantes do primeiro ano de pós-graduação que tenham estudado mecânica quântica no penúltimo ou último ano de sua graduação. Ele não é um livro introdutório de mecânica quântica. Espera-se do leitor alguma experiência na solução de equações de onda dependentes e independentes do tempo. Parte-se do pressuposto de que esteja familiarizado com a evolução temporal de um pacote de ondas gaussiano em uma região sem a presença de forças externas, bem como espera-se que tenha a habilidade de resolver problemas unidimensionais de transmissão e reflexão. Algumas das propriedades gerais das autofunções e autovalores de energia devem também ser conhecidas pelos leitores deste livro.

O motivo maior deste projeto foi revisar o texto principal. Há três adições e/ou mudanças importantes na edição revisada que, fora isso, deixaram a edição original inalterada. Elas incluem a reescrita de certas partes da Seção 5.2 feitas pelo prof. Kenneth Johnson, do M.I.T., que tratam da teoria de perturbação independente do tempo no caso degenerado, na qual leva em conta um ponto sutil que não fora até então tratado apropriadamente em vários textos de mecânica quântica publicados neste país. O professor Roger Newton, da Universidade de Indiana, contribui com detalhes mais refinados na parte que trata do alargamento do tempo de vida[‡] no efeito Stark, bem como explicações adicionais sobre deslocamentos de fase[‡‡] na ressonância, o teorema óptico e o estado não normalizável. Estes aparecem no texto revisado como "comentários do editor" ou "notas do editor". O professor Thomas Fulton de Universidade John Hopkins reescreveu sua contribuição sobre o espalhamento de Coulomb (Seção 7.13); ela agora aparece como um texto mais sucinto, enfatizando a física e deixando os detalhes matemáticos para o Apêndice C.

Embora não representem uma porção significativa do texto, algumas adições se fizeram necessárias para levar em conta alguns desenvolvimentos da mecânica quântica que se tornaram mais relevantes desde o dia 1º de novembro de 1982. Com este propósito, dois suplementos aparecem no final do texto. O Suplemento I trata da mudança adiabática e da fase geométrica (popularizada por M.V. Berry a partir de 1983) e que é, na verdade, a tradução de um suplemento sobre estes tópicos escrito pelo professor Akio Sakurai para a edição japonesa do *Mecânica Quântica Moderna* (copyright ©

[‡] N. de T.: No original, *lifetime broadening*.
[‡‡] N. de T.: No original, *phase shift*.

Yoshioka-Shoten Publishing, Kyoto). O Suplemento II acerca de decaimentos não exponenciais foi escrito pelo meu colega de trabalho, o professor Xerxes Tata, e revisado pelo professor E. C. G. Sudarshan, da Universidade do Texas, em Austin. Embora este assunto, do ponto de vista teórico, tenha uma longa história, o trabalho experimental sobre taxas de transição que comprovam indiretamente tais decaimentos só puderam ser feitos em 1990. A introdução de material adicional é, obviamente, uma decisão subjetiva do editor; cabe aos leitores julgarem, por si sós, o quão apropriado ela é. Ao professor Akio Sakurai devemos a busca diligente por erros de impressão nas primeiras dez impressões da edição original. Meu colega, o professor Sandip Pakvasa, orientou-me e manteve-me animado durante todo o processo de revisão.

Além dos agradecimentos acima, meus ex-estudantes Li Ping, Shi Xiaohong e Yasunaga Suzuki serviram de ressonadores para as ideias desta edição revisada quando assistiram a meu curso de mecânica quântica na pós-graduação na Universidade do Hawaii durante a primavera de 1992. A tradução preliminar do Suplemento I a partir do japonês foi feita por Suzuki como trabalho de semestre. O Dr. Andy Acker assistiu-me com os gráficos no computador. O Departamento de Física e Astronomia da Universidade do Hawaii, em Manoa, mais uma vez disponibilizou não apenas sua estrutura, como a atmosfera conducente com o trabalho de editoração. Finalmente, eu gostaria de agradecer ao editor sênior para física (e patrocinador) Stuart Johnson e sua assistente editorial, Jennifer Dugan, bem como à coordenadora sênior de produção Amy Willcutt, da Addison-Wesley, pelo seu encorajamento e o otimismo de que a edição revisada realmente se materializaria.

San Fu Tuan
Honolulu, Hawaii

Prefácio à Primeira Edição

J.J. Sakurai sempre foi um visitante muito bem vindo aqui no CERN, pois era um daqueles raros teóricos para quem os fatos experimentais eram até mais interessantes que o jogo teórico em si. E, ainda assim, tinha grande prazer pela física teórica e por seu ensino, assunto sobre o qual tinha fortes opiniões. Sakurai acreditava que muito do ensino de física teórica era não apenas limitado como também distante das aplicações: "...vemos uma quantidade de teóricos sofisticados, mas não educados, fluentes no formalismo LSZ dos operadores de campo de Heisenberg, mas que não sabem por que um átomo excitado irradia, ou desconhecem a dedução quântica da lei de Rayleigh que explica o motivo pelo qual o céu é azul". E insistia também que o estudante deveria ser capaz de usar aquilo que lhe foi ensinado: "O leitor que leu o livro, mas não consegue resolver os exercícios, não aprendeu nada".

Sakurai colocou estes princípios em ação em seu excelente *Advanced Quantum Mechanics* (1967) e no *Invariance Principles and Elementary Particles* (1964), ambos extremamente usados na biblioteca do CERN. Este novo livro, *Mecânica Quântica Moderna*, deverá ser muito mais usado, não apenas por um grupo maior como também menos especializado de pessoas. O livro combina a amplitude de assuntos com uma praticidade pormenorizada. Seus leitores encontrarão nele aquilo que precisam saber, em um texto escrito com um constante e bem sucedido esforço de torná-lo inteligível.

A morte repentina de J.J. Sakurai, no dia 1º de novembro de 1982, fez com que o livro ficasse inacabado. Reinhold Bertlmann e eu auxiliamos a Sra. Sakurai a selecionar os papéis de seu esposo no CERN. Entre estes, achamos uma versão preliminar da maior parte do livro, escrita à mão, junto da qual se achava uma longa coleção de problemas. Embora apenas três capítulos estivessem completamente acabados, ficou claro que o bojo do trabalho criativo fora feito. Ficou também claro que o único trabalho ainda a fazer seria preencher algumas lacunas, polir a linguagem e colocar o manuscrito em ordem.

Devemos o fato de o livro estar agora acabado à determinação de Noriko Sakurai e à dedicação de San Fu Tuan. Logo após seu falecimento, a Sra. Sakurai decidiu, de pronto, que o derradeiro esforço de seu esposo não poderia ser desperdiçado. Com grande coragem e dignidade, ela se tornou a força por trás do projeto, superando todos os obstáculos e estabelecendo os altos padrões que deveriam ser mantidos. San Fu Tuan empregou seu tempo e energia, com grande disposição, à edição e à finalização do trabalho de Sakurai. Talvez apenas as pessoas próximas à vibrante área da física teórica de altas energias possam realmente apreciar o sacrifício aí envolvido.

Para mim, pessoalmente, J.J. sempre foi mais que um colega particularmente famoso. Entristece-me saber que nunca mais poderemos, juntos, rir dos físicos, da física e da vida em geral, e que ele não poderá presenciar o sucesso de sua última obra. Contudo, fico feliz por saber que ela produziu frutos.

John S. Bell
CERN, Genebra

Sumário

1 ■ Conceitos Fundamentais — 1
1.1 O Experimento de Stern-Gerlach   1
1.2 Kets, Bras e Operadores   10
1.3 Kets de Base e Representações Matriciais   17
1.4 Medidas, Observáveis e as Relações de Incerteza   23
1.5 Mudança de Base   35
1.6 Posição, Momento e Translação   40
1.7 Funções de Onda no Espaço de Posição e Momento   50

2 ■ Dinâmica Quântica — 65
2.1 Evolução Temporal e Equação de Schrödinger   65
2.2 A Representação de Schrödinger *versus* a Representação de Heisenberg   79
2.3 O Oscilador Harmônico Simples   88
2.4 A Equação de Onda de Schrödinger   96
2.5 Soluções Elementares da Equação de Onda de Schrödinger   102
2.6 Propagadores e Integrais de Caminho de Feynman   114
2.7 Potenciais e Transformações de Calibre   127

3 ■ Teoria do Momento Angular — 155
3.1 Rotações e Relações de Comutação de Momento Angular   155
3.2 Spin $\frac{1}{2}$ e Rotações Finitas   161
3.3 SO(3), SU(2) e Rotações de Euler   170
3.4 Operador Densidade e Ensemble Puro *versus* Ensemble Misto   176
3.5 Autovalores e Autovetores do Momento Angular   189
3.6 Momento Angular Orbital   197
3.7 Equação de Schrödinger para Potenciais Centrais   205
3.8 Adição de Momento Angular   215
3.9 O Modelo de Oscilador de Schwinger para o Momento Angular   230
3.10 Medidas de Correlação de Spin e Desigualdade de Bell   236
3.11 Operadores Tensoriais   244

4 ■ Simetria em Mecânica Quântica — 260

4.1 Simetrias, Leis de Conservação e Degenerescências 260
4.2 Simetrias Discretas, Paridade ou Inversão Espacial 267
4.3 Translação na Rede como Simetria Discreta 278
4.4 Simetria de Reversão Temporal Discreta 282

5 ■ Métodos Aproximativos — 301

5.1 Teoria de Perturbação Independente do Tempo: Caso Não Degenerado 301
5.2 Teoria de Perturbação Independente do Tempo: Caso Degenerado 314
5.3 Átomos Hidrogenoides: Estrutura Fina e Efeito Zeeman 319
5.4 Métodos Variacionais 330
5.5 Potenciais Dependentes do Tempo: a Representação de Interação 334
5.6 Hamiltonianos com Dependências Temporais Extremas 343
5.7 Teoria de Perturbação Dependente do Tempo 353
5.8 Aplicações a Interações com o Campo de Radiação Clássico 363
5.9 Desvio de Energia e Largura de Decaimento 369

6 ■ Teoria de Espalhamento — 384

6.1 O Espalhamento como Perturbação Dependente do Tempo 384
6.2 A Amplitude de Espalhamento 389
6.3 A Aproximação de Born 397
6.4 Desvios de Fase e Ondas Parciais 402
6.5 Aproximação Eikonal 415
6.6 Espalhamento a Baixas Energias e Estados Ligados 421
6.7 Espalhamento Ressonante 428
6.8 Considerações sobre Simetria no Espalhamento 431
6.9 Espalhamento Inelástico Elétron-Átomo 434

7 ■ Partículas Idênticas — 444

7.1 Simetria de Permutação 444
7.2 Postulado da Simetrização 448
7.3 Sistema de Dois Elétrons 450
7.4 O Átomo de Hélio 453
7.5 Estados Multipartículas 457
7.6 Quantização do Campo Eletromagnético 470

8 ■ Mecânica Quântica Relativística — 484

8.1 Caminhos para a Mecânica Quântica Relativística 484
8.2 A Equação de Dirac 492
8.3 Simetrias da Equação de Dirac 499
8.4 Resolvendo o Problema com um Potencial Central 504
8.5 Teoria Quântica de Campos Relativística 512

A ■ Unidades Eletromagnéticas

A.1 Lei de Coulomb, Carga e Corrente 517
A.2 Fazendo a Conversão entre Sistemas de Unidades 518

B ■ Breve Resumo de Soluções Elementares da Equação de Onda de Schrödinger — 521

B.1 Partículas Livres ($V = 0$) 521
B.2 Potenciais Unidimensionais Contínuos por Partes 522
B.3 Problemas de Transmissão–Reflexão 523
B.4 Oscilador Harmônico Simples 524
B.5 O Problema da Força Central [Potencial com Simetria Esférica $V = V(r)$] 525
B.6 Átomo de Hidrogênio 529

C ■ Prova da Regra de Adição de Momentos Angulares – Equação (3.8.38) — 531

Referências — 533

Índice — 535

CAPÍTULO 1

Conceitos Fundamentais

A revolução no modo como compreendemos os fenômenos microscópicos, ocorrida nos primeiros 27 anos do século XX, não tem precedentes na história das ciências da natureza. Testemunhamos não apenas as sérias limitações da validade da física clássica, como também constatamos que a teoria alternativa que substituiu as teorias físicas clássicas era muito mais abrangente em seu escopo e mais rica em suas aplicações.

A maneira mais tradicional de iniciar o estudo da mecânica quântica é seguir seu desenvolvimento histórico – a lei de radiação de Planck, a teoria de Einstein-Debye para calores específicos, o átomo de Bohr, as ondas de matéria de de Broglie e assim por diante –, junto a uma análise cuidadosa de alguns experimentos-chave, tais como o efeito Compton, o experimento de Franck-Hertz e o experimento de Davisson-Germer-Thomson. Se seguíssemos este caminho, poderíamos, quiçá, melhor apreciar a maneira pela qual os físicos do primeiro quarto do século XX foram forçados a abandonar, pouco a pouco, aqueles conceitos da física clássica tão acalentados por eles e como, não obstante erros nos passos iniciais e nos caminhos escolhidos, os grandes mestres – Heisenberg, Schrödinger e Dirac, entre outros – finalmente lograram sucesso na formulação da mecânica quântica como hoje a conhecemos.

Entretanto, não seguimos neste livro a abordagem histórica. Iniciamos com um exemplo que ilustra, talvez melhor do que qualquer outro, o quão fundamentalmente inadequados são os conceitos clássicos. Esperamos que, ao expor os leitores a este "tratamento de choque" já no início, consigamos que eles se tornem desde o princípio afinados com aquilo que denominamos "a maneira quântica de pensar".

Esta abordagem diferente não é meramente um exercício acadêmico. Nosso conhecimento do mundo físico advém das hipóteses que fazemos acerca da natureza, da subsequente formulação destas mesmas hipóteses em postulados, seguidas de previsões deles recorrentes e, finalmente, da comparação destas previsões com os experimentos. Se o experimento não corroborar a previsão, então provavelmente nossas premissas originais estavam incorretas. Nossa abordagem enfatiza as premissas fundamentais que fazemos acerca da natureza, sobre as quais fundamentamos todas as nossas leis físicas e que têm por objetivo acomodar em seu bojo, desde o princípio e de modo profundo, as observações quânticas.

1.1 ■ O EXPERIMENTO DE STERN-GERLACH

O exemplo no qual nos concentraremos nesta seção é o experimento de Stern-Gerlach, concebido originalmente por O. Stern em 1921 e por ele conduzido em colaboração

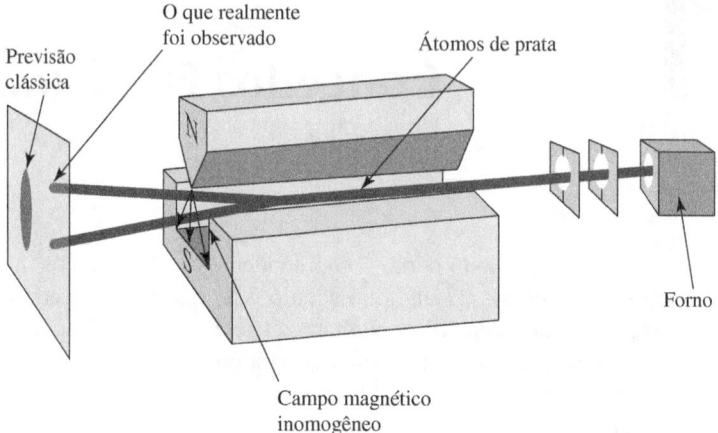

FIGURA 1.1 O experimento de Stern-Gerlach.

com W. Gerlach em 1922 em Frankfurt.[1] Este experimento ilustra, de maneira dramática, a necessidade de um desvio radical dos conceitos da mecânica clássica. Nas seções subsequentes, o formalismo básico da mecânica quântica será apresentado de modo um tanto quanto axiomático, mas tendo sempre, como pano de fundo, o experimento de Stern-Gerlach em mente. De uma certa maneira, um sistema de dois estados do tipo Stern-Gerlach é o menos clássico e o mais quântico dos sistemas. Um profundo entendimento de problemas envolvendo sistemas de dois níveis será de grande valia para qualquer estudante sério de mecânica quântica. Esta é a razão pela qual nos reportamos repetidamente a problemas de dois níveis ao longo deste livro.

Descrição do experimento

Apresentamos agora uma breve discussão do experimento de Stern-Gerlach, experimento este discutido em quase todo livro de física moderna.[2] Primeiramente, átomos de prata (Ag) são aquecidos em um forno. Este possui um pequeno orifício pelo qual alguns átomos podem escapar. Como mostrado na Figura 1, o feixe passa por um colimador e é, então, submetido à ação de um campo magnético inomogêneo produzido por um par de polos, um dos quais possui uma aresta muito afilada.

Nossa tarefa é calcular o efeito do campo magnético sobre os átomos. Para tanto, o modelo super simplificado para átomos de prata que apresentamos a seguir é suficiente. Estes átomos possuem um núcleo e 47 elétrons, 46 dos quais podem ser vistos como formando uma nuvem eletrônica esférica com momento angular resultante nulo. Se ignorarmos o spin nuclear, que é irrelevante para nossa discussão, podemos ver que o átomo como um todo tem um momento angular que vem somente do momento angular de spin – intrínseco, em contraposição ao orbital – do 47° elétron

---

[1] Para uma discussão histórica excelente sobre o experimento de Stern-Gerlach, veja "Stern and Gerlach: How a Bad Cigar Helped Reorient Physics", de Bretislav Friedrich e Dudley Herschbach, *Physics Today*, December (2003) 53.

[2] Para uma discussão elementar, mas esclarecedora, sobre o experimento de Stern-Gerlach, consulte French e Taylor (1978), pp. 432-38.

(5s). Os 47 elétrons estão ligados ao núcleo, que é $\sim 2 \times 10^5$ vezes mais pesado que o elétron; disto resulta que o átomo pesado possui, como um todo, um momento magnético igual ao momento magnético de spin do 47º elétron. Em outras palavras, o momento magnético μ do átomo é proporcional ao spin do elétron **S**,

$$\mu \propto \mathbf{S}, \tag{1.1.1}$$

onde a constante de proporcionalidade vem a ser $e/m_e c$ ($e < 0$ neste livro) com uma precisão de 0,2%.

Devido ao fato de que energia de interação entre o momento magnético e o campo magnético é simplesmente $-\boldsymbol{\mu}\cdot\mathbf{B}$, a componente z da força que o átomo sente é dada por

$$F_z = \frac{\partial}{\partial z}(\boldsymbol{\mu}\cdot\mathbf{B}) \simeq \mu_z \frac{\partial B_z}{\partial z}, \tag{1.1.2}$$

onde ignoramos as componentes de **B** nas direções diferentes de z. Uma vez que o átomo como um todo é muito massivo, é de se esperar que o conceito clássico de trajetória possa ser legitimamente aplicado, ponto este que pode ser justificado empregando-se o princípio de Heisenberg, que deduziremos posteriormente. Usando a montagem da Fig. 1.1, o átomo com $\mu_z > 0$ ($S_z < 0$) sente uma força direcionada para cima, ao passo que o átomo com $\mu_z < 0$ ($S_z > 0$) sente uma força para baixo. Espera-se, então, que o feixe seja dividido de acordo com os valores de μ_z. Em outras palavras, o aparato SG (Stern-Gerlach) "mede" a componente z de $\boldsymbol{\mu}$ ou, o que é equivalente, a componente z de **S** a menos de um fator de proporcionalidade.

Os átomos no forno estão orientados aleatoriamente: não há direção preferencial para a orientação de $\boldsymbol{\mu}$. Se o elétron fosse semelhante a um objeto clássico que gira sobre o próprio eixo, esperaríamos obter valores de μ_z que variassem entre $|\boldsymbol{\mu}|$ e $-|\boldsymbol{\mu}|$. Isto nos levaria a esperar um conjunto contínuo de feixes saindo do aparelho, como indicado na Fig. 1.1, espalhados de maneira aproximadamente uniforme entre os valores limites. Ao invés disso, o que podemos observar experimentalmente também está representado de maneira aproximada na Fig. 1.1, onde podemos ver duas "manchas" que correspondem a uma orientação "para cima" e outra "para baixo". Em outras palavras, o aparato SG separa os átomos de prata originários do forno em *duas componentes distintas*, um fenômeno denominado nos primórdios da mecânica quântica de "quantização do espaço". Na medida em que $\boldsymbol{\mu}$ pode ser identificado, a menos de um fator de proporcionalidade, com o spin eletrônico **S**, observa-se que somente dois valores da componente z de **S** são possíveis: S_z para cima (*up*) e S_z para baixo (*down*), que denominamos S_z+ e S_z-. Os dois possíveis valores de S_z são múltiplos de alguma unidade fundamental de momento angular; numericamente ela redunda ser $S_z = \hbar/2$ e $-\hbar/2$, onde

$$\begin{aligned}\hbar &= 1{,}0546 \times 10^{-27} \text{ erg-s}\\ &= 6{,}5822 \times 10^{-16} \text{ eV-s}.\end{aligned} \tag{1.1.3}$$

Esta "quantização" do momento angular de spin do elétron[3] é o primeiro resultado importante que deduzimos a partir do experimento de Stern-Gerlach.

---

[3] Para compreender as raízes desta quantização, devemos recorrer à aplicação da teoria da relatividade à mecânica quântica. Veja a Seção 8.2 deste livro para uma discussão deste tópico.

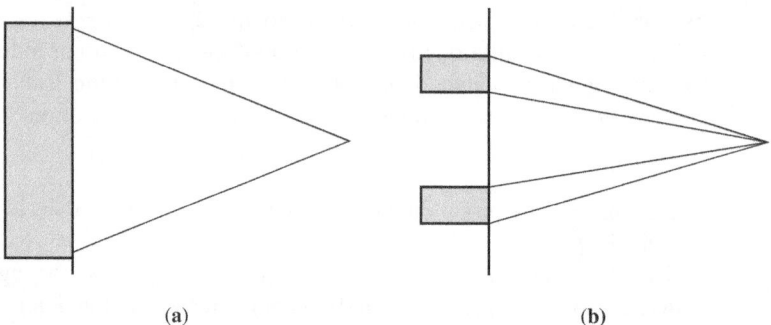

(a)   (b)

FIGURA 1.2 (a) Previsão da física clássica para os resultados do experimento de Stern-Gerlach. O feixe deveria ser espalhado verticalmente, por uma distância que corresponderia aos limites dos valores do momento magnético multiplicados pelo cosseno do ângulo de orientação. Stern e Gerlach, no entanto, observaram o resultado ilustrado em (b), ou seja, que apenas duas orientações do momento magnético se manifestam. Estas duas orientações não cobriam toda a região esperada.

A Figura 1.2a ilustra o resultado que se esperaria deste experimento. De acordo com a física clássica, o feixe deveria se espalhar verticalmente por uma distância correspondente aos limites (contínuos) de orientação do momento magnético. Ao invés disso, o que se observa está representado na Figura 1.2b, em completo desacordo com a física clássica. O feixe divide-se misteriosamente em duas partes, uma correspondendo a spins "para cima" e outra a spins "para baixo".

É óbvio que não há nada de sagrado acerca da direção para cima-para baixo do eixo z. Poderíamos ter aplicado, com o mesmo efeito, um campo inomogêneo na direção horizontal, digamos na direção do eixo x, com o feixe deslocando-se na direção y. Neste caso, poderíamos separar o feixe que emerge do forno em uma componente S_x+ e em uma outra S_x-.

Experimentos de Stern-Gerlach sequenciais

Consideremos agora um experimento de Stern-Gerlach sequencial, ou seja, o feixe atômico passa por dois ou mais aparatos SG em sequência. O primeiro arranjo que consideramos é relativamente simples: sujeitamos o feixe que sai do forno a passar por um aparato montado segundo a Figura 1.3a, onde SG$\hat{z}$ representa, como sempre, um aparato com um campo magnético inomogêneo apontando na direção z. Na sequência, bloqueamos a componente S_z- que emerge do primeiro aparato e submetemos o feixe remanescente S_z+ a outro aparato SG$\hat{z}$. Desta vez, há apenas um feixe emergindo do segundo aparato: o de componente S_z+. Talvez isto não seja algo tão surpreendente; afinal, se os spins dos átomos estão para cima, espera-se que continuem assim, a menos que haja, entre o primeiro e o segundo aparato, qualquer campo externo que gire os spins.

O arranjo mostrado na Figura 1.3b é um pouco mais interessante: nele, o primeiro aparato SG é o mesmo do arranjo anterior, mas o segundo (SG$\hat{x}$) apresenta um campo magnético inomogêneo na direção x. O feixe S_z+ que entra no segundo aparato (SG$\hat{x}$) é agora separado em duas componentes de igual intensidade: uma componente S_x+ e

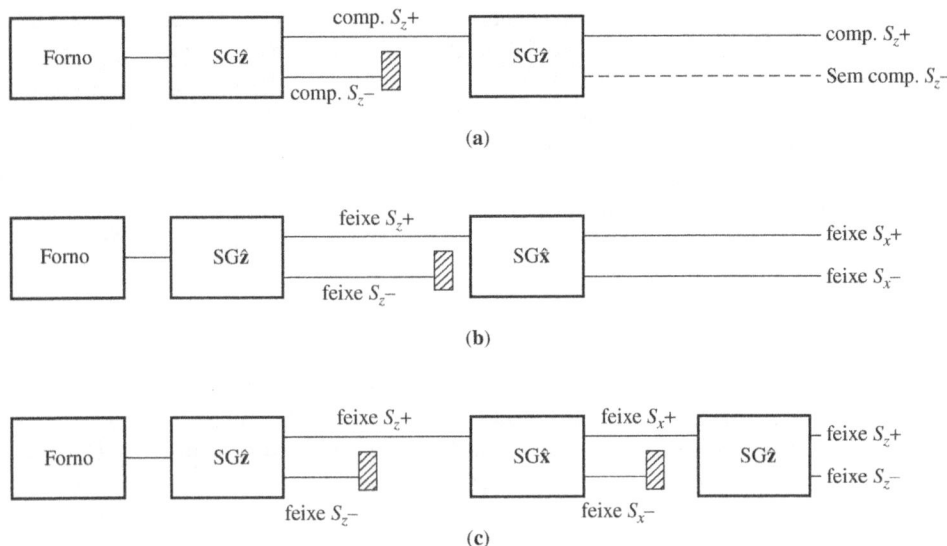

FIGURA 1.3 Experimentos de Stern-Gerlach sequenciais.

uma componente S_x-. Como podemos explicar este resultado? Significaria que 50% dos átomos no feixe S_z+ que saem do primeiro aparato (SGẑ) são formados de átomos caracterizados por ambas as componentes, S_z+ e S_x+, enquanto os 50% restantes o são por S_z+ e S_x-? Como veremos a seguir, esta interpretação do experimento é problemática.

Consideremos agora um terceiro passo, representado na Figura 1.3c, que ilustra, de maneira mais dramática, as peculiaridades de sistemas quânticos. Desta vez, adicionamos ao arranjo da Figura 1.3b um terceiro aparato, do tipo SGẑ. O que se observa é que *duas* componentes emergem do terceiro aparato, e não apenas uma: os feixes emergentes têm tanto uma componente S_z+ como uma componente S_z-. Isto é algo realmente surpreendente pois, após os átomos terem saído do primeiro aparato, garantimos que a componente S_z- fosse completamente bloqueada. Como é possível que a componente S_z-, que acreditamos termos eliminado anteriormente, possa reaparecer? O modelo segundo o qual os átomos que entram no terceiro aparato têm as componentes S_z+ e S_x+ é, claramente, insatisfatório.

Este exemplo é usado com frequência para ilustrar que, em mecânica quântica, não podemos determinar tanto S_z quanto S_x simultaneamente. De uma maneira mais precisa, podemos dizer que a seleção do feixe S_x+ pelo segundo aparato (SGx̂) destrói completamente qualquer informação prévia acerca de S_z.

É interessante compararmos esta situação com aquela de um pião na mecânica clássica, cujo momento angular

$$\mathbf{L} = I\boldsymbol{\omega} \tag{1.1.4}$$

pode ser medido em se determinando as componentes do vetor velocidade angular $\boldsymbol{\omega}$. Pela observação de quão rápido o objeto gira em qual direção, podemos determinar simultaneamente os valores de ω_x, ω_y e ω_z. O momento de inércia I pode ser calculado se soubermos a densidade de massa e a forma geométrica do pião, de modo que não há dificuldade alguma em especificar L_z e L_x no caso clássico.

Deve-se ter claro que a limitação que encontramos ao tentar determinar S_z e S_x não se deve à incompetência do experimentador. Não há como fazermos a componente S_z– do terceiro aparato da Figura 1.3c desaparecer por meio do refinamento das técnicas experimentais. As peculiaridades da mecânica quântica nos são impostas pelo próprio experimento. A limitação é, na verdade, inerente aos fenômenos microscópicos.

Analogia com a polarização da luz

Dado que a situação se nos apresenta tão insólita, uma analogia com uma situação clássica familiar pode ser útil. Para tanto, fazemos aqui uma digressão ao considerar a polarização da luz. A analogia irá nos auxiliar a desenvolver uma estrutura matemática com a qual poderemos formular os postulados da mecânica quântica.

Considere uma onda monocromática se propagando na direção z. Uma luz linearmente polarizada (ou plano-polarizada) com um vetor de polarização na direção x, que denominaremos, por questão de brevidade, de *luz x-polarizada*, possui um campo elétrico que oscila na direção x e depende da posição e tempo segundo

$$\mathbf{E} = E_0 \hat{\mathbf{x}} \cos(kz - \omega t). \tag{1.1.5}$$

Do mesmo modo, podemos considerar um feixe de luz y-polarizada que também se propaga na direção z

$$\mathbf{E} = E_0 \hat{\mathbf{y}} \cos(kz - \omega t). \tag{1.1.6}$$

Feixes de luz polarizada do tipo (1.1.5) e (1.1.6) podem ser obtidos fazendo um feixe de luz não polarizada passar por um filtro Polaroid. Um filtro que seleciona apenas os feixes polarizados na direção x é denotado por *filtro-x*. É óbvio que um filtro-x se torna um filtro-y quando o giramos por um ângulo de 90° em torno da direção (z) de propagação. É um fato bem conhecido que se fizermos um feixe passar por um filtro-x e, subsequentemente, por um filtro-y, não emergirá qualquer feixe do último filtro (desde que, obviamente, estejamos trabalhando com Polaroids 100% eficientes); veja a Figura 1.4a.

A situação se torna ainda mais interessante se inserirmos entre o filtro-x e o filtro-y um outro Polaroid que seleciona somente um feixe polarizado numa direção que faz um ângulo de 45° com a direção x no plano xy – que denotaremos aqui por direção x' (Figura 1.4b). Agora, haverá um feixe emergindo do filtro-y não obstante o fato de que após o feixe atravessar o filtro-x ele não possuísse qualquer componente na direção y. Colocado de outro modo, uma vez que o filtro-x' intervém e seleciona o feixe x'-polarizado, é irrelevante o fato de o feixe ter sido x-polarizado previamente. A seleção do feixe x'-polarizado pelo segundo Polaroid destrói qualquer informação prévia acerca da polarização da luz. Note que esta situação é bastante análoga à situação por nós encontrada previamente com o arranjo SG da Figura 1.3b, desde que a seguinte correspondência seja feita:

$$S_z \pm \text{átomos} \leftrightarrow \text{luz } x\text{-polarizada, } y\text{-polarizada}$$
$$S_x \pm \text{átomos} \leftrightarrow \text{luz } x'\text{-polarizada, } y'\text{-polarizada} \tag{1.1.7}$$

onde os eixos x' e y' são definidos como na Figura 1.5.

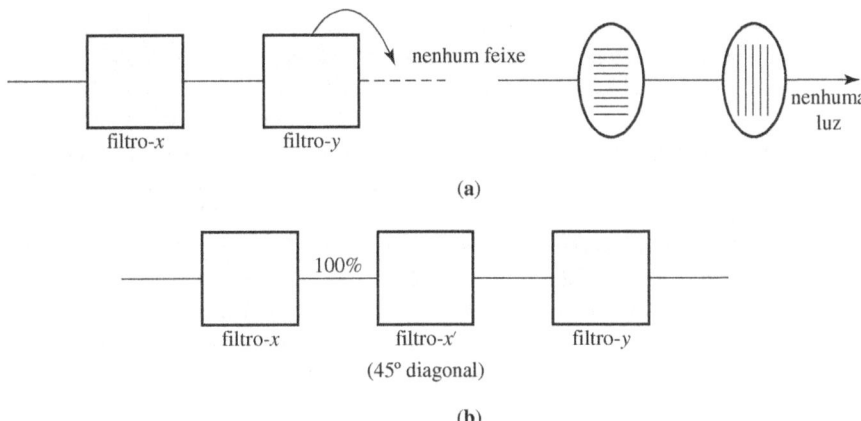

FIGURA 1.4 Feixes de luz submetidos a um filtro Polaroid.

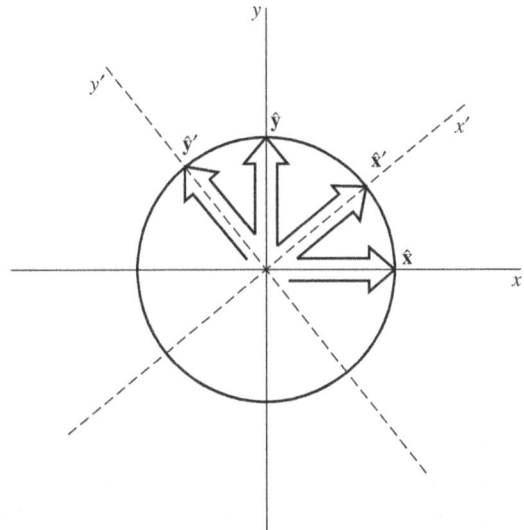

FIGURA 1.5 Orientação dos eixos x' e y'.

Examinemos agora como podemos descrever quantitativamente o comportamento dos feixes polarizados em 45° (feixes x'-polarizados e y'-polarizados) dentro da eletrodinâmica clássica. Usando a Figura 1.5 obtemos

$$E_0 \hat{x}' \cos(kz - \omega t) = E_0 \left[\frac{1}{\sqrt{2}} \hat{x} \cos(kz - \omega t) + \frac{1}{\sqrt{2}} \hat{y} \cos(kz - \omega t) \right],$$

$$E_0 \hat{y}' \cos(kz - \omega t) = E_0 \left[-\frac{1}{\sqrt{2}} \hat{x} \cos(kz - \omega t) + \frac{1}{\sqrt{2}} \hat{y} \cos(kz - \omega t) \right]. \quad (1.1.8)$$

No arranjo com um filtro triplo da Figura 1.4b, o feixe que emerge do primeiro Polaroid é um feixe $\hat{x}$-polarizado, que pode ser visto como uma combinação linear de um feixe x'-polarizado com um y'-polarizado. O segundo Polaroid seleciona o feixe x'-polarizado que pode, por sua vez, ser visto com uma combinação linear de um feixe x-polarizado com um feixe y-polarizado.

A aplicação da correspondência (1.1.7) entre o experimento de Stern-Gerlach sequencial da Figura 1.3c e o experimento com o filtro triplo da Figura 1.4b nos sugere que talvez possamos representar o estado de spin de um átomo de prata por algum tipo de vetor em um novo tipo de espaço vetorial bidimensional, espaço vetorial este abstrato e que não deve ser confundido com o espaço bidimensional usual (xy). Da mesma forma que os vetores $\hat{\mathbf{x}}$ e $\hat{\mathbf{y}}$ em (1.1.8) são os vetores da base usados para decompor o vetor de polarização $\hat{\mathbf{x}}'$ da luz $\hat{\mathbf{x}}'$-polarizada, é razoável representarmos o estado S_x+ por um vetor que chamaremos de *ket*, segundo a notação de Dirac a ser desenvolvida de maneira completa na próxima seção. Denotamos este vetor por $|S_x;+\rangle$ e o escrevemos como uma combinação linear de dois vetores de base, $|S_z;+\rangle$ e $|S_z;-\rangle$, que correspondem aos estados S_z+ e S_z-, respectivamente. Podemos, assim, conjecturar que

$$|S_x;+\rangle \stackrel{?}{=} \frac{1}{\sqrt{2}}|S_z;+\rangle + \frac{1}{\sqrt{2}}|S_z;-\rangle \qquad (1.1.9a)$$

$$|S_x;-\rangle \stackrel{?}{=} -\frac{1}{\sqrt{2}}|S_z;+\rangle + \frac{1}{\sqrt{2}}|S_z;-\rangle \qquad (1.1.9b)$$

em analogia com (1.1.8). Posteriormente, mostraremos como obter estas expressões usando o formalismo geral da mecânica quântica.

Assim, a componente não bloqueada que emerge do segundo aparato (SG$\hat{\mathbf{x}}$) da Figura 1.3c deve ser considerada como uma superposição de S_z+ e S_z- no sentido da equação (1.1.9a). Esta é razão pela qual as duas componentes emergem do terceito aparato (SG$\hat{\mathbf{z}}$).

A próxima questão de interesse imediato é: como representaremos os estados $S_z\pm$? Argumentos de simetria sugerem que se observarmos um feixe $S_z\pm$ movendo-se na direção x, submetido a um aparato SG$\hat{\mathbf{y}}$, a situação resultante será muito similar àquela de um feixe $S_z\pm$ movendo-se na direção y e sujeito a um aparato SG$\hat{\mathbf{x}}$. Os kets para $S_y\pm$ deveriam ser, então, considerados como sendo uma combinação linear de $|S_z;\pm\rangle$, embora da (1.1.9) pareça que já gastamos as possibilidades disponíveis ao escrever $|S_x;\pm\rangle$. Como pode o nosso formalismo de espaço vetorial fazer a distinção entre estados $S_y\pm$ e $S_x\pm$?

A analogia com a luz polarizada vem em nosso resgate, novamente. Desta vez, consideremos um feixe polarizado circularmente, que pode ser obtido fazendo com que um feixe linearmente polarizado atravesse uma placa de quarto-de-onda. Ao passarmos um feixe circularmente polarizado por um filtro-x ou um filtro-y, obteremos novamente um feixe x-polarizado ou y-polarizado de igual intensidade. E, no entanto, todos sabem que a luz circularmente polarizada é totalmente diferente de uma luz linearmente polarizada por 45° (x'-polarizada ou y'-polarizada).

Matematicamente, como representamos uma luz circularmente polarizada? Um feixe circularmente polarizado dextrógiro (ou à direita) nada mais é que a combinação linear de um feixe x-polarizado com um feixe y-polarizado na qual as oscilações do campo elétrico para a componente *y*-polarizada está defasada em 90° com relação à componente *x*-polarizada:[4]

$$\mathbf{E} = E_0 \left[\frac{1}{\sqrt{2}} \hat{\mathbf{x}} \cos(kz - \omega t) + \frac{1}{\sqrt{2}} \hat{\mathbf{y}} \cos\left(kz - \omega t + \frac{\pi}{2}\right) \right]. \quad (1.1.10)$$

Podemos escrever isto de modo mais elegante introduzindo a notação complexa:

$$\text{Re}(\boldsymbol{\epsilon}) = \mathbf{E}/E_0. \quad (1.1.11)$$

Podemos, assim, para a luz circularmente polarizada dextrógira, escrever

$$\boldsymbol{\epsilon} = \left[\frac{1}{\sqrt{2}} \hat{\mathbf{x}} e^{i(kz - \omega t)} + \frac{i}{\sqrt{2}} \hat{\mathbf{y}} e^{i(kz - \omega t)} \right], \quad (1.1.12)$$

onde usamos $i = e^{i\pi/2}$.

Podemos fazer a seguinte analogia com os estados de spin dos átomos de prata:

$$\begin{aligned} \text{átomo } S_y+ &\leftrightarrow \text{feixe circularmente polarizado dextrógiro} \\ \text{átomo } S_y- &\leftrightarrow \text{feixe circularmente polarizado levógiro} \end{aligned} \quad (1.1.13)$$

Aplicando esta analogia a (1.1.12), podemos ver que, se permitirmos que os coeficientes que precedem os kets sejam complexos, não haverá qualquer dificuldade em acomodar os átomos $S_y\pm$ no nosso formalismo de espaço vetorial:

$$|S_y;\pm\rangle \stackrel{?}{=} \frac{1}{\sqrt{2}} |S_z;+\rangle \pm \frac{i}{\sqrt{2}} |S_z;-\rangle, \quad (1.1.14)$$

que é, obviamente, diferente de (1.1.9). Vemos, assim, que o espaço vetorial bidimensional necessário para descrever os estados de spin dos átomos de prata precisa ser um espaço vetorial *complexo*; um vetor arbitrário no espaço vetorial é escrito como uma combinação linear dos vetores da base $|S_z;\pm\rangle$ com coeficientes, em geral, complexos. A necessidade do uso de números complexos já se tornar aparente num exemplo tão elementar é realmente digno de nota.

O leitor já deve ter notado a uma altura destas que evitamos, deliberadamente, falar sobre fótons, ou seja, ignoramos completamente o aspecto quântico da luz; em nenhum lugar mencionamos os estados de polarização de fótons individuais. A analogia que fizemos foi entre kets em um espaço vetorial abstrato que descrevem os estados de spin de átomos individuais com vetores de polarização do *campo eletromagnético clássico*. Na verdade, poderíamos ter feito esta analogia ainda mais nítida introduzindo o conceito de fóton e falando acerca da probabilidade de achar um fóton circularmente polarizado em um estado linearmente polarizado, e assim por diante. Contudo, isto não é necessário aqui. Sem que tivéssemos que fazê-lo, conseguimos atingir o objetivo principal desta seção: introduzir a ideia de que estados quânticos devem ser representados por vetores em um espaço vetorial complexo arbitrário.[5]

---

[4] Infelizmente, não há unanimidade na literatura para a definição de luz circularmente polarizada à direita e à esquerda.

[5] O leitor interessado em compreender os conceitos básicos da mecânica quântica por meio de um estudo detalhado da polarização de fótons deverá achar o Capítulo 1 de Baym (1969) extremamente esclarecedor.

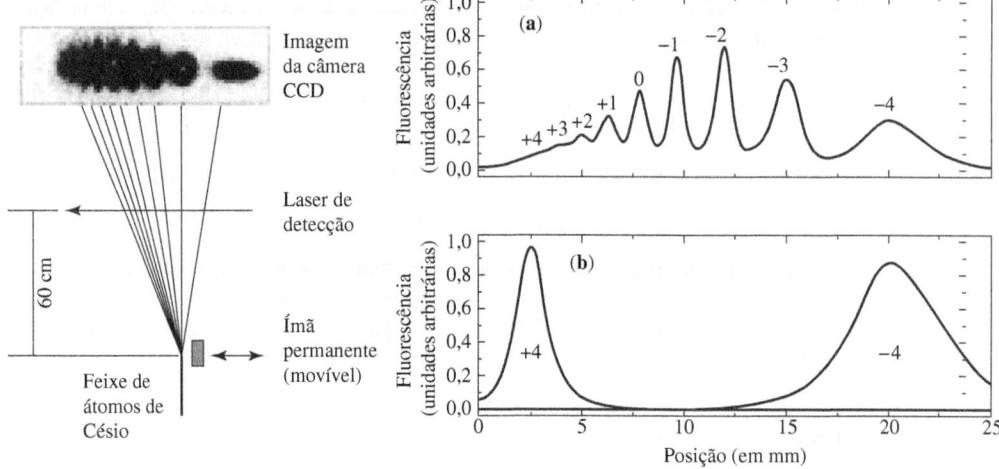

FIGURA 1.6 Um aparato Stern-Gerlach moderno, usado para separar estados de spin de Césio atômico, retirado de F. Lison et. al, *Phys. Rev.* A **61** (1999) 013405. O aparato é mostrado à esquerda; os dados experimentais mostram nove diferentes projeções para o átomo de spin quatro, (a) antes e (b) depois que bombeamento óptico é usado para aumentar a população de projeções de spin nos valores extremos. O número quântico de spin $F = 4$ representa um acoplamento do elétron mais externo do átomo com o spin nuclear $I = 7/2$.

Finalmente, antes de delinear o formalismo matemático da mecânica quântica, chamamos a atenção para o fato de que a física de um aparato de Stern-Gerlach é mais do que algo de mero interesse acadêmico. A capacidade de separar estados de spin de átomos tem um interesse prático tremendo. A Figura 1.6 mostra o uso da técnica de Stern-Gerlach para analisar do resultado da manipulação de spin de um feixe atômico de átomos de Césio. O único isótopo estável deste átomo alcalino, ^{133}Cs, tem um spin nuclear $I = 7/2$; o experimento seleciona o subestado magnético hiperfino $F = 4$, resultando em nove orientações de spin. Este é apenas um dos vários exemplos onde este efeito, antes misterioso, é usado na prática. Obviamente todos eles estabelecem, de modo indubitável, o efeito da separação dos estados de spin, bem com os princípios quânticos que agora apresentamos e desenvolvemos mais aprofundadamente.

1.2 ■ KETS, BRAS E OPERADORES

Na seção precedente mostramos como a análise do experimento de Stern-Gerlach nos leva a considerar espaços vetorias complexos. Nesta e na próxima seção, formularemos a matemática básica de espaços vetorias na forma como são usados na mecânica quântica. A notação que seguimos ao longo de todo este livro é aquela de *bras* e *kets*, criada por P. A. M. Dirac.[‡] É claro que a teoria de espaços lineares era conhecida dos matemáticos muito antes do advento da mecânica quântica, mas a maneira

---
[‡] N. de T.: Neologismo criado por P. A. M. Dirac a partir da palavra inglesa *bracket*.

como Dirac introduz espaços vetoriais tem muitas vantagens, especialmente sob a óptica dos físicos.

Espaço de kets

Consideremos um espaço vetorial complexo cuja dimensionalidade é especificada de acordo com a natureza do sistema físico considerado. Em experimentos do tipo Stern-Gerlach onde o único grau de liberdade quântico é o spin de um átomo, a dimensionalidade é determinada pelo número de trajetórias alternativas que os átomos podem seguir quando submetidos a um aparato SG; no caso dos átomos de prata discutidos anteriormente, a dimensionalidade é simplesmente dois, correspondendo aos dois possíveis valores que S_z pode ter.[6] Posteriormente, na Seção 1.6, consideraremos o caso de um espectro contínuo – por exemplo, a posição (coordenada) ou momento de uma partícula – onde o número de alternativas é infinito e não enumerável – neste caso, o espaço vetorial em questão é conhecido como **espaço de Hilbert**, em homenagem a D. Hilbert, que estudou espaços vetorias em dimensões infinitas.

Em mecânica quântica, um estado físico – por exemplo, um átomo de prata com uma orientação de spin definida – é representado por um **vetor de estado** em um espaço vetorial complexo. Segundo Dirac, chamaremos um vetor deste tipo de **ket** e o denotaremos por $|\alpha\rangle$. Toma-se como postulado que este ket de estado contenha informação completa acerca do estado físico: tudo o que pudermos perguntar a respeito do estado está contido no ket. Dois kets podem ser adicionados:

$$|\alpha\rangle + |\beta\rangle = |\gamma\rangle. \tag{1.2.1}$$

A soma $|\gamma\rangle$ é também um ket. Se multiplicarmos $|\alpha\rangle$ por um número complexo c, o produto resultante $c|\alpha\rangle$ é outro ket. O número c pode ser escrito à esquerda ou à direta do ket. O resultado é o mesmo:

$$c|\alpha\rangle = |\alpha\rangle c. \tag{1.2.2}$$

No caso particular onde c é zero, o ket resultante é chamado de **ket nulo**.

Um dos postulados físicos é que $|\alpha\rangle$ e $c|\alpha\rangle$, para $c \neq 0$, representam o mesmo estado físico. Em outras palavras, apenas a "direção" no espaço vetorial tem significado. Os matemáticos preferem dizer que estamos trabalhando com raios, em vez de vetores.

Um **observável**, tal como o momento ou componentes do spin, pode ser representado por um **operador**, tal qual A, no espaço vetorial em questão. De modo bem geral, um operador atua sobre um ket *pela esquerda*,

$$A \cdot (|\alpha\rangle) = A|\alpha\rangle, \tag{1.2.3}$$

e o resultado também é um ket. Mais tarde, discutiremos mais sobre operações de multiplicação.

---

[6] Para muitos sistemas físicos, a dimensão do espaço de estados é infinita, mas enumerável. Embora usualmente indiquemos um número N finito da dimensão do espaço de kets, os resultados apresentados continuam válidos para dimensões enumeravelmente infinitas.

Em geral, $A|\alpha\rangle$ *não é* uma constante vezes $|\alpha\rangle$. No entanto, existem kets específicos importantes, conhecidos como **autovetores**[‡] de um operador A e denotados por

$$|a'\rangle, |a''\rangle, |a'''\rangle,... \qquad (1.2.4)$$

A propriedade destes kets é que

$$A|a'\rangle = a'|a'\rangle, A|a''\rangle = a''|a''\rangle,... \qquad (1.2.5)$$

onde $a', a'',...$ são simplesmente números. Observe que ao aplicarmos A em um autovetor reproduzimos o mesmo ket a menos de um fator multiplicativo. O conjunto de números $\{a', a'', a''',...\}$, representado de maneira mais compacta por $\{a'\}$, é chamado de conjunto de **autovalores** do operador A. Quando se torna necessário ordenar os autovalores de uma maneira específica, $\{a^{(1)}, a^{(2)}, a^{(3)},...\}$ pode ser usado no lugar de $\{a', a'', a''',...\}$.

O estado físico que corresponde a um autovetor é chamado de **autoestado**. No caso mais simples de sistemas com spin $\frac{1}{2}$, a relação autovetor-autoestado (1.25) é expressa na forma

$$S_z|S_z;+\rangle = \frac{\hbar}{2}|S_z;+\rangle, \quad S_z|S_z;-\rangle = -\frac{\hbar}{2}|S_z;-\rangle, \qquad (1.2.6)$$

onde $|S_z; \pm\rangle$ são os autovetores do operador S_z com os autovalores $\pm\hbar/2$. Aqui, poderíamos ter usado simplesmente $|\hbar/2\rangle$ no lugar de $|S_z; \pm\rangle$ em conformidade com a notação $|a'\rangle$, onde um autovetor é indexado pelo seu autovalor, mas a notação $|S_z; \pm\rangle$, já usada na seção anterior, é mais conveniente neste caso, pois também consideramos autovetores de S_x:

$$S_x|S_x;\pm\rangle = \pm\frac{\hbar}{2}|S_x;\pm\rangle. \qquad (1.2.7)$$

Já chamamos a atenção para o fato de que a dimensionalidade do espaço vetorial é determinada pelo número de alternativas realizáveis em um experimento do tipo Stern-Gerlach. Mais formalmente, estamos aqui preocupados com um espaço vetorial N-dimensional gerado pelos N autovetores do operador A. Qualquer ket arbitrário pode ser escrito segundo

$$|\alpha\rangle = \sum_{a'} c_{a'}|a'\rangle, \qquad (1.2.8)$$

com $a', a'',...$ até $a^{(N)}$, e onde $c_{a'}$ é um coeficiente complexo. A questão da unicidade de tal expansão será adiada até que provemos a ortogonalidade dos autovetores.

Espaço de bras e produtos internos

O espaço vetorial com o qual estamos lidando é um espaço de kets. Introduziremos agora a noção de **espaço de bras**, um espaço vetorial "dual" ao espaço de kets. Postulamos que para cada ket $|\alpha\rangle$ existe um bra, denotado por $\langle\alpha|$, neste espaço dual – o

---

[‡] N. de T.: No original, *eigenkets*. Como o termo autokets não é usual em nossa língua, optou-se por usar o já consagrado "autovetores".

espaço de bras. O espaço de bras é gerado pelos autovetores $\{\langle a'|\}^{\ddagger}$, que correspondem aos autovetores $\{|a'\rangle\}$. Há uma correspondência unívoca entre estes espaços de bras e kets:

$$|\alpha\rangle \overset{CD}{\leftrightarrow} \langle\alpha|$$

$$|a'\rangle, |a''\rangle, \ldots \overset{CD}{\leftrightarrow} \langle a'|, \langle a''|, \ldots \qquad (1.2.9)$$

$$|\alpha\rangle + |\beta\rangle \overset{CD}{\leftrightarrow} \langle\alpha| + \langle\beta|,$$

onde CD significa **correspondência dual**. *Grosso modo*, podemos entender o espaço de bras como um tipo de imagem especular do espaço de kets.

Chamamos a atenção para um fato muito importante: postula-se que o bra dual à $c|\alpha\rangle$ é $c^*\langle\alpha|$ e não $c\langle\alpha|$. De um modo geral temos

$$c_\alpha|\alpha\rangle + c_\beta|\beta\rangle \overset{CD}{\leftrightarrow} c_\alpha^*\langle\alpha| + c_\beta^*\langle\beta|. \qquad (1.2.10)$$

Definimos agora o **produto interno** entre um bra e um ket.[7] Ele é representado por um um bra escrito à esquerda e um ket à direita, por exemplo

$$\langle\beta|\alpha\rangle = (\langle\beta|) \cdot (|\alpha\rangle). \qquad (1.2.11)$$
$$\underset{\text{bra}(c)\text{ket}}{}$$

Este produto é, em geral, um número complexo. Observe que ao fazermos um produto interno, sempre tomamos um vetor do espaço de bras e um do espaço de kets.

Postulamos agora duas propriedades fundamentais dos produtos internos. A primeira é

$$\langle\beta|\alpha\rangle = \langle\alpha|\beta\rangle^*. \qquad (1.2.12)$$

Colocando de outro modo, $\langle\beta|\alpha\rangle$ e $\langle\alpha|\beta\rangle$ são os complexos conjugados um do outro. Observe que mesmo o produto interno sendo análogo, de um certo modo, ao produto escalar usual $\mathbf{a} \cdot \mathbf{b}$, $\langle\beta|\alpha\rangle$ deve ser claramente diferenciado de $\langle\alpha|\beta\rangle$; esta diferenciação não se faz necessária no espaço vetorial real, pois $\mathbf{a} \cdot \mathbf{b}$ e $\mathbf{b} \cdot \mathbf{a}$ são iguais. Usando (1.2.12), podemos deduzir, imediatamente, que $\langle\alpha|\alpha\rangle$ deve ser um número real. Para provar este resultado, simplesmente faça a substituição $\langle\beta| \to \langle\alpha|$.

O segundo postulado para produtos internos é

$$\langle\alpha|\alpha\rangle \geq 0, \qquad (1.2.13)$$

onde a igualdade só é válida quando $|\alpha\rangle$ for um *ket nulo*. Este postulado é muitas vezes conhecido por postulado da **métrica positiva definida**. Do ponto de vista de um físico, este postulado é essencial para a interpretação probabilística da mecânica quântica, como posteriormente ficará mais aparente.[8]

---

[7] Na literatura, o produto interno normalmente é chamado de *produto escalar*, por ser o análogo de $\mathbf{a} \cdot \mathbf{b}$ em espaços euclideanos; neste livro, porém, reservamos o termo *escalar* para uma grandeza invariante sob rotações no espaço tridimensional usual.

[8] Tentativas de abandonar este postulado levaram a teorias físicas com "métrica indefinida". Não nos preocuparemos com estas teorias neste livro.

[‡] N. de T.: No original, *eigenbras*. Ver nota anterior sobre *eigenkets*.

Dois kets $|\alpha\rangle$ e $|\beta\rangle$ são ditos **ortogonais** se

$$\langle\alpha|\beta\rangle = 0, \quad (1.2.14)$$

embora na definição do produto interno o bra $\langle\alpha|$ apareça. A relação de ortogonalidade (1.2.14) também implica, via (1.2.12), que

$$\langle\beta|\alpha\rangle = 0. \quad (1.2.15)$$

Dado um ket que não o ket nulo, podemos construir o **ket normalizado** $|\tilde{\alpha}\rangle$, onde

$$|\tilde{\alpha}\rangle = \left(\frac{1}{\sqrt{\langle\alpha|\alpha\rangle}}\right)|\alpha\rangle, \quad (1.2.16)$$

tal que

$$\langle\tilde{\alpha}|\tilde{\alpha}\rangle = 1. \quad (1.2.17)$$

Geralmente, $\sqrt{\langle\alpha|\alpha\rangle}$ é conhecido como a **norma** de $|\alpha\rangle$, de modo análogo à magnitude do vetor $\sqrt{\mathbf{a}\cdot\mathbf{a}} = |\mathbf{a}|$ no espaço vetorial euclideano. Uma vez que $|\alpha\rangle$ e $c|\alpha\rangle$ representam o mesmo estado físico, podemos adotar por regra que os kets usados para representar estados físicos sejam normalizados no sentido definido por (1.2.17).[9]

Operadores

Como observado anteriormente, observáveis como o momento e as componentes do spin são representados por operadores que podem atuar sobre kets. Podemos considerar uma classe mais geral de operadores que atuam sobre kets; nós os chamaremos de X, Y, etc., ao passo que A, B, etc. serão usados para uma classe mais restritiva de operadores que correspondem a observáveis.

Um operador atua em um ket pelo lado esquerdo

$$X \cdot (|\alpha\rangle) = X|\alpha\rangle, \quad (1.2.18)$$

e o resultado da operação é um outro ket. Dois operadores X e Y são ditos **iguais**

$$X = Y \quad (1.2.19)$$

se

$$X|\alpha\rangle = Y|\alpha\rangle, \quad (1.2.20)$$

para um ket *arbitrário* do espaço de kets em questão. O operador X é chamado de **operador nulo** se, para qualquer ket *arbitrário* $|\alpha\rangle$, tivermos

$$X|\alpha\rangle = 0 \quad (1.2.21)$$

Operadores podem ser adicionados. As operações de adição são comutativas e associativas

$$X + Y = Y + X, \quad (1.2.21a)$$

$$X + (Y + Z) = (X + Y) + Z. \quad (1.2.21b)$$

---

[9] Para autoestados de observáveis com espectro contínuo, diferentes convenções de normalização serão usadas. Vide Seção 1.6.

Com uma única exceção, aquela do operador de reversão temporal a ser considerado no Capítulo 4, os operadores que aparecem neste livro são todos lineares, ou seja

$$X(c_\alpha|\alpha\rangle + c_\beta|\beta\rangle) = c_\alpha X|\alpha\rangle + c_\beta X|\beta\rangle. \quad (1.2.22)$$

Um operador X sempre atua sobre um bra pelo lado *direito*

$$(\langle\alpha|) \cdot X = \langle\alpha|X, \quad (1.2.23)$$

sendo o resultante um outro bra. O ket $X|\alpha\rangle$ e o bra $\langle\alpha|X$ *não são*, em geral, dual um do outro. Definimos o símbolo $X^\dagger$ por meio de

$$X|\alpha\rangle \overset{CD}{\leftrightarrow} \langle\alpha|X^\dagger. \quad (1.2.24)$$

O operador $X^\dagger$ é chamado de **adjunto hermitiano**, ou simplesmente adjunto de X. Um operador é dito hermitiano se

$$X = X^\dagger. \quad (1.2.25)$$

Multiplicação

Os operadores X e Y podem ser multiplicados. As operações de multiplicação são, em geral, *não comutativas*, ou seja

$$XY \neq YX. \quad (1.2.26)$$

Porém, as multiplicações são associativas

$$X(YZ) = (XY)Z = XYZ. \quad (1.2.27)$$

Temos também que

$$X(Y|\alpha\rangle) = (XY)|\alpha\rangle = XY|\alpha\rangle, \quad (\langle\beta|X)Y = \langle\beta|(XY) = \langle\beta|XY. \quad (1.2.28)$$

Note que

$$(XY)^\dagger = Y^\dagger X^\dagger \quad (1.2.29)$$

pois

$$XY|\alpha\rangle = X(Y|\alpha\rangle) \overset{CD}{\leftrightarrow} (\langle\alpha|Y^\dagger)X^\dagger = \langle\alpha|Y^\dagger X^\dagger. \quad (1.2.30)$$

Até o presente momento, consideramos os seguintes produtos: $\langle\beta|\alpha\rangle$, $X|\alpha\rangle$, $\langle\alpha|X$ e XY. Haveria outros produtos que pudéssemos fazer? Multipliquemos $|\beta\rangle$ e $\langle\alpha|$, nesta ordem. O resultado

$$(|\beta\rangle) \cdot (\langle\alpha|) = |\beta\rangle\langle\alpha| \quad (1.2.31)$$

é conhecido como **produto externo** de $|\beta\rangle$ e $\langle\alpha|$. Daqui a pouco, enfatizaremos o fato que $|\beta\rangle\langle\alpha|$ deve ser encarado com um operador e, portanto, é fundamentalmente diferente do produto interno $\langle\beta|\alpha\rangle$, que é simplesmente um número.

Há também "produtos ilegais". Já mencionamos o fato de que um operador deve estar à esquerda de um ket ou à direita de um bra. Em outras palavras, $|\alpha\rangle X$ e $X\langle\alpha|$ são exemplos de produtos ilegais. Eles não são nem kets, nem bras e muito menos operadores: simplesmente não fazem sentido. Produtos tais como $|\alpha\rangle|\beta\rangle$ e $\langle\alpha|\langle\beta|$ também são ilegais sempre que $|\alpha\rangle$ e $|\beta\rangle$ ($\langle\alpha|$ e $\langle\beta|$) forem kets (bras) que pertencem ao mesmo espaço de kets (bras).[10]

O axioma da associatividade

Fica claro de (1.2.27) que operações de multiplicação entre operadores são associativas. Na realidade, a propriedade associativa é postulada como sendo válida de modo bastante geral, desde que estejamos lidando com multiplicações "permitidas" feitas entre kets, bras e operadores. Dirac chama este importante postulado de **axioma da associatividade da multiplicação**.

Como ilustração do poder deste axioma, consideremos primeiramente um produto externo atuando sobre um ket:

$$(|\beta\rangle\langle\alpha|) \cdot |\gamma\rangle. \qquad (1.2.32)$$

Devido ao axioma da associatividade, podemos muito bem considerar isto como sendo

$$|\beta\rangle \cdot (\langle\alpha|\gamma\rangle), \qquad (1.2.33)$$

onde $\langle\alpha|\gamma\rangle$ é simplesmente um número. Ou seja, o produto externo atuando sobre um ket resulta em um outro ket. Em outras palavras, $|\beta\rangle\langle\alpha|$ pode ser interpretado como um operador. Uma vez que (1.2.32) e (1.2.33) são iguais, podemos simplesmente não escrever os pontos e deixar que $|\beta\rangle\langle\alpha|\gamma\rangle$ represente um operador $|\beta\rangle\langle\alpha|$ atuando sobre $|\gamma\rangle$ ou, o que é equivalente, o número $\langle\alpha|\gamma\rangle$ multiplicando $|\beta\rangle$. (Ao contrário, se (1.2.33) for escrito como $(\langle\alpha|\gamma\rangle) \cdot |\beta\rangle$, não podemos nos permitir omitir o ponto e os *brackets*, pois a expressão que daí resulta seria ilegal.) Observe que o operador $|\beta\rangle\langle\alpha|$ gira $|\gamma\rangle$ na direção de $|\beta\rangle$. É fácil ver que se

$$X = |\beta\rangle\langle\alpha|, \qquad (1.2.34)$$

então,

$$X^\dagger = |\alpha\rangle\langle\beta|, \qquad (1.2.35)$$

cuja prova deixamos como exercício.

Como segunda e importante ilustração do axioma da associatividade, observamos que

$$(\underbrace{\langle\beta|}_{\text{bra}}) \cdot (\underbrace{X|\alpha\rangle}_{\text{ket}}) = (\underbrace{\langle\beta|X}_{\text{bra}}) \cdot (\underbrace{|\alpha\rangle}_{\text{ket}}). \qquad (1.2.36)$$

---

[10] Mais tarde, neste mesmo livro, encontraremos produtos do tipo $|\alpha\rangle|\beta\rangle$, que são escritos de maneira mais apropriada como $|\alpha\rangle\otimes|\beta\rangle$, mas nestes casos $|\alpha\rangle$ e $|\beta\rangle$ se referem a kets de espaços vetoriais diferentes. Por exemplo, o primeiro ket pertence ao espaço vetorial para spin eletrônico, e o segundo ao espaço de momento angular orbital eletrônico, ou o primeiro ket pertence ao espaço vetorial da partícula 1, enquanto o segundo ao espaço vetorial da partícula 2 e assim por diante.

Dado que os dois lados são iguais, poderíamos muito bem usar uma notação mais compacta

$$\langle \beta | X | \alpha \rangle \qquad (1.2.37)$$

para representar qualquer um dos lados de (1.2.36). Lembre-se, porém, que $\langle \alpha | X^\dagger$ é o bra dual de $X|\alpha\rangle$, de modo que

$$\begin{aligned}\langle \beta | X | \alpha \rangle &= \langle \beta | \cdot (X|\alpha\rangle) \\ &= \{(\langle \alpha | X^\dagger) \cdot |\beta\rangle\}^* \\ &= \langle \alpha | X^\dagger | \beta \rangle^*,\end{aligned} \qquad (1.2.38)$$

onde, além do axioma da associatividade, usamos a propriedade fundamental (1.2.12) do produto interno. Para um X *hermitiano*, temos

$$\langle \beta | X | \alpha \rangle = \langle \alpha | X | \beta \rangle^*. \qquad (1.2.39)$$

1.3 ■ KETS DE BASE E REPRESENTAÇÕES MATRICIAIS

Autovetores de um observável

Consideremos os autovetores e autovalores de um operador hermitiano A. Usamos o símbolo A, reservado anteriormente para um observável pois, em mecânica quântica, operadores hermitianos de interesse quase sempre se revelam como sendo os operadores que representam algum observável físico.

Começamos com um importante teorema.

Teorema 1.1 Os autovalores de um operador hermitiano A são reais; os autovetores de A, correspondentes aos diferentes autovalores, são ortogonais.

Prova Primeiramente, lembre-se que

$$A|a'\rangle = a'|a'\rangle. \qquad (1.3.1)$$

Uma vez que A é hermitiano, temos também que

$$\langle a'' | A = a''^* \langle a'' |, \qquad (1.3.2)$$

onde a', a'', ... são autovalores de A. Se multiplicarmos ambos os lados de (1.3.1) à esquerda por $\langle a''|$, multiplicarmos ambos os lados de (1.3.2) à direita por $|a'\rangle$ e subtrairmos as duas, obteremos

$$(a' - a''^*)\langle a'' | a'\rangle = 0. \qquad (1.3.3)$$

Agora, podemos assumir a' e a'' como sendo os mesmos autovalores ou autovalores diferentes. Primeiro, escolhendo-os como sendo iguais, deduzimos a condição que os autovalores são reais (a primeira metade do teorema)

$$a' = a'^*, \qquad (1.3.4)$$

onde usamos o fato de que $|a'\rangle$ não é um ket nulo. Suponhamos agora que a' e a'' sejam diferentes. Devido à condição que acabamos de demonstrar – o fato de que os autovalores são reais – a diferença $a' - a''^*$ que aparece em (1.3.3) é igual a $a' - a''$ que, por premissa, não pode ser zero. O produto interno $\langle a''|a'\rangle$ deve, então, ser zero:

$$\langle a''|a'\rangle = 0, \quad (a' \neq a''), \tag{1.3.5}$$

o que prova que os autovetores são ortogonais (segunda metade do teorema)

Esperamos, por razões físicas, que um observável tenha autovalores reais, um ponto que se tornará mais claro na próxima seção, na qual medidas em mecânica quântica serão discutidas. O teorema que acabamos de provar garante que os autovalores são reais sempre que o operador for hermitiano. É por este motivo que em mecânica quântica se fala a respeito de observáveis hermitianos.

Convenciona-se normalizar $|a'\rangle$ de tal modo que $\{|a'\rangle\}$ forme um conjunto **ortonormal**:

$$\langle a''|a'\rangle = \delta_{a''a'}. \tag{1.3.6}$$

Isso nos leva a colocar uma questão óbvia: seria este conjunto de autovetores completo? Uma vez que nossa discussão teve início com a afirmação de que o espaço de kets é inteiramente gerado pelos autoestados de A, estes autoestados devem, por *construção*, formar um conjunto completo de nosso espaço de kets.[11]

Autovetores como kets de base

Vimos que os autovetores normalizados de A constituem um conjunto completo ortonormal. Um ket arbitrário no espaço de kets pode ser expandido em termos dos autovetores de A. Em outras palavras, os autovetores de A devem ser usados como kets de base de modo muito semelhante àquele pelo qual vetores unitários mutuamente ortogonais são usados como vetores de base em um espaço Euclideano.

Dado um ket arbitrário $|\alpha\rangle$ no espaço gerado pelos autoestados de A, tentemos expandi-lo da seguinte forma:

$$|\alpha\rangle = \sum_{a'} c_{a'} |a'\rangle. \tag{1.3.7}$$

Multiplicando esta expressão por $\langle a''|$ à esquerda e usando a propriedade de ortonormalidade (1.3.6), podemos determinar os coeficientes da expansão de modo imediato

$$c_{a'} = \langle a'|\alpha\rangle. \tag{1.3.8}$$

Em outras palavras, temos

$$|\alpha\rangle = \sum_{a'} |a'\rangle\langle a'|\alpha\rangle, \tag{1.3.9}$$

---

[11] O leitor perspicaz, já familiarizado com a mecânica ondulatória, poderia dizer que a completeza das autofunções por nós usadas pode ser provada aplicando-se a teoria de Sturm-Liouville à equação de onda de Schrödinger. Contudo, para "deduzir" a equação de onda de Schrödinger a partir de nossos postulados fundamentais, a completeza dos autovetores de posição deve ser tomada como premissa.

que é análogo à expansão de um vetor **V** no espaço Euclideano (real)

$$\mathbf{V} = \sum_i \hat{\mathbf{e}}_i (\hat{\mathbf{e}}_i \cdot \mathbf{V}), \qquad (1.3.10)$$

onde $\{\hat{\mathbf{e}}_i\}$ forma um conjunto ortonormal de vetores. Recordemos agora o axioma da associatividade da multiplicação: $|a'\rangle\langle a'|\alpha\rangle$ pode ser interpretado ou como um número $\langle a'|\alpha\rangle$ que multiplica $|a'\rangle$ ou, o que é equivalente, como o operador $|a'\rangle\langle a'|$ atuando sobre $|\alpha\rangle$. Uma vez que $|\alpha\rangle$ em (1.3.9) é um ket arbitrário, devemos ter

$$\sum_{a'} |a'\rangle\langle a'| = 1, \qquad (1.3.11)$$

onde o 1 do lado direito da equação deve ser entendido como o *operador* identidade. A equação (1.3.11) é conhecida como **relação de completeza** ou **fechamento**.

É comum subestimarmos a praticidade de (1.3.11). Dada uma cadeia de kets, operadores ou bras multiplicados em uma ordem correta, podemos inserir, em qualquer lugar que julgarmos conveniente, o operador identidade escrito na forma (1.3.11). Considere, por exemplo, $\langle\alpha|\alpha\rangle$; inserindo o operador identidade entre $\langle\alpha|$ e $|\alpha\rangle$, obtemos

$$\begin{aligned}\langle\alpha|\alpha\rangle &= \langle\alpha| \cdot \left(\sum_{a'} |a'\rangle\langle a'|\right) \cdot |\alpha\rangle \\ &= \sum_{a'} |\langle a'|\alpha\rangle|^2.\end{aligned} \qquad (1.3.12)$$

Isto, incidentalmente, mostra que se $|\alpha\rangle$ for normalizado, então os coeficientes da expansão em (1.3.7) devem satisfazer

$$\sum_{a'} |c_{a'}|^2 = \sum_{a'} |\langle a'|\alpha\rangle|^2 = 1. \qquad (1.3.13)$$

Olhemos agora para $|a'\rangle\langle a'|$, que aparece em (1.3.11). Por se tratar de um produto externo, ele deve ser um operador. Deixemos que ele opere em $|\alpha\rangle$:

$$(|a'\rangle\langle a'|) \cdot |\alpha\rangle = |a'\rangle\langle a'|\alpha\rangle = c_{a'}|a'\rangle. \qquad (1.3.14)$$

Podemos ver que $|a'\rangle\langle a'|$ seleciona aquela parte do ket $|a\rangle$ que é paralela a $|a'\rangle$, de tal modo que $|a'\rangle\langle a'|$ mostra ser, assim, um **operador de projeção** na direção do ket de base $|a'\rangle$. Ele é representado pela notação $\Lambda_{a'}$:

$$\Lambda_{a'} \equiv |a'\rangle\langle a'|. \qquad (1.3.15)$$

A relação de completeza (1.3.11) pode ser agora escrita como

$$\sum_{a'} \Lambda_{a'} = 1. \qquad (1.3.16)$$

Representações matriciais

Uma vez especificados os kets de base, mostraremos agora como representar um operador, digamos X, por uma matriz quadrada. Primeiramente, usando (1.3.11) duas vezes, podemos escrever o operador X como

$$X = \sum_{a''} \sum_{a'} |a''\rangle \langle a''|X|a'\rangle \langle a'|. \qquad (1.3.17)$$

Há, no total, N^2 números da forma $\langle a''|X|a'\rangle$, onde N é a dimensionalidade do espaço de kets. Podemos agrupá-los em uma matriz quadrada de $N \times N$, tal que os índices das colunas e das linhas apareçam da seguinte forma:

$$\underset{\text{linha}}{\langle a''|} X \underset{\text{coluna}}{|a'\rangle} . \qquad (1.3.18)$$

Podemos escrever a matriz explicitamente como

$$X \doteq \begin{pmatrix} \langle a^{(1)}|X|a^{(1)}\rangle & \langle a^{(1)}|X|a^{(2)}\rangle & \cdots \\ \langle a^{(2)}|X|a^{(1)}\rangle & \langle a^{(2)}|X|a^{(2)}\rangle & \cdots \\ \vdots & \vdots & \ddots \end{pmatrix}, \qquad (1.3.19)$$

onde o símbolo $\doteq$ significa "é representado(a) por".[12]

Usando (1.2.38) podemos escrever

$$\langle a''|X|a'\rangle = \langle a'|X^\dagger|a''\rangle^*. \qquad (1.3.20)$$

Por fim, a operação adjunta Hermitiana, originalmente definida por (1.2.24), foi relacionada ao conceito (talvez mais familiar) de *transposta complexa conjugada*. Se um operador B for hermitiano, temos

$$\langle a''|B|a'\rangle = \langle a'|B|a''\rangle^*. \qquad (1.3.21)$$

A maneira pela qual arranjamos $\langle a''|X|a'\rangle$ em uma matriz quadrada está em conformidade com as regras usuais de multiplicação de matrizes. Para ver isto, observe simplesmente que a representação matricial da relação entre operadores

$$Z = XY \qquad (1.3.22)$$

deve ser lida como

$$\langle a''|Z|a'\rangle = \langle a''|XY|a'\rangle$$
$$= \sum_{a'''} \langle a''|X|a'''\rangle \langle a'''|Y|a'\rangle. \qquad (1.3.23)$$

Novamente, tudo o que fizemos foi inserir um operador identidade, escrito na forma (1.3.11), entre os operadores X e Y!

---

[12] Não usamos aqui o sinal de igualdade, pois a forma particular de uma representação de uma matriz depende da escolha particular de kets de base usados. Um operador é diferente da representação deste operador da mesma forma que um ator é diferente do pôster deste ator.

Vamos agora examinar como a relação entre kets

$$|\gamma\rangle = X|\alpha\rangle \tag{1.3.24}$$

pode ser representada fazendo uso de nossos kets de base. Os coeficientes da expansão de $|\gamma\rangle$ podem ser obtidos multiplicando-o por $\langle a'|$ pela esquerda:

$$\langle a'|\gamma\rangle = \langle a'|X|\alpha\rangle$$
$$= \sum_{a''} \langle a'|X|a''\rangle \langle a''|\alpha\rangle. \tag{1.3.25}$$

Porém, nós podemos ver isto como uma aplicação da regra de multiplicação de uma matriz quadrada por uma matriz-coluna, uma vez que os coeficientes da expansão de $|\alpha\rangle$ e $|\gamma\rangle$ se arranjam, formando matrizes-coluna da seguinte forma:

$$|\alpha\rangle \doteq \begin{pmatrix} \langle a^{(1)}|\alpha\rangle \\ \langle a^{(2)}|\alpha\rangle \\ \langle a^{(3)}|\alpha\rangle \\ \vdots \end{pmatrix}, \quad |\gamma\rangle \doteq \begin{pmatrix} \langle a^{(1)}|\gamma\rangle \\ \langle a^{(2)}|\gamma\rangle \\ \langle a^{(3)}|\gamma\rangle \\ \vdots \end{pmatrix}. \tag{1.3.26}$$

Da mesma forma, dado

$$\langle\gamma| = \langle\alpha|X, \tag{1.3.27}$$

podemos interpretar

$$\langle\gamma|a'\rangle = \sum_{a''} \langle\alpha|a''\rangle \langle a''|X|a'\rangle. \tag{1.3.28}$$

Assim, um bra é representado por uma matriz-linha da seguinte forma:

$$\langle\gamma| \doteq (\langle\gamma|a^{(1)}\rangle, \langle\gamma|a^{(2)}\rangle, \langle\gamma|a^{(3)}\rangle, \ldots)$$
$$= (\langle a^{(1)}|\gamma\rangle^*, \langle a^{(2)}|\gamma\rangle^*, \langle a^{(3)}|\gamma\rangle^*, \ldots). \tag{1.3.29}$$

Note o aparecimento da conjugação complexa quando os elementos da matriz-coluna são escritos como em (1.3.29). O produto interno $\langle\beta|\alpha\rangle$ pode ser escrito como o produto de uma matriz-linha, que representa $\langle\beta|$, por uma matriz coluna, que representa $|\alpha\rangle$:

$$\langle\beta|\alpha\rangle = \sum_{a'} \langle\beta|a'\rangle \langle a'|\alpha\rangle$$
$$= (\langle a^{(1)}|\beta\rangle^*, \langle a^{(2)}|\beta\rangle^*, \ldots) \begin{pmatrix} \langle a^{(1)}|\alpha\rangle \\ \langle a^{(2)}|\alpha\rangle \\ \vdots \end{pmatrix} \tag{1.3.30}$$

Se multiplicarmos a matriz-linha que representa $\langle\alpha|$ pela representação de $|\beta\rangle$ como matriz-coluna, obtemos então, simplesmente, o complexo conjugado da expressão precedente, o que é consistente com a propriedade fundamental (1.2.12) do produto interno. Finalmente, pode-se ver facilmente que a representação matricial do produto externo $|\beta\rangle\langle\alpha|$ é dada por

$$|\beta\rangle\langle\alpha| \doteq \begin{pmatrix} \langle a^{(1)}|\beta\rangle\langle a^{(1)}|\alpha\rangle^* & \langle a^{(1)}|\beta\rangle\langle a^{(2)}|\alpha\rangle^* & \cdots \\ \langle a^{(2)}|\beta\rangle\langle a^{(1)}|\alpha\rangle^* & \langle a^{(2)}|\beta\rangle\langle a^{(2)}|\alpha\rangle^* & \cdots \\ \vdots & \vdots & \ddots \end{pmatrix}. \qquad (1.3.31)$$

A representação matricial de um observável A se torna particularmente simples se usarmos os próprios autovetores de A como vetores de base. Primeiramente, temos

$$A = \sum_{a''}\sum_{a'} |a''\rangle\langle a''|A|a'\rangle\langle a'|. \qquad (1.3.32)$$

Porém, a matriz quadrada $\langle a''|A|a'\rangle$ é obviamente diagonal

$$\langle a''|A|a'\rangle = \langle a'|A|a'\rangle \delta_{a'a''} = a'\delta_{a'a''}, \qquad (1.3.33)$$

e portanto

$$\begin{aligned} A &= \sum_{a'} a'|a'\rangle\langle a'| \\ &= \sum_{a'} a' \Lambda_{a'}. \end{aligned} \qquad (1.3.34)$$

Sistemas de spin $\frac{1}{2}$

É instrutivo aqui considerarmos um caso especial de sistemas de spin $\frac{1}{2}$. Os kets de base usados são $|S_z; \pm\rangle$ que, por uma questão de brevidade, serão denotados por $|\pm\rangle$. O operador mais simples no espaço de kets gerado por $|\pm\rangle$ é o operador identidade que, segundo (1.3.11), pode ser escrito como

$$1 = |+\rangle\langle+| + |-\rangle\langle-|. \qquad (1.3.35)$$

De acordo com (1.3.34), devemos ser capazes de escrever S_z como

$$S_z = (\hbar/2)[(|+\rangle\langle+|) - (|-\rangle\langle-|)]. \qquad (1.3.36)$$

A relação autovetor-autovalor

$$S_z|\pm\rangle = \pm(\hbar/2)|\pm\rangle \qquad (1.3.37)$$

segue imediatamente da ortogonalidade de $|\pm\rangle$.

Também é instrutivo considerar dois outros operadores,

$$S_+ \equiv \hbar|+\rangle\langle-|, \quad S_- \equiv \hbar|-\rangle\langle+|, \qquad (1.3.38)$$

que, como se pode notar, são ambos *não* hermitianos. O operador S_+ atuando no ket de spin para baixo $|-\rangle$, transforma $|-\rangle$ no ket $|+\rangle$, multiplicado por $\hbar$. Por outro lado, quando o ket de spin para cima sofre a ação do operador $|+\rangle$, obtemos um ket nulo como resultado. Deste modo, a interpretação física de S_+ é que ele aumenta a componente de spin por uma unidade de $\hbar$; se a componente de spin já chegou a seu valor máximo, obtemos automaticamente um ket nulo. Do mesmo modo, o operador S_- pode ser interpretado como o operador que diminui a componente de spin por uma unidade de $\hbar$. Posteriormente mostraremos que $S_\pm$ podem ser escritos como $S_x \pm iS_y$.

Ao construir as representações matriciais dos operadores de momento angular, é comum arranjar os índices de coluna (linha) em ordem *descendente* de valor de componente de momento angular, ou seja, o primeiro termo corresponde à componente máxima de momento angular, o segundo à componente de valor imediatamente abaixo e assim por diante. No nosso caso particular de spin $\frac{1}{2}$, temos

$$|+\rangle \doteq \begin{pmatrix} 1 \\ 0 \end{pmatrix}, \quad |-\rangle \doteq \begin{pmatrix} 0 \\ 1 \end{pmatrix}, \tag{1.3.39a}$$

$$S_z \doteq \frac{\hbar}{2}\begin{pmatrix} 1 & 0 \\ 0 & -1 \end{pmatrix}, \quad S_+ \doteq \hbar\begin{pmatrix} 0 & 1 \\ 0 & 0 \end{pmatrix}, \quad S_- \doteq \hbar\begin{pmatrix} 0 & 0 \\ 1 & 0 \end{pmatrix}. \tag{1.3.39b}$$

Voltaremos a estas expressões explícitas quando discutirmos, no Capítulo 3, o formalismo de Pauli de duas componentes.

1.4 ■ MEDIDAS, OBSERVÁVEIS E AS RELAÇÕES DE INCERTEZA

Medidas

Tendo já desenvolvido a matemática de espaços de kets, encontramo-nos agora em condições de discutir a teoria quântica do processo de medida. Este assunto não é algo particularmente fácil para principiantes e reportamo-nos, assim, às palavras do grande mestre, P. A. M. Dirac, para nos guiar (Dirac 1958, p. 36): "Uma medição sempre faz o sistema pular para um autoestado da variável dinâmica sendo medida." O que isto significa? Interpretamos as palavras de Dirac do seguinte modo: antes que se faça uma medida de um observável A, supõe-se que o sistema seja representado por alguma combinação linear da forma

$$|\alpha\rangle = \sum_{a'} c_{a'}|a'\rangle = \sum_{a'} |a'\rangle\langle a'|\alpha\rangle. \tag{1.4.1}$$

Quando a medida é feita, o sistema colapsa em um dos autoestados, digamos $|a'\rangle$, do observável A. Em outras palavras,

$$|\alpha\rangle \xrightarrow{\text{medição de } A} a'\rangle. \tag{1.4.2}$$

Por exemplo, um átomo de prata com uma orientação arbitrária de spin mudará ou para $|S_z; +\rangle$ ou para $|S_z; -\rangle$ quando submetido a uma aparato SG do tipo **SGẑ**. Portanto, *o ato de medir usualmente altera o estado*. A unica exceção é quando o estado já é um dos autoestados do observável sendo medido, quando então, com certeza absoluta, temos

$$|a'\rangle \xrightarrow{\text{medição de } A} |a'\rangle \tag{1.4.3}$$

o que será discutido mais detalhadamente. Quando a medição faz $|\alpha\rangle$ mudar para $|a'\rangle$, diz-se que o valor medido de A foi a'. É neste sentido que o resultado de um processo de medida resulta em um dos autovalores do observável sendo medido.

Dado (1.4.1), que é o ket de estado de um sistema físico antes da medida, nós não sabemos de antemão em qual dos vários $|a'\rangle$ o sistema colapsará como resultado do processo de medida. No entanto, nós postulamos que a probabilidade de colapsar para um particular $|a'\rangle$ é dada por

$$\text{Probabilidade de } a' = |\langle a'|\alpha\rangle|^2. \tag{1.4.4}$$

desde que $|\alpha\rangle$ seja normalizado.

Embora tenhamos falado até aqui de um sistema físico único, para determinar (1.4.4) empiricamente devemos considerar um grande número de medidas feitas sobre um *ensemble* – isto é, uma coleção – de sistemas físicos identicamente preparados, todos eles caracterizados pelo ket $|\alpha\rangle$. Um ensemble deste tipo é conhecido como **ensemble puro** (falaremos mais a respeito de ensembles no Capítulo 3). Um feixe de átomos de prata que sobreviveram ao primeiro aparato **SGẑ** da Figura 1.3, com a componente S_z bloqueada, é um exemplo de um ensemble puro, pois cada átomo que compõe o feixe é caracterizado por $|S_z;+\rangle$.

A interpretação probabilística (1.4.4) para o quadrado do produto interno $|\langle a'|\alpha\rangle|^2$ é um dos postulados fundamentais da mecânica quântica, não podendo, assim, ser provado. Notemos, porém, que em casos extremos ele faz bastante sentido. Suponhamos que o estado de um ket seja o próprio $|a'\rangle$ antes mesmo que se faça a medida; então, segundo (1.4.4), a probabilidade prevista de se obter a' como resultado do processo de medida – ou, falando de modo mais preciso, para que haja um colapso em $|a'\rangle$ – é igual a 1, que é simplesmente aquilo que esperaríamos. Se medirmos A novamente, obteremos, obviamente, apenas $|a'\rangle$; de modo bastante geral, medidas de um observável repetidas sucessivamente dão o mesmo resultado.[13] Se, por outro lado, estivermos interessados na probabilidade de um sistema inicialmente caracterizado por $|a'\rangle$ ir para um outro autoestado $|a''\rangle$ para o qual $a'' \neq a'$, então obtemos de (1.4.4) uma probabilidade zero, por causa da ortogonalidade entre $|a'\rangle$ e $|a''\rangle$. Do ponto de vista da teoria de medida, kets ortogonais correspondem a alternativas mutuamente excludentes; por exemplo, se um sistema de spin $\frac{1}{2}$ está no estado $|S_z;+\rangle$, com absoluta certeza ele não está no estado $|S_z;-\rangle$.

De modo bastante geral, a probabilidade de qualquer coisa deve ser um número não negativo. Além disso, a soma das probabilidades das várias alternativas possíveis deve ser 1. Nosso postulado de probabilidade (1.4.4) satisfaz estas duas condições.

Definimos o **valor esperado** de A com respeito ao estado $|\alpha\rangle$ como sendo

$$\langle A \rangle \equiv \langle \alpha|A|\alpha\rangle. \tag{1.4.5}$$

Para garantirmos que estamos nos referindo ao estado $|\alpha\rangle$, a notação $\langle A \rangle_\alpha$ será algumas vezes empregada. A equação (1.4.5) é uma definição que, no entanto, coincide com nossa noção intuitiva de *valor medido médio*, pois podemos escrevê-la como

---

[13] Aqui, quando falamos medições sucessivas, estas devem ser executadas imediatamente uma após a outra. Este ponto se tornará mais claro quando discutirmos a evolução temporal de kets no Capítulo 2.

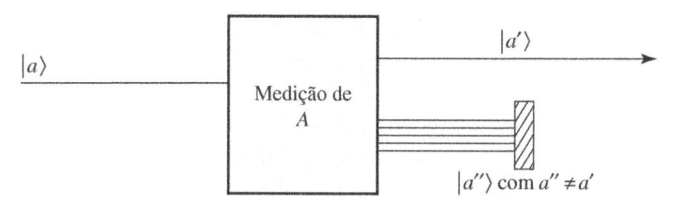

1.4 Medidas, Observáveis e as Relações de Incerteza 25

FIGURA 1.7 Medição seletiva.

$$\langle A \rangle = \sum_{a'} \sum_{a''} \langle \alpha | a'' \rangle \langle a'' | A | a' \rangle \langle a' | \alpha \rangle$$

$$= \sum_{a'} \underset{\substack{\uparrow \\ \text{valor medido de } a'}}{a'} \underbrace{|\langle a' | \alpha \rangle|^2}_{\text{probabilidade de se obter } a'} \qquad (1.4.6)$$

É muito importante não confundirmos autovalores com valores esperados. Por exemplo, o valor esperado de S_z para sistemas de spin $\frac{1}{2}$ pode ser qualquer número real entre $-\hbar/2$ e $+\hbar/2$, digamos $0{,}273\hbar$. Por outro lado, os autovalores de S_z podem ter apenas dois valores: $\hbar/2$ e $-\hbar/2$.

Para melhor esclarecer o significado de medidas em mecânica quântica, introduzimos a noção de **medição seletiva**, ou *filtragem*. Na Seção 1.1, consideramos um arranjo experimental de Stern-Gerlach onde deixamos apenas uma das componentes de spin sair do aparelho, enquanto bloqueamos a outra. De um modo mais geral, imaginemos agora um processo de medida que seleciona apenas um dos autoestados de A, digamos $|a'\rangle$, e rejeita todos os outros (veja a Figura 1.7). É a isto que nos referimos quando falamos em medição seletiva – também chamada de filtragem, pois só um dos autoestados de A consegue passar pela rigorosa seleção. Do ponto de vista matemático, podemos dizer que um processo de medição seletivo se resume a aplicar o operador de projeção $\Lambda_{a'}$ a $|\alpha\rangle$:

$$\Lambda_{a'} |\alpha\rangle = |a'\rangle \langle a' | \alpha \rangle. \qquad (1.4.7)$$

J. Schwinger desenvolveu um formalismo para a mecânica quântica baseado num exame minucioso de medidas seletivas. Ele introduz, inicialmente, um símbolo de medida $M(a')$, que é idêntico a $\Lambda_{a'}$ ou $|a'\rangle\langle a'|$ em nossa notação, deduzindo uma série de propriedades de $M(a')$ (e também de $M(b', a')$, que vem a ser $|b'\rangle\langle a'|$) através do estudo dos resultados de vários experimentos do tipo Stern-Gerlach. Com isto, ele motiva toda a matemática dos kets, bras e operadores. Neste livro, não seguimos o caminho de Schwinger. Os leitores interessados nesta abordagem devem consultar Gottfried (1966).

Sistema de spins $\frac{1}{2}$ novamente

Antes de procedermos para uma discussão geral dos observáveis, consideremos mais uma vez sistemas de spin $\frac{1}{2}$. Desta vez, mostraremos que os resultados de experimentos de Stern-Gerlach sequenciais, quando combinados com os postulados da mecânica quântica discutidos até o momento, são suficientes para que determinemos não apenas os autovetores de $S_{x,y}$, $|S_x;\pm\rangle$ e $|S_y;\pm\rangle$, como também os próprios operadores S_x e S_y.

Primeiramente, recordemos que quando o feixe S_x+ passa por um aparato do tipo SGẑ, o feixe separa-se em duas componentes de igual intensidade. Isto significa que a probabilidade para que o estado S_x+ colapse em $|S_z;\pm\rangle$, que aqui denotamos simplesmente por $|\pm\rangle$, é de $\frac{1}{2}$ para cada possibilidade. Logo,

$$|\langle +|S_x;+\rangle| = |\langle -|S_x;+\rangle| = \frac{1}{\sqrt{2}}. \quad (1.4.8)$$

Podemos, portanto, construir o ket S_x+ do seguinte modo:

$$|S_x;+\rangle = \frac{1}{\sqrt{2}}|+\rangle + \frac{1}{\sqrt{2}}e^{i\delta_1}|-\rangle, \quad (1.4.9)$$

com δ_1 real. Ao escrever (1.4.9), fizemos uso do fato de que uma fase *global* (comum a ambos os kets $|+\rangle$ e $|-\rangle$) de um ket de estado é imaterial. Podemos convencionar que o coeficiente de $|+\rangle$ seja real e positivo. O ket S_x- deve ser ortogonal à S_x+, pois as alternativas S_x+ e S_x- são mutuamente exclusivas. A exigência de ortogonalidade leva assim a

$$|S_x;-\rangle = \frac{1}{\sqrt{2}}|+\rangle - \frac{1}{\sqrt{2}}e^{i\delta_1}|-\rangle, \quad (1.4.10)$$

onde, novamente, escolhemos o coeficiente de $|+\rangle$ como sendo real e positivo, por convenção. Podemos agora construir o operador S_x usando (1.3.34) da seguinte maneira:

$$\begin{aligned}S_x &= \frac{\hbar}{2}[(|S_x;+\rangle\langle S_x;+|) - (|S_x;-\rangle\langle S_x;-|)] \\ &= \frac{\hbar}{2}[e^{-i\delta_1}(|+\rangle\langle -|) + e^{i\delta_1}(|-\rangle\langle +|)].\end{aligned} \quad (1.4.11)$$

Observe que o S_x que construímos é, como deveria ser, hermitiano. Um argumento similar, com S_x substituido por S_y, nos leva a

$$|S_y;\pm\rangle = \frac{1}{\sqrt{2}}|+\rangle \pm \frac{1}{\sqrt{2}}e^{i\delta_2}|-\rangle, \quad (1.4.12)$$

$$S_y = \frac{\hbar}{2}[e^{-i\delta_2}(|+\rangle\langle -|) + e^{i\delta_2}(|-\rangle\langle +|)]. \quad (1.4.13)$$

Há alguma maneira de se determinar δ_1 e δ_2? Na verdade, há uma informação que ainda não utilizamos. Suponha que tenhamos um feixe de átomos de spin $\frac{1}{2}$ movendo-se na direção z. Podemos considerar um experimento de Stern-Gerlach sequencial, com um SGx̂ seguido por um SGŷ. Os resultados de um experimento assim são completamente análogos ao caso prévio que nos levou a (1.4.8):

$$|\langle S_y;\pm|S_x;+\rangle| = |\langle S_y;\pm|S_x;-\rangle| = \frac{1}{\sqrt{2}}, \quad (1.4.14)$$

o que não é nada surpreendente, face à invariância de sistemas físicos por rotação. Inserindo (1.4.10) e (1.4.12) em (1.4.14), obtemos

$$\frac{1}{2}|1 \pm e^{i(\delta_1-\delta_2)}| = \frac{1}{\sqrt{2}}, \qquad (1.4.15)$$

que é satisfeita somente se

$$\delta_2 - \delta_1 = \frac{\pi}{2} \quad \text{ou} \quad -\frac{\pi}{2}. \qquad (1.4.16)$$

Vemos, assim, que os elementos de matriz de S_x e S_y não podem ser todos eles reais. Se os elementos de matriz de S_x são reais, então os elementos de S_y devem ser imaginários puros (e vice-versa). Apenas com este caso extremamente simples já pode-se ver que a introdução de números complexos é uma característica essencial da mecânica quântica. É conveniente tomar os elementos de matriz de S_x como sendo reais[14] e fazer $\delta_1 = 0$; se escolhêssemos $\delta_1 = \pi$, o eixo x positivo estaria orientado na direção oposta. O segundo ângulo de fase deve, então, ter um valor de $-\pi/2$ ou $\pi/2$. O fato de que ainda haja uma ambiguidade deste tipo não é algo que deva nos surpreender: não especificamos ainda se o sistema de coordenadas que estamos usando é dextrógiro ou levógiro; dados os eixos x e z, resta ainda uma ambiguidade na escolha do eixo y positivo. Posteriormente, discutiremos o momento angular como gerador de rotações usando um sistema de coordenadas dextrógiro; pode-se, então, mostrar que $\delta_2 = \pi/2$ é a escolha correta.

Resumindo, nós temos

$$|S_x; \pm\rangle = \frac{1}{\sqrt{2}}|+\rangle \pm \frac{1}{\sqrt{2}}|-\rangle, \qquad (1.4.17a)$$

$$|S_y; \pm\rangle = \frac{1}{\sqrt{2}}|+\rangle \pm \frac{i}{\sqrt{2}}|-\rangle, \qquad (1.4.17b)$$

e

$$S_x = \frac{\hbar}{2}[(|+\rangle\langle-|) + (|-\rangle\langle+|)], \qquad (1.4.18a)$$

$$S_y = \frac{\hbar}{2}[-i(|+\rangle\langle-|) + i(|-\rangle\langle+|)]. \qquad (1.4.18b)$$

Os autoestados de $S_x\pm$ e $S_y\pm$ aqui apresentados concordam com nossas conjecturas prévias (1.1.9) e (1.1.14), que foram baseadas em uma analogia com luz linearmente e circularmente polarizada (note que, nesta comparação, apenas as fases relativas entre as compoentes $|+\rangle$ e $\langle-|$ têm significado físico). Além disso, os operadores $S_\pm$ não hermitianos definidos por (1.3.38) podem agora ser escritos como

$$S_\pm = S_x \pm iS_y. \qquad (1.4.19)$$

---

[14] Isto sempre pode ser feito ajustando-se os fatores de fase arbitrários nas definições de $|+\rangle$ e $|-\rangle$. Isto se tornará mais claro no Capítulo 3, onde é discutido o comportamento de $|+\rangle$ sob rotações.

É imediato mostrar que os operadores S_x e S_y, junto com S_z dado anteriormente, satisfazem as regras de comutação

$$[S_i, S_j] = i\epsilon_{ijk}\hbar S_k \qquad (1.4.20)$$

e de anticomutação

$$\{S_i, S_j\} = \frac{1}{2}\hbar^2 \delta_{ij}, \qquad (1.4.21)$$

onde o comutador [,] e o anticomutador { , } são definidos por meio de

$$[A, B] \equiv AB - BA, \qquad (1.4.22a)$$

$$\{A, B\} \equiv AB + BA, \qquad (1.4.22b)$$

(usamos o símbolo ϵ_{ijk} totalmente antissimétrico, que tem valor $+1$ para ϵ_{123} e todas as permutações cíclicas de seus índices; -1 para ϵ_{231} e todas as permutações cíclicas de seus índices; e 0 sempre que houver quaisquer dois índices repetidos[‡]). As relações de comutação (1.4.20) serão mais tarde reconhecidas como sendo a realização mais simples das relações de comutação do momento angular, um resultado cuja significância será discutida mais detalhadamente no Capítulo 3. Contrariamente, as relações de anticomutação (1.4.21) resultam ser uma propriedade *particular* de sistemas de spin $\frac{1}{2}$.

Podemos também definir os operadores $\mathbf{S} \cdot \mathbf{S}$ ou, para abreviar, $\mathbf{S}^2$, da seguinte maneira:

$$\mathbf{S}^2 \equiv S_x^2 + S_y^2 + S_z^2. \qquad (1.4.23)$$

Devido a (1.4.21), este operador acaba sendo apenas uma constante múltipla da identidade

$$\mathbf{S}^2 = \left(\frac{3}{4}\right)\hbar^2. \qquad (1.4.24)$$

Temos, obviamente

$$[\mathbf{S}^2, S_i] = 0. \qquad (1.4.25)$$

Como será mostrado no Capítulo 3, para spins mais altos que $\frac{1}{2}$, $\mathbf{S}^2$ não é mais um múltiplo do operador identidade. Porém, a equação (1.4.25) ainda é válida.

Observáveis compatíveis

Voltando agora ao formalismo geral, discutiremos observáveis compatíveis em contraposição aos incompatíveis. Os observáveis A e B são definidos como sendo **compatíveis** quando os operadores a eles correspondentes comutam

$$[A, B] = 0, \qquad (1.4.26)$$

[‡] N. de T.: Este símbolo é o conhecido símbolo de Levi-Civita, símbolo de permutação ou símbolo antissimétrico. O tensor cujas componentes são dadas, numa base ortonormal, pelos símbolos de Levi-Civita é na verdade um pseudotensor.

e **incompatíveis** quando

$$[A, B] \neq 0. \tag{1.4.27}$$

Por exemplo, S^2 e S_z são observáveis compatíveis, ao passo que S_x e S_z são observáveis incompatíveis.

Consideremos primeiro o caso de observáveis A e B compatíveis. Como sempre, suponhamos que o espaço de kets é gerado pelos autoevetores de A. Poderíamos também considerar o mesmo espaço como sendo gerado pelos autovetores de B. Agora, nos fazemos a pergunta: qual a relação entre os autovetores de A e os autovetores de B quando os observáveis A e B são compatíveis?

Antes de responder a esta pergunta, devemos tocar em um assunto muito importante do qual nos esquivamos lá trás – o conceito de *degenerescência*. Suponha que haja dois (ou mais) autovetores de A linearmente independentes, mas que possuam os mesmos autovalores; neste caso, diz-se que os autovalores destes dois autovetores são **degenerados**. Em tais casos, a notação $|a'\rangle$ que rotula um autoestado apenas usando seu autovalor não nos fornece uma descrição completa; além do mais, recordamos que nosso teorema prévio sobre a ortogonalidade de diferentes autovetores foi provada sob a hipótese de não degenerescência. O que é ainda pior: a ideia toda segundo a qual o espaço de kets é gerado por $\{|a'\rangle\}$ parece encontrar problemas quando a dimensionalidade do espaço é maior que o número de autovalores distintos de A. Felizmente, em aplicações práticas da mecânica quântica, geralmente ocorre que os autovalores de *algum outro* observável que comuta com A, digamos B, pode ser usado para rotular os autovetores degenerados.

Estamos agora prontos para enunciar um importante teorema.

Teorema 1.2 Suponhamos que A e B sejam observáveis compatíveis, e os autovalores de A sejam não degenerados. Então, os elementos de matriz $\langle a''|B|a'\rangle$ *são todos diagonais* (lembre-se de que os elementos de matriz de A já são diagonais se $\{|a'\rangle\}$ forem usados como kets de base).

Prova A prova deste importante teorema é extremamente simples. Usando a definição (1.4.26) para observáveis compatíveis, observamos que

$$\langle a''|[A, B]|a'\rangle = (a'' - a')\langle a''|B|a'\rangle = 0. \tag{1.4.28}$$

Logo, $\langle a''|B|a'\rangle$ deve ser zero a menos que $a' = a''$, o que prova nossa asserção.

Podemos escrever os elementos de matriz de B como sendo

$$\langle a''|B|a'\rangle = \delta_{a'a''}\langle a'|B|a'\rangle. \tag{1.4.29}$$

Assim, ambos A e B podem ser representados por matrizes diagonais por meio do *mesmo* conjunto de kets de base. Com o auxílio de (1.3.17) e (1.4.29), podemos escrever B como

$$B = \sum_{a''} |a''\rangle\langle a''|B|a''\rangle\langle a''|. \tag{1.4.30}$$

Suponhamos que este operador aja sobe um autovetor de A:

$$B|a'\rangle = \sum_{a''} |a''\rangle\langle a''|B|a''\rangle\langle a''|a'\rangle = (\langle a'|B|a'\rangle)|a'\rangle. \qquad (1.4.31)$$

Contudo, esta relação não é outra coisa que não a equação de autovalores para um operador B, com autovalores

$$b' \equiv \langle a'|B|a'\rangle. \qquad (1.4.32)$$

O ket $|a'\rangle$ é, portanto, um **autovetor simultâneo** de A e B. Apenas para que sejamos imparciais para com ambos os operadores, podemos usar $|a', b'\rangle$ para caracterizar o autovetor simultâneo.

Vimos que observáveis compatíveis têm autovetores simultâneos. Embora a prova aqui apresentada seja para o caso no qual os autovetores de A eram não degenerados, a afirmação vale até quando há uma degenerescência de ordem n. Ou seja

$$A|a'^{(i)}\rangle = a'|a'^{(i)}\rangle \quad \text{para} \quad i = 1, 2, \ldots, n, \qquad (1.4.33)$$

onde $|a'^{(i)}\rangle$ são n autovetores de A mutuamente ortonormais, todos com o mesmo autovalor a'. Para visualizar isto, tudo o que precisamos fazer é construir combinações lineares apropriadas dos $|a'^{(i)}\rangle$ que diagonalizem o operador B, usando o processo de diagonalização a ser discutido na Seção 1.5.

Um autovetor simultâneo de A e B, denotado por $|a', b'\rangle$, tem como propriedade

$$A|a', b'\rangle = a'|a', b'\rangle, \qquad (1.4.34a)$$

$$B|a', b'\rangle = b'|a', b'\rangle. \qquad (1.4.34b)$$

Nos casos em que não há degenerescência, esta notação é algo supérfluo, pois de (1.4.32) fica claro que se especificarmos a', necessariamente conhecemos o b' que aparece em $|a', b'\rangle$. A notação $|a', b'\rangle$ é muito mais poderosa quando há degenerescências. Um exemplo simples talvez ajude a ilustrar esta questão.

Embora a discussão completa sobre o momento angular orbital não seja feita até que cheguemos ao Capítulo 3, você talvez saiba, de seu treinamento prévio em mecânica quântica elementar, que os autovalores de $\mathbf{L}^2$ (o quadrado do momento angular orbital) e L_z (a componente z do momento angular orbital) são, respectivamente, $\hbar^2 l(l+1)$ e $m_l\hbar$, onde l é um inteiro e $m_l = -l, -l+1, \ldots, +l$. Para caracterizarmos completamente um estado de momento angular orbital é necessário especificar *tanto l quanto m_l*. Por exemplo, se dissermos apenas que $l = 1$, os valores de m_l podem ser $0, +1$ ou -1; se dissermos que $m_l = 1$, então l pode ser 1, 2, 3, 4 e assim por diante. Somente se especificarmos ambos os valores de l e m_l conseguiremos caracterizar, de maneira inequívoca, o estado de momento angular orbital em questão. Geralmente, um **índice coletivo** K' é usado para representar (a', b'), de modo que

$$|K'\rangle = |a', b'\rangle. \qquad (1.4.35)$$

Podemos obviamente generalizar nossas considerações para a situação na qual há vários (mais que dois) observáveis mutuamente compatíveis, a saber

$$[A, B] = [B, C] = [A, C] = \cdots = 0. \qquad (1.4.36)$$

Suponha que tenhamos achado um conjunto **máximo** de observáveis que comutam, ou seja, não podemos adicionar quaisquer outros observáveis à nossa lista sem violar (1.4.36). Os autovalores dos operadores individuais A, B, C, ... podem apresentar degenerescências, mas se nós especificarmos uma combinação $(a', b', c', \ldots)$, então os autovetores simultâneos de A, B, C, ... estarão univocamente determinados. Podemos mais uma vez usar um índice coletivo K' para representar $(a', b', c', \ldots)$. A relação de ortonormalidade para

$$|K'\rangle = |a', b', c', \ldots\rangle \tag{1.4.37}$$

é

$$\langle K''|K'\rangle = \delta_{K'K''} = \delta_{aa'}\delta_{bb'}\delta_{cc'}\cdots, \tag{1.4.38}$$

e a relação de completeza ou fechamento pode ser escrita como

$$\sum_{K'}|K'\rangle\langle K'| = \sum_{a'}\sum_{b'}\sum_{c'}\cdots|a',b',c',\ldots\rangle\langle a',b',c',\ldots| = 1. \tag{1.4.39}$$

Consideremos agora medidas de A e B quando eles são observáveis compatíveis. Suponha que meçamos A primeiro e obtenhamos a'. Podemos medir B na sequência e obter o resultado b'. Finalmente, medimos A novamente. Segue de nosso formalismo para medição que a terceira medida sempre dará a' com certeza absoluta, isto é, a segunda medida (B) não destrói a informação prévia obtida da primeira medida (A). Isto é bastante óbvio quando os autovalores de A não são degenerados:

$$|\alpha\rangle \xrightarrow{\text{Medição de } A} |a',b'\rangle \xrightarrow{\text{Medição de } B} |a',b'\rangle \xrightarrow{\text{Medição de } A} |a',b'\rangle. \tag{1.4.40}$$

Quando há degenerescência, o argumento tem a seguinte forma: depois da primeira medida (A), que resulta em a', o sistema colapsa em uma combinação linear

$$\sum_{i}^{n} c_{a'}^{(i)} |a', b^{(i)}\rangle, \tag{1.4.41}$$

onde n é o grau de degenerescência e os kets $|a', b^{(i)}\rangle$ têm todos os mesmos autovalores a' quando se trata do operador A. A segunda medida (B) pode selecionar apenas um dos termos da combinação linear (1.4.41) – digamos, o termo $|a', b^{(j)}\rangle$ – mas uma terceira medida feita (A) ainda dará como resultado a'. Havendo ou não degenerescência, medidas de A e B não interferem uma na outra. O termo *compatível* mostra ser realmente apropriado.

Observáveis incompatíveis

Vejamos agora os observáveis incompatíveis, que são menos triviais. O primeiro ponto a ser enfatizado é que observáveis incompatíveis não possuem um conjunto completo de autovetores simultâneos. Para mostrar isso, suponhamos que a afirmação oposta seja verdadeira. Neste caso, haveria então um conjunto de autovetores simultâneos que obedeceriam (1.4.34a) e (1.4.34b). Claramente,

$$AB|a', b'\rangle = Ab'|a', b'\rangle = a'b'|a', b'\rangle. \tag{1.4.42}$$

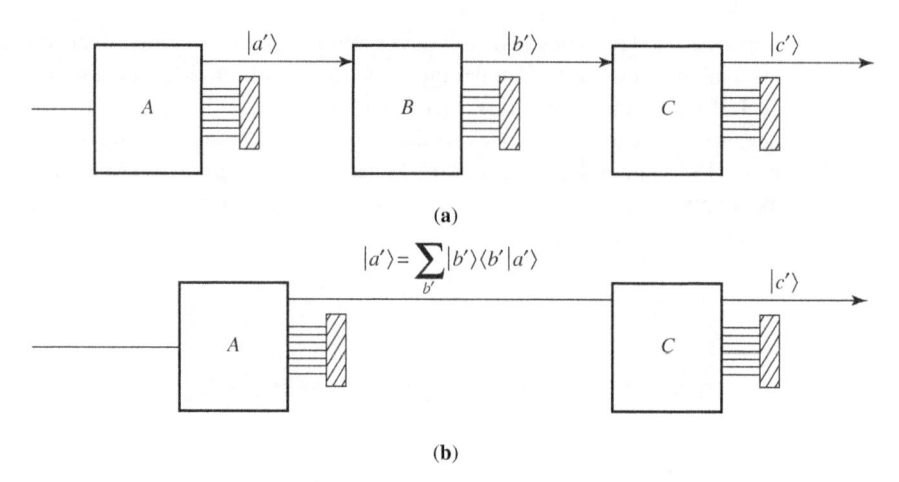

FIGURA 1.8 Medidas seletivas sequenciais.

Do mesmo modo

$$BA|a', b'\rangle = Ba'|a', b'\rangle = a'b'|a', b'\rangle; \quad (1.4.43)$$

logo

$$AB|a', b'\rangle = BA|a', b'\rangle. \quad (1.4.44)$$

e portanto $[A, B] = 0$, contradizendo assim nossa premissa. Portanto, em geral, $|a', b'\rangle$ não faz sentido em se tratando de observáveis incompatíveis. Há, porém, um exceção interessante: pode acontecer de existir um subespaço do espaço de kets tal que (1.4.44) seja válida para todos os elementos deste subespaço, não obstante o fato de A e B serem incompatíveis. Um exemplo da teoria de momentos angulares orbitais pode nos ajudar aqui: suponha que estejamos considerando um estado $l = 0$ (estado s). Embora L_x e L_z não comutem, este estado é autoestado simultâneo de L_x e L_z (com autovalor zero para ambos os operadores). O subespaço é, neste caso, unidimensional.

Já encontramos algumas das peculiaridades associadas a observáveis incompatíveis ao discutirmos experimentos de Stern-Gerlach sequenciais na Seção 1.1. Faremos agora uma discussão mais geral de experimentos deste tipo. Considere a sequência de medidas seletivas representadas na Figura 1.8a. O primeiro filtro (A) seleciona um $|a'\rangle$ particular e rejeita todos os outros, o segundo filtro (B) faz o mesmo para um particular $|b'\rangle$, rejeitando todos os outros, e o terceiro filtro (C) seleciona um particular $|c'\rangle$, rejeitando todos os outros. Estamos interessados na probabilidade de se obter $|c'\rangle$ quando o feixe que sai do primeiro filtro é normalizado em 1. Uma vez que as probabilidades são multiplicativas, obviamente temos

$$|\langle c'|b'\rangle|^2 |\langle b'|a'\rangle|^2. \quad (1.4.45)$$

Para considerarmos, agora, a probabilidade total de passar por todos os possíveis caminhos b', somemos sobre b'. Operacionalmente, isso significa que nós primeiro registramos a probabilidade de se obter c' com todas as rotas b' abertas com exce-

1.4 Medidas, Observáveis e as Relações de Incerteza   33

ção da primeira, bloqueada; repetimos então o procedimento com todos os caminhos abertos menos o segundo caminho b', agora bloqueado, e assim por diante. Ao final, somamos as probabilidades e obtemos

$$\sum_{b'} |\langle c'|b'\rangle|^2 |\langle b'|a'\rangle|^2 = \sum_{b'} \langle c'|b'\rangle\langle b'|a'\rangle\langle a'|b'\rangle\langle b'|c'\rangle. \quad (1.4.46)$$

Comparamos, agora, este resultado com aquele de um arranjo diferente, no qual o filtro B esteja ausente (não operativo; vide a Figura 1.8b). Claramente, a probabilidade é simplesmente $|\langle c'|a'\rangle|^2$, que pode ser escrita da seguinte maneira:

$$|\langle c'|a'\rangle|^2 = \left|\sum_{b'} \langle c'|b'\rangle\langle b'|a'\rangle\right|^2 = \sum_{b'}\sum_{b''} \langle c'|b'\rangle\langle b'|a'\rangle\langle a'|b''\rangle\langle b''|c'\rangle. \quad (1.4.47)$$

Note que as expressões (1.4.46) e (1.4.47) são diferentes! Isto é surpreendente, pois em ambos os casos o feixe puro $|a'\rangle$ que sai do primeiro filtro (A) pode ser entendido como sendo formado dos autovetores de B

$$|a'\rangle = \sum_{b'} |b'\rangle\langle b'|a'\rangle, \quad (1.4.48)$$

onde a soma é feita sobre todos os possíveis valores de b'. O ponto crucial a ser notado é que o resultado que sai do filtro C depende das medidas em B terem sido feitas ou não. No primeiro caso, nós confirmamos experimentalmente quais os autovalores de B foram efetivamente realizados; no segundo caso, nós meramente imaginamos $|a'\rangle$ como sendo formado dos vários $|b'\rangle$ no sentido expresso pela equação (1.4.48). Dito de outra maneira, registrar de fato as probabilidades de passar pelos vários caminhos b' faz toda a diferença, embora somemos sobre todos os b' depois. Aqui se encontra o coração da mecânica quântica.

Sob quais circunstâncias as duas expressões se tornam iguais? Deixamos como exercício mostrar que, para que isto ocorra, na ausência de degenerescência, é suficiente que

$$[A, B] = 0 \quad \text{ou} \quad [B, C] = 0. \quad (1.4.49)$$

Em outras palavras, a peculiaridade por nós aqui ilustrada é característica de observáveis incompatíveis.

A relação de incerteza

O último tópico a ser discutido nesta seção é a relação de incerteza. Dado um observável A, definimos um **operador**

$$\Delta A \equiv A - \langle A \rangle, \quad (1.4.50)$$

onde o valor esperado a ser tomado é o de um certo estado físico sendo considerado. O valor esperado de $(\Delta A)^2$ é conhecido como **dispersão** de A. Uma vez que temos

$$\langle (\Delta A)^2 \rangle = \langle (A^2 - 2A\langle A \rangle + \langle A \rangle^2) \rangle = \langle A^2 \rangle - \langle A \rangle^2, \quad (1.4.51)$$

a última linha de (1.4.51) pode ser tomada como uma definição alternativa da dispersão. Por vezes, os termos **variância** e **desvio quadrático médio** são usados para se referir à mesma grandeza. A dispersão é claramente zero quando o estado em questão é um autoestado de A. Sem a pretensão de querermos ser muito precisos, a dispersão de um observável caracteriza sua "imprecisão"[‡]. Por exemplo, no caso do estado S_z+ em um sistema de spin $\frac{1}{2}$, pode-se calcular a dispersão de S_x, que é

$$\langle S_x^2 \rangle - \langle S_x \rangle^2 = \hbar^2/4. \qquad (1.4.52)$$

Contrariamente, a dispersão $\langle (\Delta S_z)^2 \rangle$ claramente é nula para o estado S_z+. Assim, para o estado S_z+, S_z é "preciso"[‡‡] – uma dispersão nula para S_z – ao passo que S_x é impreciso.

Enunciaremos agora a relação de incerteza, que é a generalização da bem conhecida relação de incerteza x-p a ser discutida na Seção 1.6. Sejam A e B dois observáveis. Então, para qualquer estado, a seguinte desigualdade vale:

$$\langle (\Delta A)^2 \rangle \langle (\Delta B)^2 \rangle \geq \frac{1}{4} |\langle [A,B] \rangle|^2. \qquad (1.4.53)$$

Para provarmos este resultado, enunciamos primeiramente três lemas

Lema 1.1   A desigualdade de Schwarz

$$\langle \alpha | \alpha \rangle \langle \beta | \beta \rangle \geq |\langle \alpha | \beta \rangle|^2, \qquad (1.4.54)$$

que é análoga a

$$|\mathbf{a}|^2 |\mathbf{b}|^2 \geq |\mathbf{a} \cdot \mathbf{b}|^2 \qquad (1.4.55)$$

no espaço Euclideano real.

Prova   Observe primeiramente que

$$(\langle \alpha | + \lambda^* \langle \beta |) \cdot (|\alpha\rangle + \lambda |\beta\rangle) \geq 0, \qquad (1.4.56)$$

onde λ pode ser qualquer número complexo. Esta desigualdade deve continuar válida quando tomamos λ como sendo $-\langle \beta | \alpha \rangle / \langle \beta | \beta \rangle$:

$$\langle \alpha | \alpha \rangle \langle \beta | \beta \rangle - |\langle \alpha | \beta \rangle \rangle|^2 \geq 0, \qquad (1.4.57)$$

que é idêntica a (1.4.54)

Lema 1.2   O valor esperado de um operador hermitiano é um real puro.

Prova   A prova é trivial – simplesmente use (1.3.21).

Lema 1.3   O valor esperado de um operador anti-hermitiano, definido por $C = -C^\dagger$, é um imaginário puro.

[‡] N. de T.: No inglês, *fuzziness*. Apesar de o termo "difusividade" poder ser usado no português, evitamos o seu uso, bem como o de seu correspondente "difuso" (*fuzzy*), para evitar confusão com o processo de difusão, como normalmente entendido na física.
[‡‡] N. de T.: No original, *sharp*.

Prova A prova é trivial.

Munidos destes três lemas, podemos agora provar a relação de incerteza (1.4.53). Usando o Lema 1, com

$$|\alpha\rangle = \Delta A |\rangle, \qquad (1.4.58)$$
$$|\beta\rangle = \Delta B |\rangle,$$

onde o ket em branco $|\rangle$ enfatiza o fato de que nossas considerações se aplicam a *qualquer* ket, nós obtemos

$$\langle(\Delta A)^2\rangle\langle(\Delta B)^2\rangle \geq |\langle\Delta A \Delta B\rangle|^2, \qquad (1.4.59)$$

onde a hermiticidade de ΔA e ΔB foi usada. Para calcular o lado direito de (1.4.59), chamamos a atenção para o fato de que

$$\Delta A \Delta B = \frac{1}{2}[\Delta A, \Delta B] + \frac{1}{2}\{\Delta A, \Delta B\}, \qquad (1.4.60)$$

onde o comutador $[\Delta A, \Delta B]$, que é igual a $[A, B]$, é claramente anti-hermitiano

$$([A, B])^\dagger = (AB - BA)^\dagger = BA - AB = -[A, B]. \qquad (1.4.61)$$

Contrariamente, o anticomutador $[\Delta A, \Delta B]$ é obviamente hermitiano, de modo que

$$\langle\Delta A \Delta B\rangle = \frac{1}{2}\underbrace{\langle[A, B]\rangle}_{\text{imaginário puro}} + \frac{1}{2}\underbrace{\langle\{\Delta A, \Delta B\}\rangle}_{\text{real puro}}, \qquad (1.4.62)$$

onde usamos os Lemas 2 e 3. O lado direito de (1.4.59) fica assim

$$|\langle\Delta A \Delta B\rangle|^2 = \frac{1}{4}|\langle[A, B]\rangle|^2 + \frac{1}{4}|\langle\{\Delta A \Delta B\}\rangle|^2. \qquad (1.4.63)$$

A prova de (1.4.53) está agora completa, pois a omissão do segundo termo (o anticomutador) de (1.4.63) só tornaria a relação de desigualdade mais forte.[15]

As aplicações da relação de incerteza para sistemas de spin $\frac{1}{2}$ serão deixadas como exercícios. Retornaremos a este tópico quando discutirmos a relação de comutação fundamental *x-p* na Seção 1.6.

1.5 ■ MUDANÇA DE BASE

Operador de transformação

Suponha que tenhamos dois observáveis incompatíveis A e B. O espaço de kets em questão pode ser visto como sendo gerado ou pelo conjunto $\{|a'\rangle\}$ ou pelo conjunto $\{|b'\rangle\}$. Por exemplo, para sistemas de spin $\frac{1}{2}$, $|S_{\hat{x}}\pm\rangle$ pode ser usado como nossos kets de base; ou, como alternativa, podemos usar $|S_z\pm\rangle$ como base. Os dois diferentes conjuntos de kets geram, obviamente, o mesmo espaço de kets. Estamos interessa-

---

[15] A maioria dos autores usa, na literatura, o símbolo ΔA no lugar de nosso $\sqrt{\langle(\Delta A)^2\rangle}$, de modo que a relação de incerteza passa a ser escrita como $\Delta A \Delta B \geq \frac{1}{2}|\langle[A, B]\rangle|$. Neste livro, porém, ΔA e ΔB devem ser entendidos como operadores (vide (1.4.50)) e não números.

dos em descobrir como as duas descrições se relacionam. Quando nos referimos à mudança do conjunto de kets de base, fala-se em **mudança de base** ou **mudança de representação**. A base na qual os autovetores são expressos em termos dos $\{|a'\rangle\}$ é chamada de representação A ou, muitas vezes, a representação diagonal A, pois a matriz quadrada que corresponde a A é diagonal nesta base.

Nossa tarefa é construir um operador de transformação que conecte a velha base ortonormal $\{|a'\rangle\}$ com a nova base ortonormal $\{|b'\rangle\}$. Para tanto, apresentamos primeiro o seguinte resultado.

Teorema 1.3 Dados dois conjuntos de kets de base, ambos satisfazendo as condições de ortonormalidade e completeza, existe um operador unitário U tal que

$$|b^{(1)}\rangle = U|a^{(1)}\rangle, \quad |b^{(2)}\rangle = U|a^{(2)}\rangle, \ldots, |b^{(N)}\rangle = U|a^{(N)}\rangle. \tag{1.5.1}$$

Por **operador unitário** entendemos um operador que satisfaça à condição

$$U^\dagger U = 1 \tag{1.5.2}$$

e

$$UU^\dagger = 1. \tag{1.5.3}$$

Prova Provamos este teorema por construção explícita. Afirmamos que o operador

$$U = \sum_k |b^{(k)}\rangle\langle a^{(k)}| \tag{1.5.4}$$

faz aquilo a que nos propomos, e o aplicamos a $|a^{(l)}\rangle$. Claramente,

$$U|a^{(l)}\rangle = |b^{(l)}\rangle \tag{1.5.5}$$

está garantida pela ortonormalidade de $\{|a'\rangle\}$. Além do mais, U é unitário:

$$U^\dagger U = \sum_k \sum_l |a^{(l)}\rangle\langle b^{(l)}|b^{(k)}\rangle\langle a^{(k)}| = \sum_k |a^{(k)}\rangle\langle a^{(k)}| = 1, \tag{1.5.6}$$

onde usamos a ortonormalidade de $\{|b'\rangle\}$ e a completeza de $\{|a'\rangle\}$. Obtemos (1.5.3) de modo análogo.

Matriz de transformação

É instrutivo estudarmos a representação matricial do operador U na antiga base $\{|a'\rangle\}$. Temos

$$\langle a^{(k)}|U|a^{(l)}\rangle = \langle a^{(k)}|b^{(l)}\rangle, \tag{1.5.7}$$

o que, de (1.5.5), segue de maneira óbvia. Em outras palavras, os elementos de matriz do operador U são construídos dos produtos internos entre os bras da base antiga com os kets da base nova. Recordamos aqui o fato de que a matriz de rotação em três dimensões, que transforma um conjunto de vetores de base unitários ($\hat{x}, \hat{y}, \hat{z}$) em outro conjunto ($\hat{x}', \hat{y}', \hat{z}'$), pode ser escrita como (por exemplo, Goldstein (2002), pp. 134–144)

$$R = \begin{pmatrix} \hat{x} \cdot \hat{x}' & \hat{x} \cdot \hat{y}' & \hat{x} \cdot \hat{z}' \\ \hat{y} \cdot \hat{x}' & \hat{y} \cdot \hat{y}' & \hat{y} \cdot \hat{z}' \\ \hat{z} \cdot \hat{x}' & \hat{z} \cdot \hat{y}' & \hat{z} \cdot \hat{z}' \end{pmatrix}. \tag{1.5.8}$$

Referimo-nos à matriz quadrada formada pelos $\langle a^{(k)}|U|a^{(l)}\rangle$ como a **matriz de transformação** da base $\{|a'\rangle\}$ para a base $\{|b'\rangle\}$.

Dado um ket arbitrário $|\alpha\rangle$, cujos coeficientes $\langle a'|\alpha\rangle$ de sua expansão em termos de vetores da base antiga são conhecidos

$$|\alpha\rangle = \sum_{a'} |a'\rangle\langle a'|\alpha\rangle, \tag{1.5.9}$$

como obtemos os $\langle b'|\alpha\rangle$, os coeficientes da expansão na nova base? A resposta é muito simples: simplesmente multiplique (1.5.9) (com $a^{(l)}$ substituindo a', para evitar confusão) por $\langle b^{(k)}|$:

$$\langle b^{(k)}|\alpha\rangle = \sum_l \langle b^{(k)}|a^{(l)}\rangle\langle a^{(l)}|\alpha\rangle = \sum_l \langle a^{(k)}|U^\dagger|a^{(l)}\rangle\langle a^{(l)}|\alpha\rangle. \tag{1.5.10}$$

Em notação matricial, (1.5.10) nos diz que a matriz coluna para $|\alpha\rangle$ na nova base, pode ser obtida simplesmente em se aplicando a matriz quadrada $U^\dagger$ à matriz coluna na base antiga:

$$(\text{nova}) = (U^\dagger)(\text{antiga}). \tag{1.5.11}$$

Também é fácil obter as relações entre os elementos de matriz antigos e os novos:

$$\begin{aligned}\langle b^{(k)}|X|b^{(l)}\rangle &= \sum_m \sum_n \langle b^{(k)}|a^{(m)}\rangle\langle a^{(m)}|X|a^{(n)}\rangle\langle a^{(n)}|b^{(l)}\rangle \\ &= \sum_m \sum_n \langle a^{(k)}|U^\dagger|a^{(m)}\rangle\langle a^{(m)}|X|a^{(n)}\rangle\langle a^{(n)}|U|a^{(l)}\rangle.\end{aligned} \tag{1.5.12}$$

Esta nada mais é que a conhecida fórmula para uma **transformação de similaridade** da álgebra matricial,

$$X' = U^\dagger X U. \tag{1.5.13}$$

O **traço** de um operador X é definido como a soma de seus elementos diagonais:

$$\text{tr}(X) = \sum_{a'} \langle a'|X|a'\rangle. \tag{1.5.14}$$

Embora um conjunto específico de kets de base tenha sido usado na definição do traço, tr(X) é independente da representação, como mostrado abaixo:

$$\sum_{a'} \langle a'|X|a'\rangle = \sum_{a'}\sum_{b'}\sum_{b''} \langle a'|b'\rangle\langle b'|X|b''\rangle\langle b''|a'\rangle$$

$$= \sum_{b'}\sum_{b''} \langle b''|b'\rangle\langle b'|X|b''\rangle \qquad (1.5.15)$$

$$= \sum_{b'} \langle b'|X|b'\rangle.$$

Pode-se também provar que

$$\text{tr}(XY) = \text{tr}(YX), \qquad (1.5.16a)$$

$$\text{tr}(U^{\dagger}XU) = \text{tr}(X), \qquad (1.5.16b)$$

$$\text{tr}(|a'\rangle\langle a''|) = \delta_{a'a''}, \qquad (1.5.16c)$$

$$\text{tr}(|b'\rangle\langle a'|) = \langle a'|b'\rangle. \qquad (1.5.16d)$$

Diagonalização

Até agora, não discutimos como achar os autovalores e autoestados de um operador B cujos elementos de matriz numa base antiga $\{|a'\rangle\}$ supomos serem conhecidos. Este problema é equivalente àquele de achar a matriz unitária que diagonaliza B. Embora o leitor talvez já esteja familiarizado com o procedimento de diagonalização da álgebra matricial, vale a pena refazer o procedimento usando a notação de bras e kets de Dirac.

Estamos interessados em obter os autovalores b' e autoestados $|b'\rangle$, que tenham a propriedade

$$B|b'\rangle = b'|b'\rangle. \qquad (1.5.17)$$

Primeiro, reescrevemos esta expressão como

$$\sum_{a'} \langle a''|B|a'\rangle\langle a'|b'\rangle = b'\langle a''|b'\rangle. \qquad (1.5.18)$$

Quando $|b'\rangle$ em (1.5.17) representa o l-ésimo autovetor do operador B, podemos escrever (1.5.18) em notação matricial do seguinte modo:

$$\begin{pmatrix} B_{11} & B_{12} & B_{13} & \cdots \\ B_{21} & B_{22} & B_{23} & \cdots \\ \vdots & \vdots & \vdots & \ddots \end{pmatrix} \begin{pmatrix} C_1^{(l)} \\ C_2^{(l)} \\ \vdots \end{pmatrix} = b^{(l)} \begin{pmatrix} C_1^{(l)} \\ C_2^{(l)} \\ \vdots \end{pmatrix}, \qquad (1.5.19)$$

com

$$B_{ij} = \langle a^{(i)}|B|a^{(j)}\rangle \qquad (1.5.20a)$$

e
$$C_k^{(l)} = \langle a^{(k)}|b^{(l)}\rangle, \qquad (1.5.20b)$$

onde i, j, k variam até N, a dimensionalidade do espaço de kets. Como todos sabemos da álgebra linear, soluções não triviais para os $C_k^{(l)}$ são possíveis somente se a equação característica

$$\det(B - \lambda 1) = 0 \qquad (1.5.21)$$

for satisfeita. Esta é uma equação algébrica de ordem N para λ, e as N raízes daí obtidas devem ser identificadas como sendo os vários $b^{(l)}$ que estamos tentando determinar. Se conhecemos os $b^{(l)}$ podemos achar os correspondentes $C_k^{(l)}$ a menos de uma constante global a ser determinada pela condição de normalização. Comparando (1.5.20b) com (1.5.7), podemos ver que os $C_k^{(l)}$ são simplesmente os elementos da matriz unitária envolvida na mudança de base de $\{|a'\rangle\} \to \{|b'\rangle\}$.

A hermiticidade de B é importante para este procedimento. Por exemplo, considere S_+ definido por (1.3.38) ou (1.4.19). Este operador é claramente não hermitiano. A matriz correspondente, que na base S_z pode ser escrita como

$$S_+ \doteq \hbar \begin{pmatrix} 0 & 1 \\ 0 & 0 \end{pmatrix}, \qquad (1.5.22)$$

não pode ser diagonalizada por qualquer matriz unitária. No Capítulo 2, encontraremos autoestados de um operador não hermitiano em conexão com um estado coerente de um oscilador harmônico simples. Tais autoestados, contudo, são conhecidos por *não* formarem uma base ortonormal completa, e o formalismo desenvolvido por nós nesta seção não pode ser aplicado de imediato neste caso.

Observáveis equivalentes unitários

Concluímos esta seção discutindo um surpreendente teorema acerca da transformação unitária de um observável.

Teorema 1.4 Considere novamente dois conjuntos de vetores de base ortonormais $\{|a'\rangle\}$ e $\{|b'\rangle\}$, conectados pelo operador U de (1.5.4). Conhecendo U, podemos construir uma **transformada unitária** de A, UAU^{-1}; neste caso, A e UAU^{-1} são chamados de **observáveis equivalentes unitários**. A equação de autovalores para A,

$$A|a^{(l)}\rangle = a^{(l)}|a^{(l)}\rangle, \qquad (1.5.23)$$

claramente implica que

$$UAU^{-1}U|a^{(l)}\rangle = a^{(l)}U|a^{(l)}\rangle. \qquad (1.5.24)$$

Porém, isto pode ser reescrito como

$$(UAU^{-1})|b^{(l)}\rangle = a^{(l)}|b^{(l)}\rangle. \qquad (1.5.25)$$

Este resultado enganosamente simples é muito profundo. Ele nos diz que os $|b'\rangle$'s são autovetores de UAU^{-1} com *autovalores exatamente iguais* aos autovalores de A. Em outras palavras: *observáveis equivalentes unitários possuem espectros idênticos*.

O autovetor $|b^{(l)}\rangle$, por definição, satisfaz à relação

$$B|b^{(l)}\rangle = b^{(l)}|b^{(l)}\rangle. \tag{1.5.26}$$

Comparando (1.5.25) e (1.5.26), inferimos que B e UAU^{-1} são diagonalizáveis simultaneamente. Uma questão natural é: seria UAU^{-1} o mesmo que o próprio B? A resposta é: muito frequentemente sim, em casos de interesse físico. Tome, por exemplo, S_x e S_z. Eles estão relacionados por meio de um operador unitário que, como poderemos discutir no Capítulo 3, é, na verdade, o operador de rotação em torno do eixo y por um ângulo de $\pi/2$. Neste caso, o próprio S_x é a transformada unitária de S_z. Uma vez que sabemos que S_x e S_z exibem o mesmo conjunto de autovalores – a saber $+\hbar/2$ e $-\hbar/2$ –, podemos constatar que nosso teorema é válido neste exemplo particular.

1.6 ■ POSIÇÃO, MOMENTO E TRANSLAÇÃO

Espectros contínuos

Os observáveis considerados por nós até o momento tinham espectros discretos. Porém, na mecânica quântica, há observáveis com autovalores contínuos. Considere, por exemplo, p_z, a componente z do momento linear. Na mecânica quântica, esta grandeza também é representada por um operador hermitiano. Contrariamente a S_z, porém, os autovalores de p_z (em unidades apropriadas) podem assumir quaisquer valores reais entre $-\infty$ e ∞.

A matemática rigorosa de espaços vetoriais gerados por autovetores que possuam espectro contínuo é bastante cheia de armadilhas. A dimensionalidade de um espaço deste tipo é obviamente infinita. Felizmente, muitos dos resultados deduzidos por nós que se aplicam a espaços vetoriais finitos com autovalores discretos podem ser imediatamente generalizados. Aqueles locais onde estas generalizações diretas não funcionam serão indicados por nós com um sinal de perigo.

Iniciamos com o análogo da equação de autovalores (1.2.5) que, para o caso de espectros contínuos, escrevemos como

$$\xi|\xi'\rangle = \xi'|\xi'\rangle, \tag{1.6.1}$$

onde ξ é um operador e ξ' é simplesmente um número. O ket $|\xi'\rangle$ é, em outras palavras, um autovetor do operador ξ com autovalor ξ', da mesma maneira que $|a'\rangle$ é um autovetor de A com autovalor a'.

Seguindo o caminho desta analogia, substituímos o símbolo de Kronecker pela função – δ de Dirac, e uma soma discreta sobre os autovalores $\{a'\}$ por uma integral sobre a *variável contínua* ξ', isto é

$$\langle a'|a''\rangle = \delta_{a'a''} \to \langle \xi'|\xi''\rangle = \delta(\xi' - \xi''), \tag{1.6.2a}$$

$$\sum_{a'} |a'\rangle\langle a'| = 1 \to \int d\xi' |\xi'\rangle\langle \xi'| = 1, \tag{1.6.2b}$$

$$|\alpha\rangle = \sum_{a'} |a'\rangle\langle a'|\alpha\rangle \to |\alpha\rangle = \int d\xi' |\xi'\rangle\langle \xi'|\alpha\rangle, \qquad (1.6.2\text{c})$$

$$\sum_{a'} |\langle a'|\alpha\rangle|^2 = 1 \to \int d\xi' |\langle \xi'|\alpha\rangle|^2 = 1, \qquad (1.6.2\text{d})$$

$$\langle \beta|\alpha\rangle = \sum_{a'} \langle \beta|a'\rangle\langle a'|\alpha\rangle \to \langle \beta|\alpha\rangle = \int d\xi' \langle \beta|\xi'\rangle\langle \xi'|\alpha\rangle, \qquad (1.6.2\text{e})$$

$$\langle a''|A|a'\rangle = a'\delta_{a'a''} \to \langle \xi''|\xi|\xi'\rangle = \xi'\delta(\xi'' - \xi'). \qquad (1.6.2\text{f})$$

Observe em particular como a relação de completeza (1.6.2b) é utilizada para se obter (1.6.2c) e (1.6.2e).

Autovetores de posição e medidas de posição

Na Seção 1.4, enfatizamos que uma medida em mecânica quântica é, essencialmente, um processo de filtragem. Para estender esta ideia à medição de observáveis que apresentem um espectro contínuo, é melhor trabalharmos com um exemplo específico. Para tanto, consideraremos o operador posição (ou coordenada) em uma dimensão.

Postulamos que os autovetores $|x'\rangle$ do operador posição x que satisfaz

$$x|x'\rangle = x'|x'\rangle \qquad (1.6.3)$$

formam um conjunto completo. Nesta expressão, x' é simplesmente um número com dimensão de comprimento, por exemplo, 0,23 cm, ao passo que x é um operador. O ket de um estado físico arbitrário pode ser expandido em termos de $\{|x'\rangle\}$:

$$|\alpha\rangle = \int_{-\infty}^{\infty} dx' |x'\rangle\langle x'|\alpha\rangle. \qquad (1.6.4)$$

Consideremos agora uma medida seletiva altamente idealizada do observável posição. Suponha que coloquemos um minúsculo detector que dispara um sinal somente quando a partícula se encontra precisamente na posição x' e em nenhum outro lugar. Imediatamente após ouvirmos o disparo do detector, podemos afirmar que o estado é representado por $|x'\rangle$. Em outras palavras, quando o detector dispara, $|\alpha\rangle$ "colapsa" abruptamente para $|x'\rangle$, da mesma forma que um spin arbitrário colapsa para um estado S_z+ (ou S_z-) quando submetido à ação de um aparato SG do tipo S_z.

Na prática, o melhor que o detector é capaz de fazer é localizar a partícula dentro de um estreito intervalo ao redor de x'. Um detector realista dispararia quando a partícula se encontrasse dentro de uma região estreita $(x' - \Delta/2, x' + \Delta/2)$. Quando se registra uma contagem em um detector deste tipo, o ket de estado muda repentinamente da seguinte maneira:

$$|\alpha\rangle = \int_{-\infty}^{\infty} dx'' |x''\rangle\langle x''|\alpha\rangle \xrightarrow{\text{medição}} \int_{x'-\Delta/2}^{x'+\Delta/2} dx'' |x''\rangle\langle x''|\alpha\rangle. \qquad (1.6.5)$$

Supondo que $\langle x''|\alpha\rangle$ não mude apreciavelmente dentro deste estreito intervalo, a probabilidade para um disparo do detector é dada por

$$|\langle x'|\alpha\rangle|^2 dx', \qquad (1.6.6)$$

onde usamos dx' para representar Δ. Isto é o análogo de $|\langle a'|\alpha\rangle|^2$ para a probabilidade de $|\alpha\rangle$ ser jogado para $|a'\rangle$ quando A for medido. A probabilidade de se detectar a partícula em *algum lugar* entre $-\infty$ e ∞ é

$$\int_{-\infty}^{\infty} dx' |\langle x'|\alpha\rangle|^2, \tag{1.6.7}$$

que é normalizada em 1 se $|\alpha\rangle$ for normalizado:

$$\langle \alpha|\alpha\rangle = 1 \Rightarrow \int_{-\infty}^{\infty} dx' \langle \alpha|x'\rangle\langle x'|\alpha\rangle = 1. \tag{1.6.8}$$

O leitor familiarizado com a mecânica ondulatória deve ter reconhecido, a uma altura destas, que $\langle x'|\alpha\rangle$ é a função de onda para o estado físico representado por $|\alpha\rangle$. Na Seção 1.7, falaremos mais sobre esta identificação entre o coeficiente de expansão com a representação-x da função de onda.

A noção de autoestado de posição pode ser generalizada para três dimensões. Supõe-se, na mecânica quântica não relativística, que os autoestados $|\mathbf{x}'\rangle$ de posição são completos. O vetor de estado para uma partícula com graus de liberdade internos ignorados – tais como spin – pode ser expandido em termos dos $\{|\mathbf{x}'\rangle\}$ como segue:

$$|\alpha\rangle = \int d^3x' |\mathbf{x}'\rangle\langle \mathbf{x}'|\alpha\rangle, \tag{1.6.9}$$

onde $\mathbf{x}'$ representa x', y' e z'; em outras palavras, $|\mathbf{x}'\rangle$ é um autovetor *simultâneo* dos observáveis x, y e z no sentido a ele atribuído na Seção 1.4:

$$|\mathbf{x}'\rangle \equiv |x', y', z'\rangle, \tag{1.6.10a}$$

$$x|\mathbf{x}'\rangle = x'|\mathbf{x}'\rangle, \quad y|\mathbf{x}'\rangle = y'|\mathbf{x}'\rangle, \quad z|\mathbf{x}'\rangle = z'|\mathbf{x}'\rangle, \tag{1.6.10b}$$

Para que possamos sequer considerar um autovetor simultâneo como este, estamos assumindo implicitamente que as três componentes do vetor posição possam ser medidas simultaneamente com um grau de acurácia arbitrário; disto segue que devemos ter

$$[x_i, x_j] = 0 \tag{1.6.11}$$

onde x_1, x_2 e x_3 representam x, y e z, respectivamente.

Translação

Introduzimos agora o importante conceito de translação ou deslocamento espacial. Suponha que tenhamos de início um estado bem localizado no entorno de $\mathbf{x}'$. Consideremos uma operação que muda este estado para outro estado bem localizado, quer seja $\mathbf{x}' + d\mathbf{x}'$, com todo o resto (por exemplo, a direção do spin) intocada. Uma operação deste tipo é chamada de **translação infinitesimal** por $d\mathbf{x}'$, e o operador que faz este trabalho é denotado por $\mathcal{J}(d\mathbf{x}')$:

$$\mathcal{J}(d\mathbf{x}')|\mathbf{x}'\rangle = |\mathbf{x}' + d\mathbf{x}'\rangle, \tag{1.6.12}$$

onde um eventual fator arbitrário de fase é, por convenção, igualado a 1. Observe que o lado direito de (1.6.12) é, de novo, um autoestado de posição, mas desta vez com um autovalor igual a $\mathbf{x}' + d\mathbf{x}'$. Obviamente, $|\mathbf{x}'\rangle$ *não é* um autovetor do operador de translação infinitesimal.

Em se expandindo um ket de estado arbitrário $|\alpha\rangle$ em termos dos autovetores de posição, podemos examinar o efeito da translação infinitesimal sobre $|\alpha\rangle$:

$$|\alpha\rangle \rightarrow \mathcal{J}(d\mathbf{x}')|\alpha\rangle = \mathcal{J}(d\mathbf{x}')\int d^3x'|\mathbf{x}'\rangle\langle\mathbf{x}'|\alpha\rangle = \int d^3x'|\mathbf{x}'+d\mathbf{x}'\rangle\langle\mathbf{x}'|\alpha\rangle. \quad (1.6.13)$$

Também escrevemos o lado direito de (1.6.13) como

$$\int d^3x'|\mathbf{x}'+d\mathbf{x}'\rangle\langle\mathbf{x}'|\alpha\rangle = \int d^3x'|\mathbf{x}'\rangle\langle\mathbf{x}'-d\mathbf{x}'|\alpha\rangle \quad (1.6.14)$$

pois a integração é feita sobre todo o espaço e $\mathbf{x}'$ é simplesmente uma variável de integração. Isto mostra que a função de onda do estado transladado $\mathcal{J}(d\mathbf{x}')|\alpha\rangle$ é obtida substituindo, em $\mathbf{x}'\rangle|\alpha\rangle - d\mathbf{x}'$, $\mathbf{x}' - d\mathbf{x}'$ por $\mathbf{x}'$.

Há uma abordagem equivalente para a translação, frequentemente considerada na literatura. Em vez de considerar uma translação infinitesimal do sistema físico em si, consideramos uma mudança no sistema de coordenadas em uso, de tal modo que a origem seja deslocada na direção *oposta*, $- d\mathbf{x}'$. Fisicamente, nesta abordagem alternativa, o que estamos nos perguntando é como o *mesmo* ket de estado pareceria para um outro observador cujo sistema de coordenadas tivesse sido deslocado por $- d\mathbf{x}'$. Neste livro, tentamos não usar esta abordagem e é importante não misturarmos as duas!

Listamos agora as propriedades do operador translação infinitesimal $\mathcal{J}(-d\mathbf{x}')$. A primeira propriedade que devemos requerer é a propriedade de unitariedade, imposta pela conservação de probabilidade. É razoável que, se o ket $|\alpha\rangle$ é normalizado em 1, o ket transladado $\mathcal{J}(d\mathbf{x}')|\alpha\rangle$ também seja normalizado em 1, e portanto

$$\langle\alpha|\alpha\rangle = \langle\alpha|\mathcal{J}^\dagger(d\mathbf{x}')\mathcal{J}(d\mathbf{x}')|\alpha\rangle. \quad (1.6.15)$$

Esta condição é garantida em se exigindo que a translação infinitesimal seja unitária:

$$\mathcal{J}^\dagger(d\mathbf{x}')\mathcal{J}(d\mathbf{x}') = 1. \quad (1.6.16)$$

Geralmente, a norma de um ket é preservada por transformações unitárias. Como segundo propriedade, suponha que consideremos duas translações infinitesimais sucessivas – primeiro, por um deslocamento $d\mathbf{x}'$, e depois por $d\mathbf{x}''$, onde $d\mathbf{x}'$ e $d\mathbf{x}''$ não necessariamente precisam estar na mesma direção. Esperamos que o resultado final seja uma única translação por um vetor que seja a soma $d\mathbf{x}' + d\mathbf{x}''$, de tal modo que exigimos que

$$\mathcal{J}(d\mathbf{x}'')\mathcal{J}(d\mathbf{x}') = \mathcal{J}(d\mathbf{x}' + d\mathbf{x}''). \quad (1.6.17)$$

Como terceira propriedade, suponha que consideremos uma translação na direção oposta; esperamos que uma translação na direção oposta seja o mesmo que o inverso da translação original:

$$\mathcal{J}(-d\mathbf{x}') = \mathcal{J}^{-1}(d\mathbf{x}'). \quad (1.6.18)$$

Como quarta propriedade, impomos que quando $d\mathbf{x}' - 0$, a operação de translação se reduza ao operador identidade

$$\lim_{d\mathbf{x}' \to 0} \mathcal{J}(d\mathbf{x}') = 1 \tag{1.6.19}$$

e que a diferença entre $\mathcal{J}(d\mathbf{x}')$ e o operador identidade seja de primeira ordem em $d\mathbf{x}'$.

Demonstramos agora que se tomarmos o operador translação infinitesimal como sendo

$$\mathcal{J}(d\mathbf{x}') = 1 - i\mathbf{K} \cdot d\mathbf{x}'. \tag{1.6.20}$$

onde as componentes de $\mathbf{K}$, K_x, K_y e K_z são **operadores hermitianos**, então todas as quatro propriedades listadas serão satisfeitas. A primeira propriedade – a unitaridade de $\mathcal{J}(d\mathbf{x}')$ – pode ser confirmada da seguinte forma:

$$\begin{aligned} \mathcal{J}^\dagger(d\mathbf{x}')\mathcal{J}(d\mathbf{x}') &= (1 + i\mathbf{K}^\dagger \cdot d\mathbf{x}')(1 - i\mathbf{K} \cdot d\mathbf{x}') \\ &= 1 - i(\mathbf{K} - \mathbf{K}^\dagger) \cdot d\mathbf{x}' + 0[(d\mathbf{x}')^2] \\ &\simeq 1, \end{aligned} \tag{1.6.21}$$

onde termos em segunda ordem em $d\mathbf{x}'$ foram ignoradas no caso de uma translação infinitesimal. A segunda propriedade (1.6.17) também pode ser provada do seguinte modo:

$$\begin{aligned} \mathcal{J}(d\mathbf{x}'')\mathcal{J}(d\mathbf{x}') &= (1 - i\mathbf{K} \cdot d\mathbf{x}'')(1 - i\mathbf{K} \cdot d\mathbf{x}') \\ &\simeq 1 - i\mathbf{K} \cdot (d\mathbf{x}' + d\mathbf{x}'') \\ &= \mathcal{J}(d\mathbf{x}' + d\mathbf{x}''). \end{aligned} \tag{1.6.22}$$

A terceira e quarta propriedades são obviamente satisfeitas por (1.6.20).

Aceitando (1.6.20) como sendo a forma correta para $\mathcal{J}(d\mathbf{x}')$, estamos agora em posição de deduzir uma relação extremamente fundamental entre o operador $\mathbf{K}$ e o operador $\mathbf{x}$. Primeiramente, observe que

$$\mathbf{x}\mathcal{J}(d\mathbf{x}')|\mathbf{x}'\rangle = \mathbf{x}|\mathbf{x}' + d\mathbf{x}'\rangle = (\mathbf{x}' + d\mathbf{x}')|\mathbf{x}' + d\mathbf{x}'\rangle \tag{1.6.23a}$$

e

$$\mathcal{J}(d\mathbf{x}')\mathbf{x}|\mathbf{x}'\rangle = \mathbf{x}'\mathcal{J}(d\mathbf{x}')|\mathbf{x}'\rangle = \mathbf{x}'|\mathbf{x}' + d\mathbf{x}'\rangle; \tag{1.6.23b}$$

logo,

$$[\mathbf{x}, \mathcal{J}(d\mathbf{x}')]|\mathbf{x}'\rangle = d\mathbf{x}'|\mathbf{x}' + d\mathbf{x}'\rangle \simeq d\mathbf{x}'|\mathbf{x}'\rangle, \tag{1.6.24}$$

onde o erro cometido ao se fazer a aproximação no último passo de (1.6.24) é de segunda ordem em $d\mathbf{x}'$. Agora, $|\mathbf{x}'\rangle$ pode ser *qualquer* ket de posição, e os kets de posição, como sabemos, formam um conjunto completo. O que devemos ter, portanto, é um **operador identidade**

$$[\mathbf{x}, \mathcal{J}(d\mathbf{x}')] = d\mathbf{x}', \tag{1.6.25}$$

ou

$$-i\mathbf{x}\mathbf{K} \cdot d\mathbf{x}' + i\mathbf{K} \cdot d\mathbf{x}'\mathbf{x} = d\mathbf{x}', \tag{1.6.26}$$

onde, do lado direito de (1.6.25) e (1.6.26), $d\mathbf{x}'$ deve ser entendido como um número $d\mathbf{x}'$ multiplicado pelo operador identidade no espaço de kets gerados por $|\mathbf{x}'\rangle$. Ao escolher $d\mathbf{x}'$ na direção de $\hat{\mathbf{x}}_j$ e formarmos o produto escalar com $\hat{\mathbf{x}}_i$, obtemos

$$[x_i, K_j] = i\delta_{ij}, \qquad (1.6.27)$$

onde novamente devemos entender δ_{ij} como estando multiplicado pelo operador identidade.

Momento como gerador da translação

A equação (1.6.27) é a relação de comutação fundamental entre os operadores de posição x, y, z e os operadores K: K_x, K_y e K_z. Lembre-se de que até o momento, o operador K é *definido* em termos do operador de translação infinitesimal via (1.6.20). Qual significado físico podemos atribuir a $\mathbf{K}$?

J. Schwinger, numa aula de mecânica quântica, disse uma vez "... para propriedades fundamentais, nós apenas emprestaremos nomes da física clássica". No caso presente, gostaríamos de emprestar da mecânica clássica a noção de que o momento é o gerador de uma translação infinitesimal. Em mecânica clássica, uma translação infinitesimal pode ser apreendida como uma transformação canônica,

$$\mathbf{x}_{novo} \equiv \mathbf{X} = \mathbf{x} + d\mathbf{x}, \quad \mathbf{p}_{novo} \equiv \mathbf{P} = \mathbf{p}, \qquad (1.6.28)$$

obtida a partir da função geratriz (Goldstein 2002, pp. 386 e 403)

$$F(\mathbf{x}, \mathbf{P}) = \mathbf{x} \cdot \mathbf{P} + \mathbf{p} \cdot d\mathbf{x}, \qquad (1.6.29)$$

onde $\mathbf{p}$ e $\mathbf{P}$ referem-se aos correspondentes momentos.

Esta equação tem uma notável semelhança com o operador de translação infinitesimal (1.6.20) da mecânica quântica, particularmente se nos lembrarmos que $\mathbf{x} \cdot \mathbf{P}$ em (1.6.29) é a função geratriz para a transformação identidade ($\mathbf{X} = \mathbf{x}$, $\mathbf{P} = \mathbf{p}$). Somos, assim, levados a especular que na mecânica quântica o operador $\mathbf{K}$ seja, de algum modo, relacionado ao operador momento.

Podemos identificar o operador K como sendo ele o próprio operador momento? Infelizmente, a dimensão está errada; o operador K tem dimensão de 1/comprimento, pois $\mathbf{K} \cdot d\mathbf{x}'$ tem que ser adimensional. Mas parece legítimo fixarmos

$$\mathbf{K} = \frac{\mathbf{p}}{\text{constante universal com dimensão de ação}}. \qquad (1.6.30)$$

Partindo dos postulados fundamentais da mecânica quântica, não há maneira pela qual podemos determinar o valor numérico verdadeiro desta constante universal. Na realidade, esta constante se faz necessária aqui pois, historicamente, a física clássica foi desenvolvida antes da mecânica quântica, usando para este fim unidades convenientes para se descrever grandezas macroscópicas – a circunferência da Terra, a massa de 1 cc de água, a duração de um dia solar médio, e assim por diante. Tivesse a física microscópica sido desenvolvida antes da física macroscópica, os físicos certamente teriam escolhido as unidades básicas de tal modo que a constante universal que aparece em (1.6.30) fosse a unidade.

Uma analogia com a eletrostática pode nos ser útil aqui. A energia de interação entre duas partículas de carga e e separadas por uma distância r é proporcional a e^2/r em unidades Gaussianas não racionalizadas, com um fator de proporcionalidade igual a 1. Contudo, em unidades MKS racionalizadas, o que pode ser mais conveniente para engenheiros eletricistas, o fator de proporcionalidade é $1/4\pi\varepsilon_0$ (veja o Apêndice A).

A constante universal que aparece em (1.6.30) resulta ser a mesma constante $\hbar$ que aparece na relação de 1924 de L. de Broglie,

$$\frac{2\pi}{\lambda} = \frac{p}{\hbar}, \qquad (1.6.31)$$

onde λ é o comprimento de onda de uma "onda de partícula". Em outras palavras, o operador K é o operador quântico que corresponde ao número de onda – isto é, 2π vezes o recíproco do comprimento de onda, usualmente denotado por k. Com esta identificação, escrevemos o operador translação infinitesimal $\mathcal{J}(d\mathbf{x}')$ como

$$\mathcal{J}(d\mathbf{x}') = 1 - i\mathbf{p} \cdot d\mathbf{x}'/\hbar, \qquad (1.6.32)$$

onde $\mathbf{p}$ é o operador momento. A relação de comutação (1.6.27) se torna assim

$$[x_i, p_j] = i\hbar\delta_{ij}. \qquad (1.6.33)$$

As relações de comutação (1.6.33) implicam, por exemplo, que x e p_x (mas não x e p_y) são observáveis incompatíveis. Portanto, é impossível achar autoestados simultâneos de x e p_x. O formalismo geral da Seção 1.4 pode ser aqui aplicado para se obter a **relação de incerteza posição-momento** de W. Heisenberg:

$$\langle(\Delta x)^2\rangle\langle(\Delta p_x)^2\rangle \geq \hbar^2/4. \qquad (1.6.34)$$

Algumas aplicações de (1.6.34) aparecerão na Seção 1.7.

Até agora só nos preocupamos com translações infinitesimais. Uma translação finita – isto é, um deslocamento espacial por uma distância finita – pode ser obtido compondo, sucessivamente, translações infinitesimais. Consideremos uma translação finita na direção x por uma distância $\Delta x'$:

$$\mathcal{J}(\Delta x'\hat{\mathbf{x}})|\mathbf{x}'\rangle = |\mathbf{x}' + \Delta x'\hat{\mathbf{x}}\rangle. \qquad (1.6.35)$$

Por meio da composição de N translações infinitesimais, cada qual caracterizada por um deslocamento espacial $\Delta x'/N$ na direção x, e tomando o limite $N \to \infty$, obtemos

$$\begin{aligned}\mathcal{J}(\Delta x'\hat{\mathbf{x}}) &= \lim_{N\to\infty}\left(1 - \frac{ip_x\Delta x'}{N\hbar}\right)^N \\ &= \exp\left(-\frac{ip_x\Delta x'}{\hbar}\right).\end{aligned} \qquad (1.6.36)$$

Na expressão acima, $\exp(-ip_x\Delta x'/\hbar)$ deve ser entendido como uma função do *operador* p_x; de um modo geral, para qualquer operador X temos

$$\exp(X) \equiv 1 + X + \frac{X^2}{2!} + \cdots. \qquad (1.6.37)$$

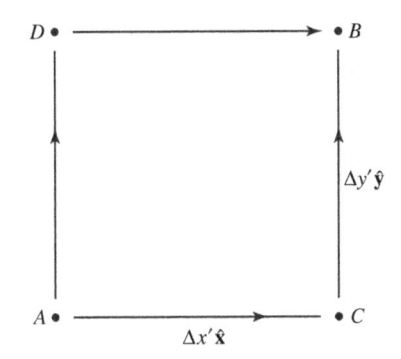

FIGURA 1.9 Translações sucessivas em diferentes direções.

Uma propriedade fundamental das translações é que aplicações sucessivas em diferentes direções, digamos nas direções x e y, comutam. Podemos ver isto claramente na Figura 1.9; ao nos movermos de A para B, não importa se o fizermos passando por C ou por D. Matematicamente,

$$\mathcal{J}(\Delta y'\hat{\mathbf{y}})\mathcal{J}(\Delta x'\hat{\mathbf{x}}) = \mathcal{J}(\Delta x'\hat{\mathbf{x}} + \Delta y'\hat{\mathbf{y}}),$$
$$\mathcal{J}(\Delta x'\hat{\mathbf{x}})\mathcal{J}(\Delta y'\hat{\mathbf{y}}) = \mathcal{J}(\Delta x'\hat{\mathbf{x}} + \Delta y'\hat{\mathbf{y}}). \tag{1.6.38}$$

Este ponto não é tão trivial quanto aparenta; mostraremos no Capítulo 3 que rotações em torno de diferentes eixos *não* comutam. Considerando $\Delta x'$ e $\Delta y'$ até segunda ordem, temos

$$\begin{aligned}[\mathcal{J}(\Delta y'\hat{\mathbf{y}}), \mathcal{J}(\Delta x'\hat{\mathbf{x}})] &= \left[\left(1 - \frac{ip_y \Delta y'}{\hbar} - \frac{p_y^2(\Delta y')^2}{2\hbar^2} + \cdots\right),\right.\\ &\left.\quad \left(1 - \frac{ip_x \Delta x'}{\hbar} - \frac{p_x^2(\Delta x')^2}{2\hbar^2} + \cdots\right)\right]\\ &\simeq -\frac{(\Delta x')(\Delta y')[p_y, p_x]}{\hbar^2}.\end{aligned} \tag{1.6.39}$$

Uma vez que $\Delta x'$ e $\Delta y'$ são arbitrários, a condição (1.6.38), ou

$$[\mathcal{J}(\Delta y'\hat{\mathbf{y}}), \mathcal{J}(\Delta x'\hat{\mathbf{x}})] = 0, \tag{1.6.40}$$

imediatamente leva a

$$[p_x, p_y] = 0, \tag{1.6.41}$$

ou, de modo mais geral, a

$$[p_i, p_j] = 0. \tag{1.6.42}$$

Esta relação de comutação é uma consequência direta do fato de que translações em diferentes direções comutam. Sempre que os geradores de uma transformação comutam, o grupo correspondente é dito ser **abeliano**, como é o caso da translação em três dimensões.

A equação (1.6.42) implica que p_x, p_y e p_z são observáveis mutuamente compatíveis. Podemos, assim, imaginar um autovetor simultâneo de p_x, p_y e p_z, a saber,

$$|\mathbf{p}'\rangle \equiv |p'_x, p'_y, p'_z\rangle, \tag{1.6.43a}$$

$$p_x|\mathbf{p}'\rangle = p'_x|\mathbf{p}'\rangle, \quad p_y|\mathbf{p}'\rangle = p'_y|\mathbf{p}'\rangle, \quad p_z|\mathbf{p}'\rangle = p'_z|\mathbf{p}'\rangle. \tag{1.6.43b}$$

É instrutivo calcular o efeito de $\mathscr{J}(d\mathbf{x}')$ sobre um autovetor de momento:

$$\mathscr{J}(d\mathbf{x}')|\mathbf{p}'\rangle = \left(1 - \frac{i\mathbf{p}\cdot d\mathbf{x}'}{\hbar}\right)|\mathbf{p}'\rangle = \left(1 - \frac{i\mathbf{p}'\cdot d\mathbf{x}'}{\hbar}\right)|\mathbf{p}'\rangle. \tag{1.6.44}$$

Vemos que o autovetor de momento permanece inalterado, mesmo sofrendo uma pequena mudança de fase. Assim, diferentemente de $|\mathbf{x}'\rangle$, $|\mathbf{p}'\rangle$ é um autovetor de $\mathscr{J}(d\mathbf{x}')$, algo que havíamos antecipado, pois

$$[\mathbf{p}, \mathscr{J}(d\mathbf{x}')] = 0. \tag{1.6.45}$$

Observe, contudo, que o autovalor de $\mathscr{J}(d\mathbf{x}')$ é complexo; aqui não deveríamos esperar um autovalor real, pois $\mathscr{J}(d\mathbf{x}')$, embora unitário, não é hermitiano.

As relações de comutação canônicas

Façamos um sumário das relações de comutadores por nós inferidas através do estudo das propriedades da translação:

$$[x_i, x_j] = 0, \quad [p_i, p_j] = 0, \quad [x_i, p_j] = i\hbar\delta_{ij}. \tag{1.6.46}$$

Estas relações constituem a pedra angular da mecânica quântica; em seu livro, P.A.M. Dirac as chama de "condições quânticas fundamentais". Mais frequentemente, elas são conhecidas por **relações de comutação canônicas** ou **relações de comutação fundamentais**.

Historicamente, foi W. Heisenberg que, em 1925, mostrou que a regra de combinação para linhas de transição atômicas então conhecidas poderiam ser melhor compreendidas se se associasse às suas frequências uma sequência de números que obedeciam certas regras de multiplicação. Imediatamente após, M. Born e P. Jordan chamaram atenção para o fato de que as regras de multiplicação de Heisenberg eram essencialmente aquelas da álgebra de matrizes, e uma teoria baseada nos análogos matriciais de (1.6.46) foi desenvolvida, também conhecida por **mecânica matricial**.[16]

Também no mesmo ano de 1925, P.A.M. Dirac observou que as várias relações quânticas poderiam ser obtidas das relações clássicas correspondentes, simplesmente substituindo os parênteses de Poisson clássicos por comutadores, segundo a regra:

$$[\ ,\ ]_{\text{clássico}} \rightarrow \frac{[\ ,\ ]}{i\hbar}, \tag{1.6.47}$$

---

[16] É apropriado que $pq - qp = h/2\pi i$ esteja gravado sobre a lápide de M. Born em Göttingen.

onde, recordamos, os parenteses de Poisson clássicos são definidos para funções dos q's e p's como

$$\left[A(q,p), B(q,p)\right]_{\text{clássico}} \equiv \sum_s \left(\frac{\partial A}{\partial q_s}\frac{\partial B}{\partial p_s} - \frac{\partial A}{\partial p_s}\frac{\partial B}{\partial q_s}\right). \quad (1.6.48)$$

Por exemplo, na mecânica clássica temos

$$[x_i, p_j]_{\text{clássico}} = \delta_{ij}, \quad (1.6.49)$$

que, na mecânica quântica, se torna (1.6.33).

A regra de Dirac (1.6.47) é plausível pois os parênteses de Poisson clássicos e os comutadores da mecânica quântica satisfazem propriedades algébricas similares. Em particular, as seguintes relações podem ser provadas independente de interpretarmos [,] como sendo o parênteses de Poisson clássico ou o comutador quântico:

$$[A, A] = 0 \quad (1.6.50a)$$

$$[A, B] = -[B, A] \quad (1.6.50b)$$

$$[A, c] = 0 \quad (c \text{ é apenas um número}) \quad (1.6.50c)$$

$$[A+B, C] = [A, C] + [B, C] \quad (1.6.50d)$$

$$[A, BC] = [A, B]C + B[A, C] \quad (1.6.50e)$$

$$[A, [B, C]] + [B, [C, A]] + [C, [A, B]] = 0, \quad (1.6.50f)$$

onde a última relação é conhecida como **identidade de Jacobi**[17]. Há, contudo, importantes diferenças. Primeiro, a dimensão do parênteses de Poisson clássico diferente daquela dos comutadores quânticos por causa das derivadas com respeito a q e p que aparecem em (1.6.48). Segundo, o parênteses de Poisson de funções reais dos q's e p's são reais puros, ao passo que o comutador de dois operadores hermitianos é anti-hermitiano (vide Lema 3 da Seção 1.4). Para lidar com estas diferenças, o fator $i\hbar$ é inserido em (1.6.47).

Evitamos deliberadamente explorar a analogia de Dirac para obter as relações canônicas de comutação. Nossa abordagem para as relações de comutação é baseada unicamente (1) nas propriedades das translações e (2) na identificação do gerador das translações com o operador momento, modulo uma constante universal com a dimensão de ação. Acreditamos que esta abordagem seja mais poderosa, pois pode ser generalizada para situações nas quais os observáveis não possuem análogos clássicos. Por exemplo, as componentes do momento angular de spin da Seção 1.4 não têm qualquer relação com os p's e q's da mecânica clássica; ainda assim, como mostraremos no Capítulo 3, as regras de comutação do momento angular de spin podem ser deduzidas usando-se as propriedades das rotações, da mesma maneira que deduzimos as relações de comutação canônicas usando as propriedades das translações.

---

[17] É surpreendente que a identidade de Jacobi na mecânica quântica seja muito mais fácil de ser provada do que sua análoga clássica.

1.7 ■ FUNÇÕES DE ONDA NO ESPAÇO DE POSIÇÃO E MOMENTO

Função de onda no espaço de posição

Nesta seção, apresentamos um estudo sistemático das propriedades das funções de onda nos espaços de posição e momento. Por uma questão de simplicidade, retornemos ao caso unidimensional. Os autovetores de base empregados são os kets de posição, que satisfazem

$$x|x'\rangle = x'|x'\rangle, \tag{1.71}$$

normalizados de tal forma que a condição de ortogonalidade se torna

$$\langle x''|x'\rangle = \delta(x'' - x'). \tag{1.7.2}$$

Já chamamos a atenção para o fato de que um ket que representa um estado físico pode ser expandido em termos de $|x'\rangle$,

$$|\alpha\rangle = \int dx' |x'\rangle \langle x'|\alpha\rangle, \tag{1.7.3}$$

e que o coeficiente da expansão $\langle x'|\alpha\rangle$ é interpretado de tal forma que

$$|\langle x'|\alpha\rangle|^2 \, dx' \tag{1.7.4}$$

represente a probabilidade de uma partícula ser encontrada num estreito intervalo dx' no entorno de x'. No nosso formalismo, o produto interno $\langle x'|\alpha\rangle$ é aquilo ao qual usualmente se refere como sendo a **função de onda** $\psi_\alpha(x')$ para o estado $|\alpha\rangle$:

$$\langle x'|\alpha\rangle = \psi_\alpha(x'). \tag{1.7.5}$$

Em mecânica quântica elementar, as interpretações probabilísticas para o coeficiente de expansão $c_{a'}(= \langle a'|\alpha\rangle)$ e para a função de onda $\psi_\alpha(x')(= \langle x'|\alpha\rangle)$ são frequentemente apresentadas como postulados separados. Uma das principais vantagens de nosso formalismo, que teve sua origem em Dirac, é que os dois tipos de interpretação probabilística são unificados: $\psi_\alpha(x')$ é um coeficiente da expansão [vide (1.7.3)], da mesma maneira que $c_{a'}$ o é. Seguindo os passos de Dirac, aprendemos a apreciar esta unidade da mecânica quântica.

Considere o produto interno $\langle \beta|\alpha\rangle$. Usando a completeza de $|x'\rangle$, nós temos

$$\begin{aligned}\langle \beta|\alpha\rangle &= \int dx' \langle \beta|x'\rangle \langle x'|\alpha\rangle \\ &= \int dx' \psi_\beta^*(x')\psi_\alpha(x'),\end{aligned} \tag{1.7.6}$$

e, portanto, $\langle \beta|\alpha\rangle$ caracteriza a sobreposição entre duas funções de onda. Note que não estamos definindo $\langle \beta|\alpha\rangle$ como sendo a integral de superposição; essa identificação *segue* de nosso postulado de completeza para $|x'\rangle$. A interpretação mais geral para $\langle \beta|\alpha\rangle$, *independente da representação*, é que ele representa a amplitude de probabilidade do estado $|\alpha\rangle$ ser encontrado no estado $|\beta\rangle$.

Interpretemos agora a expansão

$$|\alpha\rangle = \sum_{a'} |a'\rangle\langle a'|\alpha\rangle \qquad (1.7.7)$$

usando a linguagem de funções de onda. Para tanto, basta multiplicarmos ambos os lados de (1.7.7) pelo bra de posição $\langle x'|$ pela esquerda. Então,

$$\langle x'|\alpha\rangle = \sum_{a'} \langle x'|a'\rangle\langle a'|\alpha\rangle. \qquad (1.7.8)$$

Na notação usual da mecânica ondulatória, esta expressão é reconhecida como

$$\psi_\alpha(x') = \sum_{a'} c_{a'} u_{a'}(x'),$$

onde introduzimos uma **autofunção** do operador A com autovalor a'

$$u_{a'}(x') = \langle x'|a'\rangle. \qquad (1.7.9)$$

Examinemos agora como $\langle \beta|A|\alpha\rangle$ pode ser escrito fazendo uso das funções de onda para $|\alpha\rangle$ e $|\beta\rangle$. Claramente, temos

$$\begin{aligned}\langle \beta|A|\alpha\rangle &= \int dx' \int dx'' \langle\beta|x'\rangle\langle x'|A|x''\rangle\langle x''|\alpha\rangle \\ &= \int dx' \int dx'' \psi_\beta^*(x')\langle x'|A|x''\rangle\psi_\alpha(x'').\end{aligned} \qquad (1.7.10)$$

Portanto, para podermos calcular $\langle \beta|A|\alpha\rangle$, precisamos conhecer o elemento de matriz $\langle x'|A|x''\rangle$, que é, em geral, uma função das duas variáveis x' e x''.

Uma simplificação enorme ocorre quando o observável A é função do operador posição x. Em particular, consideremos

$$A = x^2, \qquad (1.7.11)$$

que, na verdade, aparece no Hamiltoniano do oscilador harmônico simples, que será discutido no Capítulo 2. Temos

$$\langle x'|x^2|x''\rangle = (\langle x'|) \cdot (x''^2|x''\rangle) = x'^2 \delta(x'-x''), \qquad (1.7.12)$$

onde usamos (1.7.1) e (1.7.2). A integral dupla (1.7.10) reduz-se, neste caso, a uma integral *simples*:

$$\begin{aligned}\langle \beta|x^2|\alpha\rangle &= \int dx' \langle\beta|x'\rangle x'^2 \langle x'|\alpha\rangle \\ &= \int dx' \psi_\beta^*(x') x'^2 \psi_\alpha(x').\end{aligned} \qquad (1.7.13)$$

Em geral,

$$\langle \beta | f(x) | \alpha \rangle = \int dx' \psi_\beta^*(x') f(x') \psi_\alpha(x'). \quad (1.7.14)$$

Observe que o $f(x)$ que aparece do lado esquerdo de (1.7.14) é um operador, ao passo que o $f(x')$ do lado direito não é um operador.

Operador momento na base de autovetores de posição

Examinamos agora qual deve ser a aparência do operador momento na base x – isto é, na representação onde os autovetores de posição são usados como kets de base. Nosso ponto de partida é a definição de momento como gerador de translações infinitesimais:

$$\begin{aligned}\left(1 - \frac{ip\Delta x'}{\hbar}\right)|\alpha\rangle &= \int dx' \mathcal{J}(\Delta x')|x'\rangle\langle x'|\alpha\rangle \\ &= \int dx' |x' + \Delta x'\rangle\langle x'|\alpha\rangle \\ &= \int dx' |x'\rangle\langle x' - \Delta x'|\alpha\rangle \\ &= \int dx' |x'\rangle \left(\langle x'|\alpha\rangle - \Delta x' \frac{\partial}{\partial x'}\langle x'|\alpha\rangle\right).\end{aligned} \quad (1.7.15)$$

Comparando ambos os lados, obtemos

$$p|\alpha\rangle = \int dx' |x'\rangle \left(-i\hbar \frac{\partial}{\partial x'} \langle x'|\alpha\rangle\right) \quad (1.7.16)$$

ou

$$\langle x'|p|\alpha\rangle = -i\hbar \frac{\partial}{\partial x'} \langle x'|\alpha\rangle, \quad (1.7.17)$$

onde usamos a propriedade (1.7.2) de ortogonalidade. Para o elemento de matriz p na representação x, obtemos

$$\langle x'|p|x''\rangle = -i\hbar \frac{\partial}{\partial x'} \delta(x' - x''). \quad (1.7.18)$$

De (1.7.16) obtém-se uma identidade muito importante:

$$\begin{aligned}\langle \beta | p | \alpha \rangle &= \int dx' \langle \beta | x' \rangle \left(-i\hbar \frac{\partial}{\partial x'} \langle x'|\alpha\rangle\right) \\ &= \int dx' \psi_\beta^*(x') \left(-i\hbar \frac{\partial}{\partial x'}\right) \psi_\alpha(x').\end{aligned} \quad (1.7.19)$$

Em nosso formalismo, (1.7.19) não é um postulado, muito pelo contrário: ela foi *deduzida* a partir das propriedades básicas do momento. Aplicando (1.7.17) repetidamente, podemos também obter

$$\langle x'|p^n|\alpha\rangle = (-i\hbar)^n \frac{\partial^n}{\partial x'^n}\langle x'|\alpha\rangle, \qquad (1.7.20)$$

$$\langle \beta|p^n|\alpha\rangle = \int dx' \psi_\beta^*(x')(-i\hbar)^n \frac{\partial^n}{\partial x'^n}\psi_\alpha(x'). \qquad (1.7.21)$$

Funções de onda no espaço de momento

Até aqui, trabalhamos exclusivamente na base x. No entanto há, na verdade, uma completa simetria entre x e p (a menos de sinais de menos ocasionais) que podemos inferir a partir das relações de comutação canônicas. Vamos agora trabalhar na base p – ou seja, na representação de momento.

Por uma questão de simplicidade, continuaremos a trabalhar no espaço unidimensional. Os autovetores na base p nos dizem que

$$p|p'\rangle = p'|p'\rangle \qquad (1.7.22)$$

e

$$\langle p'|p''\rangle = \delta(p' - p''). \qquad (1.7.23)$$

Os autovetores de momento $\{|p'\rangle\}$ geram o espaço de kets da mesma maneira que os autovetores de posição $\{|x'\rangle\}$. Um ket de estado arbitrário $|\alpha\rangle$ pode, portanto, ser expandido da seguinte forma:

$$|\alpha\rangle = \int dp'|p'\rangle\langle p'|\alpha\rangle. \qquad (1.7.24)$$

Podemos dar aos coeficientes da expansão $\langle p'|\alpha\rangle$ uma interpretação probabilística: a probabilidade de que uma medida de p reproduza o autovalor p' em um pequeno intervalo dp' é igual a $|\langle p'|\alpha\rangle|^2 dp'$. Costuma-se chamar $\langle p'|\alpha\rangle$ de **função de onda no espaço de momento**, e a notação $\phi_\alpha(p')$ é frequentemente usada:

$$\langle p'|\alpha\rangle = \phi_\alpha(p'). \qquad (1.7.25)$$

Se $|\alpha\rangle$ for normalizado, obtemos

$$\int dp'\langle \alpha|p'\rangle\langle p'|\alpha\rangle = \int dp'|\phi_\alpha(p')|^2 = 1. \qquad (1.7.26)$$

Busquemos agora estabelecer a conexão entre a representação x e a representação p. Recordamos que no caso de espectros discretos, a mudança de base do conjunto antigo $\{|a'\rangle\}$ para o novo $\{|b'\rangle\}$ é caracterizada pela matriz de transformação (1.5.7). Da mesma maneira, espera-se que a informação buscada esteja contida em $\langle x'|p'\rangle$, que é uma função de x' e p', usualmente chamada de **função de transformação** da representação x para a representação p. Para deduzir a forma explícita de $\langle x'|p'\rangle$, lembramo-nos primeiramente de (1.7.17); tomando $|\alpha\rangle$ como o autovetor de momento $|p'\rangle$, obtemos

$$\langle x'|p|p'\rangle = -i\hbar \frac{\partial}{\partial x'}\langle x'|p'\rangle \qquad (1.7.27)$$

ou

$$p'\langle x'|p'\rangle = -i\hbar \frac{\partial}{\partial x'}\langle x'|p'\rangle. \qquad (1.7.28)$$

A solução desta equação diferencial é

$$\langle x'|p'\rangle = N \exp\left(\frac{ip'x'}{\hbar}\right), \qquad (1.7.29)$$

onde N é a constante de normalização a ser determinada em instantes. Não obstante o fato de que a função de transformação $\langle x'|p'\rangle$ seja uma função de duas variáveis, x' e p', podemos temporariamente pensar nela como sendo uma função de x' apenas, com p' fixo. Ela pode, então, ser vista como a amplitude de probabilidade de se encontrar, na posição x', um autovetor de momento especificado por p'; dito de outro modo, ela é simplesmente a função de onda para o autovetor de momento $|p'\rangle$, frequentemente chamada de autofunção de momento (ainda no espaço x). Então, a (1.7.29) simplesmente diz que a função de onda de um autoestado de momento é uma onda plana. É surpreendente que tenhamos obtido esta solução de onda plana sem termos resolvido a equação de Schrödinger (que sequer chegamos a escrever).

Para obter a constante de normalização N, consideremos primeiramente

$$\langle x'|x''\rangle = \int dp' \langle x'|p'\rangle \langle p'|x''\rangle. \qquad (1.7.30)$$

O lado esquerdo é simplesmente $\delta(x' - x'')$; o lado direito pode ser calculado usando-se a forma explícita de $\langle x'|p'\rangle$:

$$\begin{aligned}\delta(x' - x'') &= |N|^2 \int dp' \exp\left[\frac{ip'(x' - x'')}{\hbar}\right] \\ &= 2\pi\hbar |N|^2 \delta(x' - x'').\end{aligned} \qquad (1.7.31)$$

Convencionando N como sendo um real puro e positivo, finalmente chegamos a

$$\langle x'|p'\rangle = \frac{1}{\sqrt{2\pi\hbar}} \exp\left(\frac{ip'x'}{\hbar}\right). \qquad (1.7.32)$$

Podemos agora demonstrar como a função de onda no espaço de posição se relaciona com a função de onda no espaço de momento. Tudo o que nos resta fazer é reescrever

$$\langle x'|\alpha\rangle = \int dp' \langle x'|p'\rangle \langle p'|\alpha\rangle \qquad (1.7.33\text{a})$$

e

$$\langle p'|\alpha\rangle = \int dx' \langle p'|x'\rangle \langle x'|\alpha\rangle \qquad (1.7.33\text{b})$$

como

$$\psi_\alpha(x') = \left[\frac{1}{\sqrt{2\pi\hbar}}\right] \int dp' \exp\left(\frac{ip'x'}{\hbar}\right) \phi_\alpha(p') \qquad (1.7.34\text{a})$$

e

$$\phi_\alpha(p') = \left[\frac{1}{\sqrt{2\pi\hbar}}\right] \int dx' \exp\left(\frac{-ip'x'}{\hbar}\right) \psi_\alpha(x'). \qquad (1.7.34b)$$

Este par de equações é simplesmente o que se esperaria do teorema da inversão de Fourier. Aparentemente, a matemática por nós desenvolvida de algum modo "conhece" o trabalho de Fourier sobre transformadas integrais.

Pacotes de onda gaussianos

Para ilustrar nosso formalismo básico, é instrutivo analisarmos um exemplo físico. Consideramos aquilo que é conhecido por **pacote de onda gaussiano**, cuja função de onda no espaço x é dada por

$$\langle x'|\alpha\rangle = \left[\frac{1}{\pi^{1/4}\sqrt{d}}\right] \exp\left[ikx' - \frac{x'^2}{2d^2}\right]. \qquad (1.7.35)$$

Trata-se de uma onda plana com um número de onda k modulado por um perfil gaussiano centrado na origem. A probabilidade de se observar a partícula cai rapidamente a zero para $|x'| > d$; quantitativamente falando, a densidade de probabilidade $|\langle x'|\alpha\rangle|^2$ tem uma forma gaussiana com largura d.

Calculemos agora os valores esperados de x, x^2, p e p^2. O valor esperado de x é zero, como era de se esperar, por razões de simetria:

$$\langle x \rangle = \int_{-\infty}^{\infty} dx' \langle \alpha|x'\rangle x' \langle x'|\alpha\rangle = \int_{-\infty}^{\infty} dx' |\langle x'|\alpha\rangle|^2 x' = 0. \qquad (1.7.36)$$

Para x^2 obtemos

$$\begin{aligned}\langle x^2 \rangle &= \int_{-\infty}^{\infty} dx' x'^2 |\langle x'|\alpha\rangle|^2 \\ &= \left(\frac{1}{\sqrt{\pi}d}\right) \int_{-\infty}^{\infty} dx' x'^2 \exp\left[\frac{-x'^2}{d^2}\right] \\ &= \frac{d^2}{2},\end{aligned} \qquad (1.7.37)$$

o que nos leva a

$$\langle (\Delta x)^2 \rangle = \langle x^2 \rangle - \langle x \rangle^2 = \frac{d^2}{2} \qquad (1.7.38)$$

para a dispersão do operador posição. Os valores esperados de p e p^2 também podem ser calculados:

$$\langle p \rangle = \hbar k \qquad (1.7.39a)$$

$$\langle p^2 \rangle = \frac{\hbar^2}{2d^2} + \hbar^2 k^2, \qquad (1.7.39b)$$

o que deixamos como exercício para o leitor. Portanto, a dispersão do momento é dada por

$$\langle (\Delta p)^2 \rangle = \langle p^2 \rangle - \langle p \rangle^2 = \frac{\hbar^2}{2d^2}. \tag{1.7.40}$$

Munidos com (1.7.38) e (1.7.40), podemos verificar a relação de incerteza de Heisenberg (1.6.34). Neste caso, a incerteza é dada por

$$\langle (\Delta x)^2 \rangle \langle (\Delta p)^2 \rangle = \frac{\hbar^2}{4}, \tag{1.7.41}$$

que é independente de d. Disto, vemos que, no caso de um pacote de onda gaussiano, o que temos na verdade é uma relação de *igualdade* no lugar de uma equação mais geral de desigualdade (1.6.34). Por este motivo, um pacote gaussiano muitas vezes é chamado de *pacote de onda de incerteza mínima*.

Vamos agora para o espaço de momento. Por meio de uma integração direta – simplesmente completando o quadrado no expoente – obtemos

$$\begin{aligned}\langle p'|\alpha\rangle &= \left(\frac{1}{\sqrt{2\pi\hbar}}\right)\left(\frac{1}{\pi^{1/4}\sqrt{d}}\right)\int_{-\infty}^{\infty}dx'\exp\left(\frac{-ip'x'}{\hbar}+ikx'-\frac{x'^2}{2d^2}\right)\\ &=\sqrt{\frac{d}{\hbar\sqrt{\pi}}}\exp\left[\frac{-(p'-\hbar k)^2 d^2}{2\hbar^2}\right].\end{aligned} \tag{1.7.42}$$

Esta função de onda no espaço de momento fornece um método alternativo para se obter $\langle p \rangle$ e $\langle p^2 \rangle$, que deixamos aqui como exercício para o leitor.

A probabilidade de se achar a partícula com momento p' é, no espaço de momento, uma Gaussiana centrada em $\hbar k$, da mesma forma que a probabilidade de se achar a partícula em x' é, no espaço de posição, uma Gaussiana centrada em zero. Além disso, as larguras das duas Gaussianas são inversamente proporcionais, o que nada mais é que uma outra maneira de expressar a constância da incerteza $\langle (\Delta x)^2 \rangle \langle (\Delta p)^2 \rangle$ calculada explicitamente em (1.7.41). Quanto mais larga a dispersão no espaço p, mas estreita a dispersão no espaço x, e vice-versa.

Como exemplo extremo, suponha que façamos $d \to \infty$. A função de onda no espaço de posição torna-se, então, uma onda plana que se estende por todo o espaço; a probabilidade de se achar a partícula é constante, independente de x'. Contrariamente, a função de onda no espaço de momento é uma função tipo δ com um pico acentuado em $\hbar k$. No extremo oposto, quando $d \to 0$, obtemos uma função no espaço de posição localizada como uma função δ, mas a função de onda no espaço de momento (1.7.42) é simplesmente uma constante, independente de p'.

Vimos que um estado extremamente bem localizado (no espaço x) é interpretado como uma superposição de autoestados de momento com todos os possíveis valores de momento. Até mesmo aqueles valores de momento que são comparáveis ou superiores a mc devem ser incluídos na superposição. Porém, para valores tão grandes de momento, uma descrição baseada na mecânica quântica não relativística está fadada ao insucesso.[18] Não obstante esta limitação, nosso formalismo, baseado na existência do autovetor de posição $|x'\rangle$, tem um amplo domínio de aplicabilidade.

Generalização para três dimensões

Até o presente momento, trabalhamos nesta seção, exclusivamente e por uma questão de simplicidade, com o espaço unidimensional, mas tudo o que fizemos pode ser generalizado para o espaço tridimensional, desde que as mudanças necessárias sejam feitas. Os kets de base a serem usados podem ser os autovetores de posição, que satisfazem

$$\mathbf{x}|\mathbf{x}'\rangle = \mathbf{x}'|\mathbf{x}'\rangle \qquad (1.7.43)$$

ou os de momento, que satisfazem

$$\mathbf{p}|\mathbf{p}'\rangle = \mathbf{p}'|\mathbf{p}'\rangle. \qquad (1.7.44)$$

Eles obededem às condições de normalização

$$\langle \mathbf{x}|\mathbf{x}''\rangle = \delta^3(\mathbf{x}' - \mathbf{x}'') \qquad (1.7.45a)$$

e

$$\langle \mathbf{p}|\mathbf{p}''\rangle = \delta^3(\mathbf{p}' - \mathbf{p}'') \qquad (1.7.45b)$$

onde δ^3 é a função-δ em três dimensões

$$\delta^3(\mathbf{x}' - \mathbf{x}'') = \delta(x' - x'')\delta(y' - y'')\delta(z' - z''). \qquad (1.7.46)$$

A relação de completeza é

$$\int d^3x' |\mathbf{x}'\rangle\langle \mathbf{x}'| = 1 \qquad (1.7.47a)$$

e

$$\int d^3p' |\mathbf{p}'\rangle\langle \mathbf{p}'| = 1, \qquad (1.7.47b)$$

que pode ser usada na expansão de um ket de estado arbitrário:

$$|\alpha\rangle = \int d^3x' |\mathbf{x}'\rangle\langle \mathbf{x}'|\alpha\rangle, \qquad (1.7.48a)$$

$$|\alpha\rangle = \int d^3p' |\mathbf{p}'\rangle\langle \mathbf{p}'|\alpha\rangle. \qquad (1.7.48b)$$

Os coeficientes de expansão $\langle \mathbf{x}'|\alpha\rangle$ e $\langle \mathbf{p}'|\alpha\rangle$ são identificados como as funções de onda $\psi_\alpha(\mathbf{x}')$ e $\phi_\alpha(\mathbf{p}')$ nos espaços de posição e momento, respectivamente.

---

[18] O conceito de estado localizado na mecânica quântica relativística é muito mais intrincado em função da possibilidade da existência de "estados de energia negativa" ou criação de pares. Consulte o Capítulo 8 deste livro.

O operador momento, quando calculado entre $|\beta\rangle$ e $|\alpha\rangle$ se torna

$$\langle \beta | \mathbf{p} | \alpha \rangle = \int d^3 x' \psi_\beta^*(\mathbf{x}')(-i\hbar \nabla') \psi_\alpha(\mathbf{x}'). \tag{1.7.49}$$

A função de transformação análoga a (1.7.32) é

$$\langle \mathbf{x}' | \mathbf{p}' \rangle = \left[\frac{1}{(2\pi\hbar)^{3/2}} \right] \exp\left(\frac{i\mathbf{p}' \cdot \mathbf{x}'}{\hbar} \right), \tag{1.7.50}$$

de modo que

$$\psi_\alpha(\mathbf{x}') = \left[\frac{1}{(2\pi\hbar)^{3/2}} \right] \int d^3 p' \exp\left(\frac{i\mathbf{p}' \cdot \mathbf{x}'}{\hbar} \right) \phi_\alpha(\mathbf{p}') \tag{1.7.51a}$$

e

$$\phi_\alpha(\mathbf{p}') = \left[\frac{1}{(2\pi\hbar)^{3/2}} \right] \int d^3 x' \exp\left(\frac{-i\mathbf{p}' \cdot \mathbf{x}'}{\hbar} \right) \psi_\alpha(\mathbf{x}'). \tag{1.7.51b}$$

É interessante verificar a dimensão das funções de onda. Em problemas unidimensionais, a condição de normalização (1.6.8) implica que $|\langle x'|\alpha\rangle|^2$ tenha a dimensão de inverso de comprimento, de modo que a função de onda em si deve ter dimensão de (comprimento)$^{-1/2}$. Por outro lado, em problemas tridimensionais, a função de onda deve ter dimensão de (comprimento)$^{-3/2}$, pois $|\langle \mathbf{x}'|\alpha\rangle|^2$ integrado sobre todo o volume espacial deve dar 1 (adimensional).

Problemas

1.1 Prove que

$$[AB, CD] = -AC\{D, B\} + A\{C, B\}D - C\{D, A\}B + \{C, A\}DB.$$

1.2 Usando as regras da álgebra de bras e kets, prove ou calcule os seguinte resultados:
   (a) tr(XY) = tr(YX), onde X e Y são operadores.
   (b) $(XY)^\dagger = Y^\dagger X^\dagger$, onde X e Y são operadores.
   (c) $\exp[if(A)] = ?$ em forma de bras e kets, onde A é um operador hermitiano cujos autovalores são conhecidos.
   (d) $\sum_{a'} \psi_{a'}^*(\mathbf{x}') \psi_{a'}(\mathbf{x}'')$, onde $\psi_{a'}(\mathbf{x}') = \langle \mathbf{x}'|a'\rangle$.

1.3 (a) Considere dois kets $|\alpha\rangle$ e $|b\rangle$. Suponha que $\langle a'|\alpha\rangle$, $\langle a''|\alpha\rangle$, … e $\langle a'|\beta\rangle$, $\langle a''|\alpha\rangle$, … sejam todos conhecidos, onde $|a'\rangle$, $|a''\rangle$, … formam um conjunto completo de kets de base. Ache a representação matricial do operador $|\alpha\rangle\langle\beta|$ nesta base.
   (b) Consideramos agora um sistema de spin $\frac{1}{2}$ e sejam $|\alpha\rangle$ e $|\beta\rangle$ os kets $|s_z = \hbar/2\rangle$ e $|s_x = \hbar/2\rangle$, respectivamente. Escreva explicitamente a matriz quadrada que corresponde ao operador $|\alpha\rangle\langle\beta|$ na base usual (s_z diagonal).

1.4 Suponha que $|i\rangle$ e $|j\rangle$ sejam autovetores de algum operador hermitiano A. Sob quais condições podemos concluir que $|i\rangle + |j\rangle$ também seja um autovetor de A? Justifique sua resposta.

1.5 Considere um espaço de kets gerado pelos autovetores $\{|a'\rangle\}$ de um operador hermitiano A. Não há degenerescência.

(a) Prove que
$$\prod_{a'}(A - a')$$
é o operador nulo.

(b) Explique o significado de
$$\prod_{a'' \neq a'} \frac{(A - a'')}{(a' - a'')}.$$

(c) Ilustre (a) e (b) fazendo A igual a S_z de um sistema de spin $\frac{1}{2}$.

1.6 Usando a ortonormalidade de $|+\rangle$ e $|-\rangle$, prove
$$[S_i, S_j] = i\varepsilon_{ijk}\hbar S_k, \quad \{S_i, S_j\} = \left(\frac{\hbar^2}{2}\right)\delta_{ij},$$

onde
$$S_x = \frac{\hbar}{2}(|+\rangle\langle-| + |-\rangle\langle+|), \quad S_y = \frac{i\hbar}{2}(-|+\rangle\langle-| + |-\rangle\langle+|),$$
$$S_z = \frac{\hbar}{2}(|+\rangle\langle+| - |-\rangle\langle-|).$$

1.7 Construa $|\mathbf{S}\cdot\hat{\mathbf{n}};+\rangle$ tal que
$$\mathbf{S}\cdot\hat{\mathbf{n}}|\mathbf{S}\cdot\hat{\mathbf{n}};+\rangle = \left(\frac{\hbar}{2}\right)|\mathbf{S}\cdot\hat{\mathbf{n}};+\rangle,$$

onde $\hat{\mathbf{n}}$ é caracterizado pelos ângulos mostrados na figura que acompanha este problema. Expresse sua resposta como uma combinação linear de $|+\rangle$ e $|-\rangle$. [*Nota*: a resposta é
$$\cos\left(\frac{\beta}{2}\right)|+\rangle + \text{sen}\left(\frac{\beta}{2}\right)e^{i\alpha}|-\rangle.$$

Porém, não verifique meramente que esta resposta satisfaz a equação de autovalores acima. Trate o problema como um simples problema de autovalores. Também não use matrizes de rotação, que introduziremos posteriormente neste livro.]

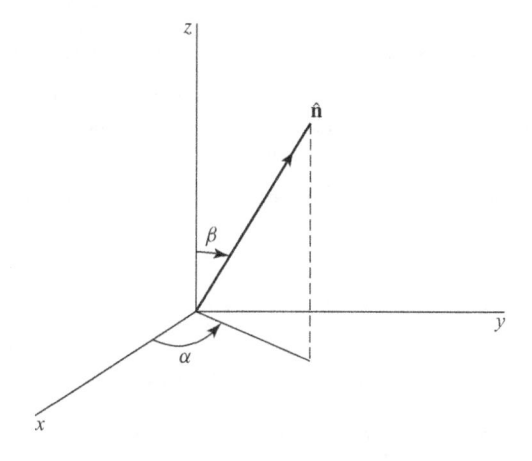

1.8 O operador Hamiltoniano para um sistema de dois estados é dado por

$$H = a(|1\rangle\langle 1| - |2\rangle\langle 2| + |1\rangle\langle 2| + |2\rangle\langle 1|),$$

onde a é um número com dimensão de energia. Ache os autovalores e os correspondentes autovetores de energia (como combinações lineares de $|1\rangle$ e $|2\rangle$).

1.9 Um sistema de dois estados é caracterizado pelo Hamiltoniano

$$H = H_{11}|1\rangle\langle 1| + H_{22}|2\rangle\langle 2| + H_{12}[|1\rangle\langle 2| + |2\rangle\langle 1|],$$

onde H_{11}, H_{22} e H_{12} são números reais com dimensão de energia e $|1\rangle$ e $|2\rangle$, os autovetores de algum observável ($\neq H$). Ache os autovalores de energia e os correspondentes autovetores. Certifique-se de que sua resposta faz sentido para $H_{12} = 0$ (você não precisa resolver este problema saindo do zero. O seguinte fato pode ser usado sem prova:

$$(\mathbf{S}\cdot\hat{\mathbf{n}})|\hat{\mathbf{n}};+\rangle = \frac{\hbar}{2}|\hat{\mathbf{n}};+\rangle,$$

com $|\hat{\mathbf{n}};+\rangle$ dado por

$$|\hat{\mathbf{n}};+\rangle = \cos\frac{\beta}{2}|+\rangle + e^{i\alpha}\operatorname{sen}\frac{\beta}{2}|-\rangle,$$

onde β e α são os ângulos polar e azimutal, respectivamente, que caracterizam $\hat{\mathbf{n}}$. Estes ângulos são definidos na figura que segue o Problema 1.9)

1.10 Sabemos que um sistema de spin $\frac{1}{2}$ se encontra em um autoestado de $\mathbf{S}\cdot\hat{\mathbf{n}}$ com o autovalor $\hbar/2$, onde $\hat{\mathbf{n}}$ é o vetor unitário no plano xz e que faz um ângulo γ com o eixo z positivo.
(a) Suponha que S_x seja medido. Qual a probabilidade de se obter $+\hbar/2$?
(b) Calcule a dispersão em S_x – isto é

$$\langle (Sx - S_x))^2 \rangle.$$

(Para sua tranquilidade, certifique-se de sua resposta, verificando-a para os casos especiais onde $\gamma = 0$, $\pi/2$ e π).

1.11 Um feixe de átomos de spin $\frac{1}{2}$ passa por uma série de medidas do tipo Stern-Gerlach como descrito abaixo:
(a) a primeira medida aceita átomos com $s_z = \hbar/2$ e rejeita aqueles com $s_z = -\hbar/2$.
(b) A segunda medida aceita átomos com $s_n = \hbar/2$ e rejeita os com $s_n = -\hbar/2$, onde s_n é um autovalor do operador $\mathbf{S}\cdot\hat{\mathbf{n}}$, com $\hat{\mathbf{n}}$ fazendo um ângulo β no plano xz em relação ao eixo z.
(c) A terceira medida aceita átomos com $s_z = -\hbar/2$ e rejeita aqueles com $s_z = \hbar/2$.

Qual a intensidade do feixe $s_z = -\hbar/2$ final quando o feixe com $s_z = \hbar/2$ inicial, que sobreviveu à primeira medida, era normalizado em 1? Como devemos orientar o segundo aparelho de medida se quisermos maximizar a intensidade do feixe final com $s_z = -\hbar/2$?

1.12 Um certo observável da mecânica quântica tem uma representação matricial 3×3 dada a seguir:

$$\frac{1}{\sqrt{2}}\begin{pmatrix} 0 & 1 & 0 \\ 1 & 0 & 1 \\ 0 & 1 & 0 \end{pmatrix}.$$

(a) Ache os autovetores normalizados e os correspondente autovalores deste operador. Há alguma degenerescência?
(b) Dê um exemplo físico onde isto seja relevante.

1.13 Sejam A e B observáveis. Suponha que os autovetores simultâneos de A e B $\{|a', b'\rangle\}$ formem um conjunto *completo* ortonormal de kets de base. Podemos disto sempre concluir que

$$[A, B] = 0?$$

Se sua resposta é sim, prove. Se sua resposta é não, dê um contraexemplo.

1.14 Dois operadores hermitianos anticomutam:

$$\{A, B\} = AB + BA = 0.$$

É possível termos um autovetor simultâneo de (isto é, comum a) A e B? Prove ou ilustre sua asserção.

1.15 Sabe-se que dois observáveis A_1 e A_2, que não envolvem o tempo explicitamente, não comutam,

$$[A_1, A_2] \neq 0,$$

mas, ainda assim, sabemos também que A_1 e A_2 comutam com o Hamiltoniano:

$$[A_1, H] = 0, \quad [A_2, H] = 0.$$

Prove que os autoestados de energia são, em geral, degenerados. Há exceções? Como exemplo você pode pensar do problema de força central $H = \mathbf{p}^2/2m + V(r)$, com $A_1 \to L_z$, $A_2 \to L_x$.

1.16 (a) A maneira mais simples de deduzir a desigualdade de Schwarz é a seguinte: primeiramente, observe que

$$(\langle\alpha| + \lambda^*\langle\beta|) \cdot (|\alpha\rangle + \lambda|\beta\rangle) \geq 0$$

para qualquer número λ complexo. Escolha, então, λ de tal modo que a desigualdade acima se reduza à desigualdade de Schwarz.

(b) Mostre que o sinal de igualdade na relação de incerteza generalizada vale se o estado em questão satisfizer

$$\Delta A|\alpha\rangle = \lambda \Delta B|\alpha\rangle$$

com λ um *imaginário* puro.

(c) Cálculos explícitos usando as regras usuais da mecânica ondulatória mostram que a função de onda para um pacote de ondas gaussiano dado por

$$\langle x'|\alpha\rangle = (2\pi d^2)^{-1/4} \exp\left[\frac{i\langle p\rangle x'}{\hbar} - \frac{(x' - \langle x\rangle)^2}{4d^2}\right]$$

satisfaz a relação de incerteza mínima

$$\sqrt{\langle(\Delta x)^2\rangle}\sqrt{\langle(\Delta p)^2\rangle} = \frac{\hbar}{2}.$$

Prove que a condição

$$\langle x'|\Delta x|\alpha\rangle = (\text{número imaginário})\langle x'|\Delta p|\alpha\rangle$$

é realmente satisfeita por um pacote gaussiano deste tipo, em acordo com (b).

1.17 (a) Calcule

$$\langle(\Delta S_x)^2\rangle \equiv \langle S_x^2\rangle - \langle S_x\rangle^2,$$

onde o valor esperado é o do estado S_z+. Usando seu resultado, verifique a relação de incerteza generalizada

$$\langle(\Delta A)^2\rangle\langle(\Delta B)^2\rangle \geq \frac{1}{4}|\langle[A,B]\rangle|^2,$$

com $A \to S_x, B \to S_y$.

(b) Verifique a relação de incerteza para $A \to S_x$, $B \to S_y$, para o estado S_z+.

1.18 Ache a combinação linear dos kets $|+\rangle$ e $|-\rangle$ que maximiza a incerteza

$$\langle(\Delta S_x)^2(\Delta S_y)^2\rangle.$$

Verifique explicitamente que, para a combinação linear que você achou, a relação de incerteza para S_x e S_y não é violada.

1.19 Calcule a incerteza x-p $\langle(\Delta x)^2\rangle\langle(\Delta p)^2\rangle$ para uma partícula unidimensional, confinada entre duas paredes rígidas,

$$V = \begin{cases} 0 & \text{para } 0 < x < a, \\ \infty & \text{caso contrário} \end{cases}$$

Faça isto tanto para o estado fundamental quanto para os estados excitados.

1.20 Estime aproximadamente a ordem de magnitude do intervalo de tempo durante o qual um picador de gelo pode ser equilibrado em sua ponta se a única limitação para tal for o princípio de incerteza de Heisenberg. Assuma que a ponta seja afilada e que o ponto sobre a mesa onde ele a toca seja rígido. Você pode fazer algumas aproximações que não alterem a ordem de magnitude geral do resultado. Suponha valores razoáveis para as dimensões e peso do picador. Obtenha um resultado numérico aproximado e o expresse *em segundos*.

1.21 Considere um espaço de kets tridimensional. Se um certo conjunto de kets ortogonais – digamos $|1\rangle$, $|2\rangle$ e $|3\rangle$ – é usado como base, os operadores A e B são representados por

$$A \doteq \begin{pmatrix} a & 0 & 0 \\ 0 & -a & 0 \\ 0 & 0 & -a \end{pmatrix}, \quad B \doteq \begin{pmatrix} b & 0 & 0 \\ 0 & 0 & -ib \\ 0 & ib & 0 \end{pmatrix}$$

com a e b reais.

(a) A obviamente tem um espectro degenerado. Acontece o mesmo com B?

(b) Mostre que A e B comutam.

(c) Ache um novo conjunto de kets ortonormais que sejam autovetores simultâneos de A e B. Especifique os autovalores de A e B para cada um dos três autovetores. Sua especificação dos autovalores caracteriza completamente cada um dos autovetores?

1.22 (a) Prove que $(1/\sqrt{2})(1+i\sigma_x)$ atuando sobre um espinor de duas componentes pode ser visto como a representação matricial do operador rotação em torno do eixo x por um ângulo de $-\pi/2$ (o sinal negativo significa que a rotação é no sentido horário).

(b) Construa a representação matricial de S_z quando os autovetores de S_y são usados como vetores de base.

1.23 Alguns autores definem um *operador* como sendo real quando cada um dos elementos $\langle b'|A|b''\rangle$ de sua representação matricial é real em alguma representação (base $(\{|b'\rangle\}$ neste caso). Este conceito independe da representação? Isto é, os elementos de matriz continuam reais mesmo que uma outra base $\{|b'\rangle\}$ seja usada? Verifique sua resposta usando operadores familiares, tais como S_y e S_z (vide Problema 1.22) ou x e y.

1.24 Construa a matriz de transformação que conecta a base diagonal S_z à base diagonal S_x. Mostre que seu resultado é consistente com a relação geral

$$U = \sum_r |b^{(r)}\rangle\langle a^{(r)}|.$$

1.25 (a) Suponha que $f(A)$ seja uma função de um operador hermitiano A, com a propriedade $A|a'\rangle = a'|a'\rangle$. Calcule $\langle b''|f(A)|b'\rangle$ quando a matriz de transformação da base a' para a base b' é conhecida.

(b) Usando o análogo contínuo do resultado obtido em (a), calcule

$$\langle \mathbf{p}''|F(r)|\mathbf{p}'\rangle.$$

Simplifique sua expressão o tanto quanto possível. Observe que r é $\sqrt{x^2+y^2+z^2}$, onde x, y e z são *operadores*.

1.26 (a) Sejam x e p_x a coordenada e o momento linear em uma dimensão. Calcule o parênteses de Poisson clássico

$$[x, F(p_x)]_{\text{clássico}}.$$

(b) Sejam agora x e p_x os correspondentes operadores da mecânica quântica. Calcule o comutador

$$\left[x, \exp\left(\frac{ip_x a}{\hbar}\right)\right].$$

(c) Usando o resultado obtido em (b), prove que

$$\exp\left(\frac{ip_x a}{\hbar}\right)|x'\rangle, \quad (\langle x|x'\rangle = x'|x'\rangle))$$

é um autoestado do operador coordenada x. Qual é o autovalor correspondente?

1.27 (a) Na página 247, Gottfried (1966) afirma que

$$[x_i, G(\mathbf{p})] = i\hbar \frac{\partial G}{\partial p_i}, \quad [p_i, F(\mathbf{x})] = -i\hbar \frac{\partial F}{\partial x_i}$$

pode ser "facilmente deduzida" das relações de comutação fundamentais para todas as funções F e G que possam ser expressas como uma série de potências de seus argumentos. Verifique esta afirmação.

(b) Calcule $[x^2, p^2]$. Compare seu resultado com o parênteses de Poisson clássico $[x^2, p^2]_{\text{clássico}}$.

1.28 O operador translação para um deslocamento (espacial) finito é dado por

$$\mathcal{J}(\mathbf{l}) = \exp\left(\frac{-i\mathbf{p}\cdot\mathbf{l}}{\hbar}\right),$$

onde $\mathbf{p}$ é o *operador* momento.

(a) Calcule

$$[x_i, \mathcal{J}(\mathbf{l})].$$

(b) Usando (a) (ou não), demonstre como o valor esperado $\langle \mathbf{x}\rangle$ muda sob uma translação.

1.29 No texto principal, discutimos o efeito de $\mathcal{J}(d\mathbf{x}')$ sobre os autovetores de posição e momento e sobre um ket de estado $|\alpha\rangle$ mais geral. Nós também podemos estudar o comportamento dos valores esperados $\langle\mathbf{x}\rangle$ e $\langle\mathbf{p}\rangle$ sob uma translação infinitesimal. Usando somente (1.6.25), (1.6.45) e $|\alpha\rangle \to \mathcal{J}(d\mathbf{x}')|\alpha\rangle$, prove que $\langle\mathbf{x}\rangle \to \langle\mathbf{x}\rangle + d\mathbf{x}'$, $\langle\mathbf{p}\rangle \to \langle\mathbf{p}\rangle$ sob translações infinitesimais.

1.30 (a) Verifique (1.7.39a) e (1.7.39b) para o valor esperado de p e p^2, no caso de um pacote de ondas gaussiano (1.7.35).

(b) Calcule o valor esperado de p e p^2 usando a função de onda no espaço de momento (1.7.42).

1.31 (a) Prove as seguintes identidades:

   i. $\langle p'|x|\alpha\rangle = i\hbar \dfrac{\partial}{\partial p'} \langle p'|\alpha\rangle$,

   ii. $\langle \beta|x|\alpha\rangle = \displaystyle\int dp' \phi_\beta^*(p') i\hbar \dfrac{\partial}{\partial p'} \phi_\alpha(p')$,

   onde $\phi_\alpha(p') = \langle p'|\alpha\rangle$ e $\phi_\beta(p') = \langle p'|\beta\rangle$ são funções de onda no espaço de momento.

(b) Qual o significado físico de

$$\exp\left(\frac{i x \,\Xi}{\hbar}\right),$$

onde x é o operador posição e Ξ algum número com dimensão de momento? Justifique sua resposta.

CAPÍTULO 2

Dinâmica Quântica

Até o presente momento, não discutimos a maneira segundo a qual sistemas físicos evoluem no tempo. Este capítulo é voltado exclusivamente ao estudo da evolução dinâmica de kets que representam um estado físico e/ou observáveis, ou seja, nossa preocupação aqui é com o análogo quântico das equações de movimento de Newton (ou Lagrange, ou Hamilton).

2.1 ■ EVOLUÇÃO TEMPORAL E EQUAÇÃO DE SCHRÖDINGER

Devemos, em primeiro lugar, ter muito claro um ponto importante: na mecânica quântica, o tempo é meramente um parâmetro e *não* um operador. Em particular, o tempo não é um observável no sentido por nós atribuído, no capítulo anterior, a este termo. Não faz sentido nos referirmos a um operador tempo do mesmo modo pelo qual nos referimos a um operador posição. A ironia, no entanto, é que, no desenvolvimento histórico da mecânica quântica, tanto L. de Broglie quanto E. Schrödinger foram guiados por um certo tipo de analogia covariante entre a energia e o tempo, por um lado, e o momento e posição (coordenada espacial), pelo outro. Mesmo assim, quando agora olhamos para a mecânica quântica em sua forma acabada, não encontramos quaisquer vestígios de um tratamento simétrico entre espaço e tempo. A teoria quântica de campos relativística trata o espaço e o tempo de forma igual, mas o preço que se paga para isso é a demoção da posição de seu status de observável para aquele de simples parâmetro.

Operador de evolução temporal

Nossa preocupação básica nesta seção é: como um ket de estado muda com o tempo? Suponha que tenhamos um sistema físico cujo vetor de estado em t_0 seja representado por $|\alpha\rangle$. Em geral, não é de se esperar que em tempos posteriores o sistema permaneça no mesmo estado $|\alpha\rangle$. Denotemos o ket correspondente ao estado em um tempo posterior por

$$|\alpha, t_0; t\rangle, \quad (t > t_0), \tag{2.1.1}$$

onde mantivemos α e t_0 para que não nos esqueçamos que nosso sistema *costumava estar*, em um tempo anterior que tomamos como referência, no estado $|\alpha\rangle$. Dado que partimos do pressuposto de que o tempo é um parâmetro contínuo, esperamos que

$$\lim_{t \to t_0} |\alpha, t_0; t\rangle = |\alpha\rangle, \tag{2.1.2}$$

e podemos, sem problemas, usar a notação abreviada

$$|\alpha, t_0; t_0\rangle = |\alpha, t_0\rangle, \tag{2.1.3}$$

para expressar isto. Nossa tarefa básica é estudar a evolução temporal do ket:

$$|\alpha, t_0\rangle = |\alpha\rangle \xrightarrow{\text{evolução temporal}} |\alpha, t_0; t\rangle. \tag{2.1.4}$$

Colocando em outras palavras: estamos interessados em saber como o sistema muda por um deslocamento temporal $t_0 \to t$.

Como no caso da translação, os dois kets estão relacionados via um operador $\mathcal{U}(t, t_0)$, chamado por nós de **operador de evolução temporal**:

$$|\alpha, t_0; t\rangle = \mathcal{U}(t, t_0)|\alpha, t_0\rangle. \tag{2.1.5}$$

Quais as propriedades que gostaríamos que nosso operador de evolução temporal tivesse? A primeiro propriedade importante é unitariedade de $\mathcal{U}(t, t_0)$, que vem da conservação da probabilidade. Suponhamos que em t_0 o vetor de estado esteja expandido em termos de autovetores de algum observável A:

$$|\alpha, t_0\rangle = \sum_{a'} c_{a'}(t_0)|a'\rangle. \tag{2.1.6}$$

Do mesmo modo, num tempo posterior temos

$$|\alpha, t_0; t\rangle = \sum_{a'} c_{a'}(t)|a'\rangle. \tag{2.1.7}$$

Em geral, não se espera que os modulos dos coeficientes de expansão continuem, individualmente, iguais:[1]

$$|c_{a'}(t)| \neq |c_{a'}(t_0)|. \tag{2.1.8}$$

Considere, por exemplo, um sistema de spin $\frac{1}{2}$ com seu momento magnético de spin sujeito a um campo magnético uniforme na direção z. Para sermos mais específicos, suponha que no instante t_0 o spin esteja apontando na direção do eixo x positivo, ou seja, o sistema se encontre em um autoestado do operador S_x com autovalor $\hbar/2$. À medida que o tempo passa, o spin precessiona no plano xy, como demonstraremos quantitativamente ainda nesta seção. Isso significa que a probabilidade de se observar S_x+ não é mais igual a 1 em $t > t_0$; há uma probabilidade finita de se observar também S_x-. Mesmo assim, a *soma* das probabilidades de se observar S_x+ e S_x- permanece igual a 1 durante todo o tempo. De um modo geral, na notação das equações (2.1.6) e (2.1.7) devemos ter

$$\sum_{a'} |c_{a'}(t_0)|^2 = \sum_{a'} |c_{a'}(t)|^2 \tag{2.1.9}$$

não obstante (2.1.8) para cada um dos coeficientes individuais da expansão. Colocando de outra forma, se o ket que representa o estado estava inicialmente normalizado em 1, ele deve permanecer normalizado para todos os tempos posteriores:

$$\langle \alpha, t_0|\alpha, t_0\rangle = 1 \Rightarrow \langle \alpha, t_0; t|\alpha, t_0; t\rangle = 1. \tag{2.1.10}$$

---

[1] Mostraremos posteriormente que se o Hamiltoniano comuta com A, então $|c_{a'}(t)|$ e $|c_{a'}(t_0)|$ são realmente iguais.

Da mesma maneira que no caso da translação, esta condição será satisfeita se tomarmos o operador como sendo unitário. Por este motivo, tomamos a unitariedade

$$\mathcal{U}^\dagger(t, t_0)\mathcal{U}(t, t_0) = 1, \qquad (2.1.11)$$

como sendo uma das propriedades fundamentais do operador $\mathcal{U}$. Não é coincidência o fato de que muitos autores tomem unitariedade como sinônimo de conservação de probabilidade.

Uma outra propriedade que exigimos do operador $\mathcal{U}$ é a propriedade de composição:

$$\mathcal{U}(t_2, t_0) = \mathcal{U}(t_2, t_1)\mathcal{U}(t_1, t_0), \quad (t_2 > t_1 > t_0). \qquad (2.1.12)$$

Esta equação nos diz que, se quisermos obter a evolução temporal de t_0 a t_2, obteríamos o mesmo resultado se considerássemos primeiro a evolução temporal de t_0 a t_1 e depois de t_1 a t_2 – algo razoável de se exigir de um operador deste tipo. Note que (2.1.12) deve ser lida da direita para à esquerda!

Também é conveniente considerar um operador de evolução temporal infinitesimal $\mathcal{U}(t_0 + dt, t_0)$:

$$|\alpha, t_0; t_0 + dt\rangle = \mathcal{U}(t_0 + dt, t_0)|\alpha, t_0\rangle. \qquad (2.1.13)$$

Devido à continuidade [veja (2.1.2)] o operador infinitesimal de evolução temporal deve ser igual ao operador identidade quando dt vai a zero:

$$\lim_{dt \to 0} \mathcal{U}(t_0 + dt, t_0) = 1, \qquad (2.1.14)$$

e, como no caso das translações, esperamos que a diferença entre $\mathcal{U}(t_0 + dt, t_0)$ e 1 seja de primeira ordem em dt.

Afirmamos que todas estas condições são satisfeitas por:

$$\mathcal{U}(t_0 + dt, t_0) = 1 - i\Omega dt, \qquad (2.1.15)$$

onde Ω é um operador hermitiano[2],

$$\Omega^\dagger = \Omega. \qquad (2.1.16)$$

Com (2.1.15), o operador de deslocamento temporal infinitesimal satisfaz a propriedade de composição

$$\mathcal{U}(t_0 + dt_1 + dt_2, t_0) = \mathcal{U}(t_0 + dt_1 + dt_2, t_0 + dt_1)\mathcal{U}(t_0 + dt_1, t_0); \qquad (2.1.17)$$

Ele difere do operador identidade por um termo de ordem dt. Podemos verificar a unitariedade do seguinte modo:

$$\mathcal{U}^\dagger(t_0 + dt, t_0)\mathcal{U}(t_0 + dt, t_0) = (1 + i\Omega^\dagger dt)(1 - i\Omega dt) \simeq 1, \qquad (2.1.18)$$

desde que termos de ordem $(dt)^2$ ou de ordem mais alta possam ser desprezados.

O operador Ω tem dimensão de frequência ou inverso de tempo. Há qualquer observável que nos seja familiar e tenha dimensão de frequência? Na velha teoria

---

[2] Se o operador Ω depende explicitamente do tempo, ele deve ser calculado em t_0.

quântica, postula-se que a frequência angular ω está relacionada à energia via relação de Planck-Einstein

$$E = \hbar\omega. \tag{2.1.19}$$

Emprestemos agora, da mecânica clássica, a ideia de que o Hamiltoniano é o gerador de evolução temporal (Goldstein 2002, pp. 401-2). Assim, é natural relacionarmos Ω com o Hamiltoniano H:

$$\Omega = \frac{H}{\hbar}. \tag{2.1.20}$$

Resumindo, o operador de evolução temporal infinitesimal pode ser escrito como:

$$\mathcal{U}(t_0 + dt, t_0) = 1 - \frac{iH\,dt}{\hbar}, \tag{2.1.21}$$

onde se supõe que H, o operador Hamiltoniano, seja hermitiano. Você pode-se perguntar se o $\hbar$ introduzido aqui é o mesmo $\hbar$ que surge na expressão (1.6.32) do operador translação. Esta questão pode ser respondida comparando-se a equação de movimento quântica que deduziremos posteriormente com a equação de movimento clássica. Veremos que, se os dois $\hbar$'s não forem idênticos, não conseguiremos obter uma relação do tipo

$$\frac{d\mathbf{x}}{dt} = \frac{\mathbf{p}}{m} \tag{2.1.22}$$

com limite clássico correspondente da relação quântica

A equação de Schrödinger

Estamos agora em condições de deduzir a equação diferencial fundamental para o operador de evolução temporal $\mathcal{U}(t, t_0)$. Para tanto, exploramos a propriedade de composição do operador evolução temporal tomando, em (2.1.2), $t_1 \to t$, $t_2 \to t + dt$:

$$\mathcal{U}(t + dt, t_0) = \mathcal{U}(t + dt, t)\mathcal{U}(t, t_0) = \left(1 - \frac{iH\,dt}{\hbar}\right)\mathcal{U}(t, t_0), \tag{2.1.23}$$

onde a diferença entre tempos $t_1 - t_0$ não precisa ser infinitesimal. Temos

$$\mathcal{U}(t + dt, t_0) - \mathcal{U}(t, t_0) = -i\left(\frac{H}{\hbar}\right)dt\,\mathcal{U}(t, t_0), \tag{2.1.24}$$

que pode ser escrito na forma de uma equação diferencial:

$$i\hbar\frac{\partial}{\partial t}\mathcal{U}(t, t_0) = H\mathcal{U}(t, t_0). \tag{2.1.25}$$

Esta é a **Equação de Schrödinger para o operador de evolução temporal**. Tudo que se relaciona com a evolução temporal deriva da equação fundamental.

2.1 Evolução Temporal e Equação de Schrödinger

A equação (2.1.25) nos leva imediatamente à equação de Schrödinger para um ket de um estado. Multiplicando ambos os lados desta equação por $|\alpha, t_0\rangle$ à direita, obtemos

$$i\hbar \frac{\partial}{\partial t} \mathcal{U}(t, t_0)|\alpha, t_0\rangle = H \mathcal{U}(t, t_0)|\alpha, t_0\rangle. \quad (2.1.26)$$

Mas $|\alpha, t_0\rangle$ não depende de t; portanto, isto é igual a

$$i\hbar \frac{\partial}{\partial t} |\alpha, t_0; t\rangle = H |\alpha, t_0; t\rangle, \quad (2.1.27)$$

onde (2.1.5) foi usada.

Se tivermos $\mathcal{U}(t, t_0)$ e, além disso, soubermos como $\mathcal{U}(t, t_0)$ atua sobre um ket de estado inicial $|\alpha, t_0\rangle$, não é necessário nos preocuparmos com a equação de Schrödinger para o ket (2.1.27). Tudo o que temos que fazer é aplicar $\mathcal{U}(t, t_0)$ em $|\alpha, t_0\rangle$, obtendo, deste modo, um ket de estado para qualquer t. Nossa primeira tarefa é, portanto, obtermos soluções formais da equação de Schrödinger para o operador de evolução temporal (2.1.25). Há três casos a considerar separadamente:

Caso 1. O operador Hamiltoniano é independente do tempo. O que queremos dizer com isso é que mesmo quando o parâmetro t muda, o operador H permanece inalterado. O Hamiltoniano para um momento magnético de spin interagindo com um campo magnético independente do tempo é um exemplo. A solução de (2.1.25) neste caso é dada por

$$\mathcal{U}(t, t_0) = \exp\left[\frac{-iH(t-t_0)}{\hbar}\right]. \quad (2.1.28)$$

Para provarmos este resultado, façamos uma expansão da exponencial da seguinte forma:

$$\exp\left[\frac{-iH(t-t_0)}{\hbar}\right] = 1 + \frac{-iH(t-t_0)}{\hbar} + \left[\frac{(-i)^2}{2}\right]\left[\frac{H(t-t_0)}{\hbar}\right]^2 + \cdots. \quad (2.1.19)$$

Uma vez que a derivada temporal desta expansão é dada por

$$\frac{\partial}{\partial t} \exp\left[\frac{-iH(t-t_0)}{\hbar}\right] = \frac{-iH}{\hbar} + \left[\frac{(-i)^2}{2}\right] 2 \left(\frac{H}{\hbar}\right)^2 (t-t_0) + \cdots, \quad (2.1.30)$$

a expressão (2.1.28) obviamente satisfaz a equação diferencial (2.1.25). A condição de contorno também é satisfeita, pois quando $t \to t_0$, (2.1.28) reduz-se ao operador identidade. Uma maneira alternativa de se obter (2.1.28) é compondo, sucessivamente, operadores de evolução temporal infinitesimal, do mesmo modo que fizemos para obter (1.6.36) para uma translação finita:

$$\lim_{N \to \infty} \left[1 - \frac{(iH/\hbar)(t-t_0)}{N}\right]^N = \exp\left[\frac{-iH(t-t_0)}{\hbar}\right]. \quad (2.1.31)$$

Caso 2. O operador Hamiltoniano H depende do tempo, mas os H's para diferentes tempos comutam. Como exemplo, consideremos um momento magnético de spin sujeito a um campo magnético cuja intensidade varia no tempo, mas cuja direção é sempre constante. A solução formal de (2.1.25) neste caso é

$$\mathcal{U}(t,t_0) = \exp\left[-\left(\frac{i}{\hbar}\right)\int_{t_0}^{t} dt' H(t')\right]. \quad (2.1.32)$$

Isto pode ser provado de maneira similar ao caso anterior. Basta, simplesmente, substituir $H(t-t_0)$ em (2.1.29) e (2.1.30) por $\int_{t_0}^{t} dt' H(t')$.

Caso 3. Os H's para diferentes tempos não comutam. Continuando com o exemplo envolvendo o momento magnético de spin, supomos desta vez que a direção do campo magnético também varia com o tempo: em $t = t_1$ na direção x e em $t = t_2$ na direção y e assim por diante. Uma vez que S_x e S_y não comutam, $H(t_1)$ e $H(t_2)$, que são da forma **S·B**, também não comutam. A solução formal neste caso é dada por

$$\mathcal{U}(t,t_0) = 1 + \sum_{n=1}^{\infty}\left(\frac{-i}{\hbar}\right)^n \int_{t_0}^{t} dt_1 \int_{t_0}^{t_1} dt_2 \cdots \int_{t_0}^{t_{n-1}} dt_n\, H(t_1)H(t_2)\cdots H(t_n), \quad (2.1.33)$$

que é muitas vezes chamada de **série de Dyson**, pois F. J. Dyson desenvolveu uma expansão perturbativa desta forma na teoria quântica de campos. Não apresentaremos uma prova de (2.1.33) agora, pois ela é muito semelhante à prova apresentada no Capítulo 5 para operadores de evolução temporal na representação de interação.

Em aplicações elementares, somente o caso 1 tem interesse prático. Na parte restante deste capítulo, partimos do pressuposto de que o operador H é independente do tempo. Encontraremos operadores dependentes do tempo no Capítulo 5.

Autovetores de energia

Para que possamos calcular o efeito do operador evolução temporal (2.1.28) em um ket inicial geral $|\alpha\rangle$, precisamos primeiro saber como este operador atua nos kets de base usados na expansão de $|\alpha\rangle$. Isto é particularmente simples se os kets de base empregados forem autovetores de A, de tal modo que

$$[A, H] = 0; \quad (2.1.34)$$

assim, os autovetores de A são também autovetores de H, chamados de **autovetores de energia**, cujos autovalores denotamos por $E_{a'}$:

$$H|a'\rangle = E_{a'}|a'\rangle. \quad (2.1.35)$$

Podemos agora expandir o operador evolução temporal em termos de $|a'\rangle\langle a'|$. Tomando $t_0 = 0$ por uma questão de simplicidade, obtemos

$$\exp\left(\frac{-iHt}{\hbar}\right) = \sum_{a'}\sum_{a''}|a''\rangle\langle a''|\exp\left(\frac{-iHt}{\hbar}\right)|a'\rangle\langle a'|$$

$$= \sum_{a'}|a'\rangle\exp\left(\frac{-iE_{a'}t}{\hbar}\right)\langle a'|. \quad (2.1.36)$$

O operador evolução temporal escrito desta forma nos permite resolver qualquer problema de valores iniciais, desde que a expansão do ket inicial em termos dos $\{|a'\rangle\}$ seja conhecida. Como exemplo, suponha que a expansão do ket inicial seja

$$|\alpha, t_0 = 0\rangle = \sum_{a'} |a'\rangle\langle a'|\alpha\rangle = \sum_{a'} c_{a'}|a'\rangle. \qquad (2.1.37)$$

Temos, então

$$|\alpha, t_0 = 0; t\rangle = \exp\left(\frac{-iHt}{\hbar}\right)|\alpha, t_0 = 0\rangle = \sum_{a'} |a'\rangle\langle a'|\alpha\rangle \exp\left(\frac{-iE_{a'}t}{\hbar}\right). \qquad (2.1.38)$$

Em outras palavras, o coeficiente de expansão varia como função do tempo da forma

$$c_{a'}(t=0) \to c_{a'}(t) = c_{a'}(t=0)\exp\left(\frac{-iE_{a'}t}{\hbar}\right) \qquad (2.1.39)$$

onde seu módulo permanece constante. Note que as fases relativas entre as várias componentes variam com o tempo, pois as frequências de oscilação são diferentes.

Um caso de especial interesse é quando o estado inicial é um dos próprios $\{|a'\rangle\}$. Temos, inicialmente,

$$|\alpha, t_0 = 0\rangle = |a'\rangle \qquad (2.1.40)$$

e, em um tempo posterior,

$$|a, t_0 = 0; t\rangle = |a'\rangle \exp\left(\frac{-iE_{a'}t}{\hbar}\right), \qquad (2.1.41)$$

de tal modo que se o sistema for, inicialmente, um autoestado simultâneo de A e H, ele assim permanecerá para todos os tempos. O máximo que pode ocorrer é uma modulação de fase, $\exp(-iE_{a'}t/\hbar)$. Quando se afirma que um observável compatível com H [veja (2.1.34)] é uma *constante do movimento*, ele o é neste sentido. Encontraremos esta conexão novamente sob uma forma diferente quando discutirmos as equações de movimento de Heisenberg.

Na discussão precedente, a tarefa básica em dinâmica quântica reduziu-se a achar um observável que comuta com H e determinar seus autovalores. Feito isto, expandimos o ket inicial em termos dos autovetores daquele observável e simplesmente aplicamos o operador evolução temporal. Este último passo consiste meramente em mudar as fases de cada um dos coeficientes de expansão, como indicado em (2.1.39).

Embora tenhamos trabalhado com o caso em que há somente um observável A que comuta com H, nossas considerações podem ser facilmente generalizadas para quando houver vários observáveis mutuamente compatíveis que, além disso, também comutem com H:

$$[A, B] = [B, C] = [A, C] = \cdots = 0,$$
$$[A, H] = [B, H] = [C, H] = \cdots = 0. \qquad (2.1.42)$$

Usando a notação de índice coletivo da Seção 1.4 [veja (1.4.37)], temos

$$\exp\left(\frac{-iHt}{\hbar}\right) = \sum_{K'} |K'\rangle \exp\left(\frac{-iE_{K'}t}{\hbar}\right)\langle K'|, \qquad (2.1.43)$$

onde $E_{K'}$ é univocamente especificado uma vez que a', b', c', ... tenham sido especificados. Portanto, é de fundamental importância encontrar *um conjunto completo de observáveis mutuamente compatíveis que também comutem com H*. Uma vez achado tal conjunto, expressamos o ket inicial como uma superposição dos autovetores simultâneos de A, B, C, ... e H. O passo final consiste simplesmente em aplicar o operador evolução temporal, como descrito em (2.1.43). Com isto, podemos solucionar o problema de valores iniciais mais geral para o caso de um H independente do tempo.

Dependência temporal dos valores esperados

É instrutivo estudarmos como os valores esperados de um observável variam como função do tempo. Suponha que em $t = 0$, o estado inicial seja um dos autovetores de um observável A que comuta com H, como em (2.1.40). Olhamos agora para o valor esperado de um outro observável B, que não necessariamente comuta com A ou com H. Uma vez que em um instante de tempo posterior temos

$$|a', t_0 = 0; t\rangle = \mathcal{U}(t, 0)|a'\rangle \qquad (2.1.44)$$

para o ket de estado, $\langle B \rangle$ é dado por

$$\langle B \rangle = (\langle a'|\mathcal{U}^\dagger(t,0)) \cdot B \cdot (\mathcal{U}(t,0)|a'\rangle)$$
$$= \langle a'|\exp\left(\frac{iE_{a'}t}{\hbar}\right) B \exp\left(\frac{-iE_{a'}t}{\hbar}\right)|a'\rangle$$
$$= \langle a'|B|a'\rangle, \qquad (2.1.45)$$

que é *independente de t*. Assim, o valor esperado de um observável não varia no tempo quando calculado com relação a um autovetor de energia. Por esta razão, um autovetor de energia é frequentemente chamado de **estado estacionário**.

A situação se torna mais interessante quando o valor esperado é calculado com relação a uma *superposição* de autoestados de energia, ou um **estado não estacionário**. Suponha que tenhamos, inicialmente,

$$|\alpha, t_0 = 0\rangle = \sum_{a'} c_{a'}|a'\rangle. \qquad (2.1.46)$$

Facilmente podemos calcular o valor esperado de B como sendo

$$\langle B \rangle = \left[\sum_{a'} c_{a'}^* \langle a'|\exp\left(\frac{iE_{a'}t}{\hbar}\right)\right] \cdot B \cdot \left[\sum_{a''} c_{a''} \exp\left(\frac{-iE_{a''}t}{\hbar}\right)|a''\rangle\right]$$
$$= \sum_{a'}\sum_{a''} c_{a'}^* c_{a''} \langle a'|B|a''\rangle \exp\left[\frac{-i(E_{a''}-E_{a'})t}{\hbar}\right]. \qquad (2.1.47)$$

Agora, o valor esperado consiste em termos oscilantes cujas frequências angulares são determinadas pela condição de N. Bohr sobre as frequências

$$\omega_{a''a'} = \frac{(E_{a''} - E_{a'})}{\hbar}. \qquad (2.1.48)$$

Precessão de spin

É apropriado, neste ponto, olharmos para um exemplo: consideraremos um sistema extremamente simples que, não obstante, ilustra o formalismo básico desenvolvido por nós.

Começamos com um Hamiltoniano para um sistema de spin $\frac{1}{2}$, de momento magnético $e\hbar/2m_e c$, sujeito a um campo magnético externo **B**:

$$H = -\left(\frac{e}{m_e c}\right) \mathbf{S} \cdot \mathbf{B} \qquad (2.1.49)$$

($e < 0$ para o elétron). Além disso, tomamos **B** como sendo um campo na direção z, uniforme e estático. Podemos escrever H como

$$H = -\left(\frac{eB}{m_e c}\right) S_z. \qquad (2.1.50)$$

Uma vez que S_z e H diferem apenas por uma constante multiplicativa, eles obviamente comutam. Os autoestados de S_z são também autoestados de energia, e os correspondentes autovalores de energia são

$$E_\pm = \mp \frac{e\hbar B}{2m_e c}, \quad \text{para } S_z \pm. \qquad (2.1.51)$$

É conveniente definirmos ω de tal modo que a diferença entre dois autovalores de energia seja $\hbar\omega$:

$$\omega \equiv \frac{|e|B}{m_e c}. \qquad (2.1.52)$$

Podemos, então, reescrever o operador H simplesmente como

$$H = \omega S_z. \qquad (2.1.53)$$

Toda a informação acerca da evolução temporal está contida no operador evolução temporal

$$\mathcal{U}(t,0) = \exp\left(\frac{-i\omega S_z t}{\hbar}\right). \qquad (2.1.54)$$

Aplicamos este operador no estado inicial. Os kets de base que devemos usar na expansão do ket inicial são, obviamente, os autovetores de S_z, $|+\rangle$ e $|-\rangle$, que são, além disso, autovetores de energia. Suponhamos que em $t = 0$ o sistema seja caracterizado por

$$|\alpha\rangle = c_+|+\rangle + c_-|-\rangle. \qquad (2.1.55)$$

Ao aplicarmos (2.1.54), podemos ver que o ket de estado para um tempo posterior vale

$$|\alpha, t_0 = 0; t\rangle = c_+ \exp\left(\frac{-i\omega t}{2}\right)|+\rangle + c_- \exp\left(\frac{+i\omega t}{2}\right)|-\rangle, \qquad (2.1.56)$$

onde usamos

$$H|\pm\rangle = \left(\frac{\pm\hbar\omega}{2}\right)|\pm\rangle. \qquad (2.1.57)$$

Especificamente, suponhamos que o ket inicial $|\alpha\rangle$ represente o estado de spin para cima (ou, para ser mais preciso, o estado S_z+) $|+\rangle$, o que significa que

$$c_+ = 1, \quad c_- = 0. \qquad (2.1.58)$$

Em um tempo posterior, (2.1.56) nos diz que ele ainda é um estado de spin para cima, o que não é nada surpreendente, por se tratar de um estado estacionário.

Depois, suponhamos que, inicialmente, o sistema esteja no estado S_x+. Comparando (1.4.17a) com (2.1.55), podemos ver que

$$c_+ = c_- = \frac{1}{\sqrt{2}}. \qquad (2.1.59)$$

É fácil calcularmos as probabilidades do sistema de se encontrar nos estados $S_x\pm$ para um certo tempo t posterior:

$$\begin{aligned}|\langle S_x \pm |\alpha, t_0 = 0; t\rangle|^2 &= \left|\left[\left(\frac{1}{\sqrt{2}}\right)\langle+| \pm \left(\frac{1}{\sqrt{2}}\right)\langle-|\right] \cdot \left[\left(\frac{1}{\sqrt{2}}\right)\exp\left(\frac{-i\omega t}{2}\right)|+\rangle\right.\right. \\ &\quad \left.\left. + \left(\frac{1}{\sqrt{2}}\right)\exp\left(\frac{+i\omega t}{2}\right)|-\rangle\right]\right|^2 \\ &= \left|\frac{1}{2}\exp\left(\frac{-i\omega t}{2}\right) \pm \frac{1}{2}\exp\left(\frac{+i\omega t}{2}\right)\right|^2 \\ &= \cos^2\frac{\omega t}{2} \quad \text{para} \quad S_x+, \text{ e} \qquad (2.1.60a) \\ &= \text{sen}^2\frac{\omega t}{2} \quad \text{para} \quad S_x- \qquad (2.1.60b)\end{aligned}$$

Embora o spin se encontre inicialmente na direção x positiva, o campo magnético na direção z o faz girar; como resultado, obtemos uma probabilidade finita de achar S_x- para um t futuro. A soma das probabilidades é 1 para qualquer t, como podemos verificar, o que condiz com a unitariedade do operador evolução temporal.

Usando (1.4.6), podemos escrever o valor esperado de S_x como

$$\begin{aligned}\langle S_x \rangle &= \left(\frac{\hbar}{2}\right)\cos^2\left(\frac{\omega t}{2}\right) + \left(\frac{-\hbar}{2}\right)\text{sen}^2\left(\frac{\omega t}{2}\right) \\ &= \left(\frac{\hbar}{2}\right)\cos\omega t, \qquad (2.1.61)\end{aligned}$$

e, portanto, esta grandeza oscila com uma frequência angular igual à diferença dos dois autovalores de energia, dividida por $\hbar$, em concordância com nossa fórmula geral (2.1.47). Exercícios similares com S_y e S_z mostram que

$$\langle S_y \rangle = \left(\frac{\hbar}{2}\right)\text{sen}\,\omega t \qquad (2.1.62a)$$

e

$$\langle S_z \rangle = 0. \quad (2.1.62b)$$

Fisicamente, isto significa que o spin precessiona no plano xy. Faremos mais comentários sobre a precessão de spins quando discutirmos operadores de rotação no Capítulo 3.

Experimentalmente, a precessão de spins é um fato muito bem estabelecido. Na realidade, ela é usada como ferramenta para outras investigações acerca de fenômenos quânticos fundamentais. Por exemplo, a forma (2.1.49) do Hamiltoniano pode ser deduzida para partículas tipo puntuais como elétrons e múons, que obedecem à equação de Dirac, para as quais o fator giromagnético é $g = 2$ (veja Seção 8.2). Contudo, correções de ordem mais alta da teoria quântica de campos prevêem, para este resultado, um pequeno desvio que pode, no entanto, ser calculado com precisão, e há, assim, uma alta prioridade em produzir medidas competitivamente precisas de $g - 2$.

Tal experimento foi feito recentemente. Consulte G. W. Bennet et al., *Phys. Rev. D* **73** (2006) 072003. Múons são injetados em um "anel de armazenamento" projetado de tal modo que os spins precessionem em sincronia[‡] com seu vetor momento somente se $g \equiv 2$. Consequentemente, a observação de sua precessão corresponde a medir diretamente $g - 2$, permitindo que se obtenha um resultado muito preciso. A Figura 2.1 mostra as observações dos experimentadores para a rotação do spin do múon para mais de cem períodos. Elas determinam um valor de $g - 2$ com uma precisão menor que uma parte em um milhão, o que concorda razoavelmente bem com o valor teórico.

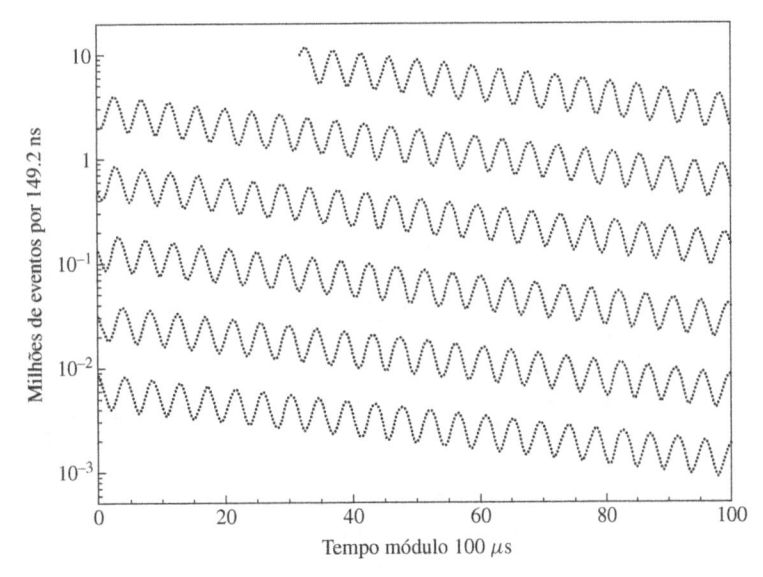

FIGURA 2.1 Observações da precessão de spin de múons de G. W. Bennet et al., *Phys. Rev. D* **73** (2006) 072003. A cada 100 μ, os dados experimentais são replotados a partir da origem. O tamanho do sinal decresce com o tempo devido ao decaimento dos múons.

[‡] N. de T.: O termo original é *in lock step*, que se refere à marcha de uma tropa em fileira cerrada. O termo em português é pouco usual, motivo pelo qual optou-se por usar a expressão "em sincronia".

Oscilações de neutrinos

Um ótimo exemplo de dinâmica quântica que conduz à interferência em sistemas de dois níveis e que é baseado em pesquisas atuais é o fenômeno conhecido por *oscilações de neutrinos*.

Neutrinos são partículas elementares sem carga e com uma massa muito pequena, muito menor que a do elétron. Sabemos que eles ocorrem na natureza em três diferentes "sabores", embora, para nossa discussão aqui, baste considerar somente dois deles. Estes dois sabores são identificados por suas interações, que podem ser ou com elétrons, em cujo caso escrevemos ν_e, ou com múons, ou seja ν_μ. Na verdade, estes são autoestados de um Hamiltoniano que controla estas interações.

Por outro lado, é possível (e hoje se sabe que é verdade) que neutrinos tenham outras interações, em cujo caso seus autovalores de energia correspondem a estados que têm uma massa bem definida. Estes "autoestados de massa" teriam, digamos, autovalores E_1 e E_2, que correspondem às massas m_1 e m_2 e que podem ser denotados por $|\nu_1\rangle$ e $|\nu_2\rangle$. Os "autoestados de sabor" estão relacionados a estes autoestados por uma simples transformação unitária, especificada por um ângulo de mistura θ, da seguinte forma:

$$|\nu_e\rangle = \cos\theta|\nu_1\rangle - \text{sen}\,\theta|\nu_2\rangle \tag{2.1.63a}$$

$$|\nu_\mu\rangle = \text{sen}\,\theta|\nu_1\rangle + \cos\theta|\nu_2\rangle \tag{2.1.63b}$$

Se o ângulo de mistura fosse zero, então $|\nu_e\rangle$ e $|\nu_\mu\rangle$ seriam os mesmos que $|\nu_1\rangle$ e $|\nu_2\rangle$, respectivamente. Contudo, não conhecemos motivo algum pelo qual isto deva ser assim. Na realidade, não há nenhuma razão teórica forte para preferirmos um valor particular de θ, que é um parâmetro livre e que hoje só pode ser determinado experimentalmente.

A oscilação de neutrinos é o fenômeno através do qual podemos medir o ângulo de mistura. Suponha que preparemos, em $t = 0$, um autoestado de momento de um sabor de neutrino, digamos $|\nu_e\rangle$. Então, de acordo com (2.1.63a), as duas diferentes componentes do autoestado de massa evoluirão com diferentes frequências e, portanto, desenvolverão uma diferença de fase relativa. Se a diferença entre as massas for pequena o suficiente, então esta diferença de fase evoluirá ao longo de uma distância macroscópica. Na verdade, ao se medir a interferência como função da diferença, pode-se observar oscilações com um período que depende da diferença de massas e uma amplitude que depende do ângulo de mistura.

Usando (2.1.63) junto a (2.1.28) e nossos postulados quânticos, é fácil achar uma grandeza mensurável que exiba oscilações de neutrinos (veja Problema 2.4 ao final deste capítulo). Neste caso, o Hamiltoniano é simplesmente aquele de uma partícula livre, mas precisamos ter um certo cuidado. Neutrinos têm uma massa muito pequena, e, portanto, são altamente relativísticos sob quaisquer condições experimentais práticas. Assim, para um dado valor de momento p fixo, o autovalor de energia de um neutrino de massa m vale, em uma aproximação extremamente boa

$$E = \left[p^2c^2 + m^2c^4\right]^{1/2} \approx pc\left(1 + \frac{m^2c^2}{2p^2}\right). \tag{2.1.64}$$

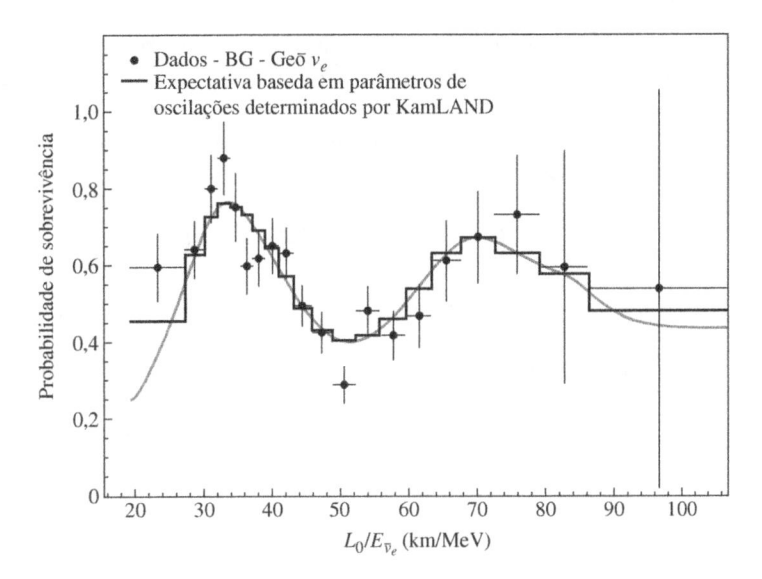

FIGURA 2.2 Oscilações de neutrinos observados pelo experimento KamLAND, retirado de S. Abe et al., *Phys. Rev. Lett.* **100** (2008), 221803. As oscilações como função de L/E demonstram a interferência entre diferentes autoestados de massa dos neutrinos.

Se, num próximo passo, permitirmos que nosso estado t evolua no tempo e nos perguntarmos, num tempo t futuro, qual a probabilidade de que ele ainda seja $|\nu_e\rangle$ (em contraposição a $|\nu_\mu\rangle$), acharemos

$$P(\nu_e \to \nu_e) = 1 - \operatorname{sen}^2 2\theta \operatorname{sen}^2\left(\Delta m^2 c^4 \frac{L}{4E\hbar c}\right), \qquad (2.1.65)$$

onde $\Delta m^2 \equiv m_1^2 - m_2^2$, $L = ct$ é a distância de voo do neutrino, e $E = pc$, a energia nominal do neutrino.

As oscilações previstas por (2.1.65) foram observadas de modo estupendo pelo experimento KamLAND (veja Figura 2.2). Neutrinos de uma série de reatores nucleares são detectados a distâncias de ~ 150 km, e sua taxa é comparável àquela que se espera da potência dos reatores e de suas propriedades. A curva não é uma senoide perfeita, pois os reatores não se encontram todos a uma mesma distância do detector.

Amplitude de correlação e a relação de incerteza energia–tempo

Concluímos esta seção perguntando-nos como kets de estado para diferentes tempos estão correlacionados entre si. Suponha que o ket inicial de um sistema físico em $t = 0$ seja dado por $|\alpha\rangle$. Com o passar do tempo ele muda para $|\alpha, t_0 = 0; t\rangle$, que obtemos aplicando o operador evolução temporal. Estamos preocupados aqui até que ponto o estado num tempo futuro t é similar ao ket em $t = 0$; construímos, assim, o produto interno entre os dois kets para tempos diferentes:

$$\begin{aligned} C(t) &\equiv \langle\alpha|\alpha, t_0 = 0; t\rangle \\ &= \langle\alpha|\mathcal{U}(t,0)|\alpha\rangle, \end{aligned} \qquad (2.1.66)$$

o que vem a ser conhecido como **amplitude de correlação**. O módulo de $C(t)$ nos dá uma medida quantitativa da "semelhança" entre os kets em diferentes instantes de tempo.

Como exemplo extremo, consideremos o caso muito especial no qual o ket inicial $|\alpha\rangle$ é um autovetor de H; temos, então,

$$C(t) = \langle a'|a', t_0 = 0; t\rangle = \exp\left(\frac{-iE_{a'}t}{\hbar}\right), \qquad (2.1.67)$$

e, portanto, o módulo da amplitude de correlação é igual a 1 para todos os tempos – o que não nos surpreende, por se tratar de um estado estacionário. No caso mais geral, onde o ket inicial é dado por uma superposição dos $\{|a'\rangle\}$, como em (2.1.37), temos

$$C(t) = \left(\sum_{a'} c_{a'}^* \langle a'|\right) \left[\sum_{a''} c_{a''} \exp\left(\frac{-iE_{a''}t}{\hbar}\right) |a''\rangle\right]$$

$$= \sum_{a'} |c_{a'}|^2 \exp\left(\frac{-iE_{a'}t}{\hbar}\right). \qquad (2.1.68)$$

À medida que somamos os muitos termos com dependências temporais que oscilam com diferentes frequências, um grande cancelamento de termos para valores de tempo t moderadamente grandes se torna possível. Esperamos, assim, que a amplitude de correlação, que começa em 1 quando $t = 0$, diminua em magnitude à medida que o tempo passa.

Para estimar (2.1.68) de maneira mais concreta, suponhamos que o ket de estado possa ser visto como uma superposição de um número tão grande de autovetores de energia com energias parecidas que podemos encará-los como se tivessem, essencialmente, um espectro quase contínuo. Podemos, neste caso, substituir a soma por uma integral

$$\sum_{a'} \to \int dE\rho(E), \quad c_{a'} \to g(E)\bigg|_{E \simeq E_{a'}}, \qquad (2.1.69)$$

onde $\rho(E)$ caracteriza a densidade de autovetores de energia. A expressão (2.1.68) torna-se agora

$$C(t) = \int dE |g(E)|^2 \rho(E) \exp\left(\frac{-iEt}{\hbar}\right), \qquad (2.1.70)$$

sujeita à condição de normalização

$$\int dE |g(E)|^2 \rho(E) = 1. \qquad (2.1.71)$$

Numa situação física realista, $|g(E)|^2\rho(E)$ teria um pico no entorno de $E = E_0$ com uma largura ΔE. Escrevendo (2.1.70) como

$$C(t) = \exp\left(\frac{-iE_0 t}{\hbar}\right) \int dE |g(E)|^2 \rho(E) \exp\left[\frac{-i(E-E_0)t}{\hbar}\right], \qquad (2.1.72)$$

podemos ver que, à medida que t se torna grande, o integrando oscila muito rapidamente, a menos que o intervalo de energia $|E - E_0|$ seja pequeno quando comparado a $\hbar/t$. Se o intervalo no qual $|E - E_0| \simeq \hbar/t$ é válido for muito mais estreito que ΔE – a largura de $|g(E)|^2 \rho(E)$ – praticamente não haverá a $C(t)$ devido ao grande cancelamento de termos. O tempo característico para o qual o módulo da amplitude de correlação começa a ser tornar apreciavelmente diferente de 1 é dado por

$$t \simeq \frac{\hbar}{\Delta E}. \qquad (2.1.73)$$

Embora esta equação tenha sido obtida para um estado de superposição com um espectro de energia quase contínuo, ela também faz sentido no caso de um sistema de dois níveis; no problema de precessão de spin considerado anteriormente, o ket de estado, inicialmente dado por $|S_x+\rangle$, começa a perder sua identidade após $\sim 1/\omega = \hbar/(E_+ - E_-)$, o que é evidente de (2.1.60).

Resumindo, como resultado da evolução temporal, o ket de estado de um sistema físico perde sua forma original depois de um intervalo de tempo da ordem de $\hbar/\Delta E$. Este ponto é normalmente citado na literatura como ilustração da *relação de incerteza tempo-energia*

$$\Delta t \Delta E \simeq \hbar. \qquad (2.1.74)$$

Contudo, esta relação de incerteza é de uma natureza totalmente diversa daquela entre dois observáveis incompatíveis, discudita na Seção 1.4. No Capítulo 5, retornaremos a (2.1.74) em conexão com a teoria de perturbação dependente do tempo.

2.2 ■ A REPRESENTAÇÃO DE SCHRÖDINGER *VERSUS* A REPRESENTAÇÃO DE HEISENBERG

Operadores unitários

Na seção anterior, introduzimos o conceito de evolução temporal através da consideração do operador de evolução temporal que afeta os kets de estado sobre os quais atua; esta abordagem à dinâmica quântica é chamada de **representação de Schrödinger**. Há uma outra abordagem para a dinâmica quântica onde são os observáveis, e não os kets, que variam no tempo; esta segunda abordagem é conhecida por **representação de Heisenberg**. Antes de discutirmos em detalhes as diferenças entre estas duas abordagens, façamos uma digressão com alguns comentários gerais sobre operadores unitários.

Operadores unitários são usados para os mais diferentes fins na mecânica quântica. Neste livro, introduzimos (Seção 1.5) um operador que satisfaz a propriedade de unitariedade. Naquela seção, estávamos interessados em saber como os kets de base em uma representação estão relacionados àqueles de uma outra representação. Parte-se do pressuposto de que os kets de estado em si não mudam quando passamos para um diferente conjunto de kets de base, embora os valores numéricos dos coeficientes de expansão de $|\alpha\rangle$ sejam, obviamente, diferentes para as diferentes representações. Introduzimos, subsequentemente, dois operadores unitários que na verdade mudam os kets de estado, o operador translação, da Seção 1.6, e o operador de evolução temporal, da Seção 2.1. Temos

$$|\alpha\rangle \to U|\alpha\rangle, \qquad (2.2.1)$$

onde U representa $\mathcal{T}(d\mathbf{x})$ ou $\mathcal{U}(t, t_0)$. Nesta expressão, $U|\alpha\rangle$ é o ket de estado que corresponde a um sistema que realmente sofreu uma translação ou uma evolução temporal.

É importante que não nos esqueçamos que sob uma transformação unitária que muda os kets de estado, o produto interno de um ket e um bra permanece inalterado:

$$\langle \beta | \alpha \rangle \to \langle \beta | U^\dagger U | \alpha \rangle = \langle \beta | \alpha \rangle. \tag{2.2.2}$$

Usando o fato de que estas transformações afetam kets, mas não os operadores, podemos inferir como $\langle \beta | X | \alpha \rangle$ muda:

$$\langle \beta | X | \alpha \rangle \to (\langle \beta | U^\dagger) \cdot X \cdot (U | \alpha \rangle) = \langle \beta | U^\dagger X U | \alpha \rangle. \tag{2.2.3}$$

Faremos agora uma observação de cunho matemático muito simples, que vem do axioma da associatividade da multiplicação:

$$(\langle \beta | U^\dagger) \cdot X \cdot (U | \alpha \rangle) = \langle \beta | \cdot U^\dagger X U) \cdot | \alpha \rangle. \tag{2.2.4}$$

Há alguma física nesta observação? Esta identidade matemática sugere duas abordagens para as transformações unitárias:

Abordagem 1:
$| \alpha \rangle \to U | \alpha \rangle$, com os operadores inalterados. (2.2.5a)

Abordagem 2:
$X \to U^\dagger X U$, com os kets de estado inalterados. (2.2.5b)

Na física clássica, não introduzimos o conceito de kets, mas ainda assim falamos de translação, evolução temporal e coisas deste tipo. Isto é possível pois estas operações efetivamente mudam as grandezas tais como **x** e **L**, que são observáveis da mecânica clássica. Por isso, conjecturamos que se possa estabelecer uma conexão mais próxima com a mecânica clássica se seguirmos a abordagem número 2.

Um exemplo simples talvez possa nos ajudar. Voltemos ao operador de translações infinitesimais $\mathcal{T}(d\mathbf{x}')$. O formalismo apresentado na Seção 1.6 é baseado na abordagem 1; $\mathcal{T}(d\mathbf{x}')$ afeta os kets de estado, não o operador posição:

$$| \alpha \rangle \to \left(1 - \frac{i\mathbf{p} \cdot d\mathbf{x}'}{\hbar}\right) | \alpha \rangle, \tag{2.2.6}$$
$$\mathbf{x} \to \mathbf{x}.$$

Contrariamente, se seguirmos a abordagem 2, obtemos

$$| \alpha \rangle \to | \alpha \rangle,$$
$$\mathbf{x} \to \left(1 + \frac{i\mathbf{p} \cdot d\mathbf{x}'}{\hbar}\right) \mathbf{x} \left(1 - \frac{i\mathbf{p} \cdot d\mathbf{x}'}{\hbar}\right)$$
$$= \mathbf{x} + \left(\frac{i}{\hbar}\right)[\mathbf{p} \cdot d\mathbf{x}', \mathbf{x}]$$
$$= \mathbf{x} + d\mathbf{x}'. \tag{2.2.7}$$

Deixamos como exercício para o leitor mostrar que ambas as abordagens levam ao mesmo resultado para o valor esperado de **x**:

$$\langle \mathbf{x} \rangle \to \langle \mathbf{x} \rangle + \langle d\mathbf{x}' \rangle. \tag{2.2.8}$$

2.2 A Representação de Schrödinger *versus* a Representação de Heisenberg

Kets de estado e observáveis nas representações de Schrödinger e Heisenberg

Retornemos agora para o operador de evolução temporal $\mathcal{U}(t, t_0)$. Na seção anterior, examinamos como um ket que representa um estado evolui com o tempo. Isto significa que estamos seguindo a abordagem 1 que, quando aplicada à evolução temporal, é conhecida como **representação de Schrödinger**. De modo alternativo, podemos seguir a abordagem 2, que é então conhecida como **representação de Heisenberg**.

Na representação de Schrödinger, os operadores que correspondem a observáveis tais como x, p_y e S_z, são fixos no tempo, ao passo que os kets variam, como indicado na seção prévia. Contrariamente, na representação de Heisenberg são os operadores que correspondem a observáveis que variam no tempo; os kets são fixos – congelados, por assim dizer, naquilo que eles eram em t_0. É conveniente tomar o t_0 em $\mathcal{U}(t, t_0)$ como sendo zero, por uma questão de simplicidade, e trabalhar com $\mathcal{U}(t)$, que é definido através de

$$\mathcal{U}(t, t_0 = 0) \equiv \mathcal{U}(t) = \exp\left(\frac{-iHt}{\hbar}\right). \qquad (2.2.9)$$

Motivados por (2.2.5) da abordagem 2, definimos um observável na representação de Heisenberg por

$$A^{(H)}(t) \equiv \mathcal{U}^\dagger(t) A^{(S)} \mathcal{U}(t), \qquad (2.2.10)$$

onde os superescritos H e S representam Heisenberg e Schrödinger, respectivamente. Em $t = 0$, o observável na representação de Heisenberg e o correspondente observável na representação de Schrödinger coincidem:

$$A^{(H)}(0) = A^{(S)}. \qquad (2.2.11)$$

Os kets de estado também coincidem nas duas representações em $t = 0$; para um t futuro, o ket na representação de Heisenberg permanece congelado naquilo que era em $t = 0$:

$$|\alpha, t_0 = 0; t\rangle_H = |\alpha, t_0 = 0\rangle, \qquad (2.2.12)$$

independente de t. Isto é um contraste tremendo com o ket na representação de Schrödinger,

$$|\alpha, t_0 = 0; t\rangle_S = \mathcal{U}(t)|\alpha, t_0 = 0\rangle. \qquad (2.2.13)$$

Obviamente, o valor esperado $\langle A \rangle$ é o mesmo nas duas representações:

$$_S\langle \alpha, t_0 = 0; t | A^{(S)} | \alpha, t_0 = 0; t\rangle_S = \langle \alpha, t_0 = 0 | \mathcal{U}^\dagger A^{(S)} \mathcal{U} | \alpha, t_0 = 0\rangle$$
$$= {}_H\langle \alpha, t_0 = 0; t | A^{(H)}(t) | \alpha, t_0 = 0; t\rangle_H. \qquad (2.2.14)$$

A equação de movimento de Heisenberg

Deduziremos agora a equação de movimento fundamental na representação de Heisenberg. Supondo que $A^{(S)}$ não seja função explícita do tempo, o que vem a ser o caso na maioria das situações de interesse na física, obtemos [por diferenciação de (2.2.10)]

$$\frac{dA^{(H)}}{dt} = \frac{\partial \mathcal{U}^\dagger}{\partial t} A^{(S)} \mathcal{U} + \mathcal{U}^\dagger A^{(S)} \frac{\partial \mathcal{U}}{\partial t}$$

$$= -\frac{1}{i\hbar} \mathcal{U}^\dagger H \mathcal{U} \mathcal{U}^\dagger A^{(S)} \mathcal{U} + \frac{1}{i\hbar} \mathcal{U}^\dagger A^{(S)} \mathcal{U} \mathcal{U}^\dagger H \mathcal{U}$$

$$= \frac{1}{i\hbar} [A^{(H)}, \mathcal{U}^\dagger H \mathcal{U}], \tag{2.2.15}$$

onde usamos [veja (2.1.25)]

$$\frac{\partial \mathcal{U}}{\partial t} = \frac{1}{i\hbar} H \mathcal{U}, \tag{2.2.16a}$$

$$\frac{\partial \mathcal{U}^\dagger}{\partial t} = -\frac{1}{i\hbar} \mathcal{U}^\dagger H. \tag{2.2.16b}$$

Dado que H foi introduzido originalmente na representação de Schrödinger, somos tentados a definir

$$H^{(H)} = \mathcal{U}^\dagger H \mathcal{U} \tag{2.2.17}$$

em concordância com (2.2.10). Mas, em aplicações elementares onde $\mathcal{U}$ é dado por (2.2.9), $\mathcal{U}$ e H obviamente comutam; como consequência,

$$\mathcal{U}^\dagger H \mathcal{U} = H, \tag{2.2.18}$$

de modo que é correto escrevermos (2.2.15) como

$$\frac{dA^{(H)}}{dt} = \frac{1}{i\hbar} \left[A^{(H)}, H \right]. \tag{2.2.19}$$

Esta equação é conhecida como **equação de movimento de Heisenberg**. Note que a deduzimos usando as propriedades do operador de evolução temporal e a equação que define $A^{(H)}$.

É instrutivo compararmos (2.2.19) com a equação clássica de movimento na forma de parênteses de Poisson. Na física clássica, para uma função A que dependa dos p's e q's mas não envolva o tempo explicitamente, temos (Goldstein 2002, pp. 396-97)

$$\frac{dA}{dt} = [A, H]_{\text{clássico}}. \tag{2.2.20}$$

Novamente podemos ver que (1.6.47), a regra de quantização de Dirac, leva à equação correta na mecânica quântica. Na realidade, historicamente, (2.2.19) foi escrita pela primeira vez por P. A. M. Dirac, que – com sua característica modéstia – chamou-a de equação de movimento de Heisenberg. Vale a pena chamar a atenção, no entanto, para o fato de que (2.2.19) faz sentido independente de $A^{(H)}$ ter um análogo clássico. Por exemplo, o operador de spin na representação de Heisenberg satisfaz

$$\frac{dS_i^{(H)}}{dt} = \frac{1}{i\hbar} \left[S_i^{(H)}, H \right], \tag{2.2.21}$$

que pode ser usada para se discutir a precessão de spin, embora esta equação não tenha um análogo clássico, pois S_z *não pode* ser escrito como uma função dos q's e dos p's. No lugar de insistirmos na regra (1.6.47) de Dirac, podemos argumentar que, para as grandezas que possuem análogos clássicos, a equação clássica correta pode ser obtida a partir da correspondente equação quântica por meio do ansatz,

$$\frac{[\,,\,]}{i\hbar} \to [\,,\,]_{\text{clássico}}. \qquad (2.2.22)$$

A mecânica clássica pode ser deduzida a partir da mecânica quântica, mas a recíproca não é verdadeira.[3]

Partículas livres; o teorema de Ehrenfest

Quer trabalhemos com a representação de Schrödinger, quer com a de Heisenberg, para que possamos usar as equações de movimento devemos primeiro aprender a construir o operador Hamiltoniano apropriado. Para um sistema físico com análogos clássicos, partimos do pressuposto de que o Hamiltoniano tenha a mesma forma que na física clássica: nós simplesmente substituímos os x_i e p_i pelos operadores quânticos correspondentes. Com isto, poderemos reproduzir as equações clássicas corretas no limite clássico. Sempre que surgir uma ambiguidade devido a operadores não hermitianos, tentamos solucionar o problema exigindo que H seja hermitiano; por exemplo, escrevemos o análogo quântico do produto clássico xp como sendo $\frac{1}{2}(xp+px)$. Quando o sistema físico em questão não possui análogos clássicos, só o que nos cabe fazer é tentar supor como seria a estrutura do operador Hamiltoniano. Tentamos diversas formas até conseguirmos um Hamiltoniano que produza resultados que estejam de acordo com as observações experimentais.

Em aplicações práticas, torna-se muitas vezes necessário calcular o comutador de x_i (ou p_i) com funções de x_j e p_j. Para isto, as seguintes fórmulas são úteis:

$$[x_i, F(\mathbf{p})] = i\hbar \frac{\partial F}{\partial p_i} \qquad (2.2.23a)$$

e

$$[p_i, G(\mathbf{x})] = -i\hbar \frac{\partial G}{\partial x_i}, \qquad (2.2.23b)$$

onde F e G são funções que podem ser expandidas em potências dos p_j e x_j, respectivamente. É fácil demonstrar estas fórmulas aplicando-se, repetidamente, a equação (1.6.50e).

Estamos agora em condições de aplicar a equação de movimento de Heisenberg a uma partícula livre de massa m. Tomamos o Hamiltoniano como tendo a mesma forma da mecânica clássica:

$$H = \frac{\mathbf{p}^2}{2m} = \frac{\left(p_x^2 + p_y^2 + p_z^2\right)}{2m}. \qquad (2.2.24)$$

---

[3] Neste livro, seguimos a seguinte ordem: a representação de Schrödinger → a representação de Heisenberg → clássico. Para um tratamento esclarecedor sobre este mesmo assunto na ordem inversa, clássico → representação de Heisenberg → representação de Schrödinger, consulte Finkelstein (1973), pp. 68–70 e 109.

Consideramos os observáveis p_i e x_i, subentendidos como sendo os operadores momento e posição na representação de Heisenberg, embora não escrevamos o superscrito (H). Uma vez que (H) comuta com qualquer função dos p_j's, temos

$$\frac{dp_i}{dt} = \frac{1}{i\hbar}\left[p_i, H\right] = 0. \qquad (2.2.25)$$

Portanto, para uma partícula livre, o operador momento é uma constante de movimento, o que significa que $p_i(t)$ é o mesmo que $p_i(0)$ para qualquer tempo. De um modo bastante geral, é evidente da equação de movimento de Heisenberg (2.2.19) que sempre que $A^{(H)}$ comutar com o Hamiltoniano, $A^{(H)}$ será uma constante de movimento. Em seguida,

$$\frac{dx_i}{dt} = \frac{1}{i\hbar}[x_i, H] = \frac{1}{i\hbar}\frac{1}{2m}i\hbar\frac{\partial}{\partial p_i}\left(\sum_{j=1}^{3} p_j^2\right)$$

$$= \frac{p_i}{m} = \frac{p_i(0)}{m}, \qquad (2.2.26)$$

onde nos aproveitamos de (2.2.23a), de modo que temos a solução

$$x_i(t) = x_i(0) + \left(\frac{p_i(0)}{m}\right)t, \qquad (2.2.27)$$

que é reminescente da equação clássica para a trajetória no caso de um movimento retilíneo uniforme. É importante observar que embora tenhamos

$$[x_i(0), x_j(0)] = 0 \qquad (2.2.28)$$

para tempos iguais, o comutador dos x_i's para tempos *diferentes não* se anula; especificamente,

$$[x_i(t), x_i(0)] = \left[\frac{p_i(0)t}{m}, x_i(0)\right] = \frac{-i\hbar t}{m}. \qquad (2.2.29)$$

Aplicando a relação de incerteza (1.4.53) a este comutador, obtemos

$$\langle(\Delta x_i)^2\rangle_t \langle(\Delta x_i)^2\rangle_{t=0} \geq \frac{\hbar^2 t^2}{4m^2}. \qquad (2.2.30)$$

Entre outras coisas, esta relação implica que mesmo que a partícula esteja bem localizada em $t = 0$, sua posição se torna cada vez mais incerta com o passar do tempo, algo que poderíamos também ter concluído estudando, na mecânica ondulatória, como pacotes de onda de partícula livre se comportam sob uma evolução temporal.

Adicionamos agora um potencial $V(\mathbf{x})$ ao nosso Hamiltoniano de partícula livre:

$$H = \frac{\mathbf{p}^2}{2m} + V(\mathbf{x}). \qquad (2.2.31)$$

Devemos aqui entender $V(\mathbf{x})$ como sendo uma função dos *operadores* x, y e z. Usando (2.2.23b) desta vez, nós obtemos

$$\frac{dp_i}{dt} = \frac{1}{i\hbar}\left[p_i, V(\mathbf{x})\right] = -\frac{\partial}{\partial x_i}V(\mathbf{x}). \tag{2.2.32}$$

Por outro lado, podemos ver que

$$\frac{dx_i}{dt} = \frac{p_i}{m} \tag{2.2.33}$$

ainda é válida, pois x_i comuta com o termo recém adicionado $V(\mathbf{x})$. Podemos, mais uma vez, usar a equação de movimento de Heisenberg para deduzir que

$$\begin{aligned}\frac{d^2 x_i}{dt^2} &= \frac{1}{i\hbar}\left[\frac{dx_i}{dt}, H\right] = \frac{1}{i\hbar}\left[\frac{p_i}{m}, H\right] \\ &= \frac{1}{m}\frac{dp_i}{dt}.\end{aligned} \tag{2.2.34}$$

Combinando este resultado com (2.2.32) obtemos, finalmente, em forma vetorial

$$m\frac{d^2 \mathbf{x}}{dt^2} = -\nabla V(\mathbf{x}). \tag{2.2.35}$$

Este é o análogo quântico da segunda lei de Newton. Calculando os valores esperados de ambos os lados em relação a um ket de estado de Heisenberg que *não* se move no tempo, obtemos

$$m\frac{d^2}{dt^2}\langle \mathbf{x}\rangle = \frac{d\langle \mathbf{p}\rangle}{dt} = -\langle \nabla V(\mathbf{x})\rangle. \tag{2.2.36}$$

Este resultado é conhecido como o **Teorema de Ehrenfest**, devido a P. Ehrenfest, que o deduziu em 1927 usando o formalismo da mecânica ondulatória. Quando ele é escrito nesta forma, usando valores esperados, sua validade independe da representação usada, seja ela de Heisenberg ou de Schrödinger; afinal de contas, os valores esperados são os mesmos nas duas representações. Contrariamente, a forma em termos de operadores (2.2.35) só faz sentido se entendemos $\mathbf{x}$ e $\mathbf{p}$ como sendo operadores da representação de Heisenberg.

Chamamos a atenção para o fato de que, em (2.2.36), os $\hbar$'s desapareceram completamente. Portanto, não é nada surpreendente o fato de que o centro do pacote de ondas se mova como uma partícula *clássica* sujeita a um potencial $V(\mathbf{x})$.

Kets de base e amplitudes de transição

Até o momento, evitamos perguntar como os kets de base evoluem no tempo. Um erro conceitual comum é imaginar que à medida que passa o tempo, todos os kets se movem na representação de Schrödinger, mas sejam estacionários na de Heisenberg. Contudo, este *não* é caso, como esclareceremos em instantes. O importante é diferenciar o comportamento de kets de estado daquele de kets de base.

Iniciamos nossa discussão de espaços de kets na Seção 1.2 chamando a atenção para o fato de que os autovetores de observáveis devem ser usados como kets de base. O que acontece com a equação que determina os autovalores

$$A|a'\rangle = a|a'\rangle \tag{2.2.37}$$

com o passar do tempo? Na representação de Schrödinger, A não varia no tempo, de modo que os kets de base, obtidos como soluções desta equação de autovalores em $t = 0$, por exemplo, devem permanecer invariáveis. Diferente de kets de estado, kets de base *não* variam na representação de Schrödinger.

Toda a situação é bastante diferente na representação de Heisenberg, onde a equação de autovalores que devemos estudar aplica-se ao operador dependente do tempo

$$A^{(H)}(t) = \mathcal{U}^\dagger A(0)\mathcal{U}. \tag{2.2.38}$$

Da equação (2.2.37), tomada em $t = 0$, quando as duas representações coincidem, podemos deduzir que

$$\mathcal{U}^\dagger A(0)\mathcal{U}\mathcal{U}^\dagger|a'\rangle = a'\mathcal{U}^\dagger|a'\rangle, \tag{2.2.39}$$

o que implica em uma equação de autovalores para $A^{(H)}$

$$A^{(H)}(\mathcal{U}^\dagger|a'\rangle) = a'(\mathcal{U}^\dagger|a'\rangle). \tag{2.2.40}$$

Se continuarmos mantendo a perspectiva de que os autovetores de observáveis formam a base de kets, então $\{\mathcal{U}^\dagger|a'\rangle\}$ deve ser usado como a base de kets na representação de Heisenberg. À medida que passa o tempo, os kets de base nesta representação, denotados aqui por $|a', t\rangle_H$, movem-se segundo:

$$|a', t\rangle_H = \mathcal{U}^\dagger|a'\rangle. \tag{2.2.41}$$

Devido ao surgimento, em (2.2.41), de $\mathcal{U}^\dagger$ em vez de $\mathcal{U}$, os kets de base na representação de Heisenberg podem ser vistos como girando para o lado oposto quando comparados aos kets de base na representação de Schrödinger; especificamente, $|a', t\rangle_H$ satisfaz uma "equação de Schrödinger com o sinal errado"

$$i\hbar\frac{\partial}{\partial t}|a', t\rangle_H = -H|a', t\rangle_H. \tag{2.2.42}$$

Quanto aos autovalores em si, podemos ver de (2.2.40) que eles não variam no tempo, o que é consistente com o teorema acerca de observáveis unitários equivalentes discutidos na Seção 1.5. Observe também a seguinte expansão para $A^{(H)}(t)$ em termos dos kets e bras de base na representação de Heisenberg:

$$A^{(H)}(t) = \sum_{a'} |a', t\rangle_H a'{}_H\langle a', t| \tag{2.2.43}$$

$$= \sum_{a'} \mathcal{U}^\dagger|a'\rangle a'\langle a'|\mathcal{U}$$

$$= \mathcal{U}^\dagger A^{(S)}\mathcal{U},$$

o que mostra que tudo é bastante consistente, desde que os kets de base de Heisenberg mudem segundo (2.2.41).

2.2 A Representação de Schrödinger *versus* a Representação de Heisenberg

Podemos também ver que os coeficientes da expansão de um ket de estado em termos de kets de base são os mesmos em ambas as representações:

$$c_{a'}(t) = \underbrace{\langle a'|}_{\text{bra de base}} \cdot \underbrace{(\mathcal{U}|\alpha, t_0 = 0\rangle)}_{\text{ket de estado}} \quad \text{(a representação de Schrödinger)} \quad (2.2.44a)$$

$$c_{a'}(t) = \underbrace{(\langle a'|\mathcal{U})}_{\text{bra de base}} \cdot \underbrace{|\alpha, t_0 = 0\rangle}_{\text{ket de estado}} \quad \text{(a representação de Heisenberg).} \quad (2.2.44b)$$

Pictograficamente falando, podemos dizer que o cosseno do ângulo entre o ket de estado e o ket de base é o mesmo, quer rodemos o ket de estado no sentido anti-horário ou o ket de base no sentido horário. Estas considerações também se aplicam igualmente bem a kets de base que apresentem um espectro contínuo; em particular, a função de onda $\langle \mathbf{x}'|\alpha\rangle$ pode ser entendida ou como (1) o produto interno de um autovetor (bra) de posição estacionário por um ket de um estado que muda com o tempo (na representação de Schrödinger), ou como (2) o produto interno de um bra de posição evoluindo no tempo por um ket de estado estacionário (na representação de Heisenberg). Discutiremos a dependência temporal da função de onda na Seção 2.4, onde deduziremos a célebre equação de onda de Schrödinger.

Para ilustrarmos ainda mais a equivalência entre as duas representações, estudaremos as amplitudes de transição, que desempenharão um papel fundamental na Seção 2.6. Suponhamos que haja um sistema físico preparado, em $t = 0$, para estar em um autoestado do observável A com um autovalor a'. Podemos nos perguntar, para um tempo t posterior: qual a amplitude de probabilidade, conhecida por **amplitude de transição**, de se achar o sistema em um autoestado do observável B com autovalor b'? A e B podem ser o mesmo operador ou operadores diferentes. Na representação de Schrödinger, o ket de estado no instante t é dado por $\mathcal{U}|a'\rangle$, ao passo que os kets de base $|a'\rangle$ e $|b'\rangle$ não variam no tempo; temos assim

$$\underbrace{\langle b'|}_{\text{bra de base}} \cdot \underbrace{(\mathcal{U}|a'\rangle)}_{\text{ket de estado}} \quad (2.2.45)$$

para esta amplitude de transição. Ao contrário, na representação de Heisenberg o ket de estado é estacionário – isto é, permanece como $|a'\rangle$ para todos os tempos – mas os kets de base evoluem de maneira oposta. Assim, a amplitude de transição é

$$\underbrace{(\langle b'|\mathcal{U})}_{\text{bra de base}} \cdot \underbrace{|a'\rangle}_{\text{ket de estado}} . \quad (2.2.46)$$

Obviamente, (2.2.45) e (2.2.46) são iguais. Ambas podem ser escritas como

$$\langle b'|\mathcal{U}(t,0)|a'\rangle. \quad (2.2.47)$$

Assim, colocado de modo não muito rigoroso, esta é a amplitude de transição para se "ir" de um estado $|a'\rangle$ a um estado $|b'\rangle$.

Para finalizar esta seção, façamos um sumário das diferenças entre as representações de Schrödinger e Heisenberg. A Tabela 2.1 nos fornece este resumo.

Tabela 2.1 A representação de Schrödinger *versus* a representação de Heisenberg

	Representação de Schrödinger	**Representação de Heisenberg**
Ket de estado	Em movimento: (2.1.5), (2.1.27)	Estacionário
Observável	Estacionário	Em movimento: (2.2.10), (2.2.19)
Ket de base	Estacionário	Em movimento no sentido oposto: (2.2.41), (2.2.42)

2.3 ■ O OSCILADOR HARMÔNICO SIMPLES

O oscilador harmônico simples é um dos problemas mais importantes na mecânica quântica. Ele não apenas ilustra muitos dos conceitos básicos e métodos da mecânica quântica, como também é de grande valor prático. Essencialmente, qualquer poço de potencial pode ser aproximado por um oscilador harmônico simples; ele descreve, portanto, fenômenos que vão de vibrações moleculares a estrutura nuclear. Além disso, uma vez que seu Hamiltoniano é basicamente a soma dos quadrados de duas variáveis canonicamente conjugadas, ele serve de importante ponto de partida para grande parte da teoria quântica de campos.

Autovetores e autovalores de energia

Iniciamos nossa discussão pelo elegante método de operadores de Dirac, que se baseou em trabalhos anteriores de M. Born e N. Wiener para, deste modo, obter os autoestados de energia e respectivos autovalores do oscilador harmônico simples. O Hamiltoniano básico é

$$H = \frac{p^2}{2m} + \frac{m\omega^2 x^2}{2}, \quad (2.3.1)$$

onde ω é a frequência angular do oscilador clássico, relacionado à constante de mola k da lei de Hooke via $\omega = \sqrt{k/m}$. Os operadores x e p são, obviamente, hermitianos. É conveniente definirmos dois operadores não hermitianos

$$a = \sqrt{\frac{m\omega}{2\hbar}}\left(x + \frac{ip}{m\omega}\right), \quad a^\dagger = \sqrt{\frac{m\omega}{2\hbar}}\left(x - \frac{ip}{m\omega}\right), \quad (2.3.2)$$

que são conhecidos como o **operador de destruição** e **operador de criação**[‡], respectivamente, e isto por motivos que se tornarão evidentes dentro em breve. Usando as relações de comutação canônicas, obtemos prontamente

$$\left[a, a^\dagger\right] = \left(\frac{1}{2\hbar}\right)(-i[x,p] + i[p,x]) = 1. \quad (2.3.3)$$

Definimos tambem o operador número

$$N = a^\dagger a, \quad (2.3.4)$$

que é, claramente, hermitiano. Mostra-se, de maneira direta, que

---

[‡] N. de T.: No original, *annihilation and creation operators*. Esses operadores também são chamados, em português, de operadores de *aniquilação* e *criação*, ou de *abaixamento* e *levantamento*.

$$a^\dagger a = \left(\frac{m\omega}{2\hbar}\right)\left(x^2 + \frac{p^2}{m^2\omega^2}\right) + \left(\frac{i}{2\hbar}\right)[x,p]$$
$$= \frac{H}{\hbar\omega} - \frac{1}{2}, \quad (2.3.5)$$

de modo que temos uma relação importante entre o operador número e o operador Hamiltoniano:

$$H = \hbar\omega\left(N + \tfrac{1}{2}\right). \quad (2.3.6)$$

Uma vez que H é simplesmente uma função linear de N, N pode ser diagonalizado simultaneamente com H. Caracterizamos um autovetor de energia de N pelo seu autovalor n. Portanto,

$$N|n\rangle = n|n\rangle. \quad (2.3.7)$$

Mostraremos posteriormente que n deve ser um inteiro não negativo. Devido a (2.3.6), temos também

$$H|n\rangle = \left(n + \tfrac{1}{2}\right)\hbar\omega|n\rangle, \quad (2.3.8)$$

o que significa que os autovalores de energia são dados por

$$E_n = \left(n + \tfrac{1}{2}\right)\hbar\omega. \quad (2.3.9)$$

Para melhor apreciarmos o significado físico de a, $a^\dagger$ e N, notemos primeiramente que

$$[N, a] = [a^\dagger a, a] = a^\dagger[a, a] + [a^\dagger, a]a = -a, \quad (2.3.10)$$

onde fizemos uso de (2.3.3). Do mesmo modo, podemos deduzir que

$$[N, a^\dagger] = a^\dagger. \quad (2.3.11)$$

Como resultado, temos

$$Na^\dagger|n\rangle = ([N, a^\dagger] + a^\dagger N)|n\rangle = (n+1)a^\dagger|n\rangle \quad (2.3.12\text{a})$$

e

$$Na|n\rangle = ([N, a] + aN)|n\rangle = (n-1)a|n\rangle. \quad (2.3.12\text{b})$$

Estas relações implicam que $a^\dagger|n\rangle(a|n\rangle)$ é também um autovetor de N com autovalor aumentado (ou diminuído) por 1. Devido ao fato de que o aumento (decréscimo) de n por 1 equivale à criação (destruição) de um quantum de energia $\hbar\omega$, o termo *operador criação* (*operador destruição*) para $a^\dagger$ (a) é apropriado.

A equação (2.3.12b) implica que $a|n\rangle$ e $|n-1\rangle$ são os mesmos, a menos de uma constante multiplicativa. Escrevemos, então,

$$a|n\rangle = c|n-1\rangle, \quad (2.3.13)$$

onde c é uma constante numérica a ser determinada da condição de normalização para $|n\rangle$ e $|n-1\rangle$. Primeiro, observe que

$$\langle n|a^\dagger a|n\rangle = |c|^2. \quad (2.3.14)$$

Podemos calcular o lado esquerdo de (2.3.14) observando que $a^\dagger a$ é simplesmente o operador número. Portanto,

$$n = |c|^2. \tag{2.3.15}$$

Convencionando que c seja real e positivo, obtemos finalmente

$$a|n\rangle = \sqrt{n}|n-1\rangle. \tag{2.3.16}$$

Da mesma maneira, é fácil mostrar que

$$a^\dagger|n\rangle = \sqrt{n+1}|n+1\rangle. \tag{2.3.17}$$

Suponha agora que continuemos aplicando o operador destruição a a ambos os lados de (2.3.16)

$$\begin{aligned} a^2|n\rangle &= \sqrt{n(n-1)}|n-2\rangle, \\ a^3|n\rangle &= \sqrt{n(n-1)(n-2)}|n-3\rangle, \\ &\vdots \end{aligned} \tag{2.3.18}$$

Podemos, assim, obter autovetores de operadores numéricos com valores de n cada vez menores até que a sequência termine, o que eventualmente acontece se começarmos com um n inteiro e positivo. Poder-se-ia argumentar que se houvéssemos começado com um n não inteiro, a sequência não terminaria e nos levaria a autovetores com valores negativos de n. Mas temos também a condição de positividade para a norma de $a|n\rangle$:

$$n = \langle n|N|n\rangle = (\langle n|a^\dagger) \cdot (a|n\rangle) \geq 0, \tag{2.3.19}$$

o que implica que n nunca pode ser negativo! Concluímos, assim, que a sequência deve terminar com $n = 0$ e os valores de n permitidos são os inteiros não negativos.

Dado que o menor valor possível de n é zero, o estado fundamental do oscilador harmônico tem

$$E_0 = \frac{1}{2}\hbar\omega. \tag{2.3.20}$$

Podemos agora aplicar o operador criação $a^\dagger$ sucessivamente ao estado fundamental $|0\rangle$. Usando (2.3.17), obtemos

$$\begin{aligned} |1\rangle &= a^\dagger|0\rangle, \\ |2\rangle &= \left(\frac{a^\dagger}{\sqrt{2}}\right)|1\rangle = \left[\frac{(a^\dagger)^2}{\sqrt{2}}\right]|0\rangle, \\ |3\rangle &= \left(\frac{a^\dagger}{\sqrt{3}}\right)|2\rangle = \left[\frac{(a^\dagger)^3}{\sqrt{3!}}\right]|0\rangle, \\ &\vdots \\ |n\rangle &= \left[\frac{(a^\dagger)^n}{\sqrt{n!}}\right]|0\rangle. \end{aligned} \tag{2.3.21}$$

2.3 O Oscilador Harmônico Simples

Deste modo, logramos construir autovetores simultâneos de N e H com autovalores de energia

$$E_n = \left(n + \tfrac{1}{2}\right)\hbar\omega \quad (n = 0, 1, 2, 3, \ldots). \tag{2.3.22}$$

De (2.3.16), (2.3.17) e o requerimento de ortonormalidade para $\{|n\rangle\}$, obtemos os elementos de matriz

$$\langle n'|a|n\rangle = \sqrt{n}\,\delta_{n',n-1}, \quad \langle n'|a^\dagger|n\rangle = \sqrt{n+1}\,\delta_{n',n+1}. \tag{2.3.23}$$

Usando estas expressões junto com

$$x = \sqrt{\frac{\hbar}{2m\omega}}(a + a^\dagger), \quad p = i\sqrt{\frac{m\hbar\omega}{2}}(-a + a^\dagger), \tag{2.3.24}$$

podemos obter os elementos de matriz dos operatdores x e p:

$$\langle n'|x|n\rangle = \sqrt{\frac{\hbar}{2m\omega}}(\sqrt{n}\,\delta_{n',n-1} + \sqrt{n+1}\,\delta_{n',n+1}), \tag{2.3.25a}$$

$$\langle n'|p|n\rangle = i\sqrt{\frac{m\hbar\omega}{2}}(-\sqrt{n}\,\delta_{n',n-1} + \sqrt{n+1}\,\delta_{n',n+1}). \tag{2.3.25b}$$

Observe que nem x nem p são diagonais na representação N que estamos usando. Isto não deve nos surpreender, uma vez que x e p, como a e $a^\dagger$, não comutam com N.

O método de operadores pode ser usado também para se obter as autofunções de energia no espaço de posições. Comecemos pelo estado fundamental definido por

$$a|0\rangle = 0, \tag{2.3.26}$$

que, na representação x, é escrito na forma

$$\langle x'|a|0\rangle = \sqrt{\frac{m\omega}{2\hbar}}\langle x'|\left(x + \frac{ip}{m\omega}\right)|0\rangle = 0. \tag{2.3.27}$$

Lembrando (1.7.17), podemos interpretar esta expressão como sendo uma equação diferencial para a função de onda do estado fundamental:

$$\left(x' + x_0^2\frac{d}{dx'}\right)\langle x'|0\rangle = 0, \tag{2.3.28}$$

onde introduzimos

$$x_0 \equiv \sqrt{\frac{\hbar}{m\omega}}, \tag{2.3.29}$$

que estabelece a escala de comprimento do oscilador. Podemos ver, então, que a solução normalizada de (2.3.28) é

$$\langle x'|0\rangle = \left(\frac{1}{\pi^{1/4}\sqrt{x_0}}\right)\exp\left[-\frac{1}{2}\left(\frac{x'}{x_0}\right)^2\right]. \tag{2.3.30}$$

Podemos também obter as autofunções de energia para os estados excitados calculando

$$\langle x'|1\rangle = \langle x'|a^\dagger|0\rangle = \left(\frac{1}{\sqrt{2}x_0}\right)\left(x' - x_0^2\frac{d}{dx'}\right)\langle x'|0\rangle,$$

$$\langle x'|2\rangle = \left(\frac{1}{\sqrt{2}}\right)\langle x'|(a^\dagger)^2|0\rangle = \left(\frac{1}{\sqrt{2!}}\right)\left(\frac{1}{\sqrt{2}x_0}\right)^2\left(x' - x_0^2\frac{d}{dx'}\right)^2\langle x'|0\rangle,\ldots,$$
(2.3.31)

Em geral, obtemos

$$\langle x'|n\rangle = \left(\frac{1}{\pi^{1/4}\sqrt{2^n n!}}\right)\left(\frac{1}{x_0^{n+1/2}}\right)\left(x' - x_0^2\frac{d}{dx'}\right)^n \exp\left[-\frac{1}{2}\left(\frac{x'}{x_0}\right)^2\right]. \quad (2.3.32)$$

É instrutivo olharmos para os valore esperados de x^2 e p^2 no estado fundamental. Primeiro, observe que

$$x^2 = \left(\frac{\hbar}{2m\omega}\right)(a^2 + a^{\dagger 2} + a^\dagger a + a a^\dagger). \quad (2.3.33)$$

Quando calculamos o valor esperado de x^2, apenas o último termo em (2.3.33) dá uma contribuição diferente de zero:

$$\langle x^2\rangle = \frac{\hbar}{2m\omega} = \frac{x_0^2}{2}. \quad (2.3.34)$$

Do mesmo modo,

$$\langle p^2\rangle = \frac{\hbar m\omega}{2}. \quad (2.3.35)$$

Disto segue que os valores esperados das energias cinética e potencial são, respectivamente,

$$\left\langle\frac{p^2}{2m}\right\rangle = \frac{\hbar\omega}{4} = \frac{\langle H\rangle}{2} \quad \text{e} \quad \left\langle\frac{m\omega^2 x^2}{2}\right\rangle = \frac{\hbar\omega}{4} = \frac{\langle H\rangle}{2}, \quad (2.3.36)$$

como era de se esperar do teorema do virial. De (2.3.25a) e (2.3.25b) segue que

$$\langle x\rangle = \langle p\rangle = 0, \quad (2.3.37)$$

que também vale para os estados excitados. Temos, portanto,

$$\langle(\Delta x)^2\rangle = \langle x^2\rangle = \frac{\hbar}{2m\omega} \quad \text{e} \quad \langle(\Delta p)^2\rangle = \langle p^2\rangle = \frac{\hbar m\omega}{2}, \quad (2.3.38)$$

e podemos verificar que a relação de incerteza é satisfeita na forma de produto de incerteza mínima:

$$\langle(\Delta x)^2\rangle\langle(\Delta p)^2\rangle = \frac{\hbar^2}{4}. \quad (2.3.39)$$

Isto não era inesperado, uma vez que a função de onda do estado fundamental tem uma forma Gaussiana. Ao contrário, os produtos de incertezas para os estados excitados são maiores:

$$\langle(\Delta x)^2\rangle\langle(\Delta p)^2\rangle = \left(n+\frac{1}{2}\right)^2 \hbar^2, \quad (2.3.40)$$

como você pode facilmente verificar.

Evolução temporal do oscilador

Até o presente momento, não discutimos a evolução dos kets de estado do oscilador harmônico ou de observáveis tais como x e p. Supõe-se que tudo o que fizemos vale para algum instante de tempo, digamos $t = 0$; os operadores x, p, a e $a^\dagger$ devem ser entendidos como operadores na representação de Schrödinger (para todo t) ou operadores na representação de Heisenberg em $t = 0$. Trabalharemos exclusivamente na representação de Heisenberg na parte remanescente deste seção, o que significa que x, p, a e $a^\dagger$ são todos dependentes do tempo, embora não escrevamos explicitamente $x^{(H)}(t)$, e assim por diante.

As equações de movimento de Heisenberg para x e p são, de (2.2.32) e (2.2.33),

$$\frac{dp}{dt} = -m\omega^2 x \quad (2.3.41a)$$

e

$$\frac{dx}{dt} = \frac{p}{m}. \quad (2.3.41b)$$

Este par de equações diferenciais acopladas é equivalente a duas equações diferenciais desacopladas para os operadores a e $a^\dagger$, a saber

$$\frac{da}{dt} = \sqrt{\frac{m\omega}{2\hbar}}\left(\frac{p}{m} - i\omega x\right) = -i\omega a \quad (2.3.42a)$$

e

$$\frac{da^\dagger}{dt} = i\omega a^\dagger, \quad (2.3.42b)$$

cujas soluções são

$$a(t) = a(0)\exp(-i\omega t) \quad \text{e} \quad a^\dagger(t) = a^\dagger(0)\exp(i\omega t). \quad (2.3.43)$$

A propósito, estas relações mostram explicitamente que N e H são operadores *independentes do tempo* mesmo na representação de Heisenberg, como deveria ser. Podemos reescrever (2.3.43) em termos de x e p como

$$x(t) + \frac{ip(t)}{m\omega} = x(0)\exp(-i\omega t) + i\left[\frac{p(0)}{m\omega}\right]\exp(-i\omega t),$$

$$x(t) - \frac{ip(t)}{m\omega} = x(0)\exp(i\omega t) - i\left[\frac{p(0)}{m\omega}\right]\exp(i\omega t). \quad (2.3.44)$$

Igualando as partes Hermitianas e anti-Hermitianas de ambos os lados separadamente, deduzimos que

$$x(t) = x(0)\cos\omega t + \left[\frac{p(0)}{m\omega}\right]\sen\omega t \qquad (2.3.45a)$$

e

$$p(t) = -m\omega x(0)\sen\omega t + p(0)\cos\omega t. \qquad (2.3.45b)$$

Estas equações têm a mesma aparência que as equações de movimento clássicas. Disto vemos que os operadores x e p "oscilam" do mesmo modo que seus análogos clássicos.

Por razões pedagógicas, apresentamos agora uma dedução alternativa de (2.3.45a). Em vez de resolver a equação de movimento de Heisenberg, tentamos calcular

$$x(t) = \exp\left(\frac{iHt}{\hbar}\right) x(0) \exp\left(\frac{-iHt}{\hbar}\right). \qquad (2.3.46)$$

Para isto, relembramos uma fórmula muito útil:

$$\exp(iG\lambda) A \exp(-iG\lambda) = A + i\lambda [G,A] + \left(\frac{i^2\lambda^2}{2!}\right)[G,[G,A]] \\ + \cdots + \left(\frac{i^n\lambda^n}{n!}\right)[G,[G,[G,\ldots[G,A]]]\ldots] + \cdots, \qquad (2.3.47)$$

onde G é um operador hermitiano e λ um parâmetro real. Deixamos a prova desta fórmula, conhecida como o **lema de Baker-Hausdorff**, como exercício. Aplicando-o a (2.3.46), obtemos

$$\exp\left(\frac{iHt}{\hbar}\right) x(0) \exp\left(\frac{-iHt}{\hbar}\right) \\ = x(0) + \left(\frac{it}{\hbar}\right)[H,x(0)] + \left(\frac{i^2 t^2}{2!\hbar^2}\right)[H,[H,x(0)]] + \cdots. \qquad (2.3.48)$$

Cada termo do lado direito pode ser reduzido a x ou p usando-se repetidamente

$$[H,x(0)] = \frac{-i\hbar p(0)}{m} \qquad (2.3.49a)$$

e

$$[H,p(0)] = i\hbar m\omega^2 x(0). \qquad (2.3.49b)$$

Portanto,

$$\exp\left(\frac{iHt}{\hbar}\right) x(0) \exp\left(\frac{-iHt}{\hbar}\right) = x(0) + \left[\frac{p(0)}{m}\right] t - \left(\frac{1}{2!}\right) t^2 \omega^2 x(0)$$
$$- \left(\frac{1}{3!}\right) \frac{t^3 \omega^2 p(0)}{m} + \cdots \quad (2.3.50)$$
$$= x(0) \cos \omega t + \left[\frac{p(0)}{m\omega}\right] \operatorname{sen} \omega t,$$

o que concorda com (2.3.45a).

De (2.3.45a) e (2.3.45b), podemos nos sentir tentados a concluir que $\langle x \rangle$ e $\langle p \rangle$ sempre oscilam com frequência angular ω. Contudo, esta inferência não é correta. Tome qualquer autoestado de energia caracterizado por um valor definido de n; o valor esperado $\langle n|x(t)|n\rangle$ é zero, pois os operadores $x(0)$ e $p(0)$ mudam n em ± 1, e $|n\rangle$ e $|n \pm 1\rangle$ são ortogonais. Este ponto também é óbvio se recordarmos nossa conclusão prévia (veja Seção 2.1) de que o valor esperado de um observável, calculado com relação a um estado estacionário, não varia no tempo. Para observamos oscilações reminescentes de um oscilador clássico, devemos olhar para uma *superposição* de autoestados de energia, tal como

$$|\alpha\rangle = c_0|0\rangle + c_1|1\rangle. \quad (2.3.51)$$

O valor esperado de $x(t)$, calculado com relação a (2.3.51), realmente oscila, como você pode facilmente verificar.

Vimos que um autoestado de energia não se comporta como um oscilador clássico – no sentido de valores esperados de x e p oscilantes – não importa quão grande possa ser o valor de n. Uma pergunta lógica que podemos nos fazer seria: como construir uma superposição de autoestados de energia que mais proximamente imita um oscilador clássico? Na linguagem de funções de onda, queremos um pacote de ondas que oscila para frente e para trás sem perder o formato. Destas considerações resulta que um *estado coerente*, definido pela equação de autovalores para o operador de destruição a não hermitiano,

$$a|\lambda\rangle = \lambda|\lambda\rangle, \quad (2.3.52)$$

que tem, em geral, um autovalor complexo λ, faz isto. O estado coerente tem muitas outras propriedades surpreendentes:

1. Quando expresso como uma superposição de autoestados de energia (ou de N),

$$|\lambda\rangle = \sum_{n=0}^{\infty} f(n)|n\rangle, \quad (2.3.53)$$

a distribuição de $|f(n)|^2$ com relação a n é Poissoniana em relação a um certo valor médio $\bar{n}$:

$$|f(n)|^2 = \left(\frac{\bar{n}^n}{n!}\right) \exp(-\bar{n}). \quad (2.3.54)$$

2. Ele pode ser obtido transladando-se o estado fundamental do oscilador por uma certa distância finita.
3. Ele satisfaz o produto de incertezas mínimo para todos os tempos.

Um estudo sistemático de estados coerentes, que tiveram em R. Glauber sue pioneiro, é muito gratificante: sugerimos fortemente que você faça o Problema 2.19 sobre este assunto ao final deste capítulo.[4]

2.4 ■ A EQUAÇÃO DE ONDA DE SCHRÖDINGER

A equação de onda dependente do tempo

Voltemo-nos agora para a representação de Schrödinger e examinemos a evolução temporal de $|\alpha, t_0; t\rangle$ na representação x. Em outras palavras, nosso objetivo é estudar o comportamento da função de onda

$$\psi(\mathbf{x}', t) = \langle \mathbf{x}' | \alpha, t_0; t \rangle \qquad (2.4.1)$$

como função do tempo, onde $|\alpha, t_0; t\rangle$ é um ket de estado na representação de Schrödinger no instante de tempo t, e $\langle \mathbf{x}'|$ é um autobra de posição independente do tempo com autovalor $\mathbf{x}'$. Tomamos o Hamiltoniano como sendo

$$H = \frac{\mathbf{p}^2}{2m} + V(\mathbf{x}). \qquad (2.4.2)$$

O potencial $V(\mathbf{x})$ é um operador hermitiano; ele também é local, no sentido que na representação $\mathbf{x}$ temos

$$\langle \mathbf{x}'' | V(\mathbf{x}) | \mathbf{x}' \rangle = V(\mathbf{x}')\delta^3(\mathbf{x}' - \mathbf{x}''), \qquad (2.4.3)$$

onde $V(\mathbf{x}')$ é uma função real de $\mathbf{x}'$. Posteriormente, consideraremos Hamiltonianos mais complicados neste livro – um potencial dependente do tempo $V(\mathbf{x}, t)$; um potencial não local mas separável onde o lado direito de (2.4.3) é substituído por $v_1(\mathbf{x}'')v_2(\mathbf{x}')$; uma interação dependente do momento na forma $\mathbf{p}\cdot\mathbf{A} + \mathbf{A}\cdot\mathbf{p}$, onde $\mathbf{A}$ é o potencial vetor da eletrodinâmica, e assim por diante.

Deduziremos agora a equação de onda de Schrödinger dependente do tempo. Primeiramente, escrevemos a equação de Schrödinger para um ket de estado (2.1.27) na representação $\mathbf{x}$:

$$i\hbar \frac{\partial}{\partial t} \langle \mathbf{x}' | \alpha, t_0; t \rangle = \langle \mathbf{x}' | H | \alpha, t_0; t \rangle, \qquad (2.4.4)$$

onde usamos o fato de que os autobras de posição não variam com o tempo na representação de Schrödinger. Usando (1.7.20), podemos escrever a contribuição da energia cinética ao lado direito de (2.4.4) como

$$\left\langle \mathbf{x}' \left| \frac{\mathbf{p}^2}{2m} \right| \alpha, t_0; t \right\rangle = -\left(\frac{\hbar^2}{2m}\right) \nabla'^2 \langle \mathbf{x}' | \alpha, t_0; t \rangle. \qquad (2.4.5)$$

---

[4] Para aplicações à física de lasers, consulte Sargent, Scully e Lamb (1974), bem como London (2000). Veja também a discussão sobre luz comprimida (squeezed) ao final da Seção 7.6 deste livro.

No que tange a $V(\mathbf{x})$, usamos simplesmente

$$\langle \mathbf{x}'|V(\mathbf{x})= \langle \mathbf{x}'|V(\mathbf{x}'), \tag{2.4.6}$$

onde $V(\mathbf{x}')$ não é mais um operador. Combinando tudo, deduzimos que

$$i\hbar\frac{\partial}{\partial t}\langle \mathbf{x}'|\alpha,t_0;t\rangle = -\left(\frac{\hbar^2}{2m}\right)\nabla'^2\langle \mathbf{x}'|\alpha,t_0;t\rangle + V(\mathbf{x}')\langle \mathbf{x}'|\alpha,t_0;t\rangle, \tag{2.4.7}$$

que reconhecemos como sendo a célebre equação de onda dependente do tempo de E. Schrödinger, usualmente escrita como

$$i\hbar\frac{\partial}{\partial t}\psi(\mathbf{x}',t) = -\left(\frac{\hbar^2}{2m}\right)\nabla'^2\psi(\mathbf{x}',t) + V(\mathbf{x}')\psi(\mathbf{x}',t). \tag{2.4.8}$$

A mecânica quântica baseada na equação (2.4.8) é conhecida pelo nome de **mecânica ondulatória**. Esta equação é, na verdade, o ponto de partida de muitos livros-texto de mecânica quântica. No nosso formalismo, contudo, ela é simplesmente a equação de Schrödinger para um ket de estado, escrita explicitamente na base x quando o operador Hamiltoniano é dado por (2.4.2).

A equação de onda independente do tempo

Deduziremos agora a equação a derivadas parciais que as autofunções de energia satisfazem. Mostramos, na Seção 2.1, que a dependência temporal de um estado estacionário é dada por $\exp(-iE_{a'}t/\hbar)$. Isto nos permite escrever sua função de onda como

$$\langle \mathbf{x}'|a',t_0;t\rangle = \langle \mathbf{x}'|a'\rangle \exp\left(\frac{-iE_{a'}t}{\hbar}\right), \tag{2.4.9}$$

onde se subentende que, inicialmente, o sistema foi preparado em um autoestado simultâneo de A e H com autovalores a' e $E_{a'}$, respectivamente. Façamos agora a substituição de (2.4.9) na equação de Schrödinger (2.4.7) dependente do tempo. Somos levados a

$$-\left(\frac{\hbar^2}{2m}\right)\nabla'^2\langle \mathbf{x}'|a'\rangle + V(\mathbf{x}')\langle \mathbf{x}'|a'\rangle = E_{a'}\langle \mathbf{x}'|a'\rangle. \tag{2.4.10}$$

Esta equação diferencial a derivadas parciais é satisfeita pela autofunção de energia $\langle \mathbf{x}'|a'\rangle$ com autovalor $E_{a'}$. Na verdade, na mecânica ondulatória, onde o operador Hamiltoniano é dado como função de $\mathbf{x}$ e $\mathbf{p}$, como em (2.4.2), não é necessário fazer referência explícita ao observável A que comuta com H, pois sempre podemos escolher A de modo a ser aquela função dos observáveis $\mathbf{x}$ e $\mathbf{p}$ que coincide com o próprio H. Podemos, assim, omitir qualquer referência a a' e simplesmente escrever (2.4.10) como uma equação diferencial parcial a ser satisfeita pelas autofunções de energia $u_E(\mathbf{x}')$:

$$-\left(\frac{\hbar^2}{2m}\right)\nabla'^2 u_E(\mathbf{x}') + V(\mathbf{x}')u_E(\mathbf{x}') = Eu_E(\mathbf{x}'). \tag{2.4.11}$$

Esta é a **equação de onda independente do tempo** de E. Schrödinger – anunciada no primeiro de uma série de quatro artigos fundamentais, todos escritos no primeiro semestre de 1926 – e que fundaram a mecânica ondulatória. No mesmo artigo, Schrödinger aplicou (2.4.11) de imediato para deduzir o espectro de energia do átomo de Hidrogênio.

Para resolver (2.4.11), algumas condições de contorno devem ser impostas. Suponha que estamos procurando uma solução de (2.4.11) com

$$E < \lim_{|\mathbf{x}'|\to\infty} V(\mathbf{x}'), \tag{2.4.12}$$

onde a desigualdade se aplica para $|\mathbf{x}'| \to \infty$ em qualquer direção. A condição de contorno apropriada para este caso é

$$u_E(\mathbf{x}') \to 0 \quad \text{como} \quad |\mathbf{x}'| \to \infty. \tag{2.4.13}$$

Fisicamente, isto significa que a partícula está presa ou confinada a uma região finita do espaço. Sabemos, da teoria de equações diferenciais parciais, que (2.4.11), quando sujeita à condição (2.4.13), admite soluções não triviais apenas para um conjunto discreto de valores de E. É neste sentido que a equação de Schrödinger independente do tempo (2.4.11) produz a *quantização dos níveis de energia*.[5] Uma vez escrita a equação (2.4.11) a derivadas parciais, o problema de se achar os níveis de energia de um sistema físico microscópico é tão direto quanto aquele de se determinar as frequências características das vibrações de cordas ou membranas. Em ambos os casos, o que estamos fazendo é resolver problemas de contorno em física matemática.

Uma curta digressão acerca da história da mecânica quântica é apropriada aqui. Os matemáticos, no primeiro quarto do século XX, sabiam que problemas de autovalores exatamente solúveis na teoria de equações diferenciais a derivadas parciais podiam também ser tratados por métodos matriciais. Além disso, físicos teóricos como M. Born consultavam frequentemente os grandes matemáticos daqueles tempos – em particular D. Hilbert e H. Weyl. Ainda assim, quando a mecânica matricial nasceu, no verão de 1925, os físicos teóricos e matemáticos não atentaram para a tarefa de reformulá-la usando a linguagem das equações diferenciais parciais. Seis meses após o artigo pioneiro de Heisenberg, Schrödinger propôs a mecânica ondulatória. Contudo, uma inspeção mais minuciosa de seus artigos revelam que ele não foi, de modo algum, influenciado pelos trabalhos prévios de Heisenberg, Born e Jordan. Em vez disto, a cadeia de raciocínio que levou Schrödinger a formular a mecânica ondulatória tem suas raízes na analogia de W.R. Hamilton entre a óptica e a mecânica, acerca da qual falaremos posteriormente, e na hipótese onda-partícula de L. de Broglie. Uma vez formulada a mecânica quântica, várias pessoas, entre elas o próprio Schrödinger, mostraram a equivalência entre a mecânica ondulatória e a mecânica matricial.

Partimos do pressuposto, neste livro, de que o leitor tenha alguma experiência em resolver equações de onda dependentes e independentes do tempo. Ela ou ele deveria estar familiarizada(o) com a evolução temporal de um pacote de ondas gaussiano em uma região livre de forças; deveria ser capaz de resolver problemas unidimensionais de reflexão e transmissão envolvendo barreiras retangulares e semelhantes; deveria ter deduzido algumas soluções simples da equação de onda independente do tempo

---

[5] O artigo de Schrödinger que anunciou (2.4.11) foi apropriadamente entitulado *Quantisierung als Eigenwertproblem* (Quantização enquanto um Problema de Autovalores).

– uma partícula em uma caixa, uma partícula em um poço quadrado, o oscilador harmônico simples, o átomo de hidrogênio e assim por diante; e deveria também estar familiarizada(o) com algumas das propriedades gerais das autofunções e autovalores de energia, tais como (1) o fato de que os níveis de energia apresentam um espectro discreto ou contínuo, dependendo de (2.4.12) ser satisfeita ou não, e (2) a propriedade que a autofunção de energia em uma dimensão é *sinusoidal* ou *amortecida*, dependendo de $E - V(\mathbf{x}')$ ser positivo ou negativo.

Neste livro, não abordamos estes tópicos e soluções mais elementares minuciosamente. Alguns destes (por exemplo, o oscilador harmônico e o átomo de hidrogênio) são explorados, mas em um nível matemático mais alto que aquele normalmente visto em nível de cursos de graduação. De qualquer maneira, um breve sumário de soluções elementares das equações de Schrödinger é apresentado no Apêndice B.

Interpretações da função de onda

Voltemo-nos agora para a discussão acerca da interpretação física da função de onda. Na Seção 1.7, tecemos alguns comentários a respeito da interpretação probabilística de $|\psi|^2$ que advinha do fato de que $\langle \mathbf{x}' | \alpha, t_0; t \rangle$ devia ser visto como um coeficiente da expansão de $|\alpha, t_0; t\rangle$ em termos dos autovetores de posição $\{|\mathbf{x}'\rangle\}$. A grandeza $\rho(\mathbf{x}', t)$, definida através de

$$\rho(\mathbf{x}', t) = |\psi(\mathbf{x}', t)|^2 = |\langle \mathbf{x}'|\alpha, t_0; t\rangle|^2 \qquad (2.4.14)$$

é, portanto, interpretada como sendo a **densidade de probabilidade** na mecânica ondulatória. Especificamente, quando usamos um detector que confirma a presença de uma partícula dentro de um pequeno elemento de volume d^3x' no entorno de $\mathbf{x}'$, a probabilidade de registrarmos um resultado positivo em um dado tempo t é dada por $\rho(\mathbf{x}', t)d^3x'$.

Daqui até o final desta seção usaremos $\mathbf{x}$ no lugar de $\mathbf{x}'$ pois o operador posição não aparece. Usando a equação de onda de Schrödinger dependente do tempo, podemos deduzir diretamente a equação de continuidade

$$\frac{\partial \rho}{\partial t} + \nabla \cdot \mathbf{j} = 0, \qquad (2.4.15)$$

onde $\rho(\mathbf{x}, t)$ representa $|\psi|^2$ como antes, e $\mathbf{j}(\mathbf{x},t)$, conhecido como **corrente de probabilidade**[‡], é dado por

$$\begin{aligned}\mathbf{j}(\mathbf{x},t) &= -\left(\frac{i\hbar}{2m}\right)\left[\psi^*\nabla\psi - (\nabla\psi^*)\psi\right] \\ &= \left(\frac{\hbar}{m}\right)\text{Im}(\psi^*\nabla\psi).\end{aligned} \qquad (2.4.16)$$

A realidade do potencial V (ou a hermiticidade do operador V) teve um papel crucial na obtenção deste resultado. Contrariamente, um potencial complexo pode responder, fenomenologicamente, pelo desaparecimento de uma partícula. Potenciais deste tipo são frequentemente usados em reações nucleares onde partículas incidentes são absorvidas pelo núcleo.

[‡] N. de T.: No original, *probability flux*.

É de se esperar, intuitivamente, que o fluxo de probabilidade **j** esteja relacionado ao momento. E isto é, na realidade, correto se **j** for *integrado sobre todo o espaço*. De (2.4.16), obtemos

$$\int d^3 x \mathbf{j}(\mathbf{x},t) = \frac{\langle \mathbf{p} \rangle_t}{m}, \tag{2.4.17}$$

onde $\langle \mathbf{p} \rangle_t$ é o valor esperado do operador momento no instante t.

A equação (2.4.15) é reminiscente da equação da continuidade da mecânica de fluidos, que caracteriza o escoamento de um fluido em uma região livre de fontes e sorvedouros. Na verdade, do ponto de vista histórico, Schrödinger primeiramente interpretou $|\psi|^2$ como sendo a própria densidade de massa, e $e|\psi|^2$ como a densidade de carga elétrica. Se adotássemos este ponto de vista, seríamos levados a algumas consequências um tanto bizarras.

Um argumento típico para uma medida de posição seria o seguinte: um elétron atômico deveria ser visto como uma distribuição contínua de matéria que preenche uma região finita do espaço no entorno do núcleo; ainda assim, quando fizéssemos uma medida para ter certeza de que o elétron se encontra em algum ponto particular, esta distribuição contínua de matéria repentinamente encolher-se-ia a uma partícula pontual sem extensão espacial. A *interpretação estatística* mais satisfatória de $|\psi|^2$, como sendo uma densidade de probabilidade, foi feita pela primeira vez por M. Born.

Para entendermos o significado físico da função de onda, podemos escrevê-la como

$$\psi(\mathbf{x},t) = \sqrt{\rho(\mathbf{x},t)} \exp\left[\frac{i S(\mathbf{x},t)}{\hbar}\right], \tag{2.4.18}$$

com S real e $\rho > 0$, algo que sempre pode ser feito para qualquer função complexa de $\mathbf{x}$ e t. O significado de ρ já sabemos. Qual a interpretação física de S? Observando que

$$\psi^* \nabla \psi = \sqrt{\rho}\, \nabla(\sqrt{\rho}) + \left(\frac{i}{\hbar}\right) \rho \nabla S, \tag{2.4.19}$$

podemos escrever o fluxo de probabilidade como [veja (2.4.16)]

$$\mathbf{j} = \frac{\rho \nabla S}{m}. \tag{2.4.20}$$

Podemos ver agora que há mais na função de onda que o simples fato de $|\psi|^2$ ser uma densidade de probabilidade – o gradiente da fase S contém uma informação vital: de (2.4.20), podemos ver que a *variação espacial da fase* da função de onda caracteriza o fluxo de probabilidade. Quanto mais pronunciada a variação de fase, mais intenso é o fluxo. A direção de **j** para algum ponto **x** é normal à superfície de uma fase constante que passa por aquele ponto. No exemplo particularmente simples de uma onda plana (uma autofunção do momento),

$$\psi(\mathbf{x},t) \propto \exp\left(\frac{i \mathbf{p} \cdot \mathbf{x}}{\hbar} - \frac{i E t}{\hbar}\right), \tag{2.4.21}$$

onde **p** representa o autovalor do operador momento. Isto é algo evidente pois

$$\nabla S = \mathbf{p}. \tag{2.4.22}$$

De modo mais geral, é tentador interpretarmos $\nabla S/m$ como um tipo de "velocidade"

$$\text{"}\mathbf{v}\text{"} = \frac{\nabla S}{m}, \tag{2.4.23}$$

e escrever a equação da continuidade (2.4.15) como

$$\frac{\partial \rho}{\partial t} + \nabla \cdot (\rho \text{ "}\mathbf{v}\text{"}) = 0, \tag{2.4.24}$$

da mesma maneira como fazemos na mecânica de fluidos. Contudo, gostaríamos de preveni-lo com respeito a qualquer interpretação demasiadamente literal de **j** como sendo ρ vezes a velocidade definida para todo ponto do espaço, pois uma medida de precisão simultânea da posição e do momento necessariamente violaria o princípio da incerteza.

O limite clássico

Discutiremos agora o limite clássico da mecânica ondulatória. Primeiro, substituímos ψ escrito na forma (2.4.18) em ambos os lados da equação de onda dependente do tempo. Uma diferenciação direta nos leva a

$$-\left(\frac{\hbar^2}{2m}\right)$$
$$\times \left[\nabla^2 \sqrt{\rho} + \left(\frac{2i}{\hbar}\right)(\nabla \sqrt{\rho}) \cdot (\nabla S) - \left(\frac{1}{\hbar^2}\right)\sqrt{\rho}|\nabla S|^2 + \left(\frac{i}{\hbar}\right)\sqrt{\rho}\nabla^2 S\right] + \sqrt{\rho} V$$
$$= i\hbar \left[\frac{\partial \sqrt{\rho}}{\partial t} + \left(\frac{i}{\hbar}\right)\sqrt{\rho}\frac{\partial S}{\partial t}\right]. \tag{2.4.25}$$

Até este ponto, tudo é exato. Suponhamos agora que se possa, em certo sentido, considerar $\hbar$ como sendo algo pequeno. O significado físico preciso desta aproximação, à qual voltaremos posteriormente, não é evidente no momento, mas suponhamos que

$$\hbar|\nabla^2 S| \ll |\nabla S|^2 \tag{2.4.26}$$

e assim por diante. Podemos juntar os termos em (2.4.25) que não contêm $\hbar$ explicitamente para, assim, obtermos, para S, uma equação não linear a derivadas parciais:

$$\frac{1}{2m}|\nabla S(\mathbf{x},t)|^2 + V(\mathbf{x}) + \frac{\partial S(\mathbf{x},t)}{\partial t} = 0. \tag{2.4.27}$$

Reconhecemos esta equação como sendo a **equação de Hamilton-Jacobi** da mecânica clássica, escrita pela primeira vez em 1836, onde $S(\mathbf{x},t)$ é a função principal de Hamilton. Deste modo, não é de surpreender que no limite $\hbar \to 0$ a mecânica clássica esteja contida na mecânica ondulatória de Schrödinger. Dispomos de uma interpretação semiclássica da fase da função de onda: $\hbar$ vezes a fase é igual à função principal de Hamilton, desde que possamos considerar $\hbar$ como sendo pequeno.

Olhemos agora para o estado estacionário com a dependência temporal $\exp(-iEt/\hbar)$. Antecipamos esta forma da dependência temporal do fato de que, para um sistema clássico com um Hamiltoniano constante, a função principal de Hamilton S é separável:

$$S(x, t) = W(x) - Et, \qquad (2.4.28)$$

onde $W(x)$ é chamada de **função característica de Hamilton** (Goldstein 2002, pp 440-44). À medida que o tempo passa, a superfície de S constante avança de modo muito semelhante à maneira pela qual uma superfície de fase constante na óptica ondulatória – uma "frente de onda" – avança. O momento na teoria clássica de Hamilton-Jacobi é dada por

$$\mathbf{P}_{\text{class}} = \nabla S = \nabla W, \qquad (2.4.29)$$

que é consistente com nossa identificação prévia de $\nabla S/m$ como sendo uma espécie de velocidade. Na mecânica clássica, o vetor velocidade é tangencial à trajetória da partícula, e devido a isso podemos seguir a trajetória acompanhando, continuamente, a direção do vetor velocidade. A trajetória da partícula é como um raio da óptica geométrica, pois o ∇S que delinea a trajetória é normal à frente de onda definida por um S constante. Nesta acepção, a óptica geométrica está para a óptica ondulatória assim como a mecânica clássica está para a mecânica ondulatória.

Podemos nos perguntar, olhando para trás, o motivo pelo qual esta analogia optomecânica não tenha sido explorada mais completamente no século XIX. A razão para tal é que não havia, então, motivação para considerar a função principal de Hamilton como sendo a fase de alguma onda propagante; a natureza ondulatória de uma partícula material não se tornou aparente até os anos 1920. Além disso, a unidade básica de ação $\hbar$, que deve entrar em (2.4.18) por questões dimensionais, não era conhecida da física daquele século.

2.5 ■ SOLUÇÕES ELEMENTARES DA EQUAÇÃO DE ONDA DE SCHRÖDINGER

Não é somente instrutivo, como também útil, darmos uma olhada em algumas soluções elementares da equação (2.4.11) para escolhas particulares da função energia potencial $V(\mathbf{x})$. Nesta seção, escolhemos alguns exemplos que ilustram a física contemporânea e/ou serão úteis nos capítulos posteriores deste livro.

Partícula livre em três dimensões

O caso $V(\mathbf{x}) = 0$ é de uma importância fundamental. Consideraremos aqui a solução da equação de Schrödinger em três dimensões usando coordenadas cartesianas. A solução em coordenadas esféricas será postergada para quando tratarmos do momento angular no próximo capítulo. A equação (2.4.11) se torna

$$\nabla^2 u_E(\mathbf{x}) = -\frac{2mE}{\hbar^2} u_E(\mathbf{x}). \qquad (2.5.1)$$

Defina um vetor $\mathbf{k}$ de acordo com

$$\mathbf{k}^2 = k_x^2 + k_y^2 + k_z^2 \equiv \frac{2mE}{\hbar^2} = \frac{\mathbf{p}^2}{\hbar^2}, \qquad (2.5.2)$$

isto é, $\mathbf{p} = \hbar\mathbf{k}$. A equação diferencial (2.5.1) pode ser facilmente resolvida usando-se a técnica de "separação de variáveis". Escrevendo

$$u_E(\mathbf{x}) = u_x(x)u_y(y)u_z(z), \tag{2.5.3}$$

chegamos a

$$\left[\frac{1}{u_x}\frac{d^2u_x}{dx^2} + k_x^2\right] + \left[\frac{1}{u_y}\frac{d^2u_y}{dy^2} + k_y^2\right] + \left[\frac{1}{u_z}\frac{d^2u_z}{dz^2} + k_z^2\right] = 0 \tag{2.5.4}$$

Isto leva a soluções individuais tipo onda plana $u_w(w) = c_w e^{ik_w w}$ para $\omega = x, y, z$. Observe que se obtém os mesmos valores E de energia para $\pm k_\omega$.

Juntando estas soluções e combinando as constantes de normalização, obtemos

$$u_E(\mathbf{x}) = c_x c_y c_z e^{ik_x x + ik_y y + ik_z z} = C e^{i\mathbf{k}\cdot\mathbf{x}}. \tag{2.5.5}$$

A constante de normalização C apresenta as dificuldades usuais, que são normalmente tratadas com o uso de uma condição de normalização tipo função-δ. Contudo, é conveniente em muitos casos utilizar um normalização de "caixa grande", onde todo o espaço esteja contido em um cubo cujos lados tenham tamanho L. Impomos condições periódicas de contorno na caixa, obtendo, assim, uma constante de normalização C finita. Para quaisquer cálculos reais, simplesmente tomamos o limite $L \to \infty$ no final das contas.

Ao impormos a condição $u_x(x + L) = u_x(x)$, obtemos $k_x L = 2\pi n_x$, onde n_x é um inteiro. Isto é,

$$k_x = \frac{2\pi}{L}n_x, \qquad k_y = \frac{2\pi}{L}n_y, \qquad k_z = \frac{2\pi}{L}n_z, \tag{2.5.6}$$

e o critério de normalização se torna

$$1 = \int_0^L dx \int_0^L dy \int_0^L dz\, u_E^*(\mathbf{x}) u_E(\mathbf{x}) = L^3 |C|^2, \tag{2.5.7}$$

em cujo caso $C = 1/L^{3/2}$ e

$$u_E(\mathbf{x}) = \frac{1}{L^{3/2}} e^{i\mathbf{k}\cdot\mathbf{x}}. \tag{2.5.8}$$

O autovalor de energia é

$$E = \frac{\mathbf{p}^2}{2m} = \frac{\hbar^2 \mathbf{k}^2}{2m} = \frac{\hbar^2}{2m}\left(\frac{2\pi}{L}\right)^2 \left(n_x^2 + n_y^2 + n_z^2\right). \tag{2.5.9}$$

A degenerescência sêxtupla que mencionamos anteriormente corresponde às seis combinações de ($\pm n_x$, $\pm n_y$, $\pm n_z$), mas na realidade a degenerescência pode ser muito maior, uma vez que para alguns casos há várias combinações de n_x, n_y e n_z que resultam em um mesmo E. Na verdade, no limite (realista) para o qual L se torna muito grande, pode haver um grande número de estados N que têm uma energia entre E e $E + dE$. Esta "densidade de estados" dN/dE representa uma importante grandeza para cálculos em processos que incluam partículas livres. Veja, por exemplo, a discussão do efeito fotoelétrico na Seção 5.8.

Para calcular a densidade de estados, imagine uma casca esférica no espaço $\mathbf{k}$ de raio $|\mathbf{k}| = 2\pi|\mathbf{n}|/L$ e espessura $d|\mathbf{k}| = 2\pi d|\mathbf{n}|/L$. Todos os estados dentro desta casca têm energia $E = \hbar^2 \mathbf{k}^2/2m$. O número de estados dN dentro desta casca é dado por $4\pi\mathbf{n}^2 d|\mathbf{n}|$. Portanto,

$$\frac{dN}{dE} = \frac{4\pi \mathbf{n}^2 d|\mathbf{n}|}{\hbar^2 |\mathbf{k}| d|\mathbf{k}|/m} = \frac{4\pi}{\hbar^2} m \left(\frac{L}{2\pi}\right)^2 |\mathbf{k}| \frac{L}{2\pi}$$

$$= \frac{m^{3/2} E^{1/2} L^3}{\sqrt{2}\pi^2 \hbar^3}. \tag{2.5.10}$$

Em um cálculo "real" típico, a densidade de estados será multiplicada por alguma probabilidade que envolva $u_E^*(\mathbf{x}) u_E(\mathbf{x})$. Neste caso, os fatores de L^3 cancelar-se-ão explicitamente, de tal modo que o limite $L \to \infty$ torna-se trivial. A normalização de "caixa grande" também produz a resposta correta para o fluxo de probabilidade. Reescrevendo (2.4.21) com esta normalização, temos

$$\psi(\mathbf{x},t) = \frac{1}{L^{3/2}} \exp\left(\frac{i\mathbf{p}\cdot\mathbf{x}}{\hbar} - \frac{iEt}{\hbar}\right), \tag{2.5.11}$$

em cujo caso encontramos

$$\mathbf{j}(\mathbf{x},t) = \frac{\hbar}{m} \text{Im}(\psi^* \nabla \psi) = \frac{\hbar \mathbf{k}}{m} \frac{1}{L^3} = \mathbf{v}\rho, \tag{2.5.12}$$

onde $\rho = 1/L^3$ é, de fato, a densidade de probabilidade.

O oscilador harmônico simples

Na Seção 2.3, vimos uma elegante solução para o caso $V(x) = m\omega^2 x^2/2$ que nos dava os autovalores de energia, os autoestados e funções de onda. Aqui, demonstraremos uma abordagem diferente para resolver a equação diferencial

$$-\frac{\hbar^2}{2m} \frac{d^2}{dx^2} u_E(x) + \frac{1}{2} m\omega^2 x^2 u_E(x) = E u_E(x). \tag{2.5.13}$$

Nossa abordagem introduzirá o conceito de *funções geratrizes*, uma técnica geralmente útil que surge em muitos tratamentos de problemas diferenciais de autovalores.

Primeiro, transformemos (2.5.13) utilizando a posição adimensional $y \equiv x/x_0$, onde $x_0 \equiv \sqrt{\hbar/m\omega}$. Introduzamos também uma variável de energia adimensional $\varepsilon \equiv 2E/\hbar\omega$. A equação diferencial que temos que resolver fica assim

$$\frac{d^2}{dy^2} u(y) + (\varepsilon - y^2) u(y) = 0. \tag{2.5.14}$$

Para $y \to \pm\infty$, a solução deve tender a zero, caso contrário a função de onda não seria normalizável e, portanto, não física. A equação diferencial $w''(y) - y^2 w(y) = 0$ tem soluções do tipo $w(y) \propto \exp(\pm y^2/2)$, de modo que temos que escolher a de sinal negativo. Então, "removemos" o comportamento assintótico da função de onda escrevendo

$$u(y) = h(y) e^{-y^2/2}, \tag{2.5.15}$$

2.5 Soluções Elementares da Equação de Onda de Schrödinger

onde a função $h(y)$ satisfaz a equação diferencial

$$\frac{d^2h}{dy^2} - 2y\frac{dh}{dy} + (\varepsilon - 1)h(y) = 0. \quad (2.5.16)$$

Até este ponto, seguimos a solução tradicional do oscilador harmônico simples como encontrada em muitos livros-texto. Tipicamente, procurar-se-ia agora por uma solução em série para $h(y)$ e descobrir-se-ia que uma solução normalizada só seria possível se a série fosse truncada (na verdade, nós usamos esta abordagem para o oscilador harmônico isotrópico tridimensional. Veja a Seção 3.7). Este truncamento é imposto com a condição de que $\varepsilon - 1$ seja um inteiro par e não negativo $2n$, $n = 0, 1, 2, \ldots$. As soluções são, então, escritas usando-se os polinômios $h_n(y)$ daí resultantes. Obviamente, $\varepsilon - 1 = 2n$ é equivalente a $E = \left(n + \frac{1}{2}\right)\hbar\omega$, a relação de quantização (2.3.22).

Adotemos aqui uma abordagem diferente. Considere os "polinômios de Hermite" $H_n(x)$ definidos pela "função geratriz" $g(x, t)$ via

$$g(x,t) \equiv e^{-t^2 + 2tx} \quad (2.5.17a)$$

$$\equiv \sum_{n=0}^{\infty} H_n(x)\frac{t^n}{n!}. \quad (2.5.17b)$$

Algumas propriedades de $H_n(x)$ são imediatamente óbvias. Por exemplo, $H_0(x) = 1$. Também, uma vez que

$$g(0,t) = e^{-t^2} = \sum_{n=0}^{\infty} \frac{(-1)^n}{n!} t^{2n}, \quad (2.5.18)$$

é óbvio que $H_n(0) = 0$ se n for ímpar, uma vez que esta série envolve apenas potências pares de t. Por outro lado, se nos restringirmos a valores pares de n, temos

$$g(0,t) = e^{-t^2} = \sum_{n=0}^{\infty} \frac{(-1)^{(n/2)}}{(n/2)!} t^n = \sum_{n=0}^{\infty} \frac{(-1)^{(n/2)}}{(n/2)!} \frac{n!}{n!} t^n \quad (2.5.19)$$

e, portanto, $H_n(0) = (-1)^{n/2} n!/(n/2)!$. Também, uma vez que $g(-x, t)$ reverte o sinal apenas dos termos em potências ímpares de t, $H_n(-x) = (-1)^n H_n(x)$.

Podemos tomar as derivadas de $g(x,t)$ para construirmos os polinômios de Hermite usando relações de recorrência entre eles e suas derivadas. O truque é que podemos diferenciar a forma analítica da função geratriz (2.5.17a) ou a forma em série de potências (2.5.17b) e, então, compararmos os resultados. Por exemplo, se fizermos a derivada usando (2.5.17a), então

$$\frac{\partial g}{\partial x} = 2tg(x,t) = \sum_{n=0}^{\infty} 2H_n(x)\frac{t^{n+1}}{n!} = \sum_{n=0}^{\infty} 2(n+1)H_n(x)\frac{t^{n+1}}{(n+1)!}, \quad (2.5.20)$$

onde inserimos a definição da função geratriz em forma de série após feitas as derivadas. Por outro lado, podemos tomar as derivadas de (2.5.17b) diretamente, e, neste caso,

$$\frac{\partial g}{\partial x} = \sum_{n=0}^{\infty} H'_n(x)\frac{t^n}{n!}. \quad (2.5.21)$$

Uma comparação entre (2.5.20) e (2.5.21) nos mostra que

$$H'_n(x) = 2nH_{n-1}(x). \qquad (2.5.22)$$

Esta informação é suficiente para construirmos os polinômios de Hermite:

$$H_0(x) = 1$$

assim $H'_1(x) = 2$, e portanto $H_1(x) = 2x$

assim $H'_2(x) = 8x$, e portanto $H_2(x) = 4x^2 - 2$

assim $H'_3(x) = 24x^2 - 12$, e portanto $H_3(x) = 8x^3 - 12x$

$$\vdots$$

Até aqui, isto nada mais é que um exercício curioso de matemática. Para vermos sua relevância para o oscilador harmônico simples, considere a derivada da função geratriz com respeito a t. Se começarmos por (2.5.17a), então

$$\frac{\partial g}{\partial t} = -2tg(x,t) + 2xg(x,t)$$

$$= -\sum_{n=0}^{\infty} 2H_n(x)\frac{t^{n+1}}{n!} + \sum_{n=0}^{\infty} 2xH_n(x)\frac{t^n}{n!}$$

$$= -\sum_{n=0}^{\infty} 2nH_{n-1}(x)\frac{t^n}{n!} + \sum_{n=0}^{\infty} 2xH_n(x)\frac{t^n}{n!}. \qquad (2.5.23)$$

Ou, se diferenciarmos (2.5.17b), então teremos

$$\frac{\partial g}{\partial t} = \sum_{n=0}^{\infty} nH_n(x)\frac{t^{n-1}}{n!} = \sum_{n=0}^{\infty} H_{n+1}(x)\frac{t^n}{n!}. \qquad (2.5.24)$$

Comparando (2.5.23) e (2.5.24), obtemos a relação de recorrência

$$H_{n+1}(x) = 2xH_n(x) - 2nH_{n-1}(x), \qquad (2.5.25)$$

que combinamos com (2.5.22) para acharmos

$$H''_n(x) = 2n \cdot 2(n-1)H_{n-2}(x)$$
$$= 2n\left[2xH_{n-1}(x) - H_n(x)\right]$$
$$= 2xH'_n(x) - 2nH_n(x). \qquad (2.5.26)$$

Em outras palavras, os polinômios de Hermite satisfazem a equação diferencial

$$H''_n(x) - 2xH'_n(x) + 2nH_n(x) = 0, \qquad (2.5.27)$$

onde n é um inteiro não negativo. Isto, contudo, nada mais é que a equação de Schrödinger escrita como (2.5.16), uma vez que $\varepsilon - 1 = 2n$. Ou seja, as funções de onda para o oscilador harmônico simples são dadas por

$$u_n(x) = c_n H_n\left(x\sqrt{\frac{m\omega}{\hbar}}\right) e^{-m\omega x^2/2\hbar} \qquad (2.5.28)$$

a menos de uma constante de normalização c_n. Esta constante pode ser determinada a partir da relação de ortogonalidade

$$\int_{-\infty}^{\infty} H_n(x) H_m(x) e^{-x^2} = \pi^{1/2} 2^n n! \delta_{nm}, \qquad (2.5.29)$$

que pode ser facilmente provada usando-se a função geratriz. Veja o Problema 2.21 ao final deste capítulo.

Funções geratrizes são de uma utilidade que vai muito além das limitadas aplicações por nós aqui estudadas. Entre outras coisas, muitos dos polinômios ortogonais que aparecem ao resolvermos a equação de Schrödinger para diferentes potenciais podem ser deduzidos de funções geratrizes. Veja, por exemplo, o Problema 3.22 do Capítulo 3. Encorajamos aqueles interessados em se aprofundar neste assunto fazê-lo com um entre os muitos excelentes textos sobre física matemática.

O potencial linear

Talvez o primeiro potencial com estados ligados que nos surge à mente seja o potencial linear, ou seja

$$V(x) = k|x|, \qquad (2.5.30)$$

onde k é uma constante arbitrária positiva. Dada uma energia total E, este potencial tem um ponto clássico de retorno para um valor de $x = a$, onde $E = ka$. Este ponto será importante para compreendermos o comportamento quântico de uma partícula de massa m presa por este potencial.

A equação de Schrödinger torna-se

$$-\frac{\hbar^2}{2m}\frac{d^2 u_E}{dx^2} + k|x| u_E(x) = E u_E(x). \qquad (2.5.31)$$

É mais fácil lidarmos com o valor absoluto restringindo nossa atenção para $x \geq 0$. Podemos fazer isto, pois $V(-x) = V(x)$, de modo que há dois tipos de solução, a saber $u_E(-x) = \pm u_E(x)$. Em cada um dos casos, temos que ter $u_E(x)$ tendendo a zero quando $x \to \infty$. Se $u_E(-x) = -u_E(x)$, então precisamos que $u_E(0) = 0$. Por outro lado, se $u_E(-x) = +u_E(x)$, nós temos $u'_E(0) = 0$, pois $u_E(\epsilon) - u_E(-\epsilon) \equiv 0$, mesmo que $\epsilon \to 0$ (uma vez que discutiremos isto no Capítulo 4, referimo-nos a estas soluções como sendo de paridade "ímpar" ou "par").

Novamente escrevemos a equação diferencial em termos de variáveis adimensionais, baseadas em escalas apropriadas para comprimento e energia. Neste caso, a escala de comprimento adimensional é $x_0 = (\hbar^2/mk)^{1/3}$, e a escala de energia adimensional é $E_0 = kx_0 = (\hbar^2 k^2/m)^{1/3}$. Definindo $y \equiv x/x_0$ e $\varepsilon \equiv E/E_0$, podemos reescrever (2.5.31) como

$$\frac{d^2 u_E}{dy^2} - 2(y - \varepsilon) u_E(y) = 0 \qquad y \geq 0. \qquad (2.5.32)$$

Observe que $y = \varepsilon$ quando $x = E/k$ – isto é, o ponto clássico de retorno $x = a$. De fato, quando definimos uma variável de posição transladada $z \equiv 2^{1/3}(y - \varepsilon)$, a equação (2.5.32) torna-se

$$\frac{d^2 u_E}{dz^2} - z u_E(z) = 0 \qquad (2.5.33)$$

Esta é a equação de Airy, cuja solução, a função de Airy Ai(z), está representada na Figura 2.3. Ela tem um comportamento peculiar: oscila para valores do argumento negativos e cai rapidamente a zero para valores positivos dele. Isso é claro, pois é justamente o tipo de comportamento que esperamos para a função de onda, uma vez que $z = 0$ é o ponto clássico de retorno.

Observe que as condições de fronteira em $x = 0$ se traduzem em zeros para Ai$'(z)$ ou Ai(z), onde $z = -2^{1/3}\varepsilon$. Em outras palavras, os zeros da função de Airy ou de sua derivada determinam as energias quantizadas. Os valores encontrados são

$$\text{Ai}'(z) = 0 \quad \text{para } z = -1{,}019, -3{,}249, -4{,}820, \ldots \quad (\text{par}) \qquad (2.5.34)$$

$$\text{Ai}(z) = 0 \quad \text{para } z = -2.338, -4{,}088, -5{,}521, \ldots \quad (\text{ímpar}) \qquad (2.5.35)$$

Por exemplo, a energia do estado fundamental é $E = (1{,}019/2^{1/3})(\hbar^2 k^2/m)^{1/3}$.

O tratamento teórico do potencial linear no caso quântico pode parecer ter pouco a ver com o mundo real. Acontece, porém, que um potencial do tipo (2.5.30) é, na realidade, de interesse prático no estudo do espectro de energia de um sistema ligado quark-antiquark chamado **quarkonium**. Neste caso, o x em (2.5.30) é substituído pela distância r de separação quark-antiquark. A constante k é estimada empiricamente como estando na proximidade de

$$1 \text{ GeV/fm} \simeq 1{,}6 \times 10^5 \text{ N}, \qquad (2.5.36)$$

que corresponde a uma força gravitacional de aproximadamente 16 toneladas.

Na verdade um outro exemplo do mundo real é o pontencial linear de uma "bola quicante"[‡]. Interpretamos (2.5.30) como a energia potencial de uma bola de massa m a uma altura x do chão, e $k = mg$, onde g é a aceleração local devido à gravidade. É claro que esta é a energia potencial apenas no caso onde $x \geq 0$, pois há uma barreira de potencial infinita que faz a bola "ricochetear". Do ponto de vista da mecânica quântica, isto significa que apenas as soluções ímpares (2.5.35) são permitidas.

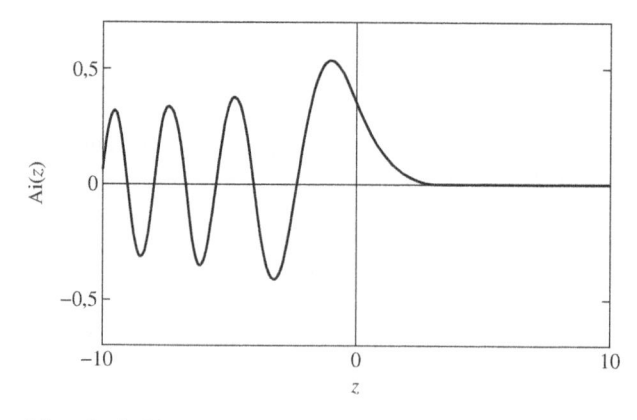

FIGURA 2.3 A função de Airy.

[‡] N. de T.: No original, *bouncing ball*.

A bola quicante é um daqueles casos raros onde efeitos quânticos podem ser observados macroscopicamente. O truque consiste em conseguir uma "bola" de massa muito pequena, o que foi conseguido com nêutrons por um grupo[6] do Institut Laue-Langevin (ILL) de Grenoble, França. Para nêutrons com $m = 1,68 \times 10^{-27}$ kg, o comprimento de escala característico é $x_0 = (\hbar^2/m^2 g)^{1/3} = 7,40$ μm. As "alturas permitidas" até as quais um nêutron pode ricochetear são $(2,338/2^{1/3})x_0 = 14$ μm, $(4,088/2^{1/3})x_0 = 24$ μm, $(5,521/2^{1/3})x_0 = 32$ μm e assim por diante. Estas alturas são pequenas (mas mensuráveis com dispositivos mecânicos de precisão) e os nêutrons de energia muito baixa (chamados de "ultrafrios"). Os resultados experimentais são mostrados na Figura 2.4. O que está representado é a taxa de detecção de nêutrons como função da altura de uma fenda que permite a passagem de nêutrons somente se eles excederem esta altura. Não se observa quaisquer nêutrons a menos que a altura seja no mínimo ≈ 14 μm, e se observam claramente quebras em ≈ 24 μm e ≈ 32 μm, em ótima concordância com as previsões da mecânica quântica.

A aproximação WKB (semiclássica)

Tendo resolvido o problema do potencial linear, vale a pena introduzir uma importante técnica aproximativa conhecida como a solução WKB devido a G. Wentzel, A. Kramers e L. Brillouin.[7] Esta técnica baseia-se no uso de regiões onde o comprimento de onda é muito menor que as distâncias típicas sobre as quais a energia potencial varia. Este *nunca* é o caso dos pontos de retorno clássicos, mas este é o local onde a solução do potencial linear pode ser usada para juntar as soluções de ambos os seus lados.

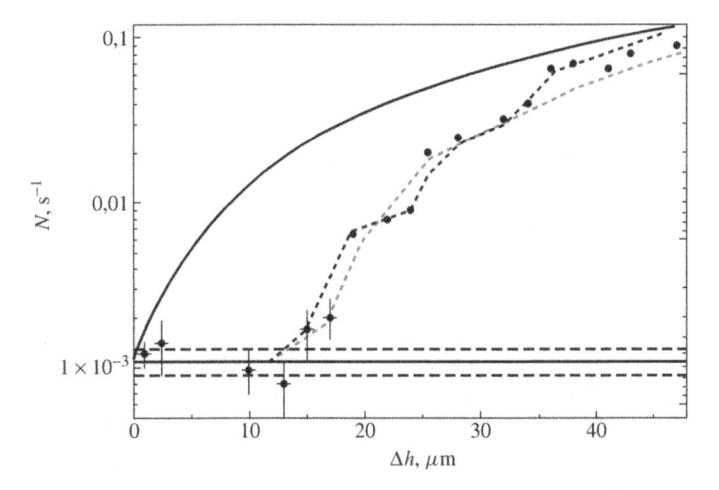

FIGURA 2.4 Observação experimental dos estados quânticos de um nêutron ricocheteante, de V.V. Nesvizhevsky et. al, *Phys. Rev. D* **67** (2003) 102002. A linha sólida é um ajuste de dados baseado na física clássica. Observe que a escala vertical é logarítmica.

---

[6] Veja V.V. Nesvizhevsky et. al, *Phys. Rev. D* **67** (2003) 102002, e V.V. Nesvizhevsky et. al., *Eur. Phys. J. C* **40** (2005) 4792005.

[7] Uma técnica similar havia sido utilizada antes por H. Jeffreys; alguns livros ingleses chamam-na, assim, de solução JWKB.

Restringindo-nos novamente a uma dimensão, escrevamos a equação de onda de Schrödinger na forma

$$\frac{d^2 u_E}{dx^2} + \frac{2m}{\hbar^2}(E - V(x))u_E(x) = 0. \quad (2.5.37)$$

Defina as grandezas

$$k(x) \equiv \left[\frac{2m}{\hbar^2}(E - V(x))\right]^{1/2} \quad \text{para } E > V(x) \quad (2.5.38a)$$

e

$$k(x) \equiv -i\kappa(x) \equiv -i\left[\frac{2m}{\hbar^2}(V(x) - E)\right]^{1/2} \quad \text{para } E < V(x), \quad (2.5.38b)$$

de tal modo que (2.5.37) se torna

$$\frac{d^2 u_E}{dx^2} + [k(x)]^2 u_E(x) = 0. \quad (2.5.39)$$

Agora, se $V(x)$ não variasse em x, então $k(x)$ seria uma constante e $u(x) \propto \exp(\pm ikx)$ seria solução de (2.5.39). Consequentemente, se supormos que $V(x)$ varie apenas "lentamente" em x, somos tentados a experimentar uma solução da forma

$$u_E(x) \equiv \exp[iW(x)/\hbar]. \quad (2.5.40)$$

(O motivo de incluirmos $\hbar$ se tornará aparente ao final desta seção, quando discutirmos a interpretação física da aproximação WKB.) Neste caso, (2.5.39) se torna

$$i\hbar \frac{d^2 W}{dx^2} - \left(\frac{dW}{dx}\right)^2 + \hbar^2 [k(x)]^2 = 0, \quad (2.5.41)$$

que é completamente equivalente à equação de Schrödinger, embora rescrita numa forma que nos parece um tanto quanto desagradável. Contudo, estamos considerando uma solução desta equação sob a condição

$$\hbar \left|\frac{d^2 W}{dx^2}\right| \ll \left|\frac{dW}{dx}\right|^2. \quad (2.5.42)$$

que quantifica nossa ideia de um potencial $V(x)$ que "varia lentamente", e retornaremos logo ao significado físico desta condição.

Seguindo em frente, usamos agora a condição (2.5.42) em nossa equação diferencial (2.5.41) para, com isso, escrever uma aproximação de ordem mais baixa para $W(x)$, a saber

$$W'_0(x) = \pm \hbar k(x), \quad (2.5.43)$$

o que leva a uma aproximação de primeira ordem para $W(x)$, baseada em

$$\left(\frac{dW_1}{dx}\right)^2 = \hbar^2 [k(x)]^2 + i\hbar W''_0(x)$$

$$= \hbar^2 [k(x)]^2 \pm i\hbar^2 k'(x), \quad (2.5.44)$$

onde o segundo termo em (2.5.44) é muito menor que o primeiro, de modo que

$$W(x) \approx W_1(x) = \pm \hbar \int^x dx' \left[k^2(x') \pm i k'(x') \right]^{1/2}$$

$$\approx \pm \hbar \int^x dx' k(x') \left[1 \pm \frac{i}{2} \frac{k'(x')}{k^2(x')} \right]$$

$$= \pm \hbar \int^x dx' k(x') + \frac{i}{2} \hbar \ln [k(x)]. \qquad (2.5.45)$$

A aproximação WKB para a função de onda é dada pela equação (2.5.40) e a aproximação de primeira ordem (2.5.45) para $W(x)$, ou seja

$$u_E(x) \approx \exp\left[i W(x)/\hbar \right] = \frac{1}{[k(x)]^{1/2}} \exp\left[\pm i \int^x dx' k(x') \right]. \qquad (2.5.46)$$

Note que isto especifica uma escolha de duas soluções $E > V(x)$ ou para a região onde $E < V(x)$, com $k(x)$ dado por (2.5.38a) ou para a região onde $k(x)$, com $k(x)$ dado por (2.5.38b). Nossa próxima tarefa é juntar estas duas soluções no ponto clássico de retorno.

Não discutiremos este procedimento de junção detalhadamente, uma vez que este tópico é discutido em muitos lugares (por exemplo, em Schiff 1968, pp. 268-276; ou Merzbacher 1998, Capítulo 7). Em vez disso, vamos apresentar os resultados deste tipo de análise para um poço de potencial esquematicamente representado na Figura 2.5, que possui dois pontos de retorno, x_1 e x_2. A função de onda deve se comportar como (2.5.46), com $k(x)$ dado por (2.5.38a) na região II e por (2.5.38b) nas regiões I e III. As soluções nas cercanias dos pontos de retorno, representadas como um linha tracejada na Figura 2.5, são dadas por funções de Airy, uma vez que pressupomos uma aproximação linear para o potencial nestas regiões. Observe que as dependências assintóticas da função de Airy[8] são

$$\text{Ai}(z) \to \frac{1}{2\sqrt{\pi}} z^{-1/4} \exp\left(-\frac{2}{3} z^{3/2} \right) \qquad z \to +\infty \qquad (2.5.47a)$$

$$\text{Ai}(z) \to \frac{1}{\sqrt{\pi}} |z|^{-1/4} \cos\left(\frac{2}{3} |z|^{3/2} - \frac{\pi}{4} \right) \qquad z \to -\infty \qquad (2.5.47b)$$

Para conectar as regiões I e II, a combinação linear correta das duas soluções (2.5.46) é determinada em se escolhendo as constantes de integração, de tal modo que

$$\left\{ \frac{1}{[V(x) - E]^{1/4}} \right\} \exp\left[-\left(\frac{1}{\hbar} \right) \int_x^{x_1} dx' \sqrt{2m [V(x') - E]} \right]$$

$$\to \left\{ \frac{2}{[E - V(x)]^{1/4}} \right\} \cos\left[\left(\frac{1}{\hbar} \right) \int_{x_1}^x dx' \sqrt{2m [E - V(x')]} - \frac{\pi}{4} \right]. \qquad (2.5.48)$$

---

[8] Há, na realidade, uma segunda função de Airy, $\text{Bi}(z)$, que é muito semelhante a $\text{Ai}(z)$, mas tem uma singularidade na origem. Ela é relevante à discussão aqui apresentada, mas estamos pulando os detalhes.

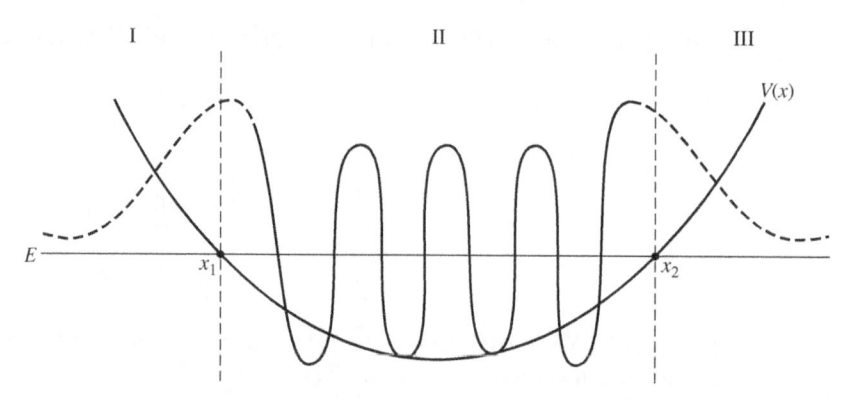

FIGURA 2.5 Diagrama esquematizado do comportamento da função de onda $u_E(x)$ no poço de potencial $V(x)$ com os pontos de retorno x_1 e x_2. Note a similaridade com a Figura 2.3 próximo aos pontos de retorno.

Do mesmo modo, da região III para a II temos

$$\left\{\frac{1}{[V(x)-E]^{1/4}}\right\} \exp\left[-\left(\frac{1}{\hbar}\right)\int_{x_2}^{x} dx' \sqrt{2m[V(x')-E]}\right] \\ \rightarrow \left\{\frac{2}{[E-V(x)]^{1/4}}\right\} -\cos\left[-\left(\frac{1}{\hbar}\right)\int_{x}^{x_2} dx' \sqrt{2m[E-V(x')]} + \frac{\pi}{4}\right]. \quad (2.5.49)$$

É claro que precisamos ter a mesma forma para a função de onda na região II, independentemente do ponto de retorno analisado. Isto implica que os argumentos do cosseno em (2.5.48) e (2.5.49) podem diferir por, no máximo, um inteiro múltiplo de π [e não 2π, pois os sinais de ambos os lados de (2.5.49) podem ficar invertidos]. Obtemos, deste modo, uma condição de consistência muito interessante:

$$\int_{x_1}^{x_2} dx \sqrt{2m[E-V(x)]} = \left(n+\tfrac{1}{2}\right)\pi\hbar \quad (n=0,1,2,3,\ldots). \quad (2.5.50)$$

A menos da diferença entre $n+\tfrac{1}{2}$ e n, esta equação nada mais é que a condição de quantização da velha teoria quântica que A. Sommerfeld e W. Wilson escreveram em 1915 como

$$\oint p\, dq = nh, \quad (2.5.51)$$

onde h é o h de Planck, e não o $\hbar$ de Dirac, e a integral é calculada sobre um período completo do movimento clássico, de x_1 até x_2 e de volta.

A equação (2.5.50) pode ser utilizada para se obter expressões aproximadas para os níveis de energia de uma partícula confinada em um poço de potencial. Como exemplo, consideremos o espectro de energia de uma bola quicando, para cima e para baixo, sobre uma superfície rígida, os "nêutrons ricocheteantes" discutidos anteriormente nesta seção, ou seja

$$V = \begin{cases} mgx, & \text{para } x > 0 \\ \infty, & \text{para } x < 0, \end{cases} \quad (2.5.52)$$

onde x representa a altura da bola medida em relação à superfície rígida. Poderíamos nos sentir tentados a usar (2.5.50) diretamente, com

$$x_1 = 0, \quad x_2 = \frac{E}{mg}, \tag{2.5.53}$$

que são os pontos de retorno clássicos do problema. Observamos, contudo, que (2.5.50) foi deduzida sob o pressuposto de que a função de onda WKB "vaza" para a região $x < x_1$, ao passo que no nosso problema a função de onda tem que ser estritamente nula para $x \leq x_1 = 0$. Uma abordagem deveras mais satisfatória para este problema é considerar as *soluções de paridade ímpar* – aquelas que garantidamente se anulam em $x = 0$ – de um problema modificado assim definido

$$V(x) = mg|x| \quad (-\infty < x < \infty) \tag{2.5.54}$$

cujos pontos de retorno são

$$x_1 = -\frac{E}{mg}, \quad x_2 = \frac{E}{mg}. \tag{2.5.55}$$

O espectro de energia dos estados ímpares deste problema modificado claramente devem ser o mesmo que o do problema original. A condição de quantização se torna

$$\int_{-E/mg}^{E/mg} dx \sqrt{2m(E - mg|x|)} = \left(n_{\text{ímpar}} + \tfrac{1}{2}\right) \pi \hbar \quad (n_{\text{ímpar}} = 1, 3, 5, \ldots) \tag{2.5.56}$$

ou, equivalentemente,

$$\int_0^{E/mg} dx \sqrt{2m(E - mgx)} = \left(n - \tfrac{1}{4}\right) \pi \hbar \quad (n = 1, 2, 3, 4, \ldots). \tag{2.5.57}$$

A integral é elementar, e obtemos

$$E_n = \left\{ \frac{\left[3\left(n - \tfrac{1}{4}\right)\pi\right]^{2/3}}{2} \right\} (mg^2 \hbar^2)^{1/3} \tag{2.5.58}$$

para os níveis de energia quantizados da bola quicante.

A Tabela 2.2 traz uma comparação da aproximação WKB com a solução exata, usando zeros da função de Airy, para os primeiros 10 níveis de energia. Podemos ver que a concordância é excelente até mesmo para valores pequenos de n, e é essencialmente exata para $n \simeq 10$.

Antes de concluirmos, voltemos à interpretação da condição (2.5.42). Ela é exata no caso em que $\hbar \to 0$, o que nos sugere uma conexão entre a aproximação WKB e o limite clássico. De fato, quando usamos (2.5.40), a função de onda dependente do tempo se torna

$$\psi(x, t) \propto u_E(x) \exp(-i Et/\hbar) = \exp(iW(x)/\hbar - i Et/\hbar). \tag{2.5.59}$$

Comparando esta expressão a (2.4.18) e a (2.4.28), podemos ver que $W(x)$ corresponde diretamente à função característica de Hamilton. Realmente, a condição (2.5.42) é

Tabela 2.2 As energias quantizadas da bola quicante em unidades de $(mg^2\hbar^2/2)^{1/3}$

n	WKB	Exato
1	2,320	2,338
2	4,082	4,088
3	5,517	5,521
4	6,784	6,787
5	7,942	7,944
6	9,021	9,023
7	10,039	10,040
8	11,008	11,009
9	11,935	11,936
10	12,828	12,829

a mesma que (2.5.46), a condição para se chegar ao limite clássico. Por esta razão, a aproximação WKB é frequentemente chamada de aproximação "semiclássica".

Observamos também que a condição (2.5.42) é equivalente a $|k'(x)| \ll |k^2(x)|$. Em termos do comprimento de onda de de Broglie dividido por 2π, esta condição se resume a

$$\lambdabar = \frac{\hbar}{\sqrt{2m[E-V(x)]}} \ll \frac{2[E-V(x)]}{|dV/dx|}. \tag{2.5.60}$$

Em outras palavras, $\lambdabar$ deve ser pequeno se comparado às distâncias características pelas quais o potencial varia apreciavelmente. Colocando de um modo um tanto impreciso, o potencial dever ser essencialmente constante por muitos comprimentos de onda. Assim, podemos ver que esta imagem semiclássica é confiável no *limte de comprimentos de onda curtos*.

2.6 ■ PROPAGADORES E INTEGRAIS DE CAMINHO DE FEYNMAN

Propagadores na mecânica ondulatória

Na Seção 2.1, mostramos como o problema mais geral de evolução temporal com um Hamiltoniano dependente do tempo pode ser resolvido uma vez expandido o ket inicial em termos dos autovetores de um observável que comute com H. Traduzamos esta afirmação na linguagem da mecânica ondulatória. Comecemos por

$$\begin{aligned}|\alpha,t_0;t\rangle &= \exp\left[\frac{-iH(t-t_0)}{\hbar}\right]|\alpha,t_0\rangle \\ &= \sum_{a'}|a'\rangle\langle a'|\alpha,t_0\rangle\exp\left[\frac{-iE_{a'}(t-t_0)}{\hbar}\right].\end{aligned} \tag{2.6.1}$$

Multiplicando ambos os lados por $\langle \mathbf{x}'|$ à esquerda, temos

$$\langle \mathbf{x}'|\alpha,t_0;t\rangle = \sum_{a'}\langle \mathbf{x}'|a'\rangle\langle a'|\alpha,t_0\rangle\exp\left[\frac{-iE_{a'}(t-t_0)}{\hbar}\right], \tag{2.6.2}$$

que é da forma

$$\psi(\mathbf{x}',t) = \sum_{a'} c_{a'}(t_0) u_{a'}(\mathbf{x}') \exp\left[\frac{-i E_{a'}(t-t_0)}{\hbar}\right], \qquad (2.6.3)$$

com

$$u_{a'}(\mathbf{x}') = \langle \mathbf{x}' | a' \rangle \qquad (2.6.4)$$

representando a autofunção do operador A com autovalor a'. Observe também que

$$\langle a' | \alpha, t_0 \rangle = \int d^3 x' \langle a' | \mathbf{x}' \rangle \langle \mathbf{x}' | \alpha, t_0 \rangle, \qquad (2.6.5)$$

que reconhecemos como sendo a regra usual da mecânica ondulatória para se obter os coeficientes de expansão do estado inicial:

$$c_{a'}(t_0) = \int d^3 x' u^*_{a'}(\mathbf{x}') \psi(\mathbf{x}', t_0). \qquad (2.6.6)$$

Isto também deveria ser evidente e familiar. Agora, (2.6.2) junto com (2.6.5) pode ser também visualizado como um tipo de operador integral atuando na função de onda inicial e produzindo a função de onda final:

$$\psi(\mathbf{x}'',t) = \int d^3 x' K(\mathbf{x}'',t;\mathbf{x}',t_0) \psi(\mathbf{x}',t_0). \qquad (2.6.7)$$

Aqui, o núcleo do operador integral, conhecido como **propagador** na mecânica ondulatória, é dado por

$$K(\mathbf{x}'',t;\mathbf{x}',t_0) = \sum_{a'} \langle \mathbf{x}'' | a' \rangle \langle a' | \mathbf{x}' \rangle \exp\left[\frac{-i E_{a'}(t-t_0)}{\hbar}\right]. \qquad (2.6.8)$$

Em qualquer problema posto, o propagador depende apenas do potencial e é independente da função de onda inicial. Ele pode ser construído uma vez dadas as autofunções de energia e seus autovalores.

Claramente, a evolução temporal de uma função de onda é completamente previsível se $K(\mathbf{x}'', t; \mathbf{x}', t_0)$ for conhecido e $\psi(\mathbf{x}', t_0)$ for dado inicialmente. Neste sentido, a mecânica ondulatória de Schrödinger é uma *teoria completamente causal*. A evolução temporal de uma função de onda sujeita a um certo potencial é tão "determinística" quanto qualquer outra coisa da mecânica clássica, *desde que o sistema não seja perturbado*. O único aspecto peculiar, se é que há outro, é o fato de que quando se faz uma medida, a função de onda muda abruptamente, de modo incontrolável, para uma das autofunções do observável sendo medido.

Há duas propriedades do propagador dignas de nota aqui. Primeiro, se $t > t_0$, $K(\mathbf{x}'', t; \mathbf{x}', t_0)$ satisfaz a equação de Schrödinger dependente do tempo nas variáveis $\mathbf{x}''$ e t, com $\mathbf{x}'$ e t_0 fixos. Isto é evidente se olharmos para (2.6.8), pois sendo $\langle \mathbf{x}'' | a' \rangle \exp[-i E_a(t-t_0)/\hbar]$ a função de onda que corresponde a $\mathcal{U}(t,t_0)|a'\rangle$, ela satisfaz a equaçao de onda. Segundo

$$\lim_{t \to t_0} K(\mathbf{x}'',t;\mathbf{x}',t_0) = \delta^3(\mathbf{x}'' - \mathbf{x}'), \qquad (2.6.9)$$

que também é óbvio; quando $t \to t_0$, devido à completeza dos $\{|a'\rangle\}$, a soma (2.6.8) se reduz simplesmente a $\langle \mathbf{x}'' | \mathbf{x}' \rangle$.

Devido a estas duas propriedades, o propagador (2.6.8), visto como função de $\mathbf{x}''$, nada mais é que a função de onda, no instante t, de uma partícula que estava localizada *precisamente* em $\mathbf{x}'$ em algum tempo anterior t_0. Na verdade, esta interpretação vem, talvez de modo mais elegante, da observação de que (2.6.8) pode também ser escrita como

$$K(\mathbf{x}'',t;\mathbf{x}',t_0) = \langle \mathbf{x}''| \exp\left[\frac{-iH(t-t_0)}{\hbar}\right]|\mathbf{x}'\rangle, \qquad (2.6.10)$$

onde o operador de evolução temporal atuando em $|\mathbf{x}'\rangle$ é simplesmente o ket de estado, no instante t, de um sistema que estava localizado precisamente em $\mathbf{x}'$ no instante t_0 ($< t$). Se estivermos interessados em resolver um problema mais geral no qual a função de onda inicial se estende por toda uma região finita do espaço, tudo o que temos a fazer é multiplicar $\psi(\mathbf{x}', t_0)$ pelo propagador $K(\mathbf{x}'', t; \mathbf{x}', t_0)$ e integrar sobre todo o espaço (isto é, sobre $\mathbf{x}'$). Deste modo, podemos adicionar as várias contribuições de diferentes posições ($\mathbf{x}'$). Esta situação é análoga a uma encontrada na eletrostática: se quisermos encontrar o potencial eletrostático devido à presença de uma distribuição geral de carga $\rho(\mathbf{x}')$, resolvemos primeiro o problema de uma carga pontual, multiplicamos a solução aí encontrada pela distribuição de carga e integramos

$$\phi(\mathbf{x}) = \int d^3x' \frac{\rho(\mathbf{x}')}{|\mathbf{x}-\mathbf{x}'|}. \qquad (2.6.11)$$

Aqueles familiarizados com a teoria de funções de Green devem ter reconhecido, a uma altura destas, que o propagador é simplesmente a função de Green para a equação de onda dependente do tempo que satisfaz

$$\left[-\left(\frac{\hbar^2}{2m}\right)\nabla''^2 + V(\mathbf{x}'') - i\hbar\frac{\partial}{\partial t}\right] K(\mathbf{x}'',t;\mathbf{x}',t_0) = -i\hbar\delta^3(\mathbf{x}''-\mathbf{x}')\delta(t-t_0) \quad (2.6.12)$$

com a condição de contorno

$$K(\mathbf{x}'', t; \mathbf{x}', t_0) = 0, \quad \text{para } t < t_0. \qquad (2.6.13)$$

A função delta $\delta(t-t_0)$ é necessária do lado direito de (2.6.12), pois K varia descontinuamente em $t = t_0$.

A forma específica do propagador depende, evidentemente, do particular potencial ao qual a partícula está sujeita. Considere, por exemplo, uma partícula livre em uma dimensão. O observável que obviamente comuta com H é o momento; $|p'\rangle$ é um autoestado simultâneo dos operadores p e H:

$$p|p'\rangle = p'|p'\rangle \qquad H|p'\rangle = \left(\frac{p'^2}{2m}\right)|p'\rangle. \qquad (2.6.14)$$

A autofunção de momento é simplesmente a função de transformação da Seção 1.7 [veja (1.7.32)], que tem a forma de uma onda plana. Combinando tudo, temos

$$K(x'',t;x',t_0) = \left(\frac{1}{2\pi\hbar}\right)\int_{-\infty}^{\infty} dp' \exp\left[\frac{ip(x''-x')}{\hbar} - \frac{ip'^2(t-t_0)}{2m\hbar}\right]. \quad (2.6.15)$$

A integral pode ser calculada em se completando o quadrado no expoente. Apresentamos aqui apenas o resultado:

$$K(x'',t;x',t_0) = \sqrt{\frac{m}{2\pi i\hbar(t-t_0)}} \exp\left[\frac{im(x''-x')^2}{2\hbar(t-t_0)}\right]. \quad (2.6.16)$$

Esta expressão deve ser usada, por exemplo, quando se estuda a maneira pela qual um pacote de ondas gaussiano se esparrama como função do tempo.

Para o oscilador harmônico simples, onde a função de onda de um autoestado de energia é dada por

$$u_n(x)\exp\left(\frac{-iE_n t}{\hbar}\right) = \left(\frac{1}{2^{n/2}\sqrt{n!}}\right)\left(\frac{m\omega}{\pi\hbar}\right)^{1/4}\exp\left(\frac{-m\omega x^2}{2\hbar}\right)$$

$$\times H_n\left(\sqrt{\frac{m\omega}{\hbar}}x\right)\exp\left[-i\omega\left(n+\frac{1}{2}\right)t\right], \quad (2.6.17)$$

o propagador é dado por

$$K(x'',t;x',t_0) = \sqrt{\frac{m\omega}{2\pi i\hbar\,\text{sen}[\omega(t-t_0)]}} \exp\left[\left\{\frac{im\omega}{2\hbar\,\text{sen}[\omega(t-t_0)]}\right\}\right.$$
$$\left.\times\{(x''^2+x'^2)\cos[\omega(t-t_0)] - 2x''x'\}\right]. \quad (2.6.18)$$

Uma maneira de provar isto é usando

$$\left(\frac{1}{\sqrt{1-\zeta^2}}\right)\exp\left[\frac{-(\xi^2+\eta^2-2\xi\eta\zeta)}{(1-\zeta^2)}\right]$$
$$= \exp[-(\xi^2+\eta^2)]\sum_{n=0}\left(\frac{\zeta^n}{2^n n!}\right)H_n(\xi)H_n(\eta), \quad (2.6.19)$$

que pode ser encontrada em livros sobre funções especiais (Morse e Feshbach 1953, p. 786). Ele também pode ser obtido usando o método de operadores a e $a^\dagger$ (Saxon 1968, pp. 144-45) ou, opcionalmente, o método de integrais de caminho a ser descrito posteriormente. Observe que (2.6.18) é uma função periódica de t com frequência angular ω, a frequência do oscilador clássico. Isto significa, entre outras coisas, que uma partícula inicialmente localizada precisamente em x', retornará com absoluta certeza à sua posição original no tempo $2\pi/\omega$ (e $4\pi/\omega$ e assim por diante) mais tarde.

Algumas integrais no tempo e no espaço, dedutíveis a partir de $K(\mathbf{x}'', t; \mathbf{x}', t_0)$, são de particular interesse. Sem perda de generalidade tomemos, nos resultados que seguem, $t_0 = 0$. A primeira integral que consideramos é obtida fazendo $\mathbf{x}'' = \mathbf{x}'$ e integrando sobre todo o espaço. Temos

$$G(t) \equiv \int d^3x'\, K(\mathbf{x}',t;\mathbf{x}',0)$$

$$= \int d^3x' \sum_{a'} |\langle \mathbf{x}'|a'\rangle|^2 \exp\left(\frac{-iE_{a'}t}{\hbar}\right) \quad (2.6.20)$$

$$= \sum_{a'} \exp\left(\frac{-iE_{a'}t}{\hbar}\right).$$

Este resultado era esperado: lembrando de (2.6.10), observamos que tomar $\mathbf{x}' = \mathbf{x}''$ e integrar é equivalente a tomar o traço do operador evolução temporal na representação $\mathbf{x}$. Contudo, o traço é independente das representações usadas e pode ser calculado mais facilmente usando-se a base $\{|a'\rangle\}$ na qual o operador evolução temporal é diagonal – e isto nos leva imediatamente a (2.6.20). Vemos, assim, que (2.6.20) é simplesmente a "soma sobre estados", reminiscente da função de partição da mecânica estatística. De fato, se continuarmos analiticamente a variável t, fazendo dela um imaginário puro, e definindo β por

$$\beta = \frac{it}{\hbar} \quad (2.6.21)$$

real e positivo, podemos identificar (2.6.20) com a própria função de partição

$$Z = \sum_{a'} \exp(-\beta E_{a'}). \quad (2.6.22)$$

Por esta razão, algumas das técnicas encontradas no estudo de propagadores na mecânica quântica também são úteis na mecânica estatística.

Consideremos, em seguida, a transformada de Laplace-Fourier de $G(t)$:

$$\begin{aligned}\tilde{G}(E) &\equiv -i \int_0^\infty dt\, G(t) \exp(iEt/\hbar)/\hbar \\ &= -i \int_0^\infty dt \sum_{a'} \exp(-iE_{a'}t/\hbar) \exp(iEt/\hbar)/\hbar.\end{aligned} \quad (2.6.23)$$

O integrando desta expressão oscila indefinidamente. Podemos, no entanto, fazer com que a integral tenha sentido permitindo que E tenha uma pequena parte imaginária positiva:

$$E \to E + i\varepsilon. \quad (2.6.24)$$

Obtemos assim, no limite $\varepsilon \to 0$,

$$\tilde{G}(E) = \sum_{a'} \frac{1}{E - E_{a'}}. \quad (2.6.25)$$

Observe agora que o espectro completo de energia é exibido como simples polos de $\tilde{G}(E)$ no plano E complexo. Se quisermos saber o espectro de energia de um sistema físico, basta estudar as propriedades analíticas de $\tilde{G}(E)$.

Propagador como amplitude de transição

Para melhor entender o significado físico do propagador, pretendemos aqui relacioná-lo ao conceito de amplitudes de transição introduzido na Seção 2.2. Contudo, primeiro recordemos que a função de onda, que é o produto interno de um bra de posição fixo $\langle \mathbf{x}'|$ com o ket do estado em movimento $|\alpha, t_0; t\rangle$, pode se também vista como o produto interno de um bra de posição na representação de Heisenberg $\langle \mathbf{x}', t|$, que se move sem sentido "oposto" com o tempo, e um ket de estado $|\alpha, t_0\rangle$ na mesma representação, fixo no tempo. Da mesma maneira, podemos escrever o propagador como

$$K(\mathbf{x}'',t;\mathbf{x}',t_0) = \sum_{a'} \langle \mathbf{x}''|a'\rangle \langle a'|\mathbf{x}'\rangle \exp\left[\frac{-iE_{a'}(t-t_0)}{\hbar}\right]$$
$$= \sum_{a'} \langle \mathbf{x}''|\exp\left(\frac{-iHt}{\hbar}\right)|a'\rangle \langle a'|\exp\left(\frac{iHt_0}{\hbar}\right)|\mathbf{x}'\rangle \quad (2.6.26)$$
$$= \langle \mathbf{x}'',t|\mathbf{x}',t_0\rangle,$$

onde $|\mathbf{x}', t_0\rangle$ e $\langle \mathbf{x}'', t|$ devem ser entendidos como sendo autovetores (ket e bra) do operador posição na representação de Heisenberg. Na Seção 2.2, mostramos que $\langle b', t|a'\rangle$, na notação desta representação, é a amplitude de probabilidade para que um sistema originalmente preparado para ser um autoestado de A com autovalor a' em algum instante inicial de tempo $t_0 = 0$, fosse encontrado num instante de tempo t posterior em um autoestado de B com autovalor b', e nós a denominamos de amplitude de transição para se ir do estado $|a'\rangle$ para $|b'\rangle$. Uma vez que não há nada de especial com relação à escolha de t_0 – apenas a diferença de tempos $t - t_0$ é relevante – podemos identificar $\langle \mathbf{x}'', t|\mathbf{x}', t_0\rangle$ como a amplitude de probabilidade para que a partícula preparada em t_0 com um autovalor de posição $\mathbf{x}'$ seja encontrada mais tarde, no instante t, em $\mathbf{x}''$. Expressando de modo pouco preciso, $\langle \mathbf{x}'', t|\mathbf{x}', t_0\rangle$ é a amplitude para a partícula ir de um ponto $(\mathbf{x}', t_0)$ para outro ponto $(\mathbf{x}'', t)$ no espaço-tempo, e portanto o termo *amplitude de transição* é bastante apropriado. Esta interpretação está, obviamente, em completa concordância com a interpretação que demos antes para $K(\mathbf{x}'',t;\mathbf{x}',t_0)$.

Ainda assim, outra maneira de interpretar $\langle \mathbf{x}'', t|\mathbf{x}', t_0\rangle$ é a seguinte: como enfatizamos anteriormente, na representação de Heisenberg $|\mathbf{x}', t_0\rangle$ é o autovetor de posição em t_0, com autovalor $\mathbf{x}'$. Uma vez, para qualquer tempo dado, os autovetores de um dado observável podem ser tomados nesta representação como kets de base, podemos ver $\langle \mathbf{x}'', t|\mathbf{x}', t_0\rangle$ como sendo a função de transformação que conecta os dois conjuntos de kets em *diferentes* tempos. Assim, na representação de Heisenberg, a evolução temporal pode ser vista como uma *transformação unitária*, no sentido de mudança de base, que conecta um conjunto de kets de base formado pelos $\{|\mathbf{x}', t_0\rangle\}$ para outro formado pelos $\{|\mathbf{x}'', t\rangle\}$. Isto é reminiscente da física clássica, na qual a evolução temporal de uma variável dinâmica clássica tal como $\mathbf{x}(t)$ é vista como uma transformação canônica (ou de contato) gerada pelo Hamiltoniano clássico (Goldstein 2002, pp. 401-2).

Mostrou-se ser conveniente usar uma notação que trata as coordenadas de espaço e tempo de maneira mais simétrica. Para tanto, escrevemos $\langle \mathbf{x}'', t''|\mathbf{x}', t'\rangle$ no lugar de $\langle \mathbf{x}'', t|\mathbf{x}', t_0\rangle$. Uma vez que, para qualquer tempo dado, os kets de posição formam um conjunto completo na representação de Heisenberg, é legítimo inserirmos o operador identidade, escrito na forma

$$\int d^3 x'' |\mathbf{x}'', t''\rangle \langle \mathbf{x}'', t''| = 1 \quad (2.6.27)$$

no lugar onde melhor nos aprouver. Por exemplo, considere a evolução temporal de t' para t'''; dividindo o intervalo de tempo (t', t''') em duas partes, (t', t'') e (t'', t'''), temos

$$\langle \mathbf{x}''',t'''|\mathbf{x}',t'\rangle = \int d^3 x'' \langle \mathbf{x}''',t'''|\mathbf{x}'',t''\rangle \langle \mathbf{x}'',t''|\mathbf{x}',t'\rangle,$$
$$(t''' > t'' > t'). \quad (2.6.28)$$

Chamamos isto de **propriedade de composição** da amplitude de transição.[9] Claramente, podemos dividir o intervalo de tempo em quantos subintervalos menores quisermos. Temos

$$\langle \mathbf{x}'''', t''''|\mathbf{x}', t'\rangle = \int d^3x''' \int d^3x'' \langle \mathbf{x}'''', t''''|\mathbf{x}''', t'''\rangle \langle \mathbf{x}''', t'''|\mathbf{x}'', t''\rangle$$

$$\times \langle \mathbf{x}'', t''|\mathbf{x}', t'\rangle, \quad (t'''' > t''' > t'' > t') \quad (2.6.29)$$

e assim por diante. Se, de algum modo, conseguirmos adivinhar a forma de $\langle \mathbf{x}'', t''|\mathbf{x}', t'\rangle$ para um intervalo de tempo *infinitesimal* (entre t' e $t'' = t' + dt$), deveríamos ser capazes de obter a amplitude $\langle \mathbf{x}'', t''|\mathbf{x}', t'\rangle$ para um intervalo finito de tempo através da composição das amplitudes de transição para intervalos temporais infinitesimais apropriadas, de maneira análoga a (2.6.29). Este tipo de raciocínio levou a uma *formulação independente* da mecânica quântica, que foi publicada em 1948 por R. P. Feynman e para a qual agora voltaremos nossa atenção.

Integrais de caminho como soma sobre caminhos

Sem perda de generalidade, vamos nos restringir a problemas unidimensionais. Também evitaremos expressões inconvenientes do tipo

$$\underbrace{x'''' \cdots x'''}_{N \text{ vezes}}$$

por meio do uso de notação como x_N. Com este tipo de notação, consideraremos a amplitude de transição de uma partícula indo de um ponto inicial no espaço-tempo (x_1, t_1) para um ponto final (x_N, t_N). O intervalo temporal inteiro entre t_1 e t_N é subdividido em $N - 1$ partes iguais

$$t_j - t_{j-1} = \Delta t = \frac{(t_N - t_1)}{(N-1)}. \quad (2.6.30)$$

Usando a propriedade de composição, obtemos

$$\langle x_N, t_N|x_1, t_1\rangle = \int dx_{N-1} \int dx_{N-2} \cdots \int dx_2 \langle x_N, t_N|x_{N-1}, t_{N-1}\rangle$$

$$\times \langle x_{N-1}, t_{N-1}|x_{N-2}, t_{N-2}\rangle \cdots \langle x_2, t_2|x_1, t_1\rangle. \quad (2.6.31)$$

Para visualizar este resultado pictoricamente, consideremos o plano espaço-tempo como ilustrado na Figura 2.6. Os pontos inicial e final no espaço-tempo são fixados como sendo (x_1, t_1) e (x_N, t_N), respectivamente. Para cada segmento de tempo, digamos entre t_{n-1} e t_n, somos instruídos a considerar a amplitude de transição para ir de (x_{n-1}, t_{n-1}) a (x_n, t_n), integrando depois sobre $x_2, x_3, \ldots, x_{N-1}$. Isto significa que devemos *somar sobre todos os possíveis caminhos* no plano espaço-tempo mantidos fixos os pontos terminais.

Antes de irmos mais adiante, é proveitoso revisar aqui como caminhos surgem na mecânica clássica. Suponha que tenhamos uma partícula sujeita a um campo de

---

[9] O análogo de (2.6.28) é conhecido, na teoria de probabilidade, como equação de Chapman-Kolmogorov e, na teoria de difusão, como equação de Smoluchowsky.

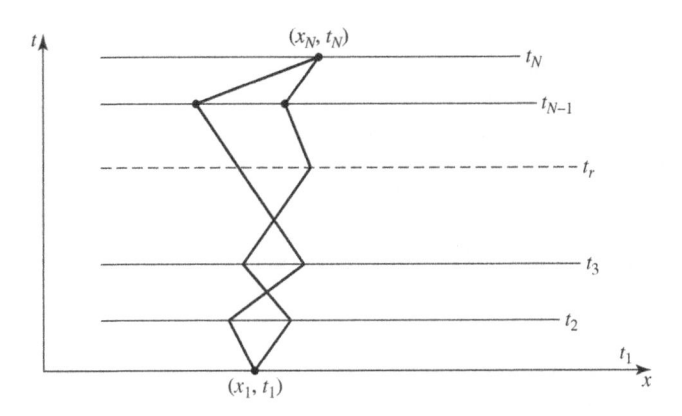

FIGURA 2.6 Caminhos no plano *xt*.

forças que possa ser obtido a partir de um potencial $V(x)$. A Lagrangiana *clássica* é escrita como

$$L_{\text{clássica}}(x,\dot{x}) = \frac{m\dot{x}^2}{2} - V(x). \tag{2.6.32}$$

Dada tal Lagrangiana com pontos terminais (x_1, t_1) e (x_N, t_N) especificados, simplesmente *não* consideramos, na mecânica clássica, um caminho qualquer que una (x_1, t_1) a (x_N, t_N). Muito pelo contrário, há um *único caminho* que corresponde ao verdadeiro movimento da partícula clássica. Por exemplo, dados

$$V(x) = mgx, \quad (x_1,t_1) = (h,0), \quad (x_N,t_N) = \left(0, \sqrt{\frac{2h}{g}}\right), \tag{2.6.33}$$

onde h pode representar a altura da Torre de Pisa, o caminho clássico no plano *xt* só pode ser

$$x = h - \frac{gt^2}{2}. \tag{2.6.34}$$

De modo mais geral, segundo o princípio de Hamilton, o único caminho é aquele que minimiza a ação, definida como sendo a integral no tempo da Lagrangiana clássica:

$$\delta \int_{t_1}^{t_2} dt L_{\text{clássica}}(x,\dot{x}) = 0, \tag{2.6.35}$$

e da qual as equações de movimento de Lagrange podem ser obtidas.

A formulação de Feynman

A diferença básica entre a mecânica clássica e a quântica já deveria estar aparente neste ponto: na mecânica clássica, um caminho claramente definido no plano *xt* é associado ao movimento da partícula; contrariamente, na mecânica quântica, todos os possíveis caminhos devem desempenhar um papel, inclusive aqueles que não guardam qualquer semelhança com a trajetória clássica. Ainda assim, devemos ser capazes de reproduzir a mecânica clássica da quântica de maneira suave no limite $\hbar \to 0$. Como podemos conseguir isto?

Quando ainda jovem estudante de pós-graduação em Princeton, R. P. Feynman tentou resolver este problema. Procurando por uma possível pista, conta-se que ele ficou intrigado por um comentário misterioso no livro de Dirac que, na nossa notação, resumir-se-ia à seguinte afirmação:

$$\exp\left[i \int_{t_1}^{t_2} \frac{dt\, L_{\text{clássica}}(x,\dot{x})}{\hbar}\right] \quad \text{corresponde a} \quad \langle x_2, t_2 | x_1, t_1 \rangle.$$

Feynman tentou achar um significado neste comentário. Seria "corresponde" a mesma coisa que "é igual a" ou "é proporcional a"? Ao tentar elucidar este ponto, ele acabou sendo levado a formular uma abordagem espaço-temporal da mecânica quântica baseada em *integrais de caminho*.

Na formulação de Feynman, a ação clássica desempenha um papel muito importante. Por uma questão de concisão, introduzimos uma nova notação:

$$S(n,n-1) \equiv \int_{t_{n-1}}^{t_n} dt\, L_{\text{clássica}}(x,\dot{x}). \tag{2.6.36}$$

Dado que $L_{\text{clássica}}$ é uma função de x e $\dot{x}$, $S(n, n-1)$ é definido somente após um caminho bem definido ter sido especificado, ao longo do qual a integração deve ser feita. Assim, embora a dependência no caminho não seja explícita nesta notação, entende-se que estamos considerando um caminho específico ao fazermos a integral. Imagine que estejamos agora seguindo um caminho prescrito. Concentraremos nossa atenção em um pequeno segmento ao longo do caminho, digamos entre (x_{n-1}, t_{n-1}) e (x_n, t_n). Segundo Dirac, devemos associar $\exp[i S(n, n-1)/\hbar]$ a este segmento. Seguindo pelo caminho por nós especificado, multiplicamos sucessivamente expressões deste tipo para obter

$$\prod_{n=2}^{N} \exp\left[\frac{i S(n,n-1)}{\hbar}\right] = \exp\left[\left(\frac{i}{\hbar}\right) \sum_{n=2}^{N} S(n,n-1)\right] = \exp\left[\frac{i S(N,1)}{\hbar}\right]. \tag{2.6.37}$$

Isto ainda não nos dá $\langle x_N, t_N | x_1, t_1 \rangle$; antes sim, ela representa o contribuição a $\langle x_N, t_N | x_1, t_1 \rangle$ que surge deste caminho particular considerado por nós. Ainda temos que integrar sobre $x_2, x_3, \ldots, x_{N-1}$. Ao mesmo tempo, usando a propriedade de composição, fazemos o intervalo de tempo entre t_{n-1} e t_n ser infinitesimalmente pequeno. Portanto, de uma maneira pouco rigorosa, podemos escrever nosso candidato para a expressão $\langle x_N, t_N | x_1, t_1 \rangle$ como sendo

$$\langle x_N, t_N | x_1, t_1 \rangle \sim \sum_{\text{todos os caminhos}} \exp\left[\frac{i S(N,1)}{\hbar}\right], \tag{2.6.38}$$

onde a soma é sobre um conjunto infinito não enumerável de caminhos!

Antes de apresentarmos uma formulação mais precisa, vejamos se as considerações ao longo desta linha de raciocínio fazem sentido no limite clássico. Quando $\hbar \to 0$, a exponencial em (2.6.38) oscila muito fortemente, de modo que há uma

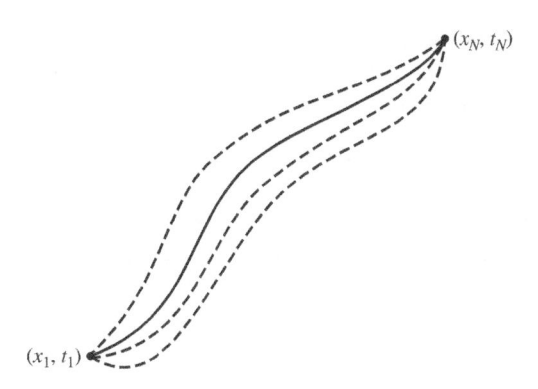

FIGURA 2.7 Caminhos relevantes no limite $\hbar \to 0$.

tendência que as contribuições de caminhos vizinhos se cancelem mutuamente. Isto ocorre pois $\exp[i\,S/\hbar]$ para um caminho específico e $\exp[i\,S/\hbar]$ para um outro levemente diferente dele têm fases muito diferentes em consequência da pequenez de $\hbar$. Assim, a maioria dos caminhos *não* contribui quando tomamos $\hbar$ como sendo pequeno. Há, contudo, uma importante exceção.

Suponha que consideremos um caminho que satisfaça

$$\delta S(N, 1) = 0, \tag{2.6.39}$$

onde a mudança em S é devida a uma leve deformação do caminho mantidas fixas as extremidades. Pelo princípio de Hamilton, este é exatamente o caminho clássico. Denotamos o S que satisfaz (2.6.39) por $S_{\min}$. Tentemos agora deformar um pouco o caminho em relação ao caminho clássico. O S resultante ainda é igual ao $S_{\min}$ em primeira ordem na deformação. Isto significa que a fase de $\exp[i\,S/\hbar]$ não varia muito ao nos desviarmos levemente do caminho clássico, mesmo sendo $\hbar$ pequeno. Como resultado, enquanto nos mantivermos próximos do caminho clássico, é possível que haja interferência construtiva entre caminhos vizinhos. Então, no limite $\hbar \to 0$, as principais contribuições devem vir de uma tira muito estreita (ou um tubo, em dimensões mais altas) que contenha o caminho clássico, como ilustra a Figura 2.7. Nosso palpite (ou o de Feynman), baseado no comentário misterioso de Dirac, faz sentido, uma vez que o caminho clássico se destaca no limite $\hbar \to 0$. Para formularmos a conjectura de Feynman mais precisamente, voltemos a $\langle x_n, t_n | x_{n-1}, t_{n-1} \rangle$, onde a diferença temporal $t_n - t_{n-1}$ é tida como sendo infinitesimalmente pequena. Escrevemos

$$\langle x_n, t_n | x_{n-1}, t_{n-1} \rangle = \left[\frac{1}{w(\Delta t)}\right] \exp\left[\frac{i S(n, n-1)}{\hbar}\right], \tag{2.6.40}$$

onde em breve calcularemos $S(n, n-1)$ no limite $\Delta t \to 0$. Observe que inserimos uma fator de peso, $1/w(\Delta t)$, que supõe-se depender apenas do intervalo de tempo $t_n - t_{n-1}$, e não de $V(x)$. Que tal fator seja necessário fica claro de considerações dimensionais: segundo o modo como normalizamos nossos kets de posição, $\langle x_n, t_n | x_{n-1}, t_{n-1} \rangle$ tem de ter dimensão de 1/comprimento.

Olhemos agora para a exponencial em (2.6.40). Nossa tarefa consiste em calcular o limite $\Delta t \to 0$ de $S(n, n-1)$. Dado que o intervalo de tempo é muito pequeno, é justificável aproximar o caminho que liga (x_{n-1}, t_{n-1}) a (x_n, t_n) por uma reta, ou seja:

$$S(n, n-1) = \int_{t_{n-1}}^{t_n} dt \left[\frac{m\dot{x}^2}{2} - V(x) \right]$$
$$= \Delta t \left\{ \left(\frac{m}{2} \right) \left[\frac{(x_n - x_{n-1})}{\Delta t} \right]^2 - V\left(\frac{(x_n + x_{n-1})}{2} \right) \right\}. \quad (2.6.41)$$

Como exemplo, consideremos especificamente o caso da partícula livre, $V = 0$. A equação (2.6.40) fica assim

$$\langle x_n, t_n | x_{n-1}, t_{n-1} \rangle = \left[\frac{1}{w(\Delta t)} \right] \exp \left[\frac{im(x_n - x_{n-1})^2}{2\hbar \Delta t} \right]. \quad (2.6.42)$$

Podemos ver que o expoente que aparece aqui é idêntico àquele da expressão do propagador da partícula livre (2.6.16). Como exercício, você poderá tentar uma comparação similar com o oscilador harmônico simples.

Observamos anteriormente que se parte do pressuposto de que o fator de peso $1/w(\Delta t)$ que aparece em (2.6.40) seja independente de $V(x)$, e, portanto, podemos muito bem calculá-lo para a partícula livre. Observando a ortonormalidade (no sentido da função-δ) dos autovetores de posição para tempos iguais na representação de Heisenberg,

$$\langle x_n, t_n | x_{n-1}, t_{n-1} \rangle |_{t_n = t_{n-1}} = \delta(x_n - x_{n-1}), \quad (2.6.43)$$

nós obtemos

$$\frac{1}{w(\Delta t)} = \sqrt{\frac{m}{2\pi i \hbar \Delta t}}, \quad (2.6.44)$$

onde usamos

$$\int_{-\infty}^{\infty} d\xi \exp\left(\frac{im\xi^2}{2\hbar \Delta t} \right) = \sqrt{\frac{2\pi i \hbar \Delta t}{m}} \quad (2.6.45a)$$

e

$$\lim_{\Delta t \to 0} \sqrt{\frac{m}{2\pi i \hbar \Delta t}} \exp\left(\frac{im\xi^2}{2\hbar \Delta t} \right) = \delta(\xi). \quad (2.6.45b)$$

O fator de peso poderia, obviamente, ter sido antecipado da expressão (2.6.16) para o propagador da partícula livre.

Resumindo, quando $\Delta t \to 0$, somos levados a

$$\langle x_n, t_n | x_{n-1}, t_{n-1} \rangle = \sqrt{\frac{m}{2\pi i \hbar \Delta t}} \exp\left[\frac{i S(n, n-1)}{\hbar} \right]. \quad (2.6.46)$$

2.6 Propagadores e Integrais de Caminho de Feynman

A expressão final para a amplitude de transição com $t_N - t_1$ finito é

$$\langle x_N, t_N | x_1, t_1 \rangle = \lim_{N \to \infty} \left(\frac{m}{2\pi i \hbar \Delta t} \right)^{(N-1)/2}$$
$$\times \int dx_{N-1} \int dx_{N-2} \cdots \int dx_2 \prod_{n=2}^{N} \exp\left[\frac{i S(n, n-1)}{\hbar} \right], \quad (2.6.47)$$

onde o limite $N \to \infty$ é tomado com x_N e t_N fixos. É costume, neste caso, definir um novo tipo de operador integral multidimensional (na verdade, de dimensão infinita)

$$\int_{x_1}^{x_N} \mathcal{D}[x(t)] \equiv \lim_{N \to \infty} \left(\frac{m}{2\pi i \hbar \Delta t} \right)^{(N-1)/2} \int dx_{N-1} \int dx_{N-2} \cdots \int dx_2 \quad (2.6.48)$$

e, assim, escrever (2.6.47) como

$$\langle x_N, t_N | x_1, t_1 \rangle = \int_{x_1}^{x_N} \mathcal{D}[x(t)] \exp\left[i \int_{t_1}^{t_N} dt \frac{L_{\text{clássica}}(x, \dot{x})}{\hbar} \right]. \quad (2.6.49)$$

Esta expressão é conhecida como **integral de caminho de Feynman**. Seu significado enquanto soma sobre todos os possíveis caminhos deveria ser aparente de (2.6.47).

Os passos que nos levaram até (2.6.49) não devem ser entendidos como uma dedução. Ao contrário, tentamos (seguindo Feynman) obter uma nova formulação da mecânica quântica baseados no conceito de caminhos, motivados pelo comentário misterioso de Dirac. As únicas ideias por nós emprestadas da forma convencional da mecânica quântica são (1) o princípio da superposição (usado ao somarmos as contribuições dos diferentes caminhos alternativos), (2) a propriedade de composição da amplitude de transição e (3) a correspondência clássica no limite $\hbar \to 0$.

Embora tenhamos obtido o mesmo resultado que a teoria convencional no caso da partícula livre, a partir daquilo que fizemos até o momento fica evidente que a formulação de Feynman é completamente equivalente à mecânica ondulatória de Schrödinger. Concluímos esta seção provando que a expressão de Feynman para $\langle x_N, t_N | x_1, t_1 \rangle$ realmente satisfaz a equação de onda de Schrödinger dependente do tempo nas variáveis x_N, t_N, da mesma maneira que o propagador definido em (2.6.8) também a faz.

Começamos por

$$\langle x_N, t_N | x_1, t_1 \rangle = \int dx_{N-1} \langle x_N, t_N | x_{N-1}, t_{N-1} \rangle \langle x_{N-1}, t_{N-1} | x_1, t_1 \rangle$$
$$= \int_{-\infty}^{\infty} dx_{N-1} \sqrt{\frac{m}{2\pi i \hbar \Delta t}} \exp\left[\left(\frac{im}{2\hbar} \right) \frac{(x_N - x_{N-1})^2}{\Delta t} - \frac{i V \Delta t}{\hbar} \right]$$
$$\times \langle x_{N-1}, t_{N-1} | x_1, t_1 \rangle, \quad (2.6.50)$$

onde supomos ser $t_N - t_{N-1}$ infinitesimal. Introduzindo

$$\xi = x_N - x_{N-1} \quad (2.6.51)$$

e fazendo $x_N \to x$ e $t_N \to t + \Delta t$, obtemos

$$\langle x, t+\Delta t | x_1, t_1 \rangle = \sqrt{\frac{m}{2\pi i \hbar \Delta t}} \int_{-\infty}^{(\infty)} d\xi \exp\left(\frac{im\xi^2}{2\hbar \Delta t} - \frac{iV\Delta t}{\hbar}\right) \langle x-\xi, t | x_1, t_1 \rangle.$$
(2.6.52)

De (2.6.45b), é evidente que no limite $\Delta t \to 0$ a maior contribuição a esta integral vem da região $\xi \simeq 0$. Assim, justifica-se expandir $\langle x-\xi, t | x_1, t_1 \rangle$ em potências de ξ. Expandimos também $\langle x, t+\Delta t | x_1, t_1 \rangle$ e $\exp(-iV\Delta t/\hbar)$ em potências de Δt, e portanto

$$\langle x, t | x_1, t_1 \rangle + \Delta t \frac{\partial}{\partial t} \langle x, t | x_1, t_1 \rangle$$

$$= \sqrt{\frac{m}{2\pi i \hbar \Delta t}} \int_{-\infty}^{\infty} d\xi \exp\left(\frac{im\xi^2}{2\hbar \Delta t}\right) \left(1 - \frac{iV\Delta t}{\hbar} + \cdots\right) \quad (2.6.53)$$

$$\times \left[\langle x, t | x_1, t_1 \rangle + \left(\frac{\xi^2}{2}\right) \frac{\partial^2}{\partial x^2} \langle x, t | x_1, t_1 \rangle + \cdots \right],$$

onde deixamos de fora o termo linear em ξ, pois ele desaparece quando integrado na variável ξ. O termo $\langle x, t | x_1, t_1 \rangle$ do lado esquerdo corresponde exatamente ao primeiro termo do lado direito devido a (2.6.45a). Juntando os termos em primeira ordem em Δt, obtemos

$$\Delta t \frac{\partial}{\partial t} \langle x, t | x_1, t_1 \rangle = \left(\sqrt{\frac{m}{2\pi i \hbar \Delta t}}\right) (\sqrt{2\pi}) \left(\frac{i\hbar \Delta t}{m}\right)^{3/2} \frac{1}{2} \frac{\partial^2}{\partial x^2} \langle x, t | x_1, t_1 \rangle$$

$$- \left(\frac{i}{\hbar}\right) \Delta t V \langle x, t | x_1, t_1 \rangle,$$
(2.6.54)

onde usamos

$$\int_{-\infty}^{\infty} d\xi \, \xi^2 \exp\left(\frac{im\xi^2}{2\hbar \Delta t}\right) = \sqrt{2\pi} \left(\frac{i\hbar \Delta t}{m}\right)^{3/2},$$
(2.6.55)

obtido derivando-se (2.6.45a) com relação a Δt. Deste modo vemos que $\langle x, t | x_1, t_1 \rangle$ satisfaz a equação de onda de Schrödinger dependente do tempo:

$$i\hbar \frac{\partial}{\partial t} \langle x, t | x_1, t_1 \rangle = -\left(\frac{\hbar^2}{2m}\right) \frac{\partial^2}{\partial x^2} \langle x, t | x_1, t_1 \rangle + V \langle x, t | x_1, t_1 \rangle.$$
(2.6.56)

Podemos, portanto, concluir que $\langle x, t | x_1, t_1 \rangle$, construido segundo a prescrição de Feynman, é o mesmo que o propagador na mecânica ondulatória de Schrödinger.

A abordagem de espaço-tempo de Feynman baseada em integrais de caminho não é muito conveniente quando se trata de resolver problemas práticos da mecânica quântica não relativística. Até mesmo para o problema do oscilador harmônico simples, calcular explicitamente a integral de caminho relevante é algo deveras pesado.[10]

---

[10] Desafiamos os leitores a resolverem o problema do oscilador harmônico simples usando o método de integrais de caminho de Feynman no Problema 2.34 ao final deste capítulo.

Contudo, esta abordagem é extremamente gratificante do ponto de vista conceitual. Ao impormos um certo conjunto de exigências razoáveis sobre uma teoria física, somos inevitavelmente conduzidos a um formalismo equivalente à formulação usual da mecânica quântica. Isso nos faz ficar imaginando se seria sequer possível construir uma teoria alternativa que faça sentido e seja igualmente bem sucedida ao explicar fenômenos microscópicos.

Descobriu-se que métodos baseados em integrais de caminho são extremamente poderosos em outras áreas da física moderna, tais como teoria quântica de campos e mecânica estatística. Neste livro, o método de integrais de caminho surgirá novamente quando discutirmos o efeito Aharanov-Bohm.[11]

2.7 ■ POTENCIAIS E TRANSFORMAÇÕES DE CALIBRE

Potenciais constantes

Na mecânica clássica, é bem conhecido o fato de que o ponto zero de energia potencial não tem significado físico. A evolução temporal de variáveis dinâmicas, como $\mathbf{x}(t)$ ou $\mathbf{L}(t)$, independe do fato de usarmos $V(\mathbf{x})$ ou $V(\mathbf{x}) + V_0$ com um V_0 constante no espaço e no tempo. A força que aparece na segunda lei de Newton depende somente do gradiente do potencial; qualquer constante aditiva é claramente irrelevante. Qual é a situação análoga na mecânica quântica?

Olhemos para a evolução temporal, na representação de Schrödinger, de um ket de estado sob a ação de algum potencial. Seja $|\alpha, t_0; t\rangle$ o ket de estado na presença de $V(\mathbf{x})$ e $|\widetilde{\alpha, t_0}; t\rangle$ o ket apropriado para

$$\tilde{V}(\mathbf{x}) = V(\mathbf{x}) + V_0. \tag{2.7.1}$$

Para sermos mais precisos, concordemos que as condições iniciais são tais que ambos os kets coincidam com $|\alpha\rangle$ em $t = t_0$. Se eles representam a mesma situação física, isto sempre pode ser conseguido fazendo-se uma escolha apropriada da fase. Lembrando-nos que o ket de estado em t pode ser obtido pela aplicação do operador evolução temporal ao ket de estado em $\mathcal{U}(t, t_0)$, obtemos

$$\begin{aligned}|\widetilde{\alpha, t_0}; t\rangle &= \exp\left[-i\left(\frac{\mathbf{p}^2}{2m} + V(x) + V_0\right)\frac{(t-t_0)}{\hbar}\right]|\alpha\rangle \\ &= \exp\left[\frac{-iV_0(t-t_0)}{\hbar}\right]|\alpha, t_0; t\rangle.\end{aligned} \tag{2.7.2}$$

Em outras palavras, o ket calculado sob a influência de $\tilde{V}$ tem uma dependência temporal que difere apenas por um fator de fase $\exp[-iV_0(t-t_0)/\hbar]$. Para estados estacionários, isso significa que se a dependência temporal calculada com $V(\mathbf{x})$ é $\exp[-iE(t-t_0)/\hbar]$, então a correspondente dependência temporal calculada com

---

[11] Os interessados nos fundamentos e nas aplicações de integrais de caminho devem consultar Feynman e Hibbs (1965) e também Zee (2010).

$V(\mathbf{x}) + V_0$ será $\exp[-i(E + V_0)(t - t_0)/\hbar]$. Em outras palavras, o uso de $\tilde{V}$ no lugar de V reduz-se simplesmente à mudança:

$$E \to E + V_0, \qquad (2.7.3)$$

algo que você já devia ter adivinhado imediatamente. Efeitos observáveis tais como a evolução temporal de valores esperados de $\langle \mathbf{x} \rangle$ e $\langle \mathbf{S} \rangle$ dependem sempre de *diferenças de energia* [veja (2.1.47)]; as frequências de Bohr que caracterizam a dependência temporal sinusoidal dos valores esperados são as mesmas, quer usemos $V(\mathbf{x})$, quer $V(\mathbf{x}) + V_0$. Em geral, não pode haver diferença nos valores esperados de observáveis se cada um dos kets de estado do universo for multiplicado por um fator comum $\exp[-iV_0(t - t_0)/\hbar]$.

Trivial como isso possa parecer, o que vemos aqui é o primeiro exemplo de uma classe de transformações conhecidas como **transformações de calibre**. A mudança do zero de energia potencial em nossa convenção

$$V(\mathbf{x}) \to V(\mathbf{x}) + V_0 \qquad (2.7.4)$$

deve ser acompanhada de uma mudança no ket de estado

$$|\alpha, t_0; t\rangle \to \exp\left[\frac{-iV_0(t - t_0)}{\hbar}\right] |\alpha, t_0; t\rangle. \qquad (2.7.5)$$

É claro que esta mudança implica na seguinte alteração na função de onda

$$\psi(\mathbf{x}', t) \to \exp\left[\frac{-iV_0(t - t_0)}{\hbar}\right] \psi(\mathbf{x}', t). \qquad (2.7.6)$$

Consideremos a seguir um V_0 que é espacialmente uniforme, mas que depende do tempo. Podemos ver facilmente que o análogo de (2.7.5) é

$$|\alpha, t_0; t\rangle \to \exp\left[-i \int_{t_0}^{t} dt' \frac{V_0(t')}{\hbar}\right] |\alpha, t_0; t\rangle. \qquad (2.7.7)$$

Fisicamente, o uso de $V(\mathbf{x}) + V_0(t)$ no lugar de $V(\mathbf{x})$ simplesmente significa que estamos escolhendo um novo ponto de zero da escala de energia para cada instante do tempo.

Embora a escolha da escala absoluta de energia potencial seja arbitrária, *diferenças de potencial* têm um significado físico não trivial e, de fato, podem ser detectadas de maneira muito surpreendente. Para melhor ilustramos este ponto, consideremos o arranjo mostrado na Figura 2.8. Um feixe de partículas carregadas é dividido em duas partes, cada uma das quais entra numa gaiola metálica. Caso desejemos, podemos manter uma diferença de potencial finita entre as duas gaiolas simplesmente ligando um botão, como mostra a figura. Um partícula no feixe pode ser visualizada como um pacote de onda cuja dimensão é muito menor que aquela da gaiola. Suponha que apliquemos a diferença de potencial somente após os pacotes de onda terem entrado nas gaiolas e o desligamos antes que os pacotes as deixem. A partícula não sente *força alguma* dentro da gaiola, pois ali o potencial é espacialmente uniforme e portanto não há um campo elétrico presente. Vamos agora recombinar os dois feixes de tal modo

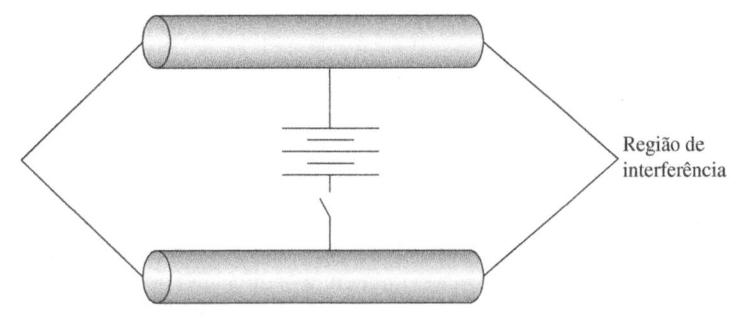

FIGURA 2.8 Interferência quântica para detectar uma diferença de potencial.

que eles se encontrem na região de interferência da Figura 2.8. Devido à existência do potencial, cada uma das componente do feixe sofre uma mudança de fase, como indicado em (2.7.7). Como resultado, há um termo observável de interferência na intensidade do feixe na região de interferência, a saber

$$\cos(\phi_1 - \phi_2), \quad \text{sen}(\phi_1 - \phi_2), \tag{2.7.8}$$

onde

$$\phi_1 - \phi_2 = \left(\frac{1}{\hbar}\right) \int_{t_i}^{t_f} dt [V_2(t) - V_1(t)]. \tag{2.7.9}$$

Assim, não obstante o fato de que a partícula não sente a ação de forças, há um efeito observável que depende do fato de $V_2(t) - V_1(t)$ ter ou não sido aplicada. Observe que este efeito é *puramente quântico*; no limite $\hbar \to 0$, este interessante efeito interferométrico é varrido, pois a oscilação do cosseno se torna infinitamente rápida.[12]

Gravidade na mecânica quântica

Há um experimento que demonstra, de forma surpreendente, como o efeito gravitacional aparece na mecânica quântica. Antes de descrevê-lo, vamos fazer um comentário sobre o papel da gravidade na mecânica clássica e na quântica. Considere a equação clássica de movimento de um objeto que simplesmente cai:

$$m\ddot{\mathbf{x}} = -m\nabla\Phi_{\text{grav}} = -mg\hat{\mathbf{z}}. \tag{2.7.10}$$

O termo de massa se cancela, e, portanto, na ausência da resistência do ar, uma pena e uma pedra se comportarão da mesma maneira – *a la* Galileu – sob ação da gravidade. Isto é, obviamente, uma consequência direta da equivalência entre as massas gravitacional e inercial. Uma vez que a massa não aparece nas equações da trajetória de uma partícula, se diz na mecânica clássica que a gravidade é uma teoria puramente geométrica.

---

[12] Este experimento imaginário (*Gedankenexperiment*) é a versão do experimento de Aharanov-Bohm, a ser discutido posteriormente nesta seção, rodada no espaço de Minkowsky.

A situação é bastante diferente na mecânica quântica. Na formulação da mecânica ondulatória, o análogo de (2.7.10) é

$$\left[-\left(\frac{\hbar^2}{2m}\right)\nabla^2 + m\Phi_{\text{grav}}\right]\psi = i\hbar\frac{\partial\psi}{\partial t}. \tag{2.7.11}$$

A massa não mais se cancela; ao invés disto, ela aparece na combinação $\hbar/m$, de modo que num problema onde $\hbar$ aparece, espera-se que m também apareça. Podemos entender este ponto usando também a formulação de integrais de caminho de Feynman para o problema de um corpo em queda livre, baseado em

$$\langle \mathbf{x}_n, t_n | \mathbf{x}_{n-1}, t_{n-1}\rangle = \sqrt{\frac{m}{2\pi i\hbar \Delta t}}\exp\left[i\int_{t_{n-1}}^{t_n} dt\frac{\left(\frac{1}{2}m\dot{\mathbf{x}}^2 - mgz\right)}{\hbar}\right],$$
$$(t_n - t_{n-1} = \Delta t \to 0). \tag{2.7.12}$$

Aqui novamente vemos que m aparece na combinação $m/\hbar$. Este fato se encontra em forte oposição à abordagem clássica de Hamilton, baseada em

$$\delta\int_{t_1}^{t_2} dt\left(\frac{m\dot{\mathbf{x}}^2}{2} - mgz\right) = 0, \tag{2.7.13}$$

onde m pode ser eliminada logo no início.

Começando pela equação de Schrödinger (2.7.11), podemos deduzir o teorema de Ehrenfest

$$\frac{d^2}{dt^2}\langle \mathbf{x}\rangle = -g\hat{\mathbf{z}}. \tag{2.7.14}$$

Contudo, $\hbar$ não aparece aqui, e nem m. Se quisermos observar um efeito quântico *não trivial* da gravidade, devemos estudar efeitos nos quais $\hbar$ aparece explicitamente – e, consequentemente, onde esperamos que a massa apareça – em contraste com fenômenos puramente gravitacionais da mecânica clássica.

Até 1975 não houve qualquer experimento direto que estabelecesse a presença do temo $m\Phi_{\text{grav}}$ em (2.7.11). Para termos isto bem claro, a queda livre de uma partícula elementar havia sido observada, mas a equação de movimento clássica – ou o teorema de Ehrenfest (2.7.14), onde $\hbar$ não entra – fora suficiente para explicar a observação. O famoso experimento do "peso do fóton", realizado por V. Pound e colaboradores, também não testou a gravidade no domínio quântico, pois eles mediram um deslocamento na frequência onde $\hbar$ não aparecia explicitamente.

Em escala microscópica, forças gravitacionais são muito fracas para que sejam prontamente observadas. Para melhor apreciar a dificuldade envolvida na detecção de gravidade em problemas de estados ligados, consideremos o estado fundamental de um elétron e um nêutron ligados por forças gravitacionais. Este é o análogo gravitacional do átomo de Hidrogênio, onde o elétron e o próton estão ligados por forças de Coulomb. Para a mesma distância, a força gravitacional entre o elétron e o nêutron é menor que a força Coulombiana entre o elétron e o próton por um fator de $\sim 2\times 10^{39}$.

2.7 Potenciais e Transformações de Calibre

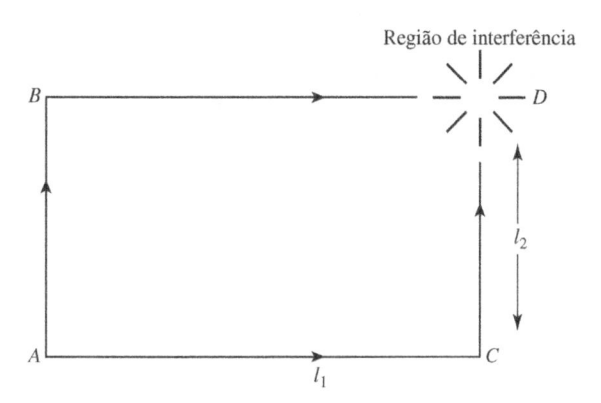

FIGURA 2.9 Experimento para detectar interferência quântica induzida pela gravidade.

O raio de Bohr aí envolvido pode ser obtido de maneira simples:

$$a_0 = \frac{\hbar^2}{e^2 m_e} \rightarrow \frac{\hbar^2}{G_N m_e^2 m_n}, \tag{2.7.15}$$

onde G_N é a constante gravitacional de Newton. Se substituirmos os valores numéricos na equação, o raio de Bohr deste sistema gravitacionalmente ligado é igual a $\sim 10^{31}$ ou $\sim 10^{13}$ anos luz, que é maior que o raio estimado do universo por algumas ordens de magnitude!

Discutamos agora uma fenômeno extraordinário conhecido como **interferência quântica induzida pela gravidade**. Um feixe praticamente monoenergético – na prática, nêutrons térmicos – é separado em duas partes que depois são novamente unidas como ilustrado na Figura 2.9. Em experimentos de verdade, o feixe de nêutrons é dividido e desviado por cristais de Silício, mas os detalhes desta arte maravilhosa de interferometria de nêutrons não é de nosso interesse aqui. Uma vez que o pacote de onda pode ser visto como tendo uma dimensão muito menor que a dimensão macroscópica do circuito formado pelos dois caminhos alternativos, podemos aplicar o conceito de trajetória clássica. Suponhamos, primeiro, que os caminhos $A \rightarrow B \rightarrow D$ e $A \rightarrow C \rightarrow D$ se encontrem no plano horizontal. Uma vez que o zero absoluto do potencial gravitacional é irrelevante, podemos tomar $V = 0$ para qualquer fenômeno que aconteça neste plano; em outras palavras, é legítimo desprezarmos a gravidade completamente. A situação é muito diferente se o plano formado pelos dois caminhos alternativos for rodado por δ em torno do segmento AC. Desta vez, o potencial no nível BD é maior que no nível AC por um fator de mgl_2 sen δ, o que significa que o ket de estado associado com o caminho BD "gira mais rápido". Isto resulta em uma diferença de fase entre as amplitudes dos dois pacotes de onda que chegam a D induzida pela gravidade. Na verdade, há também uma mudança de fase induzida pela gravidade associada a AB e a CD, mas os efeitos se cancelam se comparamos os dois caminhos alternativos. O resultado líquido é que o pacote de ondas que chega a D pelo caminho ABD sofre uma mudança de fase

$$\exp\left[\frac{-im_n g l_2 (\text{sen } \delta) T}{\hbar}\right] \tag{2.7.16}$$

relativa àquela do pacote que chega a *D* via *ACD*, onde *T* é o tempo gasto pelo pacote de ondas para ir de *B* a *D* (ou de *A* a *C*) e m_n, a massa do nêutron. Podemos controlar esta diferença de fase rodando o plano da Figura 2.9; δ pode ir de 0 a $\pi/2$ ou de 0 a $-\pi/2$. Expressando o tempo gasto *T*, ou $l_1/v_{\text{pacote de onda}}$, em termos de λ, o comprimento de onda de de Broglie para o nêutron, obtemos a seguinte expressão para a diferença de fase:

$$\phi_{ABD} - \phi_{ACD} = -\frac{(m_n^2 g l_1 l_2 \lambda \operatorname{sen} \delta)}{\hbar^2}. \qquad (2.7.17)$$

Deste modo, podemos prever um efeito interferométrico observável que depende do ângulo δ, algo reminiscente das franjas em interferômetros ópticos do tipo de Michelson.

Uma maneira alternativa ou mais quântica de entender (2.7.17) é a seguinte: uma vez que estamos lidando com um potencial independente do tempo, a soma das energias cinéticas e potencial é constante

$$\frac{\mathbf{p}^2}{2m} + mgz = E. \qquad (2.7.18)$$

A diferença em altura entre os níveis *BD* e *AC* implica em uma pequena diferença em **p** ou λ. Como resultado, há um acúmulo de diferenças de fase devido à diferença em λ. Deixamos como exercício mostrar que esta abordagem quântica também leva ao resultado (2.7.17).

O que é interessante na expressão (2.7.17) é o fato de que sua magnitude não é nem muito pequena nem muito grande; é exatamente o valor certo para que este interessante efeito possa ser detectado com nêutrons térmicos viajando por caminhos de dimensões da ordem de um "tampo-de-mesa". Para $\lambda = 1{,}42$Å (comparável ao espaçamento interatômico no Silício) e $l_1 l_2 = 10$ cm², obtemos 55,6 para $m_n^2 g l_1 l_2 \lambda / \hbar^2$. À medida que giramos gradualmente o plano do circuito em 90°, prevemos que a intensidade na região de interferência exibirá uma série de máximos e mínimos; quantitativamente deveríamos observar $55{,}6/2\pi \simeq 9$ oscilações. É simplesmente extraordinário que tal efeito tenha sido realmente observado experimentalmente. Veja a Figura 2.10, que é de um experimento realizado em 1975 por R. Colella, A. W. Overhauser e S. A. Werner. A mudança de fase induzida pela gravidade é verificada com uma precisão de até 1%.

Voltamos a enfatizar que este efeito é puramente quântico, pois à medida que $\hbar \to 0$, o padrão de interferência desaparece. Mostrou-se que o potencial gravitacional entra na equação de Schrödinger justamente como se era esperado. Este experimento também mostra que a gravidade não é puramente geométrica em nível quântico, pois o efeito depende de $(m/\hbar)^2$.[13]

---

[13] Contudo, isto não implica que o princípio da equivalência não seja importante para se compreender um efeito deste tipo. Se a massa gravitacional (m_{grav}) e a massa inercial (m_{inerc}) fossem diferentes, $(m/\hbar)^2$ deveria ser substituido por $m_{\text{grav}} m_{\text{inerc}}/\hbar^2$. O fato de que pudemos prever corretamente o padrão de interferência sem fazer uma distinção entre m_{grav} e m_{inerc} dá algum suporte ao princípio da equivalência em nível quântico.

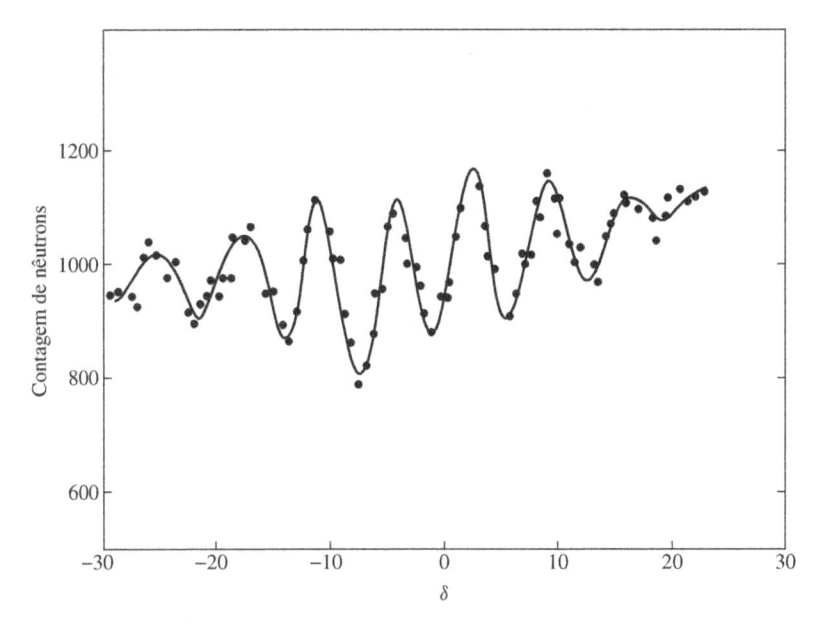

FIGURA 2.10 Dependência da fase induzida pela gravidade com o ângulo de rotação δ. De R. Colella, A. W. Overhauser, and S. A. Werner, *Phys. Rev. Lett.* **34** (1975) 1472.

Transformações de calibre no eletromagnetismo

Vamos focar agora os potenciais que surgem no eletromagnetismo. Consideramos um campo elétrico e magnético dedutíveis de um potencial escalar e um potencial vetor independentes do tempo, $\phi(\mathbf{x})$ e $\mathbf{A}(\mathbf{x})$:

$$\mathbf{E} = -\nabla\phi, \quad \mathbf{B} = \nabla \times \mathbf{A}. \tag{2.7.19}$$

O Hamiltoniano para uma partícula de carga elétrica e (para o elétron $e < 0$) sujeita a um campo eletromagnético é tomado da física clássica

$$H = \frac{1}{2m}\left(\mathbf{p} - \frac{e\mathbf{A}}{c}\right)^2 + e\phi. \tag{2.7.20}$$

Na mecânica quântica, ϕ e $\mathbf{A}$ são interpretados como sendo funções do *operador* posição $\mathbf{x}$ da partícula carregada. Uma vez que $\mathbf{p}$ e $\mathbf{A}$ não comutam, devemos ter um certo cuidado ao interpretar (2.7.20). O procedimento mais seguro é escrever

$$\left(\mathbf{p} - \frac{e\mathbf{A}}{c}\right)^2 \to p^2 - \left(\frac{e}{c}\right)(\mathbf{p}\cdot\mathbf{A} + \mathbf{A}\cdot\mathbf{p}) + \left(\frac{e}{c}\right)^2 \mathbf{A}^2. \tag{2.7.21}$$

Nesta forma, o Hamiltoniano é, obviamente, hermitiano.

Para estudar a dinâmica de uma partícula sujeita a ϕ e $\mathbf{A}$, trabalhemos primeiro na representação de Heisenberg. Podemos calcular a derivada temporal de $\mathbf{x}$ diretamente

$$\frac{dx_i}{dt} = \frac{[x_i, H]}{i\hbar} = \frac{(p_i - eA_i/c)}{m}, \tag{2.7.22}$$

que mostra que o operador **p**, definido neste livro como o gerador de translações, não é o mesmo que $md\mathbf{x}/dt$. Muito frequentemente, **p** é chamado e **momento canônico**, em distinção ao **momento cinético** (ou mecânico), denotado por Π:

$$\Pi \equiv m\frac{d\mathbf{x}}{dt} = \mathbf{p} - \frac{e\mathbf{A}}{c}. \quad (2.7.23)$$

Embora tenhamos

$$[p_i, p_j] = 0 \quad (2.7.24)$$

para o momento canônico, o comutador análogo não é zero para o momento mecânico. No lugar disto, temos

$$[\Pi_i, \Pi_j] = \left(\frac{i\hbar e}{c}\right)\varepsilon_{ijk}B_k, \quad (2.7.25)$$

como você poderá facilmente verificar por si. Reescrevendo o Hamiltoniano

$$H = \frac{\Pi^2}{2m} + e\phi \quad (2.7.26)$$

e usando as relações de comutação fundamentais, podemos deduzir a versão quântica da **força de Lorentz**, ou seja,

$$m\frac{d^2\mathbf{x}}{dt^2} = \frac{d\Pi}{dt} = e\left[\mathbf{E} + \frac{1}{2c}\left(\frac{d\mathbf{x}}{dt}\times\mathbf{B} - \mathbf{B}\times\frac{d\mathbf{x}}{dt}\right)\right]. \quad (2.7.27)$$

Este é, então, o teorema de Ehrenfest, expresso na representação de Heisenberg, para uma partícula carregada na presença de **E** e **B**.

Vamos agora estudar a equação de onda de Schrödinger com ϕ e **A**. Nossa primeira tarefa é sanduichar H entre $\langle\mathbf{x}'|$ e $|\alpha, t_0; t\rangle$. O único termo com o qual devemos ter cuidado é

$$\langle\mathbf{x}'|\left[\mathbf{p} - \frac{e\mathbf{A}(\mathbf{x})}{c}\right]^2|\alpha, t_0; t\rangle$$
$$= \left[-i\hbar\nabla' - \frac{e\mathbf{A}(\mathbf{x}')}{c}\right]\langle\mathbf{x}'|\left[\mathbf{p} - \frac{e\mathbf{A}(\mathbf{x})}{c}\right]|\alpha, t_0; t\rangle$$
$$= \left[-i\hbar\nabla' - \frac{e\mathbf{A}(\mathbf{x}')}{c}\right]\cdot\left[-i\hbar\nabla' - \frac{e\mathbf{A}(\mathbf{x}')}{c}\right]\langle\mathbf{x}'|\alpha, t_0; t\rangle. \quad (2.7.28)$$

É importante enfatizarmos que o primeiro ∇' na última linha pode diferenciar *ambos*, $\langle\mathbf{x}'|\alpha, t_0; t\rangle$ e $\mathbf{A}(\mathbf{x}')$. Combinando tudo, temos

$$\frac{1}{2m}\left[-i\hbar\nabla' - \frac{e\mathbf{A}(\mathbf{x}')}{c}\right]\cdot\left[-i\hbar\nabla' - \frac{e\mathbf{A}(\mathbf{x}')}{c}\right]\langle\mathbf{x}'|\alpha, t_0; t\rangle$$
$$+ e\phi(\mathbf{x}')\langle\mathbf{x}'|\alpha, t_0; t\rangle = i\hbar\frac{\partial}{\partial t}\langle\mathbf{x}'|\alpha, t_0; t\rangle. \quad (2.7.29)$$

Desta expressão, podemos obter prontamente a equação da continuidade

$$\frac{\partial \rho}{\partial t} + \nabla' \cdot \mathbf{j} = 0, \qquad (2.7.30)$$

onde ρ é $|\psi|^2$ como antes, com $\langle \mathbf{x}'|\alpha, t_0; t\rangle$ escrito como ψ, mas para a corrente de probabilidade $\mathbf{j}$ temos

$$\mathbf{j} = \left(\frac{\hbar}{m}\right)\text{Im}(\psi^*\nabla'\psi) - \left(\frac{e}{mc}\right)\mathbf{A}|\psi|^2, \qquad (2.7.31)$$

que é simplesmente o que esperávamos da substituição

$$\nabla' \to \nabla' - \left(\frac{ie}{\hbar c}\right)\mathbf{A}. \qquad (2.7.32)$$

Escrevendo a função de onda de $\sqrt{\rho}\exp(iS/\hbar)$ [veja (2.4.18)], obtemos uma forma alternativa para $\mathbf{j}$, a saber

$$\mathbf{j} = \left(\frac{\rho}{m}\right)\left(\nabla S - \frac{e\mathbf{A}}{c}\right), \qquad (2.7.33)$$

que deve ser comparada a (2.4.20). Veremos que esta forma é conveniente quando discutirmos supercondutividade, quantização de fluxo e assim por diante. Observamos também que a integral de $\mathbf{j}$ no espaço é o valor esperado do momento cinético (não do momento canônico) a menos de um fator $1/m$:

$$\int d^3x' \mathbf{j} = \frac{\langle \mathbf{p} - e\mathbf{A}/c\rangle}{m} = \langle \mathbf{\Pi}\rangle/m. \qquad (2.7.34)$$

Estamos agora em condições de discutir o tema **transformações de calibre** em eletromagnetismo. Considere, primeiramente,

$$\phi \to \phi + \lambda, \quad \mathbf{A} \to \mathbf{A}, \qquad (2.7.35)$$

com λ constante – isto é, independente de $\mathbf{x}$ e t. Tanto $\mathbf{E}$ quanto $\mathbf{B}$ permanecem, obviamente, iguais. Esta transformação se resume apenas a uma mudança no zero da escala de energia, uma possibilidade tratada no início desta seção; simplesmente substituímos V por $e\phi$. Já discutimos a mudança necessária no ket de estado [veja (2.7.5)] que a acompanha e, portanto, não nos deteremos mais nesta transformação.

Muito mais interessante é a transformação

$$\phi \to \phi, \quad \mathbf{A} \to \mathbf{A} + \nabla\Lambda, \qquad (2.7.36)$$

onde Λ é função de $\mathbf{x}$. Os campos eletromagnéticos estáticos $\mathbf{E}$ e $\mathbf{B}$ não mudam com (2.7.36). Tanto (2.7.35) quando (2.7.36) são casos particulares de

$$\phi \to \phi - \frac{1}{c}\frac{\partial \Lambda}{\partial t}, \quad \mathbf{A} \to \mathbf{A} + \nabla\Lambda, \qquad (2.7.37)$$

que deixam **E** e **B**, dados por

$$\mathbf{E} = -\nabla\phi - \frac{1}{c}\frac{\partial \mathbf{A}}{\partial t}, \qquad \mathbf{B} = \nabla \times \mathbf{A}, \qquad (2.7.38)$$

invariantes, mas no que segue não consideraremos campos e potenciais dependentes do tempo. No resto desta seção, o termo *transformação de calibre* se refere a (2.7.36).

Na física clássica, efeitos observáveis tais como a trajetória de uma partícula carregada são independentes do calibre usado – isto é, da particular escolha de Λ que viermos a adotar. Considere uma partícula carregada na presença de um campo magnético uniforme na direção z

$$\mathbf{B} = B\hat{\mathbf{z}}. \qquad (2.7.39)$$

Este campo pode ser obtido de

$$A_x = \frac{-By}{2}, \qquad A_y = \frac{Bx}{2}, \qquad A_z = 0 \qquad (2.7.40)$$

ou também de

$$A_x = -By, \quad A_y = 0, \quad A_z = 0. \qquad (2.7.41)$$

A segunda forma é obtida a partir da primeira via

$$\mathbf{A} \to \mathbf{A} - \nabla\left(\frac{Bxy}{2}\right), \qquad (2.7.42)$$

que é, de fato, da forma (2.7.36). Independente do **A** que usemos, a trajetória da partícula carregada, para um dado conjunto de condições iniciais, é a mesma: simplesmente uma hélice – um movimento circular uniforme quando projetado no plano xy, sobreposto a um movimento retilíneo uniforme na direção z. Ainda assim, se olharmos para p_x e p_y, os resultados são muito diferentes. Um só exemplo: p_x é uma constante de movimento quando usamos (2.7.41), mas não quando usamos (2.7.40).

Recorde as equações de movimento de Hamilton:

$$\frac{dp_x}{dt} = -\frac{\partial H}{\partial x}, \qquad \frac{dp_y}{dt} = -\frac{\partial H}{\partial y}, \dots \qquad (2.7.43)$$

Em geral, o momento canônico **p** *não* é uma grandeza invariante por transformações de calibre. Seu valor numérico depende do particular calibre adotado, mesmo que estejamos nos referindo à mesma situação física. Contrariamente, o momento *cinético* Π, ou $m d\mathbf{x}/dt$, que delinea a trajetória da partícula, é uma grandeza invariante por calibre, como se pode verificar explicitamente. Dado que **p** e $md\mathbf{x}/dt$ estão relacionados via (2.7.23), **p** deve mudar para compensar a mudança em **A** dada por (2.7.42).

Retornemos agora à mecânica quântica. Acreditamos ser razoável a exigência de que os valores esperados na mecânica quântica se comportem, sob uma transformação de calibre, de maneira similar às grandezas clássicas correspondentes, de modo que $\langle \mathbf{x} \rangle$ e $\langle \mathbf{\Pi} \rangle$ *não* devem mudar, ao passo que $\langle \mathbf{p} \rangle$ sim.

Denotemos por $|\alpha\rangle$ o ket de estado na presença de $\mathbf{A}$; o ket de estado para a mesma situação física quando

$$\tilde{\mathbf{A}} = \mathbf{A} + \nabla \Lambda \tag{2.7.44}$$

for usado no lugar de $\mathbf{A}$ será denotado por $|\tilde{\alpha}\rangle$. Aqui, tanto Λ quanto $\mathbf{A}$ são funções do operador posição $\mathbf{x}$. Nossas exigências básicas são

$$\langle \alpha | \mathbf{x} | \alpha \rangle = \langle \tilde{\alpha} | \mathbf{x} | \tilde{\alpha} \rangle \tag{2.7.45a}$$

e

$$\langle \alpha | \left(\mathbf{p} - \frac{e\mathbf{A}}{c} \right) | \alpha \rangle = \langle \tilde{\alpha} | \left(\mathbf{p} - \frac{e\tilde{\mathbf{A}}}{c} \right) | \tilde{\alpha} \rangle. \tag{2.7.45b}$$

Adicionalmente, exigimos, como de costume, que a norma do ket seja preservada:

$$\langle \alpha | \alpha \rangle = \langle \tilde{\alpha} | \tilde{\alpha} \rangle. \tag{2.7.46}$$

Temos que construir um operador $\mathcal{G}$ que relacione $|\tilde{\alpha}\rangle$ a $|\alpha\rangle$:

$$|\tilde{\alpha}\rangle = \mathcal{G} |\alpha\rangle. \tag{2.7.47}$$

As propriedades de invariância (2.7.45a) e (2.7.45b) estão garantidas se

$$\mathcal{G}^\dagger \mathbf{x} \mathcal{G} = \mathbf{x} \tag{2.7.48a}$$

e

$$\mathcal{G}^\dagger \left(\mathbf{p} - \frac{e\mathbf{A}}{c} - \frac{e\nabla\Lambda}{c} \right) \mathcal{G} = \mathbf{p} - \frac{e\mathbf{A}}{c}. \tag{2.7.48b}$$

Afirmamos que

$$\mathcal{G} = \exp\left[\frac{ie\Lambda(\mathbf{x})}{\hbar c} \right] \tag{2.7.49}$$

cumpre com este papel. Primeiro, $\mathcal{G}$ é unitário, e, portanto, (2.7.46) está em ordem. Segundo, (2.7.48a) é obviamente satisfeita, pois $\mathbf{x}$ comuta com qualquer função de si mesmo. Quanto a (2.7.48b), note simplesmente que

$$\exp\left(\frac{-ie\Lambda}{\hbar c}\right) \mathbf{p} \exp\left(\frac{ie\Lambda}{\hbar c}\right) = \exp\left(\frac{-ie\Lambda}{\hbar c}\right) \left[\mathbf{p}, \exp\left(\frac{ie\Lambda}{\hbar c}\right) \right] + \mathbf{p}$$

$$= -\exp\left(\frac{-ie\Lambda}{\hbar c}\right) i\hbar \nabla \left[\exp\left(\frac{ie\Lambda}{\hbar c}\right) \right] + \mathbf{p}$$

$$= \mathbf{p} + \frac{e\nabla\Lambda}{c}, \tag{2.7.50}$$

onde usamos (2.2.23b).

A invariância da mecânica quântica por transformações de calibre pode também ser demonstrada olhando-se diretamente para a equação de Schrödinger. Seja $|\alpha, t_0; t\rangle$ uma solução desta equação na presença de **A**:

$$\left[\frac{(\mathbf{p}-e\mathbf{A}/c)^2}{2m} + e\phi\right]|\alpha, t_0; t\rangle = i\hbar\frac{\partial}{\partial t}|\alpha, t_0; t\rangle. \quad (2.7.51)$$

A solução correspondente na presença de **Ã** deve satisfazer

$$\left[\frac{(\mathbf{p}-e\mathbf{A}/c-e\nabla\Lambda/c)^2}{2m} + e\phi\right]|\alpha, \widetilde{t_0}; t\rangle = i\hbar\frac{\partial}{\partial t}|\alpha, \widetilde{t_0}; t\rangle. \quad (2.7.52)$$

Podemos ver que se tomarmos o novo ket como sendo

$$|\alpha, \widetilde{t_0}; t\rangle = \exp\left(\frac{ie\Lambda}{\hbar c}\right)|\alpha, t_0; t\rangle \quad (2.7.53)$$

então, de acordo com (2.7.49), a nova equação de Schrödinger (2.7.52) será satisfeita; só temos que observar que

$$\exp\left(\frac{-ie\Lambda}{\hbar c}\right)\left(\mathbf{p} - \frac{e\mathbf{A}}{c} - \frac{e\nabla\Lambda}{c}\right)^2 \exp\left(\frac{ie\Lambda}{\hbar c}\right) = \left(\mathbf{p} - \frac{e\mathbf{A}}{c}\right)^2, \quad (2.7.54)$$

que segue ao aplicarmos (2.7.50) duas vezes.

A equação (2.7.53) também implica no fato que as equações de onda correspondentes estão relacionadas via

$$\tilde{\psi}(\mathbf{x}',t) = \exp\left[\frac{ie\Lambda(\mathbf{x}')}{\hbar c}\right]\psi(\mathbf{x}',t), \quad (2.7.55)$$

onde $\nabla(\mathbf{x}')$ é agora uma função real do autovalor $\mathbf{x}'$ do vetor posição. Isto pode, obviamente, ser verificado diretamente substituindo-se (2.7.55) na equação de Schrödinger, com **A** substituído por $\mathbf{A} + \nabla\Lambda$. EM termos de ρ e S, verificamos que ρ não muda, mas S modifica-se segundo:

$$S \to S + \frac{e\Lambda}{c}. \quad (2.7.56)$$

Este resultado é muito bom, pois com ele podemos ver que a corrente de probabilidade dada por (2.7.33) é um invariante de calibre.

Resumindo, quando potencias vetores em diferentes calibres são usados para a mesma situação física, os kets de estado (ou funções de onda) correspondentes devem necessariamente ser diferentes. No entanto, apenas uma única mudança é necessária; podemos ir de um calibre especificado por **A** para outro especificado por $\mathbf{A} + \nabla\Lambda$ meramente multiplicando o ket antigo (a função de onda antiga) por $\exp[ie\Lambda(\mathbf{x})/\hbar c]$ ($\exp[ie\Lambda(\mathbf{x}')/\hbar c]$). O **momento canônico**, definido como sendo o gerador de translações, *depende manifestamente do calibre*, no sentido que seu valor esperado depende do particular calibre escolhido, ao passo que o **momento cinemático** e a corrente de probabilidade *não dependem do calibre*.

Você deve se perguntar o porquê da invariância por (2.7.49) ser chamada de *invariância de calibre*. A palavra é uma tradução do alemão *Eichinvarianz*, onde *Eich* significa "calibre" (há uma anedota histórica relacionada à origem deste termo. Continue lendo).

Considere agora uma função qualquer da posição em $\mathbf{x}$: $F(\mathbf{x})$. Em pontos próximos a ele temos, obviamente

$$F(\mathbf{x} + d\mathbf{x}) \simeq F(\mathbf{x}) + (\nabla F) \cdot d\mathbf{x}. \qquad (2.7.57)$$

Contudo, suponha que agora apliquemos uma mudança de escala ao passarmos de $\mathbf{x}$ para $\mathbf{x} + d\mathbf{x}$ do seguinte modo:

$$1|_{\text{em } \mathbf{x}} \to [1 + \mathbf{\Sigma}(\mathbf{x}) \cdot d\mathbf{x}]|_{\text{em } \mathbf{x} + d\mathbf{x}}. \qquad (2.7.58)$$

Precisamos, então, rescalonar $F(\mathbf{x})$ segundo

$$F(\mathbf{x} + d\mathbf{x})|_{\text{rescalonado}} \simeq F(\mathbf{x}) + [(\nabla + \mathbf{\Sigma})F] \cdot d\mathbf{x}. \qquad (2.7.59)$$

ao invés de usar (2.7.57). A combinação $\nabla + \mathbf{\Sigma}$ é, a menos de um fator i, similar à combinação

$$\nabla - \left(\frac{ie}{\hbar c}\right)\mathbf{A} \qquad (2.7.60)$$

encontrada em (2.7.32) e invariante de calibre. Historicamente, H. Weyl tentou, sem sucesso, construir uma teoria geométrica do eletromagnetismo baseada na *Eichinvarianz*, ao tentar identificar a função de escala $\mathbf{\Sigma}(\mathbf{x})$ em (2.7.58) e (2.7.59) com o próprio potencial vetor $\mathbf{A}$. Com o surgimento da mecânica quântica, V. Fock e F. London perceberam a importância da combinação (2.7.60) invariante de calibre e lembraram-se dos trabalhos anteriores de Weyl, comparando $\mathbf{\Sigma}$ com i vezes $\mathbf{A}$. Acabamos, assim, ficando com o termo *invariância de calibre* embora o análogo quântico de (2.7.58),

$$1\Big|_{\text{em } \mathbf{x}} \to \left[1 - \left(\frac{ie}{\hbar c}\right)\mathbf{A} \cdot d\mathbf{x}\right]\Big|_{\text{em } \mathbf{x}+d\mathbf{x}}, \qquad (2.7.61)$$

corresponderia, na verdade, a uma "mudança de fase" em vez de uma "mudança de escala".

O efeito Aharanov-Bohm

O uso do potencial vetor em mecânica quântica traz consigo consequências profundas, algumas das quais estamos agora aptos a discutir. Comecemos por um problema aparemente inócuo.

Considere um casca cilíndrica oca, como na Figura 2.11a. Pressupomos que uma partícula de carga e possa ser completamente confinada no interior desta casca de paredes rígidas. A função de onda tem de ir a zero na parede interna ($\rho = \rho_a$) e externa ($\rho = \rho_b$), bem como na base e no topo. A obtenção dos autovalores de energia deste caso é um problema de condições de contorno de solução direta na física matemática.

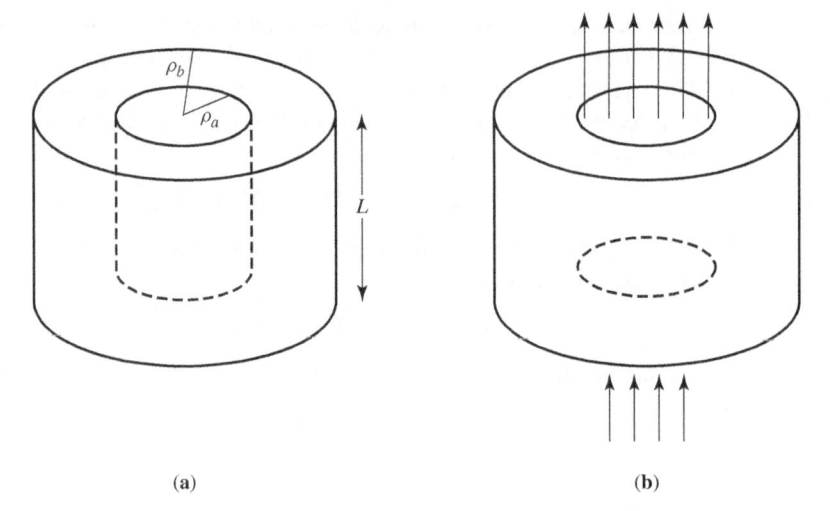

FIGURA 2.11 Casca cilíndrica oca (a) sem campo magnético, (b) com um campo magnético uniforme.

Consideremos agora um arranjo modificado onde a casca cilíndrica envolve um campo magnético uniforme, segundo a Figura 2.11b. Mais especificamente, você pode imaginar um solenoide bastante comprido ajustado no buraco no meio do cilindro, de tal modo que não há qualquer vazamento de campo magnético para $\rho \geq \rho_a$. As condições de contorno para a função de onda são as mesmas do caso anterior, e as paredes continuam rígidas. Intuitivamente, podemos conjecturar que o espectro de energia permanece inalterado, pois a região com $\mathbf{B} \neq 0$ é completamente inacessível à partícula carregada, presa no interior da casca. Porém, a mecânica quântica nos diz que esta conjectura *não* é correta.

Embora o campo magnético seja nulo no interior, o potencial vetor **A** não é zero nesta região; usando o teorema de Stokes, podemos inferir que o potencial vetor necessário para produzir um campo magnético $\mathbf{B}(=B\hat{\mathbf{z}})$ é

$$\mathbf{A} = \left(\frac{B\rho_a^2}{2\rho}\right)\hat{\boldsymbol{\phi}}, \qquad (2.7.62)$$

onde $\hat{\boldsymbol{\phi}}$ é o vetor unitário na direção do ângulo azimutal crescente. Ao tentar resolvermos a equação de Schrödinger para achar os níveis de energia deste novo problema, temos que substituir o gradiente ∇ por $\nabla - (ie/\hbar c)\mathbf{A}$; em coordenadas cilíndricas isto pode ser feito substituindo as derivadas parciais em ϕ da seguinte maneira:

$$\frac{\partial}{\partial \phi} \to \frac{\partial}{\partial \phi} - \left(\frac{ie}{\hbar c}\right)\frac{B\rho_a^2}{2}; \qquad (2.7.63)$$

lembre-se da expressão para o gradiente em coordenadas cilíndricas:

$$\nabla = \hat{\boldsymbol{\rho}}\frac{\partial}{\partial \rho} + \hat{\mathbf{z}}\frac{\partial}{\partial z} + \hat{\boldsymbol{\phi}}\frac{1}{\rho}\frac{\partial}{\partial \phi}. \qquad (2.7.64)$$

```
                    |
           _____
          /  ,-"""-,  \
    A •──/  ( B ≠ 0 ) ←── Cilindro      • B
   Região \  `-...-´  /   impenetrável   Região de
   fonte    ---------                    interferência
                    |
```

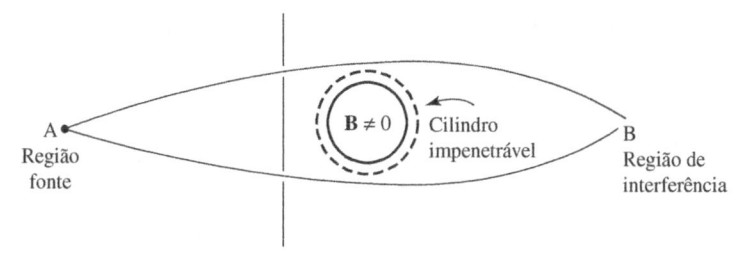

FIGURA 2.12   O efeito Aharanov-Bohm.

A substituição (2.7.63) resulta em uma mudança *observável* no espectro de energia, como você pode imediatamente verificar. Isto é algo deveras surpreendente, pois a partícula nunca "toca" o campo magnético; a força de Lorentz que a partícula sente neste problema é também nula, e mesmo assim os níveis de energia dependem do fato de o campo magnético ser finito ou não na região do buraco inacessível à partícula.

O problema que acabamos de discutir é a versão de estados-ligados daquilo comumente chamado do *efeito Aharanov-Bohm*.[14] Podemos agora discutir o problema na sua forma original. Considere uma partícula de carga e passando por cima ou por baixo de um cilindro muito longo e impenetrável, conforme mostrado na Figura 2.12. Dentro do cilindro há um campo magnético paralelo a seu eixo, aqui tomado como sendo normal ao plano da Figura 2.12. Deste modo, as trajetórias da partícula acima e abaixo do cilindro englobam um fluxo magnético. Nosso objeto de estudo é descrever como a probabilidade de achar a partícula na região B de interferência depende do fluxo magnético.

Embora este problema possa ser abordado comparando-se as soluções da equação de Schrödinger na presença ou ausência de **B**, por razões pedagógicas preferimos fazer uso do método de integrais de caminho de Feynman. Sejam $\mathbf{x}_1$ e $\mathbf{x}_N$ pontos típicos na região fonte A e na região de interferência B, respectivamente. Lembramo-nos da mecânica clássica que a Lagrangiana na presença de um campo magnético pode ser obtida da Lagrangiana sem campo magnético, que chamaremos de $L^{(0)}_{\text{clássica}}$, da seguinte maneira:

$$L^{(0)}_{\text{clássica}} = \frac{m}{2}\left(\frac{d\mathbf{x}}{dt}\right)^2 \to L^{(0)}_{\text{clássica}} + \frac{e}{c}\frac{d\mathbf{x}}{dt}\cdot \mathbf{A}. \qquad (2.7.65)$$

A mudança correspondente na ação para qualquer segmento definido do caminho que vai de $(\mathbf{x}_{n-1}, t_{n-1})$ a $(\mathbf{x}_n, t_n)$, é dada por

$$S^{(0)}(n, n-1) \to S^{(0)}(n, n-1) + \frac{e}{c}\int_{t_{n-1}}^{t_n} dt \left(\frac{d\mathbf{x}}{dt}\right)\cdot \mathbf{A}. \qquad (2.7.66)$$

Porém, esta última integral pode ser escrita como

$$\frac{e}{c}\int_{t_{n-1}}^{t_n} dt \left(\frac{d\mathbf{x}}{dt}\right)\cdot \mathbf{A} = \frac{e}{c}\int_{x_{n-1}}^{x_n} \mathbf{A}\cdot d\mathbf{s}, \qquad (2.7.67)$$

---

[14] Nome é devido a um artigo publicado em 1959 por Y. Aharanov e D. Bohm. Basicamente, o mesmo efeito foi discutido 10 anos antes por W. Ehrenberg e R.E. Siday.

onde $d\mathbf{s}$ é a diferencial do elemento de linha ao longo do segmento do caminho, de tal modo que, ao considerarmos a contribuição total de $\mathbf{x}_1$ a $\mathbf{x}_N$, temos a seguinte mudança:

$$\prod \exp\left[\frac{iS^{(0)}(n, n-1)}{\hbar}\right] \to \left\{\prod \exp\left[\frac{iS^{(0)}(n, n-1)}{\hbar}\right]\right\} \exp\left(\frac{ie}{\hbar c}\int_{\mathbf{x}_1}^{\mathbf{x}_N} \mathbf{A} \cdot d\mathbf{s}\right). \tag{2.7.68}$$

Tudo isto vale para um caminho particular, como por exemplo passar por cima do cilindro. Ainda temos que somar sobre todos os caminhos possíveis, o que pode nos parecer uma tarefa formidável. Para nossa sorte, sabemos, no entanto, da teoria eletromagnética que a integral de linha $\int \mathbf{A} \cdot d\mathbf{s}$ é independente do caminho, isto é, ela depende apenas dos pontos extremos, desde que o laço formado por um par de caminhos diferentes não envolva o fluxo magnético. Em função disso, as contribuições devido a $\mathbf{A} \neq 0$ para todos os caminhos passando por cima do cilindro são dadas por um fator de fase *comum*; igualmente, as contribuições de todos os caminhos passando por baixo do cilindro são multiplicadas por outro fator de fase comum a todas. Na notação de integrais de caminho temos, para a amplitude de transição completa

$$\int_{\text{acima}} \mathcal{D}[\mathbf{x}(t)] \exp\left[\frac{iS^{(0)}(N,1)}{\hbar}\right] + \int_{\text{abaixo}} \mathcal{D}[\mathbf{x}(t)] \exp\left[\frac{iS^{(0)}(N,1)}{\hbar}\right]$$

$$\to \int_{\text{acima}} \mathcal{D}[\mathbf{x}(t)] \exp\left[\frac{iS^{(0)}(N,1)}{\hbar}\right] \left\{\exp\left[\left(\frac{ie}{\hbar c}\right) \int_{\mathbf{x}_1}^{\mathbf{x}_N} \mathbf{A} \cdot d\mathbf{s}\right]_{\text{acima}}\right\} \tag{2.7.69}$$

$$+ \int_{\text{abaixo}} \mathcal{D}[\mathbf{x}(t)] \exp\left[\frac{iS^{(0)}(N,1)}{\hbar}\right] \left\{\exp\left[\left(\frac{ie}{\hbar c}\right) \int_{\mathbf{x}_1}^{\mathbf{x}_N} \mathbf{A} \cdot d\mathbf{s}\right]_{\text{abaixo}}\right\}.$$

A probabilidade de se achar uma partícula na região de interferência B depende do módulo ao quadrado da amplitude total de transição e, portanto, da diferença de fase entre as contribuições dos caminhos que passam por cima e por baixo. A diferença de fase devido à presença de $\mathbf{B}$ é simplesmente

$$\left[\left(\frac{e}{\hbar c}\right)\int_{\mathbf{x}_1}^{\mathbf{x}_N} \mathbf{A} \cdot d\mathbf{s}\right]_{\text{acima}} - \left[\left(\frac{e}{\hbar c}\right)\int_{\mathbf{x}_1}^{\mathbf{x}_N} \mathbf{A} \cdot d\mathbf{s}\right]_{\text{abaixo}} = \left(\frac{e}{\hbar c}\right) \oint \mathbf{A} \cdot d\mathbf{s}$$

$$= \left(\frac{e}{\hbar c}\right) \Phi_B, \tag{2.7.70}$$

onde Φ_B representa o fluxo magnético dentro do cilindro impenetrável. Isto significa que à medida que mudamos a intensidade do campo magnético, há uma componente sinusoidal na probabilidade de se observar a partícula na região B com um período dado por uma *unidade fundamental de fluxo magnético*, a saber

$$\frac{2\pi \hbar c}{|e|} = 4{,}135 \times 10^{-7} \text{gauss-cm}^2. \tag{2.7.71}$$

Enfatizamos que o efeito de interferência aqui discutido é puramente quântico. Classicamente, o movimento de um partícula carregada é determinado unicamente pela segunda lei de Newton suplementada pela lei de força de Lorentz. Aqui, como no problema de estados-ligados previamente discutido, a partícula nunca pode entrar na região na qual **B** é finito; a força de Lorentz é zero em todas as regiões onde a função de onda da partícula é finita. E, mesmo assim, há um surpreendente padrão de interferência que depende da presença ou ausência de um campo magnético dentro do cilindro impenetrável. Este ponto levou algumas pessoas a concluirem que em mecânica quântica **A**, e não **B**, é a grandeza fundamental. Deve-se, porém, notar que os efeitos observáveis em ambos os exemplos dependem somente de Φ_B, que é expresso diretamente em termos de **B**. Experimentos conduzidos para se verificar o efeito Aharanov-Bohm foram realizados empregando-se um filamento delgado de ferro magnetizado chamado de *whisker*.[15]

Monopolo magnético

Concluímos esta seção com uma das mais surpreendentes previsões de física quântica, que ainda aguarda comprovação experimental. Um(a) estudante mais astuto(a) da eletrodinâmica clássica pode se sentir surpreso com o fato de que há uma forte simetria entre **E** e **B**, e ainda assim uma carga magnética – comumente chamada de **monopolo magnético** – análoga à carga elétrica, peculiarmente não aparece nas equações de Maxwell. A fonte de um campo magnético observado na natureza ou é uma carga elétrica em movimento ou um dipolo magnético estático, nunca uma carga magnética estática. Ao invés de

$$\nabla \cdot \mathbf{B} = 4\pi \rho_M \tag{2.7.72}$$

análoga a

$$\nabla \cdot \mathbf{E} = 4\pi \rho, \tag{2.7.73}$$

$\nabla \cdot \mathbf{B}$, na verdade, é igual a zero na maneira usual como escrevemos as equações de Maxwell. A mecânica quântica não prediz que um monopolo magnético deva existir. Porém, ela exige, de maneira inequívoca, que caso algum dia um monopolo magnético seja observado na natureza, sua magnitude deve ser quantizada em termos de e, $\hbar$ e c, como demonstraremos a seguir.

Suponha que haja um monopolo magnético puntual, situado na origem, de intensidade e_M, análogo a uma carga elétrica puntual. O campo magnético estático é dado por

$$\mathbf{B} = \left(\frac{e_M}{r^2}\right)\hat{\mathbf{r}}. \tag{2.7.74}$$

À primeira vista pode parecer que o campo magnético (2.7.74) pode ser deduzido a partir de

$$\mathbf{A} = \left[\frac{e_M(1-\cos\theta)}{r\,\text{sen}\,\theta}\right]\hat{\boldsymbol{\phi}}. \tag{2.7.75}$$

Lembre-se da expressão para o rotacional em coordenadas esféricas:

$$\nabla \times \mathbf{A} = \hat{\mathbf{r}}\left[\frac{1}{r\,\text{sen}\,\theta}\frac{\partial}{\partial\theta}(A_\phi\,\text{sen}\,\theta) - \frac{\partial A_\theta}{\partial\phi}\right]$$
$$+ \hat{\boldsymbol{\theta}}\frac{1}{r}\left[\frac{1}{\text{sen}\,\theta}\frac{\partial A_r}{\partial\phi} - \frac{\partial}{\partial r}(rA_\phi)\right] + \hat{\boldsymbol{\phi}}\frac{1}{r}\left[\frac{\partial}{\partial r}(rA_\theta) - \frac{\partial A_r}{\partial\theta}\right]. \tag{2.7.76}$$

---

[15] Um experimento recente deste tipo é o de A. Tonomura et. al, *Phys. Rev. Lett.* **48** (1982) 1443 [A palavra *whisker* em inglês significa *cerda* ou *fio de bigode* (de gatos, ratos, etc.)].

O potencial vetor (2.7.75) apresenta, porém, uma dificuldade – ele é singular no eixo z negativo ($\theta = \pi$). Na verdade, para este problema, mostra-se impossível construir um potencial válido em todo o espaço e que seja livre de singularidades. Para melhor entender isto, chamamos primeiro a atenção para a "lei de Gauss"

$$\int_{\text{superfície fechada}} \mathbf{B} \cdot d\boldsymbol{\sigma} = 4\pi e_M \tag{2.7.77}$$

para qualquer superfície de fronteira que englobe a origem na qual se encontra o monopolo magnético. Por outro lado, se $\mathbf{A}$ não apresentasse singularidades, teríamos

$$\nabla \cdot (\nabla \times \mathbf{A}) = 0 \tag{2.7.78}$$

em todo ponto do espaço; deste modo,

$$\int_{\text{superfície fechada}} \mathbf{B} \cdot d\boldsymbol{\sigma} = \int_{\text{volume dentro}} \nabla \cdot (\nabla \times \mathbf{A}) d^3 x = 0, \tag{2.7.79}$$

o que contradiz (2.7.77).

Contudo, pode-se argumentar que uma vez que o potencial vetor é apenas um dispositivo para se obter $\mathbf{B}$, não precisamos insistir em ter uma única expressão para $\mathbf{A}$ que seja válida em todo ponto do espaço. Suponha que construamos um par de potenciais,

$$\mathbf{A}^{(\mathrm{I})} = \left[\frac{e_M(1 - \cos\theta)}{r \operatorname{sen}\theta} \right] \hat{\boldsymbol{\phi}}, \quad (\theta < \pi - \varepsilon) \tag{2.7.80a}$$

$$\mathbf{A}^{(\mathrm{II})} = -\left[\frac{e_M(1 + \cos\theta)}{r \operatorname{sen}\theta} \right] \hat{\boldsymbol{\phi}}, \quad (\theta > \varepsilon), \tag{2.7.80b}$$

tal que o potencial $\mathbf{A}^{(\mathrm{I})}$ possa ser usado em todo lugar, exceto dentro de um cone definido por $\theta = \pi - \varepsilon$ no entorno do eixo z negativo. Do mesmo modo, $\mathbf{A}^{(\mathrm{II})}$ pode ser usado em todo lugar, exceto dentro do cone $\theta = \varepsilon$ em torno do eixo z positivo; veja a Fig. 2.13. Juntos, eles nos levam à expressão correta para $\mathbf{B}$ em todo o espaço[16].

Considere agora o que acontece na região de sobreposição (*overlap*) $\varepsilon < \theta < \pi - \varepsilon$, onde podemos usar tanto $\mathbf{A}^{(\mathrm{I})}$ quanto $\mathbf{A}^{(\mathrm{II})}$. Uma vez que ambos os potenciais levam ao mesmo campo magnético, eles devem, necessariamente, estar relacionados por uma transformação de calibre. Para achar o Λ apropriado para este problema, notamos primeiramente que

$$\mathbf{A}^{(\mathrm{II})} - \mathbf{A}^{(\mathrm{I})} = -\left(\frac{2e_M}{r \operatorname{sen}\theta} \right) \hat{\boldsymbol{\phi}}. \tag{2.7.81}$$

Lembrando que a expressão para o grandiente em coordenadas esféricas é

$$\nabla \Lambda = \hat{\mathbf{r}} \frac{\partial \Lambda}{\partial r} + \hat{\boldsymbol{\theta}} \frac{1}{r} \frac{\partial \Lambda}{\partial \theta} + \hat{\boldsymbol{\phi}} \frac{1}{r \operatorname{sen}\theta} \frac{\partial \Lambda}{\partial \phi}, \tag{2.7.82}$$

---

[16] Uma abordagem alternativa a este problema seria usar $\mathbf{A}^{(\mathrm{I})}$ em todo o espaço, mas tomando um cuidado especial com um linha (*string*) de singularidades, conhecida como **linha de Dirac** (*Dirac string*), ao longo do eixo z negativo.

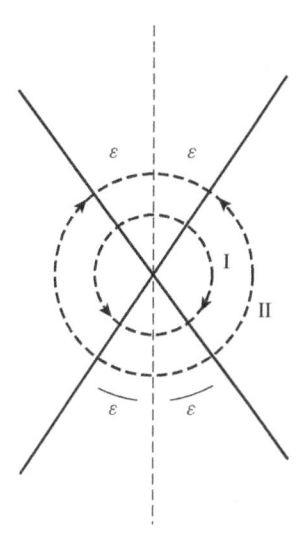

FIGURA 2.13 Regiões de validade para os potenciais $\mathbf{A}^{(I)}$ e $\mathbf{A}^{(II)}$.

deduzimos que

$$\Lambda = -2e_M\phi \qquad (2.7.83)$$

cumpriria este papel.

Em seguida, consideremos que a função de onda de uma partícula eletricamente carregada com carga e sujeita a um campo magnético (2.2.74). Como enfatizado anteriormente, a forma particular da função de onda depende do calibre particular usado. Na região de sobreposição, onde podemos usar tanto $\mathbf{A}^{(I)}$ quanto $\mathbf{A}^{(II)}$, as funções de onda correspondentes são, segundo (2.7.55), relacionadas entre si via

$$\psi^{(II)} = \exp\left(\frac{-2iee_M\phi}{\hbar c}\right)\psi^{(I)}. \qquad (2.7.84)$$

As funções de onda $\psi^{(I)}$ e $\psi^{(II)}$ devem ser, *cada uma delas*, *unívocas* uma vez que tenhamos escolhido um calibre particular, a expansão dos kets de estado em termos dos kets de posição deve ser *única*. Afinal, como enfatizamos repetidamente, a função de onda é simplesmente um coeficiente de expansão dos kets de estado em termos dos kets de posição.

Examinemos agora o comportamento da função de onda $\psi^{(II)}$ no equador $\theta = \pi/2$ para um raio definido r, que é uma constante. Se aumentarmos o ângulo azimutal ϕ ao longo do equador e dermos uma volta completa, digamos de $\phi = 0$ a $\phi = 2\pi$, tanto $\psi^{(II)}$ quanto $\psi^{(I)}$, devem retornar a seus valores originais, pois elas são unívocas. Segundo (2.7.84), isto apenas é possível se

$$\frac{2ee_M}{\hbar c} = \pm N, \qquad N = 0, \pm 1, \pm 2, \ldots. \qquad (2.7.85)$$

Deste modo, chegamos a uma conclusão de profunda consequência: as cargas magnéticas devem ser quantizadas em unidades de

$$\frac{\hbar c}{2|e|} \simeq \left(\frac{137}{2}\right)|e|. \qquad (2.7.86)$$

A menor carga magnética possível é $\hbar c/2|e|$, onde e é a carga eletrônica. É engraçado que, se pressupormos que exista uma carga magnética, podemos usar a (2.7.85) de trás para frente, por assim dizer, para explicar o porquê das cargas elétricas serem quantizadas – por exemplo, o motivo pelo qual a carga do próton não pode ser 0.999972 vezes $|e|$.[17]

Repetimos mais uma vez que a mecânica quântica não requer que os monopolos magnéticos existam. Contudo, ela prevê, de modo inequívoco, que uma carga magnética, se um dia encontrada, deverá ser quantizada em unidades de $\hbar c/2|e|$. A quantização das cargas magnéticas na mecânica quântica foi demonstrada pela primeira vez em 1931 por P.A.M. Dirac. A dedução aqui apresentada é a de T. T. Wu e C. N. Yang. Uma solução diferente, que conecta a condição de quantização de Dirac com a quantização do momento angular é discutida por H. J. Lipkin, W. I. Weisberger e M. Peshkin em *Annals of Physics* **53** (1969) 203. Finalmente, retornaremos a este assunto mais uma vez na Seção 5.6, quando discutirmos a Fase de Berry em conjunção com a aproximação adiabática.

Problemas

2.1 Considere o problema da precessão do spin discutido no texto. Ele também pode ser resolvido na representação de Heisenberg. Utilizando o Hamiltoniano

$$H = -\left(\frac{eB}{mc}\right)S_z = \omega S_z,$$

escreva as equações de movimento de Heisenberg para os operadores $S_x(t)$, $S_y(t)$ e $S_z(t)$ dependentes do tempo. Resolva-as para obter $S_{x,y,z}$ como funções do tempo.

2.2 Olhe novamente para o Hamiltoniano do Capítulo 1, Problema 1.11. Suponha que o digitador tenha cometido um erro e escrito H como sendo

$$H = H_{11}|1\rangle\langle 1| + H_{22}|2\rangle\langle 2| + H_{12}|1\rangle\langle 2|.$$

Qual princípio é assim violado? Ilustre sua afirmação explicitamente por meio da tentativa de resolver o problema dependente do tempo mais geral possível, usando um Hamiltoniano não permitido como este (você pode pressupor, por uma questão de simplicidade, que $H_{11} = H_{22} = 0$).

2.3 Um elétron é submetido à ação de um campo magnético uniforme, independente do tempo e de intensidade B, e que aponta na direção z positiva. Em $t = 0$ sabe-se que o elétron

---

[17] Empiricamente, a igualdade das magnitudes da carga do elétron e do próton foi estabelecida com uma acurácia de 4 partes em 10^{19}.

se encontra em um autoestado de $\mathbf{S}\cdot\hat{\mathbf{n}}$ com autovalor $\hbar/2$, onde $\hat{\mathbf{n}}$ é um vetor unitário no plano $x-z$ e que faz um ângulo β com o eixo z.
  (a) Obtenha a probabilidade de achar o elétron no estado $S_x = \hbar/2$ como função do tempo.
  (b) Ache o valor esperado de S_x como função do tempo.
  (c) Para sua própria tranquilidade, mostre que suas respostas fazem sentido nos casos extremos (i) $\beta \to 0$ e (ii) $\beta \to \pi/2$.

2.4 Deduza a probabilidade de oscilação do neutrinho (2.1.65) e a use, junto com os dados da Figura 2.2, para estimar os valores de $\Delta m^2 c^4$ (em unidades de V^2) e θ.

2.5 Seja $x(t)$ o operador coordenada para um partícula livre em uma dimensão na representação de Heisenberg. Estime

$$[x(t), x(0)].$$

2.6 Considere uma particula em uma dimensão cujo Hamiltoniano seja dado por

$$H = \frac{p^2}{2m} + V(x).$$

Prove, calculando $[[H, x], x]$, que

$$\sum_{a'} |\langle a''|x|a'\rangle|^2 (E_{a'} - E_{a''}) = \frac{\hbar^2}{2m},$$

onde $|a'\rangle$ é um autovetor de energia com autovalor $E_{a'}$.

2.7 Considere uma partícula em três dimensões cujo Hamiltoniano seja dado por

$$H = \frac{\mathbf{p}^2}{2m} + V(\mathbf{x}).$$

Obtenha, calculando $[\mathbf{x}\cdot\mathbf{p}, H]$, a expressão

$$\frac{d}{dt}\langle\mathbf{x}\cdot\mathbf{p}\rangle = \left\langle\frac{\mathbf{p}^2}{m}\right\rangle - \langle\mathbf{x}\cdot\boldsymbol{\nabla}V\rangle.$$

A fim de identificarmos a relação precedente com o análogo quântico do teorema do virial, é essencial que o lado esquerdo da equação seja zero. Sob qual condição isto ocorreria?

2.8 Considere um pacote de ondas de uma partícula livre em uma dimensão. Em $t = 0$, ela satisfaz a relação de incerteza mínima

$$\langle(\Delta x)^2\rangle\langle(\Delta p)^2\rangle = \frac{\hbar^2}{4} \quad (t=0).$$

Além disso, sabemos que

$$\langle x \rangle = \langle p \rangle = 0 \quad (t=0).$$

Usando a representação de Heisenberg, obtenha $\langle(\Delta x)^2\rangle_t$ como função de t ($t \geq 0$) quando $\langle(\Delta x)^2\rangle_{t=0}$ for dado (*Dica*: faça uso da propriedade do pacote de onda de incerteza mínima que você deduziu no Capítulo 1, Problema 1.18).

2.9 Sejam $|a'\rangle$ e $|a''\rangle$ os autoestados do operador hermitiano A com autovalores a' e a'', respectivamente (a$' =$ a$''$). O operador Hamiltoniano é dado por

$$H = |a'\rangle\delta\langle a''| + |a''\rangle\delta\langle a'|,$$

onde δ é simplesmente um real.

(a) Obviamente $|a'\rangle$ e $|a''\rangle$ não são autoestados do Hamiltoniano. Escreva quem são estes autoestados. Quais os autovalores de energia?

(b) Suponha que saibamos que o sistema se encontra no estado $|a'\rangle$ em $t = 0$. Escreva o vetor de estado, na representação de Schrödinger, para $t > 0$.

(c) Qual a probabilidade de achar o sistema no estado $|a''\rangle$ em $t > 0$, se sabemos que o sistema se encontrava no estado $|a'\rangle$ em $t = 0$?

(d) Você consegue imaginar uma situação física que corresponda a este problema?

2.10 Uma caixa que contém uma partícula está dividida em um compartimento esquerdo e um direito, separados por uma partição tênue. Se é conhecido, com absoluta, certeza que a partícula se encontra do lado direito (esquerdo), o estado é representado pelo ket de posição $|R\rangle(|L\rangle)$, onde negligenciamos variações espacias dentro de cada metade da caixa. O vetor de estado mais geral pode ser escrito como

$$|\alpha\rangle = |R\rangle\langle R|\alpha\rangle + |L\rangle\langle L|\alpha\rangle,$$

onde $\langle R|\alpha\rangle$ e $\langle L|\alpha\rangle$ podem ser tomados como sendo "funções de onda". A partícula pode tunelar através da partição; este efeito de tunelamento é descrito pelo Hamiltoniano

$$H = \Delta(|L\rangle\langle R| + |R\rangle\langle L|),$$

onde Δ é um real com dimensão de energia.

(a) Ache os autoestados de energia normalizados. Quais os autovalores de energia a eles correspondentes?

(b) Na representação de Schrödinger, os kets de base $|R\rangle$ e $|L\rangle$ são fixos e o vetor de estado muda com o tempo. Suponha que o sistema seja representado por $|\alpha\rangle$, como dado acima, em $t = 0$. Ache o vetor de estado $|\alpha, t_0 = 0; t\rangle$ para $t > 0$, aplicando o operador de evolução temporal apropriado em $|\alpha\rangle$.

(c) Suponha que em $t = 0$ a partícula se encontra do lado direito com absoluta certeza. Qual a probabilidade de se observar a partícula do lado esquerdo como função do tempo?

(d) Escreva as equações de Schrödinger acopladas para as funções de onda $\langle R|\alpha, t_0 = 0; t\rangle$ e $\langle L|\alpha, t_0 = 0; t\rangle$. Mostre que as soluções destas equações acopladas são exatamente aquilo que você esperaria de (b).

(e) Suponha que a impressora tenha cometido um erro e escrito H como sendo

$$H = \Delta|L\rangle\langle R|.$$

Resolva explicitamente o problema de evolução temporal mais geral para este Hamiltoniano e mostre que a conservação de probabilidade é violada.

2.11 Tomando o oscilador harmônico simples unidimensional como exemplo, ilustre a diferença entre as representações de Heisenberg e Schrödinger. Discuta, em particular, como (a) as variáveis dinâmicas x e p e (b) o vetor de estado mais geral evoluem com o tempo em cada uma destas representações.

2.12 Considere uma partícula sujeita a um potencial tipo oscilador harmônico simples e unidimensional. Suponha que em $t = 0$ o vetor de estado é dado por

$$\exp\left(\frac{-ipa}{\hbar}\right)|0\rangle,$$

onde p é o operador de momentum e a um número qualquer com dimensão de comprimento. Usando a representação de Heisenberg, calcule o valor esperado $\langle x \rangle$ para $t \geq 0$.

2.13 (a) Escreva a função de onda (no espaço de coordenadas) para o estado especificado no Problema 2.12 em $t = 0$. Você pode usar

$$\langle x'|0\rangle = \pi^{-1/4} x_0^{-1/2} \exp\left[-\frac{1}{2}\left(\frac{x'}{x_0}\right)^2\right], \quad \left(x_0 \equiv \left(\frac{\hbar}{m\omega}\right)^{1/2}\right).$$

(b) Obtenha uma expressão simples para a probabilidade que o estado seja encontrado no estado fundamental em $t = 0$. Esta probabilidade muda para $t > 0$?

2.14 Considere um oscilador harmônico simples unidimensional.

(a) Usando

$$\left.\begin{matrix}a\\a^\dagger\end{matrix}\right\} = \sqrt{\frac{m\omega}{2\hbar}}\left(x \pm \frac{ip}{m\omega}\right), \quad \left.\begin{matrix}a|n\rangle\\a^\dagger|n\rangle\end{matrix}\right\} = \begin{cases}\sqrt{n}|n-1\rangle\\\sqrt{n+1}|n+1\rangle,\end{cases}$$

calcule $\langle m|x|n\rangle$, $\langle m|p|n\rangle$, $\langle m|\{x,p\}|n\rangle$, $\langle m|x^2|n\rangle$ e $\langle m|p^2|n\rangle$.

(b) Verifique que o teorema do virial se aplica aos valores esperados da energia cinética e da energia potencial calculados para um autoestado de energia.

2.15 (a) Usando

$$\langle x'|p'\rangle = (2\pi\hbar)^{-1/2} e^{ip'x'/\hbar} \quad \text{(uma dimensão)},$$

prove

$$\langle p'|x|\alpha\rangle = i\hbar\frac{\partial}{\partial p'}\langle p'|\alpha\rangle.$$

(b) Considere um oscilador harmônico simples unidimensional. Partindo da equação de Schrödinger para o vetor de estado, deduza a equação de Schrödinger para função de onda no *espaço de momento* (assegure-se de fazer a distinção entre o operador p e o autovalor p'). Você consegue adivinhar quem são as autofunções de energia no espaço de momento?

2.16 Considere a função definida por

$$C(t) = \langle x(t)x(0)\rangle,$$

e que é conhecida como **função de correlação**, onde $x(t)$ é o operador de posição na representação de Heisenberg. Calcule explicitamente a função de correlação para o estado fundamental do oscilador harmônico simples unidimensional.

2.17 Considere novamente o oscilador harmônico simples unidimensional. Resolva os seguintes itens algebricamente, isto é, sem o uso de funções de onda.
(a) Construa uma combinação linear de $|0\rangle$ e $|1\rangle$ tal que $\langle x \rangle$ seja tão grande quanto possível
(b) Suponha que no instante $t = 0$ o oscilador se encontre no estado construido em (a). Qual o vetor de estado para tempos $t > 0$ na representação de Schrödinger? Calcule o valor esperado de $\langle x \rangle$ como função do tempo para $t > 0$, usando (i) a representação de Schrödinger e (b) a de Heisenberg.
(c) Calcule $\langle(\Delta x)^2\rangle$ como função do tempo usando qualquer uma das representações.

2.18 Mostre que para o oscilador harmônico simples unidimensional,
$$\langle 0|e^{ikx}|0\rangle = \exp[-k^2\langle 0|x^2|0\rangle/2],$$
onde x é o *operador* de posição.

2.19 Um estado coerente de um oscilador harmônico simples unidimensional é definido como sendo o autoestado do operador de destruição a (não hermitiano):
$$a|\lambda\rangle = \lambda|\lambda\rangle,$$
onde λ é, em geral, um número complexo.
(a) Prove que
$$|\lambda\rangle = e^{-|\lambda|^2/2}e^{\lambda a^\dagger}|0\rangle$$
é um estado coerente normalizado.
(b) Demonstre a relação de incerteza mínima para tal estado.
(c) Escreva $|\lambda\rangle$ como
$$|\lambda\rangle = \sum_{n=0}^{\infty} f(n)|n\rangle.$$
Mostre que a distribuição de $|f(n)|^2$ é Poissoniana em n. Ache o valor mais provável de n e, consequentemente, de E.
(d) Mostre que um estado coerente pode ser também obtido aplicando-se o operador translação (deslocamento finito) $e^{-ipl/\hbar}$ (onde p é o operador momento e l a distância de deslocamento) ao estado fundamental (veja também Gottfried 1966, 262–264).

2.20 Seja
$$J_\pm = \hbar a_\pm^\dagger a_\mp, \qquad J_z = \frac{\hbar}{2}(a_+^\dagger a_+ - a_-^\dagger a_-), \qquad N = a_+^\dagger a_+ + a_-^\dagger a_-,$$
onde $a_\pm$ e $a_\pm^\dagger$ são os operadores de destruição e criação de dois osciladores harmônicos simples *independentes*, que satisfazem as regras usuais de comutação para osciladores harmônicos. Prove
$$[J_z, J_\pm] = \pm\hbar J_\pm, \qquad [\mathbf{J}^2, J_z] = 0, \qquad \mathbf{J}^2 = \left(\frac{\hbar^2}{2}\right)N\left[\left(\frac{N}{2}\right)+1\right].$$

2.21 Deduza a constante de normalização c_n em (2.5.28), através da dedução das relações de ortogonalidade (2.5.29) e fazendo uso de funções geratrizes. Comece fazendo a integral

$$I = \int_{-\infty}^{\infty} g(x,t)g(x,s)e^{-x^2}dx,$$

e, então, considere novamente a integral com as funções geratrizes em termos de polinômios de Hermite.

2.22 Considere uma partícula de massa m sujeita a um potencial unidimensional da seguinte forma:

$$V = \begin{cases} \frac{1}{2}kx^2 & \text{para } x > 0 \\ \infty & \text{para } x < 0. \end{cases}$$

(a) Qual é a energia do estado fundamental?
(b) Qual é o valor esperado de $\langle x^2 \rangle$ para o estado fundamental?

2.23 Uma partícula em uma dimensão encontra-se confinada entre duas paredes rígidas:

$$V(x) = \begin{cases} 0, & \text{para } 0 < x < L \\ \infty, & \text{para } x < 0, x > L. \end{cases}$$

Em $t = 0$, sabe-se com certeza que ela se encontra em $x = L/2$. Quais as probabilidades *relativas* de se encontrar a partícula em vários estados de energia? Escreva a função de onda para $t \geq 0$ (não se preocupe com normalização absoluta, convergência e outras sutilezas matemáticas).

2.24 Considere uma partícula em uma dimensão e confinada a um centro fixo por um potencial tipo função-δ da forma

$$V(x) = -v_0\delta(x), \quad (v_0 \text{ real e positivo}).$$

Ache a função de onda e energia de ligação do estado fundamental. Há estados excitados ligados?

2.25 Uma partícula de massa m em uma dimensão está confinada a um centro fixo por um potencial atrativo tipo função-δ:

$$V(x) = -\lambda\delta(x), \quad (\lambda > 0).$$

Em $t = 0$, o potencial é repentinamente desligado (isto é, $V = 0$ para $t > 0$). Ache a função de onda para $t > 0$. (Seja quantitativo! Porém, não é necessário tentar calcular um integral que possa aparecer.)

2.26 Uma partícula em uma dimensão ($-\infty < x < \infty$) é sujeita a uma força constante obtida de

$$V = \lambda x, \quad (\lambda > 0).$$

(a) O espectro de energia é contínuo ou discreto? Escreva uma expressão aproximada para a autofunção de energia especificada por E. Faça um esboço aproximado dela.

(b) Discuta brevemente quais as mudanças necessárias caso V seja substituído por
$$V = \lambda |x|.$$

2.27 Deduza uma expressão para densidade de estados de partículas livres em *duas* dimensões, normalizada com condições periódicas de contorno em uma caixa de lado L. Sua resposta deverá ser escrita como função de k (ou E) vezes $dEd\phi$, onde ϕ é o ângulo polar que caracteriza a direção do momento em duas dimensões.

2.28 Considere um elétron confinado no *interior* de uma casca cilíndrica oca cujo eixo coincida com o eixo z. A função de onda se anula nas paredes interna e externa, $\rho = \rho_a$ e ρ_b, bem como no topo e na base, $z = 0$ e L.

(a) Ache as autofunções de energia (não se preocupe com a normalização). Mostre que os autovalores de energia são dados por
$$E_{lmn} = \left(\frac{\hbar^2}{2m_e}\right)\left[k_{mn}^2 + \left(\frac{l\pi}{L}\right)^2\right] \quad (l = 1,2,3,\ldots, m = 0,1,2,\ldots),$$

onde k_{mn} é a n-ésima raiz da equação transcedental
$$J_m(k_{mn}\rho_b)N_m(k_{mn}\rho_a) - N_m(k_{mn}\rho_b)J_m(k_{mn}\rho_a) = 0.$$

(b) Repita o mesmo problema quando há um campo magnético uniforme $\mathbf{B} = B\hat{\mathbf{z}}$ para $0 < \rho < \rho_a$. Observe que os autovalores de energia são influenciados pelo campo magnético, embora o elétron nunca "toque" o campo magnético.

(c) Compare, em particular, o estado fundamental do problema com $B = 0$ com aquele onde $B \neq 0$. Mostre que, se impusermos que a energia do estado fundamental permaneça inalterada na presença de B, obtemos a "quantização de fluxo"
$$\pi \rho_a^2 B = \frac{2\pi N \hbar c}{e}, \quad (N = 0, \pm 1, \pm 2, \ldots).$$

2.29 Considere uma partícula movendo-se em uma dimensão sob a influência de um potencial $V(x)$. Suponha que sua função de onda possa ser escrita como $\exp[i\,S(x,t)/\hbar]$. Prove que $S(x,t)$ satizfaz a equação de Hamilton-Jacobi clássica, na medida em que podemos tratar $\hbar$ como sendo pequeno em certo sentido. Mostre como se obter a função de onda correta para uma onda plana, partindo da solução da equação de Hamilton-Jacobi clássica com $V(x)$ igual a zero. Porque obtemos a função de onda exata neste caso particular?

2.30 Usando coordenadas esféricas, obtenha uma expressão para $\mathbf{j}$ no estado fundamental e estados excitados do átomo de Hidrogênio. Em particular, mostre que para estados de $m_l \neq 0$ há um fluxo circulante, no sentido em que $\mathbf{j}$ aponta na direção de ϕ crescente ou decrescente, dependendo de m_l ser positivo ou negativo.

2.31 Deduza (2.6.16) e obtenha a generalização em três dimensões desta.

2.32 Defina a função de partição como
$$Z = \int d^3x'\, K(\mathbf{x}',t;\mathbf{x}',0)|_{\beta=it/\hbar},$$

do mesmo modo que em (2.6.20)-(2.6.22). Mostre que a energia do estado fundamental é obtida em se tomando

$$-\frac{1}{Z}\frac{\partial Z}{\partial \beta}, \quad (\beta \to \infty).$$

Ilustre este resultado para a partícula numa caixa unidimensional.

2.33 O propagador no espaço de momento análogo a (2.6.26) é dado por $\langle \mathbf{p}'', t | \mathbf{p}', t_0 \rangle$. Deduza uma expressão explícita para $\langle \mathbf{p}'', t | \mathbf{p}', t_0 \rangle$ no caso de uma partícula livre.

2.34 (a) Escreva uma expressão para a ação clássica do oscilador harmônico simples para um intervalo temporal finito.
(b) Construa $\langle x_n, t_n | x_{n-1}, t_{n-1} \rangle$ para um oscilador harmônico simples, usando a prescrição de Feynman para $t_n - t_{n-1} = \Delta t$ pequeno. Mantendo apenas os termos de ordem $(\Delta t)^2$, mostre que este resultado concorda inteiramente com o limite $t - t_0 \to 0$ do propagador dado por (2.6.26).

2.35 Exponha o princípio da ação de Schwinger (veja Finkelstein 1973, p. 155). Obtenha a solução para $\langle x_2 t_2 | x_1 t_1 \rangle$ integrando o princípio de Schwinger e compare-o com a expressão corresponde de Feynman para $\langle x_2 t_2 | x_1 t_1 \rangle$. Descreva o limite clássico destas duas expressões.

2.36 Mostre que a abordagem da mecânica ondulatória para o problema induzido pela gravidade, discutido na Seção 2.7, também leva à expressão para a diferença de fase (2.7.17)

2.37 (a) Verifique (2.7.25) e (2.7.27).
(b) Verifique a equação da continuidade (2.7.30) com $\mathbf{j}$ dado por (2.7.31).

2.38 Considere o Hamiltoniano para uma partícula de carga e sem spin. Na presença de um campo magnético estático, os termos de interação podem ser gerados por

$$\mathbf{p}_{\text{operador}} \to \mathbf{p}_{\text{operador}} - \frac{e\mathbf{A}}{c},$$

onde $\mathbf{A}$ é o potencial vetor apropriado. Suponha, por uma questão de simplicidade, que o campo magnético uniforme aponta na direção z positiva. Prove que a receita acima realmente leva à expressão correta para a interação entre o momento magnético orbital $(e/2mc)\mathbf{L}$ e o campo magnético $\mathbf{B}$. Mostre que também há um termo extra proporcional a $B^2(x^2 + y^2)$ e comente rapidamente seu significado físico.

2.39 Um elétron se move na presença de um campo magnético uniforme na direção z ($\mathbf{B} = B\hat{\mathbf{z}}$).
(a) Calcule

$$[\Pi_x, \Pi_y],$$

onde

$$\Pi_x \equiv p_x - \frac{eA_x}{c}, \quad \Pi_y \equiv p_y - \frac{eA_y}{c}.$$

(b) Através da comparação do Hamiltoniano e da relação de comutação obtida em (a) com àquelas do problema do oscilador harmônico unidimensional, mostre como podemos escrever imediatamente os autovalores de energia como sendo

$$E_{k,n} = \frac{\hbar^2 k^2}{2m} + \left(\frac{|eB|\hbar}{mc}\right)\left(n + \frac{1}{2}\right),$$

onde $\hbar k$ é o autovalor contínuo do operador p_z e n, um inteiro não negativo, incluindo zero.

2.40 Considere o interferômetro de nêutrons

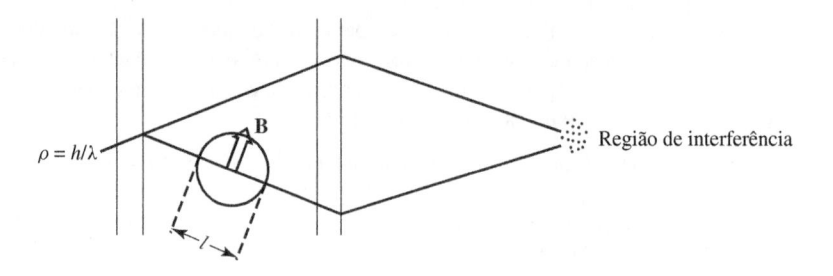

Prove que a diferença entre os campos magnéticos que produz dois máximos sucessivos na taxa de contagem é dada por

$$\Delta B = \frac{4\pi \hbar c}{|e|g_n \bar{\lambda} l},$$

onde $g_n(= -1{,}91)$ é o momento magnético do nêutron em unidades de $-e\hbar/2m_n c$ (se você tivesse resolvido este problema em 1967, você poderia ter publicado seu resultado na *Physical Review Letters*!).

CAPÍTULO 3

Teoria do Momento Angular

Este capítulo é voltado a um tratamento sistemático do momento angular e a tópicos a ele relacionados. Por mais que se enfatize, é difícil fazer juz à importância do momento angular na física moderna. A compreensão detalhada do momento angular é essencial para a espectroscopia nuclear, atômica e molecular, além do que ele exerce um papel importante em problemas de espalhamento e colisão, bem como em problemas de estados ligados. Além disso, conceitos a ele relacionados conduzem a importantes generalizações – o isospin na física nuclear, o SU(3), SU(2)⊗U(1) na física de partículas e assim por diante.

3.1 ■ ROTAÇÕES E RELAÇÕES DE COMUTAÇÃO DE MOMENTO ANGULAR

Rotações infinitesimais *versus* rotações finitas

Recordemos, da física elementar, que rotações em torno de um mesmo eixo comutam, ao passo que aquelas em torno de diferentes eixos não o fazem. Por exemplo, uma rotação de 30° em torno do eixo z, seguida de uma rotação de 60° em torno do mesmo eixo, é equivalente a fazermos primeiro uma rotação de 60° seguida de uma rotação de 30° em torno de z. Contudo, consideremos uma rotação de 90° em torno do eixo z, que denotaremos por , seguida de uma rotação pelos mesmos $R_z(\pi/2)$ em torno do eixo x, por nós denotada por $R_z(\pi/2)$. Compare este procedimento com uma rotação de 90° em torno de x seguida pela rotação de 90° em torno de z. O resultado final é diferente, como podemos ver pela Figura 3.1.

Nossa primeira tarefa consiste em entendermos quantitativamente a maneira pela qual rotações em torno de diferentes eixos *não* comutam. Para isso, primeiro recordaremos como representar rotações em três dimensões usando matrizes 3×3 reais e ortogonais. Considere um vetor **V** de componentes V_x, V_y e V_z. Ao girarmos, as três componentes se transformam em um outro conjunto de números V'_x, V'_y e V'_z. As componentes antigas e as novas estão relacionadas via uma matriz R 3×3 ortogonal:

$$\begin{pmatrix} V'_x \\ V'_y \\ V'_z \end{pmatrix} = \begin{pmatrix} R \end{pmatrix} \begin{pmatrix} V_x \\ V_y \\ V_z \end{pmatrix}, \qquad (3.1.1a)$$

$$RR^T = R^T R = 1, \qquad (3.1.1b)$$

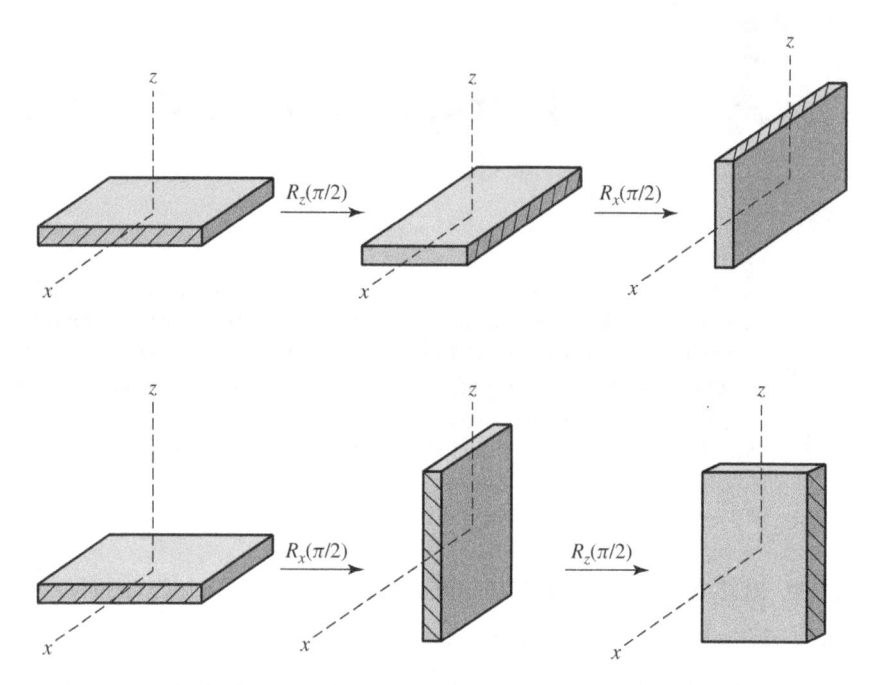

FIGURA 3.1 Exemplo ilustrativo da não comutatividade de rotações finitas.

onde o sobrescrito T representa a transposta da matriz. A propriedade

$$\sqrt{V_x^2 + V_y^2 + V_z^2} = \sqrt{V_x'^2 + V_y'^2 + V_z'^2} \tag{3.1.2}$$

das matrizes ortogonais é automaticamente satisfeita.

Para sermos mais precisos, consideremos uma rotação por um ângulo ϕ em torno do eixo z. Por convenção, ao longo de todo este livro, a rotação atua sobre o sistema físico em si, como na Figura 3.1, com os eixos coordenados permanecendo *inalterados*. O ângulo ϕ é positivo quanto a rotação em questão se dá no sentido anti-horário no plano xy, quando vista do lado z positivo. Se associarmos uma espiral dextrógira com esta rotação, uma rotação por um ϕ positivo significaria que a espiral avança na direção do eixo z positivo. Com esta convenção, é fácil ver que

$$R_z(\phi) = \begin{pmatrix} \cos\phi & -\sen\phi & 0 \\ \sen\phi & \cos\phi & 0 \\ 0 & 0 & 1 \end{pmatrix}. \tag{3.1.3}$$

Se tivéssemos adotado uma convenção diferente, na qual um sistema físico permanecesse fixo, mas os eixos coordenados girassem, a mesma matriz para um ϕ positivo representaria uma rotação dos eixos x e y no *sentido horário*, quando visto do lado positivo de z. Obviamente, é muito importante que não misturemos as duas convenções! Alguns autores fazem a distinção entre as duas abordagens através do uso do termo "rotações ativas" quando é o sistema físico a girar e "rotações passivas" quando são os eixos coordenados que giram.

Estamos particularmente interessados em uma forma infinitesimal de R_z:

$$R_z(\varepsilon) = \begin{pmatrix} 1 - \frac{\varepsilon^2}{2} & -\varepsilon & 0 \\ \varepsilon & 1 - \frac{\varepsilon^2}{2} & 0 \\ 0 & 0 & 1 \end{pmatrix}, \qquad (3.1.4)$$

onde ignoramos termos de ordem ε^3 e de ordem mais alta. Do mesmo modo, temos

$$R_x(\varepsilon) = \begin{pmatrix} 1 & 0 & 0 \\ 0 & 1 - \frac{\varepsilon^2}{2} & -\varepsilon \\ 0 & \varepsilon & 1 - \frac{\varepsilon^2}{2} \end{pmatrix} \qquad (3.1.5a)$$

e

$$R_y(\varepsilon) = \begin{pmatrix} 1 - \frac{\varepsilon^2}{2} & 0 & \varepsilon \\ 0 & 1 & 0 \\ -\varepsilon & 0 & 1 - \frac{\varepsilon^2}{2} \end{pmatrix}, \qquad (3.1.5b)$$

que podem ser obtidas de (3.1.4) por permutações cíclicas de x, y e z – ou seja $x \to y$, $y \to z$, $z \to x$. Compare agora o efeito da uma rotação em torno do eixo y seguida de uma rotação em torno de x com aquela na qual giramos primeiro por x e depois por y. Uma manipulação elementar de matrizes nos leva a

$$R_x(\varepsilon)R_y(\varepsilon) = \begin{pmatrix} 1 - \frac{\varepsilon^2}{2} & 0 & \varepsilon \\ \varepsilon^2 & 1 - \frac{\varepsilon^2}{2} & -\varepsilon \\ -\varepsilon & \varepsilon & 1 - \varepsilon^2 \end{pmatrix} \qquad (3.1.6a)$$

e

$$R_y(\varepsilon)R_x(\varepsilon) = \begin{pmatrix} 1 - \frac{\varepsilon^2}{2} & \varepsilon^2 & \varepsilon \\ 0 & 1 - \frac{\varepsilon^2}{2} & -\varepsilon \\ -\varepsilon & \varepsilon & 1 - \varepsilon^2 \end{pmatrix}. \qquad (3.1.6b)$$

De (3.1.6a) e (3.1.6b), obtemos um primeiro resultado importante: rotações infinitesimais ao redor de eixos diferentes comutam se ignorarmos termos de ordem ε^2 e ordem mais alta[1]. O segundo resultado, ainda mais importante, diz respeito à maneira

---

[1] Há um exemplo disto na mecânica que nos é familiar: o vetor velocidade angular ω, que descreve uma mudança infinitesimal no ângulo de rotação durante um intervalo de tempo infinitesimal, obedece à regra usual da adição de vetores, incluindo a comutatividade da adição vetorial. Porém, não podemos associar uma propriedade vetorial a uma mudança angular *finita*.

pela qual rotações em torno de diferentes eixos *não comutam* quando termos de ordem ε^2 são mantidos:

$$R_x(\varepsilon)R_y(\varepsilon) - R_y(\varepsilon)R_x(\varepsilon) = \begin{pmatrix} 0 & -\varepsilon^2 & 0 \\ \varepsilon^2 & 0 & 0 \\ 0 & 0 & 0 \end{pmatrix}$$
$$= R_z(\varepsilon^2) - 1,$$
(3.1.7)

onde todos os termos de ordem mais alta que ε^2 foram desprezados ao longo de toda a dedução. Temos também

$$1 = R_{\text{qualquer}}(0),$$
(3.1.8)

onde *qualquer* significa qualquer eixo de rotação. O resultado final pode ser escrito na forma

$$R_x(\varepsilon)R_y(\varepsilon) - R_y(\varepsilon)R_x(\varepsilon) = R_z(\varepsilon^2) - R_{\text{qualquer}}(0)$$
(3.1.9)

Este é um exemplo das relações de comutação entre operações de rotação em torno de eixos diferentes que usaremos posteriormente na hora de deduzir as relações de comutação do momento angular na mecânica quântica.

Rotações infinitesimais na mecânica quântica

Até agora, não usamos quaisquer conceitos da mecânica quântica. A matriz R nada mais é que uma matriz ortogonal 3×3 que atua sobre um vetor **V** escrito na forma de uma matriz coluna. Precisamos agora entender como descrever as rotações na mecânica quântica.

Uma vez que rotações afetam sistemas físicos, é de se esperar que um ket que represente um estado de um sistema rodado tenha uma aparência diferente do ket do sistema original não rodado. Dado um operador R de rotação, representado por uma matriz ortogonal 3×3, associamos um operador $\mathcal{D}(R)$ no espaço de kets apropriado de tal maneira que

$$|\alpha\rangle_R = \mathcal{D}(R)|\alpha\rangle,$$
(3.1.10)

onde $|\alpha\rangle_R$ e $|\alpha\rangle$ representam os kets dos sistema rodado e do sistema original, respectivamente.[2] Note que a matriz ortogonal R de dimensão 3×3 atua sobre uma matriz coluna cujos elementos são as três componentes de um vetor clássico, ao passo que o operador $\mathcal{D}(R)$ atua em vetores de estado no espaço de kets. A representação matricial de $\mathcal{D}(R)$, que estudaremos detalhadamente nas seções subsequentes, depende da dimensionalidade N do particular espaço de kets em questão. Para $N = 2$, que é apropriado para a descrição de sistemas de spin $\frac{1}{2}$ sem quaisquer outros graus de liberdade, $\mathcal{D}(R)$ é representado por uma matriz 2×2; para sistemas de spin 1, a representação apropriada é uma matriz 3×3 unitária e assim por diante.

Para construirmos o operador de rotação $\mathcal{D}(R)$, convém examinarmos primeiro suas propriedades sob uma rotação infinitesimal. Por analogia, podemos quase que adivinhar o procedimento a adotar. Tanto nas translações quanto na evolução tempo-

---

[2] O símbolo $\mathcal{D}$ vem do alemão *Drehung*, que significa "rotação".

ral, por nós estudadas nas Seções 1.6 e 2.1 respectivamente, os operadores infinitesimais apropriados puderam ser escritos como

$$U_\varepsilon = 1 - iG\varepsilon \qquad (3.1.11)$$

onde G é um operador hermitiano. Especificamente, temos

$$G \to \frac{p_x}{\hbar}, \quad \varepsilon \to dx' \qquad (3.1.12)$$

para uma translação infinitesimal por um deslocamento dx' na direção x e

$$G \to \frac{H}{\hbar}, \quad \varepsilon \to dt \qquad (3.1.13)$$

para uma evolução temporal infinitesimal em um intervalo de tempo dt. Sabemos, da mecânica clássica, que o momento angular é o gerador das rotações de modo muito análogo àquele pelo qual o momento e o Hamiltoniano geram a translação e evolução temporal, respectivamente. Portanto, *definimos* o operador de momento angular J_k de tal modo que o operador para uma rotação infinitesimal por um ângulo $d\phi$ em torno do k-ésimo eixo possa ser obtido fazendo

$$G \to \frac{J_k}{\hbar}, \quad \varepsilon \to d\phi \qquad (3.1.14)$$

em (3.1.11). Tomando J_k como sendo hermitiano, garantimos que o operador de rotação infinitesimal seja unitário e reduza-se ao operador identidade no limite $d\phi \to 0$. De modo mais geral, temos

$$\mathcal{D}(\hat{\mathbf{n}}, d\phi) = 1 - i\left(\frac{\mathbf{J} \cdot \hat{\mathbf{n}}}{\hbar}\right) d\phi \qquad (3.1.15)$$

para uma rotação em torno da direção caracterizada pelo vetor unitário $\hat{\mathbf{n}}$ por um ângulo infinitesimal $d\phi$.

Gostaríamos de enfatizar o fato de que, neste livro, não definimos o operador momento angular como sendo $\mathbf{x} \times \mathbf{p}$. Isto é importante uma vez que o momento angular de spin, ao qual nosso formalismo geral também se aplica, não tem nada a ver com x_i e p_j. Dito de outra maneira, na mecânica clássica pode-se provar que o momento angular definido como $\mathbf{x} \times \mathbf{p}$ é o gerador de uma rotação; contrariamente, na mecânica quântica, *definimos* $\mathbf{J}$ de tal modo que o operador de rotações infinitesimais seja dado por (3.1.15).

Uma rotação finita pode ser obtida compondo-se sucessivas rotações infinitesimais em torno de um mesmo eixo. Por exemplo, se estivermos interessados em uma rotação finita por um ângulo ϕ em torno do eixo z, consideramos

$$\begin{aligned}\mathcal{D}_z(\phi) &= \lim_{N \to \infty}\left[1 - i\left(\frac{J_z}{\hbar}\right)\left(\frac{\phi}{N}\right)\right]^N \\ &= \exp\left(\frac{-iJ_z\phi}{\hbar}\right) \\ &= 1 - \frac{iJ_z\phi}{\hbar} - \frac{J_z^2\phi^2}{2\hbar^2} + \cdots.\end{aligned} \qquad (3.1.16)$$

Para obtermos as relações de comutação do momento angular, faz-se necessário um conceito a mais. Como já mencionado, para cada rotação R representada por uma matriz ortogonal 3×3 R, existe um operador de rotação $\mathcal{D}(R)$ no espaço de kets apropriado. Postulamos, além disso, que $\mathcal{D}(R)$ tenha as mesmas propriedades de grupo que R tem:

$$\text{Identidade:} \quad R \cdot 1 = R \Rightarrow \mathcal{D}(R) \cdot 1 = \mathcal{D}(R) \tag{3.1.17a}$$

$$\text{Fechamento:} \quad R_1 R_2 = R_3 \Rightarrow \mathcal{D}(R_1)\mathcal{D}(R_2) = \mathcal{D}(R_3) \tag{3.1.17b}$$

$$\text{Existência de inversa:} \quad RR^{-1} = 1 \Rightarrow \mathcal{D}(R)\mathcal{D}^{-1}(R) = 1$$
$$R^{-1}R = 1 \Rightarrow \mathcal{D}^{-1}(R)\mathcal{D}(R) = 1 \tag{3.1.17c}$$

$$\begin{aligned}\text{Associatividade:} \quad & R_1(R_2 R_3) = (R_1 R_2) R_3 = R_1 R_2 R_3 \\ & \Rightarrow \mathcal{D}(R_1)[\mathcal{D}(R_2)\mathcal{D}(R_3)] \\ & = [\mathcal{D}(R_1)\mathcal{D}(R_2)]\mathcal{D}(R_3) \\ & = \mathcal{D}(R_1)\mathcal{D}(R_2)\mathcal{D}(R_3). \end{aligned} \tag{3.1.17d}$$

Retornemos agora às relações fundamentais de comutação para operadores de rotação (3.1.9), escritas em termos das matrizes R. O análogo para operadores de rotação seria

$$\left(1 - \frac{iJ_x\varepsilon}{\hbar} - \frac{J_x^2\varepsilon^2}{2\hbar^2}\right)\left(1 - \frac{iJ_y\varepsilon}{\hbar} - \frac{J_y^2\varepsilon^2}{2\hbar^2}\right) \\ - \left(1 - \frac{iJ_y\varepsilon}{\hbar} - \frac{J_y^2\varepsilon^2}{2\hbar^2}\right)\left(1 - \frac{iJ_x\varepsilon}{\hbar} - \frac{J_x^2\varepsilon^2}{2\hbar^2}\right) = 1 - \frac{iJ_z\varepsilon^2}{\hbar} - 1. \tag{3.1.18}$$

Termos de ordem ε desaparecem automaticamente. Igualando os termos de ordem ε^2 de ambos os lados de (3.1.18), obtemos

$$[J_x, J_y] = i\hbar J_z. \tag{3.1.19}$$

Repetindo o mesmo tipo de argumento para rotações em torno de outros eixos, obtemos

$$[J_i, J_j] = i\hbar \varepsilon_{ijk} J_k, \tag{3.1.20}$$

que são conhecidas como as **relações de comutação fundamentais do momento angular**.

Em geral, quando os geradores de transformações infinitesimais não comutam, o grupo de operações a eles correspondente é dito **não abeliano**. Devido a (3.1.20), o grupo de rotações em três dimensões é não abeliano. Ao contrário, o grupo de translações em três dimensões é abeliano, pois p_i e p_j comutam mesmo quando $i \neq j$.

Enfatizamos aqui que para obter as regras de comutação (3.1.20), usamos os dois conceitos seguintes:

1. J_k gera rotações em torno do k-ésimo eixo.
2. Rotações em torno de eixos diferentes não comutam.

Não estamos exagerando quando afirmamos que as regras de comutação (3.1.20) sintetizam, de forma compacta, *todas* as propriedades básicas das rotações em três dimensões.

3.2 ■ SPIN $\frac{1}{2}$ E ROTAÇÕES FINITAS

Operador de rotação para spin $\frac{1}{2}$

A menor dimensão N para o qual as relações de comutação (3.1.20) para o momento angular são realizáveis é $N = 2$. O leitor já comprovou, no Problema 1.8 do Capítulo 1, que os operadores definidos via

$$S_x = \left(\frac{\hbar}{2}\right)\{(|+\rangle\langle-|)+(|-\rangle\langle+|)\},$$

$$S_y = \left(\frac{i\hbar}{2}\right)\{-(|+\rangle\langle-|)+(|-\rangle\langle+|)\}, \qquad (3.2.1)$$

$$S_z = \left(\frac{\hbar}{2}\right)\{(|+\rangle\langle+|)-(|-\rangle\langle-|)\}$$

satisfazem (3.1.20) com S_k no lugar de J_k. A priori, não é óbvio que a natureza se aproveite da realização de (3.1.20) de menor dimensionalidade possível, mas numerosos experimentos – da espectroscopia atômica à ressonância magnética nuclear – são suficientes para nos convencer de que isto é, de fato, o que acontece.

Considere uma rotação por um ângulo finito ϕ em torno do eixo z. Se um ket de um sistema de spin $\frac{1}{2}$ é dado por $|\alpha\rangle$ antes da rotação, o ket após a rotação será dado por

$$|\alpha\rangle_R = \mathcal{D}_z(\phi)|\alpha\rangle \qquad (3.2.2)$$

com

$$\mathcal{D}_z(\phi) = \exp\left(\frac{-i S_z \phi}{\hbar}\right). \qquad (3.2.3)$$

Para vermos que este operador realmente gira o sistema físico, olhemos para seu efeito sobre $\langle S_x \rangle$. Este valor esperado muda, sob uma rotação, da seguinte maneira:

$$\langle S_x \rangle \to {}_R\langle\alpha|S_x|\alpha\rangle_R = \langle\alpha|\mathcal{D}_z^\dagger(\phi)S_x\mathcal{D}_z(\phi)|\alpha\rangle. \qquad (3.2.4)$$

Devemos, portanto, calcular

$$\exp\left(\frac{i S_z \phi}{\hbar}\right) S_x \exp\left(\frac{-i S_z \phi}{\hbar}\right). \qquad (3.2.5)$$

Por questões pedagógicas, calcularemos isto de duas maneiras diferentes.

Dedução 1: usamos aqui a forma específica de S_x dada em (3.2.1). Obtemos então, para (3.2.5),

$$\left(\frac{\hbar}{2}\right)\exp\left(\frac{iS_z\phi}{\hbar}\right)\{(|+\rangle\langle-|)+(|-\rangle\langle+|)\}\exp\left(\frac{-iS_z\phi}{\hbar}\right)$$

$$=\left(\frac{\hbar}{2}\right)(e^{i\phi/2}|+\rangle\langle-|e^{i\phi/2}+e^{-i\phi/2}|-\rangle\langle+|e^{-i\phi/2})$$

$$=\frac{\hbar}{2}[\{(|+\rangle\langle-|)+(|-\rangle\langle+|)\}\cos\phi+i\{(|+\rangle\langle-|)-(|-\rangle\langle+|)\}\operatorname{sen}\phi]$$

$$=S_x\cos\phi-S_y\operatorname{sen}\phi.$$

(3.2.6)

Dedução 2: podemos, no lugar disto, usar a fórmula (2.3.47) para calcular (3.2.5):

$$\exp\left(\frac{iS_z\phi}{\hbar}\right)S_x\exp\left(\frac{-iS_z\phi}{\hbar}\right)=S_x+\left(\frac{i\phi}{\hbar}\right)\underbrace{[S_z,S_x]}_{i\hbar S_y}$$

$$+\left(\frac{1}{2!}\right)\left(\frac{i\phi}{\hbar}\right)^2\underbrace{[S_z,\underbrace{[S_z,S_x]}_{i\hbar S_y}]}_{\hbar^2 S_x}+\left(\frac{1}{3!}\right)\left(\frac{i\phi}{\hbar}\right)^3\underbrace{[S_z,\underbrace{[S_z,[S_z,S_x]]}_{\hbar^2 S_x}]}_{i\hbar^3 S_y}+\cdots$$

$$=S_x\left[1-\frac{\phi^2}{2!}+\cdots\right]-S_y\left[\phi-\frac{\phi^3}{3!}+\cdots\right]$$

$$=S_x\cos\phi-S_y\operatorname{sen}\phi.$$

(3.2.7)

Observe que na dedução 2 usamos somente as relações de comutação de S_i e, portanto, este método pode ser generalizado para rotações de sistemas com momento angular maior que $\frac{1}{2}$.

Para um spin $\frac{1}{2}$, ambos os métodos dão

$$\langle S_x\rangle\to{}_R\langle\alpha|S_x|\alpha\rangle_R=\langle S_x\rangle\cos\phi-\langle S_y\rangle\operatorname{sen}\phi,$$

(3.2.8)

onde entende-se que o valor esperado sem subscritos foi tomado em relação ao sistema (antigo), não rodado. Do mesmo modo,

$$\langle S_y\rangle\to\langle S_y\rangle\cos\phi+\langle S_x\rangle\operatorname{sen}\phi.$$

(3.2.9)

Quanto ao valor esperado de S_z, não há mudança, pois S_z comuta com $\mathcal{D}_z(\phi)$:

$$\langle S_z\rangle\to\langle S_z\rangle.$$

(3.2.10)

As relações (3.2.8), (3.2.9) e (3.2.10) são bastante razoáveis. Elas mostram que, quando aplicado a um ket de estado, o operador de rotação (3.2.3) realmente gira o valor esperado de **S** por um ângulo ϕ em torno do eixo z. Em outras palavras, o operador de spin age como um vetor clássico sob rotação:

$$\langle S_k \rangle \rightarrow \sum_l R_{kl} \langle S_l \rangle, \qquad (3.2.11)$$

onde R_{kl} são os elementos da matriz R ortogonal 3×3 que especificam a rotação em questão. Deve ficar claro, da nossa dedução 2, que esta propriedade não se restringe a operadores de spin de sistemas de spin $\frac{1}{2}$. Em geral, temos

$$\langle J_k \rangle \rightarrow \sum_l R_{kl} \langle J_l \rangle \qquad (3.2.12)$$

sob rotação, onde J_k são os geradores de rotação que satisfazem as relações (3.1.20) de comutação de momento angular. Posteriormente, mostraremos que relações deste tipo podem ser estendidas para qualquer operador vetorial.

Até aqui, tudo correu como o esperado. Porém agora, prepare-se para uma surpresa! Examinemos o efeito do operador de rotação (3.2.3) num ket geral

$$|\alpha\rangle = |+\rangle\langle+|\alpha\rangle + |-\rangle\langle-|\alpha\rangle, \qquad (3.2.13)$$

um pouco mais detalhadamente. Podemos ver que

$$\exp\left(\frac{-iS_z\phi}{\hbar}\right)|\alpha\rangle = e^{-i\phi/2}|+\rangle\langle+|\alpha\rangle + e^{i\phi/2}|-\rangle\langle-|\alpha\rangle. \qquad (3.2.14)$$

A aparição de um meio-ângulo $\phi/2$ nesta expressão tem algo extremamente interessante por consequência.

Consideremos uma rotação por 2π. Temos, então,

$$|\alpha\rangle_{R_z(2\pi)} \rightarrow -|\alpha\rangle. \qquad (3.2.15)$$

Assim, o ket para um estado rodado por 360° difere do ket original por um sinal de menos. Precisaríamos de uma rotação de 720° ($\phi = 4\pi$) para voltarmos ao ket original com um sinal de *mais*. Observe que o sinal de menos desaparece do valor esperado de **S**, pois **S** é sanduichado entre $|\alpha\rangle$ e $\langle\alpha|$ e ambos carregam um sinal de menos. Este sinal de menos será algum dia observado? Daremos uma resposta a esta interessante questão após discutirmos novamente a precessão de spin.

A precessão de spin reexaminada

Trataremos agora do problema da precessão de spin, já discutida na Seção 2.1, sob um ponto de vista diferente. Recordemos que o Hamiltoniano básico do problema é dado por

$$H = -\left(\frac{e}{m_e c}\right) \mathbf{S} \cdot \mathbf{B} = \omega S_z, \qquad (3.2.16)$$

onde

$$\omega \equiv \frac{|e|B}{m_e c}. \qquad (3.2.17)$$

O operador evolução temporal, baseado neste Hamiltoniano, é dado por

$$\mathcal{U}(t,0) = \exp\left(\frac{-iHt}{\hbar}\right) = \exp\left(\frac{-iS_z\omega t}{\hbar}\right). \quad (3.2.18)$$

Comparando esta equação com (3.2.3), podemos ver que o operador evolução temporal, neste caso, é exatamente o mesmo que o operador de rotação em (3.2.3) com ϕ substituído por ωt. Deste modo, podemos imediatamente ver o porquê deste Hamiltoniano causar a precessão do spin. Parafraseando (3.2.8), (3.2.9) e (3.2.10), obtemos

$$\langle S_x \rangle t = \langle S_x \rangle_{t=0} \cos \omega t - \langle S_y \rangle_{t=0} \operatorname{sen} \omega t, \quad (3.2.19a)$$

$$\langle S_y \rangle t = \langle S_y \rangle_{t=0} \cos \omega t + \langle S_x \rangle_{t=0} \operatorname{sen} \omega t, \quad (3.2.19b)$$

$$\langle S_z \rangle t = \langle S_z \rangle_{t=0}. \quad (3.2.19c)$$

Após um tempo $t = 2\pi/\omega t$, o spin retorna à sua direção original.

Este conjunto de equações pode ser usado se quisermos discutir a precessão de spin de um **múon**, uma partícula tipo elétron, mas 210 vezes mais pesada. O momento magnético de um múon pode ser determinado como tendo o valor $e\hbar/2m_\mu c$ a partir de outros tipos de experimentos – por exemplo, o desdobramento hiperfino de níveis em um muônio, um estado ligado de um múon e um elétron – como previsto pela teoria relativística de Dirac para partículas de spin $\frac{1}{2}$ (desprezaremos aqui correções muito pequenas que surgem a partir de efeitos da teoria quântica de campos). Conhecendo o momento magnético, podemos prever a frequência angular de precessão. Portanto, a (3.2.19) pode ser, e de fato foi, testada experimentalmente (veja Fig. 2.1). Na prática, uma vez que um campo magnético faz o spin precessionar, a direção deste é analisada aproveitando-se do fato de que os elétrons que são gerados pelo decaimento do múon tendem a ser emitidos preferencialmente na direção oposta ao spin do múon.

Olhemos agora para a evolução temporal do ket em si. Partindo do pressuposto de que o ket inicial ($t=0$) é dado por (3.2.13), obtemos depois de um dado tempo t a expressão

$$|\alpha, t_0 = 0; t\rangle = e^{-i\omega t/2}|+\rangle\langle+|\alpha\rangle + e^{+i\omega t/2}|-\rangle\langle-|\alpha\rangle. \quad (3.2.20)$$

A expressão acima adquire um sinal de menos em $t = 2\pi/\omega$, e precisamos esperar até $t = 4\pi/\omega$ para retornarmos ao ket original com o mesmo sinal. Resumindo, o período para um ket de estado é *duas vezes* mais longo que o período da precessão de spin

$$\tau_{\text{precessão}} = \frac{2\pi}{\omega}, \quad (3.2.21a)$$

$$\tau_{\text{Ket de estado}} = \frac{4\pi}{\omega}. \quad (3.2.21b)$$

Experimento de interferometria de nêutrons para estudar rotações de 2π

Descreveremos agora um experimento feito para detectar o sinal de menos em (3.2.15). É bastante óbvio que se todos os kets do universo forem multiplicados por um sinal de menos, não haveria qualquer efeito observável decorrente disto. A única

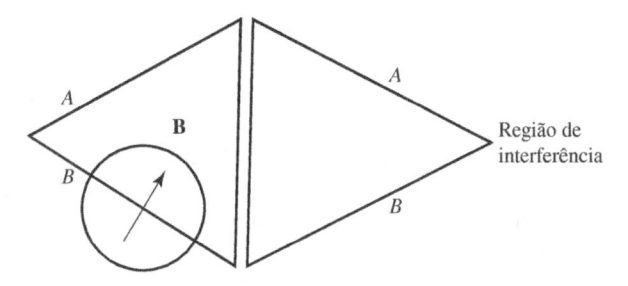

FIGURA 3.2 Experimento para se estudar o sinal de menos previsto sob uma rotação de 2π.

maneira de detectar este sinal de menos previsto é comparar um estado rodado com um não rodado. Como na interferência quântica induzida pela gravidade, discutida na Seção 2.7, baseamo-nos na arte da interferometria de nêutrons para verificar esta previsão extraordinária da mecânica quântica.

Um feixe de nêutrons térmicos praticamente monoenergético é dividido em duas partes – caminho A e caminho B (veja a Fig. 3.2). O caminho A sempre passa por uma região livre de campos magnéticos, ao passo que o caminho B conduz por uma região pequena na qual há um campo magnético estático. Como resultado, o ket do nêutron do caminho B sofre uma mudança de fase $e^{\mp i\omega T/2}$, onde T é o tempo gasto na região $\mathbf{B} \neq 0$ e ω é a frequência de precessão do spin

$$\omega = \frac{g_n eB}{m_p c}, \quad (g_n \simeq -1{,}91) \tag{3.2.22}$$

para um nêutron com momento magnético $g_n e\hbar/2m_p c$, como podemos verificar se compararmos esta expressão com (3.2.17), que é apropriada para elétrons de momento magnético $e\hbar/2m_e c$. Quando os caminhos A e B se reencontram na região de interferência da Figura 3.2, a amplitude do nêutron que chegou via B é

$$c_2 = c_2(B=0)e^{\mp i\omega T/2}, \tag{3.2.23}$$

enquanto aquela do nêutron que chegou via A é c_1, que independe de $\mathbf{B}$. Então, a intensidade observável na região de interferência deve exibir uma variação sinusoidal

$$\cos\left(\frac{\mp \omega T}{2} + \delta\right), \tag{3.2.24}$$

onde δ é a diferença de fase entre c_1 e c_2 ($B=0$). Na prática, o tempo T dispendido na região onde $B \neq 0$ é fixo, mas a frequência de precessão ω varia mudando-se a intensidade do campo magnético. Prevê-se que a intensidade na região de interferência, como função de B, exibe um comportamento sinusoidal. Se chamarmos de ΔB a diferença em B necessária para se produzir máximos sucessivos, podemos mostrar facilmente que

$$\Delta B = \frac{4\pi \hbar c}{e g_n \lambda l}, \tag{3.2.25}$$

onde l é o comprimento do caminho.

Ao deduzir esta fórmula, usamos o fato de que é necessário uma rotação de 4π para que o ket de estado retorne ao ket original com o mesmo sinal, como exige o nosso formalismo. Se, por outro lado, nossa descrição de sistemas de spin $\frac{1}{2}$ fosse incorreta e o ket voltasse ao ket original com o mesmo sinal por uma rotação de 2π, o valor previsto de ΔB seria apenas metade de (3.2.25).

Dois grupos diferentes demonstraram experimentalmente, e de maneira conclusiva, que a previsão (3.2.25) é correta com uma acurácia de uma fração de um porcento.[3] Este é mais um triunfo da mecânica quântica: a previsão não trivial (3.2.25) foi confirmada experimentalmente de maneira direta.

Formalismo de duas componentes de Pauli

É possível manipular kets de estado de sistemas de spin $\frac{1}{2}$ de maneira bastante conveniente utilizando o formalismo de espinores de duas componentes, introduzido em 1926 por W. Pauli. Na Seção 1.3, aprendemos como um ket (bra) pode ser representado por uma matriz coluna (linha). Tudo que nos cabe fazer é ordenar os coeficientes de expansão em termos de um certo conjunto especificado de kets de base em uma matriz coluna (linha). No caso de spin $\frac{1}{2}$, temos

$$|+\rangle \doteq \begin{pmatrix} 1 \\ 0 \end{pmatrix} \equiv \chi_+ \quad |-\rangle \doteq \begin{pmatrix} 0 \\ 1 \end{pmatrix} \equiv \chi_-$$
$$\langle +| \doteq (1,0) = \chi_+^\dagger \quad \langle -| \doteq (0,1) = \chi_-^\dagger \tag{3.2.26}$$

para os kets e bras de base, e

$$|\alpha\rangle = |+\rangle\langle+|\alpha\rangle + |-\rangle\langle-|\alpha\rangle \doteq \begin{pmatrix} \langle+|\alpha\rangle \\ \langle-|\alpha\rangle \end{pmatrix} \tag{3.2.27a}$$

e

$$\langle\alpha| = \langle\alpha|+\rangle\langle+| + \langle\alpha|-\rangle\langle-| \doteq (\langle\alpha|+\rangle, \langle\alpha|-\rangle) \tag{3.2.27b}$$

para um ket de um estado arbitrário e seu correspondente bra. Referimo-nos à matriz coluna (3.2.27a) como um **espinor de duas componentes**, que é escrito na forma

$$\chi = \begin{pmatrix} \langle+|\alpha\rangle \\ \langle-|\alpha\rangle \end{pmatrix} \equiv \begin{pmatrix} c_+ \\ c_- \end{pmatrix}$$
$$= c_+\chi_+ + c_-\chi_-, \tag{3.2.28}$$

onde c_+ e c_- são, em geral, números complexos. Para $\chi^\dagger$, temos

$$\chi^\dagger = (\langle\alpha|+\rangle, \langle\alpha|-\rangle) = (c_+^*, c_-^*). \tag{3.2.29}$$

Os elementos de matriz $\langle\pm|S_k|+\rangle$ e $\langle\pm|S_k|-\rangle$ são, a menos de um fator $\hbar/2$, tomados como sendo iguais àquelas matrizes 2×2 σ_k, conhecidas como **matrizes de Pauli**. Identificamos

$$\langle\pm|S_k|+\rangle \equiv \left(\frac{\hbar}{2}\right)(\sigma_k)_{\pm,+}, \quad \langle\pm|S_k|-\rangle \equiv \left(\frac{\hbar}{2}\right)(\sigma_k)_{\pm,-}. \tag{3.2.30}$$

---

[3] H. Rauch et al., *Phys. Lett.* **54A** (1975) 425; S. A. Werner et al., *Phys. Rev. Lett* **35** (1975) 1053.

Podemos agora escrever o valor esperado $\langle S_k \rangle$ em termos de χ e σ_k:

$$\langle S_k \rangle = \langle \alpha | S_k | \alpha \rangle = \sum_{a'=+,-} \sum_{a''=+,-} \langle \alpha | a' \rangle \langle a' | S_k | a'' \rangle \langle a'' | \alpha \rangle$$

$$= \left(\frac{\hbar}{2}\right) \chi^\dagger \sigma_k \chi, \tag{3.2.31}$$

onde a regra usual de multiplicação de matrizes foi usada na última linha. Explicitamente, vemos de (3.2.1) junto com (3.2.30) que

$$\sigma_1 = \begin{pmatrix} 0 & 1 \\ 1 & 0 \end{pmatrix}, \quad \sigma_2 = \begin{pmatrix} 0 & -i \\ i & 0 \end{pmatrix}, \quad \sigma_3 = \begin{pmatrix} 1 & 0 \\ 0 & -1 \end{pmatrix}, \tag{3.2.32}$$

onde os subscritos 1, 2 e 3 referem-se a x, y e z, respectivamente.

Recordamos aqui algumas propriedades das matrizes de Pauli. Primeiro,

$$\sigma_i^2 = 1 \tag{3.2.33 a}$$

$$\sigma_i \sigma_j + \sigma_j \sigma_i = 0, \quad \text{para } i \neq j, \tag{3.2.33 b}$$

onde o lado direto de (3.2.33 a) deve ser entendido como sendo a matriz identidade 2×2. Estas duas relações são, obviamente, equivalentes às relações de anticomutação

$$\{\sigma_i, \sigma_j\} = 2\delta_{ij}. \tag{3.2.34}$$

Temos também as relações de comutação

$$[\sigma_i, \sigma_j] = 2i\varepsilon_{ijk}\sigma_k, \tag{3.2.35}$$

que podemos ver serem as representações matriciais 2×2 explícitas das regras de comutação (3.1.20) do momento angular. Combinando (3.2.34) com (3.2.35), podemos obter

$$\sigma_1 \sigma_2 = -\sigma_2 \sigma_1 = i\sigma_3 \ldots. \tag{3.2.36}$$

Observe também que

$$\sigma_i^\dagger = \sigma_i, \tag{3.2.37a}$$

$$\det(\sigma_i) = -1, \tag{3.2.37b}$$

$$\text{Tr}(\sigma_i) = 0. \tag{3.2.37c}$$

Consideremos agora $\boldsymbol{\sigma} \cdot \mathbf{a}$, onde $\mathbf{a}$ é um vetor em três dimensões. Devemos entender isto como sendo, na verdade, uma matriz 2×2. Portanto,

$$\boldsymbol{\sigma} \cdot \mathbf{a} \equiv \sum_k a_k \sigma_k$$

$$= \begin{pmatrix} +a_3 & a_1 - ia_2 \\ a_1 + ia_2 & -a_3 \end{pmatrix}. \tag{3.2.38}$$

Há também uma identidade muito importante

$$(\boldsymbol{\sigma}\cdot\mathbf{a})(\boldsymbol{\sigma}\cdot\mathbf{b})=\mathbf{a}\cdot\mathbf{b}+i\boldsymbol{\sigma}\cdot(\mathbf{a}\times\mathbf{b}). \tag{3.2.39}$$

Para provar este resultado, tudo o que precisamos são das regras de anticomutação e comutação, (3.2.34) e (3.2.35), respectivamente:

$$\sum_j \sigma_j a_j \sum_k \sigma_k b_k = \sum_j \sum_k \left(\frac{1}{2}\{\sigma_j,\sigma_k\}+\frac{1}{2}[\sigma_j,\sigma_k]\right)a_j b_k$$

$$= \sum_j \sum_k \left(\delta_{jk}+i\varepsilon_{jkl}\sigma_l\right) a_j b_k$$

$$= \mathbf{a}\cdot\mathbf{b}+i\boldsymbol{\sigma}\cdot(\mathbf{a}\times\mathbf{b}). \tag{3.2.40}$$

Se as componentes de **a** forem reais, temos

$$(\boldsymbol{\sigma}\cdot\mathbf{a})^2 = |\mathbf{a}|^2, \tag{3.2.41}$$

onde $|\mathbf{a}|$ é a magnitude do vetor **a**.

Rotações no formalismo de duas componentes

Estudemos agora a representação matricial 2×2 do operador de rotação $\mathcal{D}(\hat{\mathbf{n}},\phi)$. Temos

$$\exp\left(\frac{-i\mathbf{S}\cdot\hat{\mathbf{n}}\phi}{\hbar}\right) \doteq \exp\left(\frac{-i\boldsymbol{\sigma}\cdot\hat{\mathbf{n}}\phi}{2}\right). \tag{3.2.42}$$

Usando

$$(\boldsymbol{\sigma}\cdot\hat{\mathbf{n}})^n = \begin{cases} 1 & \text{para } n \text{ par,} \\ \boldsymbol{\sigma}\cdot\hat{\mathbf{n}} & \text{para } n \text{ ímpar.} \end{cases} \tag{3.2.43}$$

que vem de (3.2.41), podemos escrever

$$\exp\left(\frac{-i\boldsymbol{\sigma}\cdot\hat{\mathbf{n}}\phi}{2}\right) = \left[1-\frac{(\boldsymbol{\sigma}\cdot\hat{\mathbf{n}})^2}{2!}\left(\frac{\phi}{2}\right)^2+\frac{(\boldsymbol{\sigma}\cdot\hat{\mathbf{n}})^4}{4!}\left(\frac{\phi}{2}\right)^4-\cdots\right]$$

$$-i\left[(\boldsymbol{\sigma}\cdot\hat{\mathbf{n}})\frac{\phi}{2}-\frac{(\boldsymbol{\sigma}\cdot\hat{\mathbf{n}})^3}{3!}\left(\frac{\phi}{2}\right)^3+\cdots\right]$$

$$= \mathbf{1}\cos\left(\frac{\phi}{2}\right)-i\boldsymbol{\sigma}\cdot\hat{\mathbf{n}}\,\text{sen}\left(\frac{\phi}{2}\right). \tag{3.2.44}$$

Explicitamente, na forma 2×2 temos

$$\exp\left(\frac{-i\boldsymbol{\sigma}\cdot\hat{\mathbf{n}}\phi}{2}\right) = \begin{pmatrix} \cos\left(\frac{\phi}{2}\right)-in_z\,\text{sen}\left(\frac{\phi}{2}\right) & (-in_x-n_y)\,\text{sen}\left(\frac{\phi}{2}\right) \\ (-in_x+n_y)\,\text{sen}\left(\frac{\phi}{2}\right) & \cos\left(\frac{\phi}{2}\right)+in_z\,\text{sen}\left(\frac{\phi}{2}\right) \end{pmatrix}. \tag{3.2.45}$$

Da mesma maneira que o operador $\exp(-i\mathbf{S} \cdot \hat{\mathbf{n}}\phi/\hbar)$ atua sobre um ket de estado $|\alpha\rangle$, a matriz 2×2 $\exp(-i\boldsymbol{\sigma} \cdot \hat{\mathbf{n}}\phi/2)$ atua sobre um espinor χ de duas componentes. Sob rotações, mudamos χ da seguinte maneira:

$$\chi \to \exp\left(\frac{-i\boldsymbol{\sigma} \cdot \hat{\mathbf{n}}\phi}{2}\right)\chi. \tag{3.2.46}$$

Por outro lado, os próprios σ_k devem permanecer *inalterados* sob uma rotação. Assim, rigorosamente falando, apesar de sua aparência, $\boldsymbol{\sigma}$ não deve ser entendido como sendo um vetor: na verdade, é $\chi^\dagger \boldsymbol{\sigma} \chi$ que obedece às propriedades de transformação para vetores:

$$\chi^\dagger \sigma_k \chi \to \sum_l R_{kl} \chi^\dagger \sigma_l \chi. \tag{3.2.47}$$

Uma prova explícita disto pode ser apresentada usando-se

$$\exp\left(\frac{i\sigma_3 \phi}{2}\right)\sigma_1 \exp\left(\frac{-i\sigma_3 \phi}{2}\right) = \sigma_1 \cos\phi - \sigma_2 \operatorname{sen}\phi \tag{3.2.48}$$

e assim por diante, que corresponde ao análogo matricial de (3.2.6).

Ao discutirmos uma rotação de 2π usando o formalismo de kets, vimos que um ket $|\alpha\rangle$ de spin $\frac{1}{2}$ vai para $-|\alpha\rangle$. O análogo 2×2 desta afirmação é

$$\left.\exp\left(\frac{-i\boldsymbol{\sigma} \cdot \hat{\mathbf{n}}\phi}{2}\right)\right|_{\phi=2\pi} = -1, \quad \text{para qualquer } \hat{\mathbf{n}}, \tag{3.2.49}$$

que é evidente de (3.2.44).

Como exemplo instrutivo de aplicação da matriz de rotação (3.2.45), vejamos como é possível construir um autoespinor de $\boldsymbol{\sigma} \cdot \hat{\mathbf{n}}$ com autovalor $+1$, onde $\hat{\mathbf{n}}$ é um vetor unitário em alguma direção especificada. Devemos construir χ que satisfaça

$$\boldsymbol{\sigma} \cdot \hat{\mathbf{n}} \chi = \chi. \tag{3.2.50}$$

Em outras palavras, estamos procurando pela representação na forma de uma matriz coluna de duas componentes do ket $|\mathbf{S} \cdot \hat{\mathbf{n}}; +\rangle$, definido via

$$\mathbf{S} \cdot \hat{\mathbf{n}} |\mathbf{S} \cdot \hat{\mathbf{n}}; +\rangle = \left(\frac{\hbar}{2}\right)|\mathbf{S} \cdot \hat{\mathbf{n}}; +\rangle. \tag{3.2.51}$$

Na realidade, este problema pode ser resolvido diretamente como um problema de autovalores (veja o Problema 1.9 do Capítulo 1), mas queremos aqui apresentar um método alternativo baseado na matriz de rotação (3.2.45).

Sejam os ângulos polar e azimutal que definem $\hat{\mathbf{n}}$ representados por β e α, respectivamente. Começamos por $\binom{1}{0}$, o espinor de duas componentes que representa um estado de spin para cima. Dado isto, primeiro fazemos uma rotação em torno do eixo y por um ângulo β. Subsequentemente, fazemos uma rotação por α em torno do eixo z. Podemos observar que o estado de spin desejado é assim obtido; veja Figura 3.3. Na linguagem de espinores de Pauli, esta sequência de operações é equivalente

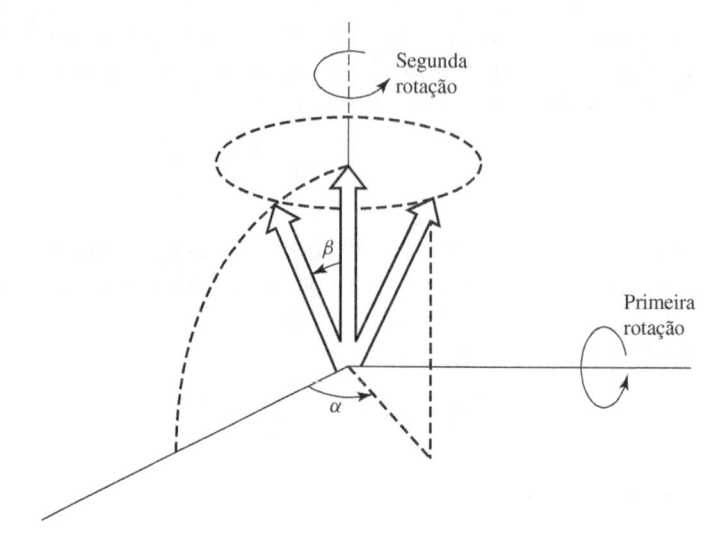

FIGURA 3.3 Construção do autoespinor $\boldsymbol{\sigma} \cdot \hat{\mathbf{n}}$.

a se aplicar $\exp(-i\sigma_2\beta/2)$ a $\begin{pmatrix}1\\0\end{pmatrix}$, seguida de uma aplicação de $\exp(-i\sigma_3\alpha/2)$. O resultado final é

$$\chi = \left[\cos\left(\frac{\alpha}{2}\right) - i\sigma_3 \operatorname{sen}\left(\frac{\alpha}{2}\right)\right]\left[\cos\left(\frac{\beta}{2}\right) - i\sigma_2 \operatorname{sen}\left(\frac{\beta}{2}\right)\right]\begin{pmatrix}1\\0\end{pmatrix}$$

$$= \begin{pmatrix}\cos\left(\frac{\alpha}{2}\right) - i\operatorname{sen}\left(\frac{\alpha}{2}\right) & 0 \\ 0 & \cos\left(\frac{\alpha}{2}\right) + i\operatorname{sen}\left(\frac{\alpha}{2}\right)\end{pmatrix}\begin{pmatrix}\cos\left(\frac{\beta}{2}\right) & -\operatorname{sen}\left(\frac{\beta}{2}\right) \\ \operatorname{sen}\left(\frac{\beta}{2}\right) & \cos\left(\frac{\beta}{2}\right)\end{pmatrix}\begin{pmatrix}1\\0\end{pmatrix}$$

$$= \begin{pmatrix}\cos\left(\frac{\beta}{2}\right) e^{-i\alpha/2} \\ \operatorname{sen}\left(\frac{\beta}{2}\right) e^{i\alpha/2}\end{pmatrix}, \tag{3.2.52}$$

que concorda totalmente com o Problema 1.9 do Capítulo 1, se notarmos que uma fase comum a ambas as componentes inferior e superior não tem significado físico.

3.3 ■ SO(3), SU(2) E ROTAÇÕES DE EULER

Grupo ortogonal

Estudaremos agora, de maneira um pouco mais sistemática, as propriedades de grupo dos operadores com os quais nos mantivemos ocupados nas duas seções precedentes.

A abordagem mais elementar para rotações é baseada na especificação do eixo e do ângulo de rotação. É evidente que precisamos de três números reais para caracterizar uma rotação geral: os ângulos polar e azimutal do vetor unitário $\hat{n}$ tomados na direção do eixo de rotação e o próprio ângulo ϕ de rotação. De maneira equivalente, a mesma rotação pode ser especificada pelas três componentes cartesianas do vetor $\hat{n}\phi$. Contudo, estas maneiras de caracterizar rotações não são convenientes do ponto de vista do estudo das propriedades de grupo das rotações. Pelo simples fato de que, a menos que ϕ seja infinitesimal ou $\hat{n}$ sempre aponte na mesma direção, não podemos adicionar vetores da forma $\hat{n}\phi$ para caracterizar uma sucessão de rotações. É muito mais fácil trabalhar com uma matriz ortogonal R 3×3, pois o efeito de rotações sucessivas pode ser obtido simplesmente multiplicando as matrizes ortogonais apropriadas.

Quantos parâmetros independentes há em uma matriz ortogonal 3×3? Uma matriz real desta dimensão tem 9 elementos, mas temos a condição de ortogonalidade

$$RR^T = 1. \tag{3.3.1.}$$

Esta expressão corresponde a 6 equações independentes, pois o produto RR^T, que é o mesmo que $R^T R$, é uma matriz simétrica com 6 elementos independentes. Disto resulta que há 3 (ou seja, 9−6) números independentes em R, o mesmo número que obtivemos previamente por um método mais elementar.

O conjunto de todas as operações de multiplicação com matrizes ortogonais forma um grupo. Com isso, queremos dizer que as quatro condições apresentadas a seguir são satisfeitas.

1. O produto de quaisquer duas matrizes ortogonais é uma matriz ortogonal. Isto é satisfeito pois

$$(R_1 R_2)(R_1 R_2)^T = R_1 R_2 R_2^T R_1^T = 1. \tag{3.3.2}$$

2. O produto é associativo:

$$R_1(R_2 R_3) = (R_1 R_2) R_3. \tag{3.3.3}$$

3. A matriz identidade 1 – que fisicamente corresponde a não rodar – e definida via

$$R1 = 1R = R \tag{3.3.4}$$

é um membro da classe de matrizes ortogonais.

4. A matriz inversa R^{-1} – que fisicamente corresponde a uma rotação no sentido contrário – que é definida por

$$RR^{-1} = R^{-1}R = 1 \tag{3.3.5}$$

também é membro.

Este grupo tem o nome de SO(3), onde S significa *special*, O significa *orthogonal* e o 3 representa o número de dimensões do espaço. Observe que estamos considerando aqui apenas operações de rotação, portanto temos o SO(3) em vez do O(3) (que pode incluir a operação de inversão, que discutiremos no Capítulo 4).

Grupo unimodular unitário

Na seção anterior, aprendemos outra maneira de caracterizar uma rotação arbitrária – ou seja, olhar para a matriz 2×2 (3.2.45) que atua no espinor χ de duas componentes. Claramente, a expressão (3.2.45) é unitária. Como consequência, para c_+ e c_- definidos por (3.2.28),

$$|c_+|^2 + |c_-|^2 = 1 \tag{3.3.6}$$

permanece invariante. Além disso, a matriz (3.2.45) é unimodular, ou seja, seu determinante é 1, como mostraremos explicitamente abaixo.

Podemos escrever a matriz unitária unimodular mais geral possível como

$$U(a,b) = \begin{pmatrix} a & b \\ -b^* & a^* \end{pmatrix}, \tag{3.3.7}$$

onde a e b são números *complexos* que satisfazem a condição de unimodularidade

$$|a|^2 + |b|^2 = 1. \tag{3.3.8}$$

Podemos facilmente estabelecer a propriedade de unitariedade de (3.3.7) da seguinte maneira:

$$U(a,b)^\dagger U(a,b) = \begin{pmatrix} a^* & -b \\ b^* & a \end{pmatrix} \begin{pmatrix} a & b \\ -b^* & a^* \end{pmatrix} = 1, \tag{3.3.9}$$

Podemos ver, diretamente, que a matriz 2×2 (3.2.45) que caracteriza uma rotação de um sistema de spin $\frac{1}{2}$ pode ser escrita como $U(a,b)$. Comparando (3.2.45) com (3.3.7), identificamos

$$\begin{aligned} \operatorname{Re}(a) &= \cos\left(\frac{\phi}{2}\right), & \operatorname{Im}(a) &= -n_z \operatorname{sen}\left(\frac{\phi}{2}\right), \\ \operatorname{Re}(b) &= -n_y \operatorname{sen}\left(\frac{\phi}{2}\right), & \operatorname{Im}(b) &= -n_x \operatorname{sen}\left(\frac{\phi}{2}\right), \end{aligned} \tag{3.3.10}$$

a partir das quais a unimodularidade de (3.3.8) é imediata. Inversamente, é óbvio que a matriz unitária unimodular da forma (3.3.7) mais geral pode ser interpretada como representando uma rotação.

Os dois números complexos a e b são conhecidos como **parâmetros de Cayley-Klein**. Historicamente, a conexão entre uma matriz unimodular unitária e uma rotação era conhecida muito antes do advento da mecânica quântica. Na verdade, os parâmetros de Cayley-Klein foram usados para caracterizar movimentos complicados de giroscópios na cinemática de corpos rígidos.

Sem recorrermos a interpretações de matrizes unimodulares unitárias em termos de rotações, podemos averiguar diretamente as propriedades de grupo das operações de multiplicação com estas matrizes. Observe, em particular, que

$$U(a_1,b_1)U(a_2,b_2) = U(a_1 a_2 - b_1 b_2^*, a_1 b_2 + a_2^* b_1), \tag{3.3.11}$$

onde a condição de unimodularidade para o produto de matrizes é

$$|a_1 a_2 - b_1 b_2^*|^2 + |a_1 b_2 + a_2^* b_1|^2 = 1. \tag{3.3.12}$$

Para a inversa de U temos

$$U^{-1}(a, b) = U(a^*, -b). \quad (3.3.13)$$

Este grupo é conhecido como SU(2), onde S significa *special* e U vem de *unitary* e 2 é a dimensionalidade. Contrariamente, o grupo definido por operações de multiplicação com matrizes gerais unitárias 2×2 (sem a condição de serem necessariamente unimodulares) é conhecido como U(2). A matriz unitária mais geral em duas dimensões tem quatro parâmetros independentes e pode ser escrita como $e^{i\gamma}$ (com γ real) vezes uma matriz unitária unimodular

$$U = e^{i\gamma} \begin{pmatrix} a & b \\ -b^* & a^* \end{pmatrix}, \quad |a|^2 + |b|^2 = 1, \quad \gamma^* = \gamma. \quad (3.3.14)$$

O grupo SU(2) é chamado de **subgrupo** de U(2).

Devido ao fato de que podemos caracterizar as rotações usando ambas as linguagens SO(3) e SU(2), sentimo-nos tentados a concluir que os *grupos* SO(3) e SU(2) sejam isomórficos, isto é, que haja uma correspondência de um para um entre um elemento do SO(3) e um elemento do SU(2). Esta inferência é, contudo, incorreta. Considere uma rotação de 2π e outra de 4π. Na linguagem do SO(3), as matrizes que representam a primeira e a segunda rotações são as matrizes identidade 3×3. Porém, na linguagem do SU(2), as matrizes correspondentes são a matriz identidade 2×2 multiplicada por -1 e a própria matriz identidade, respectivamente. De um modo mais geral, $U(a,b)$ e $U(-a, -b)$ correspondem ambas a uma *única* matriz 3×3 na linguagem SO(3). A correspondência é, portanto, de 2 para 1. Para um dado R, o U correspondente tem dois valores. Pode-se dizer, no entanto, que os dois grupos são *localmente* isomórficos.

Rotações de Euler

Você deve estar familiarizado, da mecânica clássica, com o fato de que uma rotação arbitrária de um corpo rígido pode ser feita em três passos, conhecidos como **rotações de Euler**. A linguagem das rotações de Euler, especificadas por meio de três ângulos, dá-nos outra maneira de caracterizar a rotação mais geral possível em três dimensões.

Os três passos da rotação de Euler são os seguintes: primeiro, giramos o corpo rígido por um ângulo α no sentido anti-horário (visto do eixo z positivo) em torno do eixo α. Imagine agora que haja no corpo rígido, por assim dizer, um eixo y embutido, de tal modo que antes da rotação em torno do eixo z ter sido feita, o eixo y embutido no corpo rígido coincidia com o eixo y usual, ao qual nos referimos como **eixo y fixo no espaço**. Obviamente, após a rotação em torno de z, o eixo y embutido não mais coincide com o eixo y fixo no espaço; vamos chamar o primeiro de eixo y'. Para ver como isso se pareceria no caso de um disco delgado, consulte a Figura 3.4a. Fazemos agora uma segunda rotação, desta vez em torno do eixo y' por um ângulo β. Como resultado, o eixo z embutido no corpo não mais aponta na direção do eixo z fixo no espaço. Chamamos o eixo z fixo no corpo, depois da segunda rotação, de eixo z': veja a Figura 3.4b. A terceira e última rotação é em torno do eixo z' por um ângulo γ. O eixo y do corpo se torna agora o eixo y'' da Figura 3.4c. Em termos de matrizes 3×3 ortogonais, o produto das três operações pode ser escrito como

$$R(\alpha, \beta, \gamma) \equiv R_{z'}(\gamma) R_{y'}(\beta) R_z(\alpha). \quad (3.3.15)$$

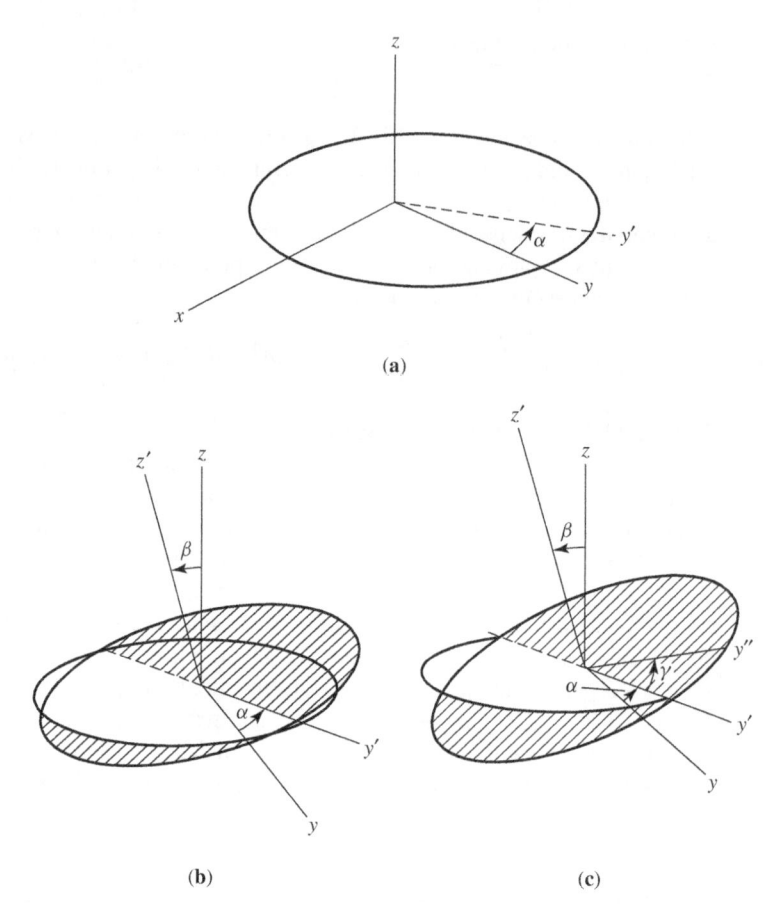

FIGURA 3.4 Rotações de Euler.

Um comentário de precaução neste ponto: a maioria dos livros-texto de mecânica clássica prefere fazer a segunda rotação (a rotação do meio) em torno do eixo x do corpo, e não do eixo y do corpo [veja, por exemplo, Goldstein (2002)]. Esta convenção deve ser evitada em mecânica quântica por uma razão que se tornará evidente em instantes.

Na (3.3.15), aparecem $R_{y'}$ e $R_{z'}$, que são matrizes de rotações feitas em torno dos eixos do corpo. Esta abordagem das rotações de Euler é bastante inconveniente na mecânica quântica, pois obtivemos anteriormente expressões simples para as componentes de **S** nos eixos fixos no espaço (sem apóstrofo), e não para as componentes nos eixos fixos no corpo. Portanto, seria desejável expressar as rotações em torno dos eixos do corpo consideradas por nós em termos de rotações nos eixos fixos no espaço. Felizmente, há uma relação muito simples:

$$R_{y'}(\beta) = R_z(\alpha) R_y(\beta) R_z^{-1}(\alpha). \tag{3.3.16}$$

O significado do lado direito desta equação é o seguinte: primeiro, traga o eixo y do corpo na Figura 3.4a (isto é, o eixo y') de volta à direção y original fixa no espaço por meio de uma rotação no *sentido horário* (visto do eixo z positivo) por um ângulo α em torno do eixo z. Então, gire em torno do eixo y por um ângulo β. Finalmente, retorne o eixo y do corpo à direção do eixo y' rodando-o em torno do eixo z fixo no espaço (e *não* em torno do eixo z'!) por um ângulo α. A Equação (3.3.16) nos diz que o efeito líquido destas rotações é uma simples rotação em torno do eixo y' por um ângulo β.

Para provar esta afirmação, vamos olhar mais detalhadamente para o efeito de ambos os lados de (3.3.16) no disco circular da Figura 3.4a. Claramente, a orientação do eixo y do corpo permanece inalterada em ambos os casos – a saber, na direção y'. Além disso, a orientação final do eixo z do corpo é a mesma caso apliquemos $R_{y'}(\beta)$ ou $R_z(\alpha)R_y(\beta)R_z^{-1}(\alpha)$. Em ambos os casos, o eixo z final do corpo faz um ângulo polar β com o eixo z fixo (o mesmo que o eixo z inicial) e seu ângulo azimutal, medido no sistema de coordenadas fixas, é simplesmente α. Em outras palavras, o eixo z final do corpo é o mesmo que o eixo z' da Figura 3.4 b. De modo similar, podemos provar

$$R_{z'}(\gamma) = R_{y'}(\beta)R_z(\gamma)R_{y'}^{-1}(\beta). \tag{3.3.17}$$

Usando (3.3.16) e (3.3.17), podemos agora reescrever (3.3.15). Obtemos

$$\begin{aligned}R_{z'}(\gamma)R_{y'}(\beta)R_z(\alpha) &= R_{y'}(\beta)R_z(\gamma)R_{y'}^{-1}(\beta)R_{y'}(\beta)R_z(\alpha) \\ &= R_z(\alpha)R_y(\beta)R_z^{-1}(\alpha)R_z(\gamma)R_z(\alpha) \\ &= R_z(\alpha)R_y(\beta)R_z(\gamma),\end{aligned} \tag{3.3.18}$$

onde, no último passo, usamos o fato de que $R_z(\gamma)$ e $R_z(\alpha)$ comutam. Resumindo,

$$R(\alpha, \beta, \gamma) = R_z(\alpha)R_y(\beta)R_z(\gamma), \tag{3.3.19}$$

onde todas as três matrizes do lado direito referem-se a rotações por eixos *fixos*.

Apliquemos agora este conjunto de operações a sistemas de spin $\frac{1}{2}$ em mecânica quântica. Existe, em correspondência ao produto de matrizes ortogonais em (3.3.19), um produto de operadores de rotação no espaço de kets do sistema de spin $\frac{1}{2}$ considerado por nós:

$$\mathcal{D}(\alpha, \beta, \gamma) = \mathcal{D}_z(\alpha)\mathcal{D}_y(\beta)\mathcal{D}_z(\gamma). \tag{3.3.20}$$

A representação matricial 2×2 deste produto é

$$\begin{aligned}&\exp\left(\frac{-i\sigma_3\alpha}{2}\right)\exp\left(\frac{-i\sigma_2\beta}{2}\right)\exp\left(\frac{-i\sigma_3\gamma}{2}\right) \\ &= \begin{pmatrix} e^{-i\alpha/2} & 0 \\ 0 & e^{i\alpha/2} \end{pmatrix}\begin{pmatrix} \cos(\beta/2) & -\operatorname{sen}(\beta/2) \\ \operatorname{sen}(\beta/2) & \cos(\beta/2) \end{pmatrix}\begin{pmatrix} e^{-i\gamma/2} & 0 \\ 0 & e^{i\gamma/2} \end{pmatrix} \\ &= \begin{pmatrix} e^{-i(\alpha+\gamma)/2}\cos(\beta/2) & -e^{-i(\alpha-\gamma)/2}\operatorname{sen}(\beta/2) \\ e^{i(\alpha-\gamma)/2}\operatorname{sen}(\beta/2) & e^{i(\alpha+\gamma)/2}\cos(\beta/2) \end{pmatrix},\end{aligned} \tag{3.3.21}$$

onde a expressão (3.2.44) foi usada. Esta matriz é, claramente, unimodular unitária. E vice-versa, a matriz 2×2 unimodular unitária mais geral pode ser escrita nesta forma de ângulos de Euler.

Observe que os elementos de matriz da segunda rotação (a matriz do meio) $\exp(-i\sigma_y\phi/2)$ são reais puros. Este não seria o caso se tivéssemos escolhido fazer uma rotação em torno do eixo x ao invés do eixo y, como se faz na maioria dos livros-texto de mecânica clássica. Na mecânica quântica, ganhamos se mantivermos a nossa convenção, pois preferimos que os elementos de matriz da segunda rotação, que é a única matriz de rotação com elementos não diagonais, sejam reais puros.[4]

A matriz 2×2 em (3.3.21) é chamada de representação irredutível $j=\frac{1}{2}$ do operador de rotação $\mathcal{D}(\alpha,\beta,\gamma)$, e seus elementos são denotados por $\mathcal{D}^{(1/2)}_{m'm}(\alpha,\beta,\gamma)$. Em termos dos operadores de momento angular, temos

$$\mathcal{D}^{(1/2)}_{m'm}(\alpha,\beta,\gamma) = \left\langle j=\frac{1}{2},m' \left| \exp\left(\frac{-iJ_z\alpha}{\hbar}\right) \right.\right.$$
$$\left.\left.\times \exp\left(\frac{-iJ_y\beta}{\hbar}\right)\exp\left(\frac{-iJ_z\gamma}{\hbar}\right) \right| j=\frac{1}{2},m \right\rangle. \quad (3.3.22)$$

Na Seção 3.5, estudaremos extensivamente análogos de (3.3.21) para j's maiores.

3.4 ■ OPERADOR DENSIDADE E ENSEMBLE PURO *VERSUS* ENSEMBLE MISTO

O formalismo da mecânica quântica até agora desenvolvido faz previsões estatísticas sobre um *ensemble* – isto é, uma coleção – de sistema físicos preparados de maneira idêntica. Explicando de modo mais preciso, em um ensemble deste tipo supõe-se que todos os membros que dele fazem parte sejam caracterizados por um mesmo ket de estado $|\alpha\rangle$. Um bom exemplo disto é um feixe de átomos de prata ejetados de um equipamento de filtragem SG. Cada átomo do feixe tem o seu spin apontando para a mesma direção – a saber, a direção determinada pela inomogeneidade do campo magnético do aparelho filtrador. Não discutimos, até agora, como descrever quanticamente um ensemble de sistemas físicos para o qual, digamos, 60% é caracterizado por $|\alpha\rangle$ e os 40% restantes são caracterizados por um outro ket $|\beta\rangle$.

Para ilustrar mais claramente a incompleteza do formalismo até agora desenvolvido, consideremos os átomos de prata saindo diretamente do forno aquecido, mas ainda antes de serem submetidos à filtragem do aparato do tipo Stern-Gerlach. Por questões de simetria, esperamos que tais átomos tenham orientações de spin *aleatórias*[‡]; em outras palavras, não deveria haver uma direção preferencial associada a um ensemble de átomos deste tipo. De acordo como formalismo desenvolvido até o momento, o ket de estado mais geral de um sistema de spin $\frac{1}{2}$ é dado por

$$|\alpha\rangle = c_+|+\rangle + c_-|-\rangle. \quad (3.4.1)$$

Esta equação seria capaz de descrever uma coleção de átomos com orientações de spin aleatórias? A resposta é claramente um não; a equação (3.4.1) caracteriza um ket de um estado cujo spin está apontando *em uma certa direção específica*, a saber,

---

[4] Isto depende, obviamente, da nossa convenção segundo a qual os elementos de matriz de S_y (ou, de modo mais geral, de J_y) sejam tomados como sendo imaginários puros.

[‡] N. de T.: Ou *randômicas*. O termo, originalmente francês, já foi incorporado aos dicionários de nossa língua via o inglês.

na direção de **n̂**, cujos ângulos polar e azimutal, β e α respectivamente, podem ser obtidos resolvendo-se

$$\frac{c_+}{c_-} = \frac{\cos(\beta/2)}{e^{i\alpha}\,\text{sen}(\beta/2)}; \qquad (3.4.2)$$

veja (3.2.52).

Para lidar com uma situação deste tipo, introduzimos o conceito de **população fracionária**, ou peso probabilístico. Um ensemble de átomos de prata com orientação de spin completamente aleatória pode ser encarado como uma coleção de átomos de prata na qual 50% dos membros do ensemble são caracterizados por $|+\rangle$, ao passo que os 50% remanescentes são caracterizados por $|-\rangle$. Nós especificamos um ensemble deste tipo atribuindo os valores

$$w_+ = 0{,}5, \quad w_- = 0{,}5, \qquad (3.4.3)$$

onde w_+ e w_- são a população fracionária para spin para cima e spin para baixo, respectivamente. Uma vez que não existe uma direção preferencial para um feixe destes, é razoável esperar que *este mesmo* ensemble possa ser também encarado como uma mistura 50–50 de $|S_x;+\rangle$ e $|S_x;-\rangle$. O formalismo matemático necessário para conseguirmos isto surgirá em breve.

É muito importante observar que estamos simplesmente introduzindo dois números *reais* w_+ e w_-. Não há qualquer informação sobre a fase relativa entre os kets de spin para cima e spin para baixo. Muito frequentemente, referimo-nos a uma situação deste tipo como uma **mistura incoerente** de estados de spin. O que estamos fazendo deve ser claramente distinguido do que fizemos anteriormente com uma superposição linear coerente – por exemplo,

$$\left(\frac{1}{\sqrt{2}}\right)|+\rangle + \left(\frac{1}{\sqrt{2}}\right)|-\rangle, \qquad (3.4.4)$$

onde a relação de fase entre $|+\rangle$ e $|-\rangle$ contém informação crucial a respeito da orientação do spin no plano xy, neste caso, na direção de x positivo. Em geral, não deveríamos confundir w_+ e w_- com $|c_+|^2$ e $|c_-|^2$. O conceito de probabilidade associado com w_+ e w_- é muito mais próximo daquele encontrado na teoria de probabilidades clássica.[‡] A situação dos átomos de prata saindo diretamente do forno deve ser comparada àquela de uma turma de formandos na qual 50% dos graduandos são homens e os outros 50% mulheres. Se escolhermos aleatoriamente um estudante, a probabilidade que aquele estudante em particular seja homem (ou mulher) é 0,5. Alguém já ouviu, por acaso, se referirem a um estudante como uma superposição linear coerente de masculino e feminino com uma relação de fase específica?

O feixe de átomos de prata vindo diretamente do forno é um exemplo de um **ensemble completamente aleatório**; dizemos que o feixe é **não polarizado**, pois não há direção privilegiada para a orientação de spin. Contrariamente, um feixe que passou por uma medida seletiva do tipo Stern-Gerlach é um exemplo de um **ensemble puro**: diz-se, neste caso, que o feixe está **polarizado**, pois todos os membros daquele ensemble são caracterizados por um único ket comum que descreve o estado com o spin apontando em uma direção específica. Para melhor apreciar a diferença entre um

---

[‡] N. de T.: O autor se refere aqui à interpretação frequentista da teoria de probabilidades clássica.

ensemble aleatório e um puro, consideremos um aparato SG rotatório, onde podemos variar a direção do campo **B** inomogêneo simplesmente girando o aparato. Quando um feixe completamente não polarizado, saído diretamente do forno, é submetido a um aparelho deste tipo, nós *sempre* obtemos dois feixes emergentes de *igual* intensidade, *independentemente da orientação que o aparato possa ter*. Contrariamente, se um feixe polarizado passa por um aparelho deste tipo, as intensidades relativas dos feixes emergentes variam à medida que o aparelho é girado. Para alguma orientação *específica*, as intensidades na verdade se tornam 1 e 0. De fato, o formalismo por nós desenvolvido no Capítulo 1 nos diz que as intensidades relativas são simplesmente $\cos^2(\beta/2)$ e $\sin^2(\beta/2)$, onde β é o ângulo entre a direção do spin dos átomos e a direção do campo magnético inomogêneo no aparato SG.

Um ensemble completamente aleatório e um ensemble puro podem ser vistos como os extremos daquilo que é conhecido por **ensemble misto**. Em um ensemble misto, uma certa fração – digamos 70% – dos membros são caracterizados por um ket de estado $|\alpha\rangle$, e os 30% remanescentes por $|\beta\rangle$. Neste caso, diz-se que o feixe está parcialmente polarizado. Aqui, os kets $|\alpha\rangle$ e $|\beta\rangle$ nem precisam ser ortogonais; podemos ter, por exemplo, 70% dos membros com um spin na direção do eixo x positivo e 30% com spin na direção do eixo z negativo.[5]

Médias no ensemble e operador densidade

Apresentaremos agora o formalismo do operador densidade, criado em 1927 por J. von Neumann, que descreve quantitativamente situações físicas com ensembles mistos tanto quanto com ensemble puros. Embora nossa discussão geral não se restrinja a sistemas de spin $\frac{1}{2}$, frequentemente nos referiremos a eles para efeitos de ilustração.

Um ensemble puro é, por definição, uma coleção de sistemas físicos tal que cada um dos membros da coleção é caracterizado pelo mesmo ket $|\alpha\rangle$. Em um ensemble misto, ao contrário, uma fração de membros com população relativa w_1 e caracterizada por $|\alpha^{(1)}\rangle$; uma outro fração w_2 é caracterizada por $|\alpha^{(2)}\rangle$ e assim por diante. Falando de modo não muito preciso, podemos dizer que um ensemble misto pode ser visto como uma mistura de ensembles puros, como sugere o nome. As populações fracionárias devem satisfazer uma condição de normalização

$$\sum_i w_i = 1. \qquad (3.4.5)$$

Como dito anteriormente, $|\alpha^{(1)}\rangle$ e $|\alpha^{(2)}\rangle$ não precisam ser ortogonais. Além disso, o número de termos na soma em i em (3.4.5) não precisa coincidir com a dimensionalidade N do espaço de kets, podendo facilmente excedê-lo. Por exemplo, para sistemas de spin $\frac{1}{2}$ e $N = 2$, podemos considerar 40% da população com o spin na direção do eixo z positivo, 30% com spin na direção do eixo x positivo e os restantes 30% com spin na direção de y negativo.

Suponha que tenhamos feito uma medida de algum observável A em um ensemble misto. Podemos nos perguntar qual o valor médio de A medido quando um núme-

---

[5] Na literatura, o que chamamos de ensembles puros e mistos são frequentemente denominados estados puros e mistos. Neste livro, contudo, usamos a palavra *estado* para nos referirmos a um sistema físico descrito por um ket de estado bem definido $|\alpha\rangle$.

ro grande de medidas tenha sido feito. A resposta é dada pela **média sobre o ensemble** do observável A, que é definida por

$$[A] \equiv \sum_i w_i \langle \alpha^{(i)}|A|\alpha^{(i)}\rangle$$
$$= \sum_i \sum_{a'} w_i |\langle a'|\alpha^{(i)}\rangle|^2 a', \qquad (3.4.6)$$

onde $|a'\rangle$ é um autovetor de A. Lembre-se que $\langle \alpha^{(i)}|A|\alpha^{(i)}\rangle$ é o valor esperado usual de A na mecânica quântica tomado em relação a um estado $|\alpha^{(i)}\rangle$. A equação (3.4.6) nos diz que estes valores esperados precisam, além disso, serem ponderados pelas correspondentes populações fracionárias w_i. Observe como conceitos probabilísticos aparecem duas vezes: primeiro, em $|\langle \alpha'|\alpha^{(i)}\rangle|^2$ para a probabilidade quântica de um estado $|\alpha^{(i)}\rangle$ ser encontrado em um autoestado $|a'\rangle$ de A, e, segundo, no fator de probabilidade w_i de encontrarmos no ensemble um estado quântico caracterizado por $|\alpha^{(i)}\rangle$.[6]

Podemos agora reescrever a média sobre o ensemble (3.4.6) usando uma base $\{|b'\rangle\}$ mais geral:

$$[A] = \sum_i w_i \sum_{b'} \sum_{b''} \langle \alpha^{(i)}|b'\rangle \langle b'|A|b''\rangle \langle b''|\alpha^{(i)}\rangle$$
$$= \sum_{b'} \sum_{b''} \left(\sum_i w_i \langle b''|\alpha^{(i)}\rangle \langle \alpha^{(i)}|b'\rangle \right) \langle b'|A|b''\rangle. \qquad (3.4.7)$$

O número de termos na soma dos b' (b'') é simplesmente a dimensionalidade do espaço de kets, ao passo que o número de termos na soma em i depende de como o ensemble misto é visto em termos de uma mistura de ensembles puros. Observe que nesta forma, a propriedade básica do ensemble que não depende no particular observável A é fatorada. Isto nos motiva a definir o **operador densidade** ρ da seguinte maneira:

$$\rho \equiv \sum_i w_i |\alpha^{(i)}\rangle \langle \alpha^{(i)}|. \qquad (3.4.8)$$

Os elementos da **matriz densidade** correspondente tem a seguinte forma:

$$\langle b''|\rho|b'\rangle = \sum_i w_i \langle b''|\alpha^{(i)}\rangle \langle \alpha^{(i)}|b'\rangle. \qquad (3.4.9)$$

O operador densidade contém toda a informação fisicamente relevante que podemos possivelmente obter a respeito do ensemble em questão. Retornando a (3.4.7), podemos ver que a média sobre o ensemble pode ser escrita como

$$[A] = \sum_{b'} \sum_{b''} \langle b''|\rho|b'\rangle \langle b'|A|b''\rangle$$
$$= \text{tr}(\rho A). \qquad (3.4.10)$$

---

[6] Muito frequentemente na literatura, a média sobre o ensemble é também chamada de valor esperado. Contudo, neste livro, o termo *valor esperado* é reservado ao valor médio medido quando as medidas forem realizadas num ensemble puro.

Dado que o traço é independente da representação, tr(ρA) pode ser calculado usando qualquer base conveniente. Como consequência disto, a relação (3.4.10) é extremamente poderosa.

Há duas propriedades do operador densidade que vale a pena registrarmos. Primeiramente, o operador densidade é hermitiano, algo evidente se olharmos para (3.4.8). Em segundo lugar, o operador densidade satisfaz a condição de normalização

$$\text{tr}(\rho) = \sum_i \sum_{b'} w_i \langle b' | \alpha^{(i)} \rangle \langle \alpha^{(i)} | b' \rangle$$
$$= \sum_i w_i \langle \alpha^{(i)} | \alpha^{(i)} \rangle \qquad (3.4.11)$$
$$= 1.$$

Devido à Hermiticidade e à condição de normalização, para sistemas de spin $\frac{1}{2}$ e dimensionalidade 2, o operador densidade, ou a correspondente matriz densidade, é caracterizado por três parâmetros reais independentes. Quatro números reais caracterizam uma matriz Hermitiana 2×2. Contudo, apenas 3 são independentes devido à condição de normalização. Os três números necessários são [S_x], [S_y] e [S_z]; você pode verificar que o conhecimento destas três médias sobre o ensemble são suficientes para se reconstruir o operador densidade. A maneira pela qual um ensemble misto é formado pode ser bastante complicada. Podemos misturar ensembles puros caracterizados por todos os tipos de $|\alpha^{(i)}\rangle$ com w_1's apropriados; e, ainda assim, para sistemas de spin $\frac{1}{2}$, três números reais bastam para caracterizar completamente o ensemble em questão. Isto é uma forte indicação de que um ensemble misto pode ser decomposto em ensembles puros de diferentes maneiras. Um problema que ilustra este ponto aparece no final deste capítulo.

Um ensemble puro é especificado por $w_i = 1$ para algum $|\alpha^{(i)}\rangle$ – com $i = n$, por exemplo – e $w_i = 0$ para todos os outros kets de estado concebíveis, de tal modo que o operador densidade a ele correspondente é escrito como

$$\rho = |\alpha^{(n)}\rangle \langle \alpha^{(n)}| \qquad (3.4.12)$$

sem a somatória. Claramente, o operador densidade de um ensemble puro é idempotente, ou seja,

$$\rho^2 = \rho \qquad (3.4.13)$$

ou, o que é equivalente,

$$\rho(\rho - 1) = 0. \qquad (3.4.14)$$

Portanto, somente para um ensemble puro nós temos

$$\text{tr}(\rho^2) = 1 \qquad (3.4.15)$$

além de (3.4.11). Os autovalores do operador densidade de ensembles puros ou são zero ou um, como podemos ver inserindo entre ρ e $\rho (\rho - 1)$ de (3.4.14) um conjunto completo de kets de estado que diagonalizam o operador hermitiano ρ. Quando diagonalizada, a matriz densidade para um ensemble puro deve, portanto, ter a seguinte aparência

$$\rho \doteq \begin{pmatrix} 0 & & & & & & & 0 \\ & 0 & & & & & & \\ & & \ddots & & & & & \\ & & & 0 & & & & \\ & & & & 1 & & & \\ & & & & & 0 & & \\ & & & & & & 0 & \\ & & & & & & & 0 \\ & & & & & & & \ddots \\ 0 & & & & & & & 0 \end{pmatrix} \quad \text{(forma diagonal)} \quad (3.4.16)$$

Podemos mostrar que $\text{tr}(\rho^2)$ é máximo quando o ensemble é puro; para um ensemble misto, $\text{tr}(\rho^2)$ é um número positivo menor que 1.

Dado um operador densidade, vejamos como podemos construir a matriz densidade apropriada em uma base especificada. Para tanto, recordemos que

$$|\alpha\rangle\langle\alpha| = \sum_{b'}\sum_{b''}|b'\rangle\langle b'|\alpha\rangle\langle\alpha|b''\rangle\langle b''|. \quad (3.4.17)$$

Isto mostra que podemos formar uma matriz quadrada correspondente a $|\alpha^{(i)}\rangle\langle\alpha^{(i)}|$ combinando, no sentido de um produto exterior, a matriz coluna formada por $\langle b'|\alpha^{(i)}\rangle$ com a matriz linha formada por $\langle\alpha^{(i)}|b''\rangle$ que, evidentemente, é igual a $\langle b''|\alpha^{(i)}\rangle^*$. O passo final é somar estas matrizes quadradas com os respectivos pesos w_1, como indicado em (3.4.8). A forma final concorda com (3.4.9), como era esperado.

É instrutivo estudarmos alguns exemplos, todos eles referentes a sistemas de spin $\frac{1}{2}$.

Exemplo 3.1 Um feixe completamente polarizado com S_z+:

$$\rho = |+\rangle\langle+| \doteq \begin{pmatrix} 1 \\ 0 \end{pmatrix}(1,0)$$
$$= \begin{pmatrix} 1 & 0 \\ 0 & 0 \end{pmatrix} \quad (3.4.18)$$

Exemplo 3.2 Um feixe completamente polarizado com $S_x\pm$:

$$\rho = |S_x;\pm\rangle\langle S_x;\pm| = \left(\frac{1}{\sqrt{2}}\right)(|+\rangle \pm |-\rangle)\left(\frac{1}{\sqrt{2}}\right)(\langle+| \pm \langle-|)$$
$$\doteq \begin{pmatrix} \frac{1}{2} & \pm\frac{1}{2} \\ \pm\frac{1}{2} & \frac{1}{2} \end{pmatrix} \quad (3.4.19)$$

Os ensemble dos exemplos 3.1 e 3.2 são ambos puros.

Exemplo 3.3 Um feixe não polarizado. Este feixe pode ser visto como uma mistura incoerente de um ensemble de spin para cima e um de spins para baixo, ambos com os mesmos pesos (50% cada)

$$\rho = (\tfrac{1}{2})|+\rangle\langle+| + (\tfrac{1}{2})|-\rangle\langle-|$$

$$\doteq \begin{pmatrix} \tfrac{1}{2} & 0 \\ 0 & \tfrac{1}{2} \end{pmatrix}, \tag{3.4.20}$$

que nada mais é que a matriz identidade dividida por 2. Como notamos anteriormente, o mesmo ensemble também pode ser interpretado como uma mistura incoerente de um ensemble S_x+ e um ensemble S_x- com pesos iguais. É gratificante ver que nosso formalismo satisfaz, automaticamente, o esperado

$$\begin{pmatrix} \tfrac{1}{2} & 0 \\ 0 & \tfrac{1}{2} \end{pmatrix} = \tfrac{1}{2}\begin{pmatrix} \tfrac{1}{2} & \tfrac{1}{2} \\ \tfrac{1}{2} & \tfrac{1}{2} \end{pmatrix} + \tfrac{1}{2}\begin{pmatrix} \tfrac{1}{2} & -\tfrac{1}{2} \\ -\tfrac{1}{2} & \tfrac{1}{2} \end{pmatrix}, \tag{3.4.21}$$

onde vemos, do exemplo 3.2, que os dois termos do lado direito são as matrizes densidade de ensembles puros com S_x+ e S_x-. Uma vez que ρ, neste caso, é simplesmente o operador densidade dividido por 2 (a dimensionalidade), temos

$$\text{tr}(\rho S_x) = \text{tr}(\rho S_y) = \text{tr}(\rho S_z) = 0, \tag{3.4.22}$$

onde usamos o fato de que S_k tem traço nulo. Portanto, para uma média de **S** sobre o ensemble, temos

$$[\mathbf{S}] = 0. \tag{3.4.23}$$

o que é razoável, pois não deve haver direção preferencial de spin em um ensemble completamente aleatório de sistemas de spin $\tfrac{1}{2}$.

Exemplo 3.4 Como exemplo de um feixe parcialmente polarizado, consideremos uma mistura 75–25 de dois ensembles puros, um com S_z+ e um com S_x+:

$$w(S_z+) = 0{,}75, \quad w(S_x+) = 0{,}25. \tag{3.4.24}$$

O ρ correspondente pode ser representado por

$$\rho \doteq \tfrac{3}{4}\begin{pmatrix} 1 & 0 \\ 0 & 0 \end{pmatrix} + \tfrac{1}{4}\begin{pmatrix} \tfrac{1}{2} & \tfrac{1}{2} \\ \tfrac{1}{2} & \tfrac{1}{2} \end{pmatrix}$$

$$= \begin{pmatrix} \tfrac{7}{8} & \tfrac{1}{8} \\ \tfrac{1}{8} & \tfrac{1}{8} \end{pmatrix}, \tag{3.4.25}$$

de onde segue que

$$[S_x] = \frac{\hbar}{8}, \quad [S_y] = 0, \quad [S_z] = \frac{3\hbar}{8}. \tag{3.4.26}$$

Deixamos como exercício para o leitor a tarefa de mostrar que este ensemble pode ser decomposto em outras maneiras que aquela de (3.4.24).

Evolução temporal de ensembles

Como o operador densidade ρ varia com o tempo? Suponhamos que para um certo tempo t_0 o operador densidade seja dado por

$$\rho(t_0) = \sum_i w_i |\alpha^{(i)}\rangle\langle\alpha^{(i)}|. \tag{3.4.27}$$

Se for para não perturbar o ensemble, deixando-o como está, não podemos mudar a população fracionária w_i. Portanto, a mudança de ρ é governada unicamente pela evolução temporal dos kets de estado $|\alpha^{(i)}\rangle$:

$$|\alpha^{(i)}\rangle \quad \text{em} \quad t_0 \to |\alpha^{(i)}\rangle, t_0; t\rangle. \tag{3.4.28}$$

Do fato de que $|\alpha^{(i)}\rangle, t_0; t\rangle$ satisfaz a equação de Schrödinger, obtemos

$$\begin{aligned} i\hbar \frac{\partial \rho}{\partial t} &= \sum_i w_i (H|\alpha^{(i)}, t_0; t\rangle\langle\alpha^{(i)}, t_0; t| - |\alpha^{(i)}, t_0; t\rangle\langle\alpha^{(i)}, t_0; t|H) \\ &= -[\rho, H]. \end{aligned} \tag{3.4.29}$$

Isto se parece com a equação de movimento de Heisenberg, exceto pelo sinal errado! Contudo, isto não deve nos incomodar, uma vez que ρ não é observável dinâmico na formulação de Heisenberg. Pelo contrário, ρ é construído a partir de kets e bras de estado da representação de Schrödinger, que evoluem segundo a equação Schrödinger.

É interessante que (3.4.29) possa ser tomado com o análogo quântico do teorema de Liouville da mecânica estatística clássica

$$\frac{\partial \rho_{\text{clássica}}}{\partial t} = -[\rho_{\text{clássica}}, H]_{\text{clássica}}, \tag{3.4.30}$$

onde $\rho_{\text{clássica}}$ representa a densidade de pontos representativos no espaço de fase.[7] Portanto, o nome *operador densidade* que aparece em (3.4.29) para ρ é bastante apropriado. O análogo clássico de (3.4.10) para a média sobre o ensemble de um observável A é dado por

$$A_{\text{média}} = \frac{\int \rho_{\text{clássica}} A(q,p) d\Gamma_{q,p}}{\int \rho_{\text{clássica}} d\Gamma_{q,p}}, \tag{3.4.31}$$

onde $d\Gamma_{q,p}$ representa o elemento de volume no espaço de fase.

---

[7] Lembre-se: um estado clássico puro é aquele representado por um único ponto movendo-se no espaço de fase ($q_1, \ldots, q_f, p_1, \ldots, p_f$) para cada instante de tempo. Um estado estatístico clássico, por outro lado, é descrito por nossa função densidade $\rho_{\text{clássica}}(q_1, \ldots, q_f, p_1, \ldots, p_f, t)$ não negativa, de tal modo que a probabilidade que o sistema se encontre no intervalo $dq_1, \ldots, dp_f$ no instante de tempo t é dada por $\rho_{\text{clássica}} dq_1, \ldots, dp_f$.

Generalização para o contínuo

Até o presente momento, consideramos operadores densidade no espaço de kets onde os elementos da base são indexados por autovalores discretos de algum observável. O conceito de matriz densidade pode ser generalizado para casos onde os kets da base são indexados por autovalores contínuos. Em particular, consideremos o espaço de kets gerado pelo autovetores de posição $|\mathbf{x}'\rangle$. O análogo de (3.4.10) é dado por

$$[A] = \int d^3x' \int d^3x'' \langle \mathbf{x}''|\rho|\mathbf{x}'\rangle \langle \mathbf{x}'|A|\mathbf{x}''\rangle. \qquad (3.4.32)$$

A matriz densidade, neste caso, é na verdade uma função de $\mathbf{x}'$ e $\mathbf{x}''$, a saber

$$\begin{aligned}\langle \mathbf{x}''|\rho|\mathbf{x}'\rangle &= \langle \mathbf{x}''|\left(\sum_i w_i |\alpha^{(i)}\rangle\langle\alpha^{(i)}|\right)|\mathbf{x}'\rangle \\ &= \sum_i w_i \psi_i(\mathbf{x}'')\psi_i^*(\mathbf{x}'),\end{aligned} \qquad (3.4.33)$$

onde ψ_i é a função de onda que corresponde ao ket de estado $|\alpha^{(i)}\rangle$. Observe que o elemento diagonal (isto é, $\mathbf{x}' = \mathbf{x}''$) é simplesmente a soma ponderada das densidades de probabilidade. Mais uma vez, podemos ver que o termo *matriz densidade* é realmente apropriado.

Também nos casos contínuos é importante não nos esquecermos que o mesmo ensemble misto pode ser decomposto de diferentes maneiras em ensembles puros. Por exemplo, é possível considerar um feixe "realista" de partículas ou como uma mistura de estados de onda plana (estados monoenergéticos de partículas livres) ou uma mistura de estados de pacotes de onda.

Mecânica estatística quântica

Concluímos esta seção com uma breve discussão da conexão entre o formalismo do operador densidade e a mecânica estatística. Vamos inicialmente deixar registradas algumas das propriedades de ensembles completamente aleatórios e ensembles puros. A matriz densidade de um ensemble completamente aleatório tem a seguinte aparência

$$\rho \doteq \frac{1}{N}\begin{pmatrix} 1 & & & & & & 0 \\ & 1 & & & & & \\ & & 1 & & & & \\ & & & \ddots & & & \\ & & & & 1 & & \\ & & & & & 1 & \\ 0 & & & & & & 1 \end{pmatrix} \qquad (3.4.34)$$

em qualquer representação [compare o Exemplo 3.3 com (3.4.20)]. Isto vem do fato de que todos os estados que correspondem a kets da base, em função dos quais a matriz densidade é escrita, são igualmente ocupados. Contrariamente, na base onde ρ é diagonalizado, temos (3.4.16) como a representação matricial do operador densidade para um ensemble puro. As duas matrizes diagonais (3.4.34) e (3.4.16), ambas satisfazendo a condição de normalização (3.4.11), não podem ser mais diferentes. Seria desejável que pudéssemos construir uma grandeza que caracterize esta diferença dramática.

Definimos, assim, uma quantidade denominada σ via

$$\sigma = -\text{tr}(\rho \ln \rho). \tag{3.4.35}$$

O logaritmo do operarador ρ pode parecer algo formidável, mas o significado da expressão (3.4.35) é bastante claro se usarmos a base na qual ρ é diagonal

$$\sigma = -\sum_k \rho_{kk}^{(\text{diag})} \ln \rho_{kk}^{(\text{diag})}. \tag{3.4.36}$$

Uma vez que cada elemento $\rho_{kk}^{(\text{diag})}$ é um número real entre 0 e 1, σ é necessariamente positivo semidefinido. Para um ensemble completamente aleatório (3.4.34), temos

$$\sigma = -\sum_{k=1}^{N} \frac{1}{N} \ln\left(\frac{1}{N}\right) = \ln N. \tag{3.4.37}$$

Contrariamente, para um ensemble puro (3.4.16), temos

$$\sigma = 0 \tag{3.4.38}$$

onde usamos

$$\rho_{kk}^{(\text{diag})} = 0 \quad \text{ou} \quad \ln \rho_{kk}^{(\text{diag})} = 0 \tag{3.4.39}$$

para cada termo em (3.4.36).

Argumentaremos agora que, fisicamente, σ pode ser visto como uma medida quantitativa da desordem. Um ensemble puro é um com o valor máximo de ordem, pois todos os membros podem ser caracterizados pelo mesmo ket de estado quântico; ele pode ser comparado a soldados de um exército bem regimentado marchando. De acordo com (3.4.38), σ se torna zero para um ensemble deste tipo. No outro extremo, um ensemble completamente aleatório no qual todos os estados quânticos são igualmente possíveis pode ser comparado a soldados embriagados caminhando a esmo. De acordo com (3.4.37), neste caso σ é grande; na verdade, mostraremos mais tarde que N é o valor máximo possível de σ sujeito à condição de normalização

$$\sum_k \rho_{kk} = 1. \tag{3.4.40}$$

Na termodinâmica, aprendemos que uma quantidade chamada **entropia** mede a desordem. Acontece que nosso σ é relacionado à entropia por membro constituinte do ensemble, aqui denotada por S, através da relação

$$S = k\sigma, \tag{3.4.41}$$

onde k é uma constante universal identificada como sendo a constante de Boltzmann. Na verdade, a equação (3.4.41) pode ser tomada como sendo a *definição* de entropia na mecânica estatística quântica.

Mostraremos agora como o operador densidade ρ pode ser obtido para um ensemble em equilíbrio térmico. Nossa premissa básica é que a natureza tende a maximizar σ sujeito à condição que a média do Hamiltoniano no ensemble tenha um certo valor prescrito. Se fôssemos justificar esta nossa premissa, teríamos que nos envolver na delicada discussão de como o equilíbrio é atingido como resultado das interações com o ambiente, o que está além do escopo deste livro. De qualquer maneira, uma vez que o equilíbrio térmico é atingido, esperamos que

$$\frac{\partial \rho}{\partial t} = 0. \tag{3.4.42}$$

Devido a (3.4.29), isto significa que ρ e H podem ser diagonalizados simultaneamente. Portanto, os kets usados ao escrevermos (3.4.36) podem ser tomados como sendo autovetores de energia. Com esta escolha, ρ_{kk} representa a população fracionária de um autoestado de energia com autovalor E_k.

Maximizemos σ exigindo que

$$\delta \sigma = 0. \tag{3.4.43}$$

Contudo, devemos considerar a restrição que a média de H no ensemble tem um certo valor prescrito. Na linguagem da mecânica estatística, $[H]$ é identificado como sendo a energia interna por constituinte e denotada por U:

$$[H] = \text{tr}(\rho H) = U. \tag{3.4.44}$$

Além disso, não podemos nos esquecer da condição de normalização (3.4.40). Portanto, nossa tarefa é exigir (3.4.43) sujeita às condições

$$\delta[H] = \sum_k \delta \rho_{kk} E_k = 0 \tag{3.4.45a}$$

e

$$\delta(\text{tr}\rho) = \sum_k \delta \rho_{kk} = 0. \tag{3.4.45b}$$

Podemos resolver isto rapidamente usando multiplicadores de Lagrange. Obtemos

$$\sum_k \delta \rho_{kk} [(\ln \rho_{kk} + 1) + \beta E_k + \gamma] = 0, \tag{3.4.46}$$

que, para uma variação arbitrária, só é possível se

$$\rho_{kk} = \exp(-\beta E_k - \gamma - 1). \tag{3.4.47}$$

A constante γ pode ser eliminada usando-se a condição de normalização (3.4.40). Nosso resultado final é

$$\rho_{kk} = \frac{\exp(-\beta E_k)}{\displaystyle\sum_{l}^{N} \exp(-\beta E_l)}, \qquad (3.4.48)$$

que dá diretamente a população fracionária para um autoestado de energia com autovalor E_k. Assume-se ao longo de todo o cálculo que a soma é sobre autoestados de energia distintos: se houver degenerescência, devemos somar sobre estados com o mesmo autovalor de energia.

O elemento (3.4.48) de matriz densidade é apropriado para aquilo que é conhecido na mecânica estatística como o **ensemble canônico**. Se tivéssemos tentado maximizar σ sem a condição (3.4.45a) sobre a energia interna, teríamos obtido

$$\rho_{kk} = \frac{1}{N}, \quad \text{(independente de } k\text{)}, \qquad (3.4.49)$$

que é o elemento de matriz densidade apropriado para um ensemble completamente aleatório. Comparando (3.4.48) com (3.4.49), inferimos que um ensemble deste tipo pode ser visto como o limite $\beta \to 0$ do ensemble canônico (fisicamente, o limite de altas temperaturas).

Reconhecemos o denominador de (3.4.48) como a função de partição

$$Z = \sum_{k}^{N} \exp(-\beta E_k) \qquad (3.4.50)$$

da mecânica estatística. Ela também pode ser escrita como

$$Z = \text{tr}(e^{-\beta H}). \qquad (3.4.51)$$

Conhecendo ρ_{kk} dado na base de energia, podemos escrever o operador densidade como

$$\rho = \frac{e^{-\beta H}}{Z}. \qquad (3.4.52)$$

Esta é a equação mais básica da qual tudo segue. Podemos calcular imediatamente a média no ensemble para qualquer observável A:

$$[A] = \frac{\text{tr}(e^{-\beta H} A)}{Z}$$

$$= \frac{\left[\displaystyle\sum_{k}^{N} \langle A \rangle_k \exp(-\beta E_k)\right]}{\displaystyle\sum_{k}^{N} \exp(-\beta E_k)}. \qquad (3.4.53)$$

Em particular, para a energia interna por constituinte obtemos

$$U = \frac{\left[\sum\limits_{k}^{N} E_k \exp(-\beta E_k)\right]}{\sum\limits_{k}^{N} \exp(-\beta E_k)} \qquad (3.4.54)$$

$$= -\frac{\partial}{\partial \beta}(\ln Z),$$

uma fórmula bem conhecida de todo estudante de mecânica estatística.

O parâmetro β se relaciona com a temperatura T via:

$$\beta = \frac{1}{kT}, \qquad (3.4.55)$$

onde k é a constante de Boltzmann. É importante nos convencermos deste identificação comparando a média no ensemble de $[H]$ de um oscilador harmônico simples com o kT esperado para a energia interna no limite clássico, o que é deixado como exercício. Já comentamos que no limite de altas temperaturas um ensemble canônico se torna um ensemble completamente aleatório no qual todos os estados de energia têm a mesma ocupação. No limite oposto, de baixas temperaturas, ($\beta \to \infty$), (3.4.48) nos diz que o ensemble canônico se torna um ensemble puro onde o único nível ocupado é o estado fundamental.

Como exemplo ilustrativo simples, consere um ensemble canônico formado de sistemas de spin $\frac{1}{2}$, cada um com um momento magnético $e\hbar/2m_e c$ sujeito a um campo magnético uniforme na direção z. O Hamiltoniano relevante para este problema já foi dado [veja (3.2.16)]. Uma vez que H e S_z comutam, a matriz densidade para este ensemble canônico é diagonal na base S_z. Portanto,

$$\rho \doteq \frac{\begin{pmatrix} e^{-\beta\hbar\omega/2} & 0 \\ 0 & e^{\beta\hbar\omega/2} \end{pmatrix}}{Z}, \qquad (3.4.56)$$

onde a função de partição é, simplesmente,

$$Z = e^{-\beta\hbar\omega/2} + e^{\beta\hbar\omega/2}. \qquad (3.4.57)$$

Disto, calculamos

$$[S_x] = [S_y] = 0, \quad [S_z] = -\left(\frac{\hbar}{2}\right)\tanh\left(\frac{\beta\hbar\omega}{2}\right). \qquad (3.4.58)$$

A média no ensemble da componente do momento magnético é, simplesmente, $e/m_e c$ vezes $[S_z]$. A susceptibilidade paramagnética χ pode ser calculada a partir de

$$\left(\frac{e}{m_e c}\right)[S_z] = \chi B. \qquad (3.4.59)$$

Deste modo, chegamos à formula de Brillouin para χ:

$$\chi = \left(\frac{|e|\hbar}{2m_e c B}\right) \tanh\left(\frac{\beta\hbar\omega}{2}\right). \qquad (3.4.60)$$

3.5 ■ AUTOVALORES E AUTOVETORES DO MOMENTO ANGULAR

Até o momento, nossa discussão do momento angular restringiu-se exclusivamente a sistemas de spin $\frac{1}{2}$ com dimensionalidade $N = 2$. Nesta e nas seções subsequentes, estudaremos estados de momento angular mais gerais. Com este objetivo em mente, buscaremos primeiro os autovetores e autovalores de $\mathbf{J}^2$ e J_z e deduziremos expressões para os elementos de matriz de operadores de momento angular, apresentados pela primeira vez em um artigo de 1926 de M. Born, W. Heisenberg e P. Jordan.

Relações de comutação e operadores escada

Tudo o que faremos sai das relações de comutação de momento angular (3.1.20), de onde lembramos que J_i é definido como o gerador de rotações infinitesimais. A primeira propriedade importante que deduzimos a partir das relações de comutação básicas é a existência de um novo operador $\mathbf{J}^2$, definido por

$$\mathbf{J}^2 \equiv J_x J_x + J_y J_y + J_z J_z, \qquad (3.5.1)$$

que comuta com cada um dos J_k:

$$[\mathbf{J}^2, J_k] = 0, \quad (k = 1, 2, 3). \qquad (3.5.2)$$

Para provar isto, olhemos para o caso $k = 3$:

$$\begin{aligned}[J_x J_x + J_y J_y + J_z J_z, J_z] &= J_x[J_x, J_z] + [J_x, J_z]J_x + J_y[J_y, J_z] + [J_y, J_z]J_y \\ &= J_x(-i\hbar J_y) + (-i\hbar J_y)J_x + J_y(i\hbar J_x) + (i\hbar J_x)J_y \\ &= 0. \end{aligned} \qquad (3.5.3)$$

As provas para os casos $k = 1$ e 2 podem ser obtidas por permutação cíclica dos índices $(1 \to 2 \to 3 \to 1)$. Uma vez que J_x, J_y e J_z não comutam entre si, podemos escolher apenas um deles como observável a ser diagonalizado simultaneamente com $\mathbf{J}^2$. Por convenção, escolhemos J_z para este fim.

Olhamos agora para os autovetores simultâneos de $\mathbf{J}^2$ e J_z. Denotaremos os autovalores de $\mathbf{J}^2$ e J_z por a e b, respectivamente:

$$\mathbf{J}^2|a, b\rangle = a|a, b\rangle \qquad (3.5.4\ a)$$

$$J_z|a, b\rangle = b|a, b\rangle. \qquad (3.5.4\ b)$$

Para determinar os valores permitidos de a e b, é conveniente trabalhar com os operadores não hermitianos

$$J\pm \equiv J_x \pm i J_y, \qquad (3.5.5)$$

em vez de operadores com J_x e J_y. Estes novos operadores são chamados de **operadores escada** e satisfazem as regras de comutação

$$[J_+, J_-] = 2\hbar J_z \qquad (3.5.6\text{ a})$$

e

$$[J_z, J_\pm] = \pm\hbar J_\pm, \qquad (3.5.6\text{ b})$$

que podem ser facilmente obtidas a partir de (3.1.20). Observe também que

$$[\mathbf{J}^2, J_\pm] = 0, \qquad (3.5.7)$$

que é uma consequência óbvia de (3.5.2).

Qual o significado físico de $J_\pm$? Para responder a esta questão, examinemos como J_z atua sobre $J_\pm |a, b\rangle$:

$$\begin{aligned}J_z(J_\pm|a,b\rangle) &= ([J_z, J_\pm] + J_\pm J_z)|a,b\rangle \\ &= (b \pm \hbar)(J_\pm|a,b\rangle),\end{aligned} \qquad (3.5.8)$$

onde usamos (3.5.6b). Em outras palavras, se atuarmos com $J_+(J_-)$ em um autoestado de J_z, o ket resultante ainda é um autoestado de J_z, exceto que agora seu autovalor foi aumentado (ou diminuido) de uma unidade de $\hbar$. Assim, podemos entender por que $J_\pm$, que se move um degrau para cima (ou para baixo) sobre a "escada" de autovalores de J_z, são chamados de operadores escada.

Façamos aqui uma pequena digressão para nos lembrarmos que as regras de comutação em (3.5.6b) são reminiscentes de algumas regras de comutação por nós encontradas em capítulos anteriores. Ao discutirmos o operador de translação $\mathcal{T}(\mathbf{l})$, tínhamos

$$[x_i, \mathcal{T}(\mathbf{l})] = l_i \mathcal{T}(\mathbf{l}), \qquad (3.5.9)$$

e, ao discutir o oscilador harmônico simples, tínhamos

$$[N, a^\dagger] = a^\dagger, \quad [N, a] = -a. \qquad (3.5.10)$$

Podemos ver que ambas as expressões (3.5.9) e (3.5.10) têm uma estrutura similar à (3.5.6b). A interpretação física do operador de translação é que ele muda o autovalor do operador posição $\mathbf{x}$ por $\mathbf{l}$ de maneira muito similar a como o operador de escada J_+ muda o autovalor de J_z por uma unidade de $\hbar$. Do mesmo modo, o operador de criação $a^\dagger$ do oscilador aumenta o autovalor do operador número N por uma unidade.

Embora $J_\pm$ mude o autovalor de J_z por uma unidade de $\hbar$, ele não muda o autovalor de $\mathbf{J}^2$:

$$\begin{aligned}\mathbf{J}^2(J_\pm|a,b\rangle) &= J_\pm \mathbf{J}^2|a,b\rangle \\ &= a(J_\pm|a,b\rangle),\end{aligned} \qquad (3.5.11)$$

onde usamos (3.5.7). Resumindo, $J_\pm|a, b\rangle$ são autovetores simultâneos de $\mathbf{J}^2$ e J_z com autovalores a e $b\pm\hbar$. Podemos escrever

$$J_\pm|a, b\rangle = c_\pm|a, b \pm \hbar\rangle, \qquad (3.5.12)$$

onde a constante de proporcionalidade $c_\pm$ será determinada posteriormente a partir da condição de normalização dos autoestados de momento angular.

Autovalores de J^2 e J_z

Temos agora o maquinário necessário para construir os autovetores de momento angular e estudar seu espectro de autovalores. Suponha que apliquemos J_+ sucessivamente, digamos n vezes, a um autovetor simultâneo de $\mathbf{J}^2$ e J_z. Obteremos, então, outro autovetor de $\mathbf{J}^2$ e J_z com o autovalor de J_z acrescido por $n\hbar$, ao passo que seu autovalor de $\mathbf{J}^2$ permanece inalterado. Contudo, este processo não pode continuar indefinidamente. Resulta que há um limite superior para b (o autovalor de J_z) para um dado a (o autovalor de $\mathbf{J}^2$):

$$a \geq b^2. \tag{3.5.13}$$

Para provar isto, notamos primeiro que

$$\begin{aligned}\mathbf{J}^2 - J_z^2 &= \tfrac{1}{2}(J_+ J_- + J_- J_+) \\ &= \tfrac{1}{2}(J_+ J_+^\dagger + J_+^\dagger J_+).\end{aligned} \tag{3.5.14}$$

Agora, $J_+ J_+^\dagger$ e $J_+^\dagger J_+$ devem ter valores esperados não negativos, uma vez que

$$J_+^\dagger |a,b\rangle \overset{CD}{\leftrightarrow} \langle a,b| J_+, \quad J_+ |a,b\rangle \overset{CD}{\leftrightarrow} \langle a,b| J_+^\dagger; \tag{3.5.15}$$

portanto,

$$\langle a,b|(\mathbf{J}^2 - J_z^2)|a,b\rangle \geq 0, \tag{3.5.16}$$

que, por sua vez, implica em (3.5.13). Disto, segue portanto que deve haver um $b_{\max}$ tal que

$$J_+|a, b_{\max}\rangle = 0. \tag{3.5.17}$$

Dito de outra forma, o autovalor de b não pode ser incrementado para além de $b_{\max}$. Agora, (3.5.17) também implica que

$$J_- J_+ |a, b_{\max}\rangle = 0. \tag{3.5.18}$$

Contudo,

$$\begin{aligned}J_- J_+ &= J_x^2 + J_y^2 - i(J_y J_x - J_x J_y) \\ &= \mathbf{J}^2 - J_z^2 - \hbar J_z.\end{aligned} \tag{3.5.19}$$

Portanto,

$$(\mathbf{J}^2 - J_z^2 - \hbar J_z)|a, b_{\max}\rangle = 0. \tag{3.5.20}$$

Uma vez que $|a, b_{\max}\rangle$ em si não é um ket nulo, esta relação só é possível se

$$a - b_{\max}^2 - b_{\max}\hbar = 0 \tag{3.5.21}$$

ou

$$a = b_{\max}(b_{\max} + \hbar). \tag{3.5.22}$$

De maneira análoga, podemos argumentar, a partir de (3.5.13), que deve haver também um $b_{\min}$ tal que

$$J_-|a, b_{\min}\rangle = 0. \tag{3.5.23}$$

Escrevendo J_+J_- como

$$J_+J_- = \mathbf{J}^2 - J_z^2 + \hbar J_z \tag{3.5.24}$$

podemos concluir, em analogia com (3.5.19), que

$$a = b_{\min}(b_{\min} - \hbar). \tag{3.5.25}$$

Comparando (3.5.22) com (3.5.25), inferimos que

$$b_{\max} = -b_{\min}, \tag{3.5.26}$$

com $b_{\max}$ positivo e que os valores permitidos de b se encontram dentro do intervalo

$$-b_{\max} \leq b \leq b_{\max}. \tag{3.5.27}$$

Claramente, devemos ser capazes de alcançar $|a, b_{\max}\rangle$ aplicando J_+ a $|a, b_{\min}\rangle$ sucessivamente por um número finito de vezes. Devemos ter, portanto,

$$b_{\max} = b_{\min} + n\hbar, \tag{3.5.28}$$

onde n é algum inteiro. Como resultado, obtemos

$$b_{\max} = \frac{n\hbar}{2}. \tag{3.5.29}$$

É mais convencional trabalharmos com j, definido como sendo $b_{\max}/\hbar$, do que com $b_{\max}$, de tal modo que

$$j = \frac{n}{2}. \tag{3.5.30}$$

O valor máximo do autovalor de J_z é $j\hbar$, onde j ou é inteiro ou semi-inteiro. A equação (3.5.22) implica que o autovalor de $\mathbf{J}^2$ é dado por

$$a = \hbar^2 j\,(j+1). \tag{3.5.31}$$

Vamos também definir m de tal modo que

$$b \equiv m\hbar. \tag{3.5.32}$$

Se j for inteiro, todos os valores de m serão inteiros; caso j seja semi-inteiro, todos os valores de m serão semi-inteiros. Os valores permitidos de m para um dado j são

$$m = \underbrace{-j, j+1, \ldots, j-1, j}_{2j+1\,\text{estados}}. \tag{3.5.33}$$

No lugar de $|a, b\rangle$, é mais conveniente denotar um autoestado simultâneo de $\mathbf{J}^2$ e J_z por $|j, m\rangle$. As equações básicas de autovalores se tornam, assim,

$$\mathbf{J}^2|j, m\rangle = j(j+1)\hbar^2|j, m\rangle \tag{3.5.34a}$$

e

$$J_z|j, m\rangle = m\hbar|j, m\rangle, \tag{3.5.34b}$$

com j ou inteiro ou semi-inteiro, e m dado por (3.5.3). É muito importante que nos lembremos que usamos somente as relações de comutação (3.1.20) para obtermos estes resultados. A quantização do momento angular, manifesta em (3.5.34), é uma consequência direta das relações de comutação do momento angular que, por sua vez, seguem das propriedades das rotações, junto à definição de J_k como o gerador de rotações.

Elementos de matriz dos operadores de momento angular

Vamos agora deduzir os elementos de matriz dos vários operadores de momento angular. Partindo do pressuposto que os $|j, m\rangle$ sejam normalizados, de (3.5.34) temos, obviamente

$$\langle j', m'|\mathbf{J}^2|j,m\rangle = j(j+1)\hbar^2 \delta_{j'j}\delta_{m'm} \tag{3.5.35a}$$

e

$$\langle j', m'|J_z|j,m\rangle = m\hbar \delta_{j'j}\delta_{m'm}. \tag{3.5.35b}$$

Para obter os elementos de matriz de $J_\pm$, consideramos primeiro

$$\langle j,m|J_+^\dagger J_+|j,m\rangle = \langle j,m|(\mathbf{J}^2 - J_z^2 - \hbar J_z)|j,m\rangle$$
$$= \hbar^2[j(j+1) - m^2 - m]. \tag{3.5.36}$$

Agora, $J_+|j, m\rangle$ deve ser o mesmo que $|j, m+1\rangle$ (normalizado), a menos de uma constante multiplicativa [veja (3.5.12)]. Portanto,

$$J_+|j,m\rangle = c_{jm}^+|j,m+1\rangle. \tag{3.5.37}$$

Comparando com (3.5.36), somos levados a

$$|c_{jm}^+|^2 = \hbar^2[j(j+1) - m(m+1)]$$
$$= \hbar^2(j-m)(j+m+1). \tag{3.5.38}$$

Portanto, determinamos c_{jm}^+ a menos de um fator de fase arbitrário. Costuma-se escolher c_{jm}^+ como sendo real e positivo, e, portanto,

$$J_+|j,m\rangle = \sqrt{(j-m)(j+m+1)}\hbar|j,m+1\rangle. \tag{3.5.39}$$

Similarmente, podemos deduzir

$$J_-|j,m\rangle = \sqrt{(j+m)(j-m+1)}\hbar|j,m-1\rangle. \tag{3.5.40}$$

Finalmente, determinamos os elementos de $J_\pm$ como sendo

$$\langle j',m'|J_\pm|j,m\rangle = \sqrt{(j\mp m)(j\pm m+1)}\hbar\delta_{j'j}\delta_{m',m\pm 1}. \tag{3.5.41}$$

Representações do operador de rotação

Tendo obtido os elementos de matriz de J_z e $J_\pm$, estamos agora em condições de estudar os elementos de matriz do operador de rotação $\mathcal{D}(R)$. Se uma rotação R for especificada por $\hat{\mathbf{n}}$ e ϕ, podemos definir seus elementos de matriz através de

$$\mathcal{D}^{(j)}_{m'm}(R) = \langle j,m'|\exp\left(\frac{-i\mathbf{J}\cdot\hat{\mathbf{n}}\phi}{\hbar}\right)|j,m\rangle. \tag{3.5.42}$$

Estes elementos de matriz são muitas vezes chamados de **funções de Wigner**, pois E. P. Wigner fez contribuições pioneiras ao estudo das propriedades das rotações em mecânica quântica sob o ponto de vista da teoria de grupos. Observe aqui que o mesmo valor de j aparece no ket e no bra de (3.5.42); não precisamos considerar elementos de matriz de $\mathcal{D}(R)$ entre estados com diferentes j's uma vez que todos eles desaparecem de maneira trivial. Isto porque $\mathcal{D}(R)|j,m\rangle$ é ainda um autoestado de $\mathbf{J}^2$ com o mesmo autovalor $j(j+1)\hbar^2$:

$$\begin{aligned}\mathbf{J}^2\mathcal{D}(R)|j,m\rangle &= \mathcal{D}(R)\mathbf{J}^2|j,m\rangle \\ &= j(j+1)\hbar^2[\mathcal{D}(R)|j,m\rangle],\end{aligned} \tag{3.5.43}$$

que segue diretamente do fato de que $\mathbf{J}^2$ comuta com J_k (e, portanto, com qualquer função de J_k). Explicando de maneira mais simples: as rotações não podem mudar o valor de j, o que é um resultado evidentemente sensato.

Na literatura, é comum referir-se à matriz $(2j+1)\times(2j+1)$ formada por $\mathcal{D}^{(j)}_{m'm}(R)$ como a *representação irredutível* $(2j+1)$ – *dimensional* do operador de rotação $\mathcal{D}(R)$. Isto significa que a matriz que corresponde a um operador de rotação arbitrário no espaço de kets *não* necessariamente caracterizada por um único valor de j pode, como uma escolha adequada de base, ser colocada numa forma bloco-diagonal:

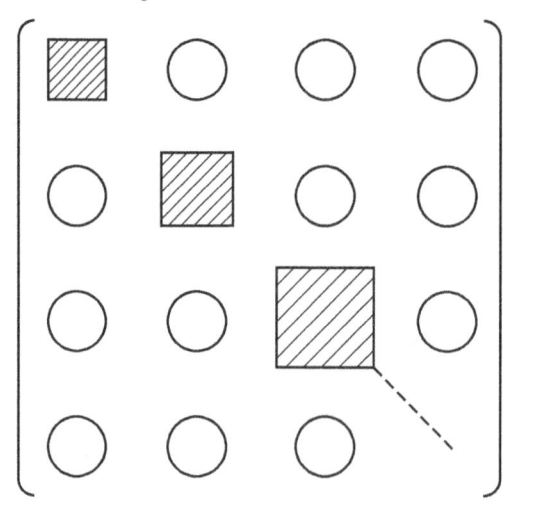

$$\tag{3.5.44}$$

onde cada quadrado hachurado é uma matriz quadrada $(2j+1) \times (2j+1)$ formada pelos $\mathcal{D}_{m'm}^{(j)}$ com um valor definido de j. Além do mais, cada matriz quadrada não pode, em si, ser quebrada em blocos menores

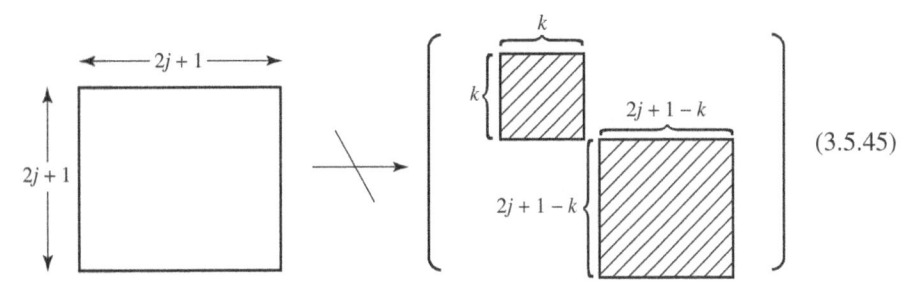

$$\tag{3.5.45}$$

por qualquer escolha de base.

As matrizes de rotação caracterizadas por um valor específico de j formam um grupo. Primeiro, a identidade é um elemento, pois a matriz de rotação que corresponde a uma rotação nula ($\phi = 0$) é a matriz identidade de dimensão $(2j+1) \times (2j+1)$. Segundo, existe uma inversa: basta revertermos o ângulo de rotação $\phi \to -\phi$ sem mudar o eixo de rotação $\hat{n}$. Terceiro, o produto de quaisquer dois elementos do grupo é também um elemento; explicitamente, temos

$$\sum_{m'} \mathcal{D}_{m''m'}^{(j)}(R_1) \mathcal{D}_{m'm}^{(j)}(R_2) = \mathcal{D}_{m''m}^{(j)}(R_1 R_2), \tag{3.5.46}$$

onde o produto $R_1 R_2$ representa uma única rotação. Chamamos também a atenção para o fato de que a matriz de rotação é unitária, pois o operador de rotação correspondente é unitário; explicitamente, temos

$$\mathcal{D}_{m'm}(R^{-1}) = \mathcal{D}_{mm'}^{*}(R). \tag{3.5.47}$$

Para melhor apreciar o significado físico da matriz de rotação, vamos começar com um estado representado por $|j,m\rangle$. Primeiro, nós o rodamos:

$$|j,m\rangle \to \mathcal{D}(R)|j,m\rangle. \tag{3.5.48}$$

Embora esta operação de rotação não mude o valor de j, geralmente obtemos estados com valores de m diferentes do valor de m original. Para acharmos a amplitude de nos encontrarmos em $|j,m'\rangle$, nós simplesmente expandimos o estado rodado da seguinte forma:

$$\begin{aligned}\mathcal{D}(R)|j,m\rangle &= \sum_{m'} |j,m'\rangle\langle j,m'|\mathcal{D}(R)|j,m\rangle \\ &= \sum_{m'} |j,m'\rangle \mathcal{D}_{m'm}^{(j)}(R),\end{aligned} \tag{3.5.49}$$

onde, ao usarmos a relação de completeza, nos aproveitamos do fato de que $\mathcal{D}(R)$ conecta apenas estamos de mesmo valor de j. Então, o elemento de matriz $\mathcal{D}_{m'm}^{(j)}(R)$ é, simplesmente, a amplitude de encontramos o estado rodado em $|j,m'\rangle$ quando o estado original não rodado é dado por $|j,m\rangle$.

Na Seção 3.3, vimos como os ângulos de Euler podem ser usados para caracterizar a rotação mais geral possível. Consideremos agora a realização matricial de (3.3.20) para um j arbitrário (não necessariamente $\frac{1}{2}$):

$$\mathcal{D}^{(j)}_{m'm}(\alpha,\beta,\gamma) = \langle j,m'|\exp\left(\frac{-iJ_z\alpha}{\hbar}\right)\exp\left(\frac{-iJ_y\beta}{\hbar}\right)\exp\left(\frac{-iJ_z\gamma}{\hbar}\right)|j,m\rangle$$
$$= e^{-i(m'\alpha+m\gamma)}\langle j,m'|\exp\left(\frac{-iJ_y\beta}{\hbar}\right)|j,m\rangle. \qquad (3.5.50)$$

Observe que a única parte não trivial é a rotação do meio em torno do eixo y, que mistura diferentes valores de m. Convém definirmos uma nova matriz $d^{(j)}(\beta)$ como

$$d^{(j)}_{m'm}(\beta) \equiv \langle j,m'|\exp\left(\frac{-iJ_y\beta}{\hbar}\right)|j,m\rangle. \qquad (3.5.51)$$

Finalmente, vejamos alguns exemplos. O caso $j=\frac{1}{2}$ já foi estudado por nós na Seção 3.3. Veja a matriz do meio de (3.3.21),

$$d^{1/2} = \begin{pmatrix} \cos\left(\frac{\beta}{2}\right) & -\text{sen}\left(\frac{\beta}{2}\right) \\ \text{sen}\left(\frac{\beta}{2}\right) & \cos\left(\frac{\beta}{2}\right) \end{pmatrix}. \qquad (3.5.52)$$

O próximo caso mais simples é $j=1$, que consideraremos agora mais detalhadamente. Primeiro, é claro, precisamos obter uma representação matricial 3×3 de J_y. Uma vez que

$$J_y = \frac{(J_+ - J_-)}{2i} \qquad (3.5.53)$$

segue da equação (3.5.5) que define $J_\pm$, podemos usar (3.5.41) para obter

$$J_y^{(j=1)} = \left(\frac{\hbar}{2}\right)\begin{matrix}m=1 & m=0 & m=-1\\ \begin{pmatrix} 0 & -\sqrt{2}i & 0 \\ \sqrt{2}i & 0 & -\sqrt{2}i \\ 0 & \sqrt{2}i & 0 \end{pmatrix} & \begin{matrix} m'=1 \\ m'=0. \\ m'=-1 \end{matrix}\end{matrix} \qquad (3.5.54)$$

Nossa próxima tarefa é desenvolver a expansão em série de Taylor de $\exp(-iJ_y\beta/\hbar)$. Diferente do caso $j=\frac{1}{2}$, $[J_y^{(j=1)}]^2$ é *independente* de 1 e $J_y^{(j=1)}$. Contudo, é fácil chegar a:

$$\left(\frac{J_y^{(j=1)}}{\hbar}\right)^3 = \frac{J_y^{(j=1)}}{\hbar}. \qquad (3.5.55)$$

Consequentemente, *somente* para $j=1$, é legítimo substituirmos

$$\exp\left(\frac{-iJ_y\beta}{\hbar}\right) \to 1 - \left(\frac{J_y}{\hbar}\right)^2(1-\cos\beta) - i\left(\frac{J_y}{\hbar}\right)\text{sen}\,\beta, \qquad (3.5.56)$$

como você pode verificar calculando com mais detalhes. Explicitamente, temos

$$d^{(1)}(\beta) = \begin{pmatrix} \left(\frac{1}{2}\right)(1+\cos\beta) & -\left(\frac{1}{\sqrt{2}}\right)\operatorname{sen}\beta & \left(\frac{1}{2}\right)(1-\cos\beta) \\ \left(\frac{1}{\sqrt{2}}\right)\operatorname{sen}\beta & \cos\beta & -\left(\frac{1}{\sqrt{2}}\right)\operatorname{sen}\beta \\ \left(\frac{1}{2}\right)(1-\cos\beta) & \left(\frac{1}{\sqrt{2}}\right)\operatorname{sen}\beta & \left(\frac{1}{2}\right)(1+\cos\beta) \end{pmatrix}. \quad (3.5.57)$$

Claramente, este método consome muito tempo para valores grandes de j. Há outros métodos possíveis, muito mais fáceis, mas não nos ocuparemos deles neste livro.

3.6 ■ MOMENTO ANGULAR ORBITAL

Nós introduzimos o conceito de momento angular ao defini-lo como sendo o gerador de uma rotação infinitesimal. Há uma maneira de abordar o tema momento angular quando o momento angular de spin é zero ou pode ser ignorado. O momento angular **J** para uma única partícula é, então, o mesmo que o momento angular orbital, definido por

$$\mathbf{L} = \mathbf{x} \times \mathbf{p}. \quad (3.6.1)$$

Nesta seção, exploraremos a conexão entre as duas abordagens.

Momento angular orbital como gerador de rotações

Notamos, primeiramente, que o operador momento angular orbital definido em (3.6.1) satisfaz as relações de comutação de momento angular

$$[L_i, L_j] = i\varepsilon_{ijk}\hbar L_k \quad (3.6.2)$$

em razão das relações de comutação entre as componentes de **x** e **p**. Isto pode facilmente ser demonstrado como a seguir:

$$\begin{aligned}[] [L_x, L_y] &= [yp_z - zp_y, zp_x - xp_z] \\ &= [yp_z, zp_x] + [zp_y, xp_z] \\ &= yp_x[p_z, z] + p_y x[z, p_z] \\ &= i\hbar(xp_y - yp_x) \\ &= i\hbar L_z \\ &\vdots \end{aligned} \quad (3.6.3)$$

Em seguida, deixamos

$$1 - i\left(\frac{\delta\phi}{\hbar}\right)L_z = 1 - i\left(\frac{\delta\phi}{\hbar}\right)(xp_y - yp_x) \quad (3.6.4)$$

atuar sobre um ket arbitrário de posição $|x', y', z'\rangle$ para examinar se ele pode ser interpretado como um operador de rotação infinitesimal em torno do eixo z por um ângulo $\delta\phi$. Usando o fato de que o momento é o gerador de translações, obtemos [veja (1.6.32)]

$$\left[1-i\left(\frac{\delta\phi}{\hbar}\right)L_z\right]|x',y',z'\rangle = \left[1-i\left(\frac{p_y}{\hbar}\right)(\delta\phi x')+i\left(\frac{p_x}{\hbar}\right)(\delta\phi y')\right]|x',y',z'\rangle$$
$$= |x'-y'\delta\phi, y'+x'\delta\phi, z'\rangle. \tag{3.6.5}$$

Isto é precisamente o que esperávamos se L_z gera uma rotação infinitesimal em torno do eixo z. Portanto, demonstramos que se **p** gera translações, então **L** gera rotações.

Suponha que a função de onda para um estado físico arbitrário de um partícula sem spin seja dada por $\langle x', y', z'|\alpha\rangle$. Após realizarmos uma rotação infinitesimal em torno de z, a função de onda para o estado rodado é

$$\langle x',y',z'|\left[1-i\left(\frac{\delta\phi}{\hbar}\right)L_z\right]|\alpha\rangle = \langle x'+y'\delta\phi, y'-x'\delta\phi, z'|\alpha\rangle. \tag{3.6.6}$$

Estes resultados se tornam mais transparentes se mudarmos a base de coordenadas

$$\langle x', y', z'|\alpha\rangle \to \langle r, \theta, \phi|\alpha\rangle. \tag{3.6.7}$$

Para o estado rodado temos, de acordo com (3.6.6),

$$\langle r,\theta,\phi|\left[1-i\left(\frac{\delta\phi}{\hbar}\right)L_z\right]|\alpha\rangle = \langle r,\theta,\phi-\delta\phi|\alpha\rangle$$
$$= \langle r,\theta,\phi|\alpha\rangle - \delta\phi\frac{\partial}{\partial\phi}\langle r,\theta,\phi|\alpha\rangle. \tag{3.6.8}$$

Uma vez que $\langle r, \theta, \phi|$ é um autovetor de posição arbitrário, podemos identificar

$$\langle \mathbf{x}'|L_z|\alpha\rangle = -i\hbar\frac{\partial}{\partial\phi}\langle \mathbf{x}'|\alpha\rangle, \tag{3.6.9}$$

que é um resultado bem conhecido da mecânica ondulatória. Embora esta relação possa ser obtida de maneira também trivial usando a representação de posição do operador momento, a dedução aqui apresentada enfatiza o papel de L_z como gerador de rotações.

Consideremos, em seguida, uma rotação em torno do eixo x por um ângulo $\delta\phi_x$. Em analogia com (3.6.6), temos

$$\langle x',y',z'|\left[1-i\left(\frac{\delta\phi_x}{\hbar}\right)L_x\right]|\alpha\rangle = \langle x', y'+z'\delta\phi_x, z'-y'\delta\phi_x|\alpha\rangle. \tag{3.6.10}$$

Expressando x', y' e z' em coordenadas esféricas, podemos mostrar que

$$\langle \mathbf{x}'|L_x|\alpha\rangle = -i\hbar\left(-\operatorname{sen}\phi\frac{\partial}{\partial\theta}-\cot\theta\cos\phi\frac{\partial}{\partial\phi}\right)\langle \mathbf{x}'|\alpha\rangle. \tag{3.6.11}$$

Do mesmo modo,

$$\langle \mathbf{x}'|L_y|\alpha\rangle = -i\hbar\left(\cos\phi\frac{\partial}{\partial\theta}-\cot\theta\operatorname{sen}\phi\frac{\partial}{\partial\phi}\right)\langle \mathbf{x}'|\alpha\rangle. \tag{3.6.12}$$

Usando (3.6.11) e (3.6.12) temos, para o operador escada $L_\pm$ definido em (3.5.5),

$$\langle \mathbf{x}'|L_\pm|\alpha\rangle = -i\hbar e^{\pm i\phi}\left(\pm i\frac{\partial}{\partial\theta} - \cot\theta\frac{\partial}{\partial\phi}\right)\langle \mathbf{x}'|\alpha\rangle. \quad (3.6.13)$$

Finalmente, é possível escrever $\langle \mathbf{x}'|\mathbf{L}^2|\alpha\rangle$ usando

$$\mathbf{L}^2 = L_z^2 + \left(\frac{1}{2}\right)(L_+L_- + L_-L_+), \quad (3.6.14)$$

(3.6.9) e (3.6.13), do seguinte modo:

$$\langle \mathbf{x}'|\mathbf{L}^2|\alpha\rangle = -\hbar^2\left[\frac{1}{\text{sen}^2\theta}\frac{\partial^2}{\partial\phi^2} + \frac{1}{\text{sen}\,\theta}\frac{\partial}{\partial\theta}\left(\text{sen}\,\theta\frac{\partial}{\partial\theta}\right)\right]\langle \mathbf{x}'|\alpha\rangle. \quad (3.6.15)$$

A menos do termo $1/r^2$, reconhecemos o operador diferencial que aqui aparece como sendo simplesmente a parte angular do Laplaciano em coordenadas esféricas.

É instrutivo estabelecer a conexão entre o operador $\mathbf{L}^2$ e a parte angular do Laplaciano de uma outra maneira, olhando diretamente para o operador energia cinética. Primeiro, nos recordamos de uma importante identidade entre operadores:

$$\mathbf{L}^2 = \mathbf{x}^2\mathbf{p}^2 - (\mathbf{x}\cdot\mathbf{p})^2 + i\hbar\mathbf{x}\cdot\mathbf{p}, \quad (3.6.16)$$

onde $\mathbf{x}^2$ deve ser entendido como o operador $\mathbf{x}\cdot\mathbf{x}$, da mesma maneira que $\mathbf{p}^2$ representa $\mathbf{p}\cdot\mathbf{p}$. A prova disto é direta:

$$\begin{aligned}
\mathbf{L}^2 &= \sum_{ijlmk}\varepsilon_{ijk}x_i p_j \varepsilon_{lmk}x_l p_m \\
&= \sum_{ijlm}(\delta_{il}\delta_{jm} - \delta_{im}\delta_{jl})x_i p_j x_l p_m \\
&= \sum_{ijlm}\left[\delta_{il}\delta_{jm}x_i(x_l p_j - i\hbar\delta_{jl})p_m - \delta_{im}\delta_{jl}x_i p_j(p_m x_l + i\hbar\delta_{lm})\right] \quad (3.6.17) \\
&= \mathbf{x}^2\mathbf{p}^2 - i\hbar\mathbf{x}\cdot\mathbf{p} - \sum_{ijlm}\delta_{im}\delta_{jl}[x_i p_m(x_l p_j - i\hbar\delta_{jl}) + i\hbar\delta_{lm}x_i p_j] \\
&= \mathbf{x}^2\mathbf{p}^2 - (\mathbf{x}\cdot\mathbf{p})^2 + i\hbar\mathbf{x}\cdot\mathbf{p}.
\end{aligned}$$

Antes de tomar a equação precedente entre $\langle \mathbf{x}'|$ e $|\alpha\rangle$, note, primeiramente, que

$$\begin{aligned}
\langle \mathbf{x}'|\mathbf{x}\cdot\mathbf{p}|\alpha\rangle &= \mathbf{x}'\cdot(-i\hbar\nabla'\langle \mathbf{x}'|\alpha\rangle) \\
&= -i\hbar r\frac{\partial}{\partial r}\langle \mathbf{x}'|\alpha\rangle.
\end{aligned} \quad (3.6.18)$$

E, do mesmo modo,

$$\begin{aligned}
\langle \mathbf{x}'|(\mathbf{x}\cdot\mathbf{p})^2|\alpha\rangle &= -\hbar^2 r\frac{\partial}{\partial r}\left(r\frac{\partial}{\partial r}\langle \mathbf{x}'|\alpha\rangle\right) \\
&= -\hbar^2\left(r^2\frac{\partial^2}{\partial r^2}\langle \mathbf{x}'|\alpha\rangle + r\frac{\partial}{\partial r}\langle \mathbf{x}'|\alpha\rangle\right).
\end{aligned} \quad (3.6.19)$$

Portanto,

$$\langle \mathbf{x}'|\mathbf{L}^2|\alpha\rangle = r^2\langle \mathbf{x}'|\mathbf{p}^2|\alpha\rangle + \hbar^2\left(r^2\frac{\partial^2}{\partial r^2}\langle \mathbf{x}'|\alpha\rangle + 2r\frac{\partial}{\partial r}\langle \mathbf{x}'|\alpha\rangle\right). \quad (3.6.20)$$

Em termos do operador energia cinética $\mathbf{p}^2/2m$, temos

$$\frac{1}{2m}\langle \mathbf{x}'|\mathbf{p}^2|\alpha\rangle = -\left(\frac{\hbar^2}{2m}\right)\nabla'^2\langle \mathbf{x}'|\alpha\rangle$$

$$= -\left(\frac{\hbar^2}{2m}\right)\left(\frac{\partial^2}{\partial r^2}\langle \mathbf{x}'|\alpha\rangle + \frac{2}{r}\frac{\partial}{\partial r}\langle \mathbf{x}'|\alpha\rangle - \frac{1}{\hbar^2 r^2}\langle \mathbf{x}'|\mathbf{L}^2|\alpha\rangle\right). \quad (3.6.21)$$

Os primeiros dois termos na última linha são simplesmente a parte radial do Laplaciano atuando em $\langle \mathbf{x}'|\alpha\rangle$. O último termo deve ser então a parte angular do Laplaciano atuando em $\langle \mathbf{x}'|\alpha\rangle$, em total acordo com (3.6.15).

Os harmônicos esféricos

Considere uma partícula sem spin sujeita a um potencial com simetria esférica. É sabido que a equação de onda é separável em coordenadas esféricas, e as autofunções de energia podem ser escritas como

$$\langle \mathbf{x}'|n,l,m\rangle = R_{nl}(r)Y_l^m(\theta,\phi), \quad (3.6.22)$$

onde o vetor posição $\mathbf{x}'$ é especificado pelas coordenadas r, θ e ϕ, e n representa um número quântico outro que não l e m – por exemplo, o número quântico radial para problemas de estados ligados ou a energia de uma onda esférica de partícula livre. Como se tornará mais claro na Seção 3.11, esta forma pode ser entendida como sendo uma consequência direta da invariância rotacional do problema. Quando o Hamiltoniano tem simetria esférica, H comuta com L_z e $\mathbf{L}^2$ e espera-se que os autovetores de energia sejam também autovetores de $\mathbf{L}^2$ e L_z. Uma vez que L_k, com $k = 1, 2, 3$, satisfaz as relações de comutação de momento angular, os autovalores de $\mathbf{L}^2$ e L_z devem ser $l(l+1)\hbar^2$ e $m\hbar = [-l\hbar, (-l+1)\hbar, \ldots, (l-1)\hbar, l\hbar]$.

Dado que a dependência angular é comum a todos os problemas com simetria esférica, podemos isolá-la e considerar

$$\langle \hat{\mathbf{n}}|l,m\rangle = Y_l^m(\theta,\phi) = Y_l^m(\hat{\mathbf{n}}), \quad (3.6.23)$$

onde definimos um **autovetor de direção** $|\hat{\mathbf{n}}\rangle$. Sob este ponto de vista, $Y_l^m(\theta,\phi)$ é a amplitude de um estado caracterizado por l, m a ser encontrado na direção $\hat{\mathbf{n}}$ especificada, por sua vez, pelos ângulos θ e ϕ.

Suponha que tenhamos relações que envolvam os autovetores de momento angular orbital. Podemos escrever imediatamente as relações correspondentes envolvendo os harmônicos esféricos. Por exemplo, tome a equação de autovalor

$$L_z|l,m\rangle = m\hbar|l,m\rangle. \quad (3.6.24)$$

Multiplicando-a por $\langle \hat{\mathbf{n}} |$ à esquerda e usando (3.6.9), obtemos

$$-i\hbar \frac{\partial}{\partial \phi} \langle \hat{\mathbf{n}} | l, m \rangle = m\hbar \langle \hat{\mathbf{n}} | l, m \rangle. \tag{3.6.25}$$

Reconhecemos esta equação como sendo

$$-i\hbar \frac{\partial}{\partial \phi} Y_l^m(\theta, \phi) = m\hbar Y_l^m(\theta, \phi), \tag{3.6.26}$$

o que implica que a dependência em ϕ de $Y_l^m(\theta, \phi)$ deve ser comportar como $e^{im\phi}$. Do mesmo modo, temos, correspondendo a

$$\mathbf{L}^2 |l, m\rangle = l(l+1)\hbar^2 |l, m\rangle, \tag{3.6.27}$$

temos [veja (3.6.15)]

$$\left[\frac{1}{\operatorname{sen}\theta} \frac{\partial}{\partial \theta} \left(\operatorname{sen}\theta \frac{\partial}{\partial \theta} \right) + \frac{1}{\operatorname{sen}^2\theta} \frac{\partial^2}{\partial \phi^2} + l(l+1) \right] Y_l^m = 0, \tag{3.6.28}$$

que é, simplesmente, a equação a derivadas parciais que o próprio Y_l^m satisfaz. A relação de ortogonalidade

$$\langle l', m' | l, m \rangle = \delta_{ll'} \delta_{mm'} \tag{3.6.29}$$

leva a

$$\int_0^{2\pi} d\phi \int_{-1}^1 d(\cos\theta) Y_{l'}^{m'*}(\theta, \phi) Y_l^m(\theta, \phi) = \delta_{ll'} \delta_{mm'}, \tag{3.6.30}$$

onde usamos as relações de completeza para os autovetores de direção

$$\int d\Omega_{\hat{\mathbf{n}}} |\hat{\mathbf{n}}\rangle \langle \hat{\mathbf{n}}| = 1. \tag{3.6.31}$$

Para obtermos os Y_l^m, podemos começar com o caso $m = l$. Temos

$$L_+ |l, l\rangle = 0, \tag{3.6.32}$$

que, devido a (3.6.13), leva a

$$-i\hbar e^{i\phi} \left[i \frac{\partial}{\partial \theta} - \cot\theta \frac{\partial}{\partial \phi} \right] \langle \hat{\mathbf{n}} | l, l \rangle = 0. \tag{3.6.33}$$

Lembrando que a dependência em ϕ deve se comportar como $e^{il\phi}$, podemos facilmente mostrar que esta equação diferencial a derivadas parciais é satisfeita por

$$\langle \hat{\mathbf{n}} | l, l \rangle = Y_l^l(\theta, \phi) = c_l e^{il\phi} \operatorname{sen}^l \theta, \tag{3.6.34}$$

onde c_l é a constante de normalização determinada a partir de (3.6.30) como sendo[8]

$$c_l = \left[\frac{(-1)^l}{2^l l!}\right]\sqrt{\frac{[(2l+1)(2l)!]}{4\pi}}. \qquad (3.6.35)$$

Começando por (3.6.34), podemos usar

$$\langle \hat{\mathbf{n}}|l,m-1\rangle = \frac{\langle \hat{\mathbf{n}}|L_-|l,m\rangle}{\sqrt{(l+m)(l-m+1)}\hbar}$$

$$= \frac{1}{\sqrt{(l+m)(l-m+1)}} e^{-i\phi}\left(-\frac{\partial}{\partial\theta} + i\cot\theta\frac{\partial}{\partial\phi}\right)\langle \hat{\mathbf{n}}|l,m\rangle \qquad (3.6.36)$$

sucessivamente para obter todos os Y_l^m para um l fixo. Uma vez que esta conta é feita em muitos livros-texto de mecânica quântica elementar (por exemplo, em Townsend 2000), não mostraremos os detalhes aqui. O resultado para $m \geq 0$ é

$$Y_l^m(\theta,\phi) = \frac{(-1)^l}{2^l l!}\sqrt{\frac{(2l+1)}{4\pi}\frac{(l+m)!}{(l-m)!}} e^{im\phi} \frac{1}{\text{sen}^m\theta}\frac{d^{l-m}}{d(\cos\theta)^{l-m}}(\text{sen}\,\theta)^{2l}, \qquad (3.6.37)$$

e definimos Y_l^{-m} por

$$Y_l^{-m}(\theta,\phi) = (-1)^m [Y_l^m(\theta,\phi)]^*. \qquad (3.6.38)$$

Independente de m ser positivo ou negativo, a dependência em θ de $Y_l^m(\theta,\phi)$ é $[\text{sen}\,\theta]^{|m|}$ vezes um polinômio em $\cos\theta$ com a mais alta potência igual a $l - |m|$. Para $m = 0$, temos

$$Y_l^0(\theta,\phi) = \sqrt{\frac{2l+1}{4\pi}} P_l(\cos\theta). \qquad (3.6.39)$$

Do ponto de vista das relações de comutação do momento angular apenas, pode não parecer óbvio o porquê de l não poder ser semi-inteiro. Há, na realidade, vários argumentos que podem ser usados para argumentarmos contra tais valores de l. Primeiro, para l semi-inteiro, e portanto para m semi-inteiro, a função de onda adquiriria um sinal negativo,

$$e^{im(2\pi)} = -1, \qquad (3.6.40)$$

quando sujeita a uma rotação de 2π. Como resultado, a função de onda não seria unívoca; na Seção 2.4, chamamos a atenção para o fato de que a função de onda tem que ser unívoca em função da exigência de que a expansão do ket de estado em termos de autovetores de posição seja única. Podemos provar que se **L**, definido como $\mathbf{x} \times \mathbf{p}$, deve ser identificado como o gerador de rotações, então a função de onda deve adquirir

---

[8] A condição de normalização (3.6.30) não determina, obviamente, a fase de c_l. O fator $(-1)^l$ é inserido de tal modo que, ao usarmos o operador L_- sucessivamente para chegar ao estado $m=0$, obtemos um Y_l^0 com o mesmo sinal do polinômio de Legendre $P_l(\cos\theta)$, cuja fase é fixada por $P_l(1) = 1$. [Veja (3.6.39)]

um sinal positivo sob uma rotação de 2π. Isto vem do fato de que a função de onda para um estado rodado de 2π é a própria função de onda original sem mudança de sinal:

$$\langle \mathbf{x}'| \exp\left(\frac{-iL_z 2\pi}{\hbar}\right)|\alpha\rangle = \langle x'\cos 2\pi + y'\mathrm{sen}\, 2\pi, y'\cos 2\pi - x'\mathrm{sen}\, 2\pi, z'|\alpha\rangle$$
$$= \langle \mathbf{x}'|\alpha\rangle, \qquad (3.6.41)$$

onde usamos a versão finita de (3.6.6). Em seguida, suponhamos que $Y_l^m(\theta,\phi)$ com l semi-inteiro fosse possível. Para ser mais específico, escolhamos ao caso mais simples, $l = m = \frac{1}{2}$. De acordo com (3.6.34), teríamos

$$Y_{1/2}^{1/2}(\theta,\phi) = c_{1/2} e^{i\phi/2} \sqrt{\mathrm{sen}\,\theta}. \qquad (3.6.42)$$

Da propriedade de L_- [veja (3.6.36)], obteríamos

$$Y_{1/2}^{-1/2}(\theta,\phi) = e^{-i\phi}\left(-\frac{\partial}{\partial \theta} + i\cot\theta \frac{\partial}{\partial \phi}\right)\left(c_{1/2} e^{i\phi/2}\sqrt{\mathrm{sen}\,\theta}\right)$$
$$= -c_{1/2} e^{-i\phi/2} \cot\theta \sqrt{\mathrm{sen}\,\theta}. \qquad (3.6.43)$$

Esta expressão não é permitida, pois é singular em $\theta = 0, \pi$. O que é pior, da equação diferencial parcial

$$\left\langle \hat{\mathbf{n}}\middle| L_- \middle| \frac{1}{2}, -\frac{1}{2}\right\rangle = -i\hbar e^{-i\phi}\left(-i\frac{\partial}{\partial \theta} - \cot\theta \frac{\partial}{\partial \phi}\right)\left\langle \hat{\mathbf{n}}\middle|\frac{1}{2}, -\frac{1}{2}\right\rangle \qquad (3.6.44)$$
$$= 0$$

obtemos diretamente

$$Y_{1/2}^{-1/2} = c'_{1/2} e^{-i\phi/2}\sqrt{\mathrm{sen}\,\theta}, \qquad (3.6.45)$$

em completa contradição com (3.6.43). Finalmente, sabemos da teoria de Sturm-Liouville de equações diferenciais que as soluções de (3.6.28) com l inteiro formam um conjunto completo. Uma função arbitrária de θ e ϕ pode ser expandida em termos dos Y_l^m somente com valores inteiros de l e m. Por todos estes motivos, é fútil contemplar a ideia de momento angular orbital com valores de l semi-inteiros.

Harmônicos esféricos como matrizes de rotação

Concluímos esta seção sobre momento angular orbital discutindo os harmônicos esféricos do ponto de vista das matrizes de rotação introduzidas na última seção. Podemos prontamente estabelecer a conexão desejada entre as duas abordagens contruindo o autovetor de direção $|\hat{\mathbf{n}}\rangle$ mais geral possível a partir da aplicação de operadores de rotação apropriados ao vetor $|\hat{\mathbf{z}}\rangle$, o autovetor de direção que aponta no sentido do eixo z positivo. Queremos achar $\mathcal{D}(R)$ tal que

$$|\hat{\mathbf{n}}\rangle = \mathcal{D}(R)|\hat{\mathbf{z}}\rangle. \qquad (3.6.46)$$

Podemos nos apoiar na técnica usada na construção ao autoespinor de $\boldsymbol{\sigma} \cdot \hat{\mathbf{n}}$ na Seção 3.2. Primeiro, rodamos por um ângulo θ em torno do eixo y e, então, por um ângulo ϕ em torno de z; consulte a Figura 3.3 com $\beta \to \theta$, $\alpha \to \phi$. Na notação de ângulos de Euler, temos

$$\mathcal{D}(R) = \mathcal{D}(\alpha = \phi, \beta = \theta, \gamma = 0). \tag{3.6.47}$$

Escrevendo (3.6.46) como

$$|\hat{\mathbf{n}}\rangle = \sum_l \sum_m \mathcal{D}(R)|l,m\rangle\langle l,m|\hat{\mathbf{z}}\rangle. \tag{3.6.48}$$

vemos que $|\hat{\mathbf{n}}\rangle$, quando expandido em termos de $|l, m\rangle$, contém todos os possíveis valores de l. Contudo, quando esta equação é multiplicada por $\langle l, m'|$ à esquerda, apenas um termo na soma em l contribue, a saber

$$\langle l,m'|\hat{\mathbf{n}}\rangle = \sum_m \mathcal{D}^{(l)}_{m'm}(\alpha = \phi, \beta = \theta, \gamma = 0)\langle l,m|\hat{\mathbf{z}}\rangle. \tag{3.6.49}$$

Agora, $\langle l,m|\hat{\mathbf{z}}\rangle$ é apenas um número; de fato, ele é precisamente $Y_l^{m*}(\theta,\phi)$ calculado em $\theta = 0$ com ϕ indeterminado. Em $\theta = 0$, sabe-se que Y_l^m torna-se zero para $m \neq 0$, o que pode também ser visto diretamente do fato de que $|\hat{\mathbf{z}}\rangle$ é um autovetor de L_z (que é igual a $xp_y - yp_x$) com autovalor zero. Portanto, podemos escrever

$$\begin{aligned}\langle l,m|\hat{\mathbf{z}}\rangle &= Y_l^{m*}(\theta = 0, \phi \text{ indeterminado})\delta_{m0} \\ &= \sqrt{\frac{(2l+1)}{4\pi}} P_l(\cos\theta)\bigg|_{\cos\theta=1} \delta_{m0} \\ &= \sqrt{\frac{(2l+1)}{4\pi}} \delta_{m0}.\end{aligned} \tag{3.6.50}$$

Retornando a (3.6.49), temos

$$Y_l^{m'*}(\theta,\phi) = \sqrt{\frac{(2l+1)}{4\pi}} \mathcal{D}^{(l)}_{m'0}(\alpha = \phi, \beta = \theta, \gamma = 0) \tag{3.6.51}$$

ou

$$\mathcal{D}^{(l)}_{m0}(\alpha,\beta,\gamma = 0) = \sqrt{\frac{4\pi}{(2l+1)}} Y_l^{m*}(\theta,\phi)\bigg|_{\theta=\beta,\phi=\alpha} \tag{3.6.52}$$

Note que no caso $m = 0$, que é de particular importância, temos

$$d^{(l)}_{00}(\beta)\bigg|_{\beta=\theta} = P_l(\cos\theta). \tag{3.6.53}$$

3.7 ■ EQUAÇÃO DE SCHRÖDINGER PARA POTENCIAIS CENTRAIS

Os problemas descritos por Hamiltonianos da forma

$$H = \frac{\mathbf{p}^2}{2m} + V(r) \qquad r^2 = \mathbf{x}^2 \tag{3.7.1}$$

são a base de muitíssimas situações do mundo físico. A importância fundamental deste Hamiltoniano está no fato de que ele é esfericamente simétrico. Classicamente, esperamos que em um sistema deste tipo o momento angular orbital seja uma grandeza conservada. Isto também é verdadeiro na mecânica quântica, pois é fácil mostrar que

$$[\mathbf{L}, \mathbf{p}^2] = [\mathbf{L}, \mathbf{x}^2] = 0 \tag{3.7.2}$$

e, portanto,

$$[\mathbf{L}, H] = [\mathbf{L}^2, H] = 0 \tag{3.7.3}$$

quando H for dado por (3.7.1). Referimo-nos a problemas deste tipo como problemas de potenciais ou forças centrais. Mesmo que o Hamiltoniano não tenha, estritamente falando, esta forma, geralmente ocorre que este é um bom ponto de partida quando consideramos esquemas aproximativos baseados em correções "pequenas" de problemas de potencial central.

Nesta seção, discutiremos algumas propriedades gerais de autofunções geradas por (3.7.1) e uns poucos problemas de potencial central mais representativos. Caso o leitor deseje mais detalhes, remetemos aos inúmeros textos de excelente qualidade que exploram tais problemas com maior profundidade.

A equação radial

A equação (3.7.3) torna claro que deveríamos procurar por autoestados de energia $|\alpha\rangle = |Elm\rangle$, para os quais

$$H|Elm\rangle = E|Elm\rangle, \tag{3.7.4}$$

$$\mathbf{L}^2|Elm\rangle = l(l+1)\hbar^2|Elm\rangle, \tag{3.7.5}$$

$$L_z|Elm\rangle = m\hbar|Elm\rangle. \tag{3.7.6}$$

A maneira mais fácil de abordar o problema é trabalhar na representação de coordenadas e resolver a equação diferencial apropriada para as autofunções em termos de uma função radial $R_{El}(r)$ e harmônicos esféricos, como mostrado em (3.6.22). Combinando (3.7.1), (3.7.4) e (3.7.5) com (3.6.21) e (3.6.22), nós chegamos à **equação radial**[9]

$$\left[-\frac{\hbar^2}{2mr^2} \frac{d}{dr} \left(r^2 \frac{d}{dr} \right) + \frac{l(l+1)\hbar^2}{2mr^2} + V(r) \right] R_{El}(r) = E R_{El}(r). \tag{3.7.7}$$

---

[9] Pedimos desculpas por utilizar m para representar tanto "massa" quanto o número quântico de momento angular. Contudo, nesta seção, deveria ser claro pelo contexto de qual dos dois estamos falando.

Dependendo da forma específica de $V(r)$, podemos trabalhar com esta equação ou alguma variante desta para identificarmos a parte radial $R_{El}(r)$ da autofunção e/ou dos autovalores de energia E.

De fato, podemos ter imediatamente um *insight* sobre os efeitos do momento angular sobre as autofunções se fizermos a substituição

$$R_{El}(r) = \frac{u_{El}(r)}{r}, \qquad (3.7.8)$$

que reduz (3.7.7) a

$$-\frac{\hbar^2}{2m}\frac{d^2 u_{El}}{dr^2} + \left[\frac{l(l+1)\hbar^2}{2mr^2} + V(r)\right] u_{El}(r) = E u_{El}(r). \qquad (3.7.9)$$

Juntando isto ao fato de que os harmônicos esféricos são normalizados separadamente, de tal modo que a condição de normalização global se torna

$$1 = \int r^2 dr\, R_{El}^*(r) R_{El}(r) = \int dr\, u_{El}^*(r) u_{El}(r), \qquad (3.7.10)$$

podemos ver que $u_{El}(r)$ pode ser interpretado como uma função de onda em uma dimensão de uma partícula se movendo em um "potencial efetivo"

$$V_{\text{eff}}(r) = V(r) + \frac{l(l+1)\hbar^2}{2mr^2}. \qquad (3.7.11)$$

A equação (3.7.11) demonstra a existência de uma "barreira de momento angular" se $l \neq 0$, como mostrado na Figura 3.5. Quanticamente, isto significa que a amplitude (e, portanto, a probabilidade) de se encontrar a partícula próxima à origem é pequena, exceto para estados do tipo s. Como veremos posteriormente, este fato tem importantes consequências físicas em átomos, para citar um exemplo.

Podemos ser mais quantitativos a respeito desta interpretação. Vamos partir do pressuposto de que a função energia potencial $V(r)$ não seja singular, de tal modo que tenhamos o limite $\lim_{r \to 0} r^2 V(r) = 0$. Então, para pequenos valores de r, (3.7.9) torna-se

$$\frac{d^2 u_{El}}{dr^2} = \frac{l(l+1)}{r^2} u_{El}(r) \qquad (r \to 0), \qquad (3.7.12)$$

que tem a solução geral $u(r) = A r^{l+1} + B r^{-l}$. É tentador fazer $B = 0$ de imediato, pois o termo $1/r^l$ introduz sérias singularidades quando $r \to 0$, especialmente para valores grandes de l. Contudo, há razões melhores para se fazer $B = 0$, razões estas enraizadas nos fundamentos da mecânica quântica.

Considere o fluxo de probabilidade dado por (2.4.16). Ele é uma quantidade vetorial cuja componente radial é

$$\begin{aligned} j_r &= \hat{\mathbf{r}} \cdot \mathbf{j} = \frac{\hbar}{m} \text{Im}\left(\psi^* \frac{\partial}{\partial r} \psi\right) \\ &= \frac{\hbar}{m} R_{El}(r) \frac{d}{dr} R_{El}(r). \end{aligned} \qquad (3.7.13)$$

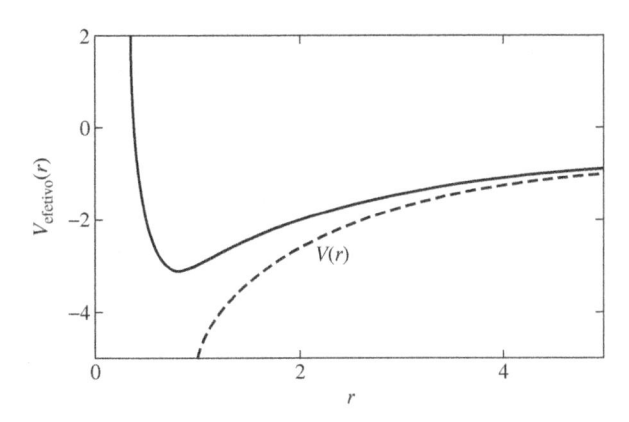

FIGURA 3.5 O "potencial efetivo" que rege o comportamento da "função de onda radial" $u_{El}(r)$. Se a energia potencial $V(r)$ (representada por uma linha pontilhada) não tiver uma singularidade forte na origem, então existe uma barreira de momento angular para todos os estados com $l \neq 0$, o que torna muito improvável que uma partícula esteja localizada próxima à origem.

Agora, se $R_{El}(r) \to r_l$ à medida que $r \to 0$, então $j_r \propto lr\,2^{l-1}$. Portanto, a probabilidade de "vazamento" de uma pequena região esférica centrada na origem é $4\pi r^2 j_r \propto lr^{2l+1} \to 0$ para todos os valores de l, como deveria ser[‡].

Contudo, se $R_{El}(r) \to r^{-(l+1)}$ quando $r \to 0$, então $jr \propto (l+1)r^{-2l-3}$, e a probabilidade de emergir de uma pequena esfera é $4\pi r^2 j_r \propto (l+1)r^{-2l-1} \to \infty$ quando $r \to 0$, mesmo que $l = 0$. Consequentemente, devemos escolher apenas $u(r) \propto r^{l+1}$ como solução de (3.7.12); caso contrário, violaríamos a nossa interpretação probabilística da amplitude na mecânica quântica.

Portanto, temos

$$R_{El}(r) \to r^l \quad \text{quando } r \to 0. \tag{3.7.14}$$

Este relação tem consequências profundas. Primeiro, ela corporifica a "barreira de momento angular" mostrada na Figura 3.5, uma vez que a função de onda vai a zero exceto para estados do tipo s. Do ponto de vista prático, isto significa que a probabilidade de se achar, digamos, um elétron na região de um núcleo de um átomo, varia como $(R/a_0)^{2l}$, onde $R \ll a_0$ é o tamanho do núcleo e a_0 é o raio de Bohr. Estes conceitos se tornarão explícitos quando estudarmos a estrutura atômica.

Quando estivermos considerando estados ligados do funções energia potencial $V(r)$ que tendem a zero para valores grandes de r, há uma outra forma da equação radial que podemos considerar. Para $r \to \infty$, (3.7.9) torna-se

$$\frac{d^2 u_E}{dr^2} = \kappa^2 u \quad \kappa^2 \equiv -2mE/\hbar^2 > 0 \quad r \to \infty, \tag{3.7.15}$$

uma vez que $E < 0$ para estados ligados. A solução desta equação é simplesmente $u_E(r) \propto e^{-\kappa r}$. Também, esta solução torna claro o fato de que o parâmetro adimensional

---

[‡] N. de T.: Na equação (3.7.13), faltam os harmônicos esféricos na componente radial do fluxo de probabilidade, que saem para fora da derivada, pois não dependem de r. Uma integração sobre a esfera, porém, remove a dependência angular do fluxo e o resultado final é o mesmo, não invalidando o argumento apresentado.

$\rho \equiv \kappa r$ seria útil para reexpressar a equação radial. Consequentemente, removemos da função de onda tanto o comportamento a pequenas quando a longas distâncias e escrevemos

$$u_{El}(\rho) = \rho^{l+1} e^{-\rho} w(\rho), \qquad (3.7.16)$$

onde a função $w(\rho)$ é "bem comportada" e satisfaz

$$\frac{d^2 w}{d\rho^2} + 2\left(\frac{l+1}{\rho} - 1\right)\frac{dw}{d\rho} + \left[\frac{V}{E} - \frac{2(l+1)}{\rho}\right] w = 0. \qquad (3.7.17)$$

(A manipulação que leva a esta equação é deixada como exercício para o leitor.) Então ataca-se a solução $w(\rho)$ de (3.7.17) para a função particular $V(r = \rho/\kappa)$.

A partícula livre e o poço esférico infinito

Na Seção 2.5, vimos a solução ao problema da partícula livre em três dimensões em coordenadas cartesianas. Podemos, obviamente, abordar o mesmo problema usando a simetria esférica e o momento angular. Partindo de (3.7.7), escrevemos

$$E \equiv \frac{\hbar^2 k^2}{2m} \quad \text{e} \quad \rho \equiv kr \qquad (3.7.18)$$

e chegamos à equação radial modificada

$$\frac{d^2 R}{d\rho^2} + \frac{2}{\rho}\frac{dR}{d\rho} + \left[1 - \frac{l(l+1)}{\rho^2}\right] R = 0. \qquad (3.7.19)$$

Esta é uma equação diferencial bem conhecida, cujas soluções são chamadas de *funções de Bessel esféricas* $j_l(\rho)$ e $n_l(\rho)$, onde

$$j_l(\rho) = (-\rho)^l \left[\frac{1}{\rho}\frac{d}{d\rho}\right]^l \left(\frac{\operatorname{sen}\rho}{\rho}\right), \qquad (3.7.20a)$$

$$n_l(\rho) = -(-\rho)^l \left[\frac{1}{\rho}\frac{d}{d\rho}\right]^l \left(\frac{\cos\rho}{\rho}\right). \qquad (3.7.20b)$$

É fácil mostrar que quando $\rho \to 0$, $j_l(\rho) \to \rho^l$ e $n_l(\rho) \to \rho^{-l-1}$. Portanto, $j_l(\rho)$ corresponde a (3.7.14) e estas serão as únicas soluções que consideraremos aqui.[10] Também é útil chamar a atenção para o fato de que as funções de Bessel esféricas são definidas sobre todo o plano complexo, e pode-se mostrar que

$$j_l(z) = \frac{1}{2i^l} \int_{-1}^{1} ds \, e^{izs} P_l(s). \qquad (3.7.21)$$

---

[10] No tratamento de problemas de "espalhamento por esfera dura" (*hard sphere scattering*), a origem é excluída explicitamente, a as soluções $n_l(\rho)$ são mantidas. A fase relativa entre as duas soluções para um dado l é chamada de deslocamento de fase (*phase shift*).

As poucas primeiras funções de Bessel esféricas são

$$j_0(\rho) = \frac{\operatorname{sen}\rho}{\rho}, \qquad (3.7.22)$$

$$j_1(\rho) = \frac{\operatorname{sen}\rho}{\rho^2} - \frac{\cos\rho}{\rho}, \qquad (3.7.23)$$

$$j_2(\rho) = \left[\frac{3}{\rho^3} - \frac{1}{\rho}\right]\operatorname{sen}\rho - \frac{3\cos\rho}{\rho^2}. \qquad (3.7.24)$$

Este resultado pode ser imediatamente aplicado ao caso de uma partícula confinada em um poço esférico infinito, i.e., uma energia potencial $V(r) = 0$ em $r < a$, mas com a restrição que a função de onda se anule em $r = a$. Para qualquer valor dado de l, isto leva à "condição de quantização" $j_l(ka) = 0$; isto é, ka é igual ao conjunto de zeros da função de Bessel esférica. Para $l = 0$, estes zeros obviamente são $ka = \pi$, $2\pi, 3\pi, \ldots$. Para outros valores de l, programas de computador podem ser facilmente adquiridos para calcular estes zeros. Temos

$$E_{l=0} = \frac{\hbar^2}{2ma^2}\left[\pi^2, (2\pi)^2, (3\pi)^2, \ldots\right], \qquad (3.7.25)$$

$$E_{l=1} = \frac{\hbar^2}{2ma^2}\left[4{,}49^2, 7{,}73^2, 10{,}90^2, \ldots\right], \qquad (3.7.26)$$

$$E_{l=2} = \frac{\hbar^2}{2ma^2}\left[5{,}84^2, 8{,}96^2, 12{,}25^2, \ldots\right]. \qquad (3.7.27)$$

Deve-se observar que esta série de níveis de energia não apresenta degenerescência em l. Realmente, tais níveis degenerados são impossíveis, exceto no caso de uma igualdade acidental entre zeros da função de Bessel de diferentes ordens.

O oscilador harmônico isotrópico

Os autovalores de energia para o Hamiltoniano

$$H = \frac{\mathbf{p}^2}{2m} + \frac{1}{2}m\omega^2 r^2 \qquad (3.7.28)$$

podem ser diretamente determinados. Introduzindo a energia adimensional e a coordenada radial por meio de

$$E = \frac{1}{2}\hbar\omega\lambda \qquad \text{e} \qquad r = \left[\frac{\hbar}{m\omega}\right]^{1/2}\rho, \qquad (3.7.29)$$

transformamos (3.7.9) em

$$\frac{d^2u}{d\rho^2} - \frac{l(l+1)}{\rho^2}u(\rho) + (\lambda - \rho^2)u(\rho) = 0. \qquad (3.7.30)$$

Novamente, vale a pena remover explicitamente o comportamento para valores grandes (e pequenos) de ρ, embora não possamos usar (3.7.16) pois $V(r)$ não vai a zero para r grande. Em vez disso, escrevemos

$$u(\rho) = \rho^{l+1} e^{-\rho^2/2} f(\rho). \tag{3.7.31}$$

Isto resulta na seguinte equação diferencial para a função $f(\rho)$:

$$\rho \frac{d^2 f}{d\rho^2} + 2[(l+1) - \rho^2]\frac{df}{d\rho} + [\lambda - (2l+3)]\rho f(\rho) = 0. \tag{3.7.32}$$

Resolvemos esta equação escrevendo $f(\rho)$ como uma série infinita, a saber

$$f(\rho) = \sum_{n=0}^{\infty} a_n \rho^n. \tag{3.7.33}$$

Inserimos esta série na equação diferencial e igualamos todos os termos a zero, organizados por ordem de potências de ρ. O único termo que sobrevive em ρ^0 $2(l+1)a_1$ é

$$a_1 = 0 \tag{3.7.34}$$

Os termos proporcionais a ρ^1 nos permite relacionar a_2 e a_0, que por sua vez pode ser fixado através da condição de normalização. Continuando, (3.7.32) torna-se

$$\sum_{n=2}^{\infty} \{(n+2)(n+1)a_{n+2} + 2(l+1)(n+2)a_{n+2} - 2na_n + [\lambda - (2l+3]a_n\} \rho^{n+1} = 0, \tag{3.7.35}$$

que leva, finalmente, à relação de recorrência

$$a_{n+2} = \frac{2n + 2l + 3 - \lambda}{(n+2)(n+2l+3)} a_n. \tag{3.7.36}$$

Vemos imediatamente que $f(\rho)$ envolve apenas potências pares de ρ, uma vez que (3.7.34) e (3.7.36) implicam em $a_n = 0$ para n ímpar. Também, para $n \to \infty$, temos

$$\frac{a_{n+2}}{a_n} \to \frac{2}{n} = \frac{1}{q}, \tag{3.7.37}$$

onde $q = n/2$ inclue tanto inteiros pares quanto ímpares. Portanto, para valores grandes de ρ, (3.7.33) torna-se

$$f(\rho) \to \text{constante} \times \sum_q \frac{1}{q!} \left(\rho^2\right)^q \propto e^{\rho^2}. \tag{3.7.38}$$

Em outras palavras, $u(\rho)$ de (3.7.31) cresceria exponencialmente para ρ grande (e, portanto, não teria condições de satisfazer a condição de normalização) a menos que a série fosse interrompida. Portanto,

$$2n + 2l + 3 - \lambda = 0 \tag{3.7.39}$$

para algum valor par de $n = 2q$, e os autovalores de energia são

$$E_{ql} = \left(2q + l + \frac{3}{2}\right)\hbar\omega \equiv \left(N + \frac{3}{2}\right)\hbar\omega \qquad (3.7.40)$$

para $q = 0, 1, 2, \ldots$, $l = 0, 1, 2, \ldots$ e $N \equiv 2q + l$. Normalmente referimo-nos a N como o número quântico "principal". Pode-se mostrar que q conta o número de nós da função radial.

Muito diferente do poço quadrado, o oscilador harmônico isotrópico em três dimensões tem autovalores de energia degenerados no número quântico l. Há três estados (todos com $l = 1$) para $N = 1$. Para $N = 2$, há cinco estados com $l = 2$, mais um estado com $q = 1$ e $l = 0$, o que perfaz um total de seis. Observe que para valores pares (ímpares) de N, somente valores pares (ímpares) de l são permitidos. Portanto, a função de onda é par ou ímpar como o valor de N.

Estas funções de onda são estados de base populares no cálculo de vários fenômenos naturais, quando a função que representa e energia potencial é um "poço" com um certo tamanho finito. Um dos grandes sucessos de tal abordagem é o modelo da concha nuclear (*nuclear shell model*), onde prótons e nêutrons individuais são vistos como se movendo independentemente sob a ação de um potencial gerado pelo efeito cumulativo de todos os núcleons do núcleo atômico. A Figura 3.6 traz uma comparação dos níveis de energia observados em núcleos com aqueles obtidos para o oscilador harmônico isotrópico e o poço esférico infinito.

É natural rotular os autoestados do Hamiltoniano (3.7.28) por $|qlm\rangle$ ou $|Nlm\rangle$. No entanto, este Hamiltoniano também pode ser escrito como

$$H = H_x + H_y + H_z, \qquad (3.7.41)$$

onde $H_i = a_i^\dagger a_i + \frac{1}{2}$ é um oscilador harmônico unidimensional independente na direção $i = x, y, z$. Desta maneira, rotularíamos os autoestados por $|n_x, n_y, n_z\rangle$, e os autovalores de energia seriam

$$\begin{aligned}E &= \left(n_x + \frac{1}{2} + n_x + \frac{1}{2} + n_x + \frac{1}{2}\right)\hbar\omega \\ &= \left(N + \frac{3}{2}\right)\hbar\omega,\end{aligned} \qquad (3.7.42)$$

onde, agora, $N = n_x + n_y + n_z$. É algo simples mostrar numericamente que, para os poucos primeiros níveis de energia, a degenerescência é a mesma independente da base usada. É um exercício interessante mostrar isso para o caso geral – como também o é deduzir a matriz unitária de transformação $\langle n_x, n_y, n_z | qlm \rangle$ que faz a mudança de uma para outra base (veja o Problema 3.21 ao final do capítulo).

O potencial de Coulomb

Talvez o potencial mais importante na física seja aquele representado pela função

$$V(\mathbf{x}) = -\frac{Ze^2}{r}, \qquad (3.7.43)$$

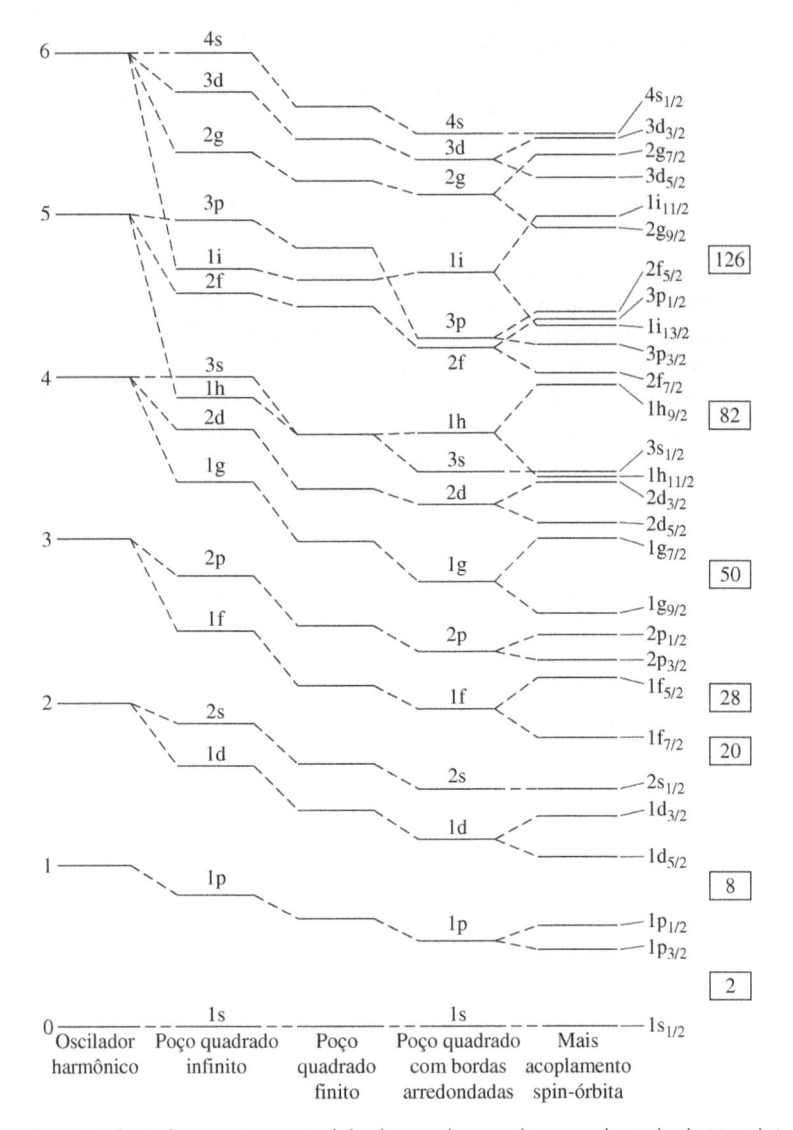

FIGURA 3.6 Níveis de energia no modelo de conchas nucleares, adaptado de Haxel, Jensen e Suess, *Zeitschrift für Physik* **128** (1950) 295. Os níveis de energia do oscilador harmônico isotrópico tridimensional estão à esquerda, seguidos do poço esférico infinito. Em seguida, são mostrados os níveis para o poço quadrado infinito modificado, primeiro para paredes finitas e depois para "bordas arredondadas". O plot mais à direita mostra os níveis de energia obtidos quando incluimos a interação entre o spin do núcleon e o momento angular orbital. A coluna final indica o número quântico total de momento angular.

onde a constante Ze^2 foi obviamente escolhida de modo que (3.7.43) represente o pontencial para um átomo de um elétron com número atômico Z. Além das forças de Coulomb e da gravidade clássica, este tipo de potencial é amplamente usado em modelos aplicados a muitos sistemas físicos.[11] Consideramos aqui a equação radial baseada em tais funções e os autovalores de energia resultantes.

O potencial $1/r$ satisfaz todos os requisitos que nos levaram a (3.7.17). Procuraremos, assim, soluções da forma (3.7.16) por meio da determinação da função $w(\rho)$. Definindo

$$\rho_0 = \left[\frac{2m}{-E}\right]^{1/2} \frac{Ze^2}{\hbar} = \left[\frac{2mc^2}{-E}\right]^{1/2} Z\alpha, \qquad (3.7.44)$$

onde $\alpha \equiv e^2/\hbar c \approx 1/137$ é a constante de estrutura fina, (3.7.17) torna-se

$$\rho \frac{d^2 w}{d\rho^2} + 2(l+1-\rho)\frac{dw}{d\rho} + [\rho_0 - 2(l+1)]w(\rho) = 0. \qquad (3.7.45)$$

Poderíamos, obviamente, ter resolvido (3.7.45) usando uma abordagem de séries de potência, e deduzir uma relação de recorrência entre os coeficientes, da mesma maneira que fizemos com (3.7.32). Contudo, resulta que a solução na verdade já é bem conhecida.

A equação (3.7.45) pode ser escrita como uma Equação de Kummer:

$$x \frac{d^2 F}{dx^2} + (c-x)\frac{dF}{dx} - aF = 0, \qquad (3.7.46)$$

onde

$$x = 2\rho,$$
$$c = 2(l+1),$$
$$\text{e} \quad 2a = 2(l+1) - \rho_0. \qquad (3.7.47)$$

A solução de (3.7.46) é chamada de Função Hipergeométrica Confluente, que é escrita na forma de uma série

$$F(a;c;x) = 1 + \frac{a}{c}\frac{x}{1!} + \frac{a(a+1)}{c(c+1)}\frac{x^2}{2!} + \cdots, \qquad (3.7.48)$$

e, portanto,

$$w(\rho) = F\left(l+1-\frac{\rho_0}{2}\,;\, 2(l+1)\,;\, 2\rho\right). \qquad (3.7.49)$$

Observe que para ρ grande, temos

$$w(\rho) \approx \sum_{N \text{ grande}} \frac{a(a+1)\cdots}{c(c+1)\cdots} \frac{(2\rho)^N}{N!}$$

$$\approx \sum_{N \text{ grande}} \frac{(N/2)^N}{N^N} \frac{(2\rho)^N}{N!} \approx \sum_{N \text{ grande}} \frac{(\rho)^N}{N!} \approx e^\rho.$$

---

[11] Realmente, um potencial da forma $1/r$ surge em qualquer teoria quântica de campos em três dimensões espaciais com partículas de troca intermediárias sem massa. Veja o Cap. I.6 de Zee (2010).

Portanto, mais uma vez, (3.7.16) dá uma função de onda radial que cresceria indefinidamente a menos que a série (3.7.48) termine. Assim, para N inteiro, precisamos que $a + N = 0$, o que leva a

$$\rho_0 = 2(N + l + 1), \qquad (3.7.50)$$

onde $\quad N = 0, 1, 2 \ldots$

e $\quad l = 0, 1, 2, \ldots$.

Costuma-se (e, como veremos logo em seguida, é instrutivo) definir o **número quântico principal** n como

$$n \equiv N + l + 1 = 1, 2, 3, \ldots, \qquad (3.7.51)$$

onde $\quad l = 0, 1, \ldots, n - 1$.

Chamamos a atenção para o fato de que é possível resolver a equação radial para o problema de Coulomb usando a técnica de funções geratrizes descrita na Seção 2.5. Veja o Problema 3.22 ao final deste capítulo.

Os autovalores de energia surgem ao combinarmos (3.7.44) e (3.7.50) em termos do número quântico principal, isto é

$$\rho_0 = \left[\frac{2mc^2}{-E} \right]^{1/2} Z\alpha = 2n, \qquad (3.7.52)$$

que leva a

$$E = -\frac{1}{2} mc^2 \frac{Z^2 \alpha^2}{n^2} = -13{,}6 \text{ eV} \frac{Z^2}{n^2}, \qquad (3.7.53)$$

onde o resultado numérico é para um átomo de um elétron – isto é, $mc^2 = 511$ keV. A equação (3.7.53) é, obviamente, a conhecida fórmula de Balmer.

Está na hora de fazermos alguns comentários. Primeiro, há um grave desacordo entre as propriedades dos níveis de energia previstos pela teoria quântica moderna e aqueles previstos pelo velho modelo do átomo de Bohr. No modelo do átomo de Bohr, havia uma correspondência de um para um entre os autovalores l do momento angular e o número quântico principal n; na verdade, o estado fundamental correspondia a $n = l = 1$. Por outro lado, vemos que apenas $l = 0$ é permitido para $n = 1$, e que diferentes valores de l são permitidos para níveis de energia mais altos.

Segundo, uma escala natural de comprimento surgiu, a_0. Uma vez que $\rho = \kappa r$, onde $\kappa = \sqrt{-2mE/\hbar^2}$ [veja (3.7.15)], temos

$$\frac{1}{\kappa} = \frac{\hbar}{mc\alpha} \frac{n}{Z} \equiv a_0 \frac{n}{Z}, \qquad (3.7.54)$$

onde

$$a_0 = \frac{\hbar}{mc\alpha} = \frac{\hbar^2}{me^2} \qquad (3.7.55)$$

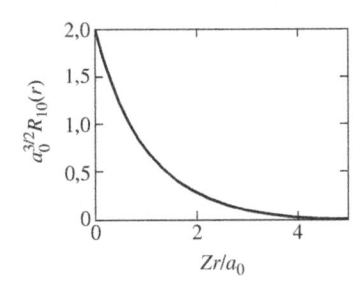

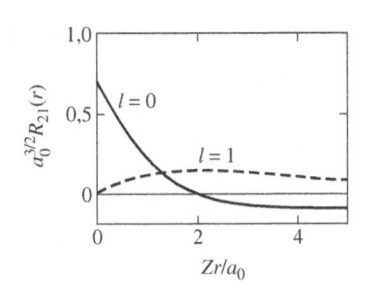

FIGURA 3.7 Função de onda radial para o potencial de Coulomb e números quânticos principais $n = 1$ (esquerda) e $n = 2$ (direita).

é chamado de *raio de Bohr*. Para um elétron, $a_0 = 0{,}53 \times 10^{-8}$ cm $= 0{,}53$ Å. Este é, na realidade, o tamanho típico de um átomo.

Finalmente, os autovalores de energia (3.7.53) demonstram um tipo interessante de degenerescência. Os autovalores dependem apenas de n, não de l ou m. Portanto, o nível de degenerescência para um estado $|nlm\rangle$ é dado por

$$\text{Degenerescência} = \sum_{l=0}^{n-1}(2l+1) = n^2. \tag{3.7.56}$$

Esta degenerescência, na verdade, não é acidental mas, pelo contrário, reflete uma sutil simetria do potencial Coulombiano. Retornaremos a este ponto no Capítulo 4.

Podemos agora escrever as funções de onda do átomo de Hidrogênio explicitamente. Voltando a (3.6.22) e colocando os fatores de normalização apropriados, temos

$$\psi_{nlm}(\mathbf{x}) = \langle \mathbf{x}|nlm\rangle = R_{nl}(r)Y_l^m(\theta,\phi), \tag{3.7.57}$$

onde

$$R_{nl}(r) = \frac{1}{(2l+1)!}\left(\frac{2Zr}{na_0}\right)^l e^{-Zr/na_0}\left[\left(\frac{2Z}{na_0}\right)^3 \frac{(n+l)!}{2n(n-l-1)!}\right]^{1/2}$$
$$\times F(-n+l+1; 2l+2; 2Zr/na_0). \tag{3.7.58}$$

A Figura 3.7 ilustra estas funções de onda radiais para $n = 1$ e $n = 2$. Como já discutido, somente as funções de onda para $l = 1$ são diferentes de zero na origem. Observe também que há $n - 1$ nós na função de onda para $l = 0$ e nenhum nó para a função de onda com $l = n - 1$.

3.8 ■ ADIÇÃO DE MOMENTO ANGULAR

A adição de momento angular tem importantes aplicações em todas as áreas da física moderna – da espectroscopia atômica a colisões nucleares e entre partículas. Além disso, o estudo da adição de momento angular nos fornece uma oportunidade excelente de ilustração do conceito de mudança de base, que discutimos extensivamente no Capítulo 1.

Exemplos simples da adição de momento angular

Antes de estudarmos a teoria formal de adição de momento angular, vale a pena olharmos para dois exemplos simples com os quais os leitores podem estar familiarizados: (1) como adicionar momento angular orbital e momento angular de spin e (2) como adicionar o momento angular de spin de duas partículas de spin $\frac{1}{2}$.

Estudamos previamente tanto sistemas de spin $\frac{1}{2}$, ignorando todos os outros graus de liberdade quânticos diferentes do spin – como posição e momento – como partículas quânticas, levando em conta graus de liberdade espaciais (tais como posição e momento), mas ignorando todos os outros graus de liberdade internos (como spin). Uma descrição realista de uma partícula com spin deve obviamente levar em consideração tanto os graus de liberdade espaciais quanto os internos. O ket de base para uma partícula de spin $\frac{1}{2}$ pode ser visto como pertencendo a um espaço que é o produto direto do espaço infinito-dimensional gerado pelos autovetores de posição como espaço bidimensional de spin gerado por $|+\rangle$ e $|-\rangle$. Explicitamente, temos para estes kets de base

$$|\mathbf{x}', \pm\rangle = |\mathbf{x}'\rangle \otimes |\pm\rangle, \tag{3.8.1}$$

onde qualquer operador no espaço gerado por $\{|\mathbf{x}'\rangle\}$ comuta com qualquer operador no espaço bidimensional gerado por $|\pm\rangle$.

O operador de rotação ainda tem a forma $\exp(-i\mathbf{J}\cdot\hat{\mathbf{n}}\phi/\hbar)$, mas $\mathbf{J}$, o gerador das rotações, é agora formado de duas partes, a saber

$$\mathbf{J} = \mathbf{L} + \mathbf{S}. \tag{3.8.2}$$

Na verdade, é mais óbvio escrevermos (3.8.2) como

$$\mathbf{J} = \mathbf{L} \otimes 1 + 1 \otimes \mathbf{S}, \tag{3.8.3}$$

onde o 1 em $\mathbf{L} \otimes 1$ representa o operador identidade no espaço de spins e o 1 em $1 \otimes \mathbf{S}$ é o operador identidade no espaço infinito-dimensional gerado pelos autovetores de posição. Dado que $\mathbf{L}$ e $\mathbf{S}$ comutam, podemos escrever

$$\mathcal{D}(R) = \mathcal{D}^{(\text{orb})}(R) \otimes \mathcal{D}^{(\text{spin})}(R) = \exp\left(\frac{-i\mathbf{L}\cdot\hat{\mathbf{n}}\phi}{\hbar}\right) \otimes \exp\left(\frac{-i\mathbf{S}\cdot\hat{\mathbf{n}}\phi}{\hbar}\right). \tag{3.8.4}$$

A função de onda para uma partícula com spin é escrita como

$$\langle \mathbf{x}', \pm | \alpha \rangle = \psi_\pm(\mathbf{x}'). \tag{3.8.5}$$

As duas componentes $\psi_\pm$ são normalmente ordenadas na forma de uma matriz coluna como mostrado abaixo:

$$\begin{pmatrix} \psi_+(\mathbf{x}') \\ \psi_-(\mathbf{x}') \end{pmatrix}, \tag{3.8.6}$$

onde $|\psi_\pm(\mathbf{x}')|^2$ representa a densidade de probabilidade da partícula ser encontrada em $\mathbf{x}'$ com o spin para cima ou para baixo, respectivamente. Ao invés de $|\mathbf{x}'\rangle$ como kets de base para a parte espacial, podemos usar $|n, l, m\rangle$, que são autovetores de $\mathbf{L}^2$ e L_z, com os respectivos autovalores $\hbar^2 l(l+1)$ e $m_l \hbar$. Para a parte de spin, $|\pm\rangle$ são os autovetores de $\mathbf{S}^2$ e S_z com os autovalores $3\hbar^2/4$ e $\pm\hbar/2$, respectivamente. Contudo, como mostraremos posteriormente, podemos usar kets de base que são autovetores de $\mathbf{J}^2, J_z, \mathbf{L}^2$ e $\mathbf{S}^2$. Em outras palavras, podemos expandir o ket que representa o estado de uma partícula com spin em termos dos autovetores simultâneos de $\mathbf{L}^2, \mathbf{S}^2, L_z$ e S_z *ou* em termos dos autovetores simultâneos de $\mathbf{J}^2, J_z, \mathbf{L}^2$ e $\mathbf{S}^2$. Estudaremos detalhadamente como estas duas descrições se relacionam.

Como um segundo exemplo, estudamos duas partículas de spin $\frac{1}{2}$ – dois elétrons, digamos – com o grau de liberdade orbital suprimido. O operador de spin total é normalmente escrito como

$$\mathbf{S} = \mathbf{S}_1 + \mathbf{S}_2, \tag{3.8.7}$$

mas, novamente, isto deve ser entendido como sendo

$$\mathbf{S}_1 \otimes 1 + 1 \otimes \mathbf{S}_2, \tag{3.8.8}$$

onde o 1 no primeiro (segundo) termo representa o operador identidade no espaço de spin do elétron 2 (1). Temos, obviamente

$$[S_{1x}, S_{2y}] = 0 \tag{3.8.9}$$

e assim por diante. Dentro do espaço do elétron 1 (2), temos as relações de comutação usuais

$$[S_{1x}, S_{1y}] = i\hbar S_{1z}, [S_{2x}, S_{2y}] = i\hbar S_{2z}, \ldots. \tag{3.8.10}$$

Como consequência direta de (3.8.9) e (3.8.10), temos

$$[S_x, S_y] = i\hbar S_z \tag{3.8.11}$$

e assim por diante para o operador de spin *total*.

Os autovalores dos vários operadores de spin são denotados como segue:

$$\begin{aligned} \mathbf{S}^2 &= (\mathbf{S}_1 + \mathbf{S}_2)^2 : s(s+1)\hbar^2 \\ S_z &= S_{1z} + S_{2z} \quad : m\hbar \\ S_{1z} & \quad\quad\quad\quad\quad\quad : m_1 \hbar \\ S_{2z} & \quad\quad\quad\quad\quad\quad : m_2 \hbar \end{aligned} \tag{3.8.12}$$

Novamente, podemos expandir o ket que corresponde a um estado de spin arbitrário de dois elétrons em termos ou dos autoestados de $\mathbf{S}^2$ e S_z, *ou* dos autoestados de S_{1z} e S_{2z}. As duas possibilidades são as seguintes:

1. A representação $\{m_1, m_2\}$ baseada nos autovetores de S_{1z} e S_{2z}:

$$|++\rangle, |+-\rangle, |-+\rangle \quad \text{e} \quad |--\rangle, \tag{3.8.13}$$

onde $|+-\rangle$ representa $m_1 = \frac{1}{2}$ e $m_2 = -\frac{1}{2}$ e assim por diante.

2. A representação $\{s, m\}$ (ou representação do tripleto-singleto), baseada nos autovetores de $\mathbf{S}^2$ e S_z:

$$|s=1, m=\pm 1, 0\rangle, |s=0, m=0\rangle, \qquad (3.8.14)$$

onde referimo-nos a $s = 1$ ($s = 0$) como tripleto (singleto).

Observe que em cada conjunto há quatro kets de base. A relações entre os dois conjuntos de kets de base são apresentadas a seguir:

$$|s=1, m=1\rangle = |++\rangle, \qquad (3.8.15a)$$

$$|s=1, m=0\rangle = \left(\frac{1}{\sqrt{2}}\right)(|+-\rangle + |-+\rangle), \qquad (3.8.15b)$$

$$|s=1, m=-1\rangle = |--\rangle, \qquad (3.8.15c)$$

$$|s=0, m=0\rangle = \left(\frac{1}{\sqrt{2}}\right)(|+-\rangle - |-+\rangle). \qquad (3.8.15d)$$

O lado direito de (3.8.15a) nos diz que temos dois elétrons com o spin para cima; esta situação só pode corresponder a $s = 1$ e $m = 1$. Podemos obter (3.8.15b) de (3.8.15a) aplicando o operador escada

$$\begin{aligned} S_- &\equiv S_{1-} + S_{2-} \\ &= (S_{1x} - iS_{1y}) + (S_{2x} - iS_{2y}) \end{aligned} \qquad (3.8.16)$$

a ambos os lados de (3.8.15a). Ao fazer isto, devemos nos lembrar que um operador do elétron 1 tal como S_{1-} afeta apenas o primeiro símbolo de $|++\rangle$ e assim por diante. Podemos escrever

$$S_-|s=1, m=1\rangle = (S_{1-} + S_{2-})|++\rangle \qquad (3.8.17)$$

como

$$\sqrt{(1+1)(1-1+1)}|s=1, m=0\rangle = \sqrt{\left(\tfrac{1}{2}+\tfrac{1}{2}\right)\left(\tfrac{1}{2}-\tfrac{1}{2}+1\right)} \times |-+\rangle$$
$$+ \sqrt{\left(\tfrac{1}{2}+\tfrac{1}{2}\right)\left(\tfrac{1}{2}-\tfrac{1}{2}+1\right)}|+-\rangle, \qquad (3.8.18)$$

que nos leva imediatamente a (3.8.15b). Do mesmo modo, podemos obter $|s=1, m=-1\rangle$ aplicando (3.8.16) mais uma vez a (3.8.15b). Finalmente, obtemos (3.8.15d) requerindo que ele seja ortogonal aos outros três kets, em particular a (3.8.15b).

Os coeficientes que aparecem do lado direito de (3.8.15) são o exemplo mais simples dos **coeficientes de Clebsch-Gordan**, que discutiremos mais aprofundadamente em um momento posterior. Eles são simplesmente os elementos da matriz de transformação que conecta a base $\{m_1, m_2\}$ à base $\{s, m\}$. É instrutivo deduzirmos estes coeficientes de uma outra maneira. Suponha que escrevamos a matriz 4×4 correspondente ao operador

$$\begin{aligned} \mathbf{S}^2 &= \mathbf{S}_1^2 + \mathbf{S}_2^2 + 2\mathbf{S}_1 \cdot \mathbf{S}_2 \\ &= \mathbf{S}_1^2 + \mathbf{S}_2^2 + 2S_{1z}S_{2z} + S_{1+}S_{2-} + S_{1-}S_{2+} \end{aligned} \qquad (3.8.19)$$

usando a base (m_1, m_2). A matriz quadrada não é, obviamente, diagonal pois um operador como S_{1+} conecta $|-+\rangle$ a $|++\rangle$. A matriz unitária que diagonaliza esta matriz leva os kets de base $|m_1, m_2\rangle$ em kets de base $|s, m\rangle$. Os elementos desta matriz unitária são precisamente os coeficientes de Clebsch-Gordan para este problema. Encorajamos os leitores a fazer estas contas detalhadamente.

Teoria formal da adição de momentos angulares

Uma vez ganho um pouco de intuição física através da consideração de exemplos simples, podemos agora estudar mais sistematicamente a teoria formal de adição de momentos angulares. Considere dois operadores de momento angular $\mathbf{J}_1$ e $\mathbf{J}_2$ em diferentes subespaços. As componentes de $\mathbf{J}_1(\mathbf{J}_2)$ satisfazem as relações de comutação usuais para o momento angular

$$[J_{1i}, J_{1j}] = i\hbar\varepsilon_{ijk}J_{1k} \tag{3.8.20a}$$

e

$$[J_{2i}, J_{2j}] = i\hbar\varepsilon_{ijk}J_{2k} \tag{3.8.20b}$$

Contudo, temos

$$[J_{1k}, J_{2l}] = 0 \tag{3.8.21}$$

entre quaisquer dois pares de operadores de subespaços diferentes.

O operador de rotação infinitesimal que afeta tanto o subespaço 1 quanto o subespaço 2 pode ser escrito como

$$\left(1 - \frac{i\mathbf{J}_1 \cdot \hat{\mathbf{n}}\delta\phi}{\hbar}\right) \otimes \left(1 - \frac{i\mathbf{J}_2 \cdot \hat{\mathbf{n}}\delta\phi}{\hbar}\right) = 1 - \frac{i(\mathbf{J}_1 \otimes 1 + 1 \otimes \mathbf{J}_2) \cdot \hat{\mathbf{n}}\delta\phi}{\hbar}. \tag{3.8.22}$$

Definimos o momento angular total via

$$\mathbf{J} \equiv \mathbf{J}_1 \otimes 1 + 1 \otimes \mathbf{J}_2, \tag{3.8.23}$$

que é mais comumente escrito na forma

$$\mathbf{J} = \mathbf{J}_1 + \mathbf{J}_2. \tag{3.8.24}$$

A versão de (3.8.22) para ângulos finitos é

$$\mathcal{D}_1(R) \otimes \mathcal{D}_2(R) = \exp\left(\frac{-i\mathbf{J}_1 \cdot \hat{\mathbf{n}}\phi}{\hbar}\right) \otimes \exp\left(\frac{-i\mathbf{J}_2 \cdot \hat{\mathbf{n}}\phi}{\hbar}\right). \tag{3.8.25}$$

Observe o aparecimento do mesmo eixo e ângulo de rotação.

É muito importante observar que o $\mathbf{J}$ total satisfaz as regras de comutação do momento angular

$$[J_i, J_j] = i\hbar\varepsilon_{ijk}J_k \tag{3.8.26}$$

uma consequência direta de (3.8.20) e (3.8.21). Em outras palavras, **J** é um momento angular no sentido discutido na Seção 3.1. Fisicamente, isto é razoável, pois **J** é o gerador para o sistema *inteiro*. Tudo o que aprendemos na Seção 3.5 – por exemplo, o espectro de autovalores de $\mathbf{J}^2$ e J_z e os elementos de matriz dos operadores escada – continuam válidos para o **J** total.

Quanto à opção de kets de base, temos duas.

Opção A: autovetores simultâneos de $\mathbf{J}_1^2$, $\mathbf{J}_2^2$, J_{1z} e J_{2z}, por nós denotados por $|j_1 j_2; m_1 m_2\rangle$. Obviamente os quatro operadores comutam entre si. As equações que os definem são:

$$\mathbf{J}_1^2 |j_1 j_2; m_1 m_2\rangle = j_1(j_1+1)\hbar^2 |j_1 j_2; m_1 m_2\rangle, \tag{3.8.27a}$$

$$J_{1z} |j_1 j_2; m_1 m_2\rangle = m_1 \hbar |j_1 j_2; m_1 m_2\rangle, \tag{3.8.27b}$$

$$\mathbf{J}_2^2 |j_1 j_2; m_1 m_2\rangle = j_2(j_2+1)\hbar^2 |j_1 j_2; m_1 m_2\rangle, \tag{3.8.27c}$$

$$J_{2z} |j_1 j_2; m_1 m_2\rangle = m_2 \hbar |j_1 j_2; m_1 m_2\rangle, \tag{3.8.27d}$$

Opção B: autovetores simultâneos de $\mathbf{J}^2$, $\mathbf{J}_1^2$, $\mathbf{J}_2^2$ e J_z. Primeiro, observe que este conjunto de operadores comuta mutuamente. Em particular, temos

$$[\mathbf{J}^2, \mathbf{J}_1^2] = 0, \tag{3.8.28}$$

que pode ser facilmente verificado se escrevermos $\mathbf{J}^2$ como

$$\mathbf{J}^2 = \mathbf{J}_1^2 + \mathbf{J}_2^2 + 2 J_{1z} J_{2z} + J_{1+} J_{2-} + J_{1-} J_{2+}. \tag{3.8.29}$$

Usamos $|j_1, j_2; jm\rangle$ para denotar os kets de base da opção B:

$$\mathbf{J}_1^2 |j_1 j_2; jm\rangle = j_1(j_1+1)\hbar^2 |j_1 j_2; jm\rangle, \tag{3.8.30a}$$

$$\mathbf{J}_2^2 |j_1 j_2; jm\rangle = j_2(j_2+1)\hbar^2 |j_1 j_2; jm\rangle, \tag{3.8.30b}$$

$$\mathbf{J}^2 |j_1 j_2; jm\rangle = j(j+1)\hbar^2 |j_1 j_2; jm\rangle, \tag{3.8.30c}$$

$$J_z |j_1 j_2; jm\rangle = m\hbar |j_1 j_2; jm\rangle. \tag{3.8.30d}$$

Muito frequentemente, j_1 e j_2 são subentendidos e os kets de base são escritos simplesmente como $|j, m\rangle$.

É muito importante observar que, embora

$$[\mathbf{J}^2, J_z] = 0, \tag{3.8.31}$$

temos

$$[\mathbf{J}^2, J_{1z}] \neq 0, \quad [\mathbf{J}^2, J_{2z}] \neq 0, \tag{3.8.32}$$

como o leitor pode facilmente verificar usando (3.8.29). Isto significa que não podemos adicionar $\mathbf{J}^2$ ao conjunto de operadores da opção A. Do mesmo modo, não podemos adicionar J_{1z} e/ou J_{2z} ao conjunto de operadores da opção B. Temos dois conjuntos de kets de base possíveis, que correspondem aos dois conjuntos máximos de observáveis mutuamente compatíveis por nós construidos.

3.8 Adição de Momento Angular

Consideremos a transformação unitária no sentido da Seção 1.5 que conecta as duas bases:

$$|j_1 j_2; jm\rangle = \sum_{m_1} \sum_{m_2} |j_1 j_2; m_1 m_2\rangle \langle j_1 j_2; m_1 m_2 | j_1 j_2; jm\rangle, \quad (3.8.33)$$

onde usamos

$$\sum_{m_1} \sum_{m_2} |j_1 j_2; m_1 m_2\rangle \langle j_1 j_2; m_1 m_2| = 1 \quad (3.8.34)$$

e onde o lado direito é o operador identidade no espaço de kets de um dado J_1 e J_2. Os elementos desta matriz de transformação são os coeficientes de Clebsch-Gordan.

Ha muitas propriedades importantes destes coeficientes que estamos agora prontos para estudar. Primeiro, eles são zero a menos que

$$m = m_1 + m_2. \quad (3.8.35)$$

Para provar isto, notamos primeiro que

$$(J_z - J_{1z} - J_{2z})|j_1 j_2; jm\rangle = 0. \quad (3.8.36)$$

Multiplicando $\langle j_1 j_2; m_1 m_2|$ à esquerda, obtemos

$$(m - m_1 - m_2) \langle j_1 j_2; m_1 m_2 | j_1 j_2; jm\rangle = 0, \quad (3.8.37)$$

o que prova nossa asserção. Admire o poder da notação de Dirac! Realmente vale a pena escrever os coeficientes de Clebsch-Gordan na forma de brackets de Dirac, como fizemos.

Segundo, os coeficientes são zero a menos que

$$|j_1 - j_2| \le j \le j_1 + j_2. \quad (3.8.38)$$

Esta propriedade pode parecer óbvia considerando o modelo vetorial de adição de momentos angulares, onde visualizamos **J** como sendo a soma vetorial de $\mathbf{J}_1$ e $\mathbf{J}_2$. Contudo, vale a pena verificar este ponto mostrando que, se (3.3.38) é válida, então a dimensionalidade do espaço gerado por $\{|j_1 j_2; m_1 m_2\rangle\}$ é a mesma daquela do espaço gerado por $\{|j_1 j_2; jm\rangle\}$. Para a maneira (m_1, m_2) de contar, obtemos

$$N = (2j_1 + 1)(2j_2 + 1), \quad (3.8.39)$$

pois para um dado j_1, há $2j_1 + 1$ possíveis valores de m_1; uma afirmação similar é verdadeira também para o outro momento angular j_2. Quanto à maneira (j, m) de contar, notamos que para cada j, há $2j + 1$ estados e, de acordo com (3.8.38), o próprio j vai de $j_1 - j_2$ até $j_1 + j_2$, onde supusemos, sem perda de generalidade, que $j_1 \ge j_2$. Obtemos, portanto,

$$\begin{aligned} N &= \sum_{j=j_1-j_2}^{j_1+j_2} (2j+1) \\ &= \tfrac{1}{2}\big[\{2(j_1-j_2)+1\} + \{2(j_1+j_2)+1\}\big](2j_2+1) \\ &= (2j_1+1)(2j_2+1). \end{aligned} \quad (3.8.40)$$

Dado que as duas maneira de contar dão o mesmo valor de N, constatamos que (3.8.38) é bastante consistente.[12]

Os coeficientes de Clebsch-Gordan formam uma matriz unitária. Além disso, os elementos de matriz são, por convenção, tomados como sendo reais. Uma consequência imediata disto é que o coeficiente inverso $\langle j_1 j_2; jm | j_1 j_2; m_1 m_2 \rangle$ é o mesmo que o coeficiente direto $\langle j_1 j_2; m_1 m_2 | j_1 j_2; jm \rangle$. Uma matriz real unitária é ortogonal e, portanto, temos a condição de ortogonalidade

$$\sum_j \sum_m \langle j_1 j_2; m_1 m_2 | j_1 j_2; jm \rangle \langle j_1 j_2; m'_1 m'_2 | j_1 j_2; jm \rangle = \delta_{m_1 m'_1} \delta_{m_2 m'_2}, \quad (3.8.41)$$

que segue de maneira óbvia da ortonormalidade dos $\{ | j_1 j_2; m_1 m_2 \rangle \}$ junto ao fato dos coeficientes de Clebsch-Gordan serem reais. Do mesmo modo, temos

$$\sum_{m_1} \sum_{m_2} \langle j_1 j_2; m_1 m_2 | j_1 j_2; jm \rangle \langle j_1 j_2; m_1 m_2 | j_1 j_2; j'm' \rangle = \delta_{jj'} \delta_{mm'}. \quad (3.8.42)$$

Como caso especial disto, podemos tomar $j' = j$, $m' = m = m_1 + m_2$. Obtemos, assim,

$$\sum_{m_1} \sum_{m_2} |\langle j_1 j_2; m_1 m_2 | j_1 j_2; jm \rangle|^2 = 1, \quad (3.8.43)$$

que é simplesmente a condição de normalização para $| j_1 j_2; jm \rangle$.

Alguns autores usam uma notação diferente para os coeficientes de Clebsch-Gordan. No lugar de $\langle j_1 j_2; m_1 m_2 | j_1 j_2; jm \rangle$, vemos, por vezes, $\langle j_1 m_1 j_2 m_2 | j_1 j_2 jm \rangle$, $C(j_1 j_2 j; m_1 m_2 m)$, $C_{j_1 j_2}(jm; m_1 m_2)$ e assim por diante. Eles também podem ser escritos em termos dos **símbolos 3-j de Wigner**, ocasionalmente encontrados na literatura:

$$\langle j_1 j_2; m_1 m_2 | j_1 j_2; jm \rangle = (-1)^{j_1 - j_2 + m} \sqrt{2j+1} \begin{pmatrix} j_1 & j_2 & j \\ m_1 & m_2 & -m \end{pmatrix}. \quad (3.8.44)$$

Relação de recursão para os coeficientes de Clebsch-Gordan

Com j_1, j_2 e j fixos, os coeficientes com diferentes valores de m_1 e m_2 estão relacionados entre si por uma **relação de recursão**. Iniciamos por

$$J_\pm | j_1 j_2; jm \rangle = (j_{1\pm} + j_{2\pm}) \sum_{m_1} \sum_{m_2} | j_1 j_2; m_1 m_2 \rangle \langle j_1 j_2; m_1 m_2 | j_1 j_2; jm \rangle. \quad (3.8.45)$$

Usando (3.5.39) e (3.5.40), obtemos (com $m_1 \to m'_1, m_2 \to m'_2$)

$$\sqrt{(j \mp m)(j \pm m + 1)} | j_1 j_2; j, m \pm 1 \rangle$$
$$= \sum_{m'_1} \sum_{m'_2} \left(\sqrt{(j_1 \mp m'_1)(j_1 \pm m'_1 + 1)} | j_1 j_2; m'_1 \pm 1, m'_2 \rangle \right.$$
$$\left. + \sqrt{(j_2 \mp m'_2)(j_2 \pm m'_2 + 1)} | j_1 j_2; m'_1, m'_2 \pm 1 \rangle \right) \quad (3.8.46)$$
$$\times \langle j_1 j_2; m'_1 m'_2 | j_1 j_2; jm \rangle.$$

---

[12] Uma prova completa de (3.8.38) é dada em Gottfried (1966), p. 215, e também no Apêndice C deste livro.

Nosso próximo passo é multiplicar a expressão por $\langle j_1 j_2; m_1 m_2 |$ à esquerda e usar a ortonormalidade, o que significa que as contribuições do lado direito que são diferentes de zero só são possíveis quando

$$m_1 = m_1' \pm 1, \qquad m_2 = m_2' \tag{3.8.47}$$

para o primeiro termo e

$$m_1 = m_1', \qquad m_2 = m_2' \pm 1 \tag{3.8.48}$$

para o segundo termo. Deste modo, obtemos as recursões desejadas:

$$\sqrt{(j \mp m)(j \pm m + 1)} \langle j_1 j_2; m_1 m_2 | j_1 j_2; j, m \pm 1 \rangle$$
$$= \sqrt{(j_1 \mp m_1 + 1)(j_1 \pm m_1)} \langle j_1 j_2; m_1 \mp 1, m_2 | j_1 j_2; jm \rangle \tag{3.8.49}$$
$$+ \sqrt{(j_2 \mp m_2 + 1)(j_2 \pm m_2)} \langle j_1 j_2; m_1, m_2 \mp 1 | j_1 j_2; jm \rangle.$$

É importante observar que devido ao fato de os operadores $J_\pm$ terem mudado seus valores de m, a condição (3.8.35) para que os coeficientes de Clebsch-Gordan não sejam nulos tornou-se agora [quando aplicada a (3.8.49)]

$$m_1 + m_2 = m \pm 1. \tag{3.8.50}$$

Podemos melhor apreciar o significa destas relações de recursão olhando para (3.8.49) no plano $m_1 m_2$. A relação de recursão de J_+ (sinal superior) nos diz que o coeficiente em (m_1, m_2) está relacionado aos coeficientes em $(m_1 - 1, m_2)$ e $(m_1, m_2 - 1)$, como mostrado na Figura 3.8a. Similarmente, a relação de recursão J_- (o sinal inferior) relaciona os três coeficientes cujos valores de m_1, m_2 são mostrados na Figura 3.8b.

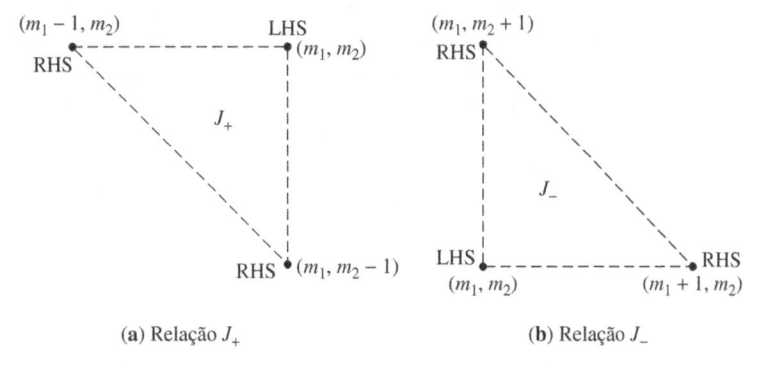

FIGURA 3.8 Plano $m_1 m_2$ mostrando os coeficientes de Clebsch-Gordan relacionados via a relação de recursão (3.8.49).

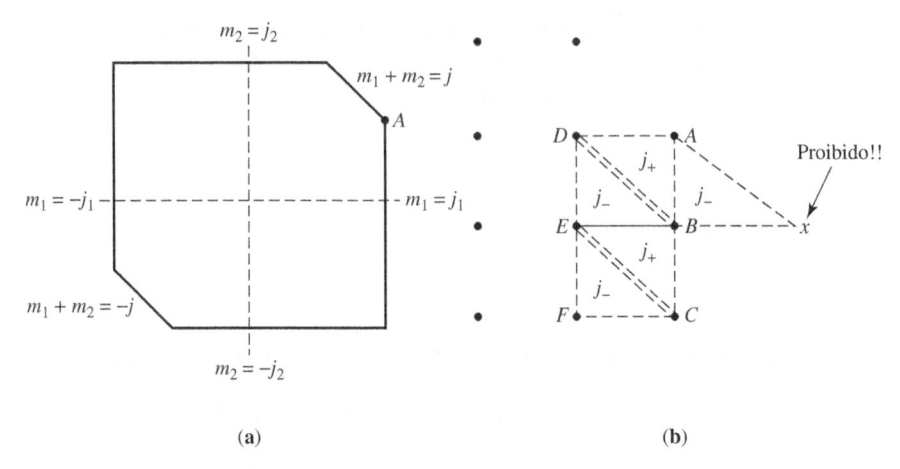

FIGURA 3.9 Uso das relações de recursão para se obter os coeficientes de Clebsch-Gordan.

As relações de recursão (3.8.49) junto à condição de normalização (3.8.43) quase que determinam sozinhas todos os coeficientes de Clebsch-Gordan[13] (dizemos "quase unicamente", pois certas convenções de sinais ainda precisam ser especificadas). Nossa estratégia é a seguinte: voltamos ao plano $m_1 m_2$, novamente com j_1, j_2 e j fixos, e fazemos um gráfico da fronteira da região permitida, determinada por

$$|m_1| \leq j_1, \quad |m_2| \leq j_2, \quad -j \leq m_1 + m_2 \leq j \quad (3.8.51)$$

(veja a Figura 3.9a). Podemos começar no canto superior direito, denotado por A. Uma vez que trabalhamos próximos de A no início, uma "mapa" mais detalhado cai bem; veja a Figura 3.9b. Aplicamos a relação de recursão J_- (3.8.49) (sinal inferior) com $(m_1, m_2 + 1)$ correspondendo a A. Observe agora como a relação de recursão conecta A apenas com B, pois o sítio que corresponde a $(m_1 + 1, m_2)$ é proibido por $m_1 \leq j_1$. Como resultado, podemos obter o coeficiente de Clebsch-Gordan de B em termos do coeficiente de A. Em seguida, formamos um triângulo J_+ com A, B e D. Isto nos permite obter o coeficiente de D, uma vez que o coeficiente de A tenha sido especificado. Podemos continuar deste modo: conhecendo B e D, podemos obter E; conhecendo B e E, obtemos C e assim por diante. Com paciência suficiente, podemos obter o coeficiente de Clebsch-Gordan de cada sítio em termos do coeficiente A do sítio inicial. Para a normalização global, usamos (3.8.43). O sinal global final é fixado por convenção (veja o exemplo a seguir).

Como importante exemplo prático, consideramos agora o problema de adição do momento angular orbital e de spin de uma única partícula de spin $\frac{1}{2}$. Temos

$$\begin{aligned} j_1 &= l \quad (\text{inteiro}), & m_1 &= m_l, \\ j_2 &= s = \tfrac{1}{2}, & m_2 &= m_s = \pm\tfrac{1}{2}. \end{aligned} \quad (3.8.52)$$

---

[13] Uma discussão mais detalhada dos coeficientes de Clebsch-Gordan e de Racah, reacoplamento e assuntos correlatos é apresentada, por exemplo, em Edmonds (1960).

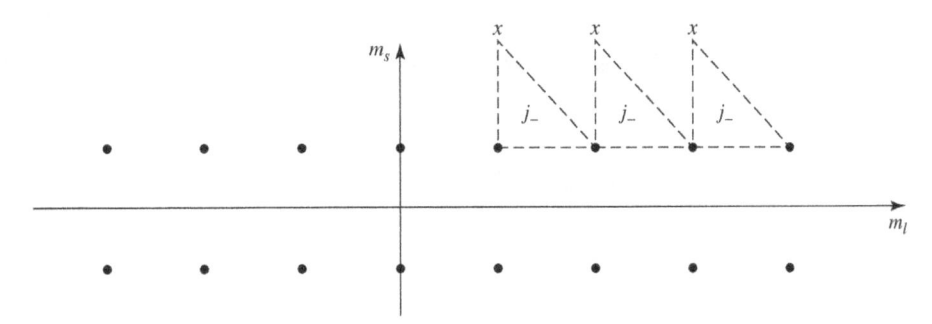

FIGURA 3.10 Relações de recursão usadas para se obter os coeficientes de Clebsch-Gordan para $j_i = 1$ e $j_2 = s = \frac{1}{2}$.

Os valores permitidos de j são dados por

$$j = l \pm \tfrac{1}{2}, \quad l > 0; \qquad j = \tfrac{1}{2}, \quad l = 0, \tag{3.8.53}$$

e, portanto, para cada l há dois possíveis valores de j. Por exemplo, para $l = 1$ (estado p) obtemos, em notação espectroscópica, $p_{3/2}$ e $p_{1/2}$, onde os subscritos referem-se a j. O plano $m_1 m_2$, ou melhor, o plano $m_l m_s$ deste problema é particularmente simples. Os sítios permitidos formam apenas 2 linhas: a superior para $m_s = \frac{1}{2}$ e a inferior para $m_s = -\frac{1}{2}$; veja a Figura 3.10. Especificamente, trabalhemos no caso $j = l + \frac{1}{2}$. Uma vez que m_s não pode exceder $\frac{1}{2}$, podemos usar a recursão de J_- de tal maneira a que permaneçamos sempre na linha de cima ($m_2 = m_s = \frac{1}{2}$), enquanto os valores de m_1 mudam por uma unidade toda vez que consideramos um novo triângulo J_-. Suprimindo $j_1 = l, j_2 = \frac{1}{2}$ ao escrever os coeficientes de Clebsch-Gordan obtemos, de (3.7.49) (sinal inferior),

$$\sqrt{\left(l + \tfrac{1}{2} + m + 1\right)\left(l + \tfrac{1}{2} - m\right)} \langle m - \tfrac{1}{2}, \tfrac{1}{2} | l + \tfrac{1}{2}, m \rangle$$
$$= \sqrt{\left(l + m + \tfrac{1}{2}\right)\left(l - m - \tfrac{1}{2}\right)} \langle m + \tfrac{1}{2}, \tfrac{1}{2} | l + \tfrac{1}{2}, m + 1 \rangle, \tag{3.8.54}$$

onde usamos

$$m_1 = m_l = m - \tfrac{1}{2}, \qquad m_2 = m_s = \tfrac{1}{2}. \tag{3.8.55}$$

Deste modo, podemos nos mover horizontalmente por uma unidade:

$$\langle m - \tfrac{1}{2}, \tfrac{1}{2} | l + \tfrac{1}{2}, m \rangle = \sqrt{\frac{l + m + \tfrac{1}{2}}{l + m + \tfrac{3}{2}}} \langle m + \tfrac{1}{2}, \tfrac{1}{2} | l + \tfrac{1}{2}, m + 1 \rangle. \tag{3.8.56}$$

Podemos, por sua vez, expressar $\langle m + \frac{1}{2}, \frac{1}{2} | l + \frac{1}{2}, m + 1 \rangle$ em termos de $\langle m + \frac{3}{2}, \frac{1}{2} | l + \frac{1}{2}, m + 2 \rangle$ e assim por diante. Claramente, podemos continuar este procedimento até m_l atingir l, o valor máximo possível:

$$\left\langle m - \frac{1}{2}, \frac{1}{2} \middle| l + \frac{1}{2}, m \right\rangle = \sqrt{\frac{l+m+\frac{1}{2}}{l+m+\frac{3}{2}}} \sqrt{\frac{l+m+\frac{3}{2}}{l+m+\frac{5}{2}}} \left\langle m + \frac{3}{2}, \frac{1}{2} \middle| l + \frac{1}{2}, m + 2 \right\rangle$$

$$= \sqrt{\frac{l+m+\frac{1}{2}}{l+m+\frac{3}{2}}} \sqrt{\frac{l+m+\frac{3}{2}}{l+m+\frac{5}{2}}} \sqrt{\frac{l+m+\frac{5}{2}}{l+m+\frac{7}{2}}}$$

$$\times \left\langle m + \frac{5}{2}, \frac{1}{2} \middle| l + \frac{1}{2}, m + 3 \right\rangle$$

$$\vdots$$

$$= \sqrt{\frac{l+m+\frac{1}{2}}{2l+1}} \left\langle l, \frac{1}{2} \middle| l + \frac{1}{2}, l + \frac{1}{2} \right\rangle. \tag{3.8.57}$$

Considere a configuração de momento angular na qual ambos m_l e m_s são máximos – isto é, l e $\frac{1}{2}$, respectivamente. O m total vale $l + \frac{1}{2}$, que só é possível para $j = l + \frac{1}{2}$, e não para $j = l - \frac{1}{2}$. Então, $|m_l = l, m_s = \frac{1}{2}\rangle$ deve ser igual a $| j = l + \frac{1}{2}, m = l + \frac{1}{2}\rangle$ a menos de uma fase. Tomamos esta fase como sendo real e positiva por convenção. Com esta escolha, ficamos com

$$\left\langle l, \frac{1}{2} \middle| l + \frac{1}{2}, l + \frac{1}{2} \right\rangle = 1. \tag{3.8.58}$$

Retornando a (3.5.57), obtemos, finalmente

$$\left\langle m - \frac{1}{2}, \frac{1}{2} \middle| l + \frac{1}{2}, m \right\rangle = \sqrt{\frac{l+m+\frac{1}{2}}{2l+1}}. \tag{3.8.59}$$

Contudo, isto é apenas um quarto da estória, aproximadamente. Ainda nos falta determinar o valor dos sinais de interrogação que aparecem na expressão abaixo:

$$\left| j = l + \frac{1}{2}, m \right\rangle = \sqrt{\frac{l+m+\frac{1}{2}}{2l+1}} \left| m_l = m - \frac{1}{2}, m_s = \frac{1}{2} \right\rangle$$

$$+ ? \left| m_l = m + \frac{1}{2}, m_s = -\frac{1}{2} \right\rangle,$$

$$\left| j = l - \frac{1}{2}, m \right\rangle = ? \left| m_l = m - \frac{1}{2}, m_s = \frac{1}{2} \right\rangle + ? \left| m_l = m + \frac{1}{2}, m_s = -\frac{1}{2} \right\rangle. \tag{3.8.60}$$

Esperamos que a matriz de transformação da base $(m_l m_s)$ para a base (j, m) com m fixo tenha, devido à ortogonalidade, a forma

$$\begin{pmatrix} \cos\alpha & \operatorname{sen}\alpha \\ -\operatorname{sen}\alpha & \cos\alpha \end{pmatrix}. \tag{3.8.61}$$

Uma comparação com (3.8.60) mostra que $\cos\alpha$ é a própria (3.8.59), de tal modo que podemos imediatamente determinar $\operatorname{sen}\alpha$ a menos de uma ambiguidade no sinal

$$\operatorname{sen}^2\alpha = 1 - \frac{\left(l+m+\tfrac{1}{2}\right)}{(2l+1)} = \frac{\left(l-m+\tfrac{1}{2}\right)}{(2l+1)}. \tag{3.8.62}$$

Afirmamos que $\langle m_l = m + \tfrac{1}{2}, m_s = -\tfrac{1}{2} | j = l + \tfrac{1}{2}, m\rangle$ deve ser positivo, pois todos os estados $j = l + \tfrac{1}{2}$ são atingíveis pela aplicação sucessiva do operador J_- em $|j = l + \tfrac{1}{2}, m = l + \tfrac{1}{2}\rangle$, e os elementos de matriz de J_- são, por convenção, sempre positivos. Portanto, a matriz de transformação 2×2 (3.8.61) só pode ser

$$\begin{pmatrix} \sqrt{\dfrac{l+m+\tfrac{1}{2}}{2l+1}} & \sqrt{\dfrac{l-m+\tfrac{1}{2}}{2l+1}} \\ -\sqrt{\dfrac{l-m+\tfrac{1}{2}}{2l+1}} & \sqrt{\dfrac{l+m+\tfrac{1}{2}}{2l+1}} \end{pmatrix}. \tag{3.8.63}$$

Definimos as **funções angulares de spin** na forma de duas componentes do seguinte modo:

$$\begin{aligned}
\mathscr{Y}_l^{j=l\pm 1/2, m} &= \pm\sqrt{\frac{l \pm m + \tfrac{1}{2}}{2l+1}} Y_l^{m-1/2}(\theta,\phi)\chi_+ \\
&\quad + \sqrt{\frac{l \pm m + \tfrac{1}{2}}{2l+1}} Y_l^{m+1/2}(\theta,\phi)\chi_- \\
&= \frac{1}{\sqrt{2l+1}} \begin{pmatrix} \pm\sqrt{l \pm m + \tfrac{1}{2}}\, Y_l^{m-1/2}(\theta,\phi) \\ \sqrt{l \mp m + \tfrac{1}{2}}\, Y_l^{m+1/2}(\theta,\phi) \end{pmatrix}.
\end{aligned} \tag{3.8.64}$$

Elas são, por construção, autofunções simultâneas de $\mathbf{L}^2$, $\mathbf{S}^2$, $\mathbf{J}^2$ e J_z. Elas também são autofunções de $\mathbf{L} \cdot \mathbf{S}$, mas sendo $\mathbf{L} \cdot \mathbf{S}$ simplesmente

$$\mathbf{L} \cdot \mathbf{S} = \left(\frac{1}{2}\right)\left(\mathbf{J}^2 - \mathbf{L}^2 - \mathbf{S}^2\right), \tag{3.8.65}$$

não é independente. De fato, seu autovalor pode ser prontamente calculado como segue:

$$\left(\frac{\hbar^2}{2}\right)\left[j(j+1) - l(l+1) - \frac{3}{4}\right] = \begin{cases} \dfrac{l\hbar^2}{2} & \text{para } j = l + \tfrac{1}{2}, \\ -\dfrac{(l+1)\hbar^2}{2} & \text{para } j = l - \tfrac{1}{2}. \end{cases} \tag{3.8.66}$$

Coeficientes de Clebsch-Gordan e matrizes de rotação

A adição de momentos angulares pode ser discutida do ponto vista de matrizes de rotação. Considere o operador de rotação $\mathcal{D}^{(j_1)}(R)$ no espaço de kets gerado pelos autovetores de momento angular com autovalor j_1. Considere, igualmente, $\mathcal{D}^{(j_2)}(R)$. O produto $\mathcal{D}^{(j_1)} \otimes \mathcal{D}^{(j_2)}$ é redutível no sentido de que, após uma escolha apropriada de kets de base, sua representação matricial pode assumir a seguinte forma:

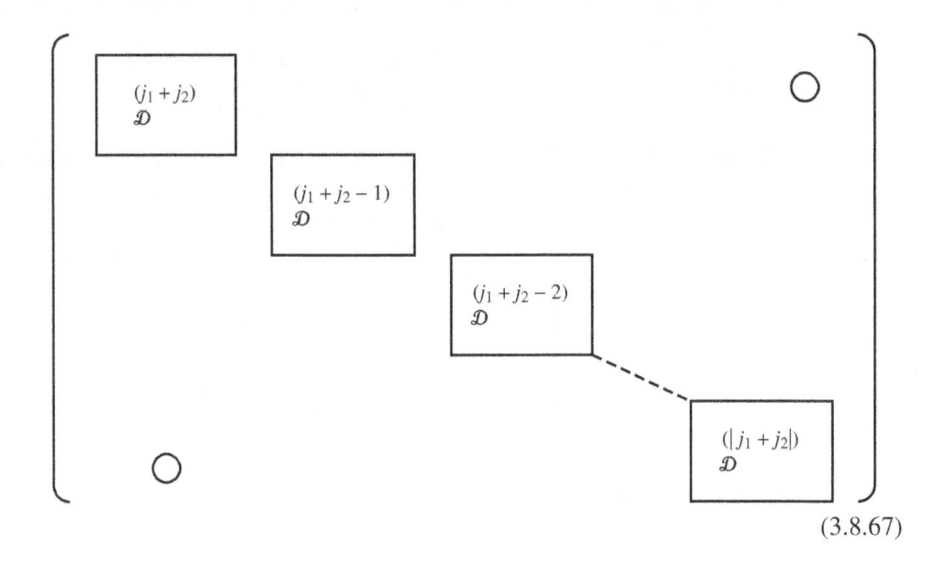

$$\begin{pmatrix} \mathcal{D}^{(j_1+j_2)} & & & & 0 \\ & \mathcal{D}^{(j_1+j_2-1)} & & & \\ & & \mathcal{D}^{(j_1+j_2-2)} & & \\ & & & \ddots & \\ 0 & & & & \mathcal{D}^{(|j_1+j_2|)} \end{pmatrix} \tag{3.8.67}$$

Na notação da teoria de grupos, isto pode ser escrito como

$$\mathcal{D}^{(j_1)} \otimes \mathcal{D}^{(j_2)} = \mathcal{D}^{(j_1+j_2)} \otimes \mathcal{D}^{(j_1+j_2-1)} \otimes \cdots \otimes \mathcal{D}^{(|j_1-j_2|)}. \tag{3.8.68}$$

Em termos dos elementos das matrizes de rotação, temos uma expansão importante, conhecida como **série de Clebsch-Gordan**:

$$\mathcal{D}^{(j_1)}_{m_1 m'_1}(R)\mathcal{D}^{(j_2)}_{m_2 m'_2}(R) = \sum_j \sum_m \sum_{m'} \langle j_1 j_2; m_1 m_2 | j_1 j_2; j m \rangle$$

$$\times \langle j_1 j_2; m'_1 m'_2 | j_1 j_2; j m' \rangle \mathcal{D}^{(j)}_{mm'}(R), \tag{3.8.69}$$

onde a soma sobre j vai de $|j_1 - j_2|$ a $j_1 + j_2$. A prova desta equação é a seguinte. Primeiro, note que o lado esquerdo de (3.8.69) é o mesmo que

$$\langle j_1 j_2; m_1 m_2 | \mathcal{D}(R) | j_1 j_2; m'_1 m'_2 \rangle = \langle j_1 m_1 | \mathcal{D}(R) | j_1 m'_1 \rangle \langle j_2 m_2 | \mathcal{D}(R) | j_2 m'_2 \rangle$$

$$= \mathcal{D}^{(j_1)}_{m_1 m'_1}(R)\mathcal{D}^{(j_2)}_{m_2 m'_2}(R). \tag{3.8.70}$$

Porém, o mesmo elemento de matriz pode ser calculado inserindo-se um conjunto completo de estados na base (j,m). Portanto,

$$\langle j_1 j_2; m_1 m_2 | \mathcal{D}(R) | j_1 j_2; m'_1 m'_2 \rangle$$

$$= \sum_j \sum_m \sum_{j'} \sum_{m'} \langle j_1 j_2; m_1 m_2 | j_1 j_2; jm \rangle \langle j_1 j_2; jm | \mathcal{D}(R) | j_1 j_2; j'm' \rangle$$

$$\times \langle j_1 j_2; j'm' | j_1 j_2; m'_1 m'_2 \rangle$$

$$= \sum_j \sum_m \sum_{j'} \sum_{m'} \langle j_1 j_2; m_1 m_2 | j_1 j_2; jm \rangle \mathcal{D}^{(j)}_{mm'}(R) \delta_{jj'}$$

$$\times \langle j_1 j_2; m'_1 m'_2 | j_1 j_2; j'm' \rangle, \qquad (3.8.71)$$

que é, simplesmente, o lado direito de (3.8.69).

Como aplicação interessante de (3.8.69), deduziremos agora uma fórmula importante para uma integral envolvendo três harmônicos esféricos. Primeiro, lembre-se da conexão entre $\mathcal{D}^{(l)}_{m0}$ e Y_l^{m*} dada por (3.6.52). Fazendo $j_1 \to l_1$, $j_2 \to l_2$, $m'_1 \to 0$, $m'_2 \to 0$ (e, portanto, $m' \to 0$) em (3.8.69), obtemos, após conjugação complexa,

$$Y_{l_1}^{m_1}(\theta,\phi) Y_{l_2}^{m_2}(\theta,\phi) = \frac{\sqrt{(2l_1+1)(2l_2+1)}}{4\pi} \sum_{l'} \sum_{m'} \langle l_1 l_2; m_1 m_2 | l_1 l_2; l'm' \rangle$$

$$\times \langle l_1 l_2; 00 | l_1 l_2; l'0 \rangle \sqrt{\frac{4\pi}{2l'+1}} Y_{l'}^{m'}(\theta,\phi). \qquad (3.8.72)$$

Multiplicamos ambos os lados por $Y_l^{m*}(\theta,\phi)$ e integramos sobre os ângulos sólidos. A soma desaparece devido à ortogonalidade dos harmônicos esféricos, e nos sobra

$$\int d\Omega\, Y_l^{m*}(\theta,\phi) Y_{l_1}^{m_1}(\theta,\phi) Y_{l_2}^{m_2}(\theta,\phi) \qquad (3.8.73)$$

$$= \sqrt{\frac{(2l_1+1)(2l_2+1)}{4\pi(2l+1)}} \langle l_1 l_2; 00 | l_1 l_2; l0 \rangle \langle l_1 l_2; m_1 m_2 | l_1 l_2; lm \rangle.$$

O fator de raiz quadrada vezes o primeiro coeficiente de Clebsch-Gordan é independente das orientações – isto é, de m_1 e m_2. O segundo coeficiente é o apropriado para adicionar l_1 e l_2 para se obter o l total. A equação (3.8.73) resulta ser um caso especial do teorema de Wigner-Eckart, que será deduzido na Seção 3.11. Esta fórmula é extremamente útil no cálculo de elementos de matriz de multipolo em espectroscopia atômica e molecular.

3.9 ■ O MODELO DE OSCILADOR DE SCHWINGER PARA O MOMENTO ANGULAR

Momento angular e osciladores desacoplados

Há uma conexão muito interessante entre a álgebra do momento angular e aquela de dois osciladores independentes (isto é, desacoplados), que foi calculada nos apontamentos de J. Schwinger (veja Biedenharn e Van Dam (1965), p. 229). Consideremos dois osciladores harmônicos simples, que chamaremos do *tipo mais* e *tipo menos*. Temos os operadores de criação e destruição, denotados por a_+ e $a_+^\dagger$ para o oscilador do tipo mais, e a_- e $a_-^\dagger$ para o operador do tipo menos. Definimos também os operadores número N_+ e N_- como segue:

$$N_+ \equiv a_+^\dagger a_+, \quad N_- \equiv a_-^\dagger a_-. \tag{3.9.1}$$

Partimos do pressuposto de que as regras usuais de comutação entre a, $a^\dagger$ e N sejam válidas para osciladores do mesmo tipo (veja Seção 2.3).

$$[a_+, a_+^\dagger] = 1, \quad [a_-, a_-^\dagger] = 1, \tag{3.9.2a}$$

$$[N_+, a_+] = -a_+, \quad [N_-, a_-] = -a_-, \tag{3.9.2b}$$

$$[N_+, a_+^\dagger] = a_+^\dagger, \quad [N_-, a_-^\dagger] = a_-^\dagger. \tag{3.9.2c}$$

Contudo, supomos que qualquer par de operadores de diferentes osciladores comutam entre si:

$$[a_+, a_-^\dagger] = [a_-, a_+^\dagger] = 0 \tag{3.9.3}$$

e assim por diante. Portanto, é neste sentido que dizemos que os osciladores são desacoplados.

Uma vez que, em função de (3.9.3), N_+ e N_- comutam, podemos construir autovetores simultâneos de N_+ e N_- com autovalores N_+ e N_-, respectivamente. Portanto, temos a seguinte equação de autovalores para $N_\pm$:

$$N_+|n_+, n_-\rangle = n_+|n_+, n_-\rangle, \quad N_-|n_+, n_-\rangle = n_-|n_+, n_-\rangle. \tag{3.9.4}$$

Em completa analogia com (2.3.16) e (2.3.17), os operadores de criação e destruição $a_\pm^\dagger$ e $a_\pm$ atuam em $|n_+, n_-\rangle$ da seguinte forma:

$$a_+^\dagger|n_+, n_-\rangle = \sqrt{n_+ + 1}|n_+ + 1, n_-\rangle, \quad a_-^\dagger|n_+, n_-\rangle = \sqrt{n_- + 1}|n_+, n_- + 1\rangle, \tag{3.9.5a}$$

$$a_+|n_+, n_-\rangle = \sqrt{n_+}|n_+ - 1, n_-\rangle, \quad a_-|n_+, n_-\rangle = \sqrt{n_-}|n_+, n_- - 1\rangle. \tag{3.9.5b}$$

Podemos obter os autovetores de N_+ e N_- mais gerais aplicando $a_+^\dagger$ e $a_-^\dagger$ sucessivamente ao **ket do vácuo**, definido por

$$a_+|0,0\rangle = 0, \quad a_-|0,0\rangle = 0. \tag{3.9.6}$$

Deste modo, obtemos

$$|n_+, n_-\rangle = \frac{(a_+^\dagger)^{n_+}(a_-^\dagger)^{n_-}}{\sqrt{n_+!}\sqrt{n_-!}}|0,0\rangle. \qquad (3.9.7)$$

Em seguida, *definimos*

$$J_+ \equiv \hbar a_+^\dagger a_-, \qquad J_- \equiv \hbar a_-^\dagger a_+, \qquad (3.9.8\text{a})$$

e

$$J_z \equiv \left(\frac{\hbar}{2}\right)\left(a_+^\dagger a_+ - a_-^\dagger a_-\right) = \left(\frac{\hbar}{2}\right)(N_+ - N_-). \qquad (3.9.8\text{b})$$

Podemos provar de imediato que estes operadores satisfazem as relações de comutação do momento angular em sua forma usual:

$$[J_z, J_\pm] = \pm \hbar J_\pm, \qquad (3.9.9\text{a})$$

$$[J_+, J_-] = 2\hbar J_z. \qquad (3.9.9\text{b})$$

Por exemplo, para provar (3.9.9) procedemos da seguinte forma:

$$\hbar^2 [a_+^\dagger a_-, a_-^\dagger a_+] = \hbar^2 a_+^\dagger a_- a_-^\dagger a_+ - \hbar^2 a_-^\dagger a_+ a_+^\dagger a_-$$

$$= \hbar^2 a_+^\dagger (a_-^\dagger a_- + 1) a_+ - \hbar^2 a_-^\dagger (a_+^\dagger a_+ + 1) a_-$$

$$= \hbar^2 (a_+^\dagger a_+ - a_-^\dagger a_-) = 2\hbar J_z. \qquad (3.9.10)$$

Definindo o *N total* como

$$N \equiv N_+ + N_- = a_+^\dagger a_+ + a_-^\dagger a_-, \qquad (3.9.11)$$

podemos também provar que

$$\mathbf{J}^2 \equiv J_z^2 + \left(\frac{1}{2}\right)(J_+ J_- + J_- J_+)$$

$$= \left(\frac{\hbar^2}{2}\right) N \left(\frac{N}{2} + 1\right), \qquad (3.9.12)$$

que deixamos como exercício para o leitor.

Quais as interpretações físicas de tudo isto? Associamos um spin para cima ($m = \frac{1}{2}$) com uma unidade quântica do oscilador do tipo mais, e um spin para baixo ($m = -\frac{1}{2}$) como uma unidade quântica do oscilador tipo menos. Se você preferir, pode imaginar uma "partícula" de spin $\frac{1}{2}$ com spin para cima (baixo) com cada unidade quântica do oscilador tipo mais (menos). Os autovalores n_+ e n_- são simplesmente o número de spins para cima e spins para baixo, respectivamente. O significado de J_+ é que ele destrói uma unidade de spin para baixo com a componente z do momento angular $-\hbar/2$ e cria uma unidade de spin para cima com a componente z do momento angular $+\hbar/2$; portanto, a componente z do momento angular é aumentada por $\hbar$. Do mesmo modo, J_- destrói uma unidade de spin para cima, criando uma unidade de spin para baixo; a componente z do momento angular é, portanto, diminuida de $\hbar$. Quanto ao operador J_z, ele simplesmente conta $\hbar/2$ vezes a diferença de n_+ e n_-, que nada mais é que a componente z do momento angular total. Com (3.9.5) à nossa disposição, podemos facilmente examinar como $J_\pm$ e J_z atuam sobre $|n_+, n_-\rangle$:

$$J_+|n_+,n_-\rangle = \hbar a_+^\dagger a_-|n_+,n_-\rangle = \sqrt{n_-(n_++1)}\hbar|n_++1,n_--1\rangle, \quad (3.9.13a)$$

$$J_-|n_+,n_-\rangle = \hbar a_-^\dagger a_+|n_+,n_-\rangle = \sqrt{n_+(n_-+1)}\hbar|n_+-1,n_-+1\rangle, \quad (3.9.13b)$$

$$J_z|n_+,n_-\rangle = \left(\frac{\hbar}{2}\right)(N_+ - N_-)|n_+,n_-\rangle = \left(\frac{1}{2}\right)(n_+,-n_-)\hbar|n_+,n_-\rangle. \quad (3.9.13c)$$

Observe que em todas estas operações, a soma $n_+ + n_-$, que corresponde ao número total de partículas de spin $\frac{1}{2}$, permanece inalterada.

Observe agora que (3.9.13a), (3.9.13b) e (3.9.13c) se reduzem à expressão familiar para os operadores $J_\pm$ e J_z que deduzimos na Seção 3.5, desde que façamos a substituição

$$n_+ \to j+m, \quad n_- \to j-m. \quad (3.9.14)$$

Os fatores nas raízes quadradas em (3.9.13a), (3.9.13b) mudam para

$$\sqrt{n_-(n_++1)} \to \sqrt{(j-m)(j+m+1)},$$
$$\sqrt{n_+(n_-+1)} \to \sqrt{(j+m)(j-m+1)}, \quad (3.9.15)$$

que são exatamente os fatores nas raízes quadradas que aparecem em (3.5.39) e (3.5.41).

Observe também que o autovalor do operador $\mathbf{J}^2$, definido em (3.9.12), muda como a seguir:

$$\left(\frac{\hbar^2}{2}\right)(n_+ + n_-)\left[\frac{(n_+ + n_-)}{2} + 1\right] \to \hbar^2 j(j+1). \quad (3.9.16)$$

Tudo isto pode não ser tão surpreendente, pois já mostramos que os operadores $J_\pm$ e $\mathbf{J}^2$ construídos por nós a partir dos operadores do oscilador harmônico satisfazem as regras usuais de comutação. Contudo, é instrutivo ver, de maneira explícita, a conexão entre os elementos de matriz do oscilador e aqueles do momento angular. De qualquer maneira, agora é natural fazermos uso de

$$j \equiv \frac{(n_+ + n_-)}{2}, \quad m \equiv \frac{(n_+ - n_-)}{2} \quad (3.9.17)$$

no lugar de n_+ e n_- quando formos caracterizar autovetores simultâneos de $\mathbf{J}^2$ e J_z. De acordo com (3.9.13a), a atuação de J_+ muda n_+ para $n_+ + 1$ e n_- para $n_- - 1$, o

3.9 O Modelo de Oscilador de Schwinger para o Momento Angular

que significa que j não muda quando m muda para $m + 1$. Da mesma maneira, podemos ver que o operador J_- muda n_+ para $n_+ - 1$ e n_- para $n_+ - 1$, diminuindo m em uma unidade sem alterar j. Podemos agora escrever (3.9.7) para o autovetor mais geral de N_+, N_-

$$|j,m\rangle = \frac{(a_+^\dagger)^{j+m}(a_-^\dagger)^{j-m}}{\sqrt{(j+m)!(j-m)!}}|0\rangle, \qquad (3.9.18)$$

onde usamos $|0\rangle$ para representar o ket do vácuo, antes denotado por $|0, 0\rangle$.

Um caso especial de (3.9.18) é de nosso interesse. Tomemos $m = j$ que, fisicamente, significa que o autovalor de J_z é tão grande quando possível para um dado j. Temos

$$|j,j\rangle = \frac{(a_+^\dagger)^{2j}}{\sqrt{(2j)!}}|0\rangle. \qquad (3.9.19)$$

Podemos imaginar este estado sendo formado de $2j$ partículas de spin $\frac{1}{2}$ com todos os seus spins apontando para a direção de z positivo.

Em geral, notamos que um objeto complicado com um j alto pode ser visto como sendo formado de partículas de spin $\frac{1}{2}$ primitivas, $j + m$ das quais com o spin para cima e as remanescentes $j - m$ com spin para baixo. Esta interpretação é extremamente conveniente, embora não possamos, obviamente, sempre encarar um objeto de momento angular j como sendo um sistema composto, formado de partículas de spin $\frac{1}{2}$. Tudo o que estamos dizendo aqui é que *no que tange apenas às propriedades de transformação por rotação*, podemos visualizar qualquer objeto de momento angular j como um sistema composto, com $2j$ partículas de spin $\frac{1}{2}$, formado segundo a maneira indicada por (3.9.18).

Do ponto de vista da adição de momento angular desenvolvida na seção precedente, podemos adicionar os spins de $2j$ partículas de spin $\frac{1}{2}$ para obter estados com momento angular $j, j - 1, j - 2, \ldots$. Como exemplo simples, podemos adicionar o momento angular de spin de duas partículas de spin $\frac{1}{2}$, obtendo um momento angular total igual a zero ou um. No esquema dos osciladores de Schwinger, contudo, obtemos estados com momento angular j somente quando partimos de $2j$ partículas de spin $\frac{1}{2}$. Na linguagem da simetria de permutação a ser desenvolvida no Capítulo 7, somente estados totalmente simétricos podem ser construídos por este método. As partículas de spin $\frac{1}{2}$ primitivas que aparecem aqui são, na realidade, *bósons*! Este método é bastante apropriado se nosso propósito for o de examinar as propriedades sob rotação de estados caracterizados por j e m sem perguntarmos quantos estados são construidos inicialmente.

O leitor familiarizado com o isospin da física nuclear e de partículas notará que aquilo que estamos fazendo aqui fornece uma nova perspectiva acerca do formalismo de isospins (ou spin isotópico). O operador J_+, que destrói uma unidade do tipo menos e cria uma unidade do tipo mais é completamente análogo ao operador escada de isospin T_+ (algumas vezes denotado por I_+) que aniquila um nêutron (isospin para baixo) e cria um próton (isospin para cima), elevando, portanto, a componente z do isospin em uma unidade. Contrariamente, J_z é análogo a T_z, o qual simplesmente conta a diferença entre o número de prótons e o número de nêutrons no núcleo.

Fórmula explícita para matrizes de rotação

O esquema de Schwinger pode ser usado para deduzirmos, de maneira bastante simples, uma fórmula fechada para as matrizes de rotação, que E. P. Wigner obteve pela primeira vez usando um método similar (mas não idêntico). Aplicamos o operador de rotação $\mathcal{D}(R)$ a $|j,m\rangle$, escrito na forma (3.9.18). Na notação de ângulos de Euler, a única rotação não trivial é a segunda, em torno do eixo y, e, portanto, concentramos nossa atenção em

$$\mathcal{D}(R) = \mathcal{D}(\alpha, \beta, \gamma)|_{\alpha=\gamma=0} = \exp\left(\frac{-i J_y \beta}{\hbar}\right). \tag{3.9.20}$$

Temos

$$\mathcal{D}(R)|j,m\rangle = \frac{[\mathcal{D}(R) a_+^\dagger \mathcal{D}^{-1}(R)]^{j+m} [\mathcal{D}(R) a_-^\dagger \mathcal{D}^{-1}(R)]^{j-m}}{\sqrt{(j+m)!(j-m)!}} \mathcal{D}(R)|0\rangle. \tag{3.9.21}$$

Agora, $\mathcal{D}(R)$ atuando em $|0\rangle$ produz simplesmente $|0\rangle$, pois em virtude de (3.9.6), apenas o termo de ordem zero, 1, na expansão da exponencial (3.8.20), contribui. Portanto,

$$\mathcal{D}(R) a_\pm^\dagger \mathcal{D}^{-1}(R) = \exp\left(\frac{-i J_y \beta}{\hbar}\right) a_\pm^\dagger \exp\left(\frac{i J_y \beta}{\hbar}\right). \tag{3.9.22}$$

Assim, podemos usar a fórmula (2.3.47). Fazendo

$$G \to \frac{-J_y}{\hbar}, \quad \lambda \to \beta \tag{3.9.23}$$

em (2.3.47), percebemos que temos de olhar para vários comutadores, a saber

$$\begin{aligned}
\left[\frac{-J_y}{\hbar}, a_+^\dagger\right] &= \left(\frac{1}{2i}\right)[a_-^\dagger a_+, a_+^\dagger] = \left(\frac{1}{2i}\right) a_-^\dagger, \\
\left[\frac{-J_y}{\hbar}, \left[\frac{-J_y}{\hbar}, a_+^\dagger\right]\right] &= \left[\frac{-J_y}{\hbar}, \frac{a_-^\dagger}{2i}\right] = \left(\frac{1}{4}\right) a_+^\dagger,
\end{aligned} \tag{3.9.24}$$

e assim por diante. Claramente, nós sempre obtemos ou $a_+^\dagger$ ou $a_-^\dagger$. Juntando os termos, obtemos

$$\mathcal{D}(R) a_+^\dagger \mathcal{D}^{-1}(R) = a_+^\dagger \cos\left(\frac{\beta}{2}\right) + a_-^\dagger \operatorname{sen}\left(\frac{\beta}{2}\right). \tag{3.9.25}$$

Do mesmo modo

$$\mathcal{D}(R) a_-^\dagger \mathcal{D}^{-1}(R) = a_-^\dagger \cos\left(\frac{\beta}{2}\right) - a_+^\dagger \operatorname{sen}\left(\frac{\beta}{2}\right). \tag{3.9.26}$$

Na verdade, este resultado não nos surpreende. Afinal, o estado básico de spin para cima deve se transformar segundo

$$a_+^\dagger |0\rangle \to \cos\left(\frac{\beta}{2}\right) a_+^\dagger |0\rangle + \operatorname{sen}\left(\frac{\beta}{2}\right) a_-^\dagger |0\rangle \qquad (3.9.27)$$

sob uma rotação em torno do eixo y. Substituindo (3.9.25) e (3.9.26) em (3.9.21) e lembrando-nos do teorema do binômio

$$(x+y)^N = \sum_k \frac{N! x^{N-k} y^k}{(N-k)! k!}, \qquad (3.9.28)$$

obtemos

$$\mathcal{D}(\alpha=0,\beta,\gamma=0|j,m\rangle = \sum_k \sum_l \frac{(j+m)!(j-m)!}{(j+m-k)!k!(j-m-l)!l!}$$

$$\times \frac{[a_+^\dagger \cos(\beta/2)]^{j+m-k}[a_-^\dagger \operatorname{sen}(\beta/2)]^k}{\sqrt{(j+m)!(j-m)!}}$$

$$\times [-a_+^\dagger \operatorname{sen}(\beta/2)]^{j-m-l}[a_-^\dagger \cos(\beta/2)]^l |0\rangle. \qquad (3.9.29)$$

Podemos comparar (3.9.29) com

$$\mathcal{D}(\alpha=0,\beta,\gamma=0)|j,m\rangle = \sum_{m'} |j,m'\rangle d^{(j)}_{m'm}(\beta)$$

$$= \sum_{m'} d^{(j)}_{m'm}(\beta) \frac{(a_+^\dagger)^{j+m'}(a_-^\dagger)^{j-m'}}{\sqrt{(j+m')!(j-m')!}} |0\rangle. \qquad (3.9.30)$$

Podemos obter uma forma explícita para os $d^{(j)}_{m'm}(\beta)$, igualando os coeficientes das potências de $a_+^\dagger$ em (3.9.29) com aqueles em (3.9.30). Mais especificamente, queremos comparar $a_+^\dagger$ elevado a $j+m'$ em (3.9.30) com $a_+^\dagger$ elevado a $2j - k - l$, e assim identificamos

$$l = j - k - m'. \qquad (3.9.31)$$

Estamos procurando por $d_{m'm}(\beta)$ com m' fixo. A soma em k e a soma em l em (3.9.29) não são independentes uma da outra; eliminamos l em favor de k fazendo uso de (3.9.31). Quando às potências de $a_-^\dagger$, observamos que $a_-^\dagger$ elevado a $j - m'$ em (3.9.30) automaticamente casa com $a_-^\dagger$ elevado a $k + l$ em (3.9.29) quando impomos (3.9.31). O último passo é identificar os expoentes de $\cos(\beta/2)$, $\operatorname{sen}(\beta/2)$ e (-1) que são, respectivamente,

$$j + m - k + l = 2j - 2k + m - m', \qquad (3.9.32a)$$

$$k + j - m - l = 2k - m + m', \qquad (3.9.32b)$$

$$j - m - l = k - m + m'. \qquad (3.9.32c)$$

onde usamos (3.9.31) para eliminar l. Desta maneira, obtemos a **fórmula de Wigner** para $d^{(j)}_{m'm}(\beta)$:

$$d^{(j)}_{m'm}(\beta) = \sum_k (-1)^{k-m+m'} \frac{\sqrt{(j+m)!(j-m)!(j+m')!(j-m')!}}{(j+m-k)!k!(j-k-m')!(k-m+m')!}$$

$$\times \left(\cos\frac{\beta}{2}\right)^{2j-2k+m-m'} \left(\sin\frac{\beta}{2}\right)^{2k-m+m'}, \qquad (3.9.33)$$

onde tomamos a soma sobre k sempre quando nenhum dos argumentos fatoriais no denominador for negativo.

3.10 ■ MEDIDAS DE CORRELAÇÃO DE SPIN E DESIGUALDADE DE BELL

Correlações de estados singletos de spin

O exemplo mais simples de adição de momento angular por nós encontrado na Seção 3.8 dizia respeito a um sistema composto por partículas de spin $\frac{1}{2}$. Nesta seção, usaremos este tipo de sistema para ilustrar uma das consequências mais surpreendentes da mecânica quântica.

Considere um sistema de dois elétrons num estado singleto de spin – ou seja, com o spin total igual a zero. Já vimos que o ket deste estado pode ser escrito com [veja (3.8.15d)]

$$|\text{singleto}\rangle = \left(\frac{1}{\sqrt{2}}\right)(|\hat{\mathbf{z}}+;\hat{\mathbf{z}}-\rangle - |\hat{\mathbf{z}}-;\hat{\mathbf{z}}+\rangle), \qquad (3.10.1)$$

onde indicamos explicitamente a direção de quantização. Lembre-se de que $|\hat{\mathbf{z}}+;\hat{\mathbf{z}}-\rangle$ significa que o elétron 1 se encontra no estado de spin para cima e o elétron 2 no estado de spin para baixo. O mesmo vale para $|\hat{\mathbf{z}}-;\hat{\mathbf{z}}+\rangle$.

Suponha agora que façamos uma medida na componente de spin em um dos elétrons. Obviamente, há uma chance de 50–50 de obter ou spin para cima ou para baixo, pois o sistema composto pode estar em $|\hat{\mathbf{z}}+;\hat{\mathbf{z}}-\rangle$ ou $|\hat{\mathbf{z}}-;\hat{\mathbf{z}}+\rangle$ com iguais probabilidades. Contudo, se for mostrado que uma das componentes se encontra no estado de spin para cima, a outra necessariamente deve estar com o spin para baixo, e vice-versa. Quando mostramos que a componente de spin do elétron 1 aponta para cima, o aparato de medida selecionou o primeito termo $|\hat{\mathbf{z}}+;\hat{\mathbf{z}}-\rangle$ de (3.10.1); uma medida subsequente da componente do spin 2 deve, obrigatoriamente, confirmar que o ket de estado do sistema composto é dado por $|\hat{\mathbf{z}}+;\hat{\mathbf{z}}-\rangle$.

É impressionante que este tipo de correlação possa persistir mesmo que as partículas estejam bem separadas e não mais interajam, desde que, ao voarem uma para longe da outra, não ocorra uma mudança em seu estado de spin. Isto certamente é o caso para um sistema de $J = 0$ se desintegrando espontaneamente em duas partículas de spin $\frac{1}{2}$ sem momento angular orbital relativo, pois a conservação de momento angular continua válida em processos de desintegração. Um exemplo disto é o decaimento raro de um méson η (massa 549 MeV/c^2) em um par de múons

$$\eta \to \mu^+ + \mu^-, \qquad (3.10.2)$$

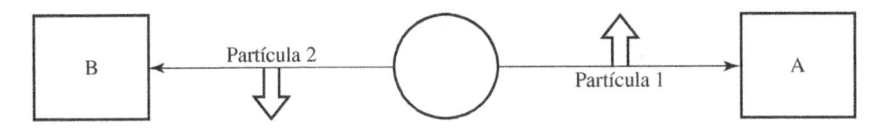

FIGURA 3.11 Correlação de spin de um singleto.

que, infelizmente, tem uma taxa de ramificação[‡] de apenas 6×10^{-6}, aproximadamente. Mais realisticamente, no espalhamento próton-próton a baixas energias, o princípio de Pauli, que será discutido no Capítulo 7, força os prótons interagentes a estarem em $^1S_0$ (momento angular orbital 0, estado de spin singleto), e os estados de spin dos prótons espalhados devem estar correlacionados na maneira indicada por (3.10.1), mesmo depois que eles tenham se separado por uma *distância macroscópica*.

Para sermos mais ilustrativos, consideremos um sistema de duas partículas de spin $\frac{1}{2}$ se movendo em direções opostas, como na Figura 3.11. O observador A se especializa em medir S_z da partícula 1 (voando para a direita), ao passo que o observador B é especializado em medir S_z da partícula 2 (voando para a esquerda). Para sermos mais específicos, vamos supor que o observador A descobre que o S_z da partícula 1 é positivo. Então, ele ou ela pode prever com absoluta certeza, mesmo antes de B fazer qualquer medida, o resultado do experimento que B obterá: B deve achar um valor negativo para S_z da partícula 2. Por outro lado, se A não fizer qualquer medida, B tem uma chance de 50-50 de obter ou S_z+ ou S_z-.

Em si, isto pode não ser muito peculiar. Podemos dizer "é como uma urna que sabemos conter uma bola preta e uma bola branca. Se pegarmos uma delas às cegas, há uma chance de 50-50 de escolhermos preto ou branco. Contudo, se a primeira bola que pegarmos for preta, então podemos prever com absoluta certeza que a segunda bola será branca".

Acontece que esta analogia é por demais simples. A situação quântica verdadeira é muito mais sofisticada que isto! Isto porque os observadores podem escolher medir S_x ao invés de S_z. O *mesmo* par de "bolas quânticas" podem ser analisadas ou em termos de preto e branco *ou* em termos de azul e vermelho!

Lembre-se de que para um sistema de um único spin $\frac{1}{2}$, os autovetores de S_x e os autovetores de S_z se relacionam via:

$$|\hat{\mathbf{x}}\pm\rangle = \left(\frac{1}{\sqrt{2}}\right)(|\hat{\mathbf{z}}+\rangle \pm |\hat{\mathbf{z}}-\rangle), \quad |\hat{\mathbf{z}}\pm\rangle = \left(\frac{1}{\sqrt{2}}\right)(|\hat{\mathbf{x}}+\rangle \pm |\hat{\mathbf{x}}-\rangle). \quad (3.10.3)$$

Retornando agora ao nosso sistema composto, podemos reescrever o estado singleto (3.10.1) escolhendo a direção x como eixo de quantização:

$$|\text{singleto}\rangle = \left(\frac{1}{\sqrt{2}}\right)(|\hat{\mathbf{x}}-;\hat{\mathbf{x}}+\rangle - |\hat{\mathbf{x}}+;\hat{\mathbf{x}}-\rangle). \quad (3.10.4)$$

A menos de um sinal global, que de qualquer modo é uma questão de convenção, podemos ter adivinhado esta forma diretamente de (3.10.1), pois estados singleto de spin não têm uma direção preferencial no espaço. Vamos supor agora que o observador A escolha medir S_z ou S_x da partícula 1 mudando a orientação de seu analisador

---

[‡] N. de T.: No original, *branching ratio*.

Tabela 3.1 Medidas de correlação de spin

Componente de spin medida por A	Resultado de A	Componente de spin medida por B	Resultado de B
z	+	z	−
z	−	x	+
x	−	z	−
x	−	z	+
z	+	x	−
x	+	x	−
z	+	x	+
x	−	x	+
z	−	z	+
z	−	x	−
x	+	z	+
x	+	z	−

de spin, enquanto o observador B sempre se especializa em medir o S_x da partícula 2. Se A determinar que o S_z da partícula 1 é positivo, B claramente tem uma chance de 50-50 de obter S_x+ ou S_x-; mesmo que seja sabido com absoluta certeza que o S_z da partícula 2 é negativo, seu S_x é completamente indeterminado. Por outro lado, suponhamos que A também decida medir S_x. Se ele achar o S_x da partícula 1 positivo, então, sem erro, B medirá um valor negativo para S_x da partícula 2. Finalmente, se A escolher não fazer qualquer medida, B terá, obviamente, uma chance de 50-50 de obter ou S_x+ ou S_x-. Resumindo:

1. Se A mede S_z e B mede S_x, há uma correlação completamente aleatória entre as duas medidas.
2. Se A mede S_x e B mede S_x, há 100% (sinal oposto) de correlação entre as duas medidas.
3. Se A não faz qualquer medida, as medidas de B mostram resultados aleatórios.

A Tabela 3.1 mostra todos os possíveis resultados de medidas quando permitimos que B e A escolham medir S_x ou S_z. Estas considerações mostram que o resultado das medidas de B parecem depender de que tipo de medida A decide fazer: uma medida de S_x, uma medida de S_z ou nenhuma medida. Observe mais uma vez que A e B podem estar a quilômetros de distância, sem qualquer possibilidade de comunicação ou interação mútua. O observador A pode decidir como orientar seu equipamento de análise de spin muito tempo depois das partículas terem se separado. É como se a partícula 2 "soubesse" qual componente de spin da partícula 1 está sendo medida.

A interpretação ortodoxa da mecânica quântica para esta situação é a seguinte: A medida de A é um processo de seleção (ou filtragem). Quando se mede que o S_z da partícula 1 é positivo, a componente $|\hat{z}+;\hat{z}-\rangle$ é selecionada. Uma medida subsequente do S_z de outra partícula meramente confirma que o sistema ainda está em $|\hat{z}+;\hat{z}-\rangle$. Devemos aceitar que uma medida sobre aquilo que aparenta ser parte do sistema deve ser vista como uma medida sobre o sistema todo.

Princípio da localidade de Einstein e desigualdade de Bell

Muitos físicos sentiram-se pouco confortáveis com a interpretação ortodoxa sobre as medidas de correlação de spins da discussão precedente. Seu desconforto pode ser exemplificado nas palavras de Einstein, citadas com frequência e hoje chamado de **princípio da localidade de Einstein**: "Mas a uma hipótese devemos, na minha opinião, nos ater fortemente: a situação factual real do sistema S_2 é independente daquilo que se faça com o sistema S_1, que se encontra espacialmente separado do primeiro". Dado que este problema foi discutido pela primeira vez em um artigo de A. Einstein, B. Podolski e N. Rosen, algumas vezes é chamado de paradoxo de Einstein-Podolski-Rosen.[14]

Algumas pessoas argumentaram que as dificuldades aqui encontradas são inerentes às interpretações probabilísticas da mecânica quântica e o que comportamento dinâmico em nível microscópico nos parece probabilístico somente devido ao fato de que alguns parâmetros ainda desconhecidos – as chamadas variáveis ocultas[‡] – não foram especificados. Não é nosso propósito aqui discutir várias alternativas à mecânica quântica baseadas em variáveis ocultas ou outras considerações. Ao contrário, façamos a pergunta: tais teorias predizem algo diferente da mecânica quântica? Até 1964, acreditava-se que as teorias alternativas poderiam ser elaboradas de tal forma a não fazerem quaisquer previsões que não aquelas usuais da mecânica quântica, que poderiam ser experimentalmente verificadas. Todo o debate ficaria assim relegado ao domínio da metafísica no lugar da física. Mas foi apontado por J. S. Bell que teorias alternativa baseadas no princípio da localidade de Einstein na verdade previam uma *relação de desigualdade* envolvendo os observáveis de experimentos de correlação de spins que discordava das predições da mecânica quântica *e que podia ser testada*.

Deduziremos a desigualdade de Bell para um modelo simples imaginado por E. P. Wigner que incorpora as propriedades essenciais das várias teorias alternativas. Os proponentes deste modelo concordam que é impossível determinar S_x e S_z simultaneamente. Contudo, quando temos um grande número de partículas de spin $\frac{1}{2}$, atribuimos a uma certa fração delas as seguintes propriedades:

Se S_z for medido, obtemos um sinal de mais com certeza absoluta.

Se S_x for medido, obtemos um sinal de menos com certeza absoluta.

Dizemos que uma partícula que satisfaça estas propriedades pertence ao tipo $(\hat{\mathbf{z}}+, \hat{\mathbf{x}}-)$. Note que não estamos afirmando que podemos medir simultaneamente S_z e S_x como sendo $+$ e $-$. Quando medimos S_z, não medimos S_x, e vice-versa. Estamos atribuindo valores definidos de componentes de spin *em mais de uma direção* sabendo que apenas uma ou outra das componentes pode, na verdade, ser medida. Embora esta abordagem seja fundamentalmente diferentes daquele da mecânica quântica, as previsões quânticas das medidas de S_z e S_x feitas sobre o estado de spin para cima (S_z+) são reproduzidas, desde que haja tantas partículas que pertencem ao tipo $(\hat{\mathbf{z}}+, \hat{\mathbf{x}}+)$ quando ao tipo $(\hat{\mathbf{z}}+, \hat{\mathbf{x}}-)$.

---

[14] Por uma questão de precisão histórica, o artigo original de Einstein, Podolski e Rosen tratava de medidas de x e p. O uso de sistemas compostos de spin $\frac{1}{2}$ para ilustrar o paradoxo de Einstein-Podolski-Rosen teve sua origem com D. Bohm.

[‡] N. de T.: Também chamadas por alguns de variáveis *escondidas*.

Examinemos agora como este modelo explica os resultados das medidas de correlação feitas sobre sistemas de singletos de spin compostos. Claramente, para um par particular, deve haver um casamento perfeito entre a partícula 1 e a partícula 2 para garantir um momento angular total nulo: se a partícula 1 for do tipo $(\hat{z}+,\hat{x}-)$, então a partícula 2 deve ser do tipo $(\hat{z}-,\hat{x}+)$ e assim por diante. Os resultados das medidas de correlação, tais como os da Tabela 3.1, podem ser reproduzidos se as partículas 1 e 2 são casadas da seguinte forma:

$$\text{Partícula 1} \quad \text{Partícula 2}$$

$$(\hat{z}+,\hat{x}-) \leftrightarrow (\hat{z}-,\hat{x}+), \tag{3.10.5a}$$

$$(\hat{z}+,\hat{x}+) \leftrightarrow (\hat{z}-,\hat{x}-), \tag{3.10.5b}$$

$$(\hat{z}-,\hat{x}+) \leftrightarrow (\hat{z}+,\hat{x}-), \tag{3.10.5c}$$

$$(\hat{z}-,\hat{x}-) \leftrightarrow (\hat{z}+,\hat{x}+) \tag{3.10.5d}$$

com populações iguais – isto é, 25% cada. Uma hipótese muito importante está sendo feita aqui. Suponhamos que um par particular pertença ao tipo (3.10.5a) e o observador A decide medir o S_z da partícula 1; então, ele ou ela necessariamente obterá um sinal de mais, independente de B decidir medir S_z ou S_x. É neste sentido que o princípio da localidade de Einstein é incorporado a este modelo: o resultado de A é predeterminado independentemente da escolha que B faça sobre o que medir.

Nos exemplos considerados até o momento, este modelo tem sido bem-sucedido em reproduzir as previsões da mecânica quântica. Consideraremos agora situações mais complicadas, onde o modelo leva a previsões diferentes daquelas da mecânica quântica usual. Deste vez, começamos com três vetores unitários, $\hat{\mathbf{a}}$, $\hat{\mathbf{b}}$ e $\hat{\mathbf{c}}$, que não são, em geral, mutuamente ortogonais. Imaginos que uma das partículas seja de um tipo bem definido, digamos $(\hat{\mathbf{a}}-,\hat{\mathbf{b}}+,\hat{\mathbf{c}}+)$, o que significa que se $\mathbf{S}\cdot\hat{\mathbf{a}}$ for medido, obteremos com absoluta certeza um sinal de menos; se $\mathbf{S}\cdot\hat{\mathbf{b}}$ for medido, um sinal de mais asseguradamente; e se $\mathbf{S}\cdot\hat{\mathbf{c}}$ for medido, obteremos com certeza um sinal positivo. De novo, deve haver um casamento perfeito, no sentido que a outra partícula necessariamente deve ser do tipo $(\hat{\mathbf{a}}+,\hat{\mathbf{b}}-,\hat{\mathbf{c}}-)$ para garantir que o momento angular total seja zero. Para qualquer evento dado, o par de partículas em questão deve ser um membro de um dos oito tipos mostrados na Tabela 3.2. Estas oito possibilidades são mutuamente exclusivas e disjuntas. A população de cada tipo é indicada na primeira coluna.

Tabela 3.2 Casamento de componentes de spin nas teorias alternativas

População	Partícula 1	Partícula 2
N_1	$(\hat{\mathbf{a}}+,\hat{\mathbf{b}}+,\hat{\mathbf{c}}+)$	$(\hat{\mathbf{a}}-,\hat{\mathbf{b}}-,\hat{\mathbf{c}}-)$
N_2	$(\hat{\mathbf{a}}+,\hat{\mathbf{b}}+,\hat{\mathbf{c}}-)$	$(\hat{\mathbf{a}}-,\hat{\mathbf{b}}-,\hat{\mathbf{c}}+)$
N_3	$(\hat{\mathbf{a}}+,\hat{\mathbf{b}}-,\hat{\mathbf{c}}+)$	$(\hat{\mathbf{a}}-,\hat{\mathbf{b}}+,\hat{\mathbf{c}}-)$
N_4	$(\hat{\mathbf{a}}+,\hat{\mathbf{b}}-,\hat{\mathbf{c}}-)$	$(\hat{\mathbf{a}}-,\hat{\mathbf{b}}+,\hat{\mathbf{c}}+)$
N_5	$(\hat{\mathbf{a}}-,\hat{\mathbf{b}}+,\hat{\mathbf{c}}+)$	$(\hat{\mathbf{a}}+,\hat{\mathbf{b}}-,\hat{\mathbf{c}}-)$
N_6	$(\hat{\mathbf{a}}-,\hat{\mathbf{b}}+,\hat{\mathbf{c}}-)$	$(\hat{\mathbf{a}}+,\hat{\mathbf{b}}-,\hat{\mathbf{c}}+)$
N_7	$(\hat{\mathbf{a}}-,\hat{\mathbf{b}}-,\hat{\mathbf{c}}+)$	$(\hat{\mathbf{a}}+,\hat{\mathbf{b}}+,\hat{\mathbf{c}}-)$
N_8	$(\hat{\mathbf{a}}-,\hat{\mathbf{b}}-,\hat{\mathbf{c}}-)$	$(\hat{\mathbf{a}}+,\hat{\mathbf{b}}+,\hat{\mathbf{c}}+)$

Vamos supor que o observador A mede $\mathbf{S}_1 \cdot \hat{\mathbf{a}}$ como sendo mais, e B mede $\mathbf{S}_2 \cdot \hat{\mathbf{b}}$ como sendo também mais. Da Tabela 3.2 fica claro que este par é do tipo 3 ou 4, e, portanto, o número de pares de partículas para os quais esta situação é realizável é $N_3 + N_4$. Uma vez que N_i é positivo semidefinido, precisamos ter relações de desigualdade da forma

$$N_3 + N_4 \leq (N_2 + N_4) + (N_3 + N_7). \tag{3.10.6}$$

Seja $P(\hat{\mathbf{a}}+;\hat{\mathbf{b}}+)$ a probabilidade que, numa seleção aleatória, o observador A meça $\mathbf{S}_1 \cdot \hat{\mathbf{a}}$ como sendo mais, o observador B meça $\mathbf{S}_2 \cdot \hat{\mathbf{b}}$ como mais e assim por diante.

Claramente, temos

$$P(\hat{\mathbf{a}}+;\hat{\mathbf{b}}+) = \frac{(N_3 + N_4)}{\sum_i^8 N_i}. \tag{3.10.7}$$

De modo similar, obtemos

$$P(\hat{\mathbf{a}}+;\hat{\mathbf{c}}+) = \frac{(N_2 + N_4)}{\sum_i^8 N_i} \quad \text{e} \quad P(\hat{\mathbf{c}}+;\hat{\mathbf{b}}+) = \frac{(N_3 + N_7)}{\sum_i^8 N_i}. \tag{3.10.8}$$

A condição de positividade (3.10.6) se torna agora

$$P(\hat{\mathbf{a}}+;\hat{\mathbf{b}}+) \leq P(\hat{\mathbf{a}}+;\hat{\mathbf{c}}+) + P(\hat{\mathbf{c}}+;\hat{\mathbf{b}}+). \tag{3.10.9}$$

Esta é a **desigualdade de Bell**, que segue do princípio de localidade de Einstein.

A mecânica quântica e a desigualdade de Bell

Voltamos agora para o mundo da mecânica quântica. Nele, não falamos de uma certa fração de pares de partículas, digamos $N_3 / \sum_i^8 N_i$, que pertence ao tipo 3. Ao invés disso, caracterizamos todos os sistemas de singletos de spin pelo mesmo ket (3.10.1); na linguagem da Seção 3.4, estamos tratando de um ensemble puro. Usando este ket e as regras da mecânica quântica desenvolvidas por nós, podemos, de maneira não ambígua, calcular cada termo da desigualdade (3.10.9).

Primeiro, calculamos $P(\hat{\mathbf{a}}+;\hat{\mathbf{b}}+)$. Suponha que o observador A ache que $\mathbf{S}_1 \cdot \hat{\mathbf{a}}$ seja positivo; por causa da correlação de 100% (sinal oposto) discutida anteriormente, a medida que B fizer de $\mathbf{S}_2 \cdot \hat{\mathbf{a}}$ vai resultar num sinal negativo com certeza absoluta. Contudo, para calcular $P(\hat{\mathbf{a}}+;\hat{\mathbf{b}}+)$, devemos considerar um novo eixo de quantização $\hat{\mathbf{b}}$ que faz um ângulo θ_{ab} com $\hat{\mathbf{a}}$; veja a Figura 3.12. Segundo o formalismo da Seção 3.2, a probabilidade que a medida de $\mathbf{S}_2 \cdot \hat{\mathbf{b}}$ dê $+$ quando se sabe que a partícula 2 está em um autoestado de $\mathbf{S}_2 \cdot \hat{\mathbf{a}}$ com autovalor negativo é dada por

$$\cos^2\left[\frac{(\pi - \theta_{ab})}{2}\right] = \operatorname{sen}^2\left(\frac{\theta_{ab}}{2}\right). \tag{3.10.10}$$

Como resultado, obtemos

$$P(\hat{\mathbf{a}}+;\hat{\mathbf{b}}+) = \left(\frac{1}{2}\right)\operatorname{sen}^2\left(\frac{\theta_{ab}}{2}\right), \tag{3.10.11}$$

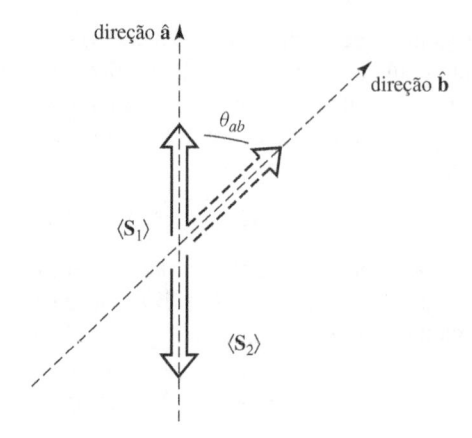

FIGURA 3.12 Cálculo de $P(\hat{a}+;\hat{b}+)$.

onde o fator $\frac{1}{2}$ surge da probabilidade de inicialmente obtermos $S_1 \cdot \hat{a}$ com $+$. Usando (3.10.11) e suas generalizações aos dois outros termos de (3.10.9), podemos escrever a desigualdade de Bell como

$$\text{sen}^2\left(\frac{\theta_{ab}}{2}\right) \leq \text{sen}^2\left(\frac{\theta_{ac}}{2}\right) + \text{sen}^2\left(\frac{\theta_{cb}}{2}\right). \tag{3.10.12}$$

Mostramos agora que a desigualdade (3.10.12) nem sempre é possível do ponto de vista geométrico. Por uma questão de simplicidade, escolhamos $\hat{a}$, $\hat{b}$ e $\hat{c}$ como estando todos num plano e façamos $\hat{c}$ interceptar as duas direções definidas por $\hat{a}$ e $\hat{b}$:

$$\theta_{ab} = 2\theta, \quad \theta_{ac} = \theta_{cb} = \theta. \tag{3.10.13}$$

A desigualdade (3.10.12) é, então, violada para

$$0 < \theta < \frac{\pi}{2}. \tag{3.10.14}$$

Por exemplo, tome $\theta = \pi/4$; obtemos então

$$0{,}500 \leq 0{,}292 \ ?? \tag{3.10.15}$$

Portanto, as previsões quânticas não são compatíveis com a desigualdade de Bell. Há um difrença real observável – no sentido de experimentalmente verificável – entre a mecânica quântica e as teorias alternativas que satisfazem o princípio da localidade de Einstein.

Vários experimentos foram conduzidos com o intuito de testar a desigualdade de Bell. Para uma revisão recente, veja "Bell's Inequality Test: More Ideal than Ever", de A. Aspect, *Nature* **398** (1999), 189. Em um dos experimentos, foram medidas correlações de spins entre os prótons finais no espalhamento próton-próton a baixas energias. Todos os outros experimentos mediram correlações de polarização de fótons entre um par de fótons numa transição de cascata de um átomo excitado (Ca, Hg, ...).

$$(j=0) \xrightarrow{\gamma} (j=1) \xrightarrow{\gamma} (j=0), \tag{3.10.16}$$

ou no decaimento de um positrônio (um estado ligado e^+e^- em $^1S_0$); estudar correlações de polarização de fótons deveria ser também bastante adequado, dada a analogia desenvolvida na Seção 1.1:

$$S_z+ \to \hat{\varepsilon} \text{ na direção } x \qquad (3.10.17a)$$

$$S_z- \to \hat{\varepsilon} \text{ na direção } y \qquad (3.10.17b)$$

$$S_x+ \to \hat{\varepsilon} \text{ na direção } 45° \text{ na diagonal} \qquad (3.10.17c)$$

$$S_z- \to \hat{\varepsilon} \text{ na direção } 135° \text{ na diagonal} \qquad (3.10.17d)$$

Os resultados de todos os experimentos recentes de precisão estabeleceram, de maneira conclusiva, que a desigualdade de Bell foi violada, em um dos casos por mais de nove desvios-padrão. Além disso, em todos estes experimentos a desigualdade foi violada de tal maneira que as previsões da mecânica quântica foram confirmadas dentro dos limites de erro experimental. Nesta controvérsia, a mecânica quântica triunfou glamourosamente.

O fato de que as previsões da mecânica quântica foram verificadas não significa que o assunto é agora todo ele trivial. Não obstante o veredito experimental, podemos ainda nos sentir psicologicamente desconfortáveis com relação a muitos aspectos de medidas desta natureza. Considere, em particular, o seguinte ponto: logo após o observador A ter feito uma medida da partícula 1, como pode a partícula 2 – que em princípio poderia estar a anos-luz da partícula 1 – "saber" como orientar seu spin de tal maneira que a surpreendente correlação, aparente na tabela 3.1, possa ser cumprida? Em um dos experimentos feitos para testar a desigualdade de Bell (conduzido por A. Aspect e colaboradores), os parâmetros do aparato foram mudados tão rapidamente que a decisão de A sobre o que medir não poderia ter sido feita até que fosse tarde demais para qualquer tipo de influência, viajando a velocidade menor que a da luz, chegasse à B.

Concluímos esta seção mostrando que não obstante estas peculiaridades, não podemos usar medidas de correlação de spin para transmitir qualquer informação útil entre dois pontos macroscopicamente separados. Em particular, comunicação superluminal (mais rápida que a luz) é impossível.

Suponha que A e B concordem, antecipadamente, medir S_z: então, sem perguntar a A, B sabe precisamente o que A está obtendo. Porém, isto não significa que A e B estejam se comunicando; B simplesmente observa uma sequência aleatória de sinais positivos e negativos. Não há obviamente qualquer informação útil ali contida. B verifica as surpreendentes correlações previstas pela mecânica quântica apenas depois que ele ou ela compara suas notas (ou formulários de computador) com A.

Pode-se pensar na hipótese de que A e B possam comunicar-se caso um deles decida repentinamente mudar a orientação de seu aparelho de medida. Vamos supor que A concordou em medir S_z inicialmente e B, S_x. Os resultados das medidas de A são totalmente descorrelacionados com os resultados das medidas de B e, portanto, não há transferência de informação. Contudo, suponha então que A repentinamente quebra sua promessa e sem dizer nada a B, começa a medir S_x. Agora há uma correlação completa entre os resultados de A e aqueles de B. Porém, não há maneira alguma pela qual B pode inferir que A mudou a posição de seu analisador. B continua vendo apenas uma sequência aleatória de +'s e −'s *apenas* olhando para seu caderno de notas. Portanto, de novo, não há transferência de informação.

3.11 ■ OPERADORES TENSORIAIS

Operadores vetoriais

Usamos até agora notações do tipo **x**, **p**, **S** e **L**, mas ainda não discutimos de maneira sistemática suas propriedades de rotação. São todos operadores vetoriais, mas qual suas propriedades sob uma rotação? Nesta seção, apresentaremos uma definição quântica precisa de operadores vetoriais, baseados nas suas relações de comutação com o operador de momento angular. Generalizamos, então, para operadores tensoriais com propriedades de transformação mais complicadas e deduzimos um importante teorema acerca dos elementos de matriz de operadores vetoriais e tensoriais.

Sabemos que um **vetor**, na física clássica, é uma grandeza com três componentes que se transforma, por definição, segundo $V_i \to \Sigma_j R_{ij} V_j$, quando sujeito a uma rotação. É razoável exigir que o valor esperado de um operador vetorial V da mecânica quântica se transforme como um vetor clássico sob rotação. Especificamente, como o ket sob uma rotação muda de acordo com

$$|\alpha\rangle \to \mathcal{D}(R)|\alpha\rangle, \quad (3.11.1)$$

supõe-se que o valor esperado de **V** mude da seguinte forma:

$$\langle\alpha|V_i|\alpha\rangle \to \langle\alpha|\mathcal{D}^\dagger(R)V_i\mathcal{D}(R)|\alpha\rangle = \sum_j R_{ij}\langle\alpha|V_j|\alpha\rangle. \quad (3.11.2)$$

Isto deve ser verdadeiro para um ket arbitrário $|\alpha\rangle$. Portanto,

$$\mathcal{D}^\dagger(R)V_i\mathcal{D}(R) = \sum_j R_{ij} V_j \quad (3.11.3)$$

deve valer enquanto **equação de operadores**, onde R_{ij} é a matriz 3×3 que corresponde à rotação R.

Consideremos agora um caso específico, uma rotação infinitesimal. Quando a rotação é infinitesima, temos

$$\mathcal{D}(R) = 1 - \frac{i\varepsilon \mathbf{J} \cdot \hat{\mathbf{n}}}{\hbar}. \quad (3.11.4)$$

Podemos agora escrever (3.11.3) como

$$V_t + \frac{\varepsilon}{i\hbar}[V_i, \mathbf{J} \cdot \hat{\mathbf{n}}] = \sum_j R_{ij}(\hat{\mathbf{n}}; \varepsilon) V_j. \quad (3.11.5)$$

Em particular, para $\hat{\mathbf{n}}$ ao longo do eixo z temos

$$R(\hat{\mathbf{z}};\varepsilon) = \begin{pmatrix} 1 & -\varepsilon & 0 \\ \varepsilon & 1 & 0 \\ 0 & 0 & 1 \end{pmatrix}, \quad (3.11.6)$$

e, portanto,

$$i = 1: \quad V_x + \frac{\varepsilon}{i\hbar}[V_x, J_z] = V_x - \varepsilon V_y \qquad (3.11.7a)$$

$$i = 2: \quad V_y + \frac{\varepsilon}{i\hbar}[V_y, J_z] = \varepsilon V_x + V_y \qquad (3.11.7b)$$

$$i = 3: \quad V_z + \frac{\varepsilon}{i\hbar}[V_z, J_z] = V_z. \qquad (3.11.7c)$$

Isto significa que **V** deve satisfazer as relações de comutação

$$[V_i, J_j] = i\varepsilon_{ijk}\hbar V_k. \qquad (3.11.8)$$

Claramente, o comportamento de **V** sob uma rotação *finita* é completamente determinado pelas relações de comutação precedentes; nós simplesmente aplicamos a fórmula (2.3.47) neste ponto já familiar, em

$$\exp\left(\frac{iJ_j\phi}{\hbar}\right) V_i \exp\left(\frac{-iJ_j\phi}{\hbar}\right). \qquad (3.11.9)$$

Nós simplesmente precisamos calcular

$$[J_j, [J_j, [\cdots [J_j, V_i] \cdots]]]. \qquad (3.11.10)$$

Comutadores múltiplos ficam nos retornando V_i ou V_k ($k \neq i, j$) como no caso de spin (3.2.7).

Podemos tomar (3.11.8) como sendo a propriedade que *define* um operador vetorial. Observe que as relações de comutação do momento angular são um caso especial de (3.11.8), no qual fazemos $V_i \to J_i$, $V_k \to J_k$. Outros casos especiais são $[y, L_z] = i\hbar x$, $[x, L_z] = -i\hbar y$, $[p_x, L_z] = -i\hbar p_y$ e $[p_y, L_z] = i\hbar p_x$. É possível prová-las explicitamente.

Tensores cartesianos *versus* tensores irredutíveis

Na física clássica, é costume definir um tensor $T_{ijk\ldots}$ generalizando $V_i \to \Sigma_j R_{ij} V_j$ da seguinte maneira:

$$T_{ijk\ldots} \to \sum_{i'}\sum_{j'}\sum_{k'} \cdots R_{ii'} R_{jj'} \cdots T_{i'j'k'\ldots} \qquad (3.11.11)$$

sob uma rotação especificada pela matriz ortogonal R 3×3. O número de índices é chamado de **ordem** do tensor. Um tensor deste tipo é conhecido como **tensor cartesiano**.

O exemplo mais simples de um tensor cartesiano de ordem 2 é o **diádico**, formado por dois vetores **U** e **V**. Simplesmente tomamos uma componente cartesiana de **U** e uma componente cartesiana de **V** e as colocamos juntas:

$$T_{ij} \equiv U_i V_j. \qquad (3.11.12)$$

Observe que temos agora, no total, nove componentes. Elas obviamente se transformam segundo (3.11.11) sob uma rotação.

O problema com tensores cartesianos como (3.11.2) é que ele é redutível – ou seja, ele pode ser decomposto em objetos menores que se transformam de maneira diferente sob rotações. Especificamente, para o diádico de (3.11.12), temos

$$U_i V_j = \frac{\mathbf{U} \cdot \mathbf{V}}{3} \delta_{ij} + \frac{(U_i V_j - U_j V_i)}{2} + \left(\frac{U_i V_j + U_j V_i}{2} - \frac{\mathbf{U} \cdot \mathbf{V}}{3} \delta_{ij} \right). \quad (3.11.13)$$

O primeiro termo do lado direito, $\mathbf{U} \cdot \mathbf{V}$, é um produto escalar invariante por rotação. O segundo é um tensor antissimétrico que pode ser escrito como um produto vetorial $\varepsilon_{ijk}(\mathbf{U} \times \mathbf{V})_k$. Há, no total, 3 componentes independentes. A última é um tensor 3×3 simétrico de traço nulo com 5 ($= 6 - 1$, onde o 1 vem da condição de traço zero) componentes independentes. O número de componentes independentes fecha:

$$3 \times 3 = 1 + 3 + 5. \quad (3.11.14)$$

Notamos que os números que aparecem do lado direito de (3.11.14) são precisamente as multiplicidades de objetos com momento angular $l = 0$, $l = 1$ e $l = 2$, respectivamente. Isto sugere que o diádico foi decomposto em tensores que podem se transformar como harmônicos esféricos com $l = 0$, 1 e 2. De fato, (3.11.13) é o exemplo não trivial mais simples que ilustra a decomposição de um tensor cartesiano em **tensores esféricos** irredutíveis.

Antes de apresentar uma definição precisa de um tensor esférico, mostramos primeiro um exemplo de um tensor esférico de ordem k. Suponha que tomemos o harmônico esférico $Y_l^m(\theta, \phi)$. Já vimos que ele pode ser escrito como $Y_l^m(\hat{\mathbf{n}})$, onde a orientação de $\hat{\mathbf{n}}$ é caracterizada por θ e ϕ. Substituamos agora $\hat{\mathbf{n}}$ por um vetor $\mathbf{V}$ qualquer. O resultado é que temos um tensor esférico de ordem k (em lugar de l) com número quântico magnético q (em lugar de m), a saber

$$T_q^{(k)} = Y_{l=k}^{m=q}(\mathbf{V}). \quad (3.11.15)$$

Especificamente, no caso $k = 1$, tomamos o harmônico esférico com $l = 1$ e substituímos $(z/r) = (\hat{\mathbf{n}})_z$ por V_z e assim por diante.

$$\begin{aligned} Y_1^0 &= \sqrt{\frac{3}{4\pi}} \cos\theta = \sqrt{\frac{3}{4\pi}} \frac{z}{r} \to T_0^{(1)} = \sqrt{\frac{3}{4\pi}} V_z, \\ Y_1^{\pm 1} &= \mp \sqrt{\frac{3}{4\pi}} \frac{x \pm i y}{\sqrt{2} r} \to T_{\pm 1}^{(1)} = \sqrt{\frac{3}{4\pi}} \left(\mp \frac{V_x \pm i V_y}{\sqrt{2}} \right). \end{aligned} \quad (3.11.16)$$

Obviamente, isto pode ser generalizado para k's maiores. Por exemplo,

$$Y_2^{\pm 2} = \sqrt{\frac{15}{32\pi}} \frac{(x \pm i y)^2}{r^2} \to T_{\pm 2}^{(2)} = \sqrt{\frac{15}{32\pi}} (V_x \pm i V_y)^2. \quad (3.11.17)$$

$T_q^{(k)}$ são irredutíveis, da mesma maneira que $Y_l^{(m)}$ o são. Por este motivo, trabalhar com tensores esféricos é mais satisfatório que trabalhar com tensores cartesianos.

Para ver a transformação de tensores esféricos construídos desta maneira, vamos primeiro revisar como os Y_l^m se transformam sob rotação. Primeiro, temos, para o autovertor de direção,

$$|\hat{\mathbf{n}}\rangle \rightarrow \mathcal{D}(R)|\hat{\mathbf{n}}\rangle \equiv |\hat{\mathbf{n}}'\rangle, \qquad (3.11.18)$$

que define o autovetor rodado $|\hat{\mathbf{n}}'\rangle$. Queremos examinar como $Y_l^m(\hat{\mathbf{n}}') = \langle \hat{\mathbf{n}}'|l,m\rangle$ pareceria em termos de $Y_l^m(\hat{\mathbf{n}})$. Podemos verificar isto facilmente começando por

$$\mathcal{D}(R^{-1})|l,m\rangle = \sum_{m'} |l,m'\rangle \mathcal{D}_{m'm}^{(l)}(R^{-1}) \qquad (3.11.19)$$

e contraindo com $\langle \hat{\mathbf{n}}|$ à esquerda, usando (3.11.18):

$$Y_l^m(\hat{\mathbf{n}}') = \sum_{m'} Y_l^{m'}(\hat{\mathbf{n}}) \mathcal{D}_{m'm}^{(l)}(R^{-1}). \qquad (3.11.20)$$

Se houver um operador que atue como $Y_l^m(\mathbf{V})$, então é razoável esperar-se que

$$\mathcal{D}^{\dagger}(R) Y_l^m(\mathbf{V}) \mathcal{D}(R) = \sum_{m'} Y_l^{m'}(\mathbf{V}) \mathcal{D}_{mm'}^{(l)*}(R), \qquad (3.11.21)$$

onde usamos a unitariedade do operador de rotação para escrever $\mathcal{D}_{m'm}^{(l)}(R^{-1})$.

Todo este trabalho é apenas para motivar a definição do um tensor esférico. Consideraremos agora tensores esféricos na mecânica quântica. Motivados por (3.11.21), definimos um tensor esférico de ordem k com $(2k+1)$ componentes como

$$\mathcal{D}^{\dagger}(R) T_q^{(k)} \mathcal{D}(R) = \sum_{q'=-k}^{k} \mathcal{D}_{qq'}^{(k)*} T_{q'}^{(k)} \qquad (3.11.22a)$$

ou, equivalentemente,

$$\mathcal{D}(R) T_q^{(k)} \mathcal{D}^{\dagger}(R) = \sum_{q'=-k}^{k} \mathcal{D}_{q'q}^{(k)}(R) T_{q'}^{(k)}. \qquad (3.11.22b)$$

Esta definição se aplica independentemente de $T_q^{(k)}$ poder ser escrito como $Y_{l=k}^{m=q}(\mathbf{V})$; por exemplo, $(U_x + iU_y)(V_x + iV_y)$ é a componente $q = +2$ de um tensor esférico de ordem 2 embora, diferente de $(V_x + iV_y)^2$, ele não possa ser escrito como $Y_k^q(\mathbf{V})$.

Uma definição mais conveniente de tensor esférico pode ser obtida em se considerando a forma infinitesimal de (3.11.22b), a saber,

$$\left(1 + \frac{i\mathbf{J}\cdot\hat{\mathbf{n}}\varepsilon}{\hbar}\right) T_q^{(k)} \left(1 - \frac{i\mathbf{J}\cdot\hat{\mathbf{n}}\varepsilon}{\hbar}\right) = \sum_{q'=-k}^{k} T_{q'}^{(k)} \langle kq'|\left(1 + \frac{i\mathbf{J}\cdot\hat{\mathbf{n}}\varepsilon}{\hbar}\right)|kq\rangle \qquad (3.11.23)$$

ou

$$[\mathbf{J}\cdot\hat{\mathbf{n}}, T_q^{(k)}] = \sum_{q'} T_{q'}^{(k)} \langle kq'|\mathbf{J}\cdot\hat{\mathbf{n}}|kq\rangle. \qquad (3.11.24)$$

Tomando $\hat{\mathbf{n}}$ nas direções $\hat{\mathbf{z}}$ e $(\hat{\mathbf{x}} \pm i\hat{\mathbf{y}})$ e usando os elementos diferentes de zero de J_z e $J_\pm$ [veja (3.5.35b) e (3.5.41)] obtemos

$$\left[J_z, T_q^{(k)}\right] = \hbar q T_q^{(k)} \tag{3.11.25a}$$

e

$$\left[J_\pm, T_q^{(k)}\right] = \hbar\sqrt{(k \mp q)(k \pm q + 1)}\, T_{q\pm 1}^{(k)}. \tag{3.11.25b}$$

Estas relações de comutação podem ser consideradas como a definição de tensores esféricos no lugar de (3.11.22).

Produto de tensores

Fizemos uso extensivo da linguagem de tensores cartesianos. De fato, nós os usamos para construir escalares, vetores, tensores antissimétricos e tensores simétricos de traço nulo. Por exemplo, veja (3.11.13). É claro que a linguagem de tensores esféricos também pode ser usada (Baym 1969, Capítulo 17), por exemplo:

$$\begin{aligned}
T_0^{(0)} &= \frac{-\mathbf{U}\cdot\mathbf{V}}{3} = \frac{(U_{+1}V_{-1} + U_{-1}V_{+1} - U_0 V_0)}{3}, \\
T_q^{(1)} &= \frac{(\mathbf{U}\times\mathbf{V})_q}{i\sqrt{2}}, \\
T_{\pm 2}^{(2)} &= U_{\pm 1} V_{\pm 1}, \\
T_{\pm 1}^{(2)} &= \frac{U_{\pm 1} V_0 + U_0 V_{\pm 1}}{\sqrt{2}}, \\
T_0^{(2)} &= \frac{U_{+1}V_{-1} + 2U_0 V_0 + U_{-1} V_{+1}}{\sqrt{6}},
\end{aligned} \tag{3.11.26}$$

onde U_q (V_q) é a q-*ésima* compomente de um tensor esférico de ordem *1*, correspondente ao vetor $\mathbf{U}(\mathbf{V})$. As propriedades de transformação precedentes podem ser verificadas em se comparando com Y_l^m e lembrando que $U_{+1} = -(U_x + iU_y)/\sqrt{2}$, $U_{-1} = (U_x - iU_y)/\sqrt{2}$, $U_0 = U_z$. Uma verificação similar pode ser feita para $V_{\pm 1,0}$. Por exemplo,

$$Y_2^0 = \sqrt{\frac{5}{16\pi}}\,\frac{3z^2 - r^2}{r^2},$$

onde $3z^2 - r^2$ pode ser escrito como

$$2z^2 + 2\left[-\frac{(x+iy)}{\sqrt{2}}\frac{(x-iy)}{\sqrt{2}}\right];$$

e, portanto, Y_2^0 é apenas um caso especial para $\mathbf{U} = \mathbf{V} = \mathbf{r}$.

Uma maneira mais sistemática de formarmos produtos de tensores é a seguinte: começamos com um teorema

Teorema 3.1 Seja $X_{q_1}^{(k_1)}$ e $Z_{q_2}^{(k_2)}$ tensores esféricos irredutíveis de ordem k_1 e k_2, respectivamente. Então

$$T_q^{(k)} = \sum_{q_1} \sum_{q_2} \langle k_1 k_2; q_1 q_2 | k_1 k_2; kq \rangle X_{q_1}^{(k_1)} Z_{q_2}^{(k_2)} \qquad (3.11.27)$$

é um tensor esférico (irredutível) de ordem k.

Prova. Devemos mostrar que, sob rotação, $T_q^{(k)}$ deve se transformar de acordo com (3.11.22).

$$\begin{aligned}
\mathcal{D}^\dagger(R) T_q^{(k)} \mathcal{D}(R) &= \sum_{q_1} \sum_{q_2} \langle k_1 k_2; q_1 q_2 | k_1 k_2; kq \rangle \\
&\quad \times \mathcal{D}^\dagger(R) X_{q_1}^{(k_1)} \mathcal{D}(R) \mathcal{D}^\dagger(R) Z_{q_2}^{(k_2)} \mathcal{D}(R) \\
&= \sum_{q_1} \sum_{q_2} \sum_{q_1'} \sum_{q_2'} \langle k_1 k_2; q_1 q_2 | k_1 k_2; kq \rangle \\
&\quad \times X_{q_1'}^{(k_1)} \mathcal{D}_{q_1' q_1}^{(k_1)}(R^{-1}) Z_{q_2'}^{(k_2)} \mathcal{D}_{q_2' q_2}^{(k_2)}(R^{-1}) \\
&= \sum_{k''} \sum_{q_1} \sum_{q_2} \sum_{q_1'} \sum_{q_2'} \sum_{q''} \sum_{q'} \langle k_1 k_2; q_1 q_2 | k_1 k_2; kq \rangle \\
&\quad \times \langle k_1 k_2; q_1' q_2' | k_1 k_2; k'' q' \rangle \\
&\quad \times \langle k_1 k_2; q_1 q_2 | k_1 k_2; k'' q'' \rangle \mathcal{D}_{q' q''}^{(k'')}(R^{-1}) X_{q_1'}^{(k_1)} Z_{q_2'}^{(k_2)},
\end{aligned}$$

onde usamos a fórmula da série de Clebsch-Gordan (3.8.69). A expressão precedente torna-se

$$= \sum_{k''} \sum_{q_1'} \sum_{q_2'} \sum_{q''} \sum_{q'} \delta_{kk''} \delta_{qq''} \langle k_1 k_2; q_1' q_2' | k_1 k_2; k'' q' \rangle \mathcal{D}_{q' q''}^{(k'')}(R^{-1}) X_{q_1'}^{(k_1)} Z_{q_2'}^{(k_2)},$$

onde usamos a ortogonalidade dos coeficientes de Clebsch-Gordan (3.8.42). Finalmente, esta expressão se reduz a

$$= \sum_{q'} \left(\sum_{q_1'} \sum_{q_2'} \langle k_1 k_2; q_1' q_2' | k_1 k_2; kq' \rangle X_{q_1'}^{(k_1)} Z_{q_2'}^{(k_2)} \right) \mathcal{D}_{q' q}^{(k)}(R^{-1})$$

$$= \sum_{q'} T_{q'}^{(k)} \mathcal{D}_{q' q}^{(k)}(R^{-1}) = \sum_{q'} \mathcal{D}_{qq'}^{(k)*}(R) T_{q'}^{(k)}.$$

A discussão precedente mostra que podemos construir operadores tensoriais de ordens mais altos ou mais baixos multiplicando dois operadores tensoriais. Além disso, a maneira pela qual construímos produtos de tensores a partir de dois tensores é completamente análoga à maneira pela qual construímos um autoestado de momento angular pela soma de dois momentos angulares; exatamente os mesmos coeficientes de Clebsch-Gordan aparecem se fizermos $k_{1,2} \to j_{1,2}$ e $q_{1,2} \to m_{1,2}$.

Elementos de matriz de operadores tensoriais; o teorema de Wigner-Eckart

Ao considerar a interação de campos eletromagnéticos com átomos e núcleos, geralmente torna-se necessário calcular elementos de matriz de operadores tensoriais com respeito a autoestados de momento angular. Exemplos deste tipo serão apresentados no Capítulo 5. Em geral, é uma tarefa dinâmica formidável calcular tais elementos. Contudo, há certas propriedades destes elementos de matriz que advém puramente de considerações cinemáticas ou geométricas, que passaremos a discutir agora.

Primeiro, há uma regra de seleção simples para m:

$$\langle \alpha', j'm' | T_q^{(k)} | \alpha, jm \rangle = 0, \text{ a menos que } m' = q + m. \quad (3.11.28)$$

Prova. Usando (3.11.25a), temos

$$\langle \alpha', j'm' | \left(\left[J_z, T_q^{(k)} \right] - \hbar q T_q^{(k)} \right) | \alpha, jm \rangle = \left[(m' - m)\hbar - \hbar q \right]$$

$$\times \langle \alpha', j'm' | T_q^{(k)} | \alpha, jm \rangle = 0,$$

e, portanto,

$$\langle \alpha', j'm' | T_q^{(k)} | \alpha, jm \rangle = 0, \text{ a menos que } m' = q + m.$$

Outra maneira de ver isto é notar a propriedade de transformação de $T_q^{(k)} | \alpha, jm \rangle$ por uma rotação, a saber

$$\mathcal{D} T_q^{(k)} | \alpha, jm \rangle = \mathcal{D} T_q^{(k)} \mathcal{D}^\dagger \mathcal{D} | \alpha, jm \rangle. \quad (3.11.29)$$

Se tomarmos agora $\mathcal{D}$ como o operador de rotação em torno do eixo z, obtemos [veja (3.11.22b) e (3.1.16)]

$$\mathcal{D}(\hat{\mathbf{z}}, \phi) T_q^{(k)} | \alpha, jm \rangle = e^{-iq\phi} e^{-im\phi} T_q^{(k)} | \alpha, jm \rangle, \quad (3.11.30)$$

que é ortogonal a $|\alpha', j'm'\rangle$ a menos que $q + m = m'$.

Vamos agora provar um dos teoremas mais importantes da mecânica quântica, o **teorema de Wigner-Eckart**.

Teorema 3.2
O Teorema de Wigner-Eckart. Os elementos de matriz de operadores tensoriais com respeito aos autoestados do momento angular satisfazem

$$\langle \alpha', j'm' | T_q^{(k)} | \alpha, jm \rangle = \langle jk; mq | jk; j'm' \rangle \frac{\langle \alpha' j' || T^{(k)} || \alpha j \rangle}{\sqrt{2j+1}}, \quad (3.11.31)$$

onde **o elemento de matriz de barra dupla** é independente de m, m' e q.

Antes de apresentarmos uma prova deste teorema, olhemos para o que ele significa. Primeiro, vemos que o elemento de matriz é escrito como o produto de dois fatores. O primeiro fator é um coeficiente de Clebsch-Gordan para adicionar j e k

visando obter j'. Ele depende somente da geometria – isto é, na maneira pela qual o sistema é orientado com respeito ao eixo z. Não há qualquer referência que seja com respeito à particular natureza do operador tensorial. O segundo fator depende, sim, da dinâmica; por exemplo, α pode representar o número quântico radial e sua determinação pode envolver, por exemplo, o cálculo de integrais radiais. Por outro lado, ele é completamente independente dos números quânticos magnéticos m, m' e q, que especificam a orientação do sistema físico. Para calcular $\langle \alpha', j'm'|T_q^{(k)}|\alpha, jm\rangle$ para diferentes combinações de m, m' e q, é suficiente saber apenas um deles; todos os outros podem ser relacionados geometricamente, pois são proporcionais aos coeficientes de Clebsch-Gordan, que são conhecidos. O fator de proporcionalidade comum é $\langle \alpha' j'||T^{(k)}||\alpha j\rangle$, que não faz qualquer referência a propriedades geométricas.

As regras de seleção para elemento de matriz do operador tensorial podem ser imediatamente lida das regras de seleção para adição de momento angular. De fato, da condição que os coeficientes de Clebsch-Gordan não possam ser nulos obtemos imediatamente a regra de seleção sobre m (3.11.28) deduzida anteriormente e também a relação triangular

$$|j-k| \leq j' \leq j+k. \qquad (3.11.32)$$

Provamos agora o teorema.

Prova. Usando (3.11.25b), temos

$$\langle \alpha', j'm'|[J_\pm, T_q^{(k)}]|\alpha, jm\rangle = \hbar\sqrt{(k\mp q)(k\pm q+1)} < \alpha', j'm'|T_{q\pm 1}^{(k)}|\alpha, jm\rangle,$$

$$(3.11.33)$$

ou usando (3.5.39) e (3.5.40), temos

$$\sqrt{(j'\pm m')(j'\mp m'+1)}\langle \alpha', j', m' \mp 1|T_q^{(k)}|\alpha, jm\rangle$$
$$= \sqrt{(j\mp m)(j\pm m+1)}\langle \alpha', j'm'|T_q^{(k)}|\alpha, j, m\pm 1\rangle \qquad (3.11.34)$$
$$+ \sqrt{(k\mp q)(k\pm q+1)}\langle \alpha', j'm'|T_{q\pm 1}^{(k)}|\alpha, jm\rangle.$$

Compare este resultado com a relação de recursão (3.8.49) para os coeficientes de Clebsch-Gordan. Note a espantosa similaridade quando substituimos $j' \to j$, $m' \to m$, $j \to j_1$, $m \to m_1$, $k \to j_2$ e $q \to m_2$. Ambas as recursões são da forma $\Sigma_j a_{ij} x_j = 0$; ou seja, são equações homogêneas lineares de primeira ordem com os mesmos coeficientes a_{ij}. Sempre que tivermos

$$\sum_j a_{ij} x_j = 0, \quad \sum_j a_{ij} y_j = 0,$$
$$(3.11.35)$$

não podemos resolver para os x_j (ou y_j) individualmente, mas apenas para suas razões. Portanto,

$$\frac{x_j}{x_k} = \frac{y_j}{y_k} \quad \text{ou} \quad x_j = cy_j, \qquad (3.11.36)$$

onde c é um fator universal de proporcionalidade. Observando que $\langle j_1 j_2; m_1, m_2 \pm 1| j_1 j_2; jm\rangle$ corresponde a $\langle \alpha', j'm'|T^{(k)}_{q\pm 1}|\alpha, jm\rangle$ na relação de recursão (3.8.49) de Clebsch-Gordan, vemos que

$$\langle \alpha', j'm'|T^{(k)}_{q\pm 1}|\alpha, jm\rangle = \text{(constante de proporcionalidade universal independente de } m, q \text{ e } m')\, \langle jk; mq \pm 1| jk; j'm'\rangle, \quad (3.11.37)$$

o que prova o teorema.

Vamos ver agora dois exemplos simples do teorema de Wigner-Eckart.

Exemplo 3.5 Tensor de ordem 0 – isto é, o escalar $T^{(0)}_0 = S$. Os elementos de matriz de um operador escalar satisfazem

$$\langle \alpha', j'm'|S|\alpha, jm\rangle = \delta_{jj'}\delta_{mm'} \frac{\langle \alpha' j'||S||\alpha j\rangle}{\sqrt{2j+1}} \quad (3.11.38)$$

pois S atuando sobre $|\alpha, jm\rangle$ é como adicionar um momento angular igual a zero. Portanto, um operador escalar não pode mudar os valores de j e m.

Exemplo 3.6 Operador vetorial que, na linguagem de tensores esféricos, é um tensor de ordem 1. A componente esférica de **V** pode ser escrita como $V_{q=\pm 1,0}$ e, portanto, temos a regra de seleção

$$\Delta m \equiv m' - m = \pm 1, 0 \quad \Delta j \equiv j' - j = \begin{cases} \pm 1 \\ 0 \end{cases}. \quad (3.11.39)$$

Além disso, a transição $0 \to 0$ é proibida. Esta regra de seleção é de importância fundamental na teoria de radiação; é a regra de seleção dipolar obtida no limite de longos comprimentos de onda para fótons emitidos.

Para $j = j'$, o teorema de Wigner-Eckart – quando aplicado ao operador vetorial – assume uma forma particularmente simples, geralmente conhecida por **teorema da projeção**, por razões óbvias.

Teorema 3.3
O Teorema da Projeção.

$$\langle \alpha', jm'|V_q|\alpha, jm\rangle = \frac{\langle \alpha', jm|\mathbf{J}\cdot\mathbf{V}|\alpha, jm\rangle}{\hbar^2 j(j+1)} \langle jm'|J_q|jm\rangle, \quad (3.11.40)$$

onde, de maneira análoga à nossa discussão depois de (3.11.26), escolhemos

$$J_{\pm 1} = \mp \frac{1}{\sqrt{2}}(J_x \pm iJ_y) = \mp \frac{1}{\sqrt{2}} J_\pm, \quad J_0 = J_z. \quad (3.11.41)$$

Prova. Considerando (3.11.26), temos

$$\begin{aligned}
\langle \alpha', jm | \mathbf{J} \cdot \mathbf{V} | \alpha, jm \rangle &= \langle \alpha', jm | (J_0 V_0 - J_{+1} V_{-1} - J_{-1} V_{+1}) | \alpha, jm \rangle \\
&= m\hbar \langle \alpha', jm | V_0 | \alpha, jm \rangle + \frac{\hbar}{\sqrt{2}} \sqrt{(j+m)(j-m+1)} \\
&\quad \times \langle \alpha', jm-1 | V_{-1} | \alpha, jm \rangle \\
&\quad - \frac{\hbar}{\sqrt{2}} \sqrt{(j-m)(j+m+1)} \langle \alpha', jm+1 | V_{+1} | \alpha, jm \rangle \\
&= c_{jm} \langle \alpha' j || \mathbf{V} || \alpha j \rangle
\end{aligned} \qquad (3.11.42)$$

pelo teorema de Wigner-Eckart (3.11.31), onde c_{jm} é independente de α, α' e $\mathbf{V}$, e os elementos de matriz de $V_{0,\pm 1}$ são todos proporcionais ao elemento de matriz de barra dupla (algumas vezes também chamado de **elemento de matriz reduzido**). Além do mais, c_{jm} é independente de m, pois $\mathbf{J} \cdot \mathbf{V}$ é um operador escalar e, portanto, podemos muito bem escrevê-lo como c_j. Uma vez que c_j não depende de $\mathbf{V}$, (3.11.42) é válida mesmo se tomarmos $\mathbf{V} \to \mathbf{J}$ e $\alpha' \to \alpha$; isto é,

$$\langle \alpha, jm | \mathbf{J}^2 | \alpha, jm \rangle = c_j \langle \alpha j || \mathbf{J} || \alpha j \rangle. \qquad (3.11.43)$$

Retornando ao teorema de Wigner-Eckart aplicado a V_q e J_q, temos

$$\frac{\langle \alpha', jm' | V_q | \alpha, jm \rangle}{\langle \alpha, jm' | J_q | \alpha, jm \rangle} = \frac{\langle \alpha' j || \mathbf{V} || \alpha j \rangle}{\langle \alpha j || \mathbf{J} || \alpha j \rangle}. \qquad (3.11.44)$$

Porém, podemos escrever $\langle \alpha', jm | \mathbf{J} \cdot \mathbf{V} | \alpha, jm \rangle / \langle \alpha, jm | \mathbf{J}^2 | \alpha, jm \rangle$ para o lado direito de (3.11.44) por (3.11.42) e (3.11.43). Além disso, o lado esquerdo de (3.11.43) é simplesmente $j(j+1)\hbar^2$. Portanto,

$$\langle \alpha', jm' | V_q | \alpha, jm \rangle = \frac{\langle \alpha', jm | \mathbf{J} \cdot \mathbf{V} | \alpha, jm \rangle}{\hbar^2 j(j+1)} \langle jm' | J_q | jm \rangle, \qquad (3.11.45)$$

que prova o teorema da projeção.

Apresentaremos aplicações do teorema nas seções subsequentes.

Problemas

3.1 Ache os autovalores e autovetores de $\boldsymbol{\sigma}_y = \begin{pmatrix} 0 & -i \\ i & 0 \end{pmatrix}$. Suponha que um elétron se encontre no estado de spin $\begin{pmatrix} \alpha \\ \beta \end{pmatrix}$. Se s_y for medido, qual a probabilidade que o resultado seja $\hbar/2$?

3.2 Ache, por construção explícita e usando as matrizes de Pauli, os autovalores do Hamiltoniano

$$H = -\frac{2\mu}{\hbar} \mathbf{S} \cdot \mathbf{B}$$

para uma partícula de spin $\frac{1}{2}$ na presença de um campo magnético $\mathbf{B} = B_x \hat{\mathbf{x}} + B_y \hat{\mathbf{y}} + B_z \hat{\mathbf{z}}$.

3.3 Suponha que uma matriz X 2×2 (não necessariamente Hermitiana ou unitária) seja escrita como

$$X = a_0 + \boldsymbol{\sigma} \cdot \mathbf{a},$$

onde a_0 e $a_{1,2,3}$ são números.
  (a) Como a_0 e a_k ($k = 1, 2, 3$) estão relacionados a tr(X) e tr($\sigma_k X$)?
  (b) Obtenha a_0 e a_k em termos dos elementos de matriz de X_{ij}.

3.4 Mostre que o determinante da matriz 2×2 $\boldsymbol{\sigma} \cdot \mathbf{a}$ é invariante sob

$$\boldsymbol{\sigma} \cdot \mathbf{a} \to \boldsymbol{\sigma} \cdot \mathbf{a}' \equiv \exp\left(\frac{i\boldsymbol{\sigma} \cdot \hat{\mathbf{n}}\phi}{2}\right) \boldsymbol{\sigma} \cdot \mathbf{a} \exp\left(\frac{-i\boldsymbol{\sigma} \cdot \hat{\mathbf{n}}\phi}{2}\right).$$

Ache a'_k em termos de a_k quando $\hat{\mathbf{n}}$ é na direção z positiva e interprete seu resultado.

3.5 Considere e matriz 2×2 definida por

$$U = \frac{a_0 + i\boldsymbol{\sigma} \cdot \mathbf{a}}{a_0 - i\boldsymbol{\sigma} \cdot \mathbf{a}},$$

onde a_0 é um número real e $\mathbf{a}$ é um vetor tridimensional com componentes reais.
  (a) Prove que U é unitária e unimodular.
  (b) Em geral, uma matriz 2×2 unitária unimodular representa uma rotação em três dimensões. Ache o eixo e os ângulos de rotação apropriados de U em função dos termos a_0, a_1, a_2 e a_3.

3.6 O Hamiltoniano dependente de spin de um sistema elétron–pósitron na presença de um campo magnético uniforme na direção z pode ser escrito como

$$H = A\mathbf{S}^{(e^-)} \cdot \mathbf{S}^{(e^+)} + \left(\frac{eB}{mc}\right)\left(S_z^{(e^-)} - S_z^{(e^+)}\right).$$

Suponha que a função de spin do sistema é dada por $\chi_+^{(e^-)}\chi_-^{(e^+)}$.
  (a) Seria esta uma autofunção de H no limite $A \to 0$, $eB/mc \neq 0$? Em caso afirmativo, qual o autovalor de energia? Caso contrário, qual o valor esperado de H?
  (b) Resolva o mesmo problema quando $eB/mc \to 0, A \neq 0$.

3.7 Considere uma partícula de spin 1. Calcule o elemento de matriz de

$$S_z(Sz + \hbar)(S_z - \hbar) \quad \text{e} \quad S_x(S_x + \hbar)(S_x - \hbar).$$

3.8 Seja o Hamiltoniano de um corpo rígido

$$H = \frac{1}{2}\left(\frac{K_1^2}{I_1} + \frac{K_2^2}{I_2} + \frac{K_3^2}{I_3}\right),$$

onde $\mathbf{K}$ é o momento angular no sistema inercial do corpo. Obtenha, a partir desta expressão, a equação de movimento de Heisenberg para $\mathbf{K}$ e ache, então, as equações de movimento de Euler no limite correspondente.

3.9 Seja $U = e^{iG_3\alpha}e^{iG_2\beta}e^{iG_3\gamma}$, onde ($\alpha, \beta, \gamma$) são os ângulos Eulerianos. Para que U possa representar uma rotação (α, β, γ), quais as regras de comutação que devem ser satisfeitas pelos G_k? Relacione $\mathbf{G}$ com os operadores de momento angular.

3.10 Qual é o significado da seguinte equação

$$U^{-1}A_k U = \sum R_{kl} A_l,$$

onde as três componentes de $\mathbf{A}$ são matrizes? A partir desta equação, mostre que os elementos de matriz $\langle m|A_k|n\rangle$ transformam-se como vetores.

3.11 Considere a sequência de rotações de Euler representadas por

$$\mathcal{D}^{(1/2)}(\alpha,\beta,\gamma) = \exp\left(\frac{-i\sigma_3\alpha}{2}\right)\exp\left(\frac{-i\sigma_2\beta}{2}\right)\exp\left(\frac{-i\sigma_3\gamma}{2}\right)$$

$$= \begin{pmatrix} e^{-i(\alpha+\gamma)/2}\cos\frac{\beta}{2} & -e^{-i(\alpha-\gamma)/2}\operatorname{sen}\frac{\beta}{2} \\ e^{i(\alpha-\gamma)/2}\operatorname{sen}\frac{\beta}{2} & e^{i(\alpha+\gamma)/2}\cos\frac{\beta}{2} \end{pmatrix}.$$

Devido às propriedades de grupo das rotações, esperamos que esta sequência de operadores seja equivalente a uma única rotação em torno de algum eixo por um ângulo θ. Determine θ.

3.12 (a) Considere um ensemble puro de sistemas de spin $\frac{1}{2}$ identicamente preparados. Suponha que os valores esperados de $\langle S_x \rangle$, $\langle S_z \rangle$ e o sinal de $\langle S_y \rangle$ sejam conhecidos. Mostre como podemos determinar o vetor de estado. Por que não é necessário conhecer a magnitude de $\langle S_y \rangle$?

(b) Considere um ensemble misto de sistemas de spin $\frac{1}{2}$. Suponha que as médias no ensemble $[S_x]$, $[S_y]$ e $[S_z]$ sejam todas conhecidas. Mostre como podemos construir uma matriz densidade 2×2 que caracterize o ensemble.

3.13 (a) Prove que a evolução temporal do operador densidade ρ (na representação de Schrödinger) é dada por

$$\rho(t) = \mathcal{U}(t,t_0)\rho(t_0)\mathcal{U}^\dagger(t,t_0).$$

(b) Suponha que tenhamos um ensemble puro em $t = 0$. Prove que ele não pode evoluir para um ensemble misto se a evolução temporal for governada pela equação de Schrödinger.

3.14 Considere um ensemble de sistemas de spin 1. A matriz densidade é agora uma matriz 3×3. Quantos parâmetros (reais) independentes são necessários para caracterizar a matriz densidade? O que necessitamos conhecer, além de $[S_x]$, $[S_y]$ e $[S_z]$, para caracterizar o ensemble completamente?

3.15 Um autoestado de momento angular $|j, m = m_{\max} = j\rangle$ é rodado por um ângulo infinitesimal ε em torno do eixo y. Sem usar a forma explícita da função $d_{m'm}^{(j)}$, obtenha uma expressão para a probabilidade do novo estado rodado ser encontrado no estado original até termos de ordem ε^2.

3.16 Mostre que as matrizes 3×3 G_i ($i = 1, 2, 3$), cujos elementos são dados por

$$(G_i)_{jk} = -i\hbar\varepsilon_{ijk},$$

onde j e k são agora os índices de linha e coluna, satisfaz as relações de comutação do momento angular. Qual é o significado físico (ou geométrico) da matriz de transformação que conecta G_i às representações 3×3 mais usuais do operador de momento angular J_i, com J_3 tomado como sendo diagonal? Relacione seu resultado com

$$\mathbf{V} \to \mathbf{V} + \hat{\mathbf{n}}\delta\phi \times \mathbf{V}$$

sob rotações infinitesimais (*Nota*: este problema pode ser útil na compreensão do spin do fóton).

3.17 (a) Seja **J** o momento angular (que pode ser o **L** orbital, o spin **S** ou **J**$_{\text{total}}$). Utilizando o fato de que $J_x, J_y, J_z (J\pm \equiv J_x \pm i J_y)$ satisfaz as relações de comutação usuais para momento angular, prove que

$$\mathbf{J}^2 = J_z^2 + J_+ J_- - \hbar J_z.$$

(b) Usando (a) (ou uma outra maneira), deduza a expressão "famosa" para o coeficiente c_- que aparece em[†]

$$J_- \psi_{jm} = c_- \psi_{j, m-1}.$$

3.18 Mostre que o operador **L** de momento angular orbital comuta tanto com $\mathbf{p}^2$ quanto $\mathbf{x}^2$, isto é, prove (3.7.2).

3.19 A função de onda de uma partícula sujeita a um potencial esfericamente simétrico $V(r)$ é dada por

$$\psi(\mathbf{x}) = (x + y + 3z) f(r).$$

(a) ψ é autofunção de $\mathbf{L}^2$? Se for, qual o valor de l? Se não for, quais os possíveis valores de l que podemos obter quando $\mathbf{L}^2$ é medido?
(b) Quais as probabilidades da partícula ser encontrada em vários estados m_l?
(c) Suponha que, de alguma maneira, saibamos que $\psi(\mathbf{x})$ é uma autofunção de energia com autovalor E. Indique como podemos achar $V(r)$.

3.20 Sabe-se que uma partícula num potencial com simetria esférica se encontra em um autoestado de $\mathbf{L}^2$ e L_z, com autovalores $\hbar^2 l(l+1)$ e $m\hbar$, respectivamente. Prove que os valores esperados entre estados $|lm\rangle$ satisfazem

$$\langle L_x \rangle = \langle L_y \rangle = 0, \quad \langle L_x^2 \rangle = \langle L_y^2 \rangle = \frac{[l(l+1)\hbar^2 - m^2 \hbar^2]}{2}.$$

Interprete este resultado semiclassicamente.

3.21 Suponha que um valor semi-inteiro de l, digamos $\frac{1}{2}$, fosse permitido para o momento angular orbital. A partir de

$$L_+ Y_{1/2, 1/2}(\theta, \phi) = 0,$$

podemos deduzir, de maneira usual,

$$Y_{1/2, 1/2}(\theta, \phi) \propto e^{i\phi/2} \sqrt{\operatorname{sen} \theta}.$$

Tente agora construir $Y_{1/2, -1/2}(\theta, \phi)$ aplicando (a) L_- em $Y_{1/2, 1/2}(\theta, \phi)$ e (b) usando $L_- Y_{1/2, -1/2}(\theta, \phi) = 0$. Mostre que os dois procedimentos levam a resultados contraditórios (este é um argumento contra valores semi-inteiros de L para o momento angular orbital).

3.22 Considere um autoestado de momento angular orbital $|l = 2, m = 0\rangle$. Suponha que este estado seja rodado por um ângulo β em torno do eixo y. Ache a probabilidade deste novo estado ser encontrado em $m = 0, \pm 1$ e ± 2. (Os harmônicos esféricos para $l = 0, 1$ e 2 dados na Seção B.5 do Apêndice B podem ser úteis.)

3.23 O objetivo deste problema é determinar autoestados degenerados do oscilador harmônico isotrópico tridimensional, escritos como autoestados de $\mathbf{L}^2$ e L_z e em termos dos autoestados cartesianos $|n_x n_y n_z\rangle$.

[†] Ou não entendo este problema ou ele é trivial. O manual de soluções original também não tornou as coisas mais claras. [Jim Napolitano]

(a) Mostre que os operadores de momento angular são dados por

$$L_i = i\hbar \varepsilon_{ijk} a_j a_k^\dagger$$

$$\mathbf{L}^2 = \hbar^2 \left[N(N+1) - a_k^\dagger a_k^\dagger a_j a_j \right],$$

onde está implícito a soma sobre índices repetidos, ε_{ijk} é o símbolo totalmente antissimétrico[†] e $N \equiv a_j^\dagger a_j$ conta o número total de quanta.

(b) Use estas relações para expressar os estados $|qlm\rangle = |01m\rangle$, $m = 0, \pm 1$, em termos dos três autovetores $|n_x n_y n_z\rangle$ que são degenerados na energia. Escreva sua resposta na representação do espaço de coordenadas e verifique que as dependências angular e radial estão corretas.

(c) Repita para $|qlm\rangle = |200\rangle$.

(d) Repita para $|qlm\rangle = |02m\rangle$, com $m = 0, 1$ e 2.

3.24 Siga os seguintes passos para mostrar que as soluções da Equação de Kummer (3.7.46) podem ser escritas em termos dos polinômios de Laguerre $L_n(x)$, que são definidos pela função geratriz da seguinte maneira

$$g(x,t) = \frac{e^{-xt/(1-t)}}{1-t} = \sum_{n=0}^{\infty} L_n(x) \frac{t^n}{n!},$$

onde $0 < t < 1$. A discussão da Seção 2.5 acerca de funções geratrizes para polinômios de Hermite será útil.

(a) Prove que $L_n(0) = n!$ e $L_0(x) = 1$.

(b) Diferencie $g(x,t)$ com relação a x, mostre que

$$L_n'(x) - n L_{n-1}'(x) = -n L_{n-1}(x),$$

e ache os primeiros polinômios de Laguerre.

(c) Diferencie $g(x,t)$ com relação a t e mostre que

$$L_{n+1}(x) - (2n+1-x)L_n(x) + n^2 L_{n-1}(x) = 0.$$

(d) Mostre agora que a Equação de Kummer é resolvida deduzindo

$$x L_n''(x) + (1-x) L_n'(x) + n L_n(x) = 0,$$

e associe n ao número quântico principal para o átomo de hidrogênio.

3.25 Qual é o significado físico dos operadores

$$K_+ \equiv a_+^\dagger a_-^\dagger \quad \text{e} \quad K_- \equiv a_+ a_-$$

no esquema de Schwinger do momento angular? Escreva os elementos de matriz de $K_\pm$ diferentes de zero.

3.26 Temos de adicionar os momentos angulares $j_1 = 1$ e $j_2 = 1$ para formar os estados $j = 2, 1$ e 0. Usando o método dos operadores escada ou as relações de recorrência, expresse todos os (nove) autovetores $\{j, m\}$ em termos de $|j_1 j_2; m_1 m_2\rangle$. Escreva suas respostas como

$$|j=1, m=1\rangle = \frac{1}{\sqrt{2}}|+,0\rangle - \frac{1}{\sqrt{2}}|0,+\rangle, \ldots,$$

onde $+$ e 0 representam $m_{1,2} = 1, 0$, respectivamente.

[†] Não vejo uma boa razão pela qual escrever a equação em (b) como se o operador J_- atuasse sobre uma função de onda. [Jim Napolitano]

3.27 (a) Calcule

$$\sum_{m=-j}^{j} |d_{mm'}^{(j)}(\beta)|^2 m$$

para qualquer valor de j (inteiro ou semi-inteiro); verifique em seguida sua resposta para $j = \frac{1}{2}$.

(b) Prove que, para qualquer valor de j

$$\sum_{m=-j}^{j} m^2 |d_{m'm}^{(j)}(\beta)|^2 = \frac{1}{2}j(j+1)\operatorname{sen}^2\beta + m'^2 \frac{1}{2}(3\cos^2\beta - 1).$$

[*Dica*: isto pode ser demonstrado de diversas maneiras. Você pode, por exemplo, examinar as propriedades de J_z^2 sob rotação, usando a linguagem tensorial esférica (irredutível)].

3.28 (a) Considere um sistema com $j = 1$. Escreva explicitamente

$$\langle j = 1, m'|J_y| j = 1, m \rangle$$

em forma matricial 3×3.

(b) Mostre que para $j = 1$, é legítimo substituir $e^{-iJ_y\beta/\hbar}$ por

$$1 - i\left(\frac{J_y}{\hbar}\right)\operatorname{sen}\beta - \left(\frac{J_y}{\hbar}\right)^2 (1 - \cos\beta).$$

(c) Usando (b), prove que

$$d^{(j=1)}(\beta) = \begin{pmatrix} \left(\frac{1}{2}\right)(1+\cos\beta) & -\left(\frac{1}{\sqrt{2}}\right)\operatorname{sen}\beta & \left(\frac{1}{2}\right)(1-\cos\beta) \\ \left(\frac{1}{\sqrt{2}}\right)\operatorname{sen}\beta & \cos\beta & -\left(\frac{1}{\sqrt{2}}\right)\operatorname{sen}\beta \\ \left(\frac{1}{2}\right)(1-\cos\beta) & \left(\frac{1}{\sqrt{2}}\right)\operatorname{sen}\beta & \left(\frac{1}{2}\right)(1+\cos\beta) \end{pmatrix}.$$

3.29 Expresse o elemento de matriz $\langle \alpha_2\beta_2\gamma_2|J_3^2|\alpha_1\beta_1\gamma_1 \rangle$ em termos de uma série em

$$\mathcal{D}_{mn}^j(\alpha\beta\gamma) = \langle \alpha\beta\gamma|jmn \rangle.$$

3.30 Considere um sistema formado por duas partículas de spin $\frac{1}{2}$. O observador A se especializa em medir as componentes de spin de uma das partículas (s_{1z}, s_{1x} e assim por diante), ao passo que o observador B mede as componentes do spin da outra partícula. Suponha que seja sabido que o sistema se encontra num estado de spin singleto, isto é $S_{\text{total}} = 0$.

(a) Qual a probabilidade do observador A obter $s_{1z} = \hbar/2$ quando o observador B não fizer qualquer medida? Resolva o mesmo problema para $s_{1x} = \hbar/2$.

(b) O observador B determina, com absoluta certeza, que o spin da partícula 2 se encontra no estado $s_{2z} = \hbar/2$. O que podemos concluir disto acerca dos resultados das medidas do observador A (i) se A medir s_{1z}; (ii) se A medir s_{1x}? Justifique sua resposta.

3.31 Considere um tensor esférico de ordem 1 (ou seja, um vetor)

$$V_{\pm 1}^{(1)} = \mp \frac{V_x \pm iV_y}{\sqrt{2}}, \quad V_0^{(1)} = V_z.$$

Usando a expressão $d^{(j=1)}$ dada no Problema 3.28, calcule

$$\sum_{q'} d_{qq'}^{(1)}(\beta) V_{q'}^{(1)}$$

e mostre que seus resultados são simplesmente o que você esperaria das propriedades de transformação de $V_{x,y,z}$ por rotações em torno do eixo y.

3.32 (a) Construa um tensor esférico de ordem 1 a partir de dois vetores diferentes, $\mathbf{U} = (U_x, U_y, U_z)$ e $\mathbf{V} = (V_x, V_y, V_z)$. Escreva $T_{\pm 1,0}^{(1)}$ explicitamente em termos de $U_{x,y,z}$ e $V_{x,y,z}$.
(b) Construa um tensor esférico de ordem 2 a patir de dois vetores diferentes, $\mathbf{U}$ e $\mathbf{V}$. Escreva $T_{\pm 2, \pm 1, 0}^{(2)}$ explicitamente em termos de $U_{x,y,z}$ e $V_{x,y,z}$.

3.33 Considere uma partícula sem spin ligada a um centro fixo por um potencial de força central.
(a) Relacione, tanto quanto possível, os elementos de matriz

$$\langle n',l',m' | \mp \frac{1}{\sqrt{2}}(x \pm iy) | n,l,m \rangle \quad \text{e} \quad \langle n',l',m' | z | n,l,m \rangle$$

usando *somente* o teorema de Wigner-Eckart. Não se esqueça de apontar sob quais condições estes elementos de matriz são diferentes de zero.
(b) Faça o mesmo usando as funções de onda $\psi(\mathbf{x}) = R_{nl}(r) Y_l^m(\theta, \phi)$.

3.34 (a) Escreva xy, xz e $(x^2 - y^2)$ como componentes de um tensor esférico (irredutível) de ordem 2.
(b) O valor esperado

$$Q \equiv e \langle \alpha, j, m=j | (3z^2 - r^2) | \alpha, j, m=j \rangle$$

é conhecido como *momento de quadrupolo*. Calcule

$$e \langle \alpha, j, m' | (x^2 - y^2) | \alpha, j, m=j \rangle,$$

em termos de Q e dos coeficientes de Clebsh-Gordno, onde $m' = j, j-1, j-2, \ldots,$.

3.35 Um núcleo de spin $\frac{3}{2}$ localizado na origem está sujeito a um campo elétrico inomogêneo. Podemos tomar a interação básica de momento de quadrupolo como sendo

$$H_{\text{int}} = \frac{eQ}{2s(s-1)\hbar^2} \left[\left(\frac{\partial^2 \phi}{\partial x^2} \right)_0 S_x^2 + \left(\frac{\partial^2 \phi}{\partial y^2} \right)_0 S_y^2 + \left(\frac{\partial^2 \phi}{\partial z^2} \right)_0 S_z^2 \right],$$

onde ϕ é o potencial eletrostático que satisfaz uma equação de Laplace, e os eixos de coordenadas são escolhidas de tal modo que

$$\left(\frac{\partial^2 \phi}{\partial x \partial y} \right)_0 = \left(\frac{\partial^2 \phi}{\partial y \partial z} \right)_0 = \left(\frac{\partial^2 \phi}{\partial x \partial z} \right)_0 = 0.$$

Mostre que a energia de interação pode ser escrita como

$$A(3S_z^2 - \mathbf{S}^2) + B(S_+^2 + S_-^2),$$

e expresse A e B em termos de $(\partial^2 \phi / \partial x^2)_0$ e assim por diante. Determine os autoestados de energia (em termos de $|m\rangle$, onde $m = \pm \frac{3}{2}, \pm \frac{1}{2}$) e os correspondentes autovalores. Há degenerescência?

CAPÍTULO 4

Simetria em Mecânica Quântica

Tendo estudado a teoria de rotações detalhadamente, estamos aptos agora a discutir em termos mais gerais a conexão entre simetrias, degenerescências e leis de conservação. Adiamos este tópico muito importante propositadamente para que, assim, pudéssemos discuti-lo usando a simetria de rotação do Capítulo 3 como exemplo.

4.1 ■ SIMETRIAS, LEIS DE CONSERVAÇÃO E DEGENERESCÊNCIAS

Começaremos por uma revisão elementar dos conceitos de simetria e leis de conservação na física clássica. Na formulação Lagrangiana da mecânica quântica, começamos com uma Lagrangiana L que é função da coordenada generalizada q_i e da correspondente velocidade generalizada $\dot{q}_i$. Se L não mudar sob um deslocamento

$$q_i \to q_i + \delta q_i \tag{4.1.1}$$

então é necessário que

$$\frac{\partial L}{\partial q_i} = 0. \tag{4.1.2}$$

Disto segue, devido à equação de Lagrande, $d/dt(\partial L/\partial \dot{q}_i) - \partial L/\partial q_i = 0$, que

$$\frac{dp_i}{dt} = 0, \tag{4.1.3}$$

onde o momento canônico é definido via

$$p_i = \frac{\partial L}{\partial \dot{q}_i}. \tag{4.1.4}$$

Portanto, se L permanece inalterado sob um deslocamento (4.1.1), temos uma quantidade conservada, o momento canônico conjugado a q_i.

Da mesma maneira, na formulação Hamiltoniana baseada num H, que é tido como sendo função de q_i e p_i, temos

$$\frac{dp_i}{dt} = 0 \tag{4.1.5}$$

sempre que

$$\frac{\partial H}{\partial q_i} = 0. \tag{4.1.6}$$

4.1 Simetrias, Leis de Conservação e Degenerescências

Assim, se o Hamiltoniano não depende explicitamente de q_i, que é outra maneira de dizer que H tem simetria por uma transformação $q_i \rightarrow q_i + \delta q_i$, temos uma quantidade conservada.

Simetria na mecânica quântica

Na mecânica quântica aprendemos a associar um **operador unitário**, digamos $\mathscr{S}$, a uma operação como translação ou rotação. Tornou-se costume chamar $\mathscr{S}$ de **operador de simetria**, independentemente do sistema físico em si apresentar ou não a simetria que corresponde a $\mathscr{S}$. Além do mais, aprendemos que, para operações de simetria que diferem infinitesimalmente de uma transformação identidade, podemos escrever

$$\mathscr{S} = 1 - \frac{i\varepsilon}{\hbar} G, \qquad (4.1.7)$$

onde G é o gerador hermitiano do operador de simetria em questão. Suponhamos agora que H seja invariante por $\mathscr{S}$. Temos, então,

$$\mathscr{S}^\dagger H \mathscr{S} = H. \qquad (4.1.8)$$

Mas isto equivale a

$$[G, H] = 0. \qquad (4.1.9)$$

Devido à equação de movimento de Heisenberg, temos

$$\frac{dG}{dt} = 0; \qquad (4.1.10)$$

e, portanto, G é uma constante de movimento. Por exemplo, se H for invariante por translação, então o momento será uma constante de movimento; se H for invariante por rotação, o momento angular será uma constante de movimento.

É bastante instrutivo analisar a conexão entre (4.1.9) e a conservação de G do ponto de vista de um autovetor de G quando este comuta com H. Suponhamos que em t_0 o sistema esteja em um autoestado de G. Então, o ket, num instante posterior de tempo obtido pela aplicação do operador de evolução temporal

$$|g', t_0; t\rangle = U(t, t_0)|g'\rangle \qquad (4.1.11)$$

também é um autovetor de G com o mesmo autovalor g'. Em outras palavras, uma vez que um ket é autovetor de G, ele sempre o será com o mesmo autovalor. A prova deste fato é extremamente simples quando percebemos que (4.1.9) e (4.1.10) também implicam que G comuta com o operador de evolução temporal

$$G[U(t, t_0)|g'\rangle] = U(t, t_0)G|g'\rangle = g'[U(t, t_0)|g'\rangle]. \qquad (4.1.12)$$

Degenerescência

Vamos agora tratar do conceito de degenerescência. Embora degenerescências possam ser discutidas em nível de mecânica clássica – por exemplo, discutindo órbitas fechadas (não precessionais) no problema de Kepler (Goldstein 2002) –, este conceito desempenha um papel muito mais importante na mecânica quântica. Suponhamos que

$$[H, \mathcal{S}] = 0 \qquad 4.1.13$$

para algum operador de simetria, e $|n\rangle$ seja um autovetor de eneria com autovalor E_n. Então, $\mathcal{S}|n\rangle$ também é um autovetor de energia com a mesma energia, pois

$$H(\mathcal{S}|n\rangle) = \mathcal{S}H|n\rangle = E_n(\mathcal{S}|n\rangle). \qquad (4.1.14)$$

Suponha que $|n\rangle$ e $\mathcal{S}|n\rangle$ representem diferentes estados. Então, ambos têm a mesma energia – ou seja, são degenerados. Com bastante frequência, $\mathcal{S}$ é caracterizado por parâmetros contínuos, digamos λ, em cujos casos todos os estados da forma $\mathcal{S}(\lambda)|n\rangle$ têm a mesma energia.

Consideremos agora, mais especificamente, as rotações. Suponha que o Hamiltoniano seja invariante por rotações. Então,

$$[\mathcal{D}(R), H] = 0, \qquad (4.1.15)$$

que, necessariamente, implica em

$$[\mathbf{J}, H] = 0, \quad [\mathbf{J}^2, H]. \qquad (4.1.16)$$

Podemos, então, construir autovetores simultâneos de H, $\mathbf{J}^2$ e J_z, denotados por $|n; j, m\rangle$. O argumento que acabamos de fornecer implica que todos os estados da forma

$$\mathcal{D}(R)|n; j, m\rangle \qquad (4.1.17)$$

têm a mesma energia. Vimos no Capítulo 3 que, sob rotações, diferentes valores de m se misturam. Em geral, $\mathcal{D}(R)|n; j, m\rangle$ é uma combinação linear de $2j + 1$ estados independentes. Explicitamente

$$\mathcal{D}(R)|n; j, m\rangle = \sum_{m'} |n; j, m'\rangle \mathcal{D}^{(j)}_{m'm}(R), \qquad (4.1.18)$$

e, variando o parâmetro contínuo que caracteriza o operador de rotação $\mathcal{D}(R)$, podemos obter diferentes combinações lineares dos $|n; j, m'\rangle$. Se todos os estados da forma $\mathcal{D}(R)|n; j, m\rangle$ com $\mathcal{D}(R)$ arbitrário devem ter a mesma energia, então é essencial que cada um dos $|n; j, m\rangle$ com diferentes m tenham a mesma energia. Portanto, a degenerescência neste caso é $(2j + 1)$, ou seja, exatamente igual ao número de possíveis valores de m. Este ponto também é evidente pelo fato de que todos os estados obtidos por aplicação sucessiva de $J_\pm$, que comuta com H, ao ket $|n; j, m\rangle$, têm a mesma energia.

Como exemplo de aplicação, considere um elétron atômico cujo potencial seja escrito como $V(r) + V_{LS}(r)\mathbf{L} \cdot \mathbf{S}$. Uma vez que r e $\mathbf{L} \cdot \mathbf{S}$ são invariantes por rotação, esperamos uma degenerescência de ordem $(2j + 1)$ para cada nível atômico. Por outro lado, suponha que haja um campo elétrico ou magnético externo apontando, digamos, na direção z. A simetria rotacional é quebrada explicitamente e, como consequência, a degenerescência de ordem $(2j + 1)$ não deve mais estar presente. Estados caracterizados por diferentes valores de m não têm mais a mesma energia. No Capítulo 5, veremos como este desdobramento surge.

Simetria SO(4) no potencial de Coulomb

Um belo exemplo de simetria contínua na mecânica quântica é dado pelo problema do átomo de hidrogênio e a solução para o potencial de Coulomb. Achamos a solução deste problema na Seção 3.7, onde descobrimos que os autovalores de energia (3.7.53) apresentam uma surpreendente degenerescência sumarizada na equação (3.7.56). Seria ainda mais surpreendente se esta degenerescência fosse apenas um acidente, mas na verdade ela é o resultado de uma simetria adicional que é particular aos problemas de estados ligados em potenciais do tipo $1/r$.

O problema clássico das órbitas de tais potenciais, o problema de Kepler, foi obviamente muito bem estudado muito antes do advento da mecânica quântica. O fato de que a solução leva a órbitas elípticas *fechadas* significa que deveria haver alguma constante (vetor) de movimento que mantinha a orientação do eixo principal da elipse. Sabemos que até mesmo um pequeno desvio do potencial $1/r$ leva à precessão do eixo, de tal modo que esperamos que a constante de movimento que procuramos seja, de fato, particular a potenciais do tipo $1/r$.

Classicamente, esta nova constante de movimento é

$$\mathbf{M} = \frac{\mathbf{p} \times \mathbf{L}}{m} - \frac{Ze^2}{r}\mathbf{r} \tag{4.1.19}$$

onde nos referimos à notação usada na Seção 3.7. Esta grandeza é normalmente conhecida como *vetor de Lenz* ou, por vezes, como *vetor de Runge-Lenz*. Em vez de elaborarmos aqui o tratamento clássico, vamos avançar para o tratamento quântico em termos da simetria responsável por esta constante de movimento (para o problema clássico, veja Goldstein, Poole e Safko (2002), Seção 3.9).

Esta nova simetria, que é chamada de SO(4) é completamente análoga à simetria SO(3) estudada na Seção 3.3. Isto é, SO(4) é o grupo de operadores de rotação em *quatro* dimensões espaciais, ou seja, é o grupo de matrizes ortogonais 4×4 com determinante 1. Vamos achar as propriedades da simetria que levam ao vetor de Lenz como constante de movimento e, então, ver quais destas propriedades são aquelas que esperamos obter do SO(4).

Nossa abordagem segue de perto aquela apresentada por Schiff (1968), pp. 235-239. Primeiro precisamos modificar (4.1.19) para construir um operador hermitiano. Para dois operadores vetorias hermitianos $\mathbf{A}$ e $\mathbf{B}$, é fácil mostrar que $(\mathbf{A} \times \mathbf{B})^\dagger = -\mathbf{B} \times \mathbf{A}$. Portanto, uma versão Hermitiana do vetor de Lenz é

$$\mathbf{M} = \frac{1}{2m}(\mathbf{p} \times \mathbf{L} - \mathbf{L} \times \mathbf{p}) - \frac{Ze^2}{r}\mathbf{r}. \tag{4.1.20}$$

Pode-se mostrar que $\mathbf{M}$ comuta com o Hamiltoniano

$$H = \frac{\mathbf{p}^2}{2m} - \frac{Ze^2}{r}; \tag{4.1.21}$$

ou seja,
$$[\mathbf{M}, H] = 0 \qquad (4.1.22)$$
de modo que $\mathbf{M}$ é, de fato, a constante de movimento (quântica). Outras relações importantes podem ser provadas, como
$$\mathbf{L} \cdot \mathbf{M} = 0 = \mathbf{M} \cdot \mathbf{L} \qquad (4.1.23)$$
e $\quad \mathbf{M}^2 = \dfrac{2}{m} H \left(\mathbf{L}^2 + \hbar^2 \right) + Z^2 e^4.$ (4.1.24)

A fim de identificar a simetria responsável por esta constante de movimento, é instrutivo revisarmos a álgebra dos geradores desta simetria. Já conhecemos parte dela:
$$[L_i, L_j] = i\hbar\varepsilon_{ijk}L_k, \qquad (4.1.25)$$
que escrevemos anteriormente como (3.6.2) na notação onde índices repetidos (k, neste caso) são automaticamente somados sobre as componentes. Pode-se também mostrar que
$$[M_i, L_j] = i\hbar\varepsilon_{ijk}M_k, \qquad (4.1.26)$$
que de fato estabelece $\mathbf{M}$ como um operador vetorial no sentido de (3.11.8). Finalmente, é possível deduzir
$$\left[M_i, M_j\right] = -i\hbar\varepsilon_{ijk}\dfrac{2}{m}HL_k. \qquad (4.1.27)$$

Devemos ter claro que (4.1.25), (4.1.26) e (4.1.27) não formam uma álgebra fechada devido à presença de H em (4.1.27), e isto torna difícil a tarefa de identificar estes operadores como geradores de uma simetria contínua. Contudo, podemos considerar o problema de estados ligados específicos. Neste caso, o espaço vetorial é truncado apenas naqueles autoestados de H com autovalores $E < 0$. Nesta caso, substituímos H por E em (4.1.27) e a álgebra fica, então, fechada. É instrutivo substituir $\mathbf{M}$ por um operador vetorial com um termo de escala
$$\mathbf{N} \equiv \left(-\dfrac{m}{2E} \right)^{1/2} \mathbf{M}. \qquad (4.1.28)$$

Neste caso, temos a álgebra fechada
$$[L_i, L_j] = i\hbar\varepsilon_{ijk}L_k, \qquad (4.1.29a)$$
$$[N_i, L_j] = i\hbar\varepsilon_{ijk}N_k, \qquad (4.1.29b)$$
$$[N_i, N_j] = i\hbar\varepsilon_{ijk}L_k, \qquad (4.1.29c)$$

Portanto, qual a operação de simetria gerada pelos operadores $\mathbf{L}$ e $\mathbf{N}$ em (4.1.29)? Embora longe de ser trivial, a resposta é "rotação em *quatro* dimensões espaciais". A primeira pista é o número de geradores, seis, cada um dos quais deveria corresponder a uma rotação em torno de algum eixo. Pense numa rotação como uma operação que mistura dois eixos ortogonais. Então, o número de geradores de rotações para n dimensões espaciais deveria ser o número de combinações de n objetos tomados 2 a

2, isto é, $n(n-1)/2$. Consequentemente, rotações em uma dimensão requerem um gerador – ou seja, L_z. Rotações em três dimensões requerem três geradores, a saber **L**. Rotações em quatro dimensões requerem seis geradores.

É mais difícil ainda ver que (4.1.19) é a álgebra apropriada para este tipo de rotação, mas procederemos da seguinte maneira. Em três dimensões espaciais, o operador de momento angular orbital (3.6.1) gera as rotações. Vimos isto claramente em (3.6.6), onde uma rotação infinitesimal em torno do eixo z é representado em uma versão rodada da base $|x, y, z\rangle$. Isto era apenas uma consequência do operador momento ser o gerador de translações espaciais. De fato, uma combinação como $L_z = xp_y - yp_x$ realmente mistura os eixos x e y, como era de se esperar de um gerador de rotações em torno do eixo z.

Para generalizar isto para quatro dimensões, primeiro associamos (x, y, z) e $(p_x, p_y$ e $p_z)$ com $(x_1, x_2$ e $x_3)$ e $(p_1, p_2$ e $p_3)$. Somos levados a reescrever os geradores como $L_3 = \tilde{L}_{12} = x_1 p_2 - x_2 p_1$, $L_1 = \tilde{L}_{23}$ e $L_2 = \tilde{L}_{31}$. Se, então, inventarmos uma nova dimensão espacial x_4 e seu momento conjugado p_4 (com as regras de comutação usuais), podemos definir

$$\tilde{L}_{14} = x_1 p_4 - x_4 p_1 \equiv N_1, \qquad (4.1.30a)$$

$$\tilde{L}_{24} = x_2 p_4 - x_4 p_2 \equiv N_2, \qquad (4.1.30b)$$

$$\tilde{L}_{34} = x_3 p_4 - x_4 p_3 \equiv N_3. \qquad (4.1.30c)$$

É fácil mostrar que estes operadores N_i obedecem à algebra (4.1.29). Por exemplo,

$$[N_1, L_2] = [x_1 p_4 - x_4 p_1, x_3 p_1 - x_1 p_3]$$
$$= p_4 [x_1, p_1] x_3 + x_4 [p_1, x_1] p_3$$
$$= i\hbar(x_3 p_4 - x_4 p_3) = i\hbar N_3. \qquad (4.1.31)$$

Em outras palavras, esta é a álgebra de quatro dimensões espaciais. Retornaremos a este conceito em instantes, mas agora continuaremos com as degenerescências no potencial de Coulomb implícitas em (4.1.14).

Definindo os operadores

$$\mathbf{I} \equiv (\mathbf{L} + \mathbf{N})/2, \qquad (4.1.32)$$

$$\mathbf{K} \equiv (\mathbf{L} - \mathbf{N})/2, \qquad (4.1.33)$$

podemos facilmente demonstrar a álgebra seguinte:

$$[I_i, I_j] = i\hbar\varepsilon_{ijk} I_k, \qquad (4.1.34a)$$

$$[K_i, K_j] = i\hbar\varepsilon_{ijk} K_k, \qquad (4.1.34b)$$

$$[I_i, K_j] = 0. \qquad (4.1.34c)$$

Portanto, estes operadores obedecem a álgebras de momento angular independentes entre si. Também é evidente que $[\mathbf{I}, H] = [\mathbf{K}, H] = 0$. Portanto, estes "momentos angulares" são grandezas conservadas, e denotamos os autovalores dos operadores $\mathbf{I}^2$ e $\mathbf{K}^2$ por $i(i+1)\hbar^2$ e $k(k+1)\hbar^2$, respectivamente, com $i, k = 0, \frac{1}{2}, 1, \frac{3}{2}, \ldots$.

Uma vez que de (4.1.23) e (4.1.28) temos que $\mathbf{I}^2 - \mathbf{K}^2 = \mathbf{L} \cdot \mathbf{N} = 0$, devemos ter $i = k$. Por outro lado, o operador

$$\mathbf{I}^2 + \mathbf{K}^2 = \frac{1}{2}\left(\mathbf{L}^2 + \mathbf{N}^2\right) = \frac{1}{2}\left(\mathbf{L}^2 - \frac{m}{2E}\mathbf{M}^2\right) \tag{4.1.35}$$

leva, com (4.1.24), à relação numérica

$$2k(k+1)\hbar^2 = \frac{1}{2}\left(-\hbar^2 - \frac{m}{2E}Z^2 e^4\right). \tag{4.1.36}$$

Resolvendo para E, achamos

$$E = -\frac{mZ^2 e^4}{2\hbar^2}\frac{1}{(2k+1)^2}. \tag{4.1.37}$$

Esta expressão é a mesma de (3.7.53) com o número quântico principal n substituído por $2k + 1$. Podemos agora ver que a degenerescência no problema de Coulomb surge das duas simetrias "rotacionais" representadas pelos operadores $\mathbf{I}$ e $\mathbf{K}$. O grau de degenerescência, de fato, é $(2i + 1)(2k + 1) = (2k + 1)^2 = n^2$. Este é exatamente o resultado por nós obtido em (3.7.56), exceto que agora fica claro que a degenerescência não é acidental.

Vale a pena observar que acabamos de resolver o problema de autovalores do átomo de Hidrogênio sem sequer termos resolvido a equação de Schrödinger. Ao invés disto, exploramos as simetrias inerentes para chegar à mesma resposta. Esta solução foi apresentada pela primeira vez por W. Pauli[‡].

Na linguagem de teoria de gupos contínuos, que começamos a desenvolver na Seção 3.3, vemos que a álgebra (4.1.29) corresponde ao grupo SO(4). Além disso, reescrever esta álgebra como (4.1.34) mostra que ela pode ser pensada como dois grupos SU(2) independentes, isto é SU(2) × SU(2). Embora não seja o propósito deste livro incluir uma introdução à teoria de grupos, continuaremos desenvolvendo estes resultados um pouco mais além para mostrar como se pode formalmente realizar rotações em n dimensões espaciais – ou seja, o grupo SO(n).

Generalizando a discussão da Seção 3.3, considere o grupo de matrizes R $n \times n$ ortogonais que realizam as rotações em n dimensões. Elas podem ser parametrizadas como

$$R = \exp\left(i \sum_{q=1}^{n(n-1)/2} \phi^q \tau^q\right), \tag{4.1.38}$$

onde os τ^q são matrizes $n \times n$ antissimétricas e imaginárias puras – isto é, $(\tau^q)^T = -\tau^q$ – e os ϕ^q são ângulos generalizados de rotação. A condição de antissimetria garante que R seja ortogonal. O fator global i implica que as matrizes imaginárias τ^q são também Hermitianas.

Os τ^q obviamente estão relacionados aos geradores do operador de rotação. De fato, são suas relações de comutação que deveriam ser copiadas pelas relações de

---

[‡] N. de T.: W. Pauli, *Zeitschrift für Physik* **33** (1925), 879. Uma tradução deste trabalho para o inglês pode ser encontrada em *Sources of Quantum Mechanics*, B. L. van der Waerden, Dover, NY (1967).

comutação destes geradores. Seguindo como na Seção 3.1, comparamos a ação de se fazer uma rotação infinitesimal primeiro em torno do eixo q e, então, em torno de p, com a rotação feita em ordem reversa. Então,

$$\left(1+i\phi^p\tau^p\right)\left(1+i\phi^q\tau^q\right) - \left(1+i\phi^q\tau^q\right)\left(1+i\phi^p\tau^p\right)$$

$$= -\phi^p\phi^q\left[\tau^p,\tau^q\right]$$

$$= 1 - \left(1+i\phi^p\phi^q\sum_r f_r^{pq}\tau^r\right), \quad (4.1.39)$$

onde na última linha de (4.1.39) reconhecemos que o resultado deve ser uma rotação de segunda ordem em torno dos dois eixos com uma combinação linear dos geradores. Os f_r^{pq} são chamados de *constantes de estrutura* para este grupo de rotações. Isto nos dá as relações de comutação

$$\left[\tau^p,\tau^q\right] = i\sum_r f_r^{pq}\tau^r. \quad (4.1.40)$$

Para irmos além, precisaríamos determinar as constantes de estrutura f_r^{pq}, mas deixaremos esses detalhes para livros-texto devotados à teoria de grupos. Não é difícil mostrar, contudo, que em três dimensões temos, como era de se esperar, $f_r^{pq} = \varepsilon_{pqr}$.

4.2 ■ SIMETRIAS DISCRETAS, PARIDADE OU INVERSÃO ESPACIAL

Até agora, consideramos operadores de simetrias contínuas – ou seja, operações que podem ser obtidas pela aplicação sucessiva de operações de simetria infinitesimais. Nem todas as operações de simetria úteis na mecânica quântica são necessariamente desta forma. Neste capítulo, consideraremos três operações de simetria que podem ser consideradas como sendo discretas, em oposição às contínuas – paridade, translação na rede e reversão temporal.

A primeira operação que consideramos é a **paridade**, ou inversão espacial. A operação de paridade, quando aplicada à transformação do sistema de coordenadas, muda um sistema dextrógiro (RH) em um sistema levógiro (LH)[‡], como ilustrado na Figura 4.1. Contudo, neste livro, consideramos as transformações como sendo sobre os kets e não sobre o sistema de coordenadas. Dado um $|\alpha\rangle$, consideramos um estado espacialmente invertido, que supomos ter sido obtido pela aplicação do operador unitário π, conhecido como **operador de paridade**, da seguinte maneira:

$$|\alpha\rangle \to \pi|\alpha\rangle. \quad (4.2.1)$$

Exigimos que o valor esperado de **x**, quando tomado em relação ao estado invertido, tenha o sinal oposto

$$\langle\alpha|\pi^\dagger\mathbf{x}\pi|\alpha\rangle = -\langle\alpha|\mathbf{x}|\alpha\rangle, \quad (4.2.2)$$

o que é, na verdade, uma exigência sensata. Isto pode ser satisfeito se

---

[‡] N. de T.: Durante todo o texto, por uma questão de brevidade, serão mantidas as siglas originais em inglês: RH (*right-handed*) para um sistema dextrógiro, onde vale a regra da mão direita, e LH (*left-handed*) para um sistema levógiro, onde vale a regra da mão esquerda.

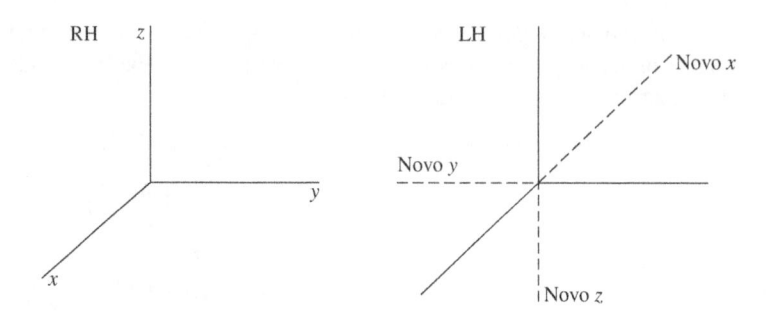

FIGURA 4.1 Sistemas dextrógiro (*RH, right handed*) e levógiro (*LH, left-handed*).

$$\pi^\dagger \mathbf{x} \pi = -\mathbf{x} \quad (4.2.3)$$

ou

$$\mathbf{x}\pi = -\pi\mathbf{x}, \quad (4.2.4)$$

onde usamos o fato de que π é unitário. Em outras palavras, $\mathbf{x}$ e π devem *anti*comutar.

Como um autoestado do operador de posição muda por uma transformação de paridade? Afirmamos que

$$\pi|\mathbf{x}'\rangle = e^{i\delta}|-\mathbf{x}'\rangle, \quad (4.2.5)$$

onde $e^{i\delta}$ é um fator de fase (δ real). Para provar esta afirmação, observemos que

$$\mathbf{x}\pi|\mathbf{x}'\rangle = -\pi\mathbf{x}|\mathbf{x}'\rangle = (-\mathbf{x}')\pi|\mathbf{x}'\rangle. \quad (4.2.6)$$

Esta equação diz que $\pi|\mathbf{x}'\rangle$ é um autovetor de $\mathbf{x}$ com autovalor $-\mathbf{x}'$ e, portanto, ele deve ser o mesmo que o autoestado de posição $|-\mathbf{x}'\rangle$ a menos de um fator de fase.

Por convenção, costuma-se tomar $e^{i\delta} = 1$. Substituindo este resultado em (4.2.5), temos $\pi^2|\mathbf{x}'\rangle = |\mathbf{x}'\rangle$ e, portanto, $\pi^2 = 1$ – isto é, ao aplicarmos π duas vezes, retornamos ao mesmo estado. Podemos ver facilmente de (4.2.5) que π não apenas é unitário como hermitiano:

$$\pi^{-1} = \pi^\dagger = \pi. \quad (4.2.7)$$

Seu autovalor só pode ser $+1$ ou -1.

E quanto ao operador momento? O momento p é como $md\mathbf{x}/dt$ e, portanto, é natural esperarmos que ele seja ímpar por uma transformação de paridade, como x. Um argumento mais satisfatório consiste em considerar o momento como o gerador de translações. Uma translação seguida de uma paridade é equivalente a uma paridade seguida de translação na direção *oposta*, como podemos ver na Figura 4.2. Portanto

$$\pi \mathcal{T}(d\mathbf{x}') = \mathcal{T}(-d\mathbf{x}')\pi \quad (4.2.8)$$

$$\pi\left(1 - \frac{i\mathbf{p}\cdot d\mathbf{x}'}{\hbar}\right)\pi^\dagger = 1 + \frac{i\mathbf{p}\cdot d\mathbf{x}'}{\hbar}, \quad (4.2.9)$$

de onde segue

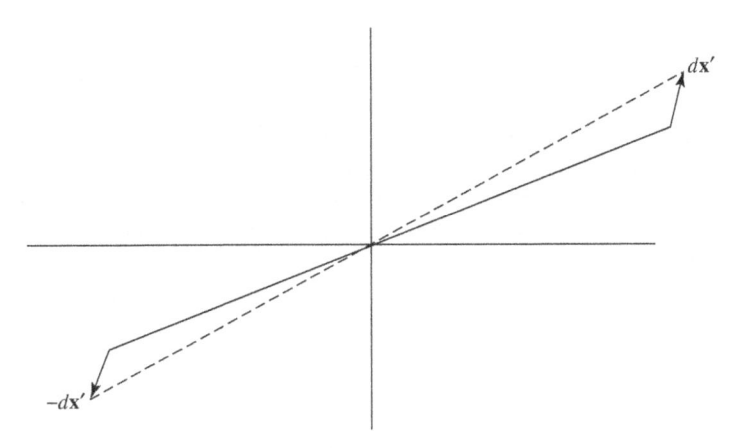

FIGURA 4.2 Translação seguida de paridade e vice-versa.

$$\{\pi, \mathbf{p}\} = 0 \quad \text{ou} \quad \pi^\dagger \mathbf{p} \pi = -\mathbf{p}. \tag{4.2.10}$$

Podemos agora discutir o comportamento de **J** sob paridade. Primeiro, para um momento angular orbital, temos, obviamente,

$$[\pi, \mathbf{L}] = 0, \tag{4.2.11}$$

pois

$$\mathbf{L} = \mathbf{x} \times \mathbf{p}, \tag{4.2.12}$$

e tanto **x** quanto **p** são ímpares em paridade. Contudo, para mostrar que esta propriedade também se aplica a spin, é mais conveniente usar o fato de que **J** é o gerador de rotações. Para matrizes ortogonais 3 × 3, temos

$$R^{(\text{paridade})} R^{(\text{rotação})} = R^{(\text{rotação})} R^{(\text{paridade})} \tag{4.2.13}$$

onde explicitamente

$$R^{(\text{paridade})} = \begin{pmatrix} -1 & & 0 \\ & -1 & \\ 0 & & -1 \end{pmatrix}; \tag{4.2.14}$$

ou seja, os operadores de paridade e rotação comutam. Em mecânica quântica, é natural postular a relação correspondente para operadores unitários e, portanto,

$$\pi \mathcal{D}(R) = \mathcal{D}(R)\pi, \tag{4.2.15}$$

onde $\mathcal{D}(R) = 1 - i\mathbf{J} \cdot \hat{\mathbf{n}}\varepsilon/\hbar$. De (4.2.15) segue que

$$[\pi, \mathbf{J}] = 0 \quad \text{ou} \quad \pi^\dagger \mathbf{J} \pi = \mathbf{J}. \tag{4.2.16}$$

Esta equação, junto com (4.2.11), significa que o operador de spin **S** (que leva ao momento angular total **J** = **L** + **S**), também se transforma da mesma maneira que **L**.

Sob uma rotação, **x** e **J** transformam-se da mesma maneira, o que significa que ambos são vetores ou tensores esféricos de ordem 1. Contudo, **x** (ou **p**) é ímpar sob paridade [veja (4.2.3) e (4.2.10)], ao passo que **J** é par [veja (4.2.16)]. Vetores ímpares por uma transformação de paridade são chamados de **vetores polares**, ao passo que vetores pares sob esta transformação são denotados por **vetores axiais** ou **pseudovetores**.

Consideremos agora operadores do tipo **S · x**. Sob uma rotação, eles se transformam como simples escalares, como por exemplo **S · L** ou **x · p**. Contudo, sob uma inversão espacial, temos

$$\pi^{-1} \mathbf{S} \cdot \mathbf{x} \pi = -\mathbf{S} \cdot \mathbf{x}, \qquad (4.2.17)$$

ao passo que, para escalares usuais,

$$\pi^{-1} \mathbf{L} \cdot \mathbf{S} \pi = \mathbf{L} \cdot \mathbf{S} \qquad (4.2.18)$$

e assim por diante. O operador **S · x** é um exemplo de um **pseudoescalar**.

Funções de onda sob paridade

Vamos olhar agora para paridade de funções de onda. Primeiramente, seja ψ a função de onda de uma partícula sem spin cujo ket que representa seu estado é $|\alpha\rangle$:

$$\psi(\mathbf{x}') = \langle \mathbf{x}' | \alpha \rangle. \qquad (4.2.19)$$

A função de onda do estado espacialmente invertido, representada pelo ket $\pi|\alpha\rangle$, é

$$\langle \mathbf{x}' | \pi | \alpha \rangle = \langle -\mathbf{x}' | \alpha \rangle = \psi(-\mathbf{x}'). \qquad (4.2.20)$$

Suponha que $|\alpha\rangle$ seja um autoestado do operador paridade. Já vimos que os autovalores deste operador devem ser ± 1. Logo,

$$\pi|\alpha\rangle = \pm|\alpha\rangle. \qquad (4.2.21)$$

Olhemos para a função de onda a ele correspondente

$$\langle \mathbf{x}' | \pi | \alpha \rangle = \pm \langle \mathbf{x}' | \alpha \rangle. \qquad (4.2.22)$$

Porém, temos também

$$\langle \mathbf{x}' | \pi | \alpha \rangle = \langle -\mathbf{x}' | \alpha \rangle, \qquad (4.2.23)$$

e, portanto, o estado $|\alpha\rangle$ é par ou ímpar, dependendo da função de onda a ele correspondente satisfazer

$$\psi(-\mathbf{x}') = \pm \psi(\mathbf{x}') \begin{cases} \text{paridade par,} \\ \text{paridade ímpar.} \end{cases} \qquad (4.2.24)$$

Nem todas as funções de onda de interesse físico têm paridade definida no sentido de (4.2.24). Considere, por exemplo, o autovetor de momento. O operador de momento anticomuta com o operador de paridade e, portanto, não é de se esperar que o autovetor do momento seja também autovetor de paridade. De fato, é fácil ver que a onda plana, que é a função de onda de um autovetor do operador momento, não satisfaz (4.2.24).

Já de um autovetor do momento angular orbital se espera que seja ele também um autovetor do operador paridade, pois $\mathbf{L}$ e π comutam [veja (4.2.11)]. Para vermos como um autovetor de $\mathbf{L}^2$ e L_z se comportam sob paridade, examinemos as propriedades de sua função de onda sob uma inversão espacial

$$\langle \mathbf{x}'|\alpha, lm\rangle = R_\alpha(r)Y_l^m(\theta,\phi). \tag{4.2.25}$$

A transformação $\mathbf{x}' \to -\mathbf{x}'$ é obtida em se fazendo

$$r \to r$$
$$\theta \to \pi - \theta \qquad (\cos\theta \to -\cos\theta) \tag{4.2.26}$$
$$\phi \to \phi + \pi \qquad (e^{im\phi} \to (-1)^m e^{im\phi}).$$

Usando a forma explícita de

$$Y_l^m = (-1)^m \sqrt{\frac{(2l+1)(l-m)!}{4\pi(l+m)!}} P_l^m(\cos\theta)e^{im\phi} \tag{4.2.27}$$

para m positivo, e com (3.6.38) onde

$$P_l^{|m|}(\cos\theta) = \frac{(-1)^{m+l}}{2^l l!} \frac{(l+|m|)!}{(l-|m|)!} \operatorname{sen}^{-|m|}\theta \left(\frac{d}{d(\cos\theta)}\right)^{l-|m|} \operatorname{sen}^{2l}\theta, \tag{4.2.28}$$

podemos mostrar imediatamente que

$$Y_l^m \to (-1)^l Y_l^m \tag{4.2.29}$$

à medida que θ e ϕ são variados, como em (4.2.26). Portanto, podemos concluir que

$$\pi|\alpha, lm\rangle = (-1)^l |\alpha, lm\rangle. \tag{4.2.30}$$

Na verdade, não é preciso olhar para os Y_l^m; uma maneira mais fácil de obter o mesmo resultado é trabalhar com $m = 0$ e notar que $L_\pm^r |l, m = 0\rangle (r = 0, 1, \ldots, l)$ deve ter a mesma paridade, pois π e $(L_\pm)^r$ comutam.

Olhemos agora para as propriedades de paridade dos autoestados de energia. Começamos com um teorema muito importante.

Teorema 4.1 Suponha que

$$[H, \pi] = 0 \tag{4.2.31}$$

e $|n\rangle$ seja um autovetor não degenerado de H com autovalor E_n:

$$H|n\rangle = E_n|n\rangle; \tag{4.2.32}$$

então, $|n\rangle$ é também um autovetor do operador paridade.

Prova Provamos este teorema observando, em primeiro lugar, que

$$\frac{1}{2}(1 \pm \pi)|n\rangle \tag{4.2.33}$$

é um autovetor de paridade com autovalores ± 1 (simplesmente use $\pi^2 = 1$). Contudo, ele também é um autovetor de energia com autovalor E_n. Além do mais, $|n\rangle$ e (4.2.33) devem representar o mesmo estado; caso contrário, haveria dois estados com a mesma energia, o que contradiz nossa hipótese de partida de que o estado era não degenerado. Portanto, segue que $|n\rangle$, que é o mesmo que (4.2.33) a menos de uma constante multiplicativa, dever ser um autovetor do operador paridade com autovalor ± 1.

Como exemplo, consideremos o oscilador harmônico simples. O estado fundamental $|0\rangle$ tem paridade par, pois sua função de onda, sendo gaussiana, é par sob a transformação $\mathbf{x}' \to -\mathbf{x}'$. O primeiro estado excitado

$$|1\rangle = a^\dagger |0\rangle, \tag{4.2.34}$$

deve ser de paridade ímpar, pois $a^\dagger$ é linear em x e p, ambos ímpares [veja (2.3.2)]. Em geral, a paridade do n-ésimo estado excitado de um oscilador harmônico simples é dada por $(-1)^n$.

É importante observar que a hipótese de não degenerescência é fundamental nesta discussão. Por exemplo, considere um átomo de hidrogênio na mecânica quântica não relativística. Como é bem sabido, os autovalores de energia dependem somente do número quântico principal n (por exemplo, os estados $2p$ e $2s$ são degenerados) – o potencial de Coulomb é obviamente invariante sob paridade – mas, ainda assim, um autovetor de energia

$$c_p|2p\rangle + c_s|2s\rangle \tag{4.2.35}$$

claramente não é um autovetor do operador paridade.

Como outro exemplo, considere o autovetor de momento. O momento anticomuta com a paridade e, portanto – embora o Hamiltoniano H de partícula livre seja invariante sob uma transformação de paridade –, o autovetor de momento (embora obviamente ele também um autovetor de H) não é um autovetor da paridade. Nosso teorema permanece intacto porque temos aqui uma degenerescência entre $|\mathbf{p}'\rangle$ e $|-\mathbf{p}'\rangle$, que têm a mesma energia. De fato, podemos facilmente construir combinações lineares $(1/\sqrt{2})(|\mathbf{p}'\rangle \pm |-\mathbf{p}'\rangle)$ que são autovetores da paridade com autovalores ± 1. Na linguagem de funções de onda, $e^{i\mathbf{p}'\cdot\mathbf{x}'/\hbar}$ não tem uma paridade definida, mas cos $\mathbf{p}' \cdot \mathbf{x}'/\hbar$ e sen $\mathbf{p}' \cdot \mathbf{x}'/\hbar$ têm.

Potencial de poço duplo simétrico

Como exemplo simples, mas ilustrativo, consideremos um poço duplo simétrico de potencial (veja a Figura 4.3). O Hamiltoniano é obviamente invariante sob paridade. De fato, os dois estados de mais baixa energia são mostrados na Figura 4.3, como podemos verificar calculando as soluções explícitas envolvendo senos e cossenos nas regiões permitidas classicamente e *senh* e *cosh* nas regiões classicamente proibidas. As soluções são igualadas onde o potencial é descontínuo; nós as chamamos de **es-**

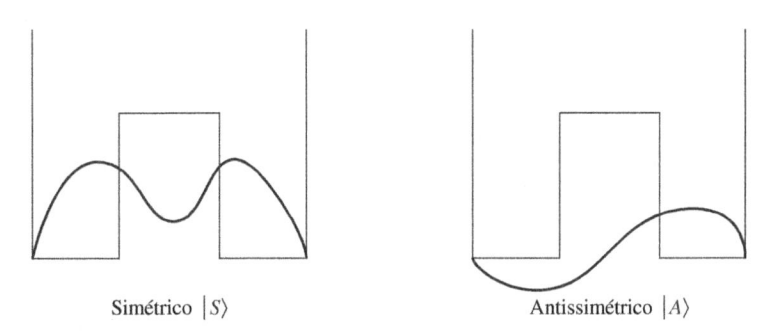

FIGURA 4.3 O poço de potencial duplo simétrico com os dois mais baixos estados de energia, $|S\rangle$ (simétrico) e $|A\rangle$ (antissimétrico).

tado simétrico $|S\rangle$ e **estado antissimétrico** $|A\rangle$. Obviamente, eles são autoestados simultâneos de H e π. Um cálculo mostra que

$$E_A > E_S, \tag{4.2.36}$$

que podemos inferir a partir da Figura 4.3 notando que a função de onda do estado antissimétrico tem uma curvatura maior. A diferença de energia entre estes estados é muito pequena se a barreira do meio for alta, um ponto que discutiremos mais tarde.

Podemos formar o ket

$$|R\rangle = \frac{1}{\sqrt{2}}(|S\rangle + |A\rangle) \tag{4.2.37a}$$

e

$$|L\rangle = \frac{1}{\sqrt{2}}(|S\rangle - |A\rangle). \tag{4.2.37b}$$

As funções de onda de (4.2.37a) e (4.2.37b) são fortemement concentradas nos lados direito e esquerdo do poço, respectivamente. Elas obviamente não são autoestados do operador paridade: de fato, sob a transformação $|R\rangle$ e $|L\rangle$, transformam-se uma na outra. Observe que eles também não são autoestados da energia. Na verdade, eles são exemplos típicos de **estados não estacionários**. Para ser mais preciso, vamos supor que o sistema seja representado por $|R\rangle$ em $t = 0$. Para um tempo posterior, temos

$$\begin{aligned}|R, t_0 = 0; t\rangle &= \frac{1}{\sqrt{2}}\left(e^{-iE_St/\hbar}|S\rangle + e^{iE_At/\hbar}|A\rangle\right)\\ &= \frac{1}{\sqrt{2}}e^{-iE_St/\hbar}\left(|S\rangle + e^{i(E_A-E_S)t/\hbar}|A\rangle\right).\end{aligned} \tag{4.2.38}$$

No instante de tempo $t = T/2 \equiv 2\pi\hbar/2(E_A - E_S)$, o sistema se encontra no estado puro $|L\rangle$. Em $t = T$, voltamos para um $|R\rangle$ puro e assim por diante. Portanto, de modo geral, temos uma oscilação entre $|R\rangle$ e $|L\rangle$, com frequência angular

$$\omega = \frac{(E_A - E_S)}{\hbar}. \tag{4.2.39}$$

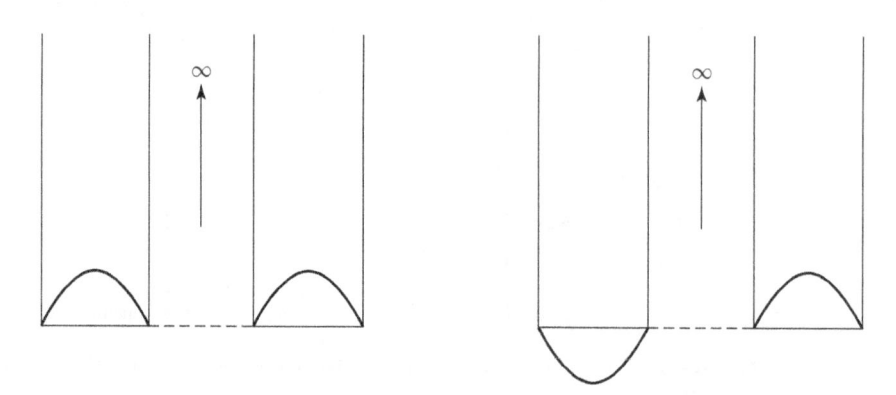

FIGURA 4.4 O poço duplo simétrico com uma barreira infinita no meio.

Este comportamento oscilatório também pode ser considerado sob o ponto de vista do tunelamento em mecânica quântica. Uma partícula inicialmente confinada do lado direito pode tunelar através da região proibida classicamente (a barreira central) para o lado esquerdo, voltando para o lado direito depois e assim por diante. Deixe a barreira central tornar-se agora infinitamente alta (veja a Fig. 4.4). Os estados $|S\rangle$ e $|A\rangle$ são agora degenerados; portanto, (4.2.37a) e (4.2.37b) também são autoestados da energia, embora não o sejam da paridade. Uma vez que achamos o sistema em $|R\rangle$, ele permanece neste estado para sempre (o tempo de oscilação entre $|S\rangle$ e $|A\rangle$ se torna agora ∞). Uma vez que a barreira no meio é infinitamente alta, não há possibilidade de um tunelamento. Portanto, quando há degenerescência, os autoestados de energia fisicamente realizáveis não precisam ser autoestados da paridade. Temos um estado fundamental que é assimétrico não obstante o Hamiltoniano seja, em si, simétrico por inversão espacial. Portanto, com degenerescência, a simetria de H não necessariamente é obedecida por seus autoestados $|S\rangle$ e $|A\rangle$.

Este é um exemplo simples de quebra de simetria e degenerescência. A natureza está repleta de situações análogas a esta. Considere, por exemplo, um ferromagneto. O Hamiltoniano básico para átomos de ferro é invariante por rotações, mas o ferromagneto claramente tem uma direção definida no espaço; portanto, o número (infinito) de estados fundamentais *não é* rotacionalmente invariante, uma vez que os spins estão todos alinhados em alguma direção definida (mas arbitrária).

Um exemplo clássico de livro-texto que ilustra a importância real do poço duplo simétrico é a molécula de Amônia, NH_3 (veja a Figura 4.5). Imaginemos que os três átomos H formam um triângulo equilátero. O átomo N pode estar em cima ou embaixo, onde as direções de cima e de baixo são definidas, pois a molécula está girando em torno do eixo como mostrado na Figura 4.5. As posições em cima e embaixo do átomo N são análogas ao R e L do potencial de poço duplo. Os autoestados de paridade e energia são *superposições* da Figura 4.5a e 4.5b no sentido de (4.2.37a) e (4.2.37b), respectivamente, e a diferença de energia entre os autoestados simultâneos de energia e paridade corresponde a uma oscilação de frequência de 24.000 MHz – um comprimento de onda de aproximadamente 1 cm, na região de micro-ondas. De fato, NH_3 é de fundamental importância na física de masers.

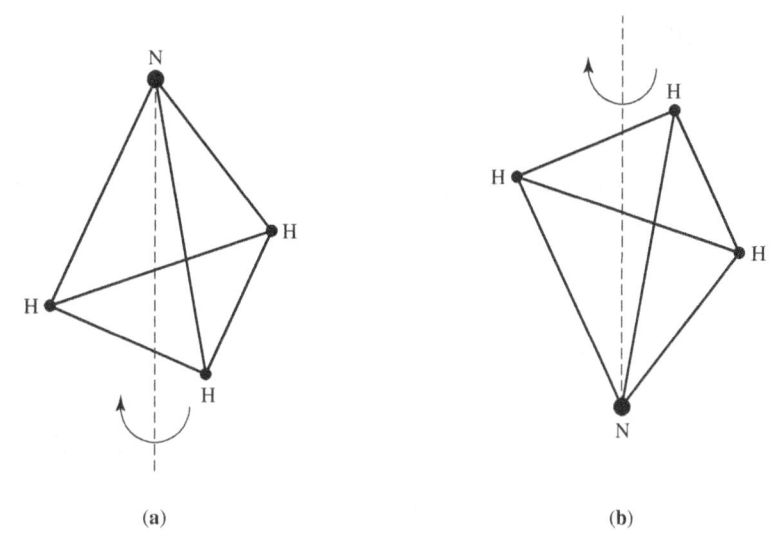

4.2 Simetrias Discretas, Paridade ou Inversão Espacial

(a) (b)

FIGURA 4.5 A molécula de Amônia, NH_3, na qual três átomos H formam os três vértices de um triângulo equilátero.

Há moléculas orgânicas que ocorrem na natureza, tais como aminoácidos e açúcares, que são do tipo R (ou tipo L) somente. Tais moléculas que têm quiralidade definida são chamadas de **isômeros ópticos**. Em muitos casos, o tempo de oscilação é praticamente infinito – da ordem de 10^4 a 10^6 anos – de modo que, do ponto de vista prático, moléculas do tipo R permanecem dextrógiras sempre. Divertido é o fato de que se tentarmos sintetizar estas moléculas orgânicas no laboratório, achamos misturas iguais de R e L. O motivo de termos uma preponderância de apenas um tipo é um dos mais profundos mistérios da natureza. Seria devido a um acidente genético, como uma concha espiral de um caramujo, ou ao fato de que nossos corações se encontram do lado esquerdo?[1]

Regra de seleção de paridade

Suponha que $|\alpha\rangle$ e $|\beta\rangle$ sejam autoestados do operador paridade:

$$\pi|\alpha\rangle = \varepsilon_\alpha|\alpha\rangle \qquad (4.2.40a)$$

e

$$\pi|\beta\rangle = \varepsilon_\beta|\beta\rangle \qquad (4.2.40b)$$

onde ε_α, ε_β são os autovalores da paridade (± 1). Podemos mostrar que

$$\langle\beta|\mathbf{x}|\alpha\rangle = 0 \qquad (4.2.41)$$

---

[1] Foi sugerido que a violação de paridade em processos nucleares ativa durante a formação da vida pode haver contribuído para esta quiralidade. Veja W. A. Bonner, "Parity Violation and Evolution of Biomolecular Homochirality", *Chirality*, **12** (2000), 114.

a menos que $\varepsilon_\alpha = -\varepsilon_\beta$. Em outras palavras, o operador ímpar **x** conecta estados de paridade oposta. A prova disto é a seguinte:

$$\langle\beta|\mathbf{x}|\alpha\rangle = \langle\beta|\pi^{-1}\pi\mathbf{x}\pi^{-1}\pi|\alpha\rangle = \varepsilon_\alpha\varepsilon_\beta\left(-\langle\beta|\mathbf{x}|\alpha\rangle\right), \quad (4.2.42)$$

que é impossível para um $\langle\beta|\mathbf{x}|\alpha\rangle$ finito e diferente de zero a menos que ε_α e ε_β tenham sinais opostos. Talvez o leitor esteja familiarizado com este argumento da expressão

$$\int \psi_\beta^* \mathbf{x} \psi_\alpha d\tau = 0 \quad (4.2.43)$$

se ψ_β e ψ_α têm a mesma paridade. Esta regra de seleção, escrita pela primeira vez por Wigner, é importante na discussão de transições radiativas entre estados atômicos. Como teremos chance de discutir com bastante detalhes posteriormente, estas transições ocorrem entre estados de paridade oposta como consequência do formalismo da expansão em multipolos. Esta regra, conhecida fenomenologicamente antes do nascimento da mecânica quântica a partir da análise de linhas espectrais, recebe o nome de **regra de Laporte**. Foi Wigner quem mostrou que a regra de Laporte é uma consequência da regra da seleção de paridade.

Se o Hamiltoniano H básico é invariante sob paridade, autoestados de energia não degenerados não podem ter um momento de dipolo elétrico permanente [corolário de (4.2.43)]:

$$\langle n|\mathbf{x}|n\rangle = 0 \quad (4.2.44)$$

Isto segue trivialmente de (4.2.43), pois com a hipótese da não degenerescência, autoestados de energia são também autoestados de paridade [veja (4.2.32) e (4.2.33)]. Para um estado degenerado, é perfeitamente normal ter um momento de dipolo elétrico. Veremos um exemplo disto quando discutirmos o efeito Stark linear no Capítulo 5.

Nossas considerações podem ser generalizadas: operadores ímpares, como **p** ou **S** · **x**, só têm elementos de matriz diferentes de zero entre estados de paridade oposta. Contrariamente, operadores pares conectam estados de mesma paridade.

Não conservação de paridade

O Hamiltoniano básico, responsável pela chamada interação fraca das partículas elementares, não é invariante por paridade. Em processos de decaimento, podemos ter estados finais que são superposições de estados de paridade oposta. Grandezas observáveis, tais como a distribuição angular de produtos do decaimento, podem depender de pseudoescalares tais como $\langle \mathbf{S} \rangle \cdot \mathbf{p}$. É digno de nota o fato de que a conservação de paridade era tida como um princípio sagrado até 1956, quando Lee e Yang especularam que a paridade não seria conservada nas interações fracas e propuseram experimentos cruciais para testar a validade da conservação de paridade. Experimentos subsequentes de fato mostraram que os efeitos observáveis dependem de grandezas pseudoescalares tais como a correlação entre $\langle \mathbf{S} \rangle$ e **p**.

Até os dias atuais, uma das mais claras demonstrações da não conservação de paridade é o experimento que pela primeira vez a demonstrou. Este resultado – veja Wu, Ambler et. al., *Phys. Rev.* **105** (1957), 1413 – mostra uma taxa de decaimento

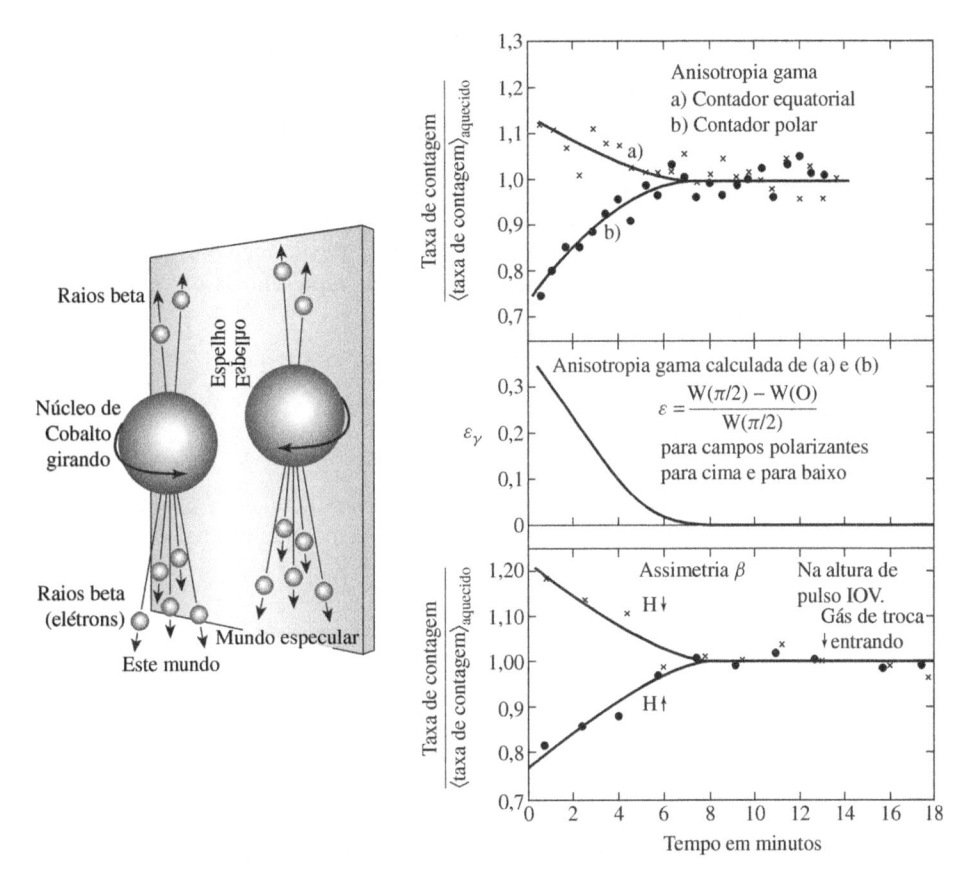

FIGURA 4.6 Demonstração experimental da não conservação de paridade. A observação chave, mostrada à esquerda, é que núcleos de cobalto radioativo, orientados de acordo com seu spin nuclear, emitem "raios beta" (ou seja, elétrons) preferencialmente na direção oposta. Os dados experimentais, mostrado à direita, mostram como a assimetria do decaimento beta "para cima/para baixo" (painel inferior) correlaciona-se perfeitamente com o sinal que indica o grau de polarização nuclear (painel superior). À medida que o tempo passa, a amostra se aquece e os núcleos de cobalto se despolarizam (os dados do lado direito da figura são reproduzidos de Wu et. al., *Phys. Rev.* **105** (1957), 1413).

que depende de $\langle \mathbf{S} \rangle \cdot \mathbf{p}$. O decaimento observado é o de $^{60}\text{Co} \to {}^{60}\text{Ni} + e^- + \bar{\nu}_e$, onde $\mathbf{S}$ e o spin do núcleo ^{60}Co, e $\mathbf{p}$ é o momento do elétron e^- emitido. Uma amostra de núcleos de ^{60}Co radioativos e com spin polarizado é preparada a baixa temperatura e o decaimento e^- é detectado na direção paralela ou antiparalela ao spin, dependendo do sinal do campo magnético polarizante. A polarização da amostra é monitorada observando-se a anisotropia dos raios γ no decaimento dos núcleos ^{60}Ni resultantes excitados, um efeito que conserva paridade. Os resultados são apresentados na Figura 4.6. Durante um período de vários minutos, a amostra se aquece e a assimetria do decaimento β desaparece exatamente com a mesma taxa que a anisotropia de raios γ.

Uma vez que a paridade não é conservada nas interações fracas, estados nucleares e atômicos que antes se acreditava serem "puros" são, na verdade, misturas de paridades. Estes efeitos sutis também foram comprovados experimentalmente.

4.3 ■ TRANSLAÇÃO NA REDE COMO SIMETRIA DISCRETA

Podemos agora considerar um outro tipo de operação de simetria discreta: as translações na rede. Este assunto tem aplicações de extrema importância na física do estado sólido.

Considere um potencial periódico em uma dimensão, onde $V(x \pm a) = V(x)$, como ilustrado na Figura 4.7. Realisticamente, podemos considerar o movimento de um elétron em uma cadeia de íons positivos regularmente espaçados. Em geral, o Hamiltoniano não é invariante por translação, representada por $\tau(l)$ com l arbitrário, onde $\tau(l)$ tem a propriedade (veja Seção 1.6)

$$\tau^\dagger(l)x\tau(l) = x + l, \quad \tau(l)|x'\rangle = |x' + l\rangle. \tag{4.3.1}$$

Contudo, quando l coincide com o espaçamento a da rede, temos

$$\tau^\dagger(a)V(x)\tau(a) = V(x + a) = V(x). \tag{4.3.2}$$

Uma vez que a parte da energia cinética do Hamiltoniano H é invariante por translações para qualquer deslocamento, o Hamiltoniano inteiro satisfaz

$$\tau^\dagger(a)H\tau(a) = H. \tag{4.3.3}$$

Uma vez que $\tau(a)$ é unitário, temos, de (4.3.3),

$$[H, \tau(a)] = 0, \tag{4.3.4}$$

de tal modo que o Hamiltoniano e $\tau(a)$ podem ser diagonalizados simultaneamente. Embora $\tau(a)$ seja unitário, ele não é hermitiano e, portanto, esperamos que seu autovalor seja um número *complexo* de módulo 1.

Antes de determinarmos os autovetores e autovalores de $\tau(a)$ e examinar seu significado físico, é instrutivo olharmos para um caso especial de potencial periódico

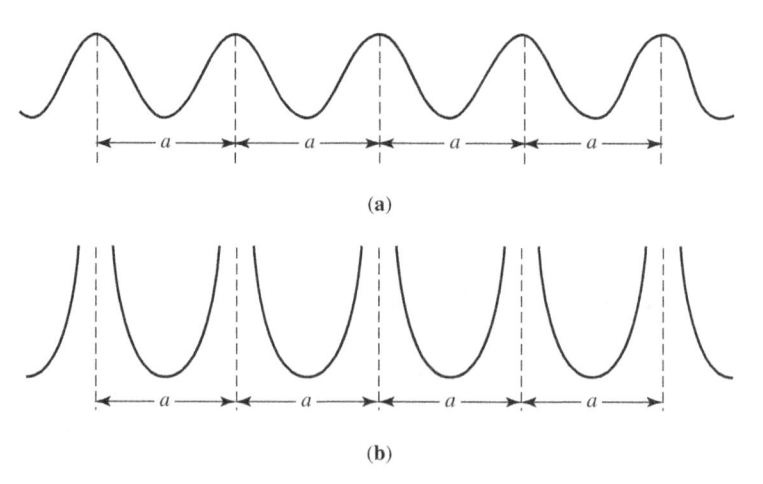

FIGURA 4.7 (a) Potencial periódico em uma dimensão com periodicidade a. (b) O potencial periódico quando a barreira de potencial entre dois sítios da rede adjacentes se torna infinita.

no qual a barreira de potencial entre dois sítios vizinhos se torna infinitamente alta, como mostra a Figura 4.7b. Qual é o estado fundamental para o potencial desta figura? Claramente, um estado no qual a partícula está completamente localizada em um dos sítios da rede é um bom candidato para o estado fundamental. Para sermos mais específicos, vamos supor que a partícula esteja localizada no n-ésimo sítio e denotar o ket correspondente por $|n\rangle$. Trata-se de um ket com autovalor de energia E_0, a saber $H|n\rangle = E_0|n\rangle$. Sua função de onda $\langle x'|n\rangle$ é finita somente no n-ésimo sítio. Contudo, observamos que um estado similar, localizado em um outro sítio, tem a mesma energia E_0, de modo que há um número infinito, mas enumerável, de estados fundamentais n, onde n corre de $-\infty$ a $+\infty$.

Agora, $|n\rangle$ obviamente não é um autoestado do operador de translação por sítios da rede, pois quando aplicamos este operador sobre ele, obtemos $|n+1\rangle$:

$$\tau(a)|n\rangle = |n+1\rangle. \tag{4.3.5}$$

Portanto, não obstante o fato de que $\tau(a)$ comuta com H, $|n\rangle$ – que é um autovetor de H – não é um autovetor de $\tau(a)$. Isto é bastante consistente com nosso teorema anterior sobre simetria, pois temos uma degenerescência de ordem infinita. Quando temos uma degenerescência deste tipo, a simetria do mundo não precisa ser a simetria dos autovetores de energia. Nossa tarefa é encontrar um autovetor *simultâneo* de H e $\tau(a)$.

Podemos aqui lembrar de como lidamos com uma situação análoga no caso do potencial de poço duplo simétrico na seção prévia. Notamos que, embora $|R\rangle$ e $|L\rangle$ não sejam autovetores de π, podíamos facilmente construir uma combinação simétrica e antissimétrica de $|R\rangle$ e $|L\rangle$ que eram autovetores da paridade. A situação aqui é análoga. Vamos formar uma combinação linear específica

$$|\theta\rangle \equiv \sum_{n=-\infty}^{\infty} e^{in\theta} |n\rangle, \tag{4.3.6}$$

onde θ é um parâmetro real onde $-\pi \leq \theta \leq \pi$. Afirmamos que $|\theta\rangle$ é um autovetor simultâneo de H e $\tau(a)$. Que ele seja um autovetor de H é óbvio, pois $|n\rangle$ é autovetor do Hamiltoniano com autovalor E_0, independente de n. Para mostrar que ele também é autovetor do operador de translação na rede, aplicamos $\tau(a)$ da seguinte maneira:

$$\tau(a)|\theta\rangle = \sum_{n=-\infty}^{\infty} e^{in\theta} |n+1\rangle = \sum_{n=-\infty}^{\infty} e^{i(n-1)\theta} |n\rangle \tag{4.3.7}$$
$$= e^{-i\theta} |\theta\rangle.$$

Observe que este autovetor simultâneo de H e $\tau(a)$ é parametrizado por uma variável contínua θ. Além disso, o autovalor de energia E_0 é independente de θ.

Retornemos agora à situação mais realista da Figura 4.7a, onde a barreira de pontencial entre sítios adjacentes não é infinitamente alta. Podemos construir um ket localizado $|n\rangle$ da mesma maneira que antes, com a propriedade $\tau(a)|n\rangle = |n+1\rangle$. Contudo, desta vez esperamos que haja algum vazamento possível para sítios vizinhos em virtude do tunelamento quântico. Em outras palavras, a função de onda

$\langle x'|n\rangle$ tem uma cauda que se estende a outros sítios que não o n-ésimo. Os elementos diagonais de H na base $\{|n\rangle\}$ são todos iguais devido à invariância translacional, isto é,

$$\langle n|H|n\rangle = E_0, \tag{4.3.8}$$

independente de n, como anteriormente. Contudo, suspeitamos que H não seja completamente diagonal na base $\{|n\rangle\}$ como consequência do tunelamento. Agora, suponha que as barreiras entre sítios sejam altas (mas não infinitas). Esperamos, neste caso, que os elementos de matriz de H entre sítios distantes sejam negligenciáveis. Suponhamos que os únicos termos não diagonais de importância conectam vizinhos imediatos. Isto é,

$$\langle n'|H|n\rangle \neq 0 \text{ (somente se } n' = n\ldots \text{ ou } n' = n \pm 1\text{)}. \tag{4.3.9}$$

Em física do estado sólido, esta hipótese é conhecida como **aproximação de ligação forte**[‡]. Definamos

$$\langle n \pm 1|H|n\rangle = -\Delta. \tag{4.3.10}$$

Claramente, Δ é de novo independente de n pela invariância de translação do Hamiltoniano. Até onde podemos considerar $|n\rangle$ e $|n'\rangle$ como sendo ortogonais para $n \neq n'$, obtemos

$$H|n\rangle = E_0|n\rangle - \Delta|n+1\rangle - \Delta|n-1\rangle. \tag{4.3.11}$$

Observe que $|n\rangle$ não é mais um autovetor de H.

Como fizemos para o potencial da Figura 4.7b, vamos formar a combinação linear

$$|\theta\rangle = \sum_{n=-\infty}^{\infty} e^{in\theta}|n\rangle. \tag{4.3.12}$$

Claramente, $|\theta\rangle$ é um autovetor do operador translação $\tau(a)$, pois os passos de (4.3.7) continuam valendo. Uma questão natural é, seria $|\theta\rangle$ um autovetor da energia? Para responder a esta pergunta, apliquemos H:

$$\begin{aligned}
H\sum e^{in\theta}|n\rangle &= E_0 \sum e^{in\theta}|n\rangle - \Delta \sum e^{in\theta}|n+1\rangle - \Delta \sum e^{in\theta}|n-1\rangle \\
&= E_0 \sum e^{in\theta}|n\rangle - \Delta \sum (e^{in\theta-i\theta} + e^{in\theta+i\theta})|n\rangle \\
&= (E_0 - 2\Delta\cos\theta)\sum e^{in\theta}|n\rangle.
\end{aligned} \tag{4.3.13}$$

A grande diferença entre esta situação e a anterior é que os autoestados de energia dependem agora do parâmetro contínuo e real θ. A degenerescência desaparece quando Δ se torna finito, e temos ums distribuição contínua de autovalores entre $E_0 - 2\Delta$ e $E_0 + 2\Delta$. Veja a Figura 4.8, onde visualizamos como os autovalores de energia começam a forma uma banda de energia contínua à medida que Δ aumenta a partir de zero.

Para entender o significado físico do parâmetro θ, vamos estudar a função de onda $\langle x'|\theta\rangle$. Para a função de onda do estado $\tau(a)|\theta\rangle$ transladado na rede, obtemos

$$\langle x'|\tau(a)|\theta\rangle = \langle x' - a|\theta\rangle \tag{4.3.14}$$

[‡] N. de T.: Em inglês, *tight-binding*.

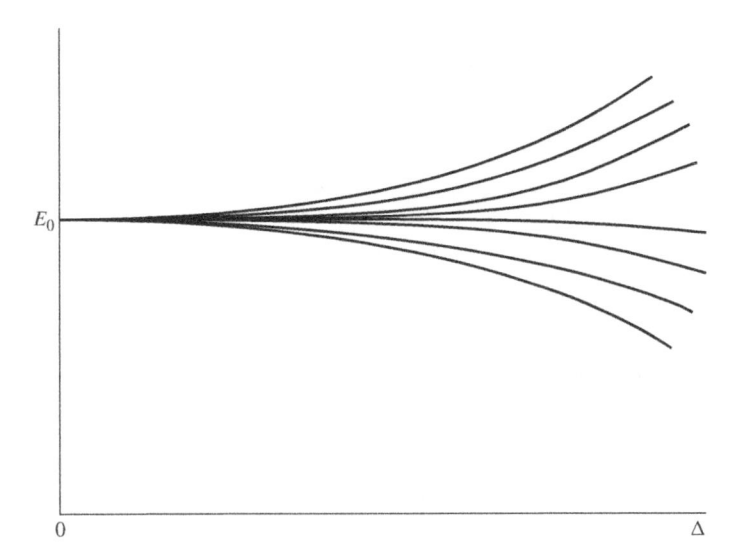

FIGURA 4.8 Níveis de energia formando uma banda contínua à medida que Δ aumenta a partir do valor zero.

fazendo $\tau(a)$ atuar sobre $\langle x'|$. Contudo, também podemos operar com $\tau(a)$ em $|\theta\rangle$ e usar (4.3.7). Assim,

$$\langle x'|\tau(a)|\theta\rangle = e^{-i\theta}\langle x'|\theta\rangle, \qquad (4.3.15)$$

então,

$$\langle x' - a|\theta\rangle = \langle x'|\theta\rangle e^{-i\theta}. \qquad (4.3.16)$$

Resolvemos esta equação tomando

$$\langle x'|\theta\rangle = e^{ikx'}u_k(x'), \qquad (4.3.17)$$

com $\theta = ka$, onde $u_k(x')$ é uma função periódica com período a, como podemos facilmente verificar por substituição direta:

$$e^{ik(x'-a)}u_k(x'-a) = e^{ikx'}u_k(x')e^{-ika}. \qquad (4.3.18)$$

Obtemos, assim, uma importante condição conhecida como **teorema de Bloch**: a função de onda de $|\theta\rangle$, que é um autovetor de $\tau(a)$, pode ser escrita como uma onda $e^{ikx'}$ plana vezes uma função periódica de período a. Observe que o único fato que usamos foi o de que $|\theta\rangle$ é um autovetor de $\tau(a)$ com autovalor $e^{-i\theta}$ [veja (4.3.7)]. Em particular, o teorema é válido mesmo que a aproximação (4.3.9) de tight-binding não valha.

Estamos agora em condição de interpretar nosso resultado (4.3.13) para $|\theta\rangle$ dado por (4.3.12). Sabemos que a função de onda é uma onda plana caracterizada pelo vetor de onda de propagação k modulado por uma função periódica $u_k(x')$ [veja

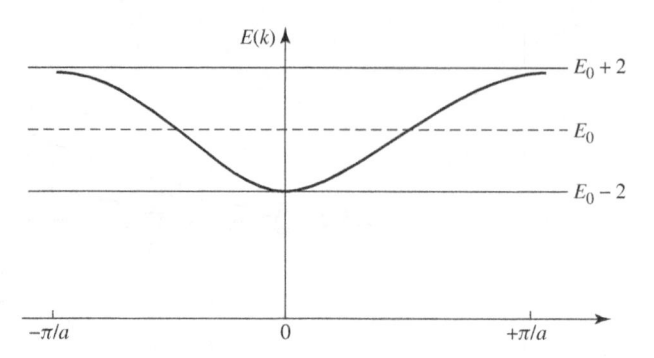

FIGURA 4.9 Curva de dispersão $E(k)$ como função de k na zona de Brillouin $|k| \leq \pi/a$.

(4.3.17)]. À medida que θ varia de $-\pi$ a π, o vetor de onda varia de $-\pi/a$ a π/a. O autovalor de energia E depende agora de k como:

$$E(k) = E_0 - 2\Delta \cos ka. \qquad (4.3.19)$$

Observe que esta equação para o autovalor de energia é independente da forma detalhada do potencial, desde que a aproximação de ligação forte seja válida. Observe também que há um valor de corte[‡] no vetor de onda k da função de onda de Bloch (4.3.17) dado por $|k| = \pi/a$. A equação (4.3.19) define uma curva de dispersão, como mostra a Figura 4.9. Como resultado do tunelamento, a degenerescência infinita enumerável é agora completamente levantada, e os valores de energia permitidos formam uma banda contínua entre $E_0 - 2\Delta$ e $E_0 + 2\Delta$, conhecida como **zona de Brillouin**.

Até aqui, consideramos somente uma partícula se movendo em um potencial periódico. Em situações mais realistas, deveríamos olhar para muitos elétrons se movendo em um potencial deste tipo. Na realidade, os elétrons satisfazem o princípio da exclusão de Pauli, que discutiremos mais sistematicamente no Capítulo 7, e eles começam a encher a banda. Desta maneira, as principais características qualitativas de metais, semicondutores e materiais deste tipo podem ser entendidas como uma consequência da invariância translacional suplementada pelo princípio da exclusão.

O leitor deve ter notado a similaridade entre o problema do potencial duplo simétrico da Seção 4.2 e o potencial periódico desta seção. Comparando as Figuras 4.3 e 4.7, observamos que elas podem ser vistas como extremos opostos (dois *versus* infinito) de potenciais com um número finito de vagas.

4.4 ■ SIMETRIA DE REVERSÃO TEMPORAL DISCRETA

Nesta seção, estudaremos outro operador de simetria discreto, chamado de **reversão temporal**. Este é um tópico difícil para os novatos, particularmente pelo fato de que o termo *reversão temporal* é um nome incorreto: ele nos lembra de ficção científica. O que faremos nesta seção pode ser mais apropriadamente caracterizado pelo termo

---
[‡] N. de T.: No inglês, *cutoff*.

4.4 Simetria de Reversão Temporal Discreta

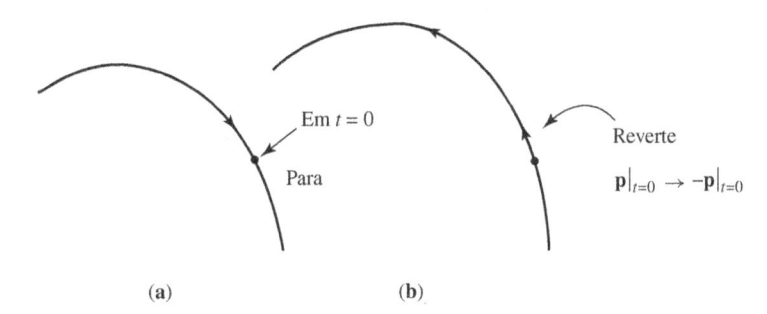

FIGURA 4.10 (a) Trajetória clássica que pára em $t = 0$ e (b) que reverte seu movimento $\mathbf{p}|_{t=0} \to -\mathbf{p}|_{t=0}$.

reversão do movimento. De fato, esta é a frase usada por Wigner, que formulou a reversão temporal num artigo muito fundamental escrito em 1932.

Para melhor nos orientarmos, vejamos primeiramente a mecânica clássica. Suponha que haja uma trajetória de uma partícula sujeita a um certo campo de força central (veja Figura 4.10). Em $t = 0$, suponha que a partícula pare e reverta seu movimento: $\mathbf{p}|_{t=0} \to -\mathbf{p}|_{t=0}$. A partícula percorre a mesma trajetória, mas no sentido reverso. Se você visse um filme do movimento para a trajetória (a) e a trajetória (b), você teria dificuldade em dizer qual a sequência correta.

Colocando isso de forma mais formal, se $\mathbf{x}(t)$ é solução de

$$m\ddot{\mathbf{x}} = -\nabla V(\mathbf{x}), \tag{4.4.1}$$

então $\mathbf{x}(-t)$ é também uma possível solução para o mesmo campo de forças de um potencial V. É importante notar, obviamente, que não temos forças dissipativas envolvidas aqui. Um bloco que deslize sobre uma superfície com atrito eventualmente pára. Ou você já viu um bloco sobre uma mesa começar a se mover espontaneamente e acelerar?

Caso você tenha um campo magnético, também é possível ver uma diferença. Imagine que você esteja filmando uma trajetória em espiral de um elétron em um campo magnético. Você deve ser capaz de dizer se o filme está sendo mostrado no sentido correto ou de trás para frente comparando o sentido da rotação com os polos magnéticos N e S. Contudo, do ponto de vista microscópico, $\mathbf{B}$ é produzido por cargas em movimento via uma corrente elétrica; se você pudesse reverter a corrente que gera $\mathbf{B}$, então a situação seria bastante simétrica. Em termos da ilustração mostrada na Figura 4.11, você deve ter percebido que N e S estão trocados! Uma outra maneira, mais formal, de dizer isto é que as equações de Maxwell, por exemplo

$$\nabla \cdot \mathbf{E} = 4\pi\rho, \quad \nabla \times \mathbf{B} - \frac{1}{c}\frac{\partial \mathbf{E}}{\partial t} = \frac{4\pi \mathbf{j}}{c}, \quad \nabla \times \mathbf{E} = -\frac{1}{c}\frac{\partial \mathbf{B}}{\partial t}, \tag{4.4.2}$$

e a equação da força de Lorentz $\mathbf{F} = e[\mathbf{E} + (1/c)(\mathbf{v} \times \mathbf{B})]$ são invariantes sob uma transformação $t \to -t$, desde que deixemos que

$$\mathbf{E} \to \mathbf{E}, \mathbf{B} \to -\mathbf{B}, \rho \to \rho, \mathbf{j} \to -\mathbf{j}, \mathbf{v} \to -\mathbf{v}. \tag{4.4.3}$$

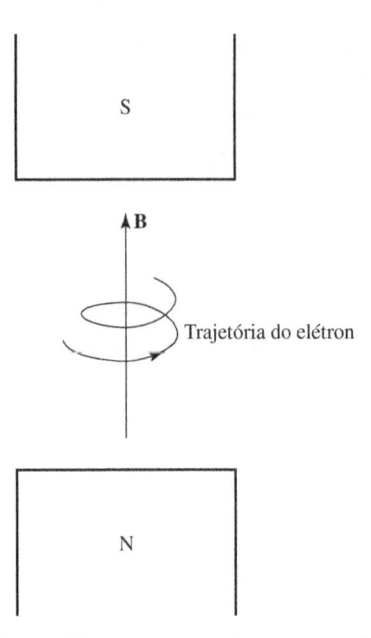

FIGURA 4.11 Trajetória de um elétron entre os polos norte e sul de um ímã.

Olhemos agora para a mecânica ondulatória, onde a equação básica é a equação de Schrödinger

$$i\hbar \frac{\partial \psi}{\partial t} = \left(-\frac{\hbar^2}{2m}\nabla^2 + V\right)\psi. \tag{4.4.4}$$

Suponha que $\psi(\mathbf{x}, t)$ seja uma solução. Podemos facilmente verificar que $\psi(\mathbf{x}, -t)$ não é solução devido ao surgimento de uma derivada temporal de primeira ordem. Contudo, $\psi^\dagger(\mathbf{x}, -t)$ é uma solução, algo que você mesmo pode verificar tomando o complexo conjugado de (4.4.4). É instrutivo convencermo-nos deste ponto com relação a um autoestado de energia – isto é, substituindo

$$\psi(\mathbf{x},t) = u_n(\mathbf{x})e^{-iE_n t/\hbar}, \quad \psi^*(\mathbf{x},-t) = u_n^*(\mathbf{x})e^{-iE_n t/\hbar} \tag{4.4.5}$$

na equação de Schrödinger (4.4.4). Portanto, nossa conjectura é que a reversão temporal tem algo a ver com a conjugação complexa. Se em $t = 0$ a função de onda é dada por

$$\psi = \langle \mathbf{x}|\alpha\rangle, \tag{4.4.6}$$

então a função de onda para o estado correspondente revertido no tempo é dada por $\langle \mathbf{x}|\alpha\rangle^*$. Mostraremos posteriormente que isto é realmente o correto para uma função de onda de um sistema sem spin. Como exemplo, você pode facilmente averiguar este fato para a função de onda de uma onda plana; veja o Problema 4.8 deste capítulo.

Digressão sobre operações de simetria

Antes de iniciarmos o tratamento sistemático do operador de reversão temporal, alguns comentários gerais sobre operações de simetria são apropriados. Considere uma operação de simetria

$$|\alpha\rangle \to |\tilde{\alpha}\rangle, \quad |\beta\rangle \to |\tilde{\beta}\rangle. \tag{4.4.7}$$

Pode-se argumentar que é natural impor que o produto interno $\langle\beta|\alpha\rangle$ seja preservado, isto é,

$$\langle\tilde{\beta}|\tilde{\alpha}\rangle = \langle\beta|\alpha\rangle. \tag{4.4.8}$$

De fato, para operações de simetria tais como rotação, translação e mesmo paridade, este fato é verdadeiro. Se $|\alpha\rangle$ e $|\beta\rangle$ são rodados da mesma maneira, $\langle\beta|\alpha\rangle$ não se altera. Formalmente, isto vem do fato de que para as operações de simetria consideradas nas seções precedentes, o operador de simetria é unitário e, portanto,

$$\langle\beta|\alpha\rangle \to \langle\beta|U^\dagger U|\alpha\rangle = \langle\beta|\alpha\rangle. \tag{4.4.9}$$

Contudo, ao discutirmos reversão temporal, podemos ver que a condição (4.4.8) resulta ser muito restritiva. Ao invés disso, simplesmente impomos a condição mais fraca que

$$|\langle\tilde{\beta}|\tilde{\alpha}\rangle| = |\langle\beta|\alpha\rangle|. \tag{4.4.10}$$

A condição (4.4.8) obviamente satisfaz (4.4.10). Contudo, esta não é a única maneira de que dispomos:

$$\langle\tilde{\beta}|\tilde{\alpha}\rangle = \langle\beta|\alpha\rangle^* = \langle\alpha|\beta\rangle \tag{4.4.11}$$

funciona igualmente bem. Seguiremos esta segunda possibilidade nesta seção pois, da nossa discussão prévia baseada na equação de Schrödinger, concluímos que a reversão temporal tem algo a ver com conjugação complexa.

Definição A transformação

$$|\alpha\rangle \to |\tilde{\alpha}\rangle = \theta|\alpha\rangle, \quad |\beta\rangle \to |\tilde{\beta}\rangle = \theta|\beta\rangle \tag{4.4.12}$$

é denominada *antiunitária* se

$$\langle\tilde{\beta}|\tilde{\alpha}\rangle = \langle\beta|\alpha\rangle^*, \tag{4.4.13a}$$

$$\theta(c_1|\alpha\rangle + c_2|\beta\rangle) = c_1^*\theta|\alpha\rangle + c_2^*\theta|\beta\rangle. \tag{4.4.13b}$$

Em um caso destes, o operador θ é um operador antiunitário. A relação (4.4.13b) sozinha define um operador **antilinear**.

Afirmamos agora que um operador antiunitário pode ser escrito como

$$\theta = UK, \tag{4.4.14}$$

onde U é um operador unitário e K é o operador de conjugação complexa que toma o complexo conjugado de qualquer coeficiente que multiplique um ket (e que se encontra à direita de K). Antes de verificar (4.4.13), examinemos a propriedade do operador K. Suponha que tenhamos um ket multiplicado por um número complexo c. Temos então

$$Kc|\alpha\rangle = c^*K|\alpha\rangle. \quad (4.4.15)$$

Podemos perguntar, ainda, o que acontece se $|\alpha\rangle$ for expandido em termos da base $\{|a'\rangle\}$? Sob a ação de K, temos

$$|\alpha\rangle = \sum_{a'} |a'\rangle\langle a'|\alpha\rangle \xrightarrow{K} |\tilde{\alpha}\rangle = \sum_{a'} \langle a'|\alpha\rangle^* K|a'\rangle$$
$$= \sum_{a'} \langle a'|\alpha\rangle^* |a'\rangle. \quad (4.4.16)$$

Observe que a atuação de K sobre os kets de uma base não os muda. A representação explícita de $|a'\rangle$ é

$$|a'\rangle = \begin{pmatrix} 0 \\ 0 \\ \vdots \\ 0 \\ 1 \\ 0 \\ \vdots \\ 0 \end{pmatrix}, \quad (4.4.17)$$

e não há nada aí que K possa mudar. O leitor pode se perguntar, por exemplo, se os autovetores de S_y para um sistema de spin $\frac{1}{2}$ mudam sob ação de K. A resposta é que se os autovetores de S_z forem usados como base, devemos mudar os autovetores (1.1.14) de S_y, pois estes mudam sob a ação de K da forma

$$K\left(\frac{1}{\sqrt{2}}|+\rangle \pm \frac{i}{\sqrt{2}}|-\rangle\right) \rightarrow \frac{1}{\sqrt{2}}|+\rangle \mp \frac{i}{\sqrt{2}}|-\rangle. \quad (4.4.18)$$

Por outro lado, se os próprios autovetores de S_y forem usados como base, então não mudamos os autovetores de S_y quando atuarmos com K sobre eles. Portanto, seu efeito muda quando mudamos a base. Como resultado, a forma de U em (4.4.14) também depende da representação em particular usada (isto é, da escolha dos kets que compõem a base).

Retornando para $\theta = UK$ e (4.4.13), verifiquemos primeiramente a propriedade (4.4.13b). Temos

$$\theta(c_1|\alpha\rangle + c_2|\beta\rangle) = UK(c_1|\alpha\rangle + c_2|\beta\rangle)$$
$$= c_1^* UK|\alpha\rangle + c_2^* UK|\beta\rangle$$
$$= c_1^* \theta|\alpha\rangle + c_2^* \theta|\beta\rangle, \quad (4.4.19)$$

e, portanto, (4.4.13b) é realmente válida. Antes de verificar (4.4.13a), afirmamos que é sempre mais seguro trabalhar com a ação de θ somente sobre kets. Podemos deduzir como os bras mudam olhando apenas para os kets correspondentes. Em particular, não é necessário considerar θ atuando sobre bras à direita, nem é necessário definir $\theta^\dagger$. Temos

$$\begin{aligned}|\alpha\rangle \xrightarrow{\theta} |\tilde{\alpha}\rangle &= \sum_{a'} \langle a'|\alpha\rangle^* UK |a'\rangle \\ &= \sum_{a'} \langle a'|\alpha\rangle^* U |a'\rangle \\ &= \sum_{a'} \langle \alpha|a'\rangle U |a'\rangle. \end{aligned} \qquad (4.4.20)$$

Quanto a $|\beta\rangle$, temos

$$|\tilde{\beta}\rangle = \sum_{a'} \langle a'|\beta\rangle^* U|a'\rangle \xleftrightarrow{\text{CD}} \langle \tilde{\beta}| = \sum_{a'} \langle a'|\beta\rangle \langle a'| U^\dagger$$

$$\begin{aligned}\langle \tilde{\beta}|\tilde{\alpha}\rangle &= \sum_{a''}\sum_{a'} \langle a''|\beta\rangle \langle a''|U^\dagger U|a'\rangle \langle \alpha|a'\rangle \\ &= \sum_{a'} \langle \alpha|a'\rangle \langle a'|\beta\rangle = \langle \alpha|\beta\rangle \\ &= \langle \beta|\alpha\rangle^*, \end{aligned} \qquad (4.4.21)$$

e, portanto, isto verifica nosso resultado (lembre-se da noção de "correspondência dual", ou CD, da Seção 1.2).

Para que (4.4.10) seja satisfeita, é de interesse sob o ponto de vista da física considerar apenas dois tipos de transformação – unitária e antiunitária. Outras possibilidades estão relacionadas a estas duas via mudanças de fase triviais. A prova disto é, na verdade, bastante difícil, e não a discutiremos mais aqui. Contudo, consulte Gottfried e Yan (2003), Seção 7.1.

Operador de reversão temporal

Estamos finalmente em condições de apresentar a teoria formal da reversão temporal. Vamos denotar o operador de reversão temporal por Θ, em distinção a θ, que representa um operador antiunitário geral. Considere

$$|\alpha\rangle \rightarrow \Theta|\alpha\rangle, \qquad (4.4.22)$$

onde $\Theta|\alpha\rangle$ é o estado reverso no tempo. Seria mais apropriado chamar $\Theta|\alpha\rangle$ de estado de movimento reverso. Se $|\alpha\rangle$ for um autoestado de momento $|\mathbf{p}'\rangle$, esperamos que $\Theta|\alpha\rangle$ seja $|-\mathbf{p}'\rangle$ a menos de uma possível fase. Do mesmo modo, $\mathbf{J}$ deve ser reverso por uma transformação de reversão temporal.

Deduziremos agora a propriedade fundamental do operador de reversão temporal olhando para a evolução temporal de um estado reverso no tempo. Considere um es-

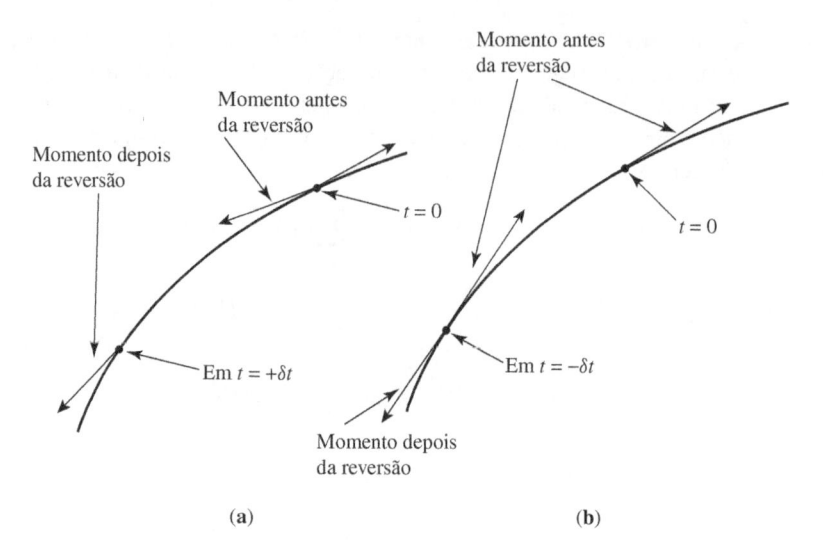

FIGURA 4.12 Momento antes e depois de uma reversão temporal no tempo $t = 0$ e $t = \pm \delta t$.

tado físico representado por $|\alpha\rangle$ no tempo, digamos $t = 0$. Então, depois de um tempo ligeiramente posterior $t = \delta t$, o sistema é encontrado em

$$|\alpha, t_0 = 0; t = \delta t\rangle = \left(1 - \frac{iH}{\hbar}\delta t\right)|\alpha\rangle, \qquad (4.4.23)$$

onde H é o Hamiltoniano que determina a evolução temporal. No lugar da equação anterior, suponha que apliquemos primeiro Θ, digamos em $t = 0$, e então deixamos o sistema evoluir sob a influência de H. Temos então, em δt,

$$\left(1 - \frac{iH\delta t}{\hbar}\right)\Theta|\alpha\rangle. \qquad (4.4.24a)$$

Se o movimento é simétrico por reversão temporal, é de se esperar que o ket precedente seja o mesmo que

$$\Theta|\alpha, t_0 = 0; t = -\delta t\rangle. \qquad (4.4.24b)$$

Ou seja, primeiro considere um ket em um *tempo anterior* $t = -\delta t$ e, então, reverta **p** e **J**; veja a Figura 4.12. Matematicamente,

$$\left(1 - \frac{iH}{\hbar}\delta t\right)\Theta|\alpha\rangle = \Theta\left(1 - \frac{iH}{\hbar}(-\delta t)\right)|\alpha\rangle. \qquad (4.4.25)$$

Se a relação precedente deve ser verdadeira para qualquer ket, devemos ter

$$-iH\Theta|\ \rangle = \Theta iH|\ \rangle, \qquad (4.4.26)$$

onde o ket vazio $|\ \rangle$ enfatiza que (4.4.26) deve valer para qualquer ket.

4.4 Simetria de Reversão Temporal Discreta

Argumentamos agora que Θ *não pode* ser unitário se quisermos que o movimento reverso no tempo faça sentido. Suponha que Θ seja unitário. Seria, então, legítimo cancelar os i's em (4.4.26), e teríamos a equação de operadores

$$-H\Theta = \Theta H. \qquad (4.4.27)$$

Considere um autovetor de energia $|n\rangle$, com autovalor E_n. O estado reverso no tempo correspondente seria $\Theta|n\rangle$, e teríamos, devido a (4.4.27),

$$H\Theta|n\rangle = -\Theta H|n\rangle = (-E_n)\Theta|n\rangle. \qquad (4.4.28)$$

Esta equação diz que $\Theta|n\rangle$ é autoestado do Hamiltoniano com autovalores $-E_n$. Contudo, isto não faz sentido mesmo no caso mais elementar de uma partícula livre. Sabemos que o espectro de energia de uma partícula livre é positivo semidefinido – de 0 a $+\infty$. Não há estado mais baixo que o de uma partícula em repouso (autoestado de momento com autovalor zero); um espectro de energia de $-\infty$ a 0 seria totalmente inaceitável. Podemos ver isso olhando também para a estrutura do Hamiltoniano de partícula livre. Esperamos que $\mathbf{p}$ mude de sinal, mas não $\mathbf{p}^2$; mesmo assim, (4.4.27) implicaria que

$$\Theta^{-1}\frac{\mathbf{p}^2}{2m}\Theta = \frac{-\mathbf{p}^2}{2m}. \qquad (4.4.29)$$

Todos estes argumentos sugerem fortemente que se a reversão temporal, enquanto simetria, deve ter qualquer valor por mínimo que seja, não podemos cancelar os i's em (4.4.26); portanto, é melhor que Θ seja antiunitário. Neste caso, o lado direito de (4.4.26) torna-se

$$\Theta iH|\ \rangle = -i\Theta H|\ \rangle \qquad (4.4.30)$$

pela propriedade antilinear (4.4.13b). Agora, podemos finalmente cancelar os i's em (4.4.26). Isto nos leva, finalmente, via (4.4.30), a

$$\Theta H = H\Theta. \qquad (4.4.31)$$

A equação acima expressa a propriedade fundamental do Hamiltoniano por reversão temporal. Com esta equação, as dificuldades mencionadas anteriormente [veja de (4.4.27) até (4.4.29)] não existem, e obtemos resultados fisicamente sensatos. Daqui para frente, sempre tomaremos Θ como sendo antiunitário.

Mencionamos anteriormente que o melhor a fazer é evitar um operador antiunitário atuando em bras à direita. Não obstante, podemos usar

$$\langle\beta|\Theta|\alpha\rangle, \qquad (4.4.32)$$

que devemos sempre entender como representando

$$(\langle\beta|)\cdot(\Theta|\alpha\rangle) \qquad (4.4.33)$$

e nunca

$$(\langle\beta|\Theta)\cdot|\alpha\rangle). \qquad (4.4.34)$$

De fato, nem mesmo tentamos definir o que seria $\langle\beta|\Theta$. Este é um lugar onde a notação de bras e kets de Dirac se torna um pouco confusa, mas, afinal, a notação foi inventada para se manusear com operadores lineares, e não antilineares.

Com esta nota de precaução, podemos agora discutir o comportamente de operadores por reversão temporal. Continuamos com o ponto de vista segundo o qual o operador Θ deva atuar sobre kets

$$|\tilde{\alpha}\rangle = \Theta|\alpha\rangle, \quad |\tilde{\beta}\rangle = \Theta|\beta\rangle, \tag{4.4.35}$$

mas ainda assim é conveniente, muitas vezes, falar de operadores – em particular, observáveis – que sejam pares ou ímpares por reversão temporal. Começamos com uma importante identidade:

$$\langle\beta|\otimes|\alpha\rangle = \langle\tilde{\alpha}|\Theta\otimes^\dagger\Theta^{-1}|\tilde{\beta}\rangle, \tag{4.4.36}$$

onde $\otimes$ é um operador linear. Esta identidade é resultado unicamente da natureza antiunitária de Θ. Para provar isto, definamos

$$|\gamma\rangle \equiv \otimes^\dagger|\beta\rangle. \tag{4.4.37}$$

Por correspondência dual temos

$$|\gamma\rangle \overset{CD}{\leftrightarrow} \langle\beta|\otimes = \langle\gamma|. \tag{4.4.38}$$

Portanto

$$\langle\beta|\otimes|\alpha\rangle = \langle\gamma|\alpha\rangle = \langle\tilde{\alpha}|\tilde{\gamma}\rangle$$
$$= \langle\tilde{\alpha}|\Theta\otimes^\dagger|\beta\rangle = \langle\tilde{\alpha}|\Theta\otimes^\dagger\Theta^{-1}\Theta|\beta\rangle$$
$$= \langle\tilde{\alpha}|\Theta\otimes^\dagger\Theta^{-1}|\tilde{\beta}\rangle, \tag{4.4.39}$$

o que prova a identidade. Em particular, para observáveis *hermitianos* A, obtemos

$$\langle\beta|A|\alpha\rangle = \langle\tilde{\alpha}|\Theta A\Theta^{-1}|\tilde{\beta}\rangle. \tag{4.4.40}$$

Dizemos que observáveis são pares ou ímpares por reversão temporal se tivermos, respectivamente, o sinal de cima ou de baixo em

$$\Theta A\Theta^{-1} = \pm A. \tag{4.4.41}$$

Observe que esta equação, junto com (4.4.40), impõe uma restrição na fase dos elementos de matriz de A, calculados com respeito aos estados reversos no tempo:

$$\langle\beta|A|\alpha\rangle = \pm\langle\tilde{\beta}|A|\tilde{\alpha}\rangle^*. \tag{4.4.42}$$

Se $|\beta\rangle$ for idêntico a $|\alpha\rangle$, de modo que estejamos falando de valores esperados, temos

$$\langle\alpha|A|\alpha\rangle = \pm\langle\tilde{\alpha}|A|\tilde{\alpha}\rangle, \tag{4.4.43}$$

onde $\langle\tilde{\alpha}|A|\tilde{\alpha}\rangle$ é o valor esperado calculado com respeito ao estado reverso no tempo.

Como exemplo, consideremos o valor esperado de **p**. É razoável esperar que o valor esperado de **p**, quando calculado para um estado temporalmente reverso, tenha o sinal oposto. Portanto,

$$\langle \alpha | \mathbf{p} | \alpha \rangle = -\langle \tilde{\alpha} | \mathbf{p} | \tilde{\alpha} \rangle, \tag{4.4.44}$$

e, portanto, tomamos **p** como sendo um operador ímpar, isto é,

$$\Theta \mathbf{p} \Theta^{-1} = -\mathbf{p}. \tag{4.4.45}$$

Isto implica que

$$\mathbf{p} \Theta | \mathbf{p}' \rangle = -\Theta \mathbf{p} \Theta^{-1} \Theta | \mathbf{p}' \rangle$$
$$= (-\mathbf{p}') \Theta | \mathbf{p}' \rangle. \tag{4.4.46}$$

A equação (4.4.46) está de acordo com nossa afirmação anterior que $\Theta | \mathbf{p}' \rangle$ é um autoestado de momento com autovalor $-\mathbf{p}'$. Ele pode ser identificado com o próprio $|-\mathbf{p}' \rangle$ com a escolha de fase apropriada. Do mesmo modo, obtemos

$$\Theta \mathbf{x} \Theta^{-1} = \mathbf{x}$$
$$\Theta | \mathbf{x}' \rangle = | \mathbf{x}' \rangle \quad \text{(a menos de uma fase)} \tag{4.4.47}$$

da exigência (bastante razoável)

$$\langle \alpha | \mathbf{x} | \alpha \rangle = \langle \tilde{\alpha} | \mathbf{x} | \tilde{\alpha} \rangle. \tag{4.4.48}$$

Podemos agora checar a invariância da relação de comutação fundamental

$$[x_i, p_j] | \ \rangle = i\hbar \delta_{ij} | \ \rangle, \tag{4.4.49}$$

onde o ket em branco $| \ \rangle$ representa qualquer ket. Aplicando Θ a ambos os lados de (4.4.49), temos

$$\Theta [x_i, p_j] \Theta^{-1} \Theta | \ \rangle = \Theta i\hbar \delta_{ij} | \ \rangle, \tag{4.4.50}$$

que leva, depois de passar Θ pelo $i\hbar$, à equação

$$[x_i, (-p_j)] \Theta | \ \rangle = -i\hbar \delta_{ij} \Theta | \ \rangle. \tag{4.4.51}$$

Observe que a relação de comutação fundamental $[x_i, p_j] = i\hbar \delta_{ij}$ é preservada em virtude de Θ ser antiunitário, que é um outro argumento pela antiunitaridade de Θ; caso contrário, seríamos forçados a abandonar (4.4.45) ou (4.4.47)! Do mesmo modo, para preservar

$$[J_i, J_j] = i\hbar \varepsilon_{ijk} J_k, \tag{4.4.52}$$

o operador momento angular deve ser ímpar por reversão temporal, ou seja,

$$\Theta \mathbf{J} \Theta^{-1} = -\mathbf{J}. \tag{4.4.53}$$

Isto é consistente para um sistema sem spin, onde **J** é simplesmente $\mathbf{x} \times \mathbf{p}$. Poderíamos também ter deduzido esta relação observando que o operador de rotação e o operador de reversão temporal comutam (observe o *i* extra!).

Função de onda

Suponha que num dado tempo, digamos $t = 0$, um sistema de uma única partícula sem spin se encontra num estado representado por $|\alpha\rangle$. Sua função de onda $\langle \mathbf{x}'|\alpha\rangle$ aparece como o coeficiente de expansão na representação de posição

$$|\alpha\rangle = \int d^3x' |\mathbf{x}'\rangle \langle \mathbf{x}'|\alpha\rangle. \tag{4.4.54}$$

Aplicando o operador de reversão temporal, obtemos

$$\begin{aligned}\Theta|\alpha\rangle &= \int d^3x' \Theta|\mathbf{x}'\rangle \langle \mathbf{x}'|\alpha\rangle^* \\ &= \int d^3x' |\mathbf{x}'\rangle \langle \mathbf{x}'|\alpha\rangle^*,\end{aligned} \tag{4.4.55}$$

onde escolhemos a convenção de fase de tal modo que $\Theta|\mathbf{x}'\rangle$ seja $|\mathbf{x}'\rangle$. Recuperamos, então, a regra

$$\psi(\mathbf{x}') \to \psi^*(\mathbf{x}') \tag{4.4.56}$$

inferida anteriormente olhando-se para a equação de onda de Schrödinger [veja (4.4.5)]. A parte angular da função de onda e dada por um harmônico esférico Y_l^m. Com a convenção de fase usual temos

$$Y_l^m(\theta,\phi) \to Y_l^{m*}(\theta,\phi) = (-1)^m Y_l^{-m}(\theta,\phi). \tag{4.4.57}$$

Agora, $Y_l^m(\theta,\phi)$ é a função de onda para $|l, m\rangle$ [veja (3.6.23)]. Portanto, de (4.4.56), deduzimos que

$$\Theta|l, m\rangle = (-1)^m |l, -m\rangle. \tag{4.4.58}$$

Se estudarmos a densidade de corrente de probabilidade (2.4.16), para uma função de onda do tipo (3.6.22) que varia como $R(r)Y_l^m$, concluiremos que, para $m > 0$, a corrente flui na direção anti-horária, quando vista do eixo z positivo. A função de onda para o estado reverso no tempo correspondente tem uma corrente de probabilidade que flui na direção oposta, pois o sinal de m é invertido. Tudo muito razoável.

Como consequência não trivial da invariância por reversão temporal, apresentamos um importante teorema sobre o fato de autofunções de H para uma partícula sem spin serem reais.

Teorema 4.2 Suponha que um Hamiltoniano seja invariante por reversão temporal e o autovetor $|n\rangle$ não seja degenerado; então, a autofunção de energia correspondente é real (ou, de modo mais geral, uma função real vezes um fator de fase independente de $\mathbf{x}$).

Prova Para provar este resultado, observamos primeiramente que

$$H\Theta|n\rangle = \Theta H|n\rangle = E_n \Theta|n\rangle, \tag{4.4.59}$$

tal que $|n\rangle$ e $\Theta|n\rangle$ têm a mesma energia. A hipótese de não degenerescência leva-nos a concluir que $|n\rangle$ e $\Theta|n\rangle$ devem representar o *mesmo* estado; caso contrário, haveria dois estados diferentes com a mesma energia E_n, uma óbvia contradição! Lembremo-nos de que as funções de onda para $|n\rangle$ e $\Theta|n\rangle$ são $\langle \mathbf{x}'|n\rangle$ e $\langle \mathbf{x}'|n\rangle^*$, respectivamente. Do ponto de vista prático, eles devem ser a mesma – isto é,

$$\langle \mathbf{x}'|n\rangle = \langle \mathbf{x}'|n\rangle^* \qquad (4.4.60)$$

ou, mais precisamente, eles podem se diferenciar no máximo por um fator de fase independente de $\mathbf{x}$.

Portanto, se tivermos, por exemplo, um estado ligado não degenerado, sua função de onda será sempre real. Por outro lado, no átomo de Hidrogênio com $l \neq 0$, $m \neq 0$, a autofunção do Hamiltoniano caracterizada por um valor definido de números quânticos (n,l,m) é complexa, pois Y_l^m é complexo; isto não contradiz o teorema, pois $|n, l, m\rangle$ e $|n, l, -m\rangle$ são degenerados. Similarmente, a função de onda plana $e^{i\mathbf{p}\cdot\mathbf{x}/\hbar}$ é complexa, mas é degenerada com $e^{-i\mathbf{p}\cdot\mathbf{x}/\hbar}$.

Vemos, assim, que para um sistema sem spin, a função de onda para o estado reverso no tempo, digamos em $t = 0$, é obtida simplesmente por conjugação complexa. Em termos do ket $|\alpha\rangle$, escrito como em (4.4.16) ou (4.4.54), o operador Θ é o próprio operador K de conjugação complexa, pois K e Θ têm o mesmo efeito quando agindo no ket $|a'\rangle$ da base (ou $|\mathbf{x}'\rangle$). Podemos observar, contudo, que a situação é bastante diferente quando o ket $|\alpha\rangle$ é expandido em termos de autovetores de momento, pois Θ transforma $|\mathbf{p}'\rangle$ em $|-\mathbf{p}'\rangle$ da seguinte maneira:

$$\Theta|\alpha\rangle = \int d^3p' |-\mathbf{p}'\rangle \langle \mathbf{p}'|\alpha\rangle^* = \int d^3p' |\mathbf{p}'\rangle \langle -\mathbf{p}'|\alpha\rangle^*. \qquad (4.4.61)$$

É aparente que a função de onda no espaço de momento de um estado reverso no tempo não é simplesmente o complexo conjugado da função de onda original naquele espaço. Ao invés disso, temos que identificar $\phi^*(-\mathbf{p}')$ como a função de onda do estado reverso no tempo. Esta situação ilustra, mais uma vez, o ponto básico de que a forma particular de Θ depende da representação particular usada.

Reversão temporal para um sistema de spin $\frac{1}{2}$

A situação torna-se ainda mais interessante para uma partícula com spin–spin $\frac{1}{2}$, em particular. Lembremos, da Seção 3.2, que o autovetor de $\mathbf{S}\cdot\hat{\mathbf{n}}$ com autovalor $\hbar/2$ pode ser escrito como

$$|\hat{\mathbf{n}};+\rangle = e^{-iS_z\alpha/\hbar} e^{-iS_y\beta/\hbar}|+\rangle, \qquad (4.4.62)$$

onde $\hat{\mathbf{n}}$ é caracterizado pelos ângulos polar e azimutal, β e α, respectivamente. Considerando (4.4.53), temos

$$\Theta|\hat{\mathbf{n}};+\rangle = e^{-iS_z\alpha/\hbar} e^{-iS_y\beta/\hbar}\Theta|+\rangle = \eta|\hat{\mathbf{n}};-\rangle. \qquad (4.4.63)$$

Por outro lado, podemos facilmente verificar que

$$|\hat{\mathbf{n}};-\rangle = e^{-i\alpha S_z/\hbar} e^{-i(\pi+\beta)S_y/\hbar}|+\rangle. \qquad (4.4.64)$$

Em geral, vimos anteriormente que o produto UK é um operador antiunitário. Comparando (4.4.63) e (4.4.64) com Θ no lugar de UK, e notando que K agindo sobre o ket de base $|+\rangle$ dá simplesmente $|+\rangle$, vemos que

$$\Theta = \eta e^{-i\pi S_y/\hbar} K = -i\eta \left(\frac{2S_y}{\hbar}\right) K, \qquad (4.4.65)$$

onde η representa um fase arbitrária (um número complexo de módulo 1). Uma outra maneira de se convencer de (4.4.65) é verificar que, se $\chi(\hat{\mathbf{n}}; +)$ é um autoespinor de duas componentes correspondente a $|\hat{\mathbf{n}}; +\rangle$ [no sentido de $\boldsymbol{\sigma} \cdot \hat{\mathbf{n}} \chi(\hat{\mathbf{n}}; +) = \chi(\hat{\mathbf{n}}; +)$], então

$$-i\sigma_y \chi^*(\hat{\mathbf{n}}; +) \qquad (4.4.66)$$

(note a conjugação complexa!) é o autoespinor correspondente a $|\hat{\mathbf{n}}; -\rangle$, novamente, a menos de uma fase arbitrária (veja o Problema 4.7 deste capítulo). O aparecimento de S_y ou σ_y pode ser entendido como vindo do fato de que estamos usando a representação na qual S_z é diagonal, e os elementos de matriz de S_y diferentes de zero são imaginários puros.

Vamos agora notar que

$$e^{-i\pi S_y/\hbar}|+\rangle = +|-\rangle, \quad e^{-i\pi S_y/\hbar}|-\rangle = -|+\rangle. \qquad (4.4.67)$$

Usando esta equação, podemos agora calcular o efeito de Θ, escrito na forma (4.4.65), no ket mais geral de spin $\frac{1}{2}$:

$$\Theta(c_+|+\rangle + c_-|-\rangle) = +\eta c_+^*|-\rangle - \eta c_-^*|+\rangle. \qquad (4.4.68)$$

Vamos aplicar Θ uma vez mais:

$$\begin{aligned}\Theta^2(c_+|+\rangle + c_-|-\rangle) &= -|\eta|^2 c_+|+\rangle - |\eta|^2 c_-|-\rangle \\ &= -(c_+|+\rangle + c_-|-\rangle)\end{aligned} \qquad (4.4.69)$$

ou

$$\Theta^2 = -1, \qquad (4.4.70)$$

(onde o -1 deve ser entendido como -1 vezes o operador identidade) para *qualquer* orientação de spin. Este é um resultado extraordinário. É crucial percebermos aqui que nossa conclusão é completamente independente da escolha de fase; (4.4.70) vale, não importa qual a convenção de fase que tenhamos escolhido para η. Contrariamente, notamos também que duas aplicações sucessivas de Θ a um estado sem spin dão

$$\Theta^2 = +1, \qquad (4.4.71)$$

como é evidente de, digamos, (4.4.58).

De modo mais geral, provaremos agora que

$$\Theta^2|j \text{ semi-inteiro}\rangle = -|j \text{ semi-inteiro}\rangle \qquad (4.4.72\text{a})$$

$$\Theta^2|j \text{ inteiro}\rangle = +|j \text{ inteiro}\rangle. \qquad (4.4.72\text{b})$$

Portanto, o autovalor de Θ^2 é dado por $(-1)^{2j}$. Primeiro, observamos que (4.4.65) é generalizada para j arbitrário como

$$\Theta = \eta e^{-i\pi J_y/\hbar} K. \tag{4.4.73}$$

Para o ket $|\alpha\rangle$, expandido em termos da base $|j, m\rangle$, temos

$$\Theta \left(\Theta \sum |jm\rangle\langle jm|\alpha\rangle\right) = \Theta \left(\eta \sum e^{-i\pi J_y/\hbar}|jm\rangle\langle jm|\alpha\rangle^*\right)$$
$$= |\eta|^2 e^{-2i\pi J_y/\hbar} \sum |jm\rangle\langle jm|\alpha\rangle. \tag{4.4.74}$$

Porém,

$$e^{-2i\pi J_y/\hbar}|jm\rangle = (-1)^{2j}|jm\rangle, \tag{4.4.75}$$

como é evidente das propriedades dos autoestados do momento angular sob uma rotação de 2π.

Em (4.4.72b), $|j\text{ inteiro}\rangle$ pode representar um estado de spin

$$\frac{1}{\sqrt{2}}(|+-\rangle \pm |-+\rangle) \tag{4.4.76}$$

de um sistema de dois elétrons ou um estado orbital $|l, m\rangle$ de uma partícula sem spin. É importante apenas que j seja inteiro. Do mesmo modo, $|j\text{ semi-inteiro}\rangle$ pode representar, por exemplo, um sistema de três elétrons em qualquer configuração. Na realidade, para um sistema composto exclusivamente de elétrons, qualquer sistema com um número ímpar (par) de elétrons – independentemente das sua orientação espacial (por exemplo, momento angular orbital relativo) – é ímpar (par) sob Θ^2; eles nem precisam ser autoestados de $\mathbf{J}^2$!

Fazemos aqui um breve parênteses acerca da convenção da fase. Na nossa discussão anterior baseada na representação de momento, vimos que, com a convenção usual para os harmônicos esféricos, é natural escolher a fase arbitrária para $|l, m\rangle$ sob uma reversão temporal de tal modo que

$$\Theta|l, m\rangle = (-1)^m|l, -m\rangle. \tag{4.4.77}$$

Alguns autores acham atraente generalizar isto para obter

$$\Theta|j, m\rangle = (-1)^m|j, -m\rangle \; (j \text{ um inteiro}), \tag{4.4.78}$$

independente de j se referir a l ou s (para um sistema de spin inteiro). É natural perguntarmos: isto seria compatível com (4.4.72a) para um sistema de spin $\frac{1}{2}$, quando visualizamos $|j, m\rangle$ como sendo formado de objetos de spin $\frac{1}{2}$ "primitivos", segundo Wigner e Schwinger? É fácil ver que (4.4.72a) é, na realidade, consistente, desde que escolhamos η em (4.4.73) como sendo $+i$. De fato, em geral, podemos tomar

$$\Theta|j, m\rangle = i^{2m}|j, -m\rangle \tag{4.4.79}$$

para qualquer j – semi-inteiro ou inteiro (veja o Problema 4.10 ao final deste capítulo). O leitor deve estar alertado, contudo, que esta não é a única convenção encontrada na literatura. Veja, por exemplo, Frauenfelder e Henley (1974). Para algumas aplicações físicas, é conveniente usar outras escolhas; por exemplo, a convenção de fase que torna os elementos de matriz do operador $\mathbf{J}_\pm$ simples *não* é a convenção que torna simples as propriedades do operador de reversão temporal. Enfatizamos mais uma vez que (4.4.70) é completamente independente da convenção de fase.

Após termos trabalhado o comportamento dos autovetores do momento angular por reversão temporal, podemos agora estudar mais uma vez os valores esperados de um operador hermitiano. Lembrando-nos de (4.4.43), obtemos por reversão temporal (cancelando os fatores de i^{2m})

$$\langle \alpha, j, m|A|\alpha, j, m \rangle = \pm \langle \alpha, j, -m|A|\alpha, j, -m \rangle. \tag{4.4.80}$$

Agora, suponha que A seja uma componente de um tensor esférico $T_q^{(k)}$. Devido ao teorema de Wigner-Eckart, é suficiente que examinemos apenas os elementos de matriz da componente $q = 0$. Em geral, dizemos que $T^{(k)}$ (tomado como sendo hermitiano) é par ou ímpar por reversão temporal dependendo de sua componente $q = 0$ satisfazer a equação abaixo com o sinal superior ou inferior:

$$\Theta T_{q=0}^{(k)} \Theta^{-1} = \pm T_{q=0}^{(k)}. \tag{4.4.81}$$

A equação (4.4.80) para $A = T_0^{(k)}$ torna-se

$$\langle \alpha, j, m|T_0^{(k)}|\alpha, j, m \rangle = \pm \langle \alpha, j, -m|T_0^{(k)}|\alpha, j, -m \rangle. \tag{4.4.82}$$

Baseando-nos em (3.6.46)-(3.6.49), esperamos que $|\alpha, j, -m\rangle = \mathcal{D}(0, \pi, 0)|\alpha, j, m\rangle$ a menos de uma fase. Usamos em seguida (3.11.22) para $T_0^{(k)}$, que nos leva a

$$\mathcal{D}^\dagger(0,\pi,0) T_0^{(k)} \mathcal{D}(0,\pi,0) = (-1)^k T_0^{(k)} + (q \neq 0 \text{ componentes}), \tag{4.4.83}$$

onde usamos $\mathcal{D}_{00}^{(k)}(0,\pi,0) = P_k(\cos\pi) = (-1)^k$ e as componentes com $q \neq 0$ dão contribuições nulas quando sanduichadas entre $\langle \alpha, j, m|$ e $|\alpha, j, m\rangle$. O resultado líquido é

$$\langle \alpha, j, m|T_0^{(k)}|\alpha, j, m \rangle = \pm (-1)^k \langle \alpha, j, m|T_0^{(k)}|\alpha, j, m \rangle. \tag{4.4.84}$$

Como exemplo, quando tomamos $k = 1$, o valor esperado de $\langle \mathbf{x} \rangle$ calculado na base dos autoestados de j, m desaparece. Podemos argumentar que já sabemos que $\langle \mathbf{x} \rangle = 0$ da inversão por paridade se o valor esperado for calculado com respeito ao autoestados da paridade [veja (4.2.1)]. Contudo, observe que aqui, $|\alpha, j, m\rangle$ não precisam ser autovetores da paridade! Por exemplo, o $|j, m\rangle$ para partículas de spin $\frac{1}{2}$ poderia ser $c_s|s_{1/2}\rangle + c_p|p_{1/2}\rangle$.

Interações com campos elétrico e magnético; degenerescência de Kramers

Considere partículas carregadas em um campo elétrico ou magnético externo. Se tivemos apenas um campo elétrico estático interagindo com uma carga elétrica, a parte da interação do Hamiltoniano é simplesmente

$$V(\mathbf{x}) = e\phi(\mathbf{x}), \tag{4.4.85}$$

onde $\phi(\mathbf{x})$ é o potencial eletrostático. Uma vez que $\phi(\mathbf{x})$ é uma função real do operador $\mathbf{x}$, par por reversão temporal, temos

$$[\Theta, H] = 0. \tag{4.4.86}$$

Diferente do caso da paridade, (4.4.86) não leva a uma lei de conservação interessante. A razão é que

$$\Theta U(t, t_0) \neq U(t, t_0)\Theta \tag{4.4.87}$$

mesmo se (4.4.86) for válida e, portanto, nossa discussão após (4.1.9) da Seção 4.1 é inválida. Como resultado, não existe algo do tipo "conservação do número quântico de reversão temporal". Como já mencionado, a condição (4.4.86) leva, contudo, a uma restrição não trivial na fase: a realidade da função de onda não degenerada para um sistema sem spin [veja (4.4.59) e (4.4.60)].

Uma outra consequência profunda da invariância por reversão temporal é a **degenerescência de Kramers**. Suponha que H e Θ comutem, e seja $|n\rangle$ e $\Theta|n\rangle$ o autovalor de H e seu estado reverso no tempo, respectivamente. Da (4.4.86) é evidente que $|n\rangle$ e $\Theta|n\rangle$ pertencem ao mesmo autovalor de energia $E_n(H\Theta|n\rangle = \Theta H|n\rangle = E_n\Theta|n\rangle)$. A questão é, $|n\rangle$ representa o mesmo estado que $\Theta|n\rangle$? Se sim, $|n\rangle$ e $\Theta|n\rangle$ devem diferir no máximo por uma fase. Assim,

$$\Theta|n\rangle = e^{i\delta}|n\rangle. \tag{4.4.88}$$

Aplicando novamente Θ a (4.4.88), temos $\Theta^2|n\rangle = \Theta e^{i\delta}|n\rangle = e^{-i\delta}\Theta|n\rangle = e^{-i\delta}e^{+i\delta}|n\rangle$; portanto,

$$\Theta^2|n\rangle = +|n\rangle. \tag{4.4.89}$$

Contudo, esta relação é impossível para sistemas com j semi-inteiro, para os quais Θ^2 é sempre -1. Portanto, somos levados a concluir que $|n\rangle$ e $\Theta|n\rangle$, que têm a mesma energia, devem corresponder a estados diferentes – isto é, deve haver uma degenerescência. Isto significa, por exemplo, que para um sistema composto por um número ímpar de elétrons em um campo elétrico $\mathbf{E}$ externo, cada nível de energia deve ser no mínimo duplamente degenerado independente de quão complicado $\mathbf{E}$ possa ser. Considerações nesta direção têm aplicações interessantes a elétrons em cristais, onde sistemas com número par ou ímpar de elétrons exibem comportamentos muito diferentes. Historicamente, Kramers inferiu uma degenerescência deste tipo olhando para soluções explícitas da equação de Schrödinger; subsequentemente, Wigner apontou para o fato de que a degenerescência de Kramers era uma consequência da invariância por reversão temporal.

Olhemos agora para interações com um campo magnético externo. O Hamiltoniano H pode, então, conter termos da forma

$$\mathbf{S} \cdot \mathbf{B}, \mathbf{p} \cdot \mathbf{A} + \mathbf{A} \cdot \mathbf{p}, (\mathbf{B} = \nabla \times \mathbf{A}), \tag{4.4.90}$$

onde devemos encarar o campo magnético como sendo externo. Os operadores $\mathbf{S}$ e $\mathbf{p}$ são ímpares por reversão temporal; estes termos de interação levam, portanto, a

$$\Theta H \neq H\Theta. \tag{4.4.91}$$

Como exemplo trivial, para uma partícula de spin $\frac{1}{2}$ o estado de spin para cima $|+\rangle$ e seu estado reverso no tempo, $|-\rangle$, não têm mais a mesma energia na presença de um campo magnético externo. Em geral, a degenerescência de Kramers em um sistema que contém um número ímpar de elétrons pode ser levantada aplicando-se um campo magnético externo.

Observe que quando tratamos **B** como sendo externo, não o mudamos quando fizermos uma reversão temporal; isto ocorre porque o elétron atômico é visto como um sistema quântico fechado, ao qual aplicamos o operador de reversão temporal. Isto não deve ser confundido com nossos comentários anteriores acerca da invariância das equações de Maxwell (4.4.2) e a lei da força de Lorentz sob $t \to -t$ e (4.4.3). Lá, aplicamos uma reversão temporal a *todo o universo*, mesmo às correntes no fio que produziram o campo B, por exemplo!

Problemas

4.1 Calcule os *três mais baixos* níveis de energia junto com suas degenerescências, para os seguintes sistemas (suponha partículas *distinguíveis* de mesma massa):
  (a) Três partículas de spin $\frac{1}{2}$ não interagentes em um cubo de lado L.
  (b) Quatro partículas de spin $\frac{1}{2}$ não interagentes em um cubo de lado L.

4.2 Seja $\mathcal{T}_\mathbf{d}$ o operador de translação (deslocamento pelo vetor **d**); seja $\mathcal{D}(\hat{\mathbf{n}}, \phi)$ o operador de rotação ($\hat{\mathbf{n}}$ e ϕ são o eixo e o ângulo de rotação, respectivamente); e seja π o operador de paridade. Qual dos pares abaixo comuta, se é que algum deles o faz? Por quê?
  (a) $\mathcal{T}_\mathbf{d}$ e $\mathcal{T}_{\mathbf{d}'}$ (**d** e **d**' em diferentes direções)
  (b) $\mathcal{D}(\hat{\mathbf{n}}, \phi)$ e $\mathcal{D}(\hat{\mathbf{n}}', \phi')$ ($\hat{\mathbf{n}}$ e $\hat{\mathbf{n}}'$ em diferentes direções).
  (c) $\mathcal{T}_\mathbf{d}$ e π.
  (d) $\mathcal{D}(\hat{\mathbf{n}}, \phi)$ e π.

4.3 Sabe-se que um estado quântico $|\Psi\rangle$ é autovetor simultâneo de dois operadores hermitianos A e B que *anticomutam*:

$$AB + BA = 0.$$

O que podemos dizer a respeito dos autovalores de A e B para o estado $|\Psi\rangle$? Ilustre sua conclusão usando o operador paridade (que podemos escolher como satisfazendo $\pi = \pi^{-1} = \pi^\dagger$) e o operador momento.

4.4 Uma partícula de spin $\frac{1}{2}$ está ligada a uma origem fixa por um potencial esfericamente simétrico.
  (a) Escreva explicitamente a função angular de spin $\mathcal{Y}_{l=0}^{j=1/2, m=1/2}$.
  (b) Expresse $(\boldsymbol{\sigma} \cdot \mathbf{x}) \mathcal{Y}_{l=0}^{j=1/2, m=1/2}$ em termos de algum outro $\mathcal{Y}_l^{j,m}$.
  (c) Mostre que seu resultado em (b) é compreensível em vista das propriedades de transformação do operador $\mathbf{S} \cdot \mathbf{x}$ sob uma rotação e uma inversão espacial (paridade).

4.5 Devido às interações fracas (corrente neutra), há um potencial entre o elétron atômico e o núcleo que viola a paridade e tem a seguinte forma:

$$V = \lambda[\delta^{(3)}(\mathbf{x})\mathbf{S} \cdot \mathbf{p} + \mathbf{S} \cdot \mathbf{p}\delta^{(3)}(\mathbf{x})],$$

onde **S** e **p** são os operadores de spin e momento do elétron, e supõe-se que o núcleo esteja na origem. Como resultado disto, o estado fundamental de um átomo alcalino, usualmente caracterizado por $[n, l, j, m\rangle$ contém, na verdade, contribuições muito pequenas de outros autoestados, como segue:

$$|n,l,j,m\rangle \to |n,l,j,m\rangle + \sum_{n'l'j'm'} C_{n'l'j'm'}|n',l',j',m'\rangle.$$

Baseado *apenas* em considerações de simetria, o que você poderia dizer a respeito de (n', l', j', m') que dá origem a contribuições diferentes de zero? Suponha que as funções de onda radiais e os níveis de energia sejam conhecidos. Indique como você pode calcular $C_{n'l'j'm'}$. Aparecem outras restrições sobre (n', l', j', m')?

4.6 Considere um potencial de poço duplo retangular simétrico

$$V = \begin{cases} \infty & \text{para } |x| > a+b; \\ 0 & \text{para } a < |x| < a+b; \\ V_0 > 0 & \text{para } |x| < a. \end{cases}$$

Supondo que V_0 seja muito alto comparado às energias quantizadas dos estados de mais baixa energia, otenha uma expressão aproximada para o *desdobramento* de energia entre os dois estados mais baixos.

4.7 (a) Seja $\psi(\mathbf{x}, t)$ a função de onda de um partícula sem spin que corresponde a uma onda plana em três dimensões. Mostre que $\psi^*(\mathbf{x}, -t)$ é a função de onda para a onda plana com o momento na direção reversa.

(b) Seja $\chi(\hat{\mathbf{n}})$ o autoespinor de duas componentes de $\boldsymbol{\sigma} \cdot \hat{\mathbf{n}}$ com autovalor $+1$. *Usando a forma explícita de* $\chi(\hat{\mathbf{n}})$ (em termos dos ângulos polar e azimutal β e γ, que definem $\hat{\mathbf{n}}$), verifique que $-i\sigma_2\chi^*(\hat{\mathbf{n}})$ é o autoespinor de duas componentes com o spin na direção reversa.

4.8 (a) Partindo do pressuposto de que o Hamiltoniano é invariante por reversão temporal, prove que a função de onda para um sistema sem spin não degenerado pode, para qualquer instante de tempo, ser sempre escolhida como sendo real.

(b) A função de onda de um estado de onda plana em $t = 0$ é dada pela função complexa $e^{i\mathbf{p}\cdot\mathbf{x}/\hbar}$. Por que isto não viola a invariância por reversão temporal?

4.9 Seja $\phi(\mathbf{p}')$ a fução de onda no espaço de momento para o estado $|\alpha\rangle$ – isto é, $\phi(\mathbf{p}') = \langle\mathbf{p}'|\alpha\rangle$. A função de onda no espaço de momento para o estado invertido no tempo $\theta|\alpha\rangle$ é dada por $\phi(\mathbf{p}')$, $\phi(-\mathbf{p}')$, $\phi^*(\mathbf{p}')$ ou $\phi^*(-\mathbf{p}')$? Justifique sua resposta.

4.10 (a) Use (4.4.53) para mostrar $\Theta|jm\rangle$ é igual a $|j, -m\rangle$ a menos de um fator de fase que inclui o termo $(-1)^m$. Isto é, mostre que $\Theta|jm\rangle = e^{i\delta}(-1)^m|j, -m\rangle$, onde δ é independente de m.

(b) Usando a mesma convenção para a fase, encontre o estado revertido no tempo correspondente a $\mathcal{D}(R)|jm\rangle$. Considere usar a forma infinitesimal $\mathcal{D}(\hat{\mathbf{n}}, d\phi)$ e então generalize para rotações finitas.

(c) Destes resultados prove que, independente de δ, se encontra

$$\mathcal{D}_{m'm}^{(j)*}(R) = (-1)^{m-m'}\mathcal{D}_{-m',-m}^{(j)}(R).$$

(d) Conclua que temos a liberdade de escolher $\delta = 0$, e $\Theta|jm\rangle = (-1)^m|j, -m\rangle = i^{2m}|j, -m\rangle$.

4.11 Suponha que uma partícula sem spin está ligada a um centro fixo por um potencial $V(\mathbf{x})$ tão assimétrico que nenhum nível de energia é degenerado. Usando a invariância por reversão temporal, prove que

$$\langle \mathbf{L} \rangle = 0$$

para qualquer autoestado de energia (isto é conhecido com **quenching** do momento angular orbital). Se a função de onda de um autoestado não degenerado como este for expandida como

$$\sum_l \sum_m F_{lm}(r) Y_l^m(\theta, \phi),$$

que tipo de restrições na fase obtemos sobre $F_{lm}(r)$?

4.12 O Hamiltoniano para um sistema de spin 1 é dado por

$$H = A S_z^2 + B(S_x^2 - S_y^2).$$

Solucione este problema de maneira exata achando os autoestados de energia normalizados e os autovalores (um Hamiltoniano deste tipo, dependente de spin, surge de fato na física de cristais). Este Hamiltoniano é invariante por reversão temporal? Como os autoestados normalizados que você calculou se transformam por uma reversão temporal?

CAPÍTULO 5

Métodos Aproximativos

São poucos os problemas em mecânica quântica – seja com Hamiltonianos dependentes ou independentes do tempo – que podem ser resolvidos exatamente. Nos outros casos, somos inevitavelmente forçados a recorrer a algum tipo de aproximação. Pode-se argumentar que, com o advento de computadores velozes, sempre é possível se obter numericamente uma solução com o grau de acurácia desejado; no entanto, mesmo que queiramos embarcar em cálculos computacionais mais ambiciosos, é importante entendermos antes a física básica de soluções aproximadas. Este capítulo é voltado para uma discussão bastante sistemática de soluções aproximadas de problemas de estados ligados.

5.1 ■ TEORIA DE PERTURBAÇÃO INDEPENDENTE DO TEMPO: CASO NÃO DEGENERADO

O método de aproximação que consideraremos aqui é a teoria de perturbação independente do tempo, por vezes conhecida como teoria de perturbação de Rayleigh--Schrödinger. Consideramos um Hamiltoniano H independente do tempo, de tal forma que possa ser escrito como a soma de duas partes

$$H = H_0 + V, \qquad (5.1.1)$$

onde supõe-se que o problema com $V = 0$ tenha sido solucionado no sentido que tanto os autovetores $|n^{(0)}\rangle$ do Hamiltoniano não perturbado quanto seus autovalores $E_n^{(0)}$ sejam conhecidos de maneira exata:

$$H_0|n^{(0)}\rangle = E_n^{(0)}|n^{(0)}\rangle. \qquad (5.1.2)$$

Nossa tarefa é encontrar autovetores e autovalores aproximados para o problema com o Hamiltoniano *completo*

$$(H_0 + V)|n\rangle = E_n|n\rangle, \qquad (5.1.3)$$

onde V é conhecido como a **perturbação**. Em geral, este operador não representa o potencial completo. Por exemplo, suponha que estejamos considerando o átomo de hidrogênio em um campo elétrico ou magnético externo. O Hamitoniano não perturbado H_0 é tomado como sendo a energia cinética $\mathbf{p}^2/2m$ *junto com* o potencial de Coulomb $-e^2/r$ devido à presença do próton no núcleo. Somente a parte do potencial que se deve à interação com o **E** ou **B** externo é representada por meio da perturbação V.

Em lugar de (5.1.3), costuma-se resolver

$$(H_0 + \lambda V)|n\rangle = E_n|n\rangle \tag{5.1.4}$$

onde λ e um parâmetro real contínuo. Este parâmetro é introduzido para podermos contabilizar o número de vezes que a perturbação entra nos cálculos. Ao final, podemos fazer $\lambda \to 1$ para retornar ao caso de perturbação com intensidade máxima. Ou seja, colocando em outras palavras, supomos que a intensidade da perturbação possa ser controlada. Podemos imaginar que, para o problema representado pela equação (5.1.3), o parâmetro λ possa variar de 0 a 1, onde $\lambda = 0$ corresponde ao caso não perturbado e $\lambda = 1$ corresponde ao caso de perturbação com intensidade máxima. Em situações físicas onde este método de aproximação pode ser aplicado, esperamos ver uma transição suave de $|n^0\rangle$ em $|n\rangle$ e de $E_n^{(0)}$ em E_n à medida que λ varia de 0 a 1.

O método se baseia na expansão dos autovalores de energia e autovetores em potências de λ. Isto significa que assumimos, implicitamente, a analiticidade dos autovalores e autovetores de energia no plano λ – complexo no entorno de $\lambda = 0$. É claro que se esperamos que nosso método tenha algum interesse prático, as melhores aproximações devem ser obtidas considerando-se somente um ou dois termos na expansão.

O problema de dois estados

Antes de embarcarmos numa apresentação sistemática do método básico, vejamos como uma expansão em λ realmente faz sentido no caso exatamente solúvel de problemas de dois estados já discutidos por nós inúmeras vezes. Suponha que nosso Hamiltoniano que possa ser escrito como

$$H = E_1^{(0)}|1^{(0)}\rangle\langle 1^{(0)}| + E_2^{(0)}|2^{(0)}\rangle\langle 2^{(0)}| + \lambda V_{12}|1^{(0)}\rangle\langle 2^{(0)}| + \lambda V_{21}|2^{(0)}\rangle\langle 1^{(0)}|, \tag{5.1.5}$$

onde $|1^{(0)}\rangle$ e $|2^{(0)}\rangle$ são os autovetores de H para o caso $\lambda = 0$, e consideremos $V_{11} = V_{22} = 0$. Nesta representação, podemos escrever H como uma matriz quadrada

$$H = \begin{pmatrix} E_1^{(0)} & \lambda V_{12} \\ \lambda V_{21} & E_2^{(0)} \end{pmatrix}, \tag{5.1.6}$$

onde usamos a base formada dos autovetores do caso não perturbado. A matriz V deve, obviamente, ser Hermitiana. Vamos resolver o caso onde V_{12} e V_{21} são reais:

$$V_{12} = V_{12}^*, \quad V_{21} = V_{21}^*; \tag{5.1.7}$$

e, portanto, por hermiticidade,

$$V_{12} = V_{21} \tag{5.1.8}$$

Isto sempre pode ser feito ajustando-se a fase de $|2^{(0)}\rangle$ em relação àquela de $|1^{(0)}\rangle$. O problema aqui, que consiste em achar os autovalores de energia, é completamente análogo ao problema da orientação de spin, para o qual o análogo de (5.1.6) é

5.1 Teoria de Perturbação Independente do Tempo: Caso Não Degenerado

$$H = a_0 + \boldsymbol{\sigma} \cdot \mathbf{a} = \begin{pmatrix} a_0 + a_3 & a_1 \\ a_1 & a_0 - a_3 \end{pmatrix}, \qquad (5.1.9)$$

onde supomos que $\mathbf{a} = (a_1, 0, a_3)$ é pequeno e a_0, a_1 e a_3 são todos reais. É sabido que os autovalores deste problema são, simplesmente,

$$E = a_0 \pm \sqrt{a_1^2 + a_3^2}. \qquad (5.1.10)$$

Por analogia, os autovalores correspondentes de (5.1.6) são

$$\begin{Bmatrix} E_1 \\ E_2 \end{Bmatrix} = \frac{(E_1^{(0)} + E_2^{(0)})}{2} \pm \sqrt{\left[\frac{(E_1^{(0)} - E_2^{(0)})^2}{4} + \lambda^2 |V_{12}|^2 \right]}. \qquad (5.1.11)$$

Vamos supor que $\lambda|V_{12}|$ seja pequeno comparado à escala de energia relevante, que é a diferença dos autovalores de energia do problema não perturbado:

$$\lambda|V_{12}| \ll |E_1^{(0)} - E_2^{(0)}|. \qquad (5.1.12)$$

Podemos, então, usar

$$\sqrt{1+\varepsilon} = 1 + \frac{1}{2}\varepsilon - \frac{\varepsilon^2}{8} + \cdots \qquad (5.1.13)$$

para obter a expansão dos autovalores de energia na presença da perturbação $\lambda|V_{12}|$, ou seja

$$E_1 = E_1^{(0)} + \frac{\lambda^2 |V_{12}|^2}{(E_1^{(0)} - E_2^{(0)})} + \cdots$$

$$E_2 = E_2^{(0)} + \frac{\lambda^2 |V_{12}|^2}{(E_2^{(0)} - E_1^{(0)})} + \cdots . \qquad (5.1.14)$$

Estas são expressões que podemos obter diretamente usando o formalismo que será desenvolvido em breve. Também é possível escrever os autovetores de energia usando a analogia com o problema da orientação de spins.

O leitor pode ser levado a crer que uma expansão na perturbação sempre existe para perturbações fracas o suficiente. Infelizmente, isto não é necessariamente verdadeiro. Como exemplo elementar, considere um problema unidimensional envolvendo uma partícula de massa m num potencial muito fraco do tipo poço quadrado com profundidade V_0 (i.e., $V = -V_0$ para $-a < x < a$ e $V = 0$ para $|x| > a$). Este problema tem um estado ligado com energia

$$E = -(2ma^2/\hbar^2)|\lambda V|^2, \qquad \lambda > 0 \text{ para atração}. \qquad (5.1.15)$$

Podemos encarar o poço quadrado como sendo uma perturbação muito fraca a ser adicionada ao Hamiltoniano de uma partícula livre e interpretar o resultado (5.1.15) como um desvio da energia do estado fundamental de zero para $|\lambda V|^2$. Especificamente, uma vez que (5.1.15) é quadrático em V, somos tentados a associar esta variação de energia como sendo o desvio da energia do estado fundamental em segunda ordem de teoria de perturbação. Contudo, este ponto de vista é incorreto, pois se este fosse realmente o caso, o sistema também admitiria um estado com $E < 0$ para o caso de um potencial repulsivo com λ negativo, o que seria o mais puro absurdo.

Examinemos agora o raio de convergência da expansão em série (5.1.14). Se voltarmos à expressão exata (5.1.11) e a interpretarmos como uma função da variável *complexa* λ, podemos ver que à medida que $|\lambda|$ é aumentado a partir de zero, encontramos pontos de ramificação em

$$\lambda |V_{12}| = \frac{\pm i(E_1^{(0)} - E_2^{(0)})}{2}. \tag{5.1.16}$$

A condição de convergência da série para o caso de intensidade máxima $\lambda = 1$ é

$$|V_{12}| < \frac{|E_1^{(0)} - E_2^{(0)}|}{2}. \tag{5.1.17}$$

Se esta condição não for obedecida, a expansão na perturbação (5.1.14) é desprovida de sentido[1].

Desenvolvimento formal da expansão perturbativa

Vamos formular agora, em termos precisos, o problema básico que queremos resolver. Suponha que conheçamos exatamente os autovetores e autovalores do Hamiltoniano não perturbado H_0, isto é

$$H_0 |n^{(0)}\rangle = E_n^{(0)} |n^{(0)}\rangle. \tag{5.1.18}$$

O conjunto $\{|n^{(0)}\rangle\}$ é completo no sentido que a relação de fechamento $1 = \Sigma_n |n^{(0)}\rangle\langle n^{(0)}|$ é válida. Além disso, partimos do pressuposto de que o espectro de energia é não degenerado, uma condição que será por nós relaxada na próxima seção. Estamos interessados em obter os autovetores e autovalores do problema definido por (5.1.4). Para sermos consistentes com (5.1.18), deveríamos escrever (5.1.4) como

$$(H_0 + \lambda V)|n\rangle_\lambda = E_n^{(\lambda)} |n\rangle_\lambda \tag{5.1.19}$$

para denotarmos o fato de que os autovalores $E_n^{(\lambda)}$ e autovetores $|n\rangle_\lambda$ são funções do parâmetro contínuo λ. Contudo, muitas vezes dispensaremos esta notação correta, mas mais pesada.

À medida que o parâmetro contínuo λ varia de zero a algum valor, esperamos que os autovalores de energia E_n para o *n-ésimo* autovetor se diferencie do valor não perturbado $E_n^{(0)}$, de tal maneira que podemos definir o desvio (ou variação) da energia do n-ésimo nível da seguinte forma:

$$\Delta_n \equiv E_n - E_n^{(0)}. \tag{5.1.20}$$

---
[1] Veja a discussão acerca da convergência, que vem depois de (5.1.44), em comentários gerais.

A equação de Schrödinger básica que temos que resolver (aproximadamente) é

$$(E_n^{(0)} - H_0)|n\rangle = (\lambda V - \Delta_n)|n\rangle. \qquad (5.1.21)$$

Podemos nos sentir tentados a inverter o operador $E_n^{(0)} - H_0$; contudo, em geral, o operador inverso $1/(E_n^{(0)} - H_0)$ é mal definido, pois ele pode agir sobre $|n^{(0)}\rangle$. Felizmente, no nosso caso, $(\lambda V - \Delta_n)|n\rangle$ não tem componente na direção de $|n^{(0)}\rangle$, como podemos facilmente ver multiplicando ambos os lados de (5.1.21) por $\rangle n^{(0)}|$ pela esquerda:

$$\langle n^{(0)}|(\lambda V - \Delta_n)|n\rangle = 0. \qquad (5.1.22)$$

Suponha que definamos o operador de projeção complementar

$$\phi_n \equiv 1 - |n^{(0)}\rangle\langle n^{(0)}| = \sum_{k \neq n} |k^{(0)}\rangle\langle k^{(0)}|. \qquad (5.1.23)$$

O operador inverso $1/(E_n^{(0)} - H_0)$ é bem definido quando ele multiplica ϕ_n pela direita. Explicitamente,

$$\frac{1}{E_n^{(0)} - H_0}\phi_n = \sum_{k \neq n} \frac{1}{E_n^{(0)} - E_k^{(0)}}|k^{(0)}\rangle\langle k^{(0)}|. \qquad (5.1.24)$$

Também, de (5.1.22) e (5.1.23), é evidente que

$$(\lambda V - \Delta_n)|n\rangle = \phi_n(\lambda V - \Delta_n)|n\rangle. \qquad (5.1.25)$$

Podemos, portanto, nos sentir tentados a reescrever (5.1.21) como

$$|n\rangle \stackrel{?}{=} \frac{1}{E_n^{(0)} - H_0}\phi_n(\lambda V - \Delta_n)|n\rangle. \qquad (5.1.26)$$

Isto porém não pode estar correto, pois quando $\lambda \to 0$ devemos ter $|n\rangle \to |n^{(0)}\rangle$ e $\Delta_n \to 0$. No entanto, mesmo quando $\lambda \neq 0$, podemos sempre adicionar a $|n\rangle$ uma solução da equação homogênea (5.1.18), a saber $c_n|n^{(0)}\rangle$, de modo que uma forma final apropriada é

$$|n\rangle = c_n(\lambda)|n^{(0)}\rangle + \frac{1}{E_n^{(0)} - H_0}\phi_n(\lambda V - \Delta_n)|n\rangle, \qquad (5.1.27)$$

onde

$$\lim_{\lambda \to 0} c_n(\lambda) = 1. \qquad (5.1.28)$$

Note que

$$c_n(\lambda) = \langle n^{(0)}|n\rangle. \qquad (5.1.29)$$

Por razões que veremos mais tarde, é conveniente abandonar a convenção de normalização usual

$$\langle n|n\rangle = 1. \qquad (5.1.30)$$

No lugar disto, tomamos

$$\langle n^{(0)}|n\rangle = c_n(\lambda) = 1, \tag{5.1.31}$$

mesmo para $\lambda \neq 0$. Sempre podemos fazer isso, desde que não estejamos preocupados com a normalização global, pois o único efeito de fazermos $c_n \neq 1$ é introduzir um fator multiplicativo comum. Deste modo, se assim o quisermos, sempre podemos normalizar o ket no final dos cálculos. É costume escrever

$$\frac{1}{E_n^{(0)} - H_0}\phi_n \to \frac{\phi_n}{E_n^{(0)} - H_0} \tag{5.1.32}$$

e, similarmente,

$$\frac{1}{E_n^{(0)} - H_0}\phi_n = \phi_n \frac{1}{E_n^{(0)} - H_0} = \phi_n \frac{1}{E_n^{(0)} - H_0}\phi_n, \tag{5.1.33}$$

de tal modo que temos

$$|n\rangle = |n^{(0)}\rangle + \frac{\phi_n}{E_n^{(0)} - H_0}(\lambda V - \Delta_n)|n\rangle. \tag{5.1.34}$$

Observamos também que de (5.1.22) e (5.1.31) que

$$\Delta_n = \lambda \langle n^{(0)}|V|n\rangle. \tag{5.1.35}$$

Tudo depende das duas equações (5.1.34) e (5.1.35). Nossa estratégia básica é expandir $|n\rangle$ e Δ_n em potências de λ e, então, igualar os coeficientes apropriados. A justificativa para tanto é que (5.1.34) e (5.1.35) são igualdades válidas para todos os valores de λ entre 0 e 1. Começamos escrevendo

$$\begin{aligned}|n\rangle &= |n^{(0)}\rangle + \lambda|n^{(1)}\rangle + \lambda^2|n^{(2)}\rangle + \cdots \\ \Delta_n &= \lambda\Delta_n^{(1)} + \lambda^2\Delta_n^{(2)} + \cdots.\end{aligned} \tag{5.1.36}$$

Substituindo (5.1.36) em (5.1.35) e igualando os coeficientes das várias potências de λ, obtemos

$$\begin{aligned}O(\lambda^1): \quad \Delta_n^{(1)} &= \langle n^{(0)}|V|n^{(0)}\rangle \\ O(\lambda^2): \quad \Delta_n^{(2)} &= \langle n^{(0)}|V|n^{(1)}\rangle \\ &\vdots \\ O(\lambda^N): \quad \Delta_n^{(N)} &= \langle n^{(0)}|V|n^{(N-1)}\rangle, \\ &\vdots\end{aligned} \tag{5.1.37}$$

e, portanto, para calcular o desvio no valor da energia até a ordem λ^N, é suficiente conhecer $|n\rangle$ até a ordem λ^{N-1}. Olhemos agora para (5.1.34): quando a expandimos usando (5.1.36), obtemos

$$|n^{(0)}\rangle + \lambda|n^{(1)}\rangle + \lambda^2|n^{(2)}\rangle + \cdots$$

$$= |n^{(0)}\rangle + \frac{\phi_n}{E_n^{(0)} - H_0}(\lambda V - \lambda \Delta_n^{(1)} - \lambda^2 \Delta_n^2 - \cdots) \quad (5.1.38)$$

$$\times (|n^{(0)}\rangle + \lambda|n^{(1)}\rangle + \cdots).$$

Igualando os coeficientes das potências de λ, temos

$$O(\lambda): \quad |n^{(1)}\rangle = \frac{\phi_n}{E_n^{(0)} - H_0} V |n^{(0)}\rangle, \quad (5.1.39)$$

onde usamos $\phi_n \Delta_n^{(1)} |n^{(0)}\rangle = 0$. Em posse de $|n^{(1)}\rangle$, vale a pena agora voltar à nossa expressão anterior para $\Delta_n^{(2)}$ [veja (5.1.37)]:

$$\Delta_n^{(2)} = \langle n^{(0)} | V \frac{\phi_n}{E_n^{(0)} - H_0} V |n^{(0)}\rangle. \quad (5.1.40)$$

Conhecendo $\Delta_n^{(2)}$, podemos calcular o termo λ^2 na equação para o ket (5.1.38) usando também (5.1.39) da seguinte maneira:

$$O(\lambda^2): \quad |n^{(2)}\rangle = \frac{\phi_n}{E_n^{(0)} - H_0} V \frac{\phi_n}{E_n^{(0)} - H_0} V |n^{(0)}\rangle$$
$$- \frac{\phi_n}{E_n^{(0)} - H_0} \langle n^{(0)} | V |n^{(0)}\rangle \frac{\phi_n}{E_n^{(0)} - H_0} V |n^{(0)}\rangle. \quad (5.1.41)$$

Claramente, podemos continuar fazendo isso o quanto quisermos. Nosso método de operadores é bastante compacto: não é necessário escrever os índices toda vez que o aplicarmos. Em cálculos práticos, devemos usar no final, obviamente, a forma explícita de ϕ_n como dada em (5.1.23).

Para ver como tudo isto funciona, escrevemos explicitamente a expansão para o desvio da energia

$$\Delta_n \equiv E_n - E_n^{(0)}$$
$$= \lambda V_{nn} + \lambda^2 \sum_{k \neq n} \frac{|V_{nk}|^2}{E_n^{(0)} - E_k^{(0)}} + \cdots, \quad (5.1.42)$$

onde

$$V_{nk} \equiv \langle n^{(0)} | V | k^{(0)} \rangle \neq \langle n|V|k\rangle, \quad (5.1.43)$$

ou seja, os elementos de matriz são calculados em função de kets *não perturbados*. Observe que, quando aplicamos a expansão ao problema de dois estados, recuperamos a expressão anterior (5.1.14). A expansão do ket não perturbado funciona da seguinte maneira:

$$|n\rangle = |n^{(0)}\rangle + \lambda \sum_{k \neq n} |k^{(0)}\rangle \frac{V_{kn}}{E_n^{(0)} - E_k^{(0)}}$$

$$+ \lambda^2 \left(\sum_{k \neq n} \sum_{l \neq n} \frac{|k^{(0)}\rangle V_{kl} V_{ln}}{(E_n^{(0)} - E_k^{(0)})(E_n^{(0)} - E_l^{(0)})} - \sum_{k \neq n} \frac{|k^{(0)}\rangle V_{nn} V_{kn}}{(E_n^{(0)} - E_k^{(0)})^2} \right) \quad (5.1.44)$$

$$+ \cdots.$$

A equação (5.1.44) diz que o n-ésimo nível não é mais proporcional ao ket não perturbado $|n^{(0)}\rangle$, mas adquire componentes na direção de outros kets não perturbados. Em outras palavras, a perturbação V mistura autovetores não perturbados.

Alguns comentários gerais são necessários neste ponto. Primeiro, para se obter o desvio da energia em primeira ordem basta calcular o valor esperado de V em relação aos kets não perturbados. Segundo, é evidente, da expressão (5.1.42) para o desvio em segunda ordem, que dois níveis de energia, digamos o i-ésimo e o j-ésimo, tendem a se repelir quando conectados por V_{ij}; o nível mais baixo – por exemplo o i-ésimo – tende, como resultado da mistura com o nível mais alto, o j-ésimo, a diminuir por um valor de $|V_{ij}|^2/(E_j^{(0)} - E_i^{(0)})$, enquanto o j-ésimo aumenta da mesma quantidade. Este é um caso especial do **teorema do não cruzamento de níveis**, que diz que um par de níveis de energia conectados por uma perturbação não se cruza à medida que variamos a intensidade desta.

Suponha que haja mais que um par de níveis com elementos de matriz apreciáveis, mas o ket $|n\rangle$, cuja energia é objeto de nossa atenção, refere-se ao estado fundamental. Então, cada termo em (5.1.42) para o desvio da energia em segunda ordem é negativo. Isto significa que, para o estado fundamental, o desvio da energia em segunda ordem de perturbação é sempre negativo: o estado de mais baixa energia tende a baixar ainda mais como resultado da mistura.

É claro que as expansões perturbativas (5.1.42) e (5.1.44) convergirão se $|V_{il}/(E_i^{(0)} - E_l^{(0)})|$ for suficientemente "pequeno". Podemos apresentar um critério mais específico no caso em que H_0 é simplesmente o operador de energia cinética (neste caso, a expansão perturbativa de Rayleigh-Schrödinger é simplesmente a série de Born): para uma energia $E_0 < 0$, a série de Born converge se, e somente se, tanto $H_0 + V$ quanto $H_0 - V$ não tenham estados ligados de energia $E \leq E_0$. Veja Newton (1982), p. 233.

Renormalização da função de onda

Chegamos agora ao ponto onde podemos examinar a normalização do ket perturbado. Lembrando a convenção de normalização que usamos, (5.1.31), vemos que o ket perturbado $|n\rangle$ não é normalizado da maneira usual. Podemos normalizá-lo definindo

$$|n\rangle_N = Z_n^{1/2} |n\rangle, \quad (5.1.45)$$

onde Z_n é simplesmente uma constante com $_N\langle n|n\rangle_N = 1$. Multiplicando por $\langle n^{(0)}|$ pela esquerda, obtemos [devido a (5.1.31)]

$$Z_n^{1/2} = \langle n^0|n\rangle_N. \quad (5.1.46)$$

Qual é o significado físico de Z_n? Dado que $|n\rangle_N$ satisfaz a condição usual (5.1.30) de normalização, Z_n pode ser entendido como a probabilidade do autoestado de energia perturbado ser encontrado no estado não perturbado correspondente. Observando que

$$_N\langle n|n\rangle_N = Z_n\langle n|n\rangle = 1, \tag{5.1.47}$$

temos

$$Z_n^{-1} = \langle n|n\rangle = (\langle n^{(0)}| + \lambda\langle n^{(1)}| + \lambda^2\langle n^{(2)}| + \cdots)$$
$$\times (|n^{(0)}\rangle + \lambda|n^{(1)}\rangle + \lambda^2|n^{(2)}\rangle + \cdots)$$
$$= 1 + \lambda^2\langle n^{(1)}|n^{(1)}\rangle + 0(\lambda^3) \tag{5.1.48a}$$
$$= 1 + \lambda^2 \sum_{k\neq n} \frac{|V_{kn}|^2}{(E_n^{(0)} - E_k^{(0)})^2} + 0(\lambda^3),$$

e, portanto, até termos de ordem λ^2, obtemos o valor

$$Z_n \simeq 1 - \lambda^2 \sum_{k\neq n} \frac{|V_{kn}|^2}{(E_n^0 - E_k^0)^2}. \tag{5.1.48b}$$

para a probabilidade do estado perturbado ser encontrado no estado não perturbado.

O segundo termo em (5.1.48b) deve ser entendido como a probabilidade de "vazamento" para outros estados que não $|n^{(0)}\rangle$. Observe que Z_n é menor que 1, algo esperado da interpretação probabilística de Z.

Também é interessante notar da expressão (5.1.42) que, até termos de ordem λ^2, Z se relaciona com a derivada de E_n em relação a $E_n^{(0)}$:

$$Z_n = \frac{\partial E_n}{\partial E_n^{(0)}}. \tag{5.1.49}$$

Entendemos obviamente que ao tomar esta derivada parcial, devemos tomar os elementos de matriz de V como sendo quantidades fixas. O resultado (5.1.49) é, na verdade, bastante geral e não se restringe à teoria de perturbação de segunda ordem.

Exemplos elementares

Para ilustrar o método perturbativo por nós desenvolvido, vamos considerar dois exemplos. O primeiro diz respeito a um oscilador harmônico simples, cujo Hamiltoniano não perturbado é dado pela expressão usual:

$$H_0 = \frac{p^2}{2m} + \frac{1}{2}m\omega^2 x^2. \tag{5.1.50}$$

Suponha agora que a constante da mola $k = m\omega^2$ tenha sido ligeiramente modificada. Podemos representar esta modificação pela adição de um potencial extra

$$V = \frac{1}{2}\varepsilon m\omega^2 x^2, \tag{5.1.51}$$

onde ε é um parâmetro adimensional tal que $\varepsilon \ll 1$. De uma certa maneira, de todos os problemas do mundo este é o problema mais tolo no qual podemos aplicar teoria de perturbação, pois a solução exata pode ser obtida mudando simplesmente ω para

$$\omega \to \sqrt{1+\varepsilon}\,\omega, \tag{5.1.52}$$

Mesmo assim, ele é um exemplo enriquecedor, pois nos permite fazer uma comparação entre o método aproximativo e a abordagem exata.

Estamos preocupados aqui com o novo estado fundamental $|0\rangle$ na presença de V e a mudança da energia do estado fundamental Δ_0

$$|0\rangle = |0^{(0)}\rangle + \sum_{k \neq 0} |k^{(0)}\rangle \frac{V_{k0}}{E_0^{(0)} - E_k^{(0)}} + \cdots \tag{5.1.53a}$$

e

$$\Delta_0 = V_{00} + \sum_{k \neq 0} \frac{|V_{k0}|^2}{E_0^{(0)} - E_k^{(0)}} + \cdots . \tag{5.1.53b}$$

Os elementos de matriz relevantes são

$$\begin{aligned}V_{00} &= \left(\frac{\varepsilon m \omega^2}{2}\right) \langle 0^{(0)}|x^2|0^{(0)}\rangle = \frac{\varepsilon \hbar \omega}{4} \\ V_{20} &= \left(\frac{\varepsilon m \omega^2}{2}\right) \langle 2^{(0)}|x^2|0^{(0)}\rangle = \frac{\varepsilon \hbar \omega}{2\sqrt{2}}.\end{aligned} \tag{5.1.54}$$

Todos os outros elementos de matriz da forma V_{k0} são nulos. Observando que os termos não nulos nos denominadores de (5.1.53a) e (5.1.53b) são iguais a $-2\hbar\omega$, podemos combinar tudo obtendo

$$|0\rangle = |0^{(0)}\rangle - \frac{\varepsilon}{4\sqrt{2}}|2^{(0)}\rangle + 0(\varepsilon^2) \tag{5.1.55a}$$

e

$$\Delta_0 = E_0 - E_0^{(0)} = \hbar\omega\left[\frac{\varepsilon}{4} - \frac{\varepsilon^2}{16} + 0(\varepsilon^3)\right]. \tag{5.1.55b}$$

Observe que devido à teoria de perturbação, o ket do estado fundamental, quando expandido em termos dos kets originais não perturbados $\{|n^{(0)}\rangle\}$, adquire uma componente na direção do segundo estado excitado. A ausência de uma componente na direção do primeiro estado excitado não é nada surpreendente, pois nosso H total é invariante sob paridade; portanto, é de se esperar que um autoestado de energia sejam também um autoestado da paridade.

Para os desvios dos níveis de energia, uma comparação com o método de solução exato pode ser feita facilmente via:

$$\frac{\hbar\omega}{2} \to \left(\frac{\hbar\omega}{2}\right)\sqrt{1+\varepsilon} = \left(\frac{\hbar\omega}{2}\right)\left[1 + \frac{\varepsilon}{2} - \frac{\varepsilon^2}{8} + \cdots\right], \tag{5.1.56}$$

em completo acordo com (5.1.55b). Quanto ao ket perturbado, olhamos para a mudança na função de onda. Na ausência de V, a função de onda do estado fundamental é

$$\langle x|0^{(0)}\rangle = \frac{1}{\pi^{1/4}} \frac{1}{\sqrt{x_0}} e^{-x^2/2x_0^2}, \tag{5.1.57}$$

onde

$$x_0 \equiv \sqrt{\frac{\hbar}{m\omega}}. \tag{5.1.58}$$

Substituindo em (5.1.52) nos leva a

$$x_0 \to \frac{x_0}{(1+\varepsilon)^{1/4}}. \tag{5.1.59}$$

Portanto,

$$\langle x|0^{(0)}\rangle \to \frac{1}{\pi^{1/4}\sqrt{x_0}}(1+\varepsilon)^{1/8} \exp\left[-\left(\frac{x^2}{2x_0^2}\right)(1+\varepsilon)^{1/2}\right]$$

$$\simeq \frac{1}{\pi^{1/4}} \frac{1}{\sqrt{x_0}} e^{-x^2/2x_0^2} + \frac{\varepsilon}{\pi^{1/4}\sqrt{x_0}} e^{-x^2/2x_0^2}\left[\frac{1}{8} - \frac{1}{4}\frac{x^2}{x_0^2}\right] \tag{5.1.60}$$

$$= \langle x|0^{(0)}\rangle - \frac{\varepsilon}{4\sqrt{2}}\langle x|2^{(0)}\rangle,$$

onde usamos

$$\langle x|2^{(0)}\rangle = \frac{1}{2\sqrt{2}}\langle x|0^{(0)}\rangle H_2\left(\frac{x}{x_0}\right)$$

$$= \frac{1}{2\sqrt{2}} \frac{1}{\pi^{1/4}} \frac{1}{\sqrt{x_0}} e^{-x^2/2x_0^2}\left[-2 + 4\left(\frac{x}{x_0}\right)^2\right], \tag{5.1.61}$$

e $H_2(x/x_0)$ é o polinômio de Hermite de ordem 2.

Como outro exemplo de teoria de perturbação não degenerada, discutimos o **efeito Stark quadrático**. Um átomo de um elétron – o átomo de hidrogênio ou um átomo hidrogenoide com um elétron de valência fora da camada fechada (esfericamente simétrica) – está sujeito a um campo elétrico uniforme na direção do eixo z positivo. O Hamiltoniano tem duas partes:

$$H_0 = \frac{\mathbf{p}^2}{2m} + V_0(r) \quad \text{e} \quad V = -e|\mathbf{E}|z \quad (e < 0 \text{ para o elétron}). \tag{5.1.62}$$

[*Nota do Editor*: Uma vez que a perturbação $V \to -\infty$ quando $z \to -\infty$, partículas ligadas por H_0 podem agora, obviamente, escapar, e todos os estados previamente ligados adquirem um tempo de vida infinito. Contudo, podemos ainda usar formalmente a teoria de perturbação para calcular as variações dos níveis de energia (a parte imaginária desta variação, que ignoraremos aqui, nos daria o tempo de vida do estado ou a largura da ressonância correspondente).]

Pressupõe-se que os autovalores e o espectro de energia do problema não perturbado (H_0 somente) sejam conhecidos completamente. O spin do elétron resulta ser irrelevante neste problema, e supomos que, ignorando os graus de liberdade de spin, nenhum nível de energia é degenerado. Este hipótese não vale para níveis $n \neq 1$ do átomo de hidrogênio, onde V_0 é um potencial Coulombiano puro; lidaremos com estes casos mais tarde. O desvio na energia é dado por

$$\Delta_k = -e|\mathbf{E}|z_{kk} + e^2|\mathbf{E}|^2 \sum_{j \neq k} \frac{|z_{kj}|^2}{E_k^{(0)} - E_j^{(0)}} + \cdots, \qquad (5.1.63)$$

onde usamos k no lugar de n para evitar confusão com o número quântico principal n. Na ausência de degenerescência, esperamos que $|k^{(0)}\rangle$ seja um autovetor da paridade e, portanto,

$$z_{kk} = 0, \qquad (5.1.64)$$

como vimos na Seção 4.2. Fisicamente falando, não pode haver um efeito Stark linear – ou seja, não há um termo na expressão da variação da energia proporcional a $|\mathbf{E}|$, pois o átomo possui um momento de dipolo elétrico permanente nulo – portanto, o desvio no valor da energia é *quadrático* em $|\mathbf{E}|$ se ignorarmos termos de ordem $e^3|\mathbf{E}|^3$ ou ordem mais alta.

Olhemos agora para z_{kj}, que surge em (5.1.63), onde k (ou j) é o **índice coletivo** que representa (n,l,m) e (n', l', m'). Primeiramente, lembremo-nos da regra de seleção [veja (3.11.39)]

$$\langle n', l'm'|z|n,lm\rangle = 0 \quad \text{a menos que} \begin{cases} l' = l \pm 1 \\ m' = m \end{cases} \qquad (5.1.65)$$

que segue de considerações acerca do momento angular (o teorema de Wigner-Eckart com $T^{(1)}_{q=0}$) e da paridade.

Há uma outra maneira de olhar para a regra de seleção em m. Na presença de V, a simetria esférica completa do Hamiltoniano é destruída pelo campo elétrico externo, que seleciona a direção do eixo z positivo, mas V (e, portanto, o H total) ainda é invariante por rotação em torno deste eixo; em outras palavras, ainda temos uma simetria cilíndrica. Formalmente, isto se reflete no fato de que

$$[V, L_z] = 0. \qquad (5.1.66)$$

o que significa que L_z ainda é um bom número quântico mesmo na presença de V. Como resultado, a perturbação pode ser escrita como uma superposição de autovetores de L_z com o mesmo valor de m, em nosso caso $m = 0$. Isto é verdadeiro para todas as ordens – em particular, para o ket de primeira ordem. Também, uma vez que a variação de energia em segunda ordem é obtida do ket de primeira ordem [veja (5.1.40)], podemos entender o porquê de apenas os termos de $m = 0$ contribuírem para a soma.

A polarizabilidade α de um átomo é definida em termos dos desvios de energia do estado atômico da seguinte maneira:

$$\Delta = -\frac{1}{2}\alpha|\mathbf{E}|^2. \qquad (5.1.67)$$

5.1 Teoria de Perturbação Independente do Tempo: Caso Não Degenerado

Consideremos o caso especial do estado fundamental do átomo de hidrogênio. Embora o espectro seja degenerado para estados excitados, o estado fundamental (ignorando o spin) não é degenerado e, portanto, o formalismo de teoria de perturbação não degenerada pode ser aplicado. O estado fundamental $|0^{(0)}\rangle$ é denotado, na notação (n, l, m), por (1, 0, 0), de modo que

$$\alpha = -2e^2 \sum_{k \neq 0}^{\infty} \frac{|\langle k^{(0)}|z|1,0,0\rangle|^2}{\left[E_0^{(0)} - E_k^{(0)}\right]}, \tag{5.1.68}$$

onde a soma sobre k inclui não apenas todos os estados ligados $|n, l, m\rangle$ (para $n > 1$), mas também o contínuo de estados de energia positiva do Hidrogênio.

Há várias maneiras de se estimar aproximadamente ou calcular de maneira exata a soma na equação (5.1.68), todas com diferentes graus de sofisticação. Apresentaremos aqui a abordagem mais simples de todas. Suponha que o denominador de (5.1.68) seja constante. Poderíamos, então, obter a soma considerando

$$\sum_{k \neq 0} |\langle k^{(0)}|z|1,0,0\rangle|^2 = \sum_{\text{todo } k} |\langle k^{(0)}|z|1,0,0\rangle|^2 \tag{5.1.69}$$
$$= \langle 1,0,0|z^2|1,0,0\rangle,$$

onde, no último passo, usamos a relação de completeza. Porém, podemos facilmente calcular $\langle z^2 \rangle$ no estado fundamental do seguinte modo

$$\langle z^2 \rangle = \langle x^2 \rangle = \langle y^2 \rangle = \frac{1}{3}\langle r^2 \rangle, \tag{5.1.70}$$

e, usando a forma explícita da função de onda, obtemos

$$\langle r^2 \rangle = a_0^2,$$

onde a_0 é o raio de Bohr. Infelizmente, a expressão para a polarizabilidade α envolve o denominador de energias que depende de $E_k^{(0)}$, mas sabemos que a desigualdade

$$-E_0^{(0)} + E_k^{(0)} \geq -E_0^{(0)} + E_1^{(0)} = \frac{e^2}{2a_0}\left[1 - \frac{1}{4}\right] \tag{5.1.71}$$

é válida para cada um dos denominadores em (5.1.68). Como resultado, podemos obter um limite superior para a polarizabilidade do estado fundamental do átomo de hidrogênio, a saber

$$\alpha < \frac{16a_0^3}{3} \simeq 5{,}3a_0^3. \tag{5.1.72}$$

Resulta que podemos calcular exatamente a soma em (5.1.68) usando um método criado por A. Dalgarno e J. T. Lewis (Merzbacher 1970, p. 424, por exemplo) que é corroborado pelo valor medido experimentalmente. Isto dá

$$\alpha = \frac{9a_0^3}{2} = 4{,}5a_0^3. \tag{5.1.73}$$

Obtemos o mesmo resultado (sem teoria de perturbação) resolvendo a equação de Schrödinger em coordenadas parabólicas de maneira exata.

5.2 ■ TEORIA DE PERTURBAÇÃO INDEPENDENTE DO TEMPO: CASO DEGENERADO

A teoria de perturbação desenvolvida na seção anterior não funciona quando os autoestados não perturbados são degenerados na energia. O método prévio pressupõe que haja um único e bem definido ket não perturbado com energia $E_n^{(0)}$ e de cujo valor a energia do ket perturbado se aproxima no limite $\lambda \to 0$. Na presença de kets degenerados, contudo, qualquer combinação linear de kets não perturbados tem a mesma energia não perturbada; neste caso, não é óbvio, a priori, para qual combinação de kets não perturbados o ket perturbado se reduz no limite $\lambda \to 0$. Especificar, neste caso, o autovalor de energia não basta: é necessário algum outro observável para completarmos o esquema. Sendo mais específico, com degenerescência podemos tomar nossa base como constituída de kets que são autovetores simultâneos de H_0 e algum outro observável A, e podemos continuar rotulando o autovetor não perturbado por $|k^{(0)}\rangle$, onde k agora é um índice coletivo que representa o autovalor de energia e o autovalor de A. Se a perturbação V não comuta com A, os autovetores de **ordem zero** de H (incluindo a perturbação) *não são*, de fato, autovetores de A.

Do ponto de vista mais prático, as dificuldades na aplicação de fórmulas como (5.1.42) e (5.1.44) surgem, pois

$$\frac{V_{nk}}{E_n^{(0)} - E_k^{(0)}} \tag{5.2.1}$$

torna-se singular caso V_{nk} seja diferente de zero e $E_n^{(0)}$ seja igual a $E_k^{(0)}$. Precisamos modificar o método da seção anterior para podermos lidar com situações deste tipo.

Sempre que houver degenerescência, temos a liberdade de escolher o conjunto de base de kets não perturbados. Devemos, não importa como, fazer uso desta liberdade. Intuitivamente, suspeitamos que a catástrofe, representada na forma dos denominadores iguais a zero, possa ser evitada escolhendo os kets da base de tal maneira que V não tenha elementos de matriz fora da diagonal, tais como $V_{nk} = 0$ em (5.2.1). Em outras palavras, deveríamos usar a combinação linear de kets degenerados não perturbados que diagonalizam H em um subespaço por eles gerado. Na verdade, é este o procedimento correto que deve ser usado.

Suponha que haja uma degenerescência de ordem g antes que a perturbação V seja ligada, o que significa que há g diferentes autovetores com o mesmo valor de energia não perturbada $E_D^{(0)}$. Denotemos estes kets por $\{|m^{(0)}\rangle\}$. Em geral, a perturbação remove a degenerescência no sentido de que haverá g autovetores perturbados, todos eles com diferentes energias. Chamemos o conjunto deles de $\{|l\rangle\}$. Quando λ vai a zero, $|l\rangle \to |l^{(0)}\rangle$, e vários $|l^{(0)}\rangle$ são autovetores de H_0 com a mesma energia $|l^{(0)}\rangle$. Contudo, o conjunto $E_m^{(0)}$ não necessariamente precisa coincidir com $\{|m^{(0)}\rangle\}$, embora os dois conjuntos de autovetores não perturbados gerem o mesmo subespaço degenerado, que chamaremos de D. Podemos escrever

$$|l^{(0)}\rangle = \sum_{m \in D} \langle m^{(0)}|l^{(0)}\rangle |m^{(0)}\rangle,$$

onde a soma é sobre os autovetores no subespaço degenerado.

Antes de expandir em λ, há um reordenamento da equação de Schrödinger que tornará a expansão bem mais fácil de ser feita. Seja P_0 um operador de projeção no espaço definido por $\{|m^{(0)}\rangle\}$ (lembre-se da discussão dos operadores de projeção da Seção 1.3). Definimos $P_1 = 1 - P_0$ como o projetor nos estados remanescentes. Escrevemos, então, a equação de Schrödinger para os estados $|l\rangle$ como

$$\begin{aligned}0 &= (E - H_0 - \lambda V)|l\rangle \\ &= (E - E_D^{(0)} - \lambda V)P_0|l\rangle + (E - H_0 - \lambda V)P_1|l\rangle.\end{aligned} \quad (5.2.2)$$

Em seguida, separamos (5.2.2.) em duas equações, projetando da esquerda em (5.2.2) com P_0 e P_1:

$$(E - E_D^{(0)} - \lambda P_0 V)P_0|l\rangle - \lambda P_0 V P_1|l\rangle = 0 \quad (5.2.3)$$

$$-\lambda P_1 V P_0|l\rangle + (E - H_0 - \lambda P_1 V)P_1|l\rangle = 0. \quad (5.2.4)$$

Podemos resolver (5.2.4) no subespaço de P_1, pois $P_1(E - H_0 - \lambda P_1 V P_1)$ não é singular neste subespaço, uma vez que E é próximo de $E_D^{(0)}$ e os autovalores de $P_1 H_0 P_1$ são todos diferentes de $E_D^{(0)}$. Portanto, podemos escrever

$$P_1|l\rangle = P_1 \frac{\lambda}{E - H_0 - \lambda P_1 V P_1} P_1 V P_0|l\rangle \quad (5.2.5)$$

ou, escrevendo em ordem λ, quando $|l\rangle$ é expandido segundo $|l\rangle = |l^{(0)}\rangle + \lambda |l^{(1)}\rangle + \cdots$,

$$P_1|l^{(1)}\rangle = \sum_{k \notin D} \frac{|k^{(0)}\rangle V_{kl}}{E_D^{(0)} - E_k^{(0)}}. \quad (5.2.6)$$

Para calcular $P_0|l\rangle$, substituímos (5.2.5) em (5.2.3), obtendo

$$\left(E - E_D^{(0)} - \lambda P_0 V P_0 - \lambda^2 P_0 V P_1 \frac{1}{E - H_0 - \lambda V} P_1 V P_0\right) P_0|l\rangle = 0. \quad (5.2.7)$$

Embora haja como resultado desta substituição um termo de ordem λ^2 em (5.2.7), veremos que ele gera um termo de ordem λ no estado $P_0|l\rangle$. Assim, obtemos uma equação para as energias em ordem λ e autofunções em ordem zero,

$$(E - E_D^{(0)} - \lambda P_0 V P_0)(P_0|l^{(0)}\rangle) = 0. \quad (5.2.8)$$

Esta é uma equação no subespaço degenerado de dimensão g e claramente significa que os autovetores são simplesmente os autovetores da matriz $P_0 V P_0$ $g \times g$, e os autovalores $E^{(1)}$ são simplesmente as raízes da equação secular

$$\det[V - (E - E_D^{(0)})] = 0, \quad (5.2.9)$$

onde V = matriz de $P_0 V P_0$ com elementos $\langle m^{(0)}|V|m'^{(0)}\rangle$. Em forma matricial temos, explicitamente

$$\begin{pmatrix} V_{11} & V_{12} & \cdots \\ V_{21} & V_{22} & \cdots \\ \vdots & \vdots & \ddots \end{pmatrix} \begin{pmatrix} \langle 1^{(0)}|l^{(0)}\rangle \\ \langle 2^{(0)}|l^{(0)}\rangle \\ \vdots \end{pmatrix} = \Delta_l^{(1)} \begin{pmatrix} \langle 1^{(0)}|l^{(0)}\rangle \\ \langle 2^{(0)}|l^{(0)}\rangle \\ \vdots \end{pmatrix}. \quad (5.2.10)$$

As raízes determinam os autovalores $\Delta_l^{(1)}$ – há g deles no total – e, por substituição em, (5.2.10) podemos resolvê-la para achar $\langle m^{(0)}|l^{(0)}\rangle$ para cada l, a menos de uma constante de normalização global. Portanto, ao resolver o problema de autovalores, obtemos de uma só tacada tanto os desvios da energia em primeira ordem quanto os autovetores corretos em ordem zero. Observe que os kets de ordem zero que obtemos quando $\lambda \to 0$ são simplesmente a combinação linear dos vários $|m^{(0)}\rangle$'s que diagonalizam a perturbação V, e os elementos da diagonal nos dão imediatamente os desvios de primeira ordem

$$\Delta_l^{(1)} = \langle l^{(0)}|V|l^{(0)}\rangle. \quad (5.2.11)$$

Observe também que, se o subespaço degenerado fosse o espaço inteiro, teríamos resolvido com este método o problema de maneira exata. A presença de autovetores "distantes" não perturbados, que não pertencem ao subespaço degenerado, aparecerão somente em ordem mais alta – primeira ordem e ordens mais altas para autovetores e segunda ordem e ordens mais altas para autovalores da energia.

A expressão (5.2.11) se parece com o desvio da energia em primeira ordem [veja (5.1.37)] no caso não degenerado, exceto que aqui devemos nos assegurar que os kets de base usados são tais que V, no subespaço gerado pelos kets não perturbados degenerados, não tenha elementos de matriz diferentes de zero fora da diagonal. Se o operador V já for diagonal na representação da base que estamos usando, podemos escrever imediatamente o desvio no valor da energia em primeira ordem calculando o valor esperado de V, tal como no caso não degenerado.

Olhemos agora para (5.2.7). Por segurança, mantemos todos os termos no Hamiltoniano $g \times g$ efetivo que aparece nesta equação até ordem λ^2, embora queiramos $P_0|l\rangle$ apenas em primeira ordem em λ. Achamos

$$\left(E - E_D^{(0)} - \lambda P_0 V P_0 - \lambda^2 P_0 V P_1 \frac{1}{E_D^{(0)} - H_0} P_1 V P_0 \right) P_0|l\rangle = 0. \quad (5.2.12)$$

Para a matriz $g \times g$ $P_0 V P_0$, chamemos os autoestados de v_i e os autovetores de $P_0|l_i^{(0)}\rangle$. As autoenergias em primeira ordem são $E_i^{(1)} = E_D^{(0)} + \lambda v_i$. Supomos que a degenerescência é completamente eliminada, de tal modo que $E_i^{(1)} - E_j^{(1)} = \lambda(v_i - v_j)$ são todos diferentes de zero. Podemos agora aplicar teoria de perturbação não degenerada, (5.1.39), ao Hamiltoniano $g \times g$ dimensional que aparece em (5.2.12). A correção daí resultante para os autovetores $P_0|l_i^{(0)}\rangle$ é

$$P_0|l_i^{(1)}\rangle = \sum_{j \neq i} \lambda \frac{P_0|l_j^{(0)}\rangle}{v_j - v_i} \langle l_j^{(0)}|V P_1 \frac{1}{E_D^{(0)} - H_0} P_1 V|l_i^{(0)}\rangle \quad (5.2.13)$$

ou, mais explicitamente,

$$P_0|l_i^{(1)}\rangle = \sum_{j\neq i}\lambda \frac{P_0|l_j^{(0)}\rangle}{v_j - v_i}\sum_{k\notin D}\langle l_j^{(0)}|V|k\rangle \frac{1}{E_D^{(0)} - E_k^{(0)}}\langle k|V|l_i^{(0)}\rangle. \quad (5.2.14)$$

Portanto, embora o terceiro termo no Hamiltoniano efetivo que aparece em (5.2.12) seja de ordem λ^2, ao se fazer a correção para o autovetor ele acaba sendo dividido pelos denominadores de energia de ordem λ, o que, então, resulta em termos de ordem λ para o vetor. Se adicionarmos (5.2.6) e (5.2.14), obtemos o autovetor com precisão em ordem λ.

Como no caso não degenerado, é conveniente adotarmos a convenção de normalização $\langle l^{(0)}|l\rangle = 1$. Temos, então, de (5.2.3) e (5.2.4), $\lambda\langle l^{(0)}|V|l\rangle = \Delta_l = \lambda\Delta_l^{(1)} + \lambda^2\Delta_l^{(2)} + \cdots$. O termo λ simplesmente reproduz (5.2.11). Quanto ao termo λ^2, obtemos $\Delta_l^{(2)} = \langle l^{(0)}|V|l^{(1)}\rangle = \langle l^{(0)}|V|P_1 l^{(1)}\rangle + \langle l^{(0)}|V|P_0 l_i^{(1)}\rangle$. Uma vez que os vetores $P_0|l_j^{(0)}\rangle$ são autovetores de V, a correção (5.2.14) ao vetor não contribui para o desvio no valor da energia em segunda ordem. Assim achamos, usando (5.2.6)

$$\Delta_l^{(2)} = \sum_{k\in D}\frac{|V_{kl}|^2}{E_D^{(0)} - E_k^{(0)}}. \quad (5.2.15)$$

Nosso procedimento funciona desde que não haja degenerescência nas raízes da equação secular (5.2.9). Caso contrário, ainda temos uma ambiguidade: para qual combinação linear de kets degenerados não perturbados os kets perturbados se reduzem no limite $\lambda \to 0$? Colocada de outra maneira, se é para nosso método funcionar, a degenerescência deveria ser completamente removida em primeira ordem. Um desafio para os experts: como proceder se a degenerescência não for removida em primeira ordem – isto é, se algumas das raízes da equação secular forem iguais? (Veja o Problema 5.12 deste capítulo).

Vamos agora resumir o procedimento básico da teoria de perturbação degenerada:

1. Identifique autovetores degenerados não perturbados e construa a matriz de perturbação V, uma matriz $g \times g$ quando a degenerescência for de ordem g.

2. Diagonalize a matriz V resolvendo, como de costume, a equação secular apropriada.

3. Identifique as raízes da equação secular com os desvios nos valores da energia em primeira ordem; os kets de base que diagonalizam a matriz V são os kets corretos em ordem zero, aos quais os kets perturbados tendem no limite $\lambda \to 0$.

4. Para ordens mais altas, use as fórmulas da teoria de perturbação não degenerada correspondente, exceto nas somas, onde excluimos todas as contribuições vindas dos kets não perturbados no subespaço degenerado D.

Efeito Stark linear

Como exemplo de teoria de perturbação degenerada, vamos estudar o efeito de um campo elétrico uniforme sobre os estados excitados do átomo de hidrogênio. Como é bem sabido, na teoria de Schrödinger com um potencial de Coulomb puro e sem dependência no spin, a energia do estado ligado depende somente do número quântico principal n. Isto leva a uma degerescência de todos os estados, exceto do estado fundamental, pois os valores de l permitidos para um dado n satisfazem

$$0 \leq l < n. \tag{5.2.16}$$

Para sermos mais específicos, para o nível $n = 2$, há em estado $l = 0$, denominado $2s$, e três estados $l = 1 (m = \pm 1, 0)$, denominados $2p$, todos com a mesma energia $-e^2/8a_0$. Ao aplicarmos um campo elétrico uniforme na direção z, o operador de perturbação apropriado é dado por

$$V = -ez|\mathbf{E}|, \tag{5.2.17}$$

que precisa agora ser diagonalizado. Antes de calcularmos detalhadamente os elementos de matriz na base usual (nlm), notemos que a perturbação (5.2.17) só tem elementos de matriz diferentes de zero entre estados de paridade oposta – ou seja, no nosso caso, entre $l = 1$ e $l = 0$. Além do mais, para que os elementos de matriz sejam diferentes de zero, os valores de m devem ser os mesmos, pois z se comporta como um tensor esférico de rank 1 com componente esférica (número quântico magnético) igual a zero. Portanto, os únicos elementos de matriz que não são nulos são aqueles entre $2s$ ($m = 0$, necessariamente) e $2p$ com $m = 0$. Portanto,

$$V = \begin{pmatrix} & 2s & 2p\ m=0 & 2p\ m=1 & 2p\ m=-1 \\ 0 & \langle 2s|V|2p, m=0 \rangle & 0 & 0 \\ \langle 2p, m=0|V|2s \rangle & 0 & 0 & 0 \\ 0 & 0 & 0 & 0 \\ 0 & 0 & 0 & 0 \end{pmatrix}. \tag{5.2.18}$$

Explicitamente,

$$\langle 2s|V|2p, m=0 \rangle = \langle 2p, m=0|V|2s \rangle = 3ea_0|\mathbf{E}|. \tag{5.2.19}$$

É suficiente que concentremos nossa atenção no canto superior esquerdo da matriz quadrada. Ele se parece muito com a matriz σ_x de Pauli, e podemos assim escrever a resposta de imediato. Para os desvios na energia, obtemos

$$\Delta_{\pm}^{(1)} = \pm 3ea_0|\mathbf{E}|, \tag{5.2.20}$$

onde os subscritos $\pm$ referem-se aos kets de ordem zero que diagonalizam V:

$$|\pm\rangle = \frac{1}{\sqrt{2}}(|2s, m=0\rangle \pm |2p, m=0\rangle). \tag{5.2.21}$$

Na Figura 5.1, são mostrados esquematicamente os níveis de energia.

Observe que a variação é *linear* na intensidade do campo aplicado e, portanto, a origem do nome **efeito Stark linear**. Uma maneira de visualizar a existência deste efeito é notar que os autovetores (5.2.21) da energia não são autoestados do operador paridade e, portanto, podem ter momentos de dipolo elétrico permanentes diferente de zero, como podemos verificar facilmente calculando $\langle z \rangle$. De modo bastante geral,

$$\frac{(|2s, m=0\rangle - |2p, m=0\rangle)}{\sqrt{2}}$$

$3ea_0|\mathbf{E}|$

Nenhuma mudança para $|2p, m=\pm 1\rangle$

$3ea_0|\mathbf{E}|$

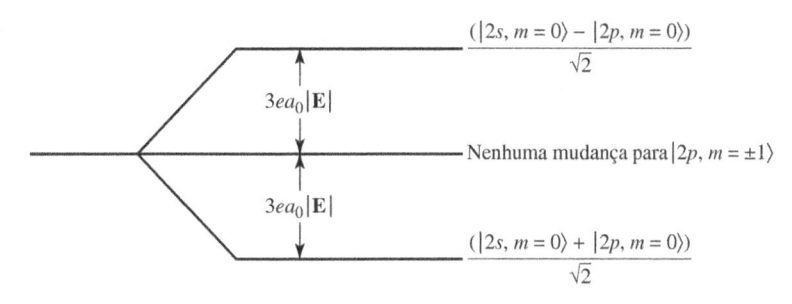

$$\frac{(|2s, m=0\rangle + |2p, m=0\rangle)}{\sqrt{2}}$$

FIGURA 5.1 Diagrama esquemático de níveis de energia do efeito Stark linear como exemplo de teoria de perturbação degenerada.

é permitido a um autoestado da energia, que podemos escrever como superposição de estados de paridade oposta, ter um momento de dipolo elétrico permanente diferente de zero, o que dá origem ao efeito Stark linear.

Uma pergunta interessante pode ser feita agora. Se olharmos para o átomo de hidrogênio "real", os níveis $2s$ e $2p$ não são realmente degenerados. Devido à força spin-órbita, $2p_{3/2}$ é separado de $2p_{1/2}$, como veremos na próxima seção, e mesmo a degenerescência entre os níveis $2s_{1/2}$ e $2p_{1/2}$ que persiste na teoria de Dirac de uma única partícula é removida por efeitos de eletrodinâmica quântica (o *desvio de Lamb*[‡]). Podemos, portanto, perguntar: a aplicação de teoria de perturbação degenerada a este problema é realista? Uma comparação com resultados exatos mostra que se os elementos da matriz de perturbação são muito maiores quando comparados com o desdobramento devido ao desvio de Lamb, então, para todos os efeitos práticos, a variação na energia é linear em $|\mathbf{E}|$, e o formalismo da teoria de perturbação degenerada é aplicável. No extremo oposto, se os elementos da matriz de perturbação forem pequenos comparados ao desdobramento do desvio de Lamb, então a variação da energia é quadrática, e podemos aplicar a teoria de perturbação não degenerada; veja o Problema 5.13 deste capítulo. Isto mostra, incidentalmente, que o formalismo da teoria de perturbação degenerada ainda é útil quando os níveis de energia são quase degenerados se comparados a uma escala de energia definida pelo elemento da matriz de perturbação. Em casos intermediários, devemos trabalhar mais arduamente; é mais seguro tentar diagonalizar o Hamiltoniano exatamente no espaço gerado por todos os níveis próximos.

5.3 ■ ÁTOMOS HIDROGENOIDES: ESTRUTURA FINA E EFEITO ZEEMAN

Correção relativística à energia cinética

Um átomo hidrogenoide com um único elétron tem uma função de energia potencial da forma (3.7.43), que resulta no Hamiltoniano

$$H_0 = \frac{\mathbf{p}^2}{2m_e} - \frac{Ze^2}{r}, \tag{5.3.1}$$

[‡] N. de T.: No original, *Lamb shift*, observado pela primeira vez em 1947 por Willis Lamb, Jr. (1913 – 2008) e Robert C. Retherford, (1912 – 1981), que rendeu ao primeiro o Prêmio Nobel de Física de 1955.

onde o primeiro termo é operador de energia cinética não relativística. Contudo, a energia cinética relativisticamente correta é

$$K = \sqrt{\mathbf{p}^2 c^2 + m_e^2 c^4} - m_e c^2$$
$$\approx \frac{\mathbf{p}^2}{2m_e} - \frac{(\mathbf{p}^2)^2}{8m_e^3 c^2}. \tag{5.3.2}$$

e portanto, seguindo a notação em (5.1.1), podemos tratar este problema com teoria de perturbação, onde H_0 é dado por (5.3.1) e a perturbação é

$$V = -\frac{(\mathbf{p}^2)^2}{8m_e^3 c^2}. \tag{5.3.3}$$

Em princípio, este é um problema complicado devido aos autoestados $|nlm\rangle$ altamente degenerados do átomo de hidrogênio. Porém, como $\mathbf{L}$ comuta com $\mathbf{p}^2$, como observamos em (3.7.2), temos também

$$[\mathbf{L}, V] = 0. \tag{5.3.4}$$

Em outras palavras, V é simétrico sob rotações e, assim, já é diagonal na base $|nlm\rangle$. Portanto, os desvios nos valores das energias devido a V são, em primeira ordem, simplesmente iguais aos valores esperados nos estados de base. Seguindo (5.1.37), escrevemos

$$\Delta_{nl}^{(1)} = \langle nlm|V|nlm\rangle = -\langle nlm|\frac{(\mathbf{p}^2)^2}{8m_e^3 c^2}|nlm\rangle, \tag{5.3.5}$$

onde a simetria rotacional nos garante que os desvios das energias em primeira ordem não podem depender de m.

Em princípio, poderíamos calcular (5.3.5) pelo método de força bruta, mas há uma maneira mais elegante de fazê-lo. Uma vez que

$$\frac{(\mathbf{p}^2)^2}{8m_e^3 c^2} = \frac{1}{2m_e c^2}\left(\frac{\mathbf{p}^2}{2m_e}\right)^2 = \frac{1}{2m_e c^2}\left(H_0 + \frac{Ze^2}{r}\right)^2, \tag{5.3.6}$$

vemos imediatamente que

$$\Delta_{nl}^{(1)} = -\frac{1}{2m_e c^2}\left[\left(E_n^{(0)}\right)^2 + 2E_n^{(0)}\langle nlm|\frac{Ze^2}{r}|nlm\rangle + \langle nlm|\frac{(Ze^2)^2}{r^2}|nlm\rangle\right]. \tag{5.3.7}$$

O problema se reduz, portanto, em calcular os valores esperados de Ze^2/r e $(Ze^2)^2/r^2$. De fato, ambos podem ser calculados usando alguns truques inteligentes. Apresentaremos aqui apenas um esboço, mas o leitor interessado deve consultar Shankar (1994) ou Townsend (2000) para maiores detalhes.

Se imaginarmos o átomo de hidrogênio com uma "perturbação" $V_\gamma = \gamma/r$, então o valor esperado do segundo termo em (5.3.7) é simplesmente a correção para a energia em primeira ordem com $\gamma = Ze^2$. Por outro lado, é fácil resolver este problema exatamente, pois ele corresponde ao átomo de hidrogênio com $Ze^2 \to Ze^2 - \gamma$, e achar a correção de primeira ordem a partir da solução exata é algo direto de se fazer. Encontramos

$$\langle nlm | \frac{Ze^2}{r} | nlm \rangle = -2E_n^{(0)}. \tag{5.3.8}$$

Na verdade a expressão acima nada mais é que o teorema do virial para o potencial de Coulomb.

Uma abordagem similar pode ser feita para o terceiro termo em (5.3.7). Neste caso, imagine uma perturbação $V_\gamma = \gamma/r^2$ que modifica o termo de barreira centrífuga no potencial efetivo. Isto é, ele transforma l em uma forma que inclui γ, que pode ser usado novamente para escrever a correção em primeira ordem. Chegamos, assim, a

$$\langle nlm | \frac{(Ze^2)^2}{r^2} | nlm \rangle = \frac{4n}{l + \frac{1}{2}} \left(E_n^{(0)} \right)^2. \tag{5.3.9}$$

Do mesmo modo, usando (5.3.8) e (5.3.9) junto com $E_n^{(0)}$ de (3.7.53), reescrevemos (5.3.7) como

$$\Delta_{nl}^{(1)} = E_n^{(0)} \left[\frac{Z^2 \alpha^2}{n^2} \left(-\frac{3}{4} + \frac{n}{l + \frac{1}{2}} \right) \right] \tag{5.3.10a}$$

$$= -\frac{1}{2} m_e c^2 Z^4 \alpha^4 \left[-\frac{3}{4n^4} + \frac{1}{n^3 \left(l + \frac{1}{2} \right)} \right]. \tag{5.3.10b}$$

O tamanho relativo da correção em primeira ordem, não surpreendentemente, é proporcional a $Z^2 \alpha^2$, o quadrado da velocidade orbital clássica do elétron (em unidades de c).

Interação spin-órbita e estrutura fina

Continuemos agora com o estudo dos níveis atômicos de átomos hidrogenoides gerais – isto é, átomos com um elétron de valência fora de uma camada fechada. Átomos alcalinos tais como o Sódio (Na) e Potássio (K) pertencem a esta categoria.

O potencial $V_c(r)$ central (independente do spin) apropriado ao elétron de valência não é mais da forma de um potencial de Coulomb puro, pois o potencial eletrostático $\phi(r)$, que aparece em

$$V_c(r) = e\phi(r) \tag{5.3.11}$$

não é mais devido apenas ao núcleo de carga elétrica $|e|Z$; ele deve agora levar em conta a nuvem de elétrons negativamente carregados nas camadas internas. A forma precisa de $\phi(r)$ não é de nosso interesse neste ponto. Apenas notamos que as características de degenerescência do potencial Coulombiano puro são agora removidas de tal maneira que os estados de l mais altos ficam mais altos para um dado n. Fisicamente, isto surge pelo fato de que os estados de l mais alto são mais susceptíveis à repulsão devido à nuvem eletrônica.

No lugar de estudar os detalhes de $V_c(r)$, que determina a estrutura grossa do átomos hidrogenoides, discutiremos o efeito da interação spin-órbita ($\mathbf{L} \cdot \mathbf{S}$) que dá origem à *estrutura fina*. Podemos entender a existência desta interação de forma qualitativa da seguinte maneira: por causa do termo de força central (5.3.11), o elétron de valência sente o campo elétrico

$$\mathbf{E} = -\left(\frac{1}{e}\right) \nabla V_c(r). \tag{5.3.12}$$

Contudo, sempre que uma carga em movimento é sujeita a um campo elétrico, ela "sente" um campo magnético efetivo dado por

$$\mathbf{B}_{\text{efetivo}} = -\left(\frac{\mathbf{v}}{c}\right) \times \mathbf{E}. \tag{5.3.13}$$

Uma vez que o elétron tem um momento magnético μ dado por

$$\boldsymbol{\mu} = \frac{e\mathbf{S}}{m_e c}, \tag{5.3.14}$$

suspeitamos que haja uma contribuição para H na forma um potencial μ de spin-órbita:

$$\begin{aligned} H_{LS} &\stackrel{?}{=} -\boldsymbol{\mu} \cdot \mathbf{B}_{\text{efetivo}} \\ &= \boldsymbol{\mu} \cdot \left(\frac{\mathbf{v}}{c} \times \mathbf{E}\right) \\ &= \left(\frac{e\mathbf{S}}{m_e c}\right) \cdot \left[\frac{\mathbf{p}}{m_e c} \times \left(\frac{\mathbf{x}}{r}\right) \frac{1}{(-e)} \frac{dV_c}{dr}\right] \\ &= \frac{1}{m_e^2 c^2} \frac{1}{r} \frac{dV_c}{dr} (\mathbf{L} \cdot \mathbf{S}). \end{aligned} \tag{5.3.15}$$

Quando se compara esta expressão com a interação spin-órbita observada, vê-se que ela tem o sinal correto, mas a magnitude resulta ser maior por um fator de 2. Há uma explicação clássica para isso que invoca a precessão de spin (a *precessão de Thomas*, devido a L. H. Thomas), mas não nos importaremos com isto aqui (para mais detalhes, consulte Jackson (1975)). Simplesmente trataremos a interação spin-órbita fenomenologicamente e tomaremos V_{LS} com sendo a metade de (5.3.15). A explição quântica correta desta discrepância precisou esperar pela teoria (relativística) de Dirac para o elétron, que será discutida no último capítulo deste livro.

Estamos agora em condições de aplicar a teoria de perturbação para átomos hidrogenoides usando V_{LS} como perturbação (o V das Seções 5.1 e 5.2). Tomamos o Hamiltoniano H_0 não perturbado como sendo

$$H_0 = \frac{\mathbf{p}^2}{2m} + V_c(r), \tag{5.3.16}$$

onde o potencial central V_c não é mais um potencial Coulombiano puro no caso dos átomos alcalinos. Com H_0 sozinho, temos a liberdade de escolher os kets de base:

Conjunto 1: os autovetores de $\mathbf{L}^2, L_z, \mathbf{S}^2, S_z$.
Conjunto 2: os autovetores de $\mathbf{L}^2, \mathbf{S}^2, \mathbf{J}^2, J_z$. (5.3.17)

Sem V_{LS} (ou H_{LS}), qualquer conjunto é satisfatório uma vez que os kets da base também são autovetores da energia. Com H_{LS} adicionado, é muito mais conveniente usar o conjunto 2 de (5.3.17), pois $\mathbf{L} \cdot \mathbf{S}$ não comuta com L_z e S_z, mas comuta com $\mathbf{J}^2$ e J_z. Lembre-se da regra fundamental: escolha kets não perturbados que diagonalizam a perturbação. Para usar os kets de L_z e S_z [conjunto 1 de (5.3.17)] como kets de base para este problema, você tem que ser ou tolo ou masoquista; se aplicarmos cegamente o método da teoria de perturbação degenerada começando pelo conjunto 1 como kets de base, seríamos forçados a diagonalizar a matriz V_{LS} (H_{LS}) escrita na representação L_z, S_z. Como resultado, após muita álgebra, obtemos para os kets não perturbados de ordem zero a serem usados os autovetores de $\mathbf{J}^2$ e J_z simplesmente!

Em teoria de perturbação degenerada, se a perturbação já for diagonal na representação que estamos usando, tudo o que nos resta fazer para achar os desvios das energias em primeira ordem é tomar os valores esperados. A função de onda na forma de duas componentes é escrita explicitamente como

$$\psi_{nlm} = R_{nl}(r) \mathcal{Y}_l^{j=l\pm 1/2, m}, \qquad (5.3.18)$$

onde $\mathcal{Y}_l^{j=l\pm 1/2, m}$ é a função angular de spin da Seção 3.8 [veja (3.8.64)]. Para o desvio em primeira ordem obtemos

$$\Delta_{nlj} = \frac{1}{2m_e^2 c^2} \left\langle \frac{1}{r} \frac{dV_c}{dr} \right\rangle_{nl} \frac{\hbar^2}{2} \begin{Bmatrix} l \\ -(l+1) \end{Bmatrix} \begin{array}{l} j = l + \frac{1}{2} \\ j = l - \frac{1}{2} \end{array} \qquad (5.3.19)$$

$$\left\langle \frac{1}{r} \frac{dV_c}{dr} \right\rangle_{nl} \equiv \int_0^\infty R_{nl} \frac{1}{r} \frac{dV_c}{dr} R_{nl} r^2 dr,$$

onde usamos a identidade independente de m [veja (3.8.66)]

$$\int \mathcal{Y}^\dagger \mathbf{S} \cdot \mathbf{L} \mathcal{Y} d\Omega = \frac{1}{2} \left[j(j+1) - l(l+1) - \frac{3}{4} \right] \hbar^2 = \frac{\hbar^2}{2} \begin{Bmatrix} l \\ -(l+1) \end{Bmatrix} \begin{array}{l} j = l + \frac{1}{2} \\ j = l - \frac{1}{2} \end{array}.$$
$$(5.3.20)$$

A equação (5.3.19) é conhecida como **regra do intervalo de Landé**.

Para sermos mais específicos, considere o átomo de Sódio. Usando a notação padrão de espectroscopia atômica, a configuração do estado fundamental é

$$(1s)^2 (2s)^2 (2p)^6 (3s). \qquad (5.3.21)$$

Os 10 elétrons internos podem ser visualizados como formando uma nuvem eletrônica esfericamente simétrica. Estamos interessados na excitação do décimo primeiro elétron do nível $3s$ para um estado mais alto possível. A possibilidade mais próxima é excitação para o $3p$. Uma vez que o potencial central não tem a forma Coulombiana pura, $3s$ e $3p$ são agora desdobrados. A estrutura fina causada por V_{LS} refere-se a um desdobramento ainda mais fino dentro de $3p$, entre $3_{p1/2}$ e $3_{p3/2}$, onde o subscrito refere-se a j. Experimentalmente, observamos duas linhas amarelas separadas, mas muito próximas – conhecidas como **linhas D do Sódio** –, uma em 5.896 Å, a outra em

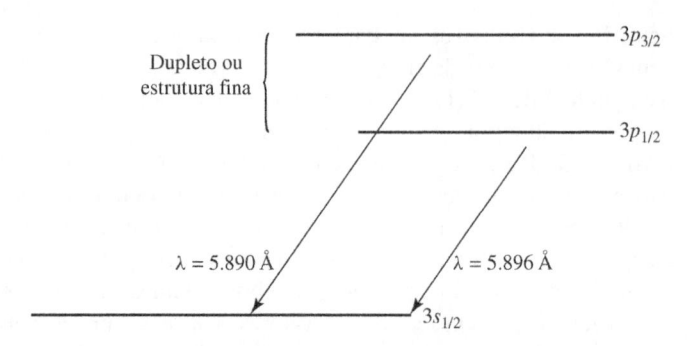

FIGURA 5.2 Diagrama esquemático das linhas $3s$ e $3p$. A degenerescência $3s$ e $3p$ é removida pois $V_C(r)$ é agora o potencial Coulombiano blindado, devido aos elétrons do caroço ao invés do potencial puramente Coulombiano; V_{LS}, então, remove a degenerescência $3_{p1/2}$ e $3_{p3/2}$.

5.890 Å; veja a Figura 5.2. Observe que a linha $3_{p3/2}$ é mais alta pois a integral radial em (5.3.19) é positiva.

Para melhor apreciar a ordem de grandeza do alargamento de estrutura fina, notemos, baseados apenas em considerações dimensionais, que para $Z \simeq 1$

$$\left\langle \frac{1}{r} \frac{dV_C}{dr} \right\rangle_{nl} \sim \frac{e^2}{a_0^3} \quad (5.3.22)$$

assim, o desdobramento de estrutura fina é da ordem de $(e^2/a_0^3)(\hbar/m_e c)^2$, que deve ser comparado ao desdobramento de Balmer, cuja ordem é e^2/a_0. Vale recordar aqui que o raio clássico do elétron, o comprimento de onda de Compton do elétron e o raio de Bohr, estão relacionados via

$$\frac{e^2}{m_e c^2} : \frac{\hbar}{m_e c} : a_0 :: 1 : 137 : (137)^2, \quad (5.3.23)$$

onde usamos

$$\frac{e^2}{\hbar c} = \frac{1}{137}. \quad (5.3.24)$$

Tipicamente, desdobramentos de estrutura fina estão, portanto, relacionados aos de Balmer através de

$$\left(\frac{e^2}{a_0^3} \frac{\hbar^2}{m_e^2 c^2} \right) : \left(\frac{e^2}{a_0} \right) :: \left(\frac{1}{137} \right)^2 : 1, \quad (5.3.25)$$

o que explica a origem do termo *estrutura fina*. Há outros efeitos de ordens de magnitude similares; um exemplo é a correção relativística à energia cinética, discutida anteriormente nesta seção.

5.3 Átomos Hidrogenoides: Estrutura Fina e Efeito Zeeman

Antes de encerrarmos esta discussão, vamos calcular (5.3.19) para o caso do potencial de Coulomb – isto é, um átomo de hidrogênio ou um íon de um elétron com Z prótons. Neste caso,

$$\left\langle \frac{1}{r}\frac{dV_c}{dr} \right\rangle_{nl} = \left\langle \frac{Ze^2}{r^3} \right\rangle_{nl}. \tag{5.3.26}$$

Podemos estimar este valor esperado com a ajuda de um outro truque. Primeiro, notamos que com H_0 dado por (5.3.1), temos

$$\langle nlm|[H_0, A]|nlm\rangle = 0 \tag{5.3.27}$$

para *qualquer* operador A, uma vez que com H_0 atuando à direita ou à esquerda, reproduzimos simplesmente $E_n^{(0)}$. Se tomarmos $A = p_r$, o operador de momento radial, então ele obviamente comuta com a parte radial do termo de energia cinética em H_0. Portanto, nos resta

$$\langle nlm|\left[\frac{l(l+1)\hbar^2}{2m_e r^2} - \frac{Ze^2}{r}, p_r\right]|nlm\rangle = 0. \tag{5.3.28}$$

Agora, no espaço de coordenadas, p_r não comuta com funções da coordenada r devido à presença da derivada $\partial/\partial r$. Portanto, podemos calcular o comutador em (5.3.28) explicitamente e chegar a

$$\langle nlm|\left[-\frac{l(l+1)\hbar^2}{m_e r^3} + \frac{Ze^2}{r^2}\right]|nlm\rangle = 0. \tag{5.3.29}$$

Finalmente, usamos (5.3.9) e (3.7.53) para obter

$$\left\langle \frac{Ze^2}{r^3} \right\rangle_{nl} = \frac{m_e}{l(l+1)\hbar^2}\left\langle \frac{(Ze^2)^2}{r^2} \right\rangle_{nl}$$

$$= -\frac{2m_e^2 c^2 Z^2 \alpha^2}{nl(l+1)(l+1/2)\hbar^2}E_n^{(0)}. \tag{5.3.30}$$

Temos, portanto, a correção spin-órbita aos autoestados da energia do átomo de hidrogênio da equação (5.3.19) na forma

$$\Delta_{nlj} = -\frac{Z^2\alpha^2}{2nl(l+1)(l+1/2)}E_n^{(0)}\begin{Bmatrix} l \\ -(l+1) \end{Bmatrix}\begin{matrix} j = l + \frac{1}{2} \\ j = l - \frac{1}{2} \end{matrix}. \tag{5.3.31}$$

É interessante que esta expressão seja diferente de zero para $l = 0$. Não obstante, ela dá a resposta correta para os autovalores de energia da equação de Dirac, como veremos posteriormente neste livro. A origem deste desvio, atribuido ao chamado termo de Darwin, é discutida em outros textos. Veja, por exemplo, Townsend (2000).

O efeito Zeeman

Discutiremos agora o átomo de hidrogênio ou átomos hidrogenoides (um elétron) em um campo magnético uniforme – o **efeito Zeeman**, chamado às vezes de *efeito Zeeman anômalo*, quando levamos em conta o spin do elétron. Recorde que um campo magnético uniforme pode ser deduzido do potencial vetor

$$\mathbf{A} = \tfrac{1}{2}(\mathbf{B} \times \mathbf{r}). \tag{5.3.32}$$

Para $\mathbf{B}$ na direção do eixo z positivo ($\mathbf{B} = B\hat{\mathbf{z}}$),

$$\mathbf{A} = -\tfrac{1}{2}(By\hat{\mathbf{x}} - Bx\hat{\mathbf{y}}) \tag{5.3.33}$$

é o suficiente, onde B representa $|\mathbf{B}|$. A menos do termo de interação de spin, o Hamiltoniano da interação é gerado pela substituição

$$\mathbf{p} \to \mathbf{p} - \frac{e\mathbf{A}}{c}. \tag{5.3.34}$$

Temos, portanto,

$$H = \frac{\mathbf{p}^2}{2m_e} + V_c(r) - \frac{e}{2m_e c}(\mathbf{p}\cdot\mathbf{A} + \mathbf{A}\cdot\mathbf{p}) + \frac{e^2\mathbf{A}^2}{2m_e c^2}. \tag{5.3.35}$$

Uma vez que

$$\begin{aligned}\langle \mathbf{x}'|\mathbf{p}\cdot\mathbf{A}(\mathbf{x})|\ \rangle &= -i\hbar\nabla'\cdot[\mathbf{A}(\mathbf{x}')\langle\mathbf{x}'|\ \rangle] \\ &= \langle\mathbf{x}'|\mathbf{A}(\mathbf{x})\cdot\mathbf{p}|\ \rangle + \langle\mathbf{x}'|\ \rangle[-i\hbar\nabla'\cdot\mathbf{A}(\mathbf{x}')],\end{aligned} \tag{5.3.36}$$

é legítimo substituirmos $\mathbf{p}\cdot\mathbf{A}$ por $\mathbf{A}\cdot\mathbf{p}$ sempre que

$$\nabla\cdot\mathbf{A}(\mathbf{x}) = 0, \tag{5.3.37}$$

que é o caso do potencial vetor de (5.3.33). Observando que

$$\begin{aligned}\mathbf{A}\cdot\mathbf{p} &= |\mathbf{B}|\left(-\tfrac{1}{2}yp_x + \tfrac{1}{2}xp_y\right) \\ &= \tfrac{1}{2}|\mathbf{B}|L_z\end{aligned} \tag{5.3.38}$$

e

$$\mathbf{A}^2 = \tfrac{1}{4}|\mathbf{B}|^2(x^2 + y^2), \tag{5.3.39}$$

obtemos, para (5.3.35),

$$H = \frac{\mathbf{p}^2}{2m_e} + V_c(r) - \frac{e}{2m_e c}|\mathbf{B}|L_z + \frac{e^2}{8m_e c^2}|\mathbf{B}|^2(x^2 + y^2). \tag{5.3.40}$$

A isto podemos adicionar a interação com o momento magnético de spin

$$-\boldsymbol{\mu}\cdot\mathbf{B} = \frac{-e}{m_e c}\mathbf{S}\cdot\mathbf{B} = \frac{-e}{m_e c}|\mathbf{B}|S_z. \tag{5.3.41}$$

O termo quadrático $|\mathbf{B}|^2(x^2+y^2)$ é irrelevante para um átomo de um elétron; o termo análogo é importante para o estado fundamental do átomo de Hélio, para o qual $L_z^{(tot)}$ e $S_z^{(tot)}$ são nulos. O leitor pode retornar a este problema quando for calcular suscetibilidades magnéticas nos Problemas 5.18 e 5.19 deste capítulo.

Para resumir: omitindo o termo quadrático, o Hamiltoniano total é formado pelos três termos abaixo:

$$H_0 = \frac{\mathbf{p}^2}{2m_e} + V_c(r) \tag{5.3.42a}$$

$$H_{LS} = \frac{1}{2m_e^2 c^2} \frac{1}{r} \frac{dV_c(r)}{dr} \mathbf{L} \cdot \mathbf{S} \tag{5.3.42b}$$

$$H_B = \frac{-e|\mathbf{B}|}{2m_e c}(L_z + 2S_z). \tag{5.3.42c}$$

Observe o fator de 2 na frente de S_z: isto reflete o fato de que o fator g do elétron é 2.

Suponha que H_B seja tratado com uma perturbação pequena. Podemos estudar seu efeito usando os autovetores de $H_0 + H_{LS}$, tomando os autovetores de $\mathbf{J}^2$ como base. Observando que

$$L_z + 2S_z = J_z + S_z, \tag{5.3.43}$$

podemos escrever o desvio em primeira ordem como

$$\frac{-e|\mathbf{B}|}{2m_e c} \langle J_z + S_z \rangle_{j=l\pm 1/2, m}. \tag{5.3.44}$$

O valor esperado de J_z nos dá imediatamente $m\hbar$. No que tange a $\langle S_z \rangle$, lembremo-nos primeiramente de que

$$\left| j = l \pm \frac{1}{2}, m \right\rangle = \pm \sqrt{\frac{l \pm m + \frac{1}{2}}{2l+1}} \left| m_l = m - \frac{1}{2}, m_s = \frac{1}{2} \right\rangle$$
$$+ \sqrt{\frac{l \mp m + \frac{1}{2}}{2l+1}} \left| m_l = m + \frac{1}{2}, m_s = -\frac{1}{2} \right\rangle. \tag{5.3.45}$$

O valor esperado de S_z pode ser calculado facilmente:

$$\langle S_z \rangle_{j=l\pm 1/2, m} = \frac{\hbar}{2}(|c_+|^2 - |c_-|^2)$$

$$= \frac{\hbar}{2} \frac{1}{(2l+1)} \left[\left(l \pm m + \frac{1}{2} \right) - \left(l \mp m + \frac{1}{2} \right) \right] = \pm \frac{m\hbar}{(2l+1)}. \tag{5.3.46}$$

Deste modo, obtemos a fórmula de Lande para os desvios das energias (devido ao campo $\mathbf{B}$)

$$\Delta E_B = \frac{-e\hbar B}{2m_e c} m \left[1 \pm \frac{1}{(2l+1)} \right]. \tag{5.3.47}$$

Vemos que (5.3.47) é proporcional a m. Para entender a explicação física disto, apresentamos um outro método para deduzir (5.3.46). Recordamos que o valor esperado de S_z também pode ser obtido usando-se o teorema da projeção da Seção 3.11. Obtemos [veja (3.11.45)]

$$\begin{aligned}
\langle S_z \rangle_{j=l\pm 1/2, m} &= \left[\langle \mathbf{S} \cdot \mathbf{J} \rangle_{j=l\pm 1/2} \right] \frac{m\hbar}{\hbar^2 j(j+1)} \\
&= \frac{m \langle \mathbf{J}^2 + \mathbf{S}^2 - \mathbf{L}^2 \rangle_{j=l\pm 1/2}}{2\hbar j(j+1)} \\
&= m\hbar \left[\frac{\left(l \pm \frac{1}{2}\right)\left(l \pm \frac{1}{2}+1\right) + \frac{3}{4} - l(l+1)}{2\left(l \pm \frac{1}{2}\right)\left(l \pm \frac{1}{2}+1\right)} \right] \\
&= \pm \frac{m\hbar}{(2l+1)},
\end{aligned} \qquad (5.3.48)$$

o que concorda com (5.3.46).

Na discussão anterior, o campo magnético é tratado como uma perturbação pequena. Consideraremos agora o extremo oposto – **o limite de Paschen-Back** – com um campo magnético tão intenso que o efeito de H_B é muito mais importante que aquele de H_{LS}, que adicionaremos posteriormente como uma perturbação pequena. Com $H_0 + H_B$ apenas, os bons números quânticos são L_z e S_z. Até mesmo $\mathbf{J}^2$ não é bom, pois a simetria esférica é completamente destruída pelo forte campo $\mathbf{B}$, que seleciona uma direção particular no espaço, a direção z. Assim, os autovetores $|l, s = \frac{1}{2}, m_l, m_s\rangle$ de L_z, S_z devem ser usados como nossa base. O efeito do termo principal H_B pode ser facilmente calculado:

$$\langle H_B \rangle_{m_l m_s} = \frac{-e|\mathbf{B}|\hbar}{2m_e c}(m_l + 2m_s). \qquad (5.3.49)$$

A degenerescência de ordem $2(2l+1)$ em m_l e m_s que tínhamos originalmente com H_0 [veja (5.4.42a)] é agora reduzida por H_B para estados como o mesmo $(m_l) + (2m_s)$, a saber, $(m_l) + (1)$ e $(m_l + 2) + (-1)$. Claramente, temos de calcular o valor esperado de $\mathbf{L} \cdot \mathbf{S}$ com relação a $|m_l, m_s\rangle$:

$$\begin{aligned}
\langle \mathbf{L} \cdot \mathbf{S} \rangle &= \langle L_z S_z + \tfrac{1}{2}(L_+ S_- + L_- S_+) \rangle_{m_l m_s} \\
&= \hbar^2 m_l m_s,
\end{aligned} \qquad (5.3.50)$$

onde usamos

$$\langle L_\pm \rangle m_l = 0, \quad \langle S_\pm \rangle m_s = 0. \qquad (5.3.51)$$

Portanto,

$$\langle H_{LS} \rangle_{m_l m_s} = \frac{\hbar^2 m_l m_s}{2 m_e^2 c^2} \left\langle \frac{1}{r} \frac{dV_c}{dr} \right\rangle. \qquad (5.3.52)$$

Em muitos livros elementares, há interpretações pictóricas do resultado (5.3.47) para campos fracos e (5.3.49) para campos fortes, mas não nos preocuparemos com

Tabela 5.1

	Interação dominante	Quase bom	Ruim	Sempre bom
B fraco	H_{LS}	$\mathbf{J}^2$ (ou $\mathbf{L} \cdot \mathbf{S}$)	$L_z, S_z^\dagger$	$\mathbf{L}^2, \mathbf{S}^2, J_z$
B forte	H_B	L_z, S_z	$\mathbf{J}^2$ (ou $\mathbf{L} \cdot \mathbf{S}$)	

†A exceção é a configuração estendida – por exemplo, $p_{3/2}$ com $m = \pm\frac{3}{2}$. Aqui, L_z e S_z são bons; isto ocorre pois o número quântico magnético de J_z, $m = m_l + m_s$ pode ser satisfeito de apenas uma maneira.

elas aqui. Simplesmente sumarizamos nossos resultados na Tabela 5.1, onde campos **B** fracos e fortes são "calibrados", comparando suas magnitudes $e\hbar B/2m_e c$ com $(1/137)^2 e^2/a_0$. Nesta tabela, *quase bom* significa bom até o ponto no qual a interação menos dominante pode ser ignorada.

Especificamente, vamos olhar para o esquema de níveis de um elétron p, $l = 1(p_{3/2}, p_{1/2})$. No caso de **B** fraco, os desvios nas energias são lineares em **B**, com declividade

$$m\left[1 \pm \left(\frac{1}{2l+1}\right)\right].$$

À medida que aumentamos **B**, a mistura de níveis se torna possível entre estados de mesmo valor de m – por exemplo $p_{3/2}$ com $m = \pm\frac{1}{2}$ e $p_{1/2}$ com $m = \pm\frac{1}{2}$; neste sentido, note que o operador $L_z + 2S_z$ que aparece em H_B [(5.3.42c)] é um operador tensorial de rank 1, $T_{q=0}^{(k=1)}$ com componente esférica $q = 0$. Em uma região de **B** intermediário, fórmulas simples para os valores esperados tais como (5.3.47) e (5.3.49) não são possíveis; neste caso, se faz necessário diagonalizar a matriz 2×2 apropriada (Gottfried e Yan 2003, Seção 5.4). No limite de **B** forte, os desvios na energia são novamente proporcionais a $|\mathbf{B}|$; como podemos ver em (5.3.49), as declividades são determinadas por $m_l + 2m_s$.

A interação de van der Waals

Uma bela e importante aplicação da teoria de perturbação de Rayleigh-Schrödinger é calcular a interação de longo alcance entre dois átomos de hidrogênio em seu estado fundamental, também conhecida como **força de van der Waals**. É fácil mostrar que a energia entre dois átomos para uma separação r grande é atrativa e varia com r^{-6}.

Considere os dois prótons dos átomos de hidrogênio como estando *fixos* a uma distância r medida (ao longo do eixo z) um do outro, com $\mathbf{r}_1$ o vetor do primeiro próton até seu elétron, e $\mathbf{r}_2$ o do segundo próton até seu elétron (Figura 5.3). Então, o Hamiltoniano H pode ser escrito como

$$H = H_0 + V$$

$$H_0 = -\frac{\hbar^2}{2m}(\nabla_1^2 + \nabla_2^2) - \frac{e^2}{r_1} - \frac{e^2}{r_2} \quad (3.5.53)$$

$$V = \frac{e^2}{r} + \frac{e^2}{|\mathbf{r}+\mathbf{r}_2-\mathbf{r}_1|} - \frac{e^2}{|\mathbf{r}+\mathbf{r}_2|} - \frac{e^2}{|\mathbf{r}-\mathbf{r}_1|}.$$

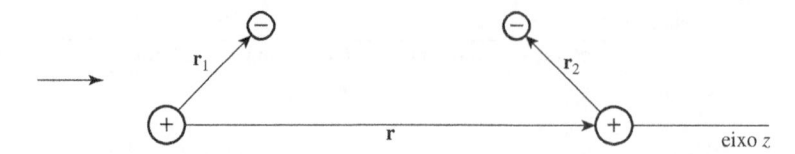

FIGURA 5.3 Dois átomos de hidrogênio com seus prótons (+) separados por uma distância r fixa, e seus elétrons (−) deslocados de $\mathbf{r}_i$ deles.

A solução de energia mais baixa de H_0 é simplesmente o produto das funções de onda do estado fundamental dos átomos de hidrogênio não interagentes

$$U_0^{(0)} = U_{100}^{(0)}(\mathbf{r}_1)U_{100}^{(0)}(\mathbf{r}_2). \tag{5.3.54}$$

Agora, para r grande ($\gg$ que o raio de Bohr), expanda a pertubação V em potências de $\mathbf{r}_i/\mathbf{r}$, obtendo

$$V = \frac{e^2}{r^3}(x_1x_2 + y_1y_2 - 2z_1z_2) + 0\left(\frac{1}{r^4}\right) + \cdots. \tag{5.3.55}$$

O termo de ordem mais baixa r^{-3} em (5.3.55) corresponde à interação de dois dipolos elétricos $e\mathbf{r}_1$ e $e\mathbf{r}_2$, separados por $\mathbf{r}$. Os termos de ordem mais alta representam interações de multipolos de ordem mais alta, portanto, cada termo em V envolve harmônicos esféricos Y_l^m com $l_i > 0$ para cada átomo de hidrogênio. Portanto, para cada termo em (5.3.55), o elemento da matriz de energia $V_{00} \simeq 0$ em primeira ordem de perturbação, pois a função de onda do estado fundamental $U_0^{(0)}$ em (5.3.54) tem $l_i = 0$ e $\int d\Omega Y_l^m(\Omega) = 0$ para l e $m \neq 0$. A perturbação em segunda ordem

$$E^{(2)}(r) = \frac{e^4}{r^6}\sum_{k\neq 0}\frac{|\langle k^{(0)}|x_1x_2 + y_1y_2 - 2z_1z_2|0^{(0)}\rangle|^2}{E_0^{(0)} - E_k^{(0)}} \tag{5.3.56}$$

será diferente de zero. Vemos, imediatamente, que a interação varia com $1/r^6$; uma vez que $E_k^{(0)} > E_0^{(0)}$, ela é negativa. Este potencial $1/r^6$ de van der Waals, atrativo e de longo alcance, é uma propriedade geral da interação entre dois átomos em seu estado fundamental[2].

5.4 ■ MÉTODOS VARIACIONAIS

A teoria de perturbação desenvolvida nas seções prévias claramente não tem a mínima utilidade se não conhecermos de antemão as soluções exatas de um problema cujo Hamiltoniano seja similar o suficiente ao problema que queremos tratar. O método variacional que discutiremos agora é muito útil para se estimar a energia E_0 do estado fundamental, quando não dispomos de soluções exatas do tipo mencionado.

---
[2] Veja o tratamento apresentado em Schiff (1968), pp. 261-263, que traz um limite inferior e superior para a magnitude do potencial de van der Waals a partir de (5.3.56) e da cálculo variacional. Observe também a primeiro nota de rodapé da página 263 de Schiff acerca de efeitos retardados.

5.4 Métodos Variacionais

O método consiste em tentar adivinhar a energia E_0 do estado fundamental considerando um "ket de teste" $|\tilde{0}\rangle$, que procura se aproximar do estado fundamental verdadeiro $|0\rangle$. Para tanto, apresentamos primeiramente um teorema de grande importância prática. Definimos $\overline{H}$ tal que

$$\overline{H} \equiv \frac{\langle \tilde{0}|H|\tilde{0}\rangle}{\langle \tilde{0}|\tilde{0}\rangle}, \qquad (5.4.1)$$

onde abrimos espaço para a possibilidade de que talvez $|\tilde{0}\rangle$ não seja normalizado. É possível provar o seguinte resultado:

Teorema 5.1

$$\overline{H} \geq E_0. \qquad (5.4.2)$$

Isto significa que podemos obter um *limite superior* para E_0 considerando vários tipos de $|\tilde{0}\rangle$. A prova disto é bastante direta.

Prova   Embora não conheçamos o autovetor do Hamiltoniano H, podemos imaginar que $|\tilde{0}\rangle$ possa ser expandido como

$$|\tilde{0}\rangle = \sum_{k=0}^{\infty} |k\rangle\langle k|\tilde{0}\rangle, \qquad (5.4.3)$$

onde $|k\rangle$ é um autovetor *exato* de H:

$$H|k\rangle = E_k |k\rangle. \qquad (5.4.4)$$

A equação (5.4.2) segue quando usamos $E_k = E_k - E_0 + E_0$ para calcular $\overline{H}$ em (5.4.1). Temos

$$\overline{H} = \frac{\displaystyle\sum_{k=0}^{\infty} |\langle k|\tilde{0}\rangle|^2 E_k}{\displaystyle\sum_{k=0} |\langle k|\tilde{0}\rangle|^2} \qquad (5.4.5a)$$

$$= \frac{\displaystyle\sum_{k=1}^{\infty} |\langle k|\tilde{0}\rangle|^2 (E_k - E_0)}{\displaystyle\sum_{k=0} |\langle k|\tilde{0}\rangle|^2} + E_0 \qquad (5.4.5b)$$

$$\geq E_0, \qquad (5.4.5c)$$

onde usamos o fato de que $E_k - E_0$ na primeira soma de (5.4.5b) é necessariamente positivo. Também é óbvio desta prova que o sinal de igualdade em (5.4.2) só é válido se $|\tilde{0}\rangle$ coincidir com $|0\rangle$ exatamente – isto é, se todos os coeficientes $\langle k|\tilde{0}\rangle$ forem nulos para $k \neq 0$.

O teorema (5.4.2) é bastante poderoso, pois $\overline{H}$ nos dá um limite superior para o verdadeiro estado fundamental. Além do mais, um ket de teste relativamente ruim pode produzir uma estimativa relativamente boa da energia do estado fundamental, pois se

$$\langle k|\tilde{0}\rangle \sim 0(\varepsilon) \quad \text{para } k \neq 0, \tag{5.4.6}$$

então, de (5.4.5), temos

$$\overline{H} - E_0 \sim 0(\varepsilon^2). \tag{5.4.7}$$

Veremos um exemplo disto em instantes. Obviamente, o método não diz nada a respeito da discrepância entre $\overline{H}$ e E_0; tudo o que sabemos é que $\overline{H}$ é maior que (ou igual a) E_0.

Outra maneira de formular este teorema é asseverar que $\overline{H}$ é estacionário com respeito à variação

$$|\tilde{0}\rangle \rightarrow |\tilde{0}\rangle + \delta|\tilde{0}\rangle; \tag{5.4.8}$$

isto é, $\delta\overline{H} = 0$ quando $|\tilde{0}\rangle$ coincide com $|0\rangle$. Com isto, queremos dizer que se $|0\rangle + \delta|\tilde{0}\rangle$ é usado no lugar de $|\tilde{0}\rangle$ em (5.4.5) e calcularmos $\overline{H}$, então o erro cometido na estimativa da verdadeira energia do estado fundemental envolve $|\tilde{0}\rangle$ em ordem $(\delta|\tilde{0}\rangle)^2$.

O método variacional por si não nos diz que tipo de kets de teste devemos usar para estimar a energia do estado fundamental. Muito frequentemente, temos de apelar para a intuição física – por exemplo, o comportamento assintótico da função de onda para grandes distâncias. O que fazemos na prática é caracterizar os kets de teste por um ou mais parâmetros $\lambda_1, \lambda_2, \ldots$ e calcular $\overline{H}$ como função de $\lambda_1, \lambda_2, \ldots$. Nós, então, minimizamos $\overline{H}$ fazendo (1) a derivada com respeito aos parâmetros igual a zero, ou seja

$$\frac{\partial \overline{H}}{\partial \lambda_1} = 0, \qquad \frac{\partial \overline{H}}{\partial \lambda_2} = 0, \ldots, \tag{5.4.9}$$

(2) determinando os valores ótimos de $\lambda_1, \lambda_2, \ldots$, e (3) substituindo-os de volta na expressão para $\overline{H}$.

Se a função de onda para o ket de teste já tiver uma forma funcional da autofunção exata do estado fundamental, obtemos, obviamente, a função para o estado fundamental de energia verdadeira. Por exemplo, suponha que alguém tenha uma intuição e advinhe que a função de onda para o estado fundamental do átomo de hidrogênio deva ser da forma

$$\langle \mathbf{x}|0\rangle \propto e^{-r/a}, \tag{5.4.10}$$

onde a é um parâmetro a ser variado. Acharemos, então, ao minimizar $\overline{H}$ com (5.4.10), a energia correta $-e^2/2a_0$ para o estado fundamental. Não é de surpreender que o mínimo será atingido quando a coincide com o raio de Bohr a_0.

Como um segundo exemplo, tentaremos estimar o estado fundamental do poço infinito (caixa unidimensional) definido por

$$V = \begin{cases} 0, & \text{para } |x| < a \\ \infty, & \text{para } |x| > a. \end{cases} \tag{5.4.11}$$

As solução exatas são, é claro, bem conhecidas

$$\langle x|0\rangle = \frac{1}{\sqrt{a}}\cos\left(\frac{\pi x}{2a}\right),$$
$$E_0 = \left(\frac{\hbar^2}{2m}\right)\left(\frac{\pi^2}{4a^2}\right). \quad (5.4.12)$$

Contudo, suponhamos que não sabíamos disto. Evidentemente, a função de onda deve ir a zero para $x = \pm a$; além do mais, para o estado fundamental, a função de onda não pode ter ondulações. A função analítica mais simples que satisfaz as duas condições é simplesmente a parábola que passa em $x = \pm a$:

$$\langle x|\tilde{0}\rangle = a^2 - x^2, \quad (5.4.13)$$

onde não nos preocupamos em normalizar $|\tilde{0}\rangle$. Aqui não há parâmetro variacional. Podemos calcular $\overline{H}$ da seguinte maneira:

$$\overline{H} = \frac{\left(\frac{-\hbar^2}{2m}\right)\int_{-a}^{a}(a^2-x^2)\frac{d^2}{dx^2}(a^2-x^2)dx}{\int_{-a}^{a}(a^2-x^2)^2 dx}$$
$$= \left(\frac{10}{\pi^2}\right)\left(\frac{\pi^2\hbar^2}{8a^2 m}\right) \simeq 1{,}0132\,E_0. \quad (5.4.14)$$

É notável que, com uma função-teste tão simples, cheguemos a 1,3% da verdadeira energia do estado fundamental.

Um resultado muito melhor pode ser obtido se usarmos uma função-teste mais sofisticada. Tentemos

$$\langle x|\tilde{0}\rangle = |a|^\lambda - |x|^\lambda, \quad (5.4.15)$$

onde entendemos λ como um parâmetro variacional. Uma cálculo algébrico direto nos dá

$$\overline{H} = \left[\frac{(\lambda+1)(2\lambda+1)}{(2\lambda-1)}\right]\left(\frac{\hbar^2}{4ma^2}\right), \quad (5.4.16)$$

que tem um mínimo em

$$\lambda = \frac{(1+\sqrt{6})}{2} \simeq 1{,}72, \quad (5.4.17)$$

não muito longe de $\lambda = 2$ (uma parábola) considerado antes. Isto dá

$$\overline{H}_{\min} = \left(\frac{5+2\sqrt{6}}{\pi^2}\right)E_0 \simeq 1{,}00298 E_0. \quad (5.4.18)$$

Portanto, o método variacional com (5.4.15) nos dá o valor correto para a energia do estado fundamental com uma precisão de 0,3% – um resultado fantástico, considerando-se a simplicidade da função-teste usada.

O quão próxima esta função-teste se aproxima da verdadeira função de onda do estado fundamental? O engraçado é que podemos responder a esta pergunta sem mesmo calcular explicitamente a integral de superposição $\langle 0|\tilde{0}\rangle$. Supondo que $|\tilde{0}\rangle$ seja normalizado, temos [de (5.4.1)-(5.4.4)]

$$\overline{H}_{\min} = \sum_{k=0}^{\infty} |\langle k|\tilde{0}\rangle|^2 E_k \qquad (5.4.19)$$

$$\geq |\langle 0|\tilde{0}\rangle|^2 E_0 + 9E_0(1 - |\langle 0|\tilde{0}\rangle|^2),$$

onde $9E_0$ é a energia do segundo estado excitado; o primeiro estado excitado ($k=1$) não contribui por conservação de paridade. Resolvendo para $|\langle 0|\tilde{0}\rangle|$ e usando (5.4.18), obtemos

$$|\langle 0|\tilde{0}\rangle|^2 \geq \frac{9E_0 - \overline{H}_{\min}}{8E_0} = 0,99963. \qquad (5.4.20)$$

O desvio da unidade caracteriza uma componente de $|\tilde{0}\rangle$ em uma direção ortogonal a $|0\rangle$. Se estivéssemos falando de um "ângulo" θ definido por

$$\langle 0|\tilde{0}\rangle = \cos\theta, \qquad (5.4.21)$$

então (5.4.20) corresponderia a um ângulo de

$$\theta \lesssim 1,1°. \qquad (5.4.22)$$

Portanto, $|0\rangle$ e $|\tilde{0}\rangle$ são praticamente "paralelos".

Uma das primeiras aplicações do método variacional foi no cálculo do estado fundamental do átomo de Hélio, que discutiremos na Seção 7.4. Podemos também usar o método para estimar as energias dos primeiros estados excitados; a única coisa que precisamos fazer é trabalhar com um ket de teste ortogonal à função de onda do estado fundamental – a exata, se a conhecermos, ou uma aproximada, obtida pelo método variacional.

5.5 ■ POTENCIAIS DEPENDENTES DO TEMPO: A REPRESENTAÇÃO DE INTERAÇÃO

Formulação do problema

Até o momento, nos ocupamos com Hamiltonianos que não dependam do tempo explicitamente. Contudo, na natureza há muitos sistemas quânticos importantes que apresentam dependência temporal. No restante deste capítulo, mostraremos como lidar com situações que envolvam potenciais dependentes do tempo.

Consideramos um Hamiltoniano H de tal forma que possa ser quebrado em duas partes,

$$H = H_0 + V(t), \qquad (5.5.1)$$

onde H_0 não contém o tempo explicitamente. Partimos do pressuposto de que o problema para o qual $V(t) = 0$ tenha sido resolvido, no sentido de que tanto os autovetores $|n\rangle$ como os autovalores E_n definidos via

$$H_0|n\rangle = E_n|n\rangle \tag{5.5.2}$$

sejam completamente conhecidos.[3] Podemos estar interessados em situações nas quais inicialmente apenas um dos autoestados de H_0 – por exemplo, $|i\rangle$ – esteja ocupado. A medida que o tempo passa, contudo, estados diferentes de $|i\rangle$ vão se tornando ocupados, pois com $V(t) \neq 0$ não estamos mais lidando com um problema de estados "estacionários"; quando o próprio H evolui no tempo, o operador de evolução temporal não é mais algo tão simples quanto $e^{-iHt/\hbar}$. De um modo bastante geral, o potencial $V(t)$ dependente do tempo pode provocar transições para outros estados que não mais $|i\rangle$. A questão básica que temos que atacar é: qual é a probabilidade, como função do tempo, de achar o sistema no estado $|n\rangle$, onde $n \neq i$?

Na maior parte das vezes, podemos estar interessados em como um ket de um estado arbitrário evolui no tempo, no caso onde o Hamiltoniano total é a soma de H_0 e $V(t)$. Suponha que em $t = 0$, o ket de estado de um sistema físico seja dado por

$$|\alpha\rangle = \sum_n c_n(0)|n\rangle. \tag{5.5.3}$$

Queremos encontrar $c_n(t)$ para $t > 0$ tal que

$$|\alpha, t_0 = 0; t\rangle = \sum_n c_n(t) e^{-iE_n t/\hbar} |n\rangle, \tag{5.5.4}$$

onde o ket ao lado esquerdo significa o ket de estado na representação de Schrödinger no tempo t de um sistema físico cujo ket em $t = 0$ era $|\alpha\rangle$.

O leitor mais astuto dever ter percebido a maneira pela qual separamos a dependência temporal do coeficiente de $|n\rangle$ na expressão (5.5.4). O fator $e^{-iE_n t/\hbar}$ está presente mesmo que V esteja ausente. Esta maneira de escrever a dependência temporal torna claro que a evolução temporal de $c_n(t)$ se deve unicamente à presença de $V(t)$; $c_n(t)$ seria idêntico a $c_n(0)$ e, portanto, independente de t, se V fosse zero. Como poderemos ver em instantes, esta separação é conveniente, pois $c_n(t)$ satisfaz uma equação diferencial relativamente simples. A probabilidade de acharmos $|n\rangle$ pode ser encontrada calculando $|c_n(t)|^2$.

A representação de interação

Antes de discutirmos a equação diferencial para $c_n(t)$, discutiremos a representação de interação. Suponhamos que temos um sistema físico tal, que o ket que representa seu estado coincida com $|\alpha\rangle$ em $t = t_0$, onde normalmente tomamos t_0 como sendo zero. Em um instante de tempo posterior, denotamos o ket do estado, na representação de Schrödinger, por $|\alpha, t_0; t\rangle_S$, onde o subscrito S serve para nos lembrar que estamos lidando com um ket na representação de Schrödinger.

Definimos agora

$$|\alpha, t_0; t\rangle_I = e^{iH_0 t/\hbar} |\alpha, t_0; t\rangle_S, \tag{5.5.5}$$

---
[3] Em (5.5.2) não mais usamos a notação $|n^{(0)}\rangle$, $E_n^{(0)}$.

onde $|\ \rangle_I$ é um ket de estado que representa a mesma situação física que na *representação de interação*. Em $t = 0$, $|\ \rangle_I$ evidentemente coincide com $|\ \rangle_S$. Para operadores (que representam observáveis), definimos os correspondentes observáveis na representação de interação como sendo

$$A_I \equiv e^{iH_0t/\hbar} A_S e^{-iH_0t/\hbar}. \tag{5.5.6}$$

Em particular,

$$V_I = e^{iH_0t/\hbar} V e^{-iH_0t/\hbar} \tag{5.5.7}$$

onde V sem um subescrito deve ser entendido como o potencial dependente do tempo na representação de Schrödinger. O leitor deve se recordar, neste ponto, a conexão entre a representação de Schrödinger e aquela de Heisenberg:

$$|\alpha\rangle_H = e^{+iHt/\hbar} |\alpha, t_0 = 0; t\rangle_S \tag{5.5.8}$$

$$A_H = e^{iHt/\hbar} A_S e^{-iHt/\hbar}. \tag{5.5.9}$$

A diferença básica entre estas duas expressões, (5.5.8) e (5.5.9) por um lado, e (5.5.6) e (5.5.7) por outro, é que quem aparece na exponencial é H e não H_0.

Deduziremos agora a equação diferencial fundamental que descreve a evolução temporal de um ket de estado na representação de interação. Tomemos a derivada temporal de (5.5.5) com relação ao tempo com o H completo dado por (5.5.1):

$$\begin{aligned} i\hbar \frac{\partial}{\partial t} |\alpha, t_0; t\rangle_I &= i\hbar \frac{\partial}{\partial t} (e^{iH_0t/\hbar} |\alpha, t_0; t\rangle_S) \\ &= -H_0 e^{iH_0t/\hbar} |\alpha, t_0; t\rangle_S + e^{iH_0t/\hbar}(H_0 + V)|\alpha, t_0; t\rangle_S \\ &= e^{iH_0t/\hbar} V e^{-iH_0t/\hbar} e^{iH_0t/\hbar} |\alpha, t_0; t\rangle_S. \end{aligned} \tag{5.5.10}$$

Vemos, portanto, que

$$i\hbar \frac{\partial}{\partial t} |\alpha, t_0; t\rangle_I = V_I |\alpha, t_0; t\rangle_I, \tag{5.5.11}$$

que é uma equação do tipo de uma equação de Schrödinger com V_I no lugar do H total. Em outras palavras, $|\alpha, t_0; t\rangle_I$ seria um ket fixo no tempo se V_I não estivesse presente. Podemos mostrar, do mesmo modo, para um observável A (que não contenha, na representação de Schrödinger, o tempo t explicitamente), que

$$\frac{dA_I}{dt} = \frac{1}{i\hbar}[A_I, H_0], \tag{5.5.12}$$

que é uma equação do tipo equação de Heisenberg com H_0 substituindo H.

Sob um certo aspecto, a representação de interação, ou *representação de Dirac*, é intermediária entre aqueles de Schrödinger e Heisenberg. Isto deveria ficar evidente da Tabela 5.2.

5.5 Potenciais Dependentes do Tempo: A Representação de Interação   337

Tabela 5.3

	Representação de Heisenberg	Representação de interação	Representação de Schrödinger
Ket de estado	Não muda	Evolução determinada por V_I	Evolução determinada por H
Observável	Evolução determinada por H	Evolução determinada por H_0	Não muda

Na representação de interação, continuamos usando $|n\rangle$ como base. Portanto, expandimos $|\ \rangle_I$ da seguinte maneira:

$$|\alpha, t_0; t\rangle_I = \sum_n c_n(t)|n\rangle. \qquad (5.5.13)$$

Com t_0 igual a 0, vemos que os $c_n(t)$ que aparecm aqui são os mesmos que os $c_n(t)$ introduzidos anteriormente em (5.5.4), algo que pode ser facilmente verificado multiplicando-se ambos os lados de (5.5.4) por $e^{iH_0 t/\hbar}$, usando (5.5.2).

Estamos finalmente em condições de escrever a equação diferencial obedecida pelos $c_n(t)$. Multiplicando ambos os lados de (5.5.11) por $\langle n|$ pela esquerda, obtemos

$$i\hbar \frac{\partial}{\partial t} \langle n|\alpha, t_0; t\rangle_I = \sum_m \langle n|V_I|m\rangle \langle m|\alpha, t_0; t\rangle_I. \qquad (5.5.14)$$

Também podemos escrever esta expressão usando

$$\langle n|e^{iH_0 t/\hbar} V(t) e^{-iH_0 t/\hbar}|m\rangle = V_{nm}(t) e^{i(E_n - E_m)t/\hbar}$$

e

$$c_n(t) = \langle n|\alpha, t_0; t\rangle_I$$

[de (5.5.13)] na forma

$$i\hbar \frac{d}{dt} c_n(t) \sum_m V_{nm} e^{i\omega_{nm} t} c_m(t), \qquad (5.5.15)$$

onde

$$\qquad (5.5.16)$$

Explicitamente,

$$i\hbar \begin{pmatrix} \dot{c}_1 \\ \dot{c}_2 \\ \dot{c}_3 \\ \vdots \end{pmatrix} = \begin{pmatrix} V_{11} & V_{12}e^{i\omega_{12}t} & & \cdots \\ V_{21}e^{i\omega_{21}t} & V_{22} & & \cdots \\ & & V_{33} & \cdots \\ \vdots & \vdots & \vdots & \ddots \end{pmatrix} \begin{pmatrix} c_1 \\ c_2 \\ c_3 \\ \vdots \end{pmatrix}. \qquad (5.5.17)$$

Este é o conjunto de equações diferenciais acopladas básicas que devem ser resolvidas para se obter a probabilidade de achar $|n\rangle$ como função de t.

Problemas de dois estados dependentes do tempo: ressonância magnética nuclear, masers e assim por diante

Problemas exatamente solucionáveis com potenciais dependentes do tempo são bastante raros. Na maioria dos casos, somos forçados a recorrer à expansão perturbativa para resolver as equações diferencias acopladas em (5.5.17), algo que discutiremos na próxima seção. Há, contudo, um problema de enorme importância prática que pode ser resolvido de maneira exata – um problema de dois estados com um potencial oscilante sinusoidal.

O problema é definido por

$$H_0 = E_1|1\rangle\langle 1| + E_2|2\rangle\langle 2| \quad (E_2 > E_1)$$
$$V(t) = \gamma e^{i\omega t}|1\rangle\langle 2| + \gamma e^{-i\omega t}|2\rangle\langle 1|, \qquad (5.5.18)$$

onde γ e ω são reais e positivos. Na linguagem de (5.5.14) e (5.5.15), temos

$$V_{12} = V_{21}^* = \gamma e^{i\omega t}$$
$$V_{11} = V_{22} = 0. \qquad (5.5.19)$$

Temos, portanto, um potencial dependente do tempo que conecta os dois autoestados de H_0. Em outras palavras, podemos ter uma transição entre os dois estados $|1\rangle \rightleftarrows |2\rangle$.

Existe uma solução exata para este problema. Se inicialmente – em $t = 0$ – apenas o nível mais baixo estiver ocupado, de tal modo que [veja (5.5.3)]

$$c_1(0) = 1, \quad c_2(0) = 0, \qquad (5.5.20)$$

então a probabilidade do sistema ser encontrado em cada um dos dois níveis é dada por (**fórmula de Rabi**, de I. I. Rabi, que é o pai das técnicas de feixes moleculares)

$$|c_2(t)|^2 = \frac{\gamma^2/\hbar^2}{\gamma^2/\hbar^2 + (\omega - \omega_{21})^2/4} \operatorname{sen}^2\left\{\left[\frac{\gamma^2}{\hbar^2} + \frac{(\omega - \omega_{21})^2}{4}\right]^{1/2} t\right\} \qquad (5.5.21a)$$

$$|c_1(t)|^2 = 1 - |c_2(t)|^2, \qquad (5.5.21b)$$

onde

$$\omega_{21} \equiv \frac{(E_2 - E_1)}{\hbar}, \qquad (5.5.22)$$

como o próprio leitor pode verificar resolvendo o Problema 5.30 deste capítulo.

Olhemos agora mais detalhadamente para $|c_2|^2$. Vemos que a probabilidade de se encontrar o nível mais alto E_2 exibe uma dependência temporal oscilatória com uma frequência angular que é duas vezes aquela dada por

$$\Omega = \sqrt{\left(\frac{\gamma^2}{\hbar^2}\right) + \frac{(\omega - \omega_{21})^2}{4}}. \qquad (5.5.23)$$

A amplitude da oscilação se torna muito grande quando

$$\omega \simeq \omega_{21} = \frac{(E_2 - E_1)}{\hbar}, \qquad (5.5.24)$$

ou seja, quando a frequência angular do potencial – normalmente em virtude de um campo elétrico ou magnético externo aplicado – é aproximadamente igual à frequência angular característica do sistema de dois estados. A equação (5.5.4) é conhecida, portanto, como **condição de ressonância**.

É instrutivo olharmos para (5.5.21a) e (5.5.21b) um pouco mais de perto exatamente na ressonância:

$$\omega = \omega_{21}, \quad \Omega = \frac{\gamma}{\hbar}. \qquad (5.5.25)$$

Podemos fazer um gráfico de $|c_1(t)|^2$ e $|c_2(t)|^2$ como função de t; veja a Figura 5.4. De $t = 0$ até $t = \pi\hbar/2\gamma$, o sistema de dois níveis absorve energia do potencial $V(t)$ dependente do tempo; $|c_1(t)|^2$ diminui de seu valor inicial 1 enquanto $|c_2(t)|^2$ cresce. Em $t = \pi\hbar/2\gamma$, apenas o nível mais alto está ocupado. De $t = \pi\hbar/2\gamma$ até $t = \pi\hbar/\gamma$, o sistema libera seu excesso de energia [do estado (de cima) excitado] para $V(t)$; $|c_2|^2$ diminui e $|c_1|^2$ aumenta. Este *ciclo de absorção-emissão* se repete indefinidamente, como pode ser também visto na Figura 5.4. Portanto, podemos interpretar $V(t)$ como uma fonte e sumidouro de energia; em outras palavras, $V(t)$ pode causar uma transição de $|1\rangle$ para $|2\rangle$ (absorção) ou de $|2\rangle$ para $|1\rangle$ (emissão). Retornaremos a este ponto de vista quando discutirmos a emissão e absorção de radiação

O ciclo de absorção-emissão acontece mesmo longe da ressonância. Contudo, a amplitude de oscilação para $|2\rangle$ é reduzida; $|c_2(t)|^2_{\text{max}}$ não se torna mais 1 e $|c_1(t)|^2$ não decresce até 0. Na Figura 5.5, fazemos um gráfico de $|c_2(t)|^2_{\text{max}}$ como função de ω. Esta curva tem um pico de ressonância centrado em $\omega = \omega_{21}$, e a largura total na metade do máximo é dada por $4\gamma/\hbar$. Vale a pena notar que quanto mais fraco o potencial dependente do tempo (γ pequeno), mais estreito é o pico de ressonância.

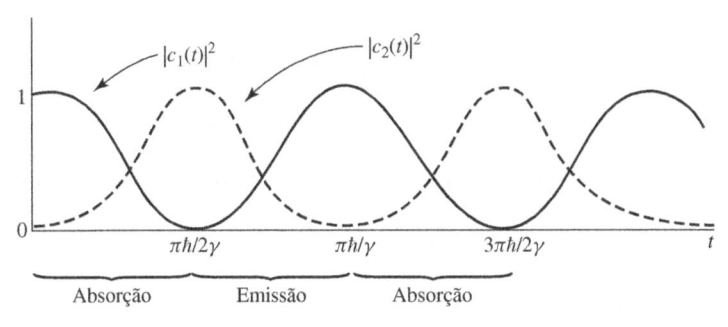

FIGURA 5.4 Gráfico de $|c_1(t)|^2$ e $|c_2(t)|^2$ como função do tempo t na ressonância $\omega = \omega_{21}$ e $\Omega = \gamma/\hbar$. O gráfico também ilustra o comportamento vai-e-volta entre $|1\rangle$ e $|2\rangle$.

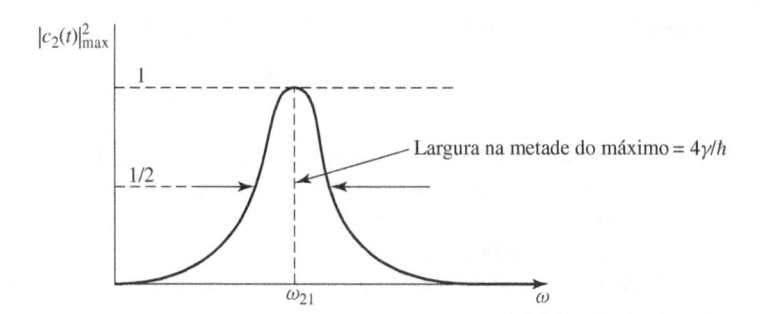

FIGURA 5.5 Gráfico de $|c_2(t)|^2_{max}$ como função de ω, onde $\omega = \omega_{21}$ corresponde à frequência de ressonância.

Ressonância magnética de spin

O problema de dois estados definido por (5.5.18) tem muitas aplicações na física. Como primeiro exemplo, consideremos um sistema de spin $\frac{1}{2}$ – um elétron ligado, digamos – sujeito à ação de dois campos magnéticos: um campo magnético uniforme, independente do tempo, na direção z e outro dependente do tempo, que gira no plano xy

$$\mathbf{B} = B_0\hat{\mathbf{z}} + B_1(\hat{\mathbf{x}}\cos\omega t + \hat{\mathbf{y}}\sen\omega t) \tag{5.5.26}$$

onde B_0 e B_1 são constantes. Podemos tratar este problema considerando o campo independente do tempo como sendo H_0 e o efeito do campo que gira como V. Para

$$\boldsymbol{\mu} = \frac{e}{m_e c}\mathbf{S} \tag{5.5.27}$$

temos

$$H_0 = \left(\frac{e\hbar B_0}{2m_e c}\right)(|+\rangle\langle+| - |-\rangle\langle-|)$$

$$V(t) = -\left(\frac{e\hbar B_1}{2m_e c}\right)[\cos\omega t(|+\rangle\langle-| + |-\rangle\langle+|) \tag{5.5.28}$$

$$+ \sen\omega t(-i|+\rangle\langle-| + i|-\rangle\langle+|)],$$

onde usamos a forma de ket-bra de $2S_j/\hbar$ [veja (3.2.1)]. Com $e < 0$, E_+ tem uma energia maior que E_-, e podemos identificar

$$\begin{aligned}|+\rangle &\to |2\rangle \quad \text{(nível mais alto)} \\ |-\rangle &\to |1\rangle \quad \text{(nível mais baixo)}\end{aligned} \tag{5.5.29}$$

para fazermos a correspondência com a notação de (5.5.18). A frequência angular característica deste sistema de dois níveis é

$$\omega_{21} = \frac{|e|B_0}{m_e c}, \tag{5.5.30}$$

que é simplesmente a frequência de precessão de spin para o problema com $B_0 \neq 0$ e $B_1 = 0$ já tratado na Seção 2.1. Embora o valor esperado de $\langle S_{x,y} \rangle$ mude devido à precessão de spin na direção anti-horária (quando vista pelo lado z positivo), $|c_+|^2$ e $|c_-|^2$ permanecem inalterados na ausência do campo rotatório. Adicionamos agora uma nova propriedade como resultado deste campo: $|c_+|^2$ e $|c_-|^2$ de fato mudam com o tempo. Podemos ver isto identificando

$$\frac{-e\hbar B_1}{2m_e c} \to \gamma, \quad \omega \to \omega \tag{5.5.31}$$

para fazer a correspondência com a notação de (5.5.18); nossa interpretação (5.5.28) dependente do tempo tem precisamente a forma (5.5.18). O fato de que $|c_+(t)|^2$ e $|c_-(t)|^2$ variam da maneira indicada pela Figura 5.4 para $\omega = \omega_{21}$ e a correspondência (5.5.29), por exemplo, implica que o sistema de spin $\frac{1}{2}$ passa por uma sucessão de flips de spin, $|+\rangle \rightleftarrows |-\rangle$, em adição à precessão. Semiclassicamente, flips de spins deste tipo podem ser interpretados como resultado de um torque exercido por um **B** rotatório.

A condição de ressonância é satisfeita sempre que a frequência do campo magnético rotatório coincidir com a frequência da precessão de spin determinada pela intensidade do campo magnético uniforme. Podemos ver que a probabilidade de flips de spins é particularmente alta.

Na prática, um campo magnético giratório pode ser difícil de se produzir experimentalmente. Felizmente, um campo que oscila horizontalmente – por exemplo, na direção x – já é bom o suficiente. Podemos entender isso observando primeiramente que um campo oscilante pode ser decomposto em uma componente anti-horária e uma componente horária de acordo com:

$$2B_1 \hat{x} \cos \omega t = B_1(\hat{x}\cos\omega t + \hat{y}\operatorname{sen}\omega t) + B_1(\hat{x}\cos\omega t - \hat{y}\operatorname{sen}\omega t). \tag{5.5.32}$$

Podemos obter o efeito de uma componente anti-horária simplesmente invertendo o sinal de ω. Suponha que a condição de ressonância seja satisfeita para a componente anti-horária

$$\omega \simeq \omega_{21}. \tag{5.5.33}$$

Sob condições experimentais típicas,

$$\frac{B_1}{B_0} \ll 1, \tag{5.5.34}$$

o que implica, de (5.5.30) e (5.5.31), que

$$\frac{\gamma}{\hbar} \ll \omega_{21}; \tag{5.5.35}$$

Como resultado, sempre que a condição de ressonância for satisfeita para a componente anti-horária, o efeito da componente horária se torna completamente desprezível, pois ele se resume a $\omega \to -\omega$, e a amplitude se torna não apenas pequena em magnitude, mas também oscila muito rapidamente.

O problema de ressonância que acabamos de resolver é de fundamental importância para a interpretação de experimentos de ressonância magnética nuclear e de feixe atômico molecular. Variando a frequência do campo oscilante, é possível fazer medidas precisas do momento magnético. Nossa discussão foi baseada na solução da equação diferencial (5.5.17); este problema também pode ser resolvido, quem sabe de maneira mais elegante, introduzindo a *representação de eixo girante* de Rabi, Schwinger e Van Vleck.

Maser

Como outro exemplo de aplicação do problema de dois estados dependente do tempo, consideremos o **maser**. Mais especificamente, consideraremos a molécula de amônia NH_3, a qual – como talvez nos recordemos da Seção 4.2 – tem dois autoestados $|S\rangle$ e $|A\rangle$ de paridade muito próximas, tal que $|A\rangle$ é mais alto. Seja μ_{el} o operador de dipolo elétrico da molécula. De considerações de simetria esperamos que μ_{el} seja proporcional a **x**, o operador de posição para o átomo de N. A interação básica é do tipo $-\mu_{el} \cdot \mathbf{E}$ onde, para um maser, **E** é um campo elétrico dependente do tempo em uma cavidade de micro-ondas:

$$\mathbf{E} = |\mathbf{E}|_{\max} \hat{\mathbf{z}} \cos \omega t. \qquad (5.5.36)$$

Podemos ignorar a variação espacial de **E**, pois o comprimento de onda na região da cavidade é muito maior que as dimensões moleculares. A frequência ω é ajustada no valor da diferença de energia entre $|A\rangle$ e $|S\rangle$:

$$\omega \simeq \frac{(E_A - E_S)}{\hbar}. \qquad (5.5.37)$$

Os elementos de matriz diagonais do operador de dipolo são nulos, por paridade:

$$\langle A|\mu_{el}|A\rangle = \langle S|\mu_{el}|S\rangle = 0, \qquad (5.5.38)$$

mas os elementos fora da diagonal são, em geral, diferentes de zero:

$$\langle S|\mathbf{x}|A\rangle = \langle A|\mathbf{x}|S\rangle \neq 0. \qquad (5.5.39)$$

Isto significa que há um potencial dependente do tempo que conecta $|S\rangle$ e $|A\rangle$, e o problema geral de dois estados por nós discutido anteriormente se aplica neste caso.

Estamos agora em condições de discutir o funcionamento de um maser. Dado um feixe molecular de NH_3, que contém tanto $|S\rangle$ quanto $|A\rangle$, primeiro eliminamos a componente $|S\rangle$ fazendo o feixe passar por uma região com um campo elétrico inomogêneo e independente do tempo. Um campo elétrico deste tipo separa $|S\rangle$ de $|A\rangle$ de maneira muito semelhante pela qual um campo magnético inomogêneo separa os estados $|+\rangle$ e $|-\rangle$ no experimento de Stern-Gerlach. Um feixe puro de $|A\rangle$ entra, então, na cavidade de micro-ondas, sintonizada na diferença de energia $E_A - E_S$. A dimensão da cavidade é tal que o tempo gasto pela molécula é apenas $(\pi/2)\hbar/\gamma$. Deste modo, ficamos na fase de primeira emissão da Figura 5.4: temos $|A\rangle$ entrando e $|S\rangle$ saindo. O excesso de energia é passado para o potencial dependente do tempo à medida que $|A\rangle$ vira $|S\rangle$ e o campo de radiação (micro-ondas) ganha energia. Desta maneira, obtemos uma amplificação das micro-ondas por emissão estimulada de radiação, ou maser[‡].

[‡] N. de T.: No original, *Microwave Amplification by Stimulated Emission of Radiation*.

Há muitas outras aplicações do problema mais geral de sistemas de dois estados dependente do tempo, tal como o relógio atômico e o bombeamento óptico. Na verdade, é interessante observar que ao menos quatro prêmios Nobel foram dados a pesquisadores que se envolveram, de alguma forma, com este tipo de sistema.[4]

5.6 ■ HAMILTONIANOS COM DEPENDÊNCIAS TEMPORAIS EXTREMAS

Esta seção é voltada a Hamiltonianos dependentes do tempo com algumas aproximações "óbvias" no caso de dependências temporais muito rápidas ou muito lentas. Um exame mais detalhado revela, no entanto, alguns fenômenos interessantes, alguns dos quais só foram descobertos por volta do final do século XX.

Nosso tratamento aqui é limitado à discussão dos fundamentos, seguidos de alguns exemplos específicos. Um exemplo instrutivo que não discutimos é aquele do poço quadrado com paredes que se contraem ou expandem e no qual eles se movem rápida ou lentamente. Para estes casos, indicamos aos leitores interessados os artigos de D. N. Pinder, *Am. J. Phys.* **58** (1990) 54, e D. W. Schlitt e C. Stutz, *Am. J. Phys.* **38** (1970) 70.

Aproximação súbita

Se o Hamiltoniano varia muito rapidamente, então o sistema "não tem tempo" de ajustar-se à mudança. Isto deixa o sistema no mesmo estado no qual ele se encontrava antes da mudança, e é esta a essência da chamada "aproximação súbita".

É claro que mesmo que o sistema se encontrasse em um autoestado antes, não haveria razão para acreditar que este seria um autoestado do Hamiltoniano transformado. Aí residem as oportunidades para uma física interessante. Um exemplo clássico é o cálculo da população de estados eletrônicos finais no íon de ^{3}He$^+$ após o decaimento beta do átomo de trítio.[5] Veja o Problema 5.35 ao final deste capítulo.

Consideremos uma formulação mais precisa da aproximação súbita e daí ver algumas de suas consequências. Reescreva a equação de Schrödinger para o operador de evolução temporal (2.1.25) na forma

$$i\frac{\partial}{\partial s}\mathcal{U}(t,t_0) = \frac{H}{\hbar/T}\mathcal{U}(t,t_0) = \frac{H}{\hbar\Omega}\mathcal{U}(t,t_0), \quad (5.6.1)$$

onde escrevemos o tempo $t = sT$ em temos do parâmetro adimensional s e uma escala de tempo T, e definimos $\Omega \equiv 1/T$. Na aproximação súbita, a escala de tempo $T \to 0$, o que significa que $\hbar\Omega$ será muito maior que a escala de energia representada por H. Partindo do pressuposto de que podemos redefinir H somando ou subtraindo uma constante arbitrária e introduzindo um fator de fase global nos vetores de estado, vemos que

$$\mathcal{U}(t,t_0) \to 1 \quad \text{com} \quad T \to 0 \quad (5.6.2)$$

---

[4] Prêmios Nobel de Física que se aproveitaram da ressonância em sistemas de dois níveis são Rabi (1944), com ressonância magnética nuclear e de feixes moleculares; Bloch e Purcell (1952), com o campo **B** em núcleos atômicos e momentos magnéticos nucleares; Townes, Basov e Prokhorov (1964), com masers, lasers e óptica quântica; e Kastler (1966), com bombeamento óptico.

[5] As implicações disto são importantes em experimentos modernos que tentam inferir uma massa diferente de zero para o neutrino a partir de medidas de decaimento beta. O Karlsruhe Tritium Neutrino Experiment (KATRIN), por exemplo, se encontrava em andamento quando este texto estava sendo escrito. Veja J. Bonn, *AIP Conf. Proc.* **972** (2008) 404. [O consórcio experimental do KATRIN continua em atividade por ocasião da tradução.]

Isto prova a validade da aproximação súbita. Ela deve ser apropriada sempre que T for pequeno comparado a $2\pi/\omega_{ab}$, onde $E_{ab} = \hbar\omega_{ab}$ é a diferença entre dois autovalores relevantes do Hamiltoniano H.

Aproximação adiabática

Costumamos tomar a aproximação adiabática como algo que não requer maiores justificativas. Partindo de um Hamiltoniano que depende de um certo conjunto de parâmetros, calculamos níveis de energia que dependem dos valores destes parâmetros. Se os parâmetros variarem "lentamente" no tempo, então os autovalores de energia devem mudar à medida que os próprios parâmetros mudam. A questão chave é o que queremos dizer com "devagar". Independente de estarmos ou não falando de mecânica quântica, presumivelmente o que queremos dizer com "devagar" é que os parâmetros mudam em uma escala de tempo T que é muito maior que $2\pi/\omega_{ab} = 2\pi\hbar/E_{ab}$ para alguma diferença E_{ab} de autovalores de energia.

Um exemplo clássico óbvio é o pêndulo transportado próximo à superfície da Terra. O pêndulo se comportará normalmente à medida que você sobe uma montanha, apenas com o período aumentando lentamente à medida que a força da gravidade diminui, desde que o tempo durante o qual a altitude varia seja longo comparado ao período do pêndulo. Se mudarmos lentamente o campo elétrico que permeia um átomo de hidrogênio, os níveis de energia mudarão concomitantemente, segundo mostra o cálculo do efeito Stark na Seção 5.2.

Consideremos a matemática da mudança adiabática do ponto de vista quântico. Seguiremos aqui o tratamento apresentado em Griffiths (2005), prestando particular atenção à mudança de fase como função do tempo. Ordenamos os níveis segundo o índice n e pressupomos que não haja degenerescência[6], de modo que não haverá confusão com o ordenamento de estados que se cruzam à medida que o tempo passa. Nosso ponto de partida é, essencialmente, a equação (2.1.27), mas faremos $t_0 = 0$ e não eliminaremos o tempo inicial de nossa notação.

Começamos pela equação de autovalores usando a notação

$$H(t)|n;t\rangle = E_n(t)|n;t\rangle, \tag{5.6.3}$$

observando apenas que os estados e autovalores podem mudar para qualquer valor particular do tempo t. Se estivemos agora procurando soluções gerais da equação de Schrödinger da forma

$$i\hbar\frac{\partial}{\partial t}|\alpha;t\rangle = H(t)|\alpha;t\rangle, \tag{5.6.4}$$

podemos, então, escrever

$$|\alpha;t\rangle = \sum_n c_n(t)e^{i\theta_n(t)}|n;t\rangle, \tag{5.6.5}$$

$$\text{onde} \quad \theta_n(t) \equiv -\frac{1}{\hbar}\int_0^t E_n(t')dt'. \tag{5.6.6}$$

---

[6] Esta não é uma limitação significativa. Se a degenerescência for levantada por $H(t)$ depois de um certo tempo, podemos "começar" daí. Se a degenerescência nunca for levantada por $H(t)$, então é irrelevante.

5.6 Hamiltonianos com Dependências Temporais Extremas

A separação do coeficiente de expansão nos fatores $c_n(t)$ e $\exp(i\theta_n(t))$ é algo útil, como mostraremos em instantes. Substituindo (5.6.5) em (5.6.4) e usando (5.6.3), achamos

$$\sum_n e^{i\theta_n(t)}\left[\dot{c}_n(t)|n;t\rangle + c_n(t)\frac{\partial}{\partial t}|n;t\rangle\right] = 0. \qquad (5.6.7)$$

Agora, tomando o produto interno com $\langle m;t|$ e usando a ortonormalidade dos autoestados para tempos iguais, chegamos à equação diferencial para os $c_n(t)$,

$$\dot{c}_m(t) = -\sum_n c_n(t)e^{i[\theta_n(t)-\theta_m(t)]}\langle m;t|\left[\frac{\partial}{\partial t}|n;t\rangle\right]. \qquad (5.6.8)$$

O produto interno $\langle m;t|(\partial/\partial t)|n;t\rangle$ é uma propriedade nova. Se H não dependesse do tempo, então os $|n;t\rangle$ seriam estados estacionários, e a dependência exponencial no tempo usual surgiria. Para lidarmos com isto no caso geral, podemos voltar a (5.6.3) e tomar a derivada de ambos os lados. Para o caso onde $m \neq n$, obtemos

$$\langle m;t|\dot{H}|n;t\rangle = [E_n(t) - E_m(t)]\langle m;t|\left[\frac{\partial}{\partial t}|n;t\rangle\right]. \qquad (5.6.9)$$

Isto nos permite finalmente reescrever (5.6.8) como

$$\dot{c}_m(t) = -c_m(t)\langle m;t|\left[\frac{\partial}{\partial t}|m;t\rangle\right] - \sum_n c_n(t)e^{i(\theta_n-\theta_m)}\frac{\langle m;t|\dot{H}|n;t\rangle}{E_n - E_m}, \qquad (5.6.10)$$

que é a solução formal do problema geral de dependência temporal. Esta equação demonstra que, à medida que o tempo passa, devido ao segundo termo em (5.6.10), estados com $n \neq m$ se misturarão com $|m;t\rangle$ devido à dependência temporal do Hamiltoniano H.

Podemos agora aplicar a aproximação adiabática, que se resume a desprezar o segundo termo em (5.6.10). A grosso modo, isso significa que

$$\frac{\langle m;t|\dot{H}|n;t\rangle}{E_{nm}} \equiv \frac{1}{\tau} \ll \langle m;t|\left[\frac{\partial}{\partial t}|m;t\rangle\right] \sim \frac{E_m}{\hbar}. \qquad (5.6.11)$$

Em outras palavras, a escala de tempo τ para mudanças no Hamiltoniano deve ser muito maior quando comparada ao inverso da frequência natural do fator de fase do estado. Ou seja, do mesmo modo que para o pêndulo transladado em torno da Terra, o Hamiltoniano muda muito mais lentamente que a frequência de oscilação do sistema. Consequentemente, temos

$$c_n(t) = e^{i\gamma_n(t)}c_n(0) \qquad (5.6.12)$$

$$\text{onde} \quad \gamma_n(t) \equiv i\int_0^t \langle n;t'|\left[\frac{\partial}{\partial t'}|n;t'\rangle\right]dt'. \qquad (5.6.13)$$

Observe que, segundo esta definição, $\gamma_n(t)$ é real, pois

$$0 = \frac{\partial}{\partial t}\langle n;t|n;t\rangle = \left[\frac{\partial}{\partial t}\langle n;t|\right]|n;t\rangle + \langle n;t|\left[\frac{\partial}{\partial t}|n;t\rangle\right] \qquad (5.6.14)$$

ou, em outras palavras,

$$\left(\langle n;t|\left[\frac{\partial}{\partial t}|n;t\rangle\right]\right)^* = -\langle n;t|\left[\frac{\partial}{\partial t}|n;t\rangle\right] \quad (5.6.15)$$

em cujo caso o integrando em (5.6.13) é imaginário puro.

Portanto, na aproximação adiabática, se um sistema começa no autoestado $|n\rangle$ de $H(0)$, então ele permanece no autoestado $|n, t\rangle$ de $H(t)$, pois $c_i(0) = 0$, a menos que $i = n$, quando, então, $c_i(0) = 1$. Usando (5.6.5) e (5.6.12) temos, usando uma notação claramente óbvia

$$|\alpha^{(n)};t\rangle = e^{i\gamma_n(t)}e^{i\theta_n(t)}|n;t\rangle \quad (5.6.16)$$

Pode nos parecer que (5.6.16) seja difícil de usar, uma vez que a definição (5.6.16) pressupõe que a dependência temporal do estado é dada, mas ainda assim encontraremos maneiras de fazer bom uso deste resultado. De qualquer maneira, é fácil ver que este resultado é auto-consistente. Sabemos que no caso em que H não depende do tempo, esperamos que

$$|n;t\rangle = e^{-iE_n t/\hbar}|n\rangle, \quad (5.6.17)$$

e, portanto,

$$\langle n;t|\left[\frac{\partial}{\partial t}|n;t\rangle\right] = -i\frac{E_n}{\hbar}, \quad (5.6.18)$$

que, segundo (5.6.13), dá $\gamma_n(t) = +E_n t/\hbar$. Por outro lado, (5.6.6) diz que $\theta_n(t) = -E_n t/\hbar$. Portanto, os dois fatores exponencias em (5.6.16) cancelam-se mutuamente, e encontramos

$$|\alpha^{(n)};t\rangle = |n;t\rangle \quad \text{para} \quad H \neq H(t), \quad (5.6.19)$$

como era de se esperar.

A adição desta nova fase $\gamma_n(t)$ é o único resultado da aproximação adiabática que está longe de ser algo óbvio. Durante muitos anos, considerou-se que não valeria a pena ir mais fundo neste assunto, até que descobriu-se que ela era, na verdade, mensurável. Na verdade, ela mostrou ser a manifestação quântica do muitos fenômenos físicos que envolvem sistemas que são cíclicos no tempo.

A fase de Berry

A excitação em torno das implicações de (5.6.13) aumentou de maneira dramática com a publicação do artigo de M.V. Berry intitulado "Quantal Phase Factors Accompanying Adiabatic Changes", no *Proceedings of the Royal Society of London*, Series A **392** (1984) 45. Na verdade, a fase acumulada por sistemas que viajam ao longo de uma trajetória fechada geralmente é chamada de Fase de Berry, embora o próprio Berry se refira a ela como "fase geométrica".

O artigo de Berry é amplamente citado, e o leitor interessado no assunto encontrará facilmente muitas referências ao assunto. Um artigo em particular, que apresenta um sumário sucinto e aplicações interessantes é o "The Adiabatic Theorem and Berry's Phase", de B. R. Holstein, *Am. J. Phys. 57* (1989) 1079. Na verdade, Berry apresenta um relato muito interessante da história prévia a seu próprio trabalho em "Anticipations of the Geometric Phase", na *Physics Today* de dezembro de 1990.

Suponha que a dependência temporal do Hamiltoniano seja representada na forma de um "vetor de parâmetros" $\mathbf{R}(t)$, ou seja, existe um espaço no qual as componentes deste vetor especificam o Hamiltoniano além de variar como função do tempo (no exemplo abaixo $\mathbf{R}(t)$ será o campo magnético). Temos, portanto, $E_n(t) = E_n(\mathbf{R}(t))$ e $|n;t\rangle = |n(\mathbf{R}(t))\rangle$, e também

$$\langle n;t| \left[\frac{\partial}{\partial t} |n;t\rangle \right] = \langle n;t| [\nabla_\mathbf{R} |n;t\rangle] \cdot \frac{d\mathbf{R}}{dt}, \qquad (5.6.20)$$

onde $\nabla_\mathbf{R}$ é simplesmente o operador gradiente neste espaço na direção de $\mathbf{R}$. A fase geométrica (5.6.13) torna-se, então,

$$\gamma_n(T) = i \int_0^T \langle n;t| [\nabla_\mathbf{R} |n;t\rangle] \cdot \frac{d\mathbf{R}}{dt} dt$$

$$= i \int_{\mathbf{R}(0)}^{\mathbf{R}(T)} \langle n;t| [\nabla_\mathbf{R} |n;t\rangle] \cdot d\mathbf{R}. \qquad (5.6.21)$$

No caso para o qual T representa o período de um ciclo completo, de tal modo que $\mathbf{R}(T) = \mathbf{R}(0)$, durante o qual o vetor $\mathbf{R}$ percorre a curva C, temos

$$\gamma_n(C) = i \oint \langle n;t| [\nabla_\mathbf{R} |n;t\rangle] \cdot d\mathbf{R}. \qquad (5.6.22)$$

Usando uma notação tendenciosa para o caminho pelo qual podemos prosseguir, definimos

$$\mathbf{A}_n(\mathbf{R}) \equiv i\langle n;t| [\nabla_\mathbf{R} |n;t\rangle], \qquad (5.6.23)$$

e, neste caso,

$$\gamma_n(C) = \oint_C \mathbf{A}_n(\mathbf{R}) \cdot d\mathbf{R} = \int [\nabla_\mathbf{R} \times \mathbf{A}_n(\mathbf{R})] \cdot d\mathbf{a} \qquad (5.6.24)$$

onde usamos o teorema de Stokes, generalizado[7] para dimensionalidade de $\mathbf{R}$ (a medida $d\mathbf{a}$ é um elemento de área pequeno em alguma superfície delimitada pelo caminho fechado). Portanto, a Fase de Berry é determinada pelo "fluxo" de um campo generalizado

$$\mathbf{B}_n(\mathbf{R}) \equiv \nabla_\mathbf{R} \times \mathbf{A}_n(\mathbf{R}) \qquad (5.6.25)$$

através de uma superfície $\mathbf{S}$ delimitada pelo circuito percorrido por $\mathbf{R}(t)$ durante um ciclo completo. Obtém-se a mesma fase γ_n desde que se encontre o mesmo fluxo total, independente do caminho realmente seguido por $\mathbf{R}(t)$. Observe que, de maneira muito similar à nossa dedução do resultado (5.6.15), tanto $\mathbf{A}_n(\mathbf{R})$ quanto $\mathbf{B}_n(\mathbf{R})$ são grandezas reais puras. Em breve nos preocuparemos com as fontes do campo $\mathbf{B}_n(\mathbf{R})$.

---

[7] Apenas para que tenhamos certeza, generalizar o teorema de Stokes para dimensões mais altas não é trivial. Uma discussão a este respeito pode ser encontrada no artigo original de Berry. No nosso caso, porém, todos os nossos exemplos envolverão somente vetores paramétricos $\mathbf{R}$ tridimensionais.

A equação (5.6.24) tem uma propriedade notável, que vai contra a notação que escolhemos usando $\mathbf{A}_n(\mathbf{R})$. Suponha que multipliquemos $|n;t\rangle$ por um fator de fase arbitrário que muda ao longo do espaço $\mathbf{R}$, ou seja

$$|n;t\rangle \to e^{i\delta(\mathbf{R})}|n;t\rangle. \quad (5.6.26)$$

Então, segundo (5.6.23), temos

$$\mathbf{A}_n(\mathbf{R}) \to \mathbf{A}_n(\mathbf{R}) - \nabla_{\mathbf{R}}\delta(\mathbf{R}) \quad (5.6.27)$$

o que deixa (5.6.24) inalterada. Em outras palavras, o valor de $\gamma_n(C)$ não depende dos detalhes do comportamento fase ao longo do caminho, apesar de nosso ponto de partida ser (5.6.16). De fato, $\gamma_n(C)$ depende somente da geometria do caminho percorrido por $\mathbf{R}(t)$ – daí o nome *fase geométrica*. É claro que nos resta mostrar que $\gamma_n(C)$ é diferente de zero ao menos sob certas condições. Observe também que (5.6.26) e (5.6.27) têm exatamente a mesma forma que as expressões para as transformações de calibre do eletromagnetismo. Veja (2.7.36) e (2.7.49). Esta analogia será explorada mais detalhadamente antes de concluirmos esta seção.

Voltemo-nos agora ao cálculo de $\gamma_n(C)$. Observando primeiramente que o rotacional de um rotacional é igual a zero, podemos combinar (5.6.23) e (5.6.25) para obter

$$\mathbf{B}_n(\mathbf{R}) = i\left[\nabla_{\mathbf{R}}\langle n;t|\right] \times \left[\nabla_{\mathbf{R}}|n;t\rangle\right], \quad (5.6.28)$$

Inserimos em seguida um conjunto completo de estados $|m;t\rangle$ para chegarmos a

$$\mathbf{B}_n(\mathbf{R}) = i\sum_{m\neq n}\left[\nabla_{\mathbf{R}}\langle n;t|\right]|m;t\rangle \times \langle m;t|\left[\nabla_{\mathbf{R}}|n;t\rangle\right]. \quad (5.6.29)$$

Jogamos fora o termo com $m = n$ explicitamente, mas é fácil mostrar que ele é zero, pois $\langle n;t|n;t\rangle = 1$ implica que $[\nabla_{\mathbf{R}}\langle n;t|]\,|n;t\rangle = -\langle n;t|\,[\nabla_{\mathbf{R}}|n;t\rangle]$ e, portanto, o produto vetorial em (5.6.29) deve ser zero. Agora, tomando o gradiente em $\mathbf{R}$ de (5.6.3) e o produto interno com $\langle m;t|$, obtemos

$$\langle m;t|\left[\nabla_{\mathbf{R}}|n;t\rangle\right] = \frac{\langle m;t|\left[\nabla_{\mathbf{R}}H\right]|n;t\rangle}{E_n - E_m} \quad m \neq n. \quad (5.6.30)$$

Isto nos permite identificar, finalmente,

$$\gamma_n(C) = \int \mathbf{B}_n(\mathbf{R}) \cdot d\mathbf{a}, \quad (5.6.31)$$

onde

$$\mathbf{B}_n(\mathbf{R}) = i\sum_{m\neq n}\frac{\langle n;t|\left[\nabla_{\mathbf{R}}H\right]|m;t\rangle \times \langle m;t|\left[\nabla_{\mathbf{R}}H\right]|n;t\rangle}{(E_m - E_n)^2}. \quad (5.6.32)$$

Como Berry afirma em seu artigo original, estas duas equações "personificam os resultados centrais" de seu trabalho. Pontos do espaço $\mathbf{R}$ onde $E_m(\mathbf{R}) = E_n(\mathbf{R})$ contribuirão para a integral de superfície (5.6.31), embora o caminho que encerra esta superfície não inclua os pontos.

Foi percebido logo no início que a fase de Berry poderia ser observada em fótons, movendo-se através de fibras ópticas trançadas e o caráter geométrico desta fase poderia ser testado experimentalmente. Veja o artigo de A. Tomita e R. Chiao, *Phys. Rev. Lett.* **57** (1986) 937. De fato, este experimento pode ser feito em um laboratório de ensino. Uma descrição do arranjo experimental pode ser encontrada no livro *Experiments in Modern Physics*, de A. Melissinos e J. Napolitano (Academic Pres 2003).

Exemplo: fase de Berry para spin $\frac{1}{2}$

Olhemos agora para um exemplo específico e façamos as contas para $\gamma_n(C)$ da equação (5.6.31). Estudaremos o movimento da fase de uma partícula de spin $\frac{1}{2}$ manipulada lentamente através de um campo magnético que varia no tempo. Este exemplo em particular foi na verdade estudado experimentalmente.

Retornemos a (2.1.49), nosso Hamiltoniano já familiar que descreve uma partícula de spin $\frac{1}{2}$ em um campo magnético, mas com algumas modificações para uma partícula com momento magnético arbitrário. Uma vez que neste caso é o campo magnético que varia lentamente no tempo, representemos o campo por um vetor $\mathbf{R}(t)$ tridimensional.[8] Ou seja, $\mathbf{R}(t)$ é o vetor de parâmetros que irá variar lentamente. Para um momento magnético μ, nosso Hamiltoniano pode ser escrito como

$$H(t) = H(\mathbf{R}(t)) = -\frac{2\mu}{\hbar}\mathbf{S}\cdot\mathbf{R}(t), \quad (5.6.33)$$

onde $\mathbf{S}$ é o operador de momento angular de spin $\frac{1}{2}$. Escrito desta forma, o valor esperado para o momento angular do estado de spin para cima é simplesmente μ.

Prossigamos em frente com o cálculo de $\mathbf{B}(\mathbf{R})$ usando (5.6.32). Primeiro, é bastante fácil mostrar, ou explicitamente (veja o Problema 3.2 do Capítulo 3) ou usando a simetria rotacional para fixar $\mathbf{R}$ na direção $\hat{\mathbf{z}}$, que os dois autovalores de (5.6.33) são

$$E_{\pm}(t) = \mp\mu R(t), \quad (5.6.34)$$

onde $R(t)$ é a magnitude do vetor campo magnético e os autoestados de spin para cima (para baixo) com respeito à direção de $\mathbf{R}(t)$ são $|\pm, t\rangle$. A soma em (5.6.32) consiste em apenas um termo, com denominador

$$(E_{\pm} - E_{\mp})^2 = 4\mu^2 R^2. \quad (5.6.35)$$

Também é claro que

$$\nabla_{\mathbf{R}} H = -\frac{2\mu}{\hbar}\mathbf{S}, \quad (5.6.36)$$

deixando-nos com a tarefa de calcular o produto vetorial

$$\langle \pm; t|\mathbf{S}|\mp; t\rangle \times \langle \mp; t|\mathbf{S}|\pm; t\rangle = \langle \pm; t|\mathbf{S}|\mp; t\rangle \times \langle \pm; t|\mathbf{S}|\mp; t\rangle^*. \quad (5.6.37)$$

---

[8] Para evitar confusão com (5.6.32), não usaremos **B** para representar o campo magnético.

Calcular o elemento de matriz seria entendiante, exceto que podemos fazer uso da simetria rotacional e definir as componentes de **S** relativas à direção de **R**, ou seja, $|\pm; t\rangle$ podem ser tomados como autoestados de S_z. Portanto, usando (3.5.5) para escrever

$$\mathbf{S} = \frac{1}{2}(S_+ + S_-)\hat{\mathbf{x}} + \frac{1}{2i}(S_+ - S_-)\hat{\mathbf{y}} + S_z\hat{\mathbf{z}}, \tag{5.6.38}$$

invocamos (3.5.39) e (3.5.40) para chegarmos a

$$\langle \pm; t|\mathbf{S}|\mp; t\rangle = \frac{\hbar}{2}(\hat{\mathbf{x}} \mp i\hat{\mathbf{y}}). \tag{5.6.39}$$

Combinando (5.6.35), (5.6.37) e (5.6.39), temos

$$\mathbf{B}_\pm(\mathbf{R}) = \mp \frac{1}{2R^2(t)}\hat{\mathbf{z}}. \tag{5.6.40}$$

Obtivemos este resultado, é claro, tomando $|\pm; t\rangle$ como autoestados de S_z, quando de fato eles estão na direção de **R**. Portanto, na realidade, temos

$$\mathbf{B}_\pm(\mathbf{R}) = \mp \frac{1}{2R^2(t)}\hat{\mathbf{R}}. \tag{5.6.41}$$

Finalmente, calculamos a Fase de Berry (5.6.31) como sendo

$$\gamma_\pm(C) = \mp \frac{1}{2}\int \frac{\hat{\mathbf{R}} \cdot d\mathbf{a}}{R^2} = \mp \frac{1}{2}\Omega, \tag{5.6.42}$$

onde Ω é o "ângulo sólido" subentendido pelo caminho ao longo do qual o parâmetro $\mathbf{R}(t)$ viaja, relativo a uma origem $\mathbf{R} = 0$ que é o local da fonte puntual do campo **B**. Isto enfatiza o caráter "geométrico" da Fase de Berry. Especificidades do caminho não importam, desde que o ângulo sólido subentendido pelo caminho seja o mesmo. Este resultado também é independente do momento magnético μ.

Logo após a previsão de Berry deste efeito para sistemas de spin $\frac{1}{2}$, dois grupos realizaram experimentos usando nêutrons, no Institut Laue-Langevin em Grenoble, na França. Um dos resultados, de T. Bitter e D. Dubbers, publicado na *Phys. Rev. Lett.* **59** (1987) 251, usou um feixe de nêutrons lentos (500 m/s) passando através de um campo magnético torcido. O segundo, de D. J. Richardson et. al., publicado na *Phys. Rev. Lett.* **61** (1988) 2030, fez uso de nêutrons ultra-frios (NUF) e é mais preciso. NUF podem ser armazenados por longos períodos de tempo, de tal modo que um ciclo de $T = 7{,}387$ seg foi usado, garantindo a validade do teorema adiabático. Inicialmente polarizados na direção **z**, os nêutrons são submetidos a uma componente de campo magnético que gira, ligada em $t = 0$ e desligada em $t = T$. O vetor campo magnético descreve um círculo (ou elipse, dependendo de parâmetros ajustáveis) no plano yz, despolarizando os nêutrons de um tanto que depende da fase integrada. Ao medir a polarização final, determina-se a fase integrada, e a fase dinâmica (5.6.6) é subtraída, restando a Fase de Berry.

A Figura 5.6 mostra os resultados de Richardson et. al.. Tanto as fases de spin para cima como de spin para baixo são medidas e concordam extremamente bem com

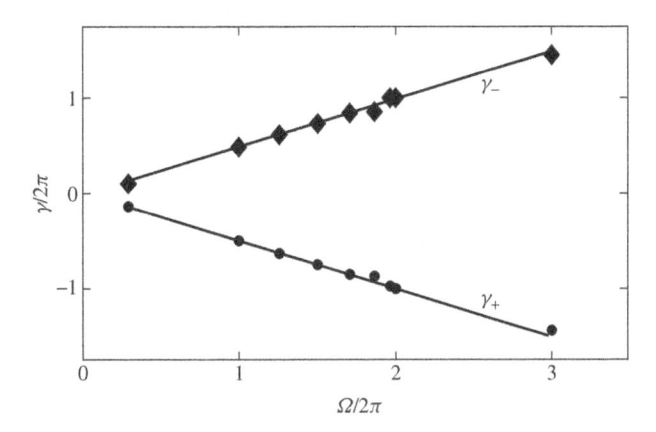

FIGURA 5.6 Observação da Fase de Berry para partículas de spin $\frac{1}{2}$ usando nêutrons ultra-frios, de D. J. Richardson et. al., publicado na *Phys. Rev. Lett.* **61** (1988) 2030. Os dados são tomados da Tabela 1 do artigo e mostram a Fase de Berry como função do "ângulo sólido" do campo magnético rotatório. Tanto as fases dos spins para cima como dos spins para baixo foram medidas. As incertezas nos dados experimentais são aproximadamente do mesmo tamanho ou menor que os próprios pontos. As linhas sólidas são tomadas de (5.6.42).

a análise de Berry. Embora o valor do momento magnético não entre nos cálculos, seu sinal determina a direção de rotação este experimento confirma que o momento magnético do nêutron é, de fato, negativo.

Aharonov-Bohm e monopolos magnéticos reexaminados

Vimos que a Fase de Berry usa um formalismo muito próximo do formalismo das transformações de calibre. Veja (5.6.26) e (5.6.27). Vamos agora tornar esta conexão mais próxima da física que vimos anteriormente em nosso estudo de transformações de calibre na Seção 2.7.

Primeiro, notamos que é possível mostrar que o efeito **Aharonov-Bohm** devido ao campo magnético é simplesmente uma consequência do fator de fase geométrico. Tomemos uma caixa pequena, confinando um elétron (carga $e < 0$) a descrever uma volta ao longo de um caminho fechado C, que engloba uma linha de fluxo magnético Φ_B, como mostra a Figura 5.7. Seja **R** o vetor conectando à origem, fixa no espaço, e um ponto de referência dentro da caixa. Neste caso, o vetor **R** é um parâmetro externo no próprio espaço real. Quando usamos o potencial vetor **A** para descrever o campo magnético **B**, a n-ésima função de onda do elétron na caixa (com vetor posição **r**) pode ser escrita como

$$\langle \mathbf{r}|n(\mathbf{R})\rangle = \exp\left\{\frac{ie}{\hbar c}\int_{\mathbf{R}}^{\mathbf{r}} \mathbf{A}(\mathbf{r}')\cdot d\mathbf{r}'\right\}\psi_n(\mathbf{r}-\mathbf{R}), \quad (5.6.43)$$

onde $\psi_n(\mathbf{r}')$ é a função de onda do elétron na coordenada de posição $\mathbf{r}'$ da caixa na ausência de campo magnético.

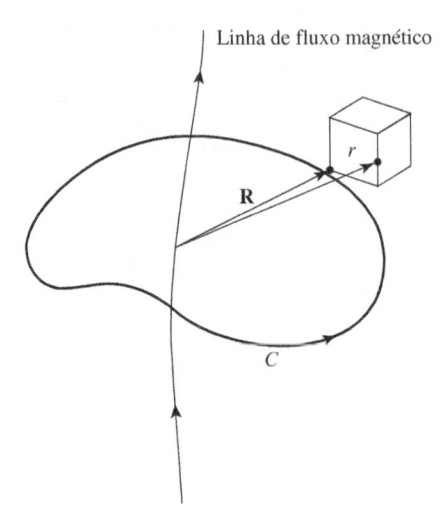

FIGURA 5.7 O efeito Aharonov-Bohm como manifestação da Fase de Berry. Um elétron em uma caixa dá uma volta em torno de uma linha de fluxo magnético.

Agora, deixe **R** percorrer o laço C e calcule a Fase de Berry. Podemos facilmente calcular a derivada da função de onda com relação ao parâmetro externo e obter

$$\langle n(\mathbf{R}) | [\nabla_\mathbf{R} | n(\mathbf{R}) \rangle] = \int d^3 x \psi_n^*(\mathbf{r} - \mathbf{R})$$
$$\times \left\{ -\frac{ie}{\hbar c} A(\mathbf{R}) \psi_n(\mathbf{r} - \mathbf{R}) + \nabla_\mathbf{R} \psi_n(\mathbf{r} - \mathbf{R}) \right\} = -\frac{ie\mathbf{A}(\mathbf{R})}{\hbar c}. \quad (5.6.44)$$

O segundo termo dentro da integral vai a zero para o elétron dentro da caixa. De (5.6.21) e (5.6.44), podemos ver que a fase geométrica é

$$\gamma_n(C) = \frac{e}{\hbar c} \oint_C \mathbf{A} \cdot d\mathbf{R} = \frac{e}{\hbar c} \iint_{S(C)} \mathbf{B}(\mathbf{R}) \cdot d\mathbf{S} = \frac{e}{\hbar c} \Phi_B. \quad (5.6.45)$$

Este resultado é simplesmente a expressão (2.7.70) do efeito Aharonov-Bohm obtido na Seção 2.7.

Um segundo exemplo[9] da conexão física entre a invariância de calibre e a Fase de Berry é a condição de quantização (2.7.85) de Dirac para **monopolos magnéticos**. Considere duas superfícies $\mathbf{a}_1$ e $\mathbf{a}_2$ no espaço **R**, cada uma delas limitada pela mesma curva C. Uma vez que a Fase de Berry que resulta ao percorrermos C é fisicamente mensurável, a integral de superfície (5.6.31) deve ser a mesma para $\mathbf{a}_1$ e $\mathbf{a}_1$ a menos de um múltiplo de 2π. Ou seja,

$$\int_{\mathbf{a}_1} \mathbf{B} \cdot d\mathbf{a} = \int_{\mathbf{a}_2} \mathbf{B} \cdot d\mathbf{a} + 2N\pi \qquad N = 0, \pm 1, \pm 2, \ldots. \quad (5.6.46)$$

---

[9] Nossa discussão aqui segue de perto aquela dada por B. R. Holstein, *Am. J. Phys.* **57** (1989) 1079.

Agora, construa uma superfície fechada colocando $\mathbf{a}_1$ "acima" de C e $\mathbf{a}_2$ abaixo. Supondo que usemos algo como a regra da mão direita para definir, de maneira consistente, a orientação de $d\mathbf{a}$ para cada uma das duas integrais em (5.6.46), para uma delas o $d\mathbf{a}$ aponta para dentro. Portanto, revertemos o sinal de $d\mathbf{a}$ para esta integral específica e reescrevemos (5.6.46) como

$$\oint \mathbf{B} \cdot d\mathbf{a} = 2N\pi. \quad (5.6.47)$$

É claro que, inserindo (5.6.41) em (5.6.47), obtemos $\pm 2\pi$, isto é, $N = \pm 1$, mas este é um artefato por termos escohido um sistema de spin $\frac{1}{2}$ para deduzir (5.6.41). Se tivéssemos feito as contas, por exemplo, para um sistema de spin arbitrário, obteríamos um n igual a duas vezes o número quântico da projeção do spin.

Agora, (5.6.41) tem uma aparência suspeita: a de um campo magnético de um monopolo de carga $\frac{1}{2}$, mas lembre-se de que na verdade ele é um campo de Berry. Como relacionar isto com um campo magnético verdadeiro de um monopolo? Na verdade, é mais fácil esta relação quando expressamos a Fase de Berry em termos da integral de linha em (5.6.24) de um potencial vetor ao longo da curva C. A transformação de calibre (2.7.83) dá a forma do potencial vetor e a integral de linha é simplesmente uma integral sobre ϕ que nos dá um fator de 2π. Podemos usar isso para calcular o lado esquerdo de (5.6.47), incluindo a interação com uma única carga elétrica e para completar a fase e sermos, assim, levados ao fator $e/\hbar c$ como em (2.7.84). Portanto, (5.6.47) torna-se

$$\frac{e}{\hbar c}(2e_M)2\pi = 2N\pi$$

$$\text{ou} \quad \frac{2ee_M}{\hbar c} = N, \quad (5.6.48)$$

que é o mesmo que o resultado (2.7.85) que obtivemos anteriormente na Seção 2.7

5.7 ■ TEORIA DE PERTURBAÇÃO DEPENDENTE DO TEMPO

Série de Dyson

Com a exceção de uns poucos problemas como o caso de um sistema de dois níveis dependente do tempo da seção prévia, geralmente não dispomos de soluções exatas da equação diferencial obecida pelos $c_n(t)$. Devemos nos contentar com soluções aproximadas de (5.5.17) obtidas via expansão perturbativa:

$$c_n(t) = c_n^{(0)} + c_n^{(1)} + c_n^{(2)} + \cdots, \quad (5.7.1)$$

onde $c_n^{(1)}$, $c_n^{(2)}$, ... significam amplitudes de primeira ordem, segunda ordem, etc. no parâmetro de intensidade do potencial dependente do tempo. O método de iteração usado para resolver este tipo de problema é similar àquele da teoria de perturbação independente do tempo. Se, inicialmente, apenas o estado i estiver ocupado, aproximamos c_n do lado direito da equação diferencial (5.5.17) por $c_n^{(0)} = \delta_{ni}$ (independente de t), o relacionamos à derivada temporal de $c_n^{(1)}$, integramos a equação diferencial para $c_n^{(1)}$, colocamos $c_n^{(1)}$ no lado direito [de (5.5.17)] novamente para obter uma equação para $c_n^{(2)}$ e assim por diante. Foi assim que Dirac desenvolveu a teoria perturbação dependente do tempo em 1927.

No lugar de trabalharmos com $c_n(t)$, nossa proposta consiste em olhar para o operador de evolução temporal $U_I(t, t_0)$ na representação de interação, que definiremos mais tarde. Obtemos uma expansão perturbativa para $U_I(t, t_0)$ e, bem no final, relacionamos os elementos de matriz de U_I aos $c_n(t)$. Se estivemos interessados em resolver apenas problemas simples em mecânica quântica não relativística, tudo isto pode parecer algo supérfluo; porém, o formalismo de operadores que desenvolveremos é muito poderoso, pois pode ser aplicado imediatamente a problemas mais avançados, tais como teoria quântica de campos relativística e teoria de muitos corpos.

O operador de evolução temporal na representação de interação é definido como

$$|\alpha, t_0; t\rangle_I = U_I(t, t_0)|\alpha, t_0; t_0\rangle_I. \tag{5.7.2}$$

A equação diferencial (5.5.11) para o ket de estado da representação de interação é equivalente a

$$i\hbar \frac{d}{dt} U_I(t, t_0) = V_I(t) U_I(t, t_0). \tag{5.7.3}$$

Temos que resolver esta equação diferencial para operadores sujeita à condição inicial

$$U_I(t, t_0)|_{t=t_0} = 1. \tag{5.7.4}$$

Notemos, primeiramente, que esta equação diferencial junto às condições iniciais é equivalente à seguinte equação integral:

$$U_I(t, t_0) = 1 - \frac{i}{\hbar} \int_{t_0}^{t} V_I(t') U_I(t', t_0) dt'. \tag{5.7.5}$$

Podemos obter uma solução aproximada desta equação por iteração:

$$\begin{aligned}
U_I(t, t_0) &= 1 - \frac{i}{\hbar} \int_{t_0}^{t} V_I(t') \left[1 - \frac{i}{\hbar} \int_{t_0}^{t'} V_I(t'') U_I(t'', t_0) dt'' \right] dt' \\
&= 1 - \frac{i}{\hbar} \int_{t_0}^{t} dt' V_I(t') + \left(\frac{-i}{\hbar}\right)^2 \int_{t_0}^{t} dt' \int_{t_0}^{t'} dt'' V_I(t') V_I(t'') \\
&+ \cdots + \left(\frac{-i}{\hbar}\right)^n \int_{t_0}^{t} dt' \int_{t_0}^{t'} dt'' \cdots \\
&\times \int_{t_0}^{t^{(n-1)}} dt^{(n)} V_I(t') V_I(t'') \cdots V_I(t^{(n)}) \\
&+ \cdots.
\end{aligned} \tag{5.7.6}$$

Este série é conhecida como **série de Dyson**, em homenagem a Freeman J. Dyson, que aplicou este método à eletrodinâmica quântica covariante (QED, *Quantum*

Electrodynamics).[10] Deixando de lado a difícil pergunta acerca da convergência da série, podemos calcular $U_I(t, t_0)$ até uma ordem de perturbação finita arbitrária.

Probabilidade de transição

Dado $U_I(t, t_0)$, podemos prever a evolução temporal de qualquer ket. Por exemplo, se o estado inicial em $t = 0$ for um dos autoestados de H_0, então, para se obter o ket inicial em um instante de tempo posterior, tudo o que temos que fazer é multiplicá-lo por $U_I(t, t_0)$:

$$|i, t_0 = 0; t\rangle_I = U_I(t, 0)|i\rangle$$

$$= \sum_n |n\rangle\langle n|U_I(t,0)|i\rangle. \qquad (5.7.7)$$

De fato, $\langle n|U_I(t, 0)|i\rangle$ nada mais é aquilo que chamamos de $c_n(t)$ instantes atrás [veja (5.5.13)]. Falaremos mais sobre isto mais tarde.

Introduzimos anteriormente o operador de evolução temporal na representação de Schrödinger (veja Seção 2.2.). Exploremos agora a conexão entre $U(t, t_0)$ e $U_I(t, t_0)$. Observamos, de (2.2.13) e (5.5.5), que

$$|\alpha, t_0; t\rangle_I = e^{iH_0 t/\hbar}|\alpha, t_0; t\rangle_S$$
$$= e^{iH_0 t/\hbar}U(t,t_0)|\alpha, t_0; t_0\rangle_S \qquad (5.7.8)$$
$$= e^{iH_0 t/\hbar}U(t,t_0)e^{-iH_0 t_0/\hbar}|\alpha, t_0; t_0\rangle_I.$$

Portanto, temos

$$U_I(t, t_0) = e^{iH_0 t/\hbar}U(t,t_0)e^{-iH_0 t_0/\hbar}. \qquad (5.7.9)$$

Olhemos agora para o elemento de matriz de $U_I(t, t_0)$ para autoestados de H_0:

$$\langle n|U_I(t,t_0)|i\rangle = e^{i(E_n t - E_i t_0)/\hbar}\langle n|U(t,t_0)|i\rangle. \qquad (5.7.10)$$

Lembramos, da Seção 2.2, que $\langle n|U(t, t_0)|i\rangle$ foi definido como sendo a amplitude de transição. Portanto, nosso $\langle n|U_I(t, t_0)|i\rangle$ não é bem o mesmo que a amplitude de transição definida anteriormente. Contudo, a *probabilidade* de transição, definida como o quadrado do módulo de $\langle n|U(t, t_0)|i\rangle$, é o mesmo que a grandeza análoga na representação de interação,

$$|\langle n|U_I(t, t_0)|i\rangle|^2 = |\langle n|U(t, t_0)|i\rangle|^2. \qquad (5.7.11)$$

Abrindo um parênteses, gostaríamos de comentar que se os elementos de matriz de U_I forem tomados entre estados finais e iniciais que não são autoestados da energia – por

---

[10] Observe que em QED se introduz o produto ordenado no tempo ($t' > t'' > \cdots$) e, então, esta série perturbativa pode ser somada para dar uma forma exponencial. Esta forma exponencial reproduz, de imediato, $U(t, t_0) = U(t, t_1)U(t_1, t_0)$ (Bjorken e Drell 1965, pp. 175–78).

exemplo, entre $|a'\rangle$ e $|b'\rangle$ (autovetores de A e B, respectivamente), onde $[H_0, A] \neq 0$ e/ou $[H_0, B] \neq 0$, então, temos, em geral

$$|\langle b'|U_I(t, t_0)|a'\rangle| \neq |\langle b'|U(t, t_0)|a'\rangle|,$$

como o leitor pode facilmente verificar. Felizmente, para aqueles problemas onde se vê que a representação de interação é útil, os estados inicial e final normalmente são tomados como sendo os autovetores de H_0. Caso contrário, o que temos de fazer é simplesmente expandir $|a'\rangle$, $|b'\rangle$ e assim por diante em termos dos autovetores de H_0.

Voltando a $\langle n|U_I(t, t_0)|i\rangle$, ilustremos o método considerando uma situação física onde sabemos que em $t = t_0$ o sistema se encontra no estado $|i\rangle$. O ket do estado na representação de Schrödinger $|i, t_0; t\rangle_S$ é, então, igual a $|i\rangle$ a menos de um fator de fase. Ao aplicar a representação de interação, é conveniente escolher a fase em $t = t_0$ tal que

$$|i, t_0; t_0\rangle_S = e^{-iE_i t_0/\hbar}|i\rangle, \quad (5.7.12)$$

o que significa que, na representação de interação, temos a equação simples

$$|i, t_0; t_0\rangle_I = |i\rangle . \quad (5.7.13)$$

Em um tempo posterior, temos

$$|i, t_0; t\rangle_I = U_I(t, t_0)|i\rangle. \quad (5.7.14)$$

Comparando este resultado com a expansão

$$|i, t_0; t\rangle_I = \sum_n c_n(t)|n\rangle, \quad (5.7.15)$$

vemos que

$$c_n(t) = \langle n|U_I(t, t_0)|i\rangle. \quad (5.7.16)$$

Voltamos agora para a expansão perturbativa para $U_I(t, t_0)$ [veja (5.7.6)]. Podemos também expandir $c_n(t)$ como em (5.7.1), onde $c_n^{(1)}$ é de primeira ordem em $V_I(t)$, $c_n^{(2)}$ de segunda ordem em $V_I(t)$ e assim por diante. Comparando a expansão de ambos os lados de (5.7.16), obtemos [usando (5.5.7)]

$$c_n^{(0)}(t) = \delta_{ni} \quad \text{(independente de)}$$

$$c_n^{(1)}(t) = \frac{-i}{\hbar} \int_{t_0}^{t} \langle n|V_I(t')|i\rangle dt'$$

$$= \frac{-i}{\hbar} \int_{t_0}^{t} e^{i\omega_{ni} t'} V_{ni}(t') dt' \quad (5.7.17)$$

$$c_n^{(2)}(t) = \left(\frac{-i}{\hbar}\right)^2 \sum_m \int_{t_0}^{t} dt' \int_{t_0}^{t'} dt'' e^{i\omega_{nm} t'} V_{nm}(t') e^{i\omega_{mi} t''} V_{mi}(t''),$$

onde usamos

$$e^{i(E_n - E_i)t/\hbar} = e^{i\omega_{ni} t}. \quad (5.7.18)$$

A probabilidade de transição para $|i\rangle \to |n\rangle$ com $n \neq i$ se obtém de

$$P(i \to n) = |c_n^{(1)}(t) + c_n^{(2)}(t) + \cdots|^2. \quad (5.7.19)$$

Perturbação constante

Como aplicação de (5.7.17), consideremos uma perturbação constante, que é ligada no instante $t = 0$:

$$V(t) = \begin{cases} 0, & \text{para } t < 0 \\ V \text{ (independente de } t\text{)}, & \text{para } t \geq 0. \end{cases} \quad (5.7.20)$$

Embora o operador V não tenha dependência explícita no tempo, ele é, em geral, constituído de operadores tipo **x**, **p** e **s**. Agora, suponha que em $t = 0$, tenhamos apenas $|i\rangle$. Tomando t_0 como sendo zero, obtemos

$$c_n^{(0)} = c_n^{(0)}(0) = \delta_{ni},$$

$$c_n^{(1)} = \frac{-i}{\hbar} V_{ni} \int_0^t e^{i\omega_{ni}t'} dt' \quad (5.7.21)$$

$$= \frac{V_{ni}}{E_n - E_i}(1 - e^{i\omega_{ni}t}),$$

ou

$$|c_n^{(1)}|^2 = \frac{|V_{ni}|^2}{|E_n - E_i|^2}(2 - 2\cos\omega_{ni}t)$$

$$= \frac{4|V_{ni}|^2}{|E_n - E_i|^2} \text{sen}^2\left[\frac{(E_n - E_i)t}{2\hbar}\right]. \quad (5.7.22)$$

A probabilidade de acharmos $|n\rangle$ depende não somente de $|V_{ni}|^2$, mas também da diferença de energia $E_n - E_i$; portanto, vamos tentar ver como (5.7.22) se parece enquanto função de E_n. Na prática, estamos interessados em olhar para (5.7.22) desta maneira quando há muitos estados com $E \sim E_n$, de modo que podemos falar de um contínuo de estados finais, todos com aproximadamente a mesma energia. Para fazer isso, definimos

$$\omega \equiv \frac{E_n - E_i}{\hbar} \quad (5.7.23)$$

e fazemos um gráfico de $4\text{sen}^2(\omega t/2)/\omega^2$ como função de ω para t fixo, que é o intervalo de tempo durante o qual a perturbação esteve ligada (veja a Figura 5.8). Podemos ver que a altura do pico do meio, centrado em $\omega = 0$, é t^2, e a largura é proporcional a $1/t$. À medida que t se torna grande, $|c_n^{(1)}(t)|^2$ se torna apreciável apenas para aqueles estados finais que satisfazem

$$t \sim \frac{2\pi}{|\omega|} = \frac{2\pi\hbar}{|E_n - E_i|}. \quad (5.7.24)$$

Se chamarmos Δt do intervalo de tempo durante o qual a perturbação esteve ligada, uma transição com probabilidade apreciável só é possível se

$$\Delta t \Delta E \sim \hbar, \quad (5.7.25)$$

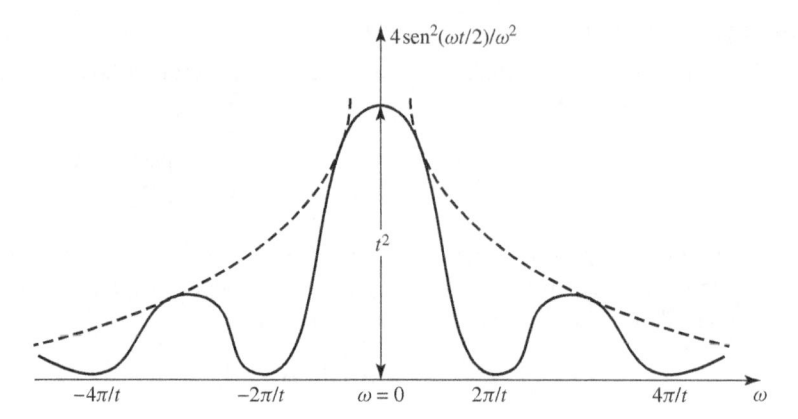

FIGURA 5.8 Gráfico de $4\text{sen}^2(\omega t/2)/\omega^2$ como função de ω para t fixo, onde em $\omega = (E_n - E_i)/\hbar$ consideramos E_n como sendo uma variável contínua.

onde por ΔE nos referimos à mudança de energia envolvida na transição com probabilidade apreciável. Se Δt for pequeno, temos, na Figura 5.8, um pico mais largo, e como resultado podemos tolerar uma quantidade apreciável de energia *não* conservada. Por outro lado, se a perturbação ficou ligada durante um tempo longo, temos um pico muito estreito, e a conservação aproximada de energia é uma condição para que haja uma transição com probabilidade apreciável. Observe que esta "relação de incerteza" é fundamentalmente diferente daquela para $x - p$ da Seção 1.6. Lá, tanto x quando p são observáveis. Na mecânica quântica não relativística, contrariamente, o tempo é um parâmetro e não um observável.

Para aquelas transições com conservação exata de energia, $E_n = E_i$, temos

$$|c_n^{(1)}(t)|^2 = \frac{1}{\hbar^2}|V_{ni}|^2 t^2. \tag{5.7.26}$$

A probabilidade de se achar $|n\rangle$ depois de um tempo t é quadrática, e *não* linear, no intervalo de tempo durante o qual V esteve atuando. Intuitivamente, isto pode parecer ilógico. Não há, porém, motivos para nos preocuparmos. Em situações realistas, para as quais o formalismo pode ser aplicado, há geralmente um grupo de estados finais, todos com aproximadamente a mesma energia do estado inicial $|i\rangle$. Em outras palavras, os estados finais formam um espectro contínuo de energia na vizinhança de E_i. Apresentaremos dois exemplos desta situação. Considere, por exemplo, o espalhamento elástico por um potencial de alcance finito (veja a Figura 5.9), que consideraremos mais detalhadamente no Capítulo 6. Tomamos o estado inicial como sendo uma onda plana com a direção de propagação orientada na direção do eixo z positivo; o estado final pode também ser uma onda plana com a mesma energia, mas como uma direção de propagação, em geral, diferente daquela do eixo z positivo. Um outro exemplo de interesse é a desexcitação de um estado atômico excitado via emissão de um elétron de Auger. O exemplo mais simples é o átomo de Hélio. O estado inicial pode ser $(2s)^2$, no qual ambos os elétrons estão em níveis excitados; o estado final pode ser $(1s)$ (ou seja, um dos elétrons ainda ligado) do íon de He^+, enquanto o segundo elétron escapa com uma energia positiva E; veja a Figura 5.10.

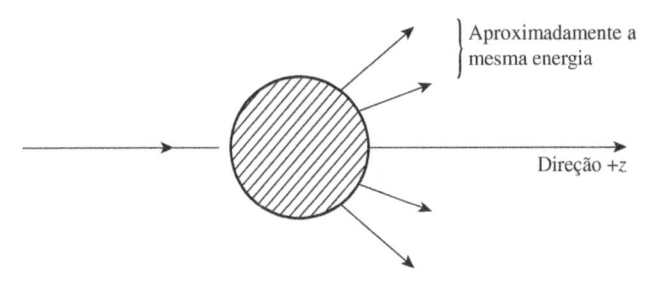

FIGURA 5.9 Espalhamento elástico de uma onda plana por algum potencial de alcance finito.

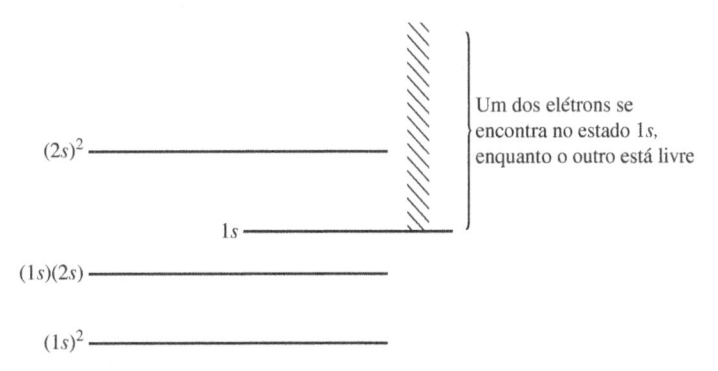

FIGURA 5.10 Diagrama esquemático dos dois níveis de energia eletrônicos do átomo de Hélio.

Neste tipo de problema, estamos interessados na probabilidade total – isto é, nas transições de probabilidade somadas sobre estados finais com $E_n \simeq E_i$:

$$\sum_{n, E_n \simeq E_i} |c_n^{(1)}|^2. \tag{5.7.27}$$

É costume definir a densidade de estados finais como o número de estados dentro do intervalo de energia $(E, E + dE)$:

$$\rho(E)dE. \tag{5.7.28}$$

Podemos escrever (5.7.27) como

$$\sum_{n, E_n \simeq E_i} |c_n^{(1)}|^2 \Rightarrow \int dE_n \rho(E_n) |c_n^{(1)}|^2$$

$$= 4 \int \text{sen}^2\left[\frac{(E_n - E_i)t}{2\hbar}\right] \frac{|V_{ni}|^2}{|E_n - E_i|^2} \rho(E_n) dE_n. \tag{5.7.29}$$

Quando $t \to \infty$, nos aproveitamos do fato de que

$$\lim_{t \to \infty} \frac{1}{|E_n - E_i|^2} \text{sen}^2\left[\frac{(E_n - E_i)t}{2\hbar}\right] = \frac{\pi t}{2\hbar} \delta(E_n - E_i), \tag{5.7.30}$$

que vem de

$$\lim_{\alpha \to \infty} \frac{1}{\pi} \frac{\text{sen}^2 \alpha x}{\alpha x^2} = \delta(x). \qquad (5.7.31)$$

É possível agora tomar a média de $|V_{ni}|^2$ para fora da integral e resolvê-la com a função δ:

$$\lim_{t \to \infty} \int dE_n \rho(E_n) |c_n^{(1)}(t)|^2 = \left(\frac{2\pi}{\hbar}\right) \overline{|V_{ni}|^2} \rho(E_n) t \bigg|_{E_n \simeq E_i}. \qquad (5.7.32)$$

Portanto, a probabilidade de transição total é proporcional a t para valores grandes deste, o que é bastante razoável. Observe que esta linearidade em t é uma consequência do fato de que a probabilidade de transição total é proporcional à área abaixo do pico da Figura 5.8, onde a altura varia como t^2 e a largura varia como $1/t$.

Convencionalmente, considera-se a **taxa de transição** – ou seja, a probabilidade de transição por unidade de tempo. A expressão (5.7.32) nos diz que a taxa de transição total, definida por

$$\frac{d}{dt}\left(\sum_n |c_n^{(1)}|^2\right), \qquad (5.7.33)$$

é constante em t para t grande. Chamando (5.7.33) de $w_{i \to [n]}$, onde $[n]$ representa um grupo de estados finais com energias similares àquela de i, obtemos

$$w_{i \to [n]} = \frac{2\pi}{\hbar} \overline{|V_{ni}|^2} \rho(E_n)_{E_n \simeq E_i} \qquad (5.7.34)$$

independente de t, desde que a teoria de perturbação dependente do tempo em primeira ordem seja válida. Esta fórmula tem uma grande importância prática; ela é chamada de **Regra de Ouro de Fermi**, embora o formalismo básico da teoria de perturbação dependente de t tenha se originado em Dirac. Às vezes, escrevemos (5.7.34) na forma

$$w_{i \to n} = \left(\frac{2\pi}{\hbar}\right) |V_{ni}|^2 \delta(E_n - E_i), \qquad (5.7.35)$$

onde deve ser entendido que esta expressão é integrada com $\int dE_n \rho(E_n)$.

Deveríamos também entender o que se quer dizer com $|V_{ni}|^2$. Se os estados finais $|n\rangle$ formam um quase-contínuo, os elementos de matriz V_{ni} são, geralmente, similares se $|n\rangle$ forem similares. Contudo, pode acontecer que nem todos os autoestados de energia com a mesma E_n necessariamente tenham elementos de matriz similares. Considere por exemplo o espalhamento elástico. O $|V_{ni}|^2$ que determina a seção de choque de espalhamento pode depender da direção do momento final. Em casos deste tipo, o grupo de estados finais que deveríamos considerar devem ter não apenas aproximadamente a mesma energia, mas também aproximadamente a mesma direção de momento. Este ponto se tornará mais claro quando discutirmos o efeito fotoelétrico.

Olhemos agora para o termo de segunda ordem, ainda com a perturbação constante da equação (5.7.20). De (5.7.17), temos

$$c_n^{(2)} = \left(\frac{-i}{\hbar}\right)^2 \sum_m V_{nm} V_{mi} \int_0^t dt' e^{i\omega_{nm}t'} \int_0^{t'} dt'' e^{i\omega_{mi}t''}$$

$$= \frac{i}{\hbar} \sum_m \frac{V_{nm} V_{mi}}{E_m - E_i} \int_0^t (e^{i\omega_{ni}t'} - e^{i\omega_{nm}t'}) dt'. \tag{5.7.36}$$

O primeiro termo do lado direito apresenta a mesma dependência em t de $c_n^{(1)}$ [veja (5.7.21)]. Se este fosse o único termo, poderíamos, então, repetir o mesmo argumento usado anteriormente e concluir que para $t \to \infty$, a única contribuição importante vem de $E_n \simeq E_i$. De fato, quando E_m difere de E_n e E_i, a segunda contribuição dá origem a uma oscilação rápida, não dando uma contribuição para a probabilidade de transição que cresça com t.

Com $c^{(1)}$ e $c^{(2)}$ juntos, temos

$$w_{i \to [n]} = \frac{2\pi}{\hbar} \left| V_{ni} + \sum_m \frac{V_{nm} V_{mi}}{E_i - E_m} \right|^2 \rho(E_n) \Bigg|_{E_n \simeq E_i}. \tag{5.7.37}$$

A fórmula tem a seguinte interpretação física. Nós visualizamos a transição devido ao termo de segunda ordem como ocorrendo em duas etapas. Primeiro, $|i\rangle$ passa por uma transição para $|m\rangle$ que não conserva a energia; subsequentemente, $|m\rangle$ sofre uma transição para $|n\rangle$ que não conserva energia, onde entre $|n\rangle$ e $|i\rangle$ há uma conservação global de energia. Estas transições que não conservam energia geralmente são chamadas de *transições virtuais*. Não é necessário que a energia seja conservado entre transições virtuais para (de) estados virtuais intermediários. Contrariamente, se diz com frequência que o termo V_{ni} de primeira ordem representa uma transição "real" direta que conserva energia. Um tratamento especial é necessário se $V_{nm}V_{mi} \neq 0$, com $E_m \simeq E_i$. A melhor maneira de lidar com estes casos é usando o método do ligamento lento $V \to e^{\eta t}V$, que discutiremos na Seção 5.9 e no Problema 5.31 ao final deste capítulo. O resultado líquido é mudar o denominador de energia em (5.7.37) da seguinte maneira:

$$E_i - E_m \to E_i - E_m + i\varepsilon. \tag{5.7.38}$$

Perturbação harmônica

Consideramos agora um potencial que varia sinusoidalmente no tempo, normalmente chamada de **perturbação harmônica**:

$$V(t) = \mathcal{V} e^{i\omega t} + \mathcal{V}^\dagger e^{-i\omega t}, \tag{5.7.39}$$

onde $\mathcal{V}$ pode ainda depender de **x**, **p**, **s** e assim por diante. Na verdade, encontramos um potencial dependente do tempo deste tipo na Seção 5.5, quando discutimos problemas de dois níveis dependentes de t.

```
        (i)                          (ii)
  $E_i$ ─────────           $E_n$ ─────────
              │                         ↑
              │ $\hbar\omega$           │ $\hbar\omega$
              ↓                         │
  $E_n$ ─────────           $E_i$ ─────────
```

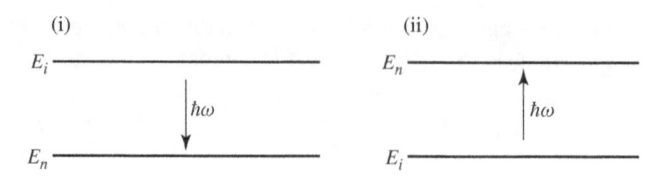

FIGURA 5.11 (i) Emissão estimulada: sistema quântico transfere $\hbar\omega$ para V (possível apenas se estado inicial é excitado). (ii) Absorção: sistema quântico recebe $\hbar\omega$ de V e vai para um estado excitado.

De novo, suponha que somente um dos autoestados de H_0 esteja inicialmente ocupado. Supomos também que a perturbação (5.7.39) é ligada no instante $t = 0$. Portanto,

$$c_n^{(1)} = \frac{-i}{\hbar} \int_0^t (\mathcal{V}_{ni} e^{i\omega t'} + \mathcal{V}_{ni}^\dagger e^{-i\omega t'}) e^{i\omega_{ni} t'} dt'$$

$$= \frac{1}{\hbar} \left[\frac{1 - e^{i(\omega+\omega_{ni})t}}{\omega + \omega_{ni}} \mathcal{V}_{ni} + \frac{1 - e^{i(\omega_{ni}-\omega)t}}{-\omega + \omega_{ni}} \mathcal{V}_{ni}^\dagger \right], \quad (5.7.40)$$

onde $\mathcal{V}_{ni}^\dagger$, na verdade, representa $(\mathcal{V}^\dagger)_{ni}$. Vemos que esta fórmula é semelhante àquela do caso da perturbação constante. A única mudança necessária é

$$\omega_{ni} = \frac{E_n - E_i}{\hbar} \to \omega_{ni} \pm \omega. \quad (5.7.41)$$

Portanto, quando $t \to \infty$, $|c_n^{(1)}|^2$ é apreciável somente se

$$\omega_{ni} + \omega \simeq 0 \quad \text{ou} \quad E_n \simeq E_i - \hbar\omega \quad (5.7.42a)$$

$$\omega_{ni} - \omega \simeq 0 \quad \text{ou} \quad E_n \simeq E_i + \hbar\omega. \quad (5.7.42b)$$

Claramente, sempre que o primeiro termo for importante por causa de (5.7.42a), o segundo será irrelevanete, e vice-versa. Podemos ver que não temos uma condição de conservação de energia para o sistema quântico sozinho; ao contrário, a aparente falta de conservação de energia é compensada pela energia transferida ao – ou tomada do – potencial "externo" $V(t)$. Podemos ver isso graficamente na Figura 5.11. No primeiro caso (*emissão estimulada*), o sistema quântico transfere uma energia $\hbar\omega$ a V. Isso é claramente possível somente se o estado inicial for um estado excitado. No segundo caso (*absorção*), o sistema recebe de V uma energia $\hbar\omega$, indo para um estado excitado. Portanto, uma perturbação dependente do tempo pode ser vista como uma fonte ou sumidouro inexaurível de energia.

Temos, em analogia completa com (5.7.34),

$$w_{i \to [n]} = \frac{2\pi}{\hbar} \overline{|\mathcal{V}_{ni}|^2} \rho(E_n) \Big|_{E_n \cong E_i - \hbar\omega}$$

$$w_{i \to [n]} = \frac{2\pi}{\hbar} \overline{|\mathcal{V}_{ni}^\dagger|^2} \rho(E_n) \Big|_{E_n \cong E_i + \hbar\omega} \quad (5.7.43)$$

ou, mais comumente,

$$w_{i\to n} = \frac{2\pi}{\hbar} \begin{Bmatrix} |\mathcal{V}_{ni}|^2 \\ |\mathcal{V}_{ni}^\dagger|^2 \end{Bmatrix} \delta(E_n - E_i \pm \hbar\omega). \tag{5.7.44}$$

Observe também que

$$|\mathcal{V}_{ni}|^2 = |\mathcal{V}_{in}^\dagger|^2, \tag{5.7.45}$$

que é uma consequência de

$$\langle i | \mathcal{V}^\dagger | n \rangle = \langle n | \mathcal{V} | i \rangle^* \tag{5.7.46}$$

(lembre $\mathcal{V}^\dagger | n \rangle \overset{CD}{\leftrightarrow} \langle n | \mathcal{V}$). Combinando (5.7.43) e (5.7.45), temos

$$\frac{\text{taxa de emissão para } i \to [n]}{\text{densidade de estados finais para } [n]} = \frac{\text{taxa de absorção para } n \to [i]}{\text{densidade de estados finais para } [i]}, \tag{5.7.47}$$

onde no caso da absorção tomamos i como representando os estados finais. A equação (5.7.47), que expressa a simetria entre a emissão e a absorção, é conhecida como **balanço detalhado**.

Resumindo, para uma perturbação constante, obtemos uma probabilidade de transição apreciável para $|i\rangle \to |n\rangle$ somente se $E_n \simeq E_i$. Contrariamente, para uma perturbação harmônica, temos uma probabilidade de transição apreciável somente quando $E_n \simeq E_i - \hbar\omega$ (emissão estimulada) ou $E_n \simeq E_i + \hbar\omega$ (absorção).

5.8 ■ APLICAÇÕES A INTERAÇÕES COM O CAMPO DE RADIAÇÃO CLÁSSICO

Absorção e emissão estimulada

Aplicamos o formalismo da teoria de perturbação dependente do tempo à teoria de interações entre elétrons atômicos e o campo de radiação clássico. Com **campo de radiação clássico**, nós queremos dizer que o campo elétrico e magnético são deduzidos a partir de um campo de radiação clássico (em oposição a um quantizado).

O Hamiltoniano básico, omitindo-se o termo $|\mathbf{A}|^2$, é

$$H = \frac{\mathbf{p}^2}{2m_e} + e\phi(\mathbf{x}) - \frac{e}{m_e c} \mathbf{A} \cdot \mathbf{p}, \tag{5.8.1}$$

o que se justifica se

$$\nabla \cdot \mathbf{A} = 0. \tag{5.8.2}$$

Mais especificamente, trabalharemos com um campo monocromático de uma onda plana para

$$\mathbf{A} = 2A_0 \hat{\mathbf{e}} \cos\left(\frac{\omega}{c} \hat{\mathbf{n}} \cdot \mathbf{x} - \omega t\right), \tag{5.8.3}$$

onde $\hat{\mathbf{e}}$ e $\hat{\mathbf{n}}$ são as direções de polarização (linear) e de propagação, respectivamente. A equação (5.8.3) obviamente satisfaz (5.8.2), pois $\hat{\mathbf{e}}$ é perpendicular à direção de propagação $\hat{\mathbf{n}}$. Escrevemos

$$\cos\left(\frac{\omega}{c}\hat{\mathbf{n}}\cdot\mathbf{x} - \omega t\right) = \frac{1}{2}[e^{i(\omega/c)\hat{\mathbf{n}}\cdot\mathbf{x} - i\omega t} + e^{-i(\omega/c)\hat{\mathbf{n}}\cdot\mathbf{x} + i\omega t}] \quad (5.8.4)$$

e tratamos $-(e/m_e c)\mathbf{A}\cdot\mathbf{p}$ como um potencial dependente do tempo, onde expressamos o $\mathbf{A}$ de (5.8.3) como

$$\mathbf{A} = A_0 \hat{\mathbf{e}}[e^{i(\omega/c)\hat{\mathbf{n}}\cdot\mathbf{x} - i\omega t} + e^{-i(\omega/c)\hat{\mathbf{n}}\cdot\mathbf{x} + i\omega t}]. \quad (5.8.5)$$

Comparando este resultado com (5.7.39), vemos que o termo $e^{-i\omega t}$ em

$$-\left(\frac{e}{m_e c}\right)\mathbf{A}\cdot\mathbf{p} = -\left(\frac{e}{m_e c}\right) A_0 \hat{\mathbf{e}}\cdot\mathbf{p}[e^{i(\omega/c)\hat{\mathbf{n}}\cdot\mathbf{x} - i\omega t} + e^{-i(\omega/c)\hat{\mathbf{n}}\cdot\mathbf{x} + i\omega t}] \quad (5.8.6)$$

é responsável pela absorção, enquanto o termo $e^{+i\omega t}$ o é pela emissão estimulada.

Vamos agora tratar do caso da absorção detalhadamente. Temos

$$\mathcal{V}_{ni}^{\dagger} = -\frac{eA_0}{m_e c}(e^{i(\omega/c)(\hat{\mathbf{n}}\cdot\mathbf{x})}\hat{\mathbf{e}}\cdot\mathbf{p})_{ni} \quad (5.8.7)$$

e

$$w_{i\to n} = \frac{2\pi}{\hbar}\frac{e^2}{m_e^2 c^2}|A_0|^2|\langle n|e^{i(\omega/c)(\hat{\mathbf{n}}\cdot\mathbf{x})}\hat{\mathbf{e}}\cdot\mathbf{p}|i\rangle|^2 \delta(E_n - E_i - \hbar\omega). \quad (5.8.8)$$

O significado da função-δ é claro. Se $|n\rangle$ forma um contínuo, simplesmente integramos com $\rho(E_n)$. Contudo, mesmo que $|n\rangle$ seja discreto, uma vez que $|n\rangle$ não pode ser um estado fundamental (embora seja um nível de energia de estado ligado), sua energia não é infinitamente bem definida. Pode haver um alargamento natural devido ao tempo de vida finito (veja Seção 5.9); pode haver também um mecanismo para alargamento devido à colisões. Em tais casos, encaramos $\delta(\omega - \omega_{ni})$ como sendo

$$\delta(\omega - \omega_{ni}) = \lim_{\gamma \to 0}\left(\frac{\gamma}{2\pi}\right)\frac{1}{([\omega - \omega_{ni}]^2 + \gamma^2/4)}. \quad (5.8.9)$$

Finalmente, a onda eletromagnética incidente não é, ela própria, perfeitamente monocromática; há sempre, na verdade, uma largura finita de frequências.

Nós deduzimos uma seção de choque de absorção como

$$\frac{\text{(Energia/unidade de tempo) absorvida pelo átomo }(i \to n)}{\text{Fluxo de energia do campo de radiação}}. \quad (5.8.10)$$

Para o fluxo de energia (energia por unidade de área por unidade de tempo), a teoria eletromagnética clássica nos dá[‡]

$$c\mathcal{U} = \frac{1}{2\pi}\frac{\omega^2}{c}|A_0|^2, \quad (5.8.11)$$

[‡] N. de T.: Trata-se do vetor de Poynting da teoria eletromagnética.

onde usamos

$$\mathcal{U} = \frac{1}{2}\left(\frac{E_{max}^2}{8\pi} + \frac{B_{max}^2}{8\pi}\right) \quad (5.8.12)$$

para a densidade de energia (energia por unidade de volume) com

$$\mathbf{E} = -\frac{1}{c}\frac{\partial}{\partial t}\mathbf{A}, \quad \mathbf{B} = \nabla \times \mathbf{A}. \quad (5.8.13)$$

Colocando tudo isto junto, e lembrando que $\hbar\omega = $ a energia absorvida pelo átomo para cada processo de absorção, obtemos

$$\sigma_{abs} = \frac{\hbar\omega(2\pi/\hbar)(e^2/m_e^2 c^2)|A_0|^2|\langle n|e^{i(\omega/c)(\hat{\mathbf{n}}\cdot\mathbf{x})}\hat{\boldsymbol{\varepsilon}}\cdot\mathbf{p}|i\rangle|^2\delta(E_n - E_i - \hbar\omega)}{(1/2\pi)(\omega^2/c)|A_0|^2}$$

$$= \frac{4\pi^2\hbar}{m_e^2\omega}\left(\frac{e^2}{\hbar c}\right)|\langle n|e^{i(\omega/c)(\hat{\mathbf{n}}\cdot\mathbf{x})}\hat{\boldsymbol{\varepsilon}}\cdot\mathbf{p}|i\rangle|^2\delta(E_n - E_i - \hbar\omega). \quad (5.8.14)$$

A equação (5.8.14) tem a dimensão correta $[1/(M^2/T)](M^2L^2/T^2)T = L^2$ se reconhecermos que $\alpha = e^2/\hbar c \simeq 1/137$ (adimensional) e $\delta(E_n - E_i - \hbar\omega) = (1/\hbar)\delta(\omega_{ni} - \omega)$, onde $\delta(\omega_{ni} - \omega)$ tem dimensão de tempo T.

Aproximação de dipolo elétrico

A *aproximação de dipolo elétrico* (aproximação E1) se baseia no fato que o comprimento de onda do campo de radiação é muito maior que a dimensão atômica, de tal modo que a série (lembre-se de que $\omega/c = 1/\lambda$)

$$e^{i(\omega/c)\hat{\mathbf{n}}\cdot\mathbf{x}} = 1 + i\frac{\omega}{c}\hat{\mathbf{n}}\cdot\mathbf{x} + \cdots \quad (5.8.15)$$

pode ser aproximada por seu termo dominante, 1. A validade desta aproximação para um átomo leve pode ser explicada da seguinte maneira: primeiro, o $\hbar\omega$ do campo de radiação deve ser da ordem do espaçamento de níveis atômicos, portanto,

$$\hbar\omega \sim \frac{Ze^2}{(a_0/Z)} \simeq \frac{Ze^2}{R_{atom}}. \quad (5.8.16)$$

Isto leva a

$$\frac{c}{\omega} = \lambda \sim \frac{c\hbar R_{atom}}{Ze^2} \simeq \frac{137 R_{atom}}{Z}. \quad (5.8.17)$$

Em outras palavras,

$$\frac{1}{\lambda}R_{atom} \sim \frac{Z}{137} \ll 1 \quad (5.8.18)$$

para átomos leves (Z pequeno). Uma vez que o elemento de matriz de x é da ordem de R_{atom}, o de x^2 é de ordem R_{atom}^2 e assim por diante, podemos ver que a aproximação na qual substituímos (5.8.15) pelo termo dominante da série é excelente.

Temos agora

$$\langle n|e^{i(\omega/c)(\hat{\mathbf{n}}\cdot\mathbf{x})}\hat{\boldsymbol{\varepsilon}}\cdot\mathbf{p}|i\rangle \to \hat{\boldsymbol{\varepsilon}}\cdot\langle n|\mathbf{p}|i\rangle. \quad (5.8.19)$$

Em particular, tomamos $\hat{\boldsymbol{\varepsilon}}$ como apontando na direção do eixo x (e $\hat{\mathbf{n}}$, na do eixo z). Temos que calcular $\langle n|p_x|i\rangle$. Usando

$$[x, H_0] = \frac{i\hbar p_x}{m}, \quad (5.8.20)$$

temos

$$\begin{aligned}\langle n|p_x|i\rangle &= \frac{m}{i\hbar}\langle n|[x, H_0]|i\rangle \\ &= im\omega_{ni}\langle n|x|i\rangle.\end{aligned} \quad (5.8.21)$$

Devido à aproximação do operador de dipolo, este esquema de aproximação é chamado de **aproximação do dipolo elétrico**. Devemos nos lembrar, neste ponto, [veja (3.11.39)] da regra de seleção para o elemento de matriz do dipolo. Uma vez que **x** e um tensor esférico de ordem 1 com $q = \pm 1$, temos que ter $m' - m = \pm 1$, $|j - j| = 0$, 1 (transição $0 \to 0$ é proibida). Se $\hat{\boldsymbol{\varepsilon}}$ aponta ao longo do eixo y, a mesma regra de seleção se aplica. Por outro lado, se $\hat{\boldsymbol{\varepsilon}}$ apontar na direção z, $q = 0$ e, portanto, $m' = m$.

Com a aproximação do dipolo elétrico, a seção de choque de absorção (5.8.14) assume agora uma forma mais simples se usarmos (5.8.19) e (5.8.21):

$$\sigma_{abs} = 4\pi^2\alpha\omega_{ni}|\langle n|x|i\rangle|^2\delta(\omega - \omega_{ni}). \quad (5.8.22)$$

Em outras palavras, σ_{abs} quando visto como função de ω, apresenta um pico pronunciado tipo uma função-δ sempre que $\hbar\omega$ corresponder ao espaçamento de níveis de energia em $\omega \simeq (E_n - E_i)/\hbar$. Suponha que $|i\rangle$ seja o estado fundamental; então, ω_{ni} é necessariamente positivo. Integrando (5.8.22), obtemos

$$\int \sigma_{abs}(\omega)d\omega = \sum_n 4\pi^2\alpha\omega_{ni}|\langle n|x|i\rangle|^2. \quad (5.8.23)$$

Em física atômica definimos a **força de oscilador**, f_{ni}, como

$$f_{ni} \equiv \frac{2m\omega_{ni}}{\hbar}|\langle n|x|i\rangle|^2. \quad (5.8.24)$$

Com isto, um cálculo direto nos permite estabelecer (considere $[x, [x, H_0]]$) a **regra da soma de Thomas-Reiche-Kuhn**,

$$\sum_n f_{ni} = 1. \quad (5.8.25)$$

Em termos da integral sobre a seção de choque para absorção, temos

$$\int \sigma_{abs}(\omega)\, d\omega = \frac{4\pi^2\alpha\hbar}{2m_e} = 2\pi^2 c\left(\frac{e^2}{m_e c^2}\right). \quad (5.8.26)$$

Observe como $\hbar$ desaparece. De fato, esta é simplesmente a regra da soma de oscilação já conhecida da eletrodinâmica clássica (por exemplo, Jackson 1975). Historicamente, este foi um dos primeiros exemplos de como a "nova mecânica quântica" levava ao resultado clássico correto. Esta regra da soma é um resultado bastante admirável, pois não especificamos, em detalhes, a forma do Hamiltoniano.

O efeito fotoelétrico

Consideraremos agora o **efeito fotoelétrico** – ou seja, a ejação de um elétron quando um átomo é colocado em um campo de radiação. O processo básico por nós aqui considerado é aquele de uma transiçãode um estado atômico (ligado) para um estado no contínuo $E > 0$. Portanto, $|i\rangle$ representa o ket de um estado atômico, ao passo que $|n\rangle$ é o ket do contínuo, que podemos tomar como sendo um estado $|\mathbf{k}_f\rangle$ de onda plana, uma aproximação válida caso o elétron não seja muito lento no estado final. Nossa fórmula prévia para $\sigma_{abs}(\omega)$ pode ainda ser usada, exceto que temos agora que integrar $\delta(\omega_{ni} - \omega)$ junto com a densidade de estados finais $\rho(E_n)$.

Na verdade, já calculamos a densidade de estados de uma partícula livre na Seção 2.5. Revisando, nosso tarefa básica é calcular o número de estados finais por unidade de intervalo de energia. Como poderemos ver em breve, este é um exemplo no qual o elemento de matriz depende não somente da energia do estado final, mas também da *direção* do momento. Precisamos, portanto, considerar um grupo de estados finais não só com direções de momento como também energias similares.

Para contar o número de estados, é conveniente usarmos a convenção de normalização em uma caixa para os estados de onda plana. Consideraremos um estado de onda plano normalizado se obtivermos um valor igual a 1 quando integramos o módulo ao quadrado da função de onda numa caixa cúbica de lado L. Além disso, supomos que o estado satisfaz condições periódicas de contorno com a periodicidade igual ao comprimento da caixa. A função de onda dever ter, então, a forma

$$\langle \mathbf{x}|\mathbf{k}_f\rangle = \frac{e^{i\mathbf{k}_f \cdot \mathbf{x}}}{L^{3/2}}, \qquad (5.8.27)$$

onde os valores permitidos de k_x devem satisfazer

$$k_x = \frac{2\pi n_x}{L}, \ldots, \qquad (5.8.28)$$

com n_x um inteiro positivo ou não negativo. Restrições similares se aplicam a k_y e k_z. Note que quando $L \to \infty$, k_x, k_y e k_z tornam-se variáveis contínuas.

O problema de contagem do número de estados se reduz àquele de contar o número de pontos numa rede no espaço tridimensional. Definimos n de tal modo que

$$n^2 = n_x^2 + n_y^2 + n_z^2. \qquad (5.2.29)$$

Quando $L \to \infty$, considerar n como uma variável contínua torna-se uma boa aproximação; na verdade, ele é simplesmente a magnitude do vetor radial na rede espacial.

Vamos considerar agora um pequeno elemento de volume, de tal modo que o vetor radial fique entre n e $n + dn$ e o elemento de ângulo sólido $d\Omega$; o volume é, evidentemente, $n^2\, dn\, d\Omega$. A energia da onda plana correspondente ao estado final é relacionada a k_f, e, portanto, a n. Temos

$$E = \frac{\hbar^2 k_f^2}{2m_e} = \frac{\hbar^2}{2m_e} \frac{n^2 (2\pi)^2}{L^2}. \tag{5.8.30}$$

Além disso, a direção do vetor radial no espaço discreto da rede é simplesmente a direção de momento do estado final, de tal modo que o número de estados no intervalo entre E e $E + dE$ que tem a direção em $d\Omega$ igual a $\mathbf{k}_f$ é dada por[11] (lembre-se que $dE = (\hbar^2 k_f/m_e) dk_f$)

$$\begin{aligned}n^2\, d\Omega \frac{dn}{dE} dE &= \left(\frac{L}{2\pi}\right)^3 (\mathbf{k}_f^2) \frac{dk_f}{dE} d\Omega\, dE \\ &= \left(\frac{L}{2\pi}\right)^3 \frac{m_e}{\hbar^2} k_f\, dE\, d\Omega.\end{aligned} \tag{5.8.31}$$

Podemos agora juntar tudo para obter uma expressão para a seção de choque diferencial para o efeito fotoelétrico

$$\frac{d\sigma}{d\Omega} = \frac{4\pi^2 \alpha \hbar}{m_e^2 \omega} |\langle \mathbf{k}_f | e^{i(\omega/c)(\hat{\mathbf{n}} \cdot \mathbf{x})} \hat{\boldsymbol{\varepsilon}} \cdot \mathbf{p} | i \rangle|^2 \frac{m_e k_f L^3}{\hbar^2 (2\pi)^3}. \tag{5.8.32}$$

Para sermos mais específico, vamos considerar a injeção de um elétron da camada **K** (a mais interior), causada pela absorção de luz. A função de onda do estado inicial é essencialmente a mesma que a função de onda do estado fundamental do átomo de hidrogênio, exceto pelo fato de que o raio de Bohr a_0 é substituído por a_0/Z. Portanto,

$$\begin{aligned}\langle \mathbf{k}_f | e^{i(\omega/c)(\hat{\mathbf{n}} \cdot \mathbf{x})} \hat{\boldsymbol{\varepsilon}} \cdot \mathbf{p} | i \rangle &= \hat{\boldsymbol{\varepsilon}} \cdot \int d^3 x \frac{e^{-i\mathbf{k}_f \cdot \mathbf{x}}}{L^{3/2}} e^{i(\omega/c)(\hat{\mathbf{n}} \cdot \mathbf{x})} \\ &\quad \times (-i\hbar \nabla) \left[e^{-Zr/a_0} \left(\frac{Z}{a_0}\right)^{3/2} \right].\end{aligned} \tag{5.8.33}$$

Integrando por partes, podemos passar o ∇ para o lado esquerdo. Além do mais,

$$\hat{\boldsymbol{\varepsilon}} \cdot [\nabla e^{i(\omega/c)(\hat{\mathbf{n}} \cdot \mathbf{x})}] = 0 \tag{5.8.34}$$

pois $\hat{\boldsymbol{\varepsilon}}$ é perpendicular a $\hat{\mathbf{n}}$. Por outro lado, ∇ agindo sobre $e^{-i\mathbf{k}_f \cdot \mathbf{x}}$ faz descer um $-i\mathbf{k}_f$, que pode ser tirado de dentro da integral. Portanto, para calcular (5.8.33), tudo o que precisamos fazer é tomar a transformada de Fourier da função de onda do átomo com relação a

$$\mathbf{q} \equiv \mathbf{k}_f - \left(\frac{\omega}{c}\right)\hat{\mathbf{n}}. \tag{5.8.35}$$

---

[11] Isto é o equivalente a tomar um estado por cubo $d^3 x\, d^3 p/(2\pi\hbar)^3$ no espaço de fase.

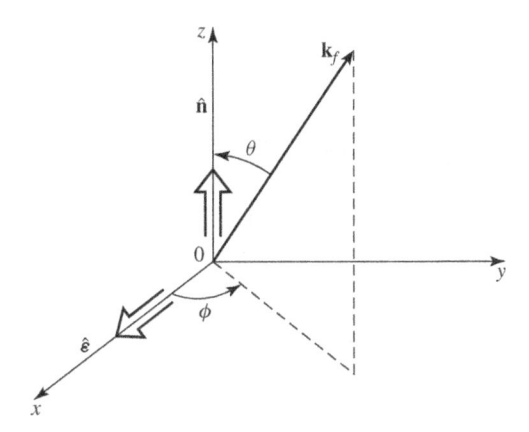

FIGURA 5.12 Sistema de coordenadas polares com $\hat{\boldsymbol{\varepsilon}}$ e $\hat{\mathbf{n}}$ ao longo dos eixos x e z, respectivamente, e $\mathbf{k}f = (k_f \operatorname{sen}\theta \cos\phi, kf \operatorname{sen}\theta \operatorname{e sen}\phi, kf \cos\theta)$.

A resposta final é (para a transformada de Fourier da função de onda do átomo de hidrogênio veja o Problema 5.41 deste capítulo)

$$\frac{d\sigma}{d\Omega} = 32e^2 k_f \frac{(\hat{\boldsymbol{\varepsilon}} \cdot \mathbf{k}_f)^2}{mc\omega} \frac{Z^5}{a_0^5} \frac{1}{[(Z^2/a_0^2) + q^2]^4}. \qquad (5.8.36)$$

Se introduzirmos o sistema de coordenadas mostrado na Figura 5.12, podemos escrever a seção de choque diferencial em termos de θ e ϕ usando

$$(\hat{\boldsymbol{\varepsilon}} \cdot \mathbf{k}_f)^2 = k_f^2 \operatorname{sen}^2 \theta \cos^2 \phi$$

$$q^2 = k_f^2 - 2k_f \frac{\omega}{c} \cos\theta + \left(\frac{\omega}{c}\right)^2. \qquad (5.8.37)$$

5.9 ■ DESVIO DE ENERGIA E LARGURA DE DECAIMENTO

Nossas considerações até agora se restringiram à questão de como os estados, que não o estado inicial, se tornam ocupados. Em outras palavras, nos preocupamos com a evolução temporal do coeficiente $c_n(t)$ onde $n \neq i$. Uma questão surge naturalmente: o que acontece com o próprio $c_i(t)$?

Para evitar o efeito de uma mudança súbita do Hamiltoniano, nossa proposta é aumentar muito lentamente a perturbação. No passado remoto ($t \to -\infty$), partimos do pressuposto de que o potencial dependente do tempo era zero. Então, variamos a perturbação *gradualmente* até seu valor final total; especificamente,

$$V(t) = e^{\eta t} V, \qquad (5.91)$$

onde assumimos que V é constante e η pequeno e positivo. Ao final dos cálculos, fazemos $\eta \to 0$ (veja a Figura 5.13) e o potencial, então, torna-se constante para todos os tempos posteriores.

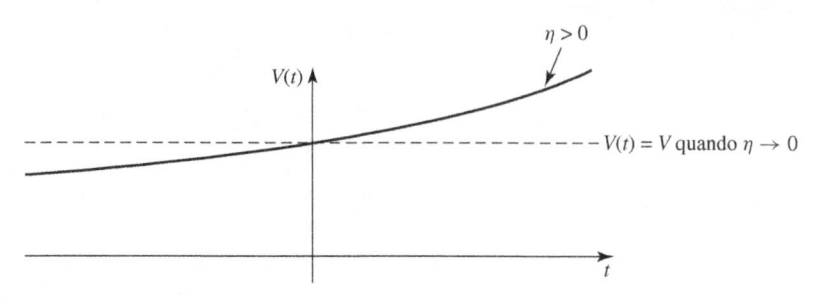

FIGURA 5.13 Gráfico de V como função de t na aproximação adiabática (ligamento lento da perturbação).

No passado remoto, tomamos este tempo como sendo $-\infty$, de modo que o ket de estado na representação da interação é tomado como sendo $|i\rangle$. Nosso objetivo é achar $c_i(t)$. Contudo, antes de fazermos isto, temos que garantir que a velha fórmula da regra de ouro (veja Seção 5.7) possa ser reproduzida usando o método do ligamento lento da perturbação. Para $c_n(t)$ com $n \neq i$, temos [usando (5.7.17)]

$$c_n^{(0)}(t) = 0$$

$$c_n^{(1)}(t) = \frac{-i}{\hbar} V_{ni} \lim_{t_0 \to -\infty} \int_{t_0}^{t} e^{\eta t'} e^{i\omega_{ni} t'} dt' \qquad (5.9.2)$$

$$= \frac{-i}{\hbar} V_{ni} \frac{e^{\eta t + i\omega_{ni} t}}{\eta + i\omega_{ni}}.$$

A probabilidade de transição, considerada até a ordem mais baixa diferente de zero, é dada por

$$|c_n(t)|^2 \simeq \frac{|V_{ni}|^2}{\hbar^2} \frac{e^{2\eta t}}{\eta^2 + \omega_{ni}^2}, \qquad (5.9.3)$$

ou

$$\frac{d}{dt}|c_n(t)|^2 \simeq \frac{2|V_{ni}|^2}{\hbar^2} \left(\frac{\eta e^{2\eta t}}{\eta^2 + \omega_{ni}^2} \right). \qquad (5.9.4)$$

Fazemos agora $\eta \to 0$. Neste caso, é claro que podemos substituir $e^{\eta t}$ por 1, mas note que

$$\lim_{\eta \to 0} \frac{\eta}{\eta^2 + \omega_{ni}^2} = \pi \delta(\omega_{ni}) = \pi \hbar \delta(E_n - E_i). \qquad (5.9.5)$$

Isto leva à regra de ouro,

$$w_{i \to n} \simeq \left(\frac{2\pi}{\hbar} \right) |V_{ni}|^2 \delta(E_n - E_i). \qquad (5.9.6)$$

Encorajados por este resultado, calculemos $c_i^{(0)}$, $c_i^{(1)}$ e $c_i^{(2)}$ usando novamente (5.7.17). Temos

$$c_i^{(0)} = 1$$

$$c_i^{(1)} = \frac{-i}{\hbar} V_{ii} \lim_{t_0 \to -\infty} \int_{t_0}^{t} e^{\eta t'} dt' = \frac{-i}{\hbar \eta} V_{ii} e^{\eta t}$$

$$c_i^{(2)} = \left(\frac{-i}{\hbar}\right)^2 \sum_{m} |V_{mi}|^2 \lim_{t_0 \to -\infty} \int_{t_0}^{t} dt' e^{i\omega_{im} t' + \eta t'} \frac{e^{i\omega_{mi} t' + \eta t'}}{i(\omega_{mi} - i\eta)} \quad (5.9.7)$$

$$= \left(\frac{-i}{\hbar}\right)^2 |V_{ii}|^2 \frac{e^{2\eta t}}{2\eta^2} + \left(\frac{-i}{\hbar}\right) \sum_{m \neq i} \frac{|V_{mi}|^2 e^{2\eta t}}{2\eta(E_i - E_m + i\hbar \eta)}.$$

Portanto, até segunda ordem, temos

$$c_i(t) \simeq 1 - \frac{i}{\hbar \eta} V_{ii} e^{\eta t} + \left(\frac{-i}{\hbar}\right)^2 |V_{ii}|^2 \frac{e^{2\eta t}}{2\eta^2} + \left(\frac{-i}{\hbar}\right) \sum_{m \neq i} \frac{|V_{mi}|^2 e^{2\eta t}}{2\eta(E_i - E_m + i\hbar \eta)}. \quad (5.9.8)$$

Considere agora a derivada temporal de $c_i [dc_i(t)/dt \equiv \dot{c}_i]$, que temos de (5.9.8). Dividindo por c_i e tomando $\eta \to 0$ (e, portanto, substituindo $e^{\eta t}$ e $e^{2\eta t}$ pela unidade), obtemos

$$\frac{\dot{c}_i}{c_i} \simeq \frac{\frac{-i}{\hbar} V_{ii} + \left(\frac{-i}{\hbar}\right)^2 \frac{|V_{ii}|^2}{\eta} + \left(\frac{-i}{\hbar}\right) \sum_{m \neq i} \frac{|V_{mi}|^2}{(E_i - E_m + i\hbar \eta)}}{1 - \frac{i}{\hbar} \frac{V_{ii}}{\eta}} \quad (5.9.9)$$

$$\simeq \frac{-i}{\hbar} V_{ii} + \left(\frac{-i}{\hbar}\right) \sum_{m \neq i} \frac{|V_{mi}|^2}{E_i - E_m + i\hbar \eta}.$$

A expansão (5.9.9) é formalmente correta até segunda ordem em V. Observe que $\dot{c}_i(t)/c_i(t)$ é independente de t. A equação (5.9.9) é uma equação que deve ser obedecida para *todos os tempos*. Agora que já obtivemos este resultado, é conveniente renormalizar c_i de forma que $c_i(0) = 1$. Tentamos agora o ansatz

$$c_i(t) = e^{-i\Delta_i t/\hbar}, \quad \frac{\dot{c}_i(t)}{c_i(t)} = \frac{-i}{\hbar} \Delta_i \quad (5.9.10)$$

com Δ_i constante (no tempo), mas não necessariamente real. Claramente, (5.9.10) é consistente com (5.9.9), pois o lado direito de (5.9.10) é constante. Podemos entender o significado físico de Δ_i observando que $e^{-i\Delta_i t/\hbar}|i\rangle$, na representação de interação, implica em $e^{-i\Delta_i t/\hbar - iE_i t/\hbar}|i\rangle$ na representação de Schrödinger. Em outras palavras,

$$E_i \to E_i + \Delta i \qquad (5.9.11)$$

como resultado da perturbação. Ou seja, calculamos o *desvio do nível* usando teoria de perturbação d*ependente* do tempo. Agora, expanda, como fazemos usualmente

$$\Delta_i = \Delta_i^{(1)} + \Delta_i^{(2)} + \cdots, \qquad (5.9.12)$$

e compare (5.9.10) com (5.9.9). Obtemos, até primeira ordem:

$$\Delta_i^{(1)} = V_{ii}. \qquad (5.9.13)$$

Contudo, isto é simplesmente aquilo que esperávamos da *teoria de perturbação independente de t*. Antes de olharmos para $\Delta_i^{(2)}$, lembre-se de que

$$\lim_{\varepsilon \to 0} \frac{1}{x + i\varepsilon} = \text{Pr.} \frac{1}{x} - i\pi\delta(x). \qquad (5.9.14)$$

Portanto,

$$\text{Re}(\Delta_i^{(2)}) = \text{Pr.} \sum_{m \neq i} \frac{|V_{mi}|^2}{E_i - E_m} \qquad (5.9.15a)$$

$$\text{Im}(\Delta_i^{(2)}) = -\pi \sum_{m \neq i} |V_{mi}|^2 \delta(E_i - E_m). \qquad (5.9.15b)$$

Porém, o lado direito de (5.9.15b) nos é familiar da regra de ouro e, portanto, podemos identificar

$$\sum_{m \neq i} w_{i \to m} = \frac{2\pi}{\hbar} \sum_{m \neq i} |V_{mi}|^2 \delta(E_i - E_m) = -\frac{2}{\hbar} \text{Im}[\Delta_i^{(2)}]. \qquad (5.9.16)$$

Voltando para $c_i(t)$, podemos escrever (5.9.10) como

$$c_i(t) = e^{-(i/\hbar)[\text{Re}(\Delta_i)t] + (1/\hbar)[\text{Im}(\Delta_i)t]}. \qquad (5.9.17)$$

Se definirmos

$$\frac{\Gamma_i}{\hbar} \equiv -\frac{2}{\hbar} \text{Im}(\Delta_i), \qquad (5.9.18)$$

então,

$$|c_i|^2 = e^{2\text{Im}(\Delta_i)t/\hbar} = e^{-\Gamma_i t/\hbar}. \qquad (5.9.19)$$

Portanto, Γ_i caracteriza a taxa com a qual $|i\rangle$ desaparece.

5.9 Desvio de Energia e Largura de Decaimento

Vale a pena verificar a conservação de probabilidade até segunda ordem em V para t pequeno:

$$|c_i|^2 + \sum_{m\neq i}|c_m|^2 = (1-\Gamma_i t/\hbar) + \sum_{m\neq i} w_{i\to m} t = 1, \qquad (5.9.20)$$

onde (5.9.16) foi usada. Portanto, as probabilidades de se achar o estado inicial e todos os outros estados se somam para dar 1. Colocando de outro modo, a depleção do estado $|i\rangle$ é compensada pelo crescimento de outros estados diferentes de $|i\rangle$.

Resumindo, a parte real do desvio da energia é o que normalmente associamos com o desvio de nível. A parte imaginária do desvio da energia é, a menos de um fator -2 [veja (5.9.18)], a **largura de decaimento**. Observe também que

$$\frac{\hbar}{\Gamma_i} = \tau_i, \qquad (5.9.21)$$

onde τ_i é o tempo de vida médio do estado $|i\rangle$, pois

$$|c_i|^2 = e^{-t/\tau_i}. \qquad (5.9.22)$$

Para entender o motivo pelo qual Γ_i é chamado de *largura*, olhemos para a decomposição de Fourier

$$\int f(E) e^{-iEt/\hbar} dE = e^{-i[E_i + \mathrm{Re}(\Delta_i)]t/\hbar - \Gamma_i t/2\hbar}. \qquad (5.9.23)$$

Usando a fórmula da inversão de Fourier, obtemos

$$|f(E)|^2 \propto \frac{1}{\{E - [E_i + \mathrm{Re}(\Delta_i)]\}^2 + \Gamma_i^2/4}. \qquad (5.9.24)$$

Portanto, Γ_i tem o significado usual de largura máxima na metade do máximo. Observe que obtemos de (5.9.21) a relação de incerteza entre tempo e energia:

$$\Delta t \Delta E \sim \hbar, \qquad (5.9.25)$$

onde identificamos a incerteza na energia com Γ_i e o tempo de vida médio com Δt.

Embora tenhamos discutido o assunto de desvios de energia e largura de decaimento usando uma perturbação V constante obtida como limte de (5.9.1) quando $\eta \to 0$, podemos facilmente generalizar nossas considerações à perturbação harmônica discutida na Seção 5.7. Tudo o que temos que fazer é

$$E_{n(m)} - E_i \to E_{n(m)} - E_i \pm \hbar\omega \qquad (5.926)$$

em (5.9.2), (5.9.8) e (5.9.15) e assim por diante. A descrição quântica de estados instáveis que foi por nós aqui desenvolvida foi originalmente proposta por Wigner e Weisskopf em 1930.

Problemas

5.1 Um oscilador harmônico simples (em uma dimensão) é sujeito à perturbação

$$\lambda H_1 = bx,$$

onde b é uma constante real.

(a) Calcule os desvios da energia do estado fundamental até o *termo de ordem mais baixa diferente de zero*.

(b) Resolva este problema de *maneira exata* e compare seu resultado com (a). Você pode usar, sem prova, que

$$\langle u_{n'}|x|u_n\rangle = \sqrt{\frac{\hbar}{2m\omega}}(\sqrt{n+1}\delta_{n',n+1} + \sqrt{n}\delta_{n',n-1}).$$

5.2 Em teoria de perturbação não degenerada e independente do tempo, qual a probabilidade de achar, em um autoestado de energia perturbado ($|k\rangle$), o correspondente autoestado ($|k^{(0)}\rangle$) não perturbado? Resolva este problema até termos de ordem g^2.

5.3 Considere uma partícula num potencial bidimensional

$$V_0 = \begin{cases} 0, & \text{para } 0 \leq x \leq L, 0 \leq y \leq L \\ \infty, & \text{caso contrário} \end{cases}$$

Escreva as autofunções para o estado fundamental e o primeiro estado excitado. Adicionamos agora uma perturbação independente do tempo da forma

$$V_1 = \begin{cases} \lambda xy, & \text{para } 0 \leq x \leq L, 0 \leq y \leq L \\ 0, & \text{caso contrário} \end{cases}$$

Obtenha as autofunções de energia em ordem zero e os desvios de energia em primeira ordem para o estado fundamental e primeiro estado excitado.

5.4 Considere um oscilador harmônico isotrópico em duas dimensões. O Hamiltoniano é dado por

$$H_0 = \frac{p_x^2}{2m} + \frac{p_y^2}{2m} + \frac{m\omega^2}{2}(x^2 + y^2).$$

(a) Quais são as energias dos três níveis mais baixos? Há alguma degenerescência?

(b) Aplicamos agora uma perturbação

$$V = \delta m\omega^2 xy,$$

onde δ é um parâmetro real adimensional muito menor que a unidade. Ache o autovetor de ordem zero e a energia correspondente em primeira ordem [isto é, a energia não perturbada obtida em (a) mais a diferença em energia em primeira ordem] para os três níveis mais baixos.

(c) Resolva para $H_0 + V$ de *maneira exata*. Compare com os resultados da teoria de perturbação obtidos em (b). [Você pode usar $\langle n'|x|n\rangle = \sqrt{\hbar/2m\omega}(\sqrt{n+1}\delta_{n',n+1} + \sqrt{n}\delta_{n',n-1})$].

5.5 Estabeleça (5.1.54) para o oscilador harmônico unidimensional dado por (5.1.50) com uma perturbação adicional $V = \frac{1}{2}\varepsilon m\omega^2 x^2$. Mostre que todos os outros elementos de matriz V_{k0} desaparecem.

5.6 (De Merzbacher, 1970) Um oscilador harmônico tridimensional levemente anisotrópico tem $\omega_z \approx \omega_x = \omega_y$. Uma partícula carregada se move no campo deste oscilador e é, concomitantemente, exposta a um campo magnético uniforme na direção x. Supondo que o desdobramento de Zeeman é comparável ao desdobramento produzido pela anisotropia, mas pequeno comparado a $\hbar\omega$, calcule em primeira ordem as energias das componentes do primeiro estado excitado. Discuta vários casos limites.

5.7 Um átomo de um elétron cujo estado fundamental é não degenerado é colocado em um campo elétrico uniforme na direção z. Obtenha uma expressão aproximada para o momento de dipolo elétrico induzido do estado fundamental considerando o valor esperado de ez com respeito ao vetor de estado perturbado, calculado até primeira ordem. Mostre que a mesma expressão pode ser também obtida do desvio de energia $\Delta = -\alpha|\mathbf{E}|^2/2$ do estado fundamental calculado até segunda ordem. (*Observação*: α representa a polarizabilidade.) Ignore o spin.

5.8 Calcule os elementos de matriz (ou valores esperados) dados abaixo. Se algum deles for nulo, explique o porquê disto usando argumentos simples de simetria (ou outros).
  (a) $\langle n = 2, l = 1, m = 0|x|n = 2, l = 0, m = 0\rangle$.
  (b) $\langle n = 2, l = 1, m = 0|p_z|n = 2, l = 0, m = 0\rangle$.
  [Em (a) e (b) $|nlm\rangle$ representa o autovetor de energia do átomo de hidrogênio não relativístico sem spin.]
  (c) $\langle L_z \rangle$ para um elétron em um campo central com $j = \frac{9}{2}, m = \frac{7}{2}$ e $l = 4$.
  (d) $\langle$singleto $m_s = 0 \mid S_z^{(e-)} - S_z^{(e+)} \mid$ tripleto, $m_s = 0\rangle$ para um positrônio no estado s.
  (e) $\langle \mathbf{S}^{(1)} \cdot \mathbf{S}^{(2)} \rangle$ para o estado fundamental de uma *molécula* de hidrogênio.

5.9 Um elétron de orbital p caracterizado por $|n, 1 = 1, m = \pm 1, 0\rangle$ (ignore spin) está sob ação de um potencial

$$V = \lambda(x^2 - y^2) \quad (\lambda = \text{constante})$$

  (a) Obtenha os autoestados de energia de ordem zero "corretos" que diagonalizam a perturbação. Você não precisa calcular os desvios de energia detalhadamente, mas mostre que a degenerescência tripla original foi agora completamente removida.
  (b) Dado que V é invariante por reversão temporal e não há mais degenerescência, esperamos que cada um dos autoestados obtidos em (a) sejam mapeados em si próprios (a menos de um fator de fase ou um sinal). Verifique isto explicitamente.

5.10 Considere uma partícula sem spin em um poço quadrado infinito bidimensional

$$V = \begin{cases} 0, & \text{para } 0 \leq x \leq a, 0 \leq y \leq a \\ \infty, & \text{caso contrário} \end{cases}$$

  (a) Quais são os autovalores de energia para os três níveis mais baixos? Há alguma degenerescência?
  (b) Adicionamos agora o potencial

$$V_1 = \lambda xy, \quad 0 \leq x \leq a, 0 \leq y \leq a.$$

Partindo do pressuposto que esta perturbação é fraca, responda às seguintes questões:

(i) Os desvios nas energias dos três primeiros níveis devido à perturbação são lineares ou quadráticos em λ?

(ii) Obtenha expressões para estes desvios dos três primeiros níveis com precisão de ordem λ (você não precisa calcular integrais que eventualmente possam aparecer).

(iii) Desenhe um diagrama da energia com e sem a perturbação para os três níveis. Certifique-se de especificar qual estado não perturbado está conectado a qual estado perturbado.

5.11 O Hamiltoniano para um sistema de dois níveis pode ser escrito como

$$\mathcal{H} = \begin{pmatrix} E_1^0 & \lambda\Delta \\ \lambda\Delta & E_2^0 \end{pmatrix}.$$

Claramente, as autofunções para os estados não perturbados ($\lambda = 0$) são dadas por

$$\phi_1^{(0)} = \begin{pmatrix} 1 \\ 0 \end{pmatrix}, \quad \phi_2^{(0)} = \begin{pmatrix} 0 \\ 1 \end{pmatrix}.$$

(a) Ache uma solução exata para as autofunções ψ_1 e ψ_2 e seus autovalores E_1 e E_2.

(b) Supondo que $\lambda|\Delta| \ll |E_1^0 - E_2^0|$, resolva o mesmo problema usando teoria de perturbação dependente do tempo até primeira ordem nas autofunções e segunda ordem nos autovalores. Compare com os resultados exatos obtidos em (a).

(c) Suponha que as duas energias não perturbadas são "quase degeneradas", isto é

$$|E_1^0 - E_2^0| \ll \lambda|\Delta|.$$

Mostre que os resultados exatos obtidos em (a) lembram muito o que você esperaria obter aplicando teoria de perturbação *degenerada* a este problema tomando E_1^0 exatamente igual a E_2^0.

5.12 (Este é um problema difícil, pois a degenerescência entre o primeiro e o segundo estado não é removida em primeira ordem. Veja também Gottfried 1966, p. 397, problema 1). Este problema é de Schiff 1968, p. 295, Problema 4. Um sistema que tem três estados não perturbados pode ser representado por um Hamiltoniano da forma

$$\begin{pmatrix} E_1 & 0 & a \\ 0 & E_1 & b \\ a^* & b^* & E_2 \end{pmatrix},$$

onde $E_2 > E_1$. As quantidades a e b devem ser entendidas como perturbações que são da mesma ordem e pequenas quando comparadas a $E_2 - E_1$. Use teoria de perturbação não degenerada de segunda ordem para calcular os autovalores perturbados (este procedimento é correto?). Então, diagonalize a matriz para achar os autovalores exatos. Finalmente, use teoria de perturbação degenerada de segunda ordem. Compare os três resultados obtidos.

5.13 Calcule o efeito Stark para os níveis $2S_{1/2}$ e $2P_{1/2}$ do Hidrogênio para um campo ε suficientemente fraco, de modo que $e\varepsilon a_0$ seja pequeno comparado à estrutura fina, mas leve em conta o desvio de Lamb δ ($\delta = 1.057$ MHz), isto é, ignore $2P_{3/2}$ neste cálculo. Mostre que para $e\varepsilon a_0 \ll \delta$, os desvios das energias são quadráticos em ε, ao passo que para $e\varepsilon a_0 \gg \delta$, eles são lineares em ε (a integral radial de que você precisa é $\langle 2s|r|2p \rangle = 3\sqrt{3}a_0$).

Discuta brevemente as consequências (se houver quaisquer) da reversão temporal para este problema. Este problema é de Gottfried 1966, Problema 7-3.

5.14 Faça as contas do efeito Stark até a ordem mais baixa diferente de zero no nível $n = 3$ do átomo de hidrogênio. Ignorando a força spin-órbita e a correção relativística (desvio de Lamb), obtenha não apenas os desvios das energias até a ordem mais baixa diferente de zero, mas também o correspondente autovetor de ordem zero.

5.15 Suponha que um elétron tenha um momento de dipolo *elétrico* intrínseco muito pequeno análogo ao momento magnético de spin (isto é, $\boldsymbol{\mu}_{el}$ proporcional a $\boldsymbol{\sigma}$). Tratando esta hipotética interação $-\boldsymbol{\mu}_{el} \cdot \mathbf{E}$ como uma pequena perturbação, discuta qualitativamente como os níveis de energia do átomo de Na ($Z = 11$) se alterariam na ausência de qualquer campo eletromagnético externo. As mudanças nos níveis de energia são de primeira ou segunda ordem? Indique explicitamente quais estados se misturam. Obtenha uma expressão para a mudança da energia do mais baixo nível afetado pela perturbação. Suponha ao longo de todo o cálculo que somente o elétron de valência está sujeito à interação hipotética.

5.16 Considera uma partícula ligada a um centro fixo por um potencial $V(r)$ com simetria esférica.
(a) Prove
$$|\psi(0)|^2 = \left(\frac{m}{2\pi\hbar^2}\right)\left\langle\frac{dV}{dr}\right\rangle$$
para todos os estados s, fundamental e excitados.
(b) Verifique esta relação para o estado fundamental de um oscilador harmônico isotrópico tridimensional, para o átomo de hidrogênio e assim por diante (*Observação*: descobriu-se que na verdade este potencial é útil ao se tentar adivinhar a forma do potencial entre um quark e um antiquark).

5.17 (a) Suponha que o Hamiltoniano de um rotor rígido em um campo magnético perpendicular ao eixo é da forma (Merzbacher 1970, Problema 17-1)
$$A\mathbf{L}^2 + BL_z + CL_y$$
se os termos quadráticos no campo forem desprezados. Supondo $B \gg C$, use teoria de perturbação em mais baixa ordem que não dê zero para obter autovalores de energia aproximados.
(b) Considere os elementos de matriz
$$\langle n'l'm_l'm_s'|(3z^2 - r^2)|nlm_lm_s\rangle,$$
$$\langle n'l'm_l'm_s'|xy|nlm_lm_s\rangle$$
de um átomo de um elétron (por exemplo, um alcalino). Escreva as regras de seleção para Δl, Δm_l e Δm_s. Justifique sua resposta.

5.18 Faça as contas do efeito Zeeman *quadrático* para o estado fundamental do átomo de hidrogênio [$\langle\mathbf{x}|0\rangle = (1/\sqrt{\pi a_0^3})e^{-r/a_0}$] devido ao termo $e^2\mathbf{A}^2/2m_ec^2$ normalmente desprezado no Hamiltoniano tomado em primeira ordem. Escreva os desvios das energias como
$$\Delta = -\tfrac{1}{2}\chi\mathbf{B}^2$$

e obtenha uma expressão para a *susceptibilidade diamagnética* χ. A integral definida apresentada abaixo pode ser útil:

$$\int_0^\infty e^{-\alpha r} r^n dr = \frac{n!}{\alpha^{n+1}}.$$

5.19 (Merzbacher 1970, p. 448, Problema 11). Para a função de onda do He, use

$$\psi(\mathbf{x}_1,\mathbf{x}_2) = (Z_{\text{efetivo}}^3/\pi a_0^3)\exp\left[\frac{-Z_{\text{efetivo}}(r_1+r_2)}{a_0}\right]$$

com $Z_{\text{efetivo}} = 2 - \frac{5}{16}$, obtida pelo método variacional. O valor medido da susceptibilidade diamagnética é $1{,}88 \times 10^{-6}$ cm³/mol.

Usando o Hamiltoniano para um elétron atômico em um campo magnético determine, para um estado de momento angular zero, a mudança na energia em ordem B^2 se o sistema estiver em um campo magnético uniforme representado pelo potencial vetor $\mathbf{A} = \frac{1}{2}\mathbf{B} \times \mathbf{r}$.

Definindo a susceptibilidade diamagnética atômica χ via $E = -\frac{1}{2}\chi B^2$, calcule χ para o átomo de Hélio no estado fundamental e compare o resultado obtido com o valor medido.

5.20 Estime a energia do estado fundamental de um oscilador harmônico simples unidimensional usando

$$\langle x|\tilde{0}\rangle = e^{-\beta|x|}$$

como função de prova com β a ser variado. Você pode usar

$$\int_0^\infty e^{-\alpha x} x^n dx = \frac{n!}{\alpha^{n+1}}.$$

5.21 Estime o autovalor mais baixo (λ) da equação diferencial

$$\frac{d^2\psi}{dx^2} + (\lambda - |x|)\psi = 0, \quad \psi \to 0 \quad \text{para}\,|x| \to \infty$$

usando o método variacional com

$$\psi = \begin{cases} c(\alpha - |x|), & \text{para}\,|x| < \alpha \\ 0, & \text{para}\,|x| > \alpha \end{cases} \quad (\alpha \text{ a ser variado})$$

de função de prova. (*Cuidado*: $d\psi/dx$ é descontínua em $x=0$.) Valores numéricos que podem ser úteis na resolução deste problema

$$3^{1/3} = 1{,}442, \quad 5^{1/3} = 1{,}710, \quad 3^{2/3} = 2{,}080, \quad \pi^{2/3} = 2{,}145.$$

Pode-se mostrar que o valor exato do autovalor mais baixo é 1,019.

5.22 Considere o oscilador harmônico simples unidimensional cuja frequência angular clássica é ω_0. Para $t < 0$, sabemos que ele se encontra no estado fundamental. Para $t > 0$, há também um potencial dependente do tempo

$$V(t) = F_0 x \cos \omega t,$$

onde F_0 é uma constante no espaço e no tempo. Obtenha uma expressão para o valor esperado $\langle x \rangle$ como função do tempo usando teoria de perturbação dependente do tempo em ordem mais baixa que não desaparece. Este procedimento é válido para $\omega \simeq \omega_0$? [Você pode usar $\langle n'|x|n\rangle = \sqrt{\hbar/2m\omega_0}(\sqrt{n+1}\delta_{n',n+1} + \sqrt{n}\delta_{n',n-1})$].

5.23 Um oscilador harmônico unidimensional se encontra no estado fundamental para $t < 0$. Para $t \geq 0$ ele está sujeito a uma *força* (não potencial!) dependente do tempo, mas espacialmente uniforme na direção x

$$F(t) = F_0 e^{-t/\tau}.$$

(a) Usando teoria de perturbação dependente do tempo em primeira ordem, obtenha a probabilidade de achar o oscilador no primeiro estado excitado para $t > 0$. Mostre que o limite $t \to 0$ (τ finito) das sua expressão é independente do tempo. Isto é razoável ou surpreendente?

(b) Podemos achar estados excitados mais altos? Você pode usar

$$\langle n'|x|n\rangle = \sqrt{\hbar/2m\omega}(\sqrt{n}\delta_{n',n-1} + \sqrt{n+1}\delta_{n',n+1}).$$

5.24 Considere uma partícula ligada a um potencial de um oscilador harmônico simples. Inicialmente ($t < 0$), ela se encontra no estado fundamental. Em $t = 0$, liga-se uma perturbação da forma

$$H'(x,t) = Ax^2 e^{-t/\tau}$$

Usando teoria de perturbação dependente do tempo, calcule a probabilidade de que, depois de um tempo suficientemente longo ($t \gg \tau$), o sistema terá feito uma transição para um dado estado excitado. Considere todos os estados finais.

5.25 O Hamiltoniano não perturbado de um sistema de dois estados é representado por

$$H_0 = \begin{pmatrix} E_1^0 & 0 \\ 0 & E_2^0 \end{pmatrix}.$$

Há, além disso, uma perturbação dependente do tempo

$$V(t) = \begin{pmatrix} 0 & \lambda\cos\omega t \\ \lambda\cos\omega t & 0 \end{pmatrix} \quad (\lambda \text{ real}).$$

(a) Em $t = 0$, é sabido que o sistema se encontro no primeiro estado, representado por

$$\begin{pmatrix} 1 \\ 0 \end{pmatrix}.$$

Usando teoria de perturbação dependente do tempo e supondo que $E_1^0 - E_2^0$ *não é* próximo de $\pm\hbar\omega$, deduza uma expressão para a probabilidade do sistema ser encontrado no segundo estado, representado por

$$\begin{pmatrix} 0 \\ 1 \end{pmatrix}$$

como função de t ($t > 0$).

(b) Porque este procedimento não é válido quando $E_1^0 - E_2^0$ é próximo de $\pm\hbar\omega$?

5.26 Sobre um oscilador harmônico simples unidimensional de frequência ω atua uma força (*não* potencial!) espacialmente uniforme, mas dependente do tempo

$$F(t) = \frac{(F_0\tau/\omega)}{(\tau^2 + t^2)}, \quad -\infty < t < \infty.$$

Em $t = -\infty$, sabe-se que o oscilador se encontra no estado fundamental. Usando teoria de perturbação dependente do tempo até primeira ordem, calcule a probabilidade de que encontremos o oscilador no primeiro estado excitado em $t = +\infty$.

Desafio para os experts: $F(t)$ é normalizada de tal modo que o impulso

$$\int F(t)dt$$

dado ao oscilador é sempre o mesmo – isto é, independente de τ; ainda assim, para $t \gg 1/\omega$, a probabilidade de excitação é essencialmente negligenciável. Isto é razoável? [Elemento de matriz de x: $\langle n'|x|n\rangle = (\hbar/2m\omega)^{1/2}(\sqrt{n}\delta_{n',n-1} + \sqrt{n+1}\delta_{n',n+1})$].

5.27 Considere uma partícula em uma dimensão movendo-se sob a influência de um potencial independente do tempo. Supõe-se que os níveis de energia e as correspondentes autofunções para este problema sejam conhecidas. Sujeitamos agora a partícula a um pulso propagante representado por um potencial dependente do tempo,

$$V(t) = A\delta(x - ct).$$

(a) Suponha que em $t = -\infty$ a partícula esteja no estado fundamental, cuja autofunção de energia é $\langle x|i\rangle = u_i(x)$. Obtenha a probabilidade de se achar a partícula em algum estado excitado com autofunção $\langle x|f\rangle = u_f(x)$ em $t = +\infty$.

(b) Interprete o resultado em (a) fisicamente, imaginando o pulso de forma de uma função δ como sendo uma superposição de perturbações harmônicas; lembre-se de que

$$\delta(x - ct) = \frac{1}{2\pi c}\int_{-\infty}^{\infty} d\omega e^{i\omega[(x/c)-t]}.$$

Enfatize o papel desempenhado pela conservação de energia, que continua válida na mecânica quântica desde que a perturbação esteja ligada por um tempo bastante longo.

5.28 Um átomo de hidrogênio no estado fundamental $[(n, l, m) = (1, 0, 0)]$ é colocado entre as placas de um capacitor. Um campo elétrico uniforme espacialmente, mas dependente do tempo (não potencial!), é aplicado da seguinte forma:

$$\mathbf{E} = \begin{cases} 0, & \text{para } t < 0 \\ \mathbf{E}_0 e^{-t/\tau}, & \text{para } t > 0. \end{cases} \quad (\mathbf{E}_0 \text{ na direção } z \text{ positiva})$$

Usando teoria de perturbação dependente do tempo até primeira ordem, calcule a probabilidade de encontramos o átomo em $t \gg \tau$ em cada um dos três estados $2p$: $(n, l, m) = (2, 1, \pm 1$ ou $0)$. Repita o problema para o estado $2s$: $(n, l, m) = (2, 0, 0)$. Você não precisa tentar resolver as integrais radiais, mas deve fazer todas as outras (com relação aos ângulos e ao tempo).

5.29 Considere um sistema composto por dois objetos com spin $\frac{1}{2}$. Para $t < 0$, o Hamiltoniano não depende do spin e pode ser feito igual a zero ajustando-se convenientemente a escala de energia. Para $t > 0$, o Hamiltoniano é dado por

$$H = \left(\frac{4\Delta}{\hbar^2}\right)\mathbf{S}_1 \cdot \mathbf{S}_2.$$

Suponha que o sistema se encontre em $|+-\rangle$ para $t \leq 0$. Ache, como função do tempo, a probabilidade de ele ser encontrado em cada dos estados $|++\rangle$, $|+-\rangle$, $|-+\rangle$ e $|--\rangle$:

(a) resolvendo o problema de maneira exata.

(b) Resolvendo o problema, supondo a validade da teoria de perturbação dependente do tempo em primeira ordem, com H enquanto perturbação ligada em $t = 0$. Sob qual condição (b) reproduz as respostas corretas?

5.30 Considere um sistema de dois níveis com $E_1 < E_2$. Há um potencial dependente do tempo que conecta os dois níveis do seguinte modo:

$$V_{11} = V_{22} = 0, \quad V_{12} = \gamma e^{i\omega t}, \quad V_{21} = \gamma e^{-i\omega t} \; (\gamma \text{ real}).$$

Em $t = 0$, sabemos que somente o nível mais baixo é ocupado – isto é, $c_1(0) = 1$, $c_2(0) = 1$.

(a) Ache $|c_1(t)|^2$ e $|c_2(t)|^2$ para $t > 0$ resolvendo *exatamente* as equações diferenciais acopladas

$$i\hbar \dot{c}_k = \sum_{n=1}^{2} V_{kn}(t) e^{i\omega_{kn} t} c_n, \quad (k = 1, 2).$$

(b) Resolva o mesmo problema usando teoria de perturbação dependente do tempo até a ordem mais baixa que não é nula. Compare as duas abordagens para valores pequenos de γ. Trate os seguintes casos separadamente: (i) ω muito diferente de ω_{21} e (ii) ω próximo de ω_{21}.

Resposta para (a): (Fórmula de Rabi)

$$|c_2(t)|^2 = \frac{\gamma^2/\hbar^2}{\gamma^2/\hbar^2 + (\omega - \omega_{21})^2/4} \operatorname{sen}^2\left\{\left[\frac{\gamma^2}{\hbar^2} + \frac{(\omega - \omega_{21})^2}{4}\right]^{1/2} t\right\},$$

$$|c_1(t)|^2 = 1 - |c_2(t)|^2.$$

5.31 Mostre que ligar lentamente a perturbação $V \to V e^{\eta t}$ (veja Baym 1969, p. 257) pode gerar uma contribuição do segundo termo em (5.7.36).

5.32 (a) Considere o problema do positrônio que você resolveu no Capítulo 3, Problema 3.4. Na presença de um campo magnético B uniforme e estático ao longo do eixo z, o Hamiltoniano é dado por

$$H = A\mathbf{S}_1 \cdot \mathbf{S}_2 + \left(\frac{eB}{m_e c}\right)(S_{1z} - S_{2z}).$$

Resolva este problema para obter os níveis de energia de todos os quatro estados usando teoria de perturbação dependente do tempo degenerada (ao invés de diagonalizar H). Suponha o primeiro e segundo termos na expressão de H como sendo H_0 e V, respectivamente. Compare seus resultados com as expressões exatas

$$E = -\left(\frac{\hbar^2 A}{4}\right)\left[1 \pm 2\sqrt{1 + 4\left(\frac{eB}{m_e c \hbar A}\right)^2}\right] \text{ para } \begin{cases} \text{singleto } m = 0 \\ \text{tripleto } m = 0 \end{cases}$$

$$E = \frac{\hbar^2 A}{4} \qquad \text{para tripleto } m = \pm 1,$$

onde *tripleto* (*singleto*) $m = 0$ representa o estado que se torna um tripleto puro (singleto) com $m = 0$ quando $B \to 0$.

(b) Tentamos agora promover transições (via emissão e absorção estimuladas) entre os dois estados $m = 0$, introduzindo um campo magnético oscilante com a frequência "certa". Deveríamos orientar o campo magnético ao longo do eixo z ou do eixo x (y)? Justifique sua resposta (supomos que o campo estático original aponta na direção z o tempo todo).

(c) Calcule os autovetores em primeira ordem.

5.33 Repita o problema 5.32, mas com o Hamiltoniano no átomo de hidrogênio

$$H = A\mathbf{S}_1 \cdot \mathbf{S}_2 + \left(\frac{eB}{m_e c}\right)\mathbf{S}_1 \cdot \mathbf{B},$$

onde, no termo hiperfino, $A\mathbf{S}_1 \cdot \mathbf{S}_2$, $\mathbf{S}_1$ é o spin do elétron, e $\mathbf{S}_2$ é o spin do próton. [Note que este problema tem menos simetria que no caso do positrônio].

5.34 Considere a emissão espontânea de um fóton por um átomo excitado. O processo é conhecido como sendo uma transição $E1$. Suponha que o número quântico magnético do átomo diminui em uma unidade. Qual a distribuição angular do fóton emitido? Discuta também a polarização do fóton, com atenção para a conservação de momento angular de todo o sistema (átomo mais fóton).

5.35 Considere um átomo composto de um elétron e um triton ($Z = 1$) de carga única (^{3}H). Inicialmente, o sistema se encontra no estado fundamental ($n = 1, l = 0$). Suponha que o sistema sofra um decaimento beta, no qual a matéria nuclear *repentinamente aumenta* por uma unidade (realisticamente pela emissão de um elétron e um antineutrino). Isso significa que o núcleo de trítio (chamada de triton) se transforma em um núcleo de Hélio ($Z = 2$) de massa 3 (^{3}He).

(a) Obtenha a probabilidade de o sistema ser encontrado no estado fundamental do íon de hélio resultante. A função de onda hidrogenoide é dada por

$$\psi_{n=1, l=0}(\mathbf{x}) = \frac{1}{\sqrt{\pi}}\left(\frac{Z}{a_0}\right)^{3/2} e^{-Zr/a_0}.$$

(b) A energia disponível no decaimento beta do trítio é de aproximadamente 18 keV, e o tamanho do átomo ^{3}He é aproximadamente 1Å. Verifique que a escala de tempo T para a transformação satisfaz o critério de validade para a aproximação rápida.

5.36 Mostre que $\mathbf{A}_n(\mathbf{R})$ definido em (5.6.23) é uma grandeza real pura.

5.37 Considere um nêutron em um campo magnético, fixo em um ângulo θ com relação ao eixo z, mas girando lentamente na direção ϕ. Calcule explicitamente o potencial de Berry $\mathbf{A}$ para o estado de spin para cima a partir de (5.6.23), tome seu rotacional e determine a fase de Berry γ_+. Portanto, verifique (5.6.42) para este exemplo particular de uma curva C. (Para dicas, veja "The Adiabatic Theorem and Berry's Phase", de B. R. Holstein, *Am. J. Phys.* **57** (1989) 1079).

5.38 O estado fundamental do átomo de hidrogênio ($n = 1, l = 0$) é sujeito a um potencial dependente do tempo da seguinte forma:

$$V(\mathbf{x}, t) = V_0 \cos(kz - \omega t).$$

Usando teoria de perturbação dependente do tempo, obtenha uma expressão para a taxa de transição com a qual o elétron é emitido com momento $\mathbf{p}$. Mostre, em particular, como você pode calcular a distribuição angular do elétron ejetado (em termos de θ e ϕ definidos em relação ao eixo z). Discuta *sucintamente* as similaridades e diferenças entre este problema e o efeito fotoelétrico (mais realista). (*Nota*: para a função de onda inicial, veja o Problema 5.35. Se você tiver algum problema com a normalização, pode tomar a função de onda final como sendo

$$\psi_f(\mathbf{x}) = \left(\frac{1}{L^{3/2}}\right) e^{i\mathbf{p}\cdot\mathbf{x}/\hbar}$$

com L muito grande, mas você deve ser capaz de mostrar que os efeitos observáveis são independentes de L.)

5.39 Uma partícula de massa m restrita a se mover em uma dimensão é confinada entre $0 < x < L$ por um potencial de barreira infinita

$$V = \infty \quad \text{para } x < 0, x > L,$$
$$V = 0 \quad \text{para } 0 \leq x \leq L.$$

Obtenha uma expressão para a densidade de estados (isto é, o número de estados por unidade de intervalo de energia) para energias *altas*, como função de E (verifique sua dimensão!).

5.40 Luz linearmente polarizada de frequência angular ω incide sobre um "átomo" de um elétron cuja função de onda pode ser aproximada pelo estado fundamental de um oscilador harmônico isotrópico tridimensional de frequência angular ω_0. Mostre que a seção de choque diferencial para a ejeção de um fotoelétron é dada por

$$\frac{d\sigma}{d\Omega} = \frac{4\alpha\hbar^2 k_f^3}{m^2 \omega \omega_0} \sqrt{\frac{\pi\hbar}{m\omega_0}} \exp\left\{-\frac{\hbar}{m\omega_0}\left[k_f^2 + \left(\frac{\omega}{c}\right)^2\right]\right\}$$

$$\times \operatorname{sen}^2\theta \cos^2\phi \exp\left[\left(\frac{2\hbar k_f \omega}{m\omega_0 c}\right)\cos\theta\right],$$

desde que o elétron ejetado, de momento $\hbar k_f$, possa ser visto como estando em um estado de onda plana (o sistema de coordenadas usados é aquele mostrado na Figura 5.12).

5.41 Ache a probabilidade $|\phi(\mathbf{p}')|^2 d^3 p'$ do particular momento $\mathbf{p}'$ para o estado fundamental do átomo de hidrogênio (este é um belo exercício em transformadas de Fourier em três dimensões. Para fazer as integrações angulares, escolha o eixo z na direção de $\mathbf{p}$).

5.42 Obtenha uma expressão para $\tau(2p \to 1s)$ para o átomo de hidrogênio. Verifique que ele é igual a $1,6 \times 10^{-9}$ s.

CAPÍTULO 6

Teoria de Espalhamento

Este capítulo é voltado ao estudo de processos de espalhamento. Estes processos são aqueles nos quais um estado inicial contínuo é transformado em um estado final contínuo através da ação de algum potencial que será aqui por nós tratado como uma perturbação dependente do tempo. Processos deste tipo são de enorme importância na física: é através deles que aprendemos, experimentalmente, acerca da distribuição de massa, carga e, em geral, de energia potencial de sistemas moleculares, atômicos e subatômicos.

6.1 ■ O ESPALHAMENTO COMO PERTURBAÇÃO DEPENDENTE DO TEMPO

Partiremos do pressuposto de que nosso Hamiltoniano possa ser escrito como

$$H = H_0 + V(\mathbf{r}), \tag{6.1.1}$$

$$\text{onde} \quad H_0 = \frac{\mathbf{p}^2}{2m} \tag{6.1.2}$$

representa o operador de energia cinética, com autovalores

$$E_{\mathbf{k}} = \frac{\hbar^2 \mathbf{k}^2}{2m}. \tag{6.1.3}$$

Denotamos por $|\mathbf{k}\rangle$ as ondas planas que são autovetores de H_0, e supomos que o potencial de espalhamento $V(\mathbf{r})$ seja independente do tempo.

Na nossa abordagem, partimos do pressuposto de que uma partícula que se aproxima do centro espalhador "vê" um potencial de espalhamento como se ele fosse uma perturbação que fica "ligada" apenas durante o intervalo de tempo durante o qual a partícula está nas proximidades do espalhador. Sendo assim, podemos analisar o problema em termos da teoria de perturbação dependente do tempo na representação de interação.

Apenas para efeito de revisão (veja Seção 5.7), o estado $|\alpha, t_0; t_0\rangle_I$ evolui para o estado $|\alpha, t; t_0\rangle_I$ segundo

$$|\alpha, t; t_0\rangle_I = U_I(t, t_0)|\alpha, t_0; t_0\rangle_I, \tag{6.1.4}$$

onde $U_I(t, t_0)$ satisfaz a equação

$$i\hbar \frac{\partial}{\partial t} U_I(t, t_0) = V_I(t) U_I(t, t_0) \tag{6.1.5}$$

com $U_I(t_0, t_0) = 1$ e $V_I(t) = \exp(iH_0t/\hbar)V\exp(-iH_0t/\hbar)$. A solução formal desta equação pode ser escrita como

$$U_I(t,t_0) = 1 - \frac{i}{\hbar}\int_{t_0}^{t} V_I(t')U_I(t',t_0)dt'. \qquad (6.1.6)$$

Portanto, a "amplitude de transição" com a qual um estado inicial $|i\rangle$ se transforma em um estado final $|n\rangle$, onde ambos os estados são autoestados de H_0, é dada por

$$\langle n|U_I(t,t_0)|i\rangle = \delta_{ni} - \frac{i}{\hbar}\sum_m \langle n|V|m\rangle \int_{t_0}^{t} e^{i\omega_{nm}t'}\langle m|U_I(t',t_0)|i\rangle dt', \qquad (6.1.7)$$

onde $\langle n|i\rangle = \delta_{ni}$ e $\hbar\omega_{nm} = E_n - E_m$.

Para aplicarmos este formalismo à teoria de espalhamento, é necessário fazermos alguns ajustes. Primeiro, há a normalização dos estados inicial e final. A equação (6.1.7) pressupõe que os estados sejam discretos, mas nossos estados de espalhamento se encontram no contínuo. Para lidar com isso, quantizamos nossos estados em uma "caixa grande" – um cubo de lado L. Na representação de coordenadas, isto dá

$$\langle \mathbf{x}|\mathbf{k}\rangle = \frac{1}{L^{3/2}}e^{i\mathbf{k}\cdot\mathbf{x}}, \qquad (6.1.8)$$

em cujo caso $\langle \mathbf{k}'|\mathbf{k}\rangle = \delta_{\mathbf{kk}'}$, onde $\mathbf{k}$ assume valores discretos. Ao final dos cálculos, tomamos o limite $L \to \infty$.

Também temos que lidar com o fato de que tanto o estado final quanto o inicial existem apenas assintoticamente, ou seja temos que trabalhar com $t \to \infty$ além de $t_0 \to -\infty$. Para ter uma ideia de como lidar com isto, olhemos para uma aproximação de (6.1.7) em primeira ordem, tomando $\langle m|U_I(t',t_0)|i\rangle = \delta_{mi}$ dentro da integral:

$$\langle n|U_I(t,t_0)|i\rangle = \delta_{ni} - \frac{i}{\hbar}\langle n|V|i\rangle \int_{t_0}^{t} e^{i\omega_{ni}t'}dt'. \qquad (6.1.9)$$

Nesta caso, quando $t \to \infty$, vimos anteriormente que aparece uma "taxa de transição" na forma da regra de ouro de Fermi. Portanto, a fim de acomodar também $t_0 \to -\infty$, definimos uma matriz T da seguinte forma:

$$\langle n|U_I(t,t_0)|i\rangle = \delta_{ni} - \frac{i}{\hbar}T_{ni}\int_{t_0}^{t} e^{i\omega_{ni}t'+\varepsilon t'}dt', \qquad (6.1.10)$$

onde $\varepsilon > 0$ e $t \ll (1/\varepsilon)$. Estas condições garantem que $e^{\varepsilon t'}$ é próximo da unidade quando $t \to \infty$ e que o integrando vai a zero quando $t_0 \to -\infty$. Apenas temos de garantir que tomamos o limite $\varepsilon \to 0$ primeiro, antes de tomar $t \to +\infty$.

Podemos agora definir a matriz de espalhamento (ou matriz S)[‡] em termos da matriz T:

$$S_{ni} \equiv \lim_{t\to\infty}\left[\lim_{\varepsilon\to 0}\langle n|U_I(t,-\infty)|i\rangle\right] = \delta_{ni} - \frac{i}{\hbar}T_{ni}\int_{-\infty}^{\infty} e^{i\omega_{ni}t'}dt'$$
$$= \delta_{ni} - 2\pi i\delta(E_n - E_i)T_{ni}. \qquad (6.1.11)$$

[‡] N. de T.: O S para designar a matriz de espalhamento é uma referência ao inglês Scattering Matrix.

A matriz *S* consiste, claramente, em duas partes: uma parte é aquela na qual o estado final é igual ao estado inicial. A segunda parte, governada pela matriz *T*, é aquela na qual algum tipo de espalhamento ocorre.

Taxas de transição e seções de choque

Procedendo de modo análogo ao da Seção 5.7, definimos a taxa de transição como

$$w(i \to n) = \frac{d}{dt} |\langle n|U_I(t,-\infty)|i\rangle|^2, \qquad (6.1.12)$$

onde, para $|i\rangle \neq |n\rangle$, temos

$$\langle n|U_I(t,-\infty)|i\rangle = -\frac{i}{\hbar} T_{ni} \int_{-\infty}^{t} e^{i\omega_{ni}t'+\varepsilon t'} dt' = -\frac{i}{\hbar} T_{ni} \frac{e^{i\omega_{ni}t+\varepsilon t}}{i\omega_{ni}+\varepsilon} \qquad (6.1.13)$$

e, portanto,

$$w(i \to n) = \frac{d}{dt}\left[\frac{1}{\hbar^2} |T_{ni}|^2 \frac{e^{2\varepsilon t}}{\omega_{ni}^2+\varepsilon^2}\right] = \frac{1}{\hbar^2} |T_{ni}|^2 \frac{2\varepsilon\, e^{2\varepsilon t}}{\omega_{ni}^2+\varepsilon^2}.$$

Precisamos tomar o limite $\varepsilon \to 0$ para valores finitos de *t*, e depois o limite $t \to \infty$. Isto claramente fará com que $w \to 0$ se $\omega_{ni} \neq 0$ e, portanto, vemos algo do tipo $\delta(\omega_{ni})$ emergindo, algo que já era esperado, uma vez que temos (6.1.11). De fato, devido a

$$\int_{-\infty}^{\infty} \frac{1}{\omega^2+\varepsilon^2} d\omega = \frac{\pi}{\varepsilon} \qquad (6.1.14)$$

para $\varepsilon > 0$ temos, para *t* finito,

$$\lim_{\varepsilon \to 0} \frac{\varepsilon\, e^{2\varepsilon t}}{\omega_{ni}^2+\varepsilon^2} = \pi\delta(\omega_{ni}) = \pi\hbar\delta(E_n - E_i). \qquad (6.1.15)$$

Portanto, a taxa de transição é

$$w(i \to n) = \frac{2\pi}{\hbar} |T_{ni}|^2 \delta(E_n - E_i), \qquad (6.1.16)$$

que é independente do tempo e, portanto, o limite $t \to \infty$ é trivial Esta expressão é surpreendentemente similar à regra de ouro de Fermi (5.3.35), exceto que V_{ni} foi substituído por um termo mais geral T_{ni}. Veremos abaixo como determinar os elementos de matriz T_{ni} em geral. Primeiro, contudo, continuemos nossa discussão, expressando a seção de choque de espalhamento em termos da taxa de transição.

Do mesmo modo como fizemos para a regra de ouro de Fermi, para integrarmos sobre a energia do estado final E_n é preciso determinar a densidade de estados finais $\rho(E_n) = \Delta n/\Delta E_n$. Faremos isto para o caso do espalhamento elástico, onde $|i\rangle = |\mathbf{k}\rangle$, $|n\rangle = |\mathbf{k}'\rangle$ e $|\mathbf{k}| = |\mathbf{k}'| \equiv k$ (recorde-se de nossa discussão da Seção 2.5 sobre a partícula livre em três dimensões). Com a nossa normalização de "caixa grande", escrevemos

$$E_{\mathbf{n}} = \frac{\hbar^2 \mathbf{k}'^2}{2m} = \frac{\hbar^2}{2m}\left(\frac{2\pi}{L}\right)^2 |\mathbf{n}|^2 \quad \text{então} \quad \Delta E_{\mathbf{n}} = \frac{\hbar^2}{m}\left(\frac{2\pi}{L}\right)^2 |\mathbf{n}|\Delta|\mathbf{n}|, \quad (6.1.17)$$

onde $\mathbf{n} = n_x\hat{\mathbf{i}} + n_y\hat{\mathbf{j}} + n_z\hat{\mathbf{k}}$ e $n_{x,y,z}$ são inteiros. Uma vez que $\mathbf{n} = (L/2\pi)|\mathbf{k'}| = (L/2\pi)k$ e L é grande, podemos pensar em $|\mathbf{n}|$ como sendo praticamente contínuo, e o número de estados dentro de uma casca esférica de raio $|\mathbf{n}|$ e espessura $\Delta|\mathbf{n}|$ é

$$\Delta n = 4\pi |\mathbf{n}|^2 \Delta |\mathbf{n}| \times \frac{d\Omega}{4\pi}, \qquad (6.1.18)$$

considerando, na expressão acima, a fração do ângulo sólido representada pelo vetor de onda $\mathbf{k}$ do estado final. Portanto,

$$\rho(E_n) = \frac{\Delta n}{\Delta E_n} = \frac{m}{\hbar^2}\left(\frac{L}{2\pi}\right)^2 |\mathbf{n}| d\Omega = \frac{mk}{\hbar^2}\left(\frac{L}{2\pi}\right)^3 d\Omega, \qquad (6.1.19)$$

e após integrar sobre os estados finais, a taxa de transição é dada por

$$w(i \to n) = \frac{mkL^3}{(2\pi)^2 \hbar^3} |T_{ni}|^2 d\Omega. \qquad (6.1.20)$$

Visando interpretar a taxa de transição em experimentos de espalhamento, empregamos o conceito de seção de choque. Ou seja, determinamos, a partir de um "feixe" de partículas de momento $\hbar\mathbf{k}$, a taxa segundo a qual elas são espalhadas dentro de um ângulo sólido $d\Omega$. A velocidade destas partículas é $v = \hbar k/m$, de modo que o tempo gasto para uma partícula atravessar a "caixa grande" é igual a L/v. Portanto, o fluxo para o feixe de partículas é $(1/L^2) \div (L/v) = v/L^3$. De fato, o fluxo de probabilidade (2.4.16) para a função de onda (6.1.8) se torna

$$\mathbf{j}(\mathbf{x},t) = \left(\frac{\hbar}{m}\right) \frac{\mathbf{k}}{L^3} = \frac{v}{L^3}. \qquad (6.1.21)$$

A seção de choque $d\sigma$ é simplesmente definida como a taxa de transição dividida pelo fluxo. Colocando tudo junto, temos

$$\frac{d\sigma}{d\Omega} = \left(\frac{mL^3}{2\pi\hbar^2}\right)^2 |T_{ni}|^2. \qquad (6.1.22)$$

A tarefa que se nos apresenta agora é relacionar os elementos de matriz T_{ni} à distribuição $V(\mathbf{r})$ do potencial espalhador.

Resolvendo a matriz T

Retornemos à definição da matriz T. De (6.1.10) e (6.1.13), temos

$$\langle n|U_I(t,-\infty)|i\rangle = \delta_{ni} + \frac{1}{\hbar}T_{ni}\frac{e^{i\omega_{ni}t+\varepsilon t}}{-\omega_{ni}+i\varepsilon}. \qquad (6.1.23)$$

Podemos também retornar a (6.1.7). Escrevendo $V_{nm} = \langle n|V|m\rangle$, temos

$$\langle n|U_I(t,-\infty)|i\rangle = \delta_{ni} - \frac{i}{\hbar}\sum_m V_{nm}\int_{-\infty}^{t} e^{i\omega_{nm}t'}\langle m|U_I(t',-\infty)|i\rangle dt'. \qquad (6.1.24)$$

Agora, insira (6.1.23) no integrando de (6.1.24). O resultado disto são três termos: o primeiro é δ_{ni} e o segundo se parece exatamente com (6.1.23), mas com T_{ni} substituido por V_{ni}. O terceiro termo é

$$-\frac{i}{\hbar}\frac{1}{\hbar}\sum_m V_{nm}\frac{T_{mi}}{-\omega_{mi}+i\varepsilon}\int_{-\infty}^t e^{i\omega_{nm}t'+i\omega_{mi}t'+\varepsilon t'}dt'. \qquad (6.1.25)$$

Fazemos, então, a integral e, uma vez que $\omega_{nm}+\omega_{mi}=\omega_{ni}$, o resultado pode ser tirado para fora da somatória. Juntando os termos e comparando o resultado com (6.1.23), descobrimos a seguinte relação:

$$T_{ni}=V_{ni}+\frac{1}{\hbar}\sum_m V_{nm}\frac{T_{mi}}{-\omega_{mi}+i\varepsilon}=V_{ni}+\sum_m V_{nm}\frac{T_{mi}}{E_i-E_m+i\hbar\varepsilon}. \qquad (6.1.26)$$

Esta equação representa um sistema inomogêneo de equações lineares que pode ser resolvido para se obter os valores de T_{ni} em termos dos elementos de matriz V_{nm} conhecidos. É conveniente definir um conjunto de vetores $|\psi^{(+)}\rangle$ em termos de componentes em alguma base $|j\rangle$, de modo que

$$T_{ni}=\sum_j\langle n|V|j\rangle\langle j|\psi^{(+)}\rangle=\langle n|V|\psi^{(+)}\rangle. \qquad (6.1.27)$$

(A escolha da notação se tornará aparente em instantes.) Portanto, (6.1.26) torna-se

$$\langle n|V|\psi^{(+)}\rangle=\langle n|V|i\rangle+\sum_m\langle n|V|m\rangle\frac{\langle m|V|\psi^{(+)}\rangle}{E_i-E_m+i\hbar\varepsilon}. \qquad (6.1.28)$$

Uma vez que isto tem que ser verdadeiro para todo $|n\rangle$, temos uma expressão para o $|\psi^{(+)}\rangle$, a saber

$$|\psi^{(+)}\rangle=|i\rangle+\sum_m|m\rangle\frac{\langle m|V|\psi^{(+)}\rangle}{E_i-E_m+i\hbar\varepsilon}$$

$$=|i\rangle+\sum_m\frac{1}{E_i-H_0+i\hbar\varepsilon}|m\rangle\langle m|V|\psi^{(+)}\rangle$$

$$\text{ou}\quad |\psi^{(+)}\rangle=|i\rangle+\frac{1}{E_i-H_0+i\hbar\varepsilon}V|\psi^{(+)}\rangle. \qquad (6.1.29)$$

Esta expressão é conhecida como **equação de Lippman-Schwinger**. Discutiremos o significado físico de $(+)$ em breve, olhando para $\langle\mathbf{x}|\psi^{(+)}\rangle$ a grandes distâncias. Claramente, os estados $|\psi^{(+)}\rangle$ têm uma importância fundamental, permitindo-nos reescrever (6.1.22) como

$$\frac{d\sigma}{d\Omega}=\left(\frac{mL^3}{2\pi\hbar^2}\right)^2\left|\langle n|V|\psi^{(+)}\rangle\right|^2. \qquad (6.1.30)$$

Introduzimos os elementos de matriz T_{ni} como sendo simplesmente números complexos, definidos por (6.1.10). Contudo, nós também podemos definir um operador T cujos elementos de matriz são $\langle n|T|i\rangle=T_{ni}$ escrevendo $T|i\rangle=V|\psi^{(+)}\rangle$. Podemos, então, operar com V sobre o lado esquerdo de (6.1.29), o que nos leva a uma equação de operadores sucinta:

$$T = V + V \frac{1}{E_i - H_0 + i\hbar\varepsilon} T. \tag{6.1.31}$$

Disto podemos tirar um esquema de aproximação ordem a ordem para o operador de transição T, válido desde que possamos considerar V como sendo "fraco":

$$T = V + V \frac{1}{E_i - H_0 + i\hbar\varepsilon} V + V \frac{1}{E_i - H_0 + i\hbar\varepsilon} V \frac{1}{E_i - H_0 + i\hbar\varepsilon} V + \cdots. \tag{6.1.32}$$

Retornaremos a este esquema aproximativo na Seção 6.3.

Espalhamento do futuro para o passado

Podemos também imaginar o processo de espalhamento como evoluindo para trás no tempo, de um estado de onda plana $|i\rangle$ no futuro distante para um estado $|n\rangle$ no passado remoto. Neste caso, escreveríamos a solução formal (6.1.6) como

$$U_I(t, t_0) = 1 + \frac{i}{\hbar} \int_t^{t_0} V_I(t') U_I(t', t_0) dt', \tag{6.1.33}$$

que é uma forma apropriada para se tomar o limite $T_0 \to +\infty$. Nossa matriz T é, então, definida em se regularizando a integral com a exponencial com sinal oposto:

$$\langle n | U_I(t, t_0) | i \rangle = \delta_{ni} + \frac{i}{\hbar} T_{ni} \int_t^{t_0} e^{i\omega_{ni} t' - \varepsilon t'} dt'. \tag{6.1.34}$$

Neste caso, o operador T é definido através de um conjunto diferente de estados $|\psi^{(-)}\rangle$ via $T|i\rangle = V|\psi^{(-)}\rangle$. Estamos agora preparados para estudar soluções práticas do problema de espalhamento e adquirir assim um entendimento mais profundo acerca dos diferentes estados espalhados $|\psi^{(+)}\rangle$ e $|\psi^{(-)}\rangle$.

6.2 ■ A AMPLITUDE DE ESPALHAMENTO

Vamos substituir $\hbar\varepsilon$ na equação de Lippman-Schwinger por ε; a utilidade deste procedimento se tornará clara em breve e, ao fazê-lo, não nos deparamos com qualquer dificuldade, pois as únicas restrições sobre ε é que ele seja positivo e arbitrariamente pequeno. Também continuaremos nos adiantando, com aplicações ao espalhamento elástico, e usaremos E para a energia inicial (e final). Sendo assim, reescrevemos (6.1.29) como

$$|\psi^{(\pm)}\rangle = |i\rangle + \frac{1}{E - H_0 \pm i\varepsilon} V |\psi^{(\pm)}\rangle. \tag{6.2.1}$$

Vamos nos limitar agora à base de posição multiplicando por $\langle \mathbf{x}|$ pela esquerda e inserindo um conjunto completo de estados da base. Temos

$$\langle \mathbf{x} | \psi^{(\pm)} \rangle = \langle \mathbf{x} | i \rangle + \int d^3 x' \left\langle \mathbf{x} \left| \frac{1}{E - H_0 \pm i\varepsilon} \right| \mathbf{x}' \right\rangle \langle \mathbf{x}' | V | \psi^{(\pm)} \rangle. \tag{6.2.2}$$

Esta expressão é uma **equação integral** para o espalhamento, pois o ket desconhecido $|\psi^{(\pm)}\rangle$ aparece no integrando. Para que possamos ir adiante, devemos primeiro calcular a função

$$G_\pm(\mathbf{x},\mathbf{x}') \equiv \frac{\hbar^2}{2m}\left\langle \mathbf{x}\left|\frac{1}{E-H_0\pm i\varepsilon}\right|\mathbf{x}'\right\rangle. \tag{6.2.3}$$

Uma vez que os autoestados de H_0 são mais facilmente calculados na base de momento, continuamos introduzindo um conjunto completo de estados $|\mathbf{k}\rangle$. (Lembre-se de que estes são estados discretos no nosso esquema de normalização.) Escrevemos, portanto,

$$G_\pm(\mathbf{x},\mathbf{x}') = \frac{\hbar^2}{2m}\sum_{\mathbf{k}'}\sum_{\mathbf{k}''}\langle\mathbf{x}|\mathbf{k}'\rangle\left\langle \mathbf{k}'\left|\frac{1}{E-H_0\pm i\varepsilon}\right|\mathbf{k}''\right\rangle\langle\mathbf{k}''|\mathbf{x}'\rangle. \tag{6.2.4}$$

Agora, deixe H_0 atuar em $\langle\mathbf{k}'|$, e use

$$\left\langle \mathbf{k}'\left|\frac{1}{E-(\hbar^2\mathbf{k}'^2/2m)\pm i\varepsilon}\right|\mathbf{k}''\right\rangle = \frac{\delta_{\mathbf{k}'\mathbf{k}''}}{E-(\hbar^2\mathbf{k}'^2/2m)\pm i\varepsilon} \tag{6.2.5}$$

$$\langle\mathbf{x}|\mathbf{k}'\rangle = \frac{e^{i\mathbf{k}'\cdot\mathbf{x}}}{L^{3/2}} \tag{6.2.6}$$

$$\text{e}\quad \langle\mathbf{k}''|\mathbf{x}'\rangle = \frac{e^{-i\mathbf{k}''\cdot\mathbf{x}'}}{L^{3/2}}, \tag{6.2.7}$$

e coloque $E = \hbar^2 k^2/2m$. A equação (6.2.3), torna-se então

$$G_\pm(\mathbf{x},\mathbf{x}') = \frac{1}{L^3}\sum_{\mathbf{k}'}\frac{e^{i\mathbf{k}'\cdot(\mathbf{x}-\mathbf{x}')}}{k^2-k'^2\pm i\varepsilon}, \tag{6.2.8}$$

onde mais uma vez redefinimos ε. Esta soma, na verdade, é mais fácil de se fazer se tomarmos o limite $L \to \infty$, convertendo-a em uma integral. Dado que $k_i = 2\pi n_i L$ ($i = x, y, z$), a medida da integral torna-se $d^3 k' = (2\pi)^3/L^3$, e temos

$$\begin{aligned}G_\pm(\mathbf{x},\mathbf{x}') &= \frac{1}{(2\pi)^3}\int d^3k'\frac{e^{i\mathbf{k}'\cdot(\mathbf{x}-\mathbf{x}')}}{k^2-k'^2\pm i\varepsilon} \\ &= \frac{1}{(2\pi)^2}\int_0^\infty k'^2 dk'\int_{+1}^{-1}d\mu\frac{e^{ik'|\mathbf{x}-\mathbf{x}'|\mu}}{k^2-k'^2\pm i\varepsilon} \\ &= \frac{1}{8\pi^2}\frac{1}{i|\mathbf{x}-\mathbf{x}'|}\int_{-\infty}^\infty k'dk'\left[\frac{e^{-ik'|\mathbf{x}-\mathbf{x}'|}-e^{ik'|\mathbf{x}-\mathbf{x}'|}}{k^2-k'^2\pm i\varepsilon}\right],\end{aligned} \tag{6.2.9}$$

onde reconhecemos que o integrando é par em k'. Esta última integral pode ser resolvida usando-se integração de contorno no plano complexo[1], o que, deste modo, demonstra a importância de ε e de seu sinal.

---

[1] Qualquer estudo de teoria de espalhamento leva, naturalmente, a situações que fazem uso de integração complexa. Este tópico é discutido em quase todos os livros-texto de física matemática – por exemplo, Arfken e Weber (1995) ou Byron e Fuller (1992).

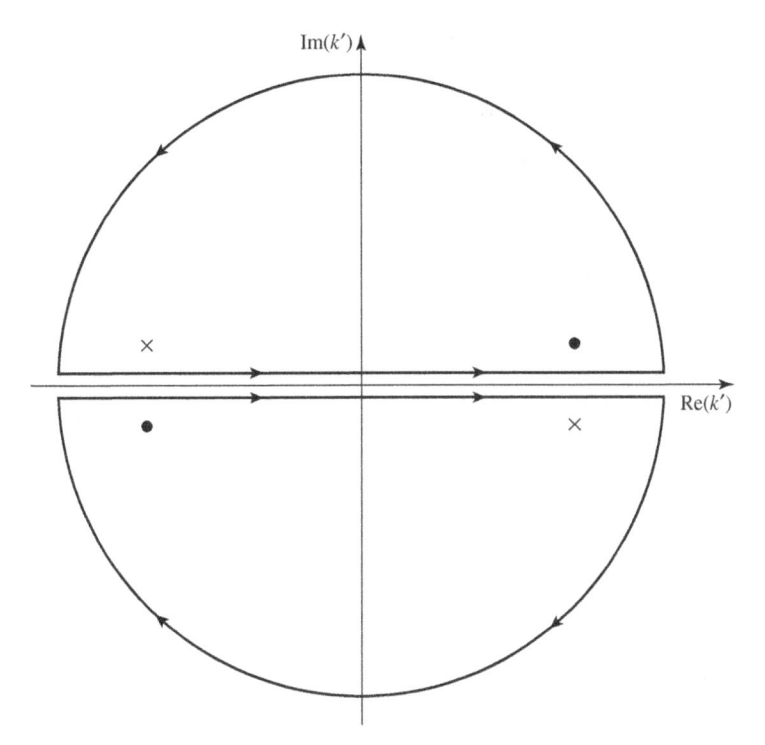

FIGURA 6.1 A integração dos dois termos em (6.2.9) usando contornos no plano complexo. Os pontos (cruzes) marcam as posições dos dois polos para a forma + (−) de $G_\pm(\mathbf{x}, \mathbf{x}')$. Substituímos a integral sobre um k' real em (6.2.9) por um dos dois contornos da figura, escolhendo aquele no qual o fator $e^{\pm ik'|\mathbf{x}-\mathbf{x}'|}$ tende a zero sobre o semicírculo para um valor grande de Im(k'). Portanto, a única contribuição à integral de contorno é ao longo do eixo real.

O integrando em (6.2.9) contém dois termos, cada um deles com polos no plano k' complexo. Isto é, o denominador dos termos entre chaves torna-se zero quando $k'^2 = k^2 \pm i\varepsilon$, ou $k' = k \pm i\varepsilon$ e $k' = -k \mp i\varepsilon$. (Mais uma vez, redefinimos ε, mantendo seu sinal intacto). Imagine um contorno fechado de integração que consiste em um segmento de reta sobre eixo Re(k') e um semicírculo no plano superior ou no inferior (veja a Figura 6.1).

Para o primeiro termo, feche o contorno pelo plano *inferior*. Neste caso, a contribuição para a integral ao longo do semicírculo vai a zero exponencialmente com $e^{-ik'|\mathbf{x}-\mathbf{x}'|}$ quando Im(k') $\to -\infty$. Ao fechar o contorno pelo plano inferior, englobamos o polo em $k' = -k - i\varepsilon$ ($k' \equiv k - i\varepsilon$) quando o sinal em frente de ε é positivo (negativo). A integral (6.2.9) é simplesmente $2\pi i$ multiplicado pelo resíduo do polo com um sinal global de menos, pois o contorno é percorrido no sentido horário. Isto é, a integral do primeiro termo entre chaves é

$$(-)2\pi i(\mp k)\frac{e^{-i(\mp k)|\mathbf{x}-\mathbf{x}'|}}{\mp 2k} = -\pi i e^{\pm ik|\mathbf{x}-\mathbf{x}'|}, \qquad (6.2.10)$$

onde tomamos $\varepsilon \to 0$. O segundo termo é tratado da mesma maneira, exceto que o contorno agora é fechado pelo plano *superior* e sua contribuição para a integral acaba sendo igual à do primeiro termo. Portanto, obtemos, finalmente, o resultado

$$G_{\pm}(\mathbf{x},\mathbf{x}') = -\frac{1}{4\pi}\frac{e^{\pm ik|\mathbf{x}-\mathbf{x}'|}}{|\mathbf{x}-\mathbf{x}'|}. \qquad (6.2.11)$$

O leitor talvez reconheça que $G_{\pm}$ nada mais é que a função de Green para a equação de Helmholtz,

$$(\nabla^2 + k^2)G_{\pm}(\mathbf{x},\mathbf{x}') = \delta^{(3)}(\mathbf{x}-\mathbf{x}'). \qquad (6.2.12)$$

Isto é, para $\mathbf{x} \neq \mathbf{x}'$, $G_{\pm}(\mathbf{x},\mathbf{x}')$ é solução da equação de autovalores $H_0 G_{\pm} = E G_{\pm}$.

Podemos agora reescrever (6.2.2) de uma maneira mais explícita, usando (6.2.11), ou seja

$$\langle \mathbf{x}|\psi^{(\pm)}\rangle = \langle \mathbf{x}|i\rangle - \frac{2m}{\hbar^2}\int d^3x' \frac{e^{\pm ik|\mathbf{x}-\mathbf{x}'|}}{4\pi|\mathbf{x}-\mathbf{x}'|}\langle \mathbf{x}'|V|\psi^{(\pm)}\rangle. \qquad (6.2.13)$$

Observe que a função de onda $\langle \mathbf{x}|\psi^{(\pm)}\rangle$ na presença do centro espalhador é escrita como a soma da função de onda da onda incidente $\langle \mathbf{x}|i\rangle$ e um termo que representa o efeito do espalhamento. Como teremos a oportunidade de ver mais tarde, para distâncias r suficientemente grandes, a dependência espacial do segundo termo é $e^{\pm ikr}/r$, desde que o potencial seja de alcance finito. Isto significa que a solução positiva (negativa) corresponde a uma onda plana mais uma onda esférica se propagando emergente (imergente)[‡]. Isto está de acordo com a origem do sinal em termos do espalhamento para frente (para trás) no tempo. Na maioria das situações físicas, estamos interessados na solução positiva, pois é difícil preparar um sistema que satisfaça as condições de contorno apropriadas à solução negativa.

Para vermos mais explicitamente o comportamento de $\langle \mathbf{x}|\psi^{(\pm)}\rangle$, consideremos o caso específico onde V é um potencial local – isto é, um potencial diagonal na representação $\mathbf{x}$. Potenciais que são funções somente do operador posição $\mathbf{x}$ pertencem a esta categoria. Em termos mais precisos, diz-se que V é **local** se ele puder ser escrito como

$$\langle \mathbf{x}'|V|\mathbf{x}''\rangle = V(\mathbf{x}')\delta^{(3)}(\mathbf{x}'-\mathbf{x}''). \qquad (6.2.14)$$

Como resultado, obtemos

$$\langle \mathbf{x}'|V|\psi^{(\pm)}\rangle = \int d^3x'' \langle \mathbf{x}'|V|\mathbf{x}''\rangle\langle \mathbf{x}''|\psi^{(\pm)}\rangle = V(\mathbf{x}')\langle \mathbf{x}'|\psi^{(\pm)}\rangle. \qquad (6.2.15)$$

A equação integral (6.2.13) se simplifica, tornando-se

$$\langle \mathbf{x}|\psi^{(\pm)}\rangle = \langle \mathbf{x}|i\rangle - \frac{2m}{\hbar^2}\int d^3x' \frac{e^{\pm ik|\mathbf{x}-\mathbf{x}'|}}{4\pi|\mathbf{x}-\mathbf{x}'|}V(\mathbf{x}')\langle \mathbf{x}'|\psi^{(\pm)}\rangle. \qquad (6.2.16)$$

[‡] N. de T.: No original, *outgoing wave* e *incoming wave*. Não encontramos em Português termos consagrados em ambos os casos, sendo que usa-se mais comumente *emergente* para *outgoing*; e *imergente/convergente* para *incoming*. Nesta tradução, optamos pelos termos *emergente* e *imergente*.

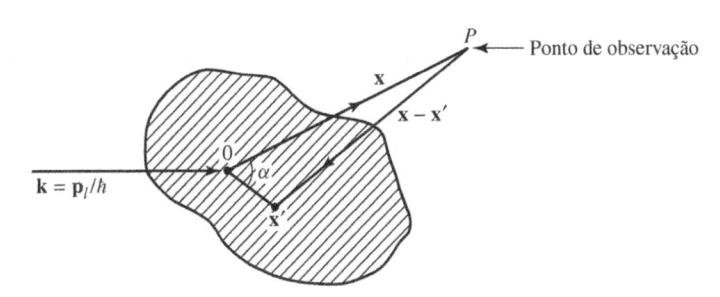

FIGURA 6.2 Potencial de espalhamento de alcance finito. O ponto de observação P é onde a função de onda $\langle \mathbf{x} | \psi^{(\pm)} \rangle$ deve ser calculada e a contribuição à integral em (6.2.16) é para $|\mathbf{x}'|$ menor que o alcance do potencial, como representado na região sombreada da figura.

Vamos tentar entender a física contida nesta equação. Partimos do pressuposto de que o vetor $\mathbf{x}$ esteja direcionado para o ponto de observação no qual a função será avaliada. Para um potencial de alcance finito, a região que dá origem a uma contribuição diferente de zero é espacialmente limitada. Em processos de espalhamento, estamos interessados em estudar o efeito do espalhador (isto é, o potencial de alcance finito) em um ponto muito fora do raio de ação do potencial. Isto é muito relevante do ponto de vista prático, pois não podemos colocar um detector a uma distância pequena do centro espalhador. As observações sempre são feitas por um detector colocado muito longe do espalhador, em um r muito maior que o alcance do potencial. Em outras palavras, podemos seguramente tomar

$$|\mathbf{x}| \gg |\mathbf{x}'|, \qquad (6.2.17)$$

como mostra a Figura 6.2.

Introduzindo $r = |\mathbf{x}|$, $r' = |\mathbf{x}'|$ e $\alpha = \angle(\mathbf{x}, \mathbf{x}')$, temos, para $r \gg r'$

$$|\mathbf{x} - \mathbf{x}'| = \sqrt{r^2 - 2rr'\cos\alpha + r'^2}$$

$$= r\left(1 - \frac{2r'}{r}\cos\alpha + \frac{r'^2}{r^2}\right)^{1/2}$$

$$\approx r - \hat{\mathbf{r}} \cdot \mathbf{x}', \qquad (6.2.18)$$

onde

$$\hat{\mathbf{r}} \equiv \frac{\mathbf{x}}{|\mathbf{x}|}, \qquad (6.2.19)$$

em cujo caso $\mathbf{k}' \equiv k\hat{\mathbf{r}}$. Obtemos, assim,

$$e^{\pm ik|\mathbf{x}-\mathbf{x}'|} \approx e^{\pm ikr} e^{\mp i\mathbf{k}'\cdot\mathbf{x}'} \qquad (6.2.20)$$

para r grande. Neste caso, podemos substituir $1/|\mathbf{x} - \mathbf{x}'|$ simplesmente por $1/r$.

Nesta altura, especificamos o estado inicial como um autoestado do Hamiltoniano H_0 de partícula livre – ou seja, $|i\rangle = |\mathbf{k}\rangle$. Juntando tudo isto temos, finalmente

$$\langle \mathbf{x}|\psi^{(+)}\rangle \xrightarrow{r \text{ grande}} \langle \mathbf{x}|\mathbf{k}\rangle - \frac{1}{4\pi}\frac{2m}{\hbar^2}\frac{e^{ikr}}{r}\int d^3x' e^{-i\mathbf{k}'\cdot\mathbf{x}'}V(\mathbf{x}')\langle \mathbf{x}'|\psi^{(+)}\rangle$$

$$= \frac{1}{L^{3/2}}\left[e^{i\mathbf{k}\cdot\mathbf{x}} + \frac{e^{ikr}}{r}f(\mathbf{k}',\mathbf{k})\right]. \qquad (6.2.21)$$

Esta fórmula deixa muito claro que temos a onda plana original na direção de propagação $\mathbf{k}$ mais uma onda esférica de amplitude $f(\mathbf{k}', \mathbf{k})$ emergente, descrita por

$$f(\mathbf{k}',\mathbf{k}) \equiv -\frac{1}{4\pi}\frac{2m}{\hbar^2}L^3\int d^3x' \frac{e^{-i\mathbf{k}'\cdot\mathbf{x}'}}{L^{3/2}}V(\mathbf{x}')\langle \mathbf{x}'|\psi^{(+)}\rangle$$

$$= -\frac{mL^3}{2\pi\hbar^2}\langle \mathbf{k}'|V|\psi^{(+)}\rangle. \qquad (6.2.22)$$

Podemos também mostrar de (6.2.16) e (6.2.20) que $\langle \mathbf{x}|\psi^{(-)}\rangle$ corresponde à onda plana original na direção de propagação $\mathbf{k}$ mais uma onda esférica imergente com dependência espacial e^{-ikr}/r e amplitude $-(mL^3/2\pi\hbar^2)\langle -\mathbf{k}'|V|\psi^{(-)}\rangle$.

Referimo-nos a $f(\mathbf{k}', \mathbf{k})$ como a **amplitude de espalhamento**. Comparando (6.2.22) com (6.1.30), podemos ver que a seção de choque diferencial pode ser escrita como

$$\frac{d\sigma}{d\Omega} = |f(\mathbf{k}',\mathbf{k})|^2. \qquad (6.2.23)$$

Descrição em termos de pacotes de onda

Neste ponto, o leitor pode estar se perguntando se nossa formulação do problema de espalhamento tem algo a ver com o movimento de uma partícula sendo ricocheteada por um centro espalhador. A onda plana utilizada por nós é infinita em extensão, tanto no espaço quanto no tempo. Em uma situação mais realista, consideramos um pacote

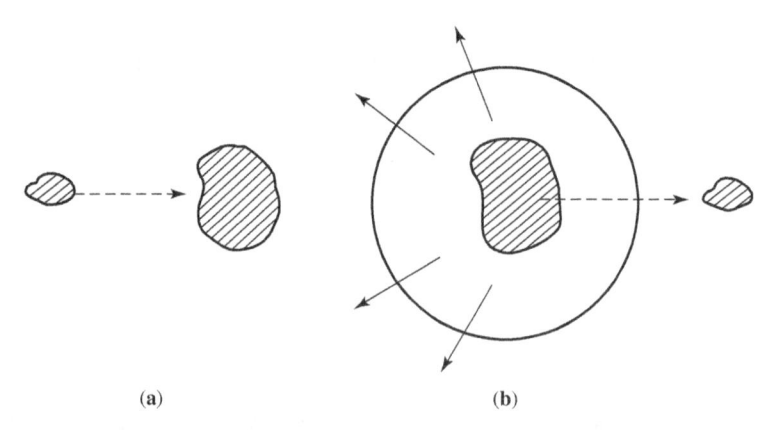

FIGURA 6.3 (a) Pacote de onda incidente se aproximando iniciamente do centro espalhador. (b) Pacote de onda incidente que continua se movendo na direção original mais uma frente de onda esférica emergente (após um tempo longo).

de onda (um assunto difícil!) que se aproxima do centro espalhador.[2] Depois de um tempo longo, temos tanto o pacote de onda original como uma frente de onda esférica emergente, como mostra a Figura 6.3. Na verdade, o uso de uma onda plana é satisfatório, desde que a dimensão do pacote de onda seja muito maior que o tamanho do centro espalhador (ou do alcance de V).

O teorema óptico

Há uma relação útil e fundamental popularmente atribuída a Bohr, Peierls e Placzek[3] chamada de **teorema óptico**. Ele relaciona a parte imaginária da amplitude de espalhamento para frente $f(\theta = 0) \equiv f(\mathbf{k}, \mathbf{k})$ à seção de choque total $\sigma_{tot} \equiv \int d\Omega \, (d\sigma/d\Omega)$ da seguinte maneira:

$$\mathrm{Im} f(\theta = 0) = \frac{k\sigma_{tot}}{4\pi}. \tag{6.2.24}$$

Para provar este teorema, iniciamos pela Equação de Lippman-Schwinger (6.2.1) com $|i\rangle = |\mathbf{k}\rangle$ para podermos escrever

$$\langle \mathbf{k}|V|\psi^{(+)}\rangle = \left[\langle\psi^{(+)}| - \langle\psi^{(+)}|V\frac{1}{E-H_0-i\varepsilon}\right]V|\psi^{(+)}\rangle$$

$$= \langle\psi^{(+)}|V|\psi^{(+)}\rangle - \langle\psi^{(+)}|V\frac{1}{E-H_0-i\varepsilon}V|\psi^{(+)}\rangle. \tag{6.2.25}$$

Comparando (6.2.22) e (6.2.24), vemos que queremos tomar a parte imaginária de ambos os lados de (6.2.25). O primeiro termo do lado direito de (6.2.25) é um número real, pois é o valor esperado de um operador hermitiano. Achar a parte imaginária do segundo termo é mais difícil devido às singularidades no eixo real quando $\varepsilon \to 0$. Para fazermos isto, usamos um truque emprestado do conceito de valor principal de Cauchy em teoria de integração complexa.

A Figura 6.4 mostra um contorno de integração no plano complexo que corre ao longo do eixo real, exceto por um pequeno semicírculo que contorna uma singularidade no eixo real. A singularidade está localizada em $z_0 = x_0 + i\varepsilon$, com $\varepsilon > 0$, estando, portanto, sempre acima do eixo x real. Deixamos, então, que o semicírculo tenha seu centro sobre o eixo real, em x_0, e se estenda para a metade inferior com plano complexo com raio δ. O semicírculo é descrito por $z - x_0 = \delta e^{i\phi}$, com ϕ variando entre $-\pi$ e zero.

Considere em seguida uma função complexa $f(z)$, com $z = x + iy$. Podemos escrever

$$\int_{-\infty}^{\infty}\frac{f(x)}{x-x_0}dx = \int_{-\infty}^{x_0-\delta}\frac{f(x)}{x-x_0}dx + \int_c \frac{f(z)}{z-z_0}dz + \int_{x_0+\delta}^{+\infty}\frac{f(x)}{x-x_0}dx = 0$$

$$= \mathcal{P}\int_{-\infty}^{+\infty}\frac{f(x)}{x-x_0}dx + \int_c \frac{f(z)}{z-z_0}dz, \tag{6.2.26}$$

---

[2] Para uma descrição mais completa da abordagem de pacotes de onda, consulte o Capítulo 3 em Goldberger e Watson (1964) e o Capítulo 6 em Newton (1966).

[3] Esta relação foi descrita originalmente por Eugene Feenberg, *Phys. Rev.* **40** (1932) 40. Para o contexto histórico, consulte R. G Newton, *Am. J. Phys.* **44** (1976) 639.

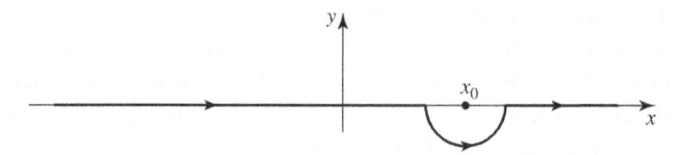

FIGURA 6.4 Contorno usado para fazer a integral em torno da singularidade localizada em $z_0 = x_0 + i\varepsilon$.

onde c denota o pequeno contorno semicircular em torno da singularidade. O valor principal de Cauchy é definido como

$$\mathcal{P} \int_{-\infty}^{+\infty} \frac{f(x)}{x - x_0} dx = \lim_{\delta \to 0} \left\{ \int_{-\infty}^{x_0 - \delta} \frac{f(x)}{x - x_0} dx + \int_{x_0 + \delta}^{+\infty} \frac{f(x)}{x - x_0} dx \right\}. \quad (6.2.27)$$

Podemos calcular o segundo termo em (6.2.26) para obter

$$\int_c \frac{f(z)}{z - z_0} dz = \int_{-\pi}^{0} \frac{f(x_0)}{\delta e^{i\phi}} \left(i\phi \delta e^{i\phi} d\phi \right)$$
$$\to i\pi f(x_0) \quad \text{com} \quad \delta \to 0. \quad (6.2.28)$$

Consequentemente, reescrevemos (6.2.26) como

$$\int_{-\infty}^{\infty} \frac{f(x)}{x - x_0} dx = \mathcal{P} \int_{-\infty}^{+\infty} \frac{f(x)}{x - x_0} dx + i\pi f(x_0). \quad (6.2.29)$$

Podemos agora voltar à busca da parte imaginária do lado direito de (6.2.25). Temos

$$\lim_{\varepsilon \to 0} \left(\frac{1}{E - H_0 - i\varepsilon} \right) = \lim_{\varepsilon \to 0} \int_{-\infty}^{+\infty} \frac{\delta(E - E')}{E' - H_0 - i\varepsilon} dE'$$
$$= i\pi \delta(E - H_0), \quad (6.2.30)$$

onde fizemos uso de (6.2.29). Portanto,

$$\text{Im}\langle \mathbf{k} | V | \psi^{(+)} \rangle = -\pi \langle \psi^{(+)} | V \delta(E - H_0) V | \psi^{(+)} \rangle$$
$$= -\pi \langle \mathbf{k} | T^\dagger \delta(E - H_0) T | \mathbf{k} \rangle, \quad (6.2.31)$$

onde nos lembramos que T é definido através de $T|\mathbf{k}\rangle = V|\psi^{(+)}\rangle$. Consequentemente, usando (6.2.22), temos

$$\text{Im} f(\mathbf{k}, \mathbf{k}) = -\frac{mL^3}{2\pi \hbar^2} \text{Im}\langle \mathbf{k} | V | \psi^{(+)} \rangle$$
$$= \frac{mL^3}{2\hbar^2} \langle \mathbf{k} | T^\dagger \delta(E - H_0) T | \mathbf{k} \rangle$$
$$= \frac{mL^3}{2\hbar^2} \sum_{\mathbf{k}'} \langle \mathbf{k} | T^\dagger \delta(E - H_0) | \mathbf{k}' \rangle \langle \mathbf{k}' | T | \mathbf{k} \rangle$$
$$= \frac{mL^3}{2\hbar^2} \sum_{\mathbf{k}'} |\langle \mathbf{k}' | T | \mathbf{k} \rangle|^2 \delta_{E, \hbar^2 \mathbf{k}'^2 / 2m}, \quad (6.2.32)$$

onde $E = \hbar^2 k^2/2m$.

O teorema óptico (6.2.24) começa agora a aparecer. O fator $|\langle\mathbf{k}'|T|\mathbf{k}\rangle|^2$ é proporcional à seção de choque diferencial (6.2.23). A soma, incluindo a função δ, é sobre todos os momentos espalhados que conservam energia. Portanto, o lado direito de (6.2.32) é uma integral da seção de choque diferencial sobre todas as direções e, portanto, proporcional à seção de choque total.

Para levar (6.2.32) até o fim, usamos $\langle\mathbf{k}'|T|\mathbf{k}\rangle = \langle\mathbf{k}'|V|\psi^{(+)}\rangle$ com (6.2.22), convertendo a soma em uma integral, da mesma maneira que fizemos para ir de (6.2.8) a (6.2.9). Isto dá

$$\begin{aligned}
\text{Im} f(\mathbf{k},\mathbf{k}) &= \frac{mL^3}{2\hbar^2}\left(\frac{2\pi\hbar^2}{mL^3}\right)^2 \sum_{\mathbf{k}'} |f(\mathbf{k}',\mathbf{k})|^2 \delta_{E,\hbar^2 k'^2/2m} \\
&\longrightarrow \frac{2\pi^2\hbar^2}{m(2\pi)^3}\int d^3k' |f(\mathbf{k}',\mathbf{k})|^2 \delta\left(E - \frac{\hbar^2 k'^2}{2m}\right) \\
&= \frac{\hbar^2}{4\pi m}\frac{1}{\hbar^2 k/m} k^2 \int d\Omega_{\mathbf{k}'} \frac{d\sigma}{d\Omega_{\mathbf{k}'}} \\
&= \frac{k}{4\pi}\sigma_{\text{tot}},
\end{aligned} \quad (6.2.33)$$

provando, assim, (6.2.24).

A Seção 6.5 nos dará uma visão mais profunda do significado físico do teorema óptico.

6.3 ■ A APROXIMAÇÃO DE BORN

Nossa tarefa agora é calcular a amplitude de espalhamento $f(\mathbf{k}', \mathbf{k})$ para uma dada energia potencial $V(\mathbf{x})$. Isto se reduz ao cálculo do elemento de matriz

$$\langle\mathbf{k}'|V|\psi^{(+)}\rangle \quad \langle\mathbf{k}'|T|\mathbf{k}\rangle. \quad (6.3.1)$$

Esta, porém, não é uma tarefa fácil, uma vez que não possuímos uma expressão analítica fechada nem para $\langle\mathbf{x}'|\psi^{(+)}\rangle$ quanto para T. Consequentemente, tem-se de recorrer em casos típicos a algum tipo de aproximação.

Já fizemos alusão a um esquema útil de aproximação na (6.1.32). Novamente, substituindo $\hbar\varepsilon$ por ε, temos

$$T = V + V\frac{1}{E-H_0+i\varepsilon}V + V\frac{1}{E-H_0+i\varepsilon}V\frac{1}{E-H_0+i\varepsilon}V+\cdots, \quad (6.3.2)$$

que é uma expansão em potências de V. Examinaremos em breve as condições sob as quais truncamentos desta expansão são válidos. Façamos, porém, em primeiro lugar, uso deste esquema e vejamos aonde ele nos leva.

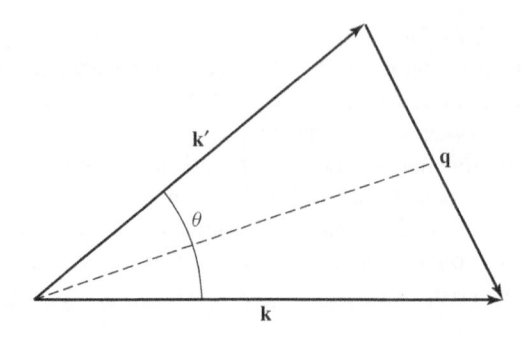

FIGURA 6.5 Espalhamento através do ângulo θ, onde $\mathbf{q} \equiv \mathbf{k} - \mathbf{k}'$.

Tomando o primeiro termo na expansão, observamos que $T = V$ ou, o que é equivalente, $|\psi^{(+)}\rangle = |\mathbf{k}\rangle$: isto é chamado de **aproximação de Born em primeira ordem**. Neste caso, denotamos por $f^{(1)}$ a amplitude de espalhamento, onde

$$f^{(1)}(\mathbf{k}', \mathbf{k}) = -\frac{m}{2\pi\hbar^2} \int d^3 x' e^{i(\mathbf{k} - \mathbf{k}') \cdot \mathbf{x}'} V(\mathbf{x}') \quad (6.3.3)$$

obtido depois de inserirmos em (6.2.22) um conjunto completo de estados $|\mathbf{x}'\rangle$. Em outras palavras, a menos de um fator global, a amplitude em primeira ordem é simplesmente a transformada de Fourier em três dimensões do potencial V em relação a $\mathbf{q} \equiv \mathbf{k} - \mathbf{k}'$.

Um caso particular importante é quando V tem simetria esférica. Isso significa que $f^{(1)}(\mathbf{k}', \mathbf{k})$ é função de $q \equiv |\mathbf{q}|$, que se relaciona de forma simples a variáveis cinéticas facilmente acessíveis em experimentos. Veja a Figura 6.5. Dado que, por conservação de energia, $|\mathbf{k}'| = k$, temos

$$q = |\mathbf{k} - \mathbf{k}'| = 2k \operatorname{sen} \frac{\theta}{2}. \quad (6.3.4)$$

Podemos fazer a integração na parte angular de (6.3.3) explicitamente para obter

$$f^{(1)}(\theta) = -\frac{1}{2} \frac{2m}{\hbar^2} \frac{1}{iq} \int_0^\infty \frac{r^2}{r} V(r)(e^{iqr} - e^{-iqr}) dr$$

$$= -\frac{2m}{\hbar^2} \frac{1}{q} \int_0^\infty r V(r) \operatorname{sen} qr \, dr. \quad (6.3.5)$$

Um exemplo simples, mas importante, é o do espalhamento por um poço quadrado finito – isto é,

$$V(r) = \begin{cases} V_0 & r \leq a \\ 0 & r > a. \end{cases} \quad (6.3.6)$$

A integral em (6.3.5) pode ser facilmente calculada, dando

$$f^{(1)}(\theta) = -\frac{2m}{\hbar^2} \frac{V_0 a^3}{(qa)^2} \left[\frac{\operatorname{sen} qa}{qa} - \cos qa \right]. \quad (6.3.7)$$

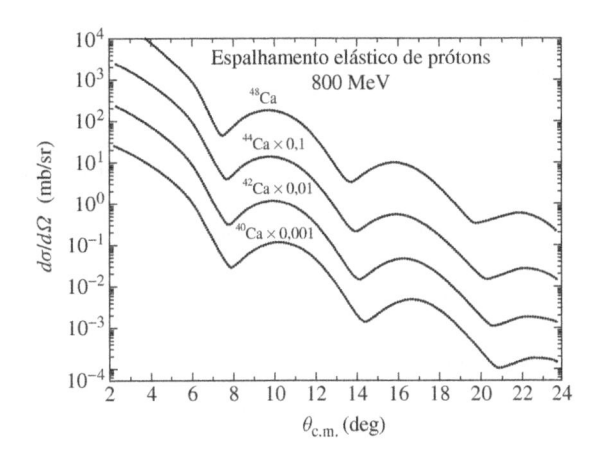

FIGURA 6.6 Dados para o espalhamento elástico de prótons por núcleos de quatro diferentes isótopos de Cálcio. Os ângulos para os quais as seções de choque apresentam mínimos diminuem consistentemente com o aumento do número de nêutrons. Portanto, o raio do núcleo de Cálcio aumenta à medida que mais nêutrons são adicionados, como era de se esperar. De L. Ray et. al., *Phys. Rev.* **C23** (1980) 828.

Esta função tem zeros em $qa = 4{,}49; 7{,}73; 10{,}9\ldots$, e a posição destes zeros, junto com (6.3.4), pode ser usada para determinar o raio a do poço. A Figura 6.6 mostra os dados experimentais do espalhamento elástico de prótons por diferentes núcleos, todos eles isótopos do Cálcio. O potencial nuclear pode ser muito bem aproximado por um poço quadrado finito, e a seção de choque diferencial apresenta os mínimos característicos previstos pela equação (6.3.7). Além disso, os dados indicam que à medida que se adiciona nêutrons ao núcleo de Cálcio, os mínimos aparecem em ângulos menores, o que mostra que o raio nuclear aumenta de fato.

Outro exemplo importante é o espalhamento por um potencial de Yukawa

$$V(r) = \frac{V_0 e^{-\mu r}}{\mu r}, \qquad (6.3.8)$$

onde V_0 é independente de r, e $1/\mu$ corresponde, em um certo sentido, ao alcance do potencial. Observe que V vai a zero muito rapidamente para $r \gg 1/\mu$. De (6.3.5) obtemos, para este potencial

$$f^{(1)}(\theta) = -\left(\frac{2mV_0}{\mu\hbar^2}\right)\frac{1}{q^2+\mu^2}, \qquad (6.3.9)$$

onde observamos que sen$qr = \text{Im}(e^{iqr})$ e usamos

$$\text{Im}\left[\int_0^\infty e^{-\mu r} e^{iqr} dr\right] = -\text{Im}\left(\frac{1}{-\mu+iq}\right) = \frac{q}{\mu^2+q^2}. \qquad (6.3.10)$$

Observe também que

$$q^2 = 4k^2 \text{sen}^2\frac{\theta}{2} = 2k^2(1-\cos\theta). \qquad (6.3.11)$$

Portanto, na aproximação de Born de primeira ordem, a seção de choque diferencial para o espalhamento pelo potencial de Yukawa é dada por

$$\left(\frac{d\sigma}{d\Omega}\right) \simeq \left(\frac{2mV_0}{\mu\hbar^2}\right)^2 \frac{1}{[2k^2(1-\cos\theta)+\mu^2]^2}. \qquad (6.3.12)$$

É interessante observar, neste ponto, que se $\mu \to 0$, o potencial de Yukawa se reduz ao potencial de Coulomb, desde que a razão V_0/μ se mantenha fixa – por exemplo, com o valor $ZZ'e^2$ – durante o processo de tomada do limite. Vemos, então, que a seção de choque diferencial da aproximação de Born em primeira ordm obtida desta maneira vale

$$\left(\frac{d\sigma}{d\Omega}\right) \simeq \frac{(2m)^2(ZZ'e^2)^2}{\hbar^4} \frac{1}{16k^4 \operatorname{sen}^4(\theta/2)}. \qquad (6.3.13)$$

Até mesmo o $\hbar$ desaparece se $\hbar k$ for identificado como $|\mathbf{p}|$. Portanto,

$$\left(\frac{d\sigma}{d\Omega}\right) = \frac{1}{16}\left(\frac{ZZ'e^2}{E_{KE}}\right)^2 \frac{1}{\operatorname{sen}^4(\theta/2)}, \qquad (6.3.14)$$

onde $E_{KE} = |\mathbf{p}|^2/2m$; esta é precisamente a seção de choque do espalhamento de Rutherford, que pode ser obtida *classicamente*.

Voltando a (6.3.5), a amplitude de Born com um potencial esfericamente simétrico, há vários comentários gerais que podemos fazer para o caso em que $f(\mathbf{k}', \mathbf{k})$ pode ser aproximado pela primeira amplitude de Born correspondente, $f^{(1)}$;

1. $d\sigma/d\Omega$ ou $f(\theta)$ é uma função de q apenas; ou seja, $f(\theta)$ depende da energia ($\hbar^2 k^2/2m$) e de θ somente através da combinação $2k^2(1-\cos\theta)$.
2. $f(\theta)$ é sempre real.
3. $d\sigma/d\Omega$ é independente do sinal de V.
4. Para k pequeno (q necessariamente pequeno).

$$f^{(1)}(\theta) = -\frac{1}{4\pi}\frac{2m}{\hbar^2}\int V(r)d^3x,$$

que envolve uma integral de volume independente de θ.

5. $f(\theta)$ é pequena para q grande devido à rápida oscilação do integrando.

A fim de estudar as condições sob as quais a aproximação de Born deveria ser válida, retornemos a (6.2.16), levemente reescrita como

$$\langle \mathbf{x}|\psi^{(+)}\rangle = \langle \mathbf{x}|\mathbf{k}\rangle - \frac{2m}{\hbar^2}\int d^3x' \frac{e^{ik|\mathbf{x}-\mathbf{x}'|}}{4\pi|\mathbf{x}-\mathbf{x}'|} V(\mathbf{x}')\langle \mathbf{x}'|\psi^{(+)}\rangle.$$

A aproximação é que $T \approx V$, o que significa que $|\psi^{(+)}\rangle$ pode ser substituído por $|\mathbf{k}\rangle$. Portanto, o segundo termo do lado direito desta equação deve ser muito menor que o primeiro. Vamos supor que um valor "típico" para a energia potencial $V(\mathbf{x})$ é V_0 e que ela atua dentro de uma certa região de "alcance" a. Escrevendo $r' = |\mathbf{x} - \mathbf{x}'|$ e fazendo uma aproximação grosseira da integral, achamos que a condição de validade de nossa aproximação torna-se

$$\left| \frac{2m}{\hbar^2} \left(\frac{4\pi}{3} a^3 \right) \frac{e^{ikr'}}{4\pi a} V_0 \frac{e^{i\mathbf{k}\cdot\mathbf{x}'}}{L^{3/2}} \right| \ll \left| \frac{e^{i\mathbf{k}\cdot\mathbf{x}}}{L^{3/2}} \right|.$$

Agora, para baixas energias ($ka \ll 1$), os fatores exponenciais podem ser substituídos pela unidade. Então, se ignorarmos fatores numéricos da ordem da unidade, surge o critério sucinto

$$\frac{m|V_0|a^2}{\hbar^2} \ll 1. \tag{6.3.15}$$

Considere o caso especial do potencial de Yukawa em (6.3.8), para o qual o alcance é $a = 1/\mu$. O critério de validade torna-se $m|V_0|/\hbar^2\mu^2 \ll 1$. Esta exigência pode ser comparada àquela para que o potencial de Yukawa apresente um estado ligado, que podemos mostrar ser $2m|V_0|/\hbar^2\mu^2 \geq 2{,}7$, com V_0 negativo. Em outras palavras, se o potencial for forte o suficiente para gerar um estado ligado, a aproximação de Born provavelmente levará a um resultado incorreto.

Em regime de altas energias ($ka \ll 1$), os fatores $e^{ikr'}$ e $e^{i\mathbf{k}\cdot\mathbf{x}'}$ oscilam fortemente dentro da região de integração, não podendo, portanto, serem substituídos pela unidade. No lugar disto, pode-se mostrar que

$$\frac{2m}{\hbar^2} \frac{|V_0|a}{k} \ln(ka) \ll 1. \tag{6.3.16}$$

À medida que k cresce, esta desigualdade é mais facilmente satisfeita. De modo bastante geral, a aproximação de Born tende a se tornar melhor quanto maiores as energias.

A aproximação de Born de ordem mais alta

Agora, escreva T até segunda ordem em V, usando (6.3.2), ou seja

$$T = V + V \frac{1}{E - H_0 + i\varepsilon} V.$$

É natural que continuemos nossa abordagem de aproximação de Born escrevendo

$$f(\mathbf{k}', \mathbf{k}) \approx f^{(1)}(\mathbf{k}', \mathbf{k}) + f^{(2)}(\mathbf{k}', \mathbf{k})$$

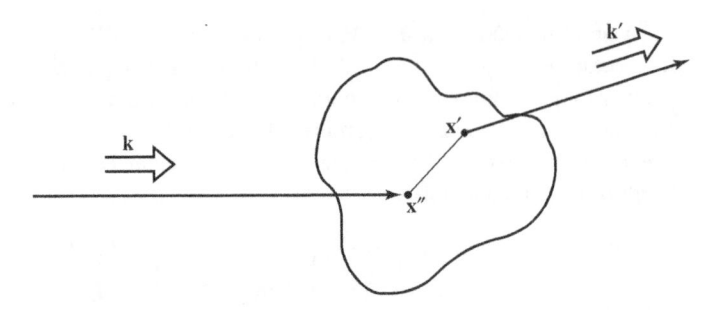

FIGURA 6.7 Interpretação física do termos de ordem mais alta $f^{(2)}(\mathbf{k}', \mathbf{k})$ da aproximação de Born.

onde $f^{(1)}(\mathbf{k}', \mathbf{k})$ é dado por (6.3.3) e

$$f^{(2)} = -\frac{1}{4\pi}\frac{2m}{\hbar^2}(2\pi)^3 \int d^3x' \int d^3x'' \langle \mathbf{k}'|\mathbf{x}'\rangle V(\mathbf{x}')$$

$$\times \left\langle \mathbf{x}'\left|\frac{1}{E-H_0+i\varepsilon}\right|\mathbf{x}''\right\rangle V(\mathbf{x}'')\langle\mathbf{x}''|\mathbf{k}\rangle$$

$$= -\frac{1}{4\pi}\frac{2m}{\hbar^2}\int d^3x' \int d^3x'' e^{-i\mathbf{k}'\cdot\mathbf{x}'}V(\mathbf{x}') \qquad (6.3.17)$$

$$\times \left[\frac{2m}{\hbar^2}G_+(\mathbf{x}',\mathbf{x}'')\right]V(\mathbf{x}'')e^{i\mathbf{k}\cdot\mathbf{x}''}.$$

Este esquema pode obviamente ser continuado até ordens mais altas.

Uma interpretação física de (6.3.17) é apresentada na Figura 6.7, onde a onda incidente interage em $\mathbf{x}''$ – o que explica o aparecimento de $V(\mathbf{x}'')$ – e, então, se propaga de $\mathbf{x}''$ a $\mathbf{x}'$ via função de Green para a equação de Helmholtz (6.2.12). Subsequentemente, uma segunda interação ocorre em $\mathbf{x}'$ – e, portanto, o aparecimento de $V(\mathbf{x}')$ – e, finalmente, a onda é espalhada na direção $\mathbf{k}'$. Em outras palavras, $f^{(2)}$ corresponde a um espalhamento visto como um processo de dois passos. Da mesma maneira, $f^{(3)}$ pode ser visto como um processo de três e assim por diante.

6.4 ■ DESVIOS DE FASE E ONDAS PARCIAIS

Ao considerar o espalhamento por um potencial esfericamente simétrico, frequentemente examinamos como estados com momentos angulares definidos são afetados pelo potencial espalhador. Tais considerações levam ao método das ondas parciais, que discutiremos em breve. Contudo, antes de discutirmos a decomposição de momento angular de estados espalhados, falemos de estados de partículas livres, que também são autoestados do momento angular.

Estados de partículas livres

Para uma partícula livre, o Hamiltoniano é simplesmente o operador de energia cinética, que obviamente comuta com o operador de momento. Gostaríamos de lembrar, porém, que o Hamiltoniano da partícula livre também comuta com $\mathbf{L}_2$ e L_z e, portanto, é possível considerar um autovetor simultâneo de H_0, $\mathbf{L}^2$ e L_z. Ignorando o spin, um estado deste tipo é denotado por $|E, l, m\rangle$ e comumente chamado de **estado de onda esférica**.

De uma maneira mais geral: o estado de partícula livre mais geral pode ser encarado como uma superposição de $|E, l, m\rangle$ com diferentes E, l e m, de maneira muito semelhante segundo a qual o estado mais geral de partícula livre pode ser visto como uma superposição de $|\mathbf{k}\rangle$ com valores de $\mathbf{k}$ diferentes tanto em magnitude quando em direção. Em outras palavras, um estado de partícula livre pode ser analisado usando uma base de ondas planas $\{|\mathbf{k}\rangle\}$ ou um base de ondas esféricas $\{|E, l, m\rangle\}$.

Deduziremos agora a função de transformação $\langle \mathbf{k}|E, l, m\rangle$ que conecta a base de ondas planas com aquela de ondas esféricas. Podemos encarar esta grandeza como a função de onda no espaço de momento da função esférica caracterizada por E, l e m. Adotamos a seguinte convenção de normalização para a autofunção de onda esférica:

$$\langle E', l', m'|E, l, m\rangle = \delta_{ll'}\delta_{mm'}\delta(E - E'). \tag{6.4.1}$$

Em analogia com a função de onda no espaço de posições, podemos conjecturar que a dependência angular é:

$$\langle \mathbf{k}|E, l, m\rangle = g_{lE}(k)Y_l^m(\hat{\mathbf{k}}), \tag{6.4.2}$$

onde a função $g_{lE}(k)$ será considerada mais tarde. Para provar isto de maneira rigorosa, procedemos da seguinte maneira: primeiro considerados um autoestado $|k\hat{\mathbf{z}}\rangle$ de momento – ou seja, uma onda plana se propagando na direção do eixo z positivo. Uma propriedade importante deste estado é que ele não tem componente de momento angular orbital na direção z:

$$L_z|k\hat{\mathbf{z}}\rangle = (xp_y - yp_x)|k_x = 0, k_y = 0, k_z = k\rangle = 0. \tag{6.4.3}$$

Na verdade, isto é plausível de considerações da física clássica: a componente do momento angular deve ser zero na direção de propagação, pois $\mathbf{L} \cdot \mathbf{p} = (\mathbf{x} \times \mathbf{p}) \cdot \mathbf{p} = 0$. Devido a (6.4.3) – e uma vez que $\langle E', l', m'|k\hat{\mathbf{z}}\rangle = 0$ para $m' \neq 0$ – devemos ser capazes de expandir $|k\hat{\mathbf{z}}\rangle$ da seguinte maneira:

$$|k\hat{\mathbf{z}}\rangle = \sum_{l'} \int dE' |E', l', m' = 0\rangle \langle E', l', m' = 0|k\hat{\mathbf{z}}\rangle. \tag{6.4.4}$$

Observe que não há soma em m'; m' é sempre zero. Podemos obter o ket mais geral de momento, com direção $\mathbf{k}$, especificado pelos ângulos θ e ϕ, a partir de $|k\hat{\mathbf{z}}\rangle$ simplesmente aplicando o operador de rotação apropriado, como a seguir [veja a Figura 3.3 e a equação (3.6.47)]:

$$|\mathbf{k}\rangle = \mathcal{D}(\alpha = \phi, \beta = \theta, \gamma = 0)|k\hat{\mathbf{z}}\rangle \tag{6.4.5}$$

Multiplicando esta equação por $\langle E, l, m|$ pela esquerda, obtemos

$$\begin{aligned}
\langle E,l,m|\mathbf{k}\rangle &= \sum_{l'} \int dE' \langle E,l,m|\mathfrak{D}(\alpha=\phi,\beta=\theta,\gamma=0)|E',l',m'=0\rangle \\
&\quad \times \langle E',l',m'=0|k\hat{\mathbf{z}}\rangle \\
&= \sum_{l'} \int dE' \mathfrak{D}_{m0}^{(l')}(\alpha=\phi,\beta=\theta,\gamma=0) \\
&\quad \times \delta_{ll'}\delta(E-E')\langle E',l',m'=0|k\hat{\mathbf{z}}\rangle \\
&= \mathfrak{D}_{m0}^{(l)}(\alpha=\phi,\beta=\theta,\gamma=0)\langle E,l,m=0|k\hat{\mathbf{z}}\rangle.
\end{aligned} \quad (6.4.6)$$

Agora, $\langle E, l, m=0|k\hat{\mathbf{z}}\rangle$ é independente da orientação de $\mathbf{k}$ – ou seja, independente de θ e ϕ – e podemos chamá-lo de $\sqrt{\frac{2l+1}{4\pi}} g_{lE}^*(k)$ se nos aprouver. Portanto, usando (3.6.51), podemos escrever

$$\langle \mathbf{k}|E,l,m\rangle = g_{lE}(k)\, Y_l^m(\hat{\mathbf{k}}). \quad (6.4.7)$$

Vamos determinar $g_{lE}(k)$. Primeiro, observamos que

$$(H_0 - E)|E,l,m\rangle = 0. \quad (6.4.8)$$

Mas também fazemos $H_0 - E$ operar sobre um bra de momento $\langle \mathbf{k}|$ da seguinte maneira:

$$\langle \mathbf{k}|(H_0-E) = \left(\frac{\hbar^2 k^2}{2m} - E\right)\langle \mathbf{k}|. \quad (6.4.9)$$

Multiplicando (6.4.9) por $|E, l, m\rangle$ pela direita, obtemos

$$\left(\frac{\hbar^2 k^2}{2m} - E\right)\langle \mathbf{k}|E,l,m\rangle = 0. \quad (6.4.10)$$

Isto significa que $\langle \mathbf{k}|E, l, m\rangle$ só pode ser diferente de zero se $E = \hbar^2 k^2/2m$ e, portanto, podemos escrever $g_{lE}(k)$ como

$$g_{lE}(k) = N\delta\left(\frac{\hbar^2 k^2}{2m} - E\right). \quad (6.4.11)$$

Para determinar N, voltamos à nossa condição de normalização (6.4.1). Obtemos

$$\langle E',l'm'|E,l,m\rangle = \int d^3k'' \langle E',l',m'|\mathbf{k}''\rangle \langle \mathbf{k}''|E,l,m\rangle$$

$$= \int k''^2 dk'' \int d\Omega_{\mathbf{k}''} |N|^2 \delta\left(\frac{\hbar^2 k''^2}{2m} - E'\right)$$

$$\times \delta\left(\frac{\hbar^2 k''^2}{2m} - E\right) Y_{l'}^{m'*}(\hat{\mathbf{k}}'') Y_l^m(\hat{\mathbf{k}}'')$$

$$= \int \frac{k''^2 dE''}{dE''/dk''} \int d\Omega_{\mathbf{k}''} |N|^2 \delta\left(\frac{\hbar^2 k''^2}{2m} - E'\right) \delta\left(\frac{\hbar^2 k''^2}{2m} - E\right)$$

$$\times Y_{l'}^{m'*}(\hat{\mathbf{k}}'') Y_l^m(\hat{\mathbf{k}}'')$$

$$= |N|^2 \frac{mk'}{\hbar^2} \delta(E-E') \delta_{ll'} \delta_{mm'}, \qquad (6.4.12)$$

onde definimos $E = \hbar^2 k''^2/2m$ para mudar a integração de k'' para uma integração em E''. Comparando isto com (6.4.1), podemos ver que $N = \hbar/\sqrt{mk}$ será o suficiente. Portanto, nós podemos finalmente escrever

$$g_{lE}(k) = \frac{\hbar}{\sqrt{mk}} \delta\left(\frac{\hbar^2 k^2}{2m} - E\right); \qquad (6.4.13)$$

e, logo,

$$\langle \mathbf{k}|E,l,m\rangle = \frac{\hbar}{\sqrt{mk}} \delta\left(\frac{\hbar^2 k^2}{2m} - E\right) Y_l^m(\hat{\mathbf{k}}). \qquad (6.4.14)$$

De (6.4.14) inferimos que o estado $|\mathbf{k}\rangle$ de onda plana pode ser expresso como uma superposição de estados de ondas esféricas livres com todos os possíveis valores de l; em particular

$$|\mathbf{k}\rangle = \sum_l \sum_m \int dE |E,l,m\rangle \langle E,l,m|\mathbf{k}\rangle$$

$$= \sum_{l=0}^{\infty} \sum_{m=-l}^{l} |E,l,m\rangle \bigg|_{E=\hbar^2 k^2/2m} \left(\frac{\hbar}{\sqrt{mk}} Y_l^{m*}(\hat{\mathbf{k}})\right). \qquad (6.4.15)$$

Uma vez que a dimensão transversal da onda plana e infinita, esperamos que ela contenha todos os possíveis valores do parâmetro de impacto b (semiclassicamente, o parâmetro de impacto é $b \simeq l\hbar/p$). Deste ponto de vista, não é de surpreender que os autoestados de momento $|\mathbf{k}\rangle$, quando analisados em termos de estados de ondas esféricas, contenham todos os possíveis valores de l.

Deduzimos a função de onda para $|E, l, m\rangle$ no espaço de momento. Em seguida, consideramos a função de onda correspondente no espaço de posição. O leitor deveria estar familiarizado, da mecânica ondulatória, com o fato de que a função de onda de uma onda esférica livre é $j_l(kr)Y_l^m(\hat{\mathbf{r}})$, onde $j_l(kr)$ é a função de Bessel esférica de ordem l [veja (3.7.20a) e também o Apêndice B]. A segunda solução $n_l(kr)$, embora satisfazendo a equação diferencial apropriada, é inadmissível, pois tem uma singularidade na origem. Portanto, podemos escrever

$$\langle \mathbf{x}|E,l,m\rangle = c_l j_l(kr) Y_l^m(\hat{\mathbf{r}}). \tag{6.4.16}$$

Para determinar c_l, tudo o que temos que fazer é comparar

$$\langle \mathbf{x}|\mathbf{k}\rangle = \frac{e^{i\mathbf{k}\cdot\mathbf{x}}}{(2\pi)^{3/2}} = \sum_l \sum_m \int dE \langle \mathbf{x}|E,l,m\rangle\langle E,l,m|\mathbf{k}\rangle$$

$$= \sum_l \sum_m \int dE\, c_l j_l(kr) Y_l^m(\hat{\mathbf{r}}) \frac{\hbar}{\sqrt{mk}} \delta\left(E - \frac{\hbar^2 k^2}{2m}\right) Y_l^{m*}(\hat{\mathbf{k}}) \tag{6.4.17}$$

$$= \sum_l \frac{(2l+1)}{4\pi} P_l(\hat{\mathbf{k}}\cdot\hat{\mathbf{r}}) \frac{\hbar}{\sqrt{mk}} c_l j_l(kr),$$

onde usamos o teorema da adição

$$\sum_m Y_l^m(\hat{\mathbf{r}}) Y_l^{m*}(\hat{\mathbf{k}}) = [(2l+1)/4\pi] P_l(\hat{\mathbf{k}}\cdot\hat{\mathbf{r}})$$

no último passo. Agora, $\langle \mathbf{x}|\mathbf{k}\rangle = e^{i\mathbf{k}\cdot\mathbf{x}}/(2\pi)^{3/2}$ também pode ser escrito como

$$\frac{e^{i\mathbf{k}\cdot\mathbf{x}}}{(2\pi)^{3/2}} = \frac{1}{(2\pi)^{3/2}} \sum_l (2l+1) i^l j_l(kr) P_l(\hat{\mathbf{k}}\cdot\hat{\mathbf{r}}), \tag{6.4.18}$$

que pode ser provado usando a seguinte representação integral para os $j_l(kr)$:

$$j_l(kr) = \frac{1}{2i^l} \int_{-1}^{+1} e^{ikr\cos\theta} P_l(\cos\theta) d(\cos\theta). \tag{6.4.19}$$

Comparando (6.4.17) com (6.4.18), temos

$$c_l = \frac{i^l}{\hbar}\sqrt{\frac{2mk}{\pi}}. \tag{6.4.20}$$

Resumindo, temos

$$\langle \mathbf{k}|E,l,m\rangle = \frac{\hbar}{\sqrt{mk}} \delta\left(E - \frac{\hbar^2 k^2}{2m}\right) Y_l^m(\hat{\mathbf{k}}) \tag{6.4.21a}$$

$$\langle \mathbf{x}|E,l,m\rangle = \frac{i^l}{\hbar}\sqrt{\frac{2mk}{\pi}} j_l(kr) Y_l^m(\hat{\mathbf{r}}). \tag{6.4.21b}$$

Estas expressões são extremamente úteis na hora de desenvolver a expansão em ondas parciais.

Concluimos esta seção aplicando (6.4.21a) ao processo de decaimento. Suponha que partícula de spin j, a partícula-mãe, se desintegre em duas partículas de spin zero:

B (spin 0) + C(spin 0). O Hamiltoniano básico responsável por este tipo de decaimento é, de modo geral, bastante complicado. Contudo, sabemos que o momento angular é conservado, pois o Hamiltoniano básico é invariante por rotações. Portanto, a função de onda no espaço de momento para o estado final deve ter a forma (6.4.21a), com l identificado com o spin da partícula-mãe. Isto nos permite calcular de imediato a distribuição angular dos produtos do decaimento, pois a função de onda no espaço de momento nada mais é que a amplitude de probabilidade de se achar a partícula-filha com uma direção relativa de momento **k**.

Como exemplo concreto da física nuclear, consideremos o decaimento de um núcleo excitado, N^{20*}:

$$N^{20*} \to O^{16} + He^4. \tag{6.4.22}$$

Sabemos que tanto O^{16} quanto He^4 são partículas sem spin. Suponha que o número quântico magnético do núcleo-mãe é ± 1, relativo a uma certa direção z. Então, a distribuição angular do produto do decaimento é proporcional a $|Y_1^{\pm 1}(\theta,\phi)|^2 = (3/8\pi)$ sen$^2\theta$, onde (θ, ϕ) são os ângulos polares que definem a direção relativa do **k** do produto. Por outro lado, se o número quântico magnético é 0 para o núcleo-mãe de spin 1, a distribuição angular de decaimento varia como $|Y_1^0(\theta,\phi)|^2 = (3/4)\cos^2\theta$.

Para uma orientação geral de spin, obtemos

$$\sum_{m=-l}^{1} w(m)|Y_{l=1}^m|^2. \tag{6.4.23}$$

Pra um núcleo não polarizado, os vários $w(m)$ são todos iguais, e obtemos uma distribuição isotrópica; isto não é algo que deva nos surpreender, pois não há direção preferencial se a partícula-mãe não for polarizada.

Para um objeto com valor de spin mais alto, a distribuição angular do decaimento é mais complicada; quanto mais alto o spin da partícula-mãe que decai, maior a complexidade da distribuição angular das partículas produzidas pelo decaimento. Geralmente, um estudo da distribuição angular dos produtos do decaimento nos permite determinar o spin da partícula-mãe.

Expansão em ondas parciais

Voltemos agora para o caso onde $V \neq 0$. Partimos do pressuposto de que o potencial tem simetria esférica – ou seja, é invariante por rotações em três dimensões. Disto segue que o operador de transição T, dado por (6.3.2), comuta com $\mathbf{L}^2$ e $\mathbf{L}$. Em outras palavras, T é um operador escalar.

É mais conveniente usarmos agora a base de ondas esféricas, pois o teorema de Wigner-Eckart [veja (3.11.38)], quando aplicado a um operador escalar, nos dá imediatamente

$$\langle E',l',m'|T|E,l,m\rangle = T_l(E)\delta_{ll'}\delta_{mm'}. \tag{6.4.24}$$

Dizendo de maneira diferente, T é diagonal tanto em l quanto em m; além do mais, o elemento diagonal (diferente de zero) depende de E e l, mas não de m. Isto leva a uma simplificação enorme, como veremos em breve.

Olhemos agora para a amplitude de espalhamento (6.2.22):

$$f(\mathbf{k}',\mathbf{k}) = -\frac{1}{4\pi}\frac{2m}{\hbar^2}L^3\langle\mathbf{k}'|T|\mathbf{k}\rangle$$

$$\longrightarrow -\frac{1}{4\pi}\frac{2m}{\hbar^2}(2\pi)^3\sum_l\sum_m\sum_{l'}\sum_{m'}\int dE\int dE'\langle\mathbf{k}'|E'l'm'\rangle$$

$$\times\langle E'l'm'|T|Elm\rangle\langle Elm|\mathbf{k}\rangle$$

$$= -\frac{1}{4\pi}\frac{2m}{\hbar^2}(2\pi)^3\frac{\hbar^2}{mk}\sum_l\sum_m T_l(E)\bigg|_{E=\hbar^2k^2/2m}Y_l^m(\hat{\mathbf{k}}')Y_l^{m*}(\hat{\mathbf{k}})$$

$$= -\frac{4\pi^2}{k}\sum_l\sum_m T_l(E)\bigg|_{E=\hbar^2k^2/2m}Y_l^m(\hat{\mathbf{k}}')Y_l^{m*}(\hat{\mathbf{k}}). \qquad (6.4.25)$$

Para obter a dependência angular da amplitude de espalhamento, escolhamos o sistema de coordenadas de tal modo que $\mathbf{k}$, como de costume, aponte na direção de z positivo. Temos, então, [veja (3.6.50)]

$$Y_l^m(\hat{\mathbf{k}}) = \sqrt{\frac{2l+1}{4\pi}}\delta_{m0}, \qquad (6.4.26)$$

onde usamos $P_l(1) = 1$; portanto, somente o termo com $m = 0$ contribui. Tomando θ como sendo o ângulo entre $\mathbf{k}'$ e $\mathbf{k}$, podemos escrever

$$Y_l^0(\hat{\mathbf{k}}') = \sqrt{\frac{2l+1}{4\pi}}P_l(\cos\theta). \qquad (6.4.27)$$

Costuma-se aqui definir a **amplitude de onda parcial** $f_l(k)$ da seguinte maneira:

$$f_l(k) \equiv -\frac{\pi T_l(E)}{k}. \qquad (6.4.28)$$

Para (6.4.25) temos, então,

$$f(\mathbf{k}',\mathbf{k}) = f(\theta) = \sum_{l=0}^{\infty}(2l+1)f_l(k)P_l(\cos\theta), \qquad (6.4.29)$$

onde $f(\theta)$ ainda depende de k (ou da energia incidente), embora na notação tenhamos suprimido k.

Para melhor apreciarmos o significado físico de $f_l(k)$, vamos olhar para o comportamento a longas distâncias da função de onda $\langle\mathbf{x}|\psi^{(+)}\rangle$ dada por (6.2.21). Usando a expansão da onda plana em termos de ondas esféricas [(6.4.18)] e observando que (Apêndice B)

$$j_l(kr)\xrightarrow{\text{grande } r}\frac{e^{i(kr-(l\pi/2))}-e^{-i(kr-(l\pi/2))}}{2ikr}, \quad (i^l = e^{i(\pi/2)l}) \qquad (6.4.30)$$

e que $f(\theta)$ é dado por (6.4.29), temos

$$\langle \mathbf{x}|\psi^{(+)}\rangle \xrightarrow{\text{grande } r} \frac{1}{(2\pi)^{3/2}} \left[e^{ikz} + f(\theta)\frac{e^{ikr}}{r} \right]$$

$$= \frac{1}{(2\pi)^{3/2}} \left[\sum_l (2l+1) P_l(\cos\theta) \left(\frac{e^{ikr} - e^{-i(kr-l\pi)}}{2ikr} \right) \right.$$

$$\left. + \sum_l (2l+1) f_l(k) P_l(\cos\theta)\frac{e^{ikr}}{r} \right]$$

$$= \frac{1}{(2\pi)^{3/2}} \sum_l (2l+1) \frac{P_l}{2ik} \left[[1+2ikf_l(k)]\frac{e^{ikr}}{r} - \frac{e^{-i(kr-l\pi)}}{r} \right]. \quad (6.4.31)$$

A física do espalhamento agora fica clara. Quando não há espalhador, podemos analisar a onda plana como a soma de ondas esféricas emergentes e que se comportam como e^{ikr}/r, e uma onda esférica imergente com comportamento $e^{-i(kr-l\pi)}/r$ para cada l. A presença do centro espalhador muda apenas o coeficiente da onda imergente segundo

$$1 \to 1 + 2ikf_l(k). \quad (6.4.32)$$

A onda incidente não é absolutamente afetada.

Unitariedade e desvios de fase (phase shifts)

Examinemos agora as consequências da conservação de probabilidade, ou unitariedade. Em uma formulação independente do tempo, a densidade de correntede probabilidade $\mathbf{j}$ deve satisfazer

$$\nabla \cdot \mathbf{j} = -\frac{\partial |\psi|^2}{\partial t} = 0. \quad (6.4.33)$$

Vamos agora considerar uma superfície esférica de raio muito grande. Pelo teorema de Gauss, devemos ter

$$\int_{\text{superfície esférica}} \mathbf{j} \cdot d\mathbf{S} = 0. \quad (6.4.34)$$

Fisicamente, (6.4.33) e (6.4.34) significam que não há fonte ou sumidouro de partículas. O fluxo emergente deve se igualar ao fluxo imergente. Além do mais, devido à conservação do momento angular, isto deve valer para cada onda parcial separadamente. Em outras palavras, o coeficiente de e^{ikr}/r deve ser o mesmo, em magnitude, que o coeficiente de e^{-ikr}/r. Definindo $S_l(k)$ como

$$S_l(k) \equiv 1 + 2ikf_l(k), \quad (6.4.35)$$

isto significa [de (6.4.32)] que

$$|S_l(k)| = 1; \quad (6.4.36)$$

ou seja, o máximo que pode ocorrer é uma mudança na fase da onda emergente. A equação (6.4.36) é conhecida como a **relação de unitariedade** para a *l-ésima* onda parcial. Em um tratamento mais avançado do espalhamento, $S_l(k)$ pode ser entendido como o *l-ésimo* elemento diagonal do operador S, que tem que ser unitário por conservação de probabilidade.

Portanto, vemos que a única mudança da função de onda para grandes distâncias, resultado do espalhamento, é uma mudança da *fase* da onda emergente. Chamando esta fase de $2\delta_l$ (o fator 2 surge por convenção), podemos escrever

$$S_l = e^{2i\delta_l}, \tag{6.4.37}$$

com δ_l real. Fica subentendido aqui que δ_l é função de k, embora não escrevamos explicitamente δ_l como $\delta_l(k)$. Retornando a f_l, podemos escrever [de (6.4.35)]

$$f_l = \frac{(S_l - 1)}{2ik} \tag{6.4.38}$$

ou, explicitamente em termos de δ_l,

$$f_l = \frac{e^{2i\delta_l} - 1}{2ik} = \frac{e^{i\delta_l} \operatorname{sen} \delta_l}{k} = \frac{1}{k \cot \delta_l - ik}, \tag{6.4.39}$$

e usarmos aquela que for mais conveniente. Para a amplitude de espalhamento total, temos

$$f(\theta) = \sum_{l=0}^{\infty} (2l+1) \left(\frac{e^{2i\delta_l} - 1}{2ik} \right) P_l(\cos\theta)$$

$$= \frac{1}{k} \sum_{l=0}^{\infty} (2l+1) e^{i\delta_l} \operatorname{sen} \delta_l \, P_l(\cos\theta) \tag{6.4.40}$$

com δ_l real. Esta expressão para $f(\theta)$ assenta-se sobre o par de princípios da **invariância rotacional** e **conservação de probabilidade**. Em muitos livros de mecânica ondulatória, a equação (6.4.40) é obtida resolvendo-se explicitamente a equação de Schrödinger para um potencial real e esfericamente simétrico; nossa dedução de (6.4.40) pode ser interessante, pois ela pode ser generalizada para situações nas quais a descrição do potencial no contexto da mecânica quântica não relativística pode falhar.

A seção de choque diferencial $d\sigma/d\Omega$ pode ser obtida simplesmente tomando o módulo ao quadrado de (6.4.40). Para obter a seção de choque total, temos

$$\sigma_{\text{tot}} = \int |f(\theta)|^2 d\Omega$$

$$= \frac{1}{k^2} \int_0^{2\pi} d\phi \int_{-1}^{+1} d(\cos\theta) \sum_l \sum_{l'} (2l+1)(2l'+1)$$
$$\times e^{i\delta_l} \operatorname{sen} \delta_l e^{-i\delta_{l'}} \operatorname{sen} \delta_{l'} P_l P_{l'} \tag{6.4.41}$$

$$= \frac{4\pi}{k^2} \sum_l (2l+1) \operatorname{sen}^2 \delta_l.$$

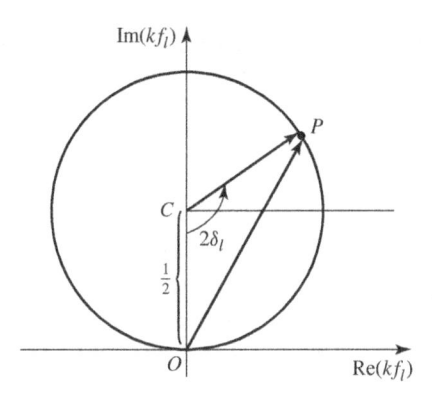

FIGURA 6.8 Diagrama de Argand para kf_l. OP é a magnitude de kf_l e CO e CP são, cada um, raios de comprimento $\frac{1}{2}$ no círculo unitário; o ângulo $OCP = 2\delta_l$.

Podemos averiguar o teorema óptico (6.2.24), obtido por nós anteriormente, através de um argumento mais geral. A única coisa que temos que fazer é observar que, de (6.4.40), temos

$$\operatorname{Im} f(\theta = 0) = \sum_l \frac{(2l+1)\operatorname{Im}[e^{i\delta_l}\operatorname{sen}\delta_l]}{k} P_l(\cos\theta)\bigg|_{\theta=0}$$
$$= \sum_l \frac{(2l+1)}{k} \operatorname{sen}^2 \delta_l, \tag{6.4.42}$$

que é igual à expressão (6.4.41) exceto pelo fator $4\pi/k$.

δ_l varia como função da energia; portanto, $f_l(k)$ também varia. A relação de unitariedade (6.4.36) representa uma restrição sobre a maneira como f_l pode variar. Isto pode ser visto mais facilmente fazendo-se um diagrama de Argand para kf_l. Fazemos um gráfico de kf_l no plano complexo, como ilustra a Figura 6.8, que não requer maiores explicações se notarmos que, de (6.4.39), temos

$$kf_l = \frac{i}{2} + \frac{1}{2}e^{-(i\pi/2)+2i\delta_l}. \tag{6.4.43}$$

Observe que há um círculo de raio $\frac{1}{2}$, conhecido como **círculo unitário**, sobre o qual kf_l deve estar.

Na Figura 6.8 é possível vermos várias propriedades importantes. Suponha que δ_l seja pequeno. Então f_l deve estar próximo da base do círculo. Ele pode ser positivo ou negativo, mas é quase um real puro

$$f_l = \frac{e^{i\delta_l}\operatorname{sen}\delta_l}{k} \simeq \frac{(1+i\delta_l)\delta_l}{k} \simeq \frac{\delta_l}{k}. \tag{6.4.44}$$

Por outro lado, se δ_l estiver próximo de $\pi/2$, kf_l é quase que imaginário puro e sua magnitude é máxima. Sob estas condições, a *l-ésima* onda parcial pode estar em ressonância, um conceito a ser discutido com maiores detalhes na Seção 6.7. Note que a seção de choque parcial máxima

$$\sigma_{\max}^{(l)} = 4\pi \lambdabar^2 (2l+1) \tag{6.4.45}$$

é atingida [veja (6.4.41)] quando $\operatorname{sen}^2 \delta_l = 1$.

Determinação dos desvios de fase

Consideremos agora como obter os desvios de fase dado um potencial V. Supomos que V vá a zero para $r > R$, onde R é o alcance do potencial. Fora (isto é, para $r > R$), a função de onda deve ser aquela de uma onda esférica livre. Porém, não há agora motivo para excluir $n_l(r)$, pois a origem foi excluída de nossas considerações. A função de onda é, deste modo, uma combinação linear de $j_l(kr)P_l(\cos\theta)$ e $n_l(kr)P_l(\cos\theta)$ ou, o que é equivalente, de $h_l^{(1)} P_l$ e $h_l^{(2)} P_l$, onde $h_l^{(1)}$ e $h_l^{(2)}$ são as funções de onda de Hankel esféricas definidas por

$$h_l^{(1)} = j_l + i n_l, \quad h_l^{(2)} = j_l - i n_l; \tag{6.4.46}$$

O comportamento assintótico destas funções é (veja Apêndice A)

$$h_l^{(1)} \xrightarrow{r \text{ grande}} \frac{e^{i(kr-(l\pi/2))}}{ikr}, \quad h_l^{(2)} \xrightarrow{r \text{ grande}} -\frac{e^{-i(kr-(l\pi/2))}}{ikr}. \tag{6.4.47}$$

A função de onda completa para um r qualquer pode ser escrita como

$$\langle \mathbf{x} | \psi^{(+)} \rangle = \frac{1}{(2\pi)^{3/2}} \sum i^l (2l+1) A_l(r) P_l(\cos\theta) \quad (r > R). \tag{6.4.48}$$

Para $r > R$, temos (para a função de onda radial)

$$A_l = c_l^{(1)} h_l^{(1)}(kr) + c_l^{(2)} h_l^{(2)}(kr), \tag{6.4.49}$$

onde o coeficiente que multiplica A_l em (6.4.48) é escolhido de tal modo que, para $V = 0$, $A_l(r)$ coincide com $j_l(kr)$ para todo r [veja (6.4.18)]. Usando (6.4.47), podemos comparar o comportamento, para r grande, da função de onda dada por (6.4.48) e de (6.4.49) com

$$\frac{1}{(2\pi)^{3/2}} \sum_l (2l+1) P_l \left[\frac{e^{2i\delta_l} e^{ikr}}{2ikr} - \frac{e^{-i(kr-l\pi)}}{2ikr} \right]. \tag{6.4.50}$$

Claramente, temos que ter

$$c_l^{(1)} = \tfrac{1}{2} e^{2i\delta_l}, \quad c_l^{(2)} = \tfrac{1}{2}. \tag{6.4.51}$$

Portanto, a função de onda radial para $r > R$ pode agora ser escrita como

$$A_l(r) = e^{i\delta_l}[\cos\delta_l \, j_l(kr) - \operatorname{sen}\delta_l \, n_l(kr)]. \tag{6.4.52}$$

Usando este resultado, podemos calcular a derivada logarítmica em $r = R$ – isto é, em um ponto imediatamente depois do alcance do potencial – da seguinte maneira

$$\beta_l \equiv \left(\frac{r}{A_l}\frac{dA_l}{dr}\right)_{r=R}$$
$$= kR\left[\frac{j'_l(kR)\cos\delta_l - n'_l(kR)\,\text{sen}\,\delta_l}{j_l(kR)\cos\delta_l - n_l(kR)\,\text{sen}\,\delta_l}\right], \tag{6.4.53}$$

onde $j'_l(kR)$ representa a derivada de j_l com relação a kr, calculada em $kr = kR$. De maneira oposta, conhecendo a derivada logarítmica em R, podemos obter o desvio de fase através de:

$$\tan\delta_l = \frac{kRj'_l(kR) - \beta_l j_l(kR)}{kRn'_l(kR) - \beta_l n_l(kR)}. \tag{6.4.54}$$

O problema de se calcular o desvio de fase se reduz, assim ao de obter β_l.

Olhemos agora para a solução da equação de Schrödinger para $r < R$ – ou seja, na região dentro do alcance do potencial. Para potenciais com simetria esférica, podemos resolvê-la em três dimensões olhando para a equação unidimensional equivalente

$$\frac{d^2 u_l}{dr^2} + \left(k^2 - \frac{2m}{\hbar^2}V - \frac{l(l+1)}{r^2}\right)u_l = 0, \tag{6.4.55}$$

onde

$$u_l = rA_l(r) \tag{6.4.56}$$

sujeita à condição de contorno

$$u_l|_{r=0} = 0. \tag{6.4.57}$$

Integramos esta equação de Schrödinger unidimensional – numericamente, se assim necessário – até $r = R$, começando por $r = 0$. Desta maneira, obtemos a derivada logarítmica em R. Por continuidade, devemos ser capazes de equiparar a derivada logarítmica para as soluções de dentro e de fora em $r = R$:

$$\beta_l|_{\text{solução de dentro}} = \beta_l|_{\text{solução de fora}} \tag{6.4.58}$$

onde o lado esquerdo é obtido integrando-se a equação de Schrödinger até $r = R$ e o lado direito expressando-se a solução em termos de em termos dos desvios de fase que caracterizam o comportamento a grandes distâncias da função de onda. Isto significa que os desvios de fase são obtidos simplesmente substituindo os β_l da solução do lado de dentro em δ_l [(6.5.54)]. Existe uma abordagem alternativa, que consiste em deduzir uma equação integral para $A_l(r)$, da qual podemos obter, então, os desvios de fase (veja o Problema 6.9 deste capítulo).

Espalhamento por esfera dura

Façamos as contas para um exemplo específico. Consideraremos o espalhamento por uma esfera dura, ou rígida

$$V = \begin{cases} \infty & \text{para } r < R \\ 0 & \text{para } r > R. \end{cases} \quad (6.4.59)$$

Neste problema, nem precisamos calcular β_l (que é, na verdade, ∞). Tudo o que precisamos saber é que a função de onda deve ser nula em $r = R$, pois a esfera é impenetrável. Portanto,

$$A_l(r)|_{r=R} = 0 \quad (6.4.60)$$

ou, de (6.4.52),

$$j_l(kR)\cos\delta_l - n_l(kR)\operatorname{sen}\delta_l = 0 \quad (6.4.61)$$

ou

$$\tan\delta_l = \frac{j_l(kR)}{n_l(kR)}. \quad (6.4.62)$$

Portanto, os desvios de fase são conhecidos para qualquer l. Observe que não fizemos qualquer aproximação até o momento.

Para apreciarmos o significado físico dos desvios de fase, consideremos especificamente o caso $l = 0$ (espalhamento de onda S). A equação (6.4.52) torna-se, para $l = 0$

$$\tan\delta_0 = \frac{\operatorname{sen} kR/kR}{-\cos kR/kR} = -\tan kR, \quad (6.4.63)$$

onde $\delta_0 = -kR$. A função de onda radial (6.4.52), omitindo $e^{i\delta_0}$, varia como

$$A_{l=0}(r) \propto \frac{\operatorname{sen} kr}{kr}\cos\delta_0 + \frac{\cos kr}{kr}\operatorname{sen}\delta_0 = \frac{1}{kr}\operatorname{sen}(kr + \delta_0). \quad (6.4.64)$$

Portanto, se fizemos um gráfico de $A_{l=0}(r)$ como função da distância r, obteremos uma onda sinusoidal, que é deslocada por um fator de R em relação à onda sinusoidal livre; consulte a Figura 6.9.

Estudemos agora os limites de baixas e altas energias de $\tan\delta_l$. Baixas energias significam kR pequeno, $kR \ll 1$. Podemos usar[4]

$$j_l(kr) \simeq \frac{(kr)^l}{(2l+1)!!}$$
$$n_l(kr) \simeq -\frac{(2l-1)!!}{(kr)^{l+1}} \quad (6.4.65)$$

obtendo

$$\tan\delta_l = \frac{-(kR)^{2l+1}}{\{(2l+1)[(2l-1)!!]^2\}}. \quad (6.4.66)$$

---

[4] Observe que $(2n+1)!! \equiv (2n+1)(2n-1)(2n-3)\cdots 1$.

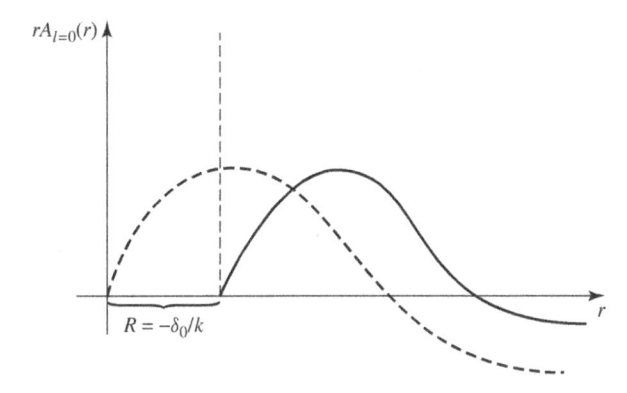

FIGURA 6.9 Gráfico de $A_{l=0}(r)$ como função de r (como o fator $e^{i\delta_0}$ removido). A curva tracejada, para $V = 0$, se comporta como sen kr. A curva sólida representa o espalhamento de onda S para a esfera dura, deslocada por um fator $R = -\delta_0/k$ em relação ao caso onde $V = 0$.

Portanto podemos ignorar δ_l quando $l \neq 0$. Em outras palavras, só temos espalhamento de onda S, o que é na verdade esperado para quase todo potencial de alcance finito em espalhamento a baixas energias. Uma vez que $\delta_0 = -kR$ independentemente de k ser grande ou pequeno, obtemos

$$\frac{d\sigma}{d\Omega} = \frac{\text{sen}^2 \delta_0}{k^2} \simeq R^2 \quad \text{para } kR \ll 1. \tag{6.4.67}$$

É interessante ver que a seção de choque total, dada por

$$\sigma_{\text{tot}} = \int \frac{d\sigma}{d\Omega} d\Omega = 4\pi R^2, \tag{6.4.68}$$

é *quatro* vezes o valor da seção de *choque geométrica* πR^2. Por seção de choque geométrica nos referimos à área do disco de raio R que bloqueia a propagação da onda plana (e que tem a mesma seção transversal de uma esfera rígida). Espalhamento a baixa energias significa, obviamente, um espalhamento de comprimentos de onda muito grandes e, por isto, não necessariamente devemos esperar um resultado que faça sentido classicamente. Consideraremos o que acontece no limite de altas energias quando discutirmos, na próxima seção, a aproximação eikonal.[‡]

6.5 ■ APROXIMAÇÃO EIKONAL

Esta aproximação se aplica à situação na qual $V(\mathbf{x})$ varia muito pouco por uma distância da ordem do comprimento de onda $\bar{\lambda}$ (que podemos tomar como sendo "pequeno"). Note que V em si não precisa ser fraco, desde que $E \gg |V|$; portanto, o domínio de validade neste caso é diferente daquele da aproximação de Born.

[‡] N. de T.: A palavra Eikonal é versão germanizada do grego "εἰκών" (imagem, ícone). Embora não seja incorreto usarmos o termo português "iconal", o termo "eikonal" já se incorporou na física, razão pela qual foi aqui mantido.

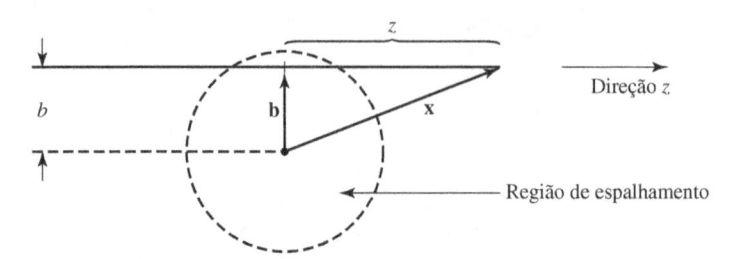

FIGURA 6.10 Diagrama esquemático do espalhamento na aproximação eikonal, onde a trajetória clássica em linha reta é paralela ao eixo z, $|\mathbf{x}| = r$ e $b = |\mathbf{b}|$ é o parâmetro de impacto.

Nestas condições, o conceito semiclássico de trajetória se aplica e podemos substituir a função de onda $\psi^{(+)}$ exata pela função de onda semiclássica [veja (2.4.18) e (2.4.22)], a saber

$$\psi^{(+)} \sim e^{iS(\mathbf{x})/\hbar}. \qquad (6.5.1)$$

Isto leva à equação de Hamilton-Jacobi para S,

$$\frac{(\nabla S)^2}{2m} + V = E = \frac{\hbar^2 k^2}{2m}, \qquad (6.5.2)$$

como discutido na Seção 2.4. Propomos calcular S de (6.5.2) fazendo uma outra aproximação: que a trajetória clássica seja uma reta, o que deveria ser satisfatório para pequenas deflexões a altas energias.[5] Considere a situação representada na Figura 6.10, onde a trajetória em linha reta é paralela ao eixo z. Integrando (6.5.2), temos

$$\frac{S}{\hbar} = \int_{-\infty}^{z} \left[k^2 - \frac{2m}{\hbar^2} V\left(\sqrt{b^2 + z'^2}\right) \right]^{1/2} dz' + \text{constante}. \qquad (6.5.3)$$

A constante aditiva deve ser escolhida de tal forma que

$$\frac{S}{\hbar} \to kz \quad \text{quando} \quad V \to 0 \qquad (6.5.4)$$

de modo que a forma de onda plana para (6.5.1) seja recuperada no limite de potencial zero. Podemos, assim, escrever a equação (6.5.3) como

$$\frac{S}{\hbar} = kz + \int_{-\infty}^{z} \left[\sqrt{k^2 - \frac{2m}{\hbar^2} V\left(\sqrt{b^2 + z'^2}\right)} - k \right] dz'$$

$$\cong kz - \frac{m}{\hbar^2 k} \int_{-\infty}^{z} V\left(\sqrt{b^2 + z'^2}\right) dz', \qquad (6.5.5)$$

---

[5] É desnecessário dizer que resolver a (6.5.2) como meio de *determinar* a trajetória clássica é, de modo geral, uma tarefa proibitiva.

onde, para $E \gg V$, usamos

$$\sqrt{k^2 - \frac{2m}{\hbar^2} V\left(\sqrt{b^2 + z'^2}\right)} \sim k - \frac{mV}{\hbar^2 k}$$

para valores altos de $E = \hbar^2 k^2/2m$. Portanto,

$$\psi^{(+)}(\mathbf{x}) = \psi^{(+)}(\mathbf{b} + z\hat{\mathbf{z}}) \simeq \frac{1}{(2\pi)^{3/2}} e^{ikz} \exp\left[\frac{-im}{\hbar^2 k} \int_{-\infty}^{z} V\left(\sqrt{b^2 + z'^2}\right) dz'\right]. \quad (6.5.6)$$

Embora (6.5.6) não tenha a forma assintótica correta, apropriada para uma onda esférica incidente e uma emergente (ou seja, não é da forma $e^{i\mathbf{k}\cdot\mathbf{x}} + f(\theta)(e^{ikr}/r)$ e refere-se de fato apenas ao movimento ao longo da direção original), ela pode mesmo assim ser usada em (6.2.22) para obtermos uma expressão aproximada para $f(\mathbf{k}', \mathbf{k})$ – isto é[6]

$$f(\mathbf{k}', \mathbf{k}) = -\frac{1}{4\pi} \frac{2m}{\hbar^2} \int d^3 x' e^{-i\mathbf{k}'\cdot\mathbf{x}'} V\left(\sqrt{b^2 + z'^2}\right) e^{i\mathbf{k}\cdot\mathbf{x}'}$$
$$\times \exp\left[-\frac{im}{\hbar^2 k} \int_{-\infty}^{z'} V\left(\sqrt{b^2 + z''^2}\right) dz''\right]. \quad (6.5.7)$$

Observe que sem o último fator, exp [...], (6.5.7) é exatamente igual à amplitude de Born em primeira ordem em (6.3.3). Fazemos uma integração em três dimensões ($d^3 x'$) de (6.5.7) introduzindo coordenadas cilíndricas $d^3 x' = b \, db \, d\phi_b \, dz'$ (veja a Figura 6.10) e observando que

$$(\mathbf{k} - \mathbf{k}') \cdot \mathbf{x}' = (\mathbf{k} - \mathbf{k}') \cdot (\mathbf{b} + z'\hat{\mathbf{z}}) \simeq -\mathbf{k}' \cdot \mathbf{b}, \quad (6.5.8)$$

onde usamos $\mathbf{k} \perp \mathbf{b}$ e $(\mathbf{k} - \mathbf{k}') \cdot \hat{\mathbf{z}} \sim 0(\theta^2)$, que pode ser ignorado para pequenos ângulos θ de deflexão. Sem perda de generalidade, escolhemos o espalhamento como sendo no plano xz e escrevemos

$$\mathbf{k}' \cdot \mathbf{b} = (k \, \text{sen}\,\theta\hat{\mathbf{x}} + k \cos\theta\hat{\mathbf{z}}) \cdot (b \cos\phi_b\hat{\mathbf{x}} + b \,\text{sen}\,\phi_b\hat{\mathbf{y}}) \simeq kb\theta \cos\phi_b. \quad (6.5.9)$$

A expressão para $f(\mathbf{k}', \mathbf{k})$ se torna

$$f(\mathbf{k}', \mathbf{k}) = -\frac{1}{4\pi} \frac{2m}{\hbar^2} \int_0^\infty b \, db \int_0^{2\pi} d\phi_b e^{-ikb\theta \cos\phi_b}$$
$$\times \int_{-\infty}^{+\infty} dz \, V \exp\left[\frac{-im}{\hbar^2 k} \int_{-\infty}^{z} V \, dz'\right]. \quad (6.510)$$

Usamos, em seguida, as seguintes identidades:

$$\int_0^{2\pi} d\phi_b e^{-ikb\theta \cos\phi_b} = 2\pi J_0(kb\theta) \quad (6.5.11)$$

---

[6] Deixamos para trás a "caixa grande" e escrevemos $f(\mathbf{k}', \mathbf{k})$ supondo uma normalização contínua.

e

$$\int_{-\infty}^{+\infty} dz\, V \exp\left[\frac{-im}{\hbar^2 k}\int_{-\infty}^{z} V\, dz'\right] = \frac{i\hbar^2 k}{m} \exp\left[\frac{-im}{\hbar^2 k}\int_{-\infty}^{z} V\, dz'\right]\Bigg|_{z=-\infty}^{z=+\infty}, \quad (6.5.12)$$

onde, obviamente, a contribuição de $z = -\infty$ do lado direito de (6.5.12) vai a zero no expoente. Assim, finalmente

$$f(\mathbf{k}',\mathbf{k}) = -ik \int_0^\infty db\, b\, J_0(kb\theta)[e^{2i\Delta(b)} - 1], \quad (6.5.13)$$

onde

$$\Delta(b) \equiv \frac{-m}{2k\hbar^2} \int_{-\infty}^{+\infty} V\left(\sqrt{b^2 + z^2}\right) dz. \quad (6.5.14)$$

Em (6.5.14) fixamos o parâmetro de impacto b e integramos ao longo da trajetória reta z, mostrada na Figura 6.10. Não há contribuição de $[e^{2i\Delta(b)} - 1]$ em (6.5.13) se b for maior que o alcance de V.

Pode-se mostrar de uma maneira direta que a aproximação eikonal satisfaz o teorema óptico (6.2.24). Esta prova, bem como algumas aplicações interessantes – como por exemplo no caso onde V é um potencial gaussiano e $\Delta(b)$ se torna gaussiano no espaço da variável b –, são discutidas na literatura (Gottfried 1966). Para o caso onde V é um potencial de Yukawa, veja o Problema 6.8 deste capítulo.

Ondas parciais e a aproximação eikonal

A aproximação eikonal é válida para energias altas ($\lambda \ll$ que alcance R); portanto, muitas ondas parciais contribuem. Podemos imaginar l como sendo uma variável contínua. Abrindo um parênteses, chamamos a atenção para o argumento semiclássico segundo o qual $l = bk$ (pois o momento angular $l\hbar = bp$, onde b é o parâmetro de impacto e momento $p = \hbar k$). Tomamos

$$l_{\max} = kR; \quad (6.5.15)$$

e, então, fazemos as seguintes substituições na expressão (6.4.40)

$$\sum_l^{l_{\max}=kR} \to k \int db, \quad P_l(\cos\theta) \stackrel[\theta\text{ pequeno}]{l\text{ grande}}{\approx} J_0(l\theta) = J_0(kb\theta),$$

$$\delta_l \to \Delta(b)|_{b=l/k}, \quad (6.5.16)$$

onde $l_{\max} = kR$ implica em

$$e^{2i\delta_l} - 1 = e^{2i\Delta(b)} - 1 = 0 \quad \text{para } l > l_{\max}. \quad (6.5.17)$$

Temos

$$f(\theta) \to k \int db \frac{2kb}{2ik}(e^{2i\Delta(b)} - 1)J_0(kb\theta)$$
$$= -ik \int db\, b J_0(kb\theta)[e^{2i\Delta(b)} - 1].$$ (6.5.18)

O cálculo de δ_l pode ser feito usando a forma explícita de $\Delta(b)$ dada por (6.5.14) (veja o Problema 6.8 neste capítulo).

Lembre-se de nossa discussão de ondas parciais e do exemplo da "esfera dura" da última seção. Nela, descobrimos que no limite de baixas energias (comprimentos de onda grandes), a seção de choque total era quatro vezes a seção transversal geométrica. Contudo, é razoável supor que para o espalhamento altas energias obteríamos a seção geométrica, uma vez que a situação de altas energias deveria parecer similar com a situação semiclássica.

Em altas energias, muitos valores de l contribuem, até $l_{\max} \simeq kR$, que é uma suposição razoável. A seção de choque total é dada, assim, por

$$\sigma_{\text{tot}} = \frac{4\pi}{k^2} \sum_{l=0}^{l \simeq kR} (2l+1)\operatorname{sen}^2 \delta_l.$$ (6.5.19)

Contudo, usando (6.4.62), temos

$$\operatorname{sen}^2 \delta_l = \frac{\tan^2 \delta_l}{1+\tan^2 \delta_l} = \frac{[j_l(kR)]^2}{[j_l(kR)]^2 + [n_l(kR)]^2} \simeq \operatorname{sen}^2\left(kR - \frac{\pi l}{2}\right),$$ (6.5.20)

onde usamos

$$j_l(kr) \sim \frac{1}{kr}\operatorname{sen}\left(kr - \frac{l\pi}{2}\right)$$
$$n_l(kr) \sim -\frac{1}{kr}\cos\left(kr - \frac{l\pi}{2}\right).$$ (6.5.21)

Vemos que δ_l decresce em 90° toda a vez que l aumenta por uma unidade. Portanto, para um par de ondas parciais adjacentes, $\operatorname{sen}^2 \delta_l + \operatorname{sen}^2 \delta_{l+1} = \operatorname{sen}^2 \delta_l + \operatorname{sen}^2(\delta_l - \pi/2) = \operatorname{sen}^2 \delta_l + \cos^2 \delta_l = 1$ e, com tantos valores de l contribuindo para (6.5.19), é legítimo substituirmos $\operatorname{sen}^2 \delta_l$ pelo seu valor médio, $\frac{1}{2}$. O número de termos na soma em l é aproximadamente kR, como também é a média de $2l + 1$. Colocando todos estes ingredientes juntos, a equação (6.5.19) torna-se

$$\sigma_{\text{tot}} = \frac{4\pi}{k^2}(kR)^2 \frac{1}{2} = 2\pi R^2,$$ (6.5.22)

o que também é diferente da seção transversal geométrica πR^2! Para entendermos a origem do fator 2, podemos quebrar (6.4.40) em duas partes:

$$f(\theta) = \frac{1}{2ik}\sum_{l=0}^{kR}(2l+1)e^{2i\delta_l}P_l(\cos\theta) + \frac{i}{2k}\sum_{l=0}^{kR}(2l+1)P_l(\cos\theta) \quad (6.5.23)$$
$$= f_{\text{reflexão}} + f_{\text{sombra}}.$$

No cálculo de $\int |f_{\text{refl}}|^2 d\Omega$, a ortogonalidade dos $P_l(\cos\theta)$'s garante que não há interferência entre contribuições de diferentes l, e obtemos a soma do quadrado das contribuições de ondas parciais:

$$\int |f_{\text{refl}}|^2 d\Omega = \frac{2\pi}{4k^2}\sum_{l=0}^{l_{\max}}\int_{-1}^{+1}(2l+1)^2[P_l(\cos\theta)]^2 d(\cos\theta) = \frac{\pi l_{\max}^2}{k^2} = \pi R^2. \quad (6.5.24)$$

Voltando nossa atenção para f_{sombra}, observamos que ele é imaginário puro. Ele é particularmente forte na direção à frente pois $P_l(\cos\theta) = 1$ para $\theta = 0$ e a contribuição de diferentes valores de l adicionam-se coerentemente – isto é, com a mesma fase, no nosso caso imaginário puro e positivo. Podemos usar a aproximação de ângulos pequenos para P_l e obter

$$f_{\text{sombra}} \simeq \frac{i}{2k}\sum(2l+1)J_0(l\theta)$$
$$\simeq ik\int_0^R b\,db\, J_0(kb\theta) \quad (6.5.25)$$
$$= \frac{iRJ_1(kR\theta)}{\theta}.$$

Mas esta nada mais é que a fórmula da difração de Fraunhofer em óptica, com um pico pronunciado próximo de $\theta \simeq 0$. Fazendo $\xi = kR\theta$ e $d\xi/\xi = d\theta/\theta$, podemos calcular

$$\int |f_{\text{sombra}}|^2 d\Omega = 2\pi\int_{-1}^{+1}\frac{R^2[J_1(kR\theta)]^2}{\theta^2}d(\cos\theta)$$
$$\simeq 2\pi R^2\int_0^\infty \frac{[J_1(\xi)]^2}{\xi}d\xi \quad (6.5.26)$$
$$\simeq \pi R^2.$$

Finalmente, a interferência entre f_{sombra} e f_{refl} desaparece:

$$\text{Re}(f^*_{\text{sombra}} f_{\text{refl}}) \simeq 0 \quad (6.5.27)$$

pois a fase de f_{refl} oscila ($2\delta_{l+1} = 2\delta_l - \pi$), resultando numa média aproximadamente igual a zero, ao passo que f_{sombra} é imaginário puro. Portanto,

$$\sigma_{\text{tot}} = \underset{\underset{\sigma_{\text{refl}}}{\uparrow}}{\pi R^2} + \underset{\underset{\sigma_{\text{sombra}}}{\uparrow}}{\pi R^2}. \quad (6.5.28)$$

O segundo termo (contribuição coerente na direção à frente) é chamado de *sombra* (*shadow*), pois para o espalhamento pela esfera dura, no regime de altas energias, ondas com parâmetro de impacto menor que R são obrigatoriamente defletidas. Assim, imediatamente *atrás* do espalhador deve haver uma probabilidade zero de se encontrar a partícula, e uma sombra tem que surgir. Em termos de mecânica ondulatória, esta sombra se deve à interferência destrutiva entre a onda original (que estaria ali presente mesmo que o espalhador estivesse ausente) e a onda recém espalhada. Portanto, para criar uma sombra é necessário que haja espalhamento. Que esta sombra tenha uma amplitude puramente imaginária é algo que pode ser visto lembrando-se de que, de (6.4.31), o coeficiente de $e^{ikr}/2ikr$ para a *l-ésima* onda parcial se comporta como $1 + 2ikf_l(k)$, onde o 1 estaria presente mesmo sem um espalhador. Portanto, deve haver um termo imaginário positivo em f_l para que haja um cancelamento. Na verdade, isto nos fornece uma interpretação física do teorema óptico, que pode ser verificado explicitamente. Primeiro, note que

$$\frac{4\pi}{k}\operatorname{Im} f(0) \simeq \frac{4\pi}{k}\operatorname{Im}[f_{\text{sombra}}(0)] \qquad (6.5.29)$$

pois $\operatorname{Im}[f_{\text{refl}}(0)]$ tem uma média igual a zero devido à fase oscilante. Usando (6.5.23), obtemos

$$\frac{4\pi}{k}\operatorname{Im} f_{\text{sombra}}(0) = \frac{4\pi}{k}\operatorname{Im}\left[\frac{i}{2k}\sum_{l=0}^{kR}(2l+1)P_l(1)\right] = 2\pi R^2, \qquad (6.5.30)$$

que é, de fato, igual a σ_{tot}.

6.6 ■ ESPALHAMENTO A BAIXAS ENERGIAS E ESTADOS LIGADOS

Quando as energias são baixas – ou, mais precisamente, quando $\lambdabar = 1/k$ é comparável ou maior que o alcance R – ondas parciais para l's mais altos são, em geral, irrelevantes. Classicamente, isto pode parecer óbvio, pois a partícula não pode penetrar a barreira centrífuga; como resultado, o potencial dentro não tem efeito. Em termos de mecânica quântica, o potencial efetivo para a *l-ésima* onda parcial é dado por

$$V_{\text{efetivo}} = V(r) + \frac{\hbar^2}{2m}\frac{l(l+1)}{r^2}; \qquad (6.6.1)$$

A menos que o potencial seja forte o suficiente para acomodar estados ligados com $l \neq 0$ próximo de $E \simeq 0$, o comportamento da função de onda radial é majoritariamente determinado pelo termo de barreira centrífuga, o que significa que ele deve parecer-se com $j_l(kr)$. Falando de modo mais quantitativo, é possível estimar o comportamento do desvio de fase usando a equação integral para a onda parcial (veja o Problema 6.9 deste capítulo):

$$\frac{e^{i\delta_l}\operatorname{sen}\delta_l}{k} = -\frac{2m}{\hbar^2}\int_0^\infty j_l(kr)V(r)A_l(r)r^2 dr. \qquad (6.6.2)$$

Se $A_l(r)$ não for muito diferente de $j_l(kr)$, e $1/k$ muito maior que o alcance do potencial, o lado direito varia como k^{2l}; para δ_l pequeno, o lado esquerdo deve variar como δ_l/k. Portanto, o desvio de fase k vai a zero segundo

$$\delta_l \sim k^{2l+1} \tag{6.6.3}$$

para k pequeno. Isto é conhecido como **comportamento limítrofe**[‡].

Portanto, é evidente que para energias baixas com um potencial de alcance finito, o espalhamento de onda S é importante.

Poço ou barreira retangular

Para sermos um pouco mais específicos, consideremos um espalhamento de onda S por um potencial da forma

$$V = \begin{cases} V_0 = \text{constante} & \text{para } r < R \\ 0 & \text{caso contrário} \end{cases} \quad \begin{cases} V_0 > 0 & \text{repulsivo} \\ V_0 < 0 & \text{atrativo} \end{cases} \tag{6.6.4}$$

Muitas das características que obteremos aqui são comuns para potenciais de alcance finito mais complicados. Já vimos que a função de onda da região fora do alcance [veja (6.4.52) e (6.4.64)] deve se comportar como

$$e^{i\delta_0}[j_0(kr)\cos\delta_0 - n_0(kr)\operatorname{sen}\delta_0] \simeq \frac{e^{i\delta_0}\operatorname{sen}(kr + \delta_0)}{kr}. \tag{6.6.5}$$

A solução dentro também pode ser facilmente obtida para um V_0 constante:

$$u \equiv r A_{l=0}(r) \propto \operatorname{sen} k'r, \tag{6.6.6}$$

com k' determinado via

$$E - V_0 = \frac{\hbar^2 k'^2}{2m}, \tag{6.6.7}$$

onde usamos a condição de contorno $u = 0$ em $r = 0$. Em outras palavras, a função de onda da região interna também é sinusoidal conquanto $E > V_0$. A curvatura da onda sinusoidal é diferente daquele da partícula livre; como resultado, a função de onda pode ser empurrada para dentro ($\delta_0 > 0$) ou puxada para fora ($\delta_0 < 0$), dependendo do fato de $V_0 < 0$ (atrativo) ou $V_0 > 0$ (repulsivo), como mostra a Figura 6.11. Note também que (6.6.6) e (6.6.7) continuam válidas mesmo que $V_0 > E$, desde que entendamos o *sen* como sendo *senh* – ou seja, a função de onda se comporta como

$$u(r) \propto senh[\kappa r] \tag{6.6.6'}$$

onde

$$\frac{\hbar^2 \kappa^2}{2m} = (V_0 - E). \tag{6.6.7'}$$

Concentremo-nos agora no caso atrativo e imaginemos que a magnitude de V_0 é aumentada. Um aumento da atração gera uma função de onda com uma curvatura

---

[‡] N. de T.: No original, *threshold behavior*.

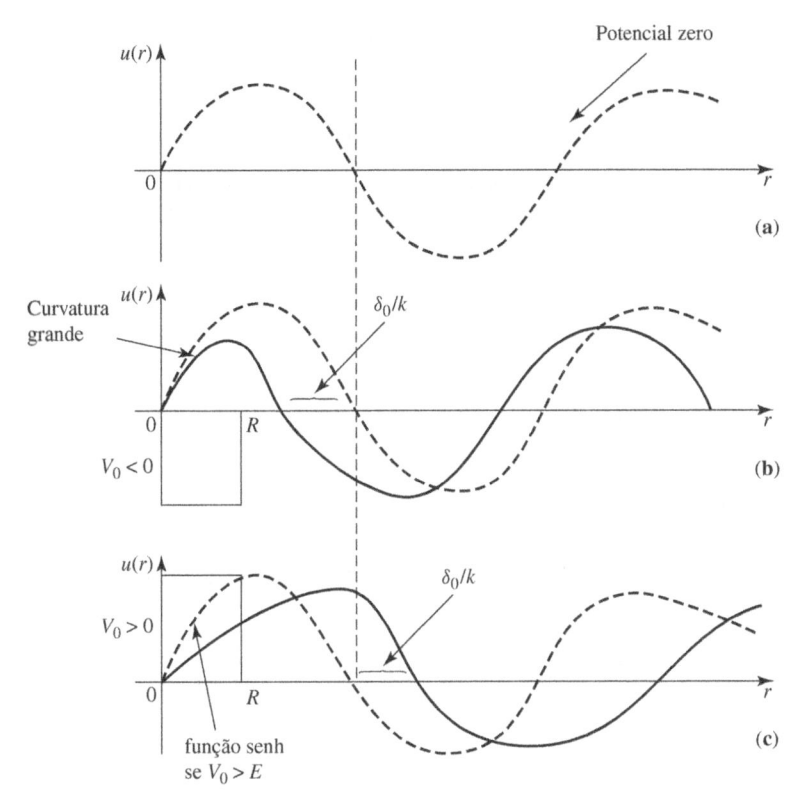

FIGURA 6.11 Gráfico de u(r) como função de r. (a) Para $V = 0$ (linha tracejada). (b) Para $V_0 < 0$, $\delta_0 > 0$ com a função de onda empurrada para dentro (linha sólida). (c) Para $V_0 > 0$, $\delta_0 < 0$, com a função de onda puxada para fora (linha sólida).

maior. Suponha que a atração seja tal o intervalo [0,R] acomode apenas um quarto de ciclo da onda sinusoidal. Trabalhando no limite de baixa energia $kR \ll 1$, o desvio de fase se torna $\delta_0 = \pi/2$, e isto resulta na seção de choque de onda S cujo valor é máximo para um dado k, pois $\operatorname{sen}^2 \delta_0$ é igual à unidade. Agora, aumente a profundidade V_0 do poço ainda mais. Eventualmente, a atração fica tão forte que um meio-ciclo da onda sinusoidal passa a caber dentro do alcance do potencial. O desvio de fase agora é π; em outras palavras, a função de onda fora de R é defasada em 180° em relação à função de onda da partícula livre. O que é surpreendente é que a seção de choque parcial se anula ($\operatorname{sen}^2 \delta_0 = 0$),

$$\sigma_{l=0} = 0, \tag{6.6.8}$$

não obstante a atração muito forte pelo potencial. Além disso, se a energia for baixa o suficiente para que ondas com $l \neq 0$ continuem irrelevantes, temos uma transmissão quase perfeita da onda incidente. Este tipo de situação, conhecida como **efeito Ramsauer-Townsend**, é de fato observada experimentalmente no espalhamento de elétrons por gases nobres como argônio, criptônio e xenônio. Este efeito foi observado pela primeira vez em 1923 antes do nascimento da mecânica quântica e foi tido como um grande mistério. Observe que os parâmetros típicos neste caso são $R \sim 2 \times 10^{-8}$ cm para energias cinéticas do elétron da ordem de 0,1 eV, o que leva a $kR \sim 0{,}324$.

Espalhamento a energia zero e estados ligados

Consideremos o espalhamento a energias extremamente baixas ($k \simeq 0$). Para $r > R$ e $l = 0$, a função de onda radial do lado de fora satisfaz

$$\frac{d^2 u}{dr^2} = 0. \tag{6.6.9}$$

A solução óbvia desta equação é

$$u(r) = \text{constante}(r - a), \tag{6.6.10}$$

ou seja, uma simples reta! Podemos entender isto como representando o limite de comprimento de onda infinitamente longo da expressão usual para a função de onda do lado de fora [veja (6.4.56) e (6.4.64)],

$$\lim_{k \to 0} \text{sen}(kr + \delta_0) = \lim_{k \to 0} \text{sen}\left[k\left(r + \frac{\delta_0}{k}\right)\right], \tag{6.6.11}$$

que se parece com (6.6.10). Temos

$$\frac{u'}{u} = k \cot\left[k\left(r + \frac{\delta_0}{k}\right)\right] \stackrel{k \to 0}{\to} \frac{1}{r-a}. \tag{6.6.12}$$

Fazendo $r = 0$ [embora em $r = 0$, (6.6.10) não é a verdadeira função de onda], obtemos

$$\lim_{k \to 0} k \cot \delta_0 \stackrel{k \to 0}{\to} -\frac{1}{a}. \tag{6.6.13}$$

A grandeza a é conhecida como **comprimento de espalhamento**. O limite da seção de choque total quando $k \to 0$ é dado por [veja (6.4.39)]

$$\sigma_{\text{tot}} = \sigma_{l=0} = 4\pi \lim_{k \to 0} \left| \frac{1}{k \cot \delta_0 - ik} \right|^2 = 4\pi a^2. \tag{6.6.14}$$

Embora a tenha a mesma dimensão que o alcance R do potencial, a e R podem diferir em ordens de magnitude. Em particular, para um potencial atrativo, é possível que a magnitude do comprimento de espalhamento seja muito maior que o alcance do potencial. Para entendermos o significado físico de a, observamos que ele nada mais é que o ponto de interseção da função de onda do lado de fora com o eixo r. Para um potencial repulsivo, $a > 0$ e é, a grosso modo, da ordem de R, como podemos ver na Figura 6.12a. Contudo, para um potencial atrativo, a interseção é do lado negativo (Figura 6.12b). Se *aumentarmos* a atração, a função de onda de fora pode novamente cruzar o eixo r pelo lado positivo (Figura 6.12c).

A mudança de sinal que resulta do aumento da atração é relacionada ao desenvolvimento de um estado ligado. Para vermos este ponto quantitativamente, notamos da Figura 6.12c que para um a muito grande e positivo, a função de onda é essencial-

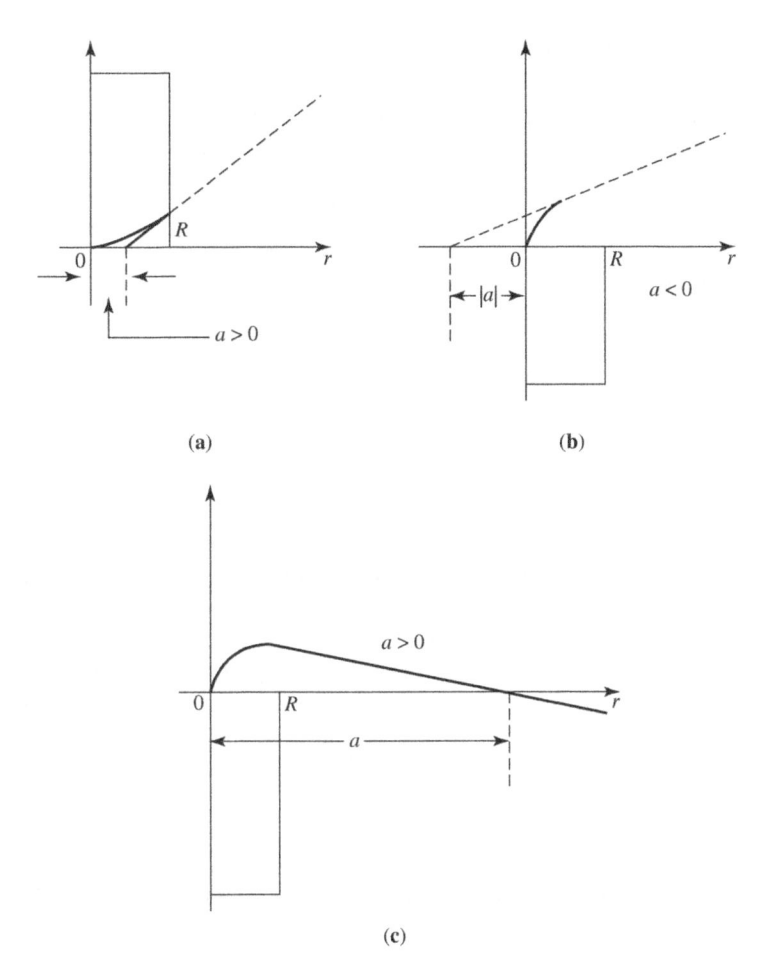

FIGURA 6.12 Gráfico de $u(r)$ como função de r para (a) potencial repulsivo (b) potencial atrativo e (c) uma atração maior. O ponto de interseção a da função de onda de energia zero do lado de fora com o eixo r é mostrado nos três casos.

mente achatada para $r > R$. Porém, (6.6.10) com a muito grande não é muito diferente de $e^{-\kappa r}$ com κ essencialmente igual a zero. Agora, $e^{-\kappa r}$ com $\kappa \simeq 0$ é simplesmente uma função de onda de estado ligado para $r > R$ com energia E infinitesimalmente negativa. A função de onda de dentro ($r < R$) para o caso $E = 0+$ (espalhamento com energia cinética zero) e o caso $E = 0-$ (estado ligado com energia de ligação infinitesimalmente pequena) é esssencialmente a mesma nos dois casos, pois k' em $k'r$ [(6.6.6)] é determinado por

$$\frac{\hbar^2 k'^2}{2m} = E - V_0 \simeq |V_0| \qquad (6.6.15)$$

com E infinitesimal (positivo ou negativo).

Devido ao fato de as funções de onda internas serem as mesmas nas duas situações físicas ($E = 0+$ e $E = 0-$), podemos igualar as derivadas logarítmicas da função de onda do estado ligado com aquela da solução envolvendo espalhamento a energia cinética zero

$$-\left.\frac{\kappa e^{-\kappa r}}{e^{-\kappa r}}\right|_{r=R} = \left.\left(\frac{1}{r-a}\right)\right|_{r=R}, \qquad (6.6.16)$$

ou, se $R \ll a$,

$$\kappa \simeq \frac{1}{a}. \qquad (6.6.17)$$

A energia de ligação satisfaz

$$E_{\text{BE}} = -E_{\text{estado ligado}} = \frac{\hbar^2 \kappa^2}{2m} \simeq \frac{\hbar^2}{2ma^2}, \qquad (6.6.18)$$

e temos uma relação entre o comprimento de espalhamento e a energia do estado ligado. Este é um resultado digno de nota. Para que entendamos, se há um estado fracamente ligado, podemos inferir sua energia fazendo experimentos de espalhamento com energia cinética próxima de zero, desde que se meça um a grande quando comparado ao alcance R do potencial. Esta relação entre o comprimento de espalhamento e a energia do estado ligado foi apontada pela primeira vez por Wigner, que tentou aplicar a equação (6.6.18) ao espalhamento np.

Experimentalmente, o estado $^3S_1$ do sistema np tem um estado ligado – ou seja, o dêuteron com

$$E_{\text{BE}} = 2{,}22 \text{ MeV}. \qquad (6.6.19)$$

O comprimento de espalhamento foi medido como sendo

$$a_{\text{tripleto}} = 5{,}4 \times 10^{-13} \text{ cm}, \qquad (6.6.20)$$

o que leva à previsão para a energia de ligação como sendo

$$\frac{\hbar^2}{2\mu a^2} = \frac{\hbar^2}{m_N a^2} = m_N c^2 \left(\frac{\hbar}{m_N c a}\right)^2$$
$$= (938 \text{ MeV}) \left(\frac{2{,}1 \times 10^{-14} \text{ cm}}{5{,}4 \times 10^{-13} \text{ cm}}\right)^2 = 1{,}4 \text{ MeV}, \qquad (6.6.21)$$

onde μ é a massa reduzida, aproximada por $m_{n,p}/2$. A concordância entre o valor medido e o previsto não e muito satisfatória. A discrepância se deve ao fato de que as funções de onda internas não são exatamente as mesmas e que $a_{\text{tripleto}} \gg R$ não é realmente uma boa aproximação para o dêuteron. Um resultado melhor pode ser obtido mantendo-se o próximo termo na expansão de δ como função de k,

$$k \cot \delta_0 = -\frac{1}{a} + \frac{1}{2} r_0 k^2, \qquad (6.6.22)$$

onde r_0 é conhecido como o alcance efetivo (veja, por exemplo, Preston 1962, 23).

Estados ligados como polos de $S_l(k)$

Concluimos esta seção estudando as propriedades analíticas da amplitude $S_l(k)$ quando $l = 0$. Para tanto, vamos voltar a (6.4.31) e (6.4.35), onde vimos que a função de onda radial para $l = 0$ e grandes distâncias era proporcional a

$$S_{l=0}(k)\frac{e^{ikr}}{r} - \frac{e^{-ikr}}{r}. \tag{6.6.23}$$

Compare este resultado com a função de onda para um estado ligado para grandes distâncias

$$\frac{e^{-\kappa r}}{r}. \tag{6.6.24}$$

A existência de um estado ligado implica que existe uma solução não trivial da equação de Schrödinger com $E < 0$ somente para um valor particular (discreto) de κ. Podemos argumentar que $e^{-\kappa r}/r$ é igual a e^{ikr}/r, exceto pelo fato de que agora k é um imaginário puro. Fora o fato de k ser imaginário puro, a diferença importante entre (6.6.23) e (6.6.24) é que para o caso do estado ligado, $e^{-\kappa r}/r$ continua presente mesmo sem o análogo da onda incidente. De modo bastante geral, apenas a razão do coeficiente de e^{ikr}/r com o coeficiente de e^{-ikr}/r é de interesse físico, e isto é dado por $S_l(k)$. No caso do estado ligado, podemos manter a onda emergente (com k imaginário) mesmo sem uma onda incidente. Portanto, a razão é ∞, o que significa que $S_{l=0}(k)$, visto como função da variável complexa k, tem um polo em $k = i\kappa$. Portanto, um estado ligado implica na existência de um polo (que podemos mostrar ser um polo simples) no eixo imaginário positivo do plano complexo k; veja a Figura 6.13. Para k real e positivo, temos a região de espalhamento físico. Neste caso, temos de impor [compare com (6.4.37)]

$$S_{l=0} = e^{2i\delta_0} \tag{6.6.25}$$

com δ_0 real. Além disso, quando $k \to 0$, $k \cot \delta_0$ se aproxima do valor limite $-1/a$ (6.6.13), que é finito e, portanto, δ_0 deve se comportar como:

$$\delta_0 \to 0, \pm\pi, \ldots \tag{6.6.26}$$

Portanto, $S_{l=0} = e^{2i\delta_0} \to 1$ quando $k \to 0$.

Tentemos agora construir uma função simples que tenha as seguintes propriedades:

1. Polo em $k = i\kappa$ (existência de um estado ligado).
2. $|S_{l=0}| = 1$ para $k > 0$ real (unitariedade). $\quad$ (6.6.27)
3. $S_{l=0} = 1$ em $k = 0$ (comportamento limítrofe).

A função mais simples que satisfaz estas três condições de (6.6.27) é

$$S_{l=0}(k) = \frac{-k - i\kappa}{k - i\kappa}. \tag{6.6.28}$$

[*Nota do Editor*: a equação (6.6.28) foi escolhida por simplicidade e não por ser um exemplo físico realista. Para potenciais mais próximos da realidade (e não esferas duras!), o desvio de fase vai a zero quando $k \to \infty$.]

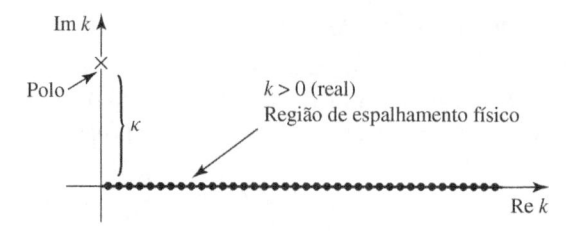

FIGURA 6.13 O plano k complexo com um polo de estado ligado em $k = +i\kappa$.

Uma suposição implícita na escolha desta forma é que não haja outra singularidade importante além do polo do estado ligado. Podemos, então, usar (6.4.38) para obtermos, para $f_{l=0}(k)$,

$$f_{l=0} = \frac{S_{l=0} - 1}{2ik} = \frac{1}{-\kappa - ik}. \tag{6.6.29}$$

Comparando isto com (6.4.39),

$$f_{l=0} = \frac{1}{k \cot \delta_0 - ik}, \tag{6.6.30}$$

vemos que

$$\lim_{k \to 0} k \cot \delta_0 = -\frac{1}{a} = -\kappa, \tag{6.6.31}$$

que é precisamente a relação entre estado ligado e comprimento de espalhamento (6.6.17)

Portanto, parece que ao explorarmos a unitariedade e analiticidade de $S_l(k)$ no plano k, obtemos o tipo de informação que poderia ser obtida resolvendo-se a equação de Schrödinger explicitamente. Este tipo de técnica pode ser muito útil naqueles problemas cujos detalhes do potencial não são conhecidos

6.7 ■ ESPALHAMENTO RESSONANTE

Em física de partículas, nuclear e atômica, encontramos frequentemente situações onde a seção de choque de espalhamento apresenta um pico pronunciado para uma dada onda parcial. Esta seção é voltada ao estudo da dinâmica de tais **ressonâncias**.

Continuamos considerando um potencial $V(r)$ de alcance finito. O potencial *efetivo* apropriado para a função de onda radial da *l-ésima* onda parcial é $V(r)$ mais o termo de barreira centrífuga dada por (6.6.1). Suponha que $V(r)$ seja um potencial atrativo. Devido ao fato de que o segundo termo

$$\frac{\hbar^2}{2m} \frac{l(l+1)}{r^2},$$

é repulsivo, temos uma situação onde o optencial efetivo tem um poço atrativo seguido de uma barreira repulsiva a grandes distâncias, como mostra a Figura 6.14.

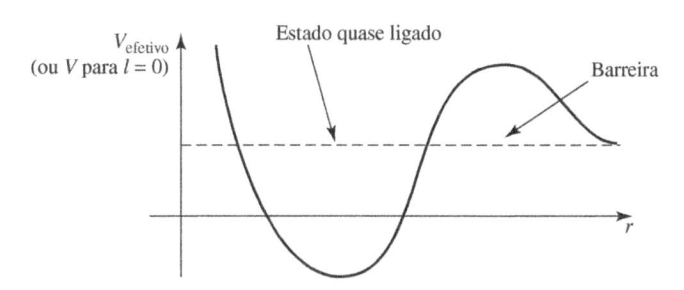

FIGURA 6.14 $V_{\text{efetivo}} = V(r) + (\hbar^2/2m)[l(l+1)/r^2]$ como função de r. Para $l \neq 0$, a origem da barreira pode ser $(\hbar^2/2m)[l(l+1)/r^2]$; para $l = 0$, a origem deve ser o próprio V.

Suponha que a barreira seja infinitamente alta. Seria, então, possível para as partículas ficarem presas do lado de dentro, o que é outra maneira de dizer que esperamos achar estados ligados com energias $E > 0$. Eles são estados ligados *genuínos* no sentido de que são autovetores do Hamiltoniano com valores bem definidos de E. Em outras palavras, são estados *estacionários* com tempo de vida infinito.

No caso mais realista de uma barreira finita, a partícula pode ficar presa no poço, mas não indefinidamente. Um estado aprisionado como este tem um tempo de vida finito devido ao tunelamento quântico. Em outras palavras, a partícula vaza através da barreira para a região de fora. Denominemos um estado deste tipo como **estado quase-ligado**, pois ele só seria um estado ligado de fato se a barreira fosse infinitamente alta.

O desvio de fase de espalhamento correspondente δ_l ultrapassa o valor $\pi/2$ à medida que a energia incidente ultrapassa àquela do estado quase-ligado e, concomitantemente, a seção de choque da onda parcial correspondente passa por seu valor máximo $4\pi(2l+1)/k^2$. [*Nota do Editor*: um aumento acentuado do desvio de fase deste tipo é associado, na equação de Schrödinger dependente do tempo, a um atraso na emergência das partículas aprisionadas, ao invés de um avanço não físico, que seria o caso correspondente a uma diminuição acentuada a partir do valor $\pi/2$.]

É instrutivo verificarmos este ponto com um cálculo explícito para algum potencial conhecido. O resultado do cálculo mostra que realmente é possível termos um comportamento ressonante para $l \neq 0$ com um poço de pontencial esférico. Sendo mais específicos, apresentamos os resultados para um poço esférico como $2mV_0R^2/\hbar^2 = 5,5$ e $l = 3$ na Figura 6.15. O desvio de fase (Figura 6.15b), que é pequeno para energias extremamente baixas, começa a aumentar rapidamente depois de $k = 1/R$ e passa por $\pi/2$ em torno de $k = 1,3/R$.

Um outro exemplo bastante intrutivo é aquele de um potencial de casca-δ repulsivo, que é exatamente solúvel (veja o Problema 6.10 deste capítulo):

$$\frac{2m}{\hbar^2}V(r) = \gamma\delta(r-R). \tag{6.7.1}$$

Nesta caso, as ressonâncias são possíveis para $l = 0$, pois o potencial tipo δ pode aprisionar partículas na região $0 < r < R$. Para o caso $\gamma = \infty$, esperamos uma série de estados ligados na região $r < R$ com

$$kR = \pi, 2\pi, \ldots; \tag{6.7.2}$$

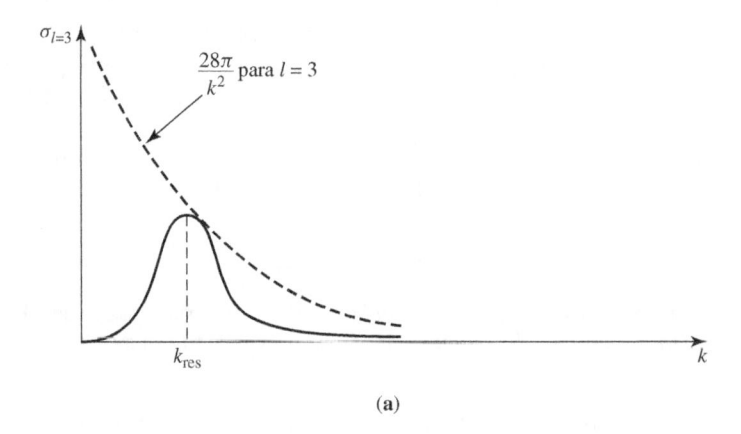

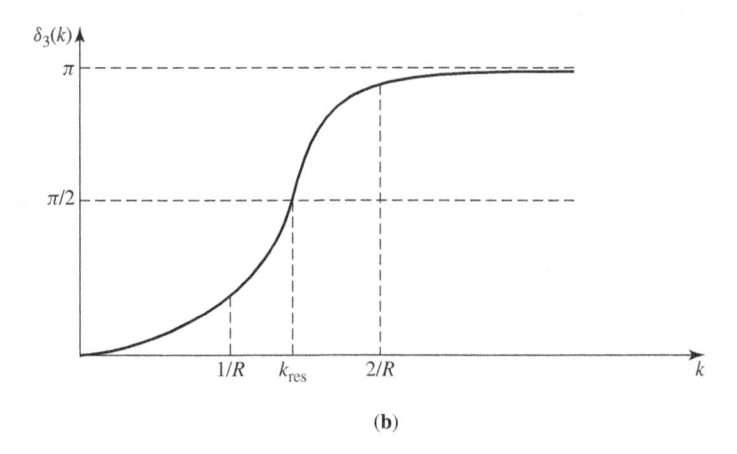

FIGURA 6.15 Gráficos de (a) $\sigma_{l=3}$ versus k, onde na ressonância $\delta_3(k_{\text{res}}) = \pi/2$ e $\sigma_{l=3} = (4\pi/k_{\text{res}}^2) \times 7 = 28\pi/k_{\text{res}}^2$, e (b) $\delta_3(k)$ versus k. As curvas são para o poço esférico como $2mV_0R^2/\hbar^2 = 5{,}5s$.

Isto ocorre pois a função de onda radial para $l = 0$ deve desaparecer não apenas em $r = 0$ mas também em $r = R-$, neste caso. Para a região $r > R$, temos simplesmente um espalhamento de esfera dura com um desvio de fase de onda S, dado por

$$\delta_0 = kR. \tag{6.7.3}$$

Com $\gamma = \infty$, não há relação entre os dois problemas, pois o muro em $r = R$ é impenetrável.

A situação torna-se mais interessante com uma barreira finita, como podemos mostrar explicitamente. O desvio de fase devido ao espalhamento exibe um comportamento ressonante sempre que

$$E_{\text{incidente}} \simeq E_{\text{estado quase ligado}}. \tag{6.7.4}$$

Além do mais, quanto maior γ, mais pontiagudo é o pico de ressonância. Contudo, longe da ressonância, δ_0 se parece muito com o desvio de fase da esfera dura. Temos, portanto, uma situação na qual o comportamente ressonante é superposto sobre um espalhamento de fundo que se comporta suavemente. Isto serve de modelo ao espalhamento nêutron-núcleo, no qual uma série de picos de ressonância estreitos são observados sobre uma seção de choque que varia suavemente.

Voltando à nossa discussão geral do espalhamento ressonante, nos perguntamos agora como as amplitudes de espalhamento variam na vizinhança da energia de ressonância. Se é para haver uma conexão entre σ_l ser grande e estados quase ligados, δ_l *deve passar por* $\pi/2$ *(ou* $3\pi/2$, ... *) vindo de baixo*, como discutido anteriormente. Em outras palavras, δ_l deve passar por zero vindo de cima. Supondo que $\cot\delta_l$ varia suavemente próximo da vizinhança da ressonância, isto é,

$$E \simeq E_r \qquad (6.7.5)$$

podemos tentar expandir δ_l da seguinte forma:

$$\cot\delta_l = \underbrace{\cot\delta_l|_{E=E_r}}_{0} - c(E - E_r) + 0\left[(E - E_r)^2\right]. \qquad (6.7.6)$$

Isto leva a

$$\begin{aligned} f_l(k) &= \frac{1}{k\cot\delta_l - ik} = \frac{1}{k}\frac{1}{[-c(E-E_r)-i]} \\ &= -\frac{\Gamma/2}{k\left[(E-E_r)+\dfrac{i\Gamma}{2}\right]}, \end{aligned} \qquad (6.7.7)$$

onde definimos a *largura* Γ por

$$\left.\frac{d(\cot\delta_l)}{dE}\right|_{E=E_r} = -c \equiv -\frac{2}{\Gamma}. \qquad (6.7.8)$$

Observe que Γ é muito pequeno se δ_l varia rapidamente. Se uma ressonância simples domina a seção de choque da *l-ésima* onda parcial, obtemos uma fórmula de ressonância de um nível (a fórmula de Breit-Wigner)

$$\sigma_l = \frac{4\pi}{k^2}\frac{(2l+1)(\Gamma/2)^2}{(E-E_r)^2 + \Gamma^2/4}. \qquad (6.7.9)$$

Portanto, é legítimo considerarmos Γ como sendo a largura total na altura correspondente à metade do valor máximo, desde que a ressonância seja razoavelmente estreita de tal modo que a variação em $1/k^2$ possa ser ignorada.

6.8 ■ CONSIDERAÇÕES SOBRE SIMETRIA NO ESPALHAMENTO

Consideremos o espalhamento de duas partículas idênticas, carregadas e sem spin, por algum potencial central, tal como o potencial de Coulomb.[7] A parte espacial da

---

[7] Os estudantes não familiarizados com os fundamentos da simetria de permutação para partículas idênticas devem consultar o Capítulo 7 deste livro.

função de onda deve ser simétrica neste caso e, portanto, a função de onda assintótica deve ter a seguinte aparência:

$$e^{i\mathbf{k}\cdot\mathbf{x}} + e^{-i\mathbf{k}\cdot\mathbf{x}} + [f(\theta) + f(\pi - \theta)]\frac{e^{ikr}}{r}, \qquad (6.8.1)$$

onde $\mathbf{x} = \mathbf{x}_1 - \mathbf{x}_2$ é o vetor da posição relativa entre as partículas 1 e 2. Isto resulta numa seção de choque diferencial,

$$\begin{aligned}\frac{d\sigma}{d\Omega} &= |f(\theta) + f(\pi - \theta)|^2 \\ &= |f(\theta)|^2 + |f(\pi - \theta)|^2 + 2\text{Re}[f(\theta)f^*(\pi - \theta)].\end{aligned} \qquad (6.8.2)$$

A seção de choque é aumentada por meio da interferência construtiva em $\theta \simeq \pi/2$.

Contrariamente, para um espalhamento de spin $\frac{1}{2}$ – spin $\frac{1}{2}$ com um feixe não polarizado e V independente do spin, temos o espalhamento de um singleto de spin em uma função de onda simétrica no espaço e de um tripleto em uma função de onda antissimétrica no espaço (veja Seção 7.3). Se o feixe inicial não é polarizado, temos a contribuição estatística $\frac{1}{4}$ para o singleto e $\frac{3}{4}$ para o tripleto; portanto,

$$\begin{aligned}\frac{d\sigma}{d\Omega} &= \frac{1}{4}|f(\theta) + f(\pi - \theta)|^2 + \frac{3}{4}|f(\theta) - f(\pi - \theta)|^2 \\ &= |f(\theta)|^2 + |f(\pi - \theta)|^2 - \text{Re}[f(\theta)f^*(\pi - \theta)].\end{aligned} \qquad (6.8.3)$$

Em outras palavras, esperamos uma interferência destrutiva em $\theta \simeq \pi/2$. Isto foi, de fato, observado experimentalmente.

Agora, considere outras simetrias que não a de troca. Suponha que V e H_0 sejam invariantes por alguma operação de simetria. Podemos nos perguntar o que isto implica em termos dos elementos de matriz de T ou da amplitude de espalhamento $f(\mathbf{k}', \mathbf{k})$.

Se o operador de simetria for unitário (por exemplo, rotação e paridade), tudo é bem direto: usando a forma explícita de T dada por (6.1.32), vemos que

$$UH_0U^\dagger = H_0, \quad UVU^\dagger = V \qquad (6.8.4)$$

implica que T também é invariante sob U – isto é,

$$UVU^\dagger = T. \qquad (6.8.5)$$

Definimos

$$|\tilde{\mathbf{k}}\rangle \equiv U|\mathbf{k}\rangle, \quad |\tilde{\mathbf{k}}'\rangle \equiv U|\mathbf{k}'\rangle. \qquad (6.8.6)$$

Então,

$$\begin{aligned}\langle\tilde{\mathbf{k}}'|T|\tilde{\mathbf{k}}\rangle &= \langle\mathbf{k}'|U^\dagger UTU^\dagger U|\mathbf{k}\rangle \\ &= \langle\mathbf{k}'|T|\mathbf{k}\rangle.\end{aligned} \qquad (6.8.7)$$

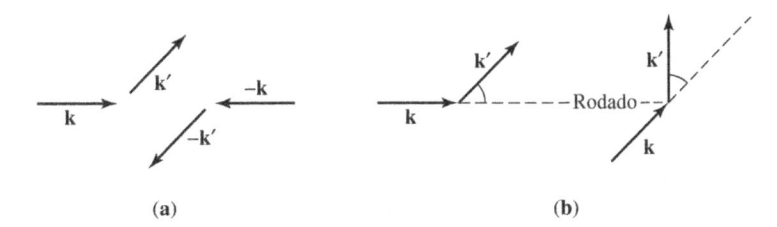

FIGURA 6.16 (a) Igualdade dos elementos de matriz de T entre $\mathbf{k} \to \mathbf{k}'$ e $-\mathbf{k} \to -\mathbf{k}'$. (b) Igualdade dos elementos de matriz de T sob rotação.

Como exemplo, consideremos o caso específico onde U representa o operador paridade

$$\pi|\mathbf{k}\rangle = |-\mathbf{k}\rangle, \pi|-\mathbf{k}\rangle = |\mathbf{k}\rangle. \tag{6.8.8}$$

Portanto, a invariância de H_0 e V sob paridade significaria

$$\langle -\mathbf{k}'|T|-\mathbf{k}\rangle = \langle \mathbf{k}'|T|\mathbf{k}\rangle. \tag{6.8.9}$$

Ilustramos esta situação graficamente na Figura 6.16a.

Exploramos as consequências da conservação do momento angular quando desenvolvemos o método das ondas parciais. O fato de T ser diagonal na representação $|Elm\rangle$ é uma consequência direta de T ser invariante por rotação. Observe também que $\langle \mathbf{k}'|T|\mathbf{k}\rangle$ depende somente da orientação relativa de $\mathbf{k}$ e $\mathbf{k}'$, como mostrada na Figura 6.16b.

Quando a operação de simetria é antiunitária (como na reversão temporal), devemos ser mais cuidadosos. Primeiro, observamos que a exigência de que tanto V quando H_0 sejam invariantes por reversão temporal requer que

$$\Theta T \Theta^{-1} T^\dagger. \tag{6.8.10}$$

Isto ocorre pois o operador antiunitário muda de

$$\frac{1}{E - H_0 + i\varepsilon} \quad \text{para} \quad \frac{1}{E - H_0 - i\varepsilon} \tag{6.8.11}$$

em (6.1.32). Devemos lembrar também que para um operador antiunitário [veja (4.4.11)],

$$\langle \beta|\alpha\rangle = \langle \tilde{\alpha}|\tilde{\beta}\rangle, \tag{6.8.12}$$

onde

$$|\tilde{\alpha}\rangle \equiv \Theta|\alpha\rangle \quad \text{e} \quad |\tilde{\beta}\rangle \equiv \Theta|\beta\rangle. \tag{6.8.13}$$

Consideremos

$$|\alpha\rangle = T|\mathbf{k}\rangle, \langle \beta| = \langle \mathbf{k}'|; \tag{6.8.14}$$

então,

$$|\tilde{\alpha}\rangle = \Theta T|\mathbf{k}\rangle = \Theta T \Theta^{-1}\Theta|\mathbf{k}\rangle = T^\dagger|-\mathbf{k}\rangle$$
$$|\tilde{\beta}\rangle = \Theta|\mathbf{k}\rangle = |-\mathbf{k}'\rangle.$$
(6.8.15)

Como resultado, a equação (6.8.12) torna-se

$$\langle \mathbf{k}'|T|\mathbf{k}\rangle = \langle -\mathbf{k}|T|-\mathbf{k}'\rangle. \quad (6.8.16)$$

Note que os momentos inicial e final estão trocados, além do fato de que as suas direções foram revertidas.

Também é interessante combinarmos as exigências da reversão temporal (6.8.16) e a paridade (6.8.9):

$$\langle \mathbf{k}'|T|\mathbf{k}\rangle \stackrel{\text{sob }\Theta}{=} \langle -\mathbf{k}|T|-\mathbf{k}'\rangle \stackrel{\text{sob }\pi}{=} \langle \mathbf{k}|T|\mathbf{k}'\rangle; \quad (6.8.17)$$

ou seja, de (6.2.22) e (6.3.1), temos

$$f(\mathbf{k}, \mathbf{k}') = f(\mathbf{k}', \mathbf{k}), \quad (6.8.18)$$

que resulta em

$$\frac{d\sigma}{d\Omega}(\mathbf{k} \to \mathbf{k}') = \frac{d\sigma}{d\Omega}(\mathbf{k}' \to \mathbf{k}). \quad (6.8.19)$$

A equação (6.8.19) é conhecida como **balanço detalhado**.

É mais interessante olharmos para o análogo de (6.8.17) quando temos spin. Neste caso, podemos caracterizar o ket inicial de partícula livre por $|\mathbf{k}, m_s\rangle$ e usar (4.4.79) para a parte da reversão temporal:

$$\langle \mathbf{k}', m_s'|T|\mathbf{k}, m_s\rangle = i^{-2m_s + 2m_{s'}}\langle -\mathbf{k}, -m_s|T|-\mathbf{k}', -m_s'\rangle$$
$$= i^{-2m_s + 2m_{s'}}\langle \mathbf{k}, -m_s|T|\mathbf{k}', -m_s'\rangle.$$
(6.8.20)

Para estados iniciais não polarizados, somamos sobre os estados iniciais de spin e dividimos por $(2s + 1)$; se a polarização final não for observada, devemos somar sobre os estados finais. Obtemos, então, o balanço detalhado na forma

$$\overline{\frac{d\sigma}{d\Omega}}(\mathbf{k} \to \mathbf{k}') = \overline{\frac{d\sigma}{d\Omega}}(\mathbf{k}' \to \mathbf{k}), \quad (6.8.21)$$

onde entendemos a barra sobre $d\sigma/d\Omega$ na expressão acima como representando a média sobre os estados de spin iniciais e soma sobre os finais.

6.9 ■ ESPALHAMENTO INELÁSTICO ELÉTRON-ÁTOMO

Consideremos agora as interações de um feixe de elétrons com átomos que supomos estarem em seus estados fundamentais. O elétron incidente pode se espalhar elasticamente, deixando os átomos finais em um estado não excitado:

$$e^- + \text{átomo (estado fundamental)} \to e^- + \text{átomo (estado fundamental)} \quad (6.9.1)$$

Este é um exemplo de um *espalhamento elástico*. Até onde pudermos considerar o átomo como sendo infinitamente pesado, a energia cinética do elétron não muda. Também é possível que o átomo-alvo fique excitado:

$$e^- + \text{átomo (estado fundamental)} \to e^- + \text{átomo (estado excitado)} \quad (6.9.2)$$

Nesta caso, falamos de um **espalhamento inelástico**, pois a energia cinética do elétron final emergente é agora menor que aquela do elétron inicial incidente, a diferença sendo usada para excitar o átomo.

O estado inicial do elétron mais o sistema atômico é escrito como

$$|\mathbf{k}, 0\rangle, \quad (6.9.3)$$

onde $\mathbf{k}$ se refere ao vetor de onda do elétron incidente e 0 representa o estado fundamental do átomo. Estritamente falando, (6.9.3) deveria ser entendida como o produto direto de um ket de elétron incidente $|\mathbf{k}\rangle$ com um ket de estado fundamental do átomo $|0\rangle$. A função de onda correspondente é

$$\frac{1}{L^{3/2}} e^{i\mathbf{k}\cdot\mathbf{x}} \psi_0(\mathbf{x}_1, \mathbf{x}_2, \ldots, \mathbf{x}_z), \quad (6.9.4)$$

onde usamos a normalização de caixa grande para a onda plana.

Talvez estejamos interessados em um elétron final com um vetor de onda $\mathbf{k}'$ específico. O ket do estado final e a função de onda correspondente são

$$|\mathbf{k}', n\rangle \quad \text{e} \quad \frac{1}{L^{3/2}} e^{i\mathbf{k}'\cdot\mathbf{x}} \psi_n(\mathbf{x}_1, \ldots, \mathbf{x}_z), \quad (6.9.5)$$

onde $n = 0$ para o espalhamento elástico e $n \neq 0$ para o inelástico.

Supondo que possamos aplicar a teoria de perturbação dependente do tempo, podemos escrever imediatamente a seção de choque diferencial, como na seção anterior:

$$\begin{aligned}\frac{d\sigma}{d\Omega}(0 \to n) &= \frac{1}{(\hbar k/m_e L^3)} \frac{2\pi}{\hbar} |\langle \mathbf{k}'n|V|\mathbf{k}0\rangle|^2 \left(\frac{L}{2\pi}\right)^3 \left(\frac{k' m_e}{\hbar^2}\right) \\ &= \left(\frac{k'}{k}\right) L^6 \left|\frac{1}{4\pi} \frac{2m_e}{\hbar^2} \langle \mathbf{k}', n|V|\mathbf{k}, 0\rangle\right|^2.\end{aligned} \quad (6.9.6)$$

Tudo é similar, incluindo o cancelamento de termos tais como L^3, com uma importante exceção: no espalhamento inelástico $k' \equiv |\mathbf{k}'|$ não é, em geral, igual a $k \equiv |\mathbf{k}|$.

A questão seguinte é: qual o V apropriado para este problema? O elétron incidente pode interagir com o núcleo, que supomos estar fixo na origem. Ele também pode interagir com cada um dos elétrons atômicos. Portanto, deveríamos escrever V como sendo

$$V = -\frac{Ze^2}{r} + \sum_i \frac{e^2}{|\mathbf{x} - \mathbf{x}_i|}. \quad (6.9.7)$$

Aqui podem surgir complicações devido à identidade do elétron incidente e algum dos elétrons atômicos; lidar com este problema de modo rigoroso é uma tarefa não trivial. Felizmente, para um elétron relativamente veloz podemos, justificadamente, ignorar a questão da identidade do elétron; isto ocorre pois há pouca sobreposição, no espaço dos *momenta*, entre o elétron do estado ligado e o elétron incidente. Temos que calcular o elemento de matriz $\langle \mathbf{k}', n|V|\mathbf{k}0\rangle$ que, quando escrito explicitamente, é

$$\langle \mathbf{k}'n|V|\mathbf{k}0\rangle = \frac{1}{L^3}\int d^3x e^{i\mathbf{q}\cdot\mathbf{x}}\langle n| - \frac{Ze^2}{r} + \sum_i \frac{e^2}{|\mathbf{x}-\mathbf{x}_i|}|0\rangle$$

$$= \frac{1}{L^3}\int d^3x e^{i\mathbf{q}\cdot\mathbf{x}}\prod_i^z \int d^3x_i \psi_n^*(\mathbf{x}_1,\ldots,\mathbf{x}_z)\left[-\frac{Ze^2}{r} + \sum_i \frac{e^2}{|\mathbf{x}-\mathbf{x}_i|}\right]$$

$$\times \psi_0(\mathbf{x}_1,\ldots,\mathbf{x}_z) \tag{6.9.8}$$

onde $\mathbf{q} \equiv \mathbf{k} - \mathbf{k}'$.

Vejamos como calcular os elementos de matriz do primeiro termo, $-Ze^2/r$, onde na verdade r significa $|\mathbf{x}|$. Primeiro, observamos que este é um potencial entre o elétron incidente e o núcleo, que é independente das coordenadas dos elétrons atômicos. Portanto, ele pode ser tirado para fora da integral

$$\prod_i^z \int d^3x_i$$

em (6.9.8). Obtemos, simplesmente,

$$\langle n|0\rangle = \delta_{n0} \tag{6.9.9}$$

para o restante. Em outras palavras este termo contribui somente para o caso do espalhamento elástico, no qual o átomo-alvo permanece excitado. No caso elástico, ainda temos de integrar $e^{i\mathbf{q}\cdot\mathbf{x}}/r$ com relação a $\mathbf{x}$, o que se reduz a calcular a transformada de Fourier do potencial de Coulomb. Isto pode ser feito imediatamente, pois já calculamos a transformada de Fourier do potencial de Yukawa; veja (6.3.9). Portanto,

$$\int d^3x \frac{e^{i\mathbf{q}\cdot\mathbf{x}}}{r} = \lim_{\mu\to 0}\int \frac{d^3x e^{i\mathbf{q}\cdot\mathbf{x}-\mu r}}{r} = \frac{4\pi}{q^2}. \tag{6.9.10}$$

Quanto ao segundo termo em (6.9.8), podemos calcular a transformada de Fourier de $1/|\mathbf{x}-\mathbf{x}_i|$. Podemos fazer isto deslocando as variáveis de coordenadas $\mathbf{x} \to \mathbf{x} + \mathbf{x}_i$:

$$\sum_i \int \frac{d^3x e^{i\mathbf{q}\cdot\mathbf{x}}}{|\mathbf{x}-\mathbf{x}_i|} = \sum_i \int \frac{d^3x e^{i\mathbf{q}\cdot(\mathbf{x}+\mathbf{x}_i)}}{|\mathbf{x}|} = \frac{4\pi}{q^2}\sum_i e^{i\mathbf{q}\cdot\mathbf{x}_i}. \tag{6.9.11}$$

Note que este resultado é simplesmente a transformada do potencial de Coulomb multiplicada pela transformada da densidade eletrônica dos elétrons atômicos situado em $\mathbf{x}_i$:

$$\rho_{\text{átomo}}(\mathbf{x}) = \sum_i \delta^{(3)}(\mathbf{x}-\mathbf{x}_i). \tag{6.9.12}$$

Costuma-se definir o **fator de forma** $F_n(\mathbf{q})$ para a excitação de $|0\rangle$ para $|n\rangle$ da seguinte maneira:

$$ZF_n(\mathbf{q}) \equiv \langle n| \sum_i e^{i\mathbf{q}\cdot\mathbf{x}_i} |0\rangle, \qquad (6.9.13)$$

que é formado de contribuições coerentes – no sentido de relações de fase definidas – dos vários elétrons. Observe que quando $q \to 0$, temos

$$\frac{1}{Z} \langle n| \sum_i e^{i\mathbf{q}\cdot\mathbf{x}_i} |0\rangle \to 1$$

para $n = 0$; portanto, o fator de forma se aproxima da unidade no caso do espalhamento elástico. Para $n \neq 0$ (espalhamento inelástico), $F_n(\mathbf{q}) \to 0$ quando $\mathbf{q} \to 0$ devido à ortogonalidade entre $|n\rangle$ e $|0\rangle$. Podemos, então, escrever o elemento de matriz em (6.9.8) como

$$\int d^3x\, e^{i\mathbf{q}\cdot\mathbf{x}} \langle n| \left(-\frac{Ze^2}{r} + \sum_i \frac{e^2}{|\mathbf{x}-\mathbf{x}_i|} \right) |0\rangle = \frac{4\pi Ze^2}{q^2} [-\delta_{n0} + F_n(\mathbf{q})]. \qquad (6.9.14)$$

Estamos finalmente em condições de escrever a seção de choque diferencial para o espalhamento inelástico (elástico) de elétrons por átomos:

$$\begin{aligned}\frac{d\sigma}{d\Omega}(0 \to n) &= \left(\frac{k'}{k}\right) \left| \frac{1}{4\pi} \frac{2m_e}{\hbar^2} \frac{4\pi Ze^2}{q^2} [-\delta_{n0} + F_n(\mathbf{q})] \right|^2 \\ &= \frac{4m_e^2}{\hbar^4} \frac{(Ze^2)^2}{q^4} \left(\frac{k'}{k}\right) |-\delta_{n0} + F_n(\mathbf{q})|^2. \end{aligned} \qquad (6.9.15)$$

Para o caso do espalhamento inelástico, o termo δ_{n0} não contribui, e costuma-se escrever a seção de choque diferencial em termos do raio de Bohr,

$$a_0 = \frac{\hbar^2}{e^2 m_e}, \qquad (6.9.16)$$

do seguinte modo:

$$\frac{d\sigma}{d\Omega}(0 \to n) = 4Z^2 a_0^2 \left(\frac{k'}{k}\right) \frac{1}{(qa_0)^4} |F_n(\mathbf{q})|^2. \qquad (6.9.17)$$

Muito frequentemente, $d\sigma/dq$ é usado no lugar de $d\sigma/d\Omega$; usando

$$q^2 = |\mathbf{k} - \mathbf{k}'|^2 = k^2 + k'^2 - 2kk' \cos\theta \qquad (6.9.18)$$

e $dq = -d(\cos\theta)kk'/q$, podemos escrever

$$\frac{d\sigma}{dq} = \frac{2\pi q}{kk'} \frac{d\sigma}{d\Omega}. \qquad (6.9.19)$$

A seção de choque inelástica que obtivemos pode ser usada para discutir o *poder de frenagem* – a perda de energia de uma partícula carregada à medida que ela passa pela matéria. Muitas pessoas, incluindo H. A. Bethe e F. Bloch, discutiram a dedução quântica do poder de frenagem do ponto de vista da seção de choque inelástica.

Estamos interessados na perda de energia de uma partícula carregada por unidade de comprimento percorrido pela partícula carregada incidente. A taxa de colisão por unidade de comprimento é $N\sigma$, onde N é o número de átomos por unidade de volume; a cada colisão, a energia perdida pela partícula é $E_n - E_0$. Portanto, escrevemos dE/dx como

$$\frac{dE}{dx} = N \sum_n (E_n - E_0) \int \frac{d\sigma}{dq}(0 \to n) dq$$

$$= N \sum_n (E_n - E_0) \frac{4Z^2}{a_0^2} \int_{q_{min}}^{q_{max}} \frac{k'}{k} \frac{1}{q^4} \frac{2\pi q}{kk'} |F_n(\mathbf{q})|^2 dq \qquad (6.9.20)$$

$$= \frac{8\pi N}{k^2 a_0^2} \sum_n (E_n - E_0) \int_{q_{min}}^{q_{max}} \left| \langle n| \sum_{i=1}^z e^{i\mathbf{q}\cdot\mathbf{x}_i} |0\rangle \right|^2 \frac{dq}{q^3}.$$

Muitos artigos foram escritos a respeito de como fazer a soma em (6.9.20).[8] O objetivo ulterior de tudo isto é justificar quanticamente a fórmula de Bohr de 1913 para o poder de frenagem,

$$\frac{dE}{dx} = \frac{4\pi N Z e^4}{m_e v^2} \ln\left(\frac{2m_e v^2}{I}\right), \qquad (6.9.21)$$

onde I é um parâmetro semi-empírico relacionado à energia de excitação média $\langle E_n - E_0 \rangle$. Se a particula carregada tem uma carga $\pm ze$, simplesmente substituimos Ze^4 por $z^2 Z e^4$. Também é importante observar que mesmo que o projétil não seja um elétron, a m_e que aparece em (6.9.21) ainda é a massa do elétron, não a massa da partícula carregada. Portanto, a perda de energia depende da carga e da velocidade do projétil, mas independe de sua massa. Isto tem uma importante aplicação na detecção de partículas carregadas.

Quanticamente, interpretamos a perda de energia de uma partícula carregada como uma sequência de espalhamentos inelásticos. A cada interação entre a partícula e o átomo, podemos imaginar que uma "medida" da posição da partícula seja feita. Podemos nos perguntar o porquê das trajetórias de partículas em meios tais como uma câmara de bolhas ou emulsões nucleares são praticamente retas. A razão disto é que a seção de choque diferencial (6.9.17) tem um pico pronunciado para q pequeno; na grande maioria das colisões, a direção final do momento é praticamente a mesma que a do elétron incidente devido ao decaimento rápido de q^{-4} e $F_n(\mathbf{q})$ para q grande.

Fator de forma nuclear

A excitação do átomo devido ao espalhamento inelástico se torna importante para $q \sim 10^9$ cm^{-1} até 10^{10} cm^{-1}. Se q for muito grande, as contribuições devido a $F_0(\mathbf{q})$ ou $F_n(\mathbf{q})$ decaem muito rapidamente. Para valores de q extremamente altos, onde q é da ordem de $1/R_{núcleo} \sim 10^{12}$ cm^{-1}, a estrutura do núcleo passa a ter importância.

---

[8] Para uma discussão relativamente elementar, veja K. Gottfried (1966) e H. A. Bethe e R. W. Jackiw (1968).

O potencial de Coulomb devido a um núcleo puntual precisa ser substituído por um potencial de Coulomb devido a um objeto extenso

$$-\frac{Ze^2}{r} \to -Ze^2 \int \frac{d^3x' N(r')}{|\mathbf{x}-\mathbf{x}'|}, \qquad (6.9.22)$$

onde $N(r)$ é uma distribuição de carga nuclear, normalizada de modo que

$$\int d^3x' N(r') = 1. \qquad (6.9.23)$$

O núcleo puntual pode ser agora tratado como um caso especial, com

$$N(r') = \delta^{(3)}(r'). \qquad (6.9.24)$$

Podemos calcular a transformada de Fourier do lado direito de (6.9.22) em analogia com (6.9.10) do seguinte modo:

$$Ze^2 \int d^3x \int \frac{d^3x' e^{i\mathbf{q}\cdot\mathbf{x}} N(r')}{|\mathbf{x}-\mathbf{x}'|} = Ze^2 \int d^3x' e^{i\mathbf{q}\cdot\mathbf{x}'} N(r') \int \frac{d^3x e^{i\mathbf{q}\cdot\mathbf{x}}}{r}$$

$$= Ze^2 \frac{4\pi}{q^2} F_{\text{núcleo}}(\mathbf{q}) \qquad (6.9.25)$$

onde deslocamos as coordenadas $\mathbf{x} \to \mathbf{x} + \mathbf{x}'$ no primeiro passo e

$$F_{\text{núcleo}} \equiv \int d^3x e^{i\mathbf{q}\cdot\mathbf{x}} N(r). \qquad (6.9.26)$$

Obtemos, portanto, o desvio da fórmula de Rutherford devido ao tamanho finito do núcleo

$$\frac{d\sigma}{d\Omega} = \left(\frac{d\sigma}{d\Omega}\right)_{\text{Rutherford}} |F(\mathbf{q})|^2, \qquad (6.9.27)$$

onde $(d\sigma/d\Omega)_{\text{Rutherford}}$ é a seção de choque diferencial para o espalhamento elástico de elétrons por um núcleo puntual de carga $Z|e|$. Para q pequeno, temos

$$F_{\text{núcleo}}(\mathbf{q}) = \int d^3x \left(1 + i\mathbf{q}\cdot\mathbf{x} - \frac{1}{2}q^2 r^2 (\hat{\mathbf{q}}\cdot\hat{\mathbf{r}})^2 + \cdots \right) N(r)$$
$$= 1 - \frac{1}{6} q^2 \langle r^2 \rangle_{\text{núcleo}} + \cdots. \qquad (6.9.28)$$

onde o termo $\mathbf{q}\cdot\mathbf{x}$ desaparece devido à simetria esférica, e no termo em q^2 usamos o fato de que a média angular de $\cos^2\theta$ (onde θ é o ângulo entre $\hat{\mathbf{q}}$ e $\hat{\mathbf{r}}$) é simplesmente $\frac{1}{3}$:

$$\frac{1}{2} \int_{-1}^{+1} d(\cos\theta) \cos^2\theta = \frac{1}{3}. \qquad (6.9.29)$$

A grandeza $\langle r^2 \rangle_{\text{núcleo}}$ é conhecida como o raio quadrático médio do núcleo. Desta maneira, é possível "medir" o tamanho do núcleo e também o do próton, como fizeram R. Hofstadter e colaboradores. No caso do próton, o efeito do spin (momento magnético) também é importante.

Problemas

6.1 O formalismo de Lippman-Schwinger também pode ser aplicado ao problema de transmissão-reflexão em *uma* dimensão, mas somente com um potencial de alcance finito $V(x) \neq 0$ para $0 < |x| < a$.

(a) Suponha que temos uma onda incidente vindo da esquerda: $\langle x|\phi\rangle = e^{ikx}/\sqrt{2\pi}$. Como tratamos o operador $1/(E - H_0)$, que é singular, se temos que ter uma onda transmitida somente para $x > a$ e a onda refletida junto com a onda original para $x < -a$? A prescrição $E \to E + i\varepsilon$ ainda é correta? Obtenha uma expressão para a função de Green apropriada e escreva uma equação integral para $\langle x|\psi^{(+)}\rangle$.

(b) Considere o caso especial de um potencial tipo função-δ atrativo

$$V = -\left(\frac{\gamma \hbar^2}{2m}\right)\delta(x) \quad (\gamma > 0).$$

Resolva a equação integral para obeter as amplitudes de transmissão e reflexão. Verifique seus resultados com Gottfried 1966, p. 52.

(c) O potencial tipo função-δ unidimensional com $\gamma > 0$ admite um (e apenas um) estado ligado para qualquer valor de γ. Mostre que as amplitudes de transmissão e reflexão que você calculou têm polos de estados ligados nas posições esperadas quando assumimos que k é uma variável complexa.

6.2 Prove

$$\sigma_{\text{tot}} \simeq \frac{m^2}{\pi \hbar^4} \int d^3x \int d^3x' V(r)V(r') \frac{\operatorname{sen}^2 k|\mathbf{x}-\mathbf{x}'|}{k^2|\mathbf{x}-\mathbf{x}'|^2}$$

em cada um dos seguintes modos.

(a) Integrando a seção de choque diferencial, calculada usando a aproximação de Born de primeira ordem.

(b) Aplicando o teorema óptico para a amplitude de espalhamento para frente na aproximação de Born em *segunda* ordem. [Note que $f(0)$ é real se a aproximação de Born em primeira ordem for usada].

6.3 Estime o raio de núcleo de ^{40}Ca a partir dos dados da Figura 6.6 e compare ao valor que é esperado empiricamente $\approx 1,4A^{1/3}$ fm, onde A é o número de massa nuclear. Verifique sua validade usando a aproximação de Born em primeira ordem para estes dados.

6.4 Considere o potencial

$$V = 0 \text{ para } r > R, \quad V = V_0 = \text{constante} \quad \text{para } r < R,$$

onde V_0 pode ser positivo ou negativo. Usando o método das ondas parciais, mostre que para $|V_0| \ll E = \hbar^2k^2/2m$ e $kR \ll 1$, a seção de choque diferencial é isotrópica e que a seção de choque total é dada por

$$\sigma_{\text{tot}} = \left(\frac{16\pi}{9}\right)\frac{m^2V_0^2R^6}{\hbar^4}.$$

Suponha que a energia é aumentada levemente. Mostre que a distribuição angular pode, então, ser escrita como

$$\frac{d\sigma}{d\Omega} = A + B\cos\theta.$$

Obtenha uma expressão aproximada para B/A.

6.5 Um partícula sem spin é espalhada por um potencial de Yukawa fraco

$$V = \frac{V_0 e^{-\mu r}}{\mu r},$$

onde $\mu > 0$ mas V_0 pode ser positivo ou negativo. Foi mostrado no texto que a amplitude de Born em primeira ordem é dada por

$$f^{(1)}(\theta) = -\frac{2mV_0}{\hbar^2 \mu} \frac{1}{[2k^2(1-\cos\theta) + \mu^2]}.$$

(a) Usando $f^{(1)}(\theta)$ e supondo que $|\delta_l| \ll 1$, obtenha uma expressão para δ_l de uma função de Legendre do segundo tipo

$$Q_l(\zeta) = \frac{1}{2}\int_{-1}^{1} \frac{P_l(\zeta')}{\zeta - \zeta'} d\zeta'.$$

(b) Use a fórmula de expansão

$$Q_l(\zeta) = \frac{l!}{1 \cdot 3 \cdot 5 \cdots (2l+1)}$$
$$\times \left\{ \frac{1}{\zeta^{l+1}} + \frac{(l+1)(l+2)}{2(2l+3)} \frac{1}{\zeta^{l+3}} \right.$$
$$\left. + \frac{(l+1)(l+2)(l+3)(l+4)}{2 \cdot 4 \cdot (2l+3)(2l+5)} \frac{1}{\zeta^{l+5}} + \cdots \right\} \quad (|\zeta| > 1)$$

para provar cada um das seguintes asserções

(i) δ_l é negativo (positivo) quando o potencial é repulsivo (atrativo).

(ii) Quanco o comprimento de onda de De Broglie é muito maior que o alcance do potencial, δ_l é proporcional a k^{2l+1}. Ache a constante de proporcionalidade.

6.6 Verifique explicitamente a relação de incerteza $x - p_x$ para o estado fundamental de uma partícula confinada dentro de uma esfera rígida: $V = \infty$ para $r > a$, $V = 0$ para $r < a$. (*Dica*: faça uso da simetria esférica.)

6.7 Considere o espalhamento de um partícula por uma esfera impenetrável

$$V(r) = \begin{cases} 0 & \text{para } r > a \\ \infty & \text{para } r < a. \end{cases}$$

(a) Deduza uma expressão para o desvio de fase da onda s ($l = 0$) [você precisa saber detalhadamente as propriedades das funções de Bessel esféricas para resolver este problema simples!].

(b) Qual a seção de choque total $\sigma [\sigma = \int (d\sigma/d\Omega) d\Omega]$ no limite de energias ultra baixas $k \to 0$? Compare sua resposta com a seção de choque geométrica πa^2. Você pode usar sem prova

$$\frac{d\sigma}{d\Omega} = |f(\theta)|^2,$$

$$f(\theta) = \left(\frac{1}{k}\right)\sum_{l=0}^{\infty}(2l+1)e^{i\delta_l}\operatorname{sen}\delta_l P_l(\cos\theta).$$

6.8 Use $\delta_l = \Delta(b)|_{b=l/k}$ para obter o desvio de fase δ_l para o espalhamento a altas energias por (a) um potencial gaussiano, $V = V_0 \exp(-r^2/a^2)$, e (b) um potencial de Yukawa $V = V_0 \exp(-\mu r)/\mu r$. Verifique a asserção que δ_l vai a zero muito rapidamente para l crescente (k fixo) quando $l \gg kR$, onde R é o "alcance" do potencial. [A fórmula para $\Delta(b)$ é dada em (6.5.14).]

6.9 (a) Prove

$$\frac{\hbar^2}{2m}\langle \mathbf{x}|\frac{1}{E-H_0+i\varepsilon}|\mathbf{x}'\rangle = -ik\sum_l\sum_m Y_l^m(\hat{\mathbf{r}})Y_l^{m*}(\hat{\mathbf{r}}')j_l(kr_<)h_l^{(1)}(kr_>),$$

onde $r_<(r_>)$ representa o menor (o maior) entre r e r'.

(b) Para potenciais com simetria esférica, a equação de Lippman-Schwinger pode ser escrita para ondas esféricas

$$|Elm(+)\rangle = |Elm\rangle + \frac{1}{E-H_0+i\varepsilon}V|Elm(+)\rangle.$$

Usando (a), mostre que esta equação, escrita na representação $\mathbf{x}$, leva a uma equação para a função radial $A_l(k;r)$, da forma:

$$A_l(k;r) = j_l(kr) - \frac{2mik}{\hbar^2}$$
$$\times \int_0^{\infty} j_l(kr_<)h_l^{(1)}(kr_>)V(r')A_l(k;r')r'^2 dr'.$$

Fazendo r muito grande, obtenha também

$$f_l(k) = e^{i\delta_l}\frac{\operatorname{sen}\delta_l}{k}$$

$$= -\left(\frac{2m}{\hbar^2}\right)\int_0^{\infty} j_l(kr)A_l(k;r)V(r)r^2 dr.$$

6.10 Considere o espalhamento por um potencial de casca-δ repulsivo:

$$\left(\frac{2m}{\hbar^2}\right)V(r) = \gamma\delta(r-R), \quad (\gamma > 0).$$

(a) Monte uma equação que determina o desvio de fase δ_0 da onda s como função de k ($E = \hbar^2 k^2/2m$).

(b) Considere agora que γ é muito grande

$$\gamma \gg \frac{1}{R}, k.$$

Mostre que, se kR não for próximo de zero, o desvio de fase da onda s lembra o resultado da esfera rígida discutido no texto. Mostre também que para kR próximo de zero (mas não exatamente igual a zero), é possível ter um comportamente ressonante, ou seja, $\cot\delta_0$ passa por zero vindo do lado positivo à medida que k aumenta. Determine, aproximadamente, as posições das ressonâncias, mantendo termos de ordem $1/\gamma$; compare-os, então, às energias de estados ligados para uma partícula confinada *dentro* de uma parede esférica com o mesmo raio

$$V = 0, r < R; \quad V = \infty, r > R.$$

obtenha também uma expressão aproximada para a largura de ressonância Γ, definida por

$$\Gamma = \frac{-2}{[d(\cot \delta_0)/dE]|_{E=E_r}},$$

e perceba, em particular, que as ressonâncias se tornam extremamente bem definidas quando γ se torna grande. (*Nota*: para uma abordagem diferente e mais sofisticada deste problema, consulte Gottfried 1966, pp. 131-41, que discute as propriedades analíticas da função D_l definida por $A_l = j_l/D_l$).

6.11 Uma partícula sem spin é espalhada por um potencial dependente do tempo

$$\mathcal{V}(\mathbf{r}, t) = V(\mathbf{r})\cos \omega t.$$

Mostre que se o potencial for tratado em primeira ordem na amplitude de transição, a energia da partícula espalhada é aumentada ou diminuida por $\hbar\omega$. Obtenha $d\sigma/d\Omega$. Discuta qualitativamente o que acontece se termos de ordem mais alta forem considerados.

6.12 Mostre que a seção de choque diferencial para o espalhamento elástico de um elétron veloz pelo estado fundamental do átomo de hidrogênio é dada por

$$\frac{d\sigma}{d\Omega} = \left(\frac{4m^2e^4}{\hbar^4 q^4}\right)\left\{1 - \frac{16}{[4+(qa_0)^2]^2}\right\}^2.$$

(Ignore o efeito da identidade).

6.13 Seja $E(J_1 J_2 J_3)$ a energia de uma partícula movendo-se em um campo central, onde (J_1, J_2, J_3) são as três variáveis de ação. Como é a forma funcional de E específica para o potencial de Coulomb? Usando a receita do método ação-ângulo, compare a degenerescência do problema de um campo central àquele do problema Coulombiano e relacione seu resultado ao vetor **A**.

Se o Hamiltoniano for

$$H = \frac{p^2}{2\mu} + V(r) + F(\mathbf{A}^2),$$

como mudam estas afirmativas?

Descreva as degenerescências correspondentes dos problemas do campo central e de Coulomb na teoria quântica em termos dos números quânticos usuais (n, l, m) e também em termos dos números quânticos (k, m, n). Aqui, o segundo conjunto (k, m, n) rotula as funções de onda $\mathcal{D}_{mn}^k(\alpha\beta\gamma)$.

Como as funções de onda $\mathcal{D}_{mn}^k(\alpha\beta\gamma)$ estão relacionadas ao produto de Laguerre com harmônicos esféricos?

CAPÍTULO 7

Partículas Idênticas

Neste capítulo, discutimos alguns dos mais surpreendentes efeitos quânticos que surgem devido à identidade entre partículas. Primeiro, apresentamos um formalismo apropriado e a maneira pela qual a natureza lida com aquilo que aparenta ser uma escolha arbitrária. Consideramos, então, algumas aplicações a átomos mais complexos que o hidrogênio ou os átomos hidrogenoides. Dando continuidade, desenvolvemos um formalismo para tratar sistemas com muits partículas idênticas, que é uma das maneiras de se abordar a teoria quântica de campos. Finalmente, como exemplo de um sistema quântico de muitas partículas, delinearemos uma abordagem de quantização do campo eletromagnético.

7.1 ■ SIMETRIA DE PERMUTAÇÃO

Na física clássica, é possível acompanhar a trajetória de partículas individuais mesmo que elas pareçam iguais. Quanto dispomos da partícula 1 e da partícula 2, consideradas como um sistema, podemos, em princípio, seguir as trajetórias de 1 e 2 separadamente a qualquer instante de tempo. Para efeitos de controle, poderíamos pintar uma de vermelho e outra de azul e examinar, o tempo todo, como cada uma se move.

Na mecânica quântica, contudo, partículas idênticas são realmente indistinguíveis. Isto se deve ao fato de que não é possível especificar mais do que um conjunto completo de observáveis que comutam para cada uma das partículas; em particular, não podemos etiquetar uma partícula pintando-a de azul. Nem podemos seguir sua trajetória, pois isso implicaria numa medida de posição a cada instante de tempo, o que necessariamente perturba o sistema; em particular, é impossível distinguir – nem mesmo em princípio – as duas situações (a) e (b) representadas na Figura 7.1

Por uma questão de simplicidade, consideremos apenas duas partículas. Suponha que uma delas, que chamaremos de 1, seja caracterizada pelo ket $|k'\rangle$, onde k' é um índice coletivo que representa um conjunto completo de observáveis. Do mesmo modo, chamaremos de $|k''\rangle$ o ket da partícula remanescente. O ket de estado das duas partículas pode ser escrito como um produto

$$|k'\rangle|k''\rangle, \qquad (7.1.1)$$

onde subentende-se que o primeiro ket refere-se à partícula 1 e o segundo refere-se à partícula 2. Podemos também considerar

$$|k''\rangle|k'\rangle, \qquad (7.1.2)$$

onde a partícula 1 é caracterizada por $|k''\rangle$ e a 2, por $|k'\rangle$. Embora as duas partículas sejam indistinguíveis, vale notar que, matematicamente, (7.1.1) e (7.1.2) são kets *distintos* quando $k' \neq k''$. De fato, quando $k' \neq k''$, eles são ortogonais um ao outro.

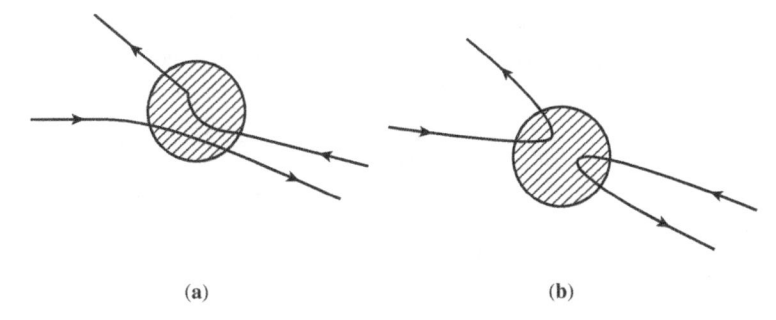

FIGURA 7.1 Dois diferentes caminhos, (a) e (b), de um sistema de dois elétrons por exemplo, onde não podemos, nem mesmo por questões de princípio, asseverar por qual caminho os elétrons passaram.

Suponha que façamos uma medida no sistema de duas partículas. Talvez obtenhamos k' para uma partícula e k'' para a outra. Contudo, não sabemos, a priori, se o ket que representa o estado é $|k'\rangle|k''\rangle$, $|k''\rangle|k'\rangle$ ou – na realidade – uma combinação dos dois. Dizendo o mesmo de uma outra maneira, todos os kets da forma

$$c_1|k'\rangle|k''\rangle + c_2|k''\rangle|k'\rangle \qquad (7.1.3)$$

levam a um conjunto idêntico de autovalores quando uma medida é feita. Isto é conhecido como **degenerescência de troca**. A degenerescência de troca representa uma dificuldade pois, diferente do caso de uma única partícula, neste caso a especificação do autovalor de um conjunto completo de observáveis não determina completamente o ket do estado. A maneira como a natureza contorna esta dificuldade é bastante engenhosa. Porém, antes de seguirmos adiante, vamos primeiro desenvolver a matemática da simetria de permutação.

Definimos o operador de simetria P_{12} via

$$P_{12}|k'\rangle|k''\rangle = |k''\rangle|k'\rangle \qquad (7.1.4)$$

Claramente, temos

$$P_{21} = P_{12} \text{ e } P_{12}^2 = 1. \qquad (7.1.5)$$

Sob P_{12}, a partícula 1 com k' torna-se partícula 1 com k''; a partícula 2 com k'' torna-se partícula 2 com k'. Em outras palavras, seu efeito é o de permutar 1 e 2.

Na prática, encontramos frequentemente observáveis que carregam etiquetas de partículas. Por exemplo, em $\mathbf{S_1 \cdot S_2}$ para um sistema de 2 elétrons, $\mathbf{S_1}(\mathbf{S_2})$ representa o operador de spin da partícula 1 (2). Por questão de simplicidade, consideraremos um caso específico onde um ket de estado de duas partículas é completamente especificado pelos autovalores de um único observável A para cada uma das partículas:

$$A_1|a'\rangle|a''\rangle = a'|a'\rangle|a''\rangle \qquad (7.1.6a)$$

e

$$A_2|a'\rangle|a''\rangle = a''|a'\rangle|a''\rangle \qquad (7.1.6b)$$

onde os subescritos em A denotam os índices das partículas, e A_1 e A_2 são, portanto, os observáveis A para as partículas 1 e 2, respectivamente. Aplicando P_{12} a ambos os lados de (7.1.6a), e inserindo $1 = P_{12}^{-1} P_{12}$, temos

$$P_{12} A_1 P_{12}^{-1} P_{12} |a'\rangle |a''\rangle = a' P_{12} |a'\rangle |a''\rangle$$

$$P_{12} A_1 P_{12}^{-1} |a''\rangle |a'\rangle = a' |a''\rangle |a'\rangle. \tag{7.1.7}$$

Isto só é consistente com (7.1.6b) se

$$P_{12} A_1 P_{12}^{-1} = A_2. \tag{7.1.8}$$

Segue que P_{12} tem que mudar os índices de partículas dos observáveis.

Consideremos agora o Hamiltoniano de um sistema de duas partículas idênticas. Os observáveis, tais como os operadores de momento e posição, devem necessariamente aparecer de modo simétrico no Hamiltoniano – por exemplo,

$$H = \frac{\mathbf{p}_1^2}{2m} + \frac{\mathbf{p}_2^2}{2m} + V_{\text{par}}(|\mathbf{x}_1 - \mathbf{x}_2|) + V_{\text{ext}}(\mathbf{x}_1) + V_{\text{ext}}(\mathbf{x}_2). \tag{7.1.9}$$

Separamos nesta expressão a interação mútua entre as partículas daquela entre elas e um potencial externo. Temos, claramente,

$$P_{12} H P_{12}^{-1} = H \tag{7.1.10}$$

para um H constituído por observáveis de duas partículas idênticas. Uma vez que P_{12} comuta com H, podemos dizer que P_{12} é uma constante de movimento. Os autovalores permitidos de P_{12} são $+1$ e -1 devido a (7.1.5). Portanto, segue que, se o estado de duas partículas for simétrico (antissimétrico) no início, ele assim permanecerá para o resto do tempo.

Se insistirmos nos autovetores de P_{12}, duas combinações particulares são selecionadas:

$$|k'k''\rangle_+ \equiv \frac{1}{\sqrt{2}} \left(|k'\rangle |k''\rangle + |k''\rangle |k'\rangle \right) \tag{7.1.11a}$$

e

$$|k'k''\rangle_- \equiv \frac{1}{\sqrt{2}} \left(|k'\rangle |k''\rangle - |k''\rangle |k'\rangle \right). \tag{7.1.11b}$$

Podemos definir o simetrizador e antissimetrizador da seguinte maneira:

$$S_{12} \equiv \tfrac{1}{2}(1 + P_{12}), \qquad A_{12} \equiv \tfrac{1}{2}(1 - P_{12}). \tag{7.1.12}$$

Podemos estender o formalismo para incluir estados com mais de duas partículas idênticas. De (7.1.12), se aplicarmos $S_{12}(A_{12})$ a uma combinação linear arbitrária de

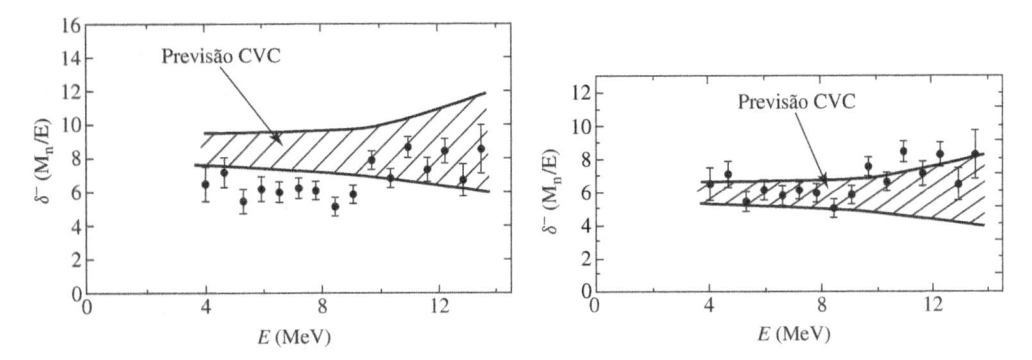

FIGURA 7.2 Consequências dramáticas surgem quando desprezamos a simetria de permutação. Os dados experimentais são de R. D. McKeown et. al., *Phys. Rev.* **C22** (1980) 738, que testa uma previsão da hipótese da Conservação do Vetor Corrente (CVC). A correlação δ^- entre $\beta^\pm - \alpha$ é representada como função da energia $\beta^\pm$. A previsão vem de um experimento prévio diferente, que inicialmente negligenciou a simetria de permutação. O gráfico corrigido é apresentado à direita, de R. D. McKeown et al., *Phys. Rev.* **C26** (1982) 2336, onde a previsão CVC é menor por um fator de $\sqrt{2}$.

$|k'\rangle|k''\rangle$ e $|k''\rangle|k'\rangle$, o ket resultante é necessariamente simétrico (antissimétrico). Podemos ver isto facilmente na expressão abaixo:

$$\begin{Bmatrix} S_{12} \\ A_{12} \end{Bmatrix} [c_1|k'\rangle|k''\rangle + c_2|k''\rangle|k'\rangle]$$
$$= \tfrac{1}{2}\left(c_1|k'\rangle|k''\rangle + c_2|k''\rangle|k'\rangle\right) \pm \tfrac{1}{2}\left(c_1|k''\rangle|k'\rangle + c_2|k'\rangle|k''\rangle\right)$$
$$\frac{c_1 \pm c_2}{2}\left(|k'\rangle|k''\rangle \pm |k''\rangle|k'\rangle\right). \qquad (7.1.13)$$

Na seção 7.5, elaboraremos mais detalhadamente partindo desta abordagem.

Antes de encerrar a seção, paremos para apontar que as consequências são dramáticas quando ignoramos a simetria de permutação. A Figura 7.2 mostra um resultado comparativo de dois experimentos, antes e depois que um erro que ignorava a simetria de permutação na análise fosse corrigido.

O objeto deste conjunto de experimentos era testar algo chamado de hipótese da Conservação do Vetor Corrente (CVC), que é baseado no pressuposto de uma conexão íntima entre as interações eletromagnética e fraca.[1] A confirmação ou refutação da hipótese CVC tinha alta prioridade, e este experimento era um dos testes mais precisos. O resultado inicial, mostrado do lado esquerdo da Figura 7.2, estava longe de ser claro. O resultado corrigido, à direita, foi a confirmação decisiva da CVC.

---

[1] A hipótese CVC é anterior à unificação das interações eletromagnética e fraca naquilo que hoje chamamos de Modelo Padrão.

Os dados experimentais da Figura 7.2, que são idênticos para os gráficos da esquerda e da direita, são de uma medida dos decaimentos beta de ^{8}Li e ^{8}B, cada um dos quais levou a um estado final com duas partículas α (idênticas), através de um estado excitado do ^{8}Be. Ou seja,

$$^8\text{Li} \rightarrow {}^8\text{Be}^* + e^- + \bar{\nu}_e \qquad (7.1.14a)$$

e $\quad ^8\text{B} \rightarrow {}^8\text{Be}^* + e^+ + \nu_e \qquad$ seguida de $\qquad (7.1.14b)$

$$^8\text{Be}^* \rightarrow \alpha + \alpha \qquad (7.1.14c)$$

O experimento determina δ^-, a correlação na direção entre as direções dos $e^{\pm}$ e α para os dois decaimentos beta, como função da energia dos $e^{\pm}$. O resultado deste experimento foi publicado em R. D. McKeown et al., *Phys. Rev.* **C22** (1980) 738.

A área hachurada mostra a previsão CVC deduzida de um experimento anterior, publicada por T. J. Bowles e G. T. Garvey, *Phys. Rev.* **C18** (1978) 1447. Neste trabalho, mediu-se a reação

$$\alpha + \alpha \rightarrow {}^8\text{Be}^* \qquad \text{seguida de} \qquad (7.1.15a)$$

$$^8\text{Be}^* \rightarrow {}^8\text{Be} + \gamma. \qquad (7.1.15b)$$

Este processo é, na verdade, o inverso daquele em (7.1.14) e acontece via uma interação eletromagnética ao invés de uma interação fraca. Deduzir a previsão CVC deste resultado requer que a função de onda $\alpha\alpha$ seja simetrizada, mas isto foi ignorado num primeiro instante para o gráfico mostrado à esquerda da Figura 7.2. Algum tempo depois, o erro do fator de $\sqrt{2}$ que faltava foi corrigido e o gráfico da direita foi publicado, mostrando uma concordância muito melhor entre a previsão e a medida.

7.2 ■ POSTULADO DA SIMETRIZAÇÃO

Até o momento, não discutimos se a natureza usa estados totalmente simétricos ou assimétricos. Resulta[2] que um sistema que contém N partículas idênticas ou é totalmente simétrico sob a troca de qualquer par, em cujo caso dizemos que as partículas satisfazem a **estatística de Bose-Einstein** (B-E) e são, portanto, conhecidas como **bósons** ou, caso contrário, totalmente antissimétrico, em cujo caso então dizemos que as partículas satisfazem a **estatística de Fermi-Dirac** (F-D), sendo então conhecidas como **férmions**. Portanto,

$$P_{ij} |N \text{ bósons idênticos}\rangle = + |N \text{ bósons idênticos}\rangle \qquad (7.2.1a)$$

$$P_{ij} |N \text{ férmions idênticos}\rangle = - |N \text{ férmions idênticos}\rangle \qquad (7.2.1b)$$

---

[2] Para nosso conhecimento, há uma importante sutileza que depende do fato de vivermos num espaço tridimensional. É possível termos objetos, denominados *anyons*, que apresentam um contínuo de propriedades estatísticas que cobre todo o espaço entre férmions e bósons, desde que restritos a viverem num espaço bidimensional. A literatura sobre o assunto é fascinante, mas um tanto quanto dispersa. Reportamos o leitor a dois dos primeiros artigos: F. Wilcyek, "Quantum Mechanics of Fractional-Spin Particles", *Phys. Rev. Lett.* **49** (1982) 957, e M. V. N. Murthy, J. Law, M. Brack e R. K. Bhaduri, "Quantum Spectrum of Three Anyons in an Oscillator Potential", *Phys. Rev. Lett.* **67** (1991) 817.

onde P_{ij} é o operador de permutação que permuta a i-*ésima* com a j-ésima partículas, para i e j arbitrários. É um fato empírico que uma simetria mista não ocorre.

Ainda mais digno de nota é o fato de que existe uma conexão entre o spin de uma partícula e a estatística que ela obedece:

$$\text{Partículas de spin semi-inteiro são férmions;} \quad (7.2.2a)$$

$$\text{Partículas de spin inteiro são bósons.} \quad (7.2.2b)$$

Vale notar que partículas podem ser compostas; por exemplo, um núcleo ^{3}He é um férmion, do mesmo modo que o e^- e o próton o são; o núcleo ^{4}He é um bóson, do mesmo modo que o méson π e o bóson de calibre Z^0 o são.

A conexão spin-estatística é, até onde sabemos, uma lei exata da natureza, para a qual não há excessões. Dentro do escopo da mecânica quântica não relativística, este princípio deve ser aceito como um postulado empírico. Em teoria quântica relativística, contudo, pode-se provar que partículas de spin semi-inteiro não podem ser bósons e as de spin inteiro não podem ser férmions.

Uma consequência imediata do fato do elétron ser um férmion é que ele deve satisfazer o **princípio da exclusão de Pauli**, que diz que dois elétrons não podem ocupar o mesmo estado. Isto segue do fato de que um estado do tipo $|k'\rangle|k'\rangle$ é necessariamente simétrico, o que não é possível para um férmion. Como é bem sabido, o princípio da exclusão de Pauli é a pedra fundamental da física atômica e molecular, bem como de toda a química. Para ilustrarmos a enorme diferença entre férmions e bósons, consideremos duas partículas, cada uma das quais podem ocupar apenas dois estados, caracterizados por k' e k''. Para um sistema de dois férmions, não temos escolha: só há uma possibilidade,

$$\frac{1}{\sqrt{2}} \left(|k'\rangle|k''\rangle - |k''\rangle|k'\rangle \right). \quad (7.2.3)$$

Para bósons, há três estados possíveis:

$$|k'\rangle|k'\rangle, \qquad |k''\rangle|k''\rangle, \qquad \frac{1}{\sqrt{2}} \left(|k'\rangle|k''\rangle + |k''\rangle|k'\rangle \right). \quad (7.2.4)$$

Contrariamente, para partículas "clássicas" que obedecem à **estatística de Maxwell-Boltzmann** (M-B) sem quaisquer restrições quanto à simetria, temos quatro estados independentes no total:

$$|k'\rangle|k''\rangle, \qquad |k''\rangle|k'\rangle, \qquad |k'\rangle|k'\rangle, \qquad |k''\rangle|k''\rangle. \quad (7.2.5)$$

Podemos ver que no caso dos férmions, é impossível para as duas partículas ocuparem o mesmo estado. No caso de bósons, para dois dos três estados ambas as partículas ocupam o mesmo estado. No caso da estatística clássica (M-B), as partículas ocupam o mesmo estado em dois dos quatro kets permitidos. Neste sentido, férmions são os menos sociáveis entre as partículas, evitando-se de modo a garantir que não fiquem juntos no mesmo estado; bósons são os mais sociáveis e realmente adoram estar no mesmo estado, até mais que as partículas clássicas que obedecem à estatística M-B.

As diferenças entre férmions e bósons surgem, de modo mais dramático, a baixas temperaturas. Um sistema composto de bósons, como o ^{4}He líquido, apresenta a tendência de todas as partículas irem para o mesmo estado fundamental quando a temperatura é extremamente baixa[3]. Este fenômeno é conhecido como **condensação de Bose-Einstein**, uma propriedade que um sistema formado por férmions não possui.

7.3 ■ SISTEMA DE DOIS ELÉTRONS

Consideremos agora, especificamente, um sistema de dois elétrons. O autovalor do operador de permutação é, necessariamente, 1. Suponha que os kets da base que usamos possam ser especificados por $\mathbf{x}_1$, $\mathbf{x}_2$, m_{s1} e m_{s2}, onde m_{s1} e m_{s2} representam os números quânticos magnéticos de spin dos elétrons 1 e 2, respectivamente.

Podemos expressar a função de onda para um sistema de dois elétrons como a combinação linear do ket de estado com os bras $\mathbf{x}_1$, $\mathbf{x}_2$, m_{s1} e m_{s2} do seguinte modo:

$$\psi = \sum_{m_{s1}} \sum_{m_{s2}} C(m_{s1}, m_{s2}) \langle \mathbf{x_1}, m_{s1}; \mathbf{x_2}, m_{s2} | \alpha \rangle. \quad (7.3.1)$$

Se o Hamiltoniano comuta com $\mathbf{S}^2_{\text{tot}}$,

$$\left[\mathbf{S}^2_{\text{tot}}, H \right] = 0, \quad (7.3.2)$$

então é de se esperar que a autofunção de energia seja uma autofunção de $\mathbf{S}^2_{\text{tot}}$, e se ψ for escrito como

$$\psi = \phi(\mathbf{x}_1, \mathbf{x}_2)\chi, \quad (7.3.3)$$

então é de se esperar que a função χ de spin seja uma das seguintes:

$$\chi(m_{s1}, m_{s2}) = \begin{cases} \begin{rcases} \chi_{++} \\ \frac{1}{\sqrt{2}}(\chi_{+-} + \chi_{-+}) \\ \chi_{--} \end{rcases} & \text{tripleto (simétrico)} \\ \\ \frac{1}{\sqrt{2}}(\chi_{+-} - \chi_{-+}) & \text{singleto (antissimétrico)}, \end{cases} \quad (7.3.4)$$

onde χ_{+-} corresponde a $\chi(m_{s1} = \frac{1}{2}, m_{s2} = -\frac{1}{2})$. Note que as funções de spin de tripleto são todas simétricas, o que é razoável uma vez que o operador escada $S_{1-} + S_{2-}$ comuta com P_{12}, e o estado $|+\rangle|+\rangle$ é par sob a ação de P_{12}.

Observamos que

$$\langle \mathbf{x}_1, m_{s1}; \mathbf{x}_2, m_{s2} | P_{12} | \alpha \rangle = \langle \mathbf{x}_2, m_{s2}; \mathbf{x}_1, m_{s1} | \alpha \rangle. \quad (7.3.5)$$

---

3 O comportamento visual do hélio líquido, quando ele é resfriado para uma temperatura abaixo da temperatura crítica, é surpreendente. Vários vídeos mostram esse comportamento, incluindo um filme de demonstração física clássico de 1963, "Liquid Helium II: The Superfluid", de A. Leitner. Veja também o site http://alfredleitner.com/.

A estatística de Fermi-Dirac, portanto, requer que

$$\langle \mathbf{x}_1, m_{s1}; \mathbf{x}_2, m_{s2}|\alpha\rangle = -\langle \mathbf{x}_2, m_{s2}; \mathbf{x}_1, m_{s1}|\alpha\rangle. \quad (7.3.6)$$

Claramente, podemos escrever P_{12} como

$$P_{12} = P_{12}^{(\text{espaço})} P_{12}^{(\text{spin})} \quad (7.3.7)$$

onde $P_{12}^{(\text{espaço})}$ apenas permuta a coordenada de posição, enquanto $P_{12}^{(\text{spin})}$ permuta os estados de spin. Não deixa de ser interessante o fato de podermos exprimir $P_{12}^{(\text{spin})}$ como

$$P_{12}^{(\text{spin})} = \frac{1}{2}\left(1 + \frac{4}{\hbar^2}\mathbf{S}_1\cdot\mathbf{S}_2\right), \quad (7.3.8)$$

que segue do fato que

$$\mathbf{S}_1\cdot\mathbf{S}_2 = \begin{cases} \dfrac{\hbar^2}{4} & (\text{tripleto}) \\ \dfrac{-3\hbar^2}{4} & (\text{singleto}). \end{cases} \quad (7.3.9)$$

Segue, de (7.3.3), que

$$|\alpha\rangle \to P_{12}|\alpha\rangle \quad (7.3.10)$$

se resume a

$$\phi(\mathbf{x}_1,\mathbf{x}_2) \to \phi(\mathbf{x}_2,\mathbf{x}_1), \qquad \chi(m_{s1}, m_{s2}) \to \chi(m_{s2}, m_{s1}). \quad (7.3.11)$$

Isto, junto com (7.3.6), implica que se a parte espacial da função de onda é simétrica (antissimétrica), a parte de spin tem de ser antissimétrica (simétrica). Como resultado, o estado de tripleto deve ser combinado com uma função espacial antissimétrica, e o estado de singleto, com uma função espacial simétrica.

A parte espacial da função de onda $\phi(\mathbf{x}_1,\mathbf{x}_2)$ tem a interpretação probabilística usual. A probabilidade de se achar o elétron 1 em um elemento de volume d^3x_1 centrado em torno de $\mathbf{x}_1$ e o elétron 2 em um elemento de volume d^3x_2 é

$$|\phi(\mathbf{x}_1,\mathbf{x}_2)|^2 d^3x_1 d^3x_2. \quad (7.3.12)$$

Para entendermos melhor o significado disto, consideremos o caso específico onde a interação mútua entre os dois elétrons [por exemplo, $V_{\text{par}}(|\mathbf{x}_1-\mathbf{x}_2|)$, $\mathbf{S}_1\cdot\mathbf{S}_2$] pode ser ignorada. Se não há dependência no spin, a equação de onda para a autofunção ψ de energia [veja (7.1.9)],

$$\left[\frac{-\hbar^2}{2m}\nabla_1^2 - \frac{\hbar^2}{2m}\nabla_2^2 + V_{\text{ext}}(\mathbf{x}_1) + V_{\text{ext}}(\mathbf{x}_2)\right]\psi = E\psi, \quad (7.3.13)$$

é separável. Temos uma solução do tipo $\omega_A(\mathbf{x}_1)\omega_B(\mathbf{x}_2)$ vezes a função de spin. Sem dependência no spin, S_{tot}^2 necessariamente (e trivialmente) comuta com H e, portanto, a parte de spin deve ser um singleto ou um tripleto, cada um dos quais tem propriedades de simetria bem definidas sob a ação de $P_{12}^{(\text{spin})}$. A parte espacial deve, então, ser escrita como uma combinação simétrica e antissimétrica de $\omega_A(\mathbf{x}_1)\omega_B(\mathbf{x}_2)$ e $\omega_A(\mathbf{x}_2)\omega_B(\mathbf{x}_1)$:

$$\phi(\mathbf{x}_1,\mathbf{x}_2) = \frac{1}{\sqrt{2}}[\omega_A(\mathbf{x}_1)\omega_B(\mathbf{x}_2) \pm \omega_A(\mathbf{x}_2)\omega_B(\mathbf{x}_1)], \qquad (7.3.14)$$

onde o sinal superior é para o singleto de spin e o de baixo é para o tripleto. A probabilidade de se observar o elétron 1 em d^3x_1 no entorno de $\mathbf{x}_1$ e o elétron 2 em d^3x_2 no entorno de $\mathbf{x}_2$ é dada por

$$\frac{1}{2}\{|\omega_A(\mathbf{x}_1)|^2|\omega_B(\mathbf{x}_2)|^2 + |\omega_A(\mathbf{x}_2)|^2|\omega_B(\mathbf{x}_1)|^2$$
$$\pm 2\operatorname{Re}\left[\omega_A(\mathbf{x}_1)\omega_B(\mathbf{x}_2)\omega_A^*(\mathbf{x}_2)\omega_B^*(\mathbf{x}_1)\right]\}\,d^3x_1 d^3x_2. \qquad (7.3.15)$$

O último termo entre chaves é conhecido como **densidade de troca**.

Vemos imediatamente que quando os elétrons estão no estado de tripleto, a probabilidade de se achar o segundo elétron no mesmo ponto do espaço vai a zero. Dizendo isto de uma outra forma, os elétrons tendem a se evitar quando seus spins estão no estado de tripleto. Contrariamente, quando seus spins se encontram no estado de singleto, há um aumento na probabilidade de encontrá-los no mesmo ponto do espaço devido à presença da densidade de troca.

Claramente, a questão da identidade é importante somente quando a densidade de troca não é desprezível ou quando há uma sobreposição substancial entre as funções ω_A e ω_B. Para entendermos isto com maior clareza, consideremos os casos extremos onde $|\omega_A(\mathbf{x})|^2$ (onde $\mathbf{x}$ pode se referir a $\mathbf{x}_1$ ou $\mathbf{x}_2$) é grande apenas em uma região A e $|\omega_B(\mathbf{x})|^2$, apenas em uma região B, de tal modo que as duas estão bastante separadas. Escolha agora um d^3x_1 na região A e um d^3x_2 na região B; veja a Figura 7.3. O único termo importante é, portanto, o primeiro termo em (7.3.15)

$$|\omega_A(\mathbf{x}_1)|^2|\omega_B(\mathbf{x}_2)|^2, \qquad (7.3.16)$$

que nada mais é que a densidade de probabilidade conjunta que se espera de partículas clássicas. Neste contexto, lembre-se de que partículas clássicas são necessa-

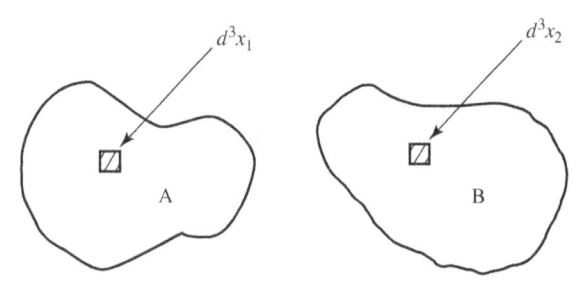

FIGURA 7.3 Duas regiões A e B bastante separadas; $|\omega_A(\mathbf{x})|^2$ é grande na região A, e $|\omega_B(\mathbf{x})|^2$ é grande na região B.

riamente bem localizadas e a questão acerca da identidade simplesmente não surge. Portanto, o termo de densidade de troca é irrelevante se as regiões A e B não se sobrepõem. Não há necessidade de antissimetrizar se os elétrons estão longe um do outro e a sobreposição é desprezível, o que é algo bastante gratificante, pois nunca temos que nos preocupar com a questão de antissimetrização quanto temos 10 bilhões de elétrons, nem é necessário considerar a antissimetrização entre um elétron em Nova York e outro em Pequim.

7.4 ■ O ÁTOMO DE HÉLIO

O estudo do átomo de hélio é, por inúmeras razões, recompensador. Primeiro, é o problema mais simples, mas ainda realista, onde a questão da identidade – por nós encontrada na Seção 7.3 – desempenha um papel importante. Segundo, embora seja um sistema simples, a equação de Schrödinger para duas partículas não pode ser resolvida analiticamente; portanto, é um ótimo lugar para se ilustrar o uso da teoria de perturbação e também o método variacional.

O Hamiltoniano básico é dado por

$$H = \frac{\mathbf{p}_1^2}{2m} + \frac{\mathbf{p}_2^2}{2m} - \frac{2e^2}{r_1} - \frac{2e^2}{r_2} + \frac{e^2}{r_{12}}, \qquad (7.4.1)$$

onde $r_1 \equiv |\mathbf{x}_1|$, $r_2 \equiv |\mathbf{x}_2|$ e $r_{12} \equiv |\mathbf{x}_1 - \mathbf{x}_2|$; veja a Figura 7.4. Suponha que o termo e^2/r_{12} não esteja presente. Então, com a questão da identidade assim ignorada, a função de onda seria simplesmente o produto de duas funções de onda do átomo de hidrogênio com $Z = 1$ substituído por $Z = 2$. O spin total é uma constante de movimento e, portanto, o estado de spin é um singleto ou um tripleto. A parte espacial da função de onda no importante caso onde um dos elétrons se encontra no estado fundamental e o outro num estado excitado caracterizado por (nlm) vale

$$\phi(\mathbf{x}_1, \mathbf{x}_2) = \frac{1}{\sqrt{2}} [\psi_{100}(\mathbf{x}_1)\psi_{nlm}(\mathbf{x}_2) \pm \psi_{100}(\mathbf{x}_2)\psi_{nlm}(\mathbf{x}_1)], \qquad (7.4.2)$$

onde o sinal superior (inferior) é para o singleto (tripleto). Retornaremos a esta forma geral para um estado excitado mais tarde.

Para o estado fundamental, precisamos de um tratamento especial. Aqui, a configuração é caracterizada por $(1s)^2$ – isto é, ambos os elétrons em $n = 1, l = 0$.

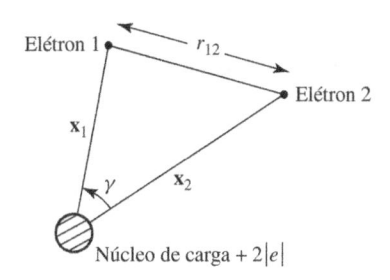

FIGURA 7.4 Representação esquemática de um átomo de hélio.

A função espacial deve então, necessariamente, ser simétrica, e somente a função de spin singleto é permitida. Portanto, temos

$$\psi_{100}(\mathbf{x}_1)\psi_{100}(\mathbf{x}_2)\chi_{\text{singleto}} = \frac{Z^3}{\pi a_0^3} e^{-Z(r_1+r_2)/a_0} \chi \quad (7.4.3)$$

com $Z = 2$. Não é de surpreender que esta função de onda "não perturbada" dê

$$E = 2 \times 4 \left(-\frac{e^2}{2a_0}\right) = -108{,}8 \text{ eV} \quad (7.4.4)$$

como energia do estado fundamental, que é aproximadamente 30% maior que o valor experimental.

Este é apenas o ponto de partida de nossa investigação, pois ao obtermos a forma (7.4.3), ignoramos completamente o último termo em (7.4.1) que descreve a interação entre os dois elétrons. Uma maneira de se abordar o problema de conseguir um valor mais preciso da energia é aplicar teoria de perturbação em primeira ordem usando (7.4.3) como a função de onda não perturbada e e^2/r_{12} como perturbação. Obtemos

$$\Delta_{(1s)^2} = \left\langle \frac{e^2}{r_{12}} \right\rangle_{(1s)^2} = \iint \frac{Z^6}{\pi^2 a_0^6} e^{-2Z(r_1+r_2)/a_0} \frac{e^2}{r_{12}} d^3x_1 d^3x_2. \quad (7.4.5)$$

Para fazer a integral indicada, notamos primeiro que

$$\frac{1}{r_{12}} = \frac{1}{\sqrt{r_1^2 + r_2^2 - 2r_1 r_2 \cos\gamma}} = \sum_{l=0}^{\infty} \frac{r_<^l}{r_>^{l+1}} P_l(\cos\gamma), \quad (7.4.6)$$

onde $r_>(r_<)$ é o maior (menor) entre r_1 e r_2, e γ é o ângulo entre $\mathbf{x}_1$ e $\mathbf{x}_2$. A integração angular é fácil de se fazer se expressarmos $P_l(\cos\gamma)$ em termos de $Y_l^m(\theta_1,\phi_1)$ e $Y_l^m(\theta_2,\phi_2)$ e usarmos o teorema da adição para harmônicos esféricos (consulte, por exemplo, a Seção 12.8 de Arfken e Weber, 1995). Temos

$$P_l(\cos\gamma) = \frac{4\pi}{2l+1} \sum_{m=-l}^{l} Y_l^{m*}(\theta_1,\phi_1) Y_l^m(\theta_2,\phi_2). \quad (7.4.7)$$

A integração angular fica deste modo trivial:

$$\int Y_l^m(\theta_i,\phi_i)\, d\Omega_i = \frac{1}{\sqrt{4\pi}}(4\pi)\delta_{l0}\delta_{m0}. \quad (7.4.8)$$

A integração radial é elementar (mas envolve uma álgebra entediante!). Ela leva a

$$\int_0^\infty \left[\int_0^{r_1} \frac{1}{r_1} e^{-(2Z/a_0)(r_1+r_2)} r_2^2\, dr_2 + \int_{r_1}^\infty \frac{1}{r_2} e^{-(2Z/a_0)(r_1+r_2)} r_2^2\, dr_2 \right] r_1^2\, dr_1$$

$$= \frac{5}{128} \frac{a_0^5}{Z^5}. \quad (7.4.9)$$

Combinando tudo, temos (para $Z = 2$)

$$\Delta_{(1s)^2} = \left(\frac{Z^6 e^2}{\pi^2 a_0^6}\right) 4\pi(\sqrt{4\pi})^2 \left(\frac{5}{128}\right)\left(\frac{a_0^5}{Z^5}\right) = \left(\frac{5}{2}\right)\left(\frac{e^2}{2a_0}\right). \qquad (7.1.10)$$

Adicionando esta variação da energia a (7.4.4), obtemos

$$E_{\text{cal}} = \left(-8 + \frac{5}{2}\right)\left(\frac{e^2}{2a_0}\right) \simeq -74{,}8\,\text{eV}. \qquad (7.4.11)$$

Compare este resultado com o valor experimental:

$$E_{\text{exp}} = -78{.}8\,\text{eV}. \qquad (7.4.12)$$

Ele não é ruim, mas é possível conseguirmos algo melhor! Propomos o uso do método variacional tomando Z, que chamaremos de Z_{efetivo}, como parâmetro variacional. A razão física para isto é que o Z efetivo visto por um dos elétrons é menor que 2, pois a carga positiva de 2 unidades na origem (veja a Figura 7.4) é "blindada" pela nuvem negativamente carregada do outro elétron; em outras palavras, o outro elétron tende a neutralizar a carga positiva devido ao núcleo do átomo de hélio localizado na origem. Para a função teste normalizada usamos

$$\langle \mathbf{x}_1, \mathbf{x}_2 | \tilde{0} \rangle = \left(\frac{Z_{\text{efetivo}}^3}{\pi a_0^3}\right) e^{-Z_{\text{efetivo}}(r_1 + r_2)/a_0}. \qquad (7.4.13)$$

Disto, obtemos

$$\begin{aligned}\overline{H} &= \left\langle \tilde{0} \left| \frac{\mathbf{p}_1^2}{2m} + \frac{\mathbf{p}_2^2}{2m} \right| \tilde{0} \right\rangle - \left\langle \tilde{0} \left| \frac{Ze^2}{r_1} + \frac{Ze^2}{r_2} \right| \tilde{0} \right\rangle + \left\langle \tilde{0} \left| \frac{e^2}{r_{12}} \right| \tilde{0} \right\rangle \\ &= \left(2\frac{Z_{\text{efetivo}}^2}{2} - 2Z Z_{\text{efetivo}} + \frac{5}{8} Z_{\text{efetivo}}\right)\left(\frac{e^2}{a_0}\right). \end{aligned} \qquad (7.4.14)$$

Podemos ver facilmente que a minimização de $\overline{H}$ ocorre em

$$Z_{\text{efetivo}} = 2 - \tfrac{5}{16} = 1{,}6875. \qquad (7.4.15)$$

Isto é menor que 2, como antecipávamos. Usando este valor para Z_{efetivo}, obtemos

$$E_{\text{cal}} = -77{,}5\,\text{eV}, \qquad (7.4.16)$$

que é já bastante próxima, considerando-se a função teste bastante crua por nós usada.

Historicamente, este resultado foi considerado como um dos primeiros sinais de que a mecânica ondulatória de Schrödinger estava no caminho certo. Não temos como obter este tipo de número por métodos puramente algébricos (operador). O cálculo do Hélio foi feito pela primeira vez por A. Unsold, em 1927.[4]

---

[4] A. Unsöld, *Ann. Phys.* **82** (1927) 355.

Consideremos brevemente estados excitados. Isto é mais interessante do ponto de vista da ilustração dos efeitos quânticos devidos à identidade. Consideraremos apenas $(1s)(nl)$. Escrevemos a energia deste estado como

$$E = E_{100} + E_{nlm} + \Delta E. \qquad (7.4.17)$$

Na teoria de perturbação em primeira ordem, ΔE é obtido calculando-se o valor esperado de e^2/r_{12}. Podemos escrever

$$\left\langle \frac{e^2}{r_{12}} \right\rangle = I \pm J, \qquad (7.4.18)$$

onde I e J, conhecidas como integral direta e integral de troca, são dadas por

$$I = \int d^3x_1 \int d^3x_2 |\psi_{100}(\mathbf{x}_1)|^2 |\psi_{nlm}(\mathbf{x}_2)|^2 \frac{e^2}{r_{12}}, \qquad (7.4.19a)$$

$$J = \int d^3x_1 \int d^3x_2 \psi_{100}(\mathbf{x}_1)\psi_{nlm}(\mathbf{x}_2) \frac{e^2}{r_{12}} \psi_{100}^*(\mathbf{x}_2)\psi_{nlm}^*(\mathbf{x}_1). \qquad (7.4.19b)$$

O sinal superior (inferior) vai no estado singleto (tripleto). Obviamente, I é positiva; podemos também mostrar que J é positiva. Assim, o resultado líquido é tal que, para a mesma configuração, o estado singleto tem energia mais alta, como mostra a Figura 7.5.

A intepretação física é a seguinte: no estado singleto, a função espacial é simétrica, e os elétrons têm uma tendência de se aproximarem. Portanto, o efeito da repulsão eletrostática é mais sério e disso seguem resultados mais altos para a energia. No caso do tripleto, a função espacial é antissimétrica, e os elétrons tendem a se evitar. O hélio em estados de singleto de spin é conhecido como **para-hélio**, ao passo que o hélio em estados tripletos é conhecido por **orto-hélio**. Cada configuração se divide entre os estados *para* e *orto*, sendo que o estado *para* tem maior energia. Para o estado fundamental, apenas o parahélio é possível. Veja a Figura 7.6 para um diagrama esquemático dos níveis de energia do átomo de hélio.

É muito importante nos lembrarmos de que o Hamiltoniano original é independente do spin, pois o potencial é composto somente por três termos de Coulomb. Não havia qualquer termo $\mathbf{S}_1 \cdot \mathbf{S}_2$ que fosse. Ainda assim, há um efeito dependente de spin – os elétrons com spins paralelos têm energia mais baixa – que surge devido à estatística de Fermi-Dirac.

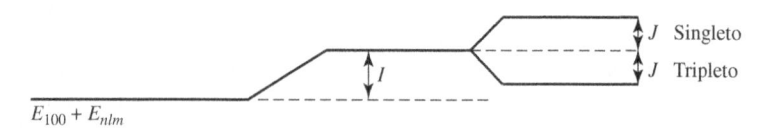

FIGURA 7.5 Diagrama esquemático da separação dos níveis de energia $(1s)(nl)$ para o átomo de hélio.

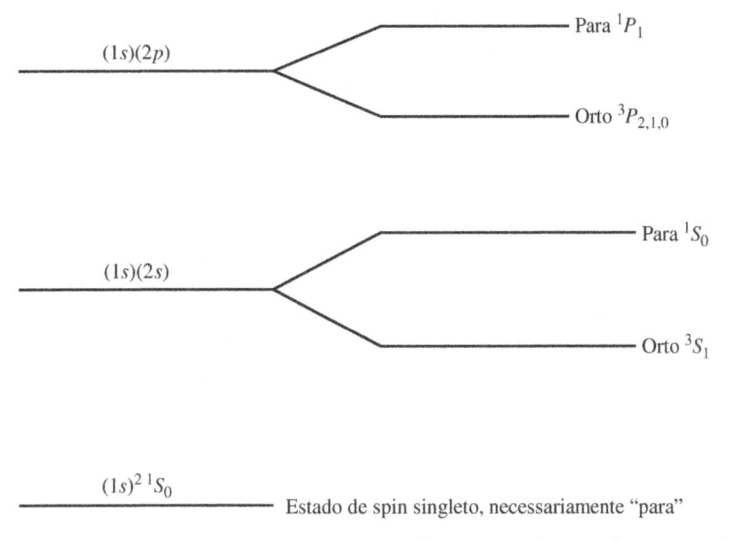

```
                                              ┌──── Para ¹P₁
        (1s)(2p)   ─────────────┤
                                              └──── Orto ³P₂,₁,₀


                                              ┌──── Para ¹S₀
        (1s)(2s)   ─────────────┤
                                              └──── Orto ³S₁


        (1s)² ¹S₀
        ─────────────── Estado de spin singleto, necessariamente "para"
```

FIGURA 7.6 Diagrama esquemático dos níveis de energia para configurações de baixa energia do átomo de hélio.

Devemos a Heisenberg a explicação da aparente dependência do spin nos níveis de energia do átomo de hélio. A origem física do ferromagnetismo – um alinhamento dos spin eletrônicos se estendendo por distância macroscópicas – crê-se ser essencialmente a mesma, mas as propriedades dos ferromagnetos são muitos mais difíceis de se calcular quantitativamente a partir de primeiros princípios.

7.5 ∎ ESTADOS MULTIPARTÍCULAS

Nosso formalismo pode ser estendido para um sistema constituído de muitas partículas idênticas. Lembrando-nos de (7.1.13), definimos

$$P_{ij}|k'\rangle|k''\rangle \cdots |k^i\rangle|k^{i+1}\rangle \cdots |k^j\rangle \cdots = |k'\rangle|k''\rangle \cdots |k^j\rangle|k^{i+1}\rangle \cdots |k^i\rangle \cdots. \quad (7.5.1)$$

Claramente,

$$P_{ij}^2 = 1, \quad (7.5.2)$$

como antes, e os autovalores de P_{ij} permitidos são $+1$ e -1. É importante observar, contudo, que em geral

$$[P_{ij}, P_{kl}] \neq 0. \quad (7.5.3)$$

Vale a pena fazer os cálculos para um sistema de três partículas idênticas explicitamente. Primeiro, há $3! = 6$ possíveis kets da forma

$$|k'\rangle|k''\rangle|k'''\rangle, \quad (7.5.4)$$

onde k', k'' e k''' são todos diferentes. Há, portanto, uma degenerescência sêxtupla. Mesmo assim, se insistirmos que o estado seja *totalmente* simétrico ou *totalmente* antissimétrico, só podemos formar uma combinação para cada. Temos, explicitamente,

$$\begin{aligned}|k'k''k'''\rangle_\pm \equiv \frac{1}{\sqrt{6}} &\{|k'\rangle|k''\rangle|k'''\rangle \pm |k''\rangle|k'\rangle|k'''\rangle \\ &+ |k''\rangle|k'''\rangle|k'\rangle \pm |k'''\rangle|k''\rangle|k'\rangle \\ &+ |k'''\rangle|k'\rangle|k''\rangle \pm |k'\rangle|k'''\rangle|k''\rangle\}.\end{aligned} \quad (7.5.5)$$

Estes são kets simultâneos de P_{12}, P_{23} e P_{13}. Chamamos a atenção para o fato de haver no total seis kets de estado independentes. Disto segue, portanto, que há 4 kets independentes que não são nem totalmente simétricos nem totalmente antissimétricos. Poderíamos ter introduzido o operador P_{123} definindo

$$P_{123}(|k'\rangle|k''\rangle|k'''\rangle) = |k''\rangle|k'''\rangle|k'\rangle. \quad (7.5.6)$$

Note que $P_{123} = P_{12}P_{13}$, pois

$$P_{12}P_{13}(|k'\rangle|k''\rangle|k'''\rangle) = P_{12}(|k'''\rangle|k''\rangle|k'\rangle) = |k''\rangle|k'''\rangle|k'\rangle. \quad (7.5.7)$$

Ao escrever (7.5.5), assumimos que k', k'' e k''' eram todos diferentes. Se dois deles coincidirem, é impossível termos um estado totalmente antissimétrico. O estado totalmente simétrico é dado por

$$|k'k'k''\rangle_+ = \frac{1}{\sqrt{3}}\left(|k'\rangle|k'\rangle|k''\rangle + |k'\rangle|k''\rangle|k'\rangle + |k''\rangle|k'\rangle|k'\rangle\right), \quad (7.5.8)$$

onde se entende que o fator de normalização é $\sqrt{2!/3!}$.. Para casos mais gerais, o fator de normalização é

$$\sqrt{\frac{N_1!N_2!\cdots N_n!}{N!}}, \quad (7.5.9)$$

onde N é o número total de partículas e N_i é o número de vezes que $|k^{(i)}\rangle$ ocorre.

Segunda quantização

Uma abordagem diferente, que nos permite manter o controle sobre os estados de muitas partículas e que na realidade é o alicerce sobre o qual começamos a construir a teoria de campos, reexamina a maneira segundo a qual definimos um vetor de estado. Esta abordagem é conhecida como **segunda quantização**[5].

Defina um estado multipartícula como

$$|n_1, n_2, \ldots, n_i, \ldots\rangle, \quad (7.5.10)$$

onde os n_i especificam o número de partículas com autovalor k_i de algum operador. Embora tomemos a nomenclatura como sendo perfeitamente válida para um vetor de

---

[5] O termo *segunda quantização* foi cunhado, aparentemente, nos primórdios da tentativa de estender a mecânica quântica à teoria de campos. A ideia era que as funções de onda deveriam ser transformadas em operadores que, por sua vez, estavam sujeitos a suas próprias regras de quantização canônicas. Portanto, a quantização foi imposta uma "segunda" vez. Veja, por exemplo, a Seção III.12.1 em Heitler (1954).

estado, ele pertence a um novo tipo de espaço vetorial, chamado de "espaço de Fock", no qual precisamos incorporar a simetria de permutação necessária.

Uma palavra de precaução neste ponto. Nossa notação de espaço de Fock (ou espaço de "número de ocupação") para os vetores de estado parte de um importante pressuposto: que realmente existe uma base de estados não interagentes. A interação entre partículas pode, em princípio, afetar sua própria natureza dos estados. Se podemos ou não, partindo desta hipótese, construir uma teoria autoconsistente que descreva de maneira acurada a natureza, é algo que só pode ser testado através de experimentos. Veja as discussões de Landau (1996) e Merzbacher (1998). Deixaremos, contudo, esta questão de lado e iremos adiante a todo vapor.

Vamos construir agora uma estrutura para uma teoria de sistemas de muitas partículas usando estados do espaço de Fock. Começamos a tarefa reconhecendo dois casos especiais de estados neste espaço. A primeira escolha é

$$|0, 0, \ldots, 0, \ldots\rangle \equiv |\mathbf{0}\rangle, \qquad (7.5.11)$$

para o qual não há partículas em qualquer um dos estados de uma partícula única[‡]. Este estado é chamado de "vácuo" e é, como sempre, normalizado. O segundo caso especial é

$$|0, 0, \ldots, n_i = 1, \ldots\rangle \equiv |k_i\rangle, \qquad (7.5.12)$$

que é o estado no qual há exatamente uma partícula no estado com autovalor k_i. É óbvio que este é, simplesmente, o estado de uma partícula que dominou nossas discussões da mecânica quântica que antecederam o atual capítulo.

Precisamos agora aprender como construir estados de muitas partículas e, então, garantir que este processo de construção respeite a simetria de permutação. Em um óbvio empréstimo da ideia dos operadores de criação e destruição que encontramos pela primeira vez na Seção 2.3, definimos um "operador de campo" $a_i^\dagger$ que aumenta em um o número de partículas em um estado com autovalor k_i – ou seja,

$$a_i^\dagger |n_1, n_2, \ldots, n_i, \ldots\rangle \propto |n_1, n_2, \ldots, n_i+1, \ldots\rangle, \qquad (7.5.13)$$

onde um critério de normalização será usado posteriormente para determinarmos a constante de proporcionalidade. Nós *postulamos* que a ação do operador $a_i^\dagger$ de criação de partícula no vácuo é a de criar um estado de uma partícula apropriadamente normalizado, isto é,

$$a_i^\dagger |\mathbf{0}\rangle = |k_i\rangle. \qquad (7.5.14)$$

Isto nos leva a escrever

$$1 = \langle k_i | k_i \rangle = [\langle \mathbf{0} | a_i] \left[a_i^\dagger |\mathbf{0}\rangle \right]$$

$$= \langle \mathbf{0} | \left[a_i a_i^\dagger |\mathbf{0}\rangle \right] = \langle \mathbf{0} | a_i | k_i \rangle, \qquad (7.5.15)$$

o que implica que

$$a_i |k_i\rangle| = |\mathbf{0}\rangle \qquad (7.5.16)$$

[‡] N. de T.: No original, *single-particle state*.

de modo que a_i atua como um operador de aniquilação de partícula. Concluímos com os seguintes postulados para o operador de aniquilação:

$$a_i|n_1, n_2, \ldots, n_i, \ldots\rangle \propto |n_1, n_2, \ldots, n_i-1, \ldots\rangle \tag{7.5.17}$$

$$a_i|0\rangle = 0 \tag{7.5.18}$$

$$a_i|k_j\rangle = 0 \quad \text{se} \quad i \neq j, \tag{7.5.19}$$

onde, por economia de notação, combinamos (7.5.16) e (7.5.19) em

$$a_i|k_j\rangle = \delta_{ij}|0\rangle. \tag{7.5.20}$$

Estes são postulados suficientes para definir completamente os operadores de campo a_i, faltando apenas incorporar ainda a simetria de perturbação.

O ato de permutar duas partículas, uma pela outra, pode ser melhor entendido colocando-se a "primeira" partícula no estado $|k_i\rangle$ e a "segunda" no estado $|k_j\rangle$ e, então, comparando o que acontece quando revertemos a ordem segundo a qual estes estados estão ocupados. Isto é, esperamos que para um estado de duas partículas

$$a_i^\dagger a_j^\dagger |0\rangle = \pm a_j^\dagger a_i^\dagger |0\rangle, \tag{7.5.21}$$

onde o sinal $+(-)$ é para bósons (férmions). Aplicando a mesma lógica à troca de partículas em estados de muitas partículas, somos levados a

$$a_i^\dagger a_j^\dagger - a_j^\dagger a_i^\dagger = [a_i^\dagger, a_j^\dagger] = 0 \quad \text{Bósons} \tag{7.5.22a}$$

$$a_i^\dagger a_j^\dagger + a_j^\dagger a_i^\dagger = \{a_i^\dagger, a_j^\dagger\} = 0 \quad \text{Férmions} \tag{7.5.22b}$$

onde fizemos uso do "anticomutador" $\{A, B\} \equiv AB+BA$. Basta tomarmos o adjunto destas equações para obtermos

$$[a_i, a_j] = 0 \quad \text{Bósons} \tag{7.5.23a}$$

$$\{a_i, a_j\} = 0 \quad \text{Férmions} \tag{7.5.23b}$$

Observe que o princípio da exclusão de Pauli é automaticamente incorporado no nosso formalismo, uma vez que (7.5.22b) implica que $a_i^\dagger a_i^\dagger = 0$ para um estado $|k_i\rangle$ de uma partícula.

E o que dizer agora das regras de comutação para a_i e $a_j^\dagger$? Gostaríamos de definir um "operador número" $N_i = a_i^\dagger a_i$ cujo papel seja contar o número de partículas no estado $|k_i\rangle$ de uma partícula. Nossa experiência da Seção 2.3 mostra que isto seria possível se tivéssemos $[a_i, a_i^\dagger] = 1$. De fato, uma representação autoconsistente tanto para bósons quanto para férmions pode ser construída exatamente desta maneira, substituindo os comutadores por anticomutadores. A álgebra completa é sumarizada na Tabela 7.1. Tanto para bósons quanto para férmions podemos definir o operador

$$N = \sum_i a_i^\dagger a_i, \tag{7.5.24}$$

Tabela 7.1 A álgebra de partículas idênticas em segunda quantização

Bósons	Férmions
$a_i^\dagger a_j^\dagger - a_j^\dagger a_i^\dagger = [a_i^\dagger, a_j^\dagger] = 0$	$a_i^\dagger a_j^\dagger + a_j^\dagger a_i^\dagger = \{a_i^\dagger, a_j^\dagger\} = 0$
$a_i a_j - a_j a_i = [a_i^\dagger, a_j^\dagger] = 0$	$a_i a_j + a_j a_i = \{a_i, a_j\} = 0$
$a_i a_j^\dagger - a_j^\dagger a_i = [a_i, a_j^\dagger] = \delta_{ij}$	$a_i a_j^\dagger + a_j^\dagger a_i = \{a_i, a_j^\dagger\} = \delta_{ij}$

que conta o número total de partículas idênticas (veja o Problema 7.7 ao final deste capítulo).

Adotamos, é certo, uma abordagem muito ad hoc para chegar à álgebra da Tabela 7.1, de modo muito contrário ao tom geral adotado neste livro. Na verdade, no que tange a este ponto, é possível fazer algo melhor postulando, por exemplo, que certas quantidades tais como o número total de partículas permanecem inalteradas sob uma mudança de base, de estados $|k_i\rangle$ de uma partícula para estados diferentes $|l_j\rangle$, estados estes conectados por uma transformação unitária.[6] Não obstante, não é possível dar um tratamento totalmente autoconsistente minimizando o número de hipóteses ad hoc sem desenvolver uma teoria de campos relativística, e isso não é nosso objetivo aqui.

Variáveis dinâmicas em segunda quantização

Como construimos, em segunda quantização, operadores que fazem mais do que simplesmente contar o número de partículas? A resposta é direta, mas novamente é necessário partir de algumas hipóteses ad hoc dentro da abordagem corrente.

Suponha que estados $|k_i\rangle$ de uma partícula são autoestados de algum operador K de uma partícula "aditivo". Exemplos incluem o momento e a energia cinética. Em algum estado multipartícula

$$|\Psi\rangle = |n_1, n_2, \ldots, n_i, \ldots\rangle, \qquad (7.5.25)$$

esperamos que o autovalor de um operador $\mathcal{K}$ de multipartícula seja $\sum_i n_i k_i$. Isto é fácil de obter se escrevermos

$$\mathcal{K} = \sum_i k_i N_i = \sum_i k_i a_i^\dagger a_i. \qquad (7.5.26)$$

Agora, suponha que a base para a qual os estados de uma partícula são especificados seja diferente da base na qual é mais fácil trabalhar. Afinal, estamos acostumados a trabalhar com o operador momento na base de coordenadas, por exemplo. Se usarmos a completeza para escrever

$$|k_i\rangle = \sum_j |l_j\rangle\langle l_j|k_i\rangle, \qquad (7.5.27)$$

---

[6] Esta abordagem, algumas vezes chamada de princípio da simetria unitária, é explorada por Merzbacher (1998).

então, faz sentido postular que

$$a_i^\dagger = \sum_j b_j^\dagger \langle l_j | k_i \rangle, \qquad (7.5.28a)$$

que implica em

$$a_i = \sum_j \langle k_i | l_j \rangle b_j, \qquad (7.5.28b)$$

onde os operadores $b_j^\dagger$ e b_j criam e destroem partículas nos estados de uma partícula $|l_j\rangle$. Com estas especificações, agir sobre o vácuo (7.5.11) com (7.5.28a) resulta em (7.5.27).

As equações 7.5.28 nos fornecem o necessário para mudarmos a base para nosso operador de uma partícula dinâmico. Temos

$$\mathcal{K} = \sum_i k_i \sum_{mn} b_m^\dagger \langle l_m | k_i \rangle \langle k_i | l_n \rangle b_n$$

$$= \sum_{mn} b_m^\dagger b_n \sum_i \langle l_m | k_i \rangle k_i \langle k_i | l_n \rangle$$

$$= \sum_{mn} b_m^\dagger b_n \langle l_m | \left[K \sum_i |k_i\rangle\langle k_i| \right] |l_n\rangle$$

ou $$\mathcal{K} = \sum_{mn} b_m^\dagger b_n \langle l_m | K | l_n \rangle. \qquad (7.5.29)$$

Esta forma geral é apropriada para escrever uma versão de qualquer operador aditivo de uma partícula no formalismo de segunda quantização. Os exemplos incluem não apenas o momento ou a energia cinética, mas também qualquer função energia potencial "externa" que atua sobre cada partícula individualmente. O que importa é que as partículas não interajam umas com as outras. No caso de bósons, todas as partículas podem se encontrar, essencialmente, no nível mais baixo de um poço de potencial deste tipo, desde que a temperatura seja baixa o suficiente (experimentalmente, este fenômeno é conhecido como condensação de Bose-Einstein).

Férmions, no entanto, comportar-se-iam de modo diferente. O princípio da exclusão de Pauli força as partículas a ocuparem estados de energia cada vez mais altos no poço. Para um sistema com um grande número de férmions, a energia total do estado fundamental poderia ser enorme. O nível de energia mais alto ocupado (conhecida como "energia de Fermi") pode facilmente ser muito maior que a energia térmica $\sim kT$. Um exemplo clássico é uma estrela anã branca, um objeto muito denso que consiste basicamente de átomos de carbono. Os elétrons de uma anã branca estão, em boa aproximação, presos a um poço de potencial. O nível de Fermi é muito alto, muito mais alto que a energia térmica para um temperatura de dezenas de milhões de kelvins.

Sistemas de muitas partículas, contudo, introduzem uma nova situação: a possibilidade inevitável de que as partículas, na realidade, interajam entre si. Mais uma vez, postulamos a existência de um operador aditivo – isto é, um no qual as interações individuais de duas partículas se adicionam independentemente. Assuma que a matriz simétrica real V_{ij} especifique o autovalor de duas partículas para uma interação entre partículas em estados $|k_i\rangle$ e $|k_j\rangle$ de uma partícula. Então, a versão deste operador em segunda quantização torna-se

$$\mathcal{V} = \frac{1}{2}\sum_{i\neq j} V_{ij} N_i N_j + \frac{1}{2}\sum_i V_{ii} N_i(N_i - 1). \qquad (7.5.30)$$

O primeiro termo soma todas as interações entre duas partículas, onde o fator de 1/2 é necessário devido à contagem dupla de pares. O segundo termo leva em consideração todas as "autointerações" para partículas no mesmo estado; há $n(n-1)/2$ maneiras de tomarmos n objetos dois a dois. A imposição que V_{ij} seja real garante que $\mathcal{V}$ seja hermitiano.

A parte da autoenergia em (7.5.30) contendo N_i^2 representa exatamente as partes removidas da soma no primeiro termo por termos especificado $i \neq j$. Portanto, podemos combinar isso de uma maneira mais elegante como

$$\mathcal{V} = \frac{1}{2}\sum_{ij} V_{ij}\left(N_i N_j - N_i \delta_{ij}\right) = \frac{1}{2}\sum_{ij} V_{ij}\Pi_{ij}, \qquad (7.5.31)$$

onde $\Pi_{ij} \equiv N_i N_j - N_i \delta_{ij}$ é chamado de operador de distribuição de pares. Além disso, podemos usar a Tabela 7.1 para escrevermos

$$\Pi_{ij} = a_i^\dagger a_i a_j^\dagger a_j - a_i^\dagger a_i \delta_{ij}$$

$$= a_i^\dagger \left(\delta_{ij} \pm a_j^\dagger a_i\right) a_j - a_i^\dagger a_i \delta_{ij}$$

$$= \pm a_i^\dagger a_j^\dagger a_i a_j$$

ou $\quad \Pi_{ij} = (\pm)(\pm) a_i^\dagger a_j^\dagger a_j a_i, \qquad (7.5.32)$

onde usamos (7.5.23) para inverter a ordem dos últimos dois termos. Isto nos permite reescrever (7.5.30) como

$$\mathcal{V} = \frac{1}{2}\sum_{ij} V_{ij} a_i^\dagger a_j^\dagger a_j a_i. \qquad (7.5.33)$$

Esta sequência de operadores de criação e destruição – primeiro uma partícula é aniquilada, então outra, e depois elas são criadas em ordem reversa – é chamada de "ordenamento normal". Observe que podemos ver explicitamente, de (7.5.22b) ou (7.5.23b), que não há contribuição de elementos diagonais de V para férmions.

Podemos usar (7.5.28) para reescrevermos (7.5.33) em uma diferente base. Temos

$$\mathcal{V} = \frac{1}{2}\sum_{mnpq} \langle mn|V|pq\rangle b_m^\dagger b_n^\dagger b_q b_p, \qquad (7.5.34)$$

onde

$$\langle mn|V|pq\rangle \equiv \sum_{ij} V_{ij} \langle l_m|k_i\rangle\langle k_i|l_p\rangle\langle l_n|k_j\rangle\langle k_j|l_q\rangle. \quad (7.5.35)$$

Este resultado nos dá um melhor entendimento acerca do significado físico do nosso formalismo. Suponha, por exemplo, que os $|k_i\rangle$ sejam estados de base de posição $|\mathbf{x}\rangle$ e que os $|l_i\rangle$ sejam estados de base de momento $|\mathbf{p}=\hbar k\rangle$. Então, V_{ij} representaria uma interação entre duas partículas, uma localizada em $\mathbf{x}$ e outra, em $\mathbf{x}'$. Um exemplo natural seria uma coleção de partículas, cada uma com carga $q=-e$, em cujo caso escreveríamos

$$V_{ij} \to V(\mathbf{x},\mathbf{x}') = \frac{e^2}{|\mathbf{x}-\mathbf{x}'|} \quad (7.5.36)$$

e

$$\sum_{ij} \to \int d^3x \int d^3x', \quad (7.5.37)$$

mas qualquer interação mútua entre as partículas seria tratada de modo similar. A quantidade $\langle mn|V|pq\rangle$ representa, portanto, a versão da interação no espaço de momento, com m e p seguindo uma partícula e n e q, outra (é fácil mostrar que $\langle mn|V|pq\rangle = \langle nm|V|qp\rangle$, mas trocar um lado e não o outro dependerá do fato de as partículas serem bósons ou férmions). Os quatro produtos internos em (7.5.35) levam ao fator

$$e^{i(\mathbf{k}_m-\mathbf{k}_p)\cdot\mathbf{x}+i(\mathbf{k}_n-\mathbf{k}_q)\cdot\mathbf{x}'},$$

que, depois que as integrais (7.5.36) são feitas, resulta em uma função δ que conserva momento. Pode-se representar diagramaticamente a interação entre as duas partículas como mostra a Figura 7.7.

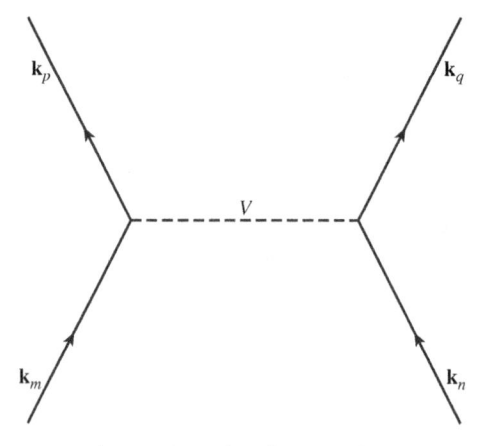

FIGURA 7.7 Representação diagramática do "elemento de matriz no espaço de momento" $\langle mn|V|pq\rangle$.

Claramente, estamos no caminho para desenvolver uma versão não relativística da teoria quântica de campos. Como exemplo específico, trataremos a versão quântica do campo eletromagnético não interagente em breve. Contudo, não levaremos o caso geral para além deste ponto, pois isso vai além do escopo deste livro e o assunto é bem tratado em muitos outros livros. Por exemplo, consulte Merzbacher (1998), Landau (1996) e Fetter e Walecka (2003a).

Exemplo: O gás de elétrons degenerado

Um excelente exemplo que ilustra os princípios discutidos nesta seção é o gás de elétrons degenerado. Trata-se de uma coleção de elétrons, interagindo entre si através da repulsão coulombiana mútua e ligados a um meio, representado por um fundo positivamente carregado. Exemplos físicos incluem um plasma a altas temperaturas e até mesmo, em certa aproximação, o interior de metais.

Este problema é tratado detalhadamente no Capítulo 1, Seção 3, de Fetter e Walecka (2003a). Nós apresentaremos aqui o problema e delinearemos a solução, mas o leitor interessado deve consultar a referência original para completar as lacunas.

Nossa tarefa é encontrar os autovalores do Hamiltoniano

$$H = H_{\text{el}} + H_{\text{b}} + H_{\text{el-b}} \tag{7.5.38}$$

para um sistema de N elétrons. Os elétrons interagem entre si segundo

$$H_{\text{el}} = \sum_i \frac{\mathbf{p}_i^2}{2m} + \frac{1}{2} e^2 \sum_i \sum_{j \neq i} \frac{e^{-\mu|\mathbf{x}_i - \mathbf{x}_j|}}{|\mathbf{x}_i - \mathbf{x}_j|}, \tag{7.5.39}$$

onde empregamos um potencial coulombiano "blindado", mas faremos $\mu \to 0$ antes de terminarmos os cálculos. A energia do fundo positivo é

$$H_{\text{b}} = \frac{1}{2} e^2 \int d^3 x' \int d^3 x'' \rho(\mathbf{x}') \rho(\mathbf{x}'') \frac{e^{-\mu|\mathbf{x}' - \mathbf{x}''|}}{|\mathbf{x}' - \mathbf{x}''|}, \tag{7.5.40}$$

onde $\rho(\mathbf{x})$ é a densidade de número de sítios das partículas do fundo. Pressupomos que o fundo seja uniforme, com $\rho(\mathbf{x}) = N/V$ para um sistema de volume $V = L^3$. Então, transladando para uma variável $\mathbf{x} \equiv \mathbf{x}' - \mathbf{x}''$, (7.5.40) torna-se

$$H_{\text{b}} = \frac{1}{2} e^2 \left(\frac{N}{V} \right)^2 \int d^3 x' \int d^3 x \frac{e^{-\mu|\mathbf{x}|}}{|\mathbf{x}|} = \frac{1}{2} e^2 \frac{N^2}{V} \frac{4\pi}{\mu^2}. \tag{7.5.41}$$

Portanto, H_{b} contribui simplesmente com uma constante aditiva à energia. O fato de que esta constante cresce sem limite quando $\mu \to 0$ não representa um problema, como veremos em breve. A interação dos elétrons com o fundo constante é

$$H_{\text{el-b}} = -e^2 \sum_i \int d^3 x \rho(\mathbf{x}) \frac{e^{-\mu|\mathbf{x} - \mathbf{x}_i|}}{|\mathbf{x} - \mathbf{x}_i|}$$

$$= -e^2 \frac{N}{V} \sum_i \int d^3 x \frac{e^{-\mu|\mathbf{x} - \mathbf{x}_i|}}{|\mathbf{x} - \mathbf{x}_i|} = -e^2 \frac{N^2}{V} \frac{4\pi}{\mu^2}. \tag{7.5.42}$$

Portanto (7.5.38) se torna

$$H = -\frac{1}{2}e^2 \frac{N^2}{V}\frac{4\pi}{\mu^2} + \sum_i \frac{\mathbf{p}_i^2}{2m} + \frac{1}{2}e^2 \sum_i \sum_{j \neq i} \frac{e^{-\mu|\mathbf{x}_i - \mathbf{x}_j|}}{|\mathbf{x}_i - \mathbf{x}_j|}. \quad (7.5.43)$$

O primeiro termo é simplesmente um número. O segundo é um operador de 1 corpo que expressaremos simplesmente em termos de operadores de segunda quantização no espaço de momento. O terceiro termo é um operador de 2 corpos que requer um pouco mais de trabalho para ser expresso em forma segundo-quantizada.

Escrever o termo de energia cinética em (7.5.43) é simplesmente uma questão de reescrever (7.5.29) com K igual ao operador de momento $\mathbf{p}$ e $|l_n\rangle$ igual aos estados na base de momento. Estados de uma partícula são denotados por $i = \{\mathbf{k}, \lambda\}$, onde $\lambda = \pm$ indica o spin do elétron. Sabemos que

$$\langle \mathbf{k}'\lambda' | \mathbf{p} | \mathbf{k}\lambda \rangle = \hbar \mathbf{k} \delta_{\mathbf{k}\mathbf{k}'} \delta_{\lambda\lambda'}, \quad (7.5.44)$$

e, portanto, temos

$$\sum_i \frac{\mathbf{p}_i^2}{2m} \Rightarrow \mathcal{K} = \sum_{\mathbf{k}\lambda} \frac{\hbar^2 \mathbf{k}^2}{2m} a^\dagger_{\mathbf{k}\lambda} a_{\mathbf{k}\lambda}. \quad (7.5.45)$$

Passamos agora para o termo de energia potencial em (7.5.43) em segunda quantização, usando (7.5.34) e (7.5.35). Observe (7.5.36) e (7.5.37). Temos

$$\mathcal{V} = \frac{1}{2} \sum_{\mathbf{k}_1\lambda_1} \sum_{\mathbf{k}_2\lambda_2} \sum_{\mathbf{k}_3\lambda_3} \sum_{\mathbf{k}_4\lambda_4} \langle \mathbf{k}_1\lambda_1 \mathbf{k}_2\lambda_2 | V | \mathbf{k}_3\lambda_3 \mathbf{k}_4\lambda_4 \rangle a^\dagger_{\mathbf{k}_1\lambda_1} a^\dagger_{\mathbf{k}_2\lambda_2} a_{\mathbf{k}_4\lambda_4} a_{\mathbf{k}_3\lambda_3}, \quad (7.5.46)$$

onde

$$\langle \mathbf{k}_1\lambda_1 \mathbf{k}_2\lambda_2 | V | \mathbf{k}_4\lambda_4 \mathbf{k}_3\lambda_3 \rangle = \int d^3x' \int d^3x'' V(\mathbf{x}', \mathbf{x}'') \langle \mathbf{k}_1\lambda_1 | \mathbf{x}' \rangle \langle \mathbf{x}' | \mathbf{k}_3\lambda_3 \rangle \langle \mathbf{k}_2\lambda_2 | \mathbf{x}'' \rangle \langle \mathbf{x}'' | \mathbf{k}_4\lambda_4 \rangle$$

$$= \frac{e^2}{V^2} \int d^3x' \int d^3x'' \frac{e^{-\mu|\mathbf{x}'-\mathbf{x}''|}}{|\mathbf{x}'-\mathbf{x}''|} e^{-i\mathbf{k}_1 \cdot \mathbf{x}'} \chi^\dagger_{\lambda_1} e^{i\mathbf{k}_3 \cdot \mathbf{x}'} \chi_{\lambda_3} e^{-i\mathbf{k}_2 \cdot \mathbf{x}''} \chi^\dagger_{\lambda_2} e^{i\mathbf{k}_4 \cdot \mathbf{x}''} \chi_{\lambda_4}$$

$$= \frac{e^2}{V^2} \int d^3x \int d^3y \frac{e^{-\mu y}}{y} e^{-i\mathbf{k}_1 \cdot \mathbf{x}'} \delta_{\lambda_1\lambda_3} e^{i\mathbf{k}_3 \cdot \mathbf{x}'} e^{-i\mathbf{k}_2 \cdot \mathbf{x}''} \delta_{\lambda_2\lambda_4} e^{i\mathbf{k}_4 \cdot \mathbf{x}''}$$

$$= \frac{e^2}{V^2} \delta_{\lambda_1\lambda_4} \delta_{\lambda_2\lambda_3} \int d^3x\, e^{-i(\mathbf{k}_1+\mathbf{k}_2-\mathbf{k}_3-\mathbf{k}_4)\cdot\mathbf{x}} \int d^3y \frac{e^{-\mu y}}{y} e^{-i(\mathbf{k}_1-\mathbf{k}_3)\cdot\mathbf{y}}$$

$$= \frac{e^2}{V} \delta_{\lambda_1\lambda_4} \delta_{\lambda_2\lambda_3} \delta_{\mathbf{k}_1+\mathbf{k}_2, \mathbf{k}_3+\mathbf{k}_4} \int d^3y \frac{e^{-\mu y}}{y} e^{-i(\mathbf{k}_1-\mathbf{k}_3)\cdot\mathbf{y}} \quad (7.5.47)$$

usando uma mudança de variáveis $\mathbf{x} = \mathbf{x}''$ e $\mathbf{y} = \mathbf{x}' - \mathbf{x}''$. Finalmente, definimos a transferência de momento $\mathbf{q} \equiv \mathbf{k}_1 - \mathbf{k}_3$ e encontramos

$$\langle \mathbf{k}_1\lambda_1 \mathbf{k}_2\lambda_2 | V | \mathbf{k}_3\lambda_3 \mathbf{k}_4\lambda_4 \rangle = \frac{e^2}{V} \delta_{\lambda_1\lambda_4} \delta_{\lambda_2\lambda_3} \delta_{\mathbf{k}_1+\mathbf{k}_2, \mathbf{k}_3+\mathbf{k}_4} \frac{4\pi}{\mathbf{q}^2 + \mu^2}. \quad (7.5.48)$$

O delta de Kronecker no spin serve apenas para garantir que não há flips de spins devido a esta interação, o que é de se esperar, uma vez que ela não depende do spin.

O delta de Kronecker no número de onda garante a conservação de momento. Deste modo, (7.5.46) torna-se

$$\mathcal{V} = \frac{e^2}{2V} \sum_{\mathbf{k}_1\lambda_1} \sum_{\mathbf{k}_2\lambda_2} \sum_{\mathbf{k}_3} \sum_{\mathbf{k}_4} \delta_{\mathbf{k}_1+\mathbf{k}_2,\mathbf{k}_3+\mathbf{k}_4} \frac{4\pi}{\mathbf{q}^2 + \mu^2} a^\dagger_{\mathbf{k}_1\lambda_1} a^\dagger_{\mathbf{k}_2\lambda_2} a_{\mathbf{k}_4\lambda_2} a_{\mathbf{k}_3\lambda_1} \quad (7.5.49)$$

depois de reduzirmos as somas pelo uso das deltas de Kronecker que conservam spin.

Uma importante propriedade de (7.5.49) torna-se aparente se primeiro redefinirmos $\mathbf{k}_3 \equiv \mathbf{k}$ e $\mathbf{k}_4 \equiv \mathbf{p}$. Então, os termos de (7.5.49) para os quais $\mathbf{q} = 0$ tornam-se

$$\frac{e^2}{2V} \sum_{\mathbf{k}\mathbf{p}} \sum_{\lambda_1\lambda_2} \frac{4\pi}{\mu^2} a^\dagger_{\mathbf{k}\lambda_1} a^\dagger_{\mathbf{p}\lambda_2} a_{\mathbf{p}\lambda_2} a_{\mathbf{k}\lambda_1} = \frac{e^2}{2V} \frac{4\pi}{\mu^2} \sum_{\mathbf{k}\lambda_1} \sum_{\mathbf{p}\lambda_2} a^\dagger_{\mathbf{k}\lambda_1} a_{\mathbf{k}\lambda_1} \left(a^\dagger_{\mathbf{p}\lambda_2} a_{\mathbf{p}\lambda_2} - \delta_{\mathbf{k}\mathbf{p}} \delta_{\lambda_1\lambda_2} \right)$$

$$= \frac{e^2}{2V} \frac{4\pi}{\mu^2} (N^2 - N), \quad (7.5.50)$$

onde fizemos uso das regras de anticomutação de férmions e da definição do operador número. O primeiro termo da relação cancela o primeiro termo de (7.5.43). O segundo termo representa uma energia $-2\pi e^2/\mu^2 V$ por partícula, mas isto desaparece no limite onde $V = L^3 \to \infty$, mas mantendo sempre $\mu \gg 1/L$. Portanto, os termos com $\mathbf{q} = 0$ não contribuem, e eles cancelam os termos do Hamiltoniano que divergem rapidamente. De fato, isto nos permite finalmente fazer o parâmetro de blindagem $\mu = 0$ e escrever o Hamiltoniano em forma segundo-quantizada como

$$H = H_0 + H_1, \quad (7.5.51a)$$

$$\text{onde} \quad H_0 = \sum_{\mathbf{k}\lambda} \frac{\hbar^2 \mathbf{k}^2}{2m} a^\dagger_{\mathbf{k}\lambda} a_{\mathbf{k}\lambda} \quad (7.5.51b)$$

$$\text{e} \quad H_1 = \frac{e^2}{2V} {\sum_{\mathbf{k}\mathbf{p}\mathbf{q}}}' \sum_{\lambda_1\lambda_2} \frac{4\pi}{q^2} a^\dagger_{\mathbf{k}+\mathbf{q},\lambda_1} a^\dagger_{\mathbf{p}-\mathbf{q},\lambda_2} a_{\mathbf{p}\lambda_2} a_{\mathbf{k}\lambda_1}, \quad (7.5.51c)$$

onde a notação Σ' indica que os termos $\mathbf{q} = 0$ devem ser omitidos da soma. Note que no limite por nós tomado se supõe, implicitamente, uma densidade $n = N/V$ finita.

Achar os autovalores de (7.5.51) é um problema difícil, emboras soluções sejam possíveis. Nossa abordagem será aquela de achar a energia do estado fundamental tratando o segundo termo como se fosse uma perturbação do primeiro. Embora existam argumentos razoáveis de que esta é uma boa aproximação (veja Fetter e Walecka), estes argumentos apenas são válidos para valores de densidades em uma região particular. Felizmente, esta região de densidades é relevante para sistemas físicos tais como metais e, deste modo, nossa abordagem tem um interesse prático real.

Esta é uma boa oportunidade para introduzir algumas variáveis de escala. A densidade é determinada pela separação interatômica r_0, isto é

$$n = \frac{N}{V} = \frac{4\pi}{3} r_0^3, \quad (7.5.52)$$

e uma escala natural para r_0 é o raio de Bohr (3.7.55), ou seja, $a_0 = \hbar^2/me^2$. Definimos uma escala de distância adimensional $r_s = r_0/a_0$. Nosso cálculo para a energia do estado fundamental será como sendo ela uma função de r_s.

Como introdução ao cálculo do valor esperado $E^{(0)}$ para o estado fundamental do operador H_0, discutiremos o conceito de *energia de Fermi* (lembre-se da discussão na página 462). Devido ao princípio da exclusão de Pauli, os elétrons preencherão os níveis de energia disponíveis em ordem ascendente até um valor máximo de número de onda k_F. Podemos relacionar k_F ao número total de elétrons adicionando todos os estados com $k \leq k_F$:

$$N = \sum_{\mathbf{k}\lambda} \theta(k - k_F)$$

$$\rightarrow \frac{V}{(2\pi)^3} \sum_\lambda \int d^3k\, \theta(k_F - k) = \frac{V}{3\pi^2} k_F^3, \tag{7.5.53}$$

onde $\theta(x) = 0$ para $x > 0$ e 1, caso contrário. Isto implica que

$$k_F = \left(\frac{3\pi^2 N}{V}\right)^{1/3} = \left(\frac{9\pi}{4}\right)^{1/3} \frac{1}{r_0}, \tag{7.5.54}$$

o que mostra que k_F é aproximadamente do mesmo tamanho que o inverso do espaçamento entre partículas.

Vamos agora usar a mesma abordagem para calcular a energia $E^{(0)}$ não perturbada. Denotando o estado fundamental por $|F\rangle$, temos

$$E^{(0)} = \langle F|H_0|F\rangle = \frac{\hbar^2}{2m} \sum_{\mathbf{k}\lambda} k^2 \theta(k - k_F)$$

$$\rightarrow \frac{\hbar^2}{2m} \frac{V}{(2\pi)^3} \sum_\lambda \int d^3k\, k^2 \theta(k_F - k) = \frac{e^2}{2a_0} N \frac{3}{5} \left(\frac{9\pi}{4}\right)^{2/3} \frac{1}{r_s^2}. \tag{7.5.55}$$

Note que $e^2/2a_0 \approx 13{,}6\,\text{eV}$, a energia do estado fundamental do átomo de hidrogênio.

A correção da energia do estado fundamental em primeira ordem vale

$$E^{(1)} = \langle F|H_1|F\rangle$$

$$= \frac{e^2}{2V} {\sum_{\mathbf{kpq}}}' \sum_{\lambda_1 \lambda_2} \frac{4\pi}{q^2} \langle F|a^\dagger_{\mathbf{k+q},\lambda_1} a^\dagger_{\mathbf{p-q},\lambda_2} a_{\mathbf{p}\lambda_2} a_{\mathbf{k}\lambda_1}|F\rangle. \tag{7.5.56}$$

A soma é fácil de ser reduzida, uma vez que $|F\rangle$ representa uma coleção de estados de uma partícula com números de ocupação zero ou um. A única maneira para que o elemento de matriz em (7.5.56) seja diferente de zero é se os operadores de destruição e criação emparelharem de maneira apropriada. Uma vez que na soma $\mathbf{q} \neq 0$, a única maneira de formar pares de operadores é fazendo $\{\mathbf{p} - \mathbf{q}, \lambda_2\} = \{\mathbf{k}, \lambda_1\}$ e $\{\mathbf{k} + \mathbf{q}, \lambda_1\} = \{\mathbf{p}, \lambda_2\}$. Portanto,

$$E^{(1)} = \frac{e^2}{2V} \sum_{\lambda_1} \sum_{\mathbf{kq}}' \frac{4\pi}{q^2} \langle F | a^\dagger_{\mathbf{k+q},\lambda_1} a^\dagger_{\mathbf{k},\lambda_1} a_{\mathbf{k+q},\lambda_1} a_{\mathbf{k}\lambda_1} | F \rangle$$

$$= -\frac{e^2}{2V} \sum_{\lambda_1} \sum_{\mathbf{kq}}' \frac{4\pi}{q^2} \langle F | \left(a^\dagger_{\mathbf{k+q},\lambda_1} a_{\mathbf{k+q},\lambda_1} \right) \left(a^\dagger_{\mathbf{k},\lambda_1} a_{\mathbf{k}\lambda_1} \right) | F \rangle$$

$$= -\frac{e^2}{2V} 2 \frac{V^2}{(2\pi)^6} \int d^3k \int d^3q \frac{4\pi}{q^2} \theta(k_F - |\mathbf{k+q}|)\theta(k_F - k)$$

$$= -e^2 \frac{4\pi V}{(2\pi)^6} \int d^3q \frac{1}{q^2} \int d^3P \,\theta\left(k_F - \left|\mathbf{P} + \frac{1}{2}\mathbf{q}\right|\right) \theta\left(k_F - \left|\mathbf{P} - \frac{1}{2}\mathbf{q}\right|\right). \quad (7.5.57)$$

A integral sobre $\mathbf{P}$ é simplesmente a intersecção entre duas esferas de raio k_F, mas com centros separados por $\mathbf{q}$, e é fácil de calcular. O resultado é

$$E^{(1)} = -\frac{e^2}{2a_0} N \frac{3}{2\pi} \left(\frac{9\pi}{4}\right)^{1/3} \frac{1}{r_s}. \quad (7.5.58)$$

Portanto, a energia do estado fundamental em primeira ordem de perturbação é dada por

$$\frac{E}{N} = \frac{e^2}{2a_0} \left(\frac{9\pi}{4}\right)^{2/3} \left(\frac{3}{5} \frac{1}{r_s^2} - \frac{3}{2\pi} \frac{1}{r_s}\right). \quad (7.5.59)$$

Este resultado é apresentado na Figura 7.8. A energia não perturbada diminui monotonicamente à medida que $r_s \to 0$, mas a correção de primeira ordem é uma atração que decai mais lentamente. O resultado é um mínimo no valor $E/N = -0{,}095 e^2/2a_0$ $= -1{,}29$ eV, onde $r_s = 4{,}83$. Nosso modelo é bastante imperfeito, mas a concordân-

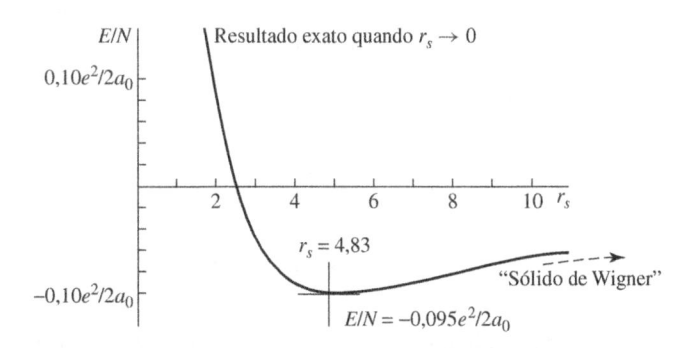

FIGURA 7.8 A energia do estado fundamental, em primeira ordem de perturbação, para um sistema de N elétrons dentro de um fundo uniforme, positivamente carregado. O gráfico representa a energia por elétron como função da separação interpartícula expressa em unidades do raio de Bohr. De Fetter e Walecka (2003a).

cia com o resultado experimental é surpreendentemente boa. Para o sódio metálico, encontramos $E/N = -1,13$ eV, onde $r_s = 3,96$.

7.6 ■ QUANTIZAÇÃO DO CAMPO ELETROMAGNÉTICO

As equações de Maxwell representam uma descrição clássica completa de campos elétricos e magnéticos não interagentes no espaço livre. Aplicar a mecânica quântica a esta descrição é complicado, mas pode ser feito de diferentes maneiras. Nesta seção, vamos atacar este problema tomando novamente uma abordagem do tipo "siga o seu faro", baseada no formalismo de muitas partículas desenvolvido neste capítulo. As partículas são, obviamente, fótons cujos operadores de criação e destruição obedecem à regras de comutação de Bose-Einstein.

Começamos com um breve resumo das equações de Maxwell visando estabelecer nossa notação e suas soluções em termos de ondas eletromagnéticas. Feito isto, deduziremos a energia e a associaremos aos autovalores do Hamiltoniano construído usando operadores de criação e destruição bosônicos.

Incluir interações com campos eletromagnéticos, através da inclusão de elétrons carregados de spin $\frac{1}{2}$, é o assunto da eletrodinâmica quântica. Não iremos atrás deste assunto neste livro (veja a Seção 8.5 para uma discussão de uma maneira mais ad hoc de aplicar interações de campos eletromagnéticos com sistemas atômicos). Não obstante, existe, na presença de campos eletromagnéticos livres, um efeito quântico observável fascinante: o efeito Casimir. Concluiremos este capítulo com uma descrição de seu cálculo e dos dados experimentais.

Nossa abordagem segue aproximadamente o Capítulo 4 de Loudon (2000), embora ela já tenha se tornado padrão. Consulte, por exemplo, o Capítulo 23 de Merzbacher (1998).

Equações de Maxwell no espaço livre

Na ausência de cargas ou correntes, as equações de Maxwell (em unidades gaussianas; veja o Apêndice A) têm a forma

$$\nabla \cdot \mathbf{E} = 0 \tag{7.6.1a}$$

$$\nabla \cdot \mathbf{B} = 0 \tag{7.6.1b}$$

$$\nabla \times \mathbf{E} + \frac{1}{c}\frac{\partial \mathbf{B}}{\partial t} = 0 \tag{7.6.1c}$$

$$\nabla \times \mathbf{B} - \frac{1}{c}\frac{\partial \mathbf{E}}{\partial t} = 0. \tag{7.6.1d}$$

Seguindo o procedimento padrão, postulamos a existência de um *potencial vetor* $\mathbf{A}(\mathbf{x}, t)$ tal que

$$\mathbf{B} = \nabla \times \mathbf{A}, \tag{7.6.2}$$

o que significa que (7.6.1b) é imediatamente satisfeita. Se impusermos a condição posterior

$$\nabla \cdot \mathbf{A} = 0 \tag{7.6.3}$$

(que é conhecida como "escolha do calibre de Coulomb"), então

$$E = -\frac{1}{c}\frac{\partial \mathbf{A}}{\partial t} \qquad (7.6.4)$$

que significa que (7.6.1a) e (7.6.1c) também são satisfeitas. Portanto, determinar $\mathbf{A}(\mathbf{x}, t)$ é equivalente a determinar $\mathbf{E}(\mathbf{x}, t)$ e $\mathbf{B}(\mathbf{x}, t)$. Uma solução para o vetor $\mathbf{A}(\mathbf{x}, t)$ é evidente, no entanto, se observarmos que (7.6.1d) conduz diretamente à equação

$$\nabla^2 \mathbf{A} - \frac{1}{c^2}\frac{\partial^2 \mathbf{A}}{\partial t^2} = 0. \qquad (7.6.5)$$

Ou seja, $\mathbf{A}(\mathbf{x}, t)$ satisfaz uma equação de onda com velocidade c, como já suspeitávamos.

O conjunto de soluções de (7.6.5) é naturalmente escrito na forma

$$\mathbf{A}(\mathbf{x}, t) = \mathbf{A}(\mathbf{k})e^{\pm i\mathbf{k}\cdot\mathbf{x}}e^{\pm i\omega t}, \qquad (7.6.6)$$

onde $\omega = \omega_k \equiv |\mathbf{k}|c = kc$ para que a solução seja válida. A condição (7.6.3) do calibre de Coulomb implica que $\pm i\mathbf{k} \cdot \mathbf{A}(\mathbf{x}, t) = 0$, ou

$$\mathbf{k} \cdot \mathbf{A}(\mathbf{k}) = 0. \qquad (7.6.7)$$

Em outras palavras, $\mathbf{A}(\mathbf{x}, t)$ é perpendicular à direção de propagação $\mathbf{k}$. Por este motivo, o calibre de Coulomb é normalmente chamado de "calibre transversal". Isto nos permite escrever a solução geral de (7.6.5) como

$$\mathbf{A}(\mathbf{x}, t) = \sum_{\mathbf{k},\lambda} \hat{\mathbf{e}}_{\mathbf{k}\lambda} A_{\mathbf{k},\lambda}(\mathbf{x}, t), \qquad (7.6.8)$$

onde $\hat{\mathbf{e}}_{\mathbf{k}\lambda}$ são dois vetores unitários (correspondentes aos dois valores de λ) perpendiculares a $\mathbf{k}$, e onde

$$A_{\mathbf{k},\lambda}(\mathbf{x}, t) = A_{\mathbf{k},\lambda} e^{-i(\omega_k t - \mathbf{k}\cdot\mathbf{x})} + A^*_{\mathbf{k},\lambda} e^{+i(\omega_k t - \mathbf{k}\cdot\mathbf{x})}. \qquad (7.6.9)$$

Observe que, em (7.6.9), as grandezas escritas como $A_{\mathbf{k},\lambda}$ do lado direito da equação são coeficientes numéricos, não funções quer do espaço, quer do tempo. Note também que $\mathbf{k}$ e $-\mathbf{k}$ representam diferentes termos na soma. Escrevemos a superposição (7.6.8) como uma soma, não como integral, pois visionamos quantizar o campo eletromagnético dentro de uma "caixa grande" cujas dimensões, eventualmente, serão tomadas como crescendo sem limite.

Usamos a forma (7.6.9) para garantir que $A_{\mathbf{k},\lambda}(\mathbf{x}, t)$ seja real. Quando quantizarmos o campo eletromagnético, $A_{\mathbf{k},\lambda}(\mathbf{x}, t)$ irá se tornar um operador hermitiano. Os coeficientes $A^*_{\mathbf{k},\lambda}$ e $A_{\mathbf{k},\lambda}$ irão de tornar operadores de criação e destruição.

Como veremos posteriormente, é conveniente tomarmos os vetores unitários $\hat{\mathbf{e}}_{\mathbf{k}\lambda}$ como direções de polarização *circular* ao invés de linear. Ou seja, se $\hat{\mathbf{e}}_{\mathbf{k}}^{(1)}$ e $\hat{\mathbf{e}}_{\mathbf{k}}^{(2)}$ são vetores unitários lineares perpendiculares a $\mathbf{k}$, então

$$\hat{\mathbf{e}}_{\mathbf{k}\pm} = \mp\frac{1}{\sqrt{2}}\left(\hat{\mathbf{e}}_{\mathbf{k}}^{(1)} \pm i\hat{\mathbf{e}}_{\mathbf{k}}^{(2)}\right), \qquad (7.6.10)$$

onde $\lambda = \pm$ denota o estado de polarização. Com estas definições em mãos, é fácil mostrar que

$$\hat{\mathbf{e}}^*_{\mathbf{k}\lambda} \cdot \hat{\mathbf{e}}_{\pm\mathbf{k}\lambda'} = \pm\delta_{\lambda\lambda'} \qquad (7.6.11a)$$

e $\quad \hat{\mathbf{e}}^*_{\mathbf{k}\lambda} \times \hat{\mathbf{e}}_{\pm\mathbf{k}\lambda'} = \pm i\lambda\delta_{\lambda\lambda'}\hat{\mathbf{k}}, \qquad (7.6.11b)$

onde $\hat{\mathbf{k}}$ é o vetor unitário na direção de $\mathbf{k}$. O campo elétrico $\mathbf{E}(\mathbf{x},t)$ pode agora ser escrito a partir de (7.6.4). O campo magnético $\mathbf{B}(\mathbf{x},t)$ também pode, de maneira similar, usando (7.6.2).

A energia $\mathcal{E}$ do campo eletromagnético é obtida integrando-se a densidade de energia sobre todo o espaço:

$$\mathcal{E} = \frac{1}{8\pi} \int_V \left[|\mathbf{E}(\mathbf{x},t)|^2 + |\mathbf{B}(\mathbf{x},t)|^2 \right] d^3x, \qquad (7.6.12)$$

onde, como discutido anteriormente, "todo o espaço" é um volume finito $V = L^3$ com condições periódicas de contorno. Em outras palavras, estamos trabalhando dentro de uma cavidade eletromagnética com paredes condutoras. Isto significa que

$$\mathbf{k} = (k_x, k_y, k_z) = \frac{2\pi}{L}(n_x, n_y, n_z), \qquad (7.6.13)$$

onde n_x, n_y e n_z são inteiros.

Considere primeiro o termo dependente do campo elétrico em (7.6.12). Usando (7.6.4) com (7.6.8) e (7.6.9), temos

$$\mathbf{E} = \frac{i}{c} \sum_{\mathbf{k},\lambda} \omega_k \left[\mathbf{A}_{\mathbf{k},\lambda} e^{-i(\omega_k t - \mathbf{k}\cdot\mathbf{x})} - \mathbf{A}^*_{\mathbf{k},\lambda} e^{+i(\omega_k t - \mathbf{k}\cdot\mathbf{x})} \right] \hat{\mathbf{e}}_{\mathbf{k}\lambda} \qquad (7.6.14a)$$

e

$$\mathbf{E}^* = -\frac{i}{c} \sum_{\mathbf{k}',\lambda'} \omega_{k'} \left[\mathbf{A}^*_{\mathbf{k}',\lambda'} e^{+i(\omega_{k'} t - \mathbf{k}'\cdot\mathbf{x})} - \mathbf{A}_{\mathbf{k}',\lambda'} e^{-i(\omega_{k'} t - \mathbf{k}'\cdot\mathbf{x})} \right] \hat{\mathbf{e}}^*_{\mathbf{k}'\lambda'}. \qquad (7.6.14b)$$

Uma vez que já indicamos que $\mathbf{A}^*_{\mathbf{k},\lambda}$ e $\mathbf{A}_{\mathbf{k},\lambda}$ irão se tornar os operadores de criação e destruição, precisamos ter cuidado e manter sua ordem intacta.

Tudo isto leva a uma expressão desajeitada para $|\mathbf{E}|^2 = \mathbf{E}^* \cdot \mathbf{E}$ – uma soma sobre $\mathbf{k}$, λ, $\mathbf{k}'$ e λ' com quatro termos dentro da somatória. Contudo, da integral sobre o volume espacial sai uma importante simplificação. Cada termo dentro da soma tem toda sua dependência espacial empacotada em uma exponencial, de modo que a integral no volume tem a forma

$$\int_V e^{i(\mathbf{k}\mp\mathbf{k}')\cdot\mathbf{x}} d^3x = V\delta_{\mathbf{k},\pm\mathbf{k}'}. \qquad (7.6.15)$$

Combinando isto com (7.6.11a), encontramos

$$\int_V |\mathbf{E}(\mathbf{x},t)|^2 d^3x = \sum_{\mathbf{k},\lambda} \frac{\omega_k^2}{c^2} V \left[\mathbf{A}_{\mathbf{k},\lambda}^* \mathbf{A}_{\mathbf{k},\lambda} + \mathbf{A}_{\mathbf{k},\lambda} \mathbf{A}_{\mathbf{k},\lambda}^* \right.$$
$$\left. + \mathbf{A}_{\mathbf{k},\lambda}^* \mathbf{A}_{-\mathbf{k},\lambda}^* e^{2i\omega_k t} + \mathbf{A}_{\mathbf{k},\lambda} \mathbf{A}_{-\mathbf{k},\lambda} e^{-2i\omega_k t} \right]. \quad (7.6.16)$$

Partindo de (7.6.2), o cálculo de $|\mathbf{B}|^2 = \mathbf{B}^* \cdot \mathbf{B}$ é bastante similar. O rotacional traz consigo fatores do tipo $\mathbf{k} \times \hat{\mathbf{e}}_{\mathbf{k}\lambda}$ ao invés do ω_k/c do cálculo envolvendo o campo elétrico, mas, dado que $\mathbf{k}^2 = \omega_k^2/c^2$, o resultado é praticamente idêntico. A diferença fundamental, contudo, é que com a mudança $\mathbf{k} \to -\mathbf{k}$, termos como $\mathbf{k} \times \hat{\mathbf{e}}_{\mathbf{k}\lambda}$ *não mudam* de sinal. Isto significa que os termos análogos ao terceiro e quarto termos de (7.6.16) aparecem do mesmo modo, mas com sinais opostos. Portanto, eles se cancelam quando calculamos (7.6.12). O resultado é

$$\mathcal{E} = \frac{1}{4\pi} V \sum_{\mathbf{k},\lambda} \frac{\omega_k^2}{c^2} \left[\mathbf{A}_{\mathbf{k},\lambda}^* \mathbf{A}_{\mathbf{k},\lambda} + \mathbf{A}_{\mathbf{k},\lambda} \mathbf{A}_{\mathbf{k},\lambda}^* \right]. \quad (7.6.17)$$

Fótons e quantização da energia

Nosso objetivo agora é associar a equação (7.6.17) com os autovalores de um operador Hamiltoniano. Faremos usando hipotetizando que o campo eletromagnético quantizado é constituido por uma coleção de partículas idênticas denominadas *fótons*. Um operador $a_\lambda^\dagger(\mathbf{k})$ cria um fóton com polarização λ e momento $\hbar \mathbf{k}$, e $a_\lambda(\mathbf{k})$ destrói este fóton. A energia de um fóton é $\hbar\omega_k = \hbar c k$ e, portanto, construimos nosso operador Hamiltoniano segundo (7.5.26). Escrevemos

$$\mathcal{H} = \sum_{\mathbf{k},\lambda} \hbar\omega_k a_\lambda^\dagger(\mathbf{k}) a_\lambda(\mathbf{k}). \quad (7.6.18)$$

Não precisamos considerar termos do tipo (7.5.33) pois, segundo nossa hipótese de partida, estamos construindo um campo eletromagnético não interagente.

Temos agora que encarar uma questão importante. Os fótons são bósons ou férmions? Isto é, qual o "spin" do fóton? Precisamos saber se ele é inteiro ou semi-inteiro, para podemos saber qual álgebra é obedecida pelos operadores de criação e destruição. Um tratamento inteiramente relativístico do campo de fótons mostra que o fóton tem spin 1 e é, portanto, um bóson, mas temos preparo o suficiente até aqui para ver que isto realmente deveria ser assim?

Sim, temos. Sabemos, do Capítulo 3, que a rotação por um ângulo ϕ em torno do (digamos) eixo z é feita pelo operador $\exp(-i J_z \phi/\hbar)$. Os possíveis autovalores m de J_z aparecem explicitamente se rodarmos um estado que calhe ser autoestado de J_z, introduzindo um fator de fase $\exp(-im\phi)$ [isso é o que dá origem ao "famoso" sinal de menos quando um estado de spin $\frac{1}{2}$ é rodado de 2π. Lembre-se de (3.2.15)].

Portanto, considere: o que acontece se fizermos uma rotação por um ângulo ϕ em torno da direção $\mathbf{k}$ do fóton para uma onda eletromagnética circularmente polarizada para a direita ou para a esquerda? As direções de polarização são os vetores unitários $\hat{\mathbf{e}}_{\mathbf{k}\pm}$, dados por (7.6.10). A rotação é equivalente à transformação

$$\hat{\mathbf{e}}_{\mathbf{k}}^{(1)} \to \hat{\mathbf{e}}_{\mathbf{k}}^{(1)'} = \cos\phi\,\hat{\mathbf{e}}_{\mathbf{k}}^{(1)} - \mathrm{sen}\,\phi\,\hat{\mathbf{e}}_{\mathbf{k}}^{(2)} \tag{7.6.19a}$$

$$\hat{\mathbf{e}}_{\mathbf{k}}^{(2)} \to \hat{\mathbf{e}}_{\mathbf{k}}^{(2)'} = \mathrm{sen}\,\phi\,\hat{\mathbf{e}}_{\mathbf{k}}^{(1)} + \cos\phi\,\hat{\mathbf{e}}_{\mathbf{k}}^{(2)}, \tag{7.6.19b}$$

o que significa que a rotação introduz uma mudança de fase $\exp(\mp i\phi)$ nos $\hat{\mathbf{e}}_{\mathbf{k}\pm}$. Aparentemente, fótons circularmente polarizados, dextrógiros ou levógiros, correspondem a autovalores $\pm 1\hbar$ de J_z. O fóton parece ter spin 1.

Consequentemente, procedemos sob a hipótese de que fótons são bósons. Reescrevendo levemente a equação (7.6.18) como

$$\mathcal{H} = \sum_{\mathbf{k},\lambda} \frac{1}{2}\hbar\omega_k \left[a_\lambda^\dagger(\mathbf{k})a_\lambda(\mathbf{k}) + a_\lambda^\dagger(\mathbf{k})a_\lambda(\mathbf{k}) \right]$$

$$= \sum_{\mathbf{k},\lambda} \frac{1}{2}\hbar\omega_k \left[a_\lambda^\dagger(\mathbf{k})a_\lambda(\mathbf{k}) + a_\lambda(\mathbf{k})a_\lambda^\dagger(\mathbf{k}) + 1 \right], \tag{7.6.20}$$

recuperamos a energia clássica (7.6.17) com a definição do *operador*

$$\mathbf{A}_{\mathbf{k},\lambda} = (4\pi\hbar c^2)^{1/2} \frac{1}{\sqrt{V}} \frac{1}{\sqrt{2\omega_k}} a_\lambda(\mathbf{k}) \tag{7.6.21}$$

e a percepção que o "termo extra" em (7.6.20) significa que todas as energias no campo de fótons são medidas em relação a uma energia do "ponto zero"

$$E_0 = \frac{1}{2}\sum_{\mathbf{k},\lambda}\hbar\omega_k = \sum_{\mathbf{k}}\hbar\omega_k. \tag{7.6.22}$$

Esta é a energia no campo eletromagnético quando há *zero* fótons presentes; ela é muitas vezes chamada de *energia do vácuo*. É um número infinito, embora constante. Mais importante é que ela tem consequências observáveis.

O efeito Casimir

A energia do vácuo de um campo eletromagnético apresenta um certo número de consequências físicas, mas provavelmente a mais dramática é sua habilidade de exercer uma força macroscópica entre superfícies condutoras. É o chamado efeito Casimir, que foi medido com precisão e comparado aos cálculos teóricos. Há excelentes descrições publicadas por S. Lamoreaux, inclusive um artigo popular na *Physics Today* de fevereiro de 2007 e um artigo de revisão mais técnico em *Reports on Progress in Physics*, **68** (2005) 201. Consulte também "Fluctuating About Zero, Taking Nothing's Measure", por M. Fortun em *Zeroing In on the Year 2000: The Final Edition* (George E. Marcus, editor, University of Chicago Press, 2000).

Os cálculos de Casimir se baseiam apenas no pressuposto da existência da energia do vácuo (7.6.22). Nós a reproduzimos aqui, seguindo o artigo técnico de revisão de Lamoreaux.[7] Duas placas condutoras grandes, paralelas, estão separadas por uma distância d. Defina um sistema de coordenadas onde o plano (x,y) é paralelo à superfície das placas condutoras, de modo que z meça a distância perpendicular da superfície. Isto nos permite escreve a função energia potencial

$$U(d) = E_0(d) - E_0(\infty), \qquad (7.6.23)$$

que dá a diferença da energia do vácuo para placas com uma distância finita e uma infinita. Combinando (7.6.22) com (7.6.13) (e combinando valores de inteiros positivos e negativos), temos

$$E_0(d) = \hbar \sum_{k_x,k_y,n} \omega_k = \hbar c \sum_{k_x,k_y,n} \sqrt{k_x^2 + k_y^2 + \left(\frac{n\pi}{d}\right)^2}. \qquad (7.6.24)$$

[Falta nesta equação, na verdade, um fator "perdido" de $1/2$ no termo $n=0$. Isto porque apenas um estado de polarização deveria se contado em (7.6.22) para $n=0$, uma vez que há apenas um modo puramente transverso quando $kz = 0$. Recuperaremos este fator abaixo]. Agora, suponha que as placas sejam quadradas de comprimentos x e y iguais a $L \gg d$. Uma vez que L é grande, podemos substituir as somas sobre k_x e k_y por integrais e escrever

$$E_0(d) = \hbar c \left(\frac{L}{\pi}\right)^2 \int_0^\infty dk_x \int_0^\infty dk_y \sum_n \sqrt{k_x^2 + k_y^2 + \left(\frac{n\pi}{d}\right)^2}. \qquad (7.6.25)$$

No limite $d \to \infty$, podemos também substituir a soma sobre n por uma integral. Isto nos dá todos os ingredientes necessários para calcularmos (7.6.23).

Infelizmente, porém, (7.6.23) é a diferença entre dois números infinitos. É plausível que esta diferença seja finita, uma vez que para qualquer valor particular de d, termos com n suficientemente grande darão o mesmo resultado para diferentes valores de d. Isto é, ambos os termos em (7.6.23) devem tender a infinito da mesma maneira, e estas partes se cancelarão quando tomarmos a diferença.

Isto sugere que podemos lidar com os infinitos multiplicando o integrando em (7.6.25) por uma função $f(k)$, onde $f(k) \to 1$ para $k \to 0$ e $f(k) \to 0$ para $k \to \infty$. Esta função é um *cut off* para o integrando antes que ele fique muito grande, mas fazendo isto de modo igual nos dois termos de (7.6.23), de modo que as contribuições para k grande ainda cancelam.[8] Também é conveniente introduzir a coordenada polar

---

[7] Chamamos a atenção para o fato de que a dedução de Lamoreaux segue de perto aquela de Ityzkson e Yuber (1980), Seção 3-2-4. Veja também Holstein (1992) para um abordagem diferente e uma discussão que a acompanha, com uma perspectiva física particular.

[8] Podemos pensar em muitas razões físicas pelas quais deveria haver um corte em frequências muito altas. Em geral, esperamos que as principais contribuições venham de valores $k \sim 1/d$, mas há mais exemplos específicos, tais como a resposta dos elétrons a fótons de alta energia em metais. De qualquer maneira, permanece interessante o problema de ver se é possível deduzir o eventual resultado mesmo que não haja uma frequência de corte.

$\rho = \sqrt{k_x^2 + k_y^2}$, em cujo caso $dk_x dk_y = 2\pi \rho d\rho$. Observe que os limites de integração em (7.6.25) correspondem à 1/4 do plano (k_x, k_y). Então (7.6.23) se torna

$$U(d) = 2\pi \hbar c \left(\frac{L}{\pi}\right)^2 \frac{1}{4} \int_0^\infty \rho d\rho \left[\sum_n f\left(\sqrt{\rho^2 + \left(\frac{n\pi}{d}\right)^2}\right)\sqrt{\rho^2 + \left(\frac{n\pi}{d}\right)^2}\right. \quad (7.6.26)$$

$$\left. - \frac{d}{\pi}\int_0^\infty dk_z f\left(\sqrt{\rho^2 + k_z^2}\right)\sqrt{\rho^2 + k_z^2}\right]. \quad (7.6.27)$$

Agora, defina uma função $F(\kappa)$ como

$$F(\kappa) = \int_0^\infty dx\, f\left(\frac{\pi}{d}\sqrt{x + \kappa^2}\right)\sqrt{x + \kappa^2} \quad (7.6.28a)$$

$$= \int_\kappa^\infty 2y^2 f\left(\frac{\pi}{d}y\right) dy. \quad (7.6.28b)$$

Fazendo $\rho_2 = (\pi/d)^2 x$ e $k_z = (\pi/d)\kappa$ nos permite escrever a energia potencial de forma mais sucinta, recuperando o fator perdido de 2,

$$U(d) = \frac{\pi^2 \hbar c}{4d^3} L^2 \left[\frac{1}{2}F(0) + \sum_{n=1}^\infty F(n) - \int_0^\infty F(\kappa)d\kappa\right] \quad (7.6.29)$$

Resta-nos assim calcular a diferença entre uma integral e uma soma, ambas das quais são aproximações razoáveis uma da outra. De fato, se uma função $F(x)$, definida num domínio $0 \leq x \leq N$, é calculada nos pontos de valor inteiro $x = i$, então o esquema de aproximação conhecido como regra do trapézio nos diz que

$$\int_0^N F(x)dx \approx \frac{F(0) + F(N)}{2} + \sum_{i=1}^N F(i). \quad (7.6.30)$$

Em nosso caso, $N \to \infty$ com $F(N) \to 0$, graças à função de corte $f(k)$, e nosso trabalho é o de achar a diferença entre os lados esquerdo e direito de (7.6.30).

Felizmente, há um teorema para calcular esta diferença. Ele é chamado de fórmula da soma de Euler-Maclaurin e pode ser escrito como

$$\frac{F(0)}{2} + \sum_{i=1}^\infty F(i) - \int_0^\infty F(x)dx = -\frac{1}{12}F'(0) + \frac{1}{720}F'''(0) + \cdots. \quad (7.6.31)$$

As derivadas podem ser calculadas usando (7.6.28b). Uma vez que $F(x) \to 0$ quando $x \to \infty$, temos

$$F'(y) = -2y^2 f\left(\frac{\pi}{d}y\right), \quad (7.6.32)$$

que dá $F'(0) = 0$. Se fizermos mais uma hipótese adicional, mas natural, acerca da função de corte $f(k)$, a saber, que todas as suas derivadas vão a zero quando

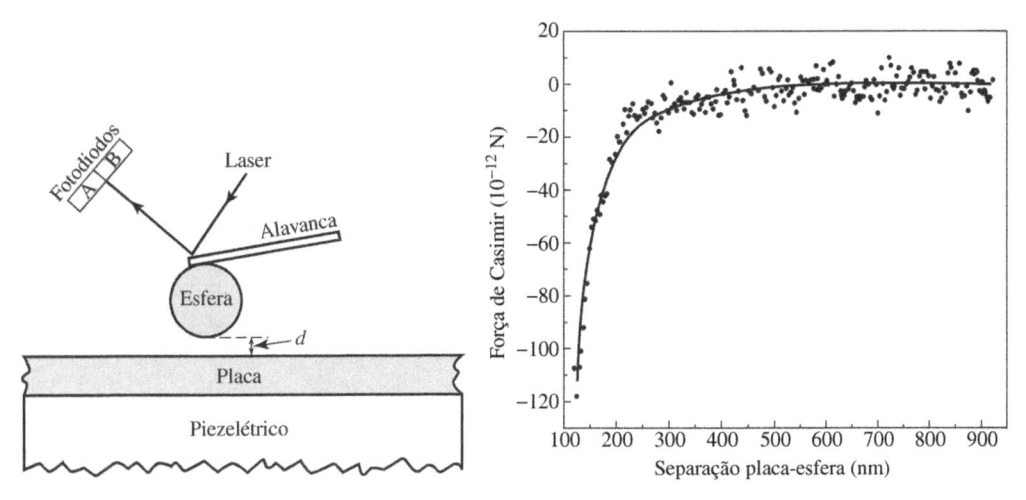

FIGURA 7.9 Verificação experimental do efeito Casimir, de U. Mohideen e Anushree Roy, Phys. Rev. Lett. 81 (1998) 4549. Por razões experimentais, a força é medida entre uma esfera metálica e um plano, ao invés de entre dois planos. Um laser mede com precisão a pequena deflexão, a partir da qual a força é deduzida. A força (medida em 10^{-12} N) varia como função da separação entre a esfera e a placa, em excelente concordância com a previsão, representada pela linha entre os pontos, baseada em um campo eletromagnético quantizado

$k \to 0$, então nos resta apenas o termo na terceira derivada em (7.6.31). De fato, $F'''(0) = -4$ e

$$U(d) = \frac{\pi^2 \hbar c}{4d^3} L^2 \left[\frac{-4}{720} \right] = -\frac{\pi^2 \hbar c}{720 d^3} L^2. \quad (7.6.33)$$

Assim, finalmente, deduzimos a força de Casimir (por unidade de área) como sendo

$$\mathcal{F}(d) = \frac{1}{L^2} \left(-\frac{dU}{dd} \right) = -\frac{\pi^2 \hbar c}{240 d^4}. \quad (7.6.34)$$

Portanto, há uma força atrativa entre as placas que varia com o inverso da quarta potência da separação, devido à reconfiguração da energia do vácuo no campo eletromagnético quantizado.

Este é um dos poucos exemplos na natureza onde um efeito puramente quântico se manifesta num sistema macroscópico. De fato, a força de Casimir entre condutores foi medida com precisão, e o resultado concorda de maneira excelente com a teoria. Veja a Figura 7.9. Este experimento faz uso do conceito do "microscópio de força atômica", que se baseia no encurvamento de uma alavanca microscópica (*cantilever*) em resposta a uma minúscula força entre as superfícies próximas. Por esta razão, um aparato é usado para suspender uma pequena esfera condutora à alavanca e medir a força entre esta e uma placa plana, dada por $-(\pi^3 R/360)(\hbar c/d^3)$, onde R é o raio da esfera. A força deflete o braço da alavanca, e este movimento é detectado usando um laser que é refletido da superfície da esfera. A força medida como função da distância d é mostrada na figura na forma de pontos experimentais, que são comparados à previsão teórica.

O efeito Casimir também foi observado experimentalmente usando superfícies condutoras paralelas. Veja, por exemplo, G. Bressi et al., *Phys. Rev. Lett.* **88** (2002) 041804.

Se o efeito Casimir deve-se à presença de campos eletromagnéticos, e estes campos interagem apenas com cargas, então por que motivo a carga elétrica e não aparecem em lugar algum da equação (7.6.34)? A resposta está no ponto de partida de nosso cálculo, onde assumimos condições periódicas para as placas condutoras. Estas surgem da mobilidade relativa dos elétrons no metal, com os quais o campo eletromagnético interage. De fato, usamos uma frequência de corte cuja base física pode estar na penetrabilidade da radiação eletromagnética para comprimentos de onda pequenos. Realmente, se esta penetrabilidade existisse para todos os comprimentos de onda, não haveria efeito Casimir.

O interesse pelo efeito Casimir tem aumentado em anos recentes, não apenas em função de suas potenciais aplicações em dispositivos nanomecânicos como também por seu cálculo e interpretação[9] usando princípios teóricos dos fundamentos da teoria de campos. Em uma formulação em termos de integrais de caminho, a energia de Casimir pode ser expressa em termos de propagadores de campos livres com condições de contorno apropriadas. As condições de contorno são simplesmente definidas pelos objetos em consideração. O resultado é uma expressão elegante para a energia de Casimir em termos da amplitudes de espalhamento da matriz T para os campos livres dos objetos, e matrizes de transformação que expressam a geometria de cada objeto em relação ao outro de uma maneira natural. Esta abordagem se presta a um número de insights. Primeiro, ela permite calcular a energia de Casimir para qualquer campo que possa ser expresso em termos deste propagador restrito, como campos escalares ou fermiônicos. Ela também é claramente aplicável a qualquer número de geometrias, muito além do que simples placas paralelas.

Comentários finais

Antes de finalizarmos este capítulo, gostaríamos de chamar atenção para o fato de que nossa abordagem nesta seção fornece apenas uma vaga noção das muitas aplicações da quantização do campo eletromagnético. Agora que temos a expressão (7.6.21) (e sua adjunta), que é um operador que destrói (ou cria) fótons com um comprimento de onda e polarização específicos, podemos incorporá-la em um grande número de diferentes maneiras.

Por exemplo, em (2.7.23), já vimos como adicionar o campo eletromagnético ao momento conjugado. Isto é incorporado no Hamiltoniano em (2.7.26). Usando a versão quantizada de **A**, temos um operador Hamiltoniano ad hoc que pode criar ou destruir fótons. Então, termos proporcionais a **A** · **p** podem ser tratados como perturbações dependentes do tempo. Podemos, portanto, deixar que um fóton seja

---

[9] Há uma grande quantidade de literatura mais recente. Recomendo ao leitor interessado começar com T. Emig e R. L. Jaffe, *J. Phys. A* **41** (2008); T. Emig, N. Graham, R. L. Jaffe and M. Kardar, *Phys. Rev. Lett.* **99** (2007) 170403; e R. L. Jaffe, *Phys. Rev. D* **72** (2005) 021301.

absorvido por um átomo (o efeito fotoelétrico) ou deixar que um estado excitado de um átomo decaia espontaneamente, emitindo um fóton.

Estas aplicações, obviamente, podem ser usadas também em sistemas estudados dentro do escopo da física nuclear ou matéria condensada. Estes tópicos são discutidos em uma grande variedade de livros, alguns de mecânica quântica geral, mas muitos de áreas específicas.

Uma direção particularmente fascinante, que na verdade envolve campos eletromagnéticos não interagentes, é a **óptica quântica**. Este é um campo que adquiriu sua maioridade nas últimas décadas, motivada em parte pelos avanços da tecnologia de lasers e um crescente interesse em computação e informação quântica. Uma visão da área com uma profunda reflexão é apresentada no texto de Roy Glauber por ocasião do recebimento do Prêmio Nobel, publicada em *Reviews of Modern Physics* **78** (2006) 1267. No resto desta seção, daremos uma visão geral bastante resumida deste amplo assunto.

Uma ideia da riqueza da óptica quântica é imediatamente aparente. Devido a (7.6.21), o vetor campo elétrico (7.6.14a) torna-se um operador que cria e destrói fótons. O valor esperado deste operador é zero em qualquer estado $|\Psi\rangle$ com um número definido de fótons, isto é

$$|\Psi\rangle = |\ldots, n_{\mathbf{k}\lambda}, \ldots\rangle. \quad (7.6.35)$$

Isto é fácil de ver, uma vez que (7.6.14a) muda o número de fótons $n_{\mathbf{k}\lambda}$, e neste caso $\langle\Psi|\mathbf{E}|\Psi\rangle$ torna-se um produto interno entre estados ortogonais. Portanto, *qualquer* estado físico tem de ser uma superposição de estados com diferentes números de fótons. Uma grande variedade de estados físicos com diferentes propriedades pode, em princípio, tornar-se realidade, se se conseguir manipular esta superposição. Foi justamente a habilidade de tornar esta manipulação realidade que permitiu o nascimento da óptica quântica. O Problema 2.19 do Capítulo 2 sugere uma manipulação possível que leva a algo conhecido como *estado coerente*. Estados coerentes são autoestados do operador de destruição a e servem, portanto, como autoestados das partes de frequência positiva ou negativa de **E**.

Vamos explorar uma manipulação deste tipo para um operador de campo elétrico de modo único (*single-mode electric-field*), seguindo o Capítulo 5 de Loudon (2000). Para uma dada direção de polarização linear, o campo elétrico é dado por

$$E(\chi) = E^{+}(\chi) + E^{-}(\chi) = \frac{1}{2}ae^{-i\chi} + \frac{1}{2}a^{\dagger}e^{i\chi}, \quad (7.6.36)$$

onde $\chi \equiv \omega t - kz - \pi/2$ (absorvemos um fator de $-(8\pi\hbar\omega_k/V)^{1/2}$ dentro da definição do campo elétrico). O ângulo de fase χ pode ser ajustado experimentalmente. Além disso, campos com diferentes ângulos de fase geralmente não comutam. De (2.3.3) é fácil mostrar que

$$[E(\chi_1), E(\chi_2)] = -\frac{i}{2}\operatorname{sen}(\chi_1 - \chi_2). \quad (7.6.37)$$

A relação de incerteza (1.4.53), portanto, implica que

$$\Delta E(\chi_1)\Delta E(\chi_2) \geq \frac{1}{4}|\operatorname{sen}(\chi_1 - \chi_2)|, \quad (7.6.38)$$

onde a variância do campo elétrico $(\Delta E(\chi))^2$ é definida da maneira usual via

$$\begin{aligned}(\Delta E(\chi))^2 &= \left\langle (E(\chi))^2 \right\rangle - \langle E(\chi)\rangle^2 \\ &= \left\langle (E(\chi))^2 \right\rangle\end{aligned} \tag{7.6.39}$$

uma vez que $\langle E(\chi)\rangle = 0$ para um estado de modo único. Um estado $|\zeta\rangle$, para o qual

$$0 \leq (\Delta E(\chi))^2 < \frac{1}{4} \tag{7.6.40}$$

é dito ser *comprimido em quadratura* (*quadrature squeezed*). É possível escrever $|\zeta\rangle$ como a ação de um operador unitário sobre o vácuo:

$$|\zeta\rangle = \exp\left(\frac{1}{2}\zeta^* a^2 - \frac{1}{2}\zeta (a^\dagger)^2\right), \tag{7.6.41}$$

onde $\zeta = s^{i\theta}$ é chamado de *parâmetro de compressão* (*squeeze parameter*). Neste estado, a variância do campo elétrico é

$$(\Delta E(\chi))^2 = \frac{1}{4}\left\{e^{2s}\operatorname{sen}^2\left(\chi - \frac{1}{2}\theta\right) + e^{-2s}\cos^2\left(\chi - \frac{1}{2}\theta\right)\right\}. \tag{7.6.42}$$

Assim, pode-se conseguir para $\Delta E(\chi)$ um mínimo

$$\Delta E_{\min} = \frac{1}{2}e^{-s} \quad \text{para} \quad \chi = \frac{\theta}{2} + m\pi, \tag{7.6.43}$$

onde m é um inteiro, e um máximo

$$\Delta E_{\max} = \frac{1}{2}e^{s} \quad \text{para} \quad \chi = \frac{\theta}{2} + \left(m + \frac{1}{2}\right)\pi. \tag{7.6.44}$$

A relação de incerteza resultante é

$$\Delta E_{\min} \Delta E_{\max} = \frac{1}{4}, \tag{7.6.45}$$

que satisfaz (7.6.38) como uma desigualdade.

A observação de luz comprimida é desafiadora, mas tais medidas foram feitas. Veja a Figura 7.10. Os estados comprimidos são preparados usando-se uma técnica conhecida como *conversão paramétrica descendente*, que permite selecionar diferentes magnitudes de ζ. Cada ponto é resultado de uma varredura sobre a fase χ e a medida do espectro de ruído do campo elétrico.

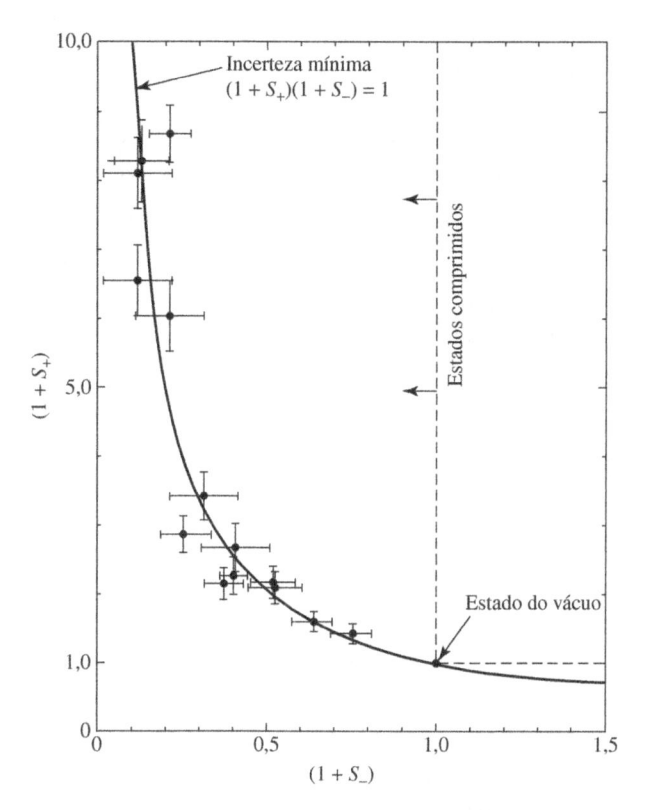

FIGURA 7.10 Observação de estados de "luz comprimida", de L.-A. Wu, M. Xiao e H. J. Kimble, *Jour. Opt. Soc. Am.* **4** (1987) 1465 [veja também o Capítulo 5 de Loudon (2000)]. Os dados foram obtidos medindo-se a variância do campo elétrico (ou seja, o ruído) para diferentes escaneamentos do ângulo de fase χ. Os diferentes pontos correspondem a diferentes estados comprimidos, formados pela seleção de diferentes valores da magnitude s do parâmetro de compressão ζ. A linha sólida através dos pontos é dada por (7.6.45).

Problemas

7.1 O hélio líquido apresenta uma transição para um fluido quântico macroscópico, chamado de hélio superfluido, quando é resfriado para uma temperatura abaixo da temperatura de transição de fase $T = 2,17K$. Calcule o comprimento de onda de de Broglie $\lambda = h/p$ para os átomos de hélio com energia média a esta temperatura e compare-o ao tamanho do próprio átomo. Use isto para prever a temperatura de transição de outros gases nobres, e explique por que nenhum deles podem se tornar superfluidos. (Você terá que consultar alguns dados empíricos destes elementos.)

7.2 (a) N partículas de spin $\frac{1}{2}$ estão sujeitas a um potencial de um oscilador harmônico simples unidimensional. Ignore qualquer interação mútua entre partículas. Qual é a energia do estado fundamental? E a energia de Fermi?

(b) Quais serão as energias do estado fundamental e de Fermi se ignorarmos a interação mútua e tomarmos N muito grande?

7.3 É óbvio que duas partículas de spin 1 não idênticas e sem momento angular orbital (ou seja, ambas no estado *s*) podem formar $j = 0, j = 1$ e $j = 2$. Suponha, contudo, que as duas sejam *idênticas*. Quais restrições obtemos?

7.4 Discuta o que ocorreria aos níveis de energia do átomo de hélio se o elétron fosse um bóson sem spin. Seja o mais quantitativo que puder.

7.5 Três partículas de spin 0 estão situadas nos vértices de um triângulo equilátero (veja a figura a seguir). Definamos o eixo *z* como sendo aquele que passa pelo centro e na direção normal ao plano do triângulo. Todo o sistema pode girar livremente em torno do eixo *z*. Usando considerações estatísticas, obtenha as restrições sobre os números quânticos magnéticos correspondentes a J_z.

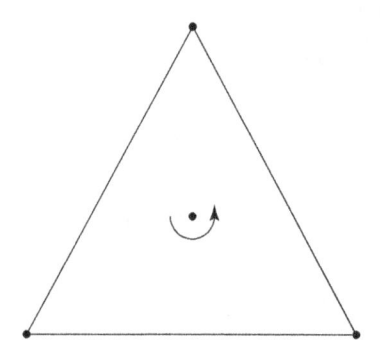

7.6 Considere três partículas idênticas, de spin 1 e fracamente interagentes.
  (a) Suponha que saibamos que a parte espacial do vetor de estado é simétrica sob a troca de *qualquer* par. Usando a notação $|+\rangle|0\rangle|+\rangle$ para a partícula 1 em $m_s = +1$, a partícula 2 em $m_s = 0$ e a partícula 3 em $m_s = 1$ e assim por diante, construa os estados normalizados de spin nos três seguintes casos:
   (i) Os três em $|+\rangle$.
   (ii) Dois deles em $|+\rangle$, um em $|0\rangle$.
   (iii) Todos em diferentes estados de spin.
   Qual será o spin total em cada caso?
  (b) Tente resolver o mesmo problema quando a parte espacial é antissimétrica por troca de qualquer par.

7.7 Mostre que, para um operador a que com seu adjunto satisfaz a regra de anticomutação $\{a, a^\dagger\} = aa^\dagger + a^\dagger a = 1$, o operador $N = a^\dagger a$ tem autoestados de autovalor 0 e 1.

7.8 Suponha que o elétron fosse uma partícula de spin $\frac{3}{2}$ que satisfaz a estatística de Fermi-Dirac. Escreva a configuração de um hipotético átomo de Ne ($Z = 10$) constituído por tais elétrons [isto é, o análogo de $(1s)^2(2s)^2(2p)^6$]. Mostre que a configuração é altamente degenerada. Qual o estado fundamental (o termo de ordem mais baixa) deste átomo hipotético em notação espectroscópica ($^{2S+1}L_J$, onde S, L e J representam o spin, o momento angular orbital total e o momento angular total, respectivamente) quando o alargamento de bandas devido à interação de troca e o acoplamento spin-órbita forem considerados?

7.9 Dois férmions idênticos de spin $\frac{1}{2}$ se movem em uma dimensão sob a influência do potencial de poço infinito $V = \infty$ para $x < 0$, $x > L$ e $V = 0$ para $0 \leq x \leq L$.
  (a) Escreva a função de onda e a energia do estado fundamental quando as duas partículas formam um estado de spin tripleto (estado orto).
  (b) Repita (a) para o caso do estado singleto (estado para).
  (c) Suponha agora que as duas partículas interagem entre si via um potencial atrativo de muito curto alcance que pode ser aproximado pela expressão

$$V = -\lambda \delta(x_1 - x_2) \quad (\lambda > 0).$$

Supondo que a teoria de perturbação se aplique mesmo no caso de um potencial singular como este, discuta semiquantitativamente o que acontece aos níveis de energia obtidos em (a) e (b).

7.10 Demonstre as relações (7.6.11) e, então, faça as contas para deduzir (7.6.17).

CAPÍTULO 8

Mecânica Quântica Relativística

Este capítulo final apresenta de forma sucinta como construir funções de onda de uma partícula que sejam consistentes com a relatividade especial.

Apenas para que saibamos: este esforço está fadado ao fracasso. Na relatividade especial, é possível criar partículas a partir da energia, mas muito do desenvolvimento da mecânica quântica aqui apresentado é baseado na conservação de probabilidade, de modo que não devemos esperar ter sucesso completo em nossa tentativa. A maneira correta de atacar este problema é começar pelos postulados da mecânica quântica e, então, construir uma teoria de campos de muitos corpos que seja relativisticamente consistente. Não obstante, podemos esperar que, para energias baixas, quando comparadas às massas envolvidas, a mecânica quântica de uma partícula seja uma aproximação muito boa. Além do mais, esta é uma maneira natural de desenvolver a nomenclatura e a matemática da teoria de campos relativística.

Começaremos pelo problema geral da construção de uma equação de onda relativística para a partícula livre. Isto leva, de modo mais ou menos intuitivo, à equação de Klein-Gordon, que discutiremos com um certo detalhe. Ao longo deste processo, introduziremos e continuaremos usando os conceitos de unidades naturais e notação covariante relativística. Então, passaremos pela abordagem de Dirac para achar uma equação de onda relativística que é linear, e não quadrática, nas derivadas do espaço-tempo. Estudamos as simetrias da equação de Dirac e concluímos o capítulo com a solução do problema de um elétron e uma comparação com dados experimentais.

Este material é obviamente discutido por muitos autores. Uma bela referência, escrita quando a teoria de campos relativística emergia depois de décadas de mecânica quântica relativística é "Elementary Relativistic Wave Mechanics of Spin 0 and Spin $\frac{1}{2}$ Particles", de Herman Feshbach e Felix Villars, *Rev. Mod. Phys.* **30** (1958) 24.

8.1 ■ CAMINHOS PARA A MECÂNICA QUÂNTICA RELATIVÍSTICA

Os primeiros anos do século XX presenciaram, mais ou menos simultaneamente, o desenvolvimento da relatividade e da teoria quântica. Portanto, não é nada surpreendente descobrir que as primeiras tentativas de se desenvolver a mecânica ondulatória produziram equações de onda relativísticas[1]. Embora hoje entendamos as muitas armadilhas que confundiram os pioneiros, décadas foram necessárias para que as coisas se tornassem claras.

Iniciaremos nosso estudo nos concentrando no operador Hamiltoniano, o gerador (hermitiano) das translações no tempo que nos levou à equação de Schrödinger (2.1.25) para a evolução temporal de um estado. Ou seja, um estado $|\psi(t)\rangle$ evolui no tempo segundo a equação

---
[1] Veja Volume I, Seção 1.1 de Weinberg (1995).

$$i\hbar\frac{\partial}{\partial t}|\psi(t)\rangle = H|\psi(t)\rangle. \tag{8.1.1}$$

Interpretamos os autovalores do Hamiltoniano, obviamente, como as energias permitidas do sistema. É aí que podemos começar a incorporar a relatividade especial.

Unidades naturais

Esta é uma boa hora para obtermos um diploma do uso das chamadas *unidades naturais* – isto é, unidades onde $\hbar = c = 1$. Na primeira vez que as vêem, a maioria das pessoas reage a estas expressões com perplexidade, mas na verdade elas são muito simples e úteis.

Primeiro consideraremos as consequências de fazermos $c = 1$. Com isto, medimos o tempo ($=$ distância/c) em unidades de comprimento, tais como metro ou centímetro (se você realmente sente necessidade de saber o valor do tempo em segundos, simplesmente divida por $c = 3 \times 10^{10}$cm/seg). A velocidade se torna um parâmetro adimensional, que tipicamente denotamos pela letra β.

Fazer $c = 1$ significa que também medimos momento e massa em unidades de energia, tais como eV ou MeV. Frequentemente, coloca-se um c explicitamente e escreve-se as unidades de momento como MeV/c e massa como MeV/c^2. A maioria dos físicos sabe, por exemplo, que a massa do elétron é 0,511 MeV/c^2, mas muito poucos sabem este valor em quilogramas sem fazer a conversão numérica! Por isso não se surpreenda se alguém lhe disser que a massa do elétron é 0,511 MeV e deixar o c^2 de fora.

Considere agora o que acontece quando tomamos $\hbar = 1$ também. Isto amarra unidades de comprimento a unidades de energia. Por exemplo, as regras de comutação canônicas para os operadores de momento e posição dizem que seu produto tem as mesmas unidades que $\hbar$. Portanto, mediríamos posição em unidades de MeV^{-1} ou alguma outra unidade inversa de energia.

Lembre-se de que você sempre pode colocar os $\hbar$'s e c's de volta aos devidos lugares se tiver que retornar ao método antigo de trabalho. Isto não é incomum se você estiver tentando avaliar os resultados de um experimento, por exemplo. É prático termos sempre em mente que, numa aproximação muito boa, podemos tomar $\hbar = 200$ MeV·fm para fazermos conversões.

Como nota final, chamamos a atenção que em livros-texto de mecânica estatística poderia se tomar de maneira "natural" a constante de Boltzmann $k = 1$. Ou seja, a temperatura seria também medida em unidades de energia.

A energia de uma partícula livre relativística

Considere a energia de uma partícula livre com momento $p = |\mathbf{p}|$ e massa m, ou seja,

$$E_p = +\sqrt{p^2 + m^2}. \tag{8.1.2}$$

Precisamos achar um Hamiltoniano que reproduza este autovalor de energia para um estado $|\mathbf{p}\rangle$ com autovalor $\mathbf{p}$ de momento. Foi justamente a raiz quadrada, no entanto, que atrapalhou as primeiras tentativas de criar uma equação de onda relativística, e é com isso que temos que descobrir um meio de lidar.

Já demos de cara com funções transcendentais de operadores, tais como $U(t) = \exp(-iHt)$, interpretando-as em termos da expansões em série de Taylor. Poderíamos adotar a mesma abordagem aqui, e escrever

$$H = \sqrt{p^2 + m^2} = m\left[1 + \frac{p^2}{m^2}\right]^{1/2}$$

$$= m + \frac{p^2}{2m} - \frac{p^4}{8m^3} + \frac{p^6}{16m^5} + \cdots. \qquad (8.1.13)$$

Isto realmente seria uma maneira viável de continuarmos, mas os problemas são sérios. Seria, por exemplo, impossível formular uma equação de onda "covariante", isto é, se formássemos a representação de um vetor de estado $|\psi\rangle$ no espaço de coordenadas (ou espaço de momento), a equação de onda resultante teria uma derivada temporal e uma série infinita de derivadas de ordem crescente no espaço para o operador de momento. Não teria como colocarmos tempo e espaço em "pé de igualdade".

Esta consideração, na verdade, nos leva a um problema mais importante. Vamos continuar e tentar construir esta equação de onda. De (8.1.1), temos

$$i\frac{\partial}{\partial t}\langle \mathbf{x}|\psi(t)\rangle = \int d^3 p \langle \mathbf{x}|\mathbf{p}\rangle\langle \mathbf{p}|H|\psi(t)\rangle$$

$$= \int d^3 x' \int d^3 p \langle \mathbf{x}|\mathbf{p}\rangle\langle \mathbf{p}|\mathbf{x}'\rangle\langle \mathbf{x}'|E_p|\psi(t)\rangle$$

$$= \int d^3 x' \int d^3 p \frac{e^{i\mathbf{p}\cdot(\mathbf{x}-\mathbf{x}')}}{(2\pi)^3}\langle \mathbf{x}'|E_p|\psi(t)\rangle, \qquad (8.1.4)$$

e (8.1.3) significa que $\langle \mathbf{x}'|E_p|\psi(t)\rangle$ torna-se uma série infinita de derivadas de ordem crescente; veja (1.7.20). Isto torna esta equação de onda numa equação *não local*, uma vez que temos de ir cada vez mais longe da região próxima de $\mathbf{x}'$ para calcular a derivada temporal. Eventualmente, a causalidade será violada para qualquer função de onda $\langle \mathbf{x}|\psi(t)\rangle$ espacialmente localizada. A perda de covariância é, de fato, um preço muito alto que pagamos.

Abandonaremos, assim, esta abordagem e trabalharemos com o *quadrado* do Hamiltoniano em vez de trabalharmos diretamente com o Hamiltoniano. Isto elimina o problema da raiz quadrada e todos aqueles que vêm no seu bojo, mas introduz um problema diferente: surgirão soluções da equação de onda com energias negativas. Estas energias são necessárias para formarmos um conjunto completo de estados de base, mas elas não têm um significado físico óbvio. Não obstante, esta abordagem é mais útil que a que deixamos para trás.

A equação de Klein-Gordon

Comece por (8.1.1) e tome a derivada temporal mais uma vez, ou seja

$$-\frac{\partial^2}{\partial t^2}|\psi(t)\rangle = i\frac{\partial}{\partial t}H|\psi(t)\rangle = H^2|\psi(t)\rangle. \qquad (8.1.5)$$

Podemos agora escrever uma equação de onda simples para $\Psi(\mathbf{x}, t) \equiv \langle \mathbf{x} | \psi(t) \rangle$. Tomando $H^2 = p^2 + m^2$ e usando $\langle \mathbf{x} | p^2 | \psi(t) \rangle = - \nabla^2 \Psi(\mathbf{x}, t)$, obtemos

$$\left[\frac{\partial^2}{\partial t^2} - \nabla^2 + m^2 \right] \Psi(\mathbf{x}, t) = 0. \tag{8.1.6}$$

Esta equação é conhecida como *equação de Klein-Gordon*. Ela se parece muito com uma equação de onda clássica, exceto pelo termo m^2. Colocando nossos $\hbar$'s e c's de volta, podemos ver que este termo introduz uma escala de comprimento $\hbar/mc$ chamada de comprimento de onda de Compton.

A equação de Klein-Gordon tem quase todas a qualidades que queremos numa equação de onda relativística. Primeiro, ela é relativisticamente covariante. Você pode ver isto, pois uma transformação de Lorentz deixa o quadrado do intervalo espaço-tempo $ds^2 = dt^2 - d\mathbf{x}^2$ invariante. Portanto, a combinação das derivadas em (8.1.6) é a mesma se mudarmos do referencial $(\mathbf{x}, t)$ para o referencial $(\mathbf{x}', t')$. Em outras palavras, $\Psi(\mathbf{x}', t')$ é solução da mesma equação que $\Psi(\mathbf{x}, t)$.

A covariância relativística é mais fácil de ver se usarmos a notação relativística covariante. Usaremos uma notação que se tornou padrão, isto é, índices gregos percorrem os valores 0, 1, 2, 3 e índices latinos 1, 2, 3. Se um índice aparece repetido, isso implica que este índice está somado. Um quadrivetor contravariante $a^\mu \equiv (a^0, \mathbf{a})$ tem um vetor dual covariante $a_\mu = \eta_{\mu\nu} a^\nu$, onde $\eta_{00} = +1$, $\eta_{11} = \eta_{22} = \eta_{33} = -1$, e todos os outros elementos são zero. Portanto, $a_\mu = (a_0, -\mathbf{a})$. Produtos internos de quadrivetores só podem ser feitos entre um vetor contravariante e um covariante; por exemplo, $a^\mu b_\mu = a^0 b^0 - \mathbf{a} \cdot \mathbf{b}$. Em particular, $(a^0)^2 - \mathbf{a}^2$.

Um ponto-chave das transformações de Lorentz é que produtos internos de quadrivetores são invariantes. Isto é, $a^\mu b^\mu$ terá o mesmo valor para qualquer referencial. Esta é a razão pela qual a notação covariante é muito útil quando se quer demonstrar a covariância de uma expressão em particular.

O quadrivetor de posição no espaço-tempo é $x^\mu = (t, \mathbf{x})$. Isto nos dá o quadrigradiente

$$\frac{\partial}{\partial x^\mu} = \left(\frac{\partial}{\partial t}, \nabla \right) \equiv \partial_\mu, \tag{8.1.7}$$

que é um operador vetorial *covariante*, apesar do sinal positivo em fronte da parte tipo tempo. Agora a covariância de (8.1.6) fica absolutamente clara. A equação de Klein-Gordon torna-se

$$\left[\partial_\mu \partial^\mu + m^2 \right] \Psi(\mathbf{x}, t) = 0. \tag{8.1.8}$$

Algumas vezes se economiza ainda mais na notação escrevendo $\partial^2 \equiv \partial_\mu \partial^\mu$.

Outra propriedade desejável da equação de Klein-Gordon é que ela tem soluções que são, de fato, aquilo que esperaríamos para um partícula relativística livre de massa m. Esperamos uma dependência temporal do tipo $(-iEt)$, onde E é um autovalor do Hamiltoniano. Também esperamos que a dependência espacial seja aquela de uma onda plana, ou seja, $(+i\mathbf{p}\cdot\mathbf{x})$ para um momento $\mathbf{p}$. Em outras palavras, nossa solução deveria ser

$$\Psi(\mathbf{x}, t) = N e^{-i(Et - \mathbf{p}\cdot\mathbf{x})} = N e^{-i p^\mu x_\mu}, \tag{8.1.9}$$

onde $P^\mu = (E, \mathbf{p})$. De fato, (8.1.9) é solução de (8.1.8) desde que

$$-P^\mu P_\mu + m^2 = -E^2 + \mathbf{p}^2 + m^2 = 0, \tag{8.1.10}$$

ou $E^2 = E_p^2$. Portanto, os autovalores de energia $E = +E_p$ estão incluídos, como deveriam. Por outro lado, os autovalores que correspondem a energias negativas $E = -E_p$ também estão incluídos. Esta era uma verdadeira pedra no caminho na história do desenvolvimento da mecânica quântica relativística, mas daremos em breve uma explicação prática deste resultado.

A equação não relativística de Schrödinger tem uma propriedade muito importante – ela implica na conservação da probabilidade. A densidade de probabilidade $\rho(\mathbf{x}, t) = \psi^*\psi$ (2.4.14) é uma grandeza positiva-definida, e o fluxo de probabilidade (2.4.16) obedece uma equação de continuidade, (2.4.15), que prova que a densidade de probabidade só pode ser influenciada para o fluxo para dentro de ou para fora de uma região em particular.

Seria desejável identificar expressões análogas a partir da equação de Klein-Gordon, de modo que a função de onda $\Psi(\mathbf{x}, t)$ pudesse ser interpretada de maneira similar. A forma da equação da continuidade sugere fortemente que construamos um quadrivetor corrente j^μ com a propriedade $\partial_\mu j^\mu = 0$, e com a densidade de probabilidade $\rho \equiv j^0$. Se seguirmos (2.4.16) para escrevermos

$$j^\mu = \frac{i}{2m}\left[\Psi^*\partial^\mu\Psi - \left(\partial^\mu\Psi\right)^*\Psi\right], \tag{8.1.11}$$

é fácil mostrar que, de fato, $\partial_\mu j^\mu = 0$. Portanto, calculamos uma densidade como sendo

$$\rho(\mathbf{x},t) = j^0(\mathbf{x},t) = \frac{i}{2m}\left[\Psi^*\frac{\partial\Psi}{\partial t} - \left(\frac{\partial\Psi}{\partial t}\right)^*\Psi\right]. \tag{8.1.12}$$

Embora esta densidade seja conservada, ela não é positiva-definida! Isto representou um tremendo problema ao desenvolvimento da mecânica quântica relativística, pois ela tornava impossível a interpretação probabilística padrão da função de onda. Eventualmente, foi achada uma interpretação física. Antes de discuti-la, no entanto, precisamos considerar o efeito da interação eletromagnética dentro do contexto da nossa estrutura relativística.

A natureza explicitamente covariante da equação de Klein-Gordon torna a adição de interações eletromagnéticas no Hamiltoniano uma tarefa simples. Veja a Seção 2.7, em particular (2.7.23) e (2.7.26). Como antes, supomos que a partícula tenha uma carga elétrica $e < 0$. Em um Hamiltoniano clássico, simplesmente fazemos a substituição[2] $E \to E - e\Phi$ e $\mathbf{p} \to \mathbf{p} - e\mathbf{A}$, onde Φ é o potencial elétrico "escalar" e $\mathbf{A}$ é o potencial vetor. Em forma covariante, isto se torna

$$P^\mu \to P^\mu - eA^\mu \tag{8.1.13}$$

---

[2] Vale a pena pararmos um momento para revermos a origem destas substituições. Constrói-se um Lagrangiano L que reproduz a força de Lorentz $\mathbf{F} = e[\mathbf{E} + \mathbf{v} \times \mathbf{B}/c]$. Para a coordenada x_i, o momento canônico é $p_i \equiv \partial L/\partial \dot{x}_i = m\dot{x}_i + eA_i$. Portanto, a energia cinética usa o "momento cinético" $m\dot{x}_i = p_i - eA_i$. Para mais detalhes, veja Taylor (2005), Seção 7.9. A extensão para a cinemática relativística é relativamente direta. O quadrimomento é substituído por p^μ; veja Jackson (1998), Seção 12.1A. Quando estivermos trabalhando no espaço de coordenadas, o operador quântico para o (vetor covariante) $p_\mu = (E, -\mathbf{p})$ é $i\partial_\mu = (i\partial_t, i\nabla)$. Portanto, para incorporar o eletromagnetismo, substituímos $i\partial_\mu$ por $i\partial_\mu - eA_\mu = i(\partial_\mu + ieA_\mu) \equiv iD_\mu$.

onde $A^\mu = (\Phi, \mathbf{A})$ e, portanto, $A_\mu = (\Phi, -\mathbf{A})$. Isto tudo se resume em reescrever (8.1.8) como

$$[D_\mu D^\mu + m^2]\Psi(\mathbf{x}, t) = 0, \qquad (8.1.14)$$

onde $D_\mu \equiv \partial_\mu + ieA_\mu$. Chamamos D_μ de derivada covariante.

Diferentemente da equação de Schrödinger não relativística, a equação de Klein-Gordon é de segunda ordem na derivada temporal, e não de primeira. Isso significa que não basta especificar $\Psi(\mathbf{x}, t)|_{t=0}$ para achar uma solução, mas também $\partial\Psi(\mathbf{x}, t)/\partial t|_{t=0}$. Consequentemente, precisamos de mais informação do que normalmente julgaríamos necessário considerando nossa experiência com a mecânica quântica não relativística. De fato, este "grau de liberdade" adicional aparece como o sinal da carga da partícula. Isto é claro quando notamos que se $\Psi(\mathbf{x}, t)$ é solução de (8.1.14), então $\Psi^*(\mathbf{x}, t)$ é solução da mesma equação, mas com $e \to -e$.

Mais explicitamente, podemos reduzir a equação de Klein-Gordon de segunda ordem a duas equações de primeira ordem e, então, reinterpretar o resultado em termos do sinal da carga elétrica. Usando uma notação bastante óbvia, onde $D_\mu D^\mu = D_t^2 - \mathbf{D}^2$, podemos escrever (8.1.14) facilmente como duas equações, cada uma delas de primeira ordem no tempo, se definirmos duas novas funções

$$\phi(\mathbf{x}, t) = \frac{1}{2}\left[\Psi(\mathbf{x}, t) + \frac{i}{m}D_t\Psi(\mathbf{x}, t)\right] \qquad (8.1.15a)$$

$$\chi(\mathbf{x}, t) = \frac{1}{2}\left[\Psi(\mathbf{x}, t) - \frac{i}{m}D_t\Psi(\mathbf{x}, t)\right] \qquad (8.1.15b)$$

de tal modo que ao invés de especificar $\Psi(\mathbf{x}, t)|_{t=0}$ e $\partial\Psi(\mathbf{x}, t)/\partial t|_{t=0}$, podemos especificar $\phi(\mathbf{x}, t)|_{t=0}$ e $\chi(\mathbf{x}, t)|_{t=0}$. Além disso, $\phi(\mathbf{x}, t)$ e $\chi(\mathbf{x}, t)$ satisfazem as equações acopladas

$$iD_t\phi = -\frac{1}{2m}\mathbf{D}^2(\phi + \chi) + m\phi \qquad (8.1.16a)$$

$$iD_t\chi = +\frac{1}{2m}\mathbf{D}^2(\phi + \chi) - m\chi, \qquad (8.1.16b)$$

que apresentam uma semelhança surpreendente com a equação de Schrödinger não relativística. Podemos demonstrar esta semelhança de um modo até mais elegante se definirmos um objeto de duas componentes $\Upsilon(\mathbf{x}, t)$ em termos das duas funções $\phi(\mathbf{x}, t)$ e $\chi(\mathbf{x}, t)$ e o uso das matrizes de Pauli (3.2.32). Isto é, para as funções $\phi(\mathbf{x}, t)$ e $\chi(\mathbf{x}, t)$ que satisfazem (8.1.16), definimos uma função vetor coluna

$$\Upsilon(\mathbf{x}, t) \equiv \begin{bmatrix} \phi(\mathbf{x}, t) \\ \chi(\mathbf{x}, t) \end{bmatrix}. \qquad (8.1.17)$$

Escrevemos agora a equação de Klein-Gordon como

$$iD_t\Upsilon = \left[-\frac{1}{2m}\mathbf{D}^2(\tau_3 + i\tau_2) + m\tau_3\right]\Upsilon. \qquad (8.1.18)$$

(Observe que usamos τ no lugar de σ para as matrizes de Pauli, para evitarmos qualquer confusão com o conceito de spin). A equação (8.1.18) é completamente equivalente à nossa formulação em (8.1.14), mas é uma equação diferencial de primeira ordem no tempo. "Escondemos" o grau de liberdade adicional na forma da natureza de duas componentes de $\Upsilon(\mathbf{x}, t)$.

Vamos agora retornar à questão da densidade da corrente de probabilidade. Agora que reescrevemos a equação de Klein-Gordon na forma (8.1.14) usando a derivada covariante, a forma correta da corrente conservada é

$$j^\mu = \frac{i}{2m}\left[\Psi^* D^\mu \Psi - \left(D^\mu \Psi\right)^* \Psi\right]. \tag{8.1.19}$$

A densidade de "probabilidade" (8.1.12) se torna, portanto,

$$\rho = j^0 = \frac{i}{2m}\left[\Psi^* D_t \Psi - (D_t \Psi)^* \Psi\right]$$
$$= \phi^*\phi - \chi^*\chi = \Upsilon^\dagger \tau_3 \Upsilon. \tag{8.1.20}$$

É fácil verificar isto usando (8.1.15) para reescrever $\Psi(\mathbf{x}, t)$ e $D_t\Psi$ em termos de $\phi(\mathbf{x}, t)$ e $\chi(\mathbf{x}, t)$.

Somos, assim, levados a interpretar ρ como uma densidade de probabilidade de *carga*, onde $\phi(\mathbf{x}, t)$ é a função de onda de uma partícula positiva e $\chi(\mathbf{x}, t)$ de uma partícula negativa. Ou seja, a equação de Klein-Gordon carrega consigo graus de liberdade simultâneos para uma partícula de uma certa carga e de uma outra partícula que se comporta de maneira idêntica, mas tem carga oposta àquela. Antes de tomarmos a liberdade de nos referirmos a elas como "partícula" e "antipartícula", temos que voltar e considerar a interpretação das soluções de energia negativa.

Uma interpretação das energias negativas

Considere, primeiramente, partículas livres, em cujo caso $D_\mu = \partial_\mu$, e para as quais $\Upsilon(\mathbf{x}, t) \propto \exp[-i(Et - \mathbf{p}\cdot\mathbf{x})]$. Inserindo isto em (8.1.18), obtemos os autovalores $E = \pm E_p$ como deveria ser. Achamos, para as autofunções

$$\Upsilon(\mathbf{x},t) = \frac{1}{2(mE_p)^{1/2}} \begin{pmatrix} E_p + m \\ m - E_p \end{pmatrix} e^{-iE_p t + i\mathbf{p}\cdot\mathbf{x}} \text{ para } E = +E_p \tag{8.1.21a}$$

e

$$\Upsilon(\mathbf{x},t) = \frac{1}{2(mE_p)^{1/2}} \begin{pmatrix} m - E_p \\ E_p + m \end{pmatrix} e^{+iE_p t + i\mathbf{p}\cdot\mathbf{x}} \text{ para } E = -E_p, \tag{8.1.21b}$$

com uma normalização que leva a uma densidade de carga $\rho = \pm 1$ para $E = \pm E_p$. Ou seja, impomos a condição que uma partícula livre com carga negativa deve ser associada a uma partícula que tem energia total negativa. Também, para uma partícula em repouso, $E_p = m$ e a solução (8.1.21a) de energia positiva só tem a componente superior (isto é, $\chi(\mathbf{x}, t) = 0$), enquanto a solução (8.1.21b) de energia negativa só tem a componente inferior (ou seja, $\phi(\mathbf{x}, t) = 0$). Isto se estende para o caso não relativístico, onde $p \ll E_p$ e a solução de energia positiva é dominada por $\phi(\mathbf{x}, t)$ e a de energia negativa por $\chi(\mathbf{x}, t)$.

Uma compreensão mais profunda do significado físico de energias negativas vem da consideração da densidade de corrente de probabilidade **j**. Usando (3.2.24), (3.2.25) e (8.1.18), temos

$$\partial_t \rho = \partial_t(\Upsilon^\dagger \tau_3 \Upsilon) = \left(\partial_t \Upsilon^\dagger\right)\tau_3 \Upsilon + \Upsilon^\dagger \tau_3 (\partial_t \Upsilon)$$

$$= \frac{1}{2im}\left[\left(\nabla^2 \Upsilon^\dagger\right)(1+\tau_1)\Upsilon - \Upsilon^\dagger(1+\tau_1)\left(\nabla^2 \Upsilon\right)\right]$$

$$= -\nabla \cdot \mathbf{j},$$

onde $\quad \mathbf{j} = \dfrac{1}{2im}\left[\Upsilon^\dagger(1+\tau_1)(\nabla \Upsilon) - \left(\nabla \Upsilon^\dagger\right)(1+\tau_1)\Upsilon\right].$ \hfill (8.1.22)

No caso de uma partícula livre, tanto para energia positiva quanto negativa, isto se reduz a

$$\mathbf{j} = \frac{\mathbf{p}}{m}\Upsilon^\dagger(1+\tau_1)\Upsilon = \frac{\mathbf{p}}{E_p}. \tag{8.1.23}$$

Agora, isso parece algo bastante peculiar. Com uma normalização que impõe cargas positivas e negativas às soluções de energia positiva e negativa, respectivamente, acabamos com uma densidade de corrente de carga que é a mesma, independente do sinal da carga e energia. Uma maneira de "consertar" isto seria reconhecer que o sinal do vetor momento **p** em (8.1.21b) está errado, uma vez que queremos que o expoente tenha a forma $ip_\mu x^\mu$ para que seja invariante relativisticamente. Portanto, podemos inverter o sinal de **p** para as soluções de energia negativa e, neste caso, (8.1.23) carregaria o sinal "correto", explicando a carga da partícula. Uma outra maneira de "consertar" este problema seria dizer que as partículas de energia negativa movem-se "para trás no tempo". Isto não apenas muda o sinal de **p**, mas também faz a energia ficar positiva no expoente de (8.1.21b)! Fizemos, assim, um contato com o saber popular acerca de partículas e antipartículas.

Se quisermos, podemos associar formalmente a solução $\Psi_{E>0}(\mathbf{x},t)$ de energia positiva da equação de Klein-Gordon a uma "partícula" e a complexa conjugada da solução de energia negativa $\Psi^*_{E<0}(\mathbf{x},t)$ a uma "antipartícula". Neste caso, (8.1.14) resulta em duas equação

$$\left[(\partial_\mu - ieA_\mu)(\partial^\mu - ieA_\mu) + m^2\right]\Psi_{\text{partícula}}(\mathbf{x},t) = 0 \tag{8.1.24a}$$

$$\left[(\partial_\mu + ieA_\mu)(\partial^\mu + ieA_\mu) + m^2\right]\Psi_{\text{antipartícula}}(\mathbf{x},t) = 0. \tag{8.1.24b}$$

Isto torna claro como fazer para quebrar as soluções da equação de Klein-Gordon em duas partes que correspondem, individualmente, a partículas de carga $\pm e$.

Este é um bom momento para nos afastarmos da equação de Klein-Gordon. Seguindo nosso faro, fomos capazes de achar uma equação de onda relativística com soluções de partículas livres que podem ser interpretadas, se nos esforçarmos o bastante, em termos de partículas e antipartículas com cargas de sinais opostos. Estas duas entidades surgem na forma dos graus de liberdade separados em nossa função de onda $\Upsilon(\mathbf{x}, t)$ de duas componentes. É até possível ir mais adiante e resolver a equação de Klein-Gordon para um sistema atômico. Os resultados se aproximam bem dos valores experimentais desde que a partícula carregada em órbita não tenha spin (veja o Problema 8.7 ao final do capítulo).

De fato, a falta de qualquer grau de liberdade associado ao spin acabou gerando uma resposta errada para a estrutura fina do átomo de hidrogênio e condenou a equação de Klein-Gordon às margens do desenvolvimento da mecânica quântica relativística. Isto, adicionado ao fato de que ninguém observara evidências da existência de antipartículas, significava que havia muitas coisas que precisavam ser inventadas para poder explicar as idiossincrasias das soluções de energia negativa. Foi preciso um Dirac e sua coragem para criar uma equação de onda *linear* nas derivadas espacial e temporal que nos colocasse numa direção que produziria mais frutos.

8.2 ■ A EQUAÇÃO DE DIRAC

Muitas das dificuldades de interpretação da equação de Klein-Gordon vêm do fato de que ela é uma equação diferencial de segunda ordem no tempo. Estas dificuldades incluem uma densidade de probabilidade que não é positiva-definida, bem como graus de liberdade adicionais, embora ambos possam ser identificados, até certo ponto, com partículas e suas antipartículas de carga de sinal oposto. Não obstante as dificuldades, Dirac tentou buscar uma maneira de escrever uma equação de onda que fosse de primeira ordem no tempo. No caminho, ele descobriu a necessidade da existência, na natureza, de partículas de momento angular $j = 1/2$. Isto também contribuiu para uma interpretação particularmente útil dos estados de energia negativa.

A equação diferencial linear que procuramos pode ser escrita como

$$(i\gamma^\mu \partial_\mu - m)\Psi(\mathbf{x}, t) = 0, \qquad (8.2.1)$$

onde os γ^μ ainda precisam ser determinados (é claro que a constante m precisa também ser determinada, mas depois veremos que ela é a massa). Temos que continuar insistindo que os autovalores de energia corretos, (8.1.10), são obtidos para uma partícula livre (8.1.9), como também é (8.1.8). Podemos transformar (8.2.1) em (8.1.8) simplesmente operando sobre ela com $-i\gamma^\nu \partial_\nu - m$, para, assim, obter

$$(\gamma^\nu \partial_\nu \gamma^\mu \partial_\mu + m^2)\Psi(\mathbf{x}, t) = 0 \qquad (8.2.2)$$

e impondo, então, a condição que $\gamma^\nu \gamma^\mu \partial_\nu \partial_\mu = \partial^\mu \partial_\mu = \eta^{\mu\nu} \partial_\nu \partial_\mu$. Esta condição pode ser escrita de maneira bastante sucinta, invertendo os índices mudos para simetrizar:

$$\frac{1}{2}\left(\gamma^\mu \gamma^\nu + \gamma^\nu \gamma^\mu\right) \equiv \frac{1}{2}\{\gamma^\mu, \gamma^\nu\} = \eta^{\mu\nu}. \qquad (8.2.3)$$

Portanto, as quatro quantidades γ^μ, $\mu = 0, 1, 2, 3$, não são simplesmente números complexos, mas sim entidades que obedecem a algo chamado álgebra de Clifford. Esta álgebra claramente implica em

$$\left(\gamma^0\right)^2 = 1 \qquad (8.2.4a)$$

$$\left(\gamma^i\right)^2 = -1 \qquad i = 1, 2, 3 \qquad (8.2.4b)$$

$$\text{e} \quad \gamma^\mu \gamma^\nu = \gamma^\nu \gamma^\mu \quad \text{se } \mu \neq \nu. \qquad (8.2.4c)$$

Note que a propriedade de anticomutação dos γ^μ implica que cada uma destas matrizes tem traço zero.

Substitua agora as soluções de partícula livre (8.1.9) em (8.2.1), obtendo

$$\gamma^\mu p_\mu - m = 0, \qquad (8.2.5)$$

de onde podemos recuperar os autovalores de energia E da partícula livre. Abrindo (8.2.5) em termos das partes espacial e temporal e, então, multiplicando por γ^0, obtemos

$$E = \gamma^0 \boldsymbol{\gamma} \cdot \mathbf{p} + \gamma^0 m. \qquad (8.2.6)$$

Isto leva ao Hamiltoniano de Dirac, escrito em sua forma tradicional. Definindo

$$\alpha_i \equiv \gamma^0 \gamma^i \quad \text{e} \quad \beta \equiv \gamma^0, \qquad (8.2.7)$$

chegamos a

$$H = \boldsymbol{\alpha} \cdot \mathbf{p} + \beta m. \qquad (8.2.8)$$

Observe que se adicionarmos o eletromagnetismo, substituindo (8.1.13) em (8.2.5) e, então, fazendo $\mathbf{A} = 0$ e $A_0 = \Phi$, temos

$$H = \boldsymbol{\alpha} \cdot \mathbf{p} + \beta m + e\Phi, \qquad (8.2.9)$$

que governa o movimento de uma partícula carregada em um potencial eletrostático. Usaremos isto na Seção 8.4 quando formos resolver o problema do átomo de um elétron relativístico.

Qual forma da equação de Dirac usamos, (8.1.1) com (8.2.8) ou (8.2.9), ou talvez a forma covariante (8.2.1) com a substituição (8.1.13), vai depender do problema específico que tivermos às mãos naquele momento. Por exemplo, às vezes é mais fácil usar (8.2.8) quando estivermos resolvendo problemas envolvendo dinâmica e a equação de Dirac, ao passo que é mais fácil discutir simetrias da equação de Dirac em formas covariantes usando γ^μ.

A álgebra (8.2.4) pode ser realizada com matrizes quadradas, desde que estas sejam, no mínimo, matrizes 4×4. Sabemos, por exemplo, que matrizes 2×2 não são em número suficiente, pois as matrizes de Pauli $\boldsymbol{\sigma}$ formam um conjunto completo junto com a matriz identidade. Contudo, $\{\sigma_k, 1\} = 2\sigma_k$ e, portanto, este conjunto não é grande o suficiente para termos uma realização da álgebra de Clifford. Portanto, $\Psi(\mathbf{x}, t)$ em (8.2.1) seria um vetor coluna quadridimensional. A fim de manter uma convenção consistente com nossa representação matricial de estados e operadores, insistimos que $\boldsymbol{\alpha}$ e β sejam matrizes Hermitianas. Note que isso implica em γ^0 ser hermitiano, ao passo que $\boldsymbol{\gamma}$ é anti-hermitiano.

Se optarmos por usar (3.2.32), as matrizes $\boldsymbol{\sigma}$ 2×2 de Pauli, escrevemos

$$\boldsymbol{\alpha} = \begin{bmatrix} 0 & \sigma \\ \sigma & 0 \end{bmatrix} \text{ e } \beta = \begin{bmatrix} 1 & 0 \\ 0 & -1 \end{bmatrix}. \tag{8.2.10}$$

Ou seja, escrevemos estas matrizes 4×4 como matrizes 2×2 de elementos que são matrizes 2×2.

A corrente conservada

A equação de Dirac resolve, de imediato, o problema da natureza positiva-definida da densidade de probabilidade. Definindo $\Psi^\dagger$ da maneira usual – ou seja, como o complexo conjugado de um vetor linha que corresponde ao vetor coluna Ψ – podemos mostrar que a grandeza $\rho = \Psi^\dagger \Psi$ pode, de fato, ser interpretada como uma densidade de probabilidade. Primeiro, como a soma dos quadrados das magnitudes de todas as quatro componentes de $\Psi(\mathbf{x}, t)$, ela é positiva-definida.

Historicamente, a capacidade da equação de Dirac em produzir uma corrente de probabilidade positiva-definida foi uma das principais razões para que ela fosse adotada como a direção correta para a mecânica quântica relativística. Um exame de suas soluções tipo partículas livres conduziu a uma interpretação atraente para as energias negativas – e, de fato, a descoberta do pósitron.

Segundo, ela satisfaz a equação da continuidade

$$\frac{\partial \rho}{\partial t} + \nabla \cdot \mathbf{j} = 0 \tag{8.2.11}$$

para $\mathbf{j} = \Psi^\dagger \boldsymbol{\alpha} \Psi$. (Isto é fácil de provar. Simplesmente use a equação de Schrödinger e sua adjunta. Veja o Problema 8.10 ao final deste capítulo.) Isto significa que ρ pode mudar apenas se houver um fluxo para dentro ou fora da região imediata de interesse e é, portanto, uma quantidade conservada.

Ao invés de $\Psi^\dagger$, usa-se comumente $\overline{\Psi} \equiv \Psi^\dagger \beta = \Psi^\dagger \gamma^0$ para fazer a densidade de probabilidade e a corrente. Neste caso, $\rho = \Psi^\dagger \Psi = \Psi^\dagger \gamma^0 \gamma^0 \Psi = \overline{\Psi} \gamma^0 \Psi$ e $\mathbf{j} = \Psi^\dagger \gamma^0 \gamma^0 \boldsymbol{\alpha} \Psi = \overline{\Psi} \gamma^0 \boldsymbol{\alpha} \Psi$. Uma vez por (8.2.7) $\gamma^0 \boldsymbol{\alpha} = \boldsymbol{\gamma}$, temos

$$\frac{\partial}{\partial t} \left(\overline{\Psi} \gamma^0 \Psi \right) + \nabla \cdot \left(\overline{\Psi} \boldsymbol{\gamma} \Psi \right) = \partial_\mu j^\mu = 0, \tag{8.2.12}$$

onde

$$j^\mu = \overline{\Psi} \gamma^\mu \Psi \tag{8.2.13}$$

é uma corrente quadrivetor. Reescrevendo (8.2.1) em termos do quadrimomento como

$$(\gamma^\mu p_\mu - m)\Psi(\mathbf{x}, t) = 0, \tag{8.2.14}$$

e também tomando o adjunto desta equação e usando (8.2.4) para inserir um fator de γ^0,

$$\overline{\Psi}(\mathbf{x}, t)(\gamma^\mu p_\mu - m) = 0, \tag{8.2.15}$$

chegamos a uma interpretação esclarecedora da corrente conservada para uma partícula livre. Escrevemos

$$j^\mu = \frac{1}{2}\left\{\left[\overline{\Psi}\gamma^\mu\right]\Psi + \overline{\Psi}\left[\gamma^\mu\Psi\right]\right\}$$

$$= \frac{1}{2m}\left\{\left[\overline{\Psi}\gamma^\mu\right]\gamma^\nu p_\nu\Psi + \overline{\Psi}\gamma^\nu p_\nu\left[\gamma^\mu\Psi\right]\right\}$$

$$= \frac{1}{2m}\overline{\Psi}\left[\gamma^\mu\gamma^\nu + \gamma^\nu\gamma^\mu\right]p_\nu\Psi$$

$$= \frac{p^\mu}{m}\overline{\Psi}\Psi. \tag{8.2.16}$$

Portanto, escrevendo o fator de contração de Lorentz usual como γ nos dá

$$j^0 = \frac{E}{m}\overline{\Psi}\Psi = \gamma\left[\Psi_{\text{up}}^\dagger\Psi_{\text{up}} - \Psi_{\text{down}}^\dagger\Psi_{\text{down}}\right] \tag{8.2.17}$$

e

$$\mathbf{j} = \frac{\mathbf{p}}{m}\overline{\Psi}\Psi = \gamma\mathbf{v}\left[\Psi_{\text{up}}^\dagger\Psi_{\text{up}} - \Psi_{\text{down}}^\dagger\Psi_{\text{down}}\right]. \tag{8.2.18}$$

O fator de γ é esperado devido à contração de Lorentz para o elemento de volume d^3x na direção do movimento (veja Holstein, 1992, para uma extensa discussão). O significado do sinal negativo relativo das componentes superior e inferior se tornará claro depois de estudarmos as soluções específicas para a partícula livre.

Soluções do tipo partículas livres

Estamos agora em condições de estudar as soluções da equação de Dirac e suas propriedades de simetria. Observamos já que a função de onda $\Psi(\mathbf{x}, t)$ tem quatro componentes, ao passo que a função de onda de Klein-Gordon $\Upsilon(\mathbf{x}, t)$ tem duas. Veremos que o grau de liberdade adicional na equação de Dirac é a mesma grandeza que chamamos de "spin $\frac{1}{2}$" no início deste livro. O objeto $\Psi(\mathbf{x}, t)$ de quatro componentes é chamado de spinor.

Só pela consideração de partículas livres em repouso ($\mathbf{p} = \mathbf{0}$), já conseguimos um entendimento imediato acerca da natureza das soluções da equação de Dirac. Neste caso, a equação de Dirac é simplesmente $i\partial_t\Psi = \beta m\Psi$. Dada a forma diagonal de β (8.2.10), vemos que há quatro soluções independentes para $\Psi(\mathbf{x}, t)$. Elas são

$$\Psi_1 = e^{-imt}\begin{bmatrix}1\\0\\0\\0\end{bmatrix} \quad \Psi_2 = e^{-imt}\begin{bmatrix}0\\1\\0\\0\end{bmatrix} \quad \Psi_3 = e^{+imt}\begin{bmatrix}0\\0\\1\\0\end{bmatrix} \quad \Psi_4 = e^{+imt}\begin{bmatrix}0\\0\\0\\1\end{bmatrix}.$$

$$\tag{8.2.19}$$

Tal como no caso da equação de Klein-Gordon, a metade inferior da função de onda corresponde a uma energia negativa, e teremos que lidar com a interpretação destas equações mais tarde. As metades superior e inferior da função de onda de Dirac, contudo, têm uma componente que nos faz sentir tentados a chamar uma de "spin para cima" e a outra de "spin para baixo". Esta interpretação está de fato correta, mas precisamos ser um pouco mais ambiciosos antes de dizermos isto com absoluta confiança.

Continuemos considerando as soluções do tipo partícula livre com momento diferente de zero $\mathbf{p} = p\hat{\mathbf{z}}$ – isto é, uma partícula se movendo livremente na direção do eixo z. Neste caso, queremos resolver o problema de autovalores $H\Psi = E\Psi$ para $H = \alpha_z p + \beta m$, que não é mais diagonal no espaço de spinores. A equação de autovalores torna-se

$$\begin{bmatrix} m & 0 & p & 0 \\ 0 & m & 0 & -p \\ p & 0 & -m & 0 \\ 0 & -p & 0 & -m \end{bmatrix} \begin{bmatrix} u_1 \\ u_2 \\ u_3 \\ u_4 \end{bmatrix} = E \begin{bmatrix} u_1 \\ u_2 \\ u_3 \\ u_4 \end{bmatrix}. \qquad (8.2.20)$$

Observe que as equações para u_1 e u_3 são acopladas entre si, da mesma maneira que as equações para u_2 e u_4, sendo estes dois conjuntos, no entanto, independentes um do outro. Isto torna simples a tarefa de achar os autovalores e autofunções. Os detalhes são deixados como exercício (veja o Problema 8.11 ao final do capítulo). Das duas equações acoplando u_1 e u_3, achamos $E = \pm E_p$. Achamos o mesmo das equações que acoplam u_2 a u_4. Mais uma vez, encontramos os autovalores de energia positivas "corretos", como era esperado, e as soluções de energia negativa "espúrias". No caso da equação de Dirac, no entanto, antevemos uma interpretação relativamente palatável, como veremos a seguir.

Primeiro, contudo, vamos voltar à questão do spin. Continue construindo os spinors de partículas livres. Para $E = +E_p$, podemos fazer ou $u_1 = 1$ (e $u_2 = u_4 = 0$), em cujo caso $u_3 = +p/(E_p + m)$, ou $u_2 = 1$ (e $u_1 = u_3 = 0$), em cujo caso $u_4 = -p/(E_p + m)$. Em ambos os casos, da mesma maneira que na equação de Klein-Gordon, as componentes superiores dominam no caso não relativístico. Similarmente, para $E = -E_p$ as componentes diferentes de zero são $u_3 = 1$ e $u_1 = -p/(E_p + m)$ ou $u_4 = 1$ e $u_2 = p/(E_p + m)$, e as componentes inferiores dominam no regime não relativístico.

Considere agora o comportamento do operador $\mathbf{\Sigma} \cdot \hat{\mathbf{p}} = \Sigma_z$, onde $\mathbf{\Sigma}$ é a matriz 4×4

$$\mathbf{\Sigma} \equiv \begin{bmatrix} \sigma & 0 \\ 0 & \sigma \end{bmatrix}. \qquad (8.2.21)$$

Esperamos que este operador projete componentes do spin na direção do momento. De fato, é fácil ver que o operador de spin $\mathbf{S} = \frac{\hbar}{2}\mathbf{\Sigma}$ projeta helicidade positiva (negativa) para a solução de energia positiva com $u_1 \neq 0$ ($u_2 \neq 0$). Achamos resultados análogos para as soluções de energia negativa. Em outras palavras, as soluções tipo partículas livres realmente se comportam de acordo com a designação de spin para cima/baixo que conjecturamos.

Colocando tudo isto junto, podemos escrever as soluções com energia positiva como

$$u_R^{(+)}(p) = \begin{bmatrix} 1 \\ 0 \\ \frac{p}{E_p+m} \\ 0 \end{bmatrix} \quad u_L^{(+)}(p) = \begin{bmatrix} 0 \\ 1 \\ 0 \\ \frac{-p}{E_p+m} \end{bmatrix} \quad \text{para } E = +E_p, \qquad (8.2.22a)$$

onde o subscrito R (L) representa chiralidade direita (esquerda) – isto é, helicidade positiva (negativa). Para as soluções com energia negativa, temos

$$u_R^{(-)}(p) = \begin{bmatrix} \frac{-p}{E_p+m} \\ 0 \\ 1 \\ 0 \end{bmatrix} \qquad u_L^{(-)}(p) = \begin{bmatrix} 0 \\ \frac{p}{E_p+m} \\ 0 \\ 1 \end{bmatrix} \qquad \text{para } E = -E_p. \quad (8.2.22b)$$

Estes spinores são normalizados no fator $2E_p/(E_p + m)$. As funções de onda de partículas livres são formadas incluindo a normalização e também o fator $\exp(-ip_\mu x^\mu)$.

Interpretação das energias negativas

Dirac usou o princípio da exclusão de Pauli para interpretar as soluções de energia negativa. Conjecturamos a existência de um "mar de energia negativa" repleto de elétrons, como mostra a Figura 8.1 (isto representa um "fundo" de carga e energia infinitas, mas é possível imaginar que sejamos insensíveis a isto). Uma vez que isto preencha todos os estados de energia negativa, não é possível para elétrons de energia positiva caírem para estados de energia negativa. Porém, seria possível para um fóton altamente energético promover elétrons deste mar para a região de energia positiva, onde eles poderiam ser observados. O "buraco" deixado no mar seria também passí-

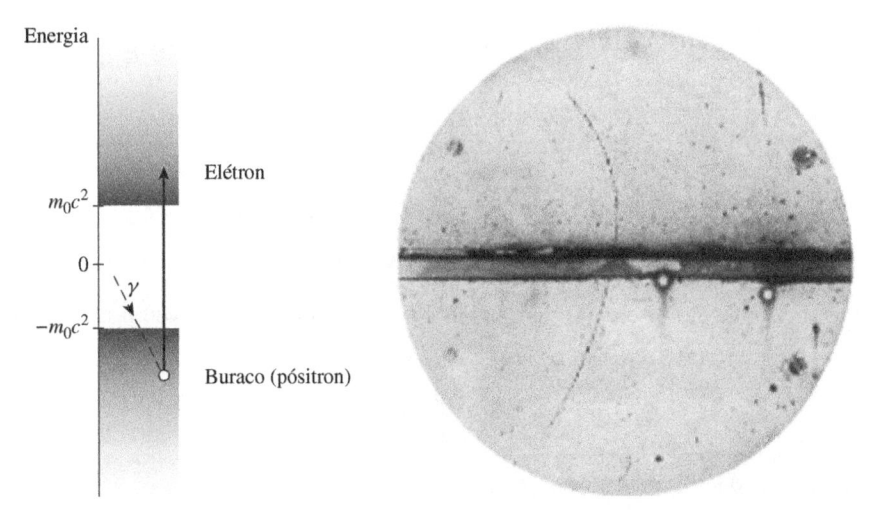

FIGURA 8.1 A figura à esquerda mostra a interpretação de Dirac para os estados de energia negativa, incluindo a possibilidade de um elétron de energia negativa ser promovido a uma energia positiva, deixando um buraco positivamente carregado, ou um "pósitron". A fotografia de câmera de bolhas da direita, da *Physical Review* **43** (1933) 491, registra a descoberta do pósitron por Carl Anderson. Ele mostra a trajetória de uma partícula movendo-se para cima, e descrevendo uma curva sob a ação de um campo magnético conhecido. A direção é conhecida pois a curvatura acima da placa de chumbo é maior que abaixo, uma vez que a partícula perdeu energia ao atravessar a placa. A perda de energia não é consistente com um próton do mesmo momento, mas é consistente com uma partícula que tem a massa do elétron.

vel de observação, na forma de um objeto com todas as propriedades de um elétron, mas com uma carga positiva.

A Figura 8.1 mostra a descoberta original do pósitron, por Carl Anderson em 1933. Depois da descoberta, a equação de Dirac tornou-se o tratamento padrão da mecânica quântica relativística, explicando o elétron de spin $\frac{1}{2}$ e (como veremos) sua interação eletromagnética.

Interações eletromagnéticas

Introduzimos as interações eletromagnéticas na equação de Dirac da mesma maneira que o fizemos para a equação de Klein-Gordon, ou seja, através de

$$\tilde{\mathbf{p}} \equiv \mathbf{p} - e\mathbf{A} \tag{8.2.23}$$

e a equação de Dirac torna-se, em forma matricial 2×2,

$$\begin{bmatrix} m & \sigma \cdot \tilde{\mathbf{p}} \\ \sigma \cdot \tilde{\mathbf{p}} & -m \end{bmatrix} \begin{bmatrix} u \\ v \end{bmatrix} = E \begin{bmatrix} u \\ v \end{bmatrix}, \quad \text{onde} \quad \Psi = \begin{bmatrix} u \\ v \end{bmatrix}. \tag{8.2.24}$$

Para energias (positivas) não relativísticas $E = K + m$, a energia cinética $K \ll m$ e a equação inferior tornam-se

$$\sigma \cdot \tilde{\mathbf{p}} u = (E + m)v \approx 2mv, \tag{8.2.25}$$

o que nos permite escrever a equação superior como

$$\frac{(\sigma \cdot \tilde{\mathbf{p}})(\sigma \cdot \tilde{\mathbf{p}})}{2m} u = \left[\frac{\tilde{\mathbf{p}}^2}{2m} + \frac{i\sigma}{2m} \cdot (\tilde{\mathbf{p}} \times \tilde{\mathbf{p}}) \right] u = Ku, \tag{8.2.26}$$

onde usamos (3.2.29). Agora, na representação de coordenadas,

$$\tilde{\mathbf{p}} \times \tilde{\mathbf{p}} u = (i\nabla + e\mathbf{A}) \times (i\nabla u + e\mathbf{A} u)$$
$$= ie[\nabla \times (\mathbf{A} u) + \mathbf{A} \times \nabla u]$$
$$= ie(\nabla \times \mathbf{A})u = ie\mathbf{B}u, \tag{8.2.27}$$

onde $\mathbf{B}$ é o campo magnético associado ao potencial vetor $\mathbf{A}$; portanto, (8.2.26) torna-se

$$\left[\frac{\tilde{\mathbf{p}}^2}{2m} - \boldsymbol{\mu} \cdot \mathbf{B} \right] u = Ku, \tag{8.2.28}$$

onde

$$\boldsymbol{\mu} = g \frac{e}{2m} \mathbf{S} \tag{8.2.29}$$

com

$$\mathbf{S} = \frac{\hbar}{2} \sigma \tag{8.2.30}$$

e

$$g = 2 \tag{8.2.31}$$

Em outras palavras, a equação de Dirac na presença de um campo eletromagnético se reduz, no caso não relativístico, a (8.2.28), que é simplesmente a equação de Schrödinger dependente do tempo (com autovalor de energia K) para uma partícula de momento magnético μ na presença de um campo magnético externo. O momento magnético é deduzido a partir do operador de spin com uma razão giromagnética $g = 2$.

Isto nos traz de volta ao ponto de partida. Começamos este livro discutindo o comportamento de partículas com momento magnético na presença de campos magnéticos inomogêneos, onde parecia que eles se comportavam como se tivessem suas projeções de spin quantizadas em um de dois estados. Vemos agora que isto vem da consideração acerca da relatividade e mecânica quântica para partículas que obedecem a equação de Dirac.

8.3 ■ SIMETRIAS DA EQUAÇÃO DE DIRAC

Examinemos agora algumas simetrias inerentes à equação de Dirac. Consideraremos situações onde uma partícula de spin $\frac{1}{2}$ se encontra em alguma potencial externo – ou seja, soluções da equação

$$i\frac{\partial}{\partial t}\Psi(\mathbf{x},t) = H\Psi(\mathbf{x},t) = E\Psi(\mathbf{x},t), \quad (8.3.1)$$

onde

$$H = \boldsymbol{\alpha} \cdot \mathbf{p} + \beta m + V(\mathbf{x}) \quad (8.3.2)$$

para alguma função energia potencial $V(\mathbf{x})$. Esta forma, obviamente, acaba com nossa habilidade de escrevermos uma equação covariante, mas é uma multa necessária se quisermos falar de energia potencial. Observamos, contudo, que no caso das interações eletromagnéticas, partindo da equação covariante, podemos acabar caindo exatamente nesta forma se escolhermos um referencial no qual o potencial vetor $\mathbf{A} = 0$.

Momento angular

Nossa discussão acerca da invariância rotacional em três dimensões na mecânica quântica centrou-se no fato de que o operador de momento angular orbital $\mathbf{L} = \mathbf{x} \times \mathbf{p}$ comutava com Hamiltonianos com "potenciais centrais". Isto, por sua vez, está ligado ao fato de que $\mathbf{L}$ comuta com $\mathbf{p}^2$ e, portanto, com o operador de energia cinética, e também com $\mathbf{x}^2$ [veja (3.7.2)].

Consideremos agora o comutador $[H, \mathbf{L}]$ primeiro no caso do Hamiltoniano de Dirac livre (8.2.8). É óbvio que $[\beta, \mathbf{L}] = 0$ e, portanto, temos que considerar o comutador

$$[\boldsymbol{\alpha} \cdot \mathbf{p}, L_i] = [\alpha_\ell p_\ell, \varepsilon_{ijk} x_j p_k]$$
$$= \varepsilon_{ijk}\alpha_\ell[p_\ell, x_j]p_k$$
$$= -i\varepsilon_{ijk}\alpha_j p_k \neq 0. \quad (8.3.3)$$

(Recorde nossa convenção da soma sobre índices repetidos.) Em outras palavras, o operador momento angular orbital não comuta com o Hamiltoniano de Dirac! Portanto, $\mathbf{L}$ não será uma grandeza conservada para partículas de spin $\frac{1}{2}$ que estejam livres ou ligadas em potenciais centrais.

Considere, contudo, o operador de spin (8.2.21) e seu comutador com o Hamiltoniano. É simples mostrar que $\beta\Sigma_i = \Sigma_i\beta$. É também fácil empregarmos (3.2.35) para mostrar que $[\alpha_i, \Sigma_j] = 2i\varepsilon_{ijk}\alpha_k$. Portanto, temos de calcular

$$[\boldsymbol{\alpha}\cdot\mathbf{p}, \Sigma_j] = [\alpha_i, \Sigma_j]p_i = 2i\varepsilon_{ijk}\alpha_k p_i. \tag{8.3.4}$$

Portanto, vemos (colocando $\hbar$ de volta momentaneamente) que muito embora nem $\mathbf{L}$ nem $\boldsymbol{\Sigma}$ comutem com o Hamiltoniano de Dirac livre, o operador vetorial combinado

$$\mathbf{J} \equiv \mathbf{L} + \frac{\hbar}{2}\boldsymbol{\Sigma} = \mathbf{L} + \mathbf{S} \tag{8.3.5}$$

comuta. Ou seja, o Hamiltoniano de Dirac conserva o momento angular *total*, mas não o momento angular orbital ou de spin separadamente.

Paridade

No caso onde $V(\mathbf{x}) = V(|\mathbf{x}|)$, esperamos que as soluções sejam simétricas por paridade. Ou seja, deveríamos ter $\Psi(-\mathbf{x}) = \pm\Psi(\mathbf{x})$. Isso, porém, não parece ser o caso, uma vez que se $\mathbf{x} \to -\mathbf{x}$, então $\mathbf{p} \to -\mathbf{p}$ em (8.3.2) e o Hamiltoniano muda de forma. Contudo, essa análise simples não leva em consideração as transformações de paridade sobre spinores.

De fato, o operador de transformação de paridade π, discutido na Seção 4.2, diz respeito somente à reflexão de coordenada, ou seja, π é um operador unitário (e também hermitiano) com as propriedades

$$\pi^\dagger \mathbf{x} \pi = -\mathbf{x} \tag{8.3.6a}$$

$$\pi^\dagger \mathbf{p} \pi = -\mathbf{p}. \tag{8.3.6b}$$

(Veja equações (4.2.3) e (4.2.10).) O operador de paridade total, que denotamos por $\mathcal{P}$, precisa ser aumentado com um operador unitário U_P, que seja uma matriz 4×4 no espaço de spinores e que torna o Hamiltoniano (8.3.2) invariante sob uma transformação de paridade. Ou seja,

$$\mathcal{P} \equiv \pi U_P, \tag{8.3.7}$$

onde a matriz U_P deve ter as propriedades

$$U_P \boldsymbol{\alpha} U_P^\dagger = -\boldsymbol{\alpha} \tag{8.3.8a}$$

e $\quad U_P \beta U_P^\dagger = \beta \tag{8.3.8b}$

bem como $\quad U_P^2 = 1. \tag{8.3.8c}$

Obviamente $U_P = \beta = \beta^\dagger$ é consistente com estas condições. Consequentemente, uma transformação de paridade sobre o Hamiltoniano de Dirac consiste em tomar $\mathbf{x} \to -\mathbf{x}$ e multiplicar tanto à esquerda quanto à direita por β. A transformação de um spinor $\Psi(\mathbf{x})$ resulta em $\beta\Psi(-\mathbf{x})$.

Portanto, nos casos onde $V(\mathbf{x}) = V(|\mathbf{x}|)$, esperamos achar autoestados do Hamiltoniano de Dirac que são, ao mesmo tempo, autoestados da paridade, de $\mathbf{J}^2$ e J_z. Por sorte já construimos as partes angulares e de spinor destas autofunções. Elas são as **função angulares de spin** de duas componentes $\mathcal{Y}_l^{j=l\pm 1/2,m}(\theta,\phi)$ definidas em (3.8.64). Faremos uso delas quando formos resolver a equação de Dirac para um potencial particular desta forma na Seção 8.4.

Conjugação de carga

Vimos, em (8.1.24), que para a equação de Klein-Gordon, podíamos quebrar as soluções de energia positiva e negativa em soluções de "partículas" e "antipartículas" com base na associação

$$\Psi_{\text{partícula}}(\mathbf{x},t) \equiv \Psi_{E>0}(\mathbf{x},t) \tag{8.3.9a}$$

$$\Psi_{\text{antipartícula}}(\mathbf{x},t) \equiv \Psi^*_{E<0}(\mathbf{x},t). \tag{8.3.9b}$$

Vamos agora olhar para uma associação similar para a equação de Dirac e, então, explorar a operação de simetria que conecta as duas soluções.

Para nossos propósitos, uma antipartícula é um objeto cuja função de onda se comporta do mesmo modo que de uma partícula, mas com a carga elétrica oposta. Portanto, vamos voltar à forma covariante (8.2.1) da equação de Dirac e adicionar um campo eletromagnético segundo nossa prescrição usual (8.1.13). Temos

$$(i\gamma^\mu \partial_\mu - e\gamma^\mu A_\mu - m)\Psi(\mathbf{x},t) = 0. \tag{8.3.10}$$

Procuramos uma equação onde $e \to -e$ e que relaciona a nova função de onda a $\Psi(\mathbf{x},t)$. A chave é o fato de que o operador em (8.3.10) tem três termos, apenas dois dos quais contêm γ^μ, e só um destes dois contém i. Portanto, tomamos o complexo conjugado desta equação para acharmos

$$[-i(\gamma^\mu)^* \partial_\mu - e(\gamma^\mu)^* A_\mu - m]\Psi^*(\mathbf{x},t) = 0, \tag{8.3.11}$$

e o sinal relativo entre o primeiro e o segundo termos é inverso. Se pudermos agora identificar uma matriz $\tilde{C}$ tal que

$$\tilde{C}(\gamma^\mu)^* \tilde{C}^{-1} = -\gamma^\mu, \tag{8.3.12}$$

basta inserirmos $1 = \tilde{C}^{-1}\tilde{C}$ na frente da função de onda em (8.3.11) e multiplicar à esquerda por $\tilde{C}$. O resultado é

$$\left[i\gamma^\mu \partial_\mu + e\gamma^\mu A_\mu - m\right] \tilde{C}\Psi^*(\mathbf{x},t) = 0. \tag{8.3.13}$$

Portanto, a função de onda $\tilde{C}\Psi^*(\mathbf{x},t)$ satisfaz a equação do "pósitron" (8.3.13), e $\Psi(\mathbf{x},t)$ satisfaz a equação do "elétron" (8.3.10).

Precisamos identificar a matriz $\tilde{C}$. De (8.2.7) e (8.2.10), vemos que γ^0, γ^1 e γ^2 são matrizes reais, mas $(\gamma^2)^* = -\gamma^2$. Isto permite achar uma representação de (8.3.12) com

$$\tilde{C} = i\gamma^2. \tag{8.3.14}$$

Portanto, a "função de onda positrônica" correspondente a $\Psi(\mathbf{x}, t)$ é $i\gamma^2\Psi^*(\mathbf{x}, t)$. Acaba sendo mais conveniente escrever esta função de onda em termos de $\overline{\Psi} = \Psi^\dagger \gamma^0 = (\Psi^*)^T \gamma^0$ (o superescrito T significa "transposta"). Isto significa que a função de onda do "pósitron" pode ser escrita como

$$\tilde{C}\Psi^*(\mathbf{x},t) = i\gamma^2 \left(\overline{\Psi}\gamma^0\right)^T = U_C \left(\overline{\Psi}\right)^T, \qquad (8.3.15)$$

onde

$$U_C \equiv i\gamma^2\gamma^0. \qquad (8.3.16)$$

Portanto, o *operador de conjugação de carga* é $\mathcal{C}$, onde

$$\mathcal{C}\Psi(\mathbf{x},t) = U_C \left(\overline{\Psi}\right)^T. \qquad (8.3.17)$$

Observe que a mudança da parte espaço-temporal da função de onda da partícula livre $\Psi(\mathbf{x}, t) \propto \exp(-ip^\mu x_\mu)$ devido a $\mathcal{C}$ é, efetivamente, a de fazer $\mathbf{x} \to -\mathbf{x}$ e $t \to -t$.

Reversão temporal

Aplicaremos as ideias da Seção 4.4 à equação de Dirac. Primeiro, uma breve revisão. A discussão baseou-se na definição (4.4.14) de um operador antiunitário θ:

$$\theta = UK, \qquad (8.3.18)$$

onde U é um operador unitário e K é um operador que toma o complexo conjugado de qualquer número complexo que vem diante dele. Obviamente, K não afeta os kets à direita, e $K^2 = 1$.

Baseados nisto, definimos um operador anti unitário Θ que leva um estado arbitrário $|\alpha\rangle$ em um estado $|\tilde{\alpha}\rangle$ invertido no tempo (ou, para ser mais preciso, com movimento reverso), isto é,

$$\Theta|\alpha\rangle = |\tilde{\alpha}\rangle. \qquad (8.3.19)$$

Impusemos duas condições razoáveis sobre Θ, a saber (4.4.45) e (4.4.47), ou seja,

$$\Theta\mathbf{p}\Theta^{-1} = -\mathbf{p} \qquad (8.3.20a)$$

$$\Theta\mathbf{x}\Theta^{-1} = \mathbf{x} \qquad (8.3.20b)$$

e, portanto, $\quad \Theta\mathbf{J}\Theta^{-1} = -\mathbf{J}. \qquad (8.3.20c)$

Para Hamiltonianos que comutam com Θ, fizemos a importante observação (4.4.59) que um autoestado $|n\rangle$ deste operador tem o mesmo autovalor que seu correspondente ket $\Theta|n\rangle$ invertido no tempo. Aprendemos também que atuando duas vezes sobre um estado de spin $\frac{1}{2}$ resulta em $\Theta^2 = -1$, uma vez que a forma de spinor de duas componentes (4.4.65) mostra que

$$\Theta = -i\sigma_y K. \qquad (8.3.21)$$

Em outras palavras, $U = -i\sigma_y$ em (8.3.18). De fato, neste caso

$$\Theta^2 = -i\sigma_y K(-i\sigma_y K) = \sigma_y \sigma_y^* K^2 = -1. \tag{8.3.22}$$

Veremos algo similar quando aplicarmos a reversão temporal à equação de Dirac, da qual nos ocuparemos daqui para frente.

Voltando à equação de Schrödinger (8.1.1) com o Hamiltoniano de Dirac (8.2.7), mas usando as matrizes γ ao invés de $\boldsymbol{\alpha}$ e β, temos

$$i\partial_t \Psi(\mathbf{x}, t) = [-i\gamma^0 \boldsymbol{\gamma} \cdot \nabla + \gamma^0 m]\Psi(\mathbf{x}, t). \tag{8.3.23}$$

Escrevemos nosso operador de inversão temporal seguindo o esquema usado anteriormente nesta seção, com $\mathcal{T}$ no lugar de Θ, onde

$$\mathcal{T} = U_T K \tag{8.3.24}$$

onde U_T é uma matriz unitária que ainda temos de identificar. Como fizemos anteriormente, insira $\mathcal{T}^{-1}\mathcal{T}$ antes da função de onda dos lados esquerdo e direito, e multiplique à esquerda por $\mathcal{T}$. O lado esquerdo de (8.3.23) torna-se

$$\mathcal{T}(i\partial_t)\mathcal{T}^{-1}\mathcal{T}\Psi(\mathbf{x},t) = U_T K(i\partial_t) K U_T^{-1} U_T \Psi^*(\mathbf{x},t)$$

$$= -i\partial_t U_T \Psi^*(\mathbf{x},t) = i\partial_{-t}\left[U_T \Psi^*(\mathbf{x},t)\right], \tag{8.3.25}$$

invertendo o sinal de t na derivada, que é o que precisamos. A fim de que $[U_T \Psi^*(\mathbf{x}, t)]$ satisfaça a forma de (8.2.23) invertida no tempo, precisamos impor que

$$\mathcal{T}\left(i\gamma^0 \boldsymbol{\gamma}\right)\mathcal{T}^{-1} = i\gamma^0 \boldsymbol{\gamma} \tag{8.3.26a}$$

e $\quad \mathcal{T}\left(\gamma^0\right)\mathcal{T}^{-1} = \gamma^0. \tag{8.3.26b}$

Estas equações são facilmente convertidas para um forma mais conveniente que nos permite identificar U_T. Primeiro, aplique $\mathcal{T}^{-1}$ à esquerda e $\mathcal{T}$ à direita. Depois, K à esquerda e direita. Finalmente, insira $U_T U_T^{-1}$ entre as matrizes γ em (8.3.26a) e, então, use o resultado de (8.3.26b). Ambos se tornam assim

$$U_T^{-1}(\boldsymbol{\gamma})U_T = -(\boldsymbol{\gamma})^* \tag{8.3.27a}$$

e $\quad U_T^{-1}\left(\gamma^0\right)U_T = \left(\gamma^0\right)^*. \tag{8.3.27b}$

Consideramos agora o caso especial da nossa escolha (8.2.10) para as matrizes γ com (8.2.7). Somente γ^2 é imaginário nesta representação. Portanto, se quisermos construir a partir de matrizes γ, então (8.3.27) nos diz que precisamos de uma combinação que não muda o sinal quando comutada com γ^0 e γ^2, mas que muda de sinal com γ^1 e γ^3. É de certo modo óbvio ver que isto pode ser feito com

$$U_T = \gamma^1 \gamma^3 \tag{8.3.28}$$

a menos de um fator de fase arbitrário. Na verdade, isto acaba sendo equivalente ao resultado $U = i\sigma_y$ em (8.3.21). Veja o Problema 8.13 ao final deste capítulo.

CPT

Concluímos esta seção com uma rápida discussão da combinação $\mathcal{CPT}$ de operadores. Sua ação sobre uma função de onda $\Psi(\mathbf{x},t)$ de Dirac pode ser calculada diretamente, se usarmos as discussões precedentes. Ou seja,

$$\begin{aligned}\mathcal{CPT}\,\Psi(\mathbf{x},t) &= i\gamma^2[\mathcal{PT}\,\Psi(\mathbf{x},t)]^* \\ &= i\gamma^2\gamma^0[\mathcal{T}\,\Psi(-\mathbf{x},t)]^* \\ &= i\gamma^2\gamma^0\gamma^1\gamma^3\Psi(-\mathbf{x},t) = i\gamma^0\gamma^1\gamma^2\gamma^3\Psi(-\mathbf{x},t).\end{aligned} \quad (8.3.29)$$

Esta combinação de matrizes γ é bem conhecida; na verdade, ela recebe um nome especial. Definimos

$$\gamma^5 \equiv i\gamma^0\gamma^1\gamma^2\gamma^3. \quad (8.3.30)$$

Na nossa base (8.2.10), escrevendo novamente matrizes 4×4 como matrizes 2×2 com elementos que são matrizes 2×2, chegamos a

$$\gamma^5 = \begin{bmatrix} 0 & 1 \\ 1 & 0 \end{bmatrix}. \quad (8.3.31)$$

Ou seja, γ^5 (e, portanto, também $\mathcal{CPT}$) inverte os spinores (de duas componentes) para cima e para baixo da função de onda de Dirac. O efeito total de $\mathcal{CPT}$ sobre a função de onda de partícula livre para o elétron é, na verdade, o de convertê-lo numa função de onda de "pósitron". Veja o Problema 8.14 ao final deste capítulo.

Esta observação é apenas a "ponta do iceberg" de um conceito profundo na teoria quântica de campos relativística. A noção de invariância $\mathcal{CPT}$ é equivalente a uma simetria total entre matéria e antimatéria, desde que se integre sobre todos os potenciais estados finais. Por exemplo, ela prediz que a massa de qualquer partícula deve ser igual à massa da antipartícula correspondente.

Pode-se mostrar, na verdade, embora isto esteja longe de ser algo trivial, que qualquer teoria quântica de campos invariante por uma transformação de Lorentz é invariante sob $\mathcal{CPT}$. As implicações disto são profundas, particularmente nos dias de hoje, numa época no qual as teorias de corda abrem a possibilidade de que a invariância de Lorentz seja quebrada em distâncias próximas da massa de Planck. Indicamos aos leitores quaisquer um dos inúmeros livros-texto avançados – e também a literatura corrente – para mais detalhes.

8.4 ■ RESOLVENDO O PROBLEMA COM UM POTENCIAL CENTRAL

Nosso objetivo é resolver o problema de autovalores

$$H\Psi(\mathbf{x}) = E\Psi(\mathbf{x}), \quad (8.4.1)$$

onde $\quad H = \boldsymbol{\alpha}\cdot\mathbf{p} + \beta m + V(r), \quad (8.4.2)$

para tanto, escrevemos a função de onda $\Psi(\mathbf{x})$ de quatro componentes em termos de duas funções de onda $\psi_1(\mathbf{x})$ e $\psi_2(\mathbf{x})$ de duas componentes:

$$\Psi(\mathbf{x}) = \begin{bmatrix} \psi_1(\mathbf{x}) \\ \psi_2(\mathbf{x}) \end{bmatrix}. \tag{8.4.3}$$

Baseados nas simetrias da equação de Dirac por nós já discutidas, esperamos que $\Psi(\mathbf{x})$ seja uma autofunção de $\mathbf{J}^2$ e J_z.

A conservação da paridade implica que $\beta\Psi(-\mathbf{x}) = \pm\Psi(\mathbf{x})$. Dada a forma (8.2.10) de β, isto implica que

$$\begin{bmatrix} \psi_1(-\mathbf{x}) \\ -\psi_2(-\mathbf{x}) \end{bmatrix} = \pm \begin{bmatrix} \psi_1(\mathbf{x}) \\ \psi_2(\mathbf{x}) \end{bmatrix}. \tag{8.4.4}$$

Com isto, resta-nos duas escolhas:

$$\psi_1(-\mathbf{x}) = +\psi_1(\mathbf{x}) \quad \text{e} \quad \psi_2(-\mathbf{x}) = -\psi_2(\mathbf{x}) \tag{8.4.5a}$$

$$\text{ou} \quad \psi_1(-\mathbf{x}) = -\psi_1(\mathbf{x}) \quad \text{e} \quad \psi_2(-\mathbf{x}) = +\psi_2(\mathbf{x}). \tag{8.4.5b}$$

Estas condições são perfeitamente satisfeitas pelas funções de spinores $\mathcal{Y}_l^{jm}(\theta,\phi)$, definidas em (3.8.64), onde $l = j \pm (1/2)$. Para um valor de j dado, um possível de l é par enquanto o outro é ímpar. Uma vez que a paridade de qualquer Y_l^m particular é simplesmente $(-1)^l$, sobram-nos duas escolhas naturais para as dependências angular e de spinor das condições (8.4.5). Escrevemos

$$\Psi(\mathbf{x}) = \Psi_A(\mathbf{x}) \equiv \begin{bmatrix} u_A(r)\mathcal{Y}_{j-1/2}^{jm}(\theta,\phi) \\ -iv_A(r)\mathcal{Y}_{j+1/2}^{jm}(\theta,\phi) \end{bmatrix}, \tag{8.4.6a}$$

que é uma solução par (ímpar) se $j - 1/2$ for par (ímpar), ou

$$\Psi(\mathbf{x}) = \Psi_B(\mathbf{x}) \equiv \begin{bmatrix} u_B(r)\mathcal{Y}_{j+1/2}^{jm}(\theta,\phi) \\ -iv_B(r)\mathcal{Y}_{j-1/2}^{jm}(\theta,\phi) \end{bmatrix}, \tag{8.4.6b}$$

que é uma solução ímpar (par) se $j - 1/2$ for par (ímpar). Como veremos, o fator de $-i$ foi introduzido nos spinores inferiores por uma questão de conveniência. Note que embora ambos, $\Psi_A(\mathbf{x})$ e $\Psi_B(\mathbf{x})$, tenham paridade e números quânticos j e m definidos, eles misturam valores de l. O momento angular orbital não é mais um bom número quântico quando consideramos potenciais centrais na equação de Dirac.

Estamos agora prontos para nos transformar (8.4.1) em uma equação diferencial em r para as funções $u_{A(B)}(r)$ e $v_{A(B)}(r)$. Primeiro, reescrevemos a equação de Dirac como duas equações acopladas para os spinores $\psi_1(\mathbf{x})$ e $\psi_2(\mathbf{x})$. Portanto,

$$[E - m - V(r)]\psi_1(\mathbf{x}) - (\boldsymbol{\sigma} \cdot \mathbf{p})\psi_2(\mathbf{x}) = 0 \tag{8.4.7a}$$

$$[E + m - V(r)]\psi_2(\mathbf{x}) - (\boldsymbol{\sigma} \cdot \mathbf{p})\psi_1(\mathbf{x}) = 0 \tag{8.4.7b}$$

Use agora (3.2.39) e (3.2.41) para escrever

$$\boldsymbol{\sigma}\cdot\mathbf{p} = \frac{1}{r^2}(\boldsymbol{\sigma}\cdot\mathbf{x})(\boldsymbol{\sigma}\cdot\mathbf{x})(\boldsymbol{\sigma}\cdot\mathbf{p})$$

$$= \frac{1}{r^2}(\boldsymbol{\sigma}\cdot\mathbf{x})[\mathbf{x}\cdot\mathbf{p} + i\boldsymbol{\sigma}\cdot(\mathbf{x}\times\mathbf{p})]$$

$$= (\boldsymbol{\sigma}\cdot\hat{\mathbf{r}})\left[\hat{\mathbf{r}}\cdot\mathbf{p} + i\boldsymbol{\sigma}\cdot\frac{\mathbf{L}}{r}\right]. \tag{8.4.8}$$

Trabalhando no espaço de coordenadas temos

$$\hat{\mathbf{r}}\cdot\mathbf{p} \to \hat{\mathbf{r}}\cdot(-i\nabla) = -i\frac{\partial}{\partial r}, \tag{8.4.9}$$

que irá operar apenas sobre a parte radial da função de onda. Sabemos também que

$$\boldsymbol{\sigma}\cdot\mathbf{L} = 2\mathbf{S}\cdot\mathbf{L} = \mathbf{J}^2 - \mathbf{L}^2 - \mathbf{S}^2, \tag{8.4.10}$$

de modo que podemos escrever

$$(\boldsymbol{\sigma}\cdot\mathbf{L})\mathcal{Y}_l^{jm} = \left[j(j+1) - l(l+1) - \frac{3}{4}\right]\mathcal{Y}_l^{jm}$$

$$\equiv \kappa(j,l)\mathcal{Y}_l^{jm}, \tag{8.4.11}$$

onde

$$\kappa = -j - \frac{3}{2} = -(\lambda+1) \quad \text{para } l = j + \frac{1}{2} \tag{8.4.12a}$$

e $$\kappa = j - \frac{1}{2} = +(\lambda-1) \quad \text{para } l = j - \frac{1}{2}, \tag{8.4.12b}$$

onde

$$\lambda \equiv j + \frac{1}{2}. \tag{8.4.13}$$

Mais difícil é calcular o efeito do fator matricial

$$\boldsymbol{\sigma}\cdot\hat{\mathbf{r}} = \begin{bmatrix} \cos\theta & e^{-i\phi}\sin\theta \\ e^{i\phi}\sin\theta & -\cos\theta \end{bmatrix} \tag{8.4.14}$$

nas funções de onda de spinor. Em princípio, podemos fazer a multiplicação sobre os $\mathcal{Y}_l^{jm}$ como definido em (3.8.64) e, então, usar a definição (3.6.37) para calcular o resultado. Contudo, há uma maneira mais fácil de fazer isso.

Esperamos que $\boldsymbol{\sigma}\cdot\hat{\mathbf{r}}$ se comporte como um (pseudo)escalar sob rotação; portanto, se calcularmos seu efeito sobre um $\hat{\mathbf{r}}$ particular, o comportamento deve ser o mesmo para todo $\hat{\mathbf{r}}$. Escolha $\hat{\mathbf{r}} = \hat{\mathbf{z}}$, isto é, $\theta = 0$. Uma vez que a parte dependente de θ de qualquer $Y_l^m(\theta, \phi)$ contém um fator $[\text{sen}\,\theta]^{|m|}$, podemos usar (3.6.39) para escrever

$$Y_l^m(\theta = 0, \phi) = \sqrt{\frac{2l+1}{4\pi}} \delta_{m0}, \tag{8.4.15}$$

$$\mathcal{Y}_l^{j=l\pm 1/2, m}(\theta = 0, \phi) = \frac{1}{\sqrt{2l+1}} \begin{bmatrix} \pm\sqrt{l \pm m + 1/2}\, Y_l^{m-1/2}(0, \phi) \\ \sqrt{l \mp m + 1/2}\, Y_l^{m+1/2}(0, \phi) \end{bmatrix}$$

$$= \frac{1}{\sqrt{4\pi}} \begin{bmatrix} \pm\sqrt{l \pm m + 1/2}\, \delta_{m,1/2} \\ \sqrt{l \mp m + 1/2}\, \delta_{m,-1/2} \end{bmatrix}$$

ou $\quad \mathcal{Y}_{l=j\mp 1/2}^{j,m}(\theta = 0, \phi) = \sqrt{\frac{j+1/2}{4\pi}} \begin{bmatrix} \pm\delta_{m,1/2} \\ \delta_{m,-1/2} \end{bmatrix}. \tag{8.4.16}$

Portanto,

$$(\boldsymbol{\sigma} \cdot \hat{\mathbf{z}})\mathcal{Y}_{l=j\mp 1/2}^{j,m}(\theta = 0, \phi) = -\sqrt{\frac{j+1/2}{4\pi}} \begin{bmatrix} \mp\delta_{m,1/2} \\ \delta_{m,-1/2} \end{bmatrix} = -\mathcal{Y}_{l=j\pm 1/2}^{j,m}(\theta = 0, \phi), \tag{8.4.17}$$

e uma vez que argumentamos que estes resultado independe de θ e ϕ, temos

$$(\boldsymbol{\sigma} \cdot \hat{\mathbf{r}})\mathcal{Y}_{l=j\pm 1/2}^{j,m}(\theta, \phi) = -\mathcal{Y}_{l=j\mp 1/2}^{j,m}(\theta, \phi), \tag{8.4.18}$$

onde usamos o fato de que $(\boldsymbol{\sigma} \cdot \hat{\mathbf{r}})^2 = 1$. Em outras palavras, para j e m dados, $\mathcal{Y}_{l=j\pm 1/2}^{j,m}(\theta, \phi)$ é um autoestado de $\boldsymbol{\sigma} \cdot \hat{\mathbf{r}}$ com autovalor -1 (uma consequência na natureza pseudoescalar do operador) e muda l para seu outro valor permitido, que naturalmente tem a paridade oposta.

Retornamos agora às equações acopladas (8.4.7) com soluções da forma (8.4.6). Temos duas escolhas para $\psi_1(\mathbf{x})$ e $\psi_2(\mathbf{x})$, a "Escolha A"

$$\psi_1(\mathbf{x}) = u_A(r)\mathcal{Y}_{j-1/2}^{jm}(\theta, \phi) \quad \text{e} \quad \psi_2(\mathbf{x}) = -i v_A(r)\mathcal{Y}_{j+1/2}^{jm}(\theta, \phi) \tag{8.4.19}$$

ou a "Escolha B"

$$\psi_1(\mathbf{x}) = u_B(r)\mathcal{Y}_{j+1/2}^{jm}(\theta, \phi) \quad \text{e} \quad \psi_2(\mathbf{x}) = -i v_B(r)\mathcal{Y}_{j-1/2}^{jm}(\theta, \phi). \tag{8.4.20}$$

Observe que, independente de qual escolha fizermos, o efeito do fator $(\boldsymbol{\sigma} \cdot \hat{\mathbf{r}})$, que é parte de $(\boldsymbol{\sigma} \cdot \mathbf{p})$ em (8.4.7), é o de trocar $l = j \pm 1/2$ por $l = j \mp 1/2$ no spinor angular $\mathcal{Y}_l^{jm}$ – ou seja, mudar o fator do spinor angular do segundo termo em cada um das (8.4.7) de modo que ele fique o mesmo que o primeiro termo. Em outras palavras, os fatores angulares desaparecem e ficamos apenas com as equações radiais.

Juntando tudo isto, para a "Escolha A", (8.4.7) finalmente torna-se

$$[E - m - V(r)]u_A(r) - \left[\frac{d}{dr} + \frac{\lambda+1}{r}\right]v_A(r) = 0 \qquad (8.4.21\text{a})$$

$$[E + m - V(r)]v_A(r) - \left[\frac{d}{dr} - \frac{\lambda-1}{r}\right]u_A(r) = 0 \qquad (8.4.21\text{b})$$

e, para a "Escolha B",

$$[E - m - V(r)]u_B(r) - \left[\frac{d}{dr} - \frac{\lambda-1}{r}\right]v_B(r) = 0 \qquad (8.4.22\text{a})$$

$$[E + m - V(r)]v_B(r) - \left[\frac{d}{dr} + \frac{\lambda+1}{r}\right]u_B(r) = 0. \qquad (8.4.22\text{b})$$

Contudo, formalmente, as equações (8.4.21) se transformam nas (8.4.22) com a troca $\lambda \leftrightarrow -\lambda$. Portanto, podemos nos concentrar na solução de (8.4.21) e abandonar o índice A.

As equações (8.4.21) são equações diferenciais ordinárias de primeira ordem acopladas, com soluções $u(r)$ e $v(r)$ sujeitas a certas condições de contorno (tal como normalização) que nos darão os autovalores E. Esta solução pode ser obtida se obtida no mínimo numericamente, o que se revela prático em muitas situações. No entanto, nós concluimos este capítulo com um caso que tem solução analítica.

O átomo de um elétron

Podemos considerar agora átomos com um elétron, cuja energia potencial é dada por

$$V(r) = -\frac{Ze^2}{r}. \qquad (8.4.23)$$

Esperamos que a "estrutura fina" do átomo de hidrogênio, que estudamos usando teoria de perturbação na Seção 5.3, surja naturalmente em nossa solução usando a equação de Dirac.

Começamos escrevendo (8.4.21) em termos de variáveis de escala, ou seja

$$\varepsilon \equiv \frac{E}{m} \qquad (8.4.24)$$

$$\text{e} \qquad x \equiv mr, \qquad (8.4.25)$$

e lembrando que escrevemos $\alpha \equiv e^2/(\hbar c) \approx 1/137$. Isto dá

$$\left[\varepsilon - 1 + \frac{Z\alpha}{x}\right]u(x) - \left[\frac{d}{dx} + \frac{\lambda+1}{x}\right]v(x) = 0 \qquad (8.4.26\text{a})$$

$$\left[\varepsilon + 1 + \frac{Z\alpha}{x}\right]v(x) + \left[\frac{d}{dx} - \frac{\lambda-1}{x}\right]u(x) = 0. \qquad (8.4.26\text{b})$$

Em seguida, consideramos o comportamento das soluções quando $x \to \infty$. A equação (8.4.26a) torna-se

$$(\varepsilon - 1)u - \frac{dv}{dx} = 0 \qquad (8.4.27)$$

e, portanto, (8.4.26a) implica que

$$(\varepsilon + 1)v + \frac{du}{dx} = (\varepsilon + 1)v + \frac{1}{\varepsilon - 1}\frac{d^2v}{dx^2} = 0, \qquad (8.4.28)$$

que nos leva a

$$\frac{d^2v}{dx^2} = (1 - \varepsilon^2)v. \qquad (8.4.29)$$

Observe que, classicamente, estados ligados requerem que a energia cinética $E - m - V(r) = 0$ para alguma distância r, e $V(r) < 0$ para todo r, de modo que $E - m < 0$ e $\varepsilon = E/m < 1$. Portanto, $1 - \varepsilon^2$ é garantidamente positivo e (8.4.29) implica em

$$v(x) = \exp[-(1 - \varepsilon^2)^{1/2}x] \qquad \text{para } x \to \infty, \qquad (8.4.30)$$

onde exigimos que $v(x)$ seja normalizável quando $x \to \infty$, mas ignoramos, por hora, a constante de normalização. Similarmente, (8.4.27) implica, então, em

$$u(x) = \exp[-(1 - \varepsilon^2)^{1/2}x] \qquad \text{para } x \to \infty, \qquad (8.4.31)$$

também.

Escreva agora $u(x)$ e $v(x)$ como séries de potências cada uma com seus próprios coeficientes de expansão e procure por relações consistentes com as equações diferenciais. Usando

$$u(x) = e^{-(1-\varepsilon^2)^{1/2}x} x^\gamma \sum_{i=0}^{\infty} a_i x^i \qquad (8.4.32)$$

e

$$v(x) = e^{-(1-\varepsilon^2)^{1/2}x} x^\gamma \sum_{i=0}^{\infty} b_i x^i, \qquad (8.4.33)$$

assumimos, tacitamente, que podemos achar soluções em forma de séries usando alguma potência geral γ tanto para $u(x)$ quanto $v(x)$. De fato, inserindo estas expressões em (8.4.26) e primeiro considerando termos proporcionais a $x^{\gamma-1}$ achamos, depois de um pouco de reordenamento

$$(Z\alpha)a_0 - (\gamma + \lambda + 1)b_0 = 0 \qquad (8.4.34a)$$

$$(\gamma - \lambda + 1)a_0 + (Z\alpha)b_0 = 0. \qquad (8.4.34b)$$

Nossa abordagem gerará em breve relações de recorrência para os coeficientes a_i e b_i. Isto significa que precisamos evitar $a_0 = 0$ e $b_0 = 0$, e a única maneira de fazer isto é exigindo que o determinante de (8.4.34) seja zero. Ou seja,

$$(Z\alpha)^2 + (\gamma + 1 + \lambda)(\gamma + 1 - \lambda) = 0 \qquad (8.4.35)$$

ou, resolvendo para achar γ,

$$\gamma = -1 \pm \left[\lambda^2 - (Z\alpha)^2\right]^{1/2}. \tag{8.4.36}$$

Observe, primeiramente, que $\lambda = j + 1/2$ é da ordem da unidade, de modo que o processo não funciona se $Z\alpha \sim 1$. Em campos coulombianos fortes de $Z \approx 137$, a produção espontânea de pares e^+e^- ocorreria, e é de se esperar que a natureza de equação de uma partícula da equação de Dirac não prevaleça. De fato, em casos de interesse aqui temos $Z\alpha \ll 1$. Isto também significa que a expressão entre chaves em (8.4.36) é da ordem da unidade. Para o sinal de – isto dá $\gamma \sim -2$, que seria muito singular na origem. Em função disso, escolhemos o sinal de + e temos, assim,

$$\gamma = -1 + \left[\left(j + \frac{1}{2}\right)^2 - (Z\alpha)^2\right]^{1/2}. \tag{8.4.37}$$

Observe que, para $j = 1/2$, ainda temos uma singularidade na origem, uma vez que $\gamma < 0$, mas esta singularidade é fraca e integrável sobre todo o espaço.

Começando por um valor de a_0 determinado via normalização, e $b_0 = a_0(Z\alpha)/(\gamma + \lambda + 1)$, podemos achar os a_i e b_i remanescentes retornando ao resultado que obtemos ao inserir (8.4.32) e (8.4.33) em (8.4.26). Juntando potências de x^γ e aquelas mais altas, achamos

$$(1 - \varepsilon)a_{i-1} - Z\alpha a_i - (1 - \varepsilon^2)^{1/2}b_{i-1} + (\lambda + 1 + \gamma + i)b_i = 0 \tag{8.4.38a}$$

$$(1 + \varepsilon)b_{i-1} + Z\alpha b_i - (1 - \varepsilon^2)^{1/2}a_{i-1} - (\lambda - 1 - \gamma - i)a_i = 0. \tag{8.4.38b}$$

Multiplique (8.4.38a) por $(1 + \varepsilon)^{1/2}$ e (8.4.38b) por $(1 - \varepsilon)^{1/2}$ e, então, as adicione. Isto leva a uma relação entre os coeficientes a_i e b_i, a saber

$$\frac{b_i}{a_i} = \frac{Z\alpha(1+\varepsilon)^{1/2} + (\lambda - 1 - \gamma - i)(1-\varepsilon)^{1/2}}{Z\alpha(1-\varepsilon)^{1/2} + (\lambda + 1 + \gamma + i)(1+\varepsilon)^{1/2}}. \tag{8.4.39}$$

Esta relação mostra que, para valores grande de x, onde termos com i grande dominam, a_i e b_i são proporcionais um ao outro. Além do mais, (8.4.38) também implica que $a_i/a_{i-1} \sim 1/i$ para valores grandes de i (veja o Problema 8.15 ao final deste capítulo). Em outras palavras, as séries (8.4.32) e (8.4.33) crescerão exponencialmente e não serão normalizáveis a menos que as truncamos.

Se supusermos, assim, que $a_i = b_i = 0$ para $i = n' + 1$, então

$$(1 - \varepsilon)a_{n'} - (1 - \varepsilon^2)^{1/2}b_{n'} = 0 \tag{8.4.40a}$$

$$(1 + \varepsilon)b_{n'} - (1 - \varepsilon^2)^{1/2}a_{n'} = 0. \tag{8.4.40b}$$

Cada uma destas equações leva à mesma condição para a razão entre os coeficientes que determinam o fim da série, que é

$$\frac{b_{n'}}{a_{n'}} = \left[\frac{1-\varepsilon}{1+\varepsilon}\right]^{1/2}. \tag{8.4.41}$$

Combinando (8.4.39) com (8.4.40), temos

$$(1 + \gamma + n')(1 - \varepsilon^2)^{1/2} = Z\alpha\varepsilon, \qquad (8.4.42)$$

que, finalmente, pode ser resolvida para ε. Colocando c de volta, determinamos os autovalores da energia

$$E = \frac{mc^2}{\left[1 + \dfrac{(Z\alpha)^2}{\left[\sqrt{(j+1/2)^2 - (Z\alpha)^2} + n'\right]^2}\right]^{1/2}}. \qquad (8.4.43)$$

Gostaríamos de enfatizar que para qualquer número quântico n' dado, os autovalores da energia dependem do momento angular total j. Ou seja, tomando um exemplo: a energia para o estado de $j = \frac{1}{2}$ será a mesma independente deste valor vir do acoplamento de $l = 0$ ou $l = 1$ ao spin $\frac{1}{2}$.

Em ordem mais baixa em $Z\alpha$, (8.4.43) torna-se

$$E = mc^2 - \frac{1}{2}\frac{mc^2(Z\alpha)^2}{n^2}, \qquad (8.4.44)$$

onde $n \equiv j + 1/2 + n'$. Comparando com (3.7.53), vemos que isto simplesmente é a familiar série de Balmer, com a adição da energia da massa de repouso, com n sendo o número quântico principal. A inclusão de ordens mais altas em $Z\alpha$ leva à conhecida expressão da correção relativística à energia cinética (5.3.10) e à interação spin-órbita (5.3.31).

A Figura 8.2 mostra os níveis de energia do átomo de hidrogênio e os experimentos onde todas estas medidas foram realizadas. A fim de obter estes resultados, foi criado um grande número de técnicas engenhosas, incluindo a absorção de dois fótons para conectar transições "proibidas". A chamada "estrutura fina" é clara – isto é, os efeitos relativísticos que levam ao desdobramento entres os níveis S e P dos estados com $n = 2$, e entre os níveis S, P e D para os estados com $n = 3$. O Problema 8.16 ao final do capítulo mostra que os níveis de energia inteiramente relativísticos reproduzem os mesmos desdobramentos de níveis que os obtidos quando se aplica teoria de perturbação.

Há, é claro, uma profunda discrepância entre os níveis de energia da Figura 8.2 e o resultado (8.4.43) deduzido por nós para os autovalores de energia. De acordo com (8.4.43), a energia só pode depender de n e j. Contudo, vemos que há um pequeno desdobramento entre, por exemplo, os estados $2P_{1/2}$ e $2P_{1/2}$. Este desdobramento, chamado de *deslocamento de Lamb* em homenagem a seu descobridor, teve um papel central em tornar clara a importância da teoria quântica de campos relativística para o entendimento da estrutura atômica. Consulte Holstein (1992) para uma discussão da história do deslocamento de Lamb, bem como para duas deduções de seu valor numérico, uma formal e uma "fisicamente intuitiva".

O problema 8.17 ao final deste capítulo traz uma comparação dos níveis de energia previstos por (8.4.43) com resultados experimentais de alta precisão.

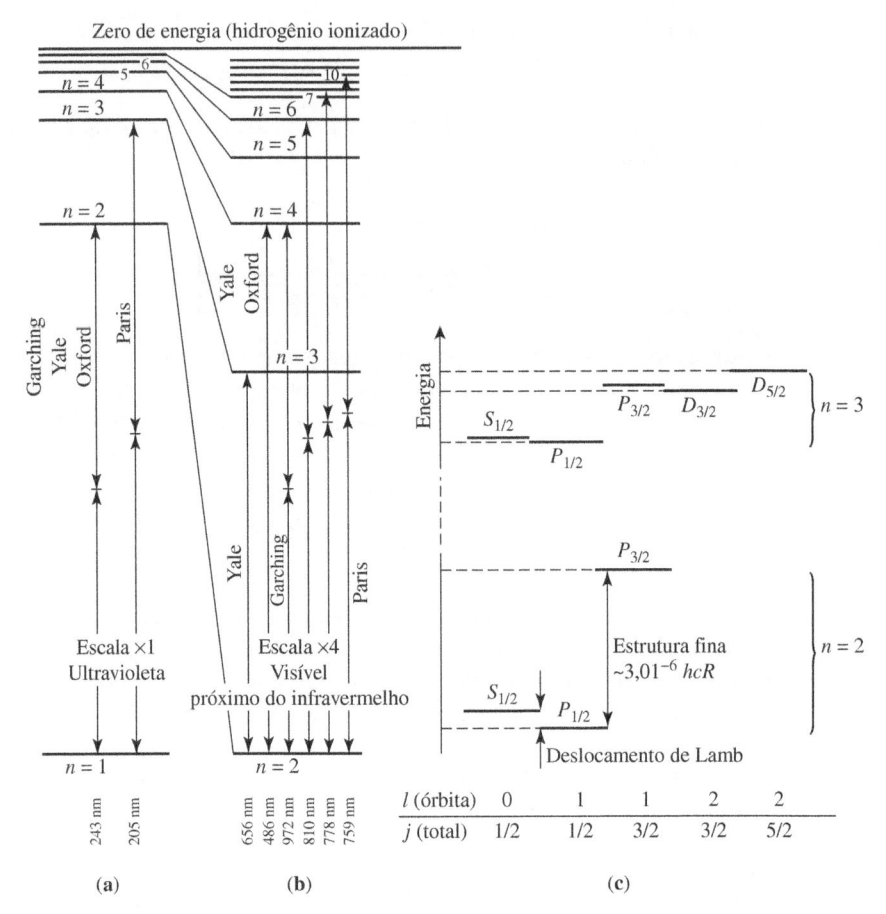

FIGURA 8.2 Os níveis de energia do átomo de hidrogênio, com referência aos muitos experimentos de alta precisão que mediram transições eletromagnéticas entre os mesmos. Tirado de "Hydrogen Metrology: Up to What Limit?", de B. Cagnac, *Physica Scripta* **T70** (1997), 24. (a) O diagrama de níveis de energia completo, (b) com a escala de energia multiplicada por 4 e (c) estrutura fina dos níveis $n = 2$ e $n = 3$, detalhando o comportamento com os números quânticos l e j.

8.5 ■ TEORIA QUÂNTICA DE CAMPOS RELATIVÍSTICA

Concluímos agora nossa cobertura da "mecânica quântica moderna". O alicerce descrito neste livro continua sendo a base mais fundamental sobre a qual podemos assentar nossa compreensão do mundo físico. Embora a interpretação probabilística do conceito de medida seja, sob certos aspectos, perturbadora, ela sempre prevalece quando comparada aos experimentos.

As deficiências que permanecem – por exemplo, no deslocamento de Lamb – não são resultado de problemas dos axiomas fundamentais da mecânica quântica. Ao invés disso, são o resultado de uma aproximação necessária que fazemos quando tentamos desenvolver uma equação de onda quântica que seja consistente com a relatividade. A habilidade de criar e destruir partículas é inconsistente com nossa abordagem de "uma partícula", que usamos para escrever as equações dinâmicas na mecânica quântica. Ao invés disto, deveríamos reexaminar o formalismo Hamiltoniano, sobre o qual muito deste livro é baseado, a fim de lidarmos com estes assuntos.

A teoria quântica de campos é o arcabouço correto para tratar a mecânica quântica relativística e a mecânica quântica de muitas partículas em geral. Há essencialmente dois caminhos através dos quais podemos nos aproximar da teoria quântica de campos, nenhum dos quais foi aqui desenvolvido. Nós apenas os mencionamos para aqueles leitores que estejam interessados em dar um passo adiante.

Nossa abordagem é através do método da "segunda quantização", na qual se introduz operadores que criam e destroem partículas. Estes operadores comutam entre si para spins inteiros, e anticomutam para spins semi-inteiros. É necessário um certo trabalho para nela introduzir a covariância relativística, mas é algo relativamente direto de se fazer. Contudo, isto também não é necessário se o problema não o pede. Este é o caso, por exemplo, de um grande número de problemas fascinantes na física da matéria condensada.

A segunda quantização é discutida na Seção 7.5 deste livro. Para outros exemplos, consulte *Quantum Mechanics*, 3a. edição, de Eugen Merzbacher e *Quantum Theory of Many-Particle Systems*, de Alexander L. Fetter e John Dirk Walecka.

A segunda abordagem é via integrais de caminho da mecânica quântica, uma abordagem introduzida por Richard Feynman em sua tese de doutorado. Este formalismo conceitualmente atraente pode ser estendido de maneira direta da mecânica quântica de partículas para a teoria de campos quantizados. Contudo, não é algo direto usar este formalismo para cálculos de problemas típicos até que se tenha feito uma conexão com o formalismo "canônico" que eventualmente se torna a segunda quantização. Não obstante, é um assunto que vale a pena ser explorado para aqueles estudantes que querem compreender melhor os princípios que levaram à teoria quântica de muitos corpos.

As integrais de caminho não são a base de muitos dos livros de teoria quântica de campos, mas são exploradas de maneira maravilhosa no livro *Quantum Field Theory in a Nutshell*, de Anthony Zee.

Problemas

8.1 Os exercícios a seguir têm por objetivo a prática no uso de unidades naturais.
  (a) Expresse a massa do próton $m_p = 1{,}67262158 \times 10^{-27}$ kg em unidades de GeV.
  (b) Suponha que uma partícula de massa desprezível esteja confinada em uma caixa do tamanho de um próton, aproximadamente 1 fm = 10^{-15} m. Use o princípio da incerteza para estimar a energia da partícula confinada. Talvez você esteja interessado em saber que a massa do píon, a mais leve das partículas fortemente interagentes, é, em unidades naturais, $m_\pi = 135$ MeV.
  (c) A teoria de cordas se ocupa da física em uma escala que combina gravidade, relatividade e mecânica quântica. Use análise dimensional para determinar a "massa de Planck", M_P, que é formada pela combinação de G, $\hbar$ e c, e expresse seu resultado em GeV.

8.2 Mostre que a matriz $\eta^{\mu\nu}$ com os mesmos elementos do tensor métrico $\eta_{\mu\nu}$ usado neste capítulo, é tal que $\eta^{\mu\lambda}\eta_{\lambda\nu} = \delta^\mu_\nu$, que é a matriz identidade. Portanto, mostre que a relação natural $\eta^{\mu\nu} = \eta^{\mu\lambda}\eta^{\nu\sigma}\eta_{\lambda\sigma}$ realmente é válida com esta definição. Mostre também que $a^\mu b_\mu = a_\mu b^\mu$ para dois quadrivetores a^μ e b^μ.

8.3 Mostre que (8.1.11) é, de fato, uma corrente conservada quando $\Psi(\mathbf{x}, t)$ satisfaz a equação de Klein-Gordon.

8.4 Mostre que (8.1.14) segue de (8.1.8)

8.5 Deduza (8.1.16a), (8.1.16b) e (8.1.18).

8.6 Mostre que os autovalores da energia da partícula livre (8.1.18) são $E = \pm E_p$ e que as autofunções são realmente dadas por (8.1.21), sujeitas à normalização segundo a qual $\Upsilon^\dagger \tau_3 \Upsilon = \pm 1$ para $E = \pm E_p$.

8.7 Este problema foi retirado do livro *Quantum Mechanics II: A Second Course in Quantum Theory*, 2a. Edição, de Rubin H. Landau (1996). Um elétron sem spin está ligado via um potencial de Coulomb $V(r) = -Ze^2/r$ e um estado estacionário de energia total $E \leq m$. Você pode incorporar esta interação à equação de Klein-Gordon usando a derivada covariante com $V = -e$ e $\mathbf{A} = 0$.

(a) Suponha que as partes radial e angular da equação sejam separáveis e que a função de onda pode ser escrita como $e^{-iEt}[u_l(r)/r]Y_{lm}(\theta, \phi)$. Mostre que a equação radial se torna

$$\frac{d^2u}{d\rho^2} + \left[\frac{2EZ\alpha}{\gamma\rho} - \frac{1}{4} - \frac{l(l+1) - (Z\alpha)^2}{\rho^2}\right]u_l(\rho) = 0,$$

onde $\alpha = e^2$, $\gamma^2 = 4(m^2 - E^2)$ e $\rho = \gamma r$.

(b) Suponha que esta equação tenha uma solução da forma usual, ou seja uma série de potências vezes as soluções para $\rho \to \infty$ e $\rho \to 0$

$$u_l(\rho) = \rho^k(1 + c_1\rho + c_2\rho^2 + \cdots)e^{-\rho/2},$$

Mostre que

$$k = k_\pm = \frac{1}{2} \pm \sqrt{\left(l + \frac{1}{2}\right)^2 - (Z\alpha)^2}$$

e que apenas para k_+ o valor esperado da energia cinética é finito e também que esta solução tem um limite não relativístico que concorda com a solução encontrada para a equação de Schrödinger.

(c) Determine a relação de recorrência para os c_i para que isto seja uma solução da equação de Klein-Gordon e mostre que, a menos que a série de potências termine, a função terá uma forma assintótica incorreta.

(d) No caso em que a série termina, mostre que os autovalores da energia para a solução com k_+ é

$$E = \frac{m}{\left(1 + (Z\alpha)^2\left[n - l - \frac{1}{2} + \sqrt{\left(l + \frac{1}{2}\right)^2 - (Z\alpha)^2}\right]^{-2}\right)^{1/2}},$$

onde n é o número quântico principal.

(e) Expanda E em potências de $(Z\alpha)^2$ e mostre que o termo em primeira ordem dá a fórmula de Bohr. Conecte os termos de ordem mais alta com correções relativísticas e discuta o grau no qual a degenerescência em l é removida.

Jenkins e Kunselman comunicam, em *Phys. Rev. Lett.* **17** (1966) 1148, um grande número de medidas de energias de transição para átomos π^- em núcleos com Z grande. Compare alguns destes resultados com as energias calculadas e discuta a acurácia da previsão (por exemplo, considere a transição $3d \to 2p$ no ^{59}Co, que emite um fóton de energia $384{,}6 \pm 1{,}0$ keV). Você provavelmente precisará usar um computador para calcular as diferenças nas energias com a precisão alta o suficiente ou expandir até potências mais altas de $(Z\alpha)^2$.

8.8 Prove que os traços de γ^μ, $\boldsymbol{\alpha}$ e β são todos zero.

8.9 (a) Deduza as matrizes γ^μ de (8.2.10) e mostre que elas satisfazem a álgebra de Clifford (8.2.4).

(b) Mostre que

$$\gamma^0 = \begin{pmatrix} I & 0 \\ 0 & -I \end{pmatrix} = I \otimes \tau_3$$

e $\quad \gamma^i = \begin{pmatrix} 0 & \sigma^i \\ -\sigma^i & 0 \end{pmatrix} = \sigma^i \otimes i\tau_2,$

onde I é a matriz identidade 2×2 e σ^i e τ_i são as matrizes de Pauli. (A notação $\otimes$ é uma maneira formal de escrever nossas matrizes 4×4 como matrizes 2×2 de matrizes 2×2.)

8.10 Prove e equação da continuidade (8.2.11) para a equação de Dirac.

8.11 Ache os autovalores da equação de Dirac (8.2.20) para a partícula livre.

8.12 Insira uma das quatro soluções $u_{R,L}^{(\pm)}(p)$ de (8.2.22) no quadrivetor corrente de probabilidade (8.2.13) e interprete o resultado.

8.13 Use o Problema 8.9 para mostrar que U_T, definida por (8.3.28), nada mais é que $\sigma^2 \otimes I$, a menos de um fator de fase.

8.14 Escreva a função de onda do spinor de Dirac $\Psi(\mathbf{x}, t)$ de uma partícula livre de energia e helicidade positivas.

(a) Construa os spinores $\mathcal{P}\Psi, \mathcal{C}\Psi$ e $\mathcal{T}\Psi$

(b) Construa o spinor $\mathcal{C}\mathcal{P}\mathcal{T}\Psi$ e interprete-o usando a discussão das soluções de energia de negativa da equação de Dirac.

8.15 Mostre que (8.4.38) implica que $u(x)$ e $v(x)$ crescem como exponenciais se as séries (8.4.32) e (8.4.33) não terminarem.

8.16 Expanda os autovalores da energia dados por (8.4.43) em potências de $Z\alpha$ e mostre que o resultado é equivalente a incluirmos correções relativísticas à energia cinética (5.3.10) e a interação spin-órbita (5.3.31) aos autovalores não relativísticos do átomo de um elétron (8.4.44).

8.17 O *National Institute of Standards and Technology* (NIST) mantém uma página na web com dados dos níveis de energia do hidrogênio e deutério, de alta precisão e atualizados:

http://physics.nist.gov/PhysRefData/HDEL/data.html

A tabela que acompanha este problema foi obtida do endereço acima. Ela nos dá a energia de transição entre os nível de energia $(n, l, j) = (1, 0, 1/2)$ e aqueles indicados nas colunas à esquerda.

n	l	j	$[E(n, l, j) - E(1, 0, 1/2)]/hc$ (cm^{-1})
2	0	1/2	82 258,954 399 2832(15)
2	1	1/2	82 258,919 113 406(80)
2	1	3/2	82 259,285 001 249(80)
3	0	1/2	97 492,221 724 658(46)
3	1	1/2	97 492,211 221 463(24)
3	1	3/2	97 492,319 632 775(24)
3	2	3/2	97 492,319 454 928(23)
3	2	5/2	97 492,355 591 167(23)
4	0	1/2	102 823,853 020 867(68)
4	1	1/2	102 823,848 581 881(58)
4	1	3/2	102 823,894 317 849(58)
4	2	3/2	102 823,894 241 542(58)
4	2	5/2	102 823,909 486 535(58)
4	3	5/2	102 823,909 459 541(58)
4	3	7/2	102 823,917 081 991(58)

(O número entre parênteses é o valor numérico da incerteza padrão que se refere aos últimos dígitos dos valores apresentados). Compare estes valores àqueles previstos por (8.4.43) (você pode usar o Problema 8.16). Em particular:

(a) Compare o alargamento de estrutura fina entre os estados $n = 2, j = 1/2$ e $n = 2$, $j = 3/2$ à equação (8.4.43).
(b) Compare o alargamento de estrutura fina entre os estados $n = 4, j = 5/2$ e $n = 4$, $j = 7/2$ à equação (8.4.43).
(c) Compare a energia de transição de $1S \rightarrow 2S$ com a primeira linha da tabela. Use tanto algarismos significativos quanto necessários nos valores das constantes fundamentais a fim de comparar os resultados dentro dos limites da incerteza padrão.
(d) Quantos exemplos do deslocamento de Lamb são demonstrados nesta tabela? Identifique um exemplo próximo ao topo da tabela e o outro próximo da base desta e compare seus valores.

APÊNDICE A

Unidades Eletromagnéticas

Ao longo do século XX, dois sistemas de unidades divergentes se estabeleceram. Um sistema, conhecido como SI (do francês *le Système international d'unités*), tem suas raízes no laboratório. Ele foi preterido pela comunidade de engenharia e forma a base da maior parte do currículo de graduação. O outro sistema, denominado *gaussiano*, é esteticamente mais limpo e, de longe, preferido na comunidade da física teórica. Usamos neste livro unidades gaussianas, do mesmo modo que a maioria dos livros em nível de pós-graduação.

O sistema SI também é conhecido por unidades *MKSA* (metro, quilograma[‡], segundo, ampère) e o sistema gaussiano por unidades *CGS* (centímetro, grama, segundo). Para problemas da mecânica, a diferença é trivial, resumindo-se a algumas potências de 10. A dificuldade surge quando incorporamos o eletromagnetismo, onde a carga, por exemplo, tem diferentes dimensões nos diferentes sistemas.

Este apêndice tenta contrastar os dois sistemas de unidades no eletromagnetismo. Apresentamos algumas fórmulas que devem tornar mais fácil para o leitor acompanhar a discussão neste e em outros livros em nível de pós-graduação.

A.1 ■ LEI DE COULOMB, CARGA E CORRENTE

A lei de Coulomb é a observação empírica que duas cargas Q_1 e Q_2 se atraem ou repelem mutuamente com uma força F_Q que é proporcional ao produto das cargas e inversamente proporcional ao quadrado da distância r entre elas. O mais natural é escrever isto como

$$F_Q = \frac{Q_1 Q_2}{r^2} \qquad \text{Gaussiano.} \qquad (A.1.1)$$

Este fato é o ponto de partida para a definição de unidades gaussianas. A unidade de carga é chamada de *statcoulomb*, e a força entre duas cargas de um statcoulomb cada, separadas por uma distância de um centímetro, é igual a um dina.

É fácil ver porque uma formulação tão deliciosamente simples acabou pegando na comunidade de físicos. Infelizmente, porém, ela é difícil de ser feita no laboratório; é muito mais fácil montar uma fonte de corrente num laboratório – quem sabe, com uma bateria ligada a circuito com uma resistência ajustável. Além disso, forças magnéticas entre dois fios longos são fáceis de medir. Portanto, o sistema SI se origina na definição do *ampère*:

Um ampère é a corrente contínua que, quando presente em cada um de dois condutores longos e paralelos, separados por uma distância d de um metro, produz

---

[‡] N. de T.: Em inglês, *Kilogram* e, portanto, a letra K.

entre os fios uma força por metro de comprimento F_I/L numericamente igual à 2×10^{-7} N/m.

Esta simples fórmula para a força entre dois fios no sistema SI, análoga à lei de Coulomb para o sistema gaussiano, é

$$\frac{F_I}{L} = \frac{\mu_0}{2\pi} \frac{I_1 I_2}{d} \quad \text{SI} \tag{A.1.2}$$

para correntes I_1 e I_2 (medidas em ampères) em cada um dos dois fios. Embora (A.1.2) não tenha um nome popular, ela é tão fundamental para o sistema SI de unidades quanto a lei de Coulomb (A.1.1) o é para o sistema gaussiano.

Baseados na definição do ampère, devemos ter

$$\mu_0 \equiv 4\pi \times 10^{-7} \text{ N/A}^2. \tag{A.1.3}$$

Fatores de 4π frequentemente aparecem nas formulações do eletromagnetismo, pois temos sempre que integrar sobre a esfera unitária. É uma questão de gosto – e não de convenção – eliminá-las desde o princípio ou carregá-las ao longo de todo o cálculo.

Se definirmos uma unidade de carga, chamada de *coulomb,* como a carga que durante um intervalo de um segundo passa por um fio que transporta uma corrente de um ampère, então a lei de Coulomb torna-se

$$F_Q = \frac{1}{4\pi\varepsilon_0} \frac{Q_1 Q_2}{r^2} \quad \text{SI.} \tag{A.1.4}$$

Com esta definição da constante de proporcionalidade, mostra-se eventualmente que a velocidade das ondas eletromagnéticas no vácuo é

$$c = \frac{1}{\sqrt{\varepsilon_0 \mu_0}}. \tag{A.1.5}$$

No nosso sistema de unidades correntes, a velocidade da luz é uma quantidade definida e, portanto, ε_0 é também definido como tendo um valor exato.

Uma relação do tipo de (A.1.5) não é obviamente uma surpresa. Campos elétricos e magnéticos estão relacionados entre si pelas transformações de Lorentz, de modo que as constantes de proporcionalidade ε_0 e μ_0 deveriam estar relacionadas através de c. Em unidades gaussianas, não existem os análogos de ε_0 ou μ_0, mas no lugar surge c explicitamente.

A.2 ■ FAZENDO A CONVERSÃO ENTRE SISTEMAS DE UNIDADES

O eletromagnetismo pode ser desenvolvido partindo de (A.1.1) ou (A.1.4) e incorporando a relatividade especial. Por exemplo, escreve-se primeiro as lei de Gauss para o campo elétrico $\mathbf{E}(\mathbf{x})$ como

$$\nabla \cdot \mathbf{E} = \rho(\mathbf{x})/\varepsilon_0 \quad \text{SI} \tag{A.2.1a}$$

$$\text{ou} \quad \nabla \cdot \mathbf{E} = 4\pi\rho(\mathbf{x}) \quad \text{gaussiano.} \tag{1.2.1b}$$

Tabela A.1 Equações de Maxwell na ausência de meios

	Unidades gaussianas	Unidades SI
Lei de Gauss (E)	$\nabla \cdot \mathbf{E} = 4\pi\rho(\mathbf{x})$	$\nabla \cdot \mathbf{E} = \dfrac{1}{\varepsilon_0}\rho(\mathbf{x})$
Lei de Gauss (M)	$\nabla \cdot \mathbf{B} = 0$	$\nabla \cdot \mathbf{B} = 0$
Lei de Ampère	$\nabla \times \mathbf{B} - \dfrac{1}{c}\dfrac{\partial \mathbf{E}}{\partial t} = \dfrac{4\pi}{c}\mathbf{J}$	$\nabla \times \mathbf{B} - (\varepsilon_0\mu_0)\dfrac{\partial \mathbf{E}}{\partial t} = \mu_0\mathbf{J}$
Lei de Faraday	$\nabla \times \mathbf{E} + \dfrac{\partial \mathbf{B}}{\partial t} = 0$	$\nabla \times \mathbf{E} + \dfrac{\partial \mathbf{B}}{\partial t} = 0$
Lei da Força de Lorentz	$\mathbf{F} = Q\left(\mathbf{E} + \dfrac{\mathbf{v}}{c} \times \mathbf{B}\right)$	$\mathbf{F} = Q(\mathbf{E} + \mathbf{v} \times \mathbf{B})$

As equações de Maxwell remanescentes são, então, determinadas. A Tabela A.1 mostra as equações de Maxwell no vácuo em dois sistemas de unidades, bem como a força de Lorentz. Daqui segue todo o resto, e podem-se deduzir todos os resultados do eletromagnetismo usando um ou outro sistema de unidades.

É obviamente mais fácil pegar um conjunto de resultados deduzidos e convertê-los no outro depois de feitas as deduções. Por exemplo, (A.1.1) e (A.1.4) nos dizem que, para fazer a conversão

$$\text{gaussiano} \to \text{SI} \qquad (A.2.2)$$

da lei de Gauss, basta que façamos a mudança

$$Q \to \frac{1}{\sqrt{4\pi\varepsilon_0}}Q. \qquad (A.2.3)$$

Então, referindo-nos à lei da força de Lorentz da Tabela A.1, vemos que

$$\mathbf{E} \to \sqrt{4\pi\varepsilon_0}\mathbf{E} \qquad (A.2.4)$$

e

$$\mathbf{B} \to c\sqrt{4\pi\varepsilon_0}\mathbf{B} = \sqrt{\frac{4\pi}{\mu_0}}\mathbf{B}. \qquad (A.2.5)$$

Se você se sentir confuso, tente sempre relacionar as coisas a grandezas puramente mecânicas, como força ou energia. Por exemplo, a energia potencial de um dipolo magnético em um campo magnético é

$$U = -\boldsymbol{\mu} \cdot \mathbf{B} \qquad (A.2.6)$$

independente de qual sistema de unidades estejamos usando. Portanto, usando (A.2.5) temos

$$\boldsymbol{\mu} \to \sqrt{\frac{\mu_0}{4\pi}}\boldsymbol{\mu}, \qquad (A.2.7)$$

e, portanto, referindo-nos ao ponto inicial deste livro, o momento magnético de uma carga Q circulando com momento angular $\mathbf{L}$ é

$$\mu = \frac{Q}{2mc}\mathbf{L} \qquad \text{Gaussiano}$$

$$\rightarrow \quad \sqrt{\frac{\mu_0}{4\pi}}\mu = \frac{Q}{\sqrt{4\pi\varepsilon_0}}\frac{1}{2mc}\mathbf{L} \qquad (A.2.8)$$

$$\text{ou} \quad \mu = \frac{Q}{2m}\mathbf{L} \qquad \text{SI.} \qquad (A.2.9)$$

Também é útil nos lembrarmos que grandezas tais como Q^2 têm dimensão de energia × comprimento em unidades gaussianas. Isto geralmente basta, de modo que você nunca terá de se preocupar com o que um "statcoulomb" realmente é.

APÊNDICE B

Breve Resumo de Soluções Elementares da Equação de Onda de Schrödinger

Resumimos aqui as soluções simples da equação de onda de Schrödinger para uma variedade de problemas potenciais solúveis.

B.1 ■ PARTÍCULAS LIVRES ($V = 0$)

A autofunção de onda plana, ou de momento, é

$$\psi_{\mathbf{k}}(\mathbf{x},t) = \frac{1}{(2\pi)^{3/2}} e^{i\mathbf{k}\cdot\mathbf{x} - i\omega t}, \qquad (B.1.1)$$

onde

$$\mathbf{k} = \frac{\mathbf{p}}{\hbar}, \quad \omega = \frac{E}{\hbar} = \frac{\mathbf{p}^2}{2m\hbar} = \frac{\hbar \mathbf{k}^2}{2m}, \qquad (B.1.2)$$

e nossa normalização é

$$\int \psi_{\mathbf{k'}}^* \psi_{\mathbf{k}} d^3x = \delta^{(3)}(\mathbf{k} - \mathbf{k'}). \qquad (B.1.3)$$

A superposição de ondas planas que leva à descrição de *pacotes de ondas*. No caso unidimensional,

$$\psi(x,t) = \frac{1}{\sqrt{2\pi}} \int_{-\infty}^{\infty} dk A(k) e^{i(kx - \omega t)} \left(\omega = \frac{\hbar k^2}{2m} \right). \qquad (B.1.4)$$

Para $|A(k)|$ com um pico agudo próximo de $k \simeq k_0$, o pacote de ondas move-se com velocidade de grupo

$$v_g \simeq \left(\frac{d\omega}{dk} \right)_{k_0} = \frac{\hbar k_0}{m}. \qquad (B.1.5)$$

A evolução temporal de um pacote de onda mínimo pode ser descrita por

$$\psi(x,t) = \left[\frac{(\Delta x)_0^2}{2\pi^3} \right]^{1/4} \int_{-\infty}^{\infty} e^{-(\Delta x)_0^2 (k-k_0)^2 + ikx - i\omega(k)t} \, dk, \quad \omega(k) = \frac{\hbar k^2}{2m}, \qquad (B.1.6)$$

onde

$$|\psi(x,t)|^2 = \left\{ \frac{1}{2\pi(\Delta x)_0^2\left[1+(\hbar^2 t^2/4m^2)(\Delta x)_0^{-4}\right]} \right\}^{1/2}$$

$$\times \exp\left\{-\frac{(x-\hbar k_0 t/m)^2}{2(\Delta x)_0^2\left[1+(\hbar^2 t^2/4m^2)(\Delta x)_0^{-4}\right]}\right\}.$$

(B.1.7)

Portanto a largura do pacote de onda se expande como

$$(\Delta x)_0 \quad \text{quando } t=0 \to (\Delta x)_0 \left[1+\frac{\hbar^2 t^2}{4m^2}(\Delta x)_0^{-4}\right]^{1/2} \quad \text{quando } t>0. \qquad (B.1.8)$$

B.2 ■ POTENCIAIS UNIDIMENSIONAIS CONTÍNUOS POR PARTES

As soluções básicas são

$$E > V = V_0: \quad \psi_E(x) = c_+ e^{ikx} + c_- e^{-ikx}, \quad k = \sqrt{\frac{2m(E-V_0)}{\hbar^2}}. \qquad (B.2.1)$$

$E < V = V_0$ (região proibida classicamente):

$$\psi_E(x) = c_+ e^{\kappa x} + c_- e^{-\kappa x}, \quad \kappa = \sqrt{\frac{2m(V_0-E)}{\hbar^2}}$$

(B.2.1)

($c\pm$ deve ser tomando como sendo 0 se $x = \pm\infty$ for incluído no domínio em questão).

Potencial de parede rígida (caixa unidimensional)

Aqui

$$V = \begin{cases} 0 & \text{para } 0 < x < L, \\ \infty & \text{caso contrário}. \end{cases} \qquad (B.2.3)$$

As funções de onda e autoestados da energia são

$$\psi_E(x) = \sqrt{\frac{2}{L}}\,\text{sen}\left(\frac{n\pi x}{L}\right), \quad n = 1,2,3\ldots,$$

$$E = \frac{\hbar^2 n^2 \pi^2}{2mL^2}.$$

(B.2.4)

Poço de potencial quadrado

O potencial V é

$$V = \begin{cases} 0 & \text{para } |x| > a \\ -V_0 & \text{para } |x| < a \end{cases} \quad (V_0 > 0). \tag{B.2.5}$$

As soluções de estados ligados ($E < 0$) são

$$\psi_E \sim \begin{cases} e^{-\kappa|x|} & \text{para } |x| > a, \\ \cos kx \quad \text{(paridade par)} \\ \operatorname{sen} kx \quad \text{(paridade ímpar)} \end{cases} \text{para } |x| < a, \tag{B.2.6}$$

onde

$$k = \sqrt{\frac{2m(-|E|+V_0)}{\hbar^2}}, \quad \kappa = \sqrt{\frac{2m|E|}{\hbar^2}}. \tag{B.2.7}$$

Os valores de energia discretos permitidos $E = -\hbar^2\kappa^2/2m$ são determinados resolvendo

$$\begin{aligned} ka \tan ka &= \kappa a \quad \text{(paridade par)} \\ ka \cot ka &= -\kappa a \quad \text{(paridade ímpar)}. \end{aligned} \tag{B.2.8}$$

Note também que κ e k estão relacionados via

$$\frac{2mV_0 a^2}{\hbar^2} = (k^2 + \kappa^2)a^2. \tag{B.2.9}$$

B.3 ■ PROBLEMAS DE TRANSMISSÃO-REFLEXÃO

Nesta discussão definimos o coeficiente de transmissão T como a razão entre o fluxo da onda transmitida por aquela da onda incidente. Consideramos os seguintes exemplos simples.

Poço quadrado ($V = 0$ para $|x| > a$, $V = -V_0$ para $|x| < a$.)

$$T = \frac{1}{\{1 + [(k'^2 - k^2)^2/4k^2k'^2]\operatorname{sen}^2 2k'a\}}$$

$$= \frac{1}{\{1 + [V_0^2/4E(E+V_0)]\operatorname{sen}^2(2a\sqrt{2m(E+V_0)/\hbar^2})\}}, \tag{B.3.1}$$

onde

$$k = \sqrt{\frac{2mE}{\hbar^2}}, \quad k' = \sqrt{\frac{2m(E+V_0)}{\hbar^2}}. \tag{B.3.2}$$

Note que as ressonâncias ocorrem sempre que

$$2a\sqrt{\frac{2m(E+V_0)}{\hbar^2}} = n\pi, \quad n = 1, 2, 3, \ldots. \tag{B.3.3}$$

Barreira de potencial ($V = 0$ para $|x| > a$, $V = V_0 > 0$ para $|x| < a$.)
  Caso 1: $E < V_0$.

$$\begin{aligned}T &= \frac{1}{\left\{1 + [(k^2+\kappa^2)^2/4k^2\kappa^2]\operatorname{senh}^2 2\kappa a\right\}} \\ &= \frac{1}{\left\{1 + [V_0^2/4E(V_0-E)]\operatorname{senh}^2\left(2a\sqrt{2m(V_0-E)/\hbar^2}\right)\right\}}.\end{aligned} \tag{B.3.4}$$

  Caso 2: $E > V_0$. Este caso é o mesmo do poço quadrado com V_0 substituído por $-V_0$.

Potencial escada ($V = 0$ para $x < 0$, $V = V_0$ para $x > 0$ e $E > V_0$.)

$$T = \frac{4kk'}{(k+k')^2} = \frac{4\sqrt{(E-V_0)E}}{\left(\sqrt{E}+\sqrt{E-V_0}\right)^2} \tag{B.3.5}$$

com

$$k = \sqrt{\frac{2mE}{\hbar^2}}, \quad k' = \sqrt{\frac{2m(E-V_0)}{\hbar^2}}. \tag{B.3.6}$$

Barreira de potencial mais geral $\{V(x) > E$ **para** $a < x < b$, $V(x) < E$ **fora do domínio** $[a, b]$.$\}$

A solução JWKB aproximada para T é

$$T \simeq \exp\left\{-2\int_a^b dx\sqrt{\frac{2m[V(x)-E]}{\hbar^2}}\right\}, \tag{B.3.7}$$

onde a e b são os pontos de retorno clássicos.[1]

B.4 ■ OSCILADOR HARMÔNICO SIMPLES

Aqui, o potencial é

$$V(x) = \frac{m\omega^2 x^2}{2}, \tag{B.4.1}$$

---
[1] JKWB significa Jeffreys-Wentzel-Kramers-Brillouin.

e introduzimos a variável adimensional

$$\xi = \sqrt{\frac{m\omega}{\hbar}}\, x. \quad (B.4.2)$$

As autofunções da energia são

$$\psi_E = (2^n n!)^{-1/2} \left(\frac{m\omega}{\pi\hbar}\right)^{1/4} e^{-\xi^2/2} H_n(\xi) \quad (B.4.3)$$

e os níveis de energia são

$$E = \hbar\omega\left(n + \frac{1}{2}\right), \quad n = 0, 1, 2, \ldots. \quad (B.4.4)$$

Os polinômios de Hermite tem as seguintes propriedades

$$H_n(\xi) = (-1)^n e^{\xi^2} \frac{\partial^n}{\partial \xi^n} e^{-\xi^2}$$

$$\int_{-\infty}^{\infty} H_{n'}(\xi) H_n(\xi)\, e^{-\xi^2}\, d\xi = \pi^{1/2} 2^n n!\, \delta_{nn'}$$

$$\frac{d^2}{d\xi^2} H_n - 2\xi \frac{dH_n}{d\xi} + 2n H_n = 0$$

$$H_0(\xi) = 1, \quad H_1(\xi) = 2\xi \quad (B.4.5)$$
$$H_2(\xi) = 4\xi^2 - 2,\ H_3(\xi) = 8\xi^3 - 12\xi$$
$$H_4(\xi) = 16\xi^4 - 48\xi^2 + 12.$$

B.5 ■ O PROBLEMA DA FORÇA CENTRAL [POTENCIAL COM SIMETRIA ESFÉRICA $V = V(r)$]

A equação diferencial básica para o potencial em questão é

$$-\frac{\hbar^2}{2m}\left[\frac{1}{r^2}\frac{\partial}{\partial r}\left(r^2 \frac{\partial \psi_E}{\partial r}\right)\right.$$
$$\left.+\frac{1}{r^2 \operatorname{sen}\theta}\frac{\partial}{\partial \theta}\left(\operatorname{sen}\theta \frac{\partial \psi_E}{\partial \theta}\right) + \frac{1}{r^2 \operatorname{sen}^2 \theta}\frac{\partial^2 \psi_E}{\partial \phi^2}\right] + V(r)\psi_E = E\psi_E, \quad (B.5.1)$$

onde o potencial $V(r)$ com simetria esférica satisfaz

$$\lim_{r \to 0} r^2 V(r) \to 0. \quad (B.5.2)$$

O método de separação de variáveis

$$\Psi_E(\mathbf{x}) = R(\tilde{x}) Y_l^m(\theta, \phi), \quad (B.5.3)$$

leva ao momento angular

$$-\left[\frac{1}{\operatorname{sen}\theta}\frac{\partial}{\partial\theta}\left(\operatorname{sen}\theta\frac{\partial}{\partial\theta}\right)+\frac{1}{\operatorname{sen}^2\theta}\frac{\partial^2}{\partial\phi^2}\right]Y_l^m = l(l+1)Y_l^m, \qquad (B.5.4)$$

onde os harmônicos esféricos

$$Y_l^m(\theta,\phi), \quad l = 0,1,2,\ldots, m = -l, -l+1, \ldots, +l \qquad (B.5.5)$$

satisfazem

$$-i\frac{\partial}{\partial\phi}Y_l^m = mY_l^m, \qquad (B.5.6)$$

e os $Y_l^m(\theta,\phi)$ têm as seguintes propriedades:

$$Y_l^m(\theta,\phi) = (-1)^m \sqrt{\frac{2l+1}{4\pi}\frac{(l-m)!}{(l+m)!}} P_l^m(\cos\theta)\, e^{im\phi} \quad \text{para } m \geq 0$$

$$Y_l^m(\theta,\phi) = (-1)^{|m|} Y_l^{|m|*}(\theta,\phi) \quad \text{para } m < 0$$

$$P_l^m(\cos\theta) = (1-\cos^2\theta)^{m/2}\frac{d^m}{d(\cos\theta)^m} P_l(\cos\theta) \quad \text{para } m \geq 0$$

$$P_l(\cos\theta) = \frac{(-1)^l}{2^l l!}\frac{d^l(1-\cos^2\theta)^l}{d(\cos\theta)^l}$$

$$Y_0^0 = \frac{1}{\sqrt{4\pi}}, \quad Y_1^0 = \sqrt{\frac{3}{4\pi}}\cos\theta \qquad (B.5.7)$$

$$Y_1^{\pm 1} = \mp\sqrt{\frac{3}{8\pi}}(\operatorname{sen}\theta)e^{\pm i\phi}$$

$$Y_2^0 = \sqrt{\frac{5}{16\pi}}(3\cos^2\theta - 1)$$

$$Y_2^{\pm 1} = \mp\sqrt{\frac{15}{8\pi}}(\operatorname{sen}\theta\cos\theta)e^{\pm i\phi}$$

$$Y_2^{\pm 2} = \sqrt{\frac{15}{32\pi}}(\operatorname{sen}^2\theta)e^{\pm 2i\phi}$$

$$\int Y_{l'}^{m'*}(\theta,\phi)Y_l^m(\theta,\phi)d\Omega = \delta_{ll'}\delta_{mm'} \left[\int d\Omega = \int_0^{2\pi}d\phi\int_{-1}^{+1}d(\cos\theta)\right].$$

Para a parte radial de (A.5.3), definamos

$$u_E(r) = rR(r). \qquad (B.5.8)$$

Então, a equação radial se reduz a um problema unidimensional equivalente, isto é,

$$-\frac{\hbar^2}{2m}\frac{d^2u_E}{dr^2} + \left[V(r) + \frac{l(l+1)\hbar^2}{2mr^2}\right]u_E = Eu_E$$

sujeita à condição de contorno

$$u_E(r)|_{r=0} = 0. \tag{B.5.9}$$

Para o caso de partículas *livres* [$V(r) = 0$], em coordenadas esféricas:

$$R(r) = c_1 j_l(\rho) + c_2 n_l(\rho) \quad (c_2 = 0 \text{ da origem está incluído}), \tag{B.5.10}$$

onde ρ é uma variável adimensional

$$\rho \equiv kr, \quad k = \sqrt{\frac{2mE}{\hbar^2}}. \tag{B.5.11}$$

Precisamos listar as propriedades das funções de Bessel comumente usadas, bem como as funções de Bessel esféricas e as funções de Hankel. As funções esféricas de Bessel são:

$$j_l(\rho) = \left(\frac{\pi}{2\rho}\right)^{1/2} J_{l+1/2}(\rho)$$

$$n_l(\rho) = (-1)^{l+1}\left(\frac{\pi}{2\rho}\right)^{1/2} J_{-l-1/2}(\rho)$$

$$j_0(\rho) = \frac{\text{sen }\rho}{\rho}, \quad n_0(\rho) = -\frac{\cos \rho}{\rho}$$

$$j_1(\rho) = \frac{\text{sen }\rho}{\rho^2} - \frac{\cos \rho}{\rho}, \quad n_1(\rho) = -\frac{\cos \rho}{\rho^2} - \frac{\text{sen }\rho}{\rho} \tag{B.5.12}$$

$$j_2(\rho) = \left(\frac{3}{\rho^3} - \frac{1}{\rho}\right)\text{sen }\rho - \frac{3}{\rho^2}\cos \rho$$

$$n_2(\rho) = -\left(\frac{3}{\rho^3} - \frac{1}{\rho}\right)\cos \rho - \frac{3}{\rho^2}\text{sen }\rho.$$

Para $\rho \to 0$, os termos dominantes são:

$$j_l(\rho) \xrightarrow[\rho \to 0]{} \frac{\rho^l}{(2l+1)!!}, \quad n_l(\rho) \xrightarrow[\rho \to 0]{} -\frac{(2l-1)!!}{\rho^{l+1}}, \tag{B.5.13}$$

onde

$$(2l+1)!! \equiv (2l+1)(2l-1)\cdots 5 \cdot 3 \cdot 1. \tag{B.5.14}$$

No limite assintótico de ρ grande, temos

$$j_l(\rho) \xrightarrow[\rho \to \infty]{} \frac{1}{\rho} \cos\left[\rho - \frac{(l+1)\pi}{2}\right],$$

$$n_l(\rho) \xrightarrow[\rho \to \infty]{} \frac{1}{\rho} \operatorname{sen}\left[\rho - \frac{(l+1)\pi}{2}\right]. \tag{B.5.15}$$

Devido às restrições (A.5.8) e (A.5.9), $R(r)$ deve ser finita em $r = 0$ e, portanto, de (A.5.10) e (A.5.13) vemos que o termo em $n_l(\rho)$ deve ser eliminado devido a seu comportamento singular quando $\rho \to 0$. Portanto, $R(r) = c_l j_l(\rho)$ [ou na notação do Capítulo 6, Seção 6.4, $A_l(r) = R(r) = c_l j_l(\rho)$]. Para o potencial de poço quadrado tridimensional, $V = -V_0$ para $r < R$ (com $V_0 > 0$), a solução procurada é

$$R(r) = A_l(r) = \text{constante } j_l(\alpha r), \tag{B.5.16}$$

onde

$$\alpha = \left[\frac{2m(V_0 - |E|)}{\hbar^2}\right]^{1/2}, \quad r < R. \tag{B.5.17}$$

Como discutido em (7.6.30), a solução exterior para $r > R$, onde $V = 0$, pode ser escrita como uma combinação linear de funções de Hankel esféricas. Estas são definidas da seguinte maneira:

$$h_l^{(1)}(\rho) = j_l(\rho) + i n_l(\rho)$$

$$h_l^{(1)*}(\rho) = h_l^{(2)}(\rho) = j_l(\rho) - i n_l(\rho), \tag{B.5.18}$$

que, de (A.5.15), tem as seguintes formas assintóticas para $\rho \to \infty$:

$$h_l^{(1)}(\rho) \xrightarrow[\rho \to \infty]{} \frac{1}{\rho} e^{i[\rho - (l+1)\pi/2]}$$

$$h_l^{(1)*}(\rho) = h_l^{(2)}(\rho) \xrightarrow[\rho \to \infty]{} \frac{1}{\rho} e^{-i[\rho - (l+1)\pi/2]}. \tag{B.5.19}$$

Se estivermos interessados nos níveis de energia ligados do poço quadrado tridimensional, onde $V(r) = 0$, $r > R$, temos

$$u_l(r) = r A_l(r) = \text{constante } e^{-\kappa r} f\left(\frac{1}{\kappa r}\right)$$

$$\kappa = \left(\frac{2m|E|}{\hbar^2}\right)^{1/2}. \tag{B.5.20}$$

Na medida em que a expansão assintótica, para a qual (A.5.19) nos dá o termo dominante, não contém termos com expoente de sinal oposto àquele dado, temos – para $r > R$ – a solução procurada de (A.5.20)

$$A_l(r) = \text{constante } h_l^{(1)}(i\kappa r) = \text{constante } [j_l(i\kappa r) + i n_l(i\kappa r)], \tag{B.5.21}$$

onde as primeiras três funções deste tipo são

$$h_0^{(1)}(i\kappa r) = -\frac{1}{\kappa r}e^{-\kappa r}$$

$$h_1^{(1)}(i\kappa r) = i\left(\frac{1}{\kappa r} + \frac{1}{\kappa^2 r^2}\right)e^{-\kappa r} \tag{B.5.22}$$

$$h_2^{(1)}(i\kappa r) = \left(\frac{1}{\kappa r} + \frac{3}{\kappa^2 r^2} + \frac{3}{\kappa^3 r^3}\right)e^{-\kappa r}.$$

Finalmente, notamos que, ao considerar a mudança do caso de partículas livres [$V(r) = 0$] para o caso de potencial constante $V(r) = V_0$, a única coisa a fazer é substituir o E da solução de partícula livre [veja (A.5.10) e (A5.11)] por $E - V_0$. Observe, contudo, que se $E < V_0$, então devemos usar $h_l^{(1,2)}(i\kappa r)$ com $\kappa = \sqrt{2m(V_0 - E)/\hbar^2}$.

B.6 ■ ÁTOMO DE HIDROGÊNIO

Aqui, o potencial tem a forma

$$V(r) = -\frac{Ze^2}{r} \tag{B.6.1}$$

e introduzimos a variável adimensional

$$\rho = \left(\frac{8m_e|E|}{\hbar^2}\right)^{1/2} r. \tag{B.6.2}$$

As autofunções e autovalores (níveis de energia) são

$$\psi_{nlm} = R_{nl}(r)Y_l^m(\theta,\phi)$$

$$R_{nl}(r) = -\left\{\left(\frac{2Z}{na_0}\right)^3 \frac{(n-l-1)!}{2n[(n+l)!]^3}\right\}^{1/2} e^{-\rho/2}\rho^l L_{n+l}^{2l+1}(\rho)$$

$$E_n = \frac{-Z^2 e^2}{2n^2 a_0} \quad \text{(independente de } l \text{ e } m\text{)} \tag{B.6.3}$$

$$a_0 = \text{raio de Bohr} = \frac{\hbar^2}{m_e e^2}$$

$$n \geq l+1, \quad \rho = \frac{2Zr}{ma_0}.$$

Os polinômios de Laguerre associados são definidos como segue:

$$L_p^q(\rho) = \frac{d^q}{d\rho^q}L_p(\rho), \tag{B.6.4}$$

onde – em particular –

$$L_p(\rho) = e^\rho \frac{d^p}{d\rho^p}(\rho^p e^{-\rho}) \tag{B.6.5}$$

e as integrais de normalização satisfazem

$$\int e^{-\rho}\rho^{2l}[L_{n+l}^{2l+1}(\rho)]^2 \rho^2 d\rho = \frac{2n[(n+l)!]^3}{(n-l-1)!}. \tag{B.6.6}$$

As funções radiais para n's pequenos são

$$R_{10}(r) = \left(\frac{Z}{a_0}\right)^{3/2} 2e^{-Zr/a_0}$$

$$R_{20}(r) = \left(\frac{Z}{2a_0}\right)^{3/2} (2 - Zr/a_0)e^{-Zr/2a_0} \tag{B.6.7}$$

$$R_{21}(r) = \left(\frac{Z}{2a_0}\right)^{3/2} \frac{Zr}{\sqrt{3}a_0} e^{-Zr/2a_0}.$$

As integrais radiais são

$$\langle r^k \rangle \equiv \int_0^\infty dr\, r^{2+k}[R_{nl}(r)]^2$$

$$\langle r \rangle = \left(\frac{a_0}{2Z}\right)[3n^2 - l(l+1)]$$

$$\langle r^2 \rangle = \left(\frac{a_0^2 n^2}{2Z^2}\right)[5n^2 + 1 - 3l(l+1)] \tag{B.6.8}$$

$$\left\langle \frac{1}{r} \right\rangle = \frac{Z}{n^2 a_0}$$

$$\left\langle \frac{1}{r^2} \right\rangle = \frac{Z^2}{[n^3 a_0^2 (l+\frac{1}{2})]}.$$

APÊNDICE C

Prova da Regra de Adição de Momentos Angulares – Equação (3.8.38)

É instrutivo discutirmos a regra de adição de momentos angulares do ponto de vista quântico. Vamos, por enquanto, rotular nossos momentos angulares tal que $j_1 \geq j_2$, algo que sempre podemos fazer. Da Equação (3.8.85), o valor máximo de m, $m^{\max}$, é

$$m^{\max} = m_1^{\max} + m_2^{\max} = j_1 + j_2. \tag{C.1.1}$$

Há apenas um ket que corresponde ao autovalor $m^{\max}$, não importa se o estamos descrevendo em termos de $|j_1 j_2; m_1 m_2\rangle$ ou $|j_1 j_2; jm\rangle$. Em outras palavras, escolhendo o fator de fase como sendo 1, temos

$$|j_1 j_2; j_1 j_2\rangle = |j_1 j_2; j_1 + j_2, j_1 + j_2\rangle. \tag{C.1.2}$$

Na base $|j_1 j_2; m_1 m_2\rangle$, há dois kets que correspondem ao autovalor de m igual a $m^{\max} - 1$. Um destes kets tem $m_1 = m_1^{\max} - 1$ e $m_2 = m_2^{\max}$ e o outro $m_1 = m_1^{\max}$ e $m_2 = m_2^{\max} - 1$. Há, portanto, uma degenerescência dupla na base; deve haver, então, uma degenerescência dupla na base $|j_1 j_2; jm\rangle$ também. De onde viria isto? Claramente, $m^{\max} - 1$ é um valor possível de m para $j = j_1 + j_2$. Também é um valor possível de m para $j = j_1 + j_2 - 1$ – de fato, é o valor máximo de m para este j. Então, j_1 e j_2 podem se somar, resultando em j's de valor $j_1 + j_2$ e $j_1 + j_2 - 1$.

Podemos continuar desta maneira, mas é evidente que a degenerescência não pode crescer indefinidamente. De fato, para $m^{\min} = -j_1 - j_2$, há, novamente, um único ket. A degenerescência máxima é de ordem $(2j_2 + 1)$, como podemos ver da Tabela C.1, que foi construída para dois exemplos especiais: para $j_1 = 2, j_2 = 1$ e para $j_1 = 2, j_2 = \frac{1}{2}$. Esta degenerescência de ordem $(2j_2 + 1)$ deve estar associada com os $2j_2 + 1$ estados de j:

$$j_1 + j_2, \quad j_1 + j_2 - 1, \ldots, \quad j_1 - j_2. \tag{C.1.3}$$

Se removermos a restrição $j_1 \geq j_2$, obtemos (3.8.38).

Tabela C.1 Exemplos especiais de valores de m, m_1 e m_2, para os dois casos $j_1 = 2$, $j_2 = 1$ e $j_1 = 2$, $j_2 = \frac{1}{2}$, respectivamente

$j_1 = 2, j_2 = 1$ m	3	2	1	0	-1	-2	-3
(m_1, m_2)	(2,1)	(1, 1) (2, 0)	(0,1) (1, 0) (2, -1)	(-1, 1) (0,0) (1, -1)	(-2, 1) (-1, 0) (0, -1)	(-2, 0) (-1, -1)	(-2, -1)
Número de estados	1	2	3	3	3	2	1
$j_1 = 2, j_2 = \frac{1}{2}$ m	$\frac{5}{2}$	$\frac{3}{2}$	$\frac{1}{2}$	$-\frac{1}{2}$	$-\frac{3}{2}$	$-\frac{5}{2}$	
(m_1, m_2)	$(2, \frac{1}{2})$	$(1, \frac{1}{2})$ $(2, -\frac{1}{2})$	$(0, \frac{1}{2})$ $(1, -\frac{1}{2})$	$(-1, \frac{1}{2})$ $(0, -\frac{1}{2})$	$(-2, \frac{1}{2})$ $(-1, -\frac{1}{2})$	$(-2, -\frac{1}{2})$	
Número de estados	1	2	2	2	2	1	

Referências

Arfken, G. B. and H. J.Weber. *Mathematical Methods for Physicists*, 4th ed., New York: Academic Press, 1995.

Byron, F.W. and R.W. Fuller. *Mathematics of Classical and Quantum Physics*, Mineola, NY: Dover, 1992.

Fetter, A. L. and J. D. Walecka. *Quantum Theory of Many-Particle Systems*, Mineola, NY: Dover, 2003a.

Fetter, A. L. and J. D.Walecka. *Theoretical Mechanics of Particles and Continua*, Mineola, NY: Dover, 2003b.

Goldstein, H., C. Poole, and J. Safko. *Classical Mechanics*, 3rd. ed., Reading, MA: Addison--Wesley, 2002.

Gottfried, K. and T.-M. Yan. *Quantum Mechanics: Fundamentals*, 2nd ed., New York: Springer-Verlag, 2003.

Griffiths, D. J. *Introduction to Quantum Mechanics*, 2nd ed., Upper Saddle River, NJ: Pearson, 2005.

Heitler, W. The *Quantum Theory of Radiation*, 3rd ed., Oxford (1954).

Holstein, B. R. *Topics in Advanced Quantum Mechanics*, Reading, MA: Addison-Wesley, 1992.

Itzykson, C. and J.-B. Zuber, *Quantum Field Theory*, New York: McGraw-Hill, 1980.

Jackson, J. D. *Classical Electrodynamics*, 3rd ed., New York: Wiley, 1998.

Landau, R. H. *Quantum Mechanics II: A Second Course in Quantum Theory*, NewYork: Wiley, 1996.

Loudon, R. *The Quantum Theory of Light*, 3rd ed., London: Oxford Science Publications, 2000.

Merzbacher, E. *Quantum Mechanics*, 3rd ed., New York: Wiley, 1998.

Shankar, R. *Principles of Quantum Mechanics*, 2nd ed., New York: Plenum, 1994.

Taylor, J. R. *Classical Mechanics*, Herndon, VA: University Science Books, 2005.

Townsend, J. S. *A Modern Approach to Quantum Mechanics*, Herndon, VA: University Science Books, 2000.

Weinberg, S. *The Quantum Theory of Fields*, New York: Cambridge University Press, 1995.

Zee, A. *Quantum Field Theory in a Nutshell*, 2nd ed., Princeton, NJ: Princeton University Press, 2010.

LISTA DAS EDIÇÕES ANTERIORES

Baym, G. *Lectures on Quantum Mechanics*, New York: W. A. Benjamin, 1969.

Bethe, H. A. and R. W. Jackiw. *Intermediate Quantum Mechanics*, 2nd ed., New York: W. A. Benjamin, 1968.

Biedenharn, L. C. and H. Van Dam, editors. *Quantum Theory of Angular Momentum*, New York: Academic Press, 1965.

Dirac, P. A. M. *Quantum Mechanics*, 4th ed., London: Oxford University Press, 1958.

Edmonds, A. R. *Angular Momentum in Quantum Mechanics*, Princeton, NJ: Princeton University Press, 1960.

Feynman, R. P. and A. R. Hibbs. *Quantum Mechanics and Path Integrals*, New York: McGraw-Hill, 1965.

Finkelstein, R. J. *Nonrelativistic Mechanics*, Reading, MA: W. A. Benjamin, 1973.

Frauenfelder, H. and E. M. Henley. *Subatomic Physics*, Englewood Cliffs, NJ: Prentice-Hall, 1974.

French, A. P. and E. F. Taylor. *An Introduction to Quantum Physics*, New York: W. W. Norton, 1978.

Goldberger, M. L. and K. M. Watson. *Collision Theory*, New York: Wiley, 1964.

Gottfried, K. *Quantum Mechanics*, vol. I, New York: W. A. Benjamin, 1966.

Jackson, J. D. *Classical Electrodynamics*, 2nd ed., New York: Wiley, 1975.

Merzbacher, E. *Quantum Mechanics*, 2nd ed., New York: Wiley, 1970.

Morse, P. M. and H. Feshbach. *Methods of Theoretical Physics* (2 vols.), New York: McGraw-Hill, 1953.

Newton, R. G. *Scattering Theory of Waves and Particles*, 2nd ed., New York: McGraw-Hill, 1982.

Preston, M. *Physics of the Nucleus, Reading*, MA: Addison-Wesley, 1962.

Sargent III, M.,M. O. Scully, and W. E. Lamb, Jr. *Laser Physics*, Reading, MA: Addison-Wesley, 1974.

Saxon, D. S. *Elementary Quantum Mechanics*. San Francisco: Holden-Day, 1968.

Schiff, L. *Quantum Mechanics*, 3rd. ed., New York: McGraw-Hill, 1968.

Índice

A

abeliano, definição de, 47
Abordagem da segunda quantização, 458-470, 513
 descrição, 458-461
 para gás de elétrons degenerado, 465-470
 variáveis dinâmicas na, 461-465
Absorção, em campos de radiação clássicos, 363-365
Adição de momento angular, 215-229
 e coeficientes de Clebsch-Gordan, 221-229
 e matrizes de rotação, 228-229
 exemplos de, 216-219
 regra para, 531-532
 teoria formal da, 219-222
Adjunto hermitiano, 15
Álgebra bra-ket, 58-59
Ambler, E., 276
Ampère (unidade), 517
Amplitude de espalhamento, 389-402
 descrição, 389-394
 descrição de pacote de onda da, 394-395
 e aproximação de Born, 397-402
 e teorema óptico, 395-397
Amplitude(s)
 de Born, 398, 417, 441, 521
 de correlação, 77-79
 de onda parcial, 408
 de transição, 85-88, 118-120, 385
 e estados ligados, 427-428
Anderson, Carl, 498
Antipartículas, na equação de Klein-Gordon, 491, 492, 501

Anyons, 448n
Aproximação adiabática, 344-346
Aproximação de Born, 397-402, 440
Aproximação de Born de ordem mais alta, 401-402
Aproximação de equações de onda semiclássica (WKB), 108-114
Aproximação de ligação forte (tight-binding), 280, 281
Aproximação do dipolo elétrico, 365-367
Aproximação eikonal, 415-421
 descrição, 415-418
 e ondas parciais, 418-421
Aproximação rápida para Hamiltonianos dependentes do tempo, 343-344
Aproximação WKB (semiclássica) de equações de onda, 108-114
Argônio, efeito Ramsauer-Townsend e, 423-424
Átomo de Bohr, 1
Átomo de deutério, níveis de energia do, 515-516
Átomo de Hidrogênio
 autovalores do, 266
 e efeito Stark linear, 317-319
 e equação de onda de Schrödinger, 529-530
 níveis de energia do, 511-512, 515-516
 polarizabilidade do, 313
Átomo de Potássio, estrutura fina e o, 321-324
Átomo(s), *Veja também* tipos específicos
 Bohr, 1

 polarizabilidade do, 295
 um elétron, 508-512
Átomos alcalinos, 321-324
Átomos de Césio, manipulação de spin do, 10
Átomos de Cobalto
 energia de transição de, 515
 não conservação de paridade para, 276-277
Átomos de Prata
 e experimento de Stern-Gerlach, 2-4
 estados de spin dos, 8-9
 feixes polarizados vs. não polarizados, 176-178
Átomos de Sódio, estrutura fina e, 321-324
Átomos de um elétron, potenciais centrais para, 508-512
Átomos hidrogenoides, 319-334
 correção relativística para a energia cinética de, 319-321
 e efeito Zeeman, 326-329
 e estrutura fina, 321-324
 estrutura fina de, 508
 interação de van der Waals em, 329-330
 spin-órbita e estrutura fina de, 321-325
Autobras, 12-13
Autoespinors, 294
Autoestados
 de energia, 95, 271-272
 de energia de ordem zero, 375
 de massa, 76
 em sistemas de spin 1/2, 12
 momento angular, *veja* autovalores e autoestados de momento angular
Autofunção, 51, 521
Autovalores
 degenescência de, 29, 215

do átomo de Hidrogênio, 266
e autovetores de energia, 70
e momento angular orbital à segunda potência, 30
e operador Hermitiano, 17
e oscilador harmônico simples, 88-92
e potencial central, 504-508
e valores esperados, 24-25
em sistemas de spin 1/2, 12
Autovalores de energia
de neutrinos, 76-77
degenerescência dos, 215
e oscilador harmônico simples, 88-92
Autovalores e autoestados de momento angular
construindo, 191-193
e elementos de matriz do operador momento angular, 193-194
e operador de rotação, 194-197
e relações de comutação/operador escada, 189-190
e reversão temporal, 296
e teorema de Wigner-Eckart, 250-251
Autovetores
de momento angular, 191-192
de ordem zero, 314
de paridade, 271
de posição, 41-42
direção, 200-201
e autobras, 12-13
e kets de base, 17-19
e observáveis, 17-18
e operador Hermitiano, 58-59
e oscilador harmônico simples, 88-92
em sistemas de spin 1/2, 12
energia, *veja* autovetores de energia
simultâneo, 30
Autovetores de energia
degenerados, 314-319
e operador de evolução temporal, 70-72

e oscilador harmônico simples, 88-92
não degenerados, 301-314
Axioma associativo da multiplicação, 16-17

B

Balanço detalhado, 363, 434
Barreiras de momento angular, 206, 207
Base
de posição, 52-53
mudança de, 35-40
Baym, G., 248
Bennett, G. W., 75
Berry, M. V., 346
Bethe, H. A., 437
Biedenharn, L. C., 230
Bitter, T., 350
Bloch, F., 437
Bohr, N., 72, 395, 438
Born, M., 1, 48, 88, 98, 189
Bósons, 448-450, 460-462, 474
Bowles, T. J., 448
Bra, representação matricial de, 21
Bressi, G., 478
Brillouin, L., 108-109

C

Calibre de Coulomb, 471
Calibre transverso, 471
Calores específicos, teoria de Debye-Einstein para, 1
Campo de radiação clássico, 363-369
    aproximação do dipolo elétrico para, 365-367
    efeito fotoelétrico em, 367-369
    emissão estimulada por absorção em, 363-365
Campos elétricos, simetria por reversão temporal e, 296-298
Campos eletromagnéticos
e efeito Casimir, 478
e equação de Dirac, 498-499
e momento, 478-479
e vetores de polarização de, 9
energia dos, 472

quantização dos, *veja* Quantização do campo eletromagnético
Campos magnéticos
e efeito Aharonov-Bohm, 351-352
e experimento de Stern-Gerlach, 2-4
e simetria discreta de reversão temporal, 296-298
Carga, unidades para, 517-518
Chiao, R., 349
Ciclo de absorção–emissão, 339-340
Círculo unitário, 411-412
Coeficientes de Clebsch-Gordan, 218
    e matrizes de rotação, 228-229
    e tensores, 249-251
    propriedades de, 221-222
    relações de recursão para, 222-227
Combinação de operadores CPT, 504
Complexo conjugado transposto, 20
Comportamento de limiar (threshold) 422
Comprimento de espalhamento, 424
Comprimento de onda de Compton, 487
Comutadores, 48-49, 63, 84
Condensação de Bose-Einstein, 450, 462
Condição de quantização, 209
Condição de quantização de Dirac, 352-353
Conjugação de carga, 501-502, 504
Conservação de probabilidade, 410
Constante de Boltzmann, 185, 485
Constante de normalização, 107, 202
Constantes de estrutura, 267
Conversão paramétrica descendente (parametric down conversion), 480

Correlações de spin, estados singletos de spin e, 236-238
Corrente
 conservada, 490, 494-495, 514
 hipótese CVC 447-448
 unidades de, 517-518
Correspondência dual, 13
Coulomb (unidade), 518
Criptônio, efeito de Ramsauer--Townsend e, 423-424

D

Dalgarno, A., 313
de Broglie, L., 46, 65, 98
Decomposição de Fourier, 373
Degenescência, 58-59
 de autovalores, 29, 215
 de troca, 445
 de Kramers, 297
 e simetrias, 262-263
Densidade de corrente de probabilidade, 491
Densidade de estados para partículas livres, 104
Densidade de probabilidade, 99, 488-490, 494
Densidade de probabilidade de carga, 490
Densidade de troca, 452
Derivada covariante, 489
Desdobramentos de Balmer, 324
Desigualdade de Bell, 239-243
 e mecânica quântica, 241-243
 e princípio da localidade de Einstein, 239-241
Desigualdade de Schwartz, 34, 61-62
Deslocamento de Lamb, 319, 377, 511
Deslocamento espacial, *veja* Translação
Deslocamentos de fase (phase shifts)
 determinação de, 412-413
 e espalhamento por esfera dura, 208n, 414-415
 e unitariedade, 409-412
 para estados de partículas livres, 402-407

Desvio quadrático médio, 34
Desvios de energia
 e largura de decaimento, 369-373
 para potenciais de Coulomb, 325
Diagonalização, 38-39, 63, 89
Diagrama de Argand, 411
Diferenças de potencial, 128
Dinâmica quântica, 65-146
 equação de onda de Schrödinger, 96-114
 evolução temporal e equação de Schrödinger, 65-79
 oscilador harmônico simples, 88-96
 potenciais e transformações de calibre, 127-146
 propagadores e integrais de caminho, 114-127
 representação de Schrödinger e Heisenberg, 79-88
Dirac, P. A. M., 1, 10-11, 23, 49, 50, 82, 112-113, 122-123, 146, 354, 360, 492
Dispersão, 33-34
Dubbers, D., 350
Dyson, F. J., 70, 355

E

Efeito Aharanov-Bohm, 139-143, 351-353
Efeito Casimir, 474-478
Efeito Compton, 1
Efeito de Ramsauer-Townsend, 423-424
Efeito fotoelétrico, 367-369
Efeito Stark linear, 317-319
Efeito Stark quadrático, 311-312
Efeito Zeeman, 326-329
Efeito Zeeman anômal, 326
Ehrenfest, P., 85
Eichinvarianz (invariância de calibre), 139
Einstein, A., 239
Elementos de matriz
 de dupla barra, 250
 de operador momento angular, 193-194

 reduzidos, 253
 tensores, 250-253
Eletrodinâmica quântica, covariante, 355
Eletromagnetismo, transformações de calibre em, 132-139
Emissão, em campos de radiação clássicos, 363-365
Emissão estimulada, 363-365
Energia cinética, correção relativística para a, 319-321
Energia de Fermi, 462, 468
Energia(s)
 cinética, 319-321
 de partículas livres, 485-486
 de transição, 515
 do campo eletromagnético, 472
 do ponto zero (vácuo), 474
 Fermi, 462, 468
 negativa, 490-492, 497-498
 quantização da, 473-474
Energias negativas
 e equação de Dirac, 497-498
 mecânica quântica relativística, 490-492
Ensembles, 176-183
 canônico, 187-188
 completamente aleatório, 177, 184
 e feixes polarizados vs. não polarizados, 176-178
 evolução temporal de, 183
 misto, 178
 puro, 24, 177, 178
Entropia, 185
Equação da continuidade, 494
Equação de Dirac, 492-505
 corrente conservada em, 494-495
 descrição, 492-494
 e combinação de operadores CPT, 504
 e conjugação de carga, 501-502
 e energias negativas, 497-498
 interações eletromagnéticas, 498-499
 para momento angular, 499-500
 para potenciais centrais, 505

paridade da, 500-501
simetria por reversão temporal da, 502-503
simetrias da, 499-504
soluções de partículas livres, 495-497
Equação de Dirac covariante, 492, 493
Equação de Helmholtz, 392, 402
Equação de Klein-Gordon, 486-492
Equação de Kummer, 213, 257
Equação de Lagrange, 260
Equação de Lippmann-Schwinger, 388-389, 440, 442
Equação de movimento
   de Heisenberg, 81-83, 93, 254, 261
   Euler, 254
Equação de onda
   aproximação semiclássica (WKB) da, 108-114
   covariante, 486, 487
   dependente do tempo, 96-97
   e integrais de caminho de Feynman, 125-127
   independente do tempo, 98-99
   não local, 486
   relatividade especial, 484
Equação de onda de Schrödinger, 93-114, 109-110, 134, 138, 283
   aproximação WKB da, 108-114
   dependente do tempo, 96-97
   e evolução temporal, 93-96
   e limite clássico da mecânica ondulatória, 101-102
   independente do tempo, 97-99
   interpretações da, 99-101
   para átomos de Hidrogênio, 529-530
   para oscilador harmônico simples, 104-107, 524-525
   para partículas livres, 521-522
   para partículas livres em três dimensões, 102-104

para potenciais contantes em uma dimensão, 522-523
para potencial linear, 107-109
para problemas de força central, 525-529
para problemas de transmissão – reflexão, 523-524
soluções para a, 102-114, 521-530
Equação de operadores, 244
Equação de Schrödinger, 344
   descrição, 68-70
   e degenerescência de Kramers, 297
   e efeito Aharonov-Bohm, 140, 141
   e equação de Klein-Gordon, 488, 489
   e função de onda no espaço de momento, 54
   e operador de evolução temporal, 65-79, 183, 343, 484-485
   e perturbação dependente do tempo, 315
   e teorema de Ehrenfest, 130
   em três dimensões, 413
   para duas partículas, 453
   para potencial linear, 107-108
Equação de Schrödinger para potenciais centrais, 205-215
   e equação radial, 205-208
   e potencial de Coulomb, 211-215
   para oscilador harmônico isotrópico, 209-212
   para partículas livres e poço esférico infinito, 208-209
Equação integral para espalhamento, 390-394
Equação radial, 205-208
Equações de Maxwell, 143, 283, 470-473, 519
Espaço de bras, 12-14
Espaço de Fock 459
Espaço de Hilbert, 11
Espaço de kets, 11-15, 62-63
Espaço euclideano, 34
Espaço vetorial complexo, estados de spin e, 9

Espalhamento de baixa energia, 421-427
Espalhamento de energia zero, estados ligados e, 424-427
Espalhamento de Rutherford, 400
Espalhamento elástico, 434, 443
Espalhamento inelástico elétron-átomo, 434-439
Espalhamento por esfera dura, 414-421
Espalhamento ressonante, 428-431
Espectros contínuos, 40-41
Espectroscopia atômica, 161
Estado coerente
   em óptica quântica, 479
   para operador de aniquilação, 96
Estados antissimétricos, 273
Estados de muitas partículas, 457-470
   abordagem de segunda quantização para, 458-465
   descrito, 457-458
   gás de elétrons degenerado enquanto, 465-470
Estados de onda esféricas, 403
Estados de spin, 8-9
Estados estacionários, 72
Estados ligados, 421-429
   e amplitude, 427-428
   e espalhamento em baixas energias, 421-428
   e espalhamento em energia zero, 424-427
   quase, 429
Estados não estacionários, 72, 273
Estados simétricos, 272-273
Estados singletos de spin, correlações de spin em, 236-238
Estados squeezed, 480, 481
Estados squeezed de quadratura, 480
Estatística de Bose-Einstein, 448
Estatística de Fermi-Dirac, 448, 482-483
Estatística de Maxwell-Boltzmann, 449

Estrela anã-branca, 462
Estrutura fina, 321-325, 508, 515-516
Exemplo da bola quicante, 108-109
Expansão de perturbação, desenvolvimento formal da, 304-308
Expansão de Taylor, 196
Expansão em ondas parciais, 407-409
Experimento de Davisson-Germer-Thompson, 1
Experimento de Franck-Hertz, 1
Experimento de Stern-Gerlach, 1-10
    descrição do, 1-4
    e polarização da luz, 6-10
    sequencial, 4-6
Experimento KamLAND, 77

F

Fase de Berry
    e Hamiltonianos dependentes do tempo, 346-351
    e transformações de calibre, 351-353
Fase geométrica, 346-351
Fator de contração de Lorentz, 495
Fator de forma, 437
Fator de forma nuclear, espalhamento inelástico e, 438-439
Fechamento, 19
Feenberg, Eugene, 395
Feixes não polarizados, 176-178
Feixes parcialmente polarizados, 178
Feixes polarizados, 176-178
Fermions, 448-450, 460-463
Feshbach, H., 117
Fetter, Alexander L., 465, 467, 513
Feynman, R. P., 120, 122, 513
Filtragem, 25
Filtros Polaroid, 6-9
Finkelstein, R. J., 153
Física clássica, simetrias em, 260-261

Fluxo de probabilidade, 99, 206, 387, 488
Fluxo magnético, unidade fundamental de, 142
Fock, V., 134
Força de Lorentz, 134, 141, 283
Formalismo de duas componentes de Pauli, 166-170
Fórmula da série de Clebsch-Gordan, 249
Fórmula da soma de Euler-Maclaurin, 476
Fórmula de Baker-Hausdorff, 94
Fórmula de Balmer, 214, 511
Fórmula de Breit-Wigner, 431
Fórmula de inversão de Fourier, 373
Fórmula de Rabi, 338
Fórmula de Wigner, 236
Formulação de Feynman, 121-127
Fortun, M., 474
Fótons, 473-474, 479-481
Frauenfelder, H., 296
Frequência de corte, efeito Casimir e, 475, 478
Função característica de Hamilton, 102
Função de Airy, 107-109, 111-114
Função de correlação, 149
Função de Green, 116, 392, 402, 440
Função de Legendre, 441
Função de vetor coluna, 489
Função hipergeométrica confluente, 213
Função δ de Dirac, 40
Funções angulares de spin, definição de, 227, 501
Funções de Bessel
    esféricas, 208-209
    propriedades das, 527-528
Funções de Hankel, 412, 527, 528
Funções de onda, 50-58
    de Schrödinger, 99-101, 292
    e reversão temporal, 292-293
    em três dimensões, 57-58
    no espaço de momento, 53-55, 64, 149

    no espaço de posição, 50-52
    para pacotes de onda gaussianos, 55-57
    renormalização de, 308-309
    sob paridade, 270-272
Funções de transformação, 53-54
Funções de Wigner, 194
Funções geratrizes, 104-107

G

Garvey, G. T., 448
Gas de elétrons degenerado, 465-470
Generalizações para o contínuo, para operador densidade, 183-184
Geração da rotação generação, momento angular orbital e a, 197-200
Gerlach, W., 2
Glauber, Roy, 479
Goldstein, H., 37, 174, 262
Gottfried, K., 25, 150, 329, 376, 377
Gravitação, mecânica quântica e, 129-133
Griffiths, D. J., 344
Grupos ortogonais, 170-171, 173
Grupos SO(3), 170-171, 173
Grupos SU(2), 172-173

H

Hamilton, W. R., 98
Hamiltonianos
    de Dirac, 493, 499
    e potenciais centrais, 205, 209
Hamiltonianos dependentes do tempo, 343-353, 384
    aproximação adiabática para, 344-346
    aproximação rápida para, 343-344
    e efeito Aharonov-Bohm/monopolos magnéticos, 351-353
    e fase de Berry, 346-351
Harmônicos esféricos
    e momento angular orbital, 200-204

e o átomo de Hélio, 454
Laguerre vezes, 443
ortogonalidade dos, 229
Heisenberg, W., 1, 46, 48, 98, 189
Hélio, 450, 453-457, 481
Henley, E. M., 296
Hermiticidade, 39, 180
Hilbert, D., 11, 98
Hipótese da corrente vetor conservada (CVC), 447-448
Holstein, B. R., 347

I

Identidade de Jacobi, 49
Identidade de operadores, 44
Índice coletivo, 30, 312
Inércia, momento de, cálculo do, 5-6
Integração angular, no átomo de hélio, 454
Integração de contorno no plano complexo, 390-392, 395-396
Integração radial, átomo de Hélio e, 454
Integrais de caminho, 120-127, 513
Integral de caminho de Feynman, 125-127, 141, 513
Interação spin-órbita, estrutura fina e, 321-325
Interações de duas partículas, 462-465
Interações de Van der Waals, 329-330
Interferência quântica, induzida pela gravidade, 131-133
Interferometria de nêutrons, 154, 164-166
Invariância de calibre, 139
Invariância de Lorentz, 504
Invariância rotacional, 410
Inversão espacial, *veja* Paridade
Isômeros ópticos, 275
Isospin, 233

J

Jackson, J. D., 322, 367
Jaffe, R. L., 478

Jenkins, D. A., 515
Jordan, P., 48, 98, 189

K

Kets, 8
 de estado, 66-67, 81
 de spin, 163
 definição de, 11
 do vácuo, 230-231
 e operador, 14-15
 normalizados, 14, 308-309
 nulos, 11
 perturbados, normalização de, 308-309
 vetores de polarização do campo eletromagnético, 9
Kets de base, 17-20
 autovetores como, 18-19
 e amplitudes de transição, 85-88
 e autovetores de observáveis, 17-18
 e sistemas de spin 1/2, 22
 em sistemas de spin 1/2, 22-23
 mudança de base em, 35-36
 nas representações de Heisenberg e Schrödinger, 85-88
Kramers, H. A., 108-109
Kunselman, R., 515

L

Lagrangeana, clássica, 121, 141
Lamoreaux, S., 474
Landau, Rubin, 459, 465, 514
Largura de decaimento, deslocamento de energia e, 369-373
Lei da força de Lorentz, 488n, 519
Lei da radiação de Planck, 1
Lei de Ampère, 519
Lei de Coulomb, 517, 518
Lei de Faraday, 519
Lei de Gauss, 144, 518-519
Lei de Hooke, 88
Leis de conservação, 260-261
Lewis, J. T., 313
Limite de Paschen-Back, 328
Linhas D do Sódio, 324
Lipkin, H. J., 146

London, F., 134
Loudon, R., 470
Luz, polarização da, 6-10

M

Marcus, George E., 474
Masers, 342-343
Matriz 2 2, 167-169, 172, 494
Matriz de transformação, 36-38, 63
Matriz densidade, 179
 de ensemble completamente aleatório, 184
 e generalizações para o contínuo, 183-184
Matriz Hamiltoniana, para sistemas de dois estados, 376
Matriz identidade, 513
Matriz T, 385, 387-389
Matriz unimodular unitária, 172-173
Matrizes de Pauli, 166-167, 489-490, 494
Matrizes de rotação
 e coeficientes de Clebsch-Gordan, 228-229
 e momento angular orbital, 203-204
 modelo do oscilador de Schwinger para, 235-236
Matrizes ortogonais, 155-157, 171
McKeown, R. D., 447, 448
Mecânica estatística quântica, 184-189
Mecânica matricial, 48
Mecânica ondulatória, 97
 densidade de probabilidade na, 99
 limite clássico da, 101-102
 propagadores na, 114-118
Mecânica quântica
 e desigualdade de Bell, 241-243
 e números complexos, 27
 e rotações infinitesimais, 158-161
 gravidade na, 129-133
 simetria na, 261
 tunelamento na, 274

Mecânica quântica relativística, 484-513
    desenvolvimento da, 484-492
    e energia de partículas livres, 485-486
    e energias negativas, 490-492
    e equação de Dirac, 492-504
    e equação de Klein-Gordon, 486-490
    energia cinética na, 319-321
    potenciais centrais na, 504-512
    teoria quântica de campos e, 512-513
    unidades naturais para, 485
Média no ensemble
    definição de, 178-179
    e operador densidade, 178-182
Medidas
    correlação de spin, 236-243
    posição, 41-42
    seletivas, 25
    teoria quântica das 23-25
Melissinos, A., 349
Merzbacher, E., 313, 375, 377, 378, 459, 465, 470, 513
Métodos aproximativos, 301-373
    e teoria de perturbação dependente do tempo, 353-363
    e teoria de perturbação independente do tempo, 301-319
    para átomos hidrogenoides, 319-334
    para autovetores de energia degenerados, 314-319
    para autovetores de energia não degenerados, 301-314
    para campo de radiação clássico, 363-369
    para deslocamentos de energia e larguras de decaimento, 369-373
    para Hamiltonianos independentes do tempo, 343-353
    para potenciais dependentes do tempo, 334-343
    variacional, 330-334
Métrica positiva definida, 13

Microscópio de Força Atômica, 477-478
Misturas incoerentes, 177
Modelo de Bohr, 214
Modelo de casca nuclear, 211, 212
Modelo do oscilador de Schwinger, 230-236
    descrição, 230-233
    para matrizes de rotação, 235-236
Momento
    canônico, 134, 136, 138, 260
    cinemático, 134, 136, 138
    definição de, 52
    e campo eletromagnético, 478-479
    e geração da translação, 45-48
    relação de incerteza posição--momento, 46
Momento angular, 155-253
    de átomos de Prata, 23
    e equação de Schrödinger para potenciais centrais, 205-215
    e osciladores desacoplados, 230-233
    e rotações SO(3)/SU(2)/Euler, 170-176
    e vetor velocidade angular, 5-6
    Equação de Dirac para, 499-500
    medidas de correlação de spin e desigualdade de Bell para, 236-243
    modelo do oscilador de Schwinger para o, 230-236
    operador densidade e ensembles para, 176-189
    operador tensorial para, 244-253
    orbital, *veja* momento angular orbital
    relações de comutação para, 155-161
    rotações e relações de comutação para, 155-170
Momento angular orbital, 197-204
    autovalores de, 30

autovetor (ket) de paridade, 271
e geração de rotação, 197-200
e harmônicos esféricos, 200-204
e matrizes de rotação, 203-204
quenching de, 300
Momento canônico, 134, 136, 138, 260
Momento cinemático, 134, 136, 138
Momento magnético, 2-4, 499
Monopolos magnéticos, 143-146, 351-353
Morse, P. M., 117
Movimento
    equação de Euler de, 254
    equação de Heisenberg, 81-83, 93, 254, 261
Multiplicação, de operadores, 15-17, 248-249
Múons, precessão de spin dos, 75-76, 164

N

Não abeliano, definição de, 160
Não conservação de paridade, 276-277
National Institute of Standards and Technology (NIST), 515-516
Nêutrons ultra frios (NUF), 350-351
Newton, R. G., 395
NIST (National Institute of Standards and Technology), 515-516
Níveis de energia, de átomos de Hidrogênio e Deutério, 511-512, 515-516
Norma, 14
Normalização
    de caixa grande, 103, 386-387
    de kets perturbados, 308-309
Notação bra-ket de Dirac, 290
Notação de ângulos de Euler, 235
Notação de Dirac, 8, 221

Notação de número de ocupação, para vetores de estado, 459
Número quântico principal, 211, 214
Números complexos, mecânica quântica e, 27

O

Observáveis, 11, 28-33
  autovetores de, 17-18
  compatíveis, 28-31
  e operador de transformação, 35-36
  equivalente unitário, 39-40
  incompatíveis, 28-29, 31-33, 35-36
  nas representações de Heisenberg e Schrödinger, 81
  representação matricial de, 22
Ondas de matéria, de de Broglie, 1
Ondas parciais
  e aproximação eikonal, 418-421
  e deslocamento de fase, 412-413
  e determinação de deslocamento de fase, 412-413
  e espalhamento, 407-414
  e espalhamento por esfera dura, 414-415
  e unitariedade, 409-412
  expansão em ondas parciais, 407-409
Operador aniquilação, 88-90, 96, 150, 230-231, 463
Operador antilinear, 285, 289-290
Operador antiunitário, 285, 289, 294, 432-434, 502-503
Operador de criação, 88-90, 150, 230-231, 463
Operador de dipolo, 366
Operador de distribuição de pares, 463
Operador de evolução temporal, 65-79, 261, 354
  descrição, 65-68

e amplitude de correlação/relação de incerteza energia-tempo, 77-79
e autovetores de energia, 70-72
e ensembles, 183
e equação de movimento de Heisenberg, 82
e equação de Schrödinger, 68-70
e oscilações de neutrinos, 76-77
e precessão de spin, 73-76
e valores esperados, 72
infinitesimal, 67
Operador de permutação, 445
Operador de projeção, 19
Operador de rotação, 158-160
  efeito sobre kets gerais, 163
  grupo SO(4) do, 263-265
  para sistemas de spin 1/2, 161-163
  representação irredutível do, 176
  representação matricial 2 2 do, 168-169
  representações do, 194-197
Operador de rotação infinitesimal, 159, 197-198
Operador de simetria, 261
Operador de spin, 163, 217
Operador de transformação, 35-36
Operador de translação, interpretação física do, 190
Operador de translação na rede, 279-280
Operador densidade, 178-189
  definição de, 179
  e ensembles puros/mistos, 176-189
  e evolução temporal de ensembles, 183
  e mecânica estatística quântica, 184-189
  evolução temporal do, 255
  generalizações para o contínuo, 183-184
  Hermitiano, 180
  médias no ensemble, 178-183

Operador escada, relações de comutação do momento angular e, 189-190
Operador Hamiltoniano, 146-148
  dependente do tempo, 69-70
  e equação de onda dependente do tempo, 96, 97
  e operador de evolução temporal, 68
  e sistemas de dois estados, 59-60
  independente do tempo, 69
  para oscilador harmônico simples, 88-89
Operador Hermitiano, 62-63, 148
  anticomutação, 60-61
  autovalores de, 17
  definição de, 44
  e autovetores de energia, 88
  e operador /ensembles densidade, 180-181
  e operador de reversão temporal, 290, 296
  e oscilador harmônico simples, 94, 96
  e rotações infinitesimais, 159
  e teorema de Ehrenfest, 83
  em sistemas de spin 1/2, 26
  enquanto operador de evolução temporal, 68
  valores esperados de, 34-35
Operador identidade, 19, 22, 28
Operador momento, 52-53, 58, 63
Operador momento angular, 159, 193-194, 256
Operador número, 460, 467
Operador paridade, 267, 500, 504
Operador unitário, 36, 79-80, 261
Operador vetorial 244-245, 487, 488n
Operador vetorial covariante, 487, 488n
Operadores, 11, 14-17
  axioma da associatividade de, 16-17

de reversão temporal, 289-291, 503-504
definição de, 33, 62-63
e relação de incerteza, 33-35
multiplicação de, 15-17, 248-249
para sistemas de spin 1/2, 25-28, 161-163
traço de, 37-38
Óptica quântica, 479-481
Ordenamento normal, 463
Ortogonalidade
  de autovetores, 17
  definição de, 14
  e coeficientes de Clebsch-Gordan, 222, 229
  e espalhamento inelástico, 437
  e funções de onda, 50, 52
  e oscilador harmônico simples, 107
  em sistemas de spin 1/2, 26
Orto-hélio, 456, 457
Ortonormalidade
  da função δ de Dirac 26
  de autovetores, 18-19
  definição de, 18
  e coeficientes de Clebsch-Gordan, 222
  e degenerescência, 30
  e operador unitário, 36, 58-59, 62-63
  em sistemas de spin 1/2, 22
Oscilações de neutrinos, 76-77
Oscilador harmônico simples, 88-96, 148-149, 190
  autovetores e autovalores de energia do, 88-92
  e equação de onda de Schrödinger, 104-107, 524-525
  e perturbação, 309-311, 374
  estado fundamental do, 90
  evolução temporal do, 93-96
  propriedades de paridade do, 272
  unidimensional, energia do estado fundamental do, 378
Osciladores
  desacoplados, 230-233

harmônico isotrópico, 209-212, 374
  modelo de Schwinger de, 230-236
Osciladores desacoplados, 230-233
Oscilador harmônico, 209-212, 374

P

Pacotes de onda
  de incerteza mínima, 56
  e autofunções, 521
  e espalhamento, 394-395
  gaussianos, 55-57, 61-62, 64, 98-99, 116-117
Paradoxo de Einstein-Podolsky-Rosen, 239
Para-hélio, 456, 457
Parâmetro de squeeze, 480, 481
Parâmetros de Cayley-Klein, 172
Parênteses de Poisson, 48-49, 63, 82
Paridade (inversão espacial), 267-278
  da equação Dirac, 500-501
  descrita, 267-270
  e potenciais centrais, 505
  não conservação de, 276-277
  para funções de onda, 270-272
  para potencial do poço duplo simétrico, 272-275
  regra da seleção de paridade, 275-276
Partículas, na equação de Klein-Gordon, 491, 492, 501
Partículas de spin 1/2, operador de spin para, 217
Partículas idênticas, 444-481
  e átomos de Hélio, 453-457
  e quantização do campo eletromagnético, 470-481
  em estados de multipartículas, 457-470
  em sistemas de dois elétrons, 450-453
  postulado de simetrização para, 448-450

simetria de permutação para, 444-448
Partículas livres
  e equação de Dirac, 495-497
  e equação de onda de Schrödinger, 102-104, 521-522
  e poço esférico infinito, 208-209
  em três dimensões, 102-104
  energia de, 485-486
  espalhamento por, 402-407
  nas representações de Heisenberg e Schrödinger, 83-85
Pauli, W., 166
Peierls, R., 395
Perturbação, 301
  constante, 357-361
  harmônica, 361-363
Peshkin, M., 146
Pinder, D. N., 343
Placzek, G., 395
Planck, M., 112-113
Poço esférico infinito, partículas livres no, 208-209
Poços quadrados finitos, 398-399
Poços retangulares, espalhamento de baixas energias para, 422-424
Poder de frenagem, espalhamento inelástico e, 437
Podolsky, B., 239
Polarizabilidade do átomo, 295
Polarização da luz, 6-10
Polinômios de Hermite, 105-107, 525
Polinômios de Laguerre, 257, 529
População fracionária, 177
Pósitrons, 497, 498
Postulado de simetrização, 448-450
Potência (strenght) de oscilação, 366
Potenciais, 127-133, 139-146,
  e efeito Aharonov-Bohm, 139-143
  e equação de onda de Schrödinger, 522

e gravidade, 129-133
e monopolos magnéticos, 143-146
e transformações de calibre, 127-146
Potenciais centrais, 504-512
  e Hamiltonianos, 205, 209
  no problema de autovalores, 504-508
  para átomo de um elétron, 508-512
  resolvendo problemas com, 504-512
Potenciais com variação lenta, 110-111
Potenciais de alcance finito, 392-393
Potenciais dependentes do tempo, 334-343
  colocação do problema para, 334-335
  para masers, 342-343
  para problemas de dois estados, 338-343
  para ressonância magnética de spin, 340-342
  representação de interação para, 335-337
Potenciais locais, 392
Potenciais vetor, 470
Potencial constante
  e transformações de calibre, 127-129
  em uma dimensão, 522-523
Potencial de Coulomb
  blindado, 465
  equação de Schrödinger
    para potenciais centrais, 211-215
  simetria no, 263-267
  variação da energia em primeira ordem para, 325
Potencial de parede rígida, equação de onda de Schrödinger e, 522
Potencial de poço duplo simétrico, 272-275
Potencial de poço quadrado, equação de onda de Schrödinger e, 523

Potencial de Yukawa, 399-401, 436, 441
Potencial efetivo, 206, 207
Potencial gaussiano, 442
Potencial linear, 107-109
Precessão de spin, 73-76, 163-164, 322, 341
Precessão de Thomas, 322
Preston, M., 426
Princípio da ação de Schwinger, 153
Princípio da exclusão de Pauli, 282, 449, 460, 468, 497
Princípio da localidade de Einstein, 239-241
Princípio de simetria unitária, 461n
Probabilidade de transição, 355-357
Problema de forças centrais, equação de onda de Schrödinger e, 525-529
Problema de Kepler, 263
Problemas de dois estados
  dependente do tempo, 338-340
  e teoria de perturbação, 302-304
Processos de espalhamento, 384-439
  amplitude de, *veja* espalhamento amplitude
  baixas energias, poço retangular/barreira, 422-424
  do futuro para o passado, 389
  e aproximação de Born, 397-402
  e aproximação eikonal, 415-421
  e baixas energias, estados ligados, 421-428
  e deslocamentos de fase/ondas parciais, 402-415
  e equação de Lippmann-Schwinger, 388-389
  e esfera dura, 414-421
  e matriz T, 387-389
  e perturbação dependente do tempo, 384-391
  e simetria, 431-434

  e teorema óptico, 395-397
  elástico, 434
  elétron-átomo inelástico, 434-439
  energia zero, 424-427
  ressonância, 428-431
  taxas de transição e seções de choque para, 386-387
Produto externo, representação matricial do, 21-22
Produtos internos, 13
Propagadores, 114-120
  e amplitude de transição, 118-120
  e mecânica ondulatória, 114-118
Pseudoescalar, exemplos de, 270
Pseudovetores, 270

Q

Quantização de energia, 473-474
Quantização do campo eletromagnético, 470-481
  e as equações de Maxwell, 470-473
  e fótons, 473-474
  e o efeito Casimir, 474-478
  e óptica quântica, 479-481
Quantização do espaço, 3
Quarkonium, 108-109
Quenching, 300

R

Rabi, I. I., 338, 341
Raio de Bohr, 215
Regra da soma de Thomas-Reiche-Kuhn, 366
Regra de Laporte, 276
Regra de ouro de Fermi, 360, 385, 386
Regra de seleção da paridade, 275-276
Regra do intervalo de Lande, 323-324
Regra trapezoidal, 476
Relação de completeza, 19

Relação de incerteza, 33-35, 77-79
Relação de incerteza energia--tempo, amplitude de correlação e, 77-79
Relação de incerteza posição--momento, 46
Relação de Planck-Einstein, frequência angular e a, 68
Relação de unitariedade, 410
Relações de anticomutação, 28, 467
Relações de comutação, 28
  canônicas, 48-49
  e autovalores/autoestados, 189-190
  em segunda quantização, 460-461
Relações de comutação para o momento angular
  e autovalores/autoestados, 189-190
  e operador escada, 190
  e rotações, 155-161
  realizações matriciais 2 2, 167
Relações de recursão, coeficientes de Clebsch-Gordan e, 222-227
Renormalização, função de onda, 308-309
Representação de Dirac, 336
Representação de Heisenberg, 146-148
  e equação de movimento de Heisenberg, 81-83
  e evolução temporal de ensembles, 183
  e kets de base, 85-88
  e potenciais dependentes do tempo, 335-337
  e propagadores, 118-119
  e representação de Schrödinger, 79-88
  kets de estado e observáveis em, 81
  operador unitário na, 79-80
  partículas livres na, 83-85
Representação de interação, 335-337

Representação de Schrödinger, 147-148
  e deslocamentos de energia, 372
  e evolução temporal de ensembles, 183
  e potenciais dependentes do tempo, 335-337
  e probabilidade de transição, 355
  e representação de Heisenberg, 79-88
  kets de base na, 85-88
  kets de estado e observáveis na, 81
  operador unitário na, 79-80
  partículas livres na, 83-85
Representações matriciais, 20-23
Ressonância, 161, 339-342, 428
Ressonância magnética de spin, 340-342
Ressonância magnética nuclear, 161
Reversão temporal, 282-298
  da equação de Dirac, 502-503
  descrição, 282-284
  e campos elétricos/magnéticos, 296-298
  e degenerescência de Kramers, 297
  e propriedades de operações de simetria, 285-287
  e sistemas de spin 1/2, 293-296
  para funções de onda, 292-293
  teoria formal de, 287-291
Richardson, D. J., 350-351
Rosen, N., 239
Rotações
  constantes de estrutura para, 267
  e o formalismo de duas componentes de Pauli, 168-170
  e relações de comutação do momento angular, 155-161
  finita vs. infinitesimal, 155-161
Rotações de 2π, 164-166
Rotações de Euler, 173-176, 254

Rotações finitas, 164-170
  e formalismo de duas componentes de Pauli, 166-170
  e interferometria de nêutrons, 164-166
  e operador de rotação para sistemas de spin 1/2, 161-163
  e rotações infinitesimais, 155-158
  e sistemas de spin 1/2, 161-170
  não comutatividade de, 155-156
Rotações infinitesimais, 155-161
  comutatividade das, 157
  e mecânica quântica, 158-161
  e operador vetorial, 244
  e rotação finita, 155-158

S

Saxon, D. S., 117
Schiff, L., 111-112, 263
Schlitt, D. W., 343
Schrödinger, E., 1, 65, 98, 100
Schwinger, J., 25, 45, 230, 235, 341
Seções de choque, para espalhamento, 386-387
Segunda lei de Newton, 85, 127, 142-143
Série de Clebsch-Gordan, 228-229
Série de Dyson, 70, 353-355
Shankar, R., 320
Símbolo de Kronecker, 40, 467
Símbolos 3-j de Wigner, 222
Simetria unitária, princípio da, 461n
Simetria(s), 260-298
  contínua, 260-261, 263-267
  da equação de Dirac, 499-504
  de permutação, 444-448
  e espalhamento, 431-434
  e leis de conservação/degenerescências, 260-267
  e potencial de Coulomb, 263-267
  em mecânica quântica, 261

na física clássica, 260-261
para partículas idênticas, 444-450
paridade enquanto, 267-278
propriedades das operações de simetria, 285-287
reversão temporal discreta, 282-298
SO(4), 263-267
translação na rede enquanto, 278-282
Simetrias discretas, 267-298
e equação de Dirac, 502-503
paridade enquanto, 267-278
propriedades de operações de simetria, 285-287
reversão temporal discreta, 282-298
translação na rede enquanto, 278-282
Singletos, 381
Sistema de unidades CGS, 517
Sistema de unidades MKS, 517
Sistema de unidades SI, 517-520
Sistema gaussiano de unidades, 517-520
Sistemas de dois elétrons, 450-453
Sistemas de dois estados
matriz Hamiltoniana para, 376
operador Hamiltoniano para, 59-60
stern-Gerlach, 2
Sistemas de spin 1/2, 22-23, 25-28, 58-59
dispersão em, 34
e ensembles canônicos, 188
e matriz 2 2, 172
e operador de evolução temporal, 66
e precessão de spin, 73-75
e relações de anticomutação, 28
fase de Berry para, 349-351
kets de base em, 22-23
operadores para, 25-28, 161-163
relação autovalores-autovetores em, 12

representaçõess matriciais em, 22-23
reversão temporal para, 293-296
rotações de, 161-170
Sommerfeld, A., 112-113
Spin do elétron, momento magnético e, 2-4
Spinors, duas componentes, 166
Splitting Zeeman, 375
Statcoulomb (unidade), 517
Stern, O., 1-2
Stutz, C., 343
Superposição de autoestados de energia, 95
Suscetibilidade diamagnética, 378

T

Taxa de transição, 360, 386-387
Técnica da separação de variáveis, 103
Tensores, 244-253
cartesiano vs. irredutível, 245-248
e operador vetorial, 244-245
ordem de, 245-246
produto de, 248-249
Tensores cartesianos, 245-248
Tensores diádicos, 245-246
Tensores esféricos, 246-248
Tensores irredutíveis, 245-248
Teorema da projeção, 252-253
Teorema de Bloch, 281
Teorema de Ehrenfest, 85, 130, 134
Teorema de Gauss, 409
Teorema de Liouville, 183
Teorema de Stokes, 140, 347n
Teorema de Wigner-Eckart, 250-253, 259, 296, 312, 407
Teorema do não cruzamento de níveis, 308
Teorema óptico, 395-397
Teoria de cordas, 513
Teoria de Einstein-Debye, 1
Teoria de Hamilton-Jacobi, 101, 152, 416
Teoria de perturbação de Rayleigh-Schrödinger, 301, 329

Teoria de perturbação dependente do tempo, 353-363
e processos de espalhamento, 384-391
para perturbação constante, 357-361
para perturbação harmônica, 361-363
probabilidade de transição em, 355-357
série de Dyson na, 353-355
Teoria de perturbação dependente do tempo degenerada, 314-319
Teoria de perturbação independente do tempo, 301-319
colocação de problema para, 301-302
degenerada, 314-319
desenvolvimento da expansão para, 304-308
e efeito Stark linear, 317-319
e renormalização da função de onda, 308-309
exemplos de, 309-314
não degenerada, 301-314
para problemas de dois estados, 302-304
Teoria de Sturm-Liouville, 203
Teoria quântica de campos, 512-513
Thomas, L. H., 322
Tomita, A., 349
Townsend, J. S., 320, 325
Traço, definição de, 37-38
Transformação de similaridade, 37
Transformação unitária, 39
Transformações de calibre
definição de, 128
e eletromagnetismo, 132-139
e fase de Berry, 351-353
e potenciais constantes, 127-129
Transformações de Lorentz, 487
Transformada de Fourier, 436
Transformada de Laplace-Fourier, 118
Transições virtuais, 361

Translação, 42-49
 e relações de comutação canônicas, 48-49
 infinitesimal, 42-43
 momento enquanto gerador de, 45-48
Translação na rede, enquanto simetria discreta, 278-282
Transmissão-reflexão, equação de onda de Schrödinger e, 523-524

U

Unidades eletromagnéticas, 517-520
Unidades naturais, 485
Unitariedade, 409-412
Unsold, A., 456

V

Valor principal de Cauchy, 395
Valores esperados, 24-25, 162-163
 dependência temporal dos, 72
 e operador Hermitiano, 34-35
Van Dam, H., 230
Van Vleck, J. H., 341
Variância, 34
Variáveis dinâmicas, na abordagem de segunda quantização, 461-465
Vetor de Lenz, 263
Vetor de Runge-Lenz, 263
Vetor velocidade angular, momento angular e, 5-6
Vetores
 definição, 244
 espaço vetorial complexo, 9
 função vetorial de coluna, 489
 hipótese CVC, 447-448
 propriedades de transformação de, 169
Vetores axiais, 270
Vetores de estado, 11, 459
Vetores polares, 270
von Neumann, J., 178

W

Walecka, John Dirk, 465, 467, 513

Weisberger, W. I., 146
Weisskopf, V., 373
Wentzel, G., 108-109
Weyl, H., 98
Whiskers, efeito de Aharonov-Bohm e, 143
Wiener, N., 88
Wigner, E. P., 194, 235, 239, 276, 297, 373, 426
Wilson, W., 112-113
Wu, C. S., 276
Wu, T. T., 146

X

Xenônio, efeito de Ramsauer-Townsend e, 423-424

Y

Yang, C. N., 146

Z

Zee, Anthony, 513
Zona de Brillouin, 282